材料力學

劉上聰　編著

全華圖書股份有限公司

序言

1、本書為作者所編著之「材料力學」乙書重新改版，以符合大學之「材料力學」課程內容。

2、材料力學為機械工程、土木工程、航空工程、造船工程、水利工程等之基本必修課程。目前國內材料粒學課程所用之教科書，大都是美國大學所授之英文本，各有其優點，且深淺不一，學生難免因文字隔閡而有欠暢通深入之感，筆者有鑑於此，乃用課餘時間，參考各英文版本，取長捨短，以供教學之用。

3、本書以淺顯之文字敘述，著重基本概念之說明，及實際應用之分析，儘量避免身傲之理論探討。

4、本書在主要章節後均列有例題，並附有練習題，例題及練習題都是經過仔細挑選，著重於培養讀者之基本概念，並熟悉基本公式之應用，而不在於艱深問題之解析，使讀者對材料力學有良好之基礎，以便往後做更深入之研究與發展。各練習題後面都附有參考答案，做為讀者練習解析之參考。

5、本書以 SI 單位為主，但目前國內工界仍諸多使公制重力單位及英制重力單位(美國習用單位)，為使讀者適應上列兩種單位，部分例題及習題有使用這兩種單位，讓讀者熟悉，以避免讀者日後在工業界有無法適應之困擾。

6、本書之編寫試筆者依多年教授材料力學之經驗整理而成，為筆者才疏學淺，疏漏之處在所難免，但祈國內先進及讀者諸君不吝指正。

劉上聰　謹識

編輯部序

「系統編輯」是我們的編輯方針，我們所提供給您的，絕不只是一本書，而是關於這門學問的所有知識，它們由淺入深，循序漸進。

本書爲作者累積此課程十餘年之教學心得編寫而成，以淺顯易懂的文字敘述，讓讀者能在短時間內瞭解材料力學的基本原理。此書特色在於直接引出材料力學基本構件桿、軸、樑柱等的幾何特徵及負載特徵，說明它們相同點與相異點。全書以 SI 單位爲主，每一章節前都有明確的學習目標，每章節後亦有重點公式整理，再配合例題和習題提供學生練習，達到更好的學習效果。

本書適合大學、科大之機械、土木、航空、車輛、水利工程等科系之「材料力學」課程使用。

同時，爲了使您能有系統且循序漸進研習相關方面的叢書，我們以流程圖方式，列出各有關圖書的閱讀順序，以減少您沿襲此門學問的摸索時間，並能對這門學問有完整的知識。若您在這面有任何問題，歡迎來函聯繫，我們將傑誠爲您服務。

相關叢書介紹

書號：06098
書名：靜力學(第五版)(公制版)
編著：陳照忠.楊琳鏗.謝其昌
16K/672 頁/688 元

書號：0601601
書名：靜力學(第七版)
編著：陳文中.邱昱仁
16K/600 頁/580 元

書號：05389027
書名：機動學(第三版)-
(附 MATLAB 範例光碟)
編著：馮丁樹
20K/544 頁/480 元

書號：0548403
書名：機動學(第四版)
編著：張充鑫
16K/448 頁/480 元

書號：0267803
書名：機構學(修訂三版)
編著：詹鎮榮
20K/328 頁/320 元

書號：0579003
書名：機構學(第四版)
編著：吳明勳
16K/360 頁/420 元

◎上列書價若有變動，請以
最新定價為準。

流程圖

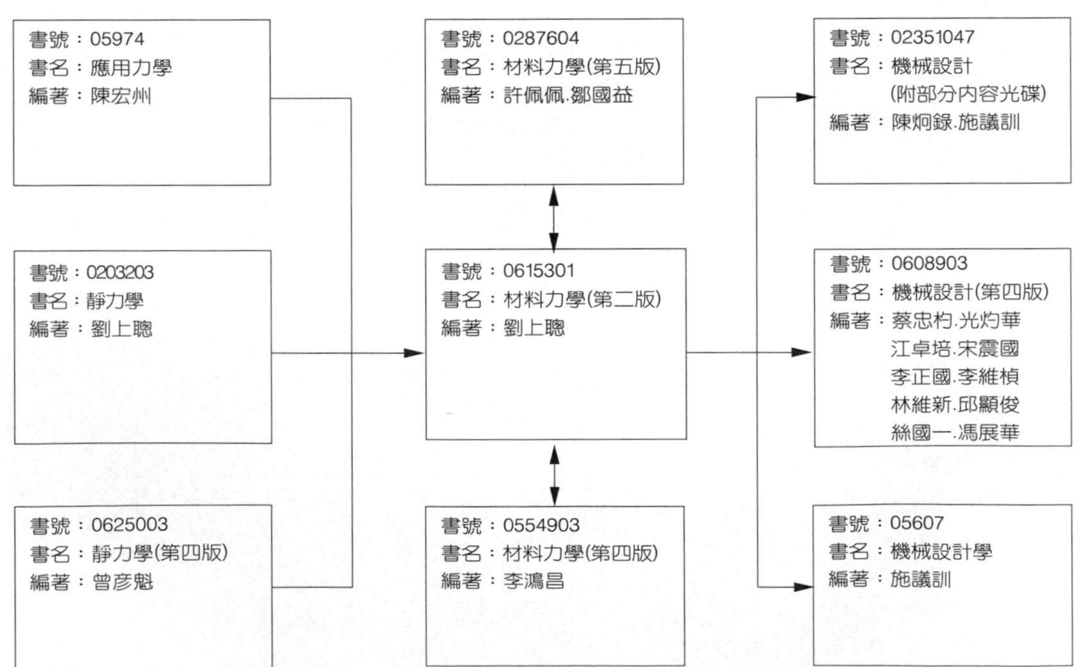

目錄

Chapter 1　拉力、壓力與剪力

Chapter 2　軸向負荷

Chapter 3　扭轉

Chapter 7 應力與應變分析

Chapter 8 梁的撓度與靜不定梁

Chapter 9 柱

附錄 A

CHAPTER

1

拉力、壓力與剪力

1-1 概論

材料力學(mechanics of materials)，又稱材料強度學(strength of materals)，主要在研究材料的強度(strength)與剛度(rigidity)問題；強度爲材料對破壞之抵抗能力，而剛度爲材料對變形之抵抗能力。

一座結構物或一部機械都是由許多構件或機件所組成，用以支持某些載重或發揮某些功能，而每一構件或機件均受有負荷，這些負荷包括有拉伸(tension)、壓縮(compression)、剪力(shear)、彎曲(bending)以及扭轉(torsion)等，如圖 1-1 所示。材料力學即在研究上述各種負荷對構件內部所生之內效應及變形情形。

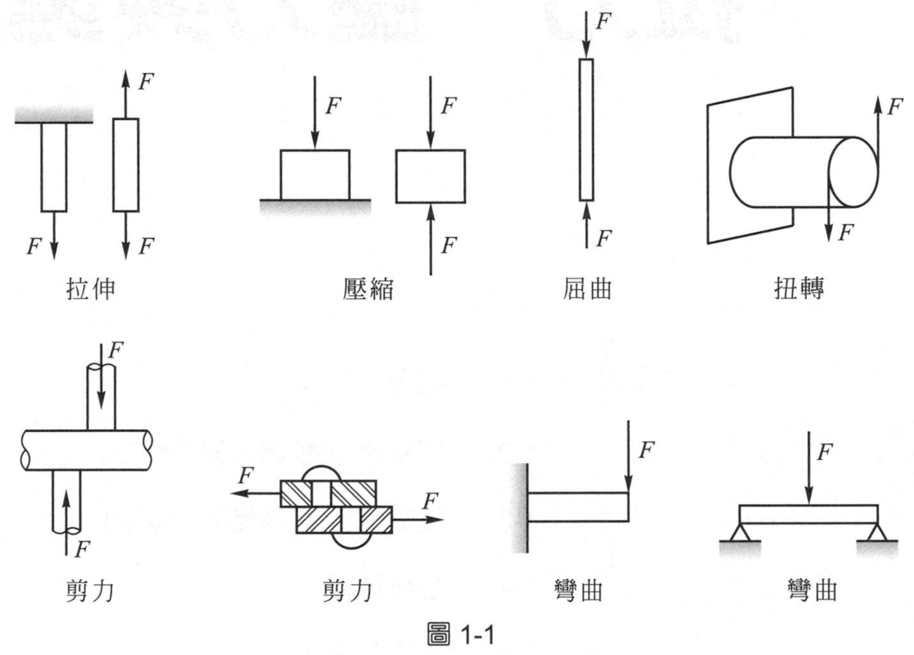

圖 1-1

圖 1-2 中所示爲一壓力機，其功用在試驗材料之抗壓能力，利用對螺桿上之把手施加力矩而使試樣(sample) S 承受壓力作用。由靜力學之原理可分析壓力機中每一構件所受之負荷，支撐桿 N 承受軸向拉力，試樣 S 承受軸向壓力，橫梁 M 承受彎曲，而螺桿承受扭轉。通常機器或結構物內之每一構件並不一定只承受一種負荷，有的同時承受兩種或兩種以上之負荷。

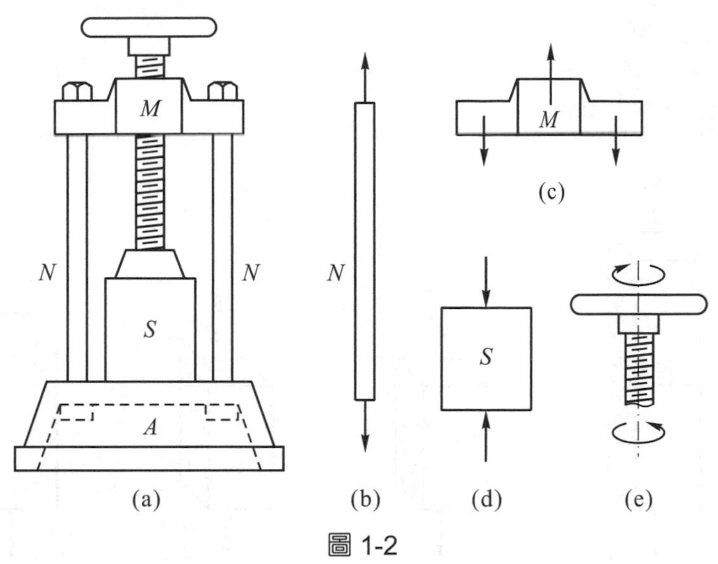

圖 1-2

對於承受某種負荷之構件(或機件)，有兩個主要的問題必須考慮：

(1) 構件是否有足夠之強度以支撐所承受之負荷？

(2) 構件是否有足夠之剛度以避免過度之變形？

另外，工程師尚需考慮在符合所需強度及剛度之要求下，如何去選取適當之構件形狀與尺寸以達經濟與美觀之原則。

本書將按照各種負荷之複雜情形，以拉力、壓力、剪力、扭轉與彎曲之次序加以分析，本章首先將討論稜柱桿承受軸力所生之應力與應變。所謂稜柱桿(prismatic bar)是橫斷面均相同的直桿，而軸力(axial force)是沿著桿件縱向中心軸之負荷，包括拉力與壓力。

1-2 正交應力(拉應力與壓應力)

材料承受外加負荷時，其內部必生內力抵抗，此內力之強度，即單位面積所受之內力，稱爲應力(stress)。

爲說明應力之觀念，參考圖 1-3(a)之桿件，兩端承受軸向拉力 P 作用，今切取桿內任一橫斷面之自由體圖，如圖 1-3(b)所示，此斷面承受一內力 P，內力是分佈作用於全部斷面上，斷面上任一點 Q 之應力，可考慮 Q 點附近一微小面積ΔA，如圖 1-3(c)所示，將此微小面積上之作用力ΔF 除以ΔA，即可得面積ΔA 上應力之平均值。若ΔA 趨近於零，則 Q 點之應力σ 爲

$$\sigma = \lim_{\Delta A \to 0} \frac{\Delta F}{\Delta A} = \frac{dF}{dA} \tag{a}$$

且 $$P = \int_A dF = \int_A \sigma\, dA \tag{b}$$

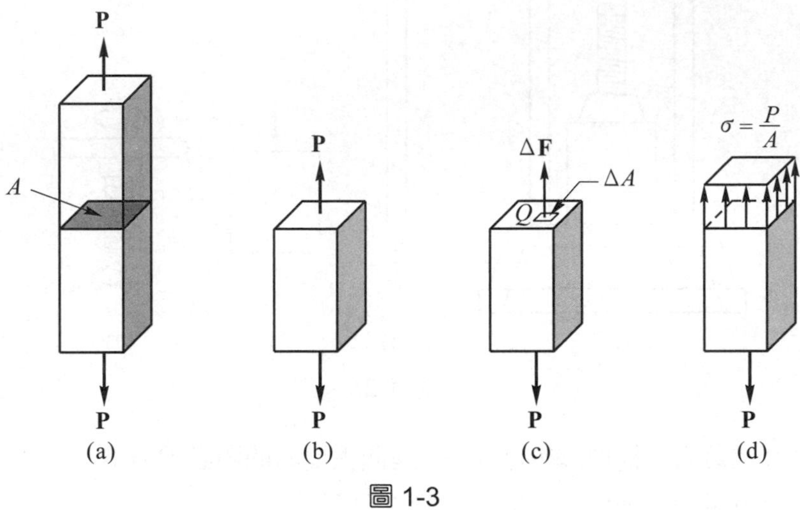

圖 1-3

假設橫斷面上之應力為均勻分佈，由上式可得 $P = \sigma A$。故橫斷面積為 A 之桿件承受軸向拉力 P 作用時，橫斷面上所受之平均應力為

$$\sigma = \frac{P}{A} \tag{1-1}$$

受拉桿件於橫斷面所生之應力，稱為拉應力(tensile stress)。

對於承受軸向壓力之桿件，如圖 1-4 所示，假設橫斷面上之應力為均勻分佈，則桿件斷面上之平均壓應力(compression stress)同樣可由公式(1-1)求得。

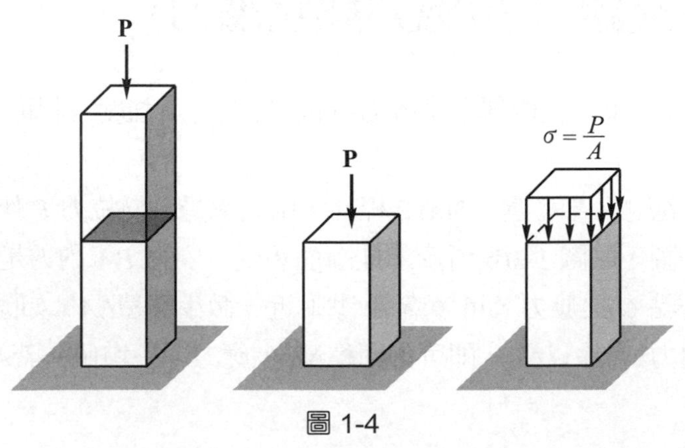

圖 1-4

拉應力與壓應力均與其作用面垂直，故稱爲正交應力(normal stress)或垂直應力，並以希臘字母σ(sigma)表示，必要時可定拉應力爲正值壓應力爲負值以示區別。

由公式(1-1)可知應力之因次爲$[F]/[L]^2$，在 SI 單位中，力[F]之單位爲牛頓(N)，長度[L]之單位爲公尺或米(m)，故應力σ 之單位以「N/m^2」表示，此單位稱爲 pascal，簡寫爲 Pa，但 Pa 爲一甚小之應力單位，實用上均用此單位之倍數(如 kPa、MPa 或 GPa)表示，且

$$1\ \text{kPa} = 10^3\ \text{Pa} = 10^3\ \text{N/m}^2$$
$$1\ \text{MPa} = 10^6\ \text{Pa} = 10^6\ \text{N/m}^2 = 1\ \text{N/mm}^2$$
$$1\ \text{GPa} = 10^9\ \text{Pa} = 10^9\ \text{N/m}^2 = 10^3\ \text{N/mm}^2 = 10^3\ \text{MPa}$$

注意，當[F]之單位爲牛頓(N)，長度[L]之單位爲毫米(mm)時，應力之單位即爲 MPa(N/mm^2)，本書中 SI 單位之例題及習題大都使用此單位運算。

工業界目前依然有使用公制重力單位，在此單位系統中，[F]之單位爲公斤(kg)，[L]之單位爲毫米(mm)或厘米(cm)，故應力之單位爲 kg/cm^2 或 kg/mm^2，且 $1\ kg/cm^2 = 10^{-2}\ kg/mm^2$。

至於在英制重力單位中，[F]之單位爲磅(lb)或仟磅(kips)，[L]之單位爲英吋(in)，故應力之單位爲 lb/in^2(psi)或 $kips/in^2$(ksi)，且 1 ksi = 1000 psi。

前面有關承受軸力之稜柱桿在橫斷面上之應力，即公式(1-1)，是假設應力均勻分佈在橫斷面上，即橫斷面上各點之應力均相等，此項假設需符合下列三個條件：

(1) 稜柱桿必須爲等向性且均質之材料。
(2) 軸力之作用線需通過桿件橫斷面之形心。
(3) 所考慮之斷面需遠離桿端之施力點，或遠離斷面積有突然變化之處，此條件即爲聖維南原理。

■均質材料與等向性材料

均質(homogeneous)材料是構件材料之全部體積都有相同的物理及機械性質，而等向性(isotropic)材料則是構件材料在各方向都有相同的性質，大部份工程材料都接近於等向性之均質材料，本書內如無特別說明都將構件視爲等向性之均質材料來分析。

■軸力通過斷面形心：應力均勻分佈

參考圖 1-5(a)中橫斷面爲任意形狀之稜柱桿，承受軸力 P 作用而在橫斷面上產生均勻分佈之應力σ，設 C 點爲橫斷面上應力合力 P 之作用線與橫斷面之交點，今在橫斷面上建

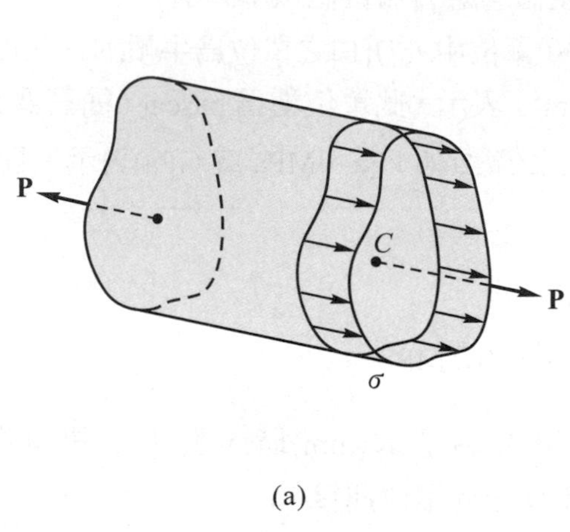

(a)

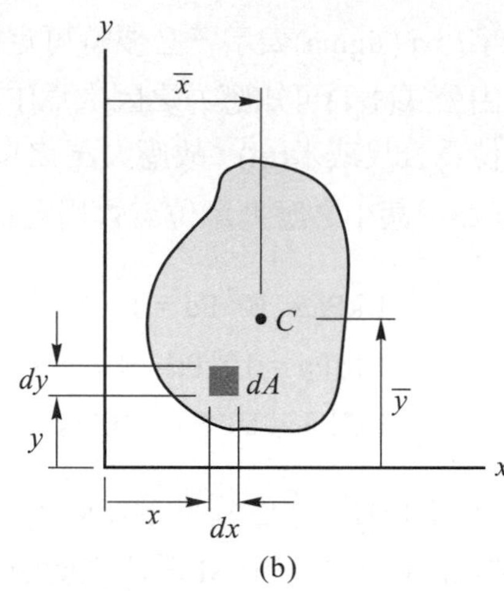

(b)

圖 1-5

立一平面坐標系 x 軸與 y 軸，如圖 1-5(b)所示，C 點坐標為$(\bar{x},\bar{y})$。由靜力學之力矩原理，合力 P 對 x 軸與 y 軸之力矩等於斷面上之應力對 x 軸與 y 軸之力矩和，即

$$M_x = P\bar{y} = \int_A y\sigma dA \quad , \quad M_y = -P\bar{x} = -\int_A x\sigma dA$$

其中取對坐標軸正方向之力矩為正。因斷面上各點之應力均相同，$P = \sigma A$，代入上式

$$\sigma A\bar{y} = \sigma\int_A ydA \quad , \quad \sigma A\bar{x} = \sigma\int_A xdA$$

得

$$\bar{y} = \frac{\int ydA}{A} \quad , \quad \bar{x} = \frac{\int xdA}{A} \tag{1-2}$$

上式等號右邊所得之結果即為橫斷面形心之坐標，故橫斷面上之軸力通過斷面形心時橫斷面上之正交應力呈均勻之分佈。

■聖維南原理

對於在桿端形心承受軸力之稜柱桿，根據進一步的分析顯示，靠近桿端施力點附近之斷面，即使軸力通過斷面之形心，應力並不是均勻的分佈，參考圖 1-6 中寬度為 b 之薄板，底端承受軸向拉力 P，在底端附近之斷面，接近形心處之應力較大，而外側部份之應力則較小。若考慮之斷面距離桿端愈遠(距離至少要大於斷面之寬度)，則斷面之應力愈接近於均勻分佈，換句話說，除了桿端施力點附近之斷面，桿內斷面之應力幾乎都是均勻的分佈。至於桿端附近斷面之實際應力分佈，通常不易求得，但可用公式(1-1)求得該處之平均應力。

上述現象，法國數學家聖維南(Saint Venant)根據研究分析，提出一個結論，稱爲聖維南原理(Saint Venant′s principle)，其敍述如下：

> 構件內兩個承受靜力等效負荷之斷面，其間應力分佈之差異隨著距離負荷愈遠彼此間之差異將愈小。
>
> 其中靜力等效(statically equivalent)負荷爲承受有相同合力及合力矩之負荷。

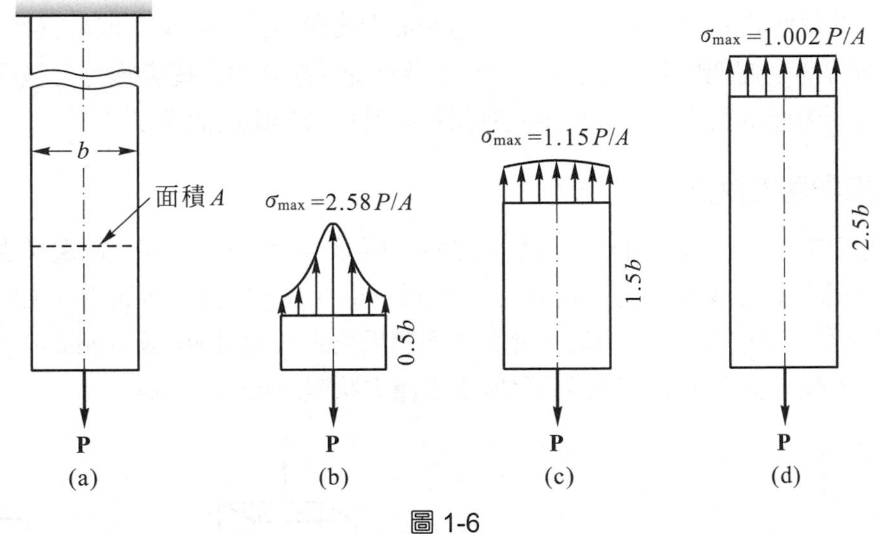

圖 1-6

聖維南原理亦可應用在斷面有突然變化之桿件，參考圖 1-7 中厚度均勻之桿子，其寬度由 b 突然增加爲 B，在斷面變化處(m-m 斷面)有應力集中(stress concentration)現象，即斷面兩側之應力較大而中間較小，呈不均勻之分佈，但距離 m-m 斷面較遠處(距離至少要大於桿件寬度)，斷面應力則呈均勻之分佈。公式(1-1)對於 m-m 斷面只是求得斷面之平均應力。

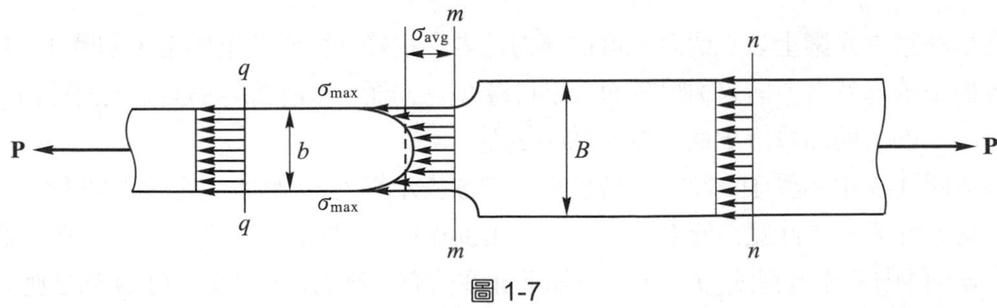

圖 1-7

由聖維南原理可知構件在負荷附近及斷面變化附近之應力會呈不規則之分佈，而遠離這些不規則區域之應力則逐漸趨近於規則分佈，但在材料力學中經常將這些不規則區域之應力分佈，簡化以規則之應力分佈來考慮，例如將圖 1-7 中 *m-m* 斷面之應力簡化以平均應力來分析，這種簡化分析之方式事實上有其必要性及正當性。就必要性而言，要瞭解這些不規則區域之實際應力分佈甚爲困難，將其簡化可使分析過程較爲容易。而就正當性而言，工程師必須瞭解到有這種應力不規則分佈之區域存在，設計構件時在這些區域作特殊之考量，儘量減少這些不規則分佈所造成之影響。

【註】承受靜態應力之延性材料，由於其降伏特性可以緩和應力集中處之應力突然升高，故在設計時都以平均應力計算，而可不必考慮應力集中現象。但承受疲勞應力(應力隨時間呈週期性變化)之延性材料，及承受靜態應力或疲勞應力之脆性材料，則都必須考慮應力集中現象，這些在機械設計中會詳細討論。

■應力元素與應力狀態

材料力學中爲表示構件內某一點所受之應力情形，通常在該點取一個邊長趨近於零之微小正六面體(每邊之邊長均爲一個單位)，如圖 1-8 所示，然後將各面所受之應力標示上去，即可瞭解該點所受之應力情形，此正六面體稱爲應力元素(stress element)，將應力元素各面標示所受之應力，即可獲得該點所受之應力狀態(state of stress)。

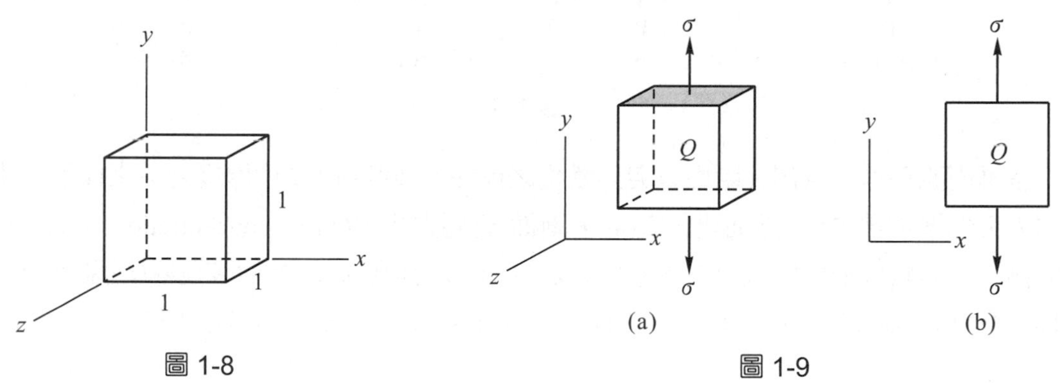

圖 1-8　　圖 1-9

爲稱呼應力元素上之六個面，可在應力元素上定義一組直角坐標系，如圖 1-8 所示，並以各面法線向外之方向來稱呼各面，如右邊爲$(+x)$面，左邊爲$(-x)$面，上面爲$(+y)$面，下面爲$(-y)$面，前面爲$(+z)$面，後面爲$(-z)$面。

參考圖 1-3 中承受軸向拉力之稜柱桿，若欲表示桿內 Q 點所受之應力情形，可在 Q 點取一應力元素，令此應力元素之上面在圖 1-3(c)中之橫斷面上，則應力元素在上面受有拉應力σ，再由平衡方程式$\Sigma F_y = 0$，可知下面亦受有拉應力σ，因此可得 Q 點之應力狀態如圖 1-9(a)所示，而稱之爲單軸向應力(uniaxial stress)狀態。當 z 面不受任何應力時，僅需表示 x 面及 y 面之應力，可將應力元素簡化爲一正方形表示，如圖 1-9(b)所示，但不要忘記圖 1-9(b)只是將 z 面省略(因無應力)，應力元素還是圖 1-9(a)之正六面體。

例題 1-1

圖中矩形斷面(10mm×20mm)之鋼桿承受四個軸力，試求 AB、BC 及 CD 各段內之正交應力。

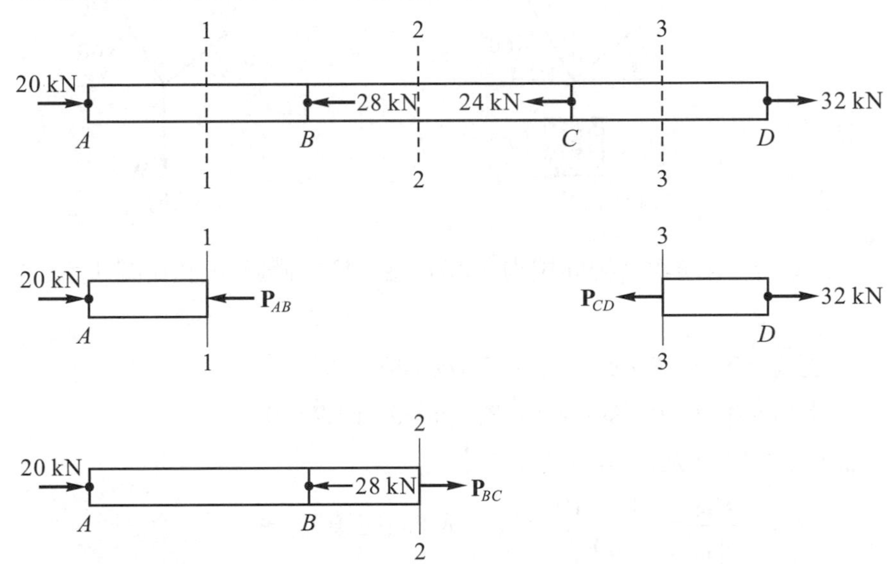

【解】因四個軸力之合力爲零，故桿子在平衡狀態，因此將桿子從任一斷面切開所取之自由體圖也是在平衡狀態。

欲求 AB 段之軸力，可切取 1-1 斷面左半部之自由體圖，由平衡方程式，得 $P_{AB} = 20$ kN(壓力)

$$\sigma_{AB} = \frac{P_{AB}}{A} = \frac{20 \times 10^3}{10 \times 20} = 100 \text{ MPa (壓應力)} \blacktriangleleft$$

同樣，切取 2-2 斷面左半部之自由體圖，得 $P_{BC} = 8$ kN(拉力)

$$\sigma_{BC} = \frac{P_{BC}}{A} = \frac{8 \times 10^3}{10 \times 20} = 40 \text{ MPa (拉應力)} \blacktriangleleft$$

再切取 3-3 斷面右半部之自由體圖，得 $P_{CD} = 32$ kN(拉力)

$$\sigma_{CD} = \frac{P_{CD}}{A} = \frac{32 \times 10^3}{10 \times 20} = 160 \text{ MPa (拉應力)} \blacktriangleleft$$

例題 1-2

圖中重量 $W = 61.7$ kN 之荷重以 AB 及 AC 兩條鋼索支撐，已知鋼索 AB 之橫斷面積 $A_{AB} = 800\ \text{mm}^2$，鋼索 AC 之橫斷面積 $A_{AC} = 400\ \text{mm}^2$，試求兩鋼索內之正交應力。

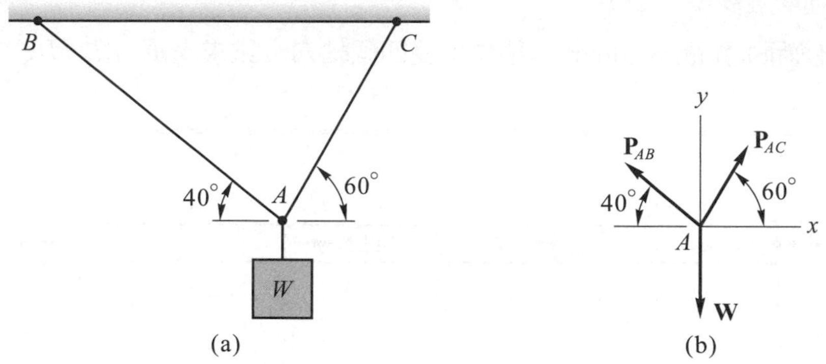

(a) (b)

【解】欲求 AB 及 AC 兩鋼索之軸向拉力，取 A 點之自由體圖，如(b)圖所示，由平衡方程式

$$\Sigma F_x = 0 \text{，} \quad P_{AC}\cos 60° - P_{AB}\cos 40° = 0$$

$$\Sigma F_y = 0 \text{，} \quad P_{AC}\sin 60° + P_{AB}\sin 40° - 61.7 = 0$$

得 $P_{AB} = 31.3$ kN，$P_{AC} = 48.0$ kN

故

$$\sigma_{AB} = \frac{P_{AB}}{A_{AB}} = \frac{31.3\times10^3}{800} = 39.1 \text{ MPa (拉應力)} \blacktriangleleft$$

$$\sigma_{AC} = \frac{P_{AC}}{A_{AC}} = \frac{48.0\times10^3}{400} = 120 \text{ MPa (拉應力)} \blacktriangleleft$$

1-3 正交應變(拉應變與壓應變)

稜柱桿承受軸力時其長度會改變，每單位長度之長度變化量稱為應變(strain)。

參考圖 1-10 中承受軸向拉力之稜柱桿，桿子沿拉力方向伸長，設伸長量為δ，則桿子單位長度之伸長量定義為拉應變(tensile strain)，以希臘字母 ε (epsilon)表示，即

$$\varepsilon = \frac{\delta}{L} \tag{1-3}$$

同理，稜柱桿承受軸向壓力時，單位長度之縮短量稱爲壓應變(compressive strain)。拉應變及壓應變之方向均與桿件之橫斷面垂直，故稱爲正交應變(normal strain)或軸向應變(axial strain)，必要時定拉應變爲正値壓應變爲負値。由公式(1-3)之定義可知，應變爲一無因次之量(dimensionless quantity)，故不論使用 SI 單位、公制重力單位或英制重力單位，對一已知桿件之應變都相同。

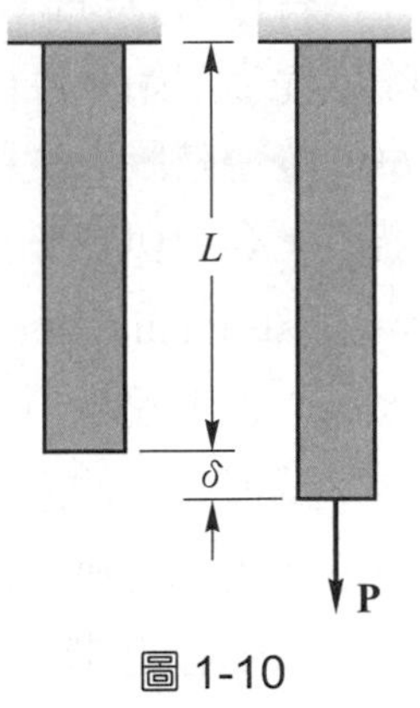

圖 1-10

工程上大多數構件之應變都非常小，故應變之量通常用μm/m 表示，其中$\mu m = 10^{-6}m$。在英制中則使用 in/in 表示。在實驗室中也有用百分比表示，即 0.001m/m = 0.1%，例如正交應變$\varepsilon = 360\mu$ = $360\mu m/m = 360\times10^{-6} = 360\times10^{-6}in/in = 0.0360\%$。

1-4 拉伸試驗

強度(strength)爲材料損壞前所能承受之最高應力，是材料固有之機械性質，通常由實驗求得，其中以拉伸試驗(tensile test)最重要。圖 1-11 中所示爲拉伸試驗機(tensile-test machine)之簡圖，圖 1-12(a)中所示爲圓形之標準試桿，其標距長度(gage length)L_0 = 2in，原始直徑 d_0= 0.5in，原始面積 $A_0 = \pi d_0^2 / 4$。

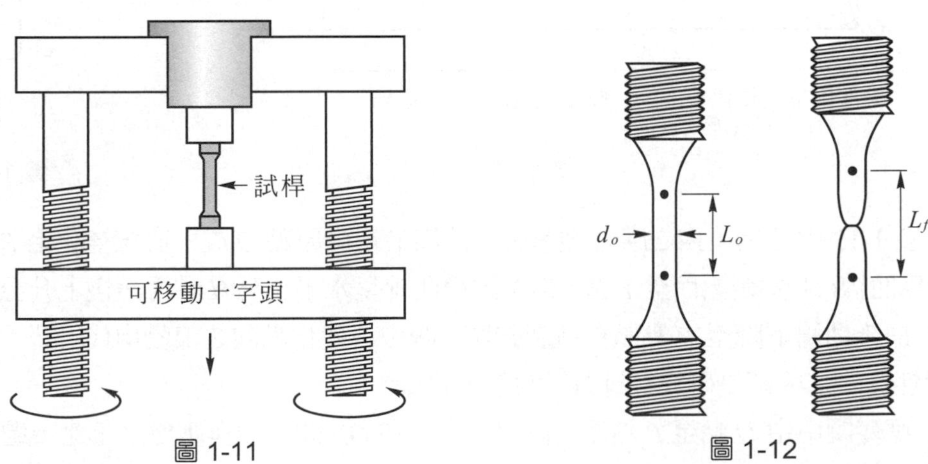

圖 1-11　圖 1-12

試驗時將試桿固定在兩端夾頭，然後緩慢移動下方之十字頭(cross head)，逐漸增加試桿之拉力。將每一施力階段之拉力 P 及兩標點間之伸長量$\delta(\delta = L - L_0)$記錄下來，直至試桿破壞爲止。

將拉力 P 除試桿之原始面積 A_0 得工程應力(engineering stress)$\sigma = P/A_0$，而將伸長量δ除試桿之原始長度(即標距長度) L_0 得工程應變(engineering strain)$\varepsilon = \delta / L_0$，即求得試桿在每一拉力階段之工程應力及工程應變。然後以應力爲縱坐標，應變爲橫坐標，將每一拉力階段之應力與應變點繪於坐標圖上，即可描繪出工程應力與應變之關係曲線圖(engineering stress-strain diagram)。圖 1-13 中所示爲結構用鋼(structural steel)典型之應力-應變圖，其中實線是以工程應力與工程應變所繪得，且橫軸之應變未按比例繪出。

試桿在拉伸過程，長度 L 漸增而斷面積 A 漸減，將每一階段之拉力 P 除當時試桿之面積 A 得眞實應力(true stress)，因實際面積小於原始面積，故眞實應力大於工程應力。同樣將每一拉力階段之伸長量 δ 除當時試桿兩標點間之距離(實際長度)L 得眞實應變(true strain)，因實際長度 L 大於原始長度 L_0，故眞實應變小於工程應變。

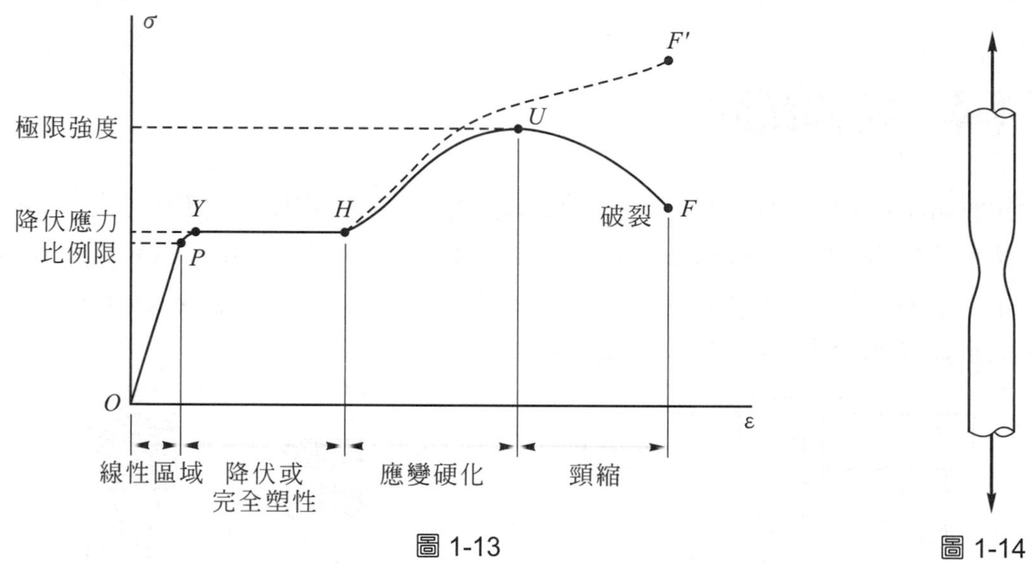

圖 1-13　　圖 1-14

觀察圖 1-13 中結構用鋼之應力-應變圖，曲線最初由原點 O 成一直線變化至 P 點，過 P 點後變爲曲線(斜率漸減)而至 Y 點，經 Y 點後曲線呈水平，至 H 點再緩慢上升至 U 點，達最高點 U 後曲線下降至 F 點試桿斷裂破壞。圖中各變化點間之線段均代表著不同的物理意義與性質，這些都是研究材料力學的基本認識。

應力-應變圖中由 O 點至 P 點爲一直線，表示在 OP 間應力與應變呈正比，過 P 點後應力與應變不再成比例，故 P 點之應力稱爲比例限(proportional limit)。超過 P 點後應變之增加率較前面 OP 段爲快，達 Y 點後，應力幾乎不再增加，而應變卻突然增大甚多，此現象稱爲降伏(yielding)，開始發生降伏現象之 Y 點稱爲降伏點(yielding point)，而 Y 點之應力稱爲降伏應力(yielding stress)，Y 至 H 點間之應變通常約爲比例限內所生應變之 10 至 15 倍。達 H 點後，材料發生應變硬化現象，材料繼續變形所需之應力隨應變之增加而增大，直至 U 點，爲材料所能承受之最大應力，稱爲材料之極限應力(ultimate stress)或極限強度(ultimate strength)，然後曲線呈下降現象，至破壞點 F 爲止。破壞點 F 之應力小於 U 點之極限應力，此項誤差是由於試驗時均以拉力負荷除試桿之原始面積計算工程應力，但材料達 U 點後發生頸縮(necking)現象，使局部斷面突然收縮，如圖 1-14 所示，破壞時試桿之拉力負荷實際上是分佈於較原始面積爲小之面積上。若以試桿之實際面積計算眞實應力，並繪眞實應力-應變圖，將如圖 1-13 中所示之虛線，實際上試桿內之眞實應力是一直上升至破壞點 F'。在極限應力後試桿承受之拉力負荷是減少了，故工程應力下降(曲線 UF)，但此減小的原因是試桿發生頸縮使面積縮小，並非桿內應力變小。

工程與眞實應力-應變圖通常是在應變硬化(H 點)後才有明顯的差異，工程上構件所用材料之應力大都在降伏強度內，在此範圍內之應變甚小，且應力應變之工程值與實際值誤差大約僅 0.1%，另一方面工程應力-應變圖也比較容易由試驗獲得，故工程上都是使用工程應力-應變圖。至於材料所能承受之最大應力，考慮到簡單及保守，不是取眞實應力-應變圖上 F'點之應力，而是取工程應力-應變圖上之最大應力，即極限應力或抗拉強度(U 點)。

■延性材料

作拉伸試驗之材料，在破壞前產生有很大之應變者，稱爲延性材料(ductile material)，上述之結構用鋼即爲一種典型的延性材料。延性是材料良好的機械性質，當延性材料之構件產生有過大之變形時，即顯示破壞將要發生，因此可在破壞前預先採取補救措施。結構用鋼爲含碳量約爲 0.2%之鐵碳合金，屬於低碳鋼，通常其強度(降伏應力及極限應力)隨含碳量之增加而增大，但延性則隨含碳量之增加而變小。

由拉伸試驗之結果，利用計算試桿之伸長率或伸長百分比(percent elongation)及斷面縮率或面積縮小百分比(percent reduction in area)可定量地表示材料之延性。設試桿之原始長度(標距長度)爲 L_0 原始橫斷面積爲 A_0，斷裂時之長度爲 L_f 破斷面之橫斷面積爲 A_f，參考圖 1-12(b)所示，則

$$\text{伸長百分比(伸長率)} = \frac{L_f - L_0}{L_0} \times 100\% \tag{1-4}$$

$$\text{面積縮小百分比(斷面縮率)} = \frac{A_0 - A_f}{A_0} \times 100\% \tag{1-5}$$

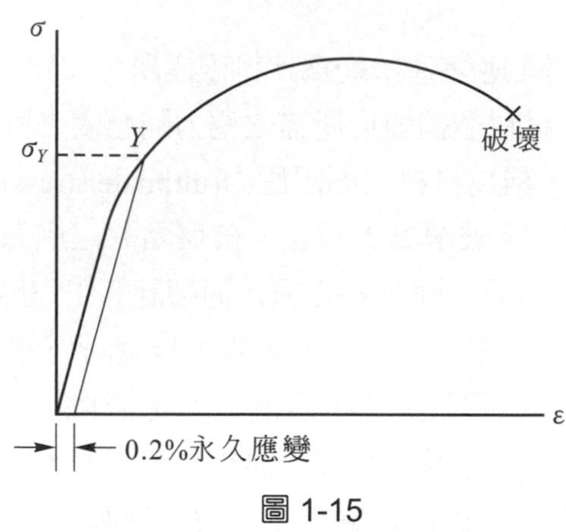

圖 1-15

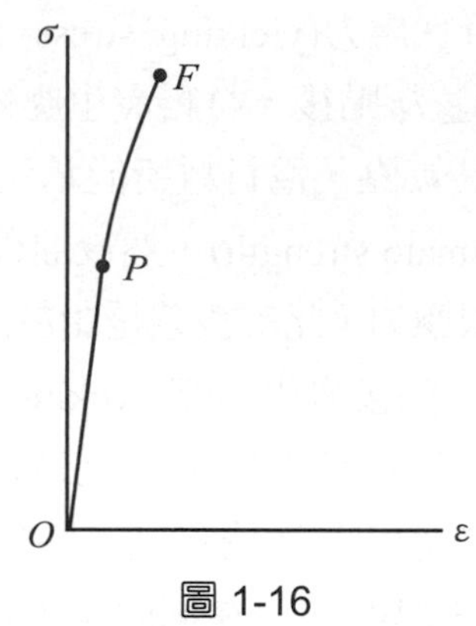

圖 1-16

其他延性材料有鋁合金、銅、不銹鋼、黃銅、青銅、鋅……等，但只有黃銅與鋅之應力-應變圖有類似於結構用鋼之降伏現象，大部份延性材料不會有明顯的降伏現象，在應力達比例限後其應力-應變圖呈現連續變化之曲線，如圖 1-15 所示，此種情形，通常以支距法(offset method)定義其降伏點，即在橫座標上取 0.2%之永久應變，繪一直線與比例限前之直線部份平行，將此直線與應力-應變圖之交點 Y 定義爲降伏點，此種延性材料之降伏應力相當於使材料產生 0.2%之永久應變之應力。

■脆性材料

作拉伸試驗之材料，在破裂前應變甚小者，稱爲脆性材料(brittle material)，鑄鐵、玻璃、陶瓷、混凝土都是脆性材料。圖 1-16 中所示爲典型脆性材料之應力-應變圖，應力達比例限(P 點)後少量之變形即發生斷裂，且斷面減少之百分率甚小，故破裂時(F 點)之工程應力幾乎等於眞實應力，F 點之應力即爲脆性材料之極限應力(或抗拉強度)。

■壓縮試驗

金屬材料之壓縮試桿通常爲圓柱形，高度約爲直徑的 1.5～30 倍，不要太長以避免受壓時產生橫向彎曲(挫曲)。

結構用鋼經壓縮試驗所得之應力-應變圖，如圖 1-17 所示，顯示比例限及降伏點與拉伸試驗大致相同，但降伏後試桿長度漸短而橫斷面積增大，抗壓能力愈強，應力-應變圖上之斜率漸增，使得進一步縮短的阻力愈大，因而得不到壓縮的

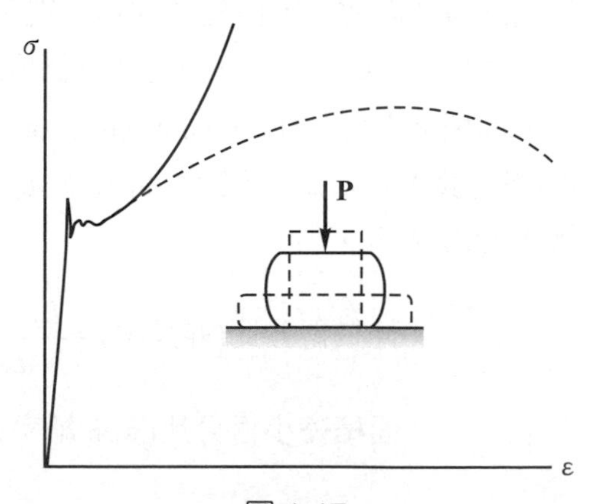

圖 1-17

極限強度。由於一般金屬材料壓縮之主要機械性質(比例限、降伏點)與拉伸試驗相同，故通常不一定要作壓縮試驗。

鑄鐵作壓縮試驗時，試桿同樣在很小的變形即發生斷裂，破斷面大致與軸向成 45°～50°之傾角，這是由於剪應力所造成的破壞。但鑄鐵所得之抗壓強度約爲其抗拉強度的 4～5 倍，其他脆性材料之抗壓強度也是遠高於其抗拉強度。

■彈性與塑性

由上述之應力-應變圖，可瞭解材料承受拉力負荷所生之反應，若將材料所受之負荷移去，負荷所生之變形將部份或完全消失。任何材料在移去負荷後，都有恢復其原有形狀之傾向，此一性質稱爲彈性(elastic)。能完全恢復其原有形狀，稱爲完全彈性(perfectly elastic)，若只有部份恢復，則稱爲部份彈性(partially elastic)，部份彈性之材料於負荷移去後仍有部份變形無法恢復，稱之爲永久變形(permanent set)或殘留變形。

通常材料只在適量應力作用下才可能爲完全彈性，若其應力超過了某一限度，則當外力移去後材料不能完全恢復其原有形狀，此限度稱爲彈性限(elastic limit)。故材料之應力未達彈性限時，在應力移去後必可回復其原有形狀，而應力超過彈性限後，材料僅有部份恢復，而必生永久變形。

參考圖 1-18 中之應力-應變圖，設 E 點爲該材料之彈性限，今施加負荷使其應力與應變由 O 點沿曲線移動至 A 點(應力未達彈性限)，當負荷移去後應力與應變循原曲線回到 O 點，此時材料爲完全彈性。注意，O 至 A 之曲線不一定要爲直線。若將負荷加大，使其達到應力-應變圖上之 B 點後再卸載，則材料將沿圖 1-18(b)中之 BC 直線產生彈性回復，此卸載直線 BC 與負載曲線最初之直線部份平行。達到 C 點後負載完全卸除，但材料內產生有殘留應變(residual strain)或永久應變，即(b)圖中之 OC 長度。結果試桿長度大於負載前之長度，此殘留伸長量即爲試桿之永久變形。材料在超過其彈性限後所經歷的非彈性應變特性，稱爲塑性(plasticity)，故圖 1-18(a)之應力應變圖中有一彈性區及塑性區，其分界點即爲彈性限。

彈性限之應力不能由拉伸試驗求得，欲求彈性限，可將試桿負載到某一選定之應力，然後除去負載，若無永久變形，再選定較高之應力重覆此負載與卸載的過程，直到有永久變形產生即可測得材料之彈性限。

對於大部份的金屬材料，彈性限通常與比例限大約相等，或稍微高一些，在實用上均視爲相同，因此在比例限內稱其爲線彈性材料(linearly elastic material)。結構用鋼的降伏應力也非常接近於比例限，故工程上有時候將降伏應力、比例限與彈性限視爲同一點(且等於降伏應力)，主要是因爲線彈性材料之分析較爲簡單，且在降伏應力內能避免結構物或機器之構件產生永久變形。但是對於其他的大部份材料，這種情形並不成立，例如橡膠的彈性限就遠高於比例限。

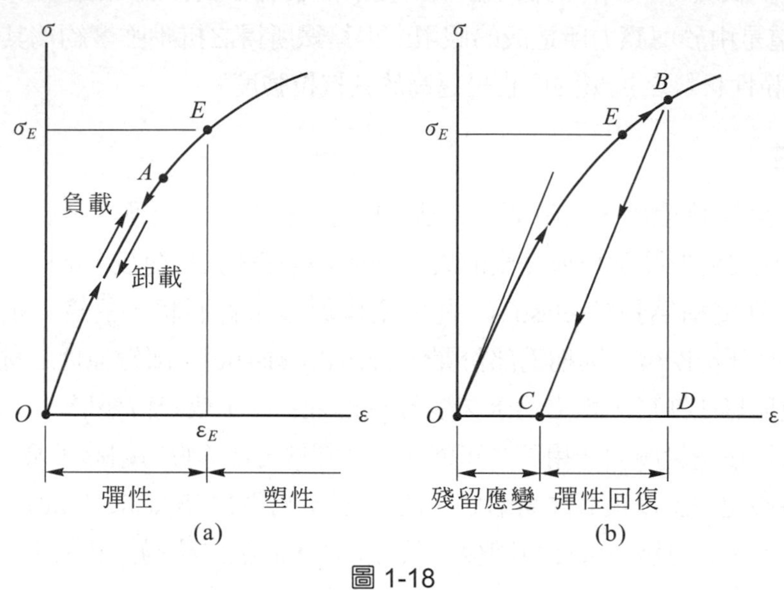

圖 1-18

1-5 虎克定律

大多數工程結構物或機器之設計，僅允許構件產生相當小之變形，其所生之應力通常在比例限內，在此範圍內應力σ 與應變ε 成正比，即

$$\sigma = E\varepsilon \tag{1-6}$$

此關係稱爲虎克定律(Hooke's law)，爲紀念英國數學家 Robert Hooke(1635-1703)而命名。其中比例常數 E 稱爲材料之彈性模數(modulus of elasticity)，或稱爲楊氏模數(Young's modulus)，爲紀念英國科學家 Thomas Young(1773-1829)而命名。由於應變ε爲無因次之量，故彈性模數之單位與應力相同，通常使用之單位爲 GPa、MPa、ksi、kg/cm^2 等。

應力-應變圖中，比例限前直線部份之斜率，就是材料的彈性模數。彈性模數爲材料具有之特性，不同材料有不同的彈性模數，鋼的彈性模數約爲 210GPa，而鋁約爲 73GPa，至於彈性模數較小之材料，例如塑膠大約為 0.7～14GPa。對於大部份材料，拉伸與壓縮的彈性模數相同。

公式(1-6)之虎克定律只適用於承受簡單拉伸或壓縮之單軸向應力，但大部份結構物與機器內之構件，承受之應力狀態則較為複雜，必須使用廣義的虎克定律，第七章中會針對此部份作詳細的討論。

1-6 蒲松比

稜柱桿承受軸向拉力時，縱向伸長而橫向收縮，承受軸向壓力時，則縱向縮短而橫向變寬，如圖 1-19 所示，圖中虛線為負荷前而實線為負荷後之情形。設桿件長度之變化量為δ，寬度之變化量為δ_b，則縱向應變ε_l及橫向應變ε_t分別為

$$\varepsilon_l = \frac{\delta}{L} \quad , \quad \varepsilon_t = \frac{\delta_b}{b}$$

其中 L 與 b 分別為桿子未受負荷前之長度及寬度。

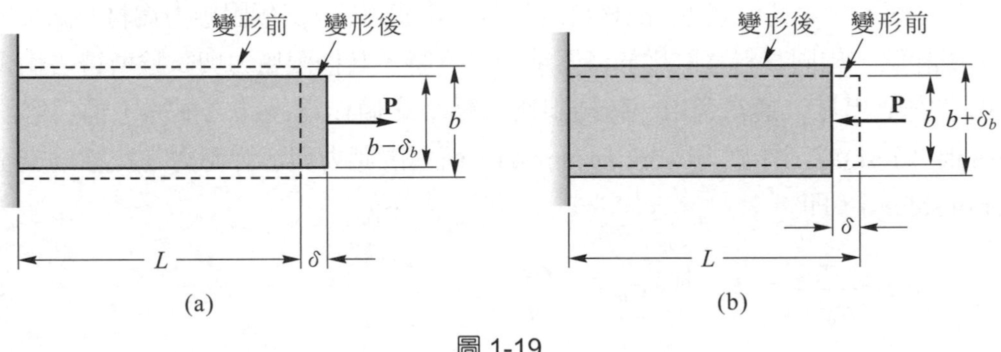

圖 1-19

對於線彈性材料，橫向應變(lateral strain)ε_t與縱向應變(longitudinal strain)成正比，且比值為一常數，此比值稱為蒲松比(Poisson's ratio)，以ν 表示之，即

$$\nu = -\frac{\varepsilon_t}{\varepsilon_l} \tag{1-7}$$

其中負號表示橫向應變與縱向應變之符號恆相反，即桿子受拉時縱向應變爲正(長度伸長)而橫向應變爲負(寬度減小)，受壓時情形相反，縱向應變爲負(長度縮短)而橫向應變爲正(寬度增加)。因此蒲松比恆爲負值，其最大值爲 1/2，將在第 7 章中說明。

材料的蒲松比已知時，橫向應變可由縱向應變求得，即

$$\varepsilon_t = -\nu\varepsilon_l \tag{1-8}$$

注意，上式只適用於簡單拉伸或壓縮之單軸向應力狀態。

蒲松比爲無因次之量，且與材料之種類有關，不同材料蒲松比之值不相同，對於大多數工程材料其值介於 1/4 至 1/3 之間，且同一材料拉伸與壓縮之蒲松比在工程上假設爲相等。

1-7 容許應力與安全因數

由應力-應變圖可知，材料所能承受之最大應力爲極限應力，但實用上不能以極限應力作爲設計之依據，因設計機器或結構物時，所考慮之負荷往往是依經驗所得之估計值，經常會有預想不到之情況發生，故材料之負荷並非準確值。又極限應力爲材料試樣經試驗所得之統計值，相同材料實際用於機器或結構物時，其極限應力與試驗所得之值會有不同，爲了安全起見，通常選用一較極限應力爲小之值作爲設計之依據，稱爲容許應力(allowable stress)或工作應力(working stress)，而極限應力與容許應力之比稱爲安全因數(factor of safety)，即

$$n = \frac{\sigma_u}{\sigma_{allow}} \quad , \quad 或 \quad \sigma_{allow} = \frac{\sigma_u}{n} \tag{1-9}$$

其中，σ_u 爲極限應力，σ_{allow} 爲容許應力，n 爲安全因數。

對於延性材料，如軟鋼、銅等材料，應力達降伏點後，應變增加甚大，且爲彈性限時所生應變之十餘倍，而負荷除去後又不能恢復其原有形狀以致產生永久應變，對某些機械構件，過度之應變或永久應變將使構件“失效”(failure)，故延性材料之容許應力須低於降伏應力，則基於降伏應力 σ_y 所定之容許應力爲

$$\sigma_{allow} = \frac{\sigma_y}{n} \tag{1-10}$$

選擇適宜之容許應力爲一相當困難之事，選用較大之容許應力可節省材料，但強度易生問題，而選用較小之容許應力，雖然安全但或許有浪費之疑慮。通常在選擇安全因數以決定容許應力之前，需先考慮下列幾項因素：

(1) 負荷之準確度；設計時對構件之負荷須預加估計，但甚多構件之負荷無法估計出準確之範圍，爲避免由於過載(overload)發生事故，通常安全因數宜考慮採用較大值。

(2) 破壞之種類；對於脆性材料，如鑄鐵，破壞前無任何明顯之跡象(變形)以示警告，但對於延性材料(如軟鋼與銅)在破壞前有顯著之塑性變形產生，因而可獲知破壞即將發生，而可預先防範，故延性材料之安全因數可取較低之值。

(3) 負荷之性質；循環性之負荷易使金屬產生疲勞，而在應力低於降伏強度即產生破壞。又構件在運動中承受負荷會有衝擊作用，使構件之實際應力增加甚多，故對於承受動態或循環性負荷之構件宜選用較大之安全因數。

另外，尙有其他必須考慮的因素，如材料之可靠度(reliability)，應力集中現象，使用時之溫度，構件失效(failure)之嚴重性等，均應事先加以考量。

“失效”(failure)一詞與“破壞”之意義相同，材料力學中“失效”是指構件無法充分發揮其具有之功能，例如機器之構件因變形過度而致整部機器失靈，就認定此構件失效，即使可能構件之應力仍低於降伏應力。

例題 1-3

圖中所示為鋁合金之應力-應變圖，今將此材料之試桿施加負荷使其應力達 600MPa，試求卸載後所生之永久應變。

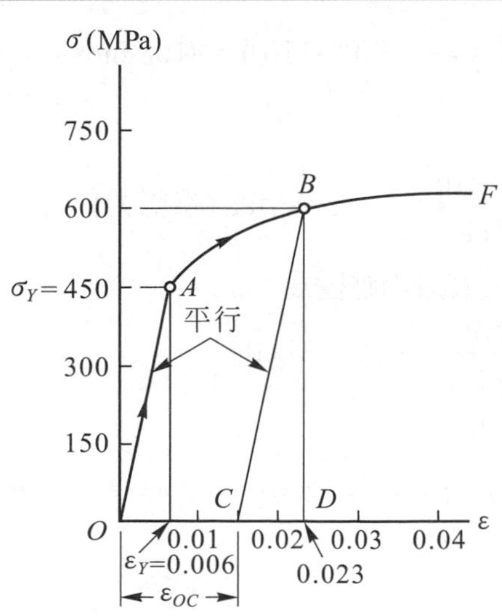

【解】試桿承受負荷而使應力達 600MPa 時，由圖可得此時之應變爲 0.023。當負荷釋放後材料會沿著與 OA 線平行的直線 BC 產生彈性回復，OC 爲試桿所生之永久應變。OA 直線之斜率爲鋁合金材料之彈性模數

$$E=\frac{\sigma_Y}{\varepsilon_Y}=\frac{450}{0.006}=75000\text{ MPa}=75.0\text{ GPa}$$

彈性回復之應變：

$$\varepsilon_{CD}=\frac{\sigma_B}{E}=\frac{600}{75.0\times10^3}=0.008$$

故永久應變爲

$$\varepsilon_{OC}=\varepsilon_B-\varepsilon_{CD}=0.023-0.008=0.015 \blacktriangleleft$$

若試桿原來之標記長度爲 50mm，則負荷釋放試桿上標記之長度爲

$$L=L_0\,(1+\varepsilon_{OC})=50(1+0.015)=50.75\text{ mm}$$

即試桿產生了 0.75mm 之永久伸長量。

例題 1-4

鋼管的長度 $L=1.2$m，外徑 $d_2=150$mm，內徑 $d_1=110$mm，承受 $P=620$kN 之軸向壓力，已知材料之彈性模數 $E=200$ GPa，蒲松比 $\nu=0.30$，試求此鋼管下列之各量：(a)縮短量δ，(b)横向應變 ε_t，(c)外徑及内徑之增加量 Δd_2 及 Δd_1，(d)厚度之增加量。設鋼管之應力在線彈性範圍内。

【解】鋼管的截面積

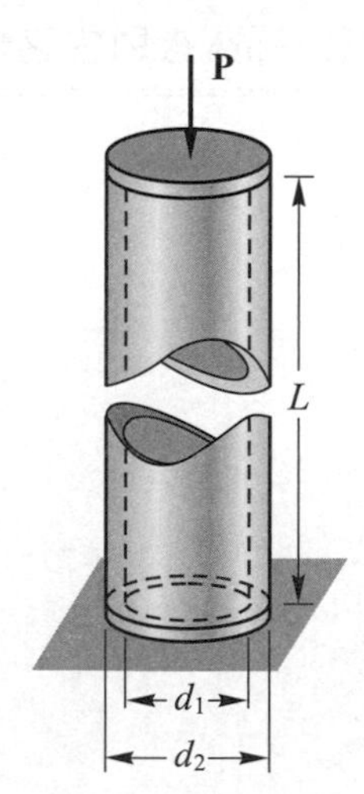

$$A=\frac{\pi}{4}\left(d_2^2-d_1^2\right)=\frac{\pi}{4}(150^2-110^2)=8168\text{ mm}^2$$

鋼管橫斷面之正交應力

$$\sigma=\frac{P}{A}=\frac{-620\times10^3}{8168}=-75.9\text{ MPa (壓應力)}$$

由虎克定律可得鋼管之(縱向)應變爲

$$\varepsilon=\frac{\sigma}{E}=\frac{-75.9}{200\times10^3}=-0.3795\times10^{-3}$$

(a) 鋼管的縮短量：

$$\delta=\varepsilon L=(-0.3795\times10^{-3})(1200)=-0.4554\text{ mm} \blacktriangleleft$$

其中負號表示鋼管的長度縮短。

(b) 橫向應變：

$$\varepsilon_t = -\nu\varepsilon = -(0.3)(-0.3795 \times 10^{-3}) = 0.1139 \times 10^{-3} ◄$$

(c) 外徑增加量Δd_2與內徑增加量Δd_1：

$$\Delta d_2 = \varepsilon_t d_2 = (0.1139 \times 10^{-3})(150) = 0.0171 \text{ mm} ◄$$

$$\Delta d_1 = \varepsilon_t d_1 = (0.1139 \times 10^{-3})(110) = 0.0125 \text{ mm} ◄$$

(d) 壁厚增加量：

$$\Delta t = \varepsilon_t t = (0.1139 \times 10^{-3})(20) = 0.0023 \text{ mm} ◄$$

或 $$\Delta t = \frac{1}{2}(\Delta d_2 - \Delta d_1) = \frac{1}{2}(0.0171 - 0.0125) = 0.0023 \text{ mm} ◄$$

例題 1-5

圖中負荷 W 以剛性桿 ABC 及鋼索 BD 支撐，已知鋼索 BD 之極限應力為 420MPa，橫斷面積為 600mm²，設安全因數為 $n = 3.0$，試求負荷 W 之容許值。設剛性桿及鋼索之重量忽略不計。

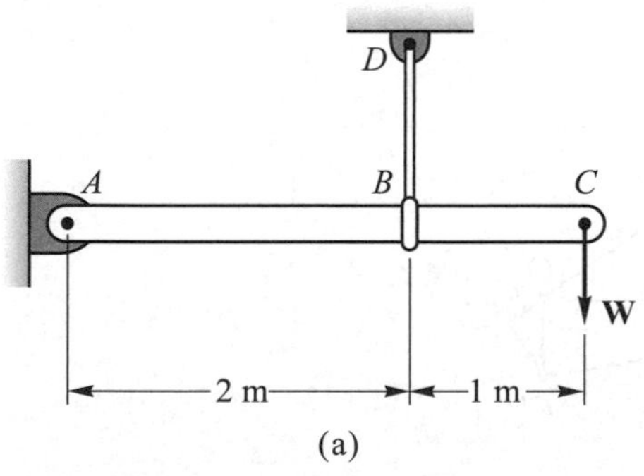

(a)

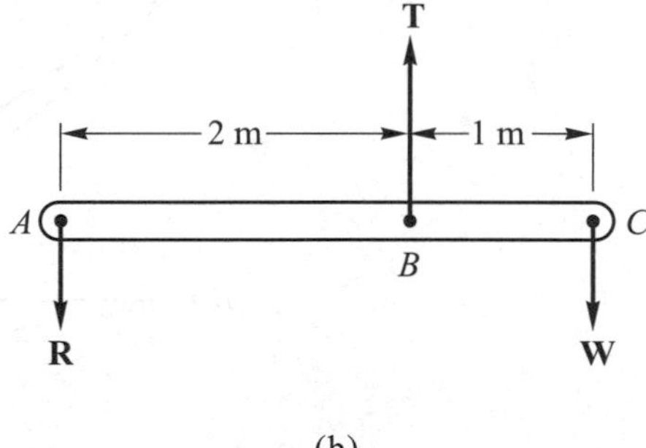

(b)

【解】鋼索 BD 之容許拉應力為

$$\sigma_{allow} = \frac{\sigma_u}{n} = \frac{420}{3.0} = 140 \text{ MPa}$$

鋼索之容許拉力為 $T = \sigma_{allow} A = (140)(600) = 84.0\times10^3\text{N} = 84.0 \text{ kN}$

由 AB 桿之自由體圖，如(b)圖所示

$$\sum M_A = 0 \text{ ，} \quad W(3) = T(2) \text{ ，} \quad W = \frac{2}{3}T = \frac{2}{3}(84.0) = 56.0 \text{ kN} ◄$$

例題 1-6

圖中剛性桿 BC 以 B 端之鉸支承及鋼索 AC 支撐 2000 lb 之荷重，鋼索 AC 之橫斷面積為 0.25 in^2，彈性模數為 29×10^6psi，試求 C 點之垂直位移。設鋼索 AC 之應力保持在線彈性範圍內。

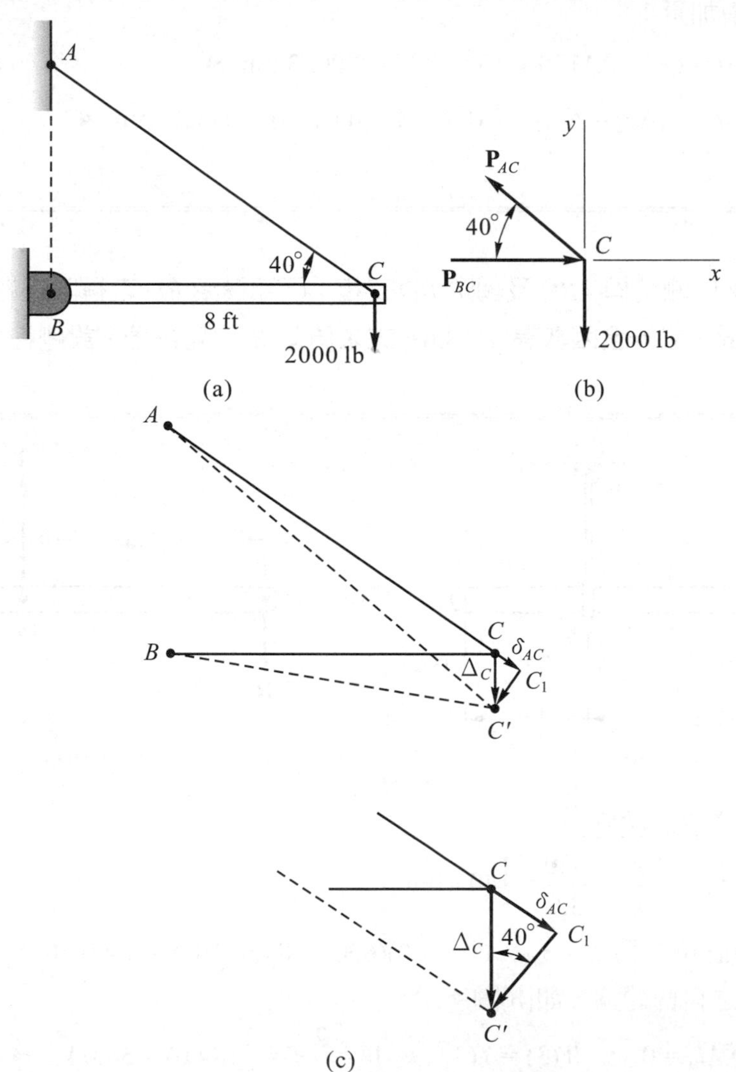

(c)

【解】剛性桿 BC 僅 B、C 兩端有受力，故 BC 桿為二力構件且承受壓力，今取 C 點之自由體圖，如(b)圖所示，由平衡方程式

$$\sum F_y = 0 \ , \quad P_{AC}\sin 40° - 2000 = 0 \ , \quad 得 \ P_{AC} = 3111 \text{ lb (拉力)}$$

鋼索 AC 之拉應力

$$\sigma_{AC} = \frac{P_{AC}}{A_{AC}} = \frac{3111}{0.25} = 12444 \text{ psi}$$

鋼索 AC 之應變

$$\varepsilon_{AC} = \frac{\sigma_{AC}}{E} = \frac{12444}{29\times10^6} = 0.429\times10^{-3}$$

鋼索 AC 之原始長度：$L_{AC} = (8\times12)/\cos 40° = 125.3$ in

鋼索 AC 之伸長量 ：$\delta_{AC} = \varepsilon_{AC} L_{AC} = (0.429\times10^{-3})(125.3) = 0.0538$ in

剛性桿 BC 承受 2000 lb 之荷重後，鋼索 AC 受拉伸長導致 C 點之位置發生變化，參考(c)圖所示。鋼索之長度變為 AC_1，剛性桿 BC 之長度不變，故變形後 C 點之位置，以 A 為圓心 AC_1 為半徑作圓弧，再以 B 為圓心 BC 為半徑作圓弧，兩圓弧之交點，即為變形後 C 點之位置。因變形量甚小，當以甚大之半徑作很小之圓弧時，此圓弧幾乎為直線，且與半徑垂直。因此變形後 C 點位置 C'，可在 C_1 點作 AC_1 之垂線，並在 C 點作 BC 之垂線，兩垂線之交點 C' 即為變形後 C 點之位置(注意 AC_1 與 AC' 幾乎互相平行)，參考(c)圖所示，故 C 點之垂直位移為

$$\Delta_C = \frac{\delta_{AC}}{\sin 40°} = \frac{0.0538}{\sin 40°} = 0.0837\text{in} ◄$$

1-1 圖中所示為鋼材試桿由拉伸試驗所得之應力-應變圖，試桿之原始直徑為 0.502in，標距長度(gage length)為 2.00in。斷裂時破斷面之直徑為 0.405in，兩標記間之長度為 2.55in。試求(a)比例限應力，(b)彈性模數，(c)極限強度，(d)降伏應力，(e)伸長百分比，(f)面積縮小百分比。

【答】(a)71 ksi，(b)29×10^3 ksi，(c)114 ksi，(d)98 ksi，(e)27.5%，(f)34.9%

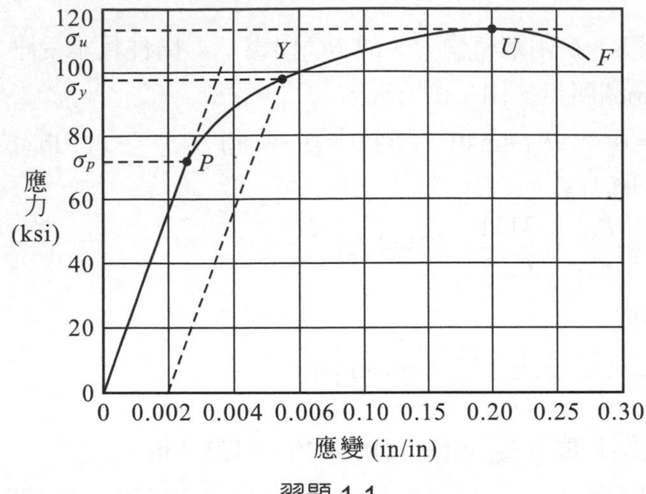

習題 1-1

1-2 鎂合金之圓桿，長度爲 750mm，其應力-應變圖如圖所示。今對圓桿施加軸向拉力使其伸長 4.5mm 後將負荷移去，試求圓桿之永久變形量。

【答】1.77mm

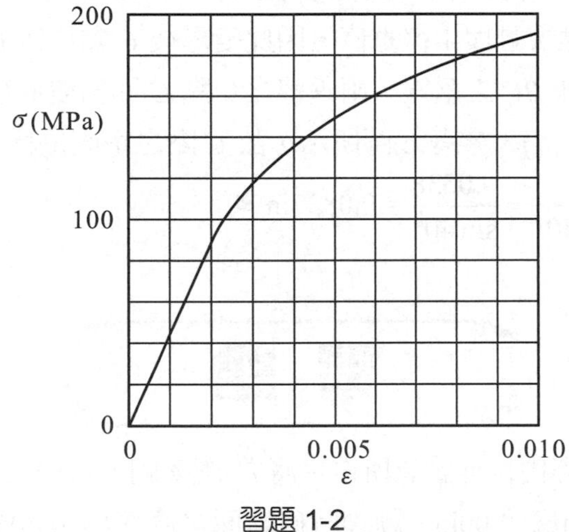

習題 1-2

1-3 一青銅圓桿之直徑爲 7mm 長度爲 200mm，承受 6700N 之軸向拉力，已知彈性模數 E = 170GPa，蒲松比 ν = 0.32，試求圓桿之伸長量及直徑之減少量。

【答】δ = 0.205mm，$\Delta d = 2.294\times10^{-3}$mm

1-4 一高強度鋼線，直徑爲 3.0mm，長度爲 15m，承受 3.5kN 之軸向拉力，伸長量爲 37.1mm，直徑減小 0.0022mm，試求鋼線之彈性模數及蒲松比。

【答】$E = 200\text{GPa}$，$\nu = 0.3$

1-5 圖中矩形斷面(1.5in×2in)之鋁塊承受 8 kips 之軸向壓力，已知斷面 1.5in 之寬度變爲 1.500132in，試求鋁之蒲松比及斷面 2in 之高度變爲若干？鋁之彈性模數爲 10×10^3ksi。

【答】$\nu = 0.330$，$h = 2.000176\text{in}$

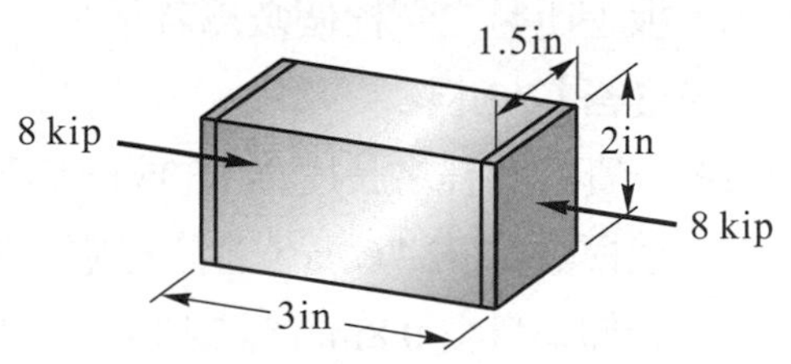

習題 1-5

1-6 試求圖中桿子在 *AB*、*BC* 及 *CD* 三段之橫截面上所受之平均正交應力。

【答】$\sigma_{AB} = -28.6$ MPa，$\sigma_{BC} = -5$MPa，$\sigma_{CD} = 12.5$MPa

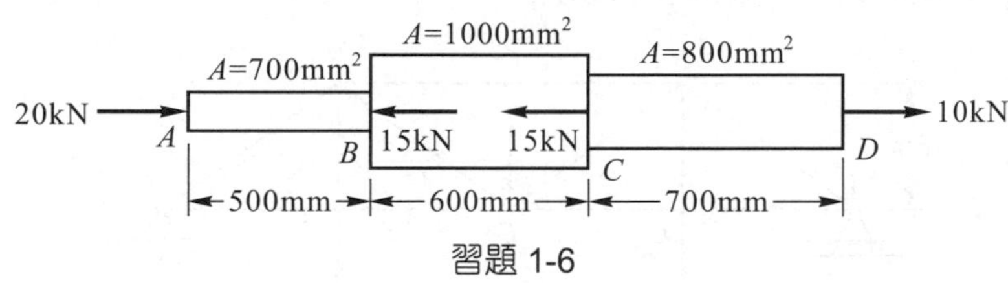

習題 1-6

1-7 一青銅管之外徑爲 54.6mm，內徑爲 47mm，彈性模數爲 110GPa，承受 155kN 之軸向壓力，外徑增加 0.04mm，試求(a)內徑之增加量，(b)壁厚之增加量，(c)青銅之蒲松比。

【答】(a)0.0344mm，(b)0.00278mm，(c)0.32

1-8 圖中圓形鋁管長度爲 500mm，外徑爲 60mm，內徑爲 50mm，承受軸向壓力 *P* 作用，鋁管外表面之應變計測得縱向之正交應變爲$\varepsilon = 540\times10^{-6}$，試求(a)鋁管之縮短量，(b)若鋁管橫斷面之壓應力爲 40MPa，則壓力 *P* 爲若干？

【答】(a)0.270mm，(b)34.6kN

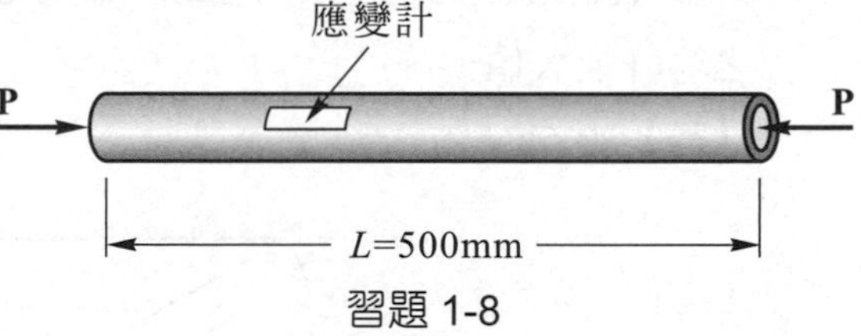

習題 1-8

1-9 圖中壓力容器之內徑 $D = 250$mm，其內裝有壓力爲 1900kPa 之氣體，上面密封蓋板以螺栓鎖緊，螺栓直徑爲 12mm，容許拉應力爲 70MPa，則蓋板上所需之螺栓個數爲若干？

【答】12 根

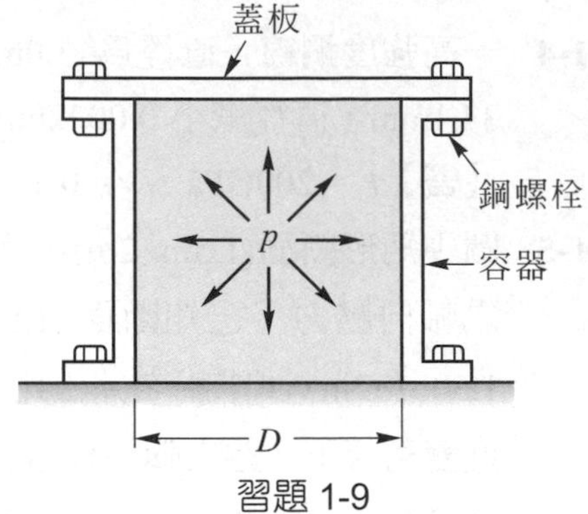

習題 1-9

1-10 一實心圓桿之長度爲 380mm，直徑爲 6mm，彈性模數爲 42.7GPa，容許拉應力爲 89.6MPa，容許伸長量爲 0.8mm，試求圓桿容許之軸向拉力？

【答】2.53kN

1-11 試求圖中桁架在 AC 及 BC 兩桿件內之正交應力。兩桿之橫截面積均爲 900mm^2。設桁架內各桿件之重量忽略不計。

【答】$\sigma_{AC} = 59.3$ MPa，$\sigma_{BC} = 33.3$ MPa

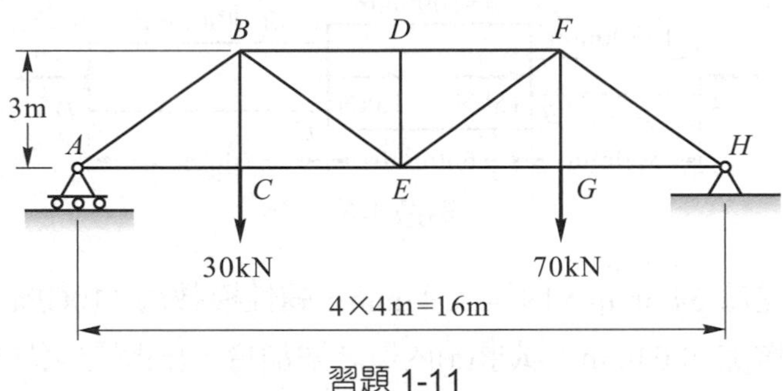

習題 1-11

1-12 圖中荷重 W 以 AB 及 AC 兩繩索支撐。已知繩索 AB 之斷面積爲 400mm^2，容許拉應力爲 100MPa，繩索 AC 之斷面積爲 200mm^2，容許拉應力爲 150MPa，試求荷重 W 之容許最大值。

【答】33.5kN

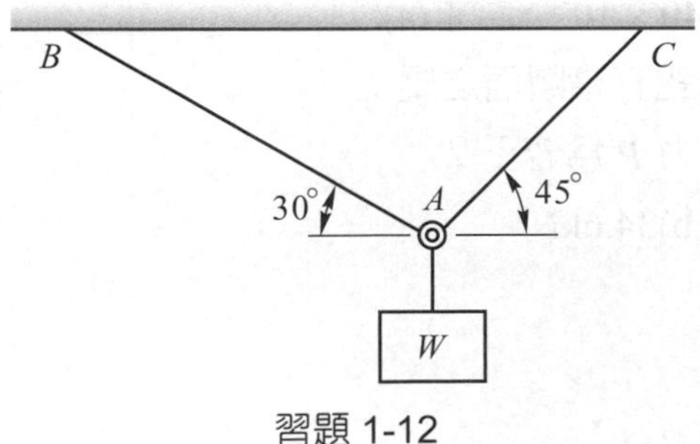

習題 1-12

1-13 圖中繩索 BC 之橫斷面積為 100mm^2，容許拉應力為 50MPa，試求圓柱之容許最大重量。設 AB 桿之重量忽略不計。

【答】6.0kN

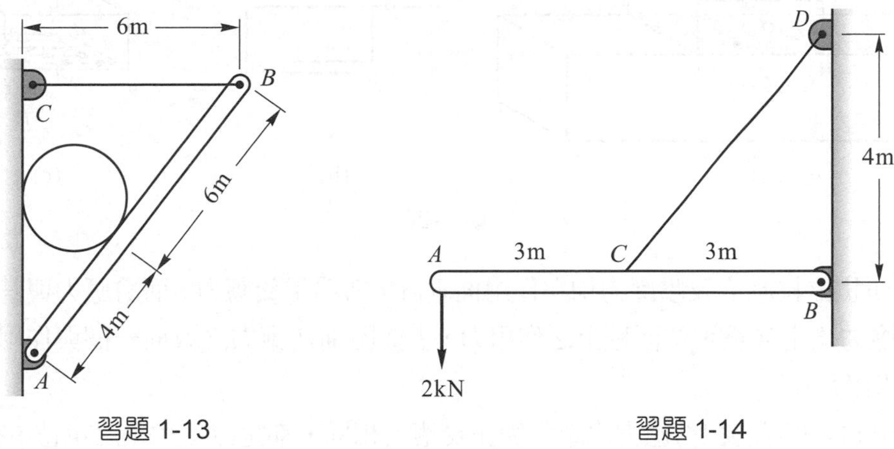

習題 1-13　　　　習題 1-14

1-14 圖中剛性桿 AB 之質量為 150 kg，以 B 端之鉸支承及鋼索 CD 支撐 2 kN 之荷重，已知鋼索直徑為 10mm，彈性模數為 200GPa，試求 A 點之垂直位移。

【答】5.44mm

1-8 剪應力與剪應變

物體受力作用時，若其一部份相對於另一部份有滑動傾向，則在有滑動傾向之面上會受有剪應力，參考圖 1-20(a)，物體上之凸出塊承受負荷 P 時，此凸出塊有沿 $abcd$ 面向右滑動之傾向，為阻擋滑動之產生，$abcd$ 面承受有一內力，如圖 1-20(b)所示，此內力 P 與作用面平行，稱為**剪力**(shear force)。剪力 P 分佈作用於 $abcd$ 面(面積為 A)上，假設是均勻分佈，如圖 1-20(c)所示，則 $abcd$ 面上之**平均剪應力**(average shear stress)為

$$\tau_{avg} = \frac{P}{A} \tag{1-11}$$

剪應力通常以希臘字母 τ (tau)表示之，以便與正交應力 σ 有所區別。公式(1-11)是假設剪應力均勻分佈於作用面上，但實際分佈並非均勻且甚為複雜不易求得，故用平均值考

慮以簡化計算。雖然公式(1-11)僅求得實際剪應力之估計值，但這種簡化之計算在工程上是容許的。

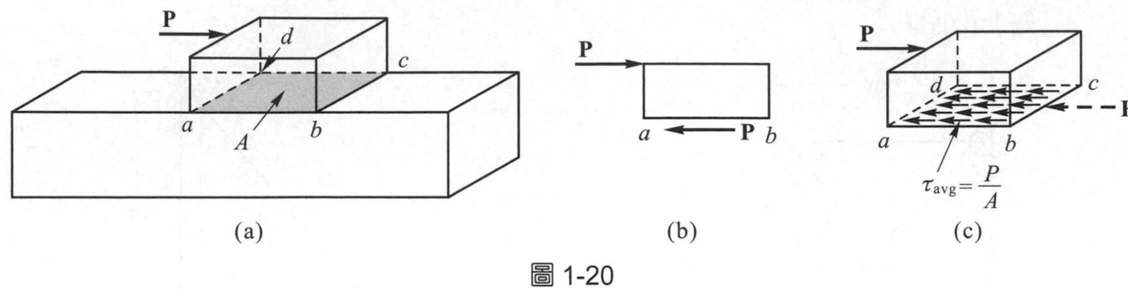

圖 1-20

上節所提之拉應力及壓應力均與作用面垂直，稱為正交應力，而剪應力與其作用面平行，兩種應力均定義為單位面積上之作用力，主要區別在應力之方向一個與作用面垂直而一個與作用面平行。

由公式(1-11)可看出剪應力之單位與正交應力相同，都是(力/面積)之單位，在 SI 單位中使用 Pa、MPa 或 GPa，而在英制重力單位中則使用 psi 或 ksi。

作用力 P 直接作用而產生之剪力，稱為**直接剪力**(direct shear)，此種剪力常發生在螺栓、銷、鉚釘、鍵、熔接及黏接構件中。至於構件受拉伸、扭轉或彎曲時，也會有剪應力間接產生在構件內，這些在後面的章節中將會討論到。在實用上有兩類的直接剪力常遭遇到，茲分別說明如下。

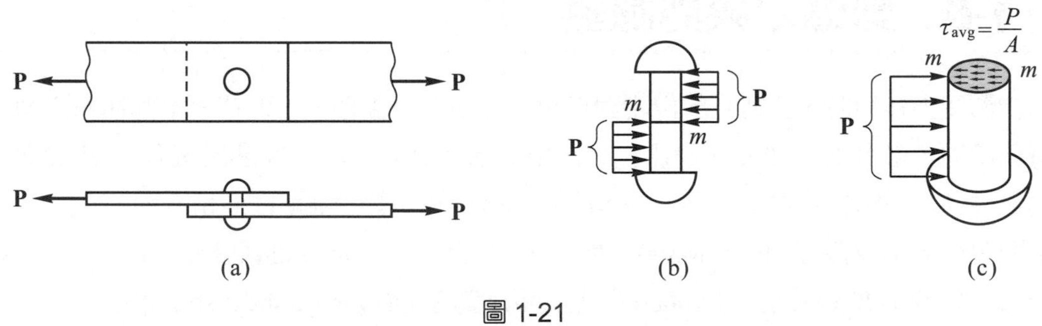

圖 1-21

(1) **單剪**(single shear)

圖 1-21(a)中所示為兩塊鋼板以鉚釘**搭接**(lap joint)之情形。當鋼板承受負荷 P 時，取鉚釘之自由體圖觀察，設忽略兩鋼板間之摩擦(不易估算且不可靠)，則鉚釘在 mm 斷面承受剪力 P 之作用，因此在 mm 斷面之平均剪應力為

$$\tau_{avg} = \frac{P}{A} \tag{1-12}$$

其中 A 為鉚釘之斷面積。

此種情況因鉚釘只有一個斷面受剪，故稱為單剪(single shear)。若搭接接頭有數個鉚釘，則負荷 P 通常是假設由所有鉚釘平均分擔。

(2) **雙剪**(double shear)

圖 1-22(a)中所示為兩塊鋼板以鉚釘**對接**(butt joint)之情形。當鋼板承受負荷 P 時，同樣忽略鋼板間之摩擦，取鉚釘 A 之自由體圖觀察，鉚釘 A 在 mm 及 nn 兩個斷面承受有剪力，假設負荷 P 是由兩個斷面平均分擔，則鉚釘所受之平均剪應力為

$$\tau_{avg} = \frac{P}{2A} \tag{1-13}$$

其中 A 為鉚釘之斷面積。由於鉚釘之剪力是由兩個斷面承受，故稱為雙剪(double shear)。鉚釘 B 同樣也是雙剪。若對接接頭兩邊各有數個鉚釘，同樣負荷 P 也是由這些鉚釘平均分擔。

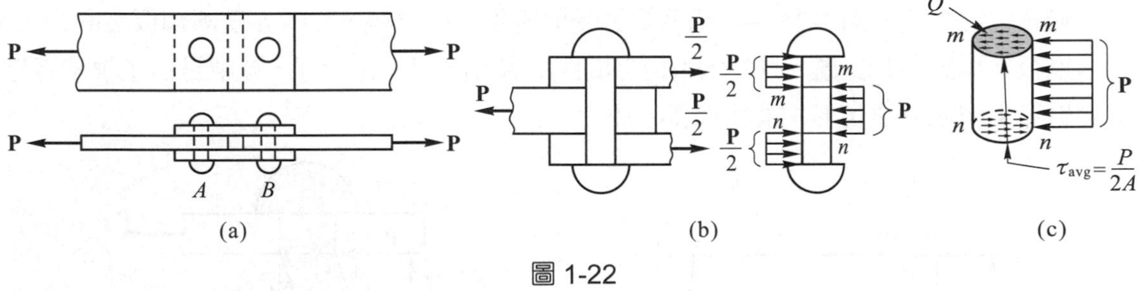

圖 1-22

■純剪之應力狀態

為完整瞭解剪應力之作用情形，考慮圖 1-22(c)中 mm 斷面上 Q 點之應力元素(各邊之邊長為 1，且各面之面積為 1)，設應力元素之上面在 mm 斷面上，且所受之剪應力為τ，如圖 1-23 所示，由力平衡可知下面亦受有大小相等方向相反之剪應力，因此上下兩面之剪應力形成一組順時針方向之力偶，由力矩平衡可知左右兩面必存在有一組逆時針方向之剪應力τ'，因各面之面積均相等且等於 1，故

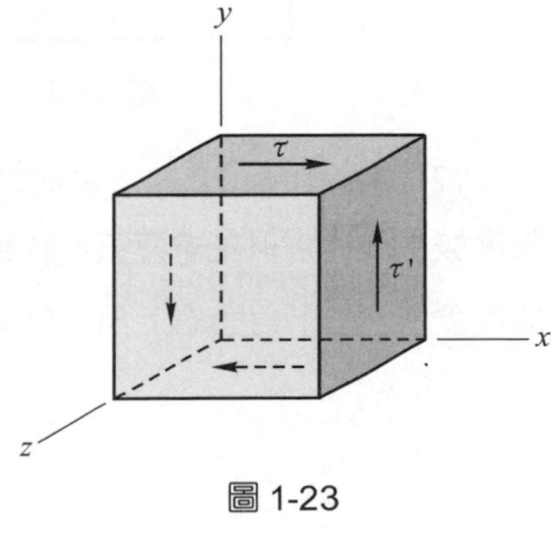

圖 1-23

$$\tau' = \tau \tag{1-14}$$

因此圖 1-23 中四個面上之剪應力必同時存在，此四個剪應力大小必相等，而互相垂直之兩組平面上，當一組剪應力朝順時針方向時另一組必朝逆時針方向，或互相垂直兩個面上之剪應力方向必同時指向或指離該兩面之交線，此種應力狀態稱爲**純剪**(pure shear)。

■剪應變

構件承受直接剪力時，構件上會有相距 L(通常 L 甚小)之兩平行平面上，同時承受一組大小相等方向相反之剪力，而使兩平行平面產生相對之移動。參考圖 1-24 中，相距 L 之兩平行平面 BC 及 AD，受剪力 P 作用，而使兩平行平面產生δ之橫向變形量，由應變之定義，即單位長度之變形量，可得構件所生之**剪應變**(shear strain) γ，即

$$\gamma = \frac{\delta}{L} \tag{1-15}$$

其中，δ/L 爲 AB 及 AB'兩邊夾角之正切值。因δ 通常甚小於 L，故δ/L 等於 AB 及 AB'兩邊之夾角。因此物體受剪力作用所生之剪應變爲該物體所生之角變形，且以「弳度」量度，爲一無單位之角度。圖 1-25 中所示爲鉚釘受剪所生之剪應變，其中 L 爲兩鋼板之間距，δ 爲兩鋼板之相對移動距離。雖然兩鋼板之間距 L 甚小，但一定存在，圖中是爲了讓讀者瞭解鉚釘產生剪應變之情形，故特別將 L 放大。

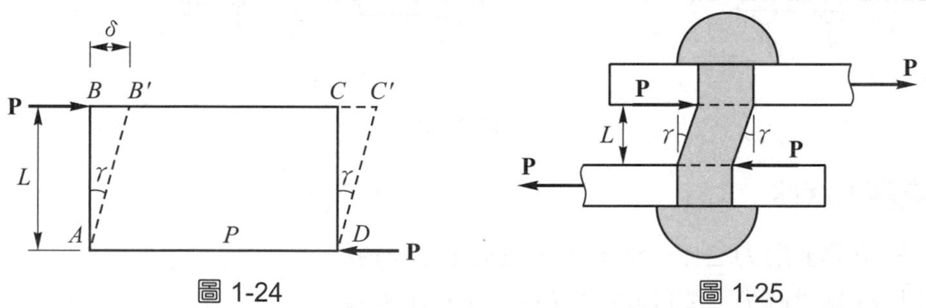

圖 1-24　　圖 1-25

圖 1-26 中所示爲承受純剪之應力元素及其所生之剪應變，注意剪應變不會使各邊之長度發生變化，但是會使其形狀發生改變，從前面或後面觀察，本來是正方形的形狀將變成爲菱形，左下角與右上角之角度由$\frac{\pi}{2}$減小爲$\left(\frac{\pi}{2}-\gamma\right)$，而左上角與右下角則由$\frac{\pi}{2}$增加爲$\left(\frac{\pi}{2}+\gamma\right)$。

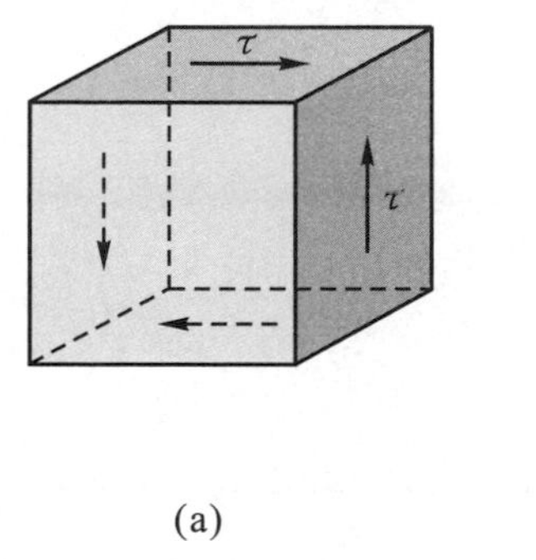

(a)

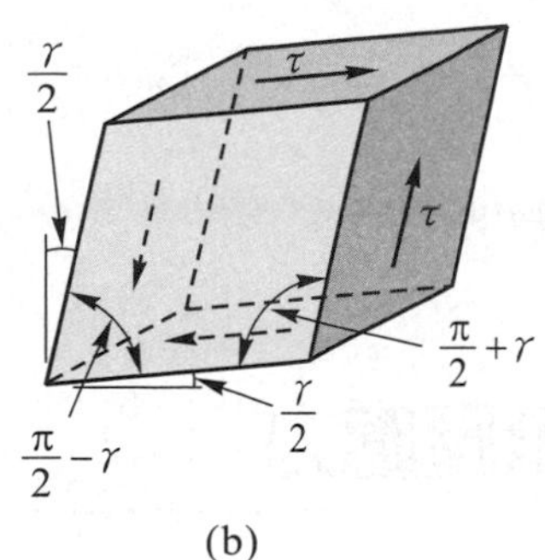

(b)

圖 1-26

■剪應力-應變圖

若對材料作抗剪試驗，同樣可得材料之剪應力-剪應變關係圖，且其形狀與同一材料之抗拉試驗相似，從該圖可決定抗剪之比例限、降伏點及極限剪應力。通常延性金屬材料之剪降伏應力約爲抗拉降伏應力之 50%至 60%。

對大部份之工程材料，剪應力-剪應變圖在最初的一段爲通過原點之直線，在此範圍內剪應力與剪應變成正比，故可得剪力的虎克定律(Hock′s law in shear)爲

$$\tau = G\gamma \tag{1-16}$$

其中 G 稱爲**剪彈性模數**(shear modulus of elasticity)或**剛性模數**(modulus of rigidity)。因γ 無單位，故 G 之單位與應力相同。對於結構用鋼 G 之值約爲 75GPa 或 11000ksi，而鋁合金約爲 28GPa 或 4000ksi。

彈性模數 E、蒲松比ν 與剪彈性模數 G 三者均爲材料常數，即不同材料有不同之 E、ν、與 G，但對於同一材料三者並非獨立的彈性性質，即已知 E 與ν時便可求得 G 值，三者間之關係爲

$$G = \frac{E}{2(1+\nu)} \tag{1-17}$$

此關係將會在 1-11 節中證明。

設計承受剪力之構件時，不能以剪降伏應力τ_y 或剪極限應力(抗剪強度)τ_u 作爲設計的依據，而是以容許剪應力τ_{allow} 計算構件所需之尺寸。與公式(1-9)及(1-10)類似，容許剪應力爲

$$\tau_{allow} = \frac{\tau_u}{n} \quad ， \text{或} \quad \tau_{allow} = \frac{\tau_y}{n} \tag{1-18}$$

其中 n 為安全因數。

1-9 承壓應力

互相接觸的兩構件，在彼此之接觸面上必存在有一與接觸面垂直之正壓力，則接觸面上單位面積之正壓力稱為承壓應力(bearing stress)。參考圖 1-27 中，物體(重量忽略不計)置於水平面上，假設接觸面之承壓應力為均勻分佈，則其承壓應力為

$$\sigma_b = \frac{P}{A_b} \tag{1-19}$$

其中 A_b 為物體與水平面之接觸面積。實際上接觸面之承壓應力分佈甚為複雜，不易分析，工程上均以平均應力計算之。

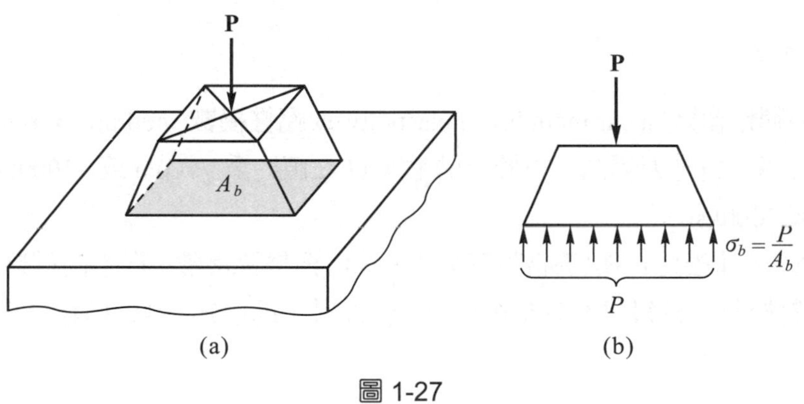

圖 1-27

對於用螺栓、銷釘或鉚釘連結之構件，其承壓面為一半圓柱面，如圖 1-28 中以鉚釘搭接之鋼板，鉚釘與鋼板在接觸面上之應力分佈如(b)圖所示，最大應力在中間而朝兩側逐漸減小至零。若以接觸面投影在垂直於負荷平面上之面積($A = dt$)計算平均應力，參考(c)圖所示，則所得之平均應力與接觸面之最大應力大約相等，故工程上都以此投影面積計算此種接觸面之平均承壓應力，即

$$\sigma_b = \frac{P}{dt} \tag{1-20}$$

其中 d 為鉚釘直徑，t 為鋼板厚度。

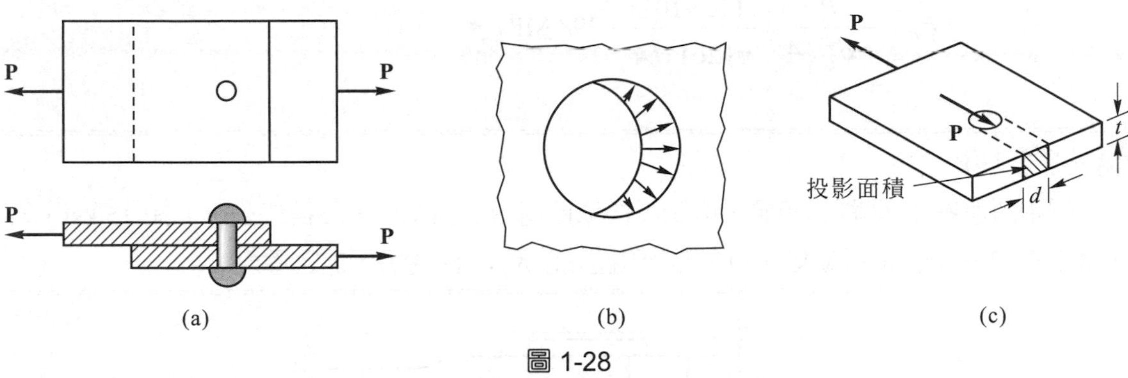

圖 1-28

例題 1-7

圖中衝孔設備利用衝頭(punch)將鋼板衝出圓孔，設衝頭直徑 $d = 20\text{mm}$，鋼板厚度 $t = 6.5\text{mm}$，衝頭之壓力 $P = 125\text{kN}$，試求(a)鋼板所受之平均剪應力，(b)衝頭與鋼板接觸面之平均承壓應力。

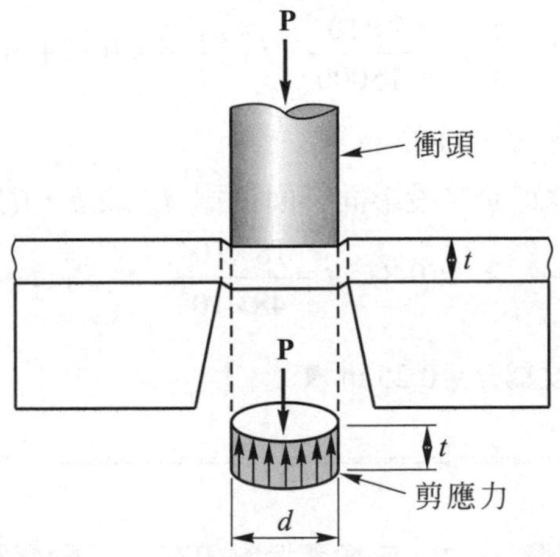

【解】 (a) 鋼板受剪之面積為衝孔之周長乘以鋼板厚度，如圖所示，故鋼板之平均剪應力為

$$\tau_{avg} = \frac{P}{\pi dt} = \frac{125 \times 10^3}{\pi(20)(6.5)} = 306 \text{ MPa} ◀$$

(b) 衝頭與鋼板接觸面之平均承壓應力爲

$$\sigma_b = \frac{P}{\pi d^2 / 4} = \frac{125 \times 10^3}{\pi (20)^2 / 4} = 398 \text{ MPa} ◀$$

例題 1-8

圖中所示為 U 型關節接頭，以銷子傳遞負荷 $P = 18$ kips，設容許剪應力為 15 ksi，容許承壓應力為 48 ksi，試求銷子所需之直徑 d 以及 U 型接頭所需之厚度 t。

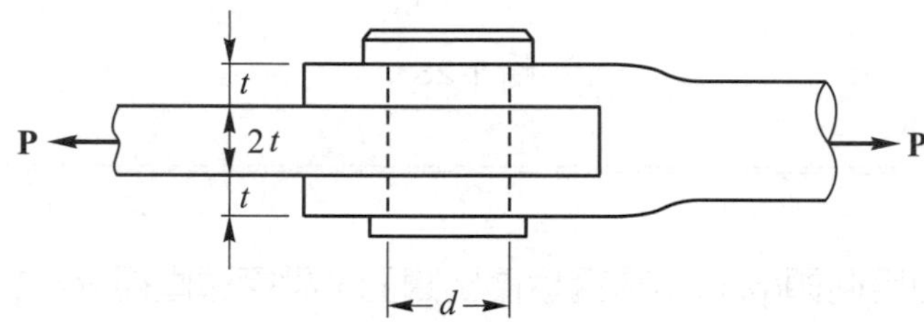

【解】銷子有兩個斷面承受剪力(雙剪)，每個斷面承受 $P/2$ 之剪力，故銷子所需之斷面積爲

$$A = \frac{P/2}{\tau_{allow}} \quad , \quad \frac{\pi}{4} d^2 = \frac{9 \times 10^3}{15000} \quad , \quad \text{得 } d = 0.874 \text{ in}$$

設選用銷子之直徑爲 $d = 0.875$ in ◀

銷子與接頭平板在承壓面之投影面影面積爲 $A_b = 2dt$，則由公式(1-20)

$$A_b = \frac{P}{(\sigma_b)_{allow}} \quad , \quad 2(0.875)t = \frac{18 \times 10^3}{48 \times 10^3} \quad , \quad \text{得 } t = 0.214 \text{ in}$$

選用 U 型接頭之厚度爲 $t = 0.25$ in ◀

例題 1-9

圖中鋼板 AB 以兩塊寬度 $b = 3$in 之橡膠塊黏接在上下兩個剛性支承間，鋼板 AB 承受 $P = 7000$ lb 之水平力作用時產生 $\delta = 0.125$ 吋之位移，試求橡膠之剛性模數(modulus of rigidity)。

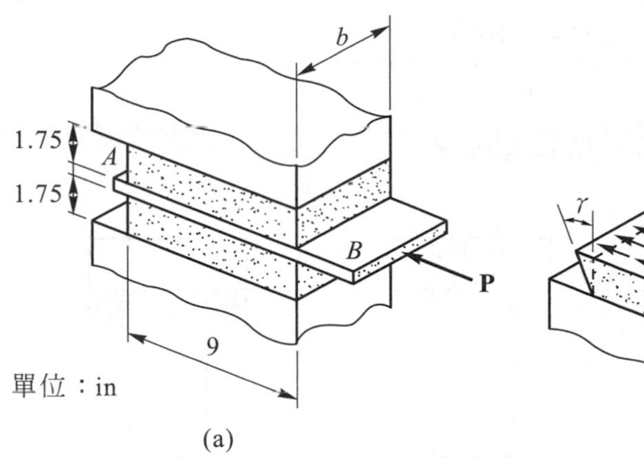

(a)

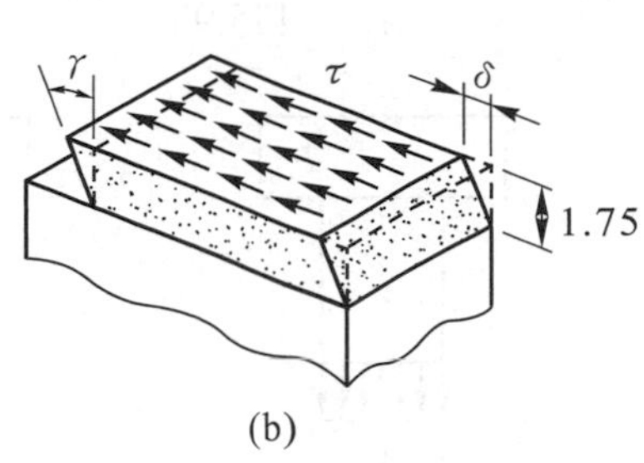

(b)

【解】橡膠塊所受之剪應力由公式(1-11)，$\tau=\dfrac{P}{A}=\dfrac{7000}{2\left(3\times 9\right)}=129.6\text{ psi}$

橡膠塊所生之剪應變，由公式(1-15)，$\gamma=\dfrac{\delta}{L}=\dfrac{0.125}{1.75}=0.0714\text{ rad}$

橡膠之剛性模數 G 由公式(1-16)，$G=\dfrac{\tau}{\gamma}=\dfrac{129.6}{0.0714}=1814\text{ psi}$ ◄

例題 1-10

圖中圓頭螺栓承受 10 kN 之拉力，螺栓直徑 $d=10$mm，螺栓頭直徑 $D=18$mm 高度 $h=8$mm，試求(a)螺桿中之平均拉應力；(b)螺栓頭之平均剪應力；(c)螺栓頭之承壓壓應力。

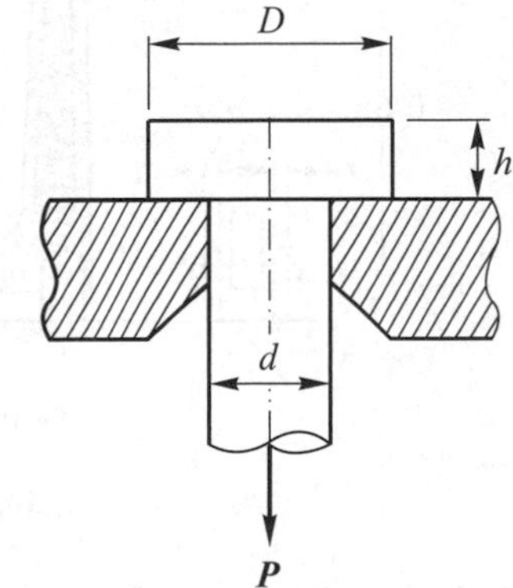

【解】(a) 螺桿在橫斷面上承受拉應力，如(a)圖所示，承受拉力之面積 A_t 爲

$$A_t=\frac{\pi d^2}{4}=\frac{\pi\left(10\right)^2}{4}=78.54\text{ mm}^2$$

則 $\sigma_t=\dfrac{P}{A_t}=\dfrac{10\times 10^3}{78.54}=127.3\text{ MPa}$ ◄

(b) 螺栓頭在直徑爲 d 高度爲 h 之圓柱表面承受剪應力，如(b)圖所示，受剪之面積 A_s 爲

$$A_s=(\pi d)h=(\pi\times 10)(8)=251.33\text{ mm}^2$$

則 $\tau=\dfrac{P}{A_s}=\dfrac{10\times 10^3}{251.33}=39.79\text{ MPa}$ ◄

(c) 螺栓頭下方與平板接觸之圓環面積承受壓應力，如(c)圖所示，受壓之面積 A_b 爲：

$$A_b = \frac{\pi\left(D^2 - d^2\right)}{4} = \frac{\pi\left(18^2 - 10^2\right)}{4} = 175.93 \text{ mm}^2$$

則 $\sigma_b = \dfrac{P}{A_b} = \dfrac{10\times10^3}{175.93} = 56.84 \text{ MPa}$ ◀

P　P　P

(a)　(b)　(c)

例題 1-11

圖中支撐架(bracket)BCD 以 C 處之鉸支承及鋼桿 AB 支撐二個垂直負荷，(a)已知鋼桿 AB 之極限應力為 600 MPa，試求安全因數為 3.3 時所需之桿徑？(b)C 處鉸支承之銷子以鋼材製造，剪極限應力為 350MPa，試求安全因數為 3.3 時所需之銷徑？

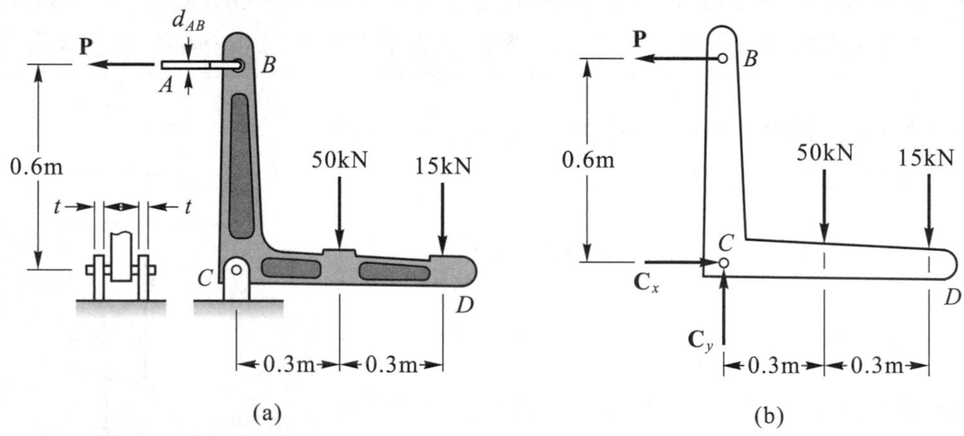

(a)　(b)

【解】先求鋼桿 AB 及支承 C 之作用力，取支撐架之自由體圖，如(b)圖所示，由平衡方程式

$$\sum M_C = 0 \text{，} P(0.6) - 50(0.3) - (15)(0.6) = 0 \text{，} P = 40 \text{ kN}$$

$$\sum F_x = 0 \text{，} C_x = P = 40 \text{ kN}$$

$\sum F_y = 0$ ， $C_y = 50+15 = 65$ kN

故支承 C 之作用力爲 $P_C = \sqrt{40^2 + 65^2} = 76.3$ kN

(a) 鋼桿 AB 之安全因數爲 3.3 時，其容許應力爲

$$\sigma_{allow} = \frac{\sigma_u}{n} = \frac{600}{3.3} = 181.8 \text{ MPa}$$

鋼桿之拉力爲 $P = 40$ kN，故所需之直徑爲

$$A = \frac{P}{\sigma_{allow}} \quad , \quad \frac{\pi}{4} d_{AB}^2 = \frac{40 \times 10^3}{181.8} \quad , \quad d_{AB} = 16.74 \text{ mm} ◀$$

(b) C 處銷子之安全因數爲 3.3 時，其容許剪應力爲

$$\tau_{allow} = \frac{\tau_u}{n} = \frac{350}{3.3} = 106.1 \text{ MPa}$$

由於銷子承受雙剪，則銷子承受剪力 $P_C = 76.3$ kN 時所需之銷徑爲

$$2A = \frac{P_C}{\tau_{allow}} \quad , \quad 2\left(\frac{\pi}{4} d_C^2\right) = \frac{76.3 \times 10^3}{106.1} \quad , \quad d_C = 22 \text{ mm} ◀$$

1-15 圖中關節接頭承受負荷 $P = 10000$N，設螺栓之容許剪應力爲 100MPa，試求螺栓所需之直徑。

【答】7.98 mm

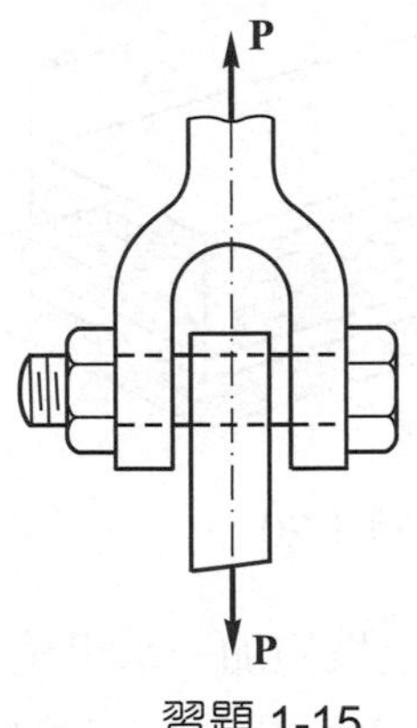

習題 1-15

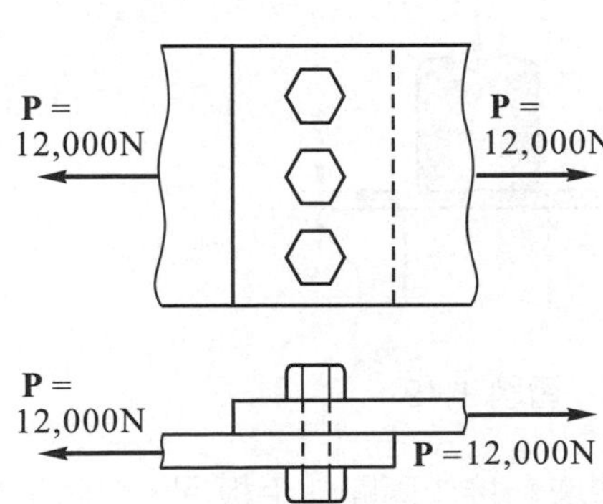

習題 1-16

1-16 圖中兩厚度為 6mm 之鋼板以三根直徑為 10mm 之螺栓搭接在一起，承受負荷 P = 12000N，試求螺栓之平均剪應力及鋼板之承壓應力。

【答】τ_{avg} = 50.9 MPa，σ_b = 66.7 MPa

1-17 圖中所示之木製構件，當拉力達 1600 lb 時，將沿虛線破壞，試求破壞面之平均剪應力。

【答】τ = 889 psi

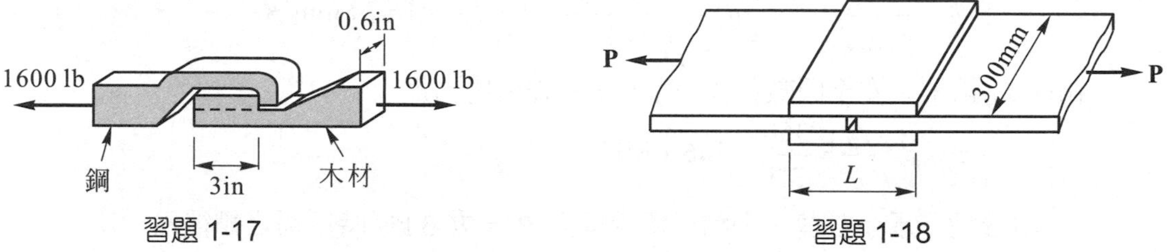

習題 1-17　　習題 1-18

1-18 圖中兩塑膠板利用上下蓋板以黏膠接合承受負荷 P = 50 kN，設黏膠之平均剪應力不得超過 950 kPa，試求蓋板所需之最小長度。

【答】175.4 mm

1-19 已知鋁板之極限剪應力為 280 MPa，則(a)在厚度 t =4mm 之鋁板衝出直徑為 d =20mm 之圓孔所需之作用力 P 為何？(b)由(a)所得之作用力 P 計算此時衝頭與鋁板接觸面之承壓應力。

【答】(a)P = 70.4 kN，(b)σ_b = 224 MPa

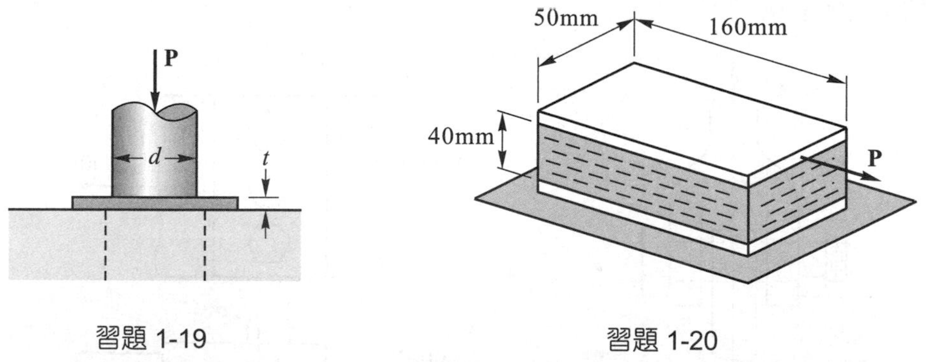

習題 1-19　　習題 1-20

1-20 圖中橡膠塊黏接於兩剛性平板間，今將下板固定，在上板施加一水平拉力 P，已知上板移動了 0.8mm，試求(a)橡膠塊所受之剪應力，(b)水平拉力 P。設橡膠之剛性模數 G = 600 MPa。

【答】(a)τ = 12 MPa，(b)P = 96 kN

1-21 圖中垂直軸之直徑為 100mm，以軸環(collar)支撐在平板上，軸環之直徑為 150mm，厚度為 25mm；設軸環之容許剪應力為 40 MPa，容許壓應力為 80 MPa，試求圓軸能承受之最大軸向負荷 P？

【答】$P = 314$ kN

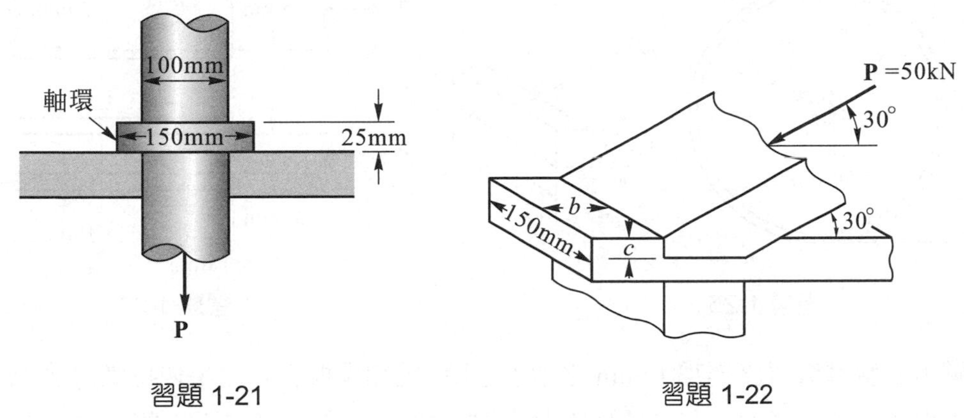

習題 1-21　　習題 1-22

1-22 (a)圖中木材支撐座之容許剪應力為 900 kpa，試求所需之寬度 b；(b)設木材之容許壓應力為 7 MPa，試求所需之厚度 c？

【答】(a)$b = 321$ mm，(b)$c = 41.2$ mm

1-23 圖中 C 處銷子之直徑為 5mm，當 $P = 600$N 時，試求(a)銷子之平均剪應力，(b)構件 BCD 在 C 處之承壓應力，(c)C 處兩個支座之承壓應力。

【答】(a)39.7 MPa，(b)34.7 MPa，(c)31.2 MPa

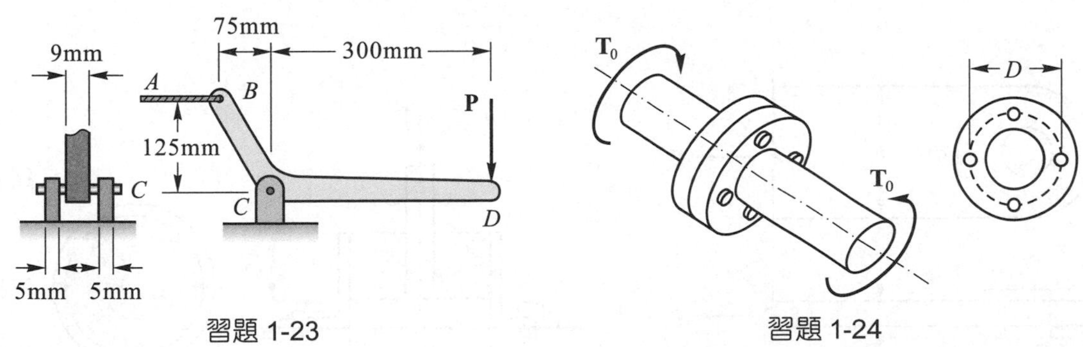

習題 1-23　　習題 1-24

1-24 圖中兩軸以凸緣連軸器傳遞扭矩 T_0，已知 4 根螺栓之直徑均為 20mm，螺栓圓之直徑 $D = 150$mm。設螺栓之容許剪應力為 96 MPa，試求容許之最大扭矩 T_0。

【答】$T_0 = 9.05$ kN-m

1-25 圖中皮帶輪用鍵與軸連結，皮帶輪兩邊之張力分別爲 10 kN 及 6 kN，若鍵之容許剪應力爲 70 MPa，試求鍵所需之寬度？

【答】$b = 11.4$ mm

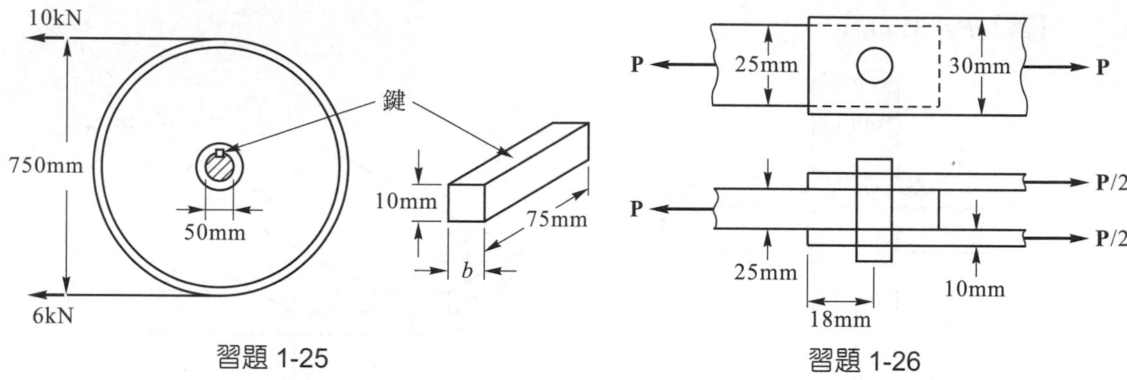

習題 1-25　　習題 1-26

1-26 圖中三塊鋼板以直徑爲 12mm 之銷子連接，已知鋼板容許之平均拉應力爲 350 MPa，鋼板與銷子接觸面容許之承壓應力爲 650MPa，銷子容許之平均剪應力爲 240 MPa，試求負荷 P 之最大容許值。

【答】P =54.3kN

1-27 圖中矩形斷面(b = 60mm，t = 10mm)之桿子以直徑爲 d 之銷子支撐負荷 P，已知桿子容許之平均拉應力爲 140 MPa，銷子容許之平均剪應力爲 80 MPa，試求銷子所需之直徑及容許之最大負荷

【答】d = 20.9 mm，P_{max} = 54.8 kN

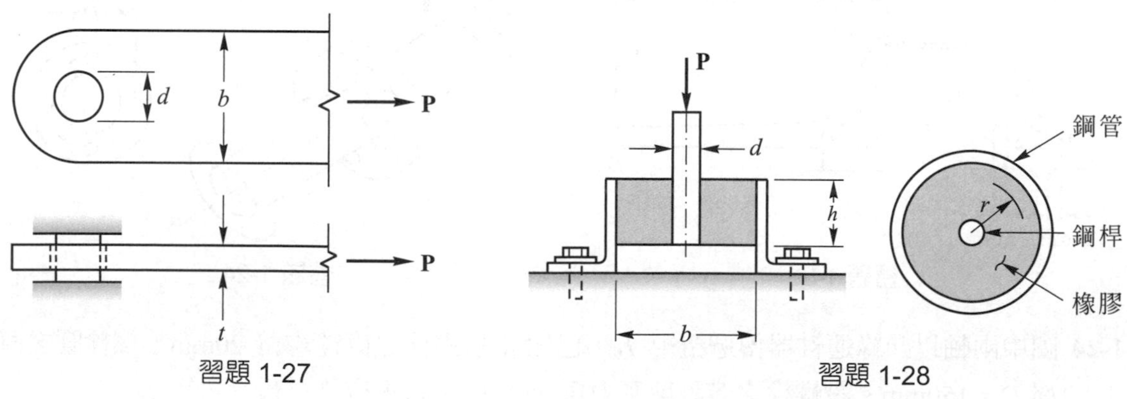

習題 1-27　　習題 1-28

1-28 圖中防震支座包括外側之鋼管(內徑爲 b)，中心處之鋼桿(直徑爲 d)，以及黏接於兩者間之中空圓柱形橡膠，當鋼桿承受負荷 P 時，試求(a)橡膠在半徑 r 處之剪應力，(b)鋼桿向下之位移δ。設橡膠的剪彈性模數爲 G，鋼管與鋼桿視爲剛性。

【答】(a) $\tau=\dfrac{P}{2\pi rh}$ ，(b) $\delta=\dfrac{P}{2\pi hG}\ln\dfrac{b}{d}$

1-10 軸力桿件在斜面上之應力

前面已討論稜柱桿承受軸力 P 時，在橫斷面上產生均匀分佈之正交應力σ，且$\sigma=P/A$，如圖 1-29(b)所示，其中 A 爲桿件之橫斷面積。本節將討論承受軸力之桿件在任一傾斜面上所生之應力。今考慮與橫斷面 mn 夾θ 角度(逆時針方向)之任一傾斜面 pq，如圖 1-29 所示，今切取傾斜面 pq 左側之自由體圖，如圖(c)所示，並將此斜面所受之內力 P 分解爲垂直及平行於此斜面之分力 N 及 V，且

$$N=P\cos\theta \quad , \quad V=P\sin\theta$$

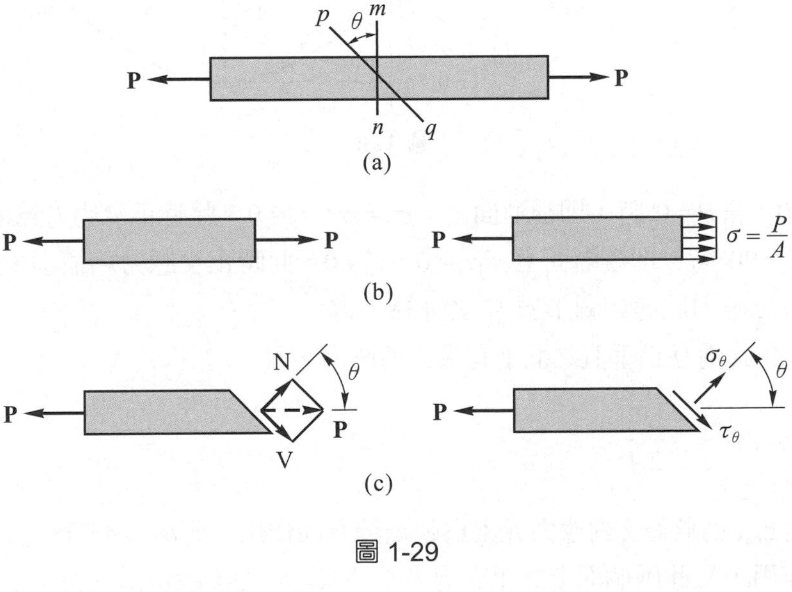

(a)

(b)

(c)

圖 1-29

其中 N 與斜面 pq 垂直使斜面產正交應力，而 V 與斜面平行使斜面產生剪應力。假設斜面上之應力爲均匀分佈，則由斜面之面積 $A'=A/\cos\theta$，可得斜面上之正交應力σ_θ及剪應力τ_θ爲

$$\sigma_\theta = \frac{N}{A'} = \frac{P\cos\theta}{A/\cos\theta} = \frac{P}{A}\cos^2\theta \tag{1-21}$$

$$\tau_\theta = -\frac{V}{A'} = -\frac{P\sin\theta}{A/\cos\theta} = -\frac{P}{A}\sin\theta\cos\theta = -\frac{P}{2A}\sin 2\theta \tag{1-22}$$

對於正交應力通常定拉應力爲正壓應力爲負，至於剪應力則定逆時針方向(對自由體圖或應力元素)作用爲正，而朝順時針方向作用爲負。圖 1-29(c)中，τ_θ 對左邊之自由體圖爲朝順時針方向作用，故公式(1-22)中 τ_θ 爲負值，而 σ_θ 爲拉應力，故公式(1-21)之 σ_θ 爲正值。

公式(1-21)及(1-22)爲承受軸力之棱柱桿在任意傾斜面上之正交應力與剪應力，兩者均隨 θ 角而變，如圖 1-30 所示。注意，兩公式之導出，只是靜力學的原理，與材料種類無關，故兩公式對任何材料均可成立，不論是線性或非線材料，彈性或非彈性材料。

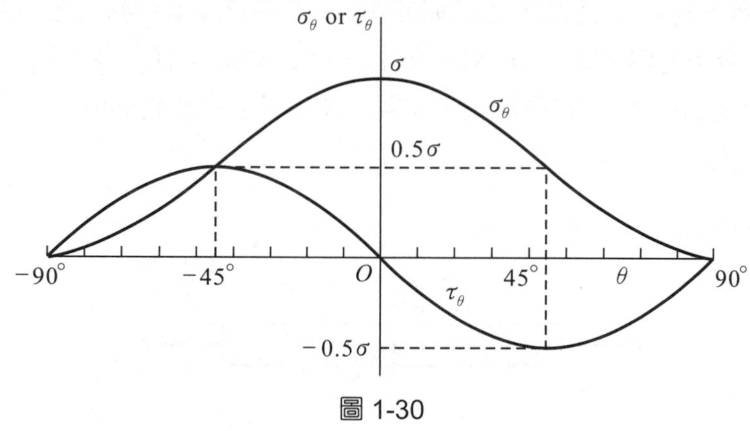

圖 1-30

由圖 1-30，當 $\theta = 0°$時，即橫斷面上，$\sigma_\theta = \sigma$，$\tau_\theta = 0$，此時正交應力爲最大，且 $\sigma_{max} = \sigma = P/A$。而 $\theta = 90°$時，即縱斷面上，$\sigma_\theta = 0$，$\tau_\theta = 0$，此時正交應力爲最小，且 $\sigma_{min} = 0$，因此可得此方位之應力狀態如圖 1-31 中之 A 點。當

$\theta = \pm 45°$時，在此兩互相垂直之面上有最大剪應力，且

$$\tau_{max} = \frac{\sigma}{2} = \frac{P}{2A} \tag{1-23}$$

其中 $\theta = 45°$時 τ_{max} 爲負值，對應力元素爲朝順針方向作用，而 $\theta = -45°$時 τ_{max} 爲正值，爲朝逆時針方向作用，又此兩個面上之正交應力 σ_θ 均等於 $\sigma/2$，故可得此方位之應力狀態，如圖 1-31 中之 B 點所示。

對於抗剪能力較差之材料，承受軸力時，最大剪應力往往是造成此種材料破壞的主要原因，例如表面光滑之軟鋼試桿作拉力試驗時，當桿內之應力達降伏點時，在試桿表面會

產生與桿軸成 45°之傾斜條紋，此條紋稱爲呂氏線(Leuder's lines 或 slip lines)，顯示材料正沿剪應力最大之平面產生塑性變形。另一個由最大剪應力造成破壞之例子，是承受軸向壓力之短木塊，斷裂是沿著 45°之傾斜面。

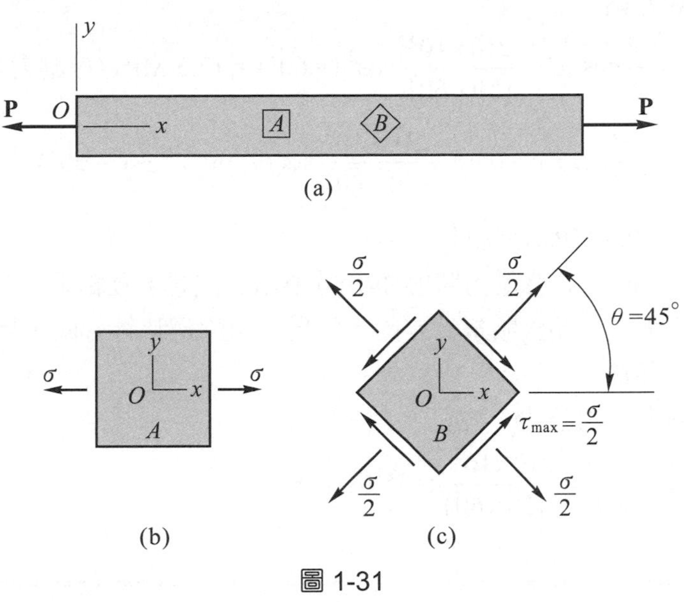

圖 1-31

例題 1-12

圖中矩形斷面之稜柱桿承受軸向拉力 P = 210 kN，試求(a)在 pq 斜面(θ = 30°)上之正交應力及剪應力，並求此方位之應力狀態，(b)桿內之最大剪應力。

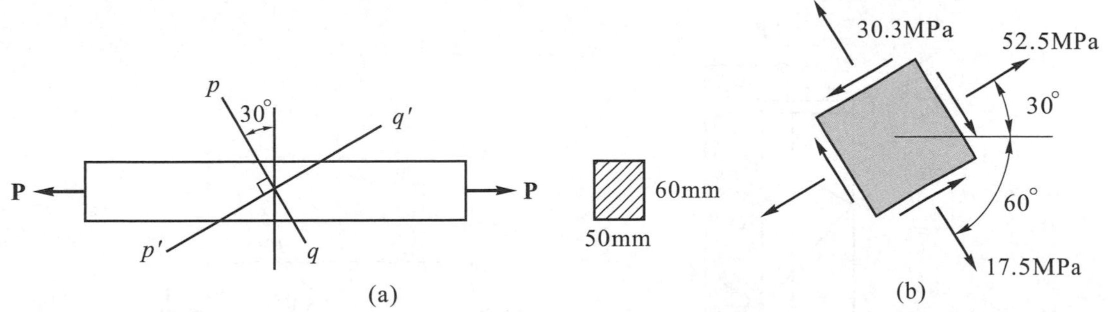

【解】(a) pq 斜面與橫斷面之夾角爲 30°(逆時針方向)，由公式(1-21)及(1-22)可得該面之正交應力 σ_θ 及剪應力 τ_θ 爲

$$\sigma_\theta = \frac{P}{A}\cos^2\theta = \frac{210\times10^3}{(50\times60)}\cos^2 30° = 52.5 \text{ MPa (拉應力)} ◀$$

$$\tau_\theta = -\frac{P}{A}\sin\theta\cos\theta = -\frac{210\times10^3}{(50\times60)}\sin30°\cos30° = -30.3\text{ MPa (順時針方向)} ◀$$

與 pq 面垂直之斜面 $p'q'$，與橫斷面之夾角爲θ = – 60°(順時針方向)，其正交應力及剪應力爲

$$\sigma'_\theta = \frac{P}{A}\cos^2\theta' = \frac{210\times10^3}{(50\times60)}\cos^2(-60°) = 17.5\text{ MPa (拉應力)}$$

$$\tau'_\theta = -\frac{P}{A}\sin\theta'\cos\theta' = -\frac{210\times10^3}{(50\times60)}\sin(-60°)\cos(-60°)$$

$$= 30.3\text{ MPa(逆時針方向)}$$

故可得θ= 30°方位之應力狀態如(b)圖所示。注意，互相垂直的兩個面上，剪應力大小相等，一組爲順時針方向，而另一組爲逆時針方向，且四個面上之剪應力必同時存在。

(b) 最大剪應力，由公式(1-23)

$$\tau_{\max} = \frac{P}{2A} = \frac{210\times10^3}{2(50\times60)} = 35\text{ MPa} ◀$$

例題 1-13

圖中正方形斷面之塑膠桿沿 pq 斜面膠接而成，pq 面與右側鉛直面之夾角α = 40°，承受之軸向壓力 P = 8000 lb。已知塑膠桿之容許壓應力為 1100 psi，容許剪應力為 600 psi，膠接面所用黏膠之容許壓應力為 750 psi，容許剪應力為 500 psi，試求桿子斷面所需之最小寬度 b。

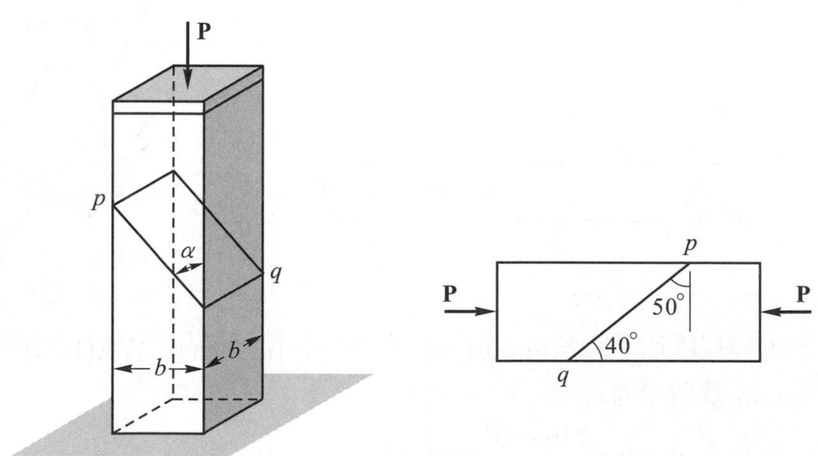

【解】(1) 由塑膠桿之容許壓應力1100 psi及容許剪應力600psi考慮桿子所需之斷面積A_1。
因(τ_{allow} = 600 psi) > (σ_{allow}/2 = 550 psi)，塑膠桿之抗剪強度優於抗壓強度，故僅需考慮抗壓所需之斷面積，即

$$A_1 = \frac{P}{\sigma_{allow}} = \frac{8000}{1100} = 7.27 \text{ in}^2$$

(2) 由黏膠之容許壓應力 750 psi，考慮桿子所需之斷面積 A_2。
膠接面 pq 與橫斷面之夾角$\theta = -50°$，其中負號是因 pq 面相對於橫斷面爲朝順時針方向，由公式(1-21)

$$\sigma_\theta = \sigma\cos^2\theta \quad , \quad -750 = \left(\frac{-8000}{A_2}\right)\cos^2(-50°)$$

得　$A_2 = 4.41 \text{ in}^2$

(3) 由黏膠之容許剪應力 500 psi，考慮桿子所需之斷面積 A_3。
因膠接面上之剪應力朝順時針方向，故$\tau_\theta = -500$ psi，由公式(1-22)

$$\tau_\theta = -\sigma\sin\theta\cos\theta \quad , \quad -500 = -\left(\frac{-8000}{A_3}\right)\sin(-50°)\cos(-50°)$$

得　$A_3 = 7.88 \text{ in}^2$

由(1)(2)(3)可知塑膠桿所需之最小斷面積 $A = A_3 = 7.88 \text{ in}^2$(取較大者)，故所需之寬度 b，由 $b^2 = A_3$，得

$$b = \sqrt{A_3} = \sqrt{7.88} = 2.81 \text{ in}^2 ◀$$

1-11 E、ν 與 G 之關係

彈性模數 E、蒲松比ν 及剪彈性模數 G 三者均爲材料常數，僅與材料種類有關，不同材料有不同之 E、ν 及 G 值，而相同材料之 E、ν 及 G 相同。但對於相同材料，三者中僅二者爲獨立，即三者中只要任兩者爲己知即可求出第三者，其間之關係導證如下。

圖 1-32(a)中，承受軸向拉力 P 之稜柱桿，在 x 方向(縱向)伸長，而在 y 方向(橫向)收縮，即$\varepsilon_x = \sigma/E$，而$\varepsilon_y = -\nu\varepsilon_x$，其中$\nu$ 爲蒲松比。考慮桿內邊長爲 1 個單位長度之正方形，變形後邊長分別爲 $1 + \varepsilon_x$ (x 方向)及 $1 - \nu\varepsilon_x$ (y 方向)之長方形。若考慮 45°方位之正方形，如圖 1-32(b)所示，由於ε_x及ε_y之影響而變形爲菱形，而此變形由 45°方位分析爲最大剪應力τ_m所生之剪應變γ_m。首先以ε_x及ε_y考慮圖 1-32(b)之變形，參考圖 1-33 所示

$$\tan\beta = \frac{1-\nu\varepsilon}{1+\varepsilon} \qquad \text{(a)}$$

其中 $\beta = \frac{1}{2}\left(\frac{\pi}{2} - \gamma_m\right)$，$\gamma_m$ 爲最大剪應力所生之剪應變。

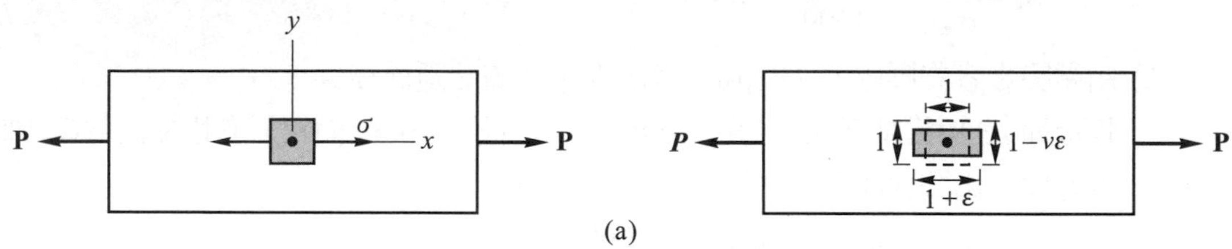

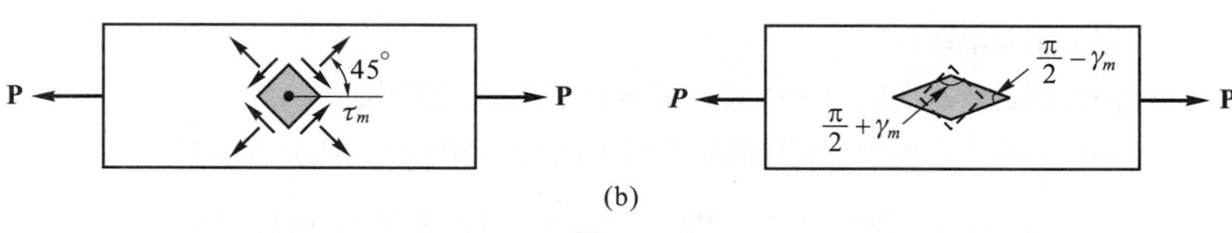

圖 1-32

由三角之公式：

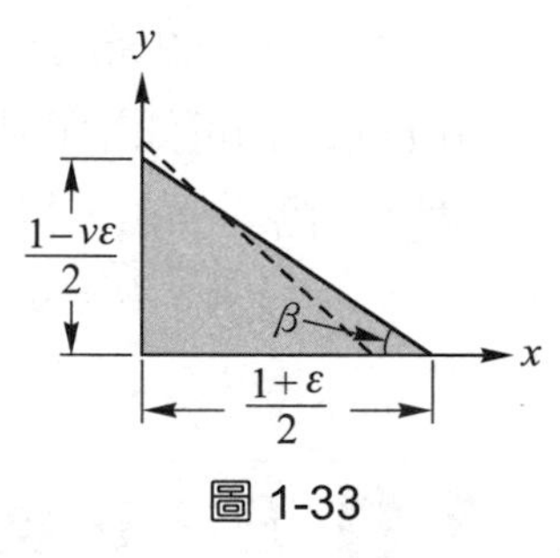

圖 1-33

$$\tan\beta = \tan\left(\frac{\pi}{4} - \frac{\gamma_m}{2}\right) = \frac{\tan\frac{\pi}{4} - \tan\frac{\gamma_m}{2}}{1 + \tan\frac{\pi}{4}\cdot\tan\frac{\gamma_m}{2}}$$

$$= \frac{1 - \tan\frac{\gamma_m}{2}}{1 + \tan\frac{\gamma_m}{2}}$$

因剪應變 γ_m 甚小，$\tan\frac{\gamma_m}{2} \approx \frac{\gamma_m}{2}$，故上式可化簡爲

$$\tan\beta = \frac{1 - \frac{\gamma_m}{2}}{1 + \frac{\gamma_m}{2}} \qquad \text{(b)}$$

由(a)(b)兩式：

$$\frac{1-\nu\varepsilon}{1+\varepsilon}=\frac{1-\frac{\gamma_m}{2}}{1+\frac{\gamma_m}{2}}\text{，}\quad \text{可得}\ \gamma_m=\frac{(1+\nu)\varepsilon}{1+\frac{1-\nu}{2}\varepsilon}$$

因$\varepsilon_x << 1$，故上式可化簡為

$$\gamma_m=(1+\nu)\varepsilon$$

上式即為最大剪應變 γ_m 與軸向應變 ε 之關係。

由虎克定律：$\varepsilon=\frac{\sigma}{E}$，$\gamma_m=\frac{\tau_m}{G}$，且$\tau_m=\frac{\sigma}{2}$，代入上式

$$\frac{\tau_m}{G}=(1+\nu)\frac{\sigma}{E}=(1+\nu)\cdot\frac{2\tau_m}{E}$$

得 $$G=\frac{E}{2(1+\nu)} \qquad (1\text{-}24)$$

例題 1-14

圖中所示為某一合金鋼之剪應力-剪應變圖。一直徑為 0.25in 之螺栓以此合金鋼製造並用於搭接兩塊鋼板，試求(a)此合金鋼之彈性模數，(b)使螺栓降伏所需之負荷 P。設合金鋼之蒲松比為$\nu=0.3$。並設合金鋼在降伏點前剪應力與剪應變成正比。

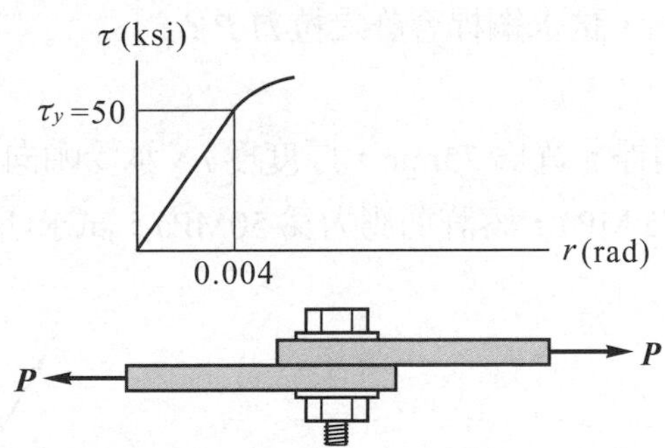

【解】(a) 由剪應力-剪應變圖可得合金鋼之剪彈性模數 G，即

$$G=\frac{\tau_y}{\gamma_y}=\frac{50}{0.004}=12500\text{ ksi}$$

由公式(1-24)

$$E=2G(1+\nu)=2(12500)(1+0.3)=32.5\times10^3\text{ ksi} ◄$$

(b) 螺栓承受單剪，故使螺栓降伏所需之負荷為

$$P = \tau_y A = (50)\left(\frac{\pi}{4}\times 0.25^2\right) = 2.45 \text{ kip} ◀$$

1-29 直徑 20mm 之圓桿承受 $P = 80$ kN 之軸向拉力，試求桿內之最大剪應力。並繪出最大剪應力方位之應力狀態。

【答】$\tau_{max} = 127$ MPa

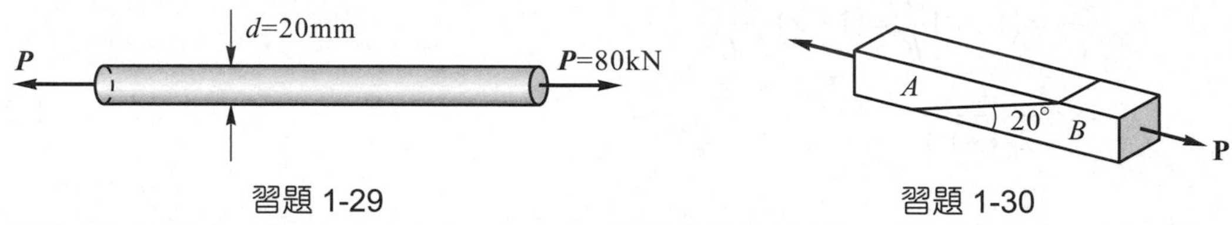

習題 1-29　　習題 1-30

1-30 兩木桿 A、B 沿圖示之斜面膠接在一起，木桿之斷面積為 3.5in×5.5in，已知膠接面之容許剪應力為 75 psi，試求木桿之容許拉力 P？

【答】$P = 4.49$ kips

1-31 正方形斷面(50mm×50mm)之鋼桿承受軸向拉力，已知鋼材之容許拉應力為 140MPa，容許剪應力為 90MPa，試求鋼桿容許之拉力 P？

【答】$P = 350$ kN

1-32 圖中長方形斷面之鋼桿，寬為 75mm，厚度為 t，承受軸向拉力 $P = 400$ kN，設 AB 面之容許拉應力為 75 MPa，容許剪應力為 50MPa，試求所需之厚度 t。

【答】51.2 mm

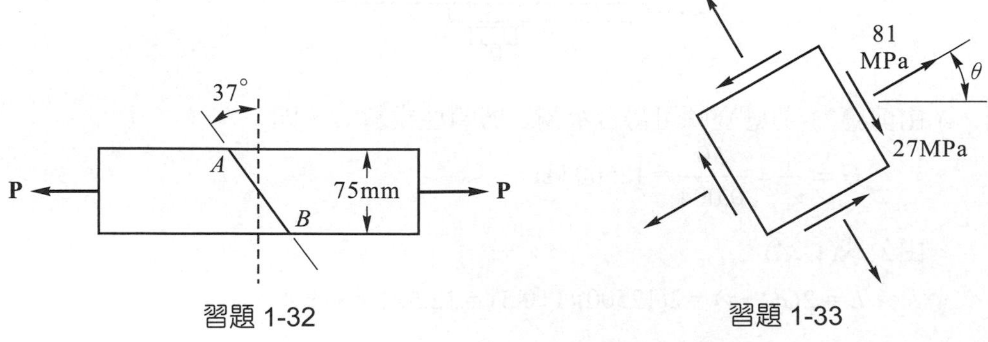

習題 1-32　　習題 1-33

1-33 一稜柱桿承受軸向拉力，在某一斜面上之正交應力σ_θ = 81 MPa，剪應力τ_θ = −27 MPa，如圖所示，試求θ= 30°斜面上之正交應力及剪應力，並繪此方位之應力狀態。

【答】σ_θ= 67.5 MPa，τ_θ= −39.0 MPa

1-34 一混凝土圓柱直徑爲 75mm 高度爲 150mm，承受軸向壓力 P = 80 kN，破壞時其破裂面與橫斷面之夾角爲 57°，試求破裂面之正交應力與剪應力。

【答】σ_θ= −5.37 MPa，τ_θ= 8.27 MPa

1-35 外徑爲 300mm 之鋼管是用厚度爲 8mm 之鋼板沿一螺旋線焊接製成，如圖所示，螺旋線與橫斷面之夾角爲 20°，當鋼管承受 250 kN 之軸向壓力時，試求與焊道垂直及平行之正交應力σ_θ及剪應力τ_θ。

【答】σ_θ= −30.1 MPa，τ_θ= 10.95 MPa

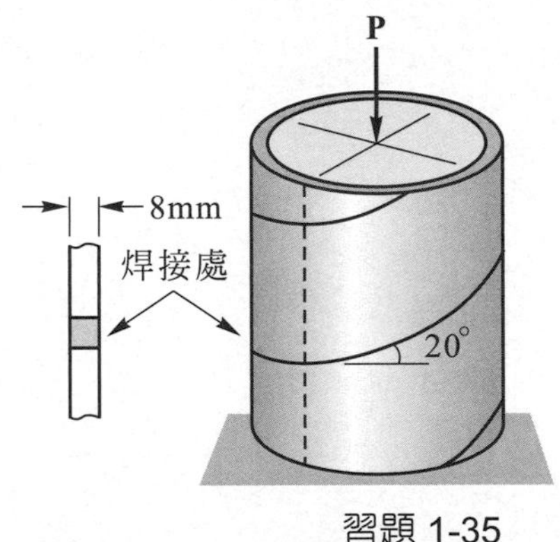

習題 1-35

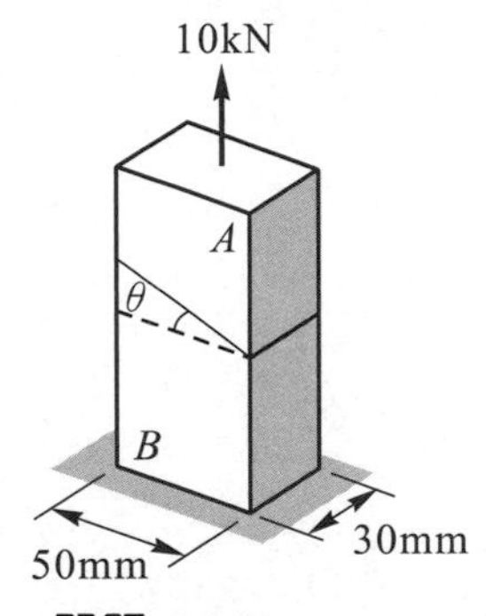

習題 1-36

1-36 一桿件是由 A、B 兩部份沿著與橫斷面夾θ角之斜面膠接而成，已知膠接面之極限正交應力爲σ_u = 17 MPa，極限剪應力爲τ_u = 9 MPa，設取 3.0 之安全因數，試求角度θ之容許範圍。

【答】22.8° ≤ θ≤ 32.1°

1-37 圖中直徑爲 d 之黃銅桿是將左右兩段沿 pq 斜面焊接而成，pq 面與桿軸之夾角α =36°。已知黃銅桿之容許拉應力爲 90 MPa，容許剪應力爲 48 MPa，焊接面(pq 面)之容許拉應力爲 40 MPa，容許剪應力爲 20 MPa。已知桿子承受之拉力爲 P = 30 kN，試求桿子所需之最小直徑。

【答】30.1 mm

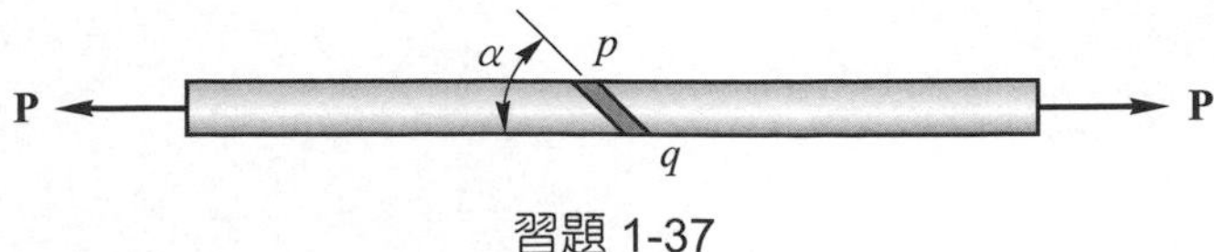

習題 1-37

1-38 圖中長方形斷面(50×100mm)之木桿是將左右兩段沿斜面 pq 以黏膠接合而成，膠接面與桿軸之夾角為 ϕ ($45° \leq \phi \leq 90°$)。已知黏膠之容許拉應力為 5 MPa，容許剪應力為 3 MPa，試求(a)膠接面之最佳角度 ϕ，(b)軸向拉力 P 之最大容許值。

【答】(a)59°，(b)34.0 kN

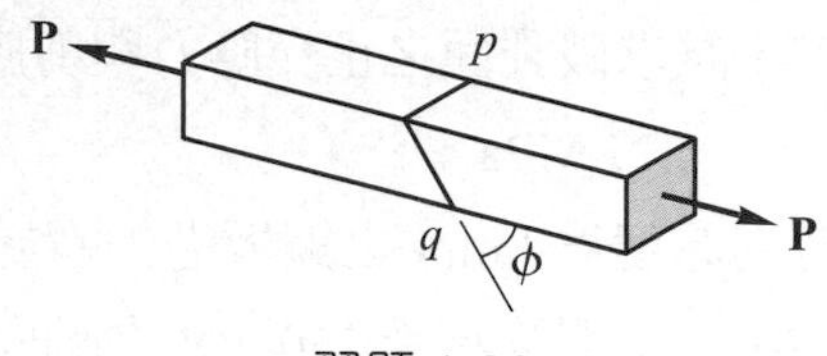

習題 1-38

CHAPTER

2

軸向負荷

2-1 軸向負荷之變形量

承受軸向負荷之稜柱桿，拉伸時會伸長(圖 2-1)，壓縮時會縮短，若桿內之應力在線彈性範圍(不超過比例限與彈性限)，由虎克定律

$$\sigma = E\varepsilon$$

其中應力 $\sigma = \dfrac{P}{A}$，應變 $\varepsilon = \dfrac{\delta}{L}$，代入上式經整理後，可得承受軸力桿件之長度變化量 δ (伸長量或縮短量)為

$$\delta = \frac{PL}{EA} \tag{2-1}$$

上式僅適用於兩端承受軸力 P(拉力或壓力)之稜柱桿，其中 E 為桿件材料之彈性模數，L 為桿件長度，A 為桿件之橫斷面積。由公式(2-1)可知，長度變化量 δ 與 EA 成反比，即 EA 愈大之桿件對變形之抵抗也愈大，即長度之變化量比較小，故 EA 稱為桿件之軸向剛度(axial rigidity)。

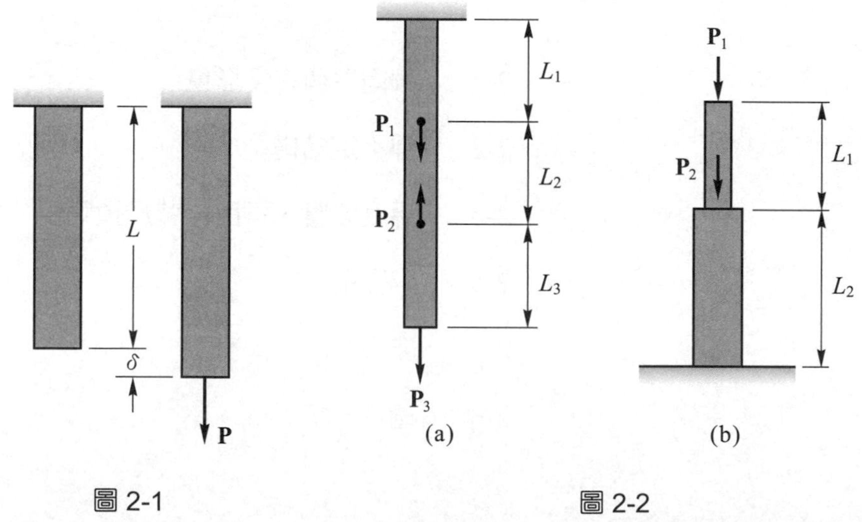

圖 2-1　　圖 2-2

由公式(2-1)可看出 δ 與 P 成正比，因此可將公式(2-1)改寫為

$$\delta = \frac{P}{k} \quad , \quad k = \frac{EA}{L}$$

或 $\delta = fP$　，　$f = \dfrac{L}{EA}$

其中 k 稱爲彈簧常數(spring constant)或勁度(stiffness)，其意義爲產生單位長度之變化量所需之軸力，而 f 稱爲柔度(flexibility)，其意義爲單位軸力所產生之長度變化量。

對於承受軸力之構件通常可看出其長度爲伸長或縮短，必要時取拉伸爲正，壓縮爲負。

工程結構用金屬材料(如鋼鐵、鋁合金或青銅)之桿件，承受軸力所生之長度變化量甚小於其長度。例如長爲 1m 之鋁合金(降伏強度約爲 360 MPa，彈性模數爲 72 GPa)桿子，承受 48 MPa 之軸向應力，長度變化量爲 0.667 mm，此長度變化量僅爲桿長之 1/1500，故公式(1-1)中之 L 都是用原始長度計算。

有些桿件之軸力並非作用於桿端，而是作用於桿上之其他點，如圖 2-2(a)所示；又有些桿件是由幾段不同斷面積之部份所組成，如圖 2-2(b)所示，甚至有各段材料不同者；欲求此類桿件之變形量，需將桿件分爲若干段稜柱桿，使每段均能滿足公式(2-1)之條件，若以 P_i、L_i、A_i 及 E_i 表示第 i 段之軸力、長度、橫斷面積與彈性模數，則整根桿件之長度化量爲

$$\delta = \sum_{i=1}^{n} \delta_i = \sum_{i=1}^{n} \frac{P_i L_i}{E_i A_i} \tag{2-2}$$

上式中軸力爲拉力時取正，其伸長量爲正值，而軸力爲壓力時取負，其縮短量爲負。

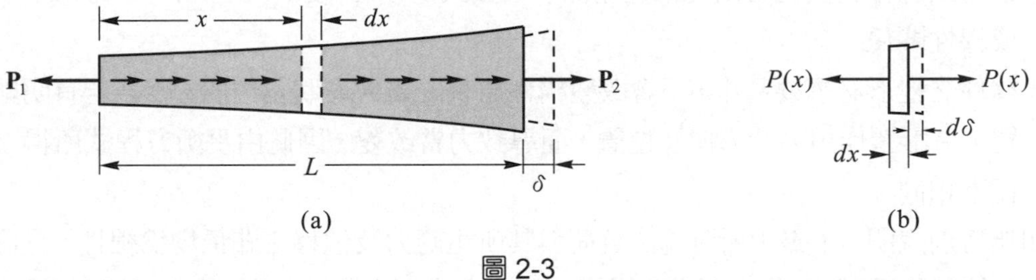

圖 2-3

當軸力或斷面積沿桿軸連續變化時，公式(2-1)及(2-2)便不適用，因任一斷面之軸力或斷面積均不相同。此時可在桿內任一 x 位置考慮微小長度 dx 所生之變形量 $d\delta$，如圖 2-3 所示，則

$$d\delta = \frac{P(x)dx}{EA(x)} \tag{2-3}$$

其中，$P(x)$為該微小長度所受之軸力，$A(x)$為桿子在 x 位置之面積。將上式沿桿長積分，便可求得桿件之長度變化量δ，即

$$\delta = \int_0^L d\delta = \int_0^L \frac{P(x)\,dx}{EA(x)} \tag{2-4}$$

軸力 $P(x)$沿桿軸變化，通常是由於桿件承受軸向分佈負荷，軸向分佈負荷一般都是以單位長度所受之軸力表示，如 N/m 或 lb/in，而軸向分佈負荷主要是由於桿件自重、摩擦力或離心力所造成，參考例題 2-4 至 2-6 之說明。

桿子斷面積沿軸向變化時，會造成斷面上之應力分佈不均勻，但只要斷面積的變化幅度不大(即桿子兩側邊之錐角不大)，斷面上之應力幾乎為均勻分佈，公式(2-3)便可適用，由公式(2-4)所得之結果仍相當正確。不要忘記，公式$\delta = \dfrac{PL}{EA}$只適用於橫斷面應力均勻分佈且為線彈性材料之稜柱桿。

■重疊原理

當構件之負荷較為複雜時，可用重疊原理(principle of superposition)來計算構件上任一點之應力及位移。所謂重疊原理是數個負荷在構件上某一點所生之應力或位移等於各別負荷單獨作用時在該點所生應力或位移之代數和。

使用重疊原理時必須注意要符合下列兩個條件：

(1) 應力或位移與負荷必須為線性關係，如公式$\sigma = P/A$ 及$\delta = PL/EA$ 中，σ 及δ 均與 P 成線性關係。

(2) 構件之變形必須要甚小，不會改變構件原來之幾何形狀及位置。因為若有明顯的改變，會影響作用力的方向及位置，而導致力臂改變，因此由平衡方程式所得之結果便不相同。

如無特別說明，本書中所討論之負荷與其所生應力及位移之關係均為線性，且假設負荷所生之變形均為甚小，幾乎不會改變構件原來之幾何形狀及位置，故都可適用重疊原理。

例題 2-1

圖中構件由兩段圓形之稜柱桿所組成，AB 段材料為鋼(E_1 = 200 GPa)，長度 L_1 = 300 mm，直徑 d_1 = 20 mm，BC 段材料為鋁(E_2 = 70 GPa)，長度 L_2 = 200 mm，直徑 d_2 = 15 mm。在 B、C 兩斷面分別承受軸力 P = 30 kN，Q = 10 kN，試求 AB 段之正交應力及 C 點之位移。

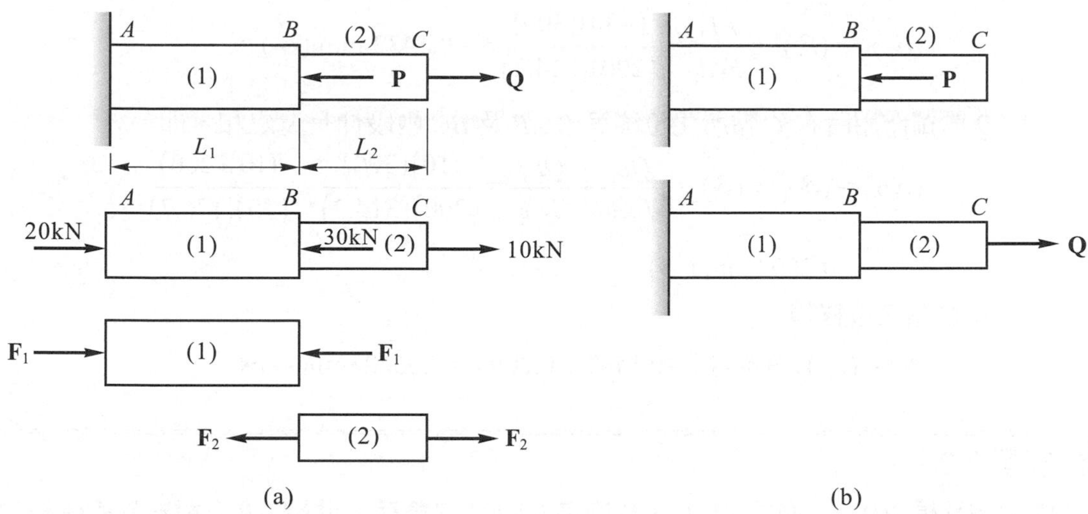

【解】將構件分爲 AB 及 BC 兩段稜柱桿，如(a)圖所示，由靜力學之平衡方程式，可得各段所受之軸力爲

$$F_1 = -20\ \text{kN}(\text{壓力}) \quad , \quad F_2 = 10\ \text{kN}(\text{拉力})$$

AB 段及 BC 段之橫斷面積爲

$$A_1 = \frac{\pi}{4}d_1^2 = \frac{\pi}{4}(20)^2 = 314.2\ \text{mm}^2 \quad , \quad A_2 = \frac{\pi}{4}d_2^2 = \frac{\pi}{4}(15)^2 = 176.7\ \text{mm}^2$$

彈性模數：$E_1 = 200\ \text{GPa} = 200\ \text{kN/mm}^2$，$E_2 = 70\ \text{GPa} = 70\ \text{kN/mm}^2$

AB 段之正交應力爲 $\sigma_1 = \dfrac{F_1}{A_1} = \dfrac{-20\times10^3}{314.2} = -63.65\ \text{MPa}(\text{壓應力})$ ◀

因構件左端固定，C 點之位移等於構件之長度變化量，構件伸長時 C 點位移向右，構件縮短時 C 點位移向左，故 C 點位移爲

$$\delta_C = \delta_1 + \delta_2 = \frac{F_1L_1}{E_1A_1} + \frac{F_2L_2}{E_2A_2} = \frac{(-20)(300)}{(200)(314.2)} + \frac{(10)(200)}{(70)(176.7)} = 0.0662\ \text{mm}\ (\rightarrow)$$ ◀

其中 F 的單位爲 kN，E 的單位爲 kN/mm^2 = GPa，L 的單位爲 mm，A 的單位爲 mm^2

【另解】本題亦可使用重疊原理求解，參考(b)圖所示。

AB 段正交應力爲 P、Q 兩軸力單獨作用時所生應力之和，即

$$\sigma_1 = (\sigma_1)_P + (\sigma_1)_Q = \frac{P}{A_1} + \frac{Q}{A_1} = \frac{-30\times10^3}{314.2} + \frac{10\times10^3}{314.2} = -63.65\ \text{MPa}(\text{壓應力})$$

同樣，C 點位移爲 P、Q 兩軸力單獨作用時在 C 點所生位移之和。

P 單獨作用時在 C 點所生位移，等於在 B 點之位移，亦等於 AB 段之縮短量，即

$$(\delta_C)_P = (\delta_B)_P = \frac{PL_1}{E_1A_1} = \frac{(-30)(300)}{(200)(314.2)} = -0.1432 \text{ mm } (\leftarrow)$$

Q 單獨作用時在 C 點所生位移等於 AB 及 BC 兩段伸長量之和，即

$$(\delta_C)_Q = (\delta_1)_Q + (\delta_2)_Q = \frac{QL_1}{E_1A_1} + \frac{QL_2}{E_2A_2} = \frac{(10)(300)}{(200)(314.2)} + \frac{(10)(200)}{(70)(176.7)}$$

$$= 0.2094 \text{ mm } (\rightarrow)$$

故 C 點之位移爲

$$\delta_C = (\delta_C)_P + (\delta_C)_Q = -0.1432 + 0.2094 = 0.0662 \text{ mm}(\rightarrow) ◀$$

例題 2-2

圖中剛性桿 BDE 以連桿 AB 及 CD 支撐 30 kN 之負荷。連桿 AB 之材料為鋁(E = 70 GPa)，橫斷面積為 500 mm^2，連桿 CD 之材料為鋼(E = 200 GPa)，橫斷面積為 600 mm^2，試求 E 點之位移。

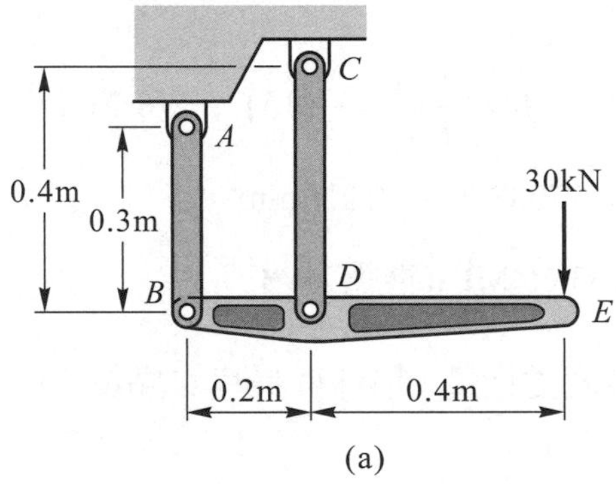

(a)

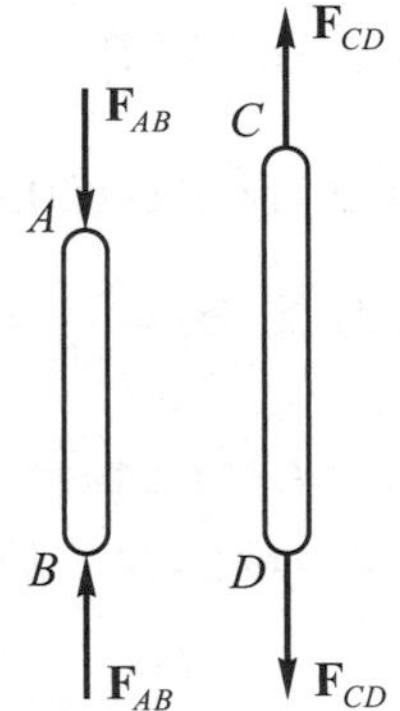

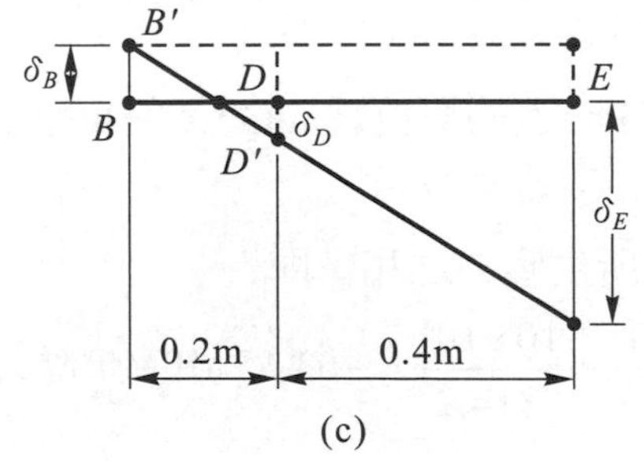

(c)

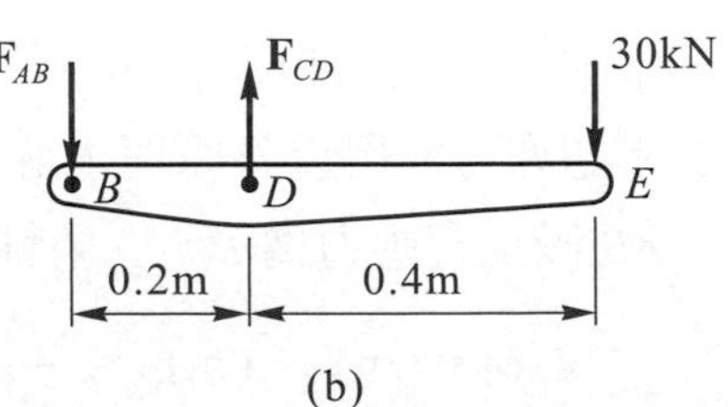

(b)

【解】取剛性桿 BDE 之自由體圖，如(b)圖所示，由平衡方程式

$$\sum M_B = 0 \quad , \quad F_{CD}(0.2) - 30(0.6) = 0 \quad , \quad F_{CD} = 90\text{ kN(拉力)}$$

$$\sum F_y = 0 \quad , \quad F_{AB} + 30 = F_{CD} \quad , \quad F_{AB} = 60\text{ kN(壓力)}$$

連桿 AB 受壓力，長度縮短，B 點之位移 δ_B 向上，且

$$\delta_B = \frac{(60)(300)}{(70)(500)} = 0.514\text{ mm}(\uparrow)$$

連桿 CD 受拉力，長度伸長，D 點之位移 δ_D 向下，且

$$\delta_D = \frac{(90)(400)}{(200)(600)} = 0.300\text{ mm}(\downarrow)$$

剛性桿承受負荷前之位置 BDE 及承受負荷後之位置 $B'D'E'$，如(c)圖所示，由相似三角形

$$\frac{\delta_E + \delta_B}{\delta_D + \delta_B} = \frac{0.4 + 0.2}{0.2}$$

得 E 點之位移爲 $\delta_E = 1.928\text{ mm}(\downarrow)$◄

例題 2-3

圖中桁架在 B 點承受負荷 P = 40 kN，試求 B 點之水平及垂直位移。AB 桿之長度為 1.5m，斷面積為 4000 mm^2；BC 桿之長度為 2.5m，斷面積為 2000 mm^2。兩桿之彈性模數均為 70 GPa。

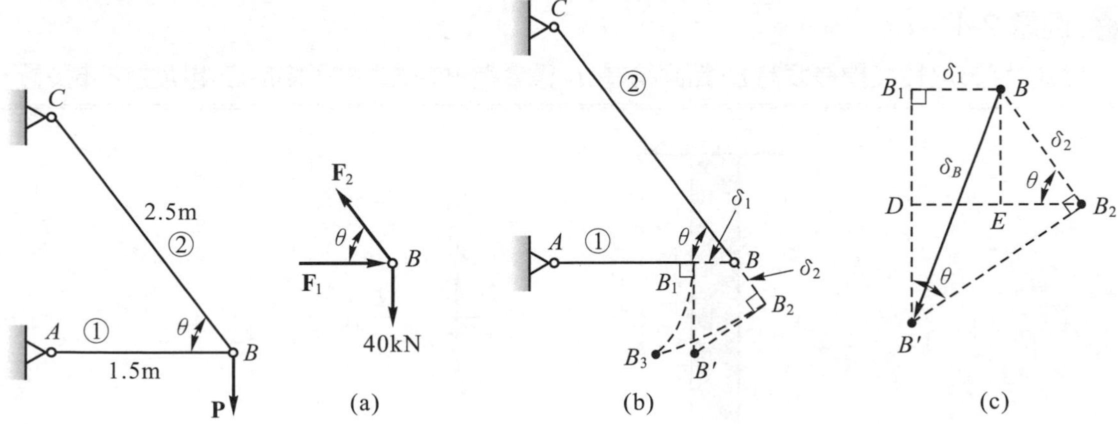

【解】設 AB 桿爲桿件①，CB 爲桿件②。取 B 點之自由體圖，如(a)圖所示，由平衡方程式可得

$$F_1 = 30\ \text{kN(壓力)} \quad , \quad F_2 = 50\ \text{kN(拉力)}$$

AB 桿之縮短量：$\delta_1 = \dfrac{F_1 L_1}{EA_1} = \dfrac{(30)(1500)}{(70)(4000)} = 0.160\ \text{mm}$

CB 桿之伸長量：$\delta_2 = \dfrac{F_2 L_2}{EA_2} = \dfrac{(50)(2500)}{(70)(2000)} = 0.893\ \text{mm}$

桁架承受負荷後，AB 桿之長度縮短爲 AB_1，CB 桿之長度伸長爲 CB_2，如(b)圖所示，則桁架承受負荷後 B 點之位置，以 A 爲圓心 AB_1 爲半徑作圓弧，再以 C 爲圓心 CB_2 爲半徑作圓弧，兩圓弧之交點 B_3 即爲桁架變形後 B 點之位置。

因變形量 δ_1 與 δ_2 均甚小，上述之圓弧 B_1B_3 與 B_2B_3，幾乎爲直線且與其半徑垂直。因此，在 B_1 點作 AB_1 之垂線，在 B_2 點作 CB_2 之垂線，兩垂線之交點 B' 即爲桁架變形後 B 點之位置，如(b)圖所示。對於甚小之變形，B' 點幾乎等於 B_3 點，工程上都是用此近似方法分析。

將(b)圖中四邊形 $BB_1B'B_2$ 放大如(c)圖所示，則可得 B 點之水平及垂直位移爲

$$\delta_H = \delta_1 = 0.160\ \text{mm}(\leftarrow) \blacktriangleleft$$

$$\delta_V = B_1D + DB' = \delta_2\sin\theta + (\delta_1 + \delta_2\cos\theta)\cot\theta = \delta_1\cot\theta + \delta_2\csc\theta$$

$$= (0.160)\left(\frac{3}{4}\right) + 0.893\left(\frac{5}{4}\right) = 1.24\ \text{mm}(\downarrow) \blacktriangleleft$$

例題 2-4

圖中均質之稜柱桿長度為 L，斷面積為 A，重量為 W，試求桿子由於自重所生之伸長量。

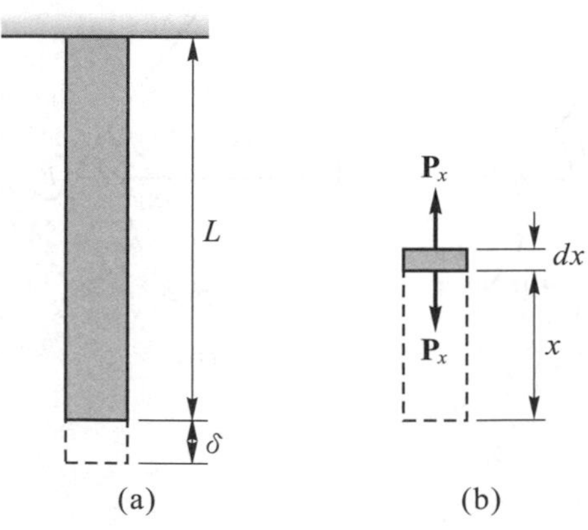

【解】桿子單位長度之重量爲 $w = W/L$，因桿子爲均質，故 w 爲一常數。

參考(b)圖，在距離桿子底端 x 處取一微小長度 dx，此微小長度所受之拉力 $P(x)$爲該處以下之桿重所造成，即

$$P(x) = wx = \frac{W}{L}x$$

此微小長度 dx 之伸長量 $d\delta$ 爲

$$d\delta = \frac{P(x)dx}{EA} = \left(\frac{W}{L}x\right)\frac{dx}{EA} = \frac{W}{LEA}xdx$$

桿子由於自重所生之總伸長量，爲桿上每一微小長度 dx 所生伸長量之總和，即

$$\delta = \int_0^L d\delta = \int_0^L \frac{W}{LEA}xdx = \frac{WL}{2EA}$$ ◀

例題 2-5

一圓形斷面之桿子埋入地面下，如圖所示，桿子長度為 L，軸向剛度為 EA。今在圓桿頂端施加一軸向拉力 P，設桿子沿桿軸單位長度之摩擦力 f 與埋入深度 y 成正比，試求圓桿之伸長量 δ(以 P、E、A 及 L 表示之)。

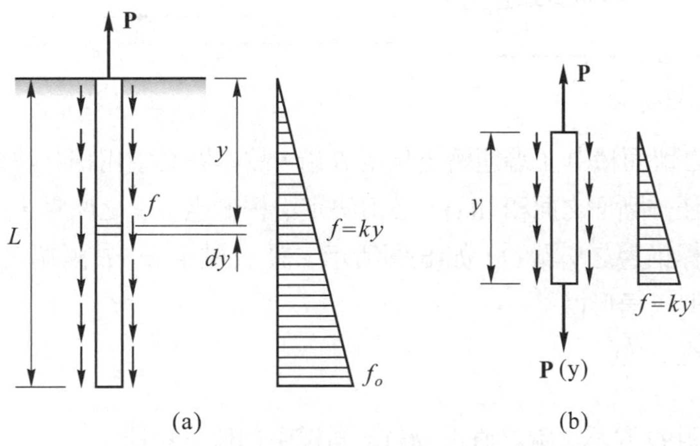

【解】桿子頂端之拉力 P 與桿子周圍之摩擦力平衡，則

$$P = \int_0^L fdy = \int_0^L kydy = \frac{kL^2}{2} \quad , \quad 得 \quad k = \frac{2P}{L^2}$$

距離桿子頂端深度爲 y 處，單位長度之摩擦力爲 $f = ky = \dfrac{2P}{L^2}y$，桿子在該處斷面所受之拉力 $P(y)$，參考(b)圖，由平衡方程式

$$P(y)=P-\int_0^y ky\,dy=P-\frac{k}{2}y^2=P-\frac{1}{2}\left(\frac{2P}{L^2}\right)y^2=P\left(1-\frac{y^2}{L^2}\right)$$

深度爲 y 處之微小長度 dy 所生之伸長量爲

$$d\delta=\frac{P(y)dy}{EA}=\frac{P}{EA}\left(1-\frac{y^2}{L^2}\right)dy$$

故桿子之總伸長量爲

$$\delta=\int_0^L d\delta=\int_0^L\frac{P}{EA}\left(1-\frac{y^2}{L^2}\right)dy=\frac{2PL}{3EA}$$ ◀

例題 2-6

圖中圓錐形桿子 AB 之長度為 L，B 端為固定，A 端(自由端)承受一軸向拉力 P，已知 A、B 兩端之直徑分別為 d_A 與 d_B，試求桿子之伸長量。

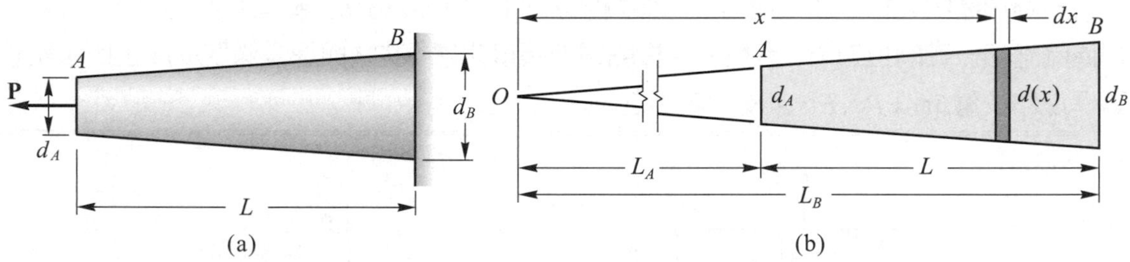

(a) (b)

【解】由於桿子之斷面積由 A 端連續變化至 B 端，故本題必須用積分法求桿子之伸長量。

欲求桿子任一斷面之面積 $A(x)$，必須決定沿桿軸坐標 x 之原點，爲便於積分，將原點定在圓桿錐邊之交點 O，如(b)圖所示。設 O 點至 A、B 兩端之距離分別爲 L_A 與 L_B，由相似三角形得

$$\frac{L_A}{L_B}=\frac{d_A}{d_B}$$

圓錐桿上距 O 點爲 x 處之直徑 $d(x)$，同樣由相似三角形

$$\frac{d(x)}{x}=\frac{d_A}{L_A}\quad,\quad\text{或}\ d(x)=\frac{d_A}{L_A}x$$

則面積 $A(x)=\frac{\pi}{4}\left[d(x)\right]^2=\frac{\pi}{4}\frac{d_A^2}{L_A^2}x^2$。因此圓錐桿之伸長量爲

$$\delta=\int_0^L d\delta=\int_{L_A}^{L_B}\frac{Pdx}{EA(x)}=\int_{L_A}^{L_B}\frac{4PL_A^2}{E\pi d_A^2}\frac{dx}{x^2}=\frac{4PL_A^2}{E\pi d_A^2}\left(\frac{1}{L_A}-\frac{1}{L_B}\right)$$

$$=\frac{4PL_A^2}{E\pi d_A^2}\left(\frac{L_B-L_A}{L_AL_B}\right)=\frac{4PL}{E\pi d_A^2}\frac{L_A}{L_B}=\frac{4PL}{E\pi d_A^2}\frac{d_A}{d_B}=\frac{4PL}{E\pi d_A d_B} \blacktriangleleft$$

習題

2-1 試求圖中鋼桿在 D 點之位移。鋼材之彈性模數為 $E = 200$GPa，AC 段之斷面積為 600 mm^2，CD 段之斷面積為 200 mm^2。

【答】2.75 mm(→)

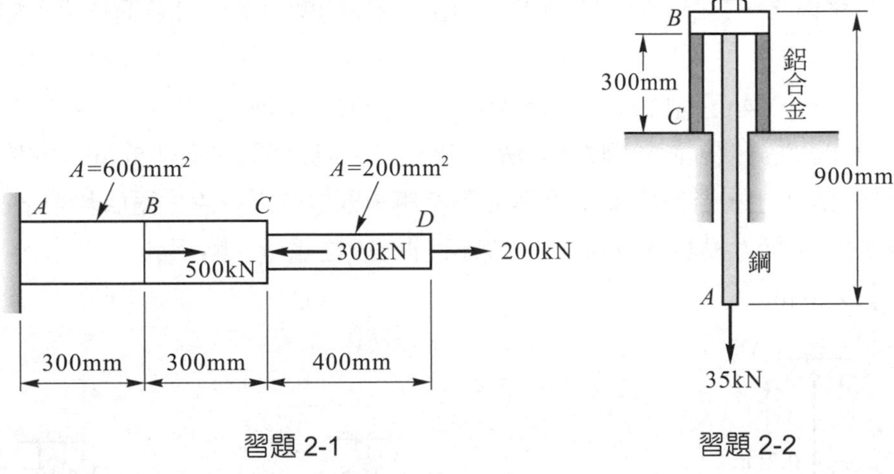

習題 2-1　　習題 2-2

2-2 外徑為 75mm 長度為 300mm 之鋁合金管子(E = 73 GPa)用以支撐直徑為 25mm 長度為 900 mm 之鋼桿(E = 200 GPa)，鋼桿底端 A 點承受 35 kN 之軸力，已知 A 端之最大位移為 0.40mm，試求鋁合金管子所需之最小厚度。鋁管及鋼桿之重量忽略不計。

【答】8.73 mm

2-3 圖中剛性桿 AB 最初水平靜止在 AC 及 BD 兩根短柱上，其中 AC 為鋼桿(E = 200 GPa)直徑為 20mm，BD 為鋁桿(E = 70GPa)直徑為 40mm，今在 AB 桿上 F 點施加一垂直向下負荷 90kN，試求 F 點之位移。

【答】0.225 mm(↓)

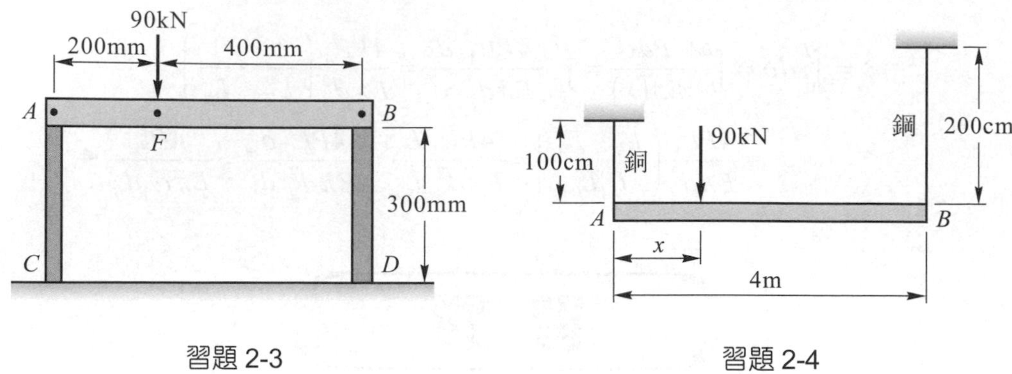

習題 2-3　　習題 2-4

2-4 水平剛性桿 AB 之長度爲 4m，兩端以長度爲 100cm 之銅桿(E_b = 100GPa)及長度爲 200cm 之鋼桿(E_s = 200GPa)支撐。銅桿斷面積爲 320mm^2，鋼桿斷面積爲 480mm^2。(a)若欲使 AB 桿承受 90kN 之負荷後仍保持水平，則負荷作用點之位置 x 應爲若干？(b)銅桿及鋼桿之正交應力爲何？剛性桿 AB 之重量忽略不計，且負荷作用前剛性桿爲水平。

【答】(a)x = 2.4 m，(b) σ_b = 112.5 MPa，σ_s = 112.5 MPa

2-5 圖中 20 kg 之荷重未置於剛性桿 AB 上時，B 端與接觸點 E 有 1.5mm 之間隙。今將荷重置於 AB 桿上，若欲使 B 端恰與 E 點接觸，則放置之位置 x 應爲若干？CD 桿之直徑爲 2mm，彈性模數爲 200GPa。設剛性桿 AB 之重量忽略不計。

【答】92.6 mm

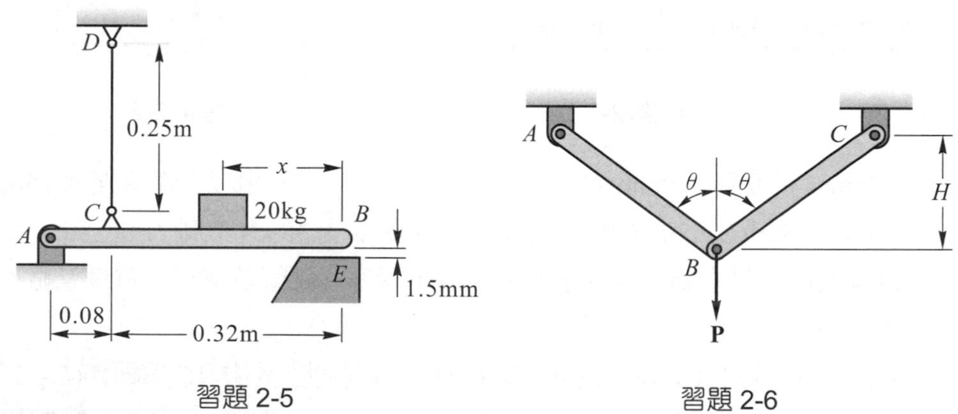

習題 2-5　　習題 2-6

2-6 試求圖中桁架在 B 點之位移。設 AB 及 BC 兩桿件之軸向剛度均爲 EA，且桿重忽略不計。

【答】$PH/2EA\cos^3\theta$

2-7 試求圖中桁架在 B 點之水平與垂直位移。AB 桿之斷面積為 650 mm²，BC 桿之斷面積為 925 mm²，兩桿均為結構用鋼，彈性模數為 200 GPa。

【答】$\delta_H = 0.523$ mm，$\delta_V = 1.570$ mm

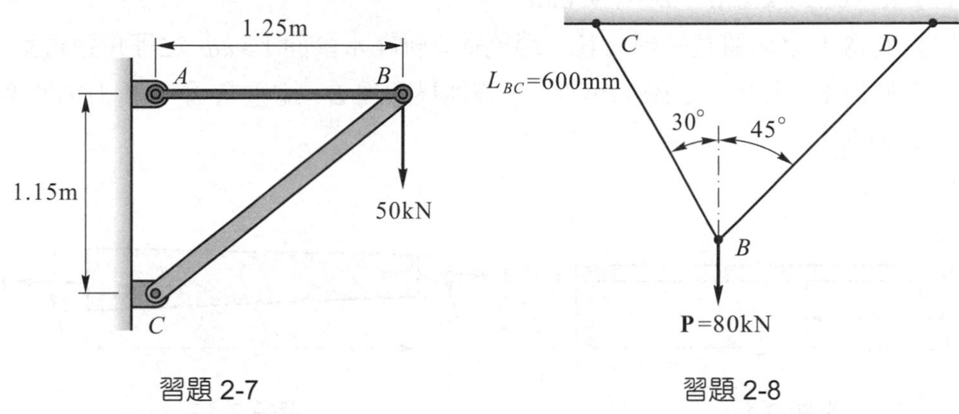

習題 2-7　　　習題 2-8

2-8 試求圖中桁架在 B 點之水平與垂直位移。BC 及 BD 桿均為結構用鋼(E = 207 GPa)，且斷面積均為 120 mm²。

【答】$\delta_H = 0.0628$ mm，$\delta_V = 1.670$ mm

2-9 圖中埋入地面下之鋼管以其側表面之摩擦力支撐負荷 P，設鋼管表面單位長度之摩擦力 f 為均勻分佈。鋼管之長度為 L，橫斷面積為 A，彈性模數為 E。試求(a)鋼管之縮短量 δ(以 P、L、E 及 A 表示)，(b)鋼管斷面壓應力之變化(以圖形表示)。

【答】(a) $\delta = \dfrac{PL}{2EA}$，(b) $\sigma_C = \dfrac{P}{AL} y$ (y 為與底端之距離)

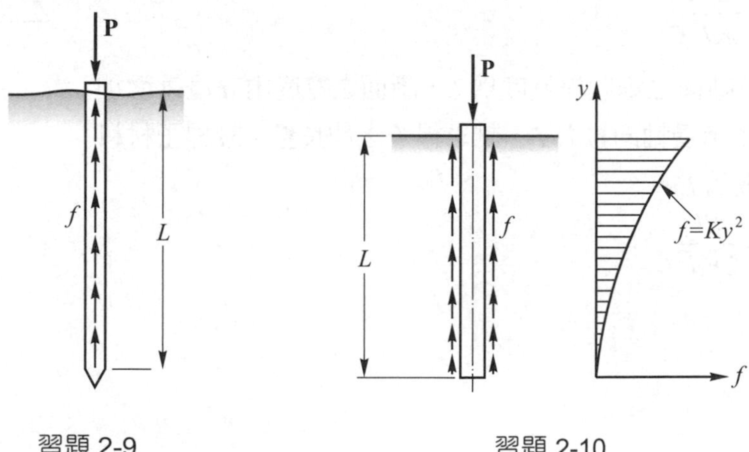

習題 2-9　　　習題 2-10

2-10 圖中木樁打入粘土的長度爲 L，頂端承受之壓力爲 P。設負荷全部由摩擦力承擔，且沿木樁單位長度的摩擦力 f 呈拋物線變化，即 $f = Ky^2$，其中 K 爲常數。若 $P = 420$ kN，$L = 12$m，$A = 640\text{cm}^2$，$E = 10$GPa。試求常數 K 之值，並求木樁的縮短量。

【答】$K = 0.729\ \text{kN/m}^3$，$\delta = 1.97$mm

2-11 圖中長度爲 L 之均質稜柱桿，其一端繞垂直軸在水平面上以 ω 之等角速轉動，試求桿子之伸長量。設桿子之斷面積爲 A，彈性模數爲 E，比重量爲 γ。重力加速度爲 g。

【答】$\dfrac{\gamma L^3 \omega^2}{3gE}$

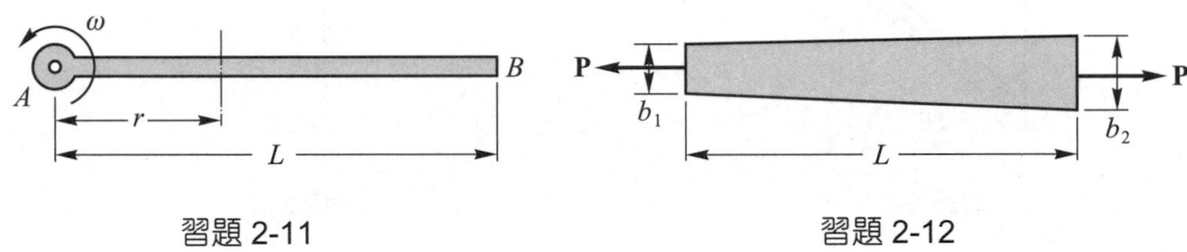

習題 2-11　　習題 2-12

2-12 圖中長度爲 L 厚度爲 t 之錐狀桿子，其寬度由 b_1 直線增加至 b_2，當桿子承受軸向拉力 P 時，(a)試導出其伸長量之公式，(b)設 $L = 1.5$m，$t = 25$mm，$P = 125$ kN，$b_1 = 100$ mm，$b_2 = 150$ mm，$E = 200$ GPa，試求桿子之伸長量。

【答】(a) $\delta = \dfrac{PL}{Et(b_2 - b_1)} \ln \dfrac{b_2}{b_1}$，(b)0.304 mm

2-13 圖中垂直懸掛之圓錐形均質桿子，試求桿子由於自重所生之伸長量。已知桿子之重量爲 W，彈性模數爲 E

【答】$\delta = \dfrac{2WL}{\pi d^2 E}$

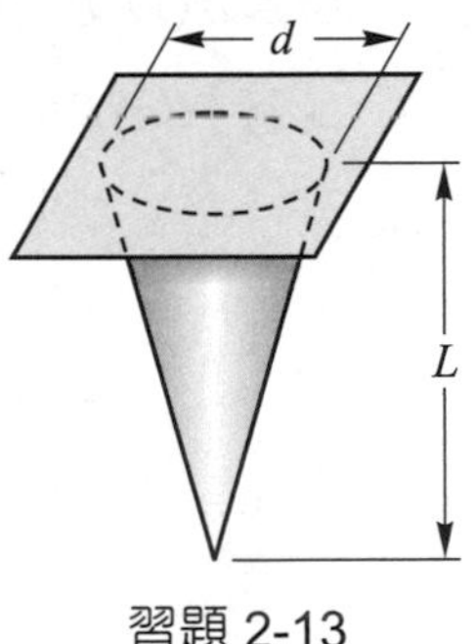

習題 2-13

2-14 圖中正方形斷面之錐狀桿長度爲 L，斷面之寬度由 d 直線增加至 $2d$，桿子承受軸向拉力 P，試求桿子之伸長量。設桿子材料之彈性模數爲 E。

【答】$\delta = \dfrac{PL}{2Ed^2}$

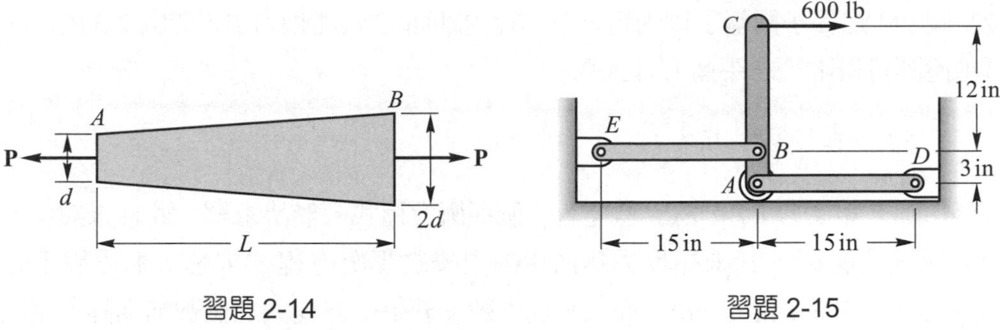

習題 2-14　　習題 2-15

2-15 圖中剛性桿 *ABC* 以 *AD* 桿及 *BE* 桿支撐承受 600 lb 之水平負荷，試求 *A*、*B*、*C* 三點之位移。*AD* 桿及 *BE* 桿均爲結構用鋼，$E_s = 30\times10^6$ psi，且兩桿之斷面積均爲 0.25 in×0.75 in。

【答】$\delta_A = 0.0064$ in(←)，$\delta_B = 0.0080$ in(→)，$\delta_C = 0.0656$ in(→)

2-2 靜不定結構

上一節所討論之結構，以自由體圖及平衡方程式，即可求得構件之受力，進而求得構件內之應力及所生之變形，此種直接由靜力學之平衡方程式即可求解各構件受力之問題，稱爲靜定問題(statically determinate problem)。參考圖 2-4 中，頂端固定之稜柱桿，底端承受一軸向拉力，固定端之反力 *R*，以自由體圖及平衡方程式$\sum F_y = 0$，可得 $R = P$，桿內任一斷面之內力亦可由平衡方程式求得，並可求得桿內應力及桿子之伸長量。

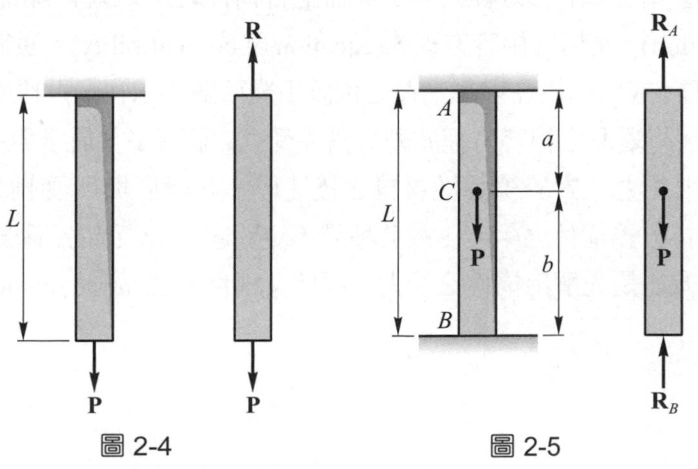

圖 2-4　　圖 2-5

若將圖 2-4 之桿子兩端予以固定，並在桿內斷面 C 施加軸力 P，如圖 2-5 所示，由桿子之自由體圖可得唯一之平衡方程式為

$$\sum F_y = 0 \quad , \quad R_A + R_B = P \tag{a}$$

式中含有二個未知反力 R_A 及 R_B，但僅有一個平衡方程式，無法求解。此種未知反力數多於平衡方程式之結構，其未知反力無法由靜力學之平衡方程式求解，稱為靜不定問題(statically indeterminate problem)，而未知反力數多於平衡方程式之個數稱為靜不定次數。圖 2-6 中所示為幾種常見之靜不定結構。

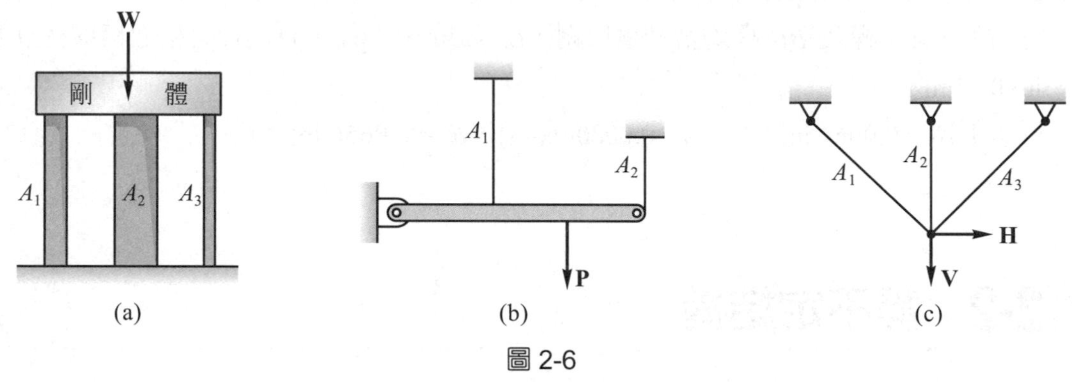

圖 2-6

因此，靜不定結構之產生，是由於結構之實際支承數超過了維持其平衡所需之支承，亦即靜不定結構之支承所相當之未知反力數超過了平衡方程式之個數，此多餘之反力稱為贅力(redundant)，而贅力之個數等於其靜不定次數。若將贅力所相當之支承移去，亦不致引響結構之平衡，例如將圖 2-6 中結構之 A_2 支承移去，仍可維持結構於平衡狀態。

解靜不定問題，除了平衡方程式外，尚需配合構件變形之幾何關係方程式(geometry displacement equation)，又稱為相容方程式(equation of compatibility)，通常相容方程式可直接觀察結構之變形，或由結構在變形前後之位置由幾何關係求得。再利用構件變形與力之關係式($\delta=PL/EA$)，將變形之相容方程式轉成構件受力之關係式，最後與平衡方程式聯立，即可解出所有之未知力。對於線彈性材料之稜柱桿，其變形與所受軸力之關係式為$\delta = PL/EA = fP$，其中 f 為構件之柔度，故此種靜不定問題之分析方法稱為柔度法(flexibility method)，又此種方法是先解出構件之受力，因此又稱為力法(force method)。

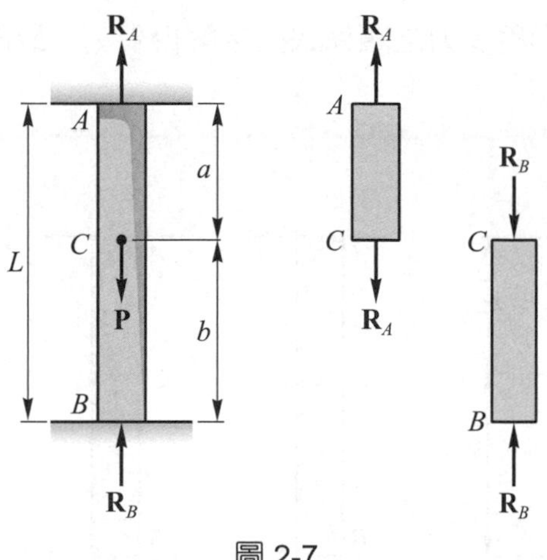

圖 2-7

參考圖 2-5 中之靜不定桿件，在斷面 C 承受軸力 P 時，AC 段受拉，CB 段受壓，如圖 2-7 所示，AC 段受拉伸長δ_{AC}，CB 段受壓縮短δ_{BC}，但 AB 桿兩端為固定，受力後總長度保持不變，故可得桿件之變形關係式(相容方程式)為

$$\delta_{AC} = \delta_{BC}$$

再將 AC 桿及 CB 之變形與受力關係代入上式

$$\frac{R_A a}{EA} = \frac{R_B b}{EA}$$

得
$$\frac{R_A}{R_B} = \frac{b}{a} \tag{b}$$

將(a)(b)兩式聯立，可解得 AB 桿兩端之未知反力 R_A 及 R_B 分別為

$$R_A = \frac{b}{a+b}P \quad , \quad R_B = \frac{a}{a+b}P \tag{c}$$

解出 R_A 及 R_B 後便可分析 AC 段及 CB 之應力以及斷面 C 之撓度(位移)。

另一個求得靜不定結構相容方程式之方法，是將靜不定結構之多餘支承移除，並用該支承所相當之反力(贅力)取代，使結構成為一靜定結構，通常稱為原始結構(primary structure)之放鬆結構。然後將贅力視為放鬆結構之受力，並求此放鬆結構同時承受外力及贅力在所移去支承處之位移，該處位移通常為已知(大部份支承點之位移為零)。由此所得之相容方程式，再利用變形與受力之關係式直接解得贅力，最後由平衡方程式解出其餘之未知反力。

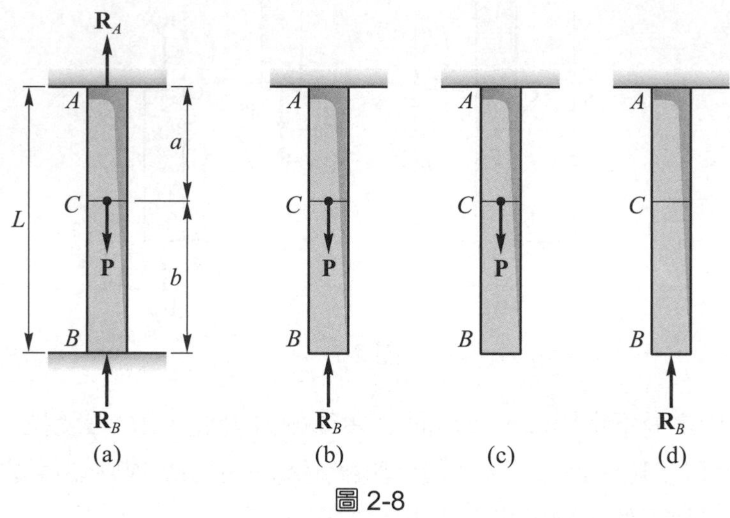

圖 2-8

參考圖 2-5 中之靜不定桿件，為求得其相容方程式，可將桿件底端之固定支承 B 移去，並以其反力 R_B(贅力)取代，形成放鬆結構並同時承受外力 P 及贅力 R_B，如圖 2-8(b)所示。由於 B 端為固定支承，位移為零，故可得圖 2-8(b)之相容方程式為$\delta_B = 0$。由重疊原理，放鬆結構同時承受 P 及 R_B 在 B 點之位移，等於 P 及 R_B 單獨作用時在 B 點所生位移之和。由圖 2-8(c)，P 單獨作用時在 B 點之位移為

$$\delta_{B1} = \delta_{C1} = \frac{Pa}{EA}(\downarrow)$$

由圖 2-8(d)，R_B 單獨作用時在 B 點之位移為

$$\delta_{B2} = \frac{R_B L}{EA}(\uparrow)$$

代入相容方程式$\delta_B = \delta_{B1} + \delta_{B2} = 0$，即

$$\frac{Pa}{EA} + \left(-\frac{R_B L}{EA}\right) = 0$$

得支承 B 之反力(贅力)為

$$R_B = \frac{a}{L}P$$

再由平衡方程式得

$$R_A = P - R_B = \frac{b}{L}P$$

所得結果與公式(c)相同。

綜合上述以柔度法(或力法)求解靜不定結構，可將其分析步驟簡述如下：

(1) 由結構之自由體圖列平衡方程式，其中未知力會多於平衡方程式，本章中所涉及之靜不定問題大都為一次靜不定。

(2) 求取結構之相容方程式，通常有兩種方法：(a)直接觀察，或利用結構變形之前後位置由幾何關係找出有變形構件之變形關係式；(b)將靜不定結構放鬆為靜定結構，由贅力作用點(即移去支承之點)之已知位移可得相容方程式。對於一次靜不定之問題只需要一個相容方程式。

(3) 利用構件變形與受力之關係式，將變形之相容方程式，轉為構件受力之關係式。

(4) 將(1)(3)兩個步驟之方程式聯立求解，即可解出所有之未知力。

另一個求解靜不定結構之方法稱為勁度法(stiffness method)或位移法(displacement method)。此方法是取靜不定結構之某一特定位移為未知數，然後找出各構件之變形量與該位移之關係，再利用力與變形量之關係式，將各構件之作用力表示為該位移之函數，最後將各構件之作用力代入平衡方程式中，即可解出該特定之未知位移，並求得各構件之受力。對於承受軸力之稜柱桿，將其受力以變形量δ表示之關係式為$P = k\delta$，其中k為桿件之勁度，故此分析方法稱為勁度法，又此方法是取位移為未知數，並先解出此位移，故又稱為位移法。

參考圖 2-7 之靜不定桿件，設取斷面 C 之位移δ_C為未知數，由於 AC 桿之伸長量δ_{AC}及 CB 桿之縮短量δ_{CB}均等於δ_C，故由軸力與變形量之關係，可將 AC 桿之拉力 R_A及 CB 之壓力 R_B表示為δ_C之函數，即

$$R_A = k_{AC}\delta_C = \frac{EA}{a}\delta_C \quad , \quad R_B = k_{CB}\delta_C = \frac{EA}{b}\delta_C \qquad \text{(d)}$$

將公式(d)代入平衡方程式

$$\Sigma F_y = 0 \quad , \quad R_A + R_B = P \quad , \quad \frac{EA}{a}\delta_C + \frac{EA}{b}\delta_C = P$$

得 $$\delta_C = \frac{Pab}{EA(a+b)} \tag{e}$$

將(e)式代入(d)式中得

$$R_A = \frac{b}{a+b}P \quad , \quad R_B = \frac{a}{a+b}P$$

所得結果與柔度法相同。

本書所涉及的大都是比較簡單的靜不定結構，用柔度法(力法)就足夠分析，僅有極少數之靜不定結構用勁度法(位移法)分析會比較簡單，因此本書後面所涉及之靜不定問題主要都是以柔度法分析，有必要時才會用到勁度法。

例題 2-7

圖中所示為填滿混凝土之鋼管，上面以剛性圓盤承受一軸向壓力 $P = 100$ kN，試求鋼管及混凝土內之壓應力以及鋼管之縮短量。鋼及混凝土之彈性模數分別為 $E_s = 200$ GPa 與 $E_c = 24$ GPa。

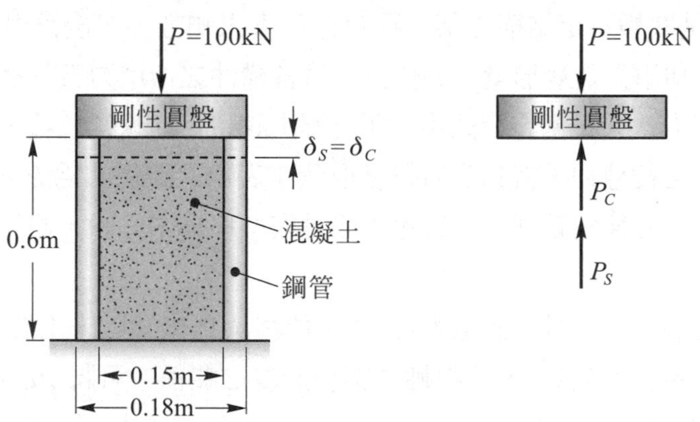

【解】設鋼管之壓力爲 P_s 混凝土之壓力爲 P_c，由平衡方程式

$$\Sigma F_y = 0 \quad , \quad P_c + P_s = 100 \text{ kN} \tag{1}$$

式中有兩個未知力 P_c 與 P_s，但僅有一個平衡方程式，故爲一次靜不定之結構，須有一個相容方程式以配合求解。

相容方程式：剛性圓盤承受中心壓力 P，同時壓縮鋼管及混凝土，兩者之縮短量相同，即

$$\delta_c = \delta_s \tag{2}$$

將稜柱桿之變形量與受力之關係式代入公式 (2)中，得

$$\frac{P_c L}{E_c A_c} = \frac{P_s L}{E_s A_s} \tag{3}$$

其中 $L = 0.6$ m，$E_c = 24$ GPa，$E_s = 200$ GPa

$$A_c = \frac{\pi}{4}(150)^2 = 17.67\times10^3 \text{ mm}^2 \quad , \quad A_s = \frac{\pi}{4}(180^2-150^2) = 7.775\times10^3 \text{ mm}^2$$

由公式(3)：$P_c = \dfrac{E_c A_c}{E_s A_s} P_s = \dfrac{(24)(17.67)}{(200)(7.775)} P_s = 0.273\, P_s$ (4)

將公式(1)及(4)聯立，解得 $P_s = 78.55$ kN，$P_c = 21.45$ kN

鋼管及混凝土之壓應力爲

$$\sigma_s = \frac{P_s}{A_s} = \frac{78.55\times10^3}{7.775\times10^3} = 10.1 \text{ MPa} ◀$$

$$\sigma_c = \frac{P_c}{A_c} = \frac{21.45\times10^3}{17.67\times10^3} = 1.21 \text{ MPa} ◀$$

鋼管之壓縮量爲

$$\delta_s = \delta_c = \frac{P_s L}{E_s A_s} = \frac{(78.55)(0.6\times10^3)}{(200)(7.775\times10^3)} = 0.0303 \text{ mm} ◀$$

【另解】本題鋼管與混凝土之組合類似於二個並聯之彈簧

鋼管之彈簧常數(勁度)：$k_s = \dfrac{E_s A_s}{L} = \dfrac{(200)(7.775\times10^3)}{600} = 2.592\times10^3$ kN/mm

混凝土之彈簧常數(勁度)：$k_c = \dfrac{E_c A_c}{L} = \dfrac{(24)(17.67\times10^3)}{600} = 0.707\times10^3$ kN/mm

整根構件之彈簧常數 $K = k_s + k_c = 3.299\times10^3$ kN/mm

則構件之縮短量爲 $\delta = \dfrac{P}{K} = \dfrac{100}{3.299\times10^3} = 0.0303$ mm

鋼管之壓力 $P_s = k_s\delta = (2.592\times10^3 \text{ kN/mm})(0.0303\text{mm}) = 78.55$ kN

混凝土之壓力 $P_c = k_c\delta = (0.707\times10^3 \text{ kN/mm})(0.0303\text{mm}) = 21.45$ kN

例題 2-8

圖中所示結構，$ABCD$ 為剛性桿，在未承受負荷前為水平，BE 為鋼桿(E = 200 GPa)，斷面積為 500 mm^2，CF 為鋁桿(E = 75 GPa)斷面積為 1000 mm^2，當結構承受負荷 P = 150 kN 時，試求 BE 桿及 CF 桿之軸向應力與 D 點之位移。

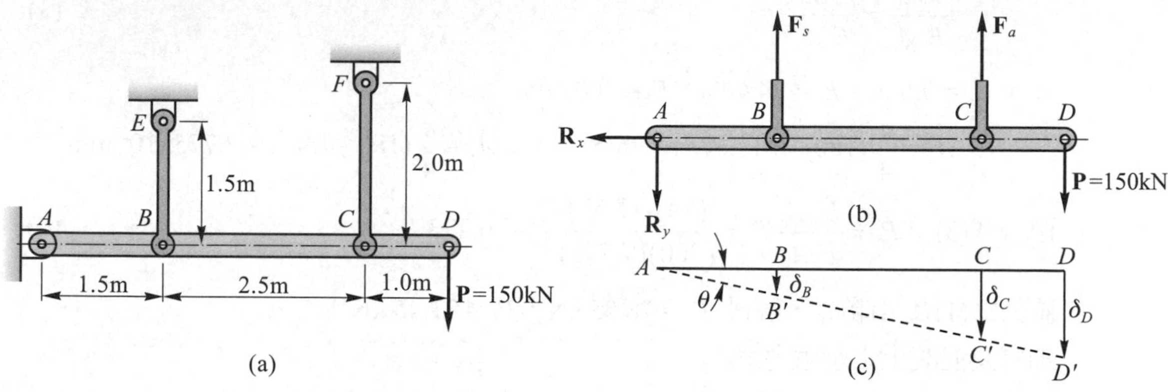

【解】取剛性桿之自由體圖，如(b)圖所示，其中包括 F_s、F_a、R_x、R_y 四個未知力，但平面上僅有三個平衡方程式，故本題結構爲一次靜不定。由平衡方程式：

$$\Sigma M_A = 0 \quad , \quad F_s(1.5)+F_a(4.0) = 150(5.0) \tag{1}$$

(註：平衡方程式$\Sigma F_x = 0$ 及$\Sigma F_y = 0$，用於解 R_x 及 R_y，本題用不到)

相容方程式：繪剛性桿承受負荷前後之位置，如(c)圖所示，由相似三角形可得 B、C 兩點之位移關係爲

$$\frac{\delta_B}{\delta_C} = \frac{1.5}{1.5+2.5} = \frac{1.5}{4.0}$$

因鋼桿(BE 桿)之伸長量δ_s 等於 B 點位移δ_B，鋁桿(CF 桿)之伸長量δ_a 等 C 點位移δ_C，由上式可得鋼桿與鋁桿之變形關係式爲

$$\delta_s = \frac{1.5}{4.0}\delta_a \tag{2}$$

由稜柱桿變形量與軸力之關係式，將公式(2)中變形之相容方程式轉爲鋼桿與鋁桿受力之關係式，即

$$\frac{F_s L_s}{E_s A_s} = \frac{1.5}{4.0}\frac{F_a L_a}{E_a A_a} \tag{3}$$

將數據數代入上式

$$\frac{F_s(1500)}{(200)(500)} = \frac{1.5}{4.0}\frac{F_a(2000)}{(75)(1000)}$$

得　$F_a = 1.5F_s$ (4)

公式(1)與(4)聯立，可得 $F_a = 150$ kN ，$F_s = 100$ kN

鋼桿應力：$\sigma_s = \dfrac{F_s}{A_s} = \dfrac{100\times10^3}{500} = 200$ MPa (拉應力)◀

鋁桿應力：$\sigma_a = \dfrac{F_a}{A_a} = \dfrac{150\times10^3}{1000} = 150$ MPa (拉應力)◀

D 點之位移δ_D，由(c)圖之相似三角形關係

$$\delta_D = \frac{5.0}{4.0}\delta_C = \frac{5.0}{4.0}\delta_a = \frac{5.0}{4.0}\frac{F_aL_a}{E_aA_a} = \frac{5.0}{4.0}\frac{(150)(2000)}{(75)(1000)} = 5.0\ \text{mm}(\downarrow)◀$$

【另解】本題改用勁度法求解如下：

設取剛性桿之角位移θ 為未知數，如(c)圖所示，則 B、C 兩點之位移為

$$\delta_B = 1500\theta\,\text{mm}\quad,\quad \delta_C = 4000\theta\,\text{mm}$$

因 B 點位移δ_B等於 BE 桿(鋼桿)之伸長量δ_s，C 點位移δ_C 等於 CF 桿(鋁桿)之伸長量δ_a，故

$$\delta_s = \delta_B = 1500\theta\,\text{mm}\quad,\quad \delta_a = \delta_C = 4000\theta\,\text{mm}$$

鋼桿之勁度：$k_s = \dfrac{E_sA_s}{L_s} = \dfrac{(200)(500)}{1500} = 66.7$ kN/mm

鋁桿之勁度：$k_a = \dfrac{E_aA_a}{L_a} = \dfrac{(75)(1000)}{2000} = 37.5$ kN/mm

鋼桿之拉力：$F_s = k_s\delta_s = (66.7)(1500\theta) = 100\times10^3\theta$　kN

鋁桿之拉力：$F_a = k_a\delta_a = (37.5)(4000\theta) = 150\times10^3\theta$　kN

由平衡方程式：

$$\Sigma M_A = 0\quad,\quad F_s(1.5)+F_a(4.0) = 150(5.0)$$

$$(100\times10^3\theta)(1.5) + (150\times10^3\theta)(4.0) = 150(5.0)$$

得　$\theta = 1.0\times10^{-3}$ (rad)

故 BE 桿(鋼桿)及 CF 桿(鋁桿)之軸向應力及 D 點之位移為

$$F_s = (100\times10^3)(1.0\times10^{-3}) = 100\ \text{kN}\quad,\quad \sigma_s = \frac{F_s}{A_s} = 200\ \text{MPa}◀$$

$$F_a = (150\times10^3)(1.0\times10^{-3}) = 150\ \text{kN}\quad,\quad \sigma_a = \frac{F_a}{A_a} = 150\ \text{MPa}◀$$

$$\delta_D = \overline{AD}\cdot\theta = (5000)(1.0\times10^{-3}) = 5.0\ \text{mm}(\downarrow)◀$$

例題 2-9

圖中三根斷面相同之鋼桿承受負荷 P，試求 A 點之位移。三根鋼桿之軸向剛度均為 EA。

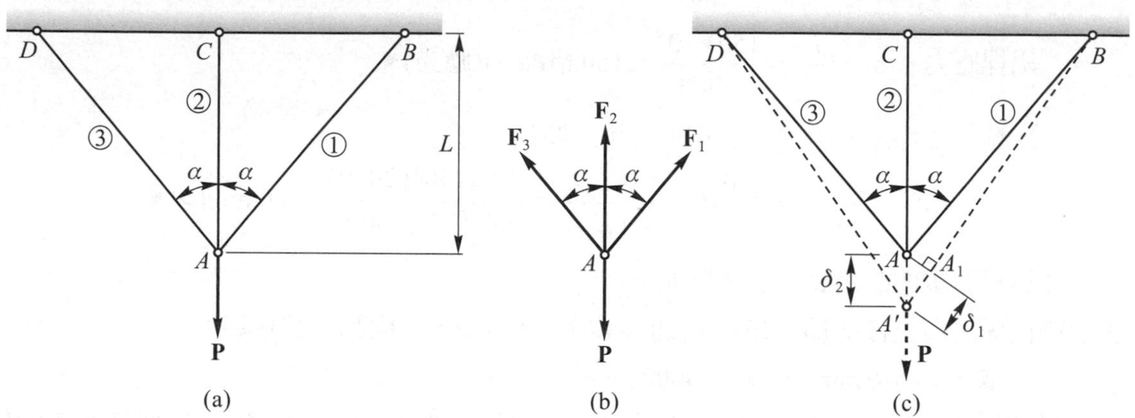

【解】令 AB 桿爲桿件①，AC 桿爲桿件②，AD 桿爲桿件③。

取接點 A 之自由體圖，如圖(b)所示，爲一平面共點力系，由平衡方程式

$$\Sigma F_x = 0 \text{，} \quad F_1 \sin\alpha = F_3 \sin\alpha \text{，} \quad F_1 = F_3$$

$$\Sigma F_y = 0 \text{，} \quad F_1 \cos\alpha + F_2 + F_3 \cos\alpha = P$$

上列二式可合爲一個平衡方程式，即

$$2F_1 \cos\alpha + F_2 = P \tag{1}$$

(1)式之平衡方程式中有二未知力 F_1 及 F_2，故結構爲一次靜不定。桿件③與桿件①之受力、長度及 EA 均相同，應力及變形量相同，可視爲同一未知數。

相容方程式：結構變形前(實線)與變形後(虛線)之位置，如(c)圖所示，其中 AC 桿之伸長量δ_2爲 AA'，至於 AB 桿之伸長量，以 B 爲圓心 BA 爲半徑作圓弧交 $A'B$ 於 A_1 點，A_1A'即爲 AB 桿之伸長量δ_1，因桿件之變形甚小，圓弧 AA_1 爲直線且與 AB 及 $A'B$ 均垂直，而角度 $AA'A_1$ 仍等於α。由直角三角形$\Delta AA'A_1$，可得 AB 桿(桿件①)與 AC 桿(桿件②)變形之相容方程式爲

$$\delta_1 = \delta_2 \cos\alpha \tag{2}$$

將桿件變形量與受力之關係代入公式(2)中

$$\frac{F_1(L/\cos\alpha)}{EA} = \frac{F_2 L}{EA}\cos\alpha$$

得

$$F_1 = F_2 \cos^2\alpha \tag{3}$$

將(1)(3)兩式聯立，解得

$$F_2=\frac{P}{1+2\cos^3\alpha}\blacktriangleleft\quad,\quad F_1=\frac{P\cos^2\alpha}{1+2\cos^3\alpha}\blacktriangleleft$$

A 點之位移δ_A即等於桿件②之伸長量δ_2，故

$$\delta_A=\delta_2=\frac{F_2L}{EA}=\frac{PL}{EA\left(1+2\cos^3\beta\right)}\blacktriangleleft$$

【另解】本題改用勁度法(位移法)求解如下：

取 A 點之位移為未知數，由(c)圖可得桿件①及桿件②之伸長量為

$$\delta_1=\delta_A\cos\alpha\quad,\quad\delta_2=\delta_A\tag{4}$$

桿件①之勁度 $k_1=\dfrac{EA}{L_1}=\dfrac{EA}{L/\cos\alpha}$ ， 得 $F_1=k_1\delta_1=\dfrac{EA\cos^2\alpha}{L}\delta_A$ (5)

桿件②之勁度 $k_2=\dfrac{EA}{L}$ ， 得 $F_2=k_2\delta_2=\dfrac{EA}{L}\delta_A$ (6)

由平衡方程式：$2F_1\cos\alpha+F_2=P$ (7)

將(5)(6)兩式代入公式(7)

$$2\left(\frac{EA\cos^2\alpha}{L}\delta_A\right)\cos\alpha+\left(\frac{EA}{L}\right)\delta_A=P$$

得 $$\delta_A=\frac{PL}{EA\left(1+2\cos^3\alpha\right)}\blacktriangleleft\tag{8}$$

將公式(8)代入(5)、(6)兩式中，得

$$F_1=\frac{P\cos^2\alpha}{1+2\cos^3\alpha}\blacktriangleleft\quad,\quad F_2=\frac{P}{1+2\cos^3\alpha}\blacktriangleleft$$

例題 2-10

圖中銅桿(E_c = 120 GPa)置於鋁管(E_a = 70 GPa)內，兩者在同一中心線上。銅桿上以一剛性圓盤承受負荷 P。未承受負荷前，鋁管長度為 250 mm，銅桿長度為 250.130 mm(兩者長度相差Δ = 0.130 mm)。已知鋁管之斷面積為 1800 mm^2 容許壓應力為 70 MPa，銅桿之斷面積為 1200 mm^2，容許壓應力為 140 MPa，試求剛性圓盤上之容許負荷 P。

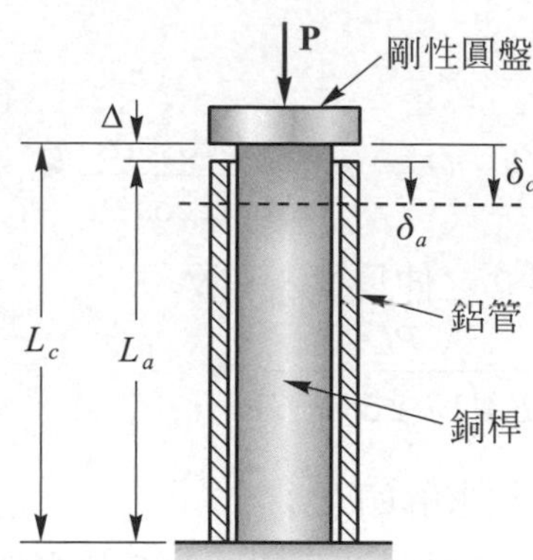

【解】將銅桿壓縮 $\Delta = 0.130$ mm 時桿內之壓應力為

$$\sigma_c = E_c \frac{\Delta}{L_c} = \left(120\times10^3\right)\left(\frac{0.130}{250}\right) = 62.4 \text{ MPa}$$

由於未超過銅桿之容許壓應力 140 MPa，故結構施加到其容許最大負荷時銅桿與鋁管同時承受壓力。(注意，計算銅桿之應變或變形量時，銅桿之長度應為 250.130 mm，但以 250 mm 計算時不影響所得結果，故通常都將該甚小之長度偏差忽略不計)。

由平衡方程式：$P_c + P_a = P$ (1)

施加負荷 P 後，銅桿及鋁管同時受壓，且兩者之長度相同，故可得兩者變形量之相容方程式為

$$\delta_c = \delta_a + 0.130 \text{ (mm)} \tag{2}$$

利用 $\delta = \varepsilon L = \dfrac{\sigma}{E} L$ 之關係式將公式(2)轉換為兩者應力之關係式，即

$$\frac{\sigma_c L_c}{E_c} = \frac{\sigma_a L_a}{E_a} + 0.130$$

$$\sigma_c\left(\frac{250}{120\times10^3}\right) = \sigma_a\left(\frac{250}{70\times10^3}\right) + 0.130$$

整理後得 $\sigma_c = 1.71\sigma_a + 62.4$ (MPa) (3)

令 $\sigma_c = 140$ MPa，代入(3)式得 $\sigma_a = 45.4$ MPa，小於鋁管之容許壓應力。故負荷 P 施加到最大容許值時，銅桿先達其容許應力 140 Mpa，此時鋁管內之應力為 45.4 MPa。由公式(1)

$$P = \sigma_c A_c + \sigma_a A_a = (140)(1200) + (45.4)(1800) = 250\times10^3 \text{N} = 250 \text{ kN} ◀$$

習題

2-16 圖中 AB 桿由 AC(斷面積 A_1)及 CB(斷面積 A_2)兩段所組成，今將桿件兩端固定並在斷面 C 施加軸向負荷 P，試求(a)A、B 兩端之反力，(b)斷面 C 之位移。桿件之彈性模數均爲 E。

【答】(a) $R_A = \dfrac{b_2 A_1 P}{b_1 A_2 + b_2 A_1}$，$R_B = \dfrac{b_1 A_2 P}{b_1 A_2 + b_2 A_1}$，(b)$\delta_c = \dfrac{b_1 b_2 P}{E\left(b_1 A_2 + b_2 A_1\right)}$

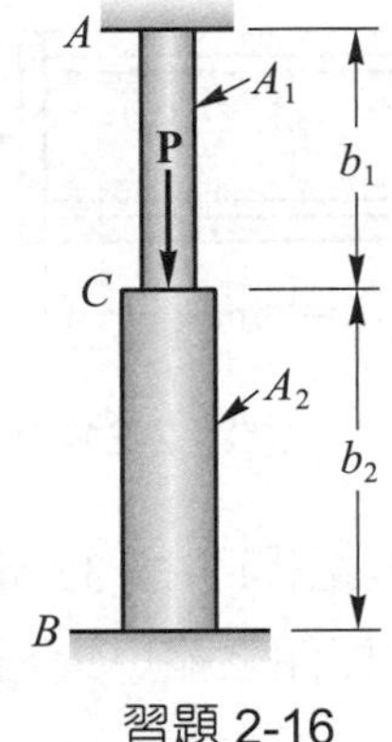

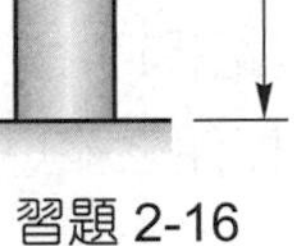

習題 2-16

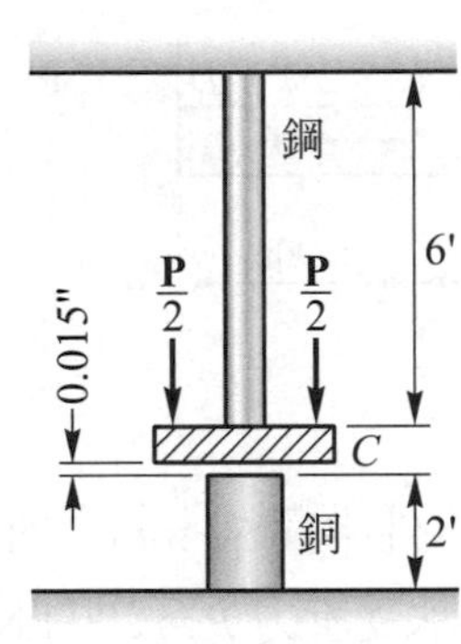

習題 2-17

2-17 圖中剛性圓盤 C 焊固在鋼桿(E_s = 30,000 ksi)下，剛性圓盤 C 與其下面之銅桿(E_b = 15.000 ksi)有一 0.015 吋之間隙，今在剛性圓盤上均勻施加負荷 P = 95 kips，試求(a)鋼桿與銅桿內之軸向應力，(b)剛性圓盤 C 之位移。鋼桿斷面積 $A_s = 1.25\ \text{in}^2$，銅桿斷面積爲 $A_b = 3.75\ \text{in}^2$。

【答】(a)σ_s = 18.92 ksi，σ_b = 19.03 ksi，(b)δ_C = 0.0454 in

2-18 圖中鋼與鋁之組合桿兩端固定，在斷面 C 承受一軸向負荷 P。已知鋼桿(E_s = 200 GPa，$A_s = 600\ \text{mm}^2$)之容許應力爲 150 MPa，鋁桿(E_a = 70 GPa，$A_a = 1500\ \text{mm}^2$)之容許應力爲 60 MPa，試求負荷 P 之容許值。

【答】P = 129.4 kN

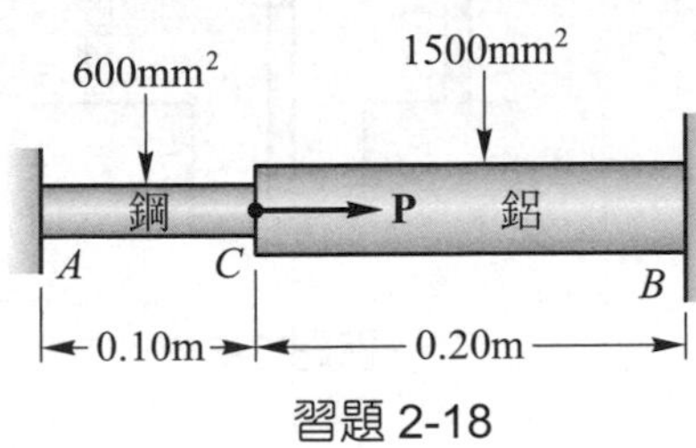

習題 2-18

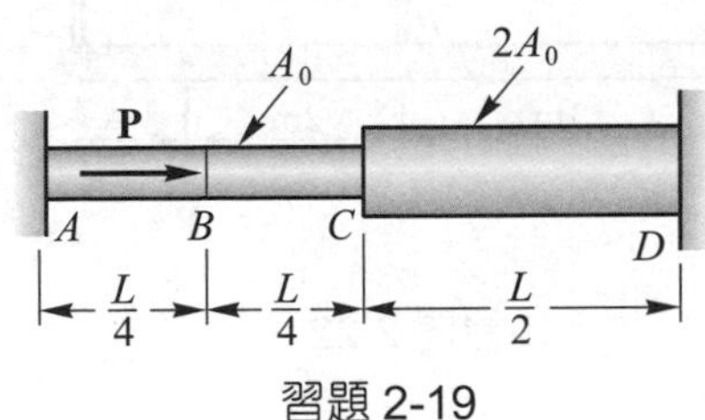

習題 2-19

2-19 圖中 AD 桿由兩段不同之斷面積所組成，AC 段之斷面積為 A_0，CD 段之斷面積為 $2A_0$，今將 AD 桿兩端固定，並在斷面 B 施加一軸向負荷 P，試求 A、D 兩端之反力及 B、C 兩斷面之位移。

【答】$R_A = 2P/3$，$R_D = P/3$，$\delta_B = PL/6EA_0$，$\delta_C = PL/12EA_0$

2-20 圖中斷面積為 500 mm^2 之均質稜柱桿，將 A、D 兩端固定，並在斷面 B、C 分別承受軸力 $P_1 = 25$ kN、$P_2 = 50$ kN，試求桿件在 BC 段內之正交應力。

【答】$\sigma_{BC} = 22.2$ MPa

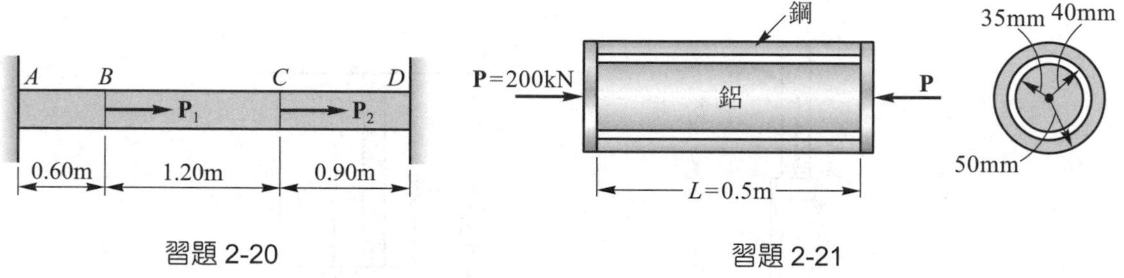

習題 2-20　　習題 2-21

2-21 圖中等長之鋼管(外半徑 50 mm，內半徑 40 mm)與鋁桿(半徑 35 mm)，兩端以剛性圓盤連結在一起，承受壓力 $P = 200$ kN，試求此複合桿件之縮短量。鋼之 $E_s = 200$ GPa，鋁之 $E_a = 70$ GPa。

【答】$\delta = 0.120$ mm

2-22 圖中剛性桿 AD 在 A 端鉸支，並以鋼桿(BE 桿)與鋁桿(DF 桿)支撐負荷 $P = 120$ kN，當未施加負荷時 AD 桿為水平，試求 C 點之位移。設剛性桿 AD 之重量忽略不計。

【答】$\delta_C = 2.92$ mm

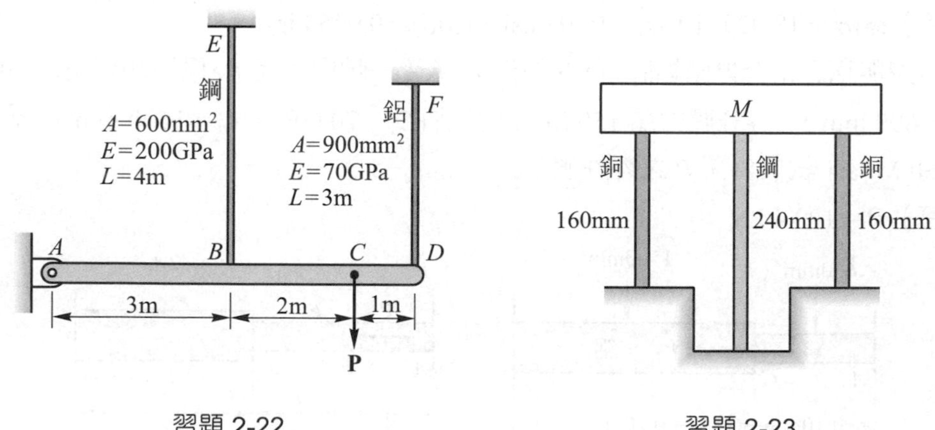

習題 2-22　　習題 2-23

2-23 圖中剛性物體質量為 M，以三根左右對稱之桿件支撐，左右兩邊銅桿($E_c = 120$ GPa，$A_c = 900$ mm^2)之容許壓應力為 70 MPa，中間鋼桿($E_s = 200$ GPa，$A_s = 1200$ mm^2)之容許壓應力為 140 MPa，試求物體容許之最大質量 M。

【答】22.36×10^3 kg

2-24 (a)圖中剛性桿 ABC 以三條完全相同之鋼索支撐負荷 P，已知 $x = 2L/3$，試求三條鋼索之拉力。(b)若欲使三條鋼索都保持承受拉力，則 x 之最小值為若干？

【答】(a)$F_A = P/2$，$F_B = P/3$，$F_C = P/6$，(b)$x = L/3$

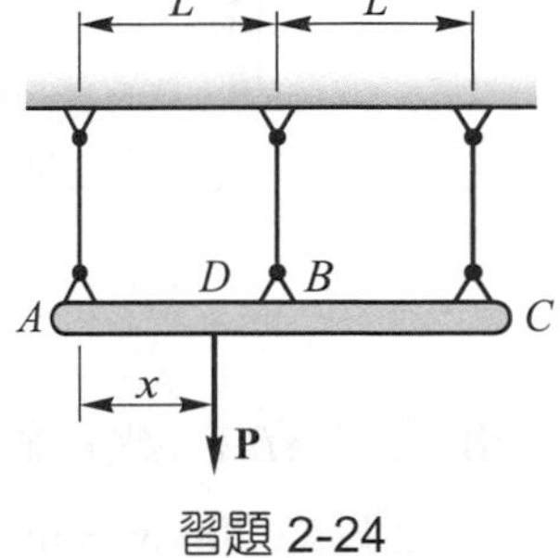

習題 2-24

2-25 圖中 B 桿之長度為 124.7mm，A 桿與 C 桿之長度為 125mm。若上下支撐板視為剛體，試求三桿內之應力。三根桿子均為鋁合金，$E_a = 70$ GPa，且斷面積均為 400 mm^2，上下支撐板及桿子之重量忽略不計。

【答】$\sigma_A = \sigma_C = 189$ MPa，$\sigma_B = 21.4$ MPa

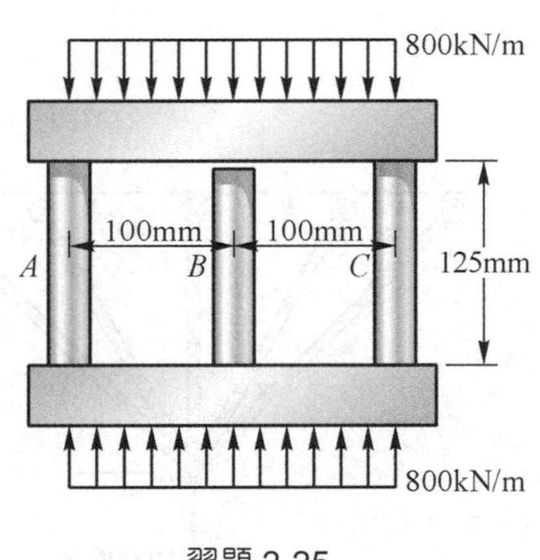

習題 2-25

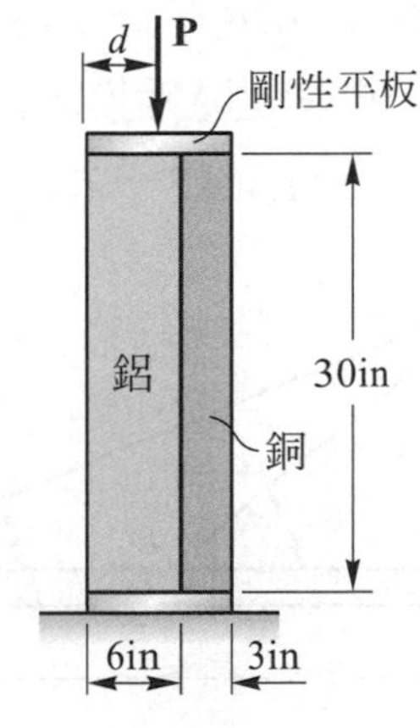

習題 2-26

2-26 圖中長度相等之鋁桿與銅桿直立並排(兩者間未黏接)，兩端黏接剛性平板以支撐負荷 P，若欲使剛性平板承受負荷後依然保持水平，則 P 之作用點位置 d 應為若干？兩桿之寬度均為 8 in，銅之 $E_b = 14.6\times10^3$ ksi，鋁之 $E_a = 10\times10^3$ ksi。

【答】4.90 in

2-27 圖中水平剛性梁 ABC 以三根完全相同之木桿支撐均變之分佈負荷，試求 ABC 梁承受負荷後之傾斜角度。木桿之原始長度為 1.40m，直徑為 120 mm，彈性模數為 12 GPa。

【答】19.9×10^{-6} rad

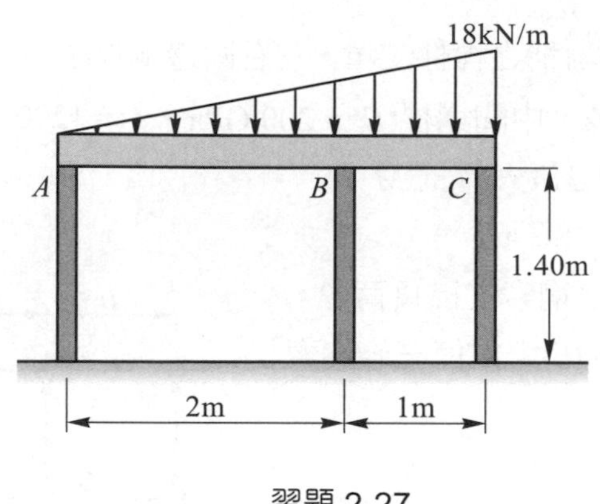

習題 2-27

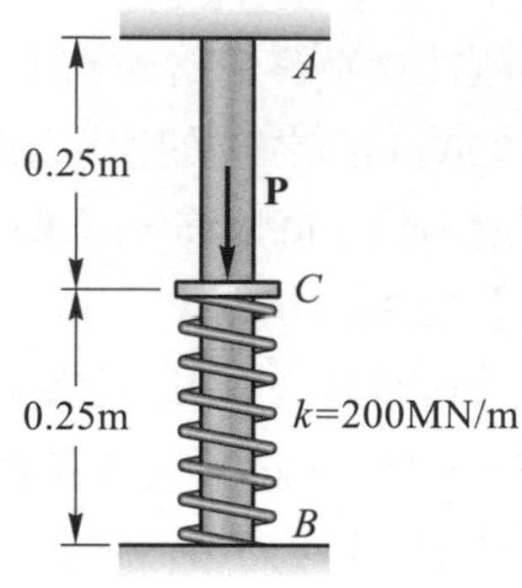

習題 2-28

2-28 圖中 AB 桿(鋁合金 $E_a = 68.9$ GPa)之兩端為固定，中間剛性套環 C 與 B 端間有一彈簧常數為 200 MN/m 之彈簧，最初彈簧為自由長度。當套環 C 承受 $P = 50$ kN 之負荷時，試求彈簧之縮短量。桿之直徑 $d = 50$ mm。

【答】0.039 mm

2-29 圖中剛性桿 ADB 在 A 端為鉸支承，並以鋼索 CD 與 CB 支撐負荷 P，試求兩鋼索之拉力。兩鋼索之彈性模數 E 與斷面積 A 均相同。

【答】$T_{CD} = 1.406\,P$，$T_{CB} = 1.125\,P$

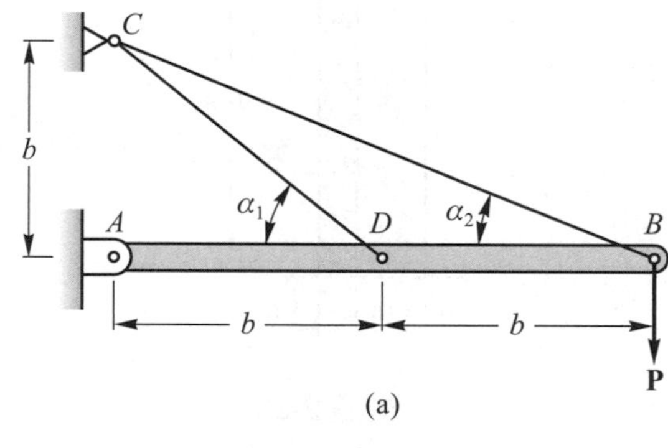

習題 2-29

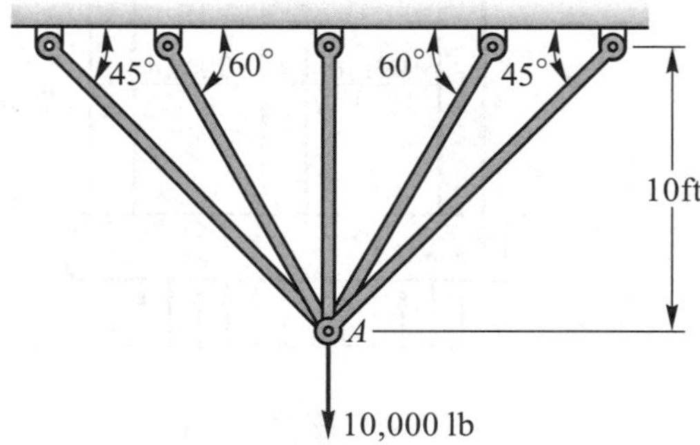

習題 2-30

2-30 圖中桁架所有桿件之彈性模數為 30×10^6 psi，斷面積為 0.2 in^2，試求 A 點之位移。本題用勁度法求解，取 A 點之位移為未知數。

【答】0.0665 in

2-3 溫度效應、不良組裝及預應變

外加負荷並不是結構內產生應力及應變的唯一來源，其他來源包括溫度變化所產生的熱效應(thermal effect)，構件尺寸不正確所造成的不良組裝(misfit)，還有將預留有應變之構件進行組裝，使結構在未承受負荷前即存在有應變，稱爲預應變(prestrain)，這些情形在機器或結構物中普遍存在，甚至比靜定結構還要重要。由於這些情況的分析方法很類似，故本節合併在一起討論。

■溫度效應

溫度變化會導致構件的尺寸發生變化，對於絕大多數的工程材料，溫度上升時會膨脹，而溫度下降時會收縮，參考圖 2-9 所示。對於等向性之均質材料，由實驗可得膨脹量或收縮量與溫度之變化量成正比，即

$$\delta_T = \alpha L \Delta T \tag{2-5}$$

其中ΔT 爲溫度變化量，L 爲構件之原始長度，δ_T爲構件之長度變化量，至於α 爲材料的線膨脹係數(coefficient of thermal expansion)，其意義爲每單位溫度變化量之應變，單位爲 1/℃或 1/°F。

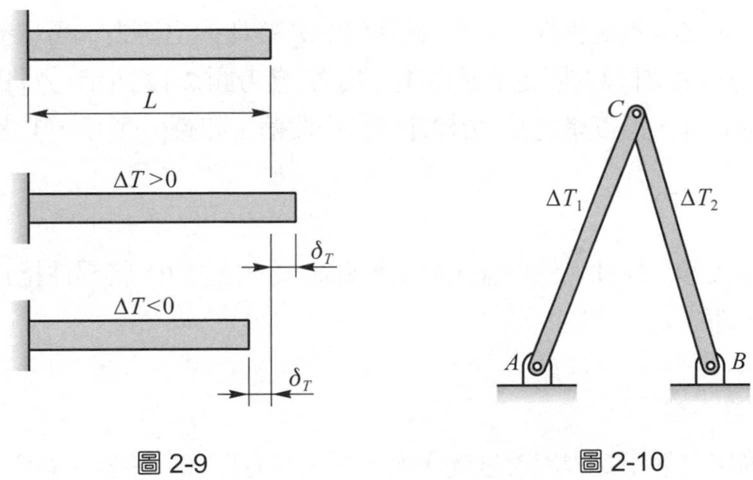

圖 2-9　　圖 2-10

對於靜定結構，當溫度變化時，由於構件之變形不受限制，可自由的膨脹或收縮，故只會產生熱應變(thermal strain)，但不會引起熱應力(thermal stress)。參考圖 2-10 中所示之

桁架，當 AC 桿溫度改變ΔT_1，BC 桿溫度改變ΔT_2，由於是靜定結構，兩桿均可自由變形不受限制，致使 C 點產生位移，但兩桿內並無應力，且支承亦不會產生反力。

但對於靜不定結構，由於支承對構件之拘束，使構件因溫度變化所生之變形被限制，如圖 2-11 中兩端固定之靜不定桿件，溫度變化ΔT後，因兩端完全被拘束而使桿件之變形量為零，但溫度變化後，支承為限制桿件之熱變形而對桿件施加一作用力 P，因而使桿件內產生應力，此應力稱為熱應力(thermal stress)。當溫度升高時，支承為限制桿件之伸長而在兩固定端產生壓力，相反地，溫度降低時，支承為限制桿件之收縮而在兩固定端產生拉力(圖 2-11)。

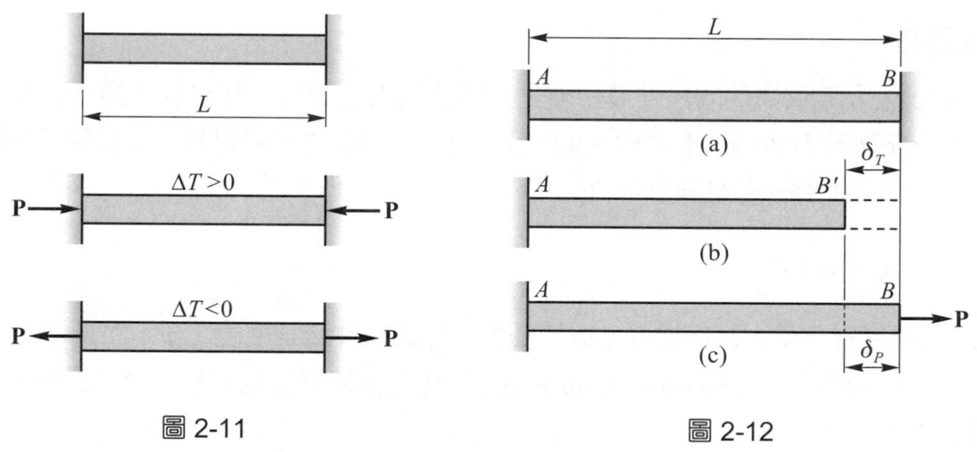

圖 2-11　　圖 2-12

對於兩端固定之靜不定桿件，為求溫度變化ΔT 後所生之應力，可根據桿件變形量為零之條件(相容方程式)計算在固定支承所生之反力。參考圖 2-12 所示，先將固定端 B 移除，使桿件放鬆為靜定桿，溫度降低ΔT 後桿件可自由收縮，如圖(b)所示，其收縮量為

$$\delta_T = \alpha L \Delta T \tag{a}$$

但 B 端原為固定支承，桿件無法收縮，故支承會產生一拉力 P，將桿件拉長δ_P使桿件之總變形量δ 為零，即

$$\delta = \delta_T + \delta_P = 0 \tag{b}$$

上式即為兩端固定之靜不定桿因溫度變化所得之相容方程式。將變形與受力之關係式($\delta = PL/EA$)及變形與溫度之關係式($\delta = \alpha L \Delta T$)代入公式(b)中

$$\alpha L \Delta T + \frac{PL}{EA} = 0 \quad ，\quad 得\ P = -\alpha E \Delta T A$$

故兩端固定之桿件由於溫度變化所生之熱應力為

$$\sigma = \frac{P}{A} = -\alpha E \Delta T \tag{2-6}$$

式中，負號表示ΔT與σ之符號相反，即溫度升高時，ΔT為正，桿內產生壓應力，而溫度降低時，ΔT為負，桿內產生拉應力。

因此對於靜不定結構，由於溫度變化，通常都會使構件產生有熱應力，至於熱應變則視支承之限制狀況而定，若支承為完全限制(如圖 2-11)，則構件無熱應變產生，但大部份支承對構件之變形為部份限制，故都會有熱應變。至於分析具有溫度變化的靜不定結構，其觀念與上一節之靜不定結構相同，亦即由平衡方程式配合相容方程式，再將相容方程式之變形關係轉為構件之受力關係，轉換時除了變形與力之關係式($\delta = PL/EA$)外，還包括了變形與溫度之關係式($\delta = \alpha L\Delta T$)，以下之例題將有詳細之說明。

例題 2-11

圖中鋼桿長度為 2m，一端固定而另一端與固定牆壁有 0.6mm 之間隙，試求鋼桿溫度上升 120℃後桿內所生之應力。鋼之熱膨脹係數為$\alpha = 12\times10^{-6}$/℃，彈性模數 E = 200 GPa。

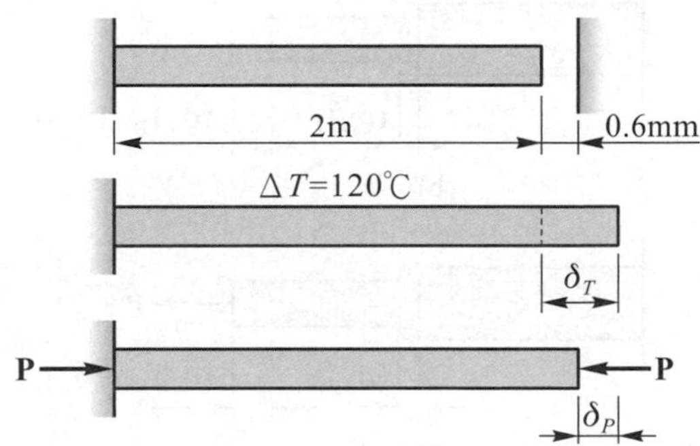

【解】首先移除右側之固定牆壁，將桿件放鬆為靜定構件，當溫度上升 120℃後，桿件之總伸長量為

$$\delta_T = \alpha L\Delta T = (12\times10^{-6})(2000)(120) = 2.88 \text{ mm}$$

但桿件被固定牆壁限制，僅能伸長 0.6mm，其餘被拘束，右側固定牆壁對鋼桿限制之伸長量為

$$\delta_P = \delta_T - 0.6 = 2.88 - 0.6 = 2.28 \text{ mm}$$

固定牆壁限制伸長量δ_P所生之反力 P，等於將鋼桿壓回δ_P所需之力，即

$$P=\frac{EA\delta_P}{L}$$

故鋼桿內所生之應力為

$$\sigma=\frac{P}{A}=\frac{E\delta_P}{L}=\frac{(200\times10^3)(2.28)}{2000}=228\text{ MPa}(\text{壓應力})◀$$

例題 2-12

圖中鋁與鋼之組合桿兩端固定。鋁桿長度為 3m 直徑為 50mm，彈性模數 $E_a=70$ GPa，線膨脹係數$\alpha_a=24\times10^{-6}$ 1/℃。鋼桿長度為 2m，直徑為 30mm，彈性模數 $E_s=200$ GPa，線膨脹係數$\alpha_S=12\times10^{-6}$ 1/℃。試求溫度下降 30℃後兩桿內之應力及 C 點之位移。

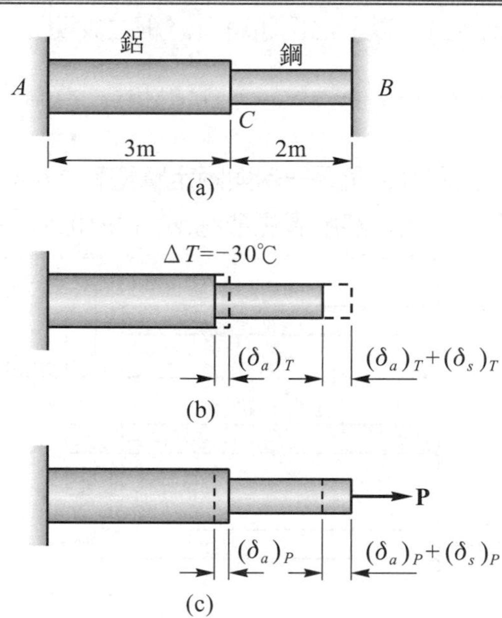

【解】首先移除固定端 B，將靜不定之組合桿放鬆為靜定構件，當溫度下降 30℃，桿件之總縮短量為

$$\delta_T=(\delta_a)_T+(\delta_s)_T=\alpha_aL_a\Delta T+\alpha_sL_s\Delta T$$
$$=(24\times10^{-6})(3000)(30)+(12\times10^{-6})(2000)(30)=2.88\text{ mm}$$

但實際上 B 端為固定支承，組合桿之收縮量全部被拘束，固定端為限制組合桿之收縮量所生之反力，等於將組合桿拉長δ_P所需之作用力。因組合桿之長度不變，故得相容方程式：$\delta_P=\delta_T=2.88$ mm

組合桿之伸長量δ_P與拉力 P 之關係式爲

$$\delta_P = (\delta_a)_P + (\delta_s)_P = \frac{PL_a}{E_a A_a} + \frac{PL_s}{E_s A_s}$$

其中 $A_a = \frac{\pi}{4}(50)^2 = 1963\ \text{mm}^2$ ， $A_s = \frac{\pi}{4}(30)^2 = 707\ \text{mm}^2$

$$\frac{P(3000)}{(70)(1963)} + \frac{P(2000)}{(200)(707)} = 2.88$$ ， 得 $P = 80.05\ \text{kN}$

鋁桿之應力：$\sigma_a = \frac{P}{A_a} = \frac{80.05\times10^3}{1963} = 40.8\ \text{MPa}$ (拉應力)◄

鋼桿之應力：$\sigma_s = \frac{P}{A_s} = \frac{80.05\times10^3}{707} = 113.2\ \text{MPa}$ (拉應力)◄

C 點位移爲

$$\delta_C = \delta_a = (\delta_a)_P - (\delta_a)_T = \frac{PL_a}{E_a A_a} - \alpha_a L_a \Delta T$$

$$= \frac{(80.05)(3000)}{(70)(1963)} - (24\times10^{-6})(3000)(30) = -0.412\ \text{mm}(\leftarrow)$$ ◄

例題 2-13

圖中均質細長桿之兩端固定，當$\Delta T = 0$ 時桿內無應力。今在桿子周圍以加熱線圈使桿子產生線性變化之溫度上升，如(b)圖所示，試求桿內所生之應力。設桿件之彈性模數為 E，線膨脹係數為α。

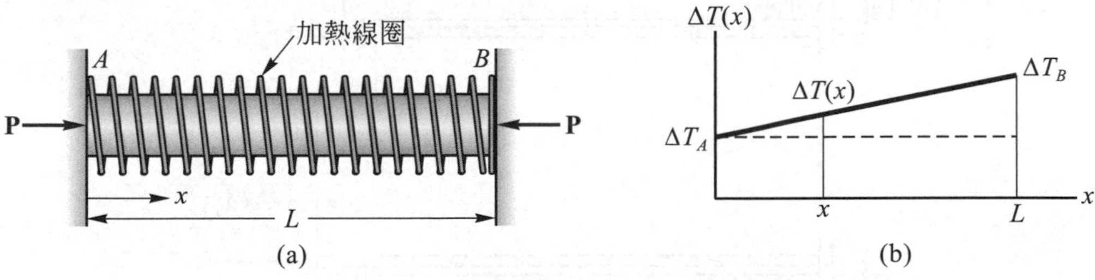

【解】桿上 x 位置之溫度上升量$\Delta T(x)$，由(b)圖之相似三角形關係

$$\frac{\Delta T(x) - \Delta T_A}{\Delta T_B - \Delta T_A} = \frac{x}{L}$$ ， $\Delta T(x) = \Delta T_A + \frac{\Delta T_B - \Delta T_A}{L}x$

將 B 端固定支承移除，則溫度上升後桿子在 B 端之膨脹量爲

$$\delta_T = \int_0^L \alpha \Delta T(x) dx = \int_0^L \alpha \left(\Delta T_A + \frac{\Delta T_B - \Delta T_A}{L} x \right) dx = \frac{1}{2} \alpha L (\Delta T_A + \Delta T_B)$$

因桿子之兩端爲固定，長度不變，故得

相容方程式：$\delta_P = \delta_T$

δ_P 爲桿子受壓之縮短量，則將桿子壓回 δ_P，桿內所生之壓應力爲

$$\sigma = E\frac{\delta_P}{L} = E\frac{\delta_T}{L} = \frac{1}{2}\alpha E\ (\Delta T_A + \Delta T_B)$$ ◀

例題 2-14

圖中鋁製圓管套在鋼螺栓外側，兩端用螺帽將鋁管夾緊在兩墊圈間。最初將螺帽鎖至恰好貼緊，鋼螺栓及鋁管內均無應力。今將溫度升高 50℃，試求鋼螺栓及鋁管內之應力。

鋼：$E_s = 210$ GPa，$\alpha_s = 6.5\times10^{-6}$ 1/℃，$A_s = 600$ mm^2

鋁：$E_a = 70$ GPa，$\alpha_a = 18.2\times10^{-6}$ 1/℃，$A_a = 900$ mm^2

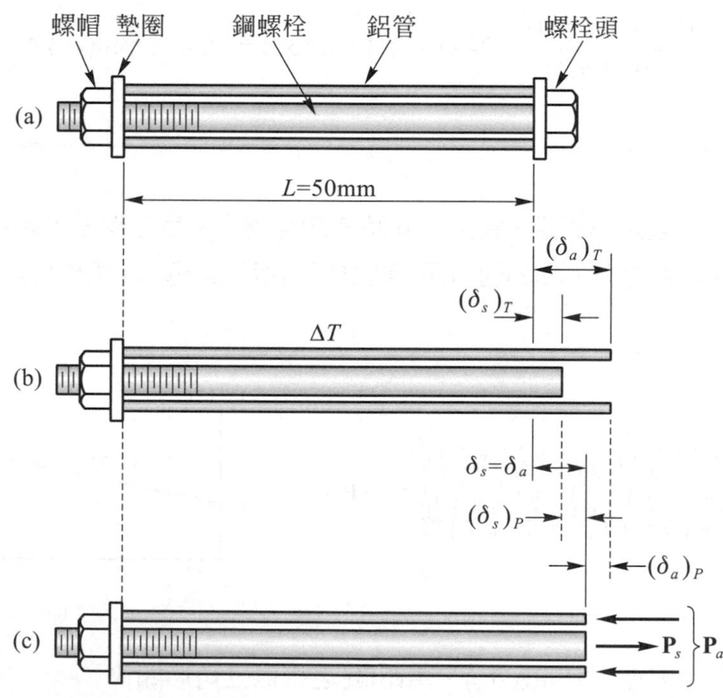

【解】由於鋁管與鋼螺栓之線膨脹係數不同，當溫度上升時，若兩者可自由膨脹，則伸長量會不同，但因兩者組裝在一起，彼此互相拘束而無法自由膨脹，因此兩者內部會有熱應力產生。爲求這些應力，與上一節靜不定結構之分析觀念相同，由平衡方程

式配合變形之相容方程式求解。

首先將螺栓頭移除，將結構放鬆爲靜定結構，當溫度上升時，兩者都會伸長，如(b)圖所示，設鋁管之伸長量爲$(\delta_a)_T$，鋼螺栓之伸長量爲$(\delta_s)_T$，則

$$(\delta_a)_T = \alpha_a L\Delta T \quad , \quad (\delta_s)_T = \alpha_s L\Delta T \tag{1}$$

因$\alpha_a > \alpha_s$，故$(\delta_a)_T > (\delta_s)_T$。公式(1)爲構件變形量與溫度之關係式。

實際上兩者是組裝在一起，溫度上升後兩者長度相同，因此兩者彼此間會產生軸力，鋁管受壓縮短，而鋼螺栓受拉伸長，如(c)圖所示，設鋁管受壓力P_a縮短$(\delta_a)_P$，鋼螺栓受拉力P_s伸長$(\delta_s)_P$，則

$$(\delta_a)_P = \frac{P_a L}{E_a A_a} \quad , \quad (\delta_s)_P = \frac{P_s L}{E_s A_s} \tag{2}$$

公式(2)爲構件之變形與受力之關係式。

因溫度上升後兩者之長度依然保持相同，即兩者之伸長量相同，故得

相容方程式：$\delta_a = \delta_s$ ，　或 $(\delta_a)_T - (\delta_a)_P = (\delta_s)_T + (\delta_s)_P$ 　(3)

將公式(1)及(2)代入公式(3)中，得

$$\alpha_a L\Delta T - \frac{P_a L}{E_a A_a} = \alpha_s L\Delta T + \frac{P_s L}{E_s A_s} \tag{4}$$

(c)圖爲移除螺栓頭後之自由體圖。

平衡方程式：$P_a(\text{壓力}) = P_s(\text{拉力}) = P$ 　(5)

上式表示鋁管所受之壓力等於鋼螺栓之拉力。將公式(5)代入公式(4)，並將已知之數據代入

$$(18.2\times10^{-6})(50) - \frac{P}{(70)(900)} = (6.5\times10^{-6})(50) + \frac{P}{(210)(600)}$$

得　　$P = 24.57\ \text{kN}$

鋁管內之應力：$\sigma_a = \dfrac{P}{A_a} = \dfrac{24.57\times10^3}{900} = 27.3\ \text{MPa}$ (壓應力)◄

鋼螺栓之應力：$\sigma_s = \dfrac{P}{A_s} = \dfrac{24.57\times10^3}{600} = 41.0\ \text{MPa}$ (拉應力)◄

例題 2-15

同例題 2-8 之結構，剛性桿 $ABCD$ 未受負荷且溫度未變化時是在水平位置，今使結構溫度上升 100˚C且承受負荷 P = 150 kN，試求 BE 及 CF 桿內之應力，並求 D 點之位移。BE 桿(鋼桿)之線膨脹係數為$\alpha_s = 12\times10^{-6}$ 1/˚C，CF 桿(鋁桿)為$\alpha_a = 22\times10^{-6}$ 1/˚C

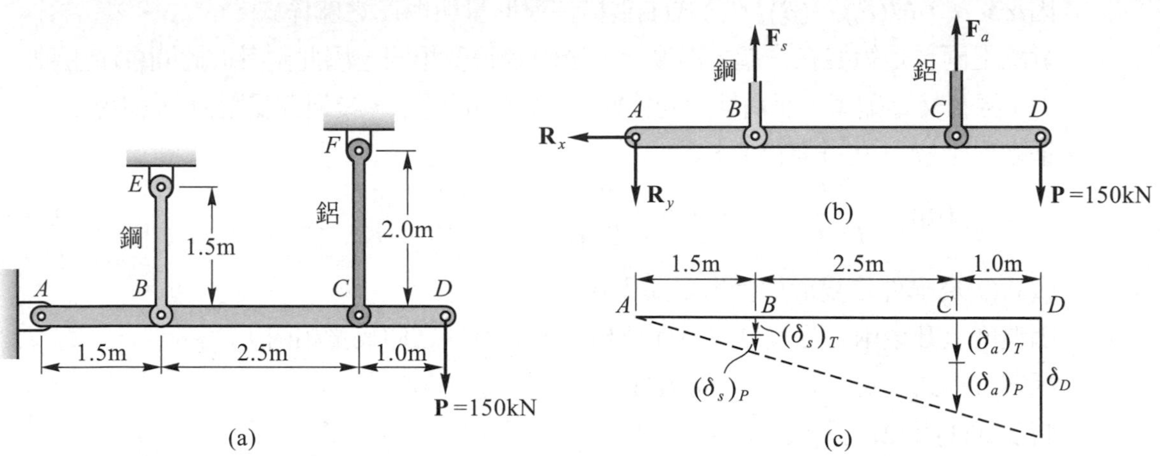

【解】本題為一次靜不定結構，必須由平衡方程式及一個相容方程式求解。

平衡方程式：由(b)圖

$$\sum M_A = 0 \quad , \quad F_s(1.5)+F_a(4.0) = (150)(5.0) \tag{1}$$

相容方程式：由(c)圖之相似三角形關係

$$\frac{\delta_a}{\delta_s} = \frac{4.0}{1.5} \tag{2}$$

BE 桿(鋼桿)及 CF 桿(鋁桿)之溫度上升且同時承受有軸向負荷，故兩者都包括有溫度及軸力所造成之變形量，即

$$\delta_a=(\delta_a)_T+(\delta_a)_P \quad , \quad \delta_s=(\delta_s)_T+(\delta_s)_P \tag{3}$$

式中下標 T 表溫度上升之變形量，P 代表軸力所生之變形量。將公式(3)代入(2)中，得

$$(\delta_a)_T+(\delta_a)_P=\frac{4.0}{1.5}\left[\left(\delta_s\right)_T+\left(\delta_s\right)_P\right] \tag{4}$$

上式即為構件變形之相容方程式。再將變形量與溫度之關係($\delta_T = \alpha L\Delta T$)及變形量與力之關係式($\delta_P = PL/EA$)代入公式(4)中

$$\alpha_a L_a\Delta T+\frac{F_a L_a}{E_a A_a}=\frac{4.0}{1.5}\left(\alpha_s L_s\Delta T+\frac{F_s L_s}{E_s A_s}\right)$$

$$(22\times10^{-6})(2000)(100)+\frac{F_a(2000)}{(75)(1000)}=\frac{4.0}{1.5}\left[\left(12\times10^{-6}\right)(1500)(100)+\frac{F_s(1500)}{(200)(500)}\right]$$

得　　$F_a = 1.5F_s + 15$ (kN)　　(5)

由(1)(5)兩式聯立得 $F_s = 92.0$ kN ， $F_a = 153$ kN

BE 桿之應力： $\sigma_s = \dfrac{F_s}{A_s} = \dfrac{92.0\times10^3}{500} = 184$ MPa (拉應力)◄

CF 桿之應力： $\sigma_a = \dfrac{F_a}{A_a} = \dfrac{153.0\times10^3}{1000} = 153$ MPa (拉應力) ◄

D 點之位移為

$$\delta_D = \frac{5.0}{4.0}\delta_a = \frac{5.0}{4.0}\left[\left(\delta_a\right)_T + \left(\delta_a\right)_P\right] = \frac{5.0}{4.0}\left(\alpha_a L_a \Delta T + \frac{F_a L_a}{E_a A_a}\right)$$

$$= \frac{5.0}{4.0}\left[\left(22\times10^{-6}\right)(2000)(100) + \frac{(153)(2000)}{(75)(1000)}\right] = 10.6 \text{ mm}(\downarrow)$$ ◄

■不良組裝與預應變

當結構中有構件之尺寸與標準尺寸稍有偏差時，將使構件無法正確組裝，若強行組裝，除了使結構之幾何形狀與原先的設計稍有不同外，有時會使結構內部產生應力，此種情形稱為不良組裝(misfit)。這種不良組裝有時是故意的，即結構組裝後故意使構件產生應變，稱為預應變(prestrain)，同時伴隨有預應力(prestress)，常見的例子有腳踏車的輪輻，機件的收縮配合以及預力混凝土梁。

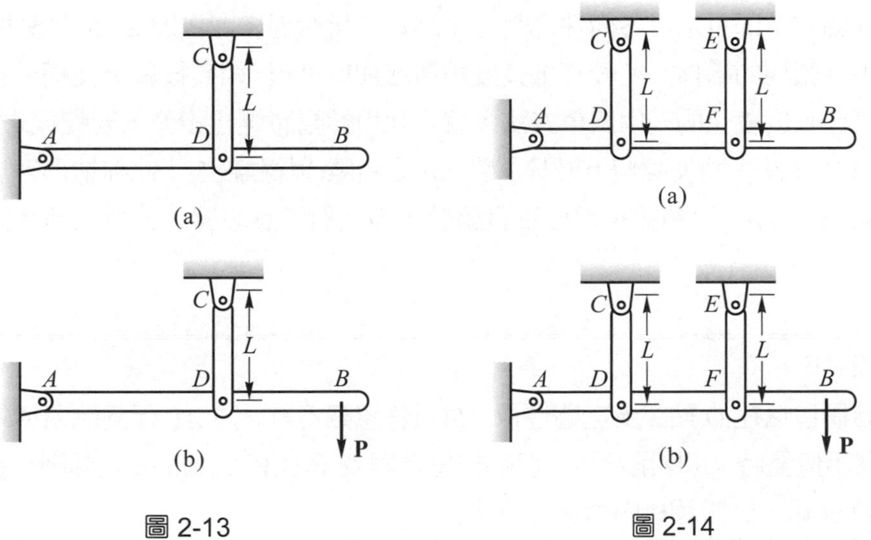

圖 2-13　　圖 2-14

對於靜定結構，構件的不良組裝不會產生應變與應力，但會使結構偏離其標準形狀。參考圖 2-13 中之結構，水平剛性桿 *AB* 以 *A* 端的鉸支承與 *CD* 桿支撐。當 *CD* 桿的長度正確，*AB* 桿呈水平。若 *CD* 桿長度稍微大於標準長度，則組裝後 *AB* 桿稍微傾斜，*CD* 桿內並不會產生應力與應變。即使 *AB* 桿在 *B* 端承受負荷，*CD* 桿長度之不正確也不會影響 *CD* 桿內之應力。故靜定結構由於組裝不良，只會稍微改變結構之幾何形狀，但構件不會有應力及應變，因此其影響與溫度變化對靜定結構所生之效應類似。

對於靜不定結構，由於構件尺寸之不正確，組裝後除了幾何形狀會稍微改變外，構件內部也會產生應變與應力。參考圖 2-14 中之靜不定結構，剛性桿 *AB* 以 *A* 端之鉸支承及 *CD*、*EF* 兩桿件支撐，若 *CD* 桿及 *EF* 桿均爲正確長度 *L*，組裝後 *AB* 桿呈水平且兩桿(*CD* 桿及 *EF* 桿)內均無應力與應變。若 *EF* 桿長度稍微小於標準長度，欲組裝此結構，則必須施加外力將 *EF* 桿向下拉長，再以 *F* 處的銷子將 *EF* 桿及 *AB* 桿連結，然後移除外力，由於彈性回復，使 *AB* 桿向上轉動，同時壓縮 *CD* 桿，直到 *AB* 桿呈平衡，此時 *CD* 桿受壓而 *EF* 受拉(*EF* 桿未完全回復至原來長度)，因此在結構尚未承受任何負荷前兩構件(*CD* 桿及 *EF* 桿)就有應力及應變存在。

靜不定結構因溫度變化使構件長度發生變化，導致結構無法正確組裝，而不良組裝的靜不定結構是由於構件本身的長度不正確所造成，兩者都是長度的不正確而必須強制組裝，致使構件內產生預應力及預應變，因此兩者的分析觀念相同，都是利用平衡方程式配合相容方程式求解，再將相容方程式(變形的幾何關係式)轉爲構件受力之關係式，最後與平衡方程式聯立，即可求得各構件之受力，詳細分析原理參考例題 2-16 之說明。

令靜不定結構的構件長度較正確長度稍微增加或縮短，組裝後就會使構件內產生預應力，而使構件長度變化的一個簡單方法，就是利用螺帽將螺栓鎖緊，若螺栓之螺距爲 *p*，則將螺帽鎖緊 *n* 圈，將使螺帽沿螺栓移動 *np* 之距離(單線螺紋)，此種情形等於使螺栓之組裝長度減短了 *np*，可視爲相當於不良組裝，因此與不良組裝之分析原理相同，參考例題 2-17 之說明。

例題 2-16

圖中結構包括在 *O* 點鉸支之剛性桿 *AB*(重量忽略不計)，及 *AB* 桿兩端所連結之鋼桿及鋁桿。在圖示位置時 *AB* 桿呈水平，但鋁桿底端與支承 *D* 有 $\Delta = 4\text{mm}$ 之間隙，今強制將鋁桿與支承 *D* 連結，試求鋼桿內所產生之應力。

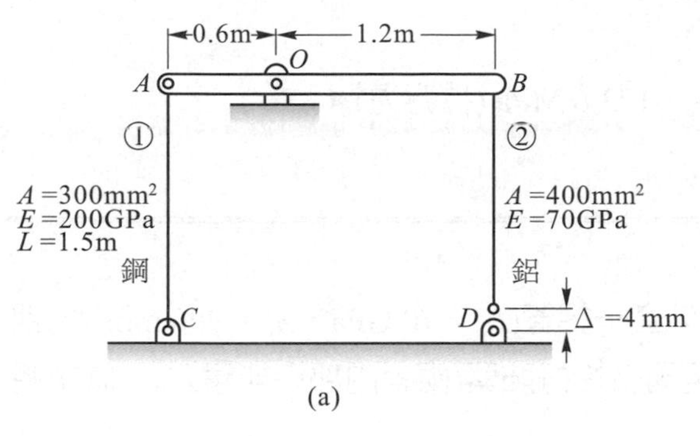

(a)

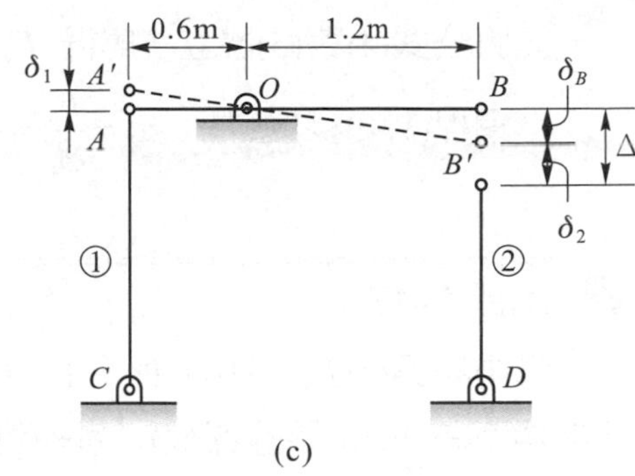

(c)

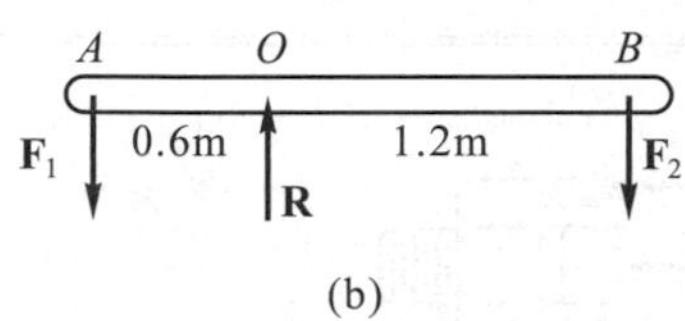

(b)

【解】設鋼桿(AC 桿)為桿①，鋁桿(BD 桿)為桿②。

本題為靜不定結構，而且是鋁桿長度短少$\Delta = 4$mm 之不良組裝，為導出相容方程式，將桿②底端與支承 D 連結，使短少長度$\Delta = 4$mm 改成介於桿②頂端與 AB 桿之 B 端，如(c)圖所示。欲強制將桿②與 AB 桿連結，必須施加外力將桿②向上拉伸，與 B 點連結後將外力移除，桿②之彈性回復將 B 點向下拉，導致 AB 桿傾斜(同時桿①也受拉伸長)，直到 AB 桿呈平衡，如(c)圖中之虛線 $A'B'$所示，在此位置桿②只有部份彈性回復，依然受有拉力且有δ_2之伸長量，因此由(c)圖可得

$$\delta_B + \delta_2 = \Delta \tag{1}$$

其中δ_B由相似三角形關係得 $\delta_B = \dfrac{1.2}{0.6}\delta_1 = 2\delta_1$ 代入上式

$$2\delta_1 + \delta_2 = \Delta \tag{2}$$

上式為本題靜不定結構之相容方程式，再將構件之變形量與受力之關係式代入

$$2\left(\frac{F_1 L}{E_1 A_1}\right) + \frac{F_2 L}{E_2 A_2} = \Delta \tag{3}$$

$$2\left[\frac{F_1(1500)}{(200)(300)}\right] + \frac{F_2(1500)}{(70)(400)} = 4$$

得 $5.0\times10^{-2}F_1 + 5.357\times10^{-2}F_2 = 4$ (4)

平衡方程式：參考(b)圖

$\Sigma M_O = 0$ ， $F_1(0.6) = F_2(1.2)$ ， $F_1 = 2F_2$ (5)

將公式(4)與(5)聯立，解得 $F_1 = 52.1\ \text{kN}$

鋼桿(桿①)之應力：$\sigma_1 = \dfrac{F_1}{A_1} = \dfrac{52.1\times10^3}{300} = 173.6\ \text{MPa}$ (拉應力)◄

例題 2-17

圖中鋼螺栓($E_s = 210$ GPa，$A_s = 600\ \text{mm}^2$)外套一鋁管($E_a = 70$ GPa，$A_a = 900\ \text{mm}^2$)，螺栓之螺距為 3mm(單線螺紋)。最初將螺帽鎖至兩者恰好貼緊(兩者內部均無應力)。試求將螺帽旋緊 1/8 圈後鋼螺栓及鋁管內之應力。

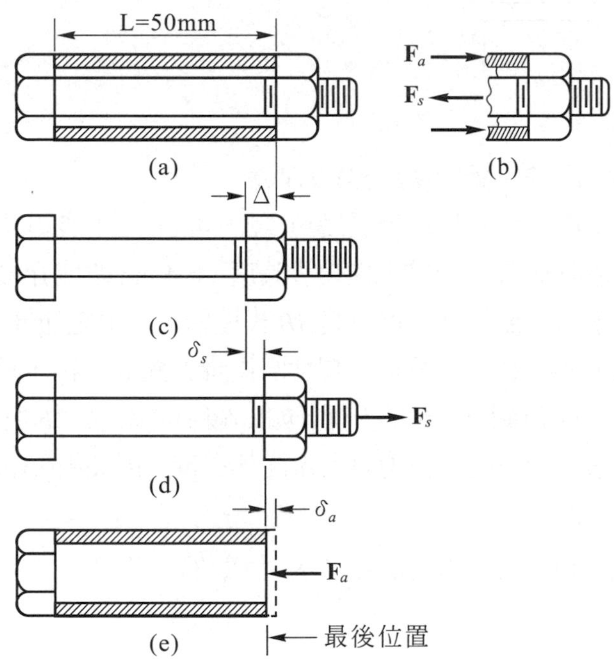

【解】鎖緊螺帽使鋁管受壓力 F_a，產生反作用力而使螺栓受拉力 F_s，切取鋼螺栓與鋁管右半部之自由體圖，如(b)圖所示，由平衡方程式得

$$F_a(\text{壓力}) = F_s(\text{拉力}) = F \quad (1)$$

上式含兩個未知數 F_a 及 F_s，但只有一個平衡方程式，爲一次靜不定，需要一個相容方程式。爲求相容方程式，可暫時將鋁管移去，螺帽鎖緊 n 圈相當於使鋼螺栓短少 $\Delta = np$ 之長度，如(c)圖所示。但實際上鋼螺栓與鋁管是組裝在一起，兩者長度相等，因此必須將鋼螺栓施加外力拉長後將鋁管放入螺栓頭與螺帽間(爲得到相容方程式所作之考慮方式)，再將外力移除，鋼螺栓彈性回復將壓縮鋁管直至兩者呈平

衡，此時鋼螺栓並未完全彈性回復，仍然受拉力 F_s 而有 δ_s 之伸長量，如圖(d)所示，而鋁管受壓力 F_a 而有 δ_a 之縮短量，如(e)圖所示，故可得變形之相容方程式爲

$$\delta_s + \delta_a = \Delta = np \tag{2}$$

將變形量與受力之關係代入上式，得

$$\frac{FL}{E_s A_s} + \frac{FL}{E_a A_a} = np \tag{3}$$

$$\frac{F(50)}{(210)(600)} + \frac{F(50)}{(70)(900)} = \frac{1}{8} \times 3$$

解得　$F = 315$ kN

鋼螺栓應力：$\sigma_s = \dfrac{F}{A_s} = \dfrac{315\times10^3}{600} = 525$ MPa (拉應力) ◀

鋁　管應力：$\sigma_a = \dfrac{F}{A_s} = \dfrac{315\times10^3}{900} = 350$ MPa (壓應力) ◀

習題

2-31 圖中直徑爲 20 mm 之鋼桿以右邊螺帽恰好鎖緊(桿內無任何應力)在兩固定牆壁間，左邊螺栓直徑爲 15mm，試求使螺栓內產生 50 MPa 之平均剪應力所需之溫度變化量 ΔT？設鋼之 $\alpha = 12\times10^{-6}$ 1/℃，$E = 200$ GPa。

【答】23.4℃

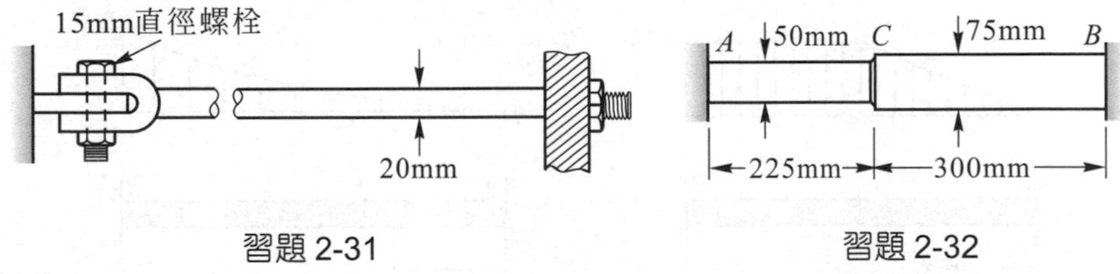

習題 2-31　　　　習題 2-32

2-32 圖中塑膠桿由不同斷面積之兩段所組成，在 20℃時將兩端固定，此時桿內無應力，當溫度上升至 50℃時，試求(a)兩端之壓力，(b)桿內最大壓應力，(c)C 點之位移。設塑膠之 $E = 6.0$ GPa，$\alpha = 100\times10^{-6}$ 1/℃。

【答】(a)51.8 kN，(b)26.4 MPa，(c)0.314 mm(←)

2-33 圖中所示爲青銅與鋁之組合桿，桿子右端爲固定支承，左端與固定牆壁有 0.02 in 之間隙，當溫度上升 200°F 後，試求(a)桿內所受之壓力，(b)鋁桿長度之變化量。

青銅：$\alpha_b = 10.1\times10^{-6}$ 1/°F，$E_b = 15\times10^6$ psi，$A_b = 2.5$ in^2

鋁：$\alpha_a = 12.8\times10^{-6}$ 1/°F，$E_a = 10\times10^6$ psi，$A_a = 3$ in^2

【答】(a)52.0 kips，(b)0.0124 in

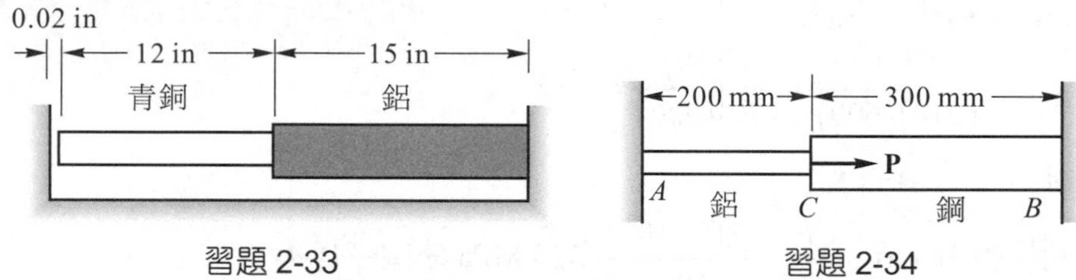

習題 2-33　　習題 2-34

2-34 圖中所示爲鋁與鋼之組合桿，在 20℃時將桿子之兩端固定(桿內均無應力)，今將桿子溫度上升至 60℃並承受軸向負荷 $P = 200$ kN，試求鋁桿與鋼桿內之應力。

鋁：$E_a = 70$ GPa，$\alpha_a = 23\times10^{-6}$ 1/℃，$A_a = 900$ mm^2

鋼：$E_s = 200$ GPa，$\alpha_s = 11.7\times10^{-6}$ 1/℃，$A_s = 1200$ mm^2

【答】$\sigma_a = 18.7$ MPa，$\sigma_s = 181$ MPa

2-35 圖中 AB 桿之兩端固定，今對此桿作不均勻之加熱，使其距 A 端 x 位置之溫度增加量如下：$x = 0$ ～ $L/2$，$\Delta T = 2\Delta T_1 x/L$；$x = L/2$ ～ L，$\Delta T = \Delta T_1 =$ 常數。試求桿內之壓應力。設桿子材料之彈性模數爲 E，熱膨脹係數爲 α。

【答】$\dfrac{3}{4}\alpha E\Delta T_1$

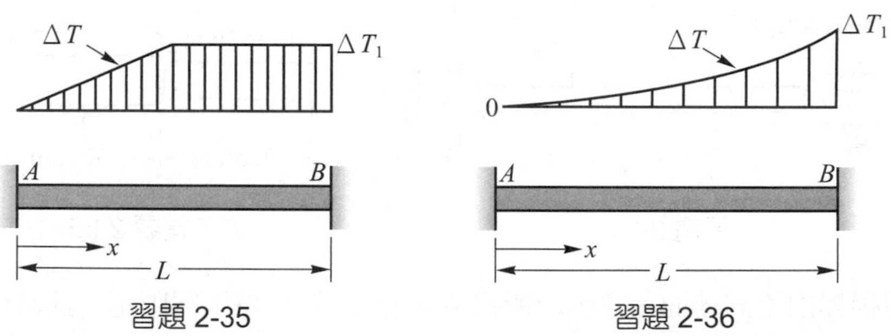

習題 2-35　　習題 2-36

2-36 圖中 AB 桿之兩端固定，今對此桿作不均勻之加熱，使其距 A 端爲 x 位置之溫度增加量爲$\Delta T = \Delta T_1 x^2/L^2$，其中$\Delta T_1$ 爲 B 端之溫度增加量。試求桿內所生之壓應力。設桿子

材料之彈性模數爲 E，熱膨脹係數爲 α。

【答】$\alpha E \Delta T_1/3$

2-37 圖中鋼螺栓($E_s = 200$ GPa，$\alpha_s = 12\times10^{-6}$ 1/℃)外側套一銅管($E_b = 100$ GPa，$\alpha_b = 20\times10^{-6}$ 1/℃)，今將螺帽鎖至恰好貼緊(兩者均無應力)，試求使銅管內產生 25 MPa 之壓應力所需之溫度變化量。鋼螺栓直徑爲 25mm，銅管外徑爲 36mm 內徑爲 26mm。

【答】46.74℃

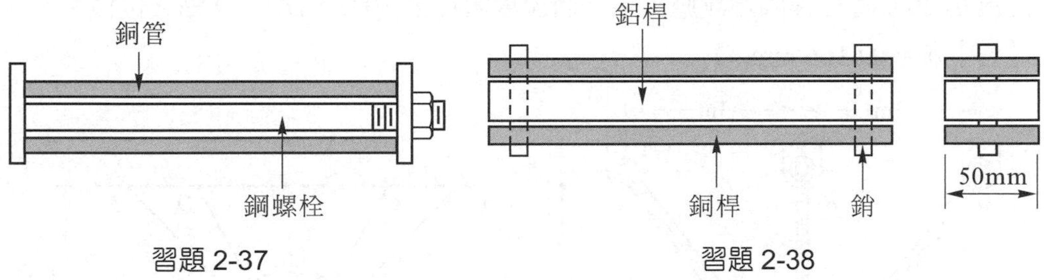

習題 2-37　　習題 2-38

2-38 圖中二根銅桿($\alpha_b = 20\times10^{-6}$ 1/℃，$E_b = 124$ GPa)及一根鋁桿($\alpha_a = 26\times10^{-6}$ 1/℃，$E_a = 69$ GPa)在兩端以直徑爲 11mm 之銷子連結，最初兩者內部均無應力，今將溫度上升 40 ℃，試求銷子之平均剪應力。鋁桿斷面之尺寸爲 50mm×25mm，二根銅桿斷面之尺寸均爲 50mm×12mm。

【答】68.9 MPa

2-39 圖中重量 W = 3560 N 之剛性水平梁，以三條左右對稱之繩索(直徑均爲 3.2 mm)支撐，中間爲鋁索($\alpha_a = 24\times10^{-6}$ 1/℃)兩邊爲鋼索($\alpha_s = 12\times10^{-6}$ 1/℃，$E_s = 205$ GPa)。未承受負荷前三條繩索之長度均相同。若欲使負荷單獨由鋼索承受則三條繩索之溫度應上升若干度？

【答】90℃

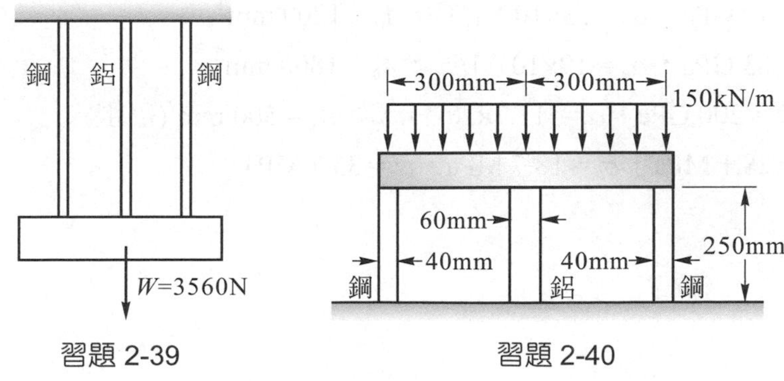

習題 2-39　　習題 2-40

2-40 圖中水平剛性桿固定在三根短柱上，中間爲鋁柱(E_a = 73.1 GPa，$\alpha_a = 23\times10^{-6}$ 1/℃)兩邊爲鋼柱(E_s = 200 GPa，$\alpha_s = 12\times10^{-6}$ 1/℃)。最初未施加負荷且溫度未變化時三桿之長度相等，今將溫度增加 60℃且剛性桿上承受 150 kN/m 之均佈負荷，試求每根短柱承受之軸力。水平剛性桿之重量忽略不計。(直徑 d_a=60mm，d_s=40mm)

【答】F_s = 16.4 kN(拉)，F_a = 123 kN(壓)

2-41 圖中由三根鋼桿(E_s = 200 GPa，A_s = 1000 mm^2，$\alpha_s = 12\times10^{-6}$ 1/℃)所組成之桁架，在溫度爲 20℃時三桿內均無應力，今將溫度增加至 30℃，試求 D 點之位移。

【答】δ_D = 0.6166 mm(↓)

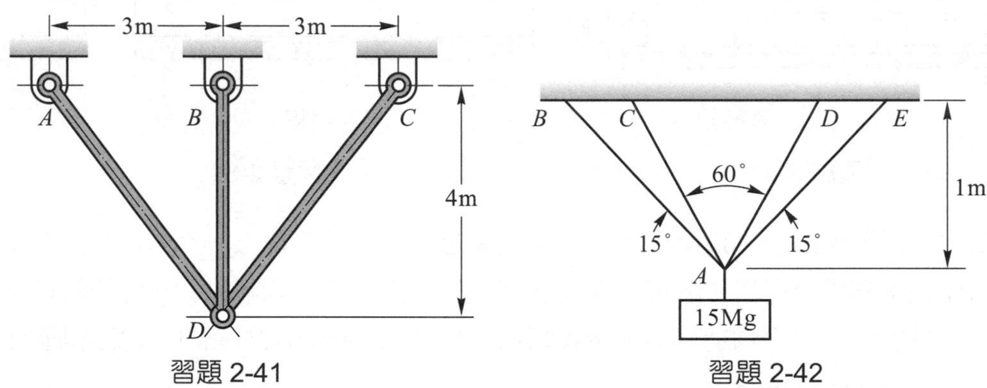

習題 2-41　　習題 2-42

2-42 圖中由四根鋼桿(E_s = 200 GPa，$\alpha_s = 11.7\times10^{-6}$ 1/℃，A_s = 600 mm^2)所組成之桁架，最初在未施加負荷且溫度未變化時四桿內均無應力，今將溫度增加 50℃且支撐質量爲 15 Mg 之荷重，試求各桿所承受之軸力及 A 點之位移。

【答】$F_{AB} = F_{AE}$ = 21.54 kN，$F_{AC} = F_{AD}$ = 67.37 kN，δ_A = 1.529 mm

2-43 圖中鋁與銅之組合桿以鋼螺栓夾緊在兩側剛性板間。溫度在 10℃時將螺帽鎖至恰好貼緊，此時構件內均無應力。今將溫度上升至 90℃，試求各構件內之應力。

鋁桿：E_a = 70 GPa，$\alpha_a = 23\times10^{-6}$ 1/℃，A_a = 1200 mm^2

銅桿：E_b = 83 GPa，$\alpha_b = 19\times10^{-6}$ 1/℃，A_b = 1800 mm^2

鋼螺栓：E_s = 200 GPa，$\alpha_s = 11.7\times10^{-6}$ 1/℃，A_s = 500 mm^2(每根)

【答】σ_a = 28.1 MPa，σ_b = 18.7 MPa，σ_s = 33.7 MPa

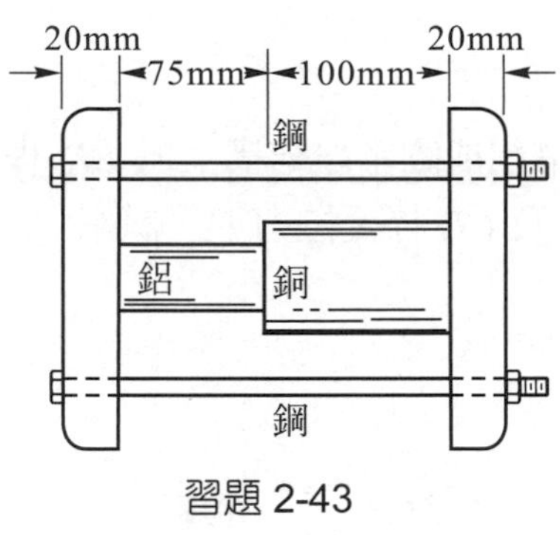

習題 2-43

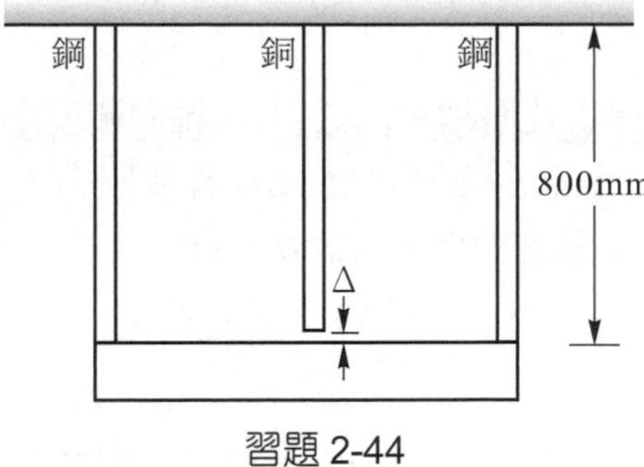

習題 2-44

2-44 圖中水平剛性桿兩端以鋼桿支撐，在 20℃時中間銅桿之底端與剛性桿之間隙爲Δ = 0.2 mm，當溫度增加至 100℃時試求各桿內之應力，設剛性桿之重量忽略不計。

鋼桿：$E_s = 200$ GPa，$\alpha_s = 11.7\times10^{-6}$ 1/℃，$A_s = 400$ mm^2

銅桿：$E_b = 83$ GPa，$\alpha_b = 18.9\times10^{-6}$ 1/℃，$A_b = 600$ mm^2

【答】$\sigma_s = 15.5$ MPa，$\sigma_b = 20.6$ MPa

2-45 圖中剛性桿 $ABCD$ 連接 BF 桿(鋼桿)與 CE 桿(鋁桿)，溫度爲 40℃時剛性桿呈水平，且各桿內均無應力。當溫度降爲–20℃時，試求(a)各桿內之應力，(b)D 點之位移。

鋼桿(BF 桿)：$E_s = 210$ GPa，$\alpha_s = 11.9\times10^{-6}$ 1/℃，$A_s = 1200$ mm^2

鋁桿(CE 桿)：$E_a = 73$ GPa，$\alpha_a = 22.5\times10^{-6}$ 1/℃，$A_a = 900$ mm^2

【答】(a)$\sigma_s = 164$ MPa(拉)，$\sigma_a = 73.1$ MPa(拉)，(b)$\delta_D = 0.271$ mm(↑)

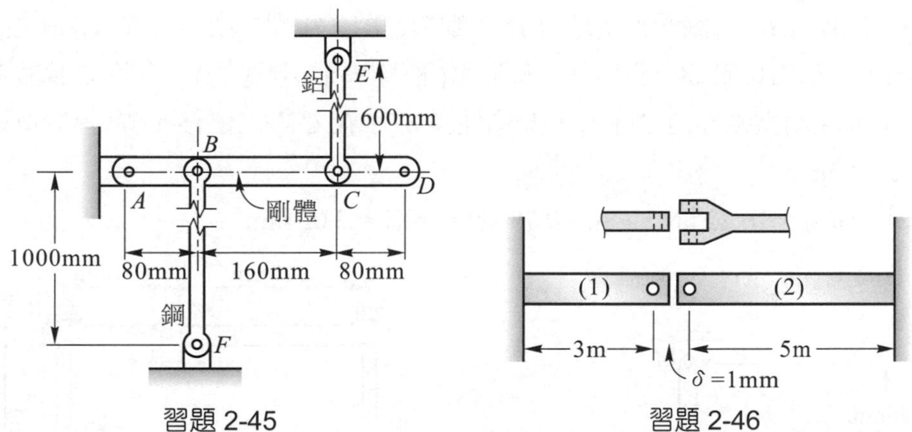

習題 2-45　　習題 2-46

2-46 圖中桿(1)及桿(2)欲用銷子連結，由於製造誤差，兩者銷孔之中心線有δ = 1 mm 之偏差。今施加外力將兩桿拉伸，使其中心線對準，再將銷子穿過銷孔連結兩桿，然後將外力移除，試求兩桿內之應力。$A_1 = 10\text{mm}\times2.5\text{mm}$，$A_2 = 10\text{mm}\times5\text{mm}$，$E_1 = E_2 = 210$ GPa。

【答】$\sigma_1 = 38.2$ MPa，$\sigma_2 = 19.09$ MPa

2-47 三根材質及面積相同之桿件(軸向剛度為 EA)欲組成圖示之結構，但 BD 桿之長度為 $L+\Delta L$ 而非 L，故按裝後 BD 桿受壓力 F_2，AD 及 CD 桿受拉力 F_1，試求 F_1 及 F_2 及組裝後 D 點之撓度δ_D。設$\beta = 60°$

【答】$F_1 = F_2 = \dfrac{EA}{5L}\Delta L$，$\delta_D = \dfrac{4}{5}\Delta L$

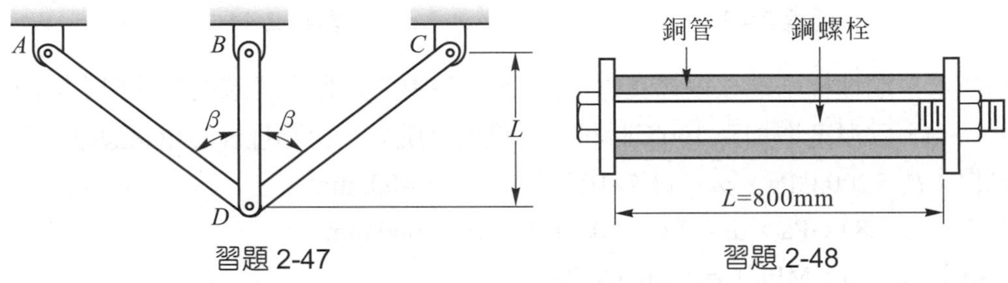

習題 2-47　　習題 2-48

2-48 圖中所示為鋼螺栓($E_s = 200$ GPa，$A_s = 450$ mm^2)與銅管($E_b = 83$ GPa，$A_b = 900$ mm^2)之組合，鋼螺栓之螺距為 0.80mm(單線螺紋)。今將螺帽鎖緊至使銅管產生 30 MPa 之壓應力，然後再將螺帽鎖緊一圈，試求銅管內之壓應力？若欲使銅管內壓應力為零，則螺帽需倒轉若干圈？

【答】$\sigma_b = 75.4$ MPa，$n = 1.66$ 圈

2-49 圖中剛性桿 ABC 與鋼螺桿 BE、CD 以螺帽連結，鋼螺桿($E = 200$ GPa)之直徑均為 16mm，最初用螺帽鎖至各構件恰好貼緊(鋼螺桿內均無應力)。今將 C 處螺帽鎖緊 1 圈，試求(a)兩鋼螺桿內之應力，(b)剛性桿 ABC 在 C 點之位移。CD 桿端單線螺紋之螺距為 2.5mm。

【答】(a)$F_{BE} = 16.22$ kN，$F_{CD} = 9.73$ kN，(b)$\delta_C = 2.02$ mm

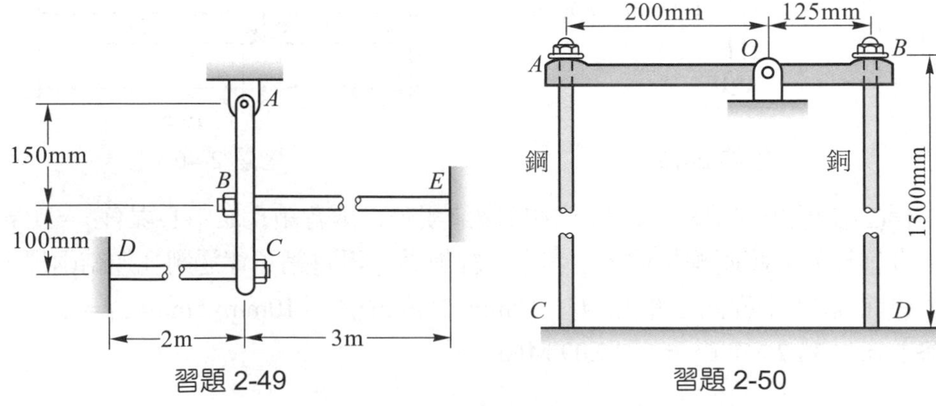

習題 2-49　　習題 2-50

2-50 圖中結構包括剛性桿 AB，鋼螺桿 $AC(E_s = 200\ \text{GPa}$，$A_s = 350\ \text{mm}^2)$及銅螺桿 $BD(E_b = 100\ \text{GPa}$，$A_b = 750\ \text{mm}^2)$，最初用螺帽將整組結構鎖至恰好貼緊，此時剛性桿 AB 呈水平，且鋼螺桿與銅螺桿內均無應力。今將 B 處螺帽(單線螺紋螺距為 2.5 mm)鎖緊 1 圈，試求(a)鋼螺桿 AC 內之應力，(b)A 點之位移。

【答】(a)$\sigma_s = 157.3$ MPa，(b)$\delta_A = 1.18$ mm

2-51 預力混凝土梁的製造過程如下：(a)施拉力 P 將鋼筋拉伸，(b)倒入混凝土包住鋼筋，(c)混凝土凝固後將拉力 P 移除，使梁處於預應力狀態，其中鋼筋受拉而混凝土受壓。設拉力 P 使鋼筋之初應力 $\sigma_0 = 654$ MPa，鋼筋與混凝土彈性模數之比為 8：1，面積比為 1：30，試求最後鋼筋與混凝土之應力。

【答】$\sigma_s = 516$ MPa，$\sigma_c = 17.2$ MPa

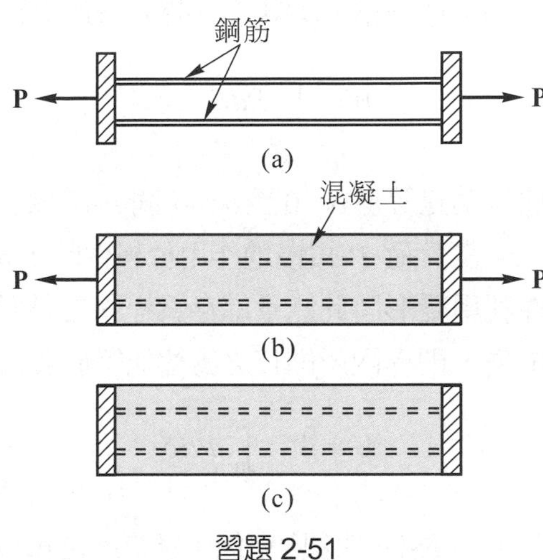

習題 2-51

2-4 應變能

應變能是材料力學中相當重要的一個觀念，可用來分析承受動態負荷的構件，也可用來計算結構所生之位移。

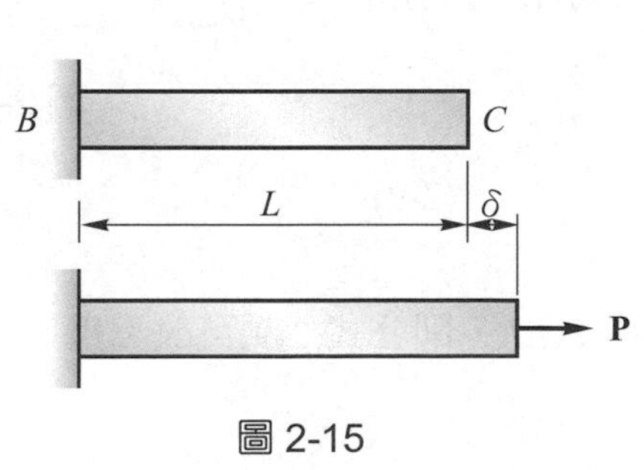

圖 2-15

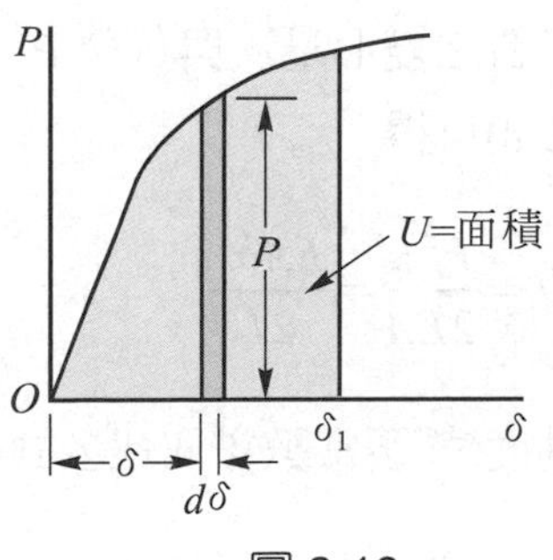

圖 2-16

爲瞭解應變能的基本觀念，先考慮圖 2-15 中承受軸向拉力之稜柱桿，其長度爲 L 斷面積爲 A，彈性模數爲 E。設軸向拉力 P 由零緩慢逐漸增加，這種負荷稱爲靜態負荷(static load)，圖 2-16 中所示爲軸向拉力 P 與伸長量 δ 之關係圖。當負荷爲 P 時，桿子之伸長量爲 δ，若負荷 P 使桿子再產生 $d\delta$ 之微小伸長量，則負荷 P 在此 $d\delta$ 之伸長量所作之功爲 $dW = Pd\delta$，此作功量等於 P-δ 關係圖下之微小面積，參考圖 2-16 中所示之陰影面積。當桿子由 $\delta = 0$ 伸長至 $\delta = \delta_1$ 時，負荷 P 所作之總功爲

$$W = \int_0^{\delta_1} P d\delta$$

此作功量等於 $\delta = 0$ 至 $\delta = \delta_1$ 間 P-δ 關係圖下之面積。

當負荷 P 緩慢地作用於桿件時，負荷 P 對桿件所作之功將使桿件的能量增加，而桿件利用變形將此能量儲存爲桿內之變形位能，此能量稱爲應變能(strain energy)，若無摩擦損失，則桿內所儲存之應變能等於負荷 P 所作之功，故承受軸力之稜柱桿其應變能爲

$$U = W = \int_0^{\delta_1} P d\delta \qquad (2\text{-}7)$$

其中 U 爲桿件之應變能。應變能之單位爲「焦耳」(J = N-m)，在英制重力單位中則用「呎-磅」(ft-lb)表示。

若稜柱桿爲線彈性材料(遵循虎克定律)，其負荷 P 與變形量 δ 之關係圖爲一直線，如圖 2-17 所示，則桿內所儲存之應變能等於圖中 ΔOAB 之面積，即

$$U = \frac{1}{2} P\delta \qquad (2\text{-}8)$$

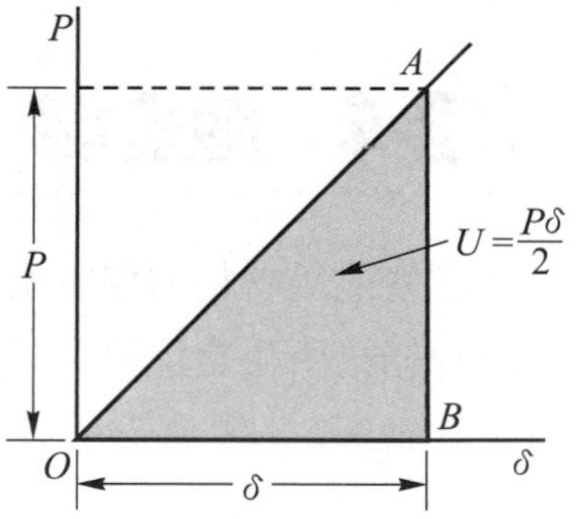

圖 2-17

由於線彈性材料之變形量 δ 與負荷 P 之關係爲 $\delta = PL/EA$，代入公式(2-8)可得

$$U = \frac{P^2 L}{2EA} = \frac{EA\delta^2}{2L} \qquad (2\text{-}9)$$

若以桿件之勁度(彈簧常數)k 取代公式(2-9)中 EA/L，則公式(2-9)可改寫爲

$$U = \frac{P^2}{2k} = \frac{1}{2} k\delta^2 \qquad (2\text{-}10)$$

注意，由公式(2-9)及(2-10)可看出應變能 U 與負荷 P 之平方成正比，爲非線性關係，故在計算桿件之應變能時不能使用重疊原理。

對於由數段稜柱桿所組成之桿件，如圖 2-18 所示，桿件之總應變能爲各段所儲存應變能之和，即

$$U=\sum_{i=1}^{n}U_i$$

若各段都是線彈性材料之稜柱桿，則上式可寫爲

$$U=\sum_{i=1}^{n}\frac{P_i^2L_i}{2E_iA_i} \tag{2-11}$$

其中 P_i 爲第 i 段之軸力，而 L_i、E_i 與 A_i 分別爲第 i 段之長度、彈性模數與斷面積。

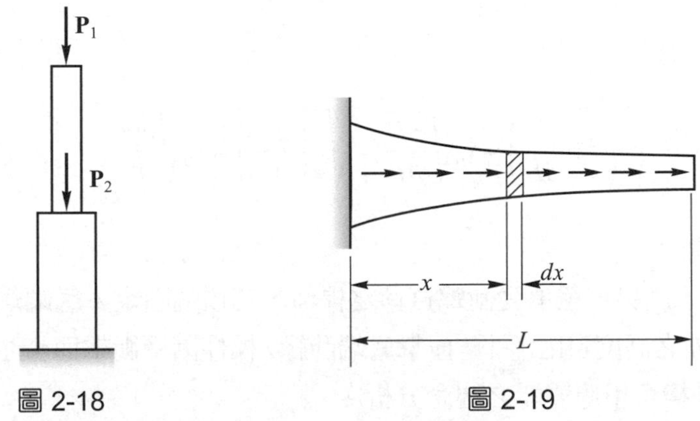

圖 2-18　　圖 2-19

對於斷面積或軸力沿桿軸變化之桿件，參考圖 2-19 所示，須先求桿上任一段微小長度 dx 內所儲存之應變能，再沿桿軸積分，便可求得桿件之總應變能，即

$$U=\int_0^L\frac{\left[P(x)\right]^2dx}{2EA(x)} \tag{2-12}$$

其中 $P(x)$及 $A(x)$爲桿上 x 處之軸力及斷面積。

前面所討論之應變能是取拉伸之桿件作說明，但是所有的觀念及公式均可適用於承受壓縮之桿件，且不論拉伸或壓縮由軸力所作功均爲正值，故應變能恒爲正值。

■衝擊負荷

對於承受衝擊負荷(impact load)之桿件，用應變能之觀念分析特別有效。例如一質量爲 m 之物體，以 v_0 之速度，沿桿之中心方向撞擊桿端，如圖 2-20 所示。設不考慮撞擊時之能量損失，則桿件所獲得之最大應變能 U_m，等於運動物體之動能 $T=\dfrac{1}{2}mv_0^2$。則桿件儲存應變能 U_m 所生之最大變形量 δ_m，由公式(2-9)

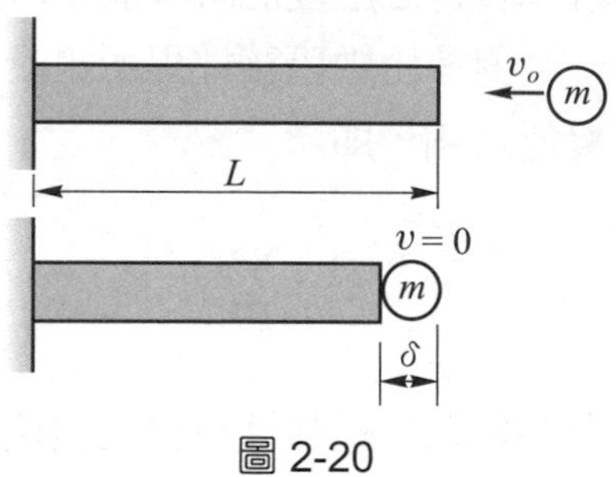

圖 2-20

$$U_m=\frac{EA\delta_m^2}{2L}=\frac{1}{2}mv_0^2=T$$

得
$$\delta_m=\sqrt{T\left(\frac{2L}{EA}\right)}=v_0\sqrt{\frac{mL}{EA}} \tag{2-13}$$

桿內之最大應力 σ_m 爲

$$\sigma_m=E\frac{\delta_m}{L}=\sqrt{T\left(\frac{2E}{AL}\right)}=v_0\sqrt{\frac{mE}{AL}}=\sqrt{T\left(\frac{2E}{V}\right)}=v_0\sqrt{\frac{mE}{V}} \tag{2-14}$$

其中 V 爲桿件之體積。

圖 2-21 中所示爲另一種承受衝擊負荷之桿件，其頂端固定，底端焊接一凸緣，當重量爲 W 之重物由 h 之高度自由落下，撞擊底端凸緣，桿件因受衝擊而產生之最大變形量 δ_m 與最大應力 σ_m，同樣可用應變能之觀念分析。

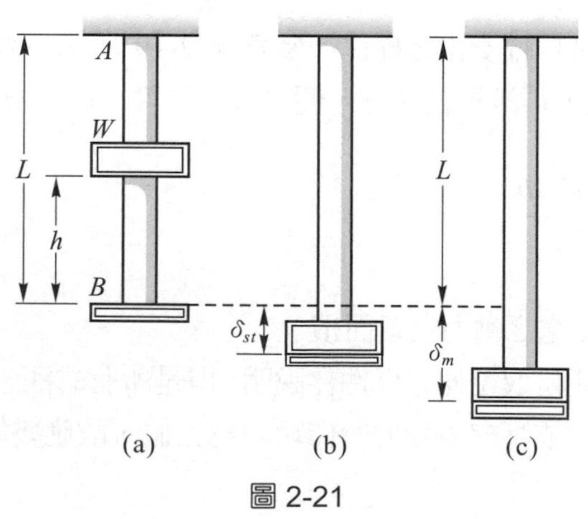

圖 2-21

設桿件受衝擊後所生之最大變形量為δ_m，則重物 W 落下$(h+\delta_m)$之高度對桿件所作之總功為 $W(h+\delta_m)$，而桿件必須產生δ_m之變形量將此作功量轉儲為桿內之應變能。設忽略撞擊期間損失之能量(此項假設較為保守，因實際上會有部份能量損失，而使桿件之變形量及所生應力較小)，則

$$W(h+\delta_m)=\frac{EI\delta_m^2}{2L}$$

將上式整理可得

$$\delta_m^2-2\delta_{st}\delta_m+2\delta_{st}h=0$$

其中$\delta_{st}=\dfrac{WL}{EA}$，相當於將重物 W 緩慢地放在凸緣上使桿件產生之靜伸長量，如圖 2-21(b)所示，且$\delta_{st}<\delta_m$(靜負荷之變形量必小於衝擊負荷)。由上式可解得

$$\delta_m=\delta_{st}+\sqrt{\delta_{st}^2+2\delta_{st}h} \tag{2-15}$$

而桿子產生δ_m變形量時桿內之應力σ_m為

$$\sigma_m=E\frac{\delta_m}{L} \tag{2-16}$$

若高度 h 甚大於δ_{st}，則公式(2-15)可簡化為

$$\delta_m=\sqrt{2\delta_{st}h} \tag{2-17}$$

設重物 W 在撞擊凸緣前瞬間之速度為 v，則 $v=\sqrt{2gh}$ (或 $h=v^2/2g$)，故公式(2-17)可改寫為

$$\delta_m=\sqrt{\frac{v^2\delta_{st}}{g}} \tag{2-18}$$

因此，桿內最大應力之近似值為

$$\sigma_m=\frac{E}{L}\sqrt{\frac{v^2\delta_{st}}{g}}=\sqrt{\frac{Wv^2}{2g}\cdot\frac{2E}{AL}}=\sqrt{T\left(\frac{2E}{V}\right)}=v\sqrt{\frac{WE}{g\,AL}}=v\sqrt{\frac{mE}{V}} \tag{2-19}$$

此結果與公式(2-14)相同。其中 $V=AL=$桿件體積，$m=W/g=$重物質量。

由上述之結果可知，落下重物之動能愈大或彈性係數愈大，將使桿件之應力較大，而增加桿件體積將使應力減小，這個結論與承受靜負荷之桿件不同，因桿件承受靜負荷時，所生應力與桿長及彈性模數都無關。

構件的動態反應與靜態反應之比稱為衝擊因數(impact factor)。例如圖 2-21 中，桿件之衝擊因數為承受衝擊負荷之最大伸長量δ_m與承受靜態負荷伸長量δ_{st}之比，即

$$衝擊因數=\frac{\delta_m}{\delta_{st}} \tag{2-20}$$

衝擊因數是表示衝擊效應所生之變形量為靜態變形量的倍數，亦可定義為衝擊負荷所生之最大應力σ_m與靜態負荷所生應力σ_{st}之比。

■突加負荷

考慮另外一種特殊的衝擊情形，當圖 2-21 中之 $h = 0$ 時，重物 W 是在沒有速度的狀態下突然作用於凸緣，即桿件在承受負荷時並無動能，但此種情況與靜負荷不同，而稱為突加負荷(suddenly applied load)。靜負荷是指負荷緩慢地作用於桿件，故負荷與桿內所生之抵抗內力始終都是平衡，此種情況並無動態效應。至於突加負荷，桿件之伸長量及桿內應力最初都是等於零，但荷重 W 在重力作用下突然落下，並作用於桿端使桿件產生變形，但隨著變形之增加桿內所生之抵抗內力亦隨之增大，直至桿件之內力與荷重 W 相等，此時桿件之伸長量為δ_{st}，但在此瞬間，重物尚有動能，此動能是重物在落下δ_{st}高度時部份重力位能所轉移者(部份儲存為桿件之應變能)，故重物將繼續向下運動，直至重物靜止(此位置並非平衡，重物會彈回向上運動)，此時為桿件之最大伸長量，可令公式(2-15)中之 $h=0$ 求得，即

$$\delta_m = 2\delta_{st} \tag{2-21}$$

故突加負荷所生之伸長量為靜負荷所生伸長量之兩倍。

■應變能密度

由上述對衝擊負荷之分析結果，可知桿件受衝擊負荷所生之應力與桿件之體積有關，如公式(2-14)及(2-19)所示，即承受衝擊負荷之桿件其最大應力與體積之平方根成反比。為消除桿件尺寸對衝擊負荷之影響，而只考慮材料本身性質對衝擊負荷之抵抗能力，下面將討論材料單位體積之應變能，或稱為應變密度(strain energy density)，通常以 u 表示之。

由公式(2-7)，桿件之應變能密度 u 為

$$u = \frac{U}{V} = \int_0^{\delta_1} \frac{P}{A} \cdot \frac{d\delta}{L}$$

其中 $\frac{P}{A} = \sigma$，而 $\frac{d\delta}{L} = d\varepsilon$，故上式可寫為

$$u = \int_0^{\varepsilon_1} \sigma d\varepsilon \qquad (2\text{-}22)$$

式中 $\varepsilon_1 = \delta_1/L$，為伸長量 δ_l 時之應變。

由公式(2-22)可知，應變能密度等於應力-應變關係曲線圖下由 $\varepsilon = 0$ 至 $\varepsilon = \varepsilon_1$ 之面積，如圖 2-22 所示。若此時將材料之負荷移去，應力消失，但卻產生了 ε_P 之永久應變，只有圖中三角形陰影面積所相當之應變能密度可以恢復，其餘能量在變形過程中消耗為熱量散發出去無法恢復。

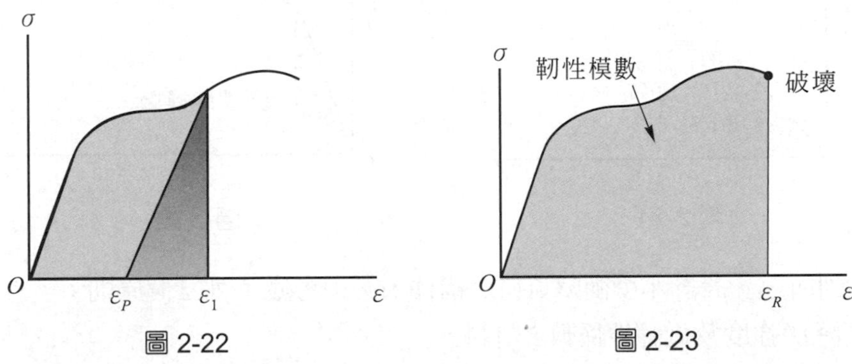

圖 2-22　　圖 2-23

設材料破壞時之應變為 ε_R，則材料於破壞時單位體積所儲存之應變能 u_R 為

$$u_R = \int_0^{\varepsilon_R} \sigma d\varepsilon \qquad (2\text{-}23)$$

u_R 等於材料應力-應變圖下之總面積，如圖 2-23 所示。對於 u_R 較大之材料，於破壞前所儲存之應變能比較大，故對衝擊負荷之抵抗能力較佳，即韌性比較大，故稱 u_R 為材料之韌性模數(modulus of toughness)。由圖 2-23 亦可知韌性模數 u_R 與材料之延性及極限強度有關，由於脆性材料(如鑄鐵)延性甚小，故對衝擊負荷之抵抗能力也較差。

對於線彈性材料(虎克定律可適用)，參考圖 2-24 所示，其應變能密度為

$$u = \frac{1}{2}\sigma\varepsilon \qquad (2\text{-}24)$$

將虎克定律$\sigma=E\varepsilon$代入上式可得

$$u=\frac{\sigma^2}{2E}=\frac{E\varepsilon^2}{2} \tag{2-25}$$

一般金屬材料之降伏應力σ_Y與比例限甚爲接近，由公式(2-25)可得材料降伏時之應變能密度爲

$$u_Y=\frac{\sigma_Y^2}{2E} \tag{2-26}$$

u_Y即爲材料降伏前每單位體積所儲存之應變能，稱爲彈性能模數(modulus of resilience)，參考圖 2-25 所示，材料承受衝擊負荷時對降伏之抵抗能力端視其彈性能模數之大小而定。

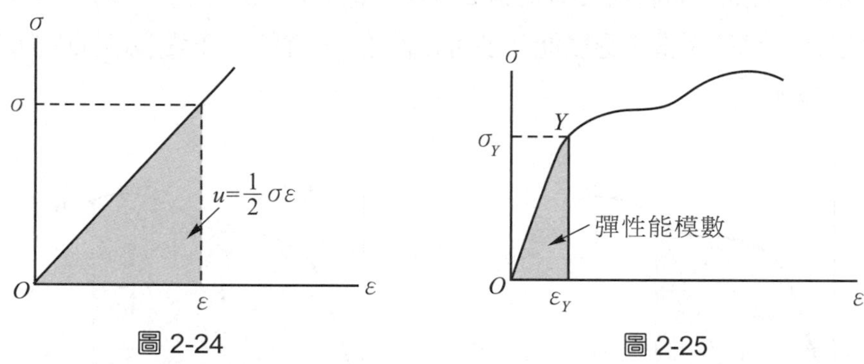

圖 2-24　　圖 2-25

綜合上列所述，設計承受衝擊負荷之構件，必須考慮下列三個原則：

(1) 採用高降伏強度及低彈性係數之材料。

(2) 構件之體積愈大愈好。

(3) 構件之形狀必須使應力在整個結構中儘可能地均匀分佈(參考例題 2-18 之說明)。

■利用應變能求位移

“外力對結構所作之功等於結構內之總應變能”，此觀念可用於求結構之位移，稱此方法爲功能法(work-energy method)。參考圖 2-26 中之簡單桁架，承受一緩慢作用之靜負荷 P，若結構內桿件之應力保持在線彈性範圍內，則外力 P 所作之功爲 $\frac{1}{2}P\delta$，其中δ 爲 P 之作用點 A 在施力 P 方向之所生之位移。設桁架之總應變能爲 U，則

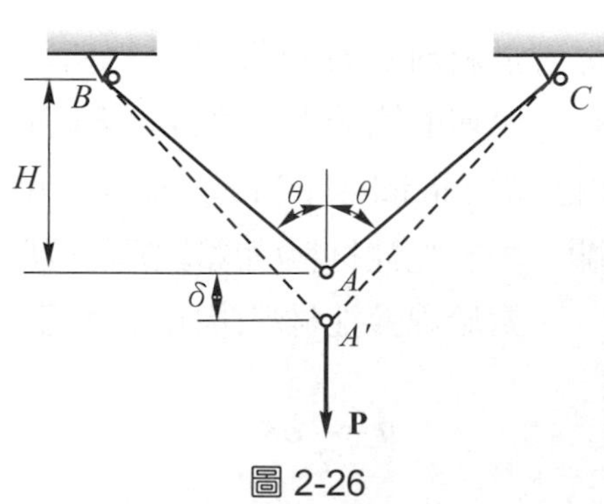

圖 2-26

$$U=\frac{1}{2}P\delta \text{，} \quad 或\ \delta=\frac{2U}{P} \tag{2-27}$$

設圖 2-26 中 AB 桿與 AC 桿之材質及面積均相同(軸向剛度 EA 相同)，且由於結構左右對稱，兩桿之拉力相同，即 $F_{AB}=F_{AC}=F$，由平衡方程式

$$2F\cos\theta=P \quad , \quad F=P/2\cos\theta$$

又 $L_{AB}=L_{AC}=L=H/\cos\theta$，則整個桁架之應變能爲

$$U=U_{AB}+U_{AC}=2\left(\frac{F^2L}{2EA}\right)=\frac{(P/2\cos\theta)^2(H/\cos\theta)}{EA}=\frac{P^2H}{4EA\cos^3\theta}$$

代入公式(2-27)可得 A 點之位移爲

$$\delta=\frac{PH}{2EA\cos^3\theta}$$

上述用能量法求位移只用到應變能及平衡方程式，不必繪結構之變形圖以尋找 A 點位移與桿件變形量之關係，這是能量法較佔優勢的地方。

使用公式(2-27)必須要注意兩個條件：(1)結構內各構件必須爲線彈性材料。(2)只能用於分析承受單一負荷之結構，且只能求得負荷之作用點沿該負荷方向所生之位移。因爲這些限制使得上述方法並非能量法在材料力學中的主要方法，不過這個方法介紹了應變能在求解結構位移的基本觀念，有關能量法更廣泛之應用原理(卡式定理)將在第八章中討論。

例題 2-18

圖中組合桿包括 BC 及 CD 兩部份，此兩部份之材料相同(為線彈性材料)，長度相等，但斷面積不同，設 BC 部份之面積為 CD 部份之 n 倍；當此桿件承受一軸向拉力 P 時，試求桿内之應變能。

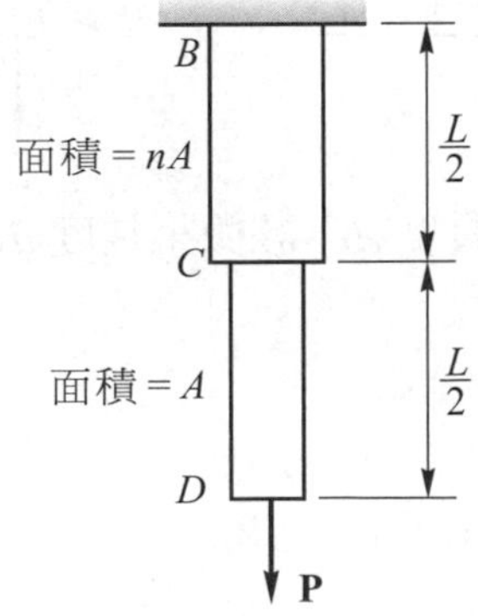

【解】組合桿之總應變能，由公式(2-9)得

$$U_n = \frac{P^2(L/2)}{2EA} + \frac{P^2(L/2)}{2E(nA)} = \frac{P^2L}{4EA}\left(1+\frac{1}{n}\right) = \frac{1+n}{2n}\left(\frac{P^2L}{2EA}\right) \quad (1)$$

當 $n = 1$ 時，$U_1 = \dfrac{P^2L}{2EA}$ (2)

公式(2)相當於長度爲 L 斷面積爲 A 之均質稜柱桿承受軸力 P 時之應變能，由公式(1)可看出 $n > 1$ 時 $U_n < U_1$。例如 $n = 2$ 時，得

$$U_2 = \frac{3}{4}\left(\frac{P^2L}{2EA}\right) = \frac{3}{4}U_1 \quad (3)$$

由公式(2)(3)可知增加 BC 部份之面積，將使組合桿儲存之應變能反而減小，即組合桿之韌性反而降低。

例題 2-19

圖中垂直懸掛之稜柱桿，重量為 W 長度為 L 斷面積為 A，試求下列兩種情況桿內所儲存之應變能，(a)僅考慮桿件自重，(b)同時考慮桿件自重及底端承受軸向拉力 P。設桿子為線彈性材料。

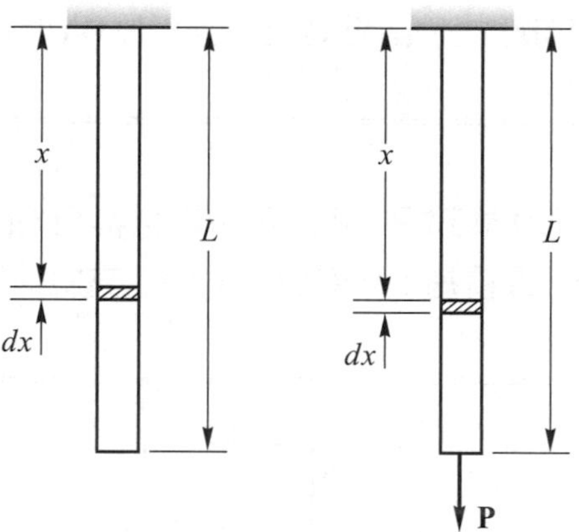

【解】(a) 考慮距頂端 x 處之微小長度 dx，該微小長度 dx 所受之軸向拉力 $P(x)$爲該處以下之桿重，即

$$P(x) = \frac{W}{L}(L-x)$$

則桿內所儲存之應變能由公式(2-12)

$$\delta=\int_0^L\frac{\left[P(x)\right]^2dx}{2EA}=\int_0^L\frac{W^2}{2EAL^2}(L-x)^2dx=\frac{W^2L}{6EA}$$ ◀

(b) 桿子距頂端 x 處所受之軸向拉力 $P(x)$爲

$$P(x)=\frac{W}{L}(L-x)+P$$

則桿內之總應變能爲

$$U=\int_0^L\left[\frac{W}{L}(L-x)+P\right]^2\frac{dx}{2EA}=\frac{W^2L}{6EA}+\frac{WPL}{2EA}+\frac{P^2L}{2EA}$$ ◀

【註】 桿件同時考慮自重 W 及軸力 P 所儲存之總應變能，並不等於單獨考慮自重 W 及軸力 P 所儲存應變能之和，即計算應變能不能使用重疊原理，因應變能與負荷 P 或 W 之平方成正比，並不是線性關係。

例題 2-20

圖中垂直懸掛之圓形稜柱桿($E = 210$GPa)，長度 $L = 2$m，直徑 $d = 15$mm，底端焊一凸緣。今有一質量 $M = 20$ kg 之重物在 $h = 150$mm 之高度由靜止落下，設無反彈且能量損失忽略不計。試求由於衝擊效應桿子所生之最大伸長量、最大拉應力及衝擊因數。

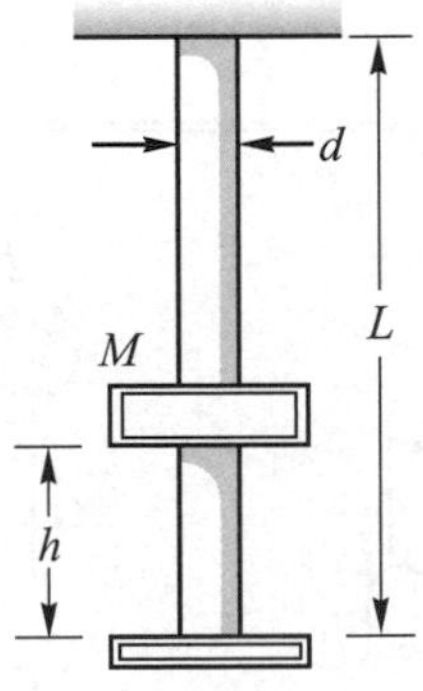

【解】桿件橫斷面積爲 $A=\frac{\pi}{4}(15)^2=176.7\ \text{mm}^2$

桿件之勁度(彈簧常數)爲

$$k=\frac{EA}{L}=\frac{(210)(176.7)}{2000}=18.55\ \text{kN/mm}$$

設重物落下撞擊桿子底端凸緣後桿子所生之最大伸長量爲δ_m，由於桿子所儲存之應變能等於重物落下$(h+\delta_m)$高度所減少之重力位能，即

$$\frac{1}{2}k\delta_m^2 = Mg(h+\delta_m)$$

$$\frac{1}{2}(18.55\times10^3)\,\delta_m^2 = (20\times9.81)(150+\delta_m)$$ ， 解得 $\delta_m = 1.79$ mm◀

重物靜置於桿件底端之凸緣上時，桿件所生之伸長量δ_{st}爲

$$\delta_{st} = \frac{WL}{EA} = \frac{Mg}{k} = \frac{20\times9.81}{18.55\times10^3} = 0.0106 \text{ mm}$$

$$\text{衝擊因數} = \frac{\delta_m}{\delta_{st}} = \frac{1.79}{0.0106} = 169$$ ◀

桿件由於衝擊負荷所生之最大應力爲

$$\sigma_m = E\frac{\delta_m}{L} = \left(210\times10^3\right)\frac{1.79}{2000} = 188 \text{ MPa}$$ ◀

$$\sigma_{st} = \frac{W}{A} = \frac{20\times9.81}{176.7} = 1.11 \text{ MPa}$$

$$\text{衝擊因數} = \frac{\sigma_m}{\sigma_{st}} = \frac{188}{1.11} = 169$$ ◀

例題 2-21

圖中質量為 m 之物體以 v_0 之速度沿組合桿 BCD 之軸向中心線撞擊桿子之 B 端，試求撞擊後桿內所生之最大應力。

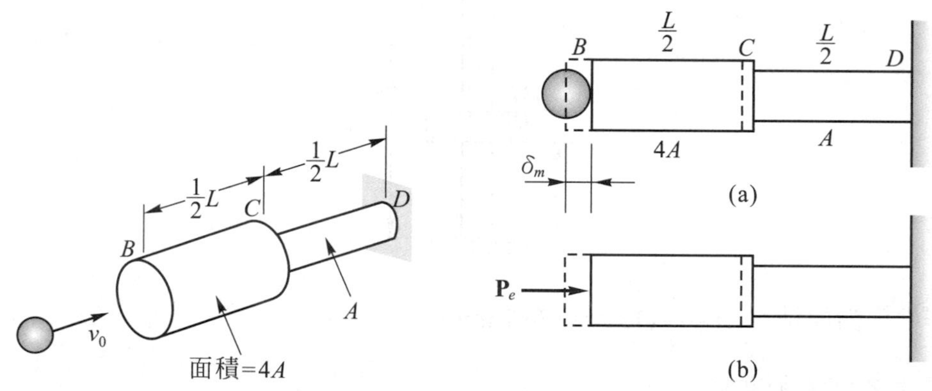

【解】設物體撞擊組合桿後所生之最大壓縮量爲δ_m，如(a)圖所示。若將組合桿在 B 端施加靜態軸向壓力 P_e，如(b)圖所示，若所生之最大壓縮量亦爲δ_m，則 P_e爲受衝擊桿子之等效負荷，由於兩者之變形相同，故桿內之應力及應變能都相同。

組合桿承受等效負荷 P_e所生之總壓縮量δ_m爲

$$\delta_m = \frac{P_e(L/2)}{E(4A)} + \frac{P_e(L/2)}{EA} = P_e\left(\frac{5L}{8EA}\right)$$

組合桿之勁度(彈簧常數)爲 $k = \frac{P_e}{\delta_m} = \frac{8EA}{5L}$

組合桿之應變能爲 $U = \frac{1}{2}k\delta_m^2 = \frac{P_e^2}{2k}$

當物體 m 以動能 T 撞擊組合桿之 B 端時，桿子將其所受之衝擊動能轉儲爲其內部之應變能，設無能量損失，則

$$U = T \quad , \quad \frac{P_e^2}{2k} = T \quad , \quad 得 \ P_e = \sqrt{2kT}$$

故組合桿之最大應力(在 CD 段)爲

$$\sigma_m = \frac{P_e}{A} = \sqrt{\frac{2kT}{A^2}} = \sqrt{\frac{2}{A^2}\left(\frac{8EA}{5L}\right)\left(\frac{1}{2}mv_0^2\right)} = \sqrt{\frac{8Emv_0^2}{5AL}}$$ ◀

例題 2-22

圖中桁架内 BC 及 BD 兩桿件之材質及斷面積相同(軸向剛度 EA 相同)，在 B 點承受一向下負荷 P，試求 B 點之垂直位移。設兩桿件均為線彈性材料。

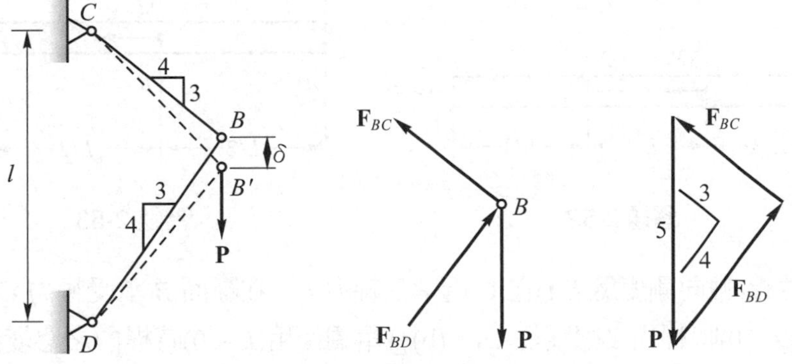

【解】由接點 B 之平衡方程式，可得 BC 及 BD 兩桿件之受力

$$F_{BC} = 0.6P(拉力) \quad , \quad F_{BD} = 0.8P(壓力)$$

由幾何關係可得 BC 及 BD 兩桿件之長度爲

$$l_{BC} = 0.6\,l \quad , \quad l_{BD} = 0.8\,l$$

則桁架內之總應變能爲

$$U = U_{BC} + U_{BD} = \frac{F_{BC}^2 l_{BC}}{2EA} + \frac{F_{BD}^2 l_{BD}}{2EA}$$

$$= \frac{(0.6P)^2(0.6l)}{2EA} + \frac{(0.8P)^2(0.8l)}{2EA} = 0.364\frac{P^2 l}{EA}$$

此應變能等於外力 P 對桁架所作之功，即 $U = \frac{1}{2}P\delta$

故 $\delta = \frac{2U}{P} = 0.728\frac{Pl}{EA}$ ◀

【註】 本題 B 點亦有水平位移，可由其他能量法(卡式定理)求解，本書將在第八章中討論。

2-52 圖中稜柱桿之長度爲 L，斷面積爲 A，承受三個軸力(P、$2P$ 及 $3P$)，試求桿內之應變能？

【答】$U = \frac{P^2 L}{EA}$

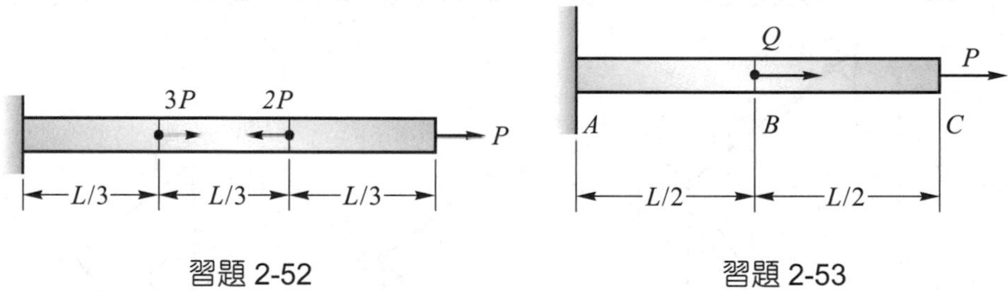

習題 2-52　　習題 2-53

2-53 圖中稜柱桿(軸向剛度爲 EA)在 C 端承受軸力 P，在斷面 B 承受軸力 Q。試求(a)P 單獨作用($Q=0$)時桿內之應變能 U_1，(b)Q 單獨作用($P=0$)時桿內之應變能 U_2，(c)P 與 Q 同時作用時桿內之應變能 U。

【答】(a)$U_1 = \frac{P^2 L}{2EA}$，(b)$U_2 = \frac{Q^2 L}{4EA}$，(c)$U = \frac{L}{4EA}(2P^2+2PQ+Q^2)$

2-54 圖中垂直懸掛之圓錐形桿子，試求由於自重桿內所儲存之應變能。桿件材料之彈性模數爲 E，比重量爲γ。

【答】$U = \frac{\pi\gamma^2 d^2 L^3}{360E}$

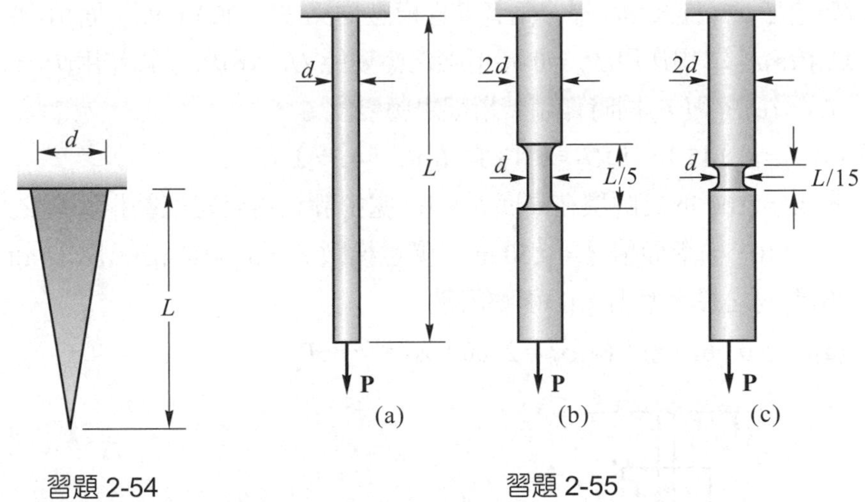

習題 2-54　　習題 2-55

2-55 圖中三根圓桿之長度均為 L，但形狀不同。第一根全長直徑均為 d。第二根有 $L/5$ 的長度直徑為 d，其餘直徑為 $2d$。第三根有 $L/15$ 的長度直徑為 d，其餘直徑為 $2d$。三根均受相同之軸力 P，試求各桿件所儲之應變能。設三根均為相同的線彈性材料，且忽略應力集中效應及桿之自重。

【答】$U_a = \dfrac{P^2L}{2EA}$，$U_b = \dfrac{2}{5}U_a$，$U_c = \dfrac{3}{10}U_a$

2-56 圖中圓錐桿 AB 之長度為 L，A 端固定，在自由端 B 承受軸向拉力 P，已知兩端之直徑分別為 d_2 及 d_1，試求桿內之應變能。設桿子之彈性模數為 E。

【答】$U = \dfrac{2P^2L}{\pi E d_1 d_2}$

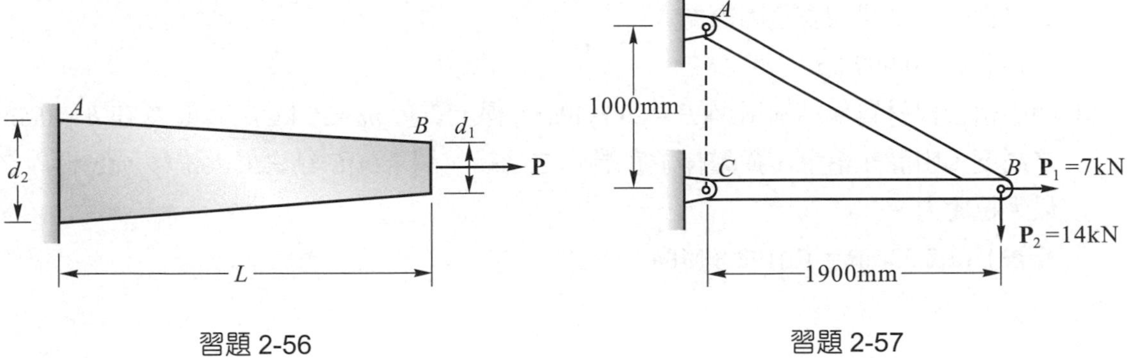

習題 2-56　　習題 2-57

2-57 圖中桁架包括 AB 桿及 BC 桿，兩者彈性模數均為 E = 200 GPa，面積均為 A = 1600 mm^2。試求(a)P_1 單獨作用($P_2 = 0$)時桁架之應變能 U_1，(b)P_2 單獨作用($P_1 = 0$)時桁架之應變能 U_2，(c)P_1 與 P_2 同時作用時桁架之應變能 U。

【答】(a)U_1 = 0.145 J，(b)U_2 = 5.13 J，(c)U = 4.17 J

2-58 圖中重量 W = 100 lb 之圓環在高度 h = 4in 處由靜止落至鉛直圓桿底端之凸緣上。圓桿長度 L = 6ft，橫斷面積 A = 0.50 in^2，彈性模數 $E = 30\times10^6$ psi。試求(a)凸緣之最大位移，(b)桿內之最大應力，(c)衝擊因數。

【答】(a)δ_m = 0.0624 in，(b)σ_m = 26000 psi，(c)130

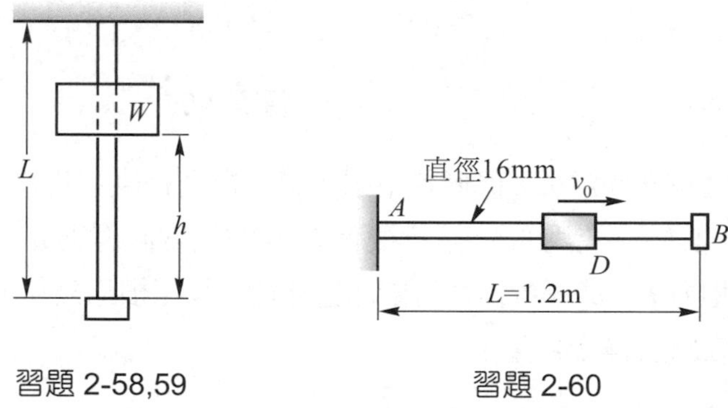

習題 2-58,59　　　　習題 2-60

2-59 上題圖中，若 L = 50 in，W = 30 lb，$E = 30\times10^6$ psi，h = 40 in，若圓桿之容許拉應力為 25 ksi，試求圓桿所需之最小直徑。

【答】d = 1.713 in

2-60 圖中 AB 桿之材質為青銅，彈性模數 E = 105 GPa，降伏應力 σ_y = 125 MPa。套環 D 以 v_0 = 3m/s 之速度撞擊 B 端之凸緣。若欲避免 AB 桿產生塑性變形，則套環容許之最大質量為若干？設取安全因數為 4。

【答】m = 0.997 kg

2-61 圖中組合桿材質為結構用鋼(E = 200 GPa)，桿上質量 m =35 kg 之套環 D 在 h = 0.5m 之高度，由靜止落下，撞擊桿子底端 C 之凸緣，試求(a)C 點之最大位移，(b)桿內之最大拉應力。

【答】(a)2.53mm，(b)192.8 MPa

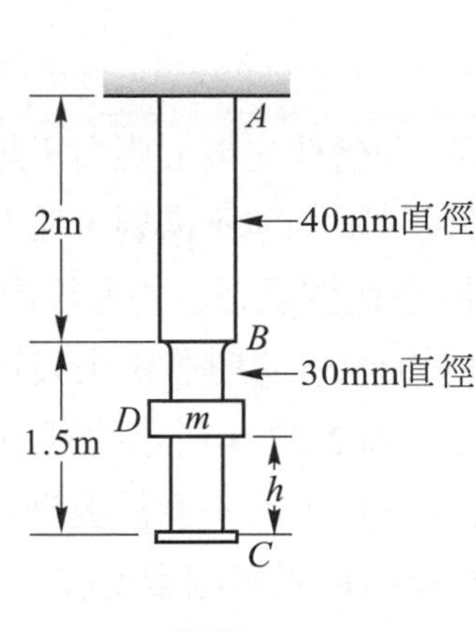

習題 2-61

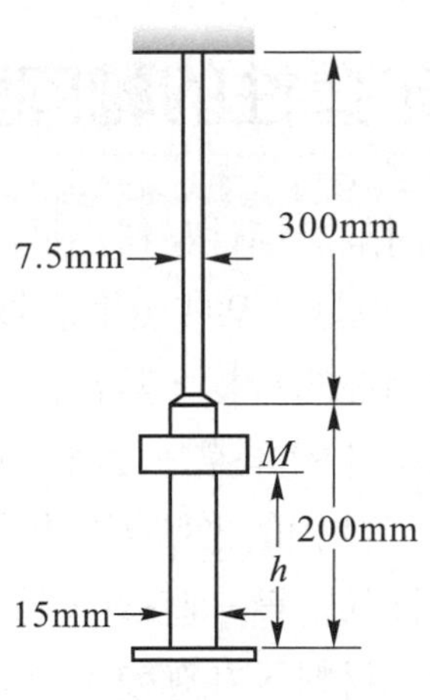

習題 2-62

2-62 圖中組合桿之材質爲鋁合金(E = 73.1 GPa)，已知質量 M =10kg 之套環由高度 h 處自由落下，撞擊桿件底端凸緣後桿內所生之最大應力爲 300 MPa，則高度 h 應爲若干？

【答】$h = 95.6$ mm

2-63 圖中桁架之 AB 及 BC 兩桿件完全相同，彈性模數爲 E，橫斷面積爲 A，水平負荷 P 作用於接點 B，試以能量法求 B 點之水平位移。

【答】$\delta = \dfrac{125PL}{108EA}$

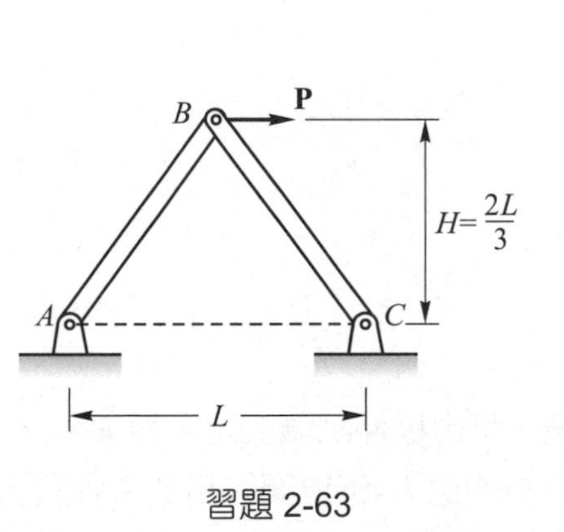

習題 2-63

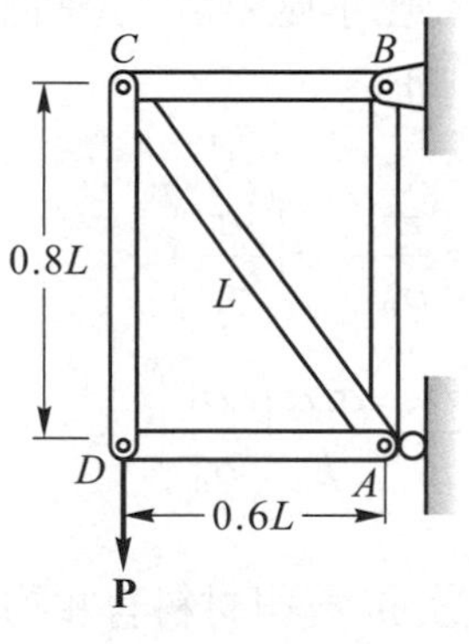

習題 2-64

2-64 試求圖中桁架在 D 點之垂直位移。設所有桿件之軸向剛度均爲 EA。

【答】$\delta = \dfrac{7PL}{2EA}$

2-5 非彈性的軸向變形

本章前面所討論之構件材料都是遵守虎克定律，即構件之最大應力不超過材料的比例限(或降伏應力)，但是在某些使用情形，線彈性特性的限制並不需要，並允許有少量的非彈性變形，此類構件的分析，其材料之應力-應變圖在比例限以上的曲線形狀就很重要。

爲便於分析構件的非彈性行爲，通常以理想化的應力-應變曲線來表示該材料實際的應力-應變曲線，且曲線的形狀可用數學函數來表示。圖 2-27 中所示的應力-應變圖由兩個部份所組成，彈性部份爲一直線(線彈性)，而非彈性部份則用一適當數學式所定義的曲線表示，對於鋁合金材料，在應變不是很大時，用此種曲線表示相當準確。

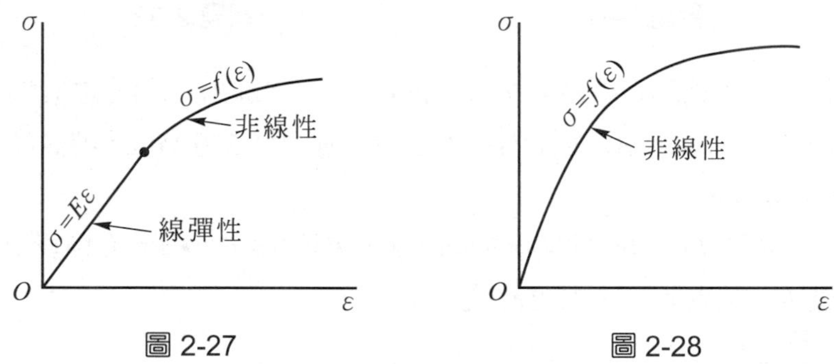

圖 2-27　　圖 2-28

圖 2-28 中之應力-應變圖，是將整條曲線用一個數學式表示，其中以 Ramberg-Osgood 方程式最有名，即

$$\frac{\varepsilon}{\varepsilon_0}=\frac{\sigma}{\sigma_0}+\alpha\left(\frac{\sigma}{\sigma_0}\right)^m \tag{2-28}$$

或

$$\varepsilon=\frac{\sigma}{E}+\frac{\sigma_0\alpha}{E}\left(\frac{\sigma}{\sigma_0}\right)^m \tag{2-29}$$

其中ε_0，σ_0，α 及 m 爲與材料有關的常數，可由拉伸試驗決定，而 $E = \sigma_0/\varepsilon_0$，爲應力-應變曲線最初部份之彈性模數。部份金屬材料的應力-應變圖可用此方程式表示，特別是鋁合金與鎂合金。對於一般的鋁合金由試驗得其常數爲 $E = 70$ GPa，$\sigma_0 = 260$ MPa，$\alpha = 3/7$，$m = 10$，代入公式(2-29)得

$$\varepsilon=\frac{\sigma}{70000}+\frac{1}{628.2}\left(\frac{\sigma}{260}\right)^{10}$$

圖 2-29 之應力-應變圖是由兩條斜率不同的直線所組成，稱爲雙線性應力-應變圖(bilinear stress-strain diagram)，此二部份之應力與應變均爲線性關係，但只有第一部份之應力與應變成正比(適用虎克定律)。此種理想化的應力-應變圖可用來代表具有應變硬化的材料，或可用來近似取代圖 2-27 及 2-28，畢竟圖 2-29 之應力-應變圖比較容易分析。

對於結構用鋼，應力達降伏點後有甚大的塑性變形，其應力-應變圖可用圖 2-30 之兩段直線表示，即降伏應力之前爲線彈性特性，降伏後應力保持不變而產生大量的塑性變形，此種特性稱爲完全塑性(perfect plasticity)，且完全塑性之應變約爲降伏應變之 10 ～ 20 倍，應力-應變圖如圖 2-30 之材料稱爲彈塑材料(elastoplastic material 或 elastic-plastic material)。

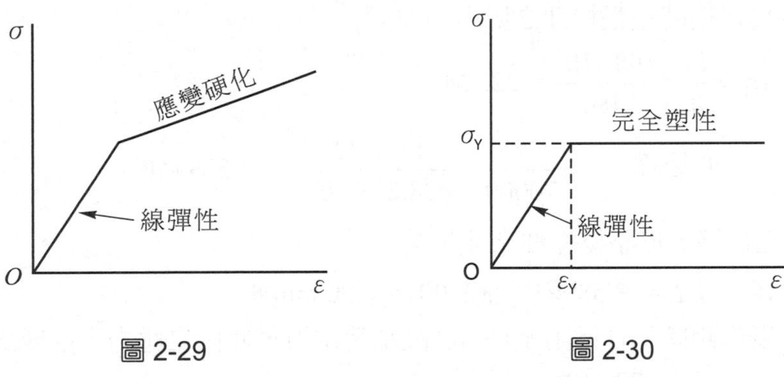

圖 2-29　　圖 2-30

實際上結構用鋼在發生降伏並產生大量的塑性變形後，會有應變硬化的現象，但通常構件在應變硬化之前，其應變已經大到使結構的使用功能失效，因此對於結構用鋼都是用圖 2-30 之彈塑材料分析其塑性行爲，稱此分析方法爲彈塑分析(elastoplastic analysis)或塑性分析(plastic analysis)，將在下一節中詳細討論。

例題 2-23

圖中稜柱桿之長度 $L = 2.2$m，橫斷面積 $A = 480$ mm^2，承受兩個軸力 $P_1 = 108$ kN 與 $P_2 = 27$ kN。桿件之材質為鋁合金，其非線性之應力-應變方程式為

$$\varepsilon = \frac{\sigma}{70000} + \frac{1}{628.2}\left(\frac{\sigma}{260}\right)^{10}$$

其中σ 單位為 MPa，試求下列情形下桿件底端 B 點之位移

(a)P_1 單獨作用($P_2 = 0$)，(b)P_2 單獨作用($P_1 = 0$)，(c)P_1 與 P_2 同時作用。

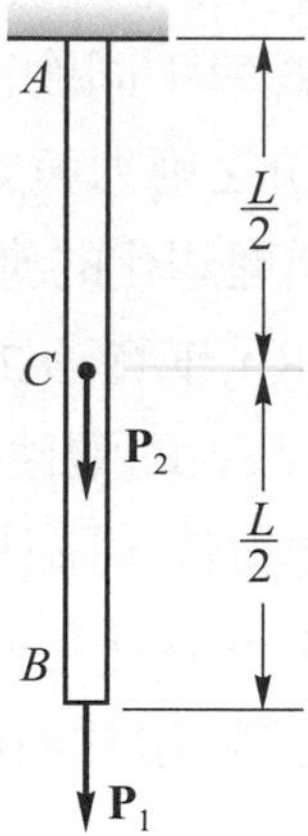

【解】(a) P_1 單獨作用時整根桿件之應力均為

$$\sigma_1 = \frac{P}{A} = \frac{108\times10^3}{480} = 225\text{ MPa}$$

則桿件之應變為 $\varepsilon_1 = \dfrac{225}{70000} + \dfrac{1}{628.2}\left(\dfrac{225}{260}\right)^{10} = 3.589\times10^{-3}$

B 點之位移等於整根桿件之伸長量

$$\delta_{B1} = \varepsilon_1 L = (3.589\times10^{-3})(2200) = 7.90\text{ mm}◀$$

(b) P_2 單獨作用時桿件僅上半部 AC 段承受拉力，此段之應力及應變為

$$\sigma_2 = \frac{P_2}{A} = \frac{27\times10^3}{480} = 56.25\text{ MPa}$$

$$\varepsilon_2 = \frac{56.25}{70000} + \frac{1}{628.2}\left(\frac{56.25}{260}\right)^{10} = 0.8036\times10^{-3}$$

B 點之位移等於 C 點之位移，且等於 AC 段之伸長量

$$\delta_{B2} = \delta_{C2} = \varepsilon_2(L/2) = (0.8036\times10^{-3})(1100) = 0.884\text{ mm}◀$$

(c) P_1 與 P_2 同時作用時，AC 段之拉力為 135 kN，CB 段拉力為 108 kN，兩段之應力及應變分別為

$$\sigma_{AC} = \frac{135\times10^3}{480} = 281.25\text{ MPa}\quad,\quad \sigma_{CB} = \frac{108\times10^3}{480} = 225\text{ MPa}$$

$$\varepsilon_{AC} = \frac{281.25}{70000} + \frac{1}{628.2}\left(\frac{281.25}{260}\right)^{10} = 7.510\times10^{-3}$$

$$\varepsilon_{CB} = 3.589\times10^{-3}$$

B 點之位移為 AC 與 CB 兩段伸長量之和，即

$$\delta_B = \varepsilon_{AC}(L/2)+\varepsilon_{CB}(L/2) = (7.510\times10^{-3})(1100)+(3.589\times10^{-3})(1100)$$
$$= 8.26+3.95 = 12.2 \text{ mm}◀$$

【註】本題$\delta_B \neq \delta_{B1}+\delta_{B2}$，因$\sigma$ 與ε不是線性關係，故重疊原理不適用。

例題 2-24

圖中稜柱桿之橫斷面積為 0.4in^2，其應力-應變圖由兩段直線所組成，如(b)圖所示，試求桿件在圖示軸力作用下 C 點之位移。

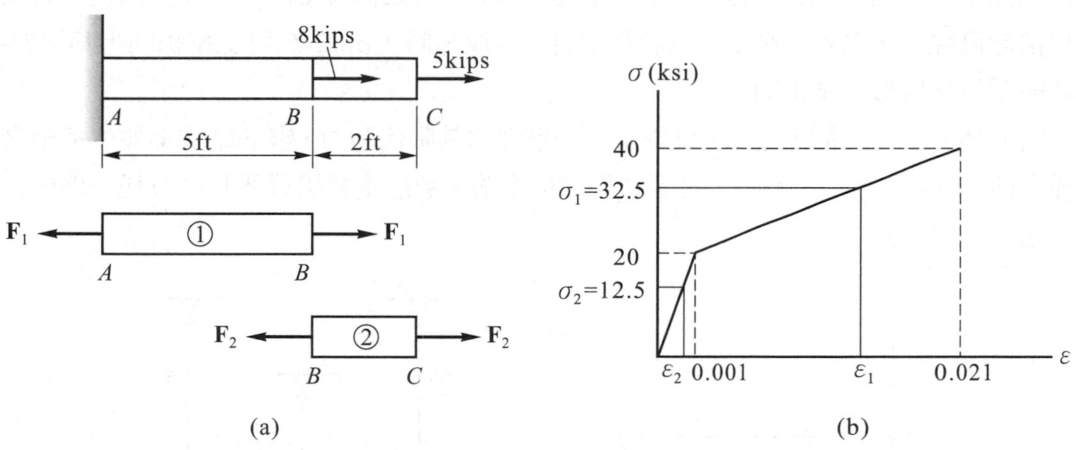

(a) (b)

【解】令 AB 桿為桿件①，BC 桿為桿件②，由平衡方程式得兩桿之拉力為

$$F_1 = 13 \text{ kips} \quad , \quad F_2 = 5 \text{ kips}。$$

AB 桿(桿件①)之應力及應變

$$\sigma_1 = \frac{F_1}{A} = \frac{13}{0.4} = 32.5 \text{ ksi}$$

$$\frac{\varepsilon_1 - 0.001}{0.021-0.001} = \frac{32.5-20}{40-20} \quad , \quad 得\ \varepsilon_1 = 0.0135$$

BC 桿(桿件②)之應力及應變

$$\sigma_2 = \frac{F_2}{A} = \frac{5}{0.4} = 12.5 \text{ ksi}$$

$$\frac{\varepsilon_2}{0.001} = \frac{12.5}{20} \quad , \quad 得\ \varepsilon_2 = 6.25\times10^{-4}$$

C 點位移等於桿件①及桿件②伸長量之和，即

$$\delta_C = \delta_1 + \delta_2 = \varepsilon_1 L_1 + \varepsilon_2 L_2$$
$$= (0.0135)(5\times12)+(6.25\times10^{-4})(2\times12) = 0.825 \text{ in}◀$$

2-6 塑性分析

對於結構用鋼，由於降伏後會有大量的塑性變形(應力幾乎不變)，若欲討論其塑性行爲，通常將其應力-應變圖理想化成彈塑材料，如圖 2-31 所示，由直線 AY 及水平線 YF 所組成，其中 Y 爲降伏點。當應力小於降伏應力時，材料爲線彈性(遵循虎克定律)，即圖中之 AY 直線，其斜率等於材料之彈性模數。當應力達降伏應力後，材料爲完全塑性，即應力保持不變(等於降伏應力)之情形下持續產生應變直至斷裂，即圖中之 YF 直線。若材料降伏至圖中 C 點時將負荷移除，則材料將沿與 AY 平行之直線 CD 產生彈性回復，而殘留有相當於直線 AD 之永久應變。至於彈塑材料受壓縮時，σ_Y 及 E 與受拉相同，其應力-應變圖與受拉之圖形完全相同。

對於彈塑材料之靜定結構，只要有任一構件達其降伏應力，整個結構即發生持續之塑性變形(無法再承受更高負荷)，終至整個結構損壞，故靜定結構只要其中有任一件構件降伏，結構就己失效。

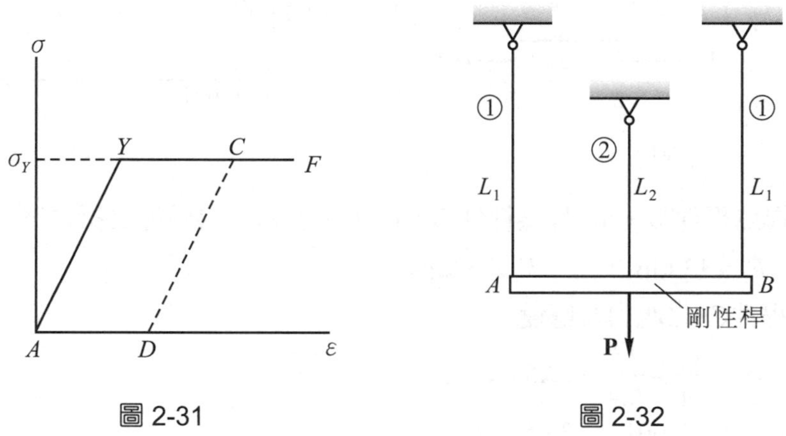

圖 2-31　　圖 2-32

至於彈塑材料之靜不定結構則較爲複雜，當結構中有一構件發生降伏時，其餘構件仍能繼續承受增加的負荷，必須有足夠多(超過贅力個數)的構件降伏，整體結構才會降伏以致於失效。

參考圖 2-32 中左右對稱之靜不定結構，剛性桿 AB 以三根相同彈塑材料製造的桿件支撐負荷 P，兩外側桿件①之長度均爲 L_1，中間桿件②之長度爲 L_2，三桿之橫斷面積均爲 A。由平衡方程式

$$2F_1 + F_2 = P \tag{a}$$

其中 F_1 爲外側兩桿件之拉力，而 F_2 爲中間桿件之拉力。

變形之相容方程式爲

$$\delta_1 = \delta_2 \tag{b}$$

δ_1 爲外側兩桿件之伸長量，而δ_2 爲中間桿件之伸長量。公式(a)及(b)不論在彈性或塑性範圍均可適用。

若桿件之應力在線彈性範圍內，桿件拉力與伸長量之關係爲

$$\delta_1 = \frac{F_1 L_1}{EA} \quad , \quad \delta_2 = \frac{F_2 L_2}{EA} \tag{c}$$

將公式(c)代入公式(b)中得

$$F_1 L_1 = F_2 L_2 \tag{d}$$

將(a)及(d)兩式聯立解得

$$F_1 = \frac{PL_2}{L_1 + 2L_2} \quad , \quad F_2 = \frac{PL_1}{L_1 + 2L_2} \tag{e}$$

兩桿內之應力爲

$$\sigma_1 = \frac{F_1}{A} = \frac{PL_2}{A(L_1 + 2L_2)} \quad , \quad \sigma_2 = \frac{F_2}{A} = \frac{PL_1}{A(L_1 + 2L_2)} \tag{f}$$

只要三根桿件之應力都小於降伏應力，公式(e)及(f)都可成立。

當 P 由零逐漸增加，因 $L_1 > L_2$，則$\sigma_2 > \sigma_1$，中間桿件②會先達降伏應力σ_Y，且 $F_2 = \sigma_Y A$，此時結構之負荷稱爲降伏負荷 P_Y(yield load)，結構在降伏負荷前所有構件都在彈性範圍內。由公式(f)可得 P_Y 爲

$$P_Y = \sigma_Y A\left(1 + \frac{2L_2}{L_1}\right) \tag{g}$$

結構在降伏負荷時剛性桿 AB 向下之位移δ_Y 稱爲降伏位移(yield displacement)，且

$$\delta_Y = \frac{P_2 L_2}{EA} = \frac{\sigma_Y L_2}{E} \tag{h}$$

圖 2-33 中之 OA 直線，即為剛性桿 AB 在降伏負荷前其負荷與位移之關係。

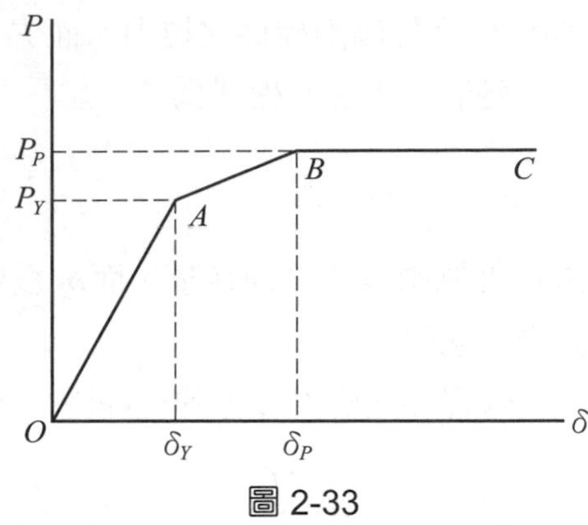

圖 2-33

當負荷 P 繼續增加，由於桿件②己降伏，其拉力恒保持為$\sigma_Y A$(完全塑性)，所增加之負荷由桿件①承受，直至桿件①降伏，結構便無法再承受更大之負荷，如圖 2-33 中之 AB 直線。三根桿件全部都降伏之負荷稱為塑性負荷 P_P(plastic load)，在此負荷時結構將持續產生塑性變形，直至結構損壞，參考圖 20-33 中之 BC 直線。

結構達塑性負荷時 $F_1=\sigma_Y A$，$F_2=\sigma_Y A$，代入公式(a)得

$$P_P=3\sigma_Y A \tag{i}$$

此時剛性桿 AB 之位移稱為塑性位移δ_P(plastic displacement)，可由桿件①之伸長量求得

$$\delta_P=\delta_1=\frac{F_1L_1}{EA}=\frac{\sigma_Y L_1}{E} \tag{j}$$

由公式(h)及(j)得

$$\frac{\delta_P}{\delta_Y}=\frac{L_1}{L_2} \tag{k}$$

再由公式(g)及(i)得

$$\frac{P_P}{P_Y}=\frac{3L_1}{L_1+2L_2} \tag{l}$$

若 $L_1=1.5L_2$，$\delta_P=1.5\delta_Y$，$P_P=1.29P_Y$，AB 直線斜率為

$$\frac{P_P-P_Y}{\delta_P-\delta_Y}=\frac{(1.29-1)P_Y}{(1.5-1)\delta_Y}=0.86\frac{P_Y}{\delta_Y}$$

小於直線 OA 之斜率 P_Y/δ_Y。

當結構之負荷超過降伏負荷時，僅中間桿件②降伏(拉力保持等於$\sigma_Y A$)，兩外側桿件①仍然在線彈性範圍內，剛性桿 AB 之位移等於桿件①之伸長量，故結構之位移與負荷仍然

爲線性關係，如圖 2-33 中之直線 AB，其斜率小於直線 OA，其實是由於結構的勁度減小，因 $P > P_Y$ 後結構所增加之負荷都是由桿件①在承擔。

求靜不定結構之塑性負荷 P_P 時，由於各構件都已經降伏，軸力均爲已知，由平衡方程式即可求解。至於求降伏負荷 P_Y 時，由於各構件都在線彈性範圍內，必須用靜不定問題之方法分析，即由平衡方程式配合相容方程式求解。

■殘留應力

對於靜不定結構，若承受之負荷介於 P_Y 與 P_P 間，今將負荷移除，由於已降伏之構件會產生永久變形，而未降伏的構件則回復到原有長度，結果導致產生永久變形之構件其組裝之尺寸不正確，而產生與前述預應力相同之情況，稱爲殘留應力(residual stress)。參考圖 2-32 中之靜不定結構，當負荷 P 超過 P_Y 時，桿件②已降伏，而桿件①未降伏，若將負荷移除，桿件②因有永久變形而使其組裝長度變長，而桿件①則欲恢復其原來長度，但兩者是組裝在一起，故桿件②必受壓縮而桿件①則被拉伸，而使兩者在沒有外加負荷作用時內部即有殘留應力存在。有關殘留應力之分析參例題 2-26 及 2-27 說明。

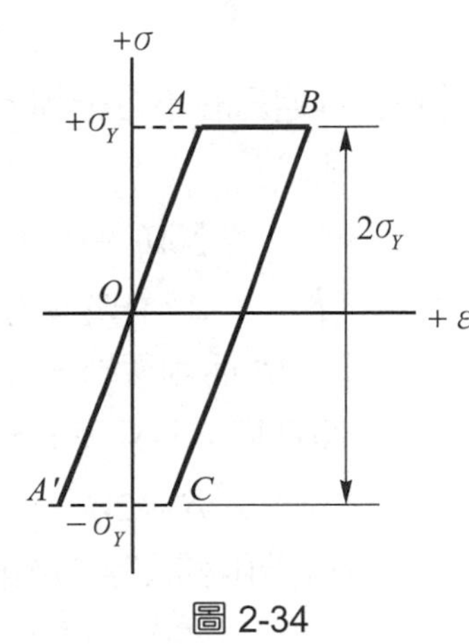

圖 2-34

對於已經降伏的構件，在塑性範圍將其負荷移除，因彈性回復可從拉伸狀態變爲壓縮狀態，且彈塑材料拉與壓之降伏應力相同，故彈性回復之最大應力爲 $2\sigma_Y$，參考圖 2-34 之 BC 直線，注意，BC 直線與 AOA' 直線平行。

例題 2-25

圖中水平剛性桿 AB 在 B 端為鉸支，並以兩根相同之桿件(長度為 l 橫斷面積為 A)支撐在 A 端之負荷 P，兩桿件均以彈塑材料製造，彈性模數為 E，降伏應力為σ_Y。試求(a)降伏負荷 P_Y及 A 點之降伏位移δ_Y，(b)塑性負荷 P_P及 A 點之塑性位移δ_P，(c)負荷 P 與 A 點位移δ之關係圖。

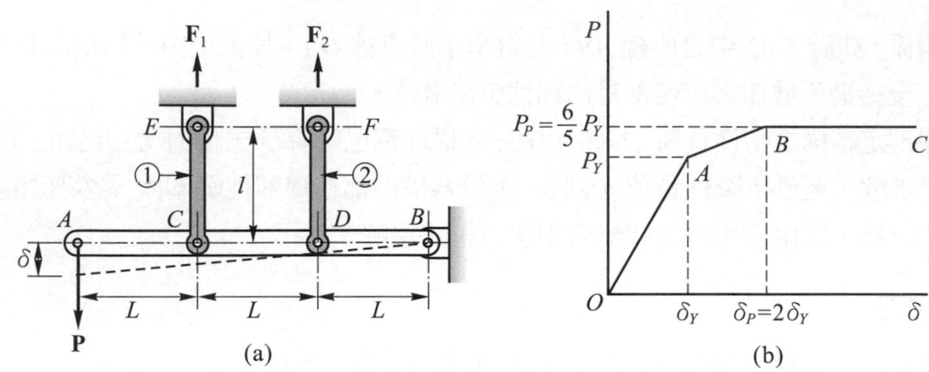

【解】本題爲靜不定結構。設 CE 桿爲桿件①，DF 桿爲桿件②，由剛性桿 AB 之平衡方程式

$$\sum M_B = 0 \quad , \quad F_1(2L)+F_2(L) = P(3L)$$

得
$$2F_1+F_2 = 3P \tag{1}$$

因 AB 爲剛性桿，桿上 C 點位移 δ_C 與 D 點位移 δ_D 關係爲 $\delta_C = 2\delta_D$，又 δ_C 等於桿①之伸長量 δ_1，δ_D 等於桿②伸長量 δ_2，故可得相容方程式爲

$$\delta_1 = 2\delta_2 \tag{2}$$

(a) 若兩桿之應力在線彈性範圍內，將變形量與軸力之關係代入公式(2)得

$$\frac{F_1 l}{EA} = 2\frac{F_2 l}{EA} \quad , \quad 或 \ F_1 = 2F_2 \tag{3}$$

將公式(1)及(3)聯立，解得

$$F_1=\frac{6}{5}P \quad , \quad F_2=\frac{3}{5}P \tag{4}$$

因 $F_1 > F_2$，故桿①先降伏，此時 $F_1 = \sigma_Y A$，代入公式(4)可得降伏負荷爲

$$P_Y = \frac{5}{6}\sigma_Y A \tag{5}$$

由桿①之彈性伸長量可得 A 點之降伏位移爲

$$\delta_Y = \frac{3}{2}\delta_1 = \frac{3}{2}\left(\frac{\sigma_Y L}{E}\right) \tag{6}$$

(b) 結構達塑性負荷 P_P 時兩桿都降伏，$F_1 = \sigma_Y A$，$F_2 = \sigma_Y A$，由公式(1)

$$2(\sigma_Y A)+\sigma_Y A = 3P_P \quad , \quad P_P = \sigma_Y A = \frac{6}{5}P_Y \tag{7}$$

達塑性負荷時桿②恰好降伏，故由桿②之彈性伸長量可得 A 點之塑性位移爲

$$\delta_P = 3\delta_2 = 3\left(\frac{\sigma_y L}{E}\right) = 2\delta_Y \tag{8}$$

(c) 由上述求得之 P_Y、δ_Y、P_P 及 δ_P 可繪得負荷 P 與 A 點位移 δ 之關係如(b)圖所示。

例題 2-26

圖中兩端固定的桿子(半徑 5mm)由彈塑材料(E = 70 GPa，σ_Y = 420 GPa)所製造，今在斷面 C 施加軸力 P = 60 kN 後移除，試求桿內之殘留應力及 C 點之永久位移。

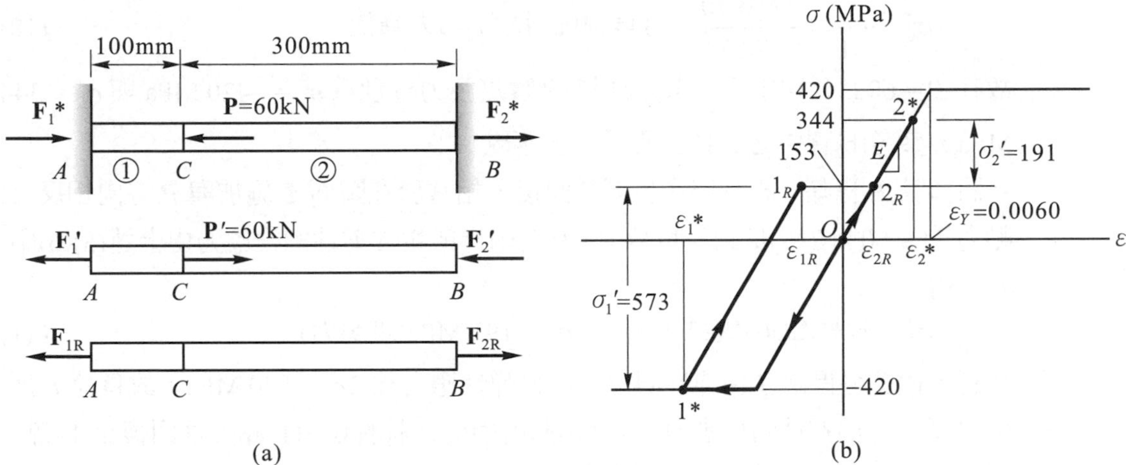

(a) (b)

【解】本題桿件之兩端固定，為靜不定結構。令 AC 桿為桿件①，CB 桿為桿件②。

假設在 P = 60 kN 作用下兩桿都在線彈性範圍，由平衡方程式

$$\sum F_x = 0 \quad , \quad F_1 + F_2 = 60 \text{ kN} \tag{1}$$

相容方程式：δ_1(壓縮) = δ_2(拉伸) (2)

將變形量與負荷之關係式代入公式(2)：$\dfrac{F_1L_1}{EA} = \dfrac{F_2L_2}{EA}$

得 $$\frac{F_1}{F_2} = \frac{L_2}{L_1} = \frac{300}{100} = 3$$

(3)

將(1)(3)兩式聯立得

$$F_1 = 45 \text{ kN(壓力)} \quad , \quad F_2 = 15\text{kN (拉力)} \tag{4}$$

桿件之橫斷面積 $A = \pi(5)^2 = 78.5 \text{ mm}^2$，因此可得兩桿內之應力為

$$\sigma_1 = \frac{F_1}{A} = \frac{45\times10^3}{78.5} = 573 \text{ MPa (壓應力)} \tag{5}$$

$$\sigma_2 = \frac{F_2}{A} = \frac{15\times10^3}{78.5} = 191 \text{ MPa}\ (\text{拉應力}) \tag{6}$$

由於桿件之降伏應力為 420 MPa，顯然桿件①已降伏，故在 $P = 60$ kN 作用下 AC 桿(桿件①)之實際應力 σ_1^* 及壓力 F_1^* 為

$$\sigma_1^* = 420 \text{ MPa}\ (\text{壓應力}) \tag{7}$$

$$F_1^* = \sigma_Y A = (420)(78.5) = 33.0\times10^3\text{N} = 33.0 \text{ kN}(\text{壓力}) \tag{8}$$

CB 桿(桿件②)之實際拉力 F_2^* 及應力 σ_2^*，由公式(1)得

$$F_2^* = 60-33.0 = 27.0 \text{ kN} \tag{9}$$

$$\sigma_2^* = \frac{F_2^*}{A} = \frac{27.0\times10^3}{78.5} = 344 \text{ MPa}\ (\text{拉力})\rightarrow\text{未降伏} \tag{10}$$

故在 $P = 60$ kN 作用下，桿①及桿②之實際應力分別為 $\sigma_1^* = -420$ MPa 與 $\sigma_2^* = 344$ MPa，參考(b)圖中之「1^*」及「2^*」兩點。

今將負荷 P 移除，桿件將產生彈性回復，相當於在斷面 C 施加與 P 方向相反之軸力 $P' = 60$ kN(→)抵銷原負荷 P。P'在兩桿所生之彈性回復應力由上述(5)(6)兩式，得

$$\sigma_1' = 573 \text{ MPa}(\text{拉應力}) \quad , \quad \sigma_2' = 191 \text{ MPa}(\text{壓應力}) \tag{11}$$

注意，由塑性區域產生彈性回復之最大彈性應力為 $2\sigma_Y = 840$ MPa，故負荷 P'所生之應力均為彈性回復應力。參考(b)圖中所示，桿件①由1^*點彈性回復至 1_R點，而桿件②由 2^* 點彈性回復至 2_R點。

兩桿件之殘留應力為 P 及 P'兩負荷所生應力之和，即

$$\sigma_{1R} = \sigma_1^* + \sigma_1' = (-420) + 573 = 153 \text{ MPa}\ (\text{拉應力})◀ \tag{12}$$

$$\sigma_{2R} = \sigma_2^* + \sigma_2' = 344 + (-191) = 153 \text{ MPa}\ (\text{拉應力})◀ \tag{13}$$

其中拉應力取正值壓應力取負值。

由於 CB 桿(桿件②)整個過程都在線彈性範圍內，其伸長量較易求得，故 C 點之永久位移可由桿件②之殘留拉應力所產生之伸長量求得，即

$$\delta_C = \delta_2 = \frac{\sigma_{2R}}{E}L_2 = \frac{153}{70\times10^3}(300) = 0.656 \text{ mm}\ (\leftarrow)◀$$

【註】 本題之桿件之所以產生殘留應力是因為桿件①在 $P = 60$ kN 作用下產生塑性變形 δ_1^* (此時 $F_1^* = 33.0$kN ， $F_2^* = 27.0$kN)，當負荷 P 移除後假設桿①及桿②負荷都降為零且斷面 C 分離，桿件①有永久變形量 δ_{1P}(桿②恢復原長)，相當於桿件①之長減短了 δ_{1P}，兩桿件內之殘留應力是將兩桿拉伸使其組裝在一起。

在 $P = 60$ kN 作用下桿件①之塑性變形量由(2)式

$$\delta_1^* = \delta_2^* = \frac{\sigma_2^*}{E}L_2 = \frac{344}{70\times10^3}(300) = 1.474 \text{ mm}$$

桿件①降伏時之變形量(即彈性回復之變形量)爲

$$\delta_Y = \frac{\sigma_Y}{E}L_1 = \frac{420}{70\times10^3}(100) = 0.600 \text{ mm}$$

則 P 移除後桿件①之永久變形量爲

$$\delta_{1P} = \delta_1^* - \delta_Y = 1.474 - 0.600 = 0.874 \text{ mm}$$

δ_{1P} 可視爲是桿件①短少之長度，但兩桿始終是組裝在一起，因此兩桿內之殘留應力是將兩桿拉伸至組裝在一起，即

$$\delta_{1P} = \frac{\sigma_R}{E}L_1 + \frac{\sigma_R}{E}L_2$$

$$0.874 = \sigma_R\left(\frac{100+300}{70\times10^3}\right)$$ ，　得 $\sigma_R = 153$ MPa (拉應力)◀

C 點之永久位移可由桿件②殘留拉應力之伸長量求得，即

$$\delta_C = \delta_{2R} = \frac{\sigma_R}{E}L_2 = \frac{153}{70\times10^3}(300) = 0.656 \text{ mm}(\leftarrow)$$

以上的分析方法可能較容易瞭解，但過程太過複雜，在此僅提供參考。

例題 2-27

圖中桁架由三根相同横斷面積(A = 900 mm^2)且相同彈塑材料(E = 200 GPa，σ_Y = 200 GPa)之桿件所組成，設 L = 0.5m，α = 60°。今將負荷 P = 300 kN 作用於 A 點，(a)試求 A 點之位移δ_A，(b)將 P 移去，試求桿內之殘留負荷(軸力)。

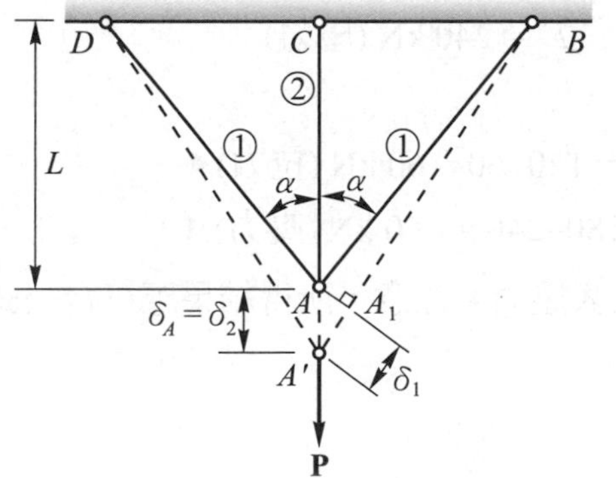

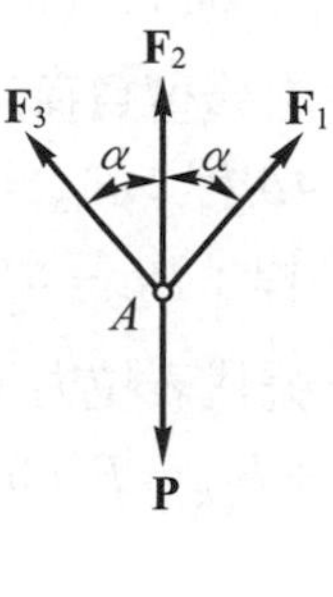

【解】本題為靜不定結構。由平衡方程式

$\sum F_y = 0$ ， $2F_1\cos60°+F_2 = P$ ， 得 $F_1+F_2 = P = 300$ kN (1)

相容方程式：$\delta_1 = \delta_2 \cos 60°$ ， 得 $\delta_1 = \delta_2/2$ (2)

(a) 假設構件都在線彈性範圍內，則

$$\delta_1 = \frac{F_1 L_1}{EA} = \frac{F_1\left(L/\cos 60°\right)}{EA} \quad , \quad \delta_2 = \frac{F_2 L}{EA} \tag{3}$$

將(3)代入(2)式：$\dfrac{F_1 L}{EA\cos 60°} = \dfrac{F_2 L}{2EA}$

得 $F_2 = 4F_1$ (4)

(1)(4)兩式聯立解得 $F_2 = 240$ kN ， $F_1 = 60$ kN (5)

桿件②(AC 桿)之應力：$\sigma_2 = \dfrac{F_2}{A} = \dfrac{240\times10^3}{900} = 266.7$ MPa

$\sigma_2 > \sigma_Y$，故桿件②已降伏，應力為 $\sigma_2^* = \sigma_Y = 200$ MPa，故桿件②之實際拉力 F_2^* 為

$F_2^* = \sigma_Y A = 200(900) = 180$ kN (拉力) (6)

(6)式代入(1)式，得桿件①之實際拉力及應力為

$F_1^* = 300-180 = 120$ kN (拉力) (7)

$$\sigma_1^* = \frac{F_1^*}{A} = \frac{120\times10^3}{900} = 133 \text{ MPa} \tag{8}$$

因 $\sigma_1^* < \sigma_Y$，故桿件①在線彈性範圍內，故此時 A 點之位移可由桿件①求得，由公式(2)

$$\delta_A = \delta_2^* = 2\delta_1^* = 2\left(\frac{\sigma_1^*}{E}L_1\right) = 2\left(\frac{133}{200\times10^3}\times\frac{500}{\cos 60°}\right) = 1.33 \text{ mm}$$ ◄

(b) 將負荷 P 移去，桿件將產生彈性回復，相當於在 A 點施加與 P 反向之負荷 $P' = 300$ kN 與 P 抵銷。負荷 P' 在兩桿所生之彈性回復力，由公式(5)為

$F_1' = 60$ kN (壓力) ， $F_2' = 240$ kN (壓力)

故桿件之殘留負荷為

AD 及 AB 桿：$F_{1R} = F_1^* + F_1' = 120-60 = 60$ kN (拉力)◄

AC 桿：$F_{2R} = F_2^* + F_2' = 180-240 = -60$ kN (壓力)◄

其中正號代表拉力，負號代表壓力。注意，所得結果應符合公式(1)之平衡方程式($F_{1R} + F_{2R} = P = 0$)。

習題

2-65 圖中長度 $L = 1.8\text{m}$ 橫斷面積 $A = 480\ \text{mm}^2$ 之稜柱桿承受兩軸力作用 $P_1 = 30\ \text{kN}$ 與 $P_2 = 60\ \text{kN}$，桿之材料爲鎂合金，其應力與應變之關係如下：

$$\varepsilon = \frac{\sigma}{45000} + \frac{1}{618}\left(\frac{\sigma}{170}\right)^{10}$$

其中σ單位爲 MPa。試求下列三種情況時 C 端之位移，(a)P_1 單獨作用($P_2 = 0$)，(b)P_2 單獨作用($P_1 = 0$)，(c)P_1 與 P_2 同時作用。

【答】(a)1.67 mm，(b)5.13 mm，(c)11.88 mm

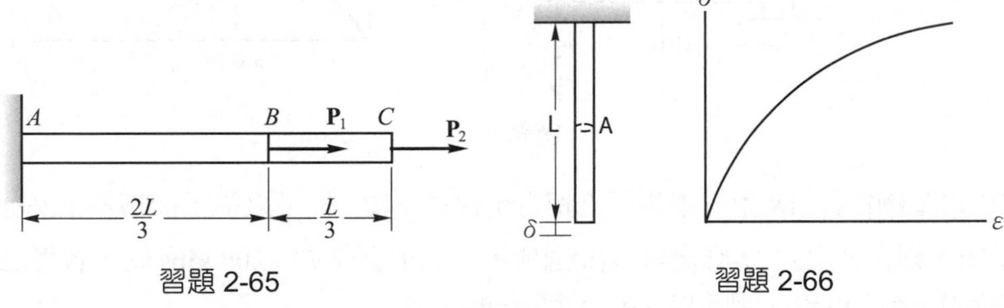

習題 2-65　　習題 2-66

2-66 圖中桿件材料(比重量爲γ)之應力-應變關係爲$\sigma = c\varepsilon^{1/2}$，試求桿子由於自重所生之伸長量。桿子長度爲 L，橫斷面積爲 A。

【答】$\delta = \gamma^2 L^3/3c^2$

2-67 圖中直徑 20mm 之鋁合金桿子承受兩個軸力 P 及 30 kN，已知鋁合金之應力-應變圖如(b)圖所示，試求下列兩種情況桿子之伸長量，(a)$P = 20\ \text{kN}$，(b)$P = 65\ \text{kN}$。

【答】(a)5.71 mm，(b)11.87 mm

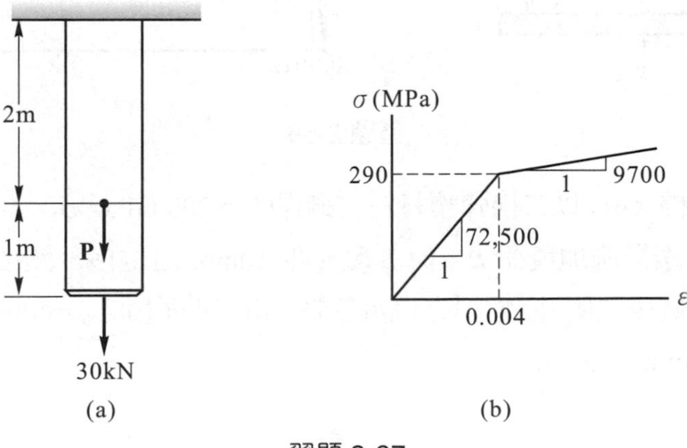

習題 2-67

2-68 圖中剛性構件 ABC 以鉸支承及鋁合金桿件 CD 支撐負荷 P，CD 桿斷面積爲 1.00 in^2，鋁合金之應力-應變圖如(b)圖所示。設負荷 P 未作用時 CD 桿內無應力，試求當 P = 35000 lb 時 CD 桿內之應力及其伸長量。

【答】σ = 43.8 ksi，δ = 0.042 in

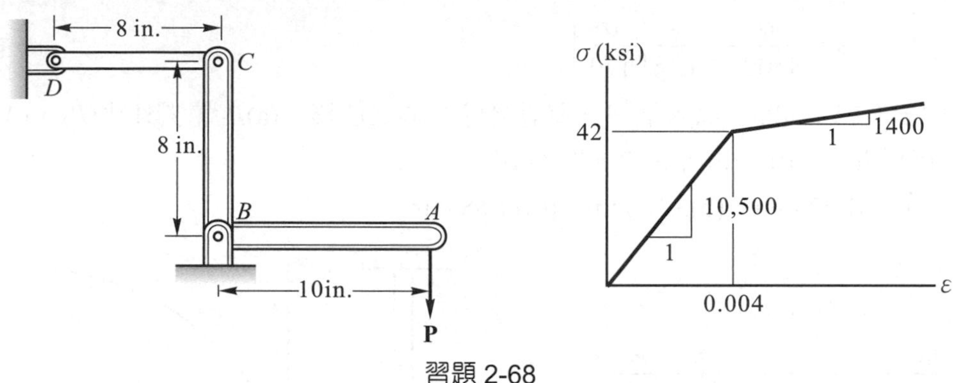

習題 2-68

2-69 圖中水平剛性桿 AB 由三根相同之鋁合金桿子支撐，桿子之橫斷面積爲 1.25in^2，長度爲 5ft，鋁合金之應力-應變圖如(b)圖所示，試求負荷 P = 200 kips 時，各桿之應力及剛性桿 AB 之位移。剛性桿 AB 之重量忽略不計。

【答】σ = 53.3 ksi，δ = 8.67 in

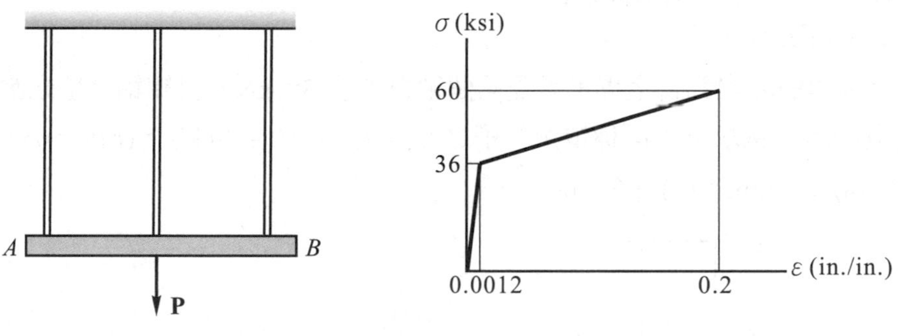

習題 2-69

2-70 圖中水平剛性桿 ABC 以二根彈塑材料之鋼桿(E = 200 GPa，σ_Y = 300 MPa)支撐，今在剛性桿中點 B 緩慢施加負荷 P，使 B 點產生 10mm 之位移，然後再緩慢移除負荷，試求剛性根之最後位置。剛性桿之自重忽略不計。斷面積 A_{AD}=400mm^2，A_{CE}=500mm^2。

【答】δ_A = 11mm，δ_C = 0

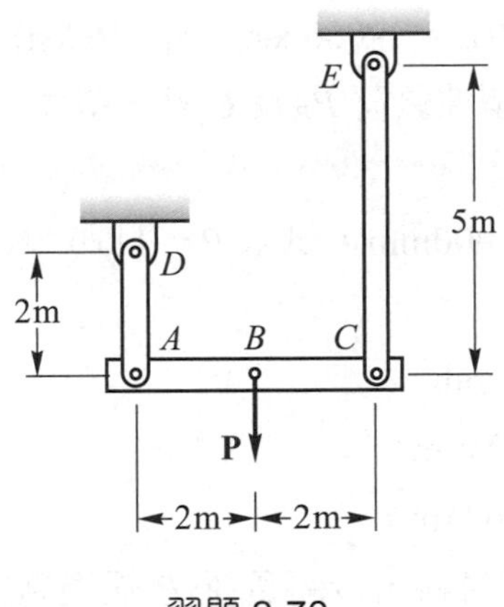

習題 2-70

習題 2-71

2-71 圖中水平剛性桿由四根左右成對稱之桿件支撐，四桿均為相同之彈塑材料(彈性模數為 E，降伏應力為σ_Y)，且橫斷面積均為 A，試求結構之塑性負荷 P_P。

【答】$P_P = 2\sigma_Y A(1+\sin\alpha)$

2-72 圖中結構在未施加負荷 P 時剛性桿 CD 呈水平，,且 a、b 兩桿內均無應力，已知 a、b 兩桿均為彈塑材料，當 $P = 160$ kN 時，試求 a、b 兩桿內之應力及 D 點之位移。

a 桿：$E = 73$ GPa，$\sigma_Y = 330$ MPa，$A = 500\text{ mm}^2$

b 桿：$E = 210$ GPa，$\sigma_Y = 275$ MPa，$A = 750\text{ mm}^2$

【答】$\sigma_a = 245$ MPa，$\sigma_b = 275$ MPa，$\delta_D = 8.39$mm

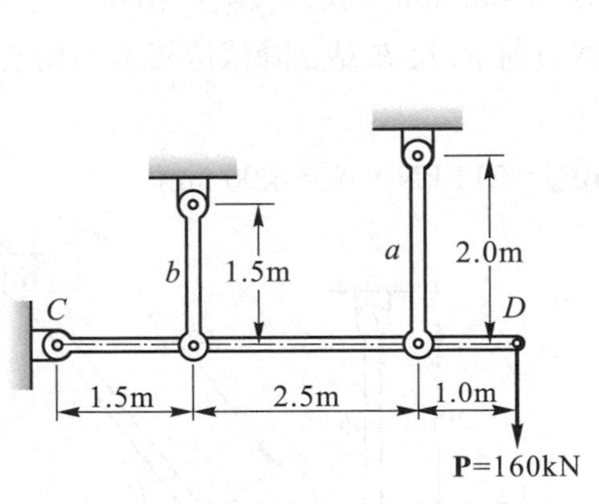

習題 2-72

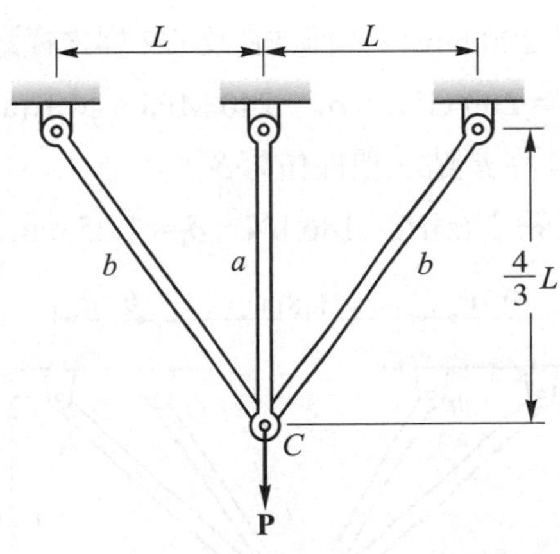

習題 2-73.74

2-73 圖中桁架內之三根桿件均爲相同之彈塑材料(E = 29000 ksi，σ_Y =36 ksi)，橫斷面積均爲 A = 2.5 in^2，已知 L = 36 in，試求結構之塑性負荷 P_P 及 C 點之塑性位移 δ_P。

【答】P_P = 234 kips，δ_P = 0.0931 in

2-74 同上題之圖，三桿均爲彈塑材料，已知 L = 900mm，試求 P = 1110 kN 時 a、b 兩桿內之應力及 C 點之位移。

a 桿：σ_Y = 380 MPa，E = 72 GPa，A = 1500 mm^2

b 桿：σ_Y = 250 MPa，E = 200 GPa，A = 1500 mm^2

【答】σ_a = 340 MPa，σ_b = 250 MPa，δ_C = 5.67 mm

2-75 圖中組合桿之兩端固定，設鋁及鋼均爲彈塑材料，今將負荷 P 緩慢施加至塑性負荷 P_P 後再緩慢移除，試求 AC 及 CB 兩桿內之殘留應力。

AC 桿(鋁)：E = 70 GPa，σ_Y = 330 MPa，A = 600 mm^2

CB 桿(鋼)：E = 200 GPa，σ_Y = 290 MPa，A = 900 mm^2

【答】σ_{AC} = 116 MPa(T)，σ_{CB} = 72.2 MPa(T)

2-76 同上題，若負荷緩慢作用至 P = 400 kN 後再緩慢移除，試求兩桿內之應力。

【答】σ_{AC} = 45 MPa(T)，σ_{CB} = 30 MPa(T)

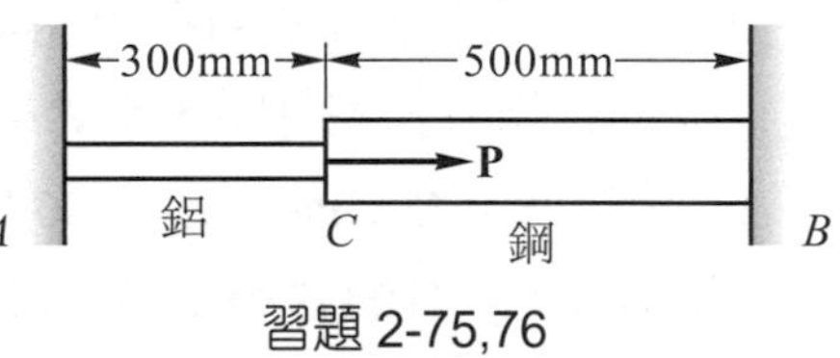

習題 2-75,76

2-77 圖中左右對稱之桁架，由四根桿件所組成並在 E 點承受負荷 P。外側 AE 及 DE 桿之橫斷面積爲 200 mm^2，內側 BE 及 CE 桿之橫斷面積爲 400 mm^2。設桿件均爲相同之彈塑材料，E = 200 GPa，σ_Y = 240 MPa。試求(a)降伏負荷 P_Y 及 E 點之降伏位移 δ_Y，(b)塑性負荷 P_P 及 E 點之塑性位移 δ_P。

【答】(a)P_Y = 186 kN，δ_Y = 2.25 mm，(b)P_P = 211 kN，δ_P = 4.00 mm

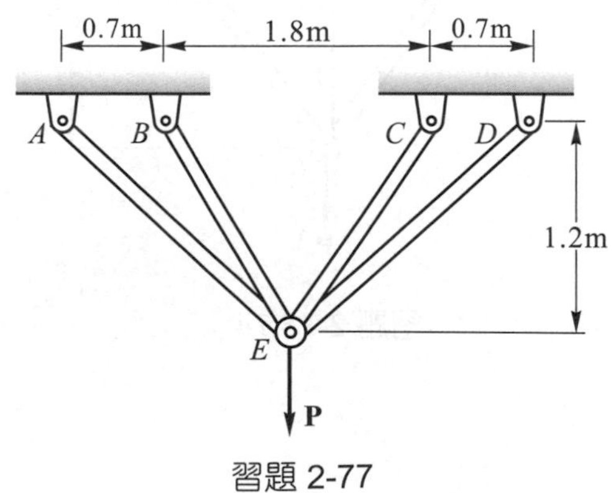

習題 2-77

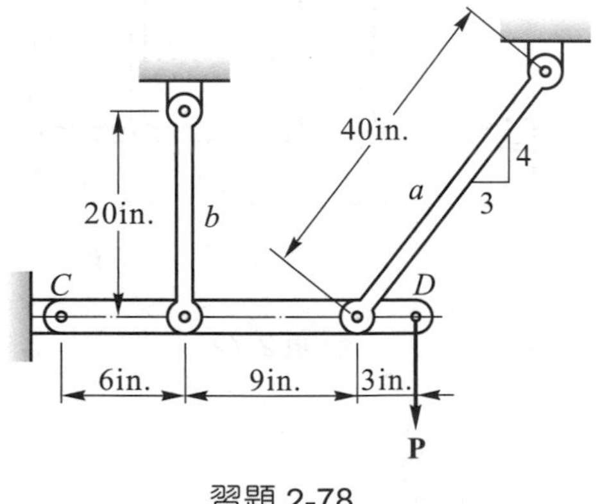

習題 2-78

2-78 圖中水平剛性桿 CD 以鉸支承及 a、b 兩根彈塑材料之桿件支撐 P =50 kips 之負荷，試求(a)a、b 兩桿內之應力，(b)D 點之垂直位移。設剛性桿之重量忽略不計。

a 桿：$E = 10500$ ksi，$\sigma_Y = 55$ ksi，$A = 1.5\ \text{in}^2$

b 桿：$E = 29000$ ksi，$\sigma_Y = 36$ ksi，$A = 1.5\ \text{in}^2$

【答】(a)$\sigma_a = 32.0$ ksi，$\sigma_b = 36.0$ ksi，(b)$\delta_D = 0.1829$ in

2-79 圖中稜柱桿之橫斷面積爲 A，在 60°F 時將兩端固定，此時桿內無應力。桿子以彈塑材料製造，$\sigma_Y = 36$ ksi，$E = 30\times10^6$ psi，$\alpha = 6.5\times10^{-6}$/°F，試求(a)溫度上升至 360°F 時桿內之應力，(b)溫度降回 60°F 桿內之殘留應力。

【答】(a)–36 ksi，(b)22.5 ksi

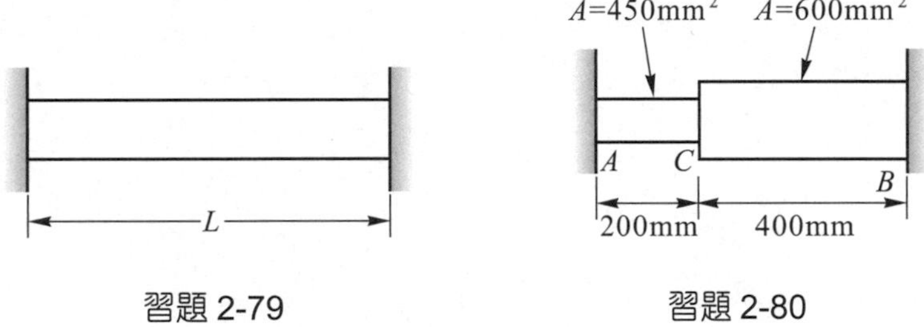

習題 2-79　　習題 2-80

2-80 圖中鋼桿是由兩段不同面積之部份所組成，在 20℃時將桿子兩端固定，此時桿內無應力。假設鋼爲彈塑材料，$\sigma_Y = 250$ MPa，$E = 200$ GPa，$\alpha = 11.7\times10^{-6}$/℃。今將溫度上升至 120℃，試求(a)$AC$ 部份之應力，(b)C 點之位移。

【答】(a)–250 MPa，(b)0.093mm(←)

CHAPTER

3

扭轉

3-1 緒論

前兩章是討論構件承受軸向負荷所生之應力與應變，本章將研究承受扭轉(torsion)負荷之構件。扭轉是指構件承受扭矩(torque or twisting moment)作用，而使構件繞其縱向中心軸旋轉，例如轉動螺絲起子，是手對螺絲起子之握把施加一扭矩，而使螺絲起子轉動。扭矩是一種力偶矩(couple moment)，其作用面爲桿件之橫斷面。圖 3-1 中所示爲圓形稜柱桿在兩端之橫斷面上承受大小相等方向相反的扭矩作用，此種負荷情形稱爲純扭(pure torsion)。扭矩可用圖 3-1 (a)中之旋轉箭矢表示，或用(b)圖中之力偶矩向量表示，有時爲了避免與力的向量發生混淆，常將扭矩用雙箭頭向量表示，如(c)圖所示。

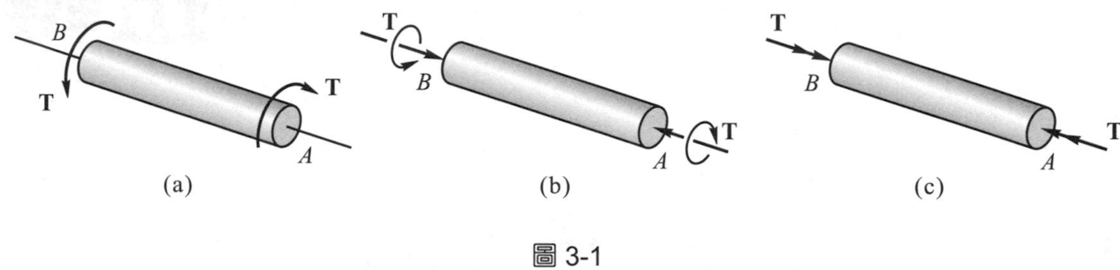

圖 3-1

工程上承受扭轉作用之桿件甚多，最常見之例子爲機械之傳動軸(transmission shaft)。軸的主要功用是將原動機之功率傳遞至負載機器，例如將馬達之功率傳遞至工具機、送風機或泵等機器，這些傳動軸可能爲實心軸亦可能爲空心軸。圖 3-2 中爲傳動軸 AB 將渦輪機 A 產生之功率傳遞至發電機，若渦輪機之角速度爲ω，則渦輪機對傳動軸所施加之扭矩 T 爲

$$T = \frac{P}{\omega} \tag{3-1}$$

其中 P 爲渦輪機產生之功率。傳動軸承受渦輪機所作用之扭矩後，將此扭矩作用於發電機上，而發電機上之負載亦必產生一反力矩 T''作用於 AB 軸上，並經 AB 軸傳遞至渦輪機上。當傳動軸以穩定之轉速旋轉時，T 與 T'之大小相等方向相反，由圖 3-2(b)中可瞭解傳動軸承受扭轉作用之情形。

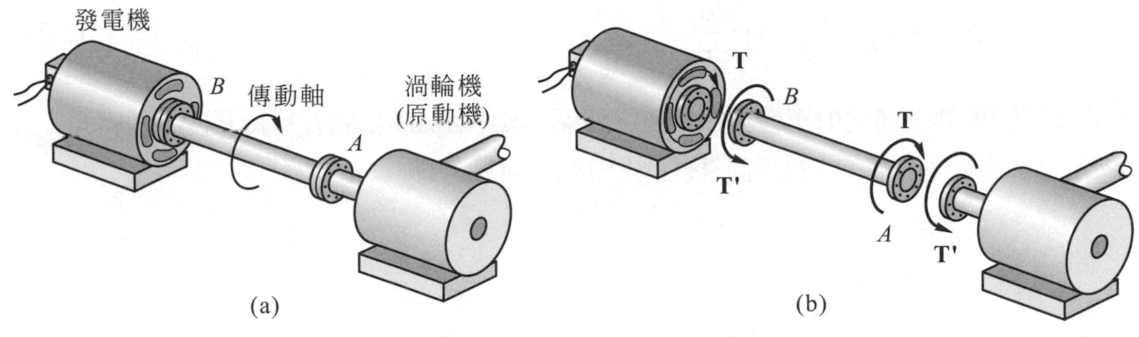

圖 3-2

3-2 圓桿的扭轉

在分析圓形稜柱桿承受純扭作用前，需先作下列之假設：

(1) 圓軸材料爲均質(homogeneous)。

(2) 圓軸承受扭矩後所生之應力在比例限內，亦即虎克定律可適用。

(3) 扭轉後圓軸之橫斷面仍保持爲平面。

(4) 扭矩之作用面與圓軸之縱向中心線垂直。

(5) 扭轉後圓軸橫斷面上之直徑仍保持爲直線。

上列各項假設可適用於大多數之工程材料，而且根據這些假設所導出之結果與實驗結果甚爲符合。此外若圓桿的一端相對於另一端的轉動角度爲甚小時，圓桿的長度及半徑都保持不變，此項條件對於大多數的工程材料都可以成立。

爲瞭解圓桿受純扭作用所生之變形情形，參考圖 3-3(a)中之圓桿，假設左端固定右端承受扭矩 T 作用，結果將使右端(相對於左端)產生一轉角ϕ，稱爲扭轉角(angle of twist)，由於此旋轉作用，使圓桿表面之縱向直線(實線)變成螺旋線(虛線)，且每個斷面之轉角與該斷面至固定端(左端)之距離 x 成正比。

考慮圓桿中相距 dx 之兩斷面，如圖 3-3(b)中所示之圓盤，因受扭轉作用而使右側斷面相對於左側斷面產生有 $d\phi$ 之扭轉角，今取(b)圖圓盤表面之元素將其放大如(c)圖中之 $abcd$，由於長度 dx 之扭轉角爲 $d\phi$，使 b 與 c 兩點移至 b'與 c'(且 $bb' = cc' = rd\phi$)，導致 ab 與 cd 兩平行線傾斜γ_{max}之角度至 ab'與 $c'd$，因此元素之形狀由 $abcd$ 變爲 $ab'c'd$，此種變形是純剪狀態所造成的，其剪應變爲

$$\gamma_{\max} = \frac{bb'}{ab} = \frac{rd\phi}{dx} = r\frac{d\phi}{dx} \tag{3-2}$$

上式表示圓桿外表面之剪應變與扭轉角之關係。其中 $d\phi/dx$ 爲圓桿單位長度之扭轉角，以 θ表示之。對於等向性之均質圓形稜柱桿，θ爲一常數，即

$$\theta = \frac{d\phi}{dx} = \frac{\phi}{L} \tag{3-3}$$

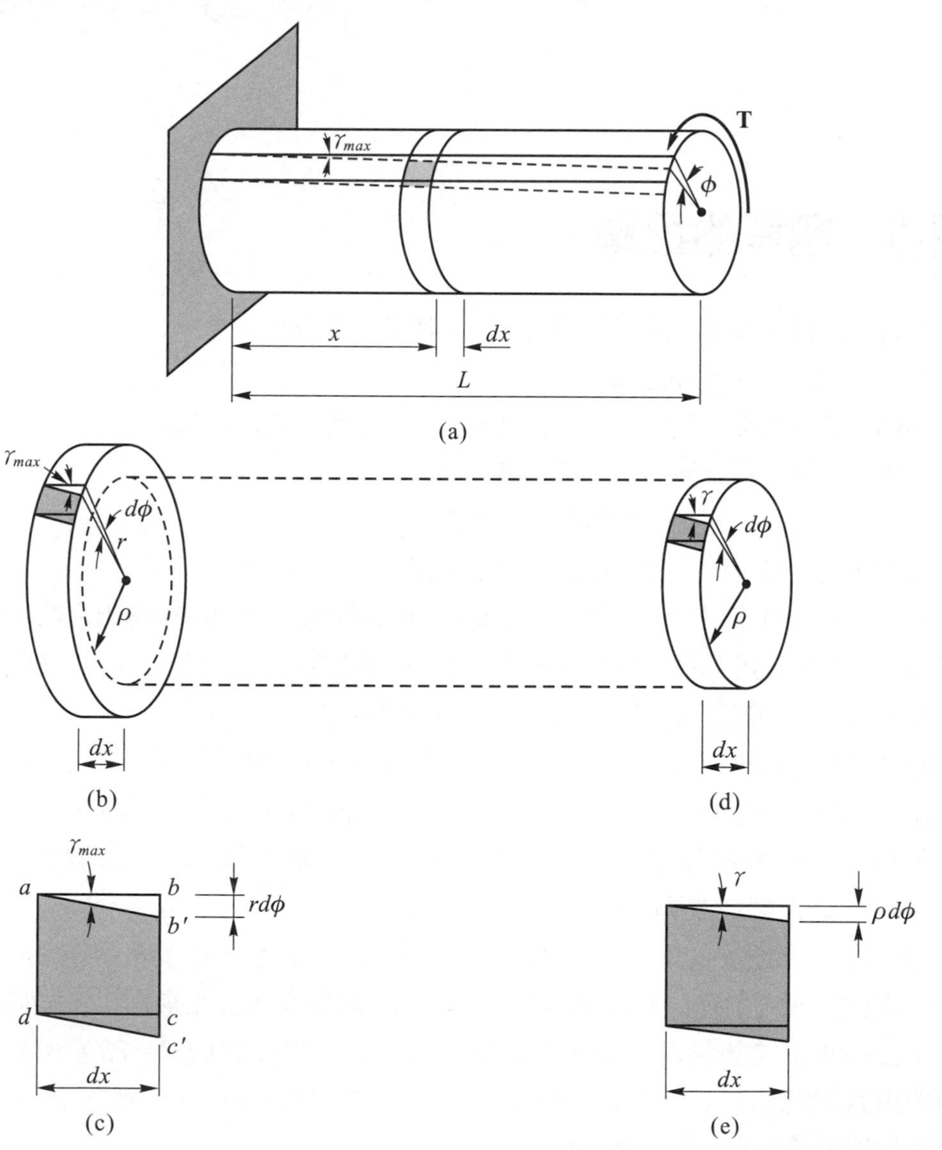

圖 3-3

因此公式(3-2)可寫爲

$$\gamma_{\max} = r\theta = r\frac{\phi}{L} \tag{3-4}$$

至於桿內半徑爲ρ 處之剪應變亦可用同樣之方法求得，在長度爲 dx 且半徑爲ρ的圓柱表面上考慮一元素，如(d)圖所示，將其放大至(e)圖中，可得其剪應變爲

$$\gamma = \frac{\rho d\phi}{dx} = \rho\theta = \rho\frac{\phi}{L} \tag{3-5}$$

公式(3-5)與(3-4)聯立可得

$$\gamma = \frac{\rho}{r}\gamma_{\max} \tag{3-6}$$

故圓桿內之剪應變與半徑ρ 成正比，即在中心處(圓心)剪應變爲零，而以直線變化至表面爲最大值。

上面有關圓桿承受純扭之剪應變公式，即公式(3-2)至(3-6)，可用於實心圓桿及空心圓桿。實心圓桿斷面之剪應變分佈，如圖 3-4 所示。至於空心圓桿，在內表面爲最小剪應變$\gamma_{\min}$，以直線變化至外表面爲最大剪應變$\gamma_{\max}$，參考圖 3-5 所示，且

$$\gamma_{\min} = r_1\frac{\phi}{L} \quad , \quad \gamma_{\max} = r_2\frac{\phi}{L} \tag{3-7 a,b}$$

其中 r_1 與 r_2 爲空心圓管之內半徑與外半徑。

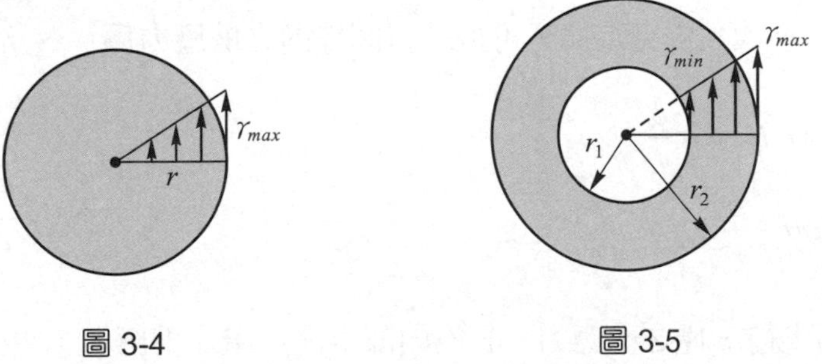

圖 3-4　　圖 3-5

注意，上述之剪應變公式是根據幾何關係導出，故可適用於彈性或非彈性材料以及線性或非線性材料，但只限於扭轉角甚小之圓形稜柱桿。

■扭轉剪應力

圖 3-3 中承受純扭的圓形稜柱桿，根據元素所生之剪應變，可得圓桿表面之應力元素所受之剪應力，參考圖 3-6(a)，將其放大如(b)圖所示，圖中僅繪出圓桿表面上之應力元素，其實應該是三維之正六面體，如(c)圖所示。

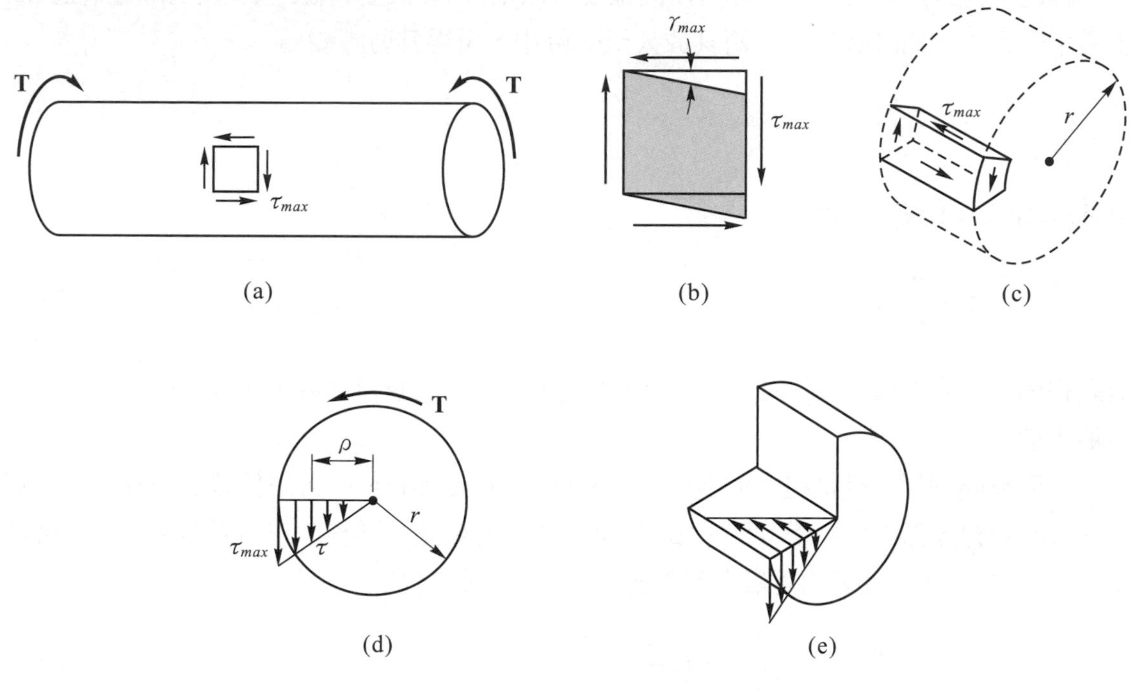

圖 3-6

對於線彈性材料，由虎克定律$\tau = G\gamma$，其中 G 爲剪彈性模數，將上述剪應變公式，即公式(3-4)至公式(3-6)代入虎克定律，可得純扭圓桿內之剪應力爲

$$\tau_{\max} = Gr\theta = Gr\frac{\phi}{L} \tag{3-8}$$

$$\tau = G\rho\theta = \frac{\rho}{r}\tau_{\max} \tag{3-9}$$

其中$\tau_{\max}$爲外表面半徑 r 處之剪應力，τ 爲內部半徑ρ 處之剪應力。由公式(3-9)可知橫斷面上之剪應力分佈與半徑ρ 成正比，如圖 3-6(d)所示。又剪應力必同時存在於互相垂直之兩平面上，故圓桿之縱斷面上亦受有剪應力，如圖 3-6(e)所示。對於紋理與縱軸平行之圓形木桿，由於縱向之抗剪強度較差，故扭轉後首先沿縱向產生裂痕。

公式(3-8)及(3-9)是根據圓桿之扭轉角ϕ 計算剪應力，下面將導出圓桿斷面之剪應力與其所受扭矩之關係。

圓桿斷面因承受扭矩而產生剪應力，故整個斷面之剪應力對圓心之力矩總和應等於該斷面所受之扭矩 T。參考圖 3-7 中承受扭矩 T 之橫斷面，今在半徑ρ處取一微小面積 dA，此微小面積上之剪力為 $dF = \tau\, dA$，其中τ為半徑ρ處之剪應力，則 dF 對圓心 O 之力矩為

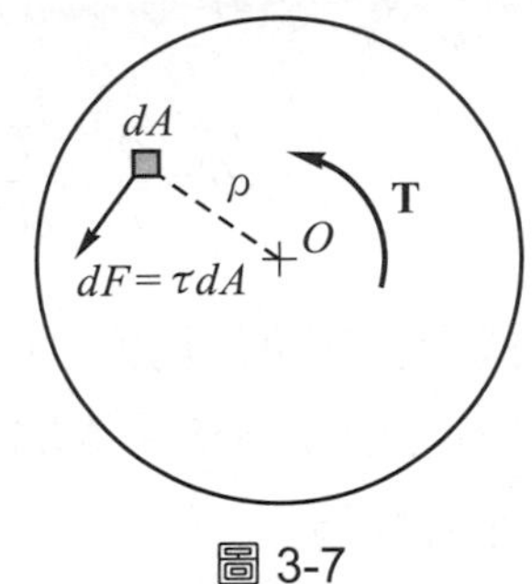

圖 3-7

$$dM = \rho\tau\, dA = \rho\left(\frac{\rho}{r}\tau_{\max}\right)dA = \frac{\tau_{\max}}{r}\rho^2 dA$$

扭矩 T 等於斷面所有微小面積之剪力對圓心之力矩和，即

$$T = \int_A dM = \frac{\tau_{\max}}{r}\int_A \rho^2 dA = \frac{\tau_{\max}}{r}J$$

其中 $J = \int_A \rho^2 dA$ ，為圓形斷面對其圓心之極慣性矩。將上式重新整理可得

$$\tau_{\max} = \frac{Tr}{J} \tag{3-10}$$

代入公式(3-9)可得任意半徑 ρ 處之剪應力為

$$\tau = \frac{T\rho}{J} \tag{3-11}$$

公式(3-11)稱為扭轉公式(torsion formula)，同樣可看出斷面上任一點之剪應力與該點至圓心之距離 ρ 成正比。但需注意公式(3-10)及(3-11)僅適用於線彈性材料之圓形稜柱桿承受純扭之情形。

公式(3-10)可改寫為

$$\tau_{\max} = \frac{T}{Z_P} \tag{3-12}$$

其中 $Z_P = J/r$ ，稱為極斷面模數(polar section modulus)。公式(3-12)顯示圓桿之最大剪應力與扭矩 T 成正比，而與極斷面模數 Z_P 成反比。

■扭轉角

將公式(3-9)及(3-11)合併，可得線彈性材料之圓形稜柱桿承受純扭時兩端之相對扭轉角ϕ 爲

$$\theta=\frac{\phi}{L}=\frac{T}{GJ} \quad , \quad 或\ \phi=\frac{TL}{GJ} \tag{3-13}$$

式中ϕ 之單位爲弳度(rad)。公式(3-13)中顯示扭轉角與扭矩 T 及長度 L 成正比，而與 GJ 成反比，GJ 稱爲扭轉剛度(torsion rigidity)，用以表示圓桿對扭轉變形的抵抗能力。公式(3-13)亦可寫爲

$$\phi=\frac{T}{k}=fT \tag{3-14}$$

$$k=\frac{GJ}{L} \tag{3-15}$$

$$f=\frac{L}{GJ} \tag{3-16}$$

其中 k 稱爲扭轉勁度(torsional stiffness)，表示產生單位扭轉角所需之扭矩。而 f 稱爲扭轉柔度(torsional flexibility)，表示單位扭矩所生之扭轉角。扭轉之勁度及柔度與軸力之勁度($k=EA/L$)及柔度($f=L/EA$)很類似，在分析扭轉構件之變形及靜不定問題時甚爲重要。

■實心與空心圓形斷面

上面所導出之剪應力及扭轉角公式均可適用於實心或空心圓形斷面，差別僅在於兩者之極慣性矩與極斷面模數不同。對於實心圓形斷面之極慣性矩，參考圖 3-8，取環形微小面積 $dA=2\pi\rho d\rho$，則極慣性矩 J 爲

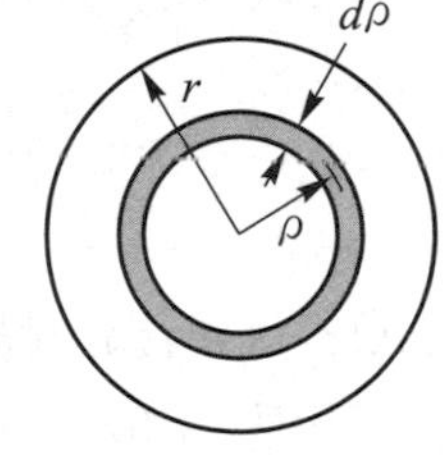

圖 3-8

$$J=\int_A \rho^2 dA=\int_0^r \rho^2\left(2\pi\rho d\rho\right)=2\pi\int_0^r \rho^3 d\rho$$

得

$$J=\frac{\pi r^4}{2}=\frac{\pi d^4}{32} \tag{3-17}$$

則極斷面模數爲

$$Z_P=\frac{J}{r}=\frac{\pi r^3}{2}=\frac{\pi d^3}{16} \tag{3-18}$$

因此實心圓形斷面承受扭矩之最大剪應力可寫為

$$\tau_{\max} = \frac{2T}{\pi r^3} = \frac{16T}{\pi d^3} \tag{3-19}$$

至於空心圓形斷面，設內半徑為 r_1 外半徑為 r_2，參考圖 3-9 所示，其極慣性矩可用外圓(半徑為 r_2)之極慣性矩 J_2 減去內圓(半徑為 r_1)之極慣性矩 J_1，即

$$J = J_2 - J_1 = \frac{\pi}{2}\left(r_2^4 - r_1^4\right) = \frac{\pi}{32}\left(d_2^4 - d_1^4\right) \tag{3-20}$$

若令內外半徑之比為α，即$\alpha = r_1/r_2 = d_1/d_2$，則

$$J = \frac{\pi r_2^4}{2}(1-\alpha^4) = \frac{\pi d_2^4}{32}(1-\alpha^4) \tag{3-21}$$

極斷面模數為

$$Z_P = \frac{J}{r_2} = \frac{\pi\left(r_2^4 - r_1^4\right)}{2r_2} = \frac{\pi r_2^3}{2}(1-\alpha^4) = \frac{\pi d_2^3}{16}(1-\alpha^4) \tag{3-22}$$

因此空心圓形斷面承受扭矩之最大剪應力為

$$\tau_{\max} = \frac{2T}{\pi r_2^3\left(1-\alpha^4\right)} = \frac{16T}{\pi d_2^3\left(1-\alpha^4\right)} \tag{3-23}$$

圖 3-9 中顯示空心圓形斷面之剪應力分佈。圖中顯示大部份材料都承受較大之剪應力，不像實心圓桿在靠近圓心附近之材料承受較小之剪應力，故對於抵抗扭矩空心斷面比實心斷面有效，因此若考慮到減輕重量及節省材料，應使用空心圓桿，特別是大尺寸之傳動軸，如船舶螺旋槳之主軸以及發電機之主軸都是使用空心軸。

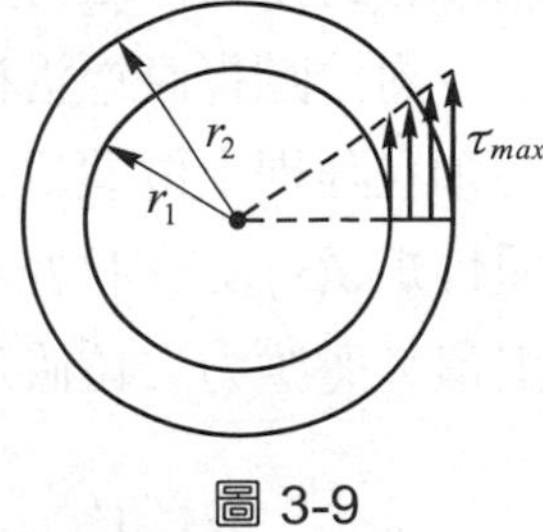

圖 3-9

■非均勻扭轉

前面所分析之剪應力及扭轉角只適用於承受純扭之圓桿，純扭是指兩端承受等大反向扭矩之稜柱桿，此種情況桿內各斷面承受相同的扭矩。至於非均勻扭轉(nonuniform forsion)，是指圓桿不一定爲稜柱桿，且外加扭矩可能在桿上任何斷面。分析此類圓桿之扭轉角，可將其分爲數段純扭之圓桿再相加，或取微小長度(可視爲純扭)然後再積分即可。

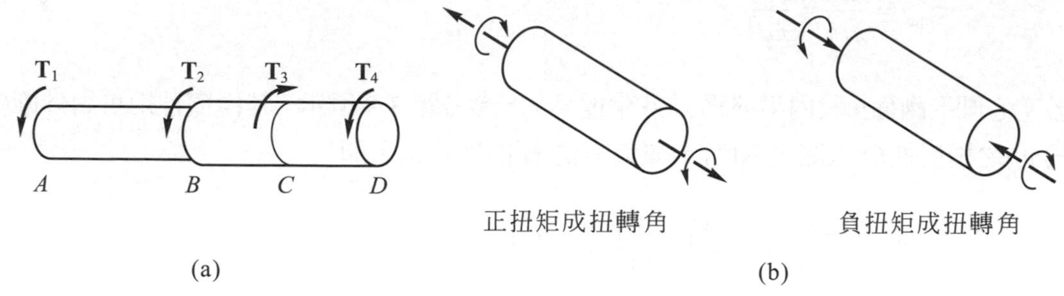

圖 3-10

參考圖 3-10(a)中所示之圓桿，可將其分爲 AB、BC 及 CD 三段承受純扭之稜柱桿，各段承受有一定的扭矩，由各段之直徑即可求出各段之最大剪應力。至於圓桿兩端之相對扭轉角，必須先確定各段之扭矩方向方能正確的合成。扭矩有兩個互爲相反的方向，必須以正負值區別，參考圖 3-10(b)所示，通常定義與斷面垂直指向外之扭矩向量爲正方向，而與斷面垂直指向內之扭矩向量爲負方向。因此圓桿兩端之相對扭轉角爲各段所生扭轉角之和，即

$$\phi = \sum_{i=1}^{n} \phi_i = \sum_{i=1}^{n} \frac{T_i L_i}{G_i J_i} \tag{3-24}$$

式中正扭矩所生之扭轉角爲正，負扭矩所生之扭轉角爲負，相加結果之正負值即可判斷出兩端相對扭轉角之方向，參考例題 3-2 之說明。

對於圓桿直徑沿桿軸連續變化或圓桿上承受有分佈扭矩之情形，如圖 3-11 所示，則必須在圓桿上位置爲 x 處取一段微小長度 dx(可視爲承受純扭之稜柱桿)，由該 x 位置之極慣性矩 $J(x)$及扭矩 $T(x)$，利用扭轉公式可決定圓桿表面上之剪應力如何沿桿軸變化，並找出最大剪應力之位置及最大剪應力之值。至於圓桿兩端之相對扭轉角可由積分求得，即

$$\phi = \int_0^L d\phi = \int_0^L \frac{T(x)\,dx}{GJ(x)} \tag{3-25}$$

圓桿上之分佈扭矩 $t(x)$爲沿桿軸每單位長度之扭矩，對於承受有分佈扭矩之圓桿，斷面之扭矩沿桿軸連續變化，通常可藉助自由體圖及平衡方程式求得，參考圖 3-11(b)所示。

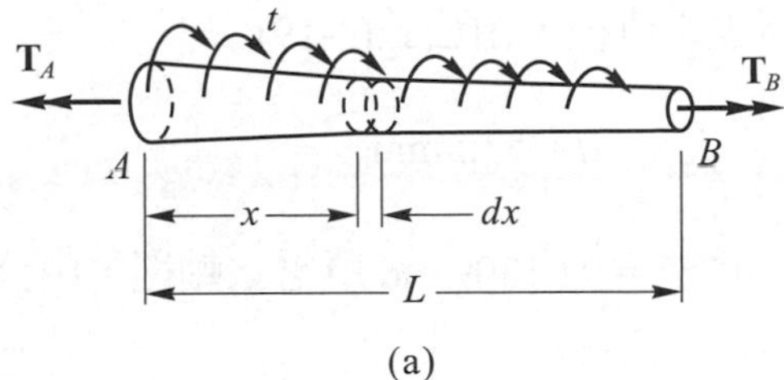

(a)

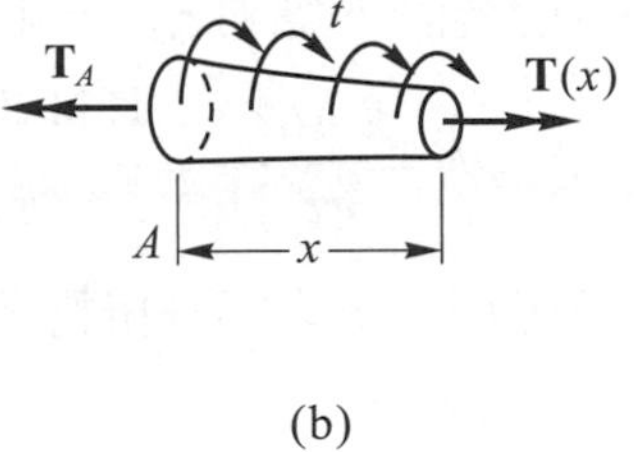

(b)

圖 3-11

■傳動軸之功率

圓軸最重要的應用是將功率由原動機(如馬達、引擎或渦輪機等)傳遞至負載機器(如車床、車輪或發電機等)，當軸以等角速轉動時其所傳遞之扭矩由公式(3-1)爲

$$T=\frac{P}{\omega}，\quad 或\ P=T\omega \tag{3-1}$$

其中 P 爲軸之傳動功率，ω爲軸轉動之角速度，且$\omega=2\pi n/60=2\pi f$，ω單位爲 rad/s，n 爲每分鐘轉數(rpm)，又稱爲轉速，而 f 爲每秒轉數(赫，Hz)，又稱爲頻率。

在 SI 單位中，扭矩之單位爲 N-m，因此功率之單位爲 N-m/s 或 J/s，此單位稱爲瓦特，以 W 表示，但此單位較小，通常以仟瓦(kW)表示，且 1kW=1000W，故傳動功率 P 爲

$$P(\text{kW})=\frac{T\omega}{1000}=\frac{2\pi nT}{1000\times 60}=\frac{2\pi fT}{1000} \tag{3-26}$$

在英制重力單位中，扭矩之單位爲 lb-ft，因此功率之單位爲 ft-lb/s，在英制重力單位中功率常用之單位爲馬力(hp)，且 1hp = 550 ft-lb/s，故

$$P(\text{hp})=\frac{T\omega}{550}=\frac{2\pi nT}{550\times 60}=\frac{2\pi fT}{550} \tag{3-27}$$

經由換算可得 1 hp =746W。

例題 3-1

一鋼軸(剪彈性模數 G = 78GPa)欲傳遞 1200 N-m 之扭矩，已知鋼軸之容許剪應力為 40MPa，每公尺之容許扭轉角為 0.75°。(a)若使用實心軸，試求所需之直徑，(b)若使用空心軸，內徑與外徑之比為 0.8，試求所需之外徑，(c)試求空心軸與實心軸之重量比(長度相同)。

【解】(a) 考慮容許剪應力 $\tau_{\text{allow}} = 40\text{MPa}$ 所需之直徑，由公式(3-19)

$$d^3 = \frac{16T}{\pi\tau_{allow}} = \frac{16\left(1200\times10^3\right)}{\pi\times40} \quad , \quad d = 53.5\text{mm}$$

考慮每公尺之容許扭轉角 $\phi_{\text{allow}} = 0.75° = 0.01309$ rad 所需之軸徑，由公式(3-13)及(3-17)

$$J = \frac{TL}{G\phi_{allow}} \quad , \quad \frac{\pi}{32}d^4 = \frac{(1200)(1000)}{(78)(0.01309)} \quad , \quad d = 58.8\text{ mm}◀$$

式中扭矩 T 之單位為 kN-mm(N-m)，剪彈性模數 G 之單位為 kN/mm^2(GPa)。故實心軸所需之軸徑為 58.8mm(取較大者)，且所需之尺寸是決定於扭轉角之限制，在設計實務中則選擇稍微大於計算值且為整數之直徑，例如可取軸徑為 60mm。

(b) 空心鋼軸考慮容許剪應力所需之外徑，由公式(3-23)

$$d_2^3 = \frac{16T}{\pi\tau_{allow}\left(1-\alpha^4\right)} = \frac{16\left(1200\times10^3\right)}{\pi(40)\left(1-0.8^4\right)} \quad , \quad d_2 = 63.7\text{ mm}$$

考慮每公尺容許扭轉角所需之外徑，由公式(3-13)及(3-21)

$$\frac{\pi d_2^4}{32}\left(1-0.8^4\right) = \frac{(1200)(1000)}{(78)(0.01309)} \quad , \quad d_2 = 67.1\text{ mm}◀$$

故空心鋼軸所需之外徑為 67.1mm(取較大者)，內徑為 $d_1 = 0.8d_2 = 53.7\text{mm}$，同樣所需之尺寸是決定於扭轉角的限制。在設計實務中可選擇 $d_2 = 70\text{mm}$，$d_1 = 0.8d_2 = 56\text{mm}$。

(c) 軸的重量 $W = \gamma AL$，其中 γ 為鋼的比重量，當長度相同時重量與面積成正比，設 H 表空心，S 表實心，則

$$\frac{W_H}{W_S} = \frac{A_H}{A_S} = \frac{\pi\left(d_2^2 - d_1^2\right)/4}{\pi d^2/4} = \frac{d_2^2 - d_1^2}{d^2} = \frac{67.1^2 - 53.7^2}{58.8^2} = 0.47◀$$

即空心軸所需重量只有實心軸之 47%，故使用空心軸比較符合經濟效益。

例題 3-2

一鋼軸直徑為 50mm，軸上四個齒輪承受如圖所示之扭矩，試求 D 端相對於 A 端之扭轉角。$G = 83$ GPa

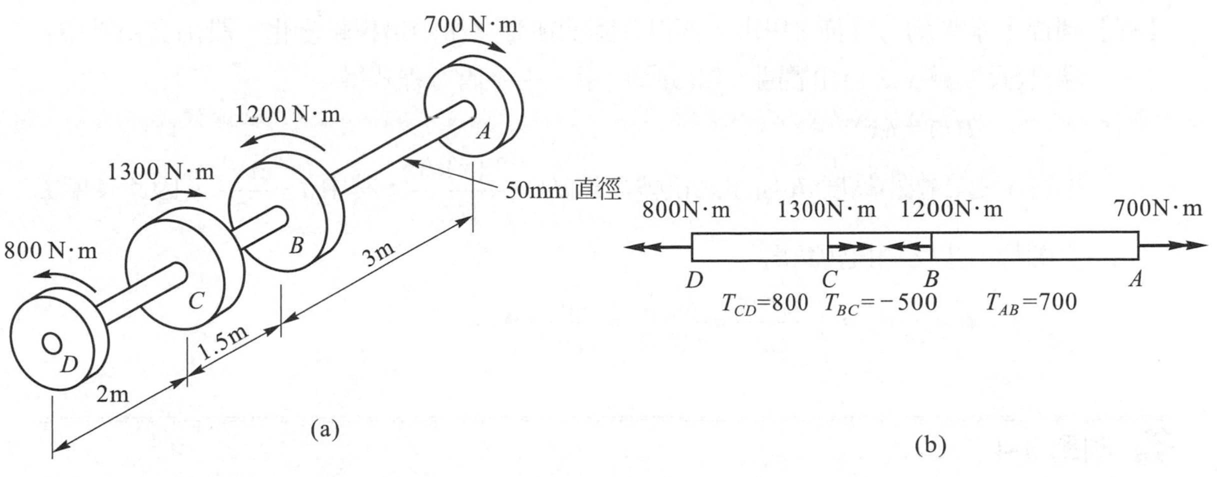

【解】將鋼軸所受扭矩以向量表示，如(b)圖所示，由平衡方程式可得各段之扭矩爲

$T_{CD} = 800$ N-m ，$T_{BC} = -500$ N-m ，$T_{AB} = 700$ N-m

其中 BC 段所受扭矩方向與 AB 段及 CD 段相反，由 D 端視之，AB 及 CD 段扭矩爲逆時針方向(正扭矩)，而 BC 段爲順時針方向(負扭矩)，參考圖 3-10 之定義。

軸 D 端相對於 A 端之扭轉角，由公式(3-24)

$$\phi_{D/A} = \phi_{D/C} + \phi_{C/B} + \phi_{B/A} = \frac{T_{CD}L_{CD} + T_{BC}L_{BC} + T_{AB}L_{AB}}{GJ}$$

$$= \frac{(800)(2000) + (-500)(1500) + (700)(3000)}{(83)(\pi \times 50^4 / 32)}$$

$= 0.0579\text{rad} = 3.32°$ (由 D 端視之爲逆時針方向) ◀

例題 3-3

圖中長度為 L 半徑為 r 之圓桿，在 A 端固定，桿上承受均勻分佈之扭矩，其單位長度之扭矩為 t_0，試求自由端(B 端)之扭轉角。設剪彈性模數為 G。

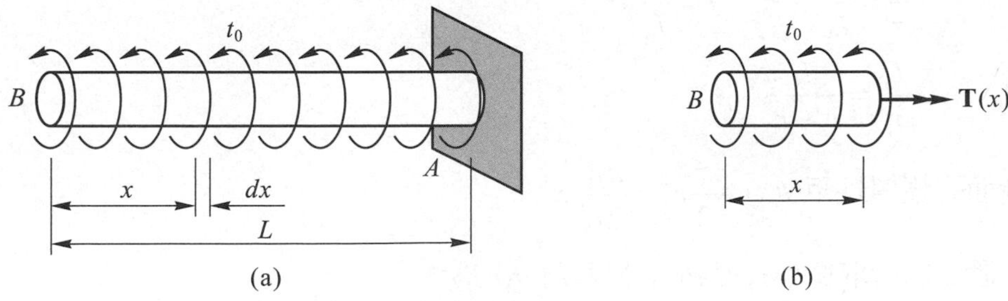

【解】圓桿上承受均勻分佈之扭矩，使得各斷面所受之扭矩沿桿軸變化，設由自由端(B端)取長度爲 x 之自由體圖，如(b)圖所示，由平衡方程式得

$$T(x) = t_0 x$$

則在 x 處之微小長度 dx 所生之扭轉角爲 $d\phi = \dfrac{T(x)dx}{GJ}$，其中 $J = \dfrac{\pi r^4}{2}$。因此長度 L 之圓桿所生之總扭轉角爲

$$\phi = \int_0^L d\phi = \int_0^L \frac{t_0 x dx}{GJ} = \frac{t_0}{GJ}\frac{L^2}{2} = \frac{t_0 L^2}{G\pi r^4} \blacktriangleleft$$

例題 3-4

圖中圓錐桿之長度為 L，兩端半徑為 r_1 及 r_2，今在兩端承受大小相等方向相反的扭矩，試求桿子之扭轉角。剪彈性模數為 G。

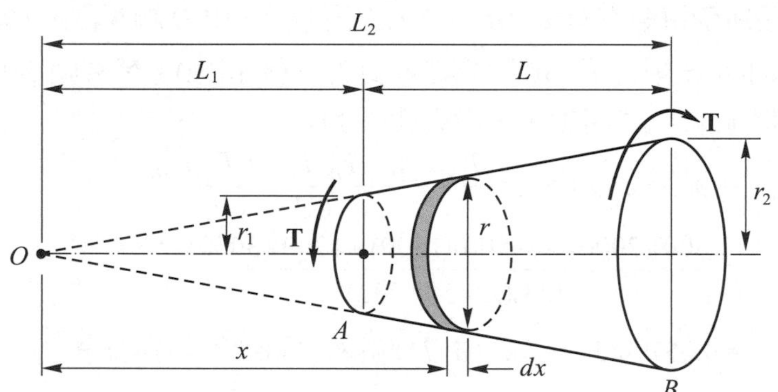

【解】表示圓桿斷面位置之坐標 x，爲方便積分運算，將其原點 O 定在圓錐表面延長面之交點 O，如圖所示，並設 O 點至 A 端(半徑 r_1)之距離爲 L_1，至 B 端(半徑 r_2)之距離爲 L_2。圓錐桿上距 O 點爲 x 處斷面之半徑 r 爲

$$\frac{r}{x} = \frac{r_1}{L_1} \quad , \quad r = \frac{r_1}{L_1}x$$

且 $$\frac{L_1}{r_1} = \frac{L}{r_2 - r_1}$$

斷面之極慣性矩 $J(x) = \dfrac{\pi}{2}r^4 = \dfrac{\pi r_1^4}{2L_1^4}x^4$

位置 x 處所取微小長度 dx 之扭轉角 $d\phi$ 爲

$$d\phi = \frac{Tdx}{GJ(x)} = \frac{2TL_1^4}{G\pi r_1^4}\frac{dx}{x^4}$$

因此圓錐桿之總扭轉角為

$$\varphi = \int_{L_1}^{L_2} d\varphi = \int_{L_1}^{L_2} \frac{2TL_1^4}{G\pi r_1^4}\frac{dx}{x^4} = \frac{2TL_1^4}{3G\pi r_1^4}\left(\frac{1}{L_1^3} - \frac{1}{L_2^3}\right) = \frac{2TL_1^4}{3G\pi r_1^4}\frac{L_2^3 - L_1^3}{L_1^3 L_2^3}$$

$$= \frac{2TL_1}{3G\pi r_1^4}\left[1 - \left(\frac{L_1}{L_2}\right)^3\right] = \frac{2TL_1}{3G\pi r_1^4}\left[1 - \left(\frac{r_1}{r_2}\right)^3\right] = \frac{2TL_1}{3G\pi r_1^4}\frac{r_2^3 - r_1^3}{r_2^3}$$

$$= \frac{2TL_1}{3G\pi r_1}\left(\frac{1}{r_1^3} - \frac{1}{r_2^3}\right) = \frac{2TL}{3G\pi(r_2 - r_1)}\left(\frac{1}{r_1^3} - \frac{1}{r_2^3}\right) ◀$$

例題 3-5

圖中兩鋼軸以齒輪互相連結，今在 AB 軸之 A 端施加扭矩 T_0 = 53.3 N-m，試求(a)CD 軸之最大剪應力，(b)A 端轉動之角度。設 G = 80 GPa。

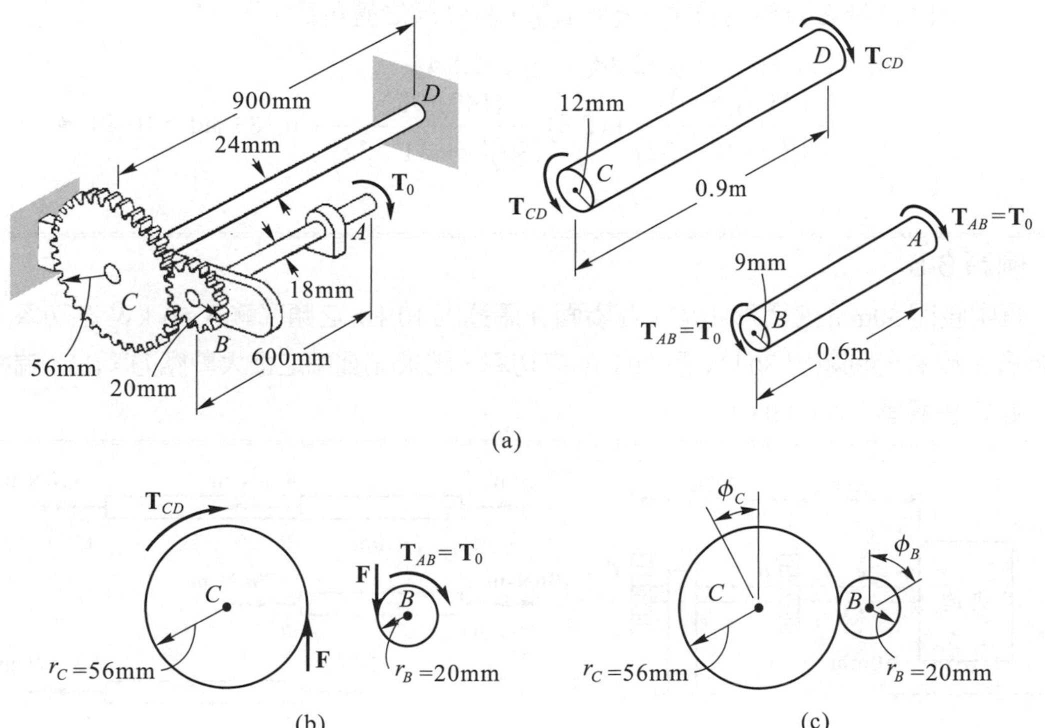

【解】設兩嚙合齒輪間之切線力為 F，參考(b)圖所示，由平衡方程式

$$\sum M_B = 0 \quad , \quad T_{AB} = T_0 = Fr_B \tag{1}$$

$$\sum M_C = 0 \quad , \quad T_{CD} = Fr_C \tag{2}$$

由(1)(2)兩式可得 $T_{CD} = \dfrac{r_C}{r_B}T_0 = \dfrac{56}{20}T_0 = 2.8\ T_0$ (3)

因此 AB 及 CD 兩軸之扭矩為

$$T_{AB} = T_0 = 53.3\text{ N-m} \quad , \quad T_{CD} = 2.8(53.3) = 149\text{ N-m}$$

(a) CD 軸之最大剪應力為

$$\tau_{\max} = \frac{16T_{CD}}{\pi d^3} = \frac{16\left(149\times 10^3\right)}{\pi\left(24\right)^3} = 54.9\text{ MPa} ◀$$

(b) 由於兩嚙合齒輪之作用弧長相同，即 $r_B\phi_B = r_C\phi_C$，其中 ϕ_B、ϕ_C 為齒輪 B、C 之作用角(即轉動角度)

$$\phi_B = \frac{r_C}{r_B}\phi_C = \frac{56}{20}\phi_C = 2.8\phi_C$$

因 CD 軸之 D 端為固定，$\phi_C = \phi_{C/D}$，故 A 端之轉角為

$$\phi_A = \phi_{A/B} + \phi_B = \phi_{A/B} + 2.8\phi_C = \phi_{A/B} + 2.8\phi_{C/D}$$

$$= \frac{(53.3)(600)}{(80)\left(\pi\times 18^4/32\right)} + (2.8)\frac{(149)(900)}{(80)\left(\pi\times 24^4/32\right)} = 0.183\text{ rad} = 10.48° ◀$$

例題 3-6

圖中直徑 50mm 之鋼軸 ABC，在斷面 A 馬達以 10 Hz 之頻率輸入 50 kW 之功率，而在齒輪 B 及 C 分別輸出 30 kW 及 20 kW 之功率，試求(a)鋼軸之最大剪應力，(b)A 端相對於 C 端之扭轉角。G = 80 GPa。

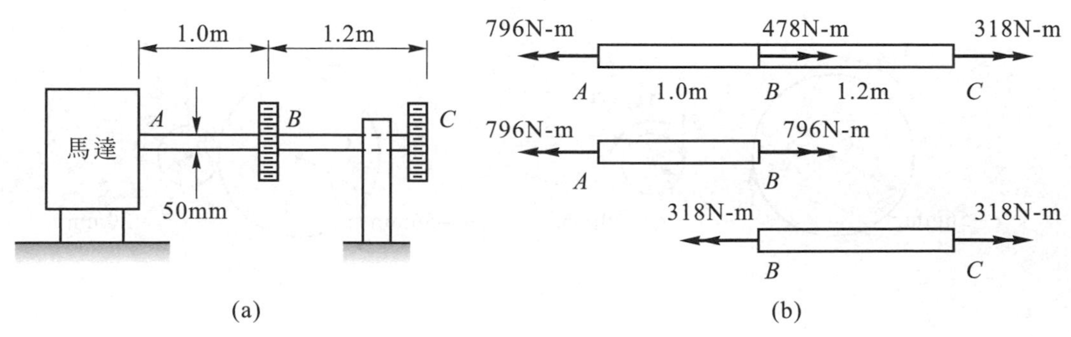

【解】馬達以 10 Hz 之頻率在鋼軸 A 端輸入 50 kW 之功率，則鋼軸在 A 端之扭矩 T_A，由公式(3-26)

$$T_A=\frac{1000P}{2\pi f}=\frac{1000(50)}{2\pi(10)}=796\text{ N-m}$$

同理，鋼軸在斷面 B 及 C 端之扭矩爲

$$T_B=\frac{1000(30)}{2\pi(10)}=478\text{ N-m}\quad,\quad T_C=\frac{1000(20)}{2\pi(10)}=318\text{ N-m}$$

鋼軸承受扭矩之自由體圖如(b)圖所示，其中斷面 B、C 所受扭矩之方向與斷面 A 所受扭矩之方向相反，即 T_A 與鋼軸之轉動方向相同，而 T_B、T_C 與鋼軸之轉動方向相反。

由平衡方程式可得 AB 段及 BC 兩段之扭矩分別爲

$$T_{AB}=796\text{ N-m}\quad,\quad T_{BC}=318\text{ N-m}$$

(a) 鋼軸之最大剪應力在 AB 段(扭矩較大)

$$\tau_{\max}=\frac{16T_{AB}}{\pi d^3}=\frac{16\left(796\times10^3\right)}{\pi(50)^3}=32.4\text{ MPa}◂$$

(b) A 端相對於 C 端之扭轉角，由於 AB 及 BC 兩段軸之扭矩方向相同(均爲正方向)，故總扭轉角爲兩段相加，即

$$\phi_{A/C}=\phi_{A/B}+\phi_{B/C}=\frac{T_{AB}L_{AB}}{GJ}+\frac{T_{BC}L_{BC}}{GJ}$$

$$=\frac{(796)(1000)+(318)(1200)}{(80)\left(\pi\times50^4/32\right)}=0.0240\text{ (rad)}◂$$

注意，上式中扭矩 T 之單位爲 kN-mm(N-m)，剪彈性模數 G 之單位爲 kN/mm^2(GPa)。

3-3 純剪之應力分析

圓桿承受扭轉時，不論是實心或空心，在橫斷面及縱斷面上同時受有剪應力，今在兩橫斷面及兩縱斷面間切取圓桿表面之應力元素，如圖 3-12 所示，爲一純剪之應力狀態。剪應力之方向決定於所施加扭矩之方向，由圓桿右側觀察，扭矩爲順時針方向，故 bc 面上之剪應力對圓桿中心軸亦應爲朝順時針方向，此方向對所考慮之應力元素爲逆時針方向，定爲正方向。至於 ab 面上之剪應力大小與 bc 面上相同，但方向對應力元素應爲順時

針方向，此方向定為負方向。同樣的應力狀態亦存在於桿內半徑為$\rho(\rho< r)$處之應力元素，只是剪應力較表面為小。

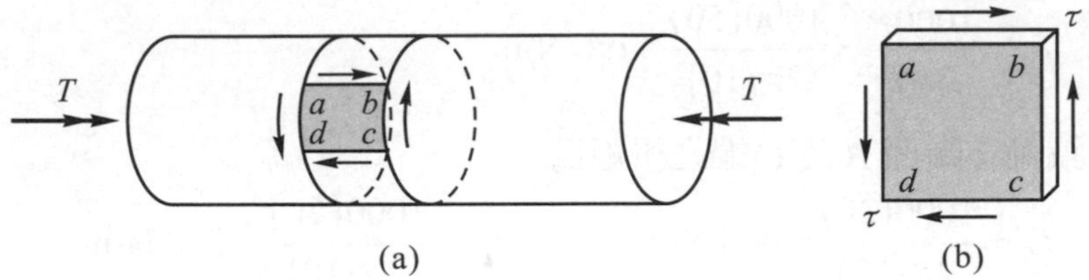

圖 3-12

以下將討論圖 3-12(b)中之純剪應力狀態在θ角傾斜面(與橫斷面之夾角)上之應力情形。參考圖 3-13(a)所示，pq 傾斜面與 bc 面(x 平面或橫斷面)之夾角為θ，或 pq 面之法線與 x 軸之夾角為θ，圖中僅繪出 xy 平面，因 z 面上無應力故省略沒有繪出。今切取 pq 面左下半部之自由體圖，如圖 3-13(b)所示，設 pq 面上之正交應力為σ_θ 剪應力為τ_θ，兩者均設為朝正方向(σ_θ定拉應力為正壓應力為負，τ_θ定逆時針方向為正順時針方向為負)，由此自由體圖之平衡方程式即可求得σ_θ與τ_θ。

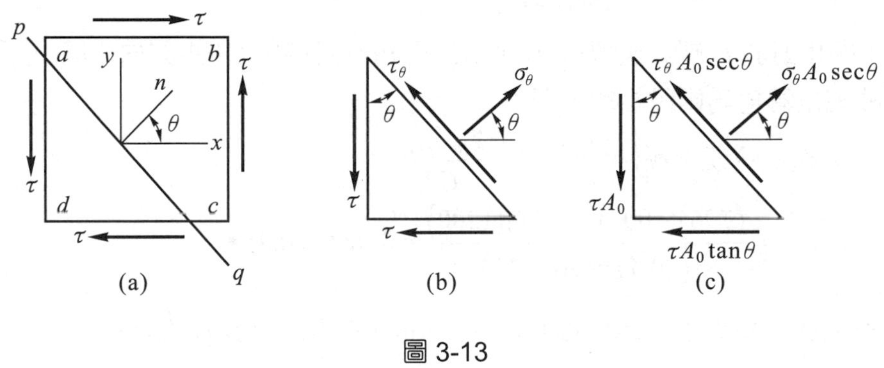

圖 3-13

設圖 3-13(b)中左側面之面積為 A_0，則底面之面積為 $A_0\tan\theta$，斜面之面積為 $A_0\sec\theta$，將各面之應力與面積相乘可得各面之受力，如圖 3-13(c)所示。由σ_θ方向之平衡方程式可得

$$\sigma_\theta A_0\sec\theta = \tau A_0\sin\theta + \tau A_0\tan\theta\cos\theta$$

整理後可得

$$\sigma_\theta = 2\tau\sin\theta\cos\theta \qquad (3\text{-}28a)$$

由三角公式 $2\sin\theta\cos\theta=\sin 2\theta$，上式可改寫為

$$\sigma_\theta=\tau\sin 2\theta \qquad (3\text{-}28b)$$

再由 τ_θ 方向之平衡方程式

$$\tau_\theta A_0\sec\theta=\tau A_0\cos\theta-\tau A_0\tan\theta\sin\theta$$

整理後可得

$$\tau_\theta=\tau(\cos^2\theta-\sin^2\theta) \qquad (3\text{-}29a)$$

由三角公式 $\cos^2\theta-\sin^2\theta=\cos 2\theta$，上式可改寫為

$$\tau_\theta=\tau\cos 2\theta \qquad (3\text{-}29b)$$

圖 3-14 顯示 σ_θ 與 τ_θ 隨 θ 角變化的情形，圖中顯示，當 $\theta=0°$ 時，$\sigma_\theta=0$，$\tau_\theta=\tau$ (逆時針方向)，即圖 3-13(a)中 *bc* 面之應力。而 $\theta=90°$ 時，$\sigma_\theta=0$，$\tau_\theta=-\tau$(順時針方向)，即為 *ab* 面之應力。當 $\theta=45°$ 時，σ_θ 為最大值(最大拉應力)，且 $\sigma_\theta=\sigma_{max}=\tau$，而 $\tau_\theta=0$。又 $\theta=-45°$ 時，σ_θ 為最小值(最大壓應力)，且 $\sigma_\theta=\sigma_{min}=-\tau$，而 $\tau_\theta=0$。因此，可得 $\theta=45°$ 方位之應力狀態如圖 3-15(b)所示，在此方位互相垂直的兩平面上拉應力及壓應力相等，且均無剪應力。

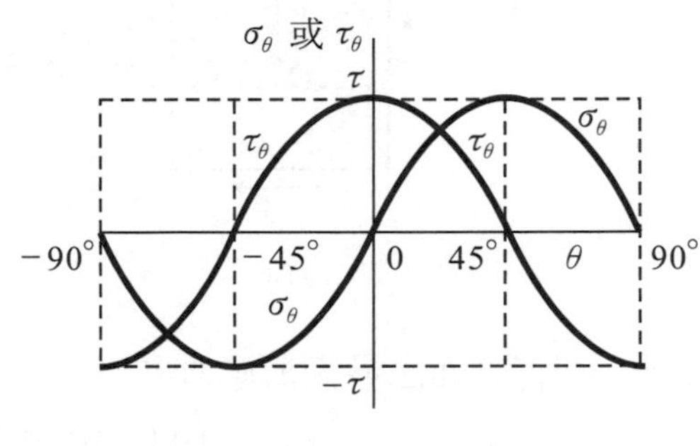

圖 3-14

脆性材料的損壞主要是由於拉應力，故粉筆承受純扭時將沿 45°螺旋面破裂，參考圖 3-16 所示。

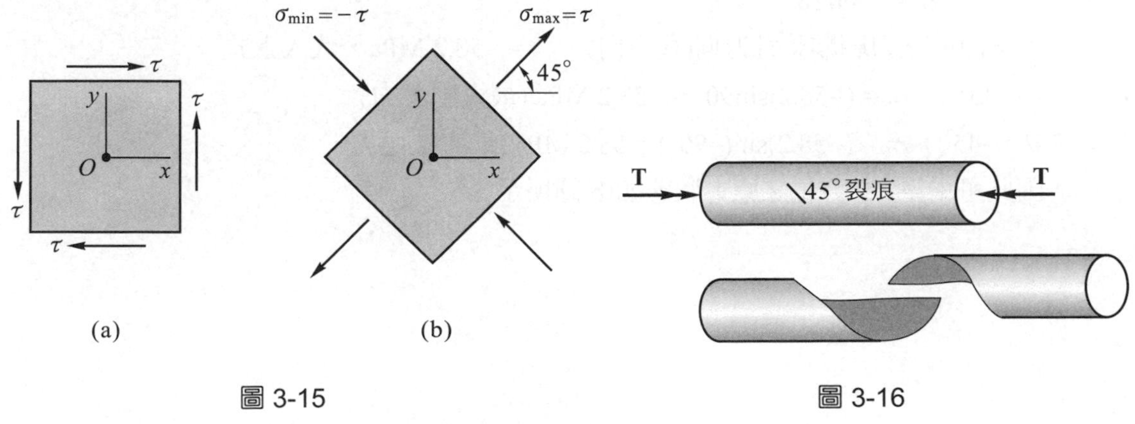

圖 3-15　　圖 3-16

例題 3-7

圓管外徑為 80mm，內徑為 60mm，承受扭矩 T = 4.0 kN-m，如圖所示，試求管內之最大拉應力及最大壓應力，並繪出其對應之應力狀態圖。

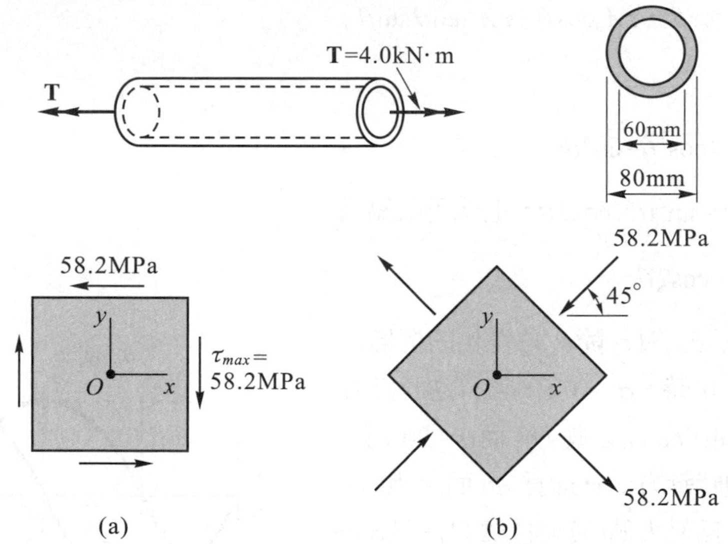

(a)　　(b)

【解】圓管表面之最大剪應力

$$\tau_{\max} = \frac{Tr_2}{J} = \frac{\left(4.0\times10^6\right)(40)}{\pi\left(80^4-60^4\right)/32} = 58.2\ \text{MPa}$$

根據扭矩方向可得圓管表面純剪之應力狀態，如(a)圖所示。

由於最大拉應力及最大壓應力發生在 45°方位，由公式(3-28)

$$\sigma_\theta = \tau\sin2\theta$$

因 x 面剪應力朝順時針方向(負方向)， $\tau = -58.2$ MPa，代入上式

$\theta = 45°$ ，$\sigma_\theta = (-58.2)\sin90° = -58.2$ MPa (最大壓應力)

$\theta = -45°$，$\sigma_\theta = (-58.2)\sin(-90°) = 58.2$ MPa (最大拉應力)

因此可繪得 45°方位之應力狀態如(b)圖所示。

習題

3-1 一直徑 40mm 長度 2m 之實心鋼軸($G = 80$ GPa)，兩端承受大小相等方向相反之扭矩，已知兩端所生之相對扭轉角為 0.05 rad，試求鋼軸之最大剪應力及最大剪應變。

【答】$\tau_{max} = 40$ MPa，$\gamma_{max} = 0.0005$ rad

3-2 一實心鋼軸($G = 81$ GPa)直徑為 12mm，長度為 450mm。若鋼軸容許剪應力為 62 MPa，則容許之最大扭矩為何？在此最大扭矩作用下，鋼軸之扭轉角為何？

【答】$T = 21.0$ N-m，$\phi = 3.28°$

3-3 一實心鋼軸($G = 80$ GPa)之直徑為 100mm，容許剪應力為 50 MPa，每 1.5m 長度之容許扭轉角為 1°，試求鋼軸可承受之最大扭矩。

【答】$T = 9.14$ kN-m

3-4 一鋁管之長度為 20in，外徑為 1.6in，內徑為 1.2in，承受扭矩 $T = 5300$ lb-in 時所生之扭轉角為 3.63°，試求管內之最大剪應力，最大剪應變及剪彈性模數。

【答】$\tau_{max} = 9640$ psi，$\gamma_{max} = 0.00253$ rad，$G = 3.80\times10^6$psi

3-5 一長度為 2m 之空心鋁管($G = 28$ GPa)，外徑為 100mm，內徑為 90mm。(a)鋁管承受純扭時，所生之最大剪應力為 70 MPa，試求兩端之扭轉角，(b)若改用實心軸，承受相同之扭矩產生相同之最大剪應力，則所需之直徑為若干？

【答】(a)$\phi = 0.10$ rad，(b)$d = 70.1$ mm

3-6 一實心鋼軸($G = 80$ GPa)承受 1.5 KN-m 之扭矩，若容許剪應力為 50 MPa，單位長度容許之扭轉角為 0.8°/m，試求所需之直徑。

【答】$d = 60.8$ mm

3-7 一實心鋼軸以 120 rpm 之轉速傳遞 40 hp 之功率，(a)若軸徑為 3.0in，試求鋼軸內之最大剪應力。(b)若鋼軸之容許剪應力為 5000 psi，則所需之軸徑為何？

【答】(a)$\tau_{max} = 3960$ psi，(b)$d = 2.78$ in

3-8 一空心鋼軸($G = 80$ GPa)外徑為 50mm，內徑為 40mm，容許剪應力為 80 MPa，單位長度容許之扭轉角為 2.5°/m，試求鋼軸以 600 rpm 之轉速所能傳遞之最大功率。

【答】$P = 72.8$ kW

3-9 直徑為 d 之實心軸，欲改用材料及長度相同之空心軸承受相同之扭矩，設空心軸之內徑為外徑之 0.6 倍，試求(a)空心軸所需之外徑，(b)空心軸與實心軸之重量比。

【答】(a)1.047 d，(b)0.702

3-10 一實心圓桿直徑為 80mm，承受 $T = 4.0$ kN-m 之扭矩，試求桿內之最大剪應力、拉應力及壓應力，並將這些應力繪於所對應之應力元素上。

【答】39.8 MPa

3-11 粉筆之直徑為 12mm，長度為 100mm，承受 5 N 之軸向拉力時發生斷裂。今將相同之粉筆作扭轉試驗，試求使粉筆斷裂所需之扭矩。

【答】$T = 15$ N-mm

3-12 一空心鋼桿($G = 11\times10^6$ psi)外徑為 3in，內徑為 2.4in，承受扭轉產生之最大剪應變 $\gamma_{max} = 668\times10^{-6}$ rad，試求桿內所生之最大拉應力及所受之扭矩。

【答】$\sigma_{max} = 7350$ psi，$T = 23000$ lb-in

3-13 圖中鋼桿(G = 84 GPa)AB 段為直徑 d 之實心圓桿，BC 段為內徑 d 外徑 $2d$ 之空心圓桿。已知外加扭矩 $T = 400$ N-m，$7T = 2800$ N-m，$8T = 3200$ N-m，若 A、C 兩端間之相對轉角不得超過 5°，試求所需之最小直徑 d。

【答】28.7 mm

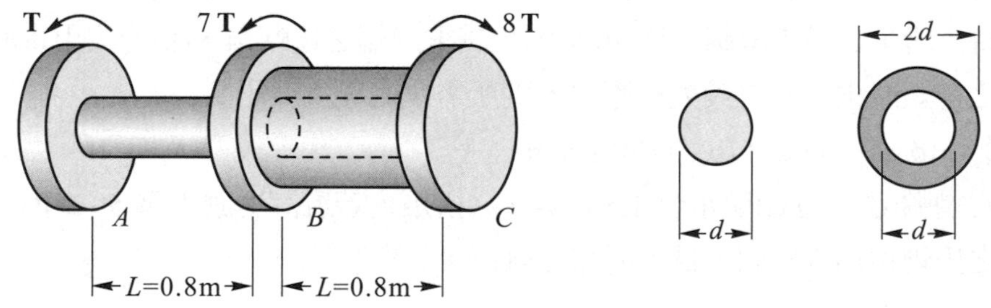

習題 3-13

3-14 圖中 BC 為空心軸(內徑為 90mm 外徑為 120mm)AB 及 CD 為實心軸，在圖示扭矩作用下，(a)試求 BC 軸之最大及最小剪應力，(b)若軸之容許剪應力為 65 MPa，則 AB 及 CD 軸所需之最小直徑。

【答】(a) $\tau_{max} = 86.2$ MPa，$\tau_{min} = 64.7$ MPa，(b)$d = 77.8$ mm

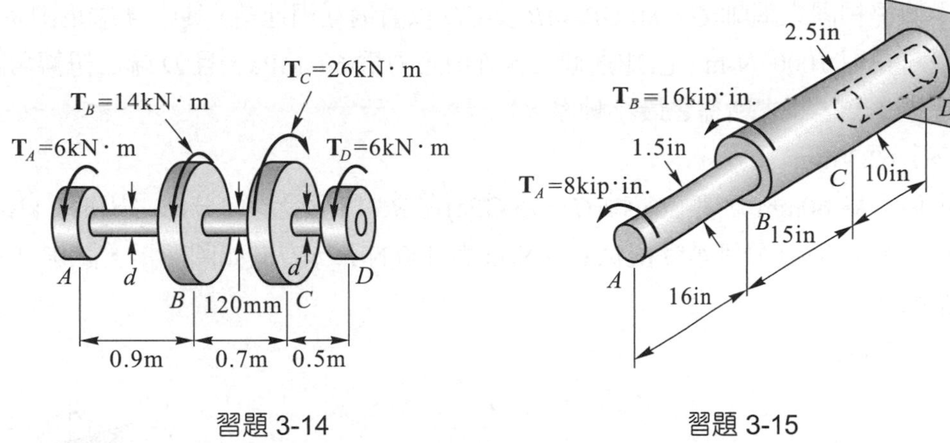

習題 3-14　　習題 3-15

3-15 圖中鋁桿 $AB(G = 4{\times}10^6$ psi)焊固在銅桿 $BD(G = 6{\times}10^6$psi)，銅桿在 CD 部份為中空(內徑為 1.75in)，試求圖示扭矩作用下 A 端之扭轉角。

【答】5.37°

3-16 圖中空心鋼軸(G = 80 GPa)外徑為 d 內徑為 $d/2$，在圖示扭矩作用下呈平衡，(a)若軸之容許剪應力為 100 MPa，試求所需之最小外徑 d，(b)若軸之外徑為 120mm，試求 D 端相對於 A 端之扭轉角。

【答】(a)99.3 mm，(b)0.0288 rad

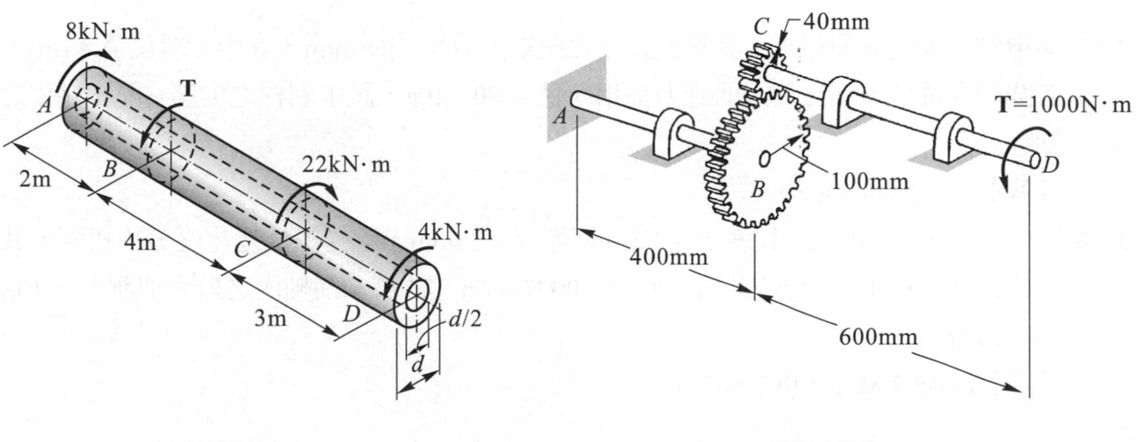

習題 3-16　　習題 3-17

3-17 圖中直徑相同之鋼軸(G = 80 GPa)AB 及 CD 以齒輪互相連結，其中 A 端爲固定，D 端承受一扭矩 1000 N-m。已知鋼軸之容許剪應力爲 60 MPa，且 D 端之扭轉角限制不得超過 1.5°，試求所需之最小軸徑。

【答】62.3 mm

3-18 圖中直徑爲 60mm 之實心鋼軸(G = 75 GPa)在 BC 段承受均勻分佈之扭矩 2 kN-m/m，並在斷面 C 與 B 分別承受扭矩 600 N-m 與 400 N-m，方向如圖所示，試求 A 端所生之扭轉角。

【答】0.432°

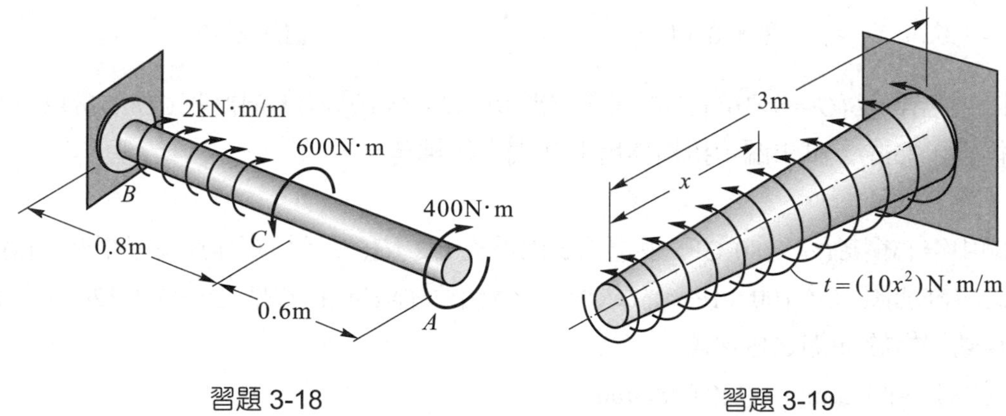

習題 3-18　　習題 3-19

3-19 圖中圓桿承受分佈扭矩，其單位長度之扭矩 $t = (10x^2)$N-m/m，其中 x 單位爲米(m)，若圓桿內每個斷面之最大剪應力都相同且爲 80 MPa，試求圓桿之半徑 r 隨 x 變化之關係式。

【答】$r = (2.98x)$mm

3-20 圖中鋼軸(G = 80 GPa)長度 L = 1.5m 直徑 d = 25mm，承受線性變化之分佈扭矩，其單位長度之扭矩 $t = t_B(x/L)$，其中 t_B = 200 N-m/m，試求(a)鋼軸內之最大剪應力，(b)B 端之扭轉角。

【答】(a)48.9 MPa，(b)2.80°

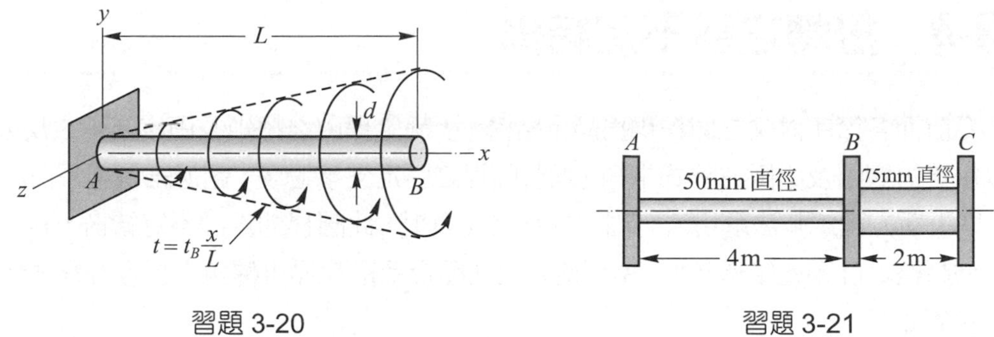

習題 3-20　　習題 3-21

3-21 圖中鋼軸(G = 83 GPa)以頻率 f = 3 Hz 轉動，馬達驅動齒輪 C 之功率為 45 kW，而齒輪 B 驅動負載輸出 15kW 之功率，齒輪 A 驅動負載輸出 30 kW 之功率，試求(a)鋼軸之最大剪應力，(b)A 端相對於 C 端之扭轉角。

【答】(a)64.9 MPa，(b)8.23°

3-22 圖中鋼軸(G = 12000 ksi)承受扭矩 9000 ft-lb 及 T_1，已知 A 點之位移為 0.172 in(B 端之扭轉角方向與 T_1 相同)，試求(a)扭矩 T_1，(b)BC 軸之最大拉應力。

【答】(a)T_1 = 32016 lb-in，(b)σ_{max} = 20.4 ksi

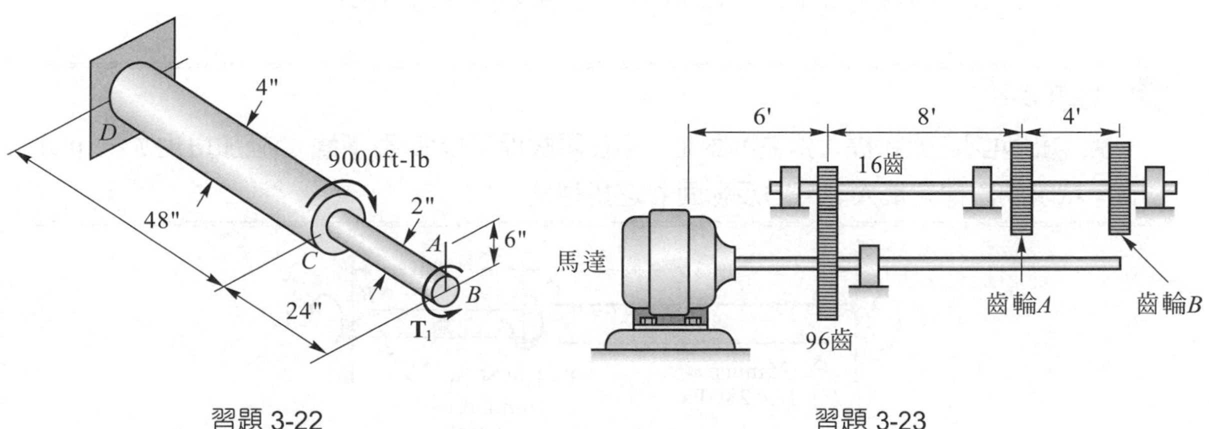

習題 3-22　　習題 3-23

3-23 圖中馬達以 360 rpm 之轉速輸出 100 hp 之功率，齒輪 A 與 B 分別輸出 40 hp 與 60 hp 之功率至負載機器，設軸之容許剪應力為 12 ksi，試求(a)馬達軸所需之最小直徑，(b)AB 傳動軸所需之最小直徑。

【答】(a)1.951 in，(b)1.074 in

3-4 扭轉之靜不定結構

本章前面各節所討論之圓桿均為靜定結構，因靜定桿內之扭矩及固定支承之反力矩，都可以用自由體圖及平衡方程式求得。但若圓桿之固定支承過多，超過維持其平衡所需之數目，則平衡方程式無法解出所有固定支承之反力矩，此圓桿即為靜不定結構，其分析過程與拉伸壓縮之靜不定結構類似，由平衡方程式配合受扭圓桿扭轉角之相容方程式便可求解，其步驟如下：

1. 取圓桿適當之自由體圖列出平衡方程式，未知數為固定支承之反力矩或圓桿內特定斷面之扭矩。
2. 建立相關圓桿扭轉角之相容方程式，通常有兩種方法：(a)直接觀察或由圓桿變形之前後位置，由幾何關係便可求得圓桿扭轉角之關係式，參考例題 3-8。(b)將靜不定圓桿之多餘固定支承移除，放鬆為靜定圓桿，由圓桿在移除支承處之已知扭轉角(通常為零)即可求得相容方程式，參考例題 3-9。
3. 將扭轉角與扭矩之關係式($\phi = TL/GJ$)代入相容方程式中，轉換為未知扭矩之方程式，然後與步驟 1 之平衡方程式聯立，即可求得未知扭矩。

例題 3-8

圖中鋁與鋼之組合桿，兩端為固定，今在兩圓桿之接合處(斷面 C)施加扭矩 T = 1000 N-m，試求兩圓桿之最大剪應力及斷面 C 之扭轉角。

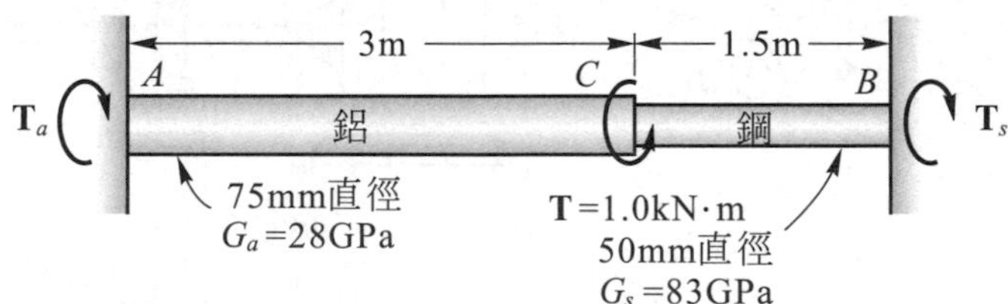

【解】設 a 代表鋁，s 代表鋼。由平衡方程式

$$T_a+T_s = T = 1000 \text{ N-m(kN-mm)} \quad (1)$$

相容方程式：$\phi_a = \phi_s$ (2)

其中 $\phi_a = \phi_{C/A}$，$\phi_s = \phi_{C/B}$

鋁桿(AC 桿)與鋼桿(BC 桿)之極慣性矩為

$$J_a = \frac{\pi}{32}(75)^4 = 3.106\times10^6\text{mm}^4 \quad , \quad J_s = \frac{\pi}{32}(50)^4 = 0.6136\times10^6\text{mm}^4$$

將扭轉角與扭矩之關係式代入(2)式中，得

$$\frac{T_a L_a}{G_a J_a} = \frac{T_s L_s}{G_s J_s}$$

$$\frac{T_a}{T_s} = \frac{L_s G_a J_a}{L_a G_s J_s} = \left(\frac{1.5}{3}\right)\left(\frac{28}{83}\right)\left(\frac{3.106}{0.6136}\right) = 0.8538 \qquad (3)$$

由(1)(3)兩式解得　$T_a = 461$ N-m　，　$T_s = 539$ N-m

鋁桿與鋼桿之最大剪應力

$$(\tau_a)_{\max} = \frac{16T_a}{\pi d_a^3} = \frac{16\left(461\times10^3\right)}{\pi(75)^3} = 5.57 \text{ MPa}◀$$

$$(\tau_s)_{\max} = \frac{16T_s}{\pi d_s^3} = \frac{16\left(539\times10^3\right)}{\pi(50)^3} = 22.0 \text{ MPa}◀$$

斷面 C 之扭轉角

$$\phi_c = \phi_a = \frac{T_a L_a}{G_a J_a} = \frac{(461)(3000)}{(28)\left(3.106\times10^6\right)} = 0.0159 \text{ rad}◀$$

【另解】本題之鋁桿與鋼桿屬於並聯組合，整根組合桿之勁度 K 爲

$$K = k_a + k_s$$

其中 k_a 與 k_s 分別爲鋁桿與鋼桿之勁度，且

$$k_a = \frac{G_a J_a}{L_a} = \frac{(28)\left(3.106\times10^6\right)}{3000} = 28.99\times10^3 \text{ kN-mm/rad}$$

$$k_s = \frac{G_s J_s}{L_s} = \frac{(83)\left(0.6136\times10^6\right)}{1500} = 33.95\times10^3 \text{ kN-mm/rad}$$

則　$K = (28.99+33.95)\times10^3 = 62.94\times10^3$ kN-mm/rad

故　$\phi_c = \dfrac{T}{K} = \dfrac{1000}{62.99\times10^3} = 0.0159$ rad◀

$$T_a = k_a\phi_c = (28.99\times10^3)(0.0159) = 461 \text{ kN-mm} = 461 \text{ N-m}$$

$$T_s = k_s\phi_c = (33.95\times10^3)(0.0159) = 539 \text{ kN-mm} = 539 \text{ N-m}$$

例題 3-9

圖中直徑 d =75mm 之鋼桿兩端為固定，並承受二扭矩作用，T_C = 6 kN-m，T_D = 3 kN-m，已知 a = 300mm，b = 200mm，c = 100mm，試求桿內之最大剪應力。G = 80 GPa。

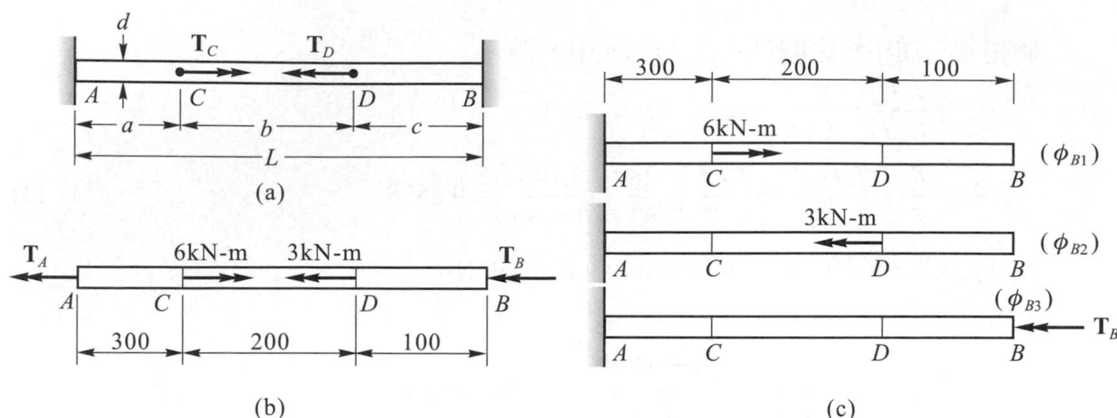

【解】取 AB 桿之自由體圖，如圖(b)所示，由平衡方程式

$$T_A + T_B = 6-3 = 3 \text{ kN-m} \tag{1}$$

(1)式中有兩個未知數 T_A 及 T_B，但僅有一個平衡方程式，故本題圓桿為靜不定結構。為找出相容方程式，可將固定端 B 移除，將結構放鬆，而得 A 端固定之靜定圓桿，並同時承受 T_C、T_D 及 T_B(B 端反力矩)三個力矩作用，因 B 端原為固定端不會變形，故可得

相容方程式：$\phi_B = 0$

由重疊原理，B 端之扭轉角等於 T_C、T_D 及 T_B 單獨作用時所生扭轉角之和，參考(c)圖

$$\phi_B = \phi_{B1} + \phi_{B2} + \phi_{B3} = (\phi_{C/A})_1 + (\phi_{D/A})_2 + (\phi_{B/A})_3$$
$$= \frac{\left(6\times10^3\right)(300)+\left(-3\times10^3\right)(500)+\left(-T_B\right)(600)}{GJ} = 0$$

得 $T_B = 0.5\times10^3$ kN-mm = 0.5 kN-m

代入(1)式得 $T_A = 2.5$ kN-m

再切取各段之自由體圖，由平衡方程式得

$$T_{AC} = 2.5 \text{ kN-m} \quad , \quad T_{CD} = -3.5 \text{ kN-m} \quad , \quad T_{DB} = -0.5 \text{ kN-m}$$

因此鋼桿最大剪應力發生在 CD 段，且

$$\tau_{\max} = \frac{16T_{CD}}{\pi d^3} = \frac{16\left(3.5\times10^6\right)}{\pi\left(75\right)^3} = 42.3 \text{ MPa} \blacktriangleleft$$

例題 3-10

圖中長度相等之鋼桿(G_s = 80 GPa)與鋁管(G_a = 27 GPa)右端一起固定在牆壁上，兩者在自由端以剛性圓盤連結，最初內部均無應力。設鋼之容許剪應力為 120 MPa，鋁之容許剪應力為 70 MPa，試求圓盤上所能施加之最大扭矩。

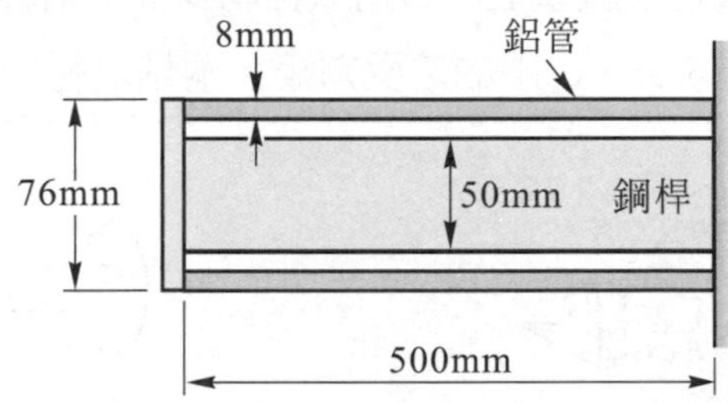

【解】平衡方程式：

$$T_s + T_a = T \tag{1}$$

其中 T 爲作用於圓盤之扭矩，T_s 與 T_a 分別爲鋼桿與鋁管所承受之扭矩。

相容方程式：$\phi_a = \phi_s$ (2)

將公式(3-8)圓桿之扭轉角與最大剪應力之關係式($\tau_{max} = Gr\dfrac{\phi}{L}$)代入上式，得

$$\frac{\tau_a L}{G_a r_a} = \frac{\tau_s L}{G_s r_s} \tag{3}$$

其中 τ_a 與 τ_s 分別爲鋁管與鋼桿之最大剪應力。將已知數據代入(3)式

$$\frac{\tau_a}{\tau_s} = \frac{G_a r_a}{G_s r_s} = \left(\frac{27}{80}\right)\left(\frac{38}{25}\right) = 0.513 \tag{4}$$

當 $\tau_s = (\tau_s)_{allow} = 120$ MPa 時，$\tau_a = (0.513)(120) = 61.56$ MPa $< (\tau_a)_{allow}$。

故作用於圓盤之扭矩逐漸增大時，鋼桿先達其容許剪應力 120 MPa，此時鋁管之最大剪應力爲 61.56 MPa，小於其容許剪應力。

鋁管與鋼桿之極慣性矩分別爲

$$J_a = \frac{\pi}{32}(76^4 - 60^4) = 2.003\times10^6 \text{ mm}^4$$

$$J_s = \frac{\pi}{32}(50)^4 = 0.6136\times10^6 \text{ mm}^4$$

圓盤所能施加之最大扭矩，由公式(1)

$$T=T_s+T_a=\frac{\tau_s J_s}{r_s}+\frac{\tau_a J_a}{r_a}=\frac{(120)(0.613\times10^6)}{25}+\frac{(61.56)(2.003\times10^6)}{38}$$

$$=6.19\times10^6\ \text{N-mm}=6.19\ \text{kN-m}◀$$

例題 3-11

圖中平行之兩軸左端固定在牆壁上，右端以軸承支撐，兩軸上之齒輪互相嚙合，今在齒輪 B 上施加一扭矩 T，試求 A、C 兩端之反力矩。兩軸之材料及尺寸均相同。

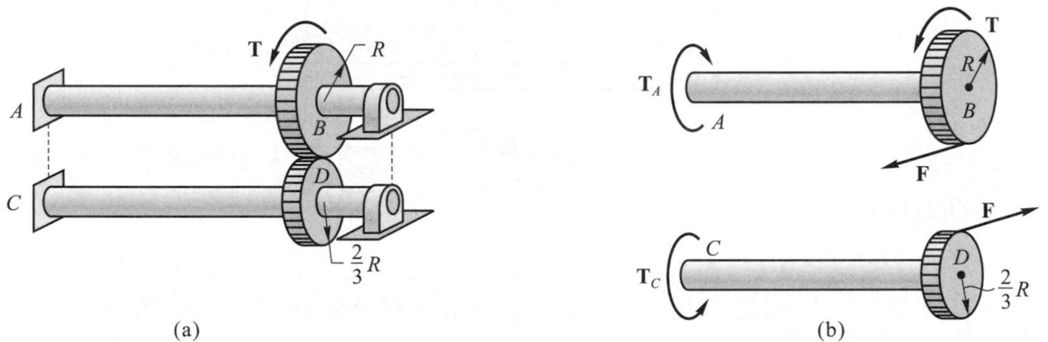

【解】設兩嚙合齒輪間之作用力為 F，取兩軸之自由體圖，如(b)圖所示，由平衡方程式

AB 軸：$T_A+FR=T$ (1)

CD 軸：$T_C=F\left(\frac{2}{3}R\right)$ (2)

相容方程式：$\frac{\phi_B}{\phi_D}=\frac{2R/3}{R}=\frac{2}{3}$　，　$\phi_B=\frac{2}{3}\phi_D$ (3)

將扭轉角與扭矩之關係($\phi=TL/GJ$)代入公式(3)中

$$\frac{T_A L}{GJ}=\frac{2}{3}\frac{T_C L}{GJ} \tag{4}$$

將(1)(2)兩式代入公式(4)中

$$\frac{(T-FR)L}{GJ}=\frac{(2FR/3)L}{GJ}\quad，\quad 得\ F=\frac{9T}{13R}$$

將 F 代入(1)(2)兩式得

$$T_A=T-FR=T-\left(\frac{9T}{13R}\right)R=\frac{4}{13}T◀$$

$$T_C=\left(\frac{9T}{13R}\right)\left(\frac{2R}{3}\right)=\frac{6}{13}T◀$$

例題 3-12

圖中直徑 70mm 長度 4.0m 之鋼軸(G_s = 80 GPa)，其一半長度之外緣緊密黏著一外徑 90mm 內徑 70mm 黃銅套管(G_b = 40 GPa)，(a)若 A、C 兩端之扭轉角限制為 8.0°，試求軸兩端之容許扭矩 T，(b)若銅管之容許剪應力為 70 MPa，試求容許扭矩 T，(c)若鋼的容許剪應力為 110 MPa，試求容許扭矩 T，(d)若上述三個限制條件都須滿足，則容許之最大扭矩為何？

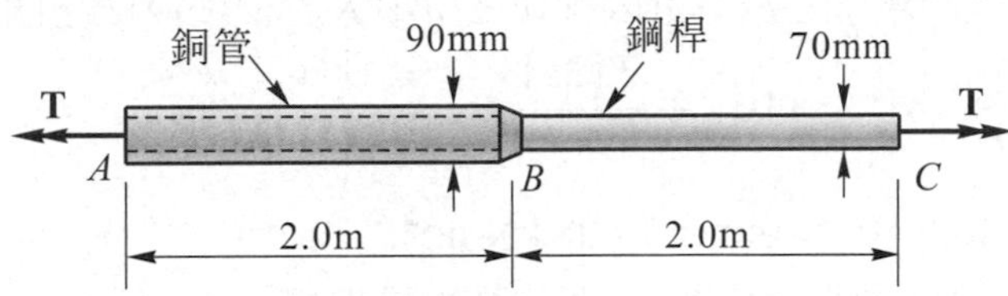

【解】(a) 設 AB 段鋼桿為桿①，AB 段之銅管為桿②，BC 段之鋼桿為桿③，則整根桿件之組合為桿①與桿②並聯再與桿③串聯。各桿之扭轉勁度如下：

$$J_1 = J_3 = \frac{\pi}{32}(70)^4 = 2.357\times10^6 \text{ mm}^4$$

$$J_2 = \frac{\pi}{32}(90^4 - 70^4) = 4.084\times10^6 \text{ mm}^4$$

$$k_1 = k_3 = \frac{G_s J_1}{L_1} = \frac{(80)\left(2.357\times10^6\right)}{2000} = 94.28\times10^3 \text{ kN-mm/rad}$$

$$k_2 = \frac{G_b J_2}{L_2} = \frac{(40)\left(4.084\times10^6\right)}{2000} = 81.68\times10^3 \text{ kN-mm/rad}$$

AB 段桿①與桿②並聯之勁度為

$$k_{12} = k_1 + k_2 = 175.96\times10^3 \text{ kN-mm/rad}$$

整根桿件之勁度 k 為 AB 段與 BC 段串聯，即

$$k = \frac{k_{12}k_3}{k_{12}+k_3} = \frac{(175.96)(94.28)}{175.96+94.28}\times10^3 = 61.39\times10^3 \text{ kN-mm/rad}$$

則 $T = k\phi = (61.39\times10^3)\left(8°\times\frac{\pi}{180°}\right) = 8.57\times10^3 \text{ kN-mm} = 8.57 \text{ kN-m}$◀

(b) AB 段桿①與桿②並聯，由平衡方程式

$$T_1 + T_2 = T \tag{1}$$

相容方程式：$\phi_1 = \phi_2$　，　或 $\dfrac{T_1}{k_1} = \dfrac{T_2}{k_2}$

$$\frac{T_1}{T_2} = \frac{k_1}{k_2} = \frac{94.28}{81.68} = 1.154 \qquad (2)$$

由(1)(2)解得 $T_2 = 0.4643T$

銅管之最大剪應力：$\tau_b = \dfrac{T_2 r_2}{J_2}$　，　$70 = \dfrac{(0.4643T)(45)}{4.084\times10^6}$

得　$T = 13.68\times10^6$ N-mm = 13.68 kN-m◀

(c) 鋼軸之最大剪應力在 BC 段(因桿③之扭矩大於桿①)，其扭矩爲 $T_3 = T$

$$\tau_s = \frac{T_3 r_3}{J_3} \quad , \quad 110 = \frac{T(35)}{2.357\times10^6}$$

得　$T = 7.408\times10^6$ N-mm = 7.408 kN-m◀

(d) 上列三個限制條件都須滿足，則容許之最大扭矩取(a)(b)(c)三者中較小者，即

$T = 7.408$ kN-m◀

習題

3-24 圖中組合桿包括直徑 30mm 之鋼桿與外徑 45mm 內徑 36mm 之鋼管，兩者 A 端一起固定在牆壁上，B 端一起連結在剛性端板。今在端板施加一扭矩 T = 500 N-m，試求(a)鋼桿與鋼管內之最大剪應力，(b)端板之扭轉角，(c)組合桿之扭轉勁度。G = 80 GPa

【答】(a)τ_1 = 23.6 MPa，τ_2 = 35.5 MPa，(b)ϕ = 0.564°，(c)k = 50.8 kN-m/rad

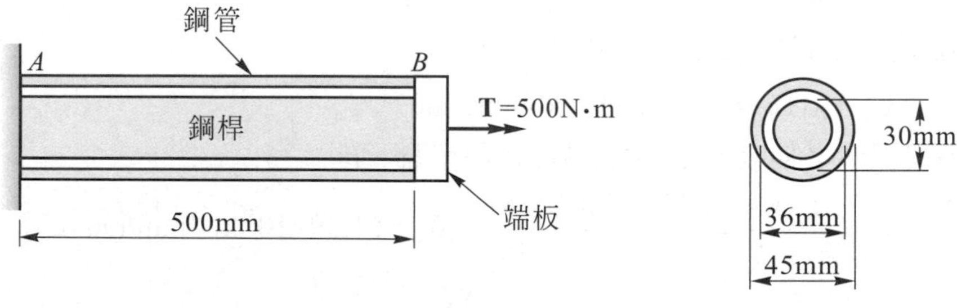

習題 3-24

3-25 圖中長度 250mm 直徑 20mm 之鋼桿，一半長度爲實心，另一半長度爲空心，內徑爲 16mm，。今將桿之兩端固定，並於中點施加扭矩 T = 120 N-m，試求兩固定端之反力矩。

【答】T_A = 75.5 N-m，T_B = 44.5 N-m

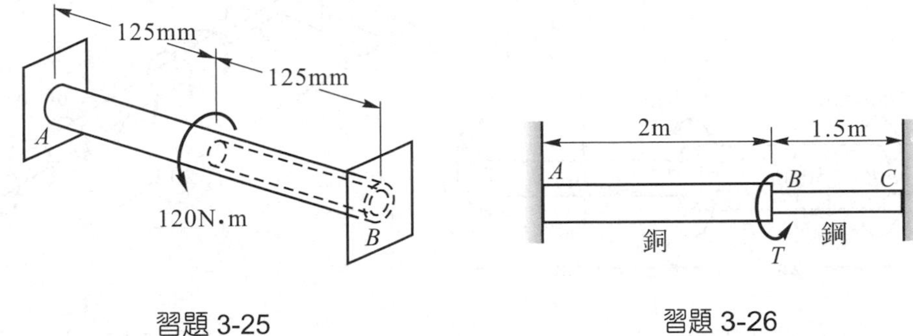

習題 3-25　　習題 3-26

3-26 圖中組合桿之兩端固定，AB 段爲銅製實心桿，直徑爲 75mm，長度爲 2m，BC 段爲鋼製實心桿，直徑爲 50mm，長度爲 1.5m，設銅之容許剪力爲 60 MPa，鋼之容許剪應力爲 80 MPa，試求組合桿之容許扭矩 T？銅之 G_b = 35GPa，鋼之 G_s = 83 GPa。

【答】T = 5.11 kN-m

3-27 直徑爲 d 之實心軸 AB 在兩端固定，一圓盤固定在軸上圖示之位置 C，設軸之容許剪應力爲 τ_a，且 $a > b$，則圓盤容許之扭轉角 ϕ 爲若干？

【答】$\phi = 2b\tau_a / Gd$

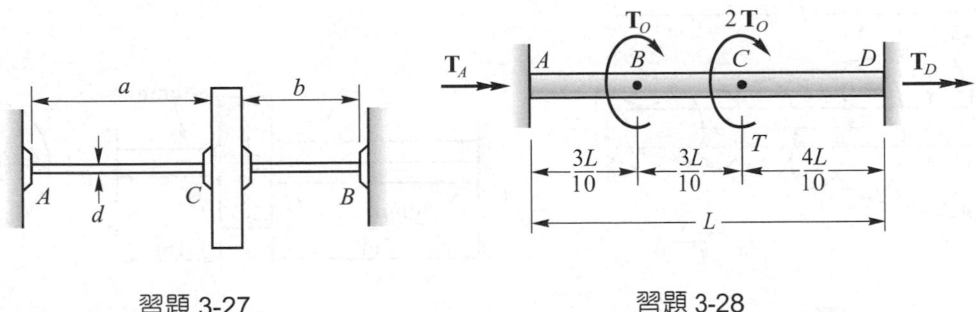

習題 3-27　　習題 3-28

3-28 圖中實心圓桿(剪彈性模數爲 G，極慣性矩爲 J)之兩端固定，今在斷面 B 與 C 分別承受扭矩 T_0 與 $2T_0$，試求圓桿之最大扭轉角。

【答】$\phi_C = 3T_0L/5GJ$

3-29 圖中兩端固定之鋁桿由三段不同之直徑所組成，今在斷面 B 與 C 分別施加扭矩 300 N-m 與 700 N-m，試求各段之最大剪應力。$G_a = 28\text{GPa}$

【答】$\tau_{AB} = 201$ MPa，$\tau_{BC} = 12.84$ MPa，$\tau_{CD} = 125.4$ MPa

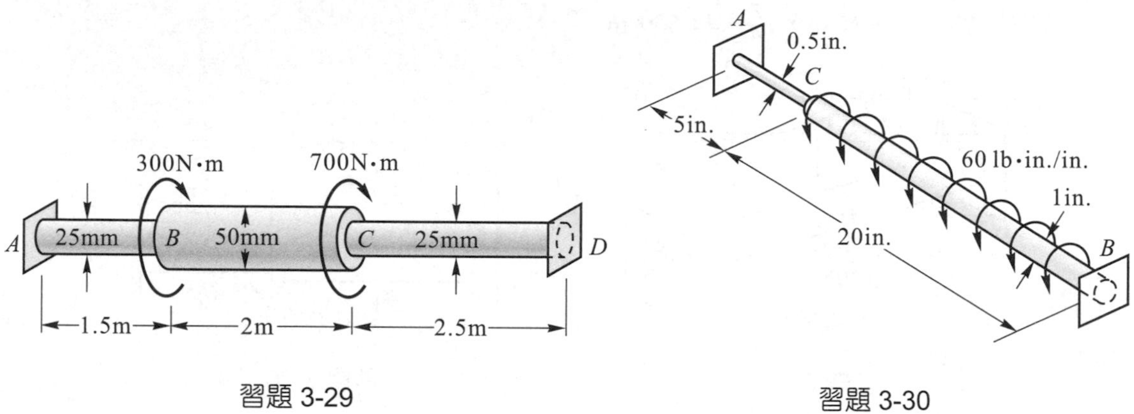

習題 3-29　　習題 3-30

3-30 圖中兩端固定之鋼軸($G = 11.0\times10^6$ psi)由直徑 0.5 in 之 AC 段與直徑 1.0 in 之 CB 段所組成。今在 CB 段施加一均勻分佈之扭矩 $t = 60$ lb-in/in，試求鋼軸所生之最大剪應力。

【答】5.50 ksi

3-31 圖中長度為 L 直徑為 d 之圓桿 AB 兩端固定，並承受一分佈扭矩(單位長度之扭矩)，$t(x)= t_A\,(L-x)\,/L$，其強度由 B 端的零呈直線變化至 A 端的 t_A，試求兩固定端之反力矩。

【答】$T_A = t_AL/3$，$T_B = t_AL/6$

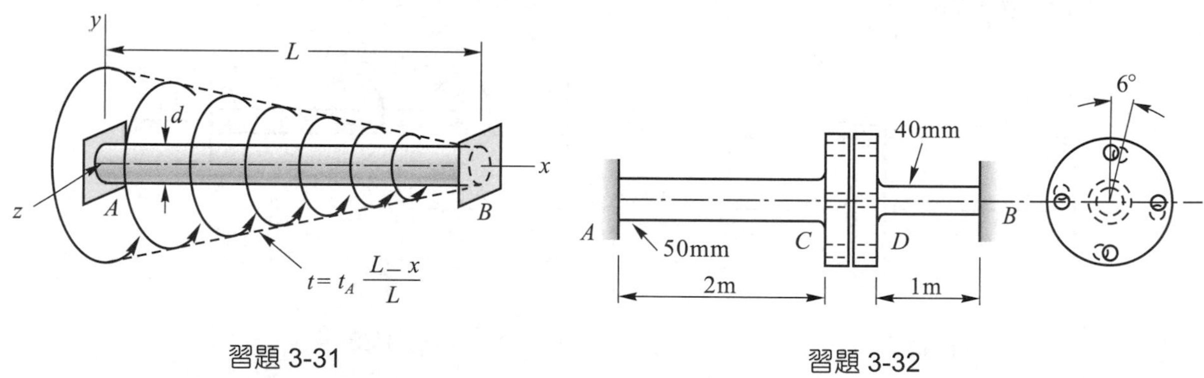

習題 3-31　　習題 3-32

3-32 圖中兩鋼軸($G = 83$ GPa)在自由端之凸緣欲以螺栓鎖在一起，但由於製造誤差，兩凸緣之螺栓孔有 6°之角度偏差，因此必須施加力矩，將螺栓孔對準並穿過螺栓，然後將螺栓鎖緊再移去外加力矩，試求兩鋼軸內之最大剪應力。

【答】$\tau_{AC} = 48.9$ MPa，$\tau_{BD} = 95.6$ MPa

3-33 圖中兩鋼軸(G = 80 GPa)在 B 端及 D 端均為固定，兩軸並以齒輪互相嚙合，今在 AB 軸之 A 端施加一扭矩 T = 75 N-m，試求(a)CD 軸之最大剪應力，(b)齒輪 C 之轉角。

【答】(a)70.7 MPa，(b)1.69°

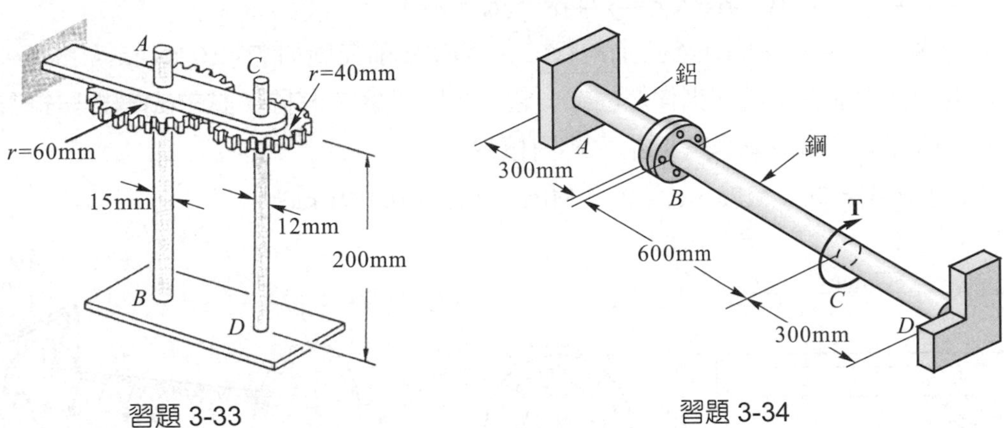

習題 3-33　　習題 3-34

3-34 圖中鋁桿(G_a= 28GPa)AB 與鋼桿(G_s = 80 GPa)BD 在自由端以凸緣連結器上之四根螺栓連接。每根螺栓與軸中心線之距離為 75mm，橫斷面積為 150mm^2，且容許之平均剪應力為 60 MPa。鋁桿與鋼桿之直徑均為 75mm。試求(a)在斷面 C 所能施加之最大扭矩，(b)在(a)之扭矩作用下鋼桿及鋁桿內之最大剪應力。

【答】(a)T = 15.81 kN-m，(b)τ_s = 158.3 MPa，τ_a = 32.6 MPa

3-35 圖中實心鋼軸(G = 12000 ksi)C 端固定在牆壁上，A 端凸緣之螺栓孔與牆壁上之螺栓孔有 0.0018 rad 之角度偏差，試求(a)將螺栓孔對準，在斷面 B 所須施加之扭矩 T，(b)當螺栓裝入並鎖緊後，將斷面 B 之扭矩 T 移除，則鋼軸內之最大剪應力為何？(c)螺栓鎖緊後，在斷面 B 所能施加之最大扭矩，設鋼軸容許之最大剪應力為 10 ksi。

【答】(a)T = 38.2 kip-in，(b)τ_{max} = 600 psi，(c)T = 674 kip-in

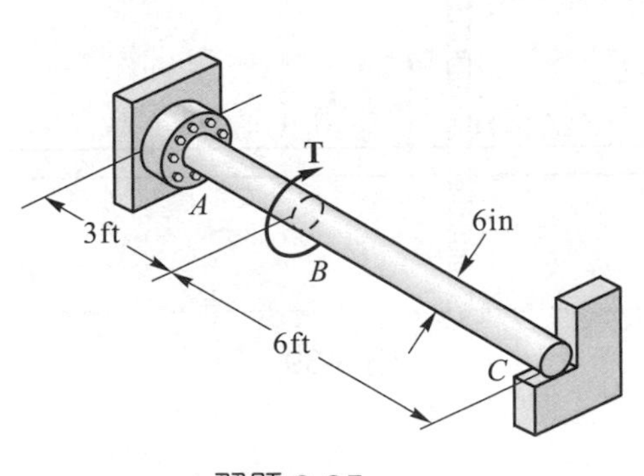

習題 3-35

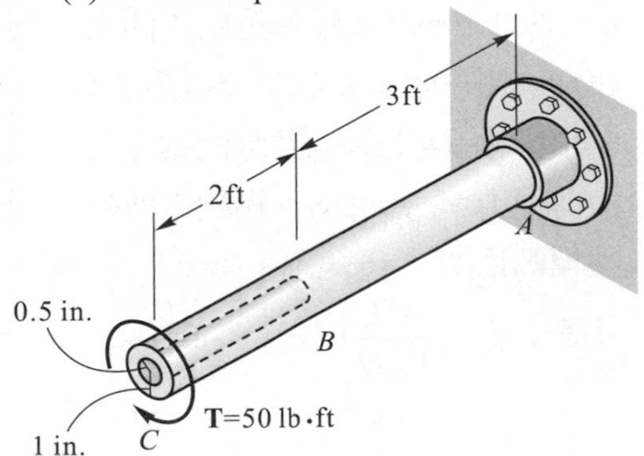

習題 3-36

3-36 圖中圓桿在 AB 段爲實心鋼桿($G_s = 11.5\times10^3$ ksi)，BC 段爲鋼管內緊密黏著銅製核心($G_b = 5.6\times10^3$ ksi)，已知圓桿在 A 端固定，在自由端 C 承受扭矩 $T = 50$ lb-ft，試求 C 端之扭轉角以及鋼與銅內之最大剪應力。

【答】$\phi_c = 2.02\times10^{-3}$ rad，$\tau_s = 394$ psi，$\tau_b = 96.0$ psi

3-37 圖中鋼桿($G_s = 80$GPa)在未套上銅管($G_b = 40$GPa)前先施加 $T = 10$ kN-m 之扭矩，然後將銅管套上並在兩端與鋼桿焊固在一起，再將扭矩 T 移除，試求(a)鋼桿與銅管內之最大剪應力，(b)最後鋼桿兩端之相對扭轉角。

【答】(a)$\tau_s = 76.4$ MPa，$\tau_b = 23.1$ MPa，(b)$\phi_s = 0.0191$ rad

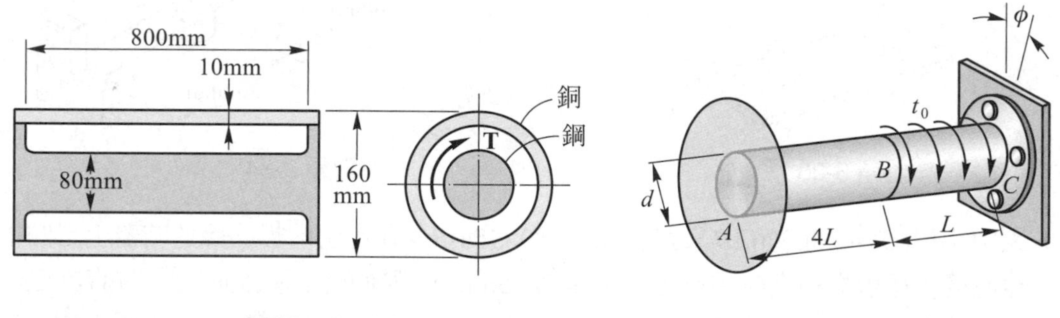

習題 3-37　　習題 3-38

3-38 圖中長度爲 $5L$ 直徑爲 d 之實心圓桿在 A 端固定，C 端欲以凸緣連結器鎖在牆壁上，由於製造上之誤差必須在圓桿之 BC 段施加均勻分佈之扭矩 t_0(單位長度之扭矩)方能使凸緣連結器之螺栓孔與牆壁上之螺栓孔對準並穿過螺栓將其鎖緊，然後再將分佈扭矩 t_0 移除，試求圓桿內殘留之最大剪應力(以 t_0、L 及 d 表示之)。

【答】$72\ t_0L/5\pi d^3$

3-39 圖中鋼軸 AB 及 CE 之直徑均爲 d，並以兩嚙合齒輪傳遞兩軸間之扭矩，今在齒輪 B 施加一扭矩 T，試求齒輪 D 之轉角及每段軸之最大剪應力。$r_D = 2r_B$。鋼軸之剪彈性模數爲 G。

【答】$\phi_D = \dfrac{4TL}{11GJ}$，$\tau_{AB} = \dfrac{128T}{11\pi d^3}$，$\tau_{CD} = \dfrac{64T}{11\pi d^3}$，$\tau_{DE} = \dfrac{32T}{\pi d^3}$

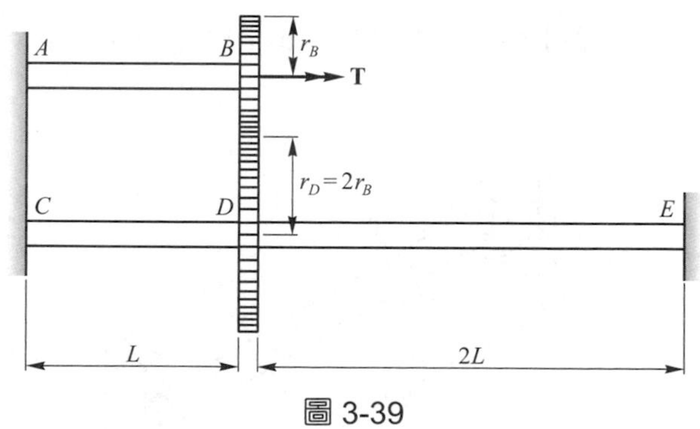

圖 3-39

3-5 扭轉與純剪之應變能

負荷對結構所作之功等於結構內所儲存之應變能，此觀念可用於求扭轉構件之應變能。參考圖 3-17 中承受純扭之圓形稜柱桿，靜態的扭矩 T 使自由端產生ϕ之扭轉角，設圓桿爲線彈性材料，則扭矩 T 與扭轉角ϕ爲直線關係，如圖 3-18 所示，兩者之關係式爲$\phi = TL/GJ$。扭矩 T 將圓桿扭轉ϕ角所作功，等於 T-ϕ 關係圖下之面積，即圖 3-18 中之三角形陰影面積，若不考慮摩擦損失，則此作功量等於圓桿內所儲存之應變能，因此線彈性材料之圓桿承受純扭時其內之應變能爲

$$U = W = \frac{1}{2}T\phi \tag{3-30}$$

將扭矩 T 與扭轉角ϕ之關係($\phi = TL/GJ$)代入上式，則扭轉應變能可改寫

$$U = \frac{T^2 L}{2GJ} \quad , \quad U = \frac{GJ\phi^2}{2L} \tag{3-31 a,b}$$

$$U = \frac{T^2}{2k} \quad , \quad U = \frac{1}{2}k\phi^2 \tag{3-32 a,b}$$

其中 k 爲扭轉勁度，且 $k = GJ/L$。

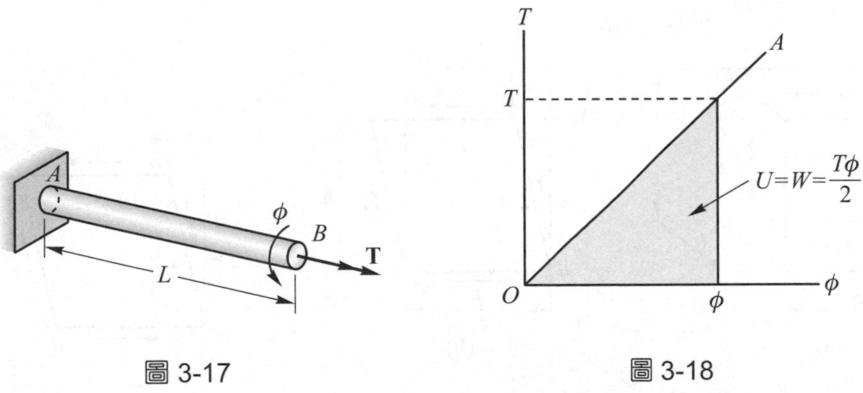

圖 3-17　　圖 3-18

對於承受非均勻扭轉之圓桿，如圖 3-10(a)之情況，欲求其應變能，須先將圓桿分爲數段承受純扭之稜柱桿，再用公式(3-31)分別求出各段之應變能，然後相加，即可求得圓桿之總應變能，即

$$U=\sum_{i=1}^{n}U_i=\sum_{i=1}^{n}\frac{T_i^2L_i}{2G_iJ_i} \tag{3-33}$$

其中 T_i 爲第 i 段所受之扭矩，而 L_i、G_i 與 J_i 分別爲第 i 段之長度、剪彈性模數與極慣性矩。

至於橫斷面或扭矩沿桿軸變化之圓桿，如圖 3-12 之情況，則須先求桿內任一微小長度 dx 內之應變能，然後沿桿軸積分，即可求得總應變能。設桿軸上任一 x 位置之扭矩爲 $T(x)$，斷面之極慣性矩爲 $J(x)$，則圓桿之總應變能爲

$$U=\int_0^L dU=\int_0^L\frac{\left[T(x)\right]^2L}{2GJ(x)} \tag{3-34}$$

注意，本章上述之應變能公式僅能適用於扭轉角甚小之線彈性材料(遵循虎克定律)，且計算應變能時不能使用重疊原理。

■純剪之應變能密度

由於受扭圓桿內各應力元素均爲純剪狀態，如圖 3-19(a)所示。設應力元素爲邊長 h 之正立方體(h 趨近於零)，受純剪所生之剪應變爲γ，如圖 3-19(b)所示。今將應力元素各面以所受之剪力 V 表示，如圖 3-20 所示，其中 $V=\tau h^2$，由於剪應變使頂面相對於底面產生 $\delta=\gamma h$ 之水平位移，對於線彈性材料(遵循虎克定律)

$$\delta=\frac{\tau}{G}h=\frac{Vh}{h^2G}=\frac{V}{Gh} \tag{a}$$

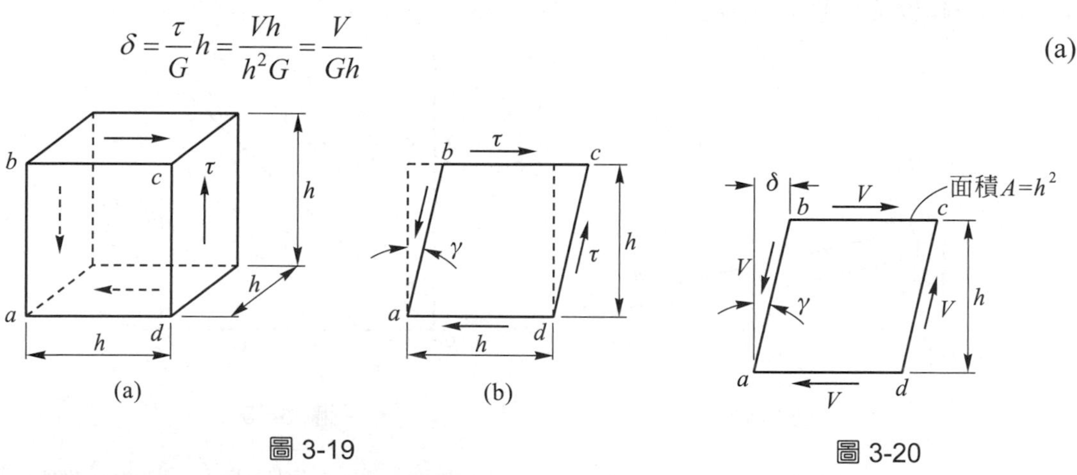

圖 3-19　　　圖 3-20

δ 與 V 成正比，因此剪力 V 所作之功爲 $V\delta/2$，此即爲應力元素內所儲存之應變能，故

$$U=W=\frac{1}{2}V\delta \tag{b}$$

側面(ab 面與 cd 面)的剪力 V 並未作功，因垂直方向無位移。將 $V=\tau h^2$ 及 $\delta=\gamma h$ 代入(b)式，得

$$U=\frac{\tau\gamma h^3}{2} \qquad \text{(c)}$$

其中 h^3 爲應力元素的體積，故可得應力元素內之應變能密度(單位體積之應變能)爲

$$u=\frac{1}{2}\tau\gamma \qquad \text{(d)}$$

由虎克定律 $\tau=G\gamma$，代入上式，得純剪應力狀態之應變能密度爲

$$u=\frac{\tau^2}{2G} \quad ，\quad 或 \quad u=\frac{G\gamma^2}{2} \qquad (3-35\ \text{a,b})$$

在 SI 單位中應變能密度之單位爲 J/m^3(焦耳/立方公尺)，在英制重力單位爲 in-lb/in^3，這些單位與應力單位相同，故亦可用 Pa(N/m^2)或 psi(lb/in^2)表示之。

例題 3-13

圖中長度為 L 之實心圓桿在 A 端固定，B 端為自由端，試求下列三種負荷情況圓桿內之應變能。(a)自由端 B 承受扭矩 T，(b)中間斷面 C 承受扭矩 T，(c)自由端 B 與中間斷面 C 同時承受扭矩 T。設圓桿之剪彈性模數為 G，斷面之極慣性矩為 J。

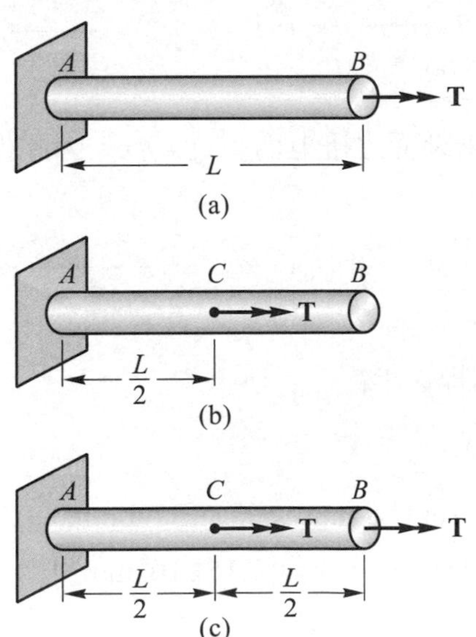

【解】(a) 圓桿 AB 承受純扭，由公式(3-31a)其應變能爲

$$U_1 = \frac{T^2 L}{2GJ} \blacktriangleleft$$

(b) 僅 AC 段承受純扭，CB 段不受扭矩，故圓桿 AB 之應變能爲

$$U_2 = \frac{T^2 (L/2)}{2GJ} = \frac{T^2 L}{4GJ} \blacktriangleleft$$

(c) B 端與斷面 C 同時承受扭矩 T 時，AC 段之扭矩爲 $2T$，CB 段之扭矩爲 T，因此圓桿 AB 之總應變能爲

$$U_3 = U_{AC} + U_{CB} = \frac{(2T)^2 (L/2)}{2GJ} + \frac{T^2 (L/2)}{2GJ} = \frac{5T^2 L}{4GJ} \blacktriangleleft$$

【註】$U_3 \neq U_1 + U_2$，故計算應變能時不得使用重疊原理。

例題 3-14

同例題 3-3，長度為 L 半徑為 r 之圓桿，在 A 端固定，桿上承受均勻分佈之扭矩 t_0(單位長度之扭矩)，試求圓桿內之應變能。設圓桿長度 $L = 3.7\text{m}$，斷面之極慣性矩 $J = 7.15\times10^6\text{mm}^4$，剪彈性模數為 80GPa，所受之均佈扭矩 $t_0 = 2100$ N-m/m。

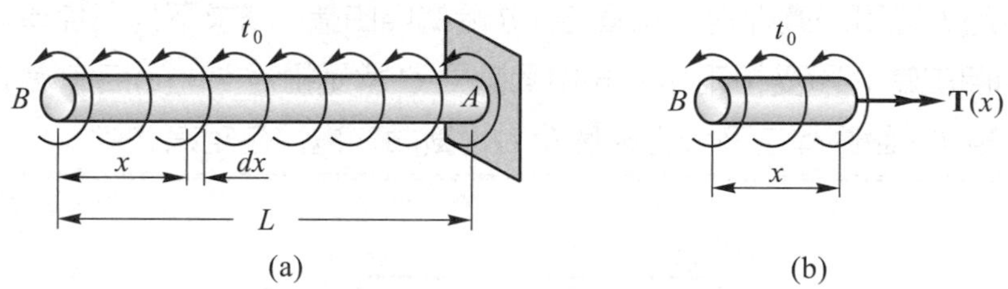

【解】圓桿在距自由端爲 x 處斷面之扭矩爲 $T(x) = t_0 x$，因此桿內之總應變能 U 由公式(3-34)

$$U = \int_0^L \frac{[T(x)]^2 dx}{2GJ} = \int_0^L \frac{(t_0 x)^2 dx}{2GJ} = \frac{t_0^2 L^3}{6GJ} \blacktriangleleft$$

其中 $J = \dfrac{\pi r^4}{2}$，$r =$ 圓桿之半徑。

將數據代入，得

$$U = \frac{t_0^2 L^3}{6GJ} = \frac{(2.100\text{kN}\cdot\text{mm/mm})^2 (3700\text{mm})^3}{6(80\text{kN/mm}^2)(7.15\times10^6\text{mm}^4)} = 65.09 \text{ kN-mm} = 65.09 \text{ N-m} \blacktriangleleft$$

例題 3-15

同例題 3-5，在 A 端施加扭矩 $T_0 = 53.3\text{N-m}$，試以能量法求 A 端之扭轉角。

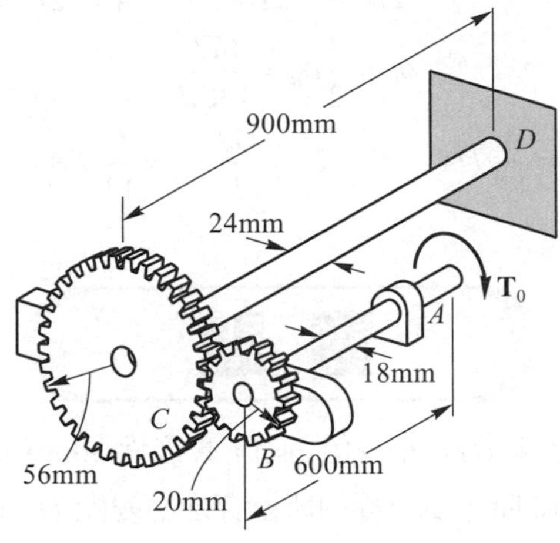

【解】AB 軸之扭矩 $T_{AB} = T_0$，CD 軸之扭矩 $T_{CD} = 2.8T_0$。因扭矩 T_0 所作之功等於結構內所儲存之總應變能，故

$$\frac{1}{2}T_0\phi_A = U_{AB} + U_{CD} = \frac{T_{AB}^2 L_{AB}}{2GJ_{AB}} + \frac{T_{CD}^2 L_{CD}}{2GJ_{CD}}$$

$$\frac{1}{2}(53.3)\phi_A = \frac{(53.3)^2(600)}{2(80)\left(\pi\times 18^4/32\right)} + \frac{(2.8\times 53.3)^2(900)}{2(80)\left(\pi\times 24^4/32\right)}$$

得 $\phi_A = 0.183\ \text{rad} = 10.48°$ ◀

例題 3-16

同例題 3-11，試以能量法求 A、C 兩端之反力矩。

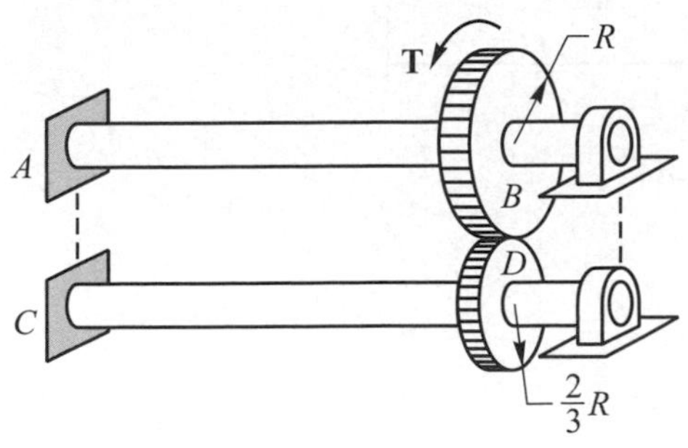

【解】設齒輪 B 之轉角為 ϕ_B(AB 桿之扭轉角)，則齒輪 D 之轉角 $\phi_D=\dfrac{3}{2}\phi_B$($CD$ 桿之扭轉角)。

因扭矩 T 所作之功等於結構內之總應變能，故

$$\frac{1}{2}T\phi_B=U_{AB}+U_{CD}=\frac{GJ\phi_B^2}{2L}+\frac{GJ\phi_D^2}{2L}=\left(1+\frac{9}{4}\right)\frac{GJ\phi_B^2}{2L}$$

得 $\phi_B=\dfrac{4TL}{13GJ}$ ，且 $\phi_D=\dfrac{3}{2}\phi_B=\dfrac{6TL}{13GJ}$

故 $T_A=\dfrac{GJ}{L}\phi_B=\dfrac{4}{13}T$◀ ， $T_C=\dfrac{GJ}{L}\phi_D=\dfrac{6}{13}T$◀

習題

3-40 兩端承受純扭之實心銅桿($G=6.0\times10^6$ psi)，長度為 30in，直徑為 1.5in，(a)當銅桿之最大剪應力為 4000 psi 時，試求桿內所儲存之應變能 U，(b)試由應變能求銅桿之扭轉角角 ϕ。

【答】(a)$U=35.3$ in-lb，(b)$\phi=1.53°$

3-41 圖中長度為 $L=1.1$m 之圓桿($G=40$GPa)有兩段不同之直徑，$d_1=25$mm，$d_2=30$mm，兩端承受扭矩 T，若扭轉角為 3.5°，試求桿內之應變能。

【答】$U=3.51$ J

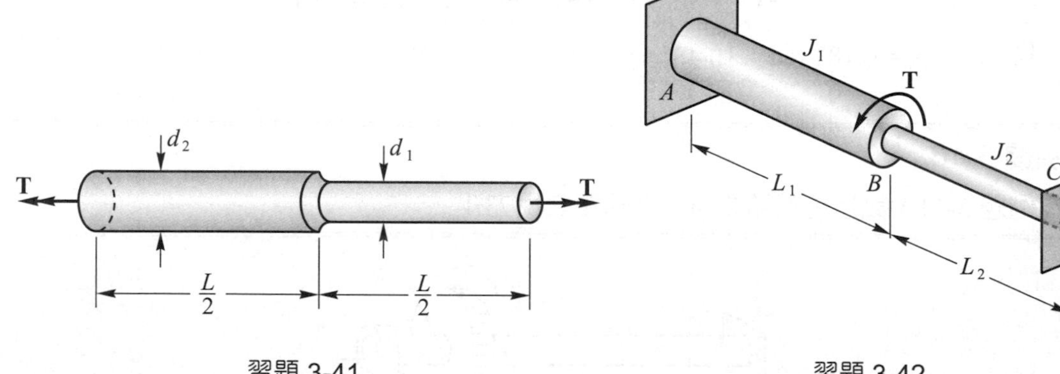

習題 3-41　　　習題 3-42

3-42 圖中靜不定鋼桿 ABC 在 A、C 兩端固定，今在斷面 B 施加扭矩 T，試用能量法求斷面 B 之扭轉角。鋼桿之剪彈性模數爲 G，AB 段與 BC 段之極慣性矩分別爲 J_1 與 J_2。

【答】 $\phi_B = \dfrac{TL_1L_2}{G(L_2J_1 + L_1J_2)}$

3-43 圖中長度爲 L 之圓桿，在 A 端固定，桿上承受均勻變化之分佈扭矩，其強度(單位長度之扭矩)由自由端爲零直線變化至固定端爲 t_A，試求圓桿內之應變能。圓桿之剪彈性模數爲 G，極慣性矩爲 J。

【答】 $U = t_A^2 L^3 / 40\,GJ$

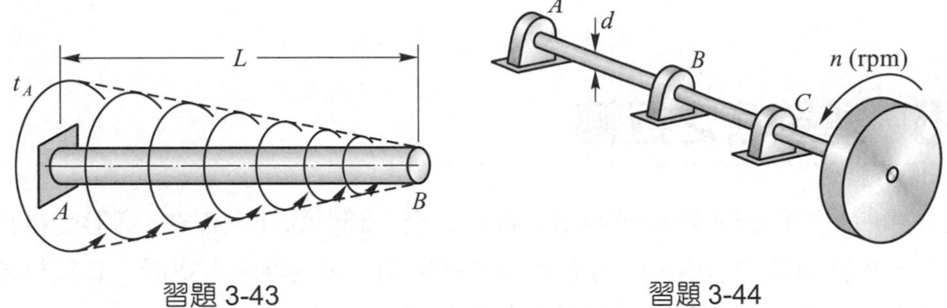

習題 3-43　　習題 3-44

3-44 圖中飛輪固定在直徑爲 d 之軸上，並以 n(rpm)之轉速轉動，今因故而使 A 處之軸承突然將軸鎖死不動，試求軸所生之最大扭轉角及軸內所生之最大剪應力。設 L = 軸長度，G = 剪彈性模數，I = 飛輪對中心軸之質量慣性矩，且軸重量及軸承摩擦忽略不計。

【答】 $\varphi = \dfrac{2n}{15d^2}\sqrt{\dfrac{2\pi IL}{G}}$，$\tau_{\max} = \dfrac{n}{15d}\sqrt{\dfrac{2\pi GI}{L}}$

3-45 同習題 3-17 之圖，若 D 端扭矩爲 1000 N-m，兩鋼軸之直徑均爲 60mm，試利用能量法求 D 端之扭轉角。

【答】 1.75°

3-46 同習題 3-33，利用能量法求齒輪 C 之轉角及 CD 軸之最大剪應力。

3-47 同習題 3-39，利用能量法求解。

3-48 圖中空心圓管 A 與實心圓桿 B 在自由端欲用銷子連結，由於製造誤差兩者銷孔有 θ(rad)之角度偏差。今將圓桿 B 施加扭矩使銷孔對準，插入銷子後再將扭矩移除，試求達平衡位置時兩者之總應變能爲何？兩者之剪彈性模數均爲 G，圓管 A 與圓桿 B 之極慣性矩分別爲 J_A 與 J_B。

【答】 $U=\dfrac{\theta^2 G J_A J_B}{2L\left(J_A+J_B\right)}$

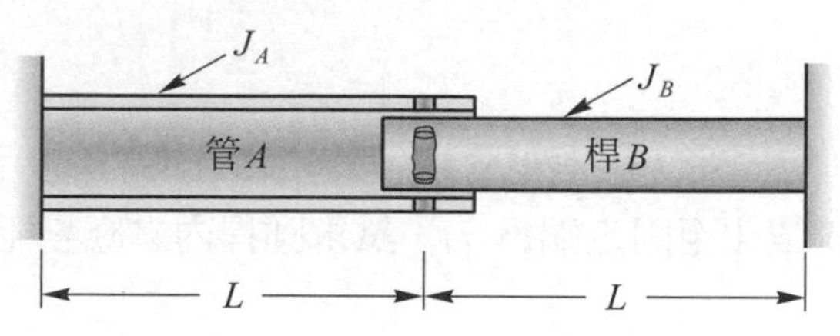

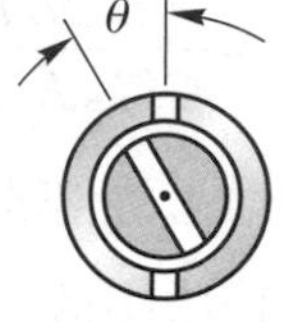

習題 3-48

3-6 薄壁管之扭轉

前面各節所分析的扭轉理論僅適用於實心與空心圓形斷面之桿件，圓形是抵抗扭轉之最有效斷面，故常用於機器內，但對於輕型的結構體，如飛機與太空船，必須以非圓形斷面的薄壁管件承受扭矩，因此本節將針對此類薄壁管件作分析。

當管壁厚度甚小於斷面尺寸時，此種管件稱之爲薄壁管(thin-walled tube)。任意斷面形狀之薄壁管，承受扭矩作用所生之剪應力與扭轉角，因適用條件不同，不能使用前述各節之結果分析。因此，本節將提供一種簡單之分析方法，可求得薄壁管斷面應力分佈之良好近似値。此分析方法是根據下列五項假設條件：

(1) 壁厚與斷面尺寸相較爲甚小，且斷面之壁厚可變化。
(2) 因管壁甚薄，故假設薄壁管斷面之剪應力在厚度方向爲均勻分佈。
(3) 管壁厚度無突然之變化，故無應力集中現象。
(4) 扭矩之作用面與薄壁管之橫斷面平行。
(5) 管壁無挫曲(buckling)之現象發生。

■剪力流與剪應力

圖 3-21(a)中所示爲一承受扭轉之薄壁管，今在管壁上切取一自由體，如圖 3-21(b)所示，是由相距Δx 之兩個橫斷面及兩個縱斷面所切取。由自由體圖之平衡，縱方向之合力等於零，故縱斷面上之剪力 F_1 及 F_2 必大小相等方向相反，即

$$F_1=F_2$$

其中 $F_1 = \tau_1 \Delta A_1 = \tau_1(t_1\Delta x) = (\tau_1 t_1)\Delta x$，$F_2 = \tau_2\Delta A_2 = \tau_2(t_2\Delta x) = (\tau_2 t_2)\Delta x$，故

$$\tau_1 t_1 = \tau_2 t_2 \tag{3-36}$$

因剪應力必同時存在於互相垂直之平面上，故管壁上任一點在縱斷面上與橫斷面上之剪應力必相等。因此，(3-36)式表示薄壁管斷面上任一點之剪應力與該處管壁厚度之乘積恆相等，此乘積稱爲剪力流(shear flow)，通常以 f 表示之，即

$$f = \tau t = \text{常數} \tag{3-37}$$

由上式可知承受扭轉之薄壁管，其斷面之最大剪應力發生在厚度最薄處，若管壁厚度均勻，則管壁上之剪應力均相等。

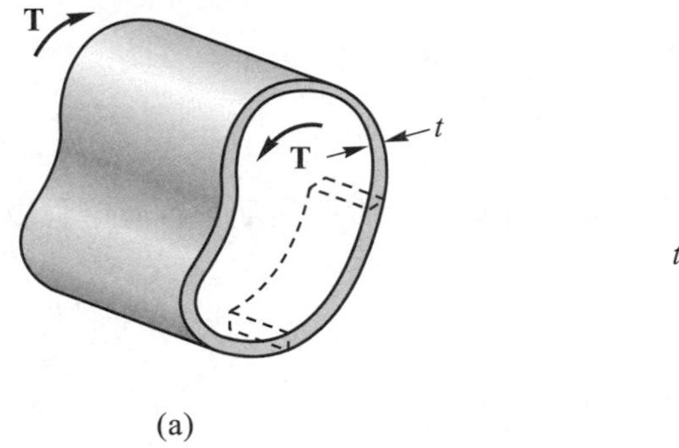

圖 3-21

由於薄壁管斷面所生之剪應力對薄壁管中心軸之力矩和必等於該斷面所承受之扭矩，今在薄壁管斷面上取一微小長度 ds，如圖 3-22 所示，則 ds 上之剪應力對中心軸 O 之力矩爲 $dT = \rho\, dF = \rho(\tau\, dA) = \rho(\tau\, t ds) = \rho f ds$，故

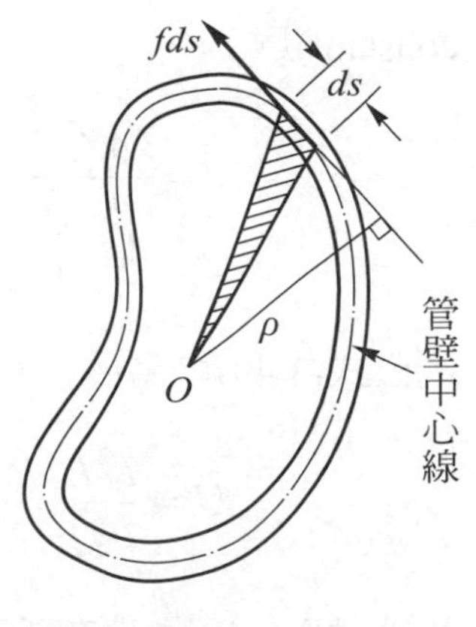

圖 3-22

$$T = \int_0^{L_m} \rho f ds = 2f\int_0^{L_m}\frac{1}{2}\rho ds$$

其中 L_m 爲管壁中心線(median line)之周長，所謂管壁中心線爲薄壁管斷面各處厚度中點之連線。$\frac{1}{2}\rho ds$ 相當於一底邊爲 ds 高爲 ρ 之三角形面積，如圖 3-22 中之斜線面積，故積分式 "$\int_0^{L_m}\frac{1}{2}\rho ds$" 即等於管壁中心線所包圍之面積，通常以 A_m 表示，故上式可寫爲

$$T = 2fA_m \quad ，\quad 或\ f = \frac{T}{2A_m} \tag{3-38}$$

將(3-37)代入(3-38)式，可得薄壁管斷面上任一點之剪應力為

$$\tau = \frac{T}{2A_m t} \tag{3-39}$$

■薄壁管之扭轉角

薄壁管之扭轉角，可由扭轉應變能求得。由公式(3-35a)，純剪狀態之應變能密度為 $u = \tau^2/2G$，因此薄壁管受扭時，每單位長度(沿薄壁管縱軸)所儲存之應變能為

$$U = \int u dV \ ，其中\ dV = (t)(ds)(1) = tds$$

故

$$U = \int_0^{L_m} \frac{\tau^2}{2G}(tds) = \frac{f^2}{2G}\int_0^{L_m}\frac{ds}{t} = \frac{T^2}{8GA_m^2}\int_0^{L_m}\frac{ds}{t}$$

由於薄壁管內所儲存之應變能，等於外加扭矩對薄壁管所作之功，若薄壁管為線彈性材料(虎克定律適用)，則

$$U = \frac{1}{2}T\theta = \frac{T^2}{8GA_m^2}\int_0^{L_m}\frac{ds}{t} \tag{3-40}$$

其中 θ 為薄壁管單位長度之扭轉角，即 $\theta = \phi/L$。若定義薄壁管斷面之扭轉常數(torsion constant)為

$$J = \frac{4A_m^2}{\int_0^{L_m}\frac{ds}{t}} \tag{3-41}$$

則公式(3-40)可寫為

$$U = \frac{T^2 L}{2GJ} \tag{3-42}$$

扭轉常數 J 為薄壁管斷面之性質，可視為相當於薄壁管斷面之極慣性矩。對於厚度均勻的薄壁管斷面，其扭轉常數 J 可寫為

$$J = \frac{4tA_m^2}{L_m} \tag{3-43}$$

利用扭矩 T 對薄壁管所作之功等於薄壁管內部所儲存之應變能可求得薄壁管之扭轉角 ϕ，即

$$W = U \quad , \quad \frac{1}{2}T\phi = \frac{T^2L}{2GJ}$$

$$\phi = \frac{TL}{GJ} \tag{3-44}$$

此公式與圓桿受扭之扭轉角(公式 3-13)相同。

對於厚度均勻之圓形薄壁管，參考圖 3-23，$L_m = 2\pi r$， $A_m = \pi r^2$，可得扭轉常數 J 爲

$$J = 2\pi r^3 t \tag{3-45}$$

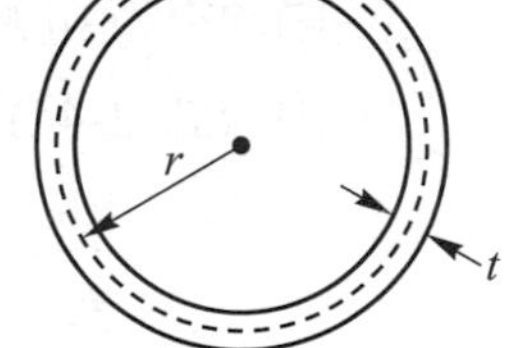

圖 3-23

因圓形薄壁管之厚度 t 甚小於其半徑 r，由極慣性矩之定義可得

$$J = \int_A r^2 dA = r^2 \int_A dA = r^2 (2\pi rt) = 2\pi r^3 t \tag{3-46}$$

故對於圓形斷面之薄壁管，極慣性矩與扭轉常數相同。

本節所討論之薄壁斷面必須爲封閉，對於開口之薄壁斷面，如槽型斷面，不可使用本節所導出之公式，一般開口之薄壁斷面，抵抗扭轉之能力甚差。

例題 3-17

圖中所示之薄壁圓管及薄壁方管以相同之材料製造，且管長、厚度及斷面積均相等；若兩薄壁管承受相同之扭矩，試求兩薄壁管剪應力及扭轉角之比。設薄壁方管在角隅處之應力集中效應忽略不計。

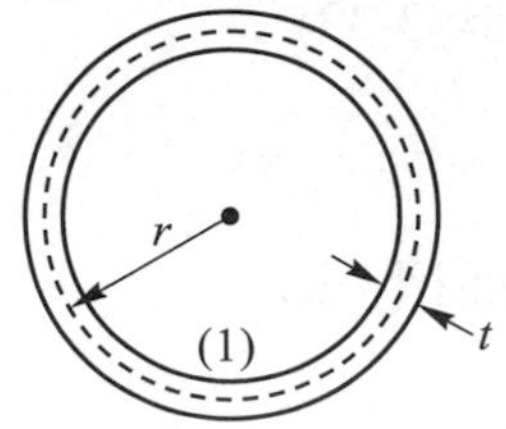

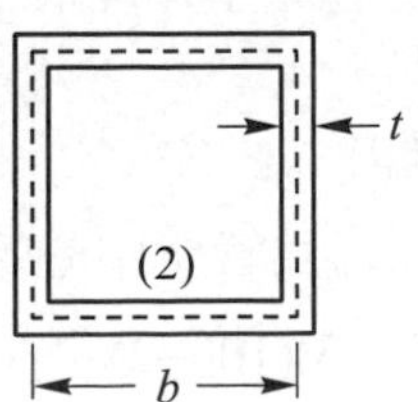

【解】設薄壁管之斷面積爲 A，管壁中心線之長度及所包圍之面積分別爲 L_m 及 A_m，，並設 1 代表薄壁圓管，2 代表薄壁方管，則

$$A_1 = 2\pi r t \qquad A_{m1} = \pi r^2 \qquad L_{m1} = 2\pi r$$
$$A_2 = 4\,bt \qquad A_{m2} = b^2 \qquad L_{m2} = 4b$$

因兩薄壁管之斷面積相等，$A_1 = A_2$，即 $2\pi r t = 4bt$，或 $L_{m1}t = L_{m2}t$，故

$$b = \frac{\pi r}{2} \quad，\quad 即\ L_{m1} = L_{m2}$$

兩薄壁管剪應力之比：

由公式(3-39)，因扭矩 T 及管壁厚度 t 相同，得

$$\frac{\tau_1}{\tau_2} = \frac{A_{m2}}{A_{m1}} = \frac{b^2}{\pi r^2} = \frac{(\pi r/2)^2}{\pi r^2} = \frac{\pi}{4} = 0.785 \blacktriangleleft$$

兩薄壁管扭轉角之比：

由公式(3-44)及(3-43)，因扭矩 T、管長 L 及材質(G 僅與材料有關)相同，得

$$\frac{\phi_1}{\phi_2} = \frac{J_2}{J_1} = \frac{A_{m2}^2}{A_{m1}^2} \cdot \frac{L_{m1}}{L_{m2}} = \left(\frac{\pi}{4}\right)^2 (1) = \frac{\pi^2}{16} = 0.617 \blacktriangleleft$$

例題 3-18

圖中長方形斷面之薄壁管，材質為鋁合金，若容許剪應力為 95 MPa，試求斷面所能承受之最大扭矩。設應力集中忽略不計。

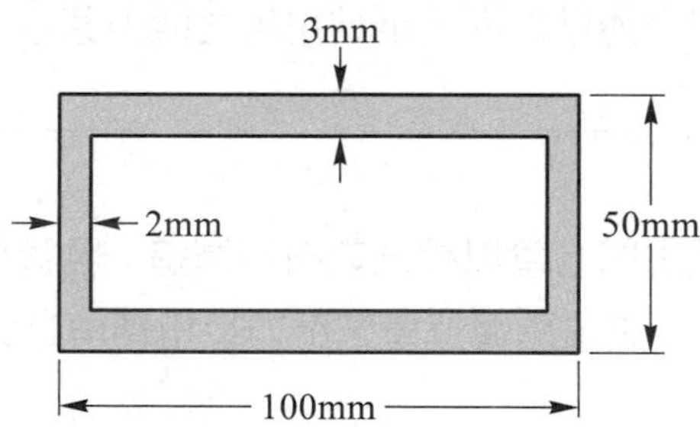

【解】最大剪應力發生在管壁厚度最小處，由公式(3-39)

$$\tau = \frac{T}{2A_m t}$$

其中 $t = 2\text{mm}$，A_m 爲管壁中心線所包圍之面積，即

$$A_m = (50-3)(100-2) = 4606\ \text{mm}$$

故 $T = 2A_m t\tau = 2(4606)(2)(95)$

$= 1.75\times10^6$ N-mm = 1.75 kN-m◀

3-49 圖中所示三個薄壁管承受相等之扭矩，且 $T = 50$ kN-m，設三薄壁管之材料相同，且 $G = 85\times10^3$ MPa，試求(a)三薄壁管之剪應力，(b)單位長度之扭轉角。

【答】(a) $\tau_1 = 58.9$ MPa，$\tau_2 = 100.5$ MPa，$\tau_3 = 59.0$ MPa

(b) $\theta_1 = 0.0074$ rad/m，$\theta_2 = 0.0102$ rad/m，$\theta_3 = 0.0066$ rad/m

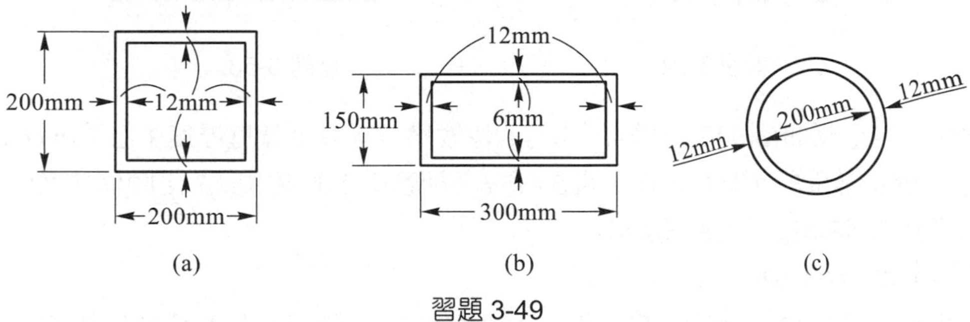

習題 3-49

3-50 圖中所示斷面之薄壁管長度爲 $L = 1.5$m，承受 $T = 15$ kN-m 之扭矩，試求剪應力 τ 及扭轉角 ϕ，設 $G = 76$ GPa。

【答】$\tau = 52.5$ MPa，$\phi = 0.855°$

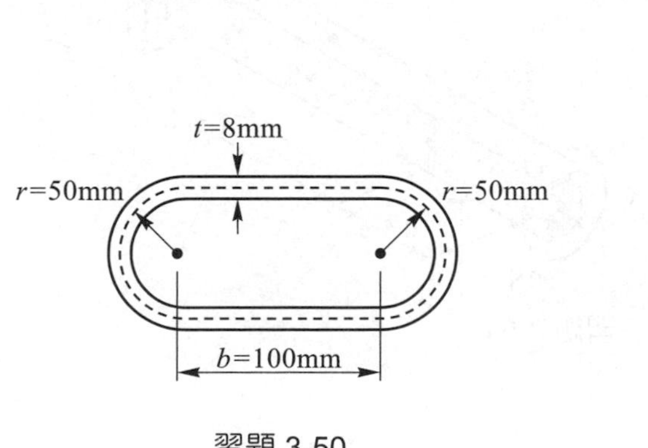

習題 3-50

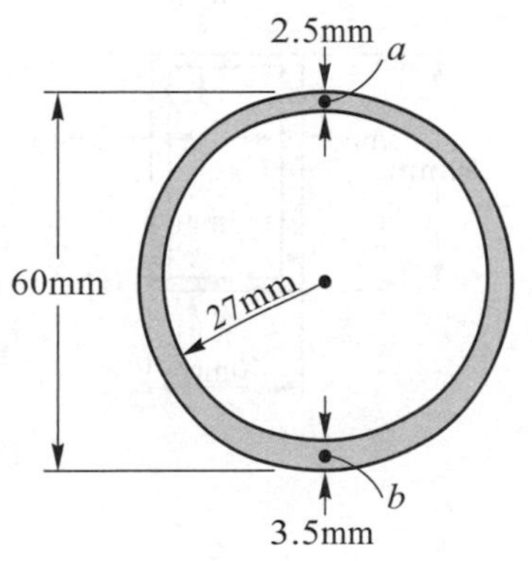

習題 3-51

3-51 圖中所示圓形斷面之薄壁管，承受扭矩 $T = 90$ N-m，試求 a、b 兩點之剪應力

【答】$\tau_a = 7.05$ MPa，$\tau_b = 5.04$ MPa

3-52 圖中所示爲方形薄壁斷面之鋁管($G = 28$ GPa)，承受 $T = 300$ N-m 之扭矩。若容許剪應力爲 20 MPa，單位長度容許之扭轉角爲 0.025 rad/m，試求所需之最小厚度。

【答】$t = 4.57$ mm

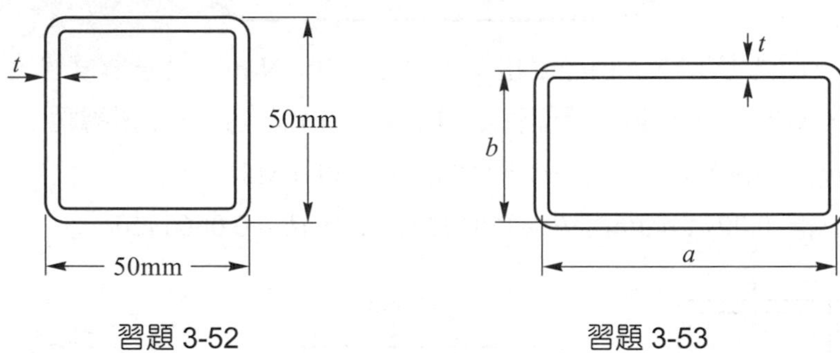

習題 3-52　　習題 3-53

3-53 圖中長方形斷面($a \times b$)之薄壁管，均勻的厚度爲 t，若斷面管壁厚度中心線(median line) L_m 及所受之扭矩 T 均爲定值，設$\beta = a/b$，則管壁之剪應力與β 之關係式爲何？並證明當$\beta = 1$ 時剪應力之值爲最小。

【答】$\tau = 2T(1+\beta)^2/tL_m^2\beta$

3-54 圖中所示爲長方形斷面之薄壁管，在 E 端爲固定，在斷面 C 及 D 分別承受扭矩 60 N-m 及 25N-m，試求 a、b 兩點之剪應力及 C 端之扭轉角。薄壁管以青銅製造($G = 38$ GPa)。

【答】$\tau_a - 1.75$ MPa，$\tau_b = 2.92$ MPa，$\phi = 6.29 \times 10^{-3}$ rad

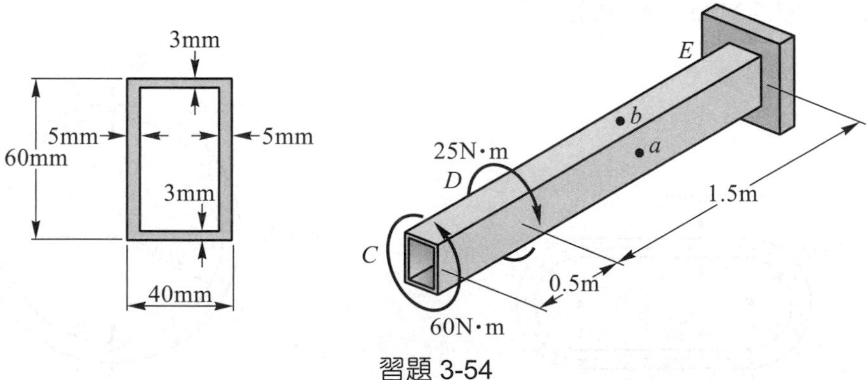

習題 3-54

3-55 圖中薄壁圓管(1)與實心圓桿(2)以相同之材料製造並承受純扭作用，兩者之橫斷面積及長度相同。若兩者之最大剪應力相同，試求兩者內部儲存應變能之比 U_1/U_2 爲何？

【答】$U_1/U_2 = 2$

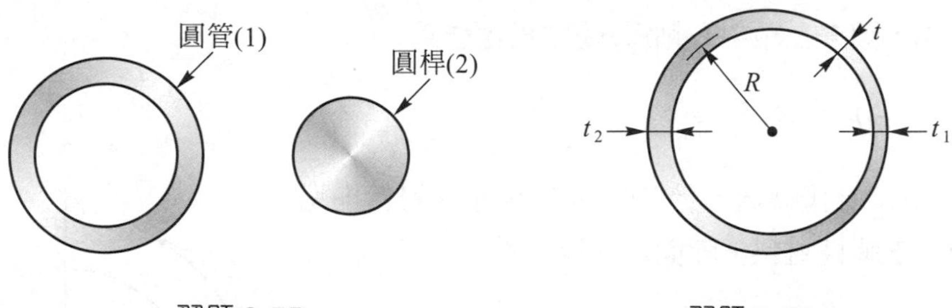

習題 3-55　　習題 3-56

3-56 圖中圓形薄壁管之平均半徑爲 R，其斷面厚度由右側之最小厚度 t_1 沿上下兩邊以直線增加至左側之最大厚度 t_2，(a)試求斷面之扭轉常數 J_a，(b)若斷面之厚度均勻，且 $t = \frac{1}{2}(t_1 + t_2)$，則扭轉常數 J_b 爲若干？(c)若 $t_2 = 2t_1$，則 J_a/J_b 之比爲若干？

【答】(a) $J_a = \dfrac{2\pi R^3\left(t_2 - t_1\right)}{\ln\left(t_2/t_1\right)}$，(b)$J_b = \pi R^3(t_1 + t_2)$，(c)0.962

3-57 圖中薄壁之圓錐形管子 AB，長度爲 L，兩端之直徑分別爲 d_a 與 d_b，均勻之厚度爲 t。管子承受純扭作用，扭矩爲 T，試求(a)管內之應變能，(b)扭轉角。

【答】(a)$U = T^2L(d_a+d_b)/G\pi t\, d_a^2 d_b^2$，(b)$\phi = 2TL(d_a+d_b)/G\pi t\, d_a^2 d_b^2$

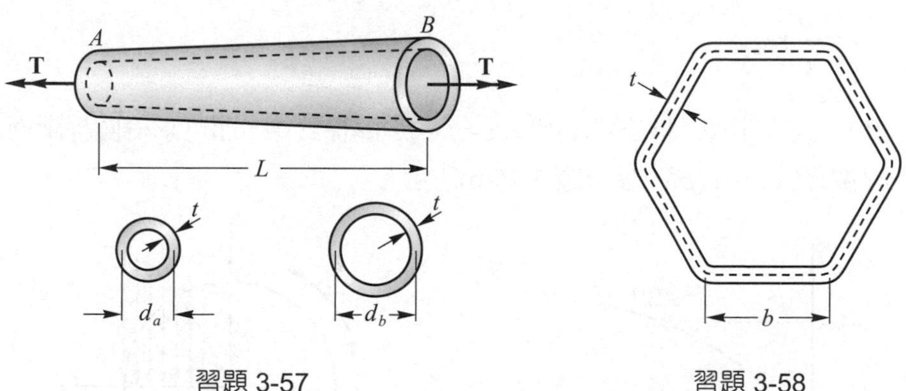

習題 3-57　　習題 3-58

3-58 圖中薄壁管之斷面爲正六邊形，每邊長度爲 b，均勻的厚度爲 t，承受扭矩 T 作用，試求剪應力及單位長度之扭轉角。設剪彈性模數爲 G。

【答】$\tau = \sqrt{3}\, T/9b^2t$，$\theta = 2T/9Gb^3t$

3-7 非彈性扭轉

承受扭矩之均質圓桿，設扭轉後其圓形橫斷面仍保持爲平面，且半徑仍保持爲直線，則由公式(3-5)，圓桿上距中心軸爲ρ處之剪應變爲

$$\gamma = \rho\theta \tag{a}$$

其中θ爲單位長度之扭轉角，參考圖 3-24 所示。對於虎克定律可適用之線彈性材料，斷面之剪應力爲

$$\tau = G\gamma = G\rho\theta \tag{b}$$

但對於某些材料(脆性材料或塑膠材料)，其剪應力與剪應變不成直線關係，公式(b)便不適用。因此，本節將提供一個普遍之方法，在虎克定律不能適用時，可用以求得圓桿斷面之剪應力分布，或用以計算產生某一扭轉角所需之扭矩。

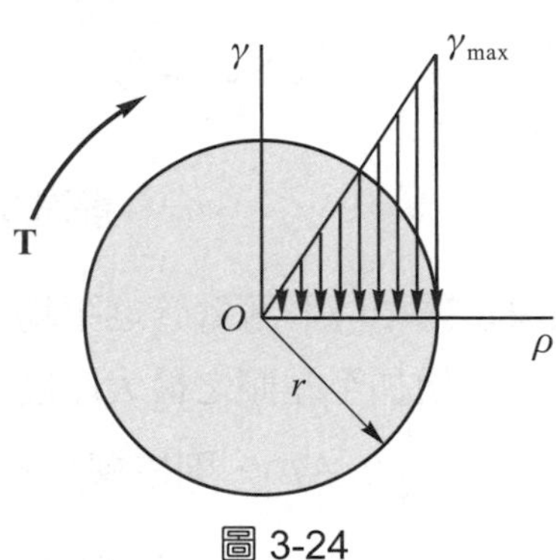

圖 3-24

若已知某圓桿材料之剪應力與剪應變關係$\tau = f(\gamma)$，如圖 3-25(a)所示，設圓桿表面所生之最大剪應力爲τ_{max}，則由$\tau = f(\gamma)$之關係式可求出表面之最大剪應變γ_{max}。因剪應變與半徑ρ成正比，故半徑爲ρ處之剪應變爲

$$\gamma = \frac{\rho}{r}\gamma_{max} \tag{c}$$

其中 r 爲圓桿之最大半徑。將公式(c)代入$\tau = f(\gamma)$之關係式中，即可求得圓桿斷面之剪應力 τ 與半徑ρ之關係式$\tau = \tau(\rho)$，參考圖 3-25(b)所示。

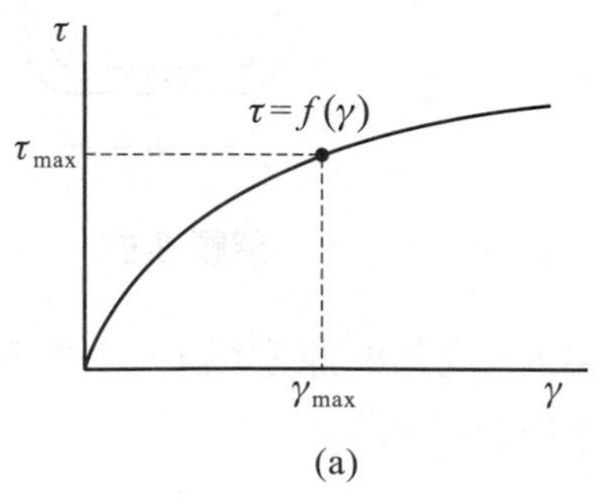

(a)

(b)

圖 3-25

由於圓桿斷面所生之剪應力對圓桿中心軸之力矩和必等於該斷面所承受之扭矩，今考慮一半徑為ρ厚度為 $d\rho$之微小圓環面積，$dA = 2\pi\rho d\rho$，則

$$T = \int_A \rho\left(\tau dA\right) = \int_0^r \rho\tau(2\pi\rho d\rho) = 2\pi\int_0^r \rho^2\tau d\rho \tag{3-47}$$

其中τ 為ρ之函數。因此，若已知τ-γ 之關係式，由公式(c)求得$\tau = f(\rho)$之關係式，再由公式(3-47)便可求得扭矩 T。在應用上，經常需要計算圓桿破壞之極限扭矩 T_U，此時可令τ_{max}等於圓桿之極限剪應力τ_U，再用上述之計算方法，即可求得 T_U，參考例題 3-19 之分析。

若需要知道使圓桿產生某一扭轉角所需之扭矩時，可先由已知之扭轉角求得任一半徑ρ處之剪應變γ，即

$$\gamma = \frac{\rho\phi}{L}$$

然後由τ-γ 之關係式求得斷面之剪應力分佈，即$\tau = f(\rho)$之關係式，再由公式(3-47)求得所需之扭矩 T。

例題 3-19

圖中空心圓桿之內徑為 30mm，外徑為 50mm，已知桿材之τ-γ 關係為$\tau = 80\times10^3\gamma - 10^7\gamma^2$ MPa，桿材之極限剪應力為$\tau_U = 160$ MPa，試求極限扭矩 T_U及此時斷面之剪應力分佈。

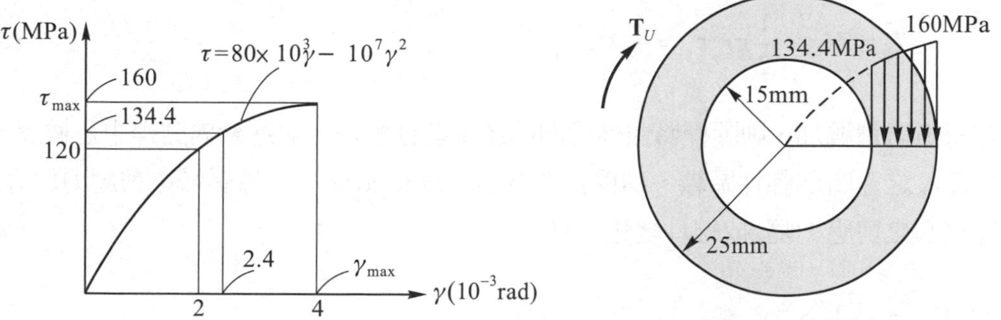

【解】設$\tau_{max} = \tau_U = 160$ MPa 時之最大剪應變為γ_{max}，由τ-γ 之關係式

$$160 = 80\times10^3\,\gamma_{max} - 10^7\gamma_{max}^2 \quad，\quad 得\ \gamma_{max} = 4\times10^{-3}\ (rad)$$

空心圓桿之內徑 $r_1 = 15$mm，外徑 $r_2 = 25$mm。

斷面之剪應變γ 與半徑ρ 之關係式為

$$\gamma = \frac{\rho}{r_2}\gamma_{\max} = \frac{\rho}{25}(4\times10^{-3}) = 0.16\times10^{-3}\rho \qquad (15 \le \rho \le 25\text{mm})$$

將γ 代入τ-γ 之關係式，可得斷面之剪應力分佈為

$$\tau = (80\times10^3)(0.16\times10^{-3}\rho) - 10^7(0.16\times10^{-3}\rho)^2$$
$$= 12.8\rho - 0.256\rho^2 \text{ MPa} \quad (15 \le \rho \le 25\text{mm})◀$$

極限扭矩 T_U 由公式(3-47)

$$T_U = \int \rho(\tau\cdot 2\pi\rho d\rho) = \int_{15}^{25} 2\pi\rho^2\left(12.8\rho - 0.256\rho^2\right)d\rho$$
$$= 3.94\times10^6 \text{ N-mm} = 3940 \text{ N-m}◀$$

3-8 彈塑材料圓桿之扭轉

理想彈塑材料之剪應力與剪應變關係如圖 3-26 所示。只要圓桿之剪應力不超過剪降伏應力τ_y，虎克定律便可適用，且斷面上之應力呈線性分佈，如圖 3-27(a)所示。當扭矩逐漸增加，使圓桿表面之最大剪應力達τ_y，此時扭矩為使圓桿保持彈性之最大值，以 T_y 表示，而圓桿斷面之應力仍為線性分佈，如圖 3-27(b)所示，T_y 稱為彈性最大扭矩(maximum elastic torque)，由公式(3-12)

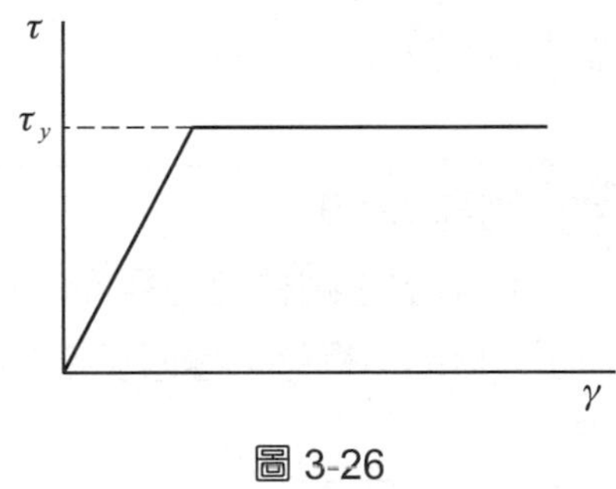

圖 3-26

$$T_y = Z_P\tau_y = \frac{1}{2}\pi r^3\tau_y = \frac{1}{16}\pi d^3\tau_y \tag{3-48}$$

若扭矩繼續增加，則圓桿將由外緣開始產生塑性變形，並逐漸向圓桿中心擴展，而僅餘半徑為ρ_y之範圍為彈性區域，稱為彈性核心(elastic core)。塑性區域中剪應力均等於τ_y，而彈性核心之剪應力隨ρ成線性變化，且

$$\tau = \frac{\tau_y}{\rho_y}\rho$$

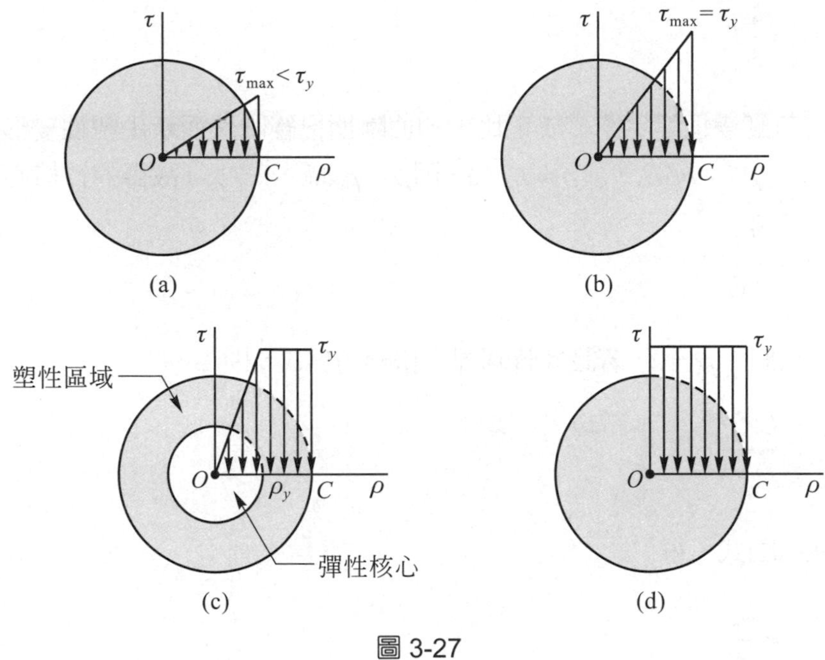

圖 3-27

斷面之應力分佈，如圖 3-27(c)所示，至於此時斷面所承受之扭矩 T，由公式(3-47)

$$T = 2\pi\int_0^r \rho^2 \tau \, d\rho = 2\pi\int_0^{\rho_y} \rho^2 \left(\rho\frac{\tau_y}{\rho_y}\right) d\rho + 2\pi\int_{\rho_y}^r \rho^2 \tau_y \, d\rho$$

$$= \frac{1}{2}\pi\rho_y^3\tau_y + \frac{2}{3}\pi r^3\tau_y - \frac{2}{3}\pi\rho_y^3\tau_y$$

得

$$T = \frac{2}{3}\pi r^3 \tau_y \left(1 - \frac{\rho_y^3}{4r^3}\right) \tag{3-49a}$$

將公式(3-48)代入，則上式可寫為

$$T = \frac{4}{3}T_y \left(1 - \frac{\rho_y^3}{4r^3}\right) \tag{3-49b}$$

當扭矩再繼續增加，塑性區域亦隨之擴大，直至整個圓桿斷面之剪應力均達 τ_y，如圖 3-27(d)所示，此時之扭矩 T_P 為彈塑材料之圓桿所能承受之最大扭矩，稱為極限扭矩或塑性扭矩(plastic torque)。令(3-49b)式中 $\rho_y = 0$，可得 T_P 為

$$T_P = \frac{4}{3}T_y \tag{3-50}$$

因圓桿斷面之剪應變恒與半徑ρ 成正比，即使斷面已經降伏而產生塑性變形，公式(3-5)仍然成立，即$\gamma = \rho\theta = \rho\phi/L$，或$\rho = L\gamma/\phi$，因$\rho = \rho_y$時，$\gamma = \gamma_y$，故得彈性核心半徑爲

$$\rho_y = \frac{L\gamma_y}{\phi} \tag{3-51}$$

圓桿剛開始降伏時，$\rho_y = r$，若設此時圓桿之扭轉角爲ϕ_y，則

$$r = \frac{L\gamma_y}{\phi_y} \tag{3-52}$$

將(3-51)式除(3-52)式，得

$$\frac{\rho_y}{r} = \frac{\phi_y}{\phi} \tag{3-53}$$

再將(3-53)式代入(3-49b)式即可求得扭轉角ϕ 與扭矩 T 之關係爲

$$T = \frac{4}{3}T_y\left(1 - \frac{1}{4}\frac{\phi_y^3}{\phi^3}\right)\text{，}\phi > \phi_y \tag{3-54}$$

其中，T_y 及ϕ_y 爲圓桿開始降伏時之扭矩及扭轉角。需注意(3-54)式用於$\phi > \phi_y$時，即適用於圓桿產生塑性變形以後，至於$\phi < \phi_y$時，圓桿尚未產生塑性變形，仍屬彈性範圍，T 與ϕ 爲線性關係，且

$$T = \frac{GJ\phi}{L}\text{，}\phi < \phi_y \tag{3-55}$$

將式(3-54)及(3-55)合併作圖，可得彈塑材料之 $T-\phi$ 關係曲線圖，如圖 3-28 所示。圖中顯示，當ϕ 角爲無窮大時，T 趨近於 T_P，故實際上 T_P 不可能達到。但由公式(3-54)，$\phi = 2\phi_y$ 時，$T \approx 0.97T_P$，而$\phi = 3\phi_y$ 時，$T \approx 0.99T_P$，故扭轉角ϕ大於ϕ_y後扭矩將很快地接近 T_P。

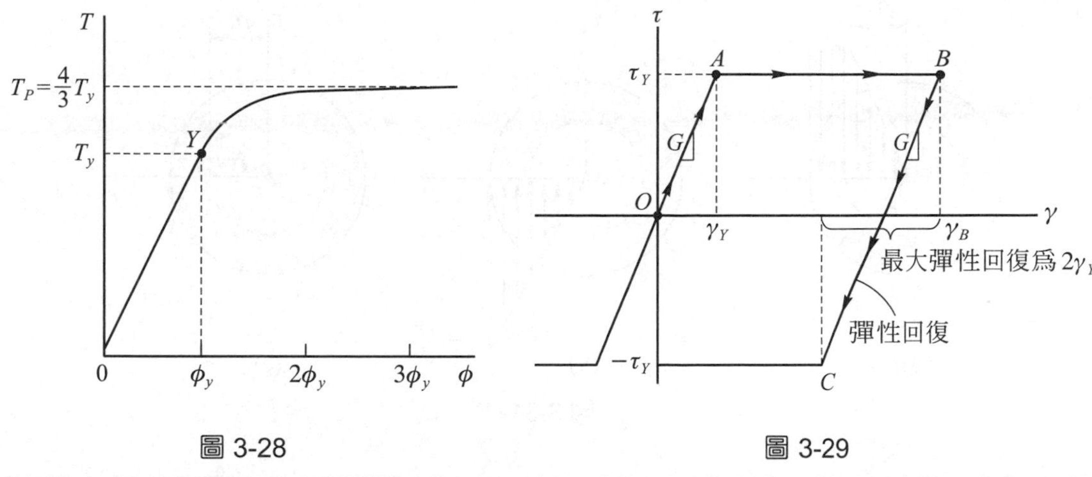

圖 3-28　　圖 3-29

■殘留應力

圓桿承受扭轉而產生塑性剪應變時，移去扭矩後會有剪應力殘留在圓桿上，此應力稱爲殘留應力(Residual Stress)，其分布可由彈性回復及重疊原理求得。參考圖 3-29，彈塑材料之圓桿，承受扭矩後產生至γ_B之剪應變，即圖中之 B 點，扭矩釋放會產生反向剪應力，使材料沿 BC 線(與彈性部份之直線 OA 平行)產生彈性回復，只要應力減少量不超過兩倍降伏強度，即使越過水平軸至$(-\tau)$方向，τ 與γ 仍保持線性關係。

扭矩釋放時，由於τ–γ爲線性關係，故可用$\phi' = TL/GJ$之關係求得扭矩降爲零時圓桿彈回之扭轉角ϕ'，參考圖 3-30 所示，卸載後圓桿會留有永久變形之扭轉角ϕ_P，且$\phi_P = \phi - \phi'$，其中ϕ爲承受扭矩所生之扭轉角，由公式(3-54)求得。

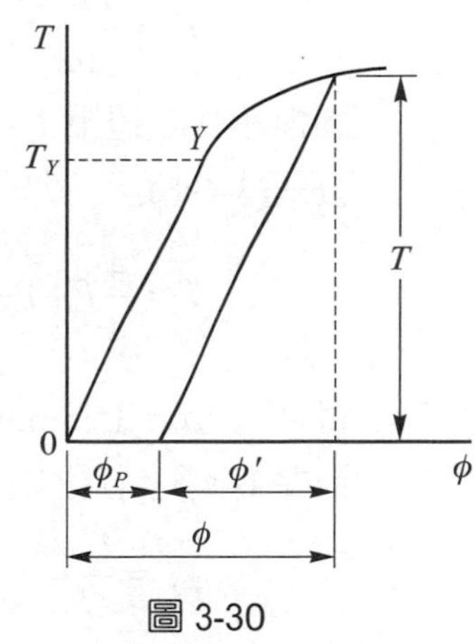

圖 3-30

欲求彈塑材料殘留應力之分佈，可利用重疊原理分析。首先求圓桿斷面承受彈塑扭矩 T 所生之應力分布，如圖 3-31(a)所示，再求卸載扭矩 T 使圓桿斷面所生線性分布之反向剪應力，如圖(b)所示，將此兩項應力重疊，即可得斷面殘留應力之分布，如圖(c)所示。注意，殘留應力之方向，部份與外加扭矩之應力方向相同，部份則相反，且卸載後斷面殘留應力之淨力矩爲零，即 $\int\rho\left(\tau dA\right)=0$。

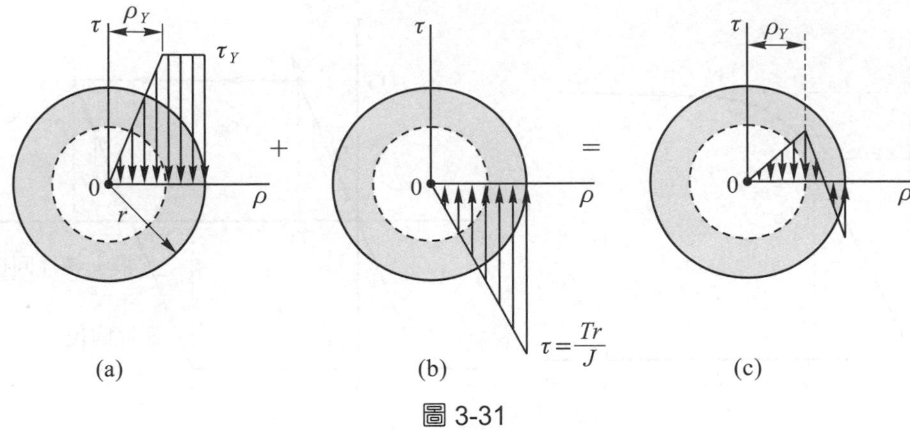

圖 3-31

例題 3-20

一彈塑材料製造之實心圓軸，長度為 1.2m，直徑為 50mm，設彈塑材料之剪降伏應力 $\tau_y = 150$ MPa，剛性模數 $G = 80$ GPa。(a)圓軸承受扭矩 $T = 4.60$ kN-m 時，試求彈性核心ρ_y與扭轉角，(b)將扭矩移去後，試求永久變形之扭轉角ϕ_P及殘留應力之分佈。

【解】圓桿之最大彈性扭矩 T_y 爲

$$T_y = \frac{\pi d^3}{16}\tau_y = \frac{\pi(50)^3}{16}(150) = 3.68\times10^6 \text{ N-mm}$$

圓桿承受之扭矩 $T = 4.60$ kN-m 大於 T_y，故斷面爲部份降伏，其彈性核心半徑ρ_y由公式(3-49b)

$$T = \frac{4}{3}T_y\left(1-\frac{\rho_y^3}{4r^3}\right) \quad , \quad 4.60\times10^6 = \frac{4}{3}(3.68\times10^6)\left[1-\frac{\rho_y^3}{4(25)^3}\right]$$

得　　$\rho_y = 15.8\text{mm}$◄

因在 $0 \le \rho \le \rho_y$ 之範圍內爲線彈性行爲，距圓心爲ρ_y處之剪應變γ_y爲

$$\gamma_y = \frac{\tau_y}{G} = \frac{150}{80\times10^3} = 1.875\times10^{-3} \text{ (rad)}$$

由剪應變與扭轉角之關係$\gamma_y = \rho_y\phi/L$，可得此時圓桿之扭轉角爲

$$\phi = \frac{\gamma_y}{\rho_y}L = \frac{1.875\times10^{-3}}{15.8}(1200) = 0.1424 \text{ (rad)} = 8.16° \blacktriangleleft$$

將扭矩 T 移去，將產生彈性回復，相當於施加一反向扭矩 T' (=T)抵銷原施加之扭矩 T。T'所生之最大剪應力 $\tau'_{\max}$ 及扭轉角 ϕ' 爲

$$\tau'_{\max}=\frac{16T'}{\pi d^3}=\frac{16\left(4.60\times10^6\right)}{\pi\times50^3}=187.4\text{ MPa}$$

$$\varphi'=\frac{T'L}{GJ}=\frac{\left(460\times10^6\right)(1200)}{\left(80\times10^3\right)\left(\pi\times50^4/32\right)}=0.1124\text{ rad}=6.44°$$

殘留之永久扭轉角ϕ_P為

$$\phi_P=\phi-\phi'=8.16°-6.44°=1.72° ◀$$

殘留應力分布可由扭矩 T 所生之剪應力及彈性回復所生之剪應力重疊而得，如下圖所示。

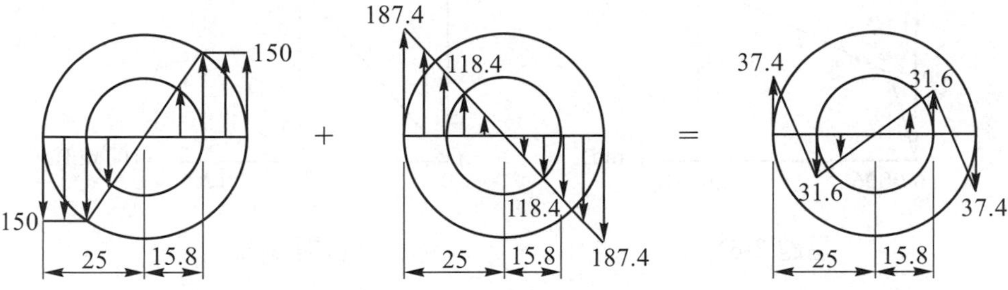

習題

3-59 半徑 $r=100$mm 之圓桿承受扭轉，若桿材之剪應力與剪應變之關係為$\tau=20\gamma^{1/3}$ MPa，如圖所示，若圓桿之最大剪應變為 0.005 rad，試求圓桿所受之扭矩？

【答】$T=6.45$ kN-m

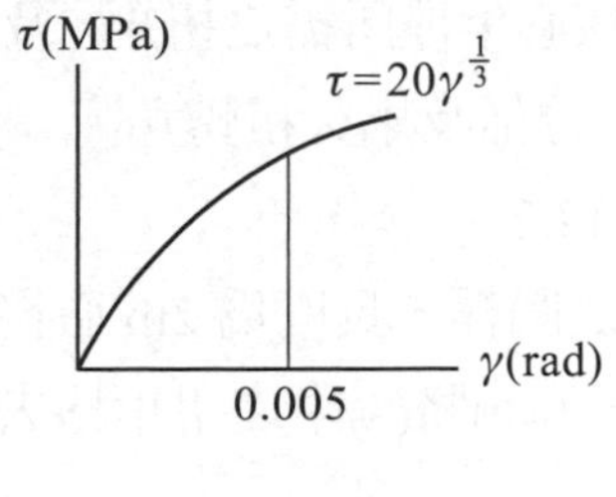

習題 3-59

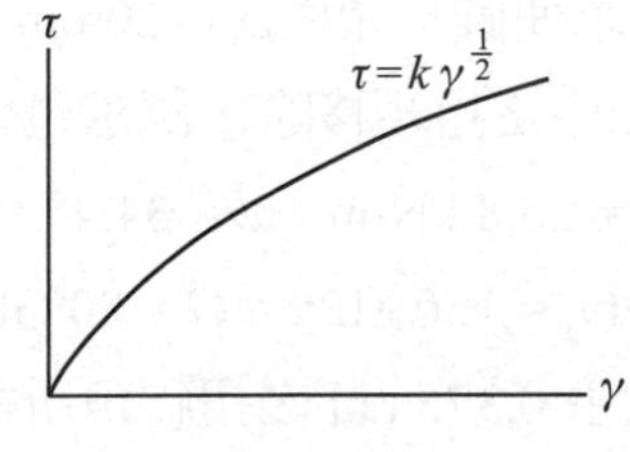

習題 3-60

3-60 半徑為 R 之圓桿，其剪應力與剪應變關係如圖所示，當此圓桿承受扭矩 T 作用時，試求(a)圓桿之扭轉角(以 T、R、k 及 L 表示)，(b)圓桿之最大剪應力(以 T、R 表示)

【答】$\phi=\dfrac{49T^2L}{16\pi^2k^2R^7}$，$\tau_{\max}=\dfrac{7T}{4\pi R^3}$

3-61 半徑 $r=2$ in 之圓桿其剪應力與剪應變關係如圖所示，若圓桿承受純扭所生之最大剪應變 $\gamma_{\max}=0.0048$ rad，試求圓桿所受之扭矩。

【答】14.4 kip-ft

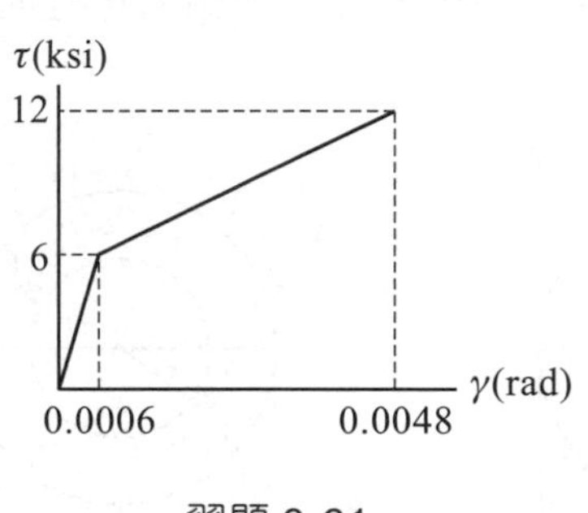

習題 3-61

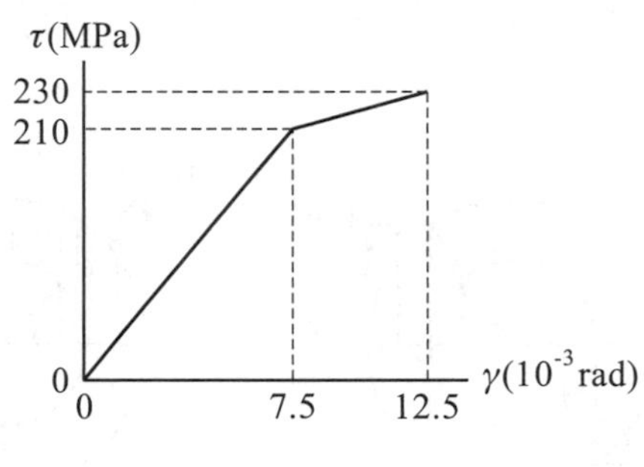

習題 3-62

3-62 直徑為 100mm 長度為 2m 之圓軸，其剪應力與剪應變關係如圖所示，試求(a)使圓軸產生最大剪應力 230 MPa 所需施加之扭矩，(b)在(a)之扭矩作用下圓軸之扭轉角。

【答】(a)$T=54.4$ kN-m，(b)$\phi=0.500$ rad

3-63 長度為 1m 直徑為 40mm 之實心圓桿，以彈塑材料製造($\tau_y=100$ MPa，$G=80$ GPa)而成。試求(a)彈性最大扭矩 T_y 及對應之扭轉角，(b)當扭矩 $T=1.2T_y$ 時之扭轉角。

【答】(a)$T_y=12.6$ kN-m，$\phi_y=0.0625$ rad，(b)$\phi=0.0848$ rad

3-64 長度為 3m 直徑為 80mm 之實心圓桿，用彈塑材料製造($\tau_y=160$ MPa，$G=40$ GPa)而成。(a)試求使圓桿產生 $\rho_y=20$mm 之彈性核心半徑所需之扭矩，及此時圓桿之扭轉角，(b)將(a)中之扭矩移除，試求殘留應力之分佈及永久扭轉角。

【答】(a)$T=20.8$ kN-m，$\phi=34.4°$，(b)$\phi_P=12.2°$

3-65 一彈塑材料($\tau_y=150$ MPa，$G=80$ GPa)製造之圓桿，長度為 2m 直徑為 40mm，(a)試求使圓桿產生 0.375 rad 之扭轉角所需之扭矩，(b)將(a)中之扭矩移去，試求圓桿之永久扭轉角。

【答】(a)2.43 kN-m，(b)7.62°

3-66 一彈塑材料(τ_y = 150 MPa，G = 80 GPa)製造之空心圓桿，內徑為 40mm，外徑為 60mm，長度為 1.5m。試求(a)使圓桿斷面完全降伏所需之扭矩(塑性扭矩 T_P)？(b)將(a)中之扭矩移去後，試求永久扭轉角及殘留應力。

【答】(a)5970 N-m，(b)1.78°

3-67 一彈塑材料(τ_y = 180 MPa，G = 80 GPa)製造之空心圓桿，內徑為 30mm，外徑為 70mm，長度為 0.9m，試求使斷面產生 10mm 厚度之塑性區域所需之扭矩及對應之扭轉角。

【答】T = 14.12 kN-m，ϕ = 4.64°

CHAPTER

4

剪力與彎矩

4-1 緒論

同一根桿件承受不同負荷時，內部所生之效應將完全不同。第一章中，討論桿件承受軸向負荷時，桿內橫斷面會產生正交應力，並使桿件產生拉伸或收縮之變形。第三章中，討論桿件承受扭矩(扭矩之作用面與橫斷面平行)時，桿內橫斷面則產生剪應力，並使桿件產生扭轉角。本章將研究另外一種負荷情形，如圖 4-1 所示，桿件承受垂直於桿件縱軸之外力(稱爲橫向負荷)，或桿件在其縱斷面上承受力偶矩作用(稱爲彎曲力矩簡稱彎矩)，這些負荷將使桿件產生彎曲變形，通常將承受橫向負荷或彎矩之桿件稱爲梁(beam)，故梁之定義爲承受負荷後會產生彎曲變形之桿件。本章主要在討論梁承受各種不同負荷時其斷面所生之內力，進而在第五章中分析梁因抵抗外加負荷其內部所生之應力，最後在第八章中討論梁之變形。

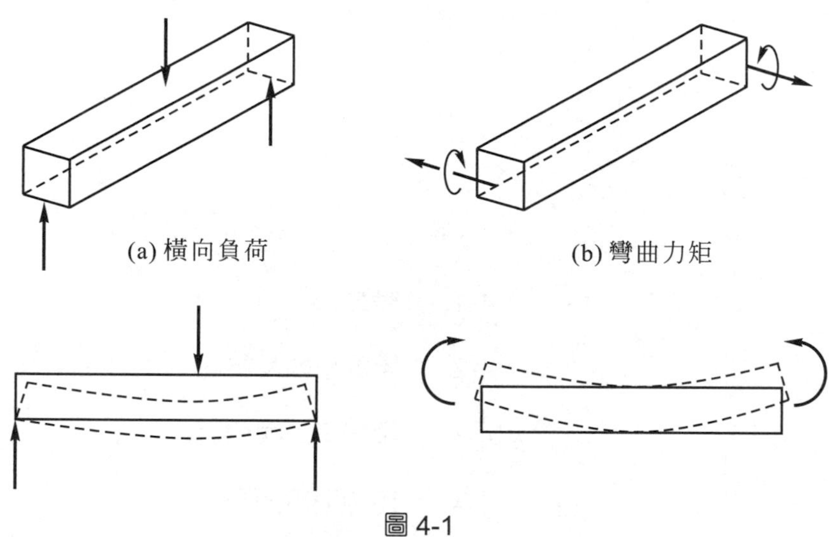

圖 4-1

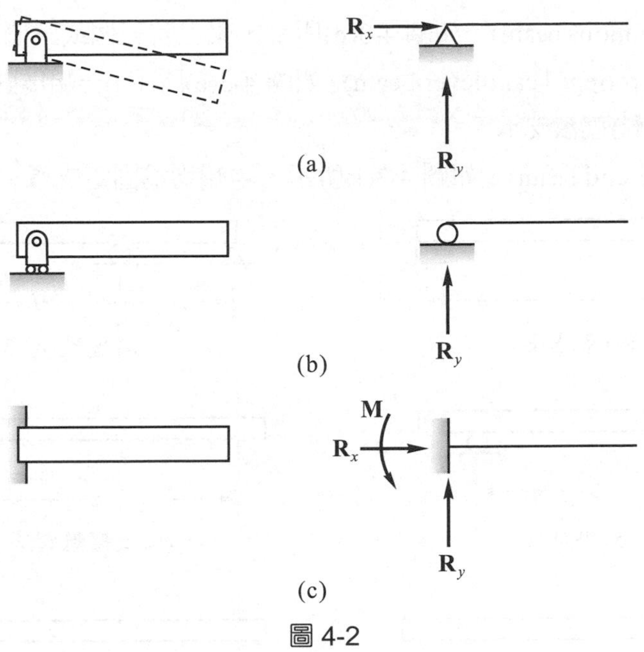

圖 4-2

4-2 梁的種類及負荷

梁需有適當的支承方可承受橫向負荷，常見的支承有三種，即**鉸支承**、**滾支承**與**固定支承**。鉸支承可支撐各方向之作用力，其支承反力可分為垂直與水平兩個方向之分量，如圖 4-2(a)所示，故鉸支承有兩個未知反力，但鉸支承不能抵抗力矩。滾支承僅能支撐垂直於支承面之作用力，不能支撐平行於支承面之作用力，亦不能抵抗力矩，如圖 4-2(b)所示，故滾支承僅有一個與支承面垂直之未知反力。固定支承則可抵抗力矩及各方向之作用力，故有三個未知反力，包括垂直與水平反力以及反力矩，如圖 4-2(c)所示。

梁可用各種不同之支承以支撐其所承受之負荷，常見的支承方式有下列六種：

(1) 簡支梁(simply supported beam)，如圖 4-3(a)所示，梁一端為鉸支承而另一端為滾支承。

(2) 外伸梁(overhanging beam)，如圖 4-3(b)所示，梁中有一處為鉸支承，另一處為滾支承，但有一端或兩端伸出支承外。

(3) 懸臂梁(cantilever beam)，如圖 4-3(c)所示，梁一端為固定支承，而另一端無支承(稱為自由端)。

(4) 連續梁(continuous beam)，如圖 4-3(d)所示，梁上有三個或三個以上之支承。

(5) 支撐懸臂梁(propped cantilever beam)，如圖 4-3(e)所示，一端爲固定支承，另一處(在梁上或另一端)爲滾支承。

(6) 固定梁(fixed-end beam)，如圖 4-3(f)所示，兩端均爲固定支承。

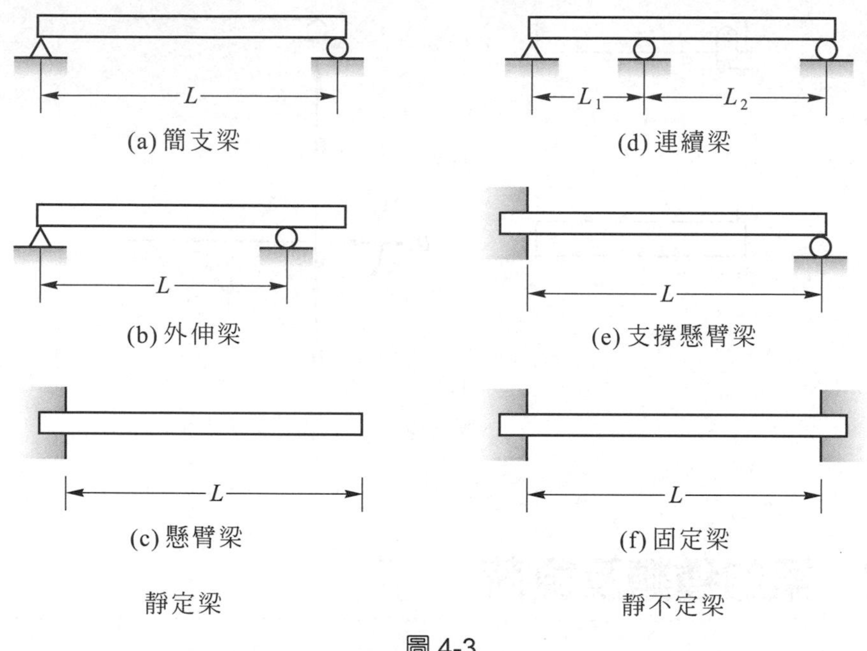

(a) 簡支梁　(d) 連續梁

(b) 外伸梁　(e) 支撐懸臂梁

(c) 懸臂梁　(f) 固定梁

靜定梁　靜不定梁

圖 4-3

上式六種梁，其支承之未知反力可直接由靜力學之平衡方程式求解者，稱爲靜定梁(statically determinate beam)。前三種梁(即簡支梁、外伸梁及懸臂梁)有三個未知反力，而平面上有三個獨立之平衡方程式，恰可求解，故前三者爲靜定梁。後三種梁(即連續梁、支撐懸臂梁及固定梁)其未知反力均超過三個，不能直接用平衡方程式求解，故稱爲靜不定梁(statically indeterminate beam)。有關靜不定梁之分析留待第八章中討論，本章僅探討靜定梁。

梁是承受橫向負荷之構件，其負荷種類相當複雜，通常可將其分爲五種基本形式，任一梁可能僅承受一種負荷，或同時承受數種負荷，下列爲此五種基本負荷：

(1) 無負荷(no lnad)：當梁本身之重量甚小於其所承受之負荷時，可視爲梁上是無負荷。

(2) 集中負荷(concentrated load)：當梁上負荷之作用面積甚小時，可將此負荷視爲作用於一點，而稱爲集中負荷，如圖 4-4(a)所示。

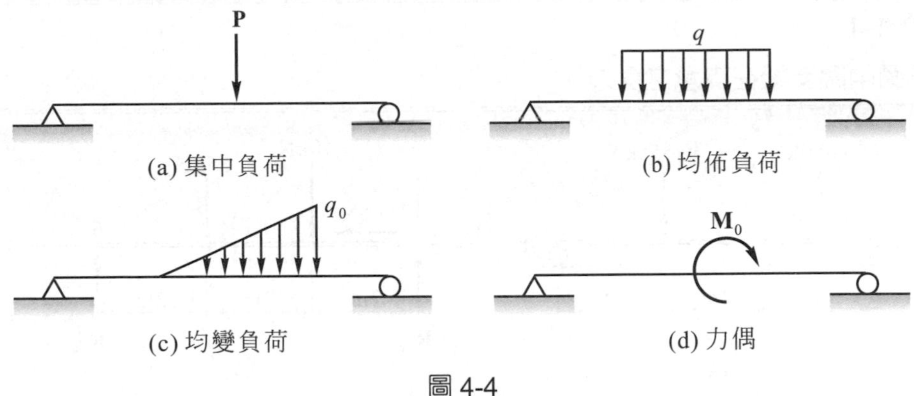

(a) 集中負荷　(b) 均佈負荷　(c) 均變負荷　(d) 力偶

圖 4-4

(3) 均佈負荷(uniformly distributed load)：當負荷是均勻作用在梁上某一段長度時，稱爲均佈負荷，如圖 4-4(b)所示。均佈負荷之強度是以每單位長度之負荷表示，其單位爲 kN/m、N/mm、kg/mm、lb/ft 或 lb/in。例如 q = 20 kN/m，是表示梁每 1 公尺之長度承受 20kN 之均佈負荷。

(4) 變化負荷(varying load)：梁上分佈負荷之強度呈連續變化者，稱爲變化負荷，最常見爲呈直線變化，稱爲均變負荷，如圖 4-4(c)所示，由左端爲零呈直線變化至右端達 q_0 之強度。

(5) 力偶(coupe)：承受力偶作用之梁，如圖 4-4(d)所示，其作用面在梁的縱斷面上，由於此種力偶有使梁產生彎曲變形之趨勢，故稱爲彎曲負荷，彎曲負荷通常可視爲集中作用在梁上某一點。

圖 4-4 中所示之梁均爲平面結構，橫向負荷及力偶的作用面都在同一鉛直面上，且彎曲變形亦在此平面上，稱爲彎曲平面(plane of bending)。通常此鉛直面爲梁之縱向對稱面，即梁的橫斷面上有一鉛直之對稱軸存在。

■梁的支承反力

梁承受負荷時，支承必生反力以維持梁的平衡，對於靜定梁，支承反力可直接由靜力學的平衡方程式求解，其求解過程如下：

(1) 將梁取出繪自由體圖，標出梁所受之負荷及支承之未知反力。

(2) 梁上有分佈負荷作用時，需先求分佈負荷之合力，合力之大小等於分佈負荷曲線下之面積，而作用線通過此面積之形心。

(3) 由平衡方程式：$\sum F_x = 0$，$\sum F_y = 0$ 及$\sum M = 0$，即可求得梁在支承之未知反力。

例題 4-1

試求圖中簡支梁在支承之反力。

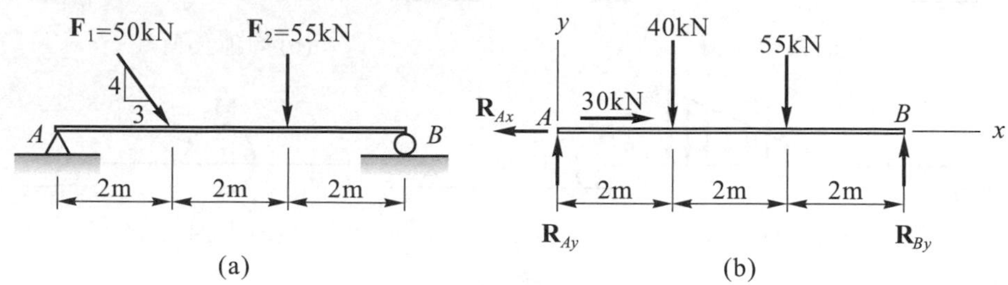

【解】繪梁之自由體圖，如圖(b)所示，並將 F_1 分解爲水平及垂直分量，由平衡方程式：

$$\sum F_x = 0 \;；\; 30 - R_{Ax} = 0 \tag{1}$$

$$\sum F_y = 0 \;；\; R_{Ay} + R_{By} - 40 - 55 = 0 \tag{2}$$

$$\sum M_A = 0 \;；\; R_{By}(6) - 55(4) - 40(2) = 0 \tag{3}$$

由(1)(2) (3)式解得：$R_{Ax} = 30$ kN，$R_{Ay} = 45$ kN，$R_{By} = 50$ kN

故支承 A、B 之反力分別爲

$$R_A = \sqrt{R_{Ax}^2 + R_{Ay}^2} = \sqrt{30^2 + 45^2} = 54.1 \text{ kN} \blacktriangleleft$$

$$R_B = R_{By} = 50 \text{ kN} \blacktriangleleft$$

例題 4-2

試求圖中外伸梁在支承之反力。

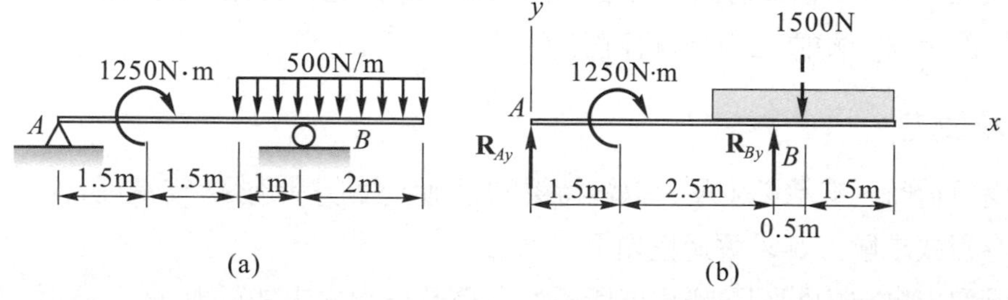

【解】繪 AB 梁之自由體圖，如(b)圖所示，爲一共面平行力系。支承 A 爲鉸支承，但梁上僅有垂直負荷，故 $R_{Ax} = 0$。又梁上均佈負荷之合力爲 $P = (500\text{ N/m})(3\text{m}) = 1500$ N，且 P 通過均均佈負荷面積之形心。由共面平行力系之平衡方程式

$$\sum M_A = 0 \;；\; R_{By}(4.0) - 1500(4.5) - 1250 = 0 \tag{1}$$

$\sum F_y = 0$ ； $R_{Ay} + R_{By} - 1500 = 0$ (2)

由(1)(2)解得支承 A、B 之反力為

$R_{By} = 2000$ N◀

$R_{Ay} = -500$ N (負號表示 R_{Ay} 之方向與圖(b)中假設之方向相反)

即 $R_{Ay} = 500$ N(↓)◀

例題 4-3

試求圖中懸臂梁在固定支承之反力。

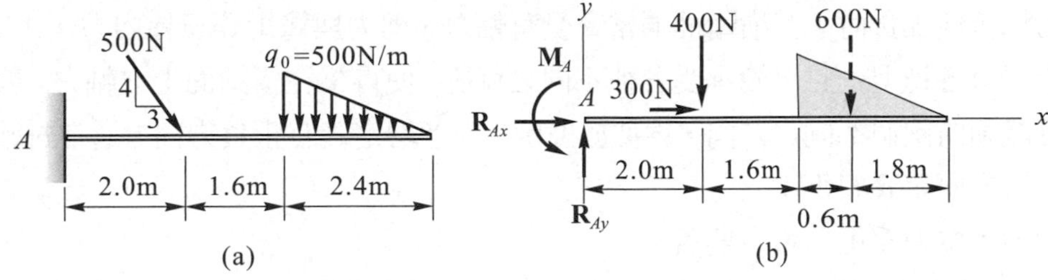

【解】將梁取出繪自由體圖，如(b)圖所示，其中 A 端為固定支承，有三個未知反力(R_{Ax}，R_{Ay}，M_A)。由平衡方程式

$\sum F_x = 0$ ； $R_{Ax} + 300 = 0$ (1)

$\sum F_y = 0$ ； $R_{Ay} - 400 - 600 = 0$ (2)

$\sum M_A = 0$； $M_A - 400(2.0) - 600(4.2) = 0$ (3)

則由(1)、(2)及(3)解得：$R_{Ax} = -300$ N ， $R_{Ay} = 1000$ N

$R_A = \sqrt{300^2 + 1000^2} = 1044$ N◀

$M_A = 3320$ N-m (逆時針方向)◀

4-3 梁內剪力與彎矩

梁是承受橫向負荷之桿件，而梁承受負荷後橫斷面所生之抵抗內力為何？此為本章所研究之主題。參考圖 4-5 中之懸臂梁，在自由端承受一與桿軸成β角之負荷 P，為了分析梁在橫斷面上所生之內力，今考慮距離自由端為 x 處之橫斷面 m-n，並切取 m-n 斷面左側與右側之自由體，如圖 4-5(b) (c)所示。因懸臂梁處於平衡狀態，故所取之自由體圖亦處於

平衡狀態。由水平方向之平衡($\sum F_x = 0$)可知橫斷面上受有軸力 N，而由垂直方向之平衡($\sum F_y = 0$)亦可知橫斷面上同時受有剪力 V。但僅有 N 即 V 尚不足以維持自由體於平衡狀態，因 V 與 $P\sin\beta$ 恰形成一順時針方向之力偶，故橫斷面上亦必承受有一逆時針方向之力偶矩 M 方可維持自由體於平衡狀態，此力偶矩稱爲彎曲力矩簡稱爲彎矩(bending moment)。因此，由平衡方程式

$$\sum F_x = 0 \text{，} \quad N = P\cos\beta \tag{a}$$

$$\sum F_y = 0 \text{，} \quad V = P\sin\beta \tag{b}$$

$$\sum M = 0 \text{，} \quad M = (P\sin\beta)x \tag{c}$$

因此梁爲抵抗外加負荷，其橫斷面通常會受有軸力、剪力與彎矩等三種內力。

由於梁有各種型式且可能承受各種不同之負荷，使得梁在橫斷面上之軸力、剪力與彎矩均有可能朝向兩個不同之方向，爲便於區別，三者均定義有正負方向。通常對於此三種內力之正負方向定義如下：

(1) 軸力：拉力爲正，壓力爲負。

(2) 剪力：順時針方向作用之剪力爲正，逆時針方向作用之剪力爲負，如圖 4-6(a)所示。

(3) 彎矩：使梁之上緣受壓下緣受拉之彎矩爲正，反之爲負，如圖 4-6(b)所示。

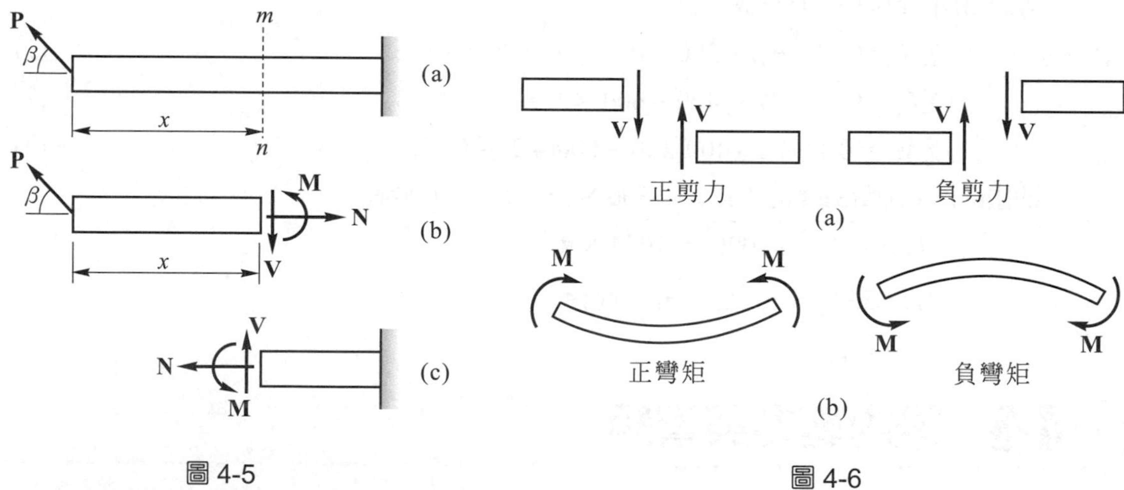

圖 4-5　　圖 4-6

由於梁內之彎矩與剪力對梁之影響較大，且有關軸力之分析已於第一章中討論過，故本章僅討論橫向負荷在梁斷面所生之剪力與彎矩，至於軸力對梁之影響將在 5-8 節中詳細討論。

綜合上述，欲求梁內任一斷面之剪力與彎矩，可按下述之步驟分析。

(1) 取梁之自由體圖，繪出所有外加負荷及未知反力，由靜力學之平衡方程式，求出支承之反力。

(2) 欲求某斷面之內力，可將梁從該斷面切開，任取一部份之自由體圖，同樣由平衡方程式即可求出該斷面之內力：

① 由$\sum F_x = 0$，即軸向分量之和等於零，可求出斷面之軸力 N。

② 由$\sum F_y = 0$，即橫向分量之和等於零，可求得斷面之剪力 V。

③ 由$\sum M = 0$，即自由體上之所有外力(包括 N、V、M)對所取斷面之力矩和等於零，可求得斷面之彎矩 M。

例題 4-4

試求圖中簡支梁在 a、b 兩斷面之剪力及彎矩。

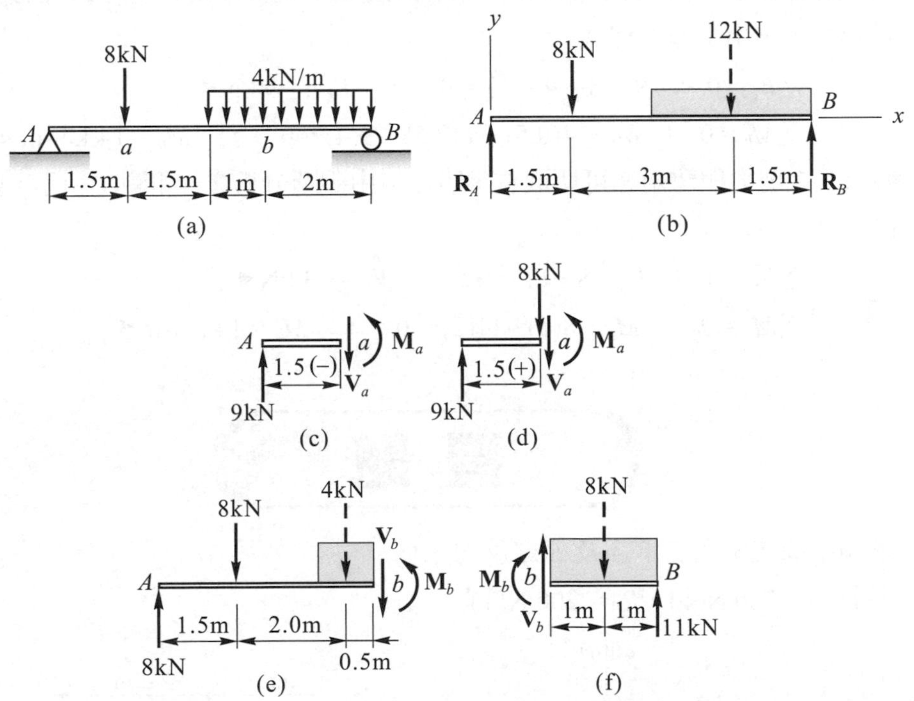

【解】繪梁之自由體圖，如(b)圖所示，則梁在支承 A 及 B 之反力，可由共面平行力系之平衡方程式求得。

$$\sum M_A = 0 \;;\; R_B(6.0) - 8(1.5) - 12(4.5) = 0 \;,\quad R_B = 11\text{ kN}$$

$$\sum F_y = 0 \;;\; R_A + 11 - 8 - 12 = 0 \;,\quad R_A = 9\text{ kN}$$

欲求斷面 a 之剪力與彎矩，可將梁由斷面 a 切開，取左半段之自由體圖，如圖(c)所示，其中 $1.5_{(-)}$m 表示切取 a 點(集中負荷 8kN 作用點)左側之斷面。由平衡方程式

$$\sum F_y = 0 \;;\; 9 - V_{a(-)} = 0 \quad , \quad V_{a(-)} = 9 \text{ kN} \blacktriangleleft$$

$$\sum M_a = 0 \;;\; M_a - 9(1.5) = 0 \quad , \quad M_a = 13.5 \text{ kN-m} \blacktriangleleft$$

若切取 a 點右側之斷面，如(d)圖所示，其中 $1.5_{(+)}$m 表示 a 點右側之斷面。由平衡方程式

$$\sum F_y = 0 \;;\; 9 - 8 - V_{a(+)} = 0 \quad , \quad V_{a(+)} = 1 \text{ kN} \blacktriangleleft$$

$$\sum M_a = 0 \;;\; M_a - 9(1.5) = 0 \quad , \quad M_a = 13.5 \text{ kN-m} \blacktriangleleft$$

因此梁在 a 點之剪力，由左側之 $V_{a(-)} = 9$ kN，突然變化為右側之 $V_{a(+)} = 1$ kN，顯示梁在 a 點之剪力呈不連續之變化，且此不連續之變化量等於該處之集中負荷。

欲求斷面 b 之剪力 V_b 及彎矩 M_b，將梁由斷面 b 切開，並取左半段之自由體圖，如圖(e)所示，由平衡方程式

$$\sum F_y = 0 \;;\; 9 - 8 - 4 - V_b = 0 \quad , \quad V_b = -3 \text{ kN} \blacktriangleleft$$

$$\sum M_b = 0 \;;\; M_b + 4(0.5) + 8(2.5) - 9(4) = 0 \quad , \quad M_b = 14 \text{ kN-m} \blacktriangleleft$$

斷面 b 之剪力與彎矩亦可切取右半段之自由體圖分析之，如圖(f)所示，由平衡方程式

$$\sum F_y = 0 \;;\; V_b - 8 + 11 = 0 \quad , \quad V_b = -3 \text{ kN} \blacktriangleleft$$

$$\sum M_b = 0 \;;\; M_b + 8(1) - 11(2) = 0 \quad , \quad M_b = 14 \text{ kN-m} \blacktriangleleft$$

4-1 試求圖中簡支梁在支承 A 及 B 之反力。

【答】$R_A = 200$ N(↓)，$R_B = 200$ N(↑)

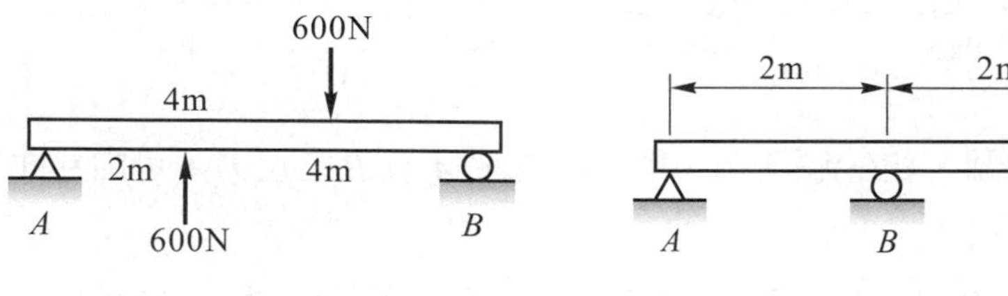

習題 4-1　　　　習題 4-2

4-2 試求圖中外伸梁在支承 A 及 B 之反力。

【答】$R_A = 60$ N(↓)，$R_B = 60$ N(↑)

4-3 試求圖中外伸梁在支承 A 及 B 之反力。

【答】$R_A = 3.06$ kN，$R_B = 11.6$ kN

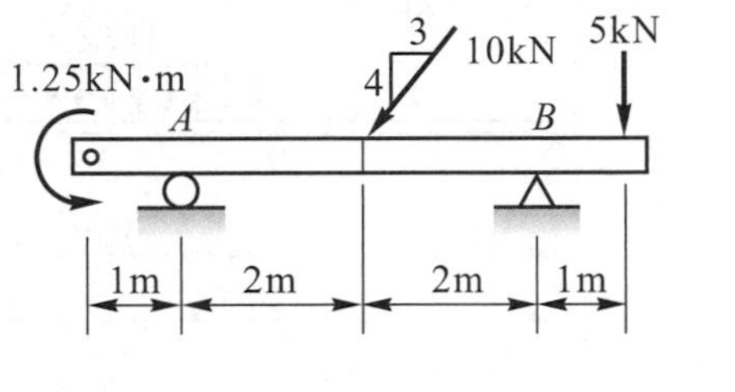

習題 4-3

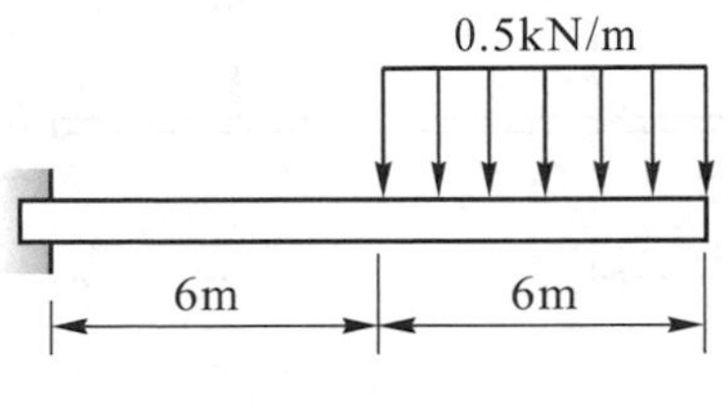

習題 4-4

4-4 試求圖中懸臂梁在固定支承之反力及反力矩。

【答】$R = 3$ kN，$M = 27$ kN-m

4-5 試求圖中簡支梁在左端鉸支承之反力。

【答】$R = 7P/6$

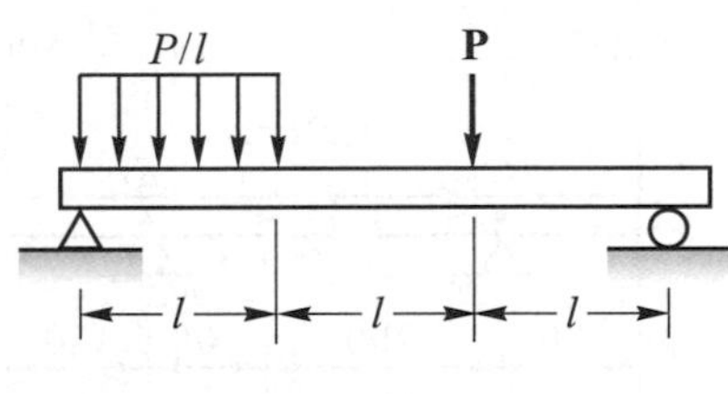

習題 4-5

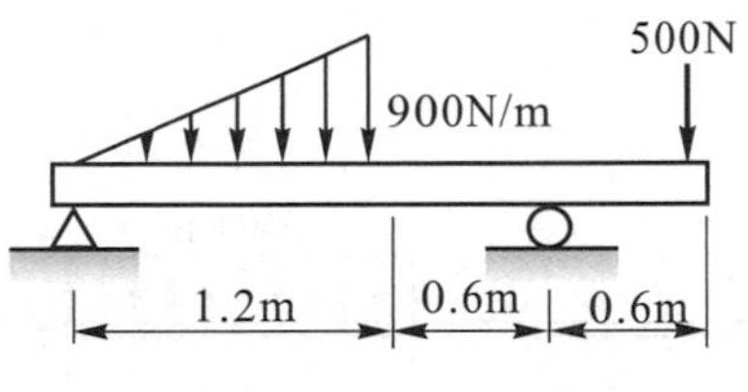

習題 4-6

4-6 試求圖中外伸梁在左端鉸支承之反力。

【答】R = 133.3 N

4-7 試求圖中懸臂梁在固定支承 A 之反力及反力矩。

【答】$R_A = 4$ kN，$M_A = 13$ kN-m

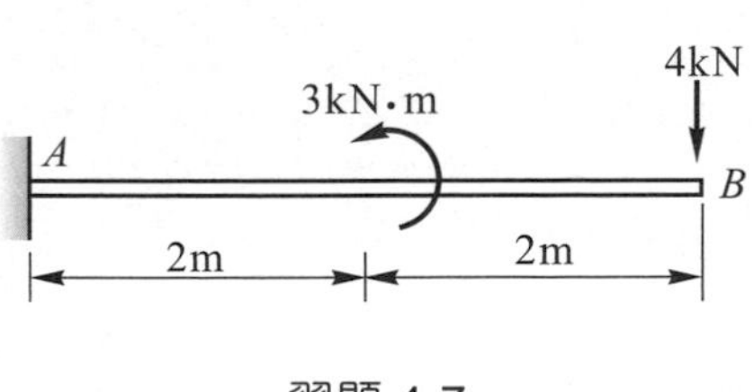

習題 4-7

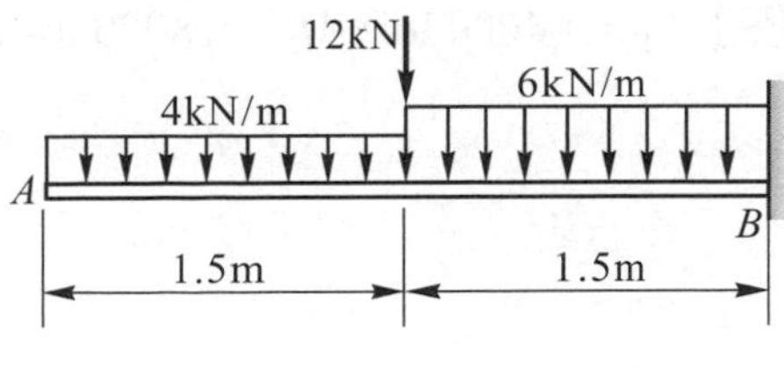

習題 4-8

4-8 試求圖中懸臂梁在固定支承 B 之反力及反力矩。

【答】$R_B = 27$ kN，$M_B = 38.25$ kN-m

4-9 試求圖中簡支梁在 D 點(9 kN 集中負荷作用點)左側與右側之剪力與彎矩。

【答】$V_{D(-)} = 1.25$ kN，$M_{D(-)} = 11.6$ kN-m，$V_{D(+)} = -7.75$ kN，$M_{D(+)} = 11.6$ kN-m

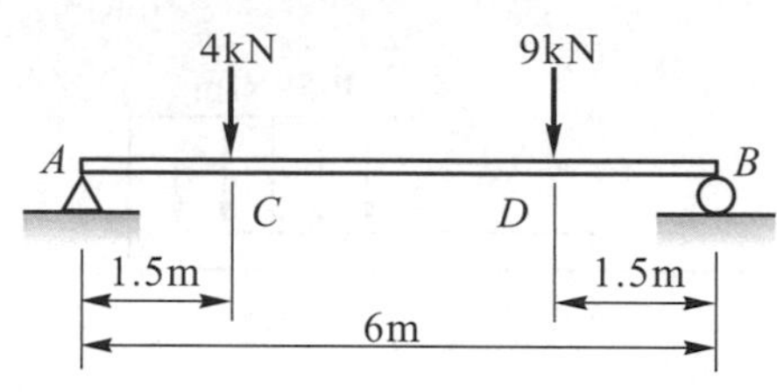

習題 4-9

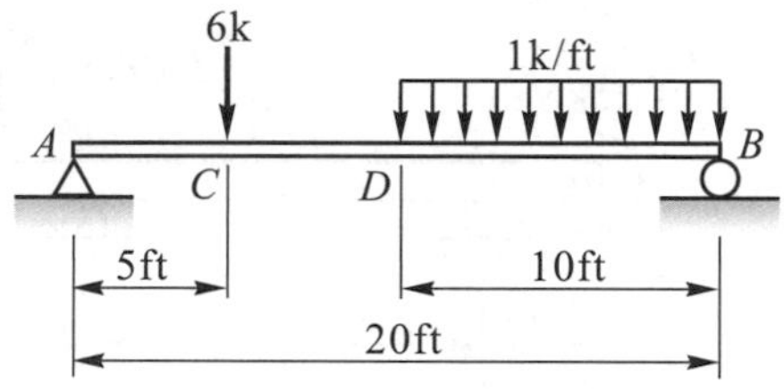

習題 4-10

4-10 試求圖中簡支梁在 D 點之剪力與彎矩。

【答】$V_D = 1.0$ kips，$M_D = 40$ ft-kip

4-11 試求圖中懸臂梁在距固定支承 1.0m 處之剪力與彎矩。

【答】$V = 6$ kN，$M = -12$ kN-m

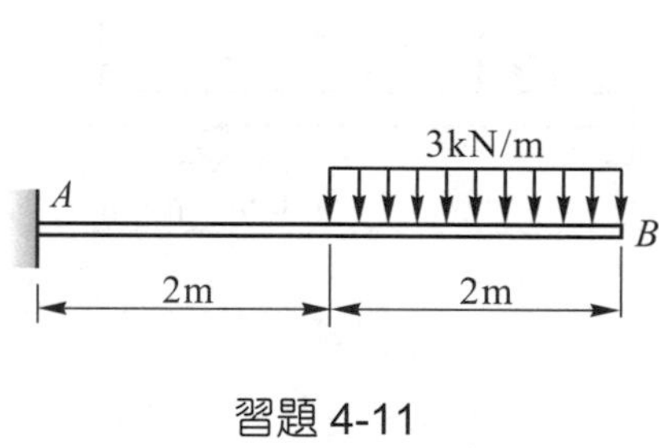

習題 4-11

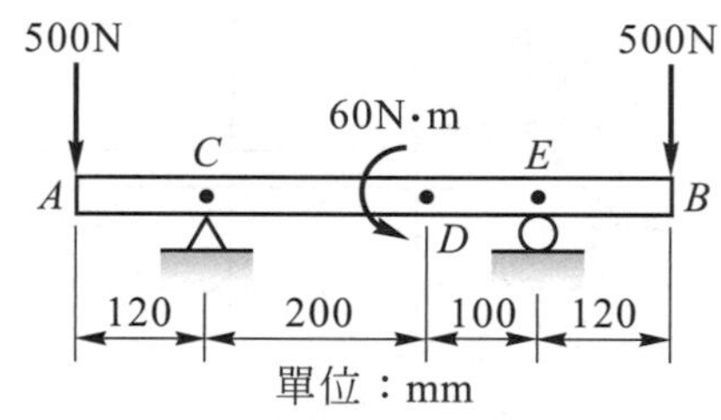

習題 4-12

4-12 試求圖中外伸梁在 D 點左側與右側之剪力與彎矩。

【答】$V_{D(-)} = 200$ N，$M_{D(-)} = -20$ N-m，$V_{D(+)} = 200$ N，$M_{D(+)} = -80$ N-m

4-13 試求圖中簡支梁在 D 點之剪力與彎矩。

【答】$V_D = -4000$ lb，$M_D = 18000$ lb-ft

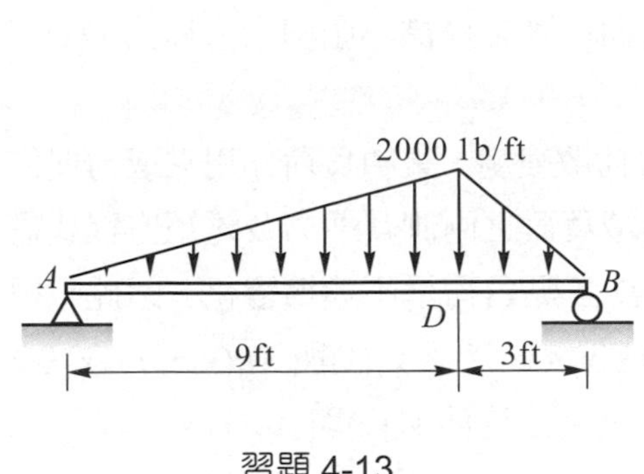

習題 4-13

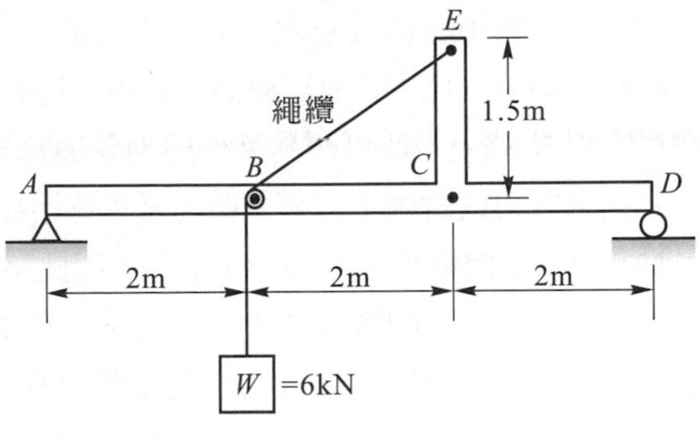

習題 4-14

4-14 試求圖中簡支梁在 C 點左側斷面之軸力、剪力及彎矩。

【答】$N = -4.8$ kN，$V = 1.6$ kN，$M = 11.2$ kN-m

4-15 試求圖中外伸梁在斷面 D 之剪力及彎矩。

【答】$V = -18$ kN，$M = 69$ kN-m

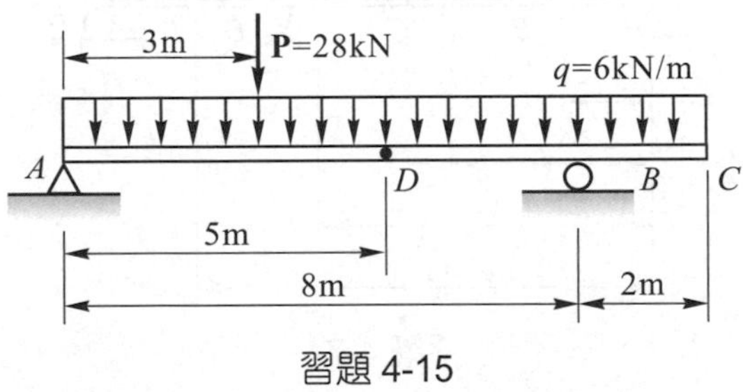

習題 4-15

4-4 剪力與彎矩圖

由上一節之分析可知，梁承受橫向負時，其內任一斷面同時承受有剪力 V 與彎矩 M，但不同位置之斷面所受之剪力與彎矩不一定相等，爲易於瞭解梁內剪力與彎矩之變化情形，通常以圖形繪出，以表明剪力與彎矩沿斷面位置之變化情形，此種圖形以橫坐標表示梁斷面之位置，縱坐標表示剪力或彎矩之值，依此方式所繪出剪力或彎矩隨位置變化之曲線，稱爲剪力圖(shear diagram)或彎矩圖(moment diagram)。

剪力或彎矩隨位置變化之最準確表示方式，是將任一斷面之剪力與彎矩表示爲位置 x 之函數，即 $V = V(x)$ 或 $M = M(x)$，其中 x 爲表示梁斷面位置之坐標。由剪力方程式 $V(x)$ 與彎矩方程式 $M(x)$，便可輕易繪得剪力圖與彎矩圖。

在求剪力或彎矩之方程式時，需注意梁在分佈負荷改變處、集中負荷作用點或力偶作用點，剪力或彎矩會呈不連續之變化，因此梁上不連續負荷之兩側其剪力及彎矩方程式需分別列出來表示。如圖 4-7 中所示之梁，在 B、C、D 三點負荷呈不連續變化，因此整根梁之剪力與彎矩方程式需分成四個區間來表示，即 $0 \le x_1 \le a$ 時爲 $V_1(x)$ 與 $M_1(x)$，$a \le x_2 \le b$ 時爲 $V_2(x)$ 與 $M_2(x)$，$b \le x_3 \le c$ 時爲 $V_3(x)$ 與 $M_3(x)$，$c \le x_4 \le L$ 時爲 $V_4(x)$ 與 $M_4(x)$。

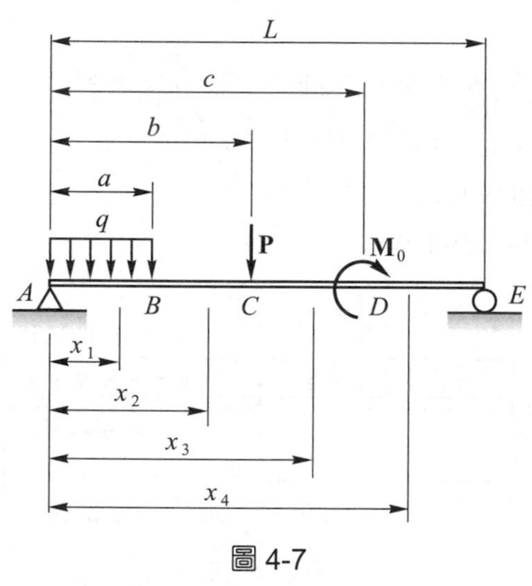

圖 4-7

例題 4-5

一簡支梁長為 L，中點 D 承受一集中載重 P，試求此梁之剪力與彎矩方程式，並繪剪力圖與彎矩圖。

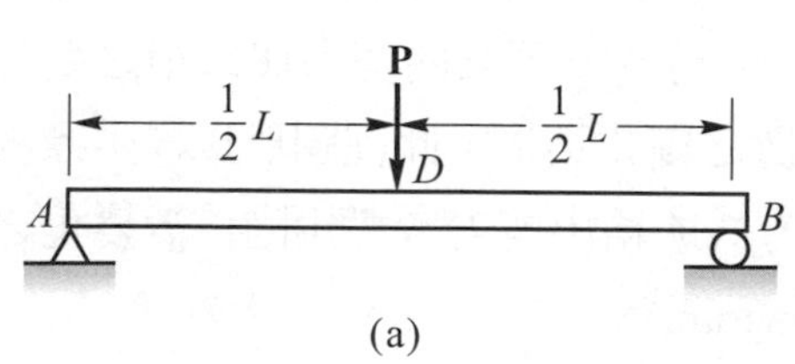

(a)

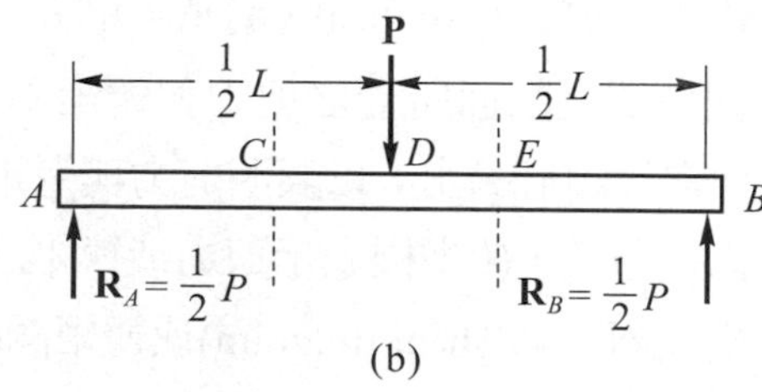

(b)

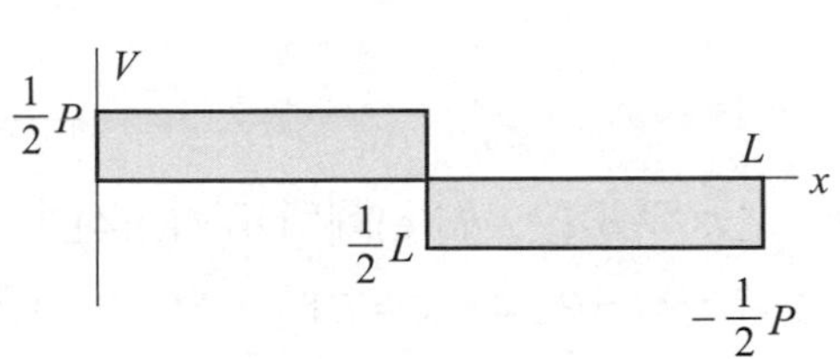
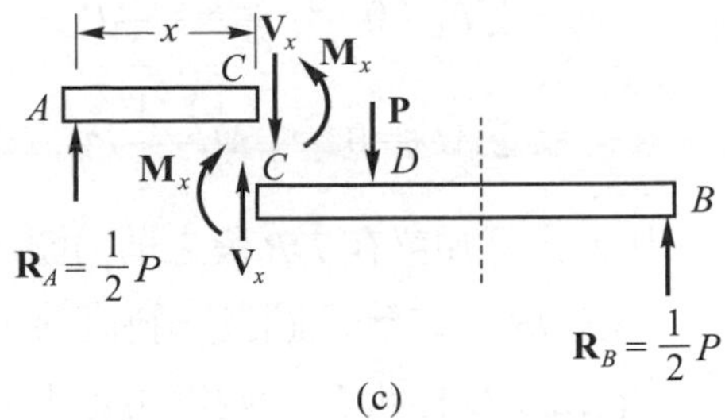
(c)

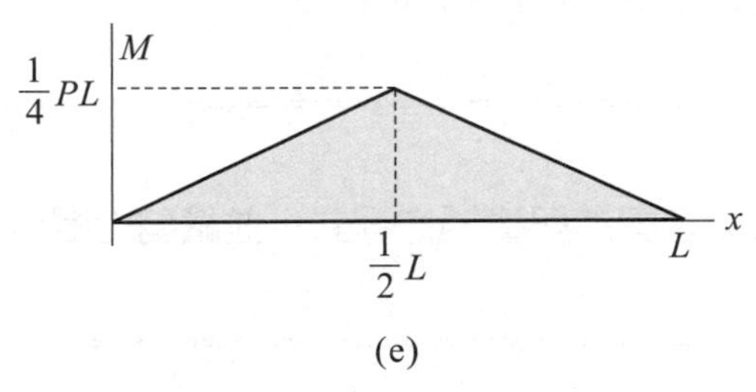
(e)

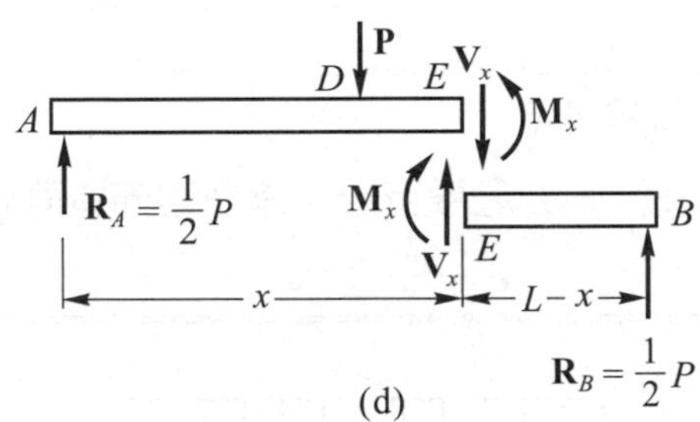
(d)

【解】取梁之自由體圖，如圖(b)所示，由平衡方程式可得支承反力

$$R_A = \frac{P}{2} \quad , \quad R_B = \frac{P}{2}$$

梁在中點 D 有一不連續之集中負荷，因此梁之剪力與彎矩方程式需分為二個區間表示，即 $0 \le x \le \frac{L}{2}$ 及 $\frac{L}{2} \le x \le L$。

在 $0 \le x \le \frac{L}{2}$ 間之剪力與彎矩方程式：

在 AD 段間切取任一斷面之自由體，如(c)圖所示，由平衡方程式

$$\sum F_y = 0 \quad , \quad V_x = \frac{1}{2}P \tag{1}$$

$$\sum M_C = 0 \quad , \quad M_x = \frac{1}{2}Px \tag{2}$$

由(1)式可知梁在 AD 間之剪力為一常數，故梁在 AD 段間之剪力圖為 $V=P/2$ 之水平線段，如(e)圖所示。由(2)式可知在 AD 段之彎矩圖為一斜直線，當 $x=0$ 時，$M=0$，$x=L/2$ 時，$M=PL/4$，因此由(0 , 0)及($L/2$, $PL/4$)兩點可定出 AD 間之彎矩圖，如(e)圖所示。

在 $\frac{L}{2} \le x \le L$ 間之剪力與彎矩方程式：

在 DB 段間切取任一斷面之自由體，如(d)圖所示，同樣由平衡方程式

$$\Sigma F_y = 0 \quad , \quad V_x = -\frac{1}{2}P \tag{3}$$

$$\Sigma M_E = 0 \quad , \quad M_x = \frac{1}{2}P(L-x) \tag{4}$$

由(3)式可知梁在 DB 段之剪力圖爲 $V=-P/2$ 之水平線段，如(e)圖所示。由(4)式可知梁在 DB 段之彎矩圖爲一斜直線，當 $x=L/2$ 時，$M=PL/4$，$x=L$ 時，$M=0$，因此由$(L/2, PL/4)$與$(L, 0)$兩點可定出 DB 段之彎矩圖，如(e)圖所示。

例題 4-6

長度為 L 之簡支梁，承受均佈負荷 q，試求梁之剪力與彎矩方程式，並繪剪力圖與彎矩圖。

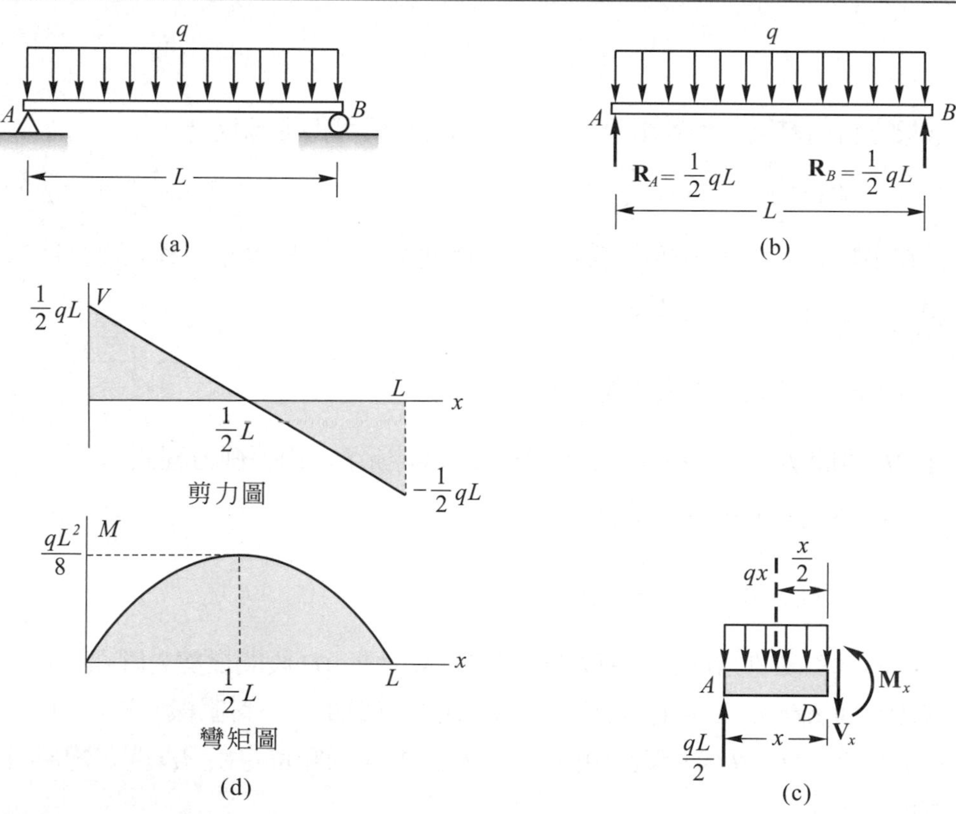

【解】繪梁之自由體圖，如(b)圖所示，由平衡方程式可得支承反力

$$R_A = \frac{1}{2}qL \quad , \quad R_B = \frac{1}{2}qL$$

梁上負荷爲連續之均佈負荷，整根梁之剪力與彎矩以一連續之方程式表示即可。取梁上任一斷面之自由體圖，如(c)圖所示，由平衡方程式

$$\sum F_y = 0 \text{，} \quad \frac{1}{2}qL - qx - V_x = 0 \text{，} \quad \text{得 } V_x = \frac{1}{2}qL - qx \tag{1}$$

$$\sum M_D = 0 \text{，} \quad M_x + qx\left(\frac{1}{2}x\right) - \frac{1}{2}qL(x) = 0 \text{，} \quad \text{得 } M_x = \frac{1}{2}qLx - \frac{1}{2}qx^2 \tag{2}$$

公式(1)爲直線方程式，故梁之剪力圖爲一斜直線，當 $x = 0$ 時，$V = qL/2$，$x = L$ 時，$V = -qL/2$，因此由$(0, qL/2)$與$(L, -qL/2)$兩點可定出梁之剪力圖，如(d)圖所示。

公式(2)爲拋物線方程式，當 $x = 0$ 時，$M = 0$，$x = L/2$ 時，$M = qL^2/8$，$x = L$ 時，$M = 0$，因此由$(0, 0)$、$(L/2, qL^2/8)$與$(L, 0)$三點可定出梁之彎矩圖爲一拋物線，如(d)圖所示。

由(d)圖可知最大彎矩發生在剪力等於零之位置，即 $x = L/2$ 時彎矩最大，且 $M_{max} = qL^2/8$。

例題 4-7

長度為 L 之簡支梁，承受均變負荷，如圖所示，試求梁之剪力與彎矩方程式，並繪剪力圖與彎矩圖。

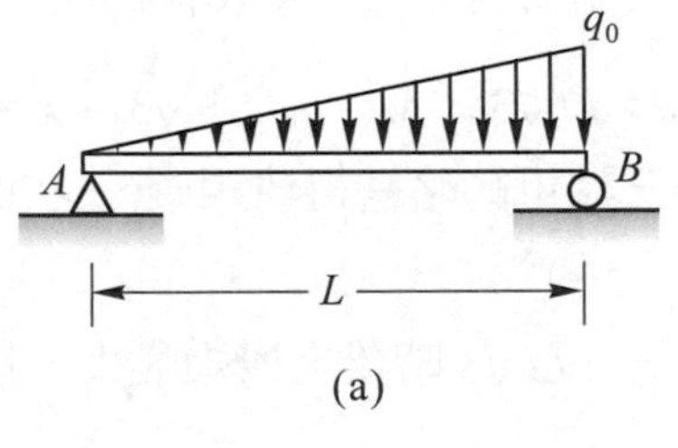

(a)

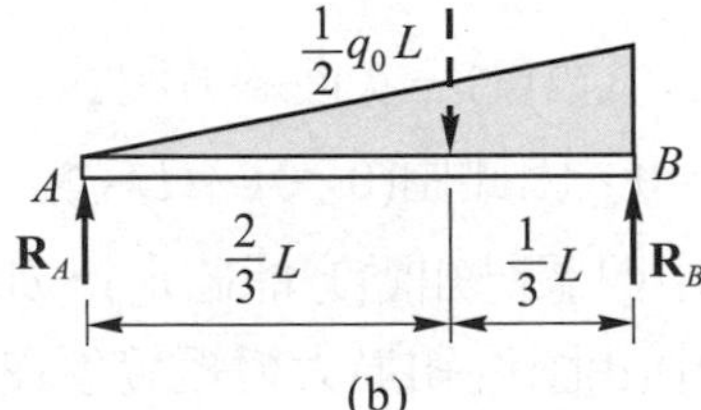

(b)

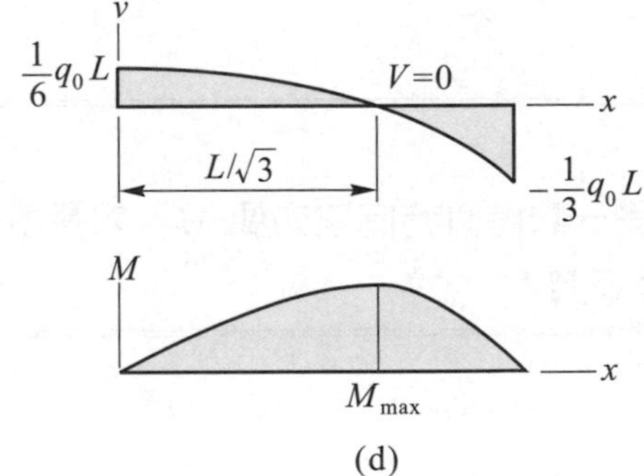

(d)

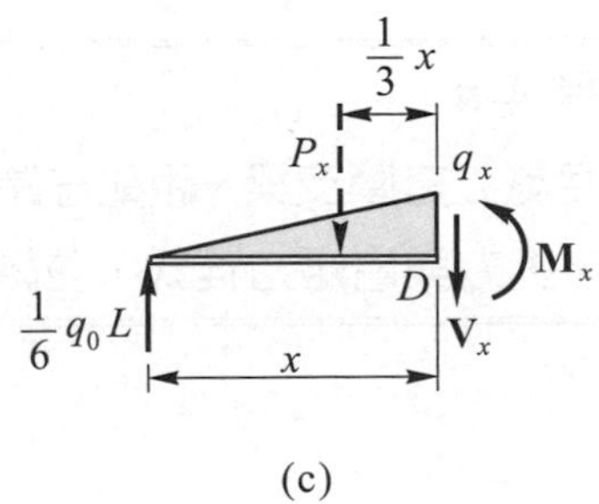

(c)

【解】繪梁之自由體圖，如(b)圖所示，由平衡方程式可得支承反力

$$R_A=\frac{1}{6}q_0L \quad , \quad R_B=\frac{1}{3}q_0L$$

梁上負荷為連續之均變負荷，整根梁之剪力與彎矩以一連續之方程式表示即可。取梁上任一斷面之自由體圖，如(c)圖所示，由平衡方程式

$$\Sigma F_y=0 \quad , \quad \frac{1}{6}q_0L-P_x-V_x=0$$

其中 $P_x=\frac{1}{2}q_xx$，又 $q_x=\frac{x}{L}q_0$，得 $P_x=\frac{1}{2}\left(\frac{x}{L}q_0\right)x=\frac{1}{2}\frac{q_0}{L}x^2$，代入上式

得 $$V_x=\frac{q_0L}{6}-\frac{q_0}{2L}x^2 \tag{1}$$

$$\Sigma M_D=0 \quad , \quad M_x+P_x\left(\frac{x}{3}\right)-\frac{1}{6}q_0L(x)=0$$

得 $$M_x=\frac{q_0L}{6}x-\frac{q_0}{6L}x^3 \tag{2}$$

公式(1)為拋物線方程式，當 $x=0$，$V=q_0L/6$，$x=L$，$V=-q_0L/3$。又令 $V_x=0$，可求得剪力等於零之位置 x_0，即

$$\frac{q_0L}{6}-\frac{q_0}{2L}x_0^2=0 \quad , \quad x_0=\frac{L}{\sqrt{3}}$$

因此由$(0, q_0L/6)$、$\left(L/\sqrt{3}, 0\right)$及$(L, -q_0L/3)$三點可繪得剪力圖，如(d)圖所示。

公式(2)為三次曲線方程式，當 $x=0$，$M=0$，$x_0=L/\sqrt{3}$，$M=q_0L^2/9\sqrt{3}$；$x=L$，$M=0$，因此由$(0, 0)$、$(L/\sqrt{3}, q_0L^2/9\sqrt{3})$與$(L, 0)$三點可約略繪得彎矩圖(三次曲線需由四個已知點方能確定)，如(d)圖所示。

由(d)圖可知最大彎矩發生在剪力等於零處，即 $x_0=L/\sqrt{3}$ 時梁之彎矩最大，且 $M_{max}=q_0L^2/9\sqrt{3}$。

例題 4-8

長度為 L 之簡支梁，距離左端 a 處(C 點)承受一順時針方向之力偶 M_0，如圖所示，試求此梁之剪力與彎矩方程式，並繪其剪力圖與彎矩圖。

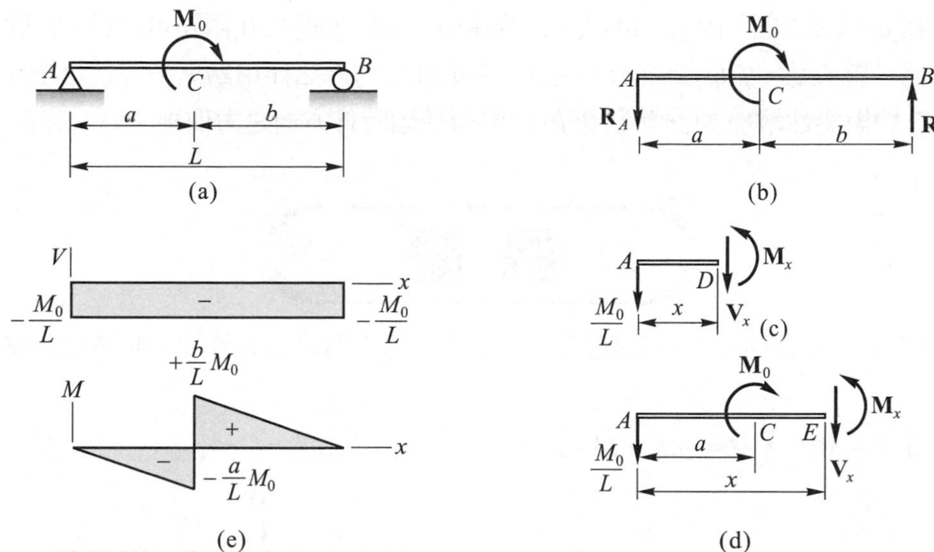

【解】繪梁之自由體圖，如(b)圖所示，由平衡方程式可得支承反力

$$R_A = R_B = \frac{M_0}{L}$$

梁在 C 點有一不連續之負荷(力偶矩 M_0)，故剪力與彎矩方程式需分為二個區間表示，即 $0 \le x \le a$ 與 $a \le x \le L$。

$0 \le x \le a$ 間(AC 間)之剪力與彎矩方程式：

在此區間切取任一斷面之自由體圖，如(c)圖所示，由平衡方程式

$$\Sigma F_y = 0 \quad , \quad V_x = -\frac{M_0}{L} \tag{1}$$

$$\text{v}\Sigma M_D = 0 \quad , \quad M_x = -\frac{M_0}{L}x \tag{2}$$

$a \le x \le L$ 間(CB 間)之剪力與彎矩方程式：

在此區間切取任一斷面之自由體圖，如(d)圖所示，由平衡方程式

$$\Sigma F_y = 0 \quad , \quad V_x = -\frac{M_0}{L} \tag{3}$$

$$\Sigma M_E = 0 \quad , \quad M_x = M_0\left(1 - \frac{x}{L}\right) \tag{4}$$

由公式(1)及(3) 可知梁之剪力圖為 $V = -\dfrac{M_0}{L}$ 之水平線，如(e)圖所示，

由公式(2)可知在 $0 \le x \le a$ 間梁之彎矩圖為一斜直線，當 $x = 0$ 時，$M = 0$，$x = a$ 時，$M = -aM_0/L$，由(0 , 0)與(a，$-aM_0/L$)兩點可繪得 AC 間之彎矩圖，如(e)圖所示。至

於在 $a \le x \le L$ 間，由公式(4)式，同樣由$(a, M_0b/L)$與$(L, 0)$兩點可繪得 CB 間之彎矩圖為一斜直線，如(e)圖所示。注意，彎矩圖在力偶之作用點呈不連續之變化，即在 C 點彎矩突然增加 M_0，等於梁在 C 點所受順時針方向之力偶矩。

4-16 圖中簡支梁在 A 端承受一力偶矩 M_0，試求其剪力與彎矩方程式，並繪剪力圖及彎矩圖。

【答】$V = M_0/L$，$M = -M_0 + M_0x/L$

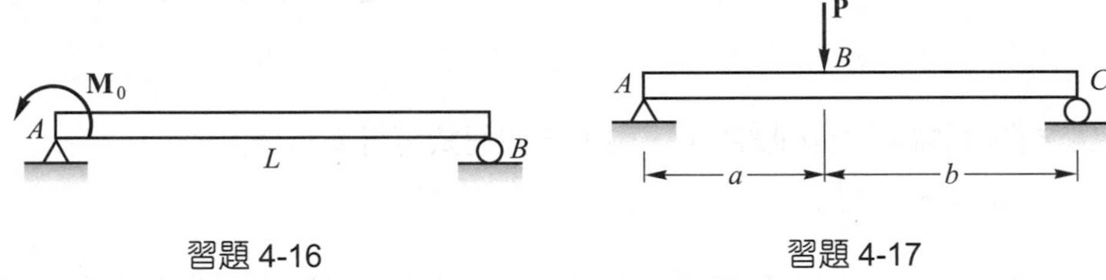

習題 4-16　　習題 4-17

4-17 圖中簡支梁在 B 點承受一集中負荷 P，試求梁之剪力及彎矩方程式，並繪剪力圖及彎矩圖。

【答】AB：$V = Pb/(a+b)$，$M = Pbx/(a+b)$

BC：$V = -Pa/(a+b)$，$M = Pa[1-x/(a+b)]$

4-18 圖中懸臂梁承受均變負荷，試求梁之剪力及彎矩方程式，並繪剪力圖及彎矩圖。

【答】$V = -q_0x + q_0x^2/2L$，$M = -q_0x^2/2 + q_0x^3/6L$

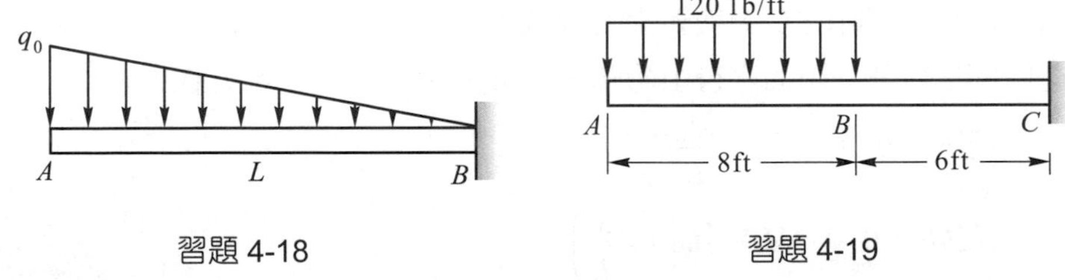

習題 4-18　　習題 4-19

4-19 圖中懸臂梁在 AB 段承受 120 lb/ft 之均佈負荷，試求梁之剪力及彎矩方程式，並繪剪力圖及彎矩圖。

【答】AB：$V = -120x$ lb，$M = -60x^2$ lb-ft

BC：$V = -960$ lb，$M = -960x + 3840$ lb-ft

4-20 試求圖中簡支梁之剪力及彎矩方程式，並繪其剪力圖及彎矩圖。

【答】AB：$V = -8x + 29$ kN，$M = -4x^2 + 29x$ kN-m

BC：$V = -11$ kN，$M = -11x + 88$ kN-m

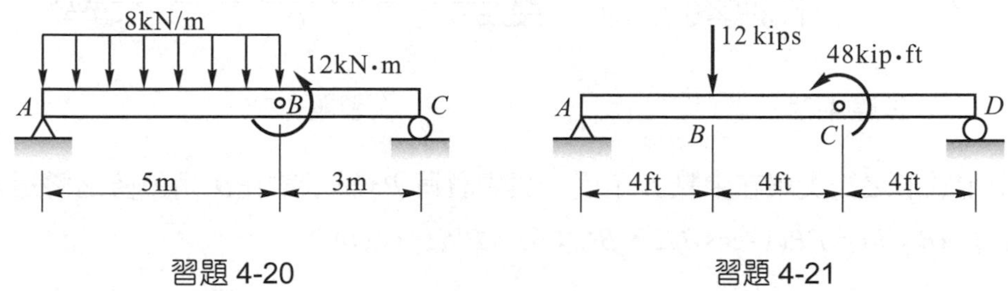

習題 4-20　　　　習題 4-21

4-21 試求圖中簡支梁之剪力及彎矩方程式，並繪其剪力圖及彎矩圖。

【答】AB：$V = 12$ kips，$M = 12x$ kip-ft，BC：$V = 0$，$M = 48$ kip-ft，CD：$V = 0$，$M = 0$

4-22 試求圖中簡支梁在 AB 段之剪力及彎矩方程式，並求剪力等於零之位置與最大彎矩。

【答】AB：$V = 4 - 2x^2/3$ kN，$M = 4x - 2x^3/9$ kN-m

$V = 0$ 在 $x = 2.45$ m，$M_{max} = 6.53$ kN-m

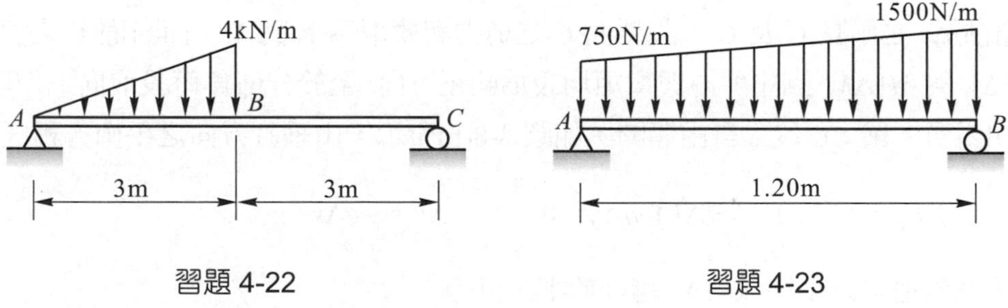

習題 4-22　　　　習題 4-23

4-23 圖中簡支梁承受均變負荷，試求最大彎矩及其位置。

【答】$x = 0.633$ m，$M_{max} = 203$ N-m

4-24 圖中 1/4 圓弧形之懸臂梁在自由端承受一集中負荷 P，試求梁在 θ 角位置之剪力及彎矩方程式。

【答】$V = -P\cos\theta$，$M = -PR\sin\theta$

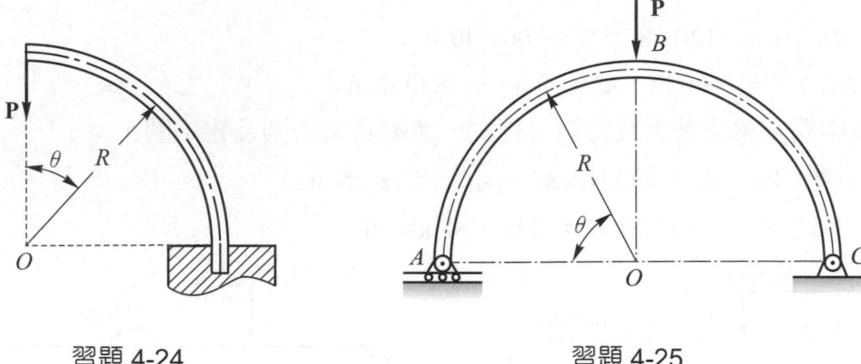

習題 4-24　　　　習題 4-25

4-25 圖中半圓形之簡支梁在中點 B 承受一集中負荷 P，試求梁在 θ 角位置之彎矩方程式。

【答】AB：$M = PR(1-\cos\theta)/2$，BC：$M = PR(1+\cos\theta)/2$

4-5 負荷、剪力與彎矩之關係

當梁上有數個不連續負荷(集中負荷、力偶矩或不連續之分佈負荷)時，利用求得之剪力與彎矩方程式去繪剪力圖與彎矩圖，過程相當繁複且浪費時間。若能將負荷、剪力與彎矩間某些已存在之關係列入考慮，則剪力圖及彎矩圖之繪法可大爲簡化。

今考慮一承受分佈負荷 q(負荷/每單位長度)之簡支梁 AB，如圖 4-8(a)所示，在 AB 梁上任取相距Δx 之兩點 C 及 C'，設斷面 C 之剪力與彎矩爲 V 與 M，而斷面 C'之剪力與彎矩爲 $V+\Delta V$ 與 $M+\Delta M$，圖中剪力與彎矩均設爲朝正方向，至於分佈負荷設取向下作用爲正，向上作用爲負。繪 CC'段之自由體圖，如圖 4-8(b)所示，由垂直方向之平衡方程式

$$\sum F_y = 0 \quad , \quad V-(V+\Delta V)-q\Delta x = 0 \quad , \quad \Delta V = -q\Delta x$$

將上式等號兩邊除以Δx，並令Δx 趨近於零，可得

$$\frac{dV}{dx} = -q \tag{4-1}$$

公式(4-1)表示，承受分佈負荷之梁，其剪力曲線圖上任一點之切線斜率等於該點所受分佈負荷強度之負值。

將公式(4-1)由 C 至 D 積分可得

$$V_D - V_C = -\int_{x_C}^{x_D} q\,dx = -(\text{分佈負荷曲線在 } C\text{、}D \text{ 間之面積}) \tag{4-2}$$

公式(4-2)表示，梁內任二點之剪力差等於分佈負荷曲線在該兩點間面積之負值，其中向下分佈負荷之面積爲正，而向上分佈負荷之面積爲負。

須注意，梁在 C、D 間有集中負荷作用時，(4-1)及(4-2)兩式便不能適用，因剪力曲線在集中負荷作點呈不連續之變化，因此公式(4-1)及(4-2)僅能適用於相鄰兩集中負荷間之分佈負荷。

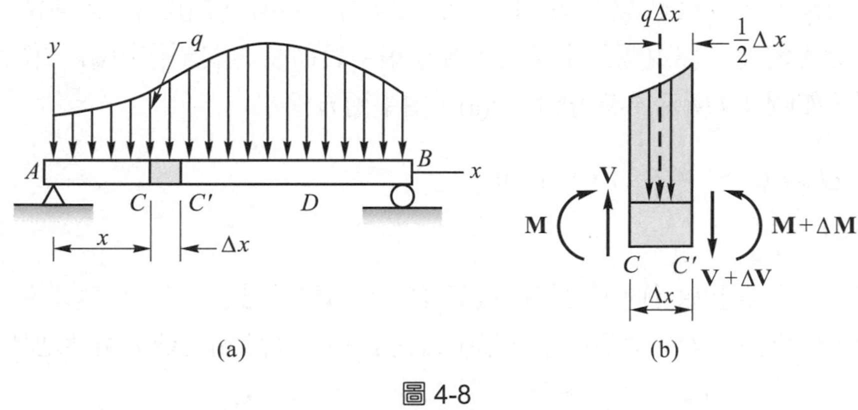

圖 4-8

再由圖 4－8(b)中 CC'段之自由體圖，由力系對 C'點之力矩平衡方程式

$$\sum M_{C'} = 0 \quad , \quad (M+\Delta M) - M - V\Delta x + q\Delta x\left(\frac{\Delta x}{2}\right) = 0$$

$$\Delta M = V\Delta x - \frac{1}{2}q(\Delta x)^2$$

將上式等號兩邊除以Δx，並令Δx 趨近於零，其中$(\Delta x)^2 \approx 0$，於是可得

$$\frac{dM}{dx} = V \tag{4-3}$$

公式(4-3)表示：彎矩曲線圖上任一點之切線斜率 dM/dx 等於該點之剪力值。

同樣，公式(4-3)亦不能適用於集中負荷之作用點。另外，公式(4-3)亦顯示，在剪力等於零處之彎矩有極大或極小值，此一特性對於決定梁內危險截面(彎矩絕對值最大之截面)之位置甚爲方便。將公式(4-3)由 C 至 D 積分，可得

$$M_D - M_C = \int_{x_C}^{x_D} V\,dx = (\text{剪力曲線圖在 } C\text{、}D \text{ 間之面積}) \tag{4-4}$$

其中剪力曲線圖之面積，是取正剪力之面積爲正，而負剪力之面積爲負。須注意，只要剪力曲線正確繪出，即使在 C、D 間有集中負荷，公式(4-4)式仍可適用，但梁在 C、D 間有力偶作用時，則公式(4-4)便不能適用，因梁在力偶之作用點其彎矩圖會呈突然之不連續變化。

■集中負荷與力偶矩

在集中負荷 F 之作用點，公式(4-1)及 (4-2)不能使用，因無法解釋在該點之剪力突然發生變化。同樣，在力偶矩 M_0 之作用點，公式(4-3)及(4-4)不能適用，因無法解釋在該點之彎矩突然發生變化。爲說明此兩情況，今在集中負荷及力偶矩作用點，取微小長度Δx之自由體圖，如圖 4-9 所示。參考圖 4-9(a)，由平衡方程式

$$\sum F_y = 0 \quad , \quad V - F - (V + \Delta V) = 0$$

$$\Delta V = -F \tag{4-5}$$

公式(4-5)表示，當梁上承受向下之集中負荷 F 時，梁在該點之剪力突然減少 F，參考圖 4-10(a)所示。相反的，梁上承受向上之集中負荷 F 時，在該點之剪力突然增加 F。

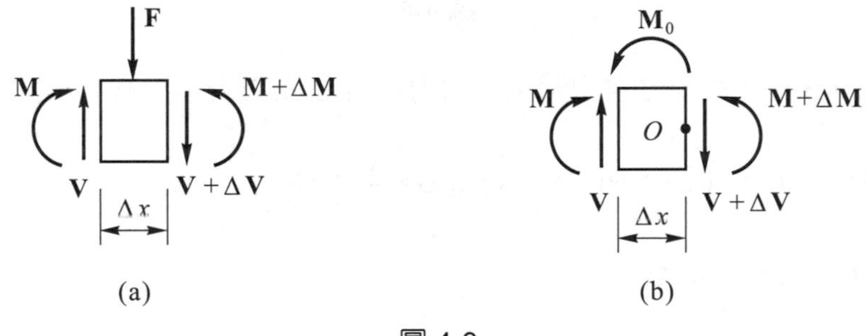

圖 4-9

參考圖 4-9(b)，由對 O 點之力矩平衡方程式

$$\sum M_O = 0 \quad , \quad (M + \Delta M) + M_0 - M - V\Delta x = 0$$

當 Δx 趨近於零($\Delta x \to 0$)時

$$\Delta M = -M_0 \tag{4-6}$$

公式(4-6)表示，當梁上承受逆時針方向之力偶矩 M_0 時，在該點之彎矩突然減少 M_0，參考圖 4-10(b)所示。相反的，梁上承受順時針方向之力偶矩 M_0 時，在該點之彎矩突然增加 M_0。

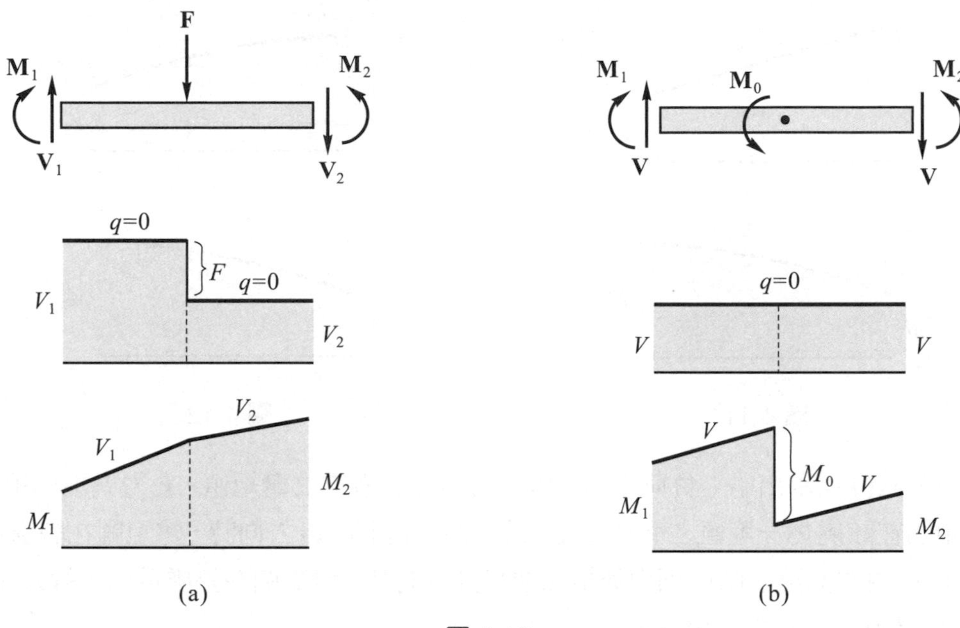

圖 4-10

上述所得負荷、剪力與彎矩之關係，使得剪力圖與彎矩圖之繪製簡化，並可迅速求得危險截面之位置與最大彎矩，茲將分析之步驟說明如下：

(1) 將整根梁之自由體圖繪出，並按 4-2 節所述之方法求出各支承之反力。

(2) 用公式(4-2)求出梁上負荷不連續處之剪力值。在集中負荷作用點，其剪力圖在該處為一等值之垂直線段。而在力偶矩作用點，剪力圖不受影響。

(3) 用公式(4-1)之關係，繪出步驟(2)中已求出剪力值各點間之剪力曲線圖：

① 梁上無負荷時，剪力圖為水平線。

② 梁上為向下之均佈負荷時，剪力圖是斜率為負之直線，斜率大小等於均佈負荷之強度。

③ 梁上為向下之均變負荷且強度由左至右漸增時，剪力圖為開口向下之拋物線(曲率為負)，參考圖 4-12 所示。剪力圖上任一點之切線斜率等於該處分佈負荷強度之負值。

(4) 由繪出之剪力圖，求出梁內剪力等於零之位置。

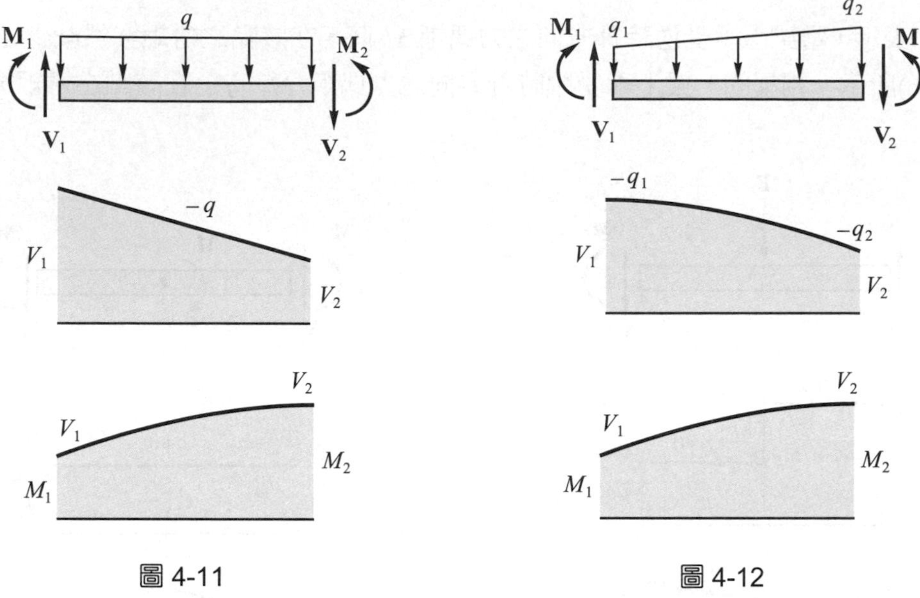

圖 4-11　　　　圖 4-12

(5) 用公式(4-4)求出梁上負荷不連續處及剪力等於零處之彎矩值。在力偶矩作用點，彎矩圖在該處爲一等值之垂直線段，當力偶矩爲順時針方向時，彎矩圖在該處爲向上線段(由左側至右側)，而力偶矩爲逆時針方向時，彎矩圖在該處爲向下線段(由左側至右側)，參考圖 4-10(b)所示。

(6) 由公式(4-3)式之關係，繪出步驟(5)中已算出彎矩值各點間之彎矩曲線圖。

① 梁上無負荷時，彎矩圖爲一直線，直線之斜率等於該段之剪力值。

② 梁上爲集中負荷時，彎矩圖在該點呈現不連續之折點，參考圖 4-10(a)所示。

③ 梁上爲向下之均佈負荷時，彎矩圖爲開口向下之拋物線(曲率爲負)，彎矩圖上任一點之切線斜率等於該處之剪力值，參考圖 4-11 所示。

④ 梁上爲向下之均變負荷且強度由左至右漸增時，彎矩圖爲開口向下之三次曲線(曲率爲負)，同樣，彎矩圖上任一點之切線斜率等於該處之剪力值，參考圖 4-12 所示。

例題 4-9

試繪圖中簡支梁之剪力圖與彎矩圖，並求危險截面之位置與最大彎矩。

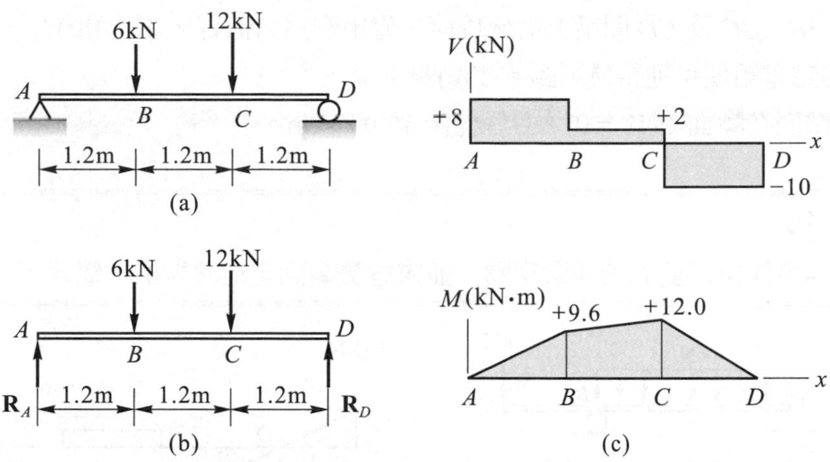

【解】繪梁之自由體圖，如(b)圖所示，由平衡方程式可得支承反力

$R_A = 8$ kN ， $R_D = 10$ kN

梁在 A、B、C 及 D 四點有不連續之集中負荷，因此剪力圖在該四點呈不連續之突然變化。

剪力圖：

$V_{A(-)} = 0$；因梁在 A 點有一垂直向上之反力 $R_A = 8$ kN ，故 $V_{A(+)} = V_{A(-)}+8 = 8$ kN。

$A(-)$表示斷面 A 之左側，$A(+)$表示斷面 A 之右側。

AB 間梁上無負荷，由公式(4-2)，$V_{B(-)}-V_{A(+)} = 0$，故 $V_{B(-)}= V_{A(+)} = 8$ kN。

梁在 B 點有一垂直向下之集中負荷 6 kN，則 $V_{B(+)} = V_{B(-)} -6 = 8-6 = 2$ kN。

BC 間梁上無負荷，則 $V_{C(-)}-V_{B(+)} = 0$，故 $V_{C(-)}= V_{B(+)} = 2$ kN。

梁在 C 點有一垂直向下之集中負荷 12kN，因此，$V_{C(+)}= V_{C(-)} -12 = 2-12 = -10$ kN。

同理，$V_{D(-)}= V_{C(+)} = -10$ kN，$V_{D(+)}= V_{D(-)} +R_D = -10+10 = 0$。

由於 AB , BC 與 CD 間梁上均無負荷，剪力圖均爲水平線，故可繪得梁之剪力圖，如(c)圖所示。其中 $Vc = 0$。

彎矩圖：

由公式(4-4)先求梁在 A、B、C 及 D 四點之彎矩值

$M_A = 0$(因鉸支承不能承受彎矩)

$M_B-M_A = \int_{x_A}^{x_B} Vdx = (+8)(1.2) = +9.6$ kN ， $M_B = +9.6$ kN

$M_C-M_B = \int_{x_B}^{x_C} Vdx = (+2)(1.2) = +2.4$ kN ， $M_C = M_B + 2.4 = 9.6 + 2.4 = 12.0$ kN

$M_D = 0$ (滾動支承不能承受彎矩)

由於 AB、BC 及 CD 間梁上均無負荷，彎矩圖爲斜直線，由已知 M_A 、M_B、M_C 及 M_D 四點彎矩便可連得彎矩圖，如(c)圖所示。

危險截面在斷面 $C(V_C = 0)$，且 $M_{max} = 12.0$ kN-m。

例題 4-10

試繪圖中外伸梁之剪力圖與彎矩圖，並求危險截面之位置與最大彎矩。

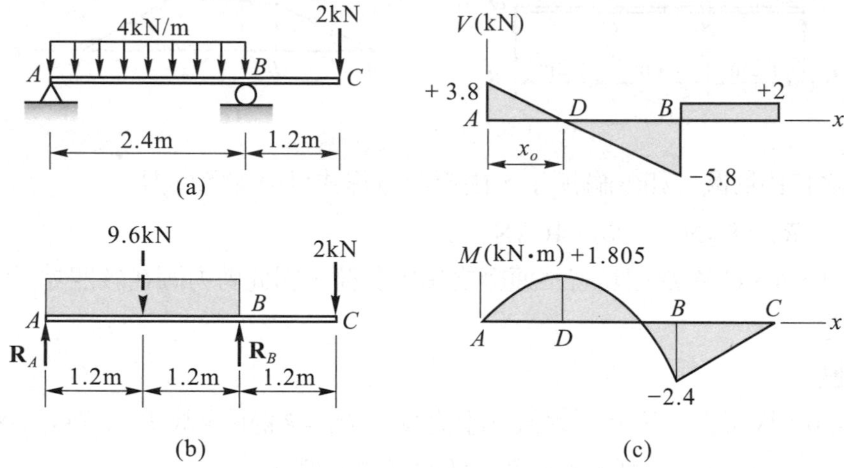

【解】繪梁之自由體圖，如(b)圖所示，由平衡方程式可得支承反力

$$R_A = 3.8 \text{ kN} \quad , \quad R_B = 7.8 \text{ kN}$$

剪力圖：

梁在 A、B、C 三點有不連續之集中負荷，需先求出此三點之剪力

$$V_{A(-)} = 0$$

$$V_{A(+)} = V_{A(-)} + R_A = 0 + 3.8 = 3.8 \text{ kN}$$

$$V_{B(-)} - V_{A(+)} = -\int_{x_A}^{x_B} q dx = -4 \times 2.4 = -9.6 \text{ kN} \quad , \quad V_{B(-)} = V_{A(+)} - 9.6 = -5.8 \text{ kN}$$

$$V_{B(+)} = V_{B(-)} + R_B = -5.8 + 7.8 = 2 \text{ kN}$$

$$V_{C(-)} = V_{B(+)} = 2 \text{ kN}(BC \text{ 間梁上無負荷})$$

$$V_{C(+)} = V_{C(-)} - 2 = 2 - 2 = 0$$

AB 間梁上爲向下之均佈負荷，剪力圖爲斜向下之直線(斜率爲−4kN/m)，由已知之 $V_{A(+)} = 3.8$ kN 與 $V_{B(-)} = -5.8$ kN 間連一直線，即爲 AB 間之剪力圖，其中剪力等於零之位置 x_0 可由相似三角形關係求得，即

$$\frac{x_0}{3.8} = \frac{2.4 - x_0}{5.8} \quad , \quad x_0 = 0.95 \text{ m}$$

BC 間梁上無負荷，剪力圖爲 $V_{B(+)} = V_{C(-)} = +2$ kN 之水平線。

彎矩圖：

梁在 A、B、C 及 $D(x_0 = 0.95\text{m})$四點之彎矩，可由公式(4-4)求得

$M_A = 0$(鉸支承不能受彎矩)

$$M_D - M_A = \int_{x_A}^{x_D} V dx = \frac{1}{2}(3.8)(0.95) = 1.805 \text{ kN-m} \quad , \quad M_D = 1.805 \text{ kN-m}$$

$$M_B - M_D = \int_{x_D}^{x_B} V dx = -\frac{1}{2}(5.8)(2.4-0.95) = -4.205 \text{ kN-m}$$

$M_B = M_D - 4.205 = 1.805 - 4.205 = -2.4$ kN-m

$M_C = 0$ (自由端之彎矩等於零)

AB 間梁上爲向下之均佈負荷，彎矩圖爲開口向下之拋物線，故由已知之 M_A、M_D 及 M_B 三點可連得一拋物線，如(c)圖所示。BC 間梁上無負荷，彎矩圖爲斜直線，則由已知之 M_B 及 M_C 兩點可連得一直線，如(c)圖所示。

梁在 D、B 兩點之剪力爲零，彎矩在該兩點有極大値或極小値，但 $|M_B| > |M_D|$，故危險截面在 B 點，且 $M_{max} = M_B = 2.4$ kN-m。(注意，彎矩之負號僅表示其方向，與大小無關。)

例題 4-11

試繪圖中外伸梁之剪力圖與彎矩圖，並求危險截面之位置與最大彎矩。

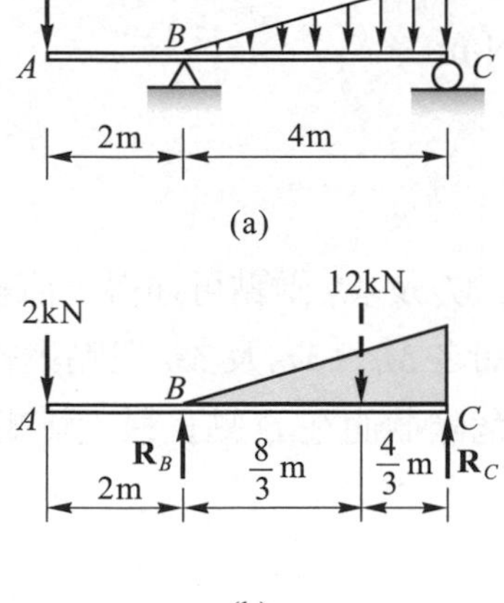

(a)

(b)

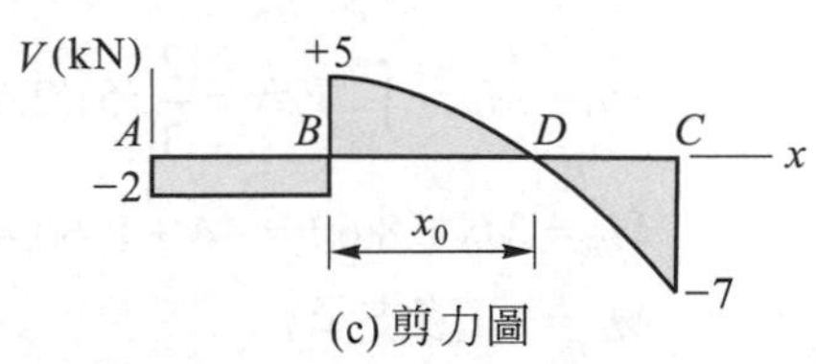

(c) 剪力圖

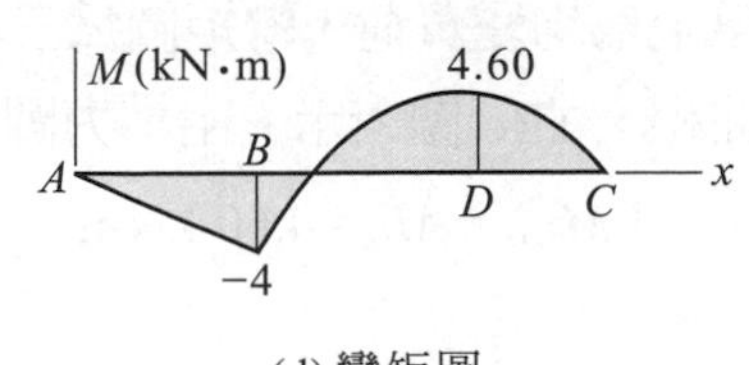

(d) 彎矩圖

【解】繪梁之自由體圖，如(b)圖所示，由平衡方程式可得支承反力為

$R_B = 7\text{ kN}$ ， $R_C = 7\text{ kN}$

剪力圖：

梁在 A、B、C 三點有不連續之負荷，此三點之剪力為

$V_{A(-)} = 0$ ， $V_{A(+)} = -2\text{ kN}$

$V_{B(-)} = -2\text{ kN}$ ， $V_{B(+)} = V_{B(-)} + R_B = +5\text{ kN}$

$$V_{C(-)} - V_{B(+)} = -\int_{x_B}^{x_C} q\,dx = -\left(\frac{1}{2}\times 6\times 4\right) = -12\text{ kN}$$

$V_{C(-)} = V_{B(+)} - 12 = 5 - 12 = -7\text{ kN}$

$V_{C(+)} = V_{C(-)} + R_C = -7 + 7 = 0$

AB 間梁上無負荷，剪力圖為 $V = -2\text{ kN}$ 之水平線。BC 間梁上為均變負荷，剪力圖為拋物線，其中剪力等於零之位置 x_0(D 點)，由公式(4-2)

$$V_D - V_{B(+)} = -\int_{x_B}^{x_D} q\,dx = -\left(\frac{1}{2}\cdot\frac{6x_0}{4}\cdot x_0\right) = -\frac{3}{4}x_0^2$$

$0 - 5 = -\frac{3}{4}x_0^2$ ， $x_0 = 2.58\text{m}$

故由 $V_{B(+)} = +5\text{ kN}$，$V_D = 0(x_D = 4.58\text{m})$及 $V_{C(-)} = -7\text{ kN}$ 三點可連得一拋物線，如(c)圖所示。

彎矩圖：

A、B、C 及 D 點之彎矩

$M_A = 0$ (自由端)

$M_B - M_A = \int_{x_A}^{x_B} V\,dx = -2(2) = -4\text{ kN-m}$ ， $M_B = -4\text{ kN-m}$

$$M_D - M_B = \int_{x_B}^{x_D} V\,dx = \frac{2}{3}(5)(2.58) = 8.60\text{ kN-m}$$

$M_D = M_B + 8.60 = -4 + 8.60 = 4.60\text{ kN-m}$

$M_C = 0$ (滾支承)

AB 間梁上無負荷，彎矩圖為斜直線，由已知之 M_A 及 M_B 兩點可連得一直線。BC 間梁上為均變負荷，彎矩圖為三次曲線，由已知之 M_B、M_D 及 M_C 三點大約可繪得此曲線，如(c)圖所示。由剪力圖及彎矩圖可知危險截面在 D 點且最大彎矩為

$M_{\max} = M_D = 4.60\text{ kN-m}$

例題 4-12

試繪圖中簡支梁之剪力圖與彎矩圖，並求危險截面之位置與最大彎矩。

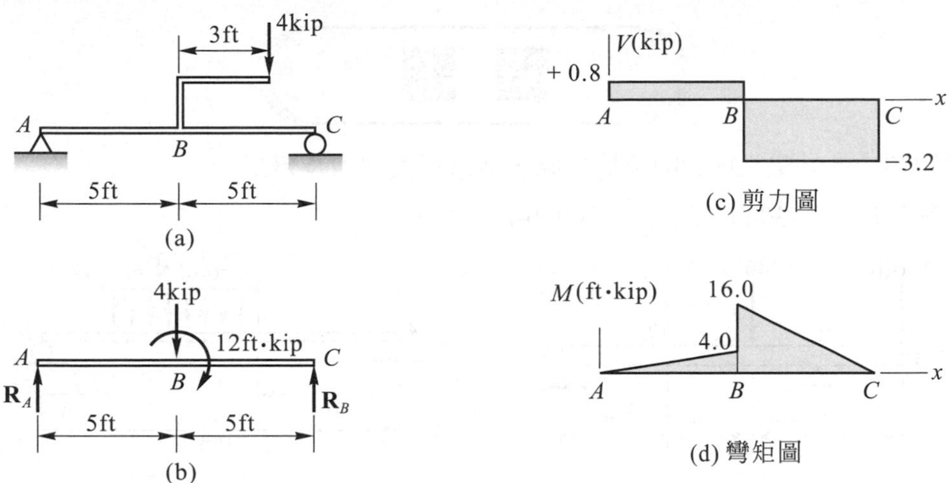

(c) 剪力圖

(d) 彎矩圖

(b)

【解】繪梁之自由體圖，如(b)圖所示，其中將 4 kip 之作用力以作用於 B 點之等效單力 4 kip 與力偶矩 12 ft-kip 取代之，由平衡方程式可得支承反力

$$R_A = 0.8 \text{ kip} \quad , \quad R_C = 3.2 \text{ kip}$$

剪力圖：

負荷不連續點(A、B、C 三點)之剪力值

$$V_{A(-)} = 0 \quad , \quad V_{A(+)} = 0.8 \text{ kip}$$

$$V_{B(-)} = 0.8 \text{ kip} \quad , \quad V_{B(+)} = 0.8 - 4 = -3.2 \text{ kip}$$

$$V_{C(-)} = -3.2 \text{ kip} \quad , \quad V_{C(+)} = 0$$

AB 間梁上無負荷，剪力圖為 $V = 0.8$ kip 之水平線段。BC 間梁上無負荷，剪力圖為 $V = -3.2$ kip 之水平線段。

彎矩圖：

負荷不連續點(A、B、C 三點)之彎矩

$$M_A = 0 \text{ (鉸支承不能承受彎矩)}$$

$$M_{B(-)} - M_A = \int_{x_A}^{x_B} V dx = (0.8)(5) = 4.0 \text{ ft-kip} \quad , \quad M_{B(-)} = 4.0 \text{ ft-kip}$$

$$M_{B(+)} = M_{B(-)} + 12 = 4.0 + 12 = 16 \text{ ft-kip}$$

$$M_C = 0 \text{ (滾支承不能承受彎矩)}$$

AB 間梁上無負荷，彎矩圖為斜直線，由已知之 M_A 及 $M_{B(-)}$ 二點可連得此直線。BC 間梁上無負荷，彎矩圖為斜直線，由已知之 $M_{B(+)}$ 及 M_C 二點可連得此直線。

由彎矩圖可知危險截面在 B 點右側，且最大彎矩 $M_{max} = M_{B(+)} = 16.0$ ft-kip

4-26 試繪圖中外伸梁之剪力圖及彎矩圖，並求最大剪力及彎矩。

【答】$V_{max} = 430$ lb，$M_{max} = 1200$ lb-in

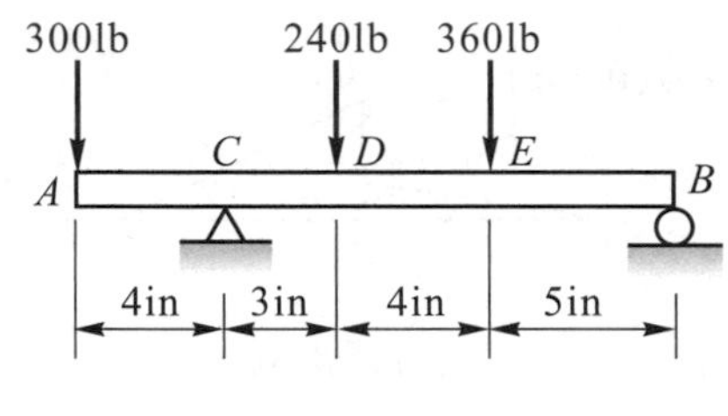

習題 4-26

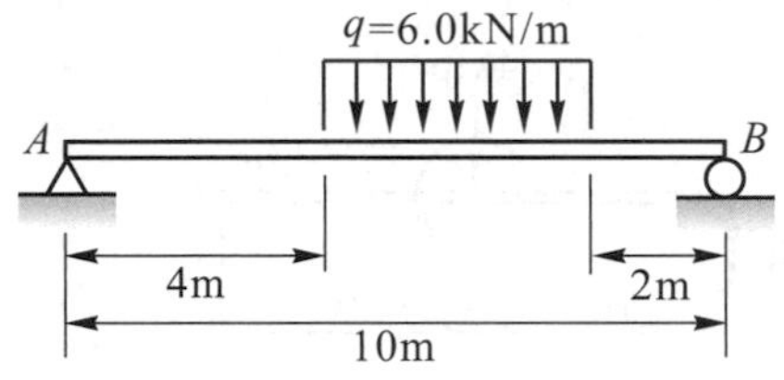

習題 4-27

4-27 試繪圖中簡支梁之剪力圖及彎矩圖，並求危險截面之位置及最大彎矩。

【答】$x = 5.6$ m，$M_{max} = 46.1$ kN-m

4-28 圖中簡支梁承受集中負荷 P 及力偶矩 $M_0 = PL/4$，試繪剪力圖及彎矩圖。

【答】$|V_{max}| = 7P/12$，$M_{max} = 7\,PL/36$

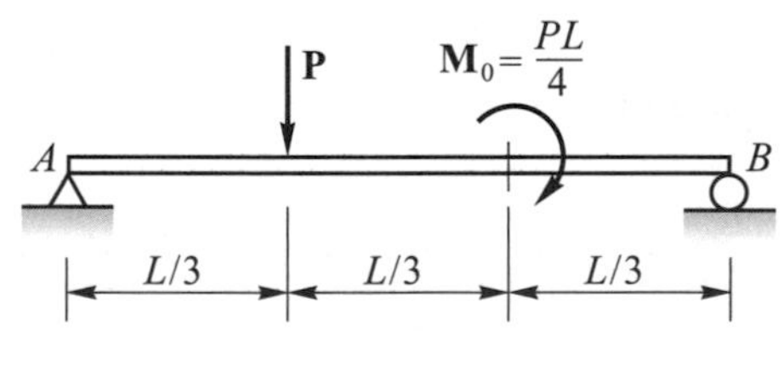

習題 4-28

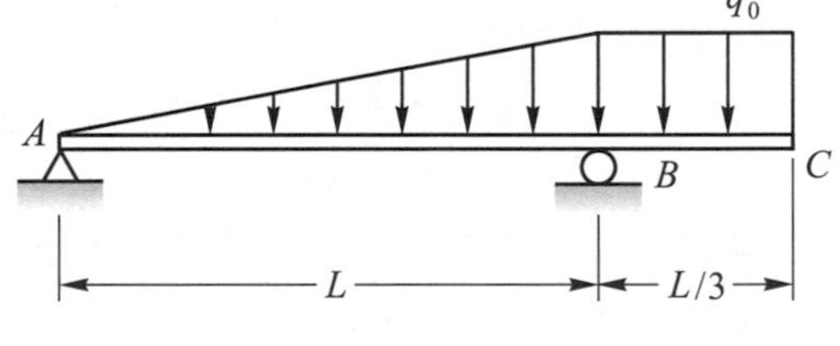

習題 4-29

4-29 試繪圖中外伸梁之剪力圖及彎矩圖。

【答】$|V_{max}| = 7q_0L/18$，$|M_{max}| = q_0L^2/18$

4-30 試繪圖中懸臂梁之剪力圖及彎矩圖。

【答】$|V_{max}| = 3$ kN，$|M_{max}| = 0.8$ kN-m

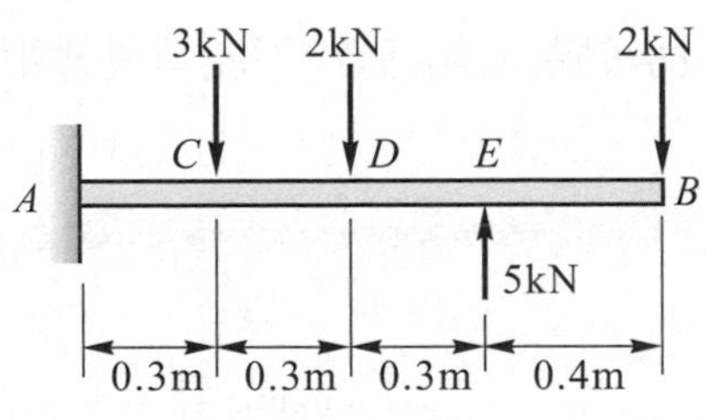

習題 4-30

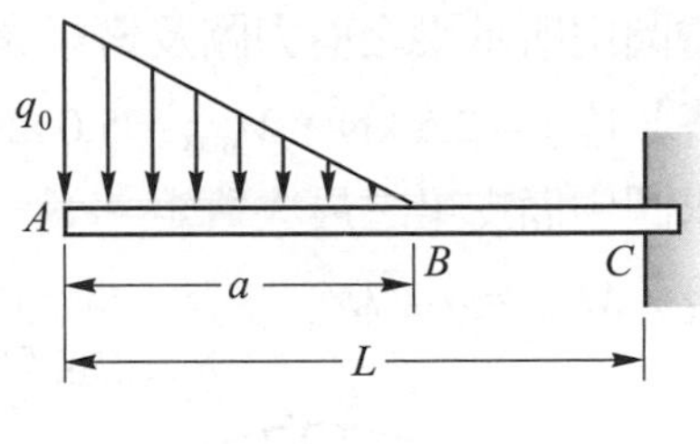

習題 4-31

4-31 試繪圖中懸臂梁之剪力圖及彎矩圖。

【答】$|V_{\max}| = q_0a/2$，$|M_{\max}| = q_0a(3L-a)/6$

4-32 試繪圖中簡支梁之剪力圖及彎矩圖。

【答】$V_{\max} = 49$ kN，$M_{\max} = 150$ kN-m

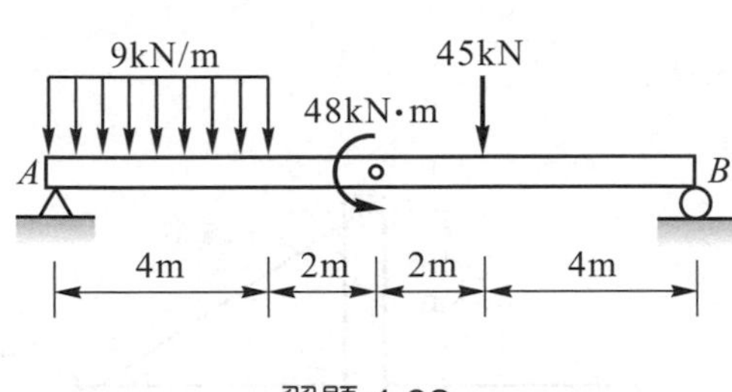

習題 4-32

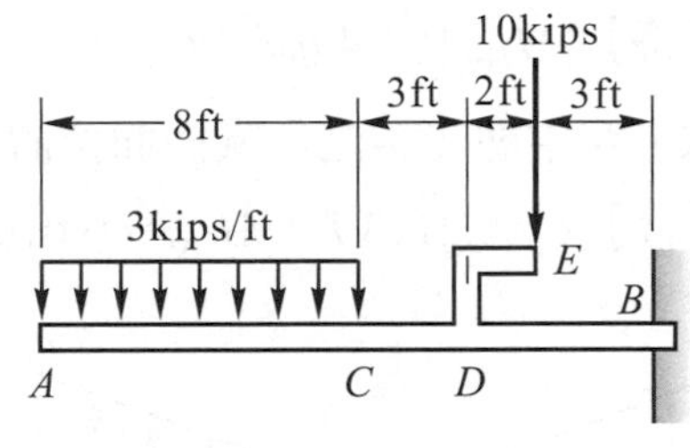

習題 4-33

4-33 試繪圖中懸臂梁之剪力圖及彎矩圖。

【答】$|V_{\max}| = 34$ kips，$|M_{\max}| = 318$ kip-ft

4-34 試繪圖中外伸梁之剪力圖及彎矩圖。

【答】$|V_{\max}| = 20$ kN，$|M_{\max}| = 20$ kN-m

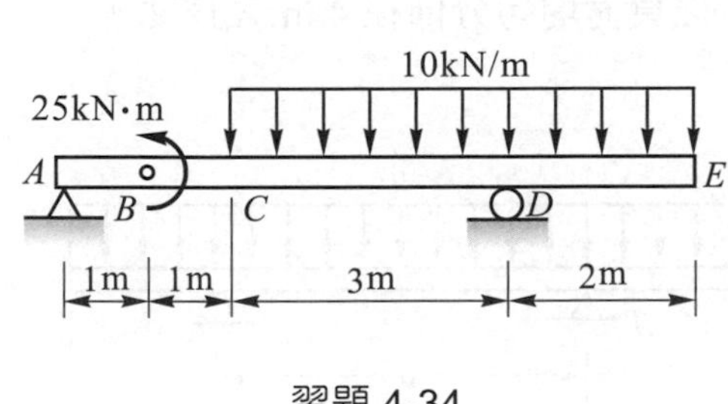

習題 4-34

習題 4-35

4-35 試繪圖中所示梁之剪力圖及彎矩圖。其中 D 爲鉸點(或銷接點)不能承受彎矩。

【答】$V_{max} = 2.5$ kN，$M_{max} = 5.0$ kN-m

4-36 試求圖中簡支梁之最大彎矩。

【答】$M_{max} = q_0L^2/\pi^2$

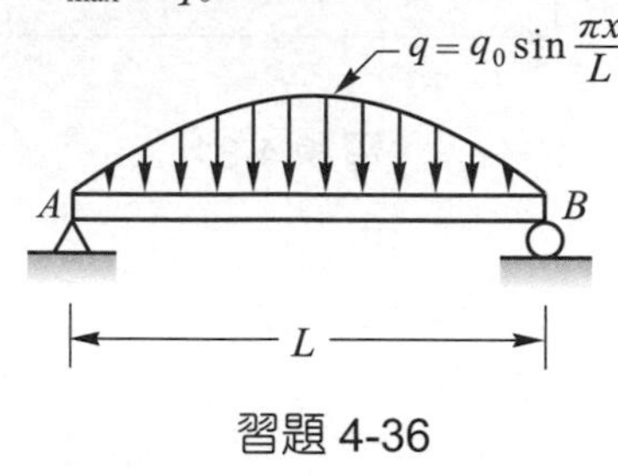

習題 4-36

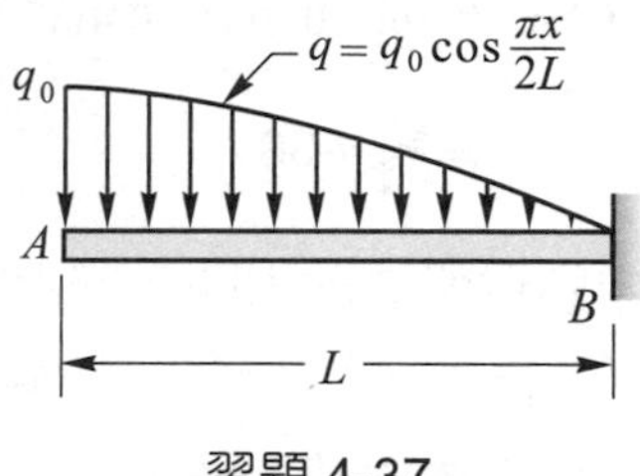

習題 4-37

4-37 試求圖中懸臂梁之最大彎矩。

【答】$|M_{max}| = 4\, q_0L^2/\pi^2$

4-38 試求圖中簡支梁之危險截面位置及最大彎矩。

【答】$x = 0.2113\, L$，$M_{max} = 0.01604\, q_0L^2$

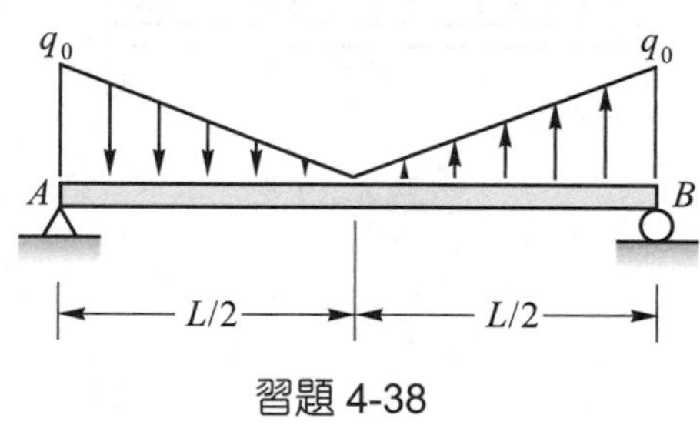

習題 4-38

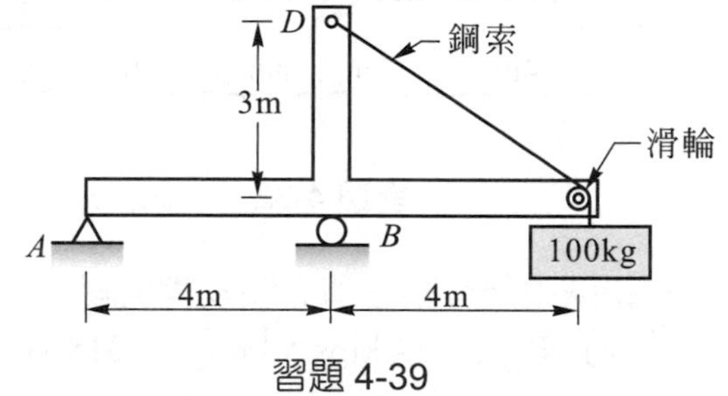

習題 4-39

4-39 試繪圖中外伸梁之剪力圖及彎矩圖。

$|V_{max}| = 981$ N，$|M_{max}| = 3924$ N-m

4-40 試繪圖中梁之剪力圖及彎矩圖。其中 60 kN 之負荷均匀分佈在 4 m 之長度。

【答】$V_{max} = 15$ kN，$M_{max} = 30$ kN-m

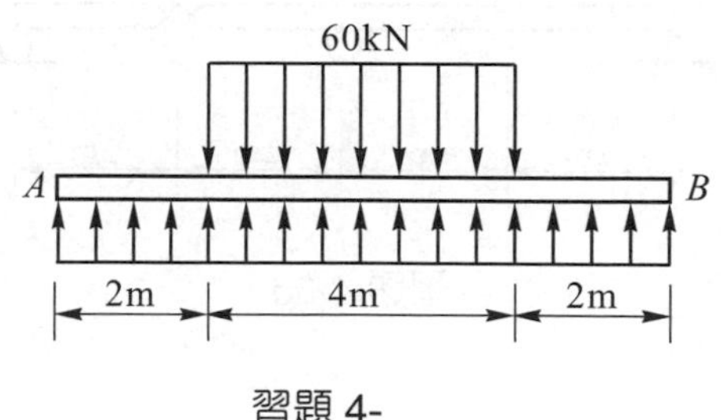

習題 4-

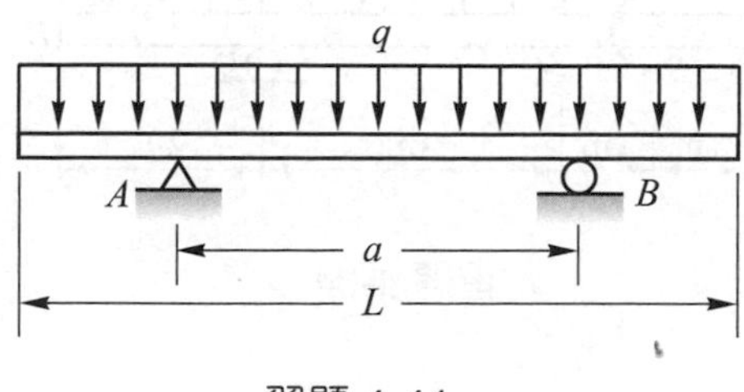

習題 4-41

4-41 圖中左右對稱之外伸梁承受均佈負荷 q，若欲使梁內之最大彎矩達最小值，則支承 A 與 B 間之距離 a 應為若干？並繪此梁之剪力圖及彎矩圖。

【答】$a = 0.586\ L$，$M = 0.0214\ qL^2$

CHAPTER

5

梁內應力(一)

5-1 緒論

承受橫向負荷之梁，其內任一橫斷面通常同時承受有剪力及彎矩，在第四章中已提供一些求得各斷面所受剪力與彎矩之方法。本章將進一步討論梁內斷面所生之應力及應變與該斷面所受剪力及彎矩之關係。

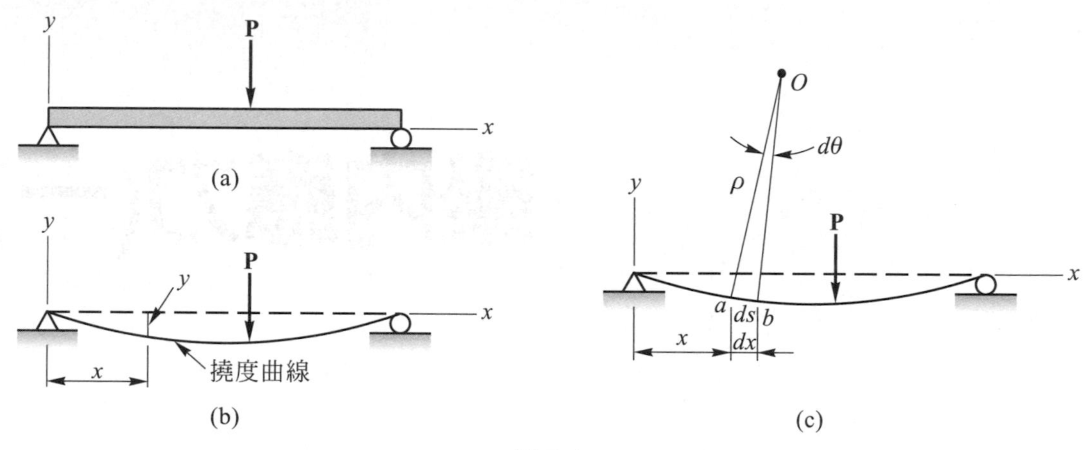

圖 5-1

承受橫向負荷之梁將產生彎曲變形，參考圖 5-1(a)中之簡支梁，由於承受集中負荷作用而變形爲曲線，稱爲撓度曲線(deflection curve)，如圖 5-1(b)所示，梁上任一點在彎曲變形後所生之垂直位移 y，稱爲該點之撓度(deflction)。本章所考慮的梁均存在有一垂直之縱向對稱面(即圖 5-1 中之 xy 平面)，所有負荷都在此平面上，且彎曲變形亦發生在此平面上，稱爲彎曲平面(plane of bending)，圖 5-1(b)中之撓度曲線是一條在彎曲平面上之曲線，表示梁的縱向軸線所生之變形情形。今考慮撓度曲線上相距 ds 之兩點 a 及 b，如圖 5-1(c)所示，設 a 及 b 兩點法線之交點爲 O，則 O 點爲撓度曲線在 ab 段之曲率中心(center of curvature)，而 O 至 a、b 之距離 ρ 爲撓度曲線在該處之曲率半徑(radius of curvature)，由於大部份梁的撓曲甚小，撓度曲線幾乎爲一直線，故 O 點的位置距梁甚遠。在解析幾何中，定義曲率(curvature) k 爲曲率半徑之倒數，即 $k = 1/\rho$。ab 之弧長爲 $ds = \rho d\theta$，其中 $d\theta$ 爲 a 及 b 兩點法線之夾角。由於梁之撓曲通常爲甚小，$ds \approx dx$，故梁的曲率可寫爲

$$k = \frac{1}{\rho} = \frac{d\theta}{dx} \tag{5-1}$$

撓度曲線上各點之曲率 k 爲 x 之函數，亦即梁上各點之曲率隨其位置 x 而變，但承受純彎之梁則各點之曲率均相同，後面將會說明。

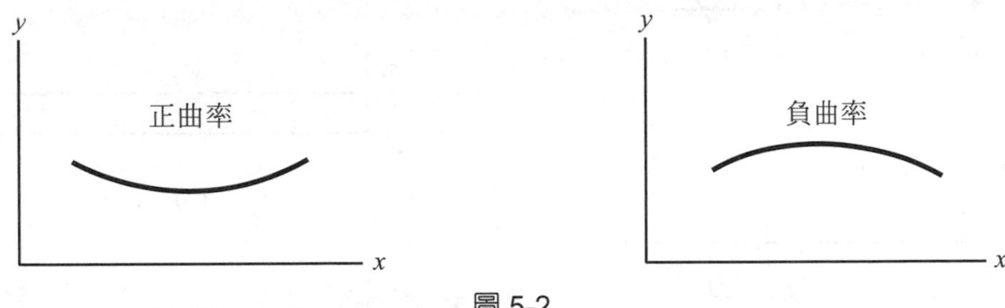

圖 5-2

曲率之正負值與所在之座標系有關，若定 x 軸向右爲正，y 軸向上爲正，則開口向上曲線之曲率爲正，而開口向下曲線之曲率爲負，如圖 5-2 所示。公式(5-1)將在下節中用於分析梁承受彎矩後所生之應變，並且在第八章中用於決定撓度曲線方程式。

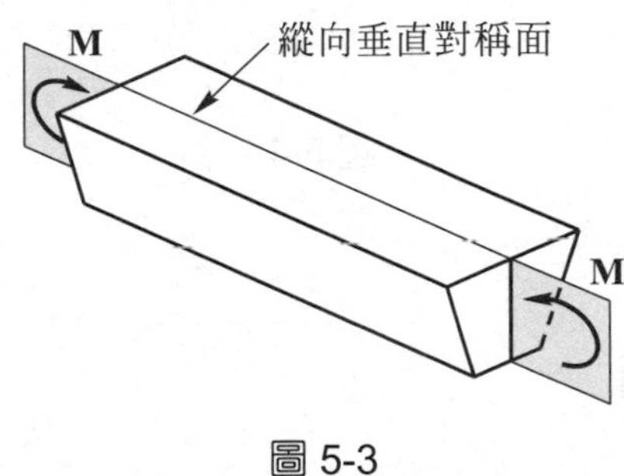

圖 5-3

本章首先將討論具有縱向垂直對稱面之稜柱梁承受純彎(pure bending)所生之應力，參考圖 5-3 所示。稜柱梁爲斷面均相同之直桿，當桿件兩端在縱向對稱面上承受一組大小相同方向相反之力偶時，稱此桿件承受純彎。承受純彎之梁，其內任一斷面所承受之彎矩都相等，且斷面之剪力爲零。圖 5-4 中所示爲承受純彎之典型例子；(a)圖爲一簡支梁承受兩個相同且成對稱之集中負荷，(b)圖爲兩端承受等大反向力偶作用之簡支梁，而(c)圖爲自由端承受力偶作用之懸臂梁，三者在 AB 間之剪力均等於零且斷面之彎矩均相等。

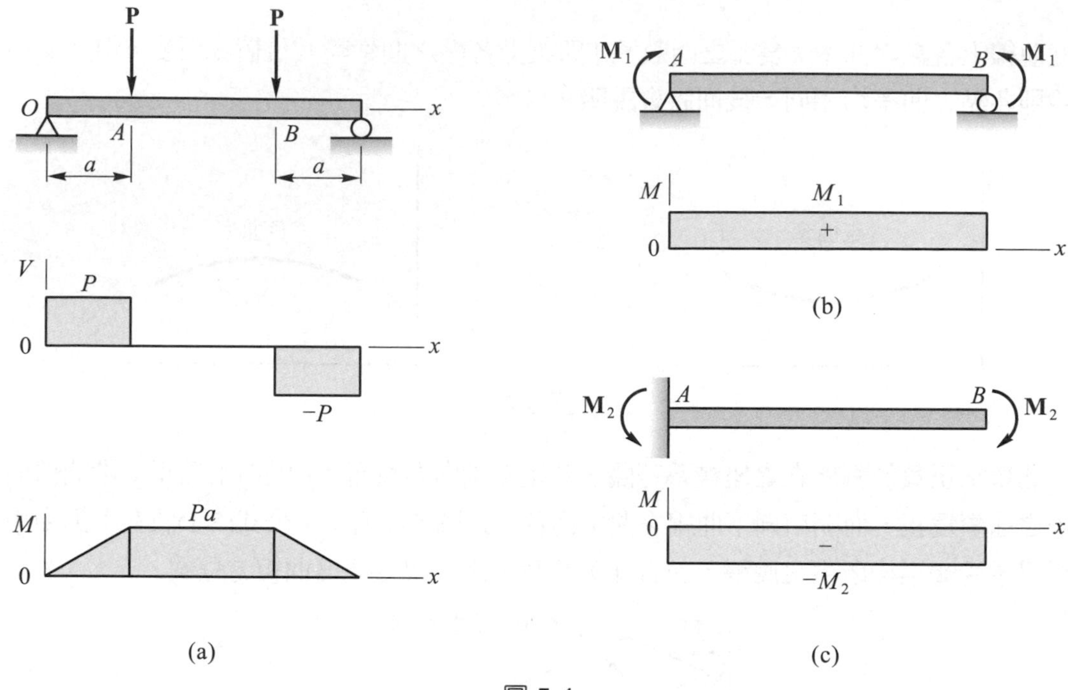

圖 5-4

5-2 彎曲應力

本節將導出稜柱梁承受純彎時其內之彎曲應力(bending stress)與所受彎矩之關係，在推導此關係前先敘述導證過程所根據之假設條件。

(1) 梁內任一橫斷面彎曲後仍保持為平面，且與縱軸垂直。

(2) 梁為均質的線彈性材料；彎曲後所生之應力恆小於比例限，即虎克定律可適用。

(3) 梁之材料受拉與受壓之彈性模數相同。

(4) 彎矩的作用面在梁之縱向對稱面上，如圖 5-3 所示。

參考圖 5-5 中之稜柱梁，承受正彎矩 M 作用而產生彎曲變形，梁中相距 dx 之兩橫斷面 mn 及 pq，彎曲變形後依然保持為平面且與縱軸垂直，因此彎曲後兩斷面將相互旋轉一角度 $d\theta$ 而不再平行，如圖 5-5(b)所示，其中虛線表示兩斷面未變形前之相對位置；顯然，彎曲後梁上面受壓縮作用，而下面受拉伸作用，其間必存有一過渡之面，既不受壓亦不受拉，且縱向長度保持不變，稱此面為梁之中立面(neutral surface)，如圖 5-5(b)中所示。中立面與梁內任一橫斷面之交線，稱為該斷面之中立軸(neutral axis)，如圖 5-6 所示。

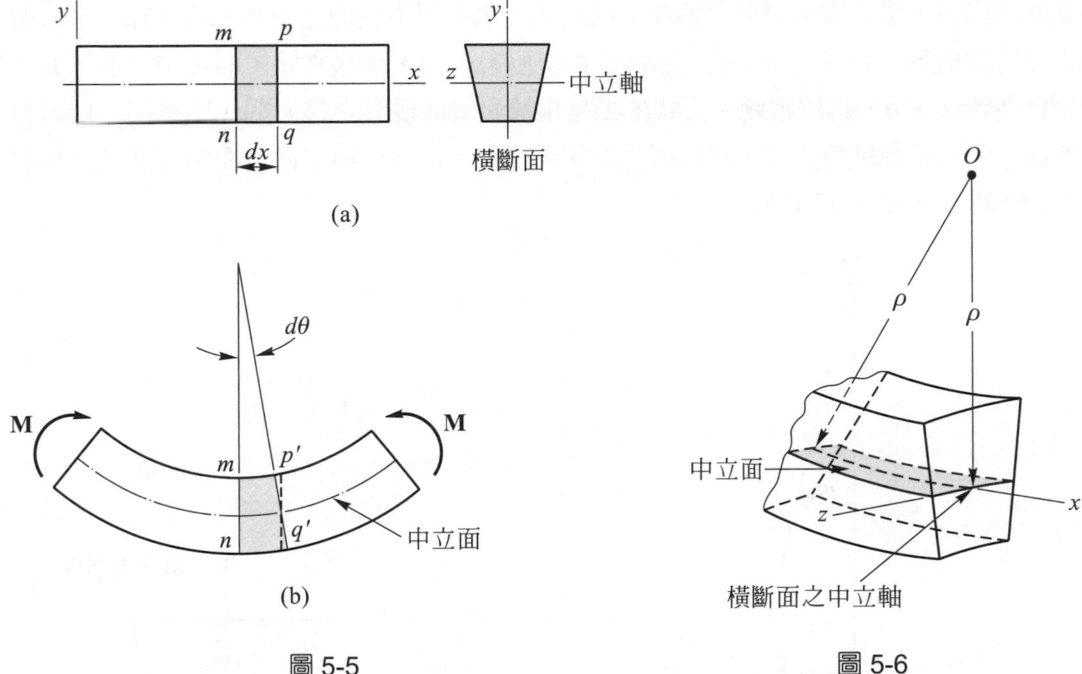

圖 5-5

圖 5-6

將圖 5-5(b)重新繪於圖 5-7 中，設中立面之曲率半徑為ρ。mn 與 pq 兩斷面間之縱向長度$\overline{mp}$、$\overline{ab}$、$\overline{cd}$及$\overline{nq}$均相等且等於 dx，彎曲後中立面上之縱向長度 ab 保持不變，且 $dx = \rho d\theta$，其餘位置之縱向長度於彎曲後必會伸長或縮短，而產生縱向應變ε_x。今考慮中立面上方與中立面距離為 y 處之縱向長度 cd，由圖 5-7 可知 cd 於彎曲變形後之長度為$(\rho - y)d\theta$，即

$$cd'\text{長度} = (\rho - y)d\theta = \rho d\theta - yd\theta = dx - yd\theta$$

因 cd'之原有長度為 dx，故其伸長量為$(dx - yd\theta) - dx = -yd\theta$，則 cd 之應變ε_x，即單位長度之長度變化量為

$$\varepsilon_x = \frac{-yd\theta}{dx}$$

將公式(5-1)：$\dfrac{d\theta}{dx} = \dfrac{1}{\rho}$，代入上式，得

$$\varepsilon_x = -\frac{y}{\rho} = -ky \tag{5-2}$$

公式(5-2)顯示，梁之縱向應變與曲率 k 成正比，也與至中立面之距離 y 成正比。對於曲率爲正之彎曲變形，在中立面上方之點 $y > 0$，應變 $\varepsilon_x < 0$，爲壓應變，而在中立面下方之點 $y < 0$，應變 $\varepsilon_x > 0$，爲拉應變。公式(5-2)是根據梁彎曲變形之幾何關係所導出，與材料種類無關，因此承受純彎之梁，其內所生之正交應變，恆與至中立面之距離成正比，與材料應力-應變圖之曲線形狀無關。

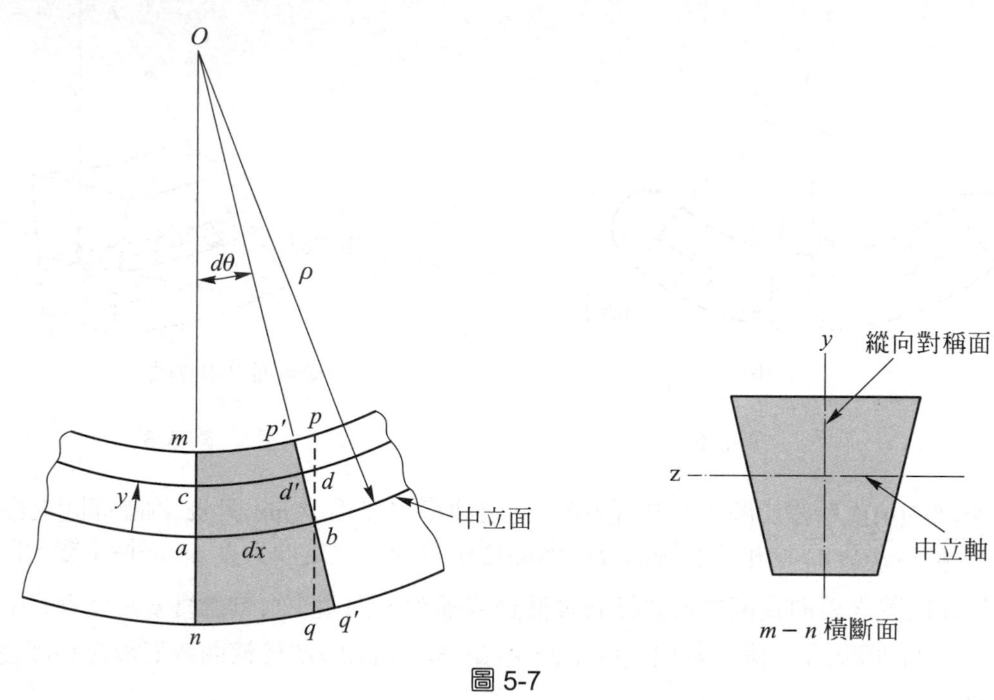

圖 5-7

若梁爲均質之線彈性材料，虎克定律可適用，即$\sigma = E\varepsilon$，則

$$\sigma_x = -\frac{Ey}{\rho} = -Eky \qquad (5\text{-}3)$$

故線彈性材料之稜柱梁承受純彎時，其橫斷面上之正交應力與至中立面之距離 y 成正比，如圖 5-8 所示，對於曲率爲正之彎曲，中立面以上($y > 0$)承受壓應力，中立面以下($y < 0$)承受拉應力，而上下兩緣之應力爲最大。

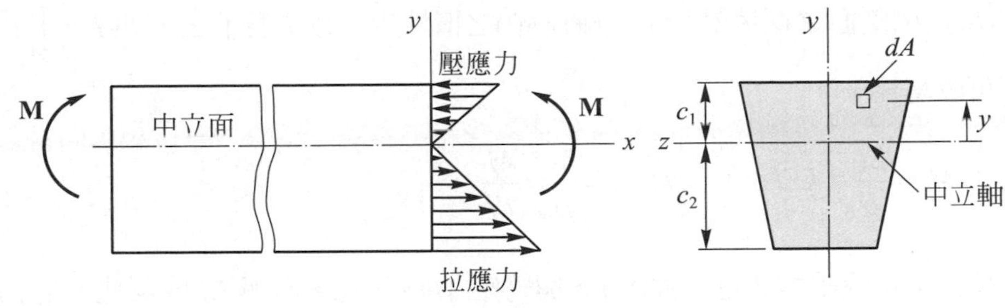

圖 5-8

將承受純彎之梁，切取任意橫斷面之自由體圖，如圖 5-8 所示，由平衡條件，$\Sigma F_x = 0$ 且$\Sigma M_z = M$，其中$\Sigma F_x = 0$ 表示梁橫斷面上正交應力之總和等於零，而$\Sigma M_z = M$表示橫斷面上之正交應力對其中立軸(z 軸)之力矩和等於斷該面所承受之彎矩 M。

今考慮橫斷面上距中立軸為 y 處之一微小面積 dA，作用於 dA 上之垂直力 $dF = \sigma_x dA$，由$\Sigma F_x = 0$，得 $\int_A dF = \int_A \sigma_x dA = 0$，將公式(5-3)：$\sigma = -\dfrac{Ey}{\rho}$ 代入，得 $-\int_A \dfrac{Ey}{\rho} dA = 0$，因曲率半徑$\rho$ 與彈性模數 E 都不等於零，故得

$$\int_A y dA = 0 \tag{5-4}$$

上式表示梁之橫斷面積對其中立軸之一次矩等於零，因此中立軸必通過橫斷面之形心，此特性可用於求得斷面中立軸之位置。但前述之假設條件中，y 軸為橫斷面之對稱軸，故 y 軸亦通過斷面形心，因此斷面之坐標原點(y 軸與 z 軸交點)必為橫斷面之形心。又對稱軸必為斷面之主軸(principal axis)，故 y 軸為橫斷面之主軸，而與 y 軸垂直之 z 軸亦為主軸。因此，線彈性材料之稜柱梁承受純彎時，斷面之 y 軸與 z 軸為主形心軸(principal centroidal axes)。

再由平衡方程式：$M = \Sigma M_z$，其中ΣM_z 為橫斷面上之正交應力σ_x 對中立軸之力矩和。對於 $y > 0$ 之微面積 dA 承受$\sigma_x > 0$(拉應力)之應力時，對中立軸之力矩與斷面所受之正彎矩方向相反，故 $dM = -y\sigma_x dA$，因此 $M = -\int_A y\sigma_x dA$，將公式(5-3)代入，得 $M = -\int_A y\left(-\dfrac{Ey}{\rho}\right) dA$，即

$$M = \frac{E}{\rho}\int_A y^2 dA \tag{5-5}$$

其中 $\int_A y^2 dA$ 為橫斷面之面積對其中立軸(z 軸)之慣性矩，以 I 表示之，即 $I = \int_A y^2 dA$，則公式(5-5)可改寫為

$$M = \frac{EI}{\rho} = kEI \quad ， \quad 或 \quad k = \frac{1}{\rho} = \frac{M}{EI} \tag{5-6}$$

上式表示稜柱梁承受純彎所生之曲率 k，與彎矩 M 成正比，而與 EI 成反比，當 EI 值愈大曲率愈小，故 EI 值表示梁對彎曲變形之抵抗能力，稱為撓曲剛度(flexural rigidity)。對於承受純彎之均質稜柱梁，撓曲剛度 EI 為常數，且各斷面所受之彎矩均相同，故曲率半徑 ρ 為一常數，即彎曲後其縱向軸線為圓弧線。

■撓曲公式(flexure formula)

由公式(5-3)：$\dfrac{1}{\rho} = -\dfrac{\sigma_x}{Ey}$，代入公式(5-6)，可得梁內正交應力與彎矩之關係式，即

$$\sigma_x = -\frac{My}{I} \tag{5-7}$$

上式稱為撓曲公式(flexure formula)，顯示梁內之正交應力與彎矩 M 成正比，且與至中立軸之距離 y 成正比。當彎矩為正時，中立軸以上之部份($y > 0$)為壓應力，中立軸以下之部份($y < 0$)為拉應力，如圖 5-9(a)所示。若彎矩為負，則應力為相反，如圖 5-9(b)所示。由撓曲公式求得之應力稱為彎曲應力(bending stress or flexural stress)

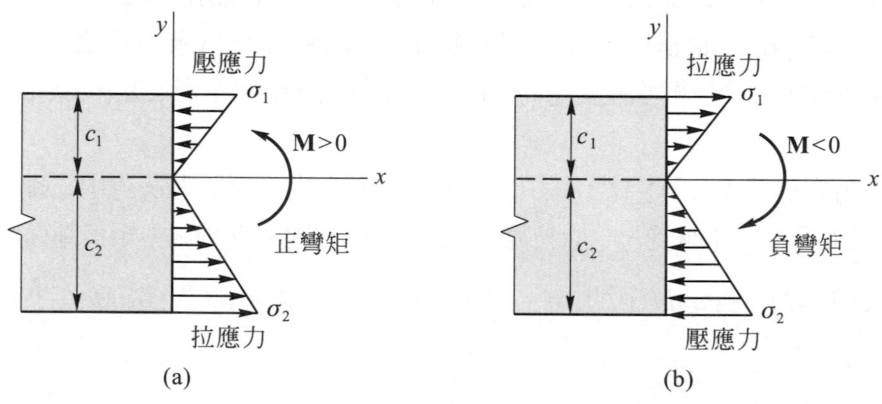

圖 5-9

斷面上之最大拉應力及最大壓應力發生在距離中立軸最遠之位置。設 c_1 與 c_2 分別代表中立軸至上緣與下緣之最遠距離，則上緣之最大正交應力 σ_1 與下緣之最大正交應力 σ_2 分別為

上緣：$$\sigma_1 = -\frac{Mc_1}{I} = -\frac{M}{S_1} \quad , \quad S_1 = \frac{I}{c_1} \tag{5-8}$$

下緣：$$\sigma_2 = \frac{Mc_2}{I} = \frac{M}{S_2} \quad , \quad S_2 = \frac{I}{c_2} \tag{5-9}$$

其中，S_1 與 S_2 為梁橫斷面之斷面模數(section modulus)。當彎矩為正時，σ_1 為最大壓應力，σ_2 為最大拉應力，而當彎矩為負時，σ_1 為最大拉應力，σ_2 為最大壓應力，參考圖 5-9 所示。注意，中立軸至上下緣之距離 c_1 與 c_2 為絕對值(正值)。

若斷面對 z 軸(中立軸)成對稱，$c_1 = c_2 = c$，則最大拉應力與最大壓應力相等，且

$$\sigma_1 = -\sigma_2 = -\frac{Mc}{I} = -\frac{M}{S} \quad , \quad S = \frac{I}{c} \tag{5-10}$$

圖 5-10 中所示為幾個常見斷面之斷面模數。斷面模數之單位為長度的三次方(如 mm^3 或 in^3)。

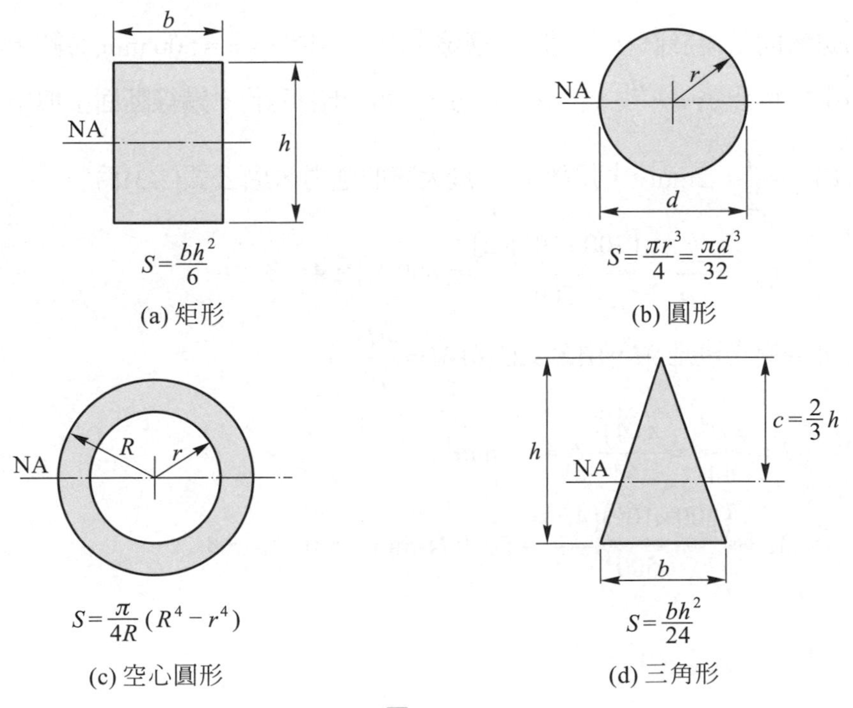

圖 5-10

上述撓曲公式所得之彎曲應力，是根據稜柱梁承受純彎作用所導出者。但一般承受橫向負荷之梁，其斷面亦承受有剪力，所生之剪應力將引起剪應變，而使梁之斷面產生扭曲，導致彎曲前為平面之斷面，彎曲後不再保持平面。此種斷面之扭曲將使斷面正交應力之分析更為複雜，但經更精確之分析顯示，承受橫向負荷之梁，任一斷面經由撓曲公式計算所得之正交應力，並未因斷面之剪應變而產生甚大之變化。故對於承受橫向負荷之梁，斷面所生之正交應力，直接用純彎所得之撓曲公式(5-9)計算，仍可獲得相當正確之結果。

例題 5-1

直徑 $d = 4$ mm 之鋼線環繞於半徑 $r = 500$ mm 之圓柱表面，如圖所示，試求鋼線內之最大彎曲應力 σ_{max} 及鋼線所承受之彎距 M。設鋼線之彈性模數 $E = 200$ GPa。

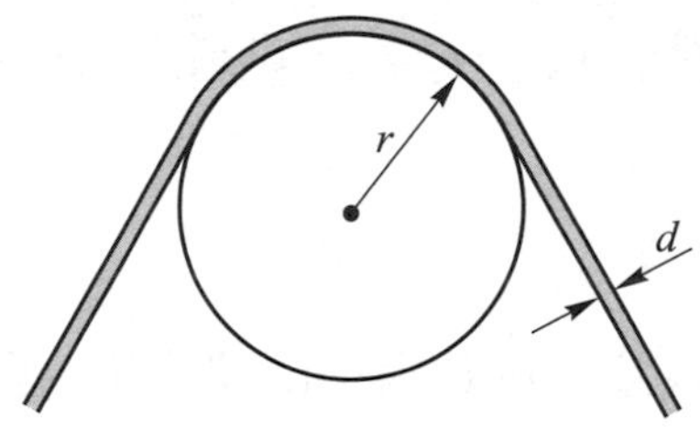

【解】將鋼線彎曲環繞於圓柱表面時，鋼線之曲率半徑 $\rho = r = 500$ mm(實際上鋼線中立面之曲率半徑應為 $r + \frac{d}{2}$，但 d 甚小於 r，可忽略不計)，鋼線斷面上與中立軸之最遠距離為 $c = \frac{d}{2} = 2$mm，則鋼線內之最大彎曲應力，由公式(5-3)為

$$\sigma_{max} = \frac{Ec}{\rho} = \frac{\left(200 \times 10^3\right)(2)}{500} = 800 \text{ MPa} \blacktriangleleft$$

鋼線所承受之彎矩 M，由公式(5-6) $M = \frac{EI}{\rho}$

其中 $$I = \frac{\pi d^4}{64} = \frac{\pi (4)^4}{64} = 4\pi \quad \text{mm}^4$$

則 $$M = \frac{\left(200 \times 10^3\right)(4\pi)}{500} = 5030 \text{ N-mm} = 5.03 \text{ N-m} \blacktriangleleft$$

例題 5-2

圖中寬翼型斷面(W 型鋼)之簡支梁承受均佈負荷 $q = 5$ kN/m，試求梁內之最大彎曲應力。

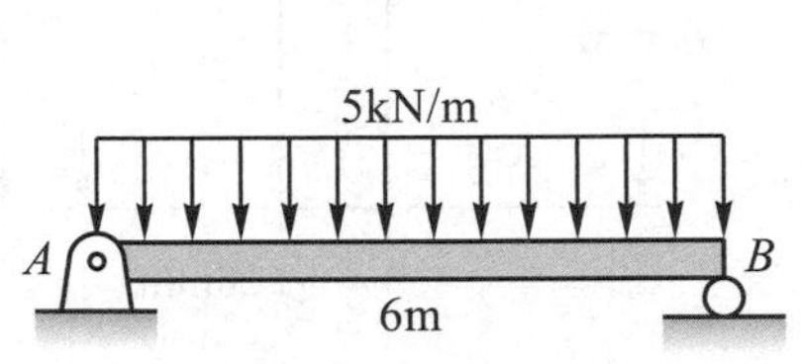

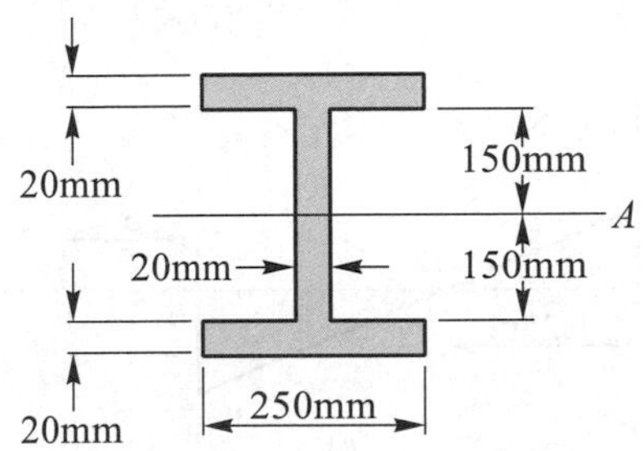

【解】支承反力，由平衡方程式得

$$R_A = R_B = \frac{1}{2}(5)(6) = 15 \text{ kN}$$

最大彎矩在梁之中央斷面，參考例題 4-6，且

$$M_{\max} = \frac{1}{8}qL^2 = \frac{1}{8}(5)(6)^2 = 22.5 \text{ kN-m}$$

斷面之慣性矩

$$I = \frac{1}{12}(250)(340)^3 - \frac{1}{12}(230)(300)^3 = 301.3 \times 10^6 \text{ mm}^4$$

梁內之最大彎曲應力在中央斷面之上下緣

$$\sigma_{\max} = \frac{M_{\max}c}{I} = \frac{\left(22.5\times10^6\right)(170)}{301.3\times10^6} = 12.69 \text{ MPa} ◀$$

因彎矩 $M_{\max}$ 為正，故上緣為最大壓應力，下緣為最大拉應力。

例題 5-3

圖中所示為 T 型斷面之外伸梁，試求梁內所生之最大拉應力與最大壓應力。

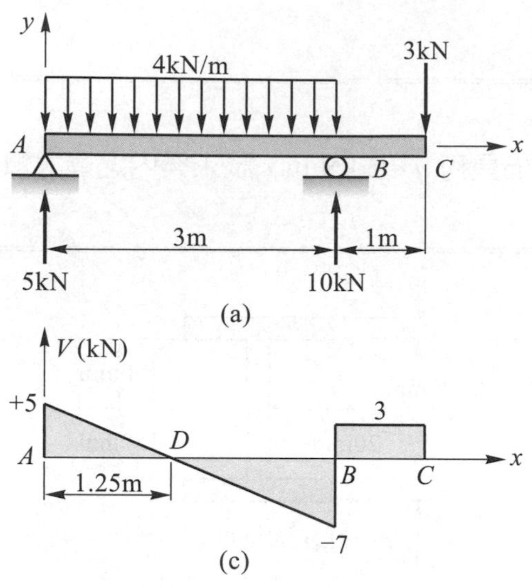

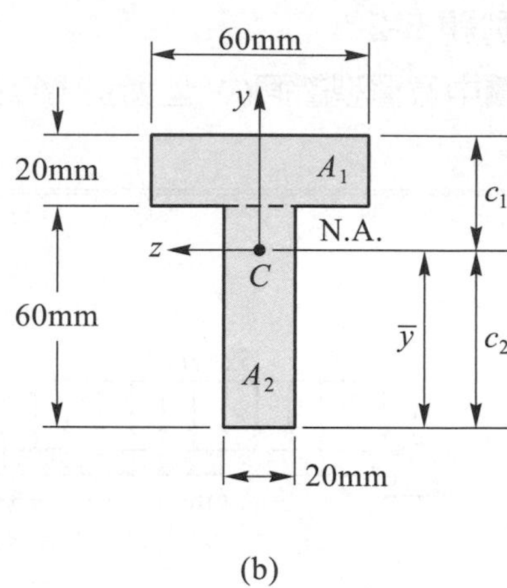

【解】斷面中立軸之位置(形心位置)

$$\bar{y}=\frac{A_1y_1+A_2y_2}{A_1+A_2}=\frac{(60\times 20)(70)+(20\times 60)(30)}{60\times 20+20\times 60}=50\text{mm}$$

斷面中立軸至上下緣之距離 $c_1 = 30$ mm，$c_2 = 50$ mm。

斷面對中立軸之慣性矩

$$I=(A_1\text{ 面積對中立軸之慣性矩})+(A_2\text{ 面積對中立軸之慣性矩})$$
$$=\left[\frac{1}{12}(60)(20)^3+(60\times 20)(20)^2\right]+\left[\frac{1}{12}(20)(60)^3+(20\times 60)(20)^2\right]$$
$$=136\times 10^4\ \text{mm}^4$$

繪梁之剪力圖，如圖(c)所示，得 D、B 兩點之剪力為零，則 D 點彎矩有極大值，B 點彎矩有極小值，且

$$M_D=+\frac{1}{2}(5)(1.25)=+3.125\ \text{kN-m}$$

$$M_B=-(3)(1)=-3\ \text{kN-m}$$

由於梁之斷面上下不對稱，斷面所生之最大拉應力與最大壓應力不相等，又彎矩為極大與極小之兩斷面(斷面 D 與 B)所受之彎矩方向相反，即斷面 D 彎矩為正，上緣為最大壓應力，下緣為最大拉應力；斷面 B 彎矩為負，上緣為最大拉應力，下緣為最大壓應力，因此梁內之最大拉應力與最大壓應力可能發生在彎矩為極大或極小之兩斷面上，必須經計算方可確定。

斷面 D：$M_D = +3.125$ kN-m

上緣之最大壓應力：$\sigma_1 = -\dfrac{M_D c_1}{I} = -\dfrac{(3.125\times10^6)(30)}{136\times10^4} = -68.9$ MPa

下緣之最大拉應力：$\sigma_2 = \dfrac{M_D c_2}{I} = \dfrac{(3.125\times10^6)(50)}{136\times10^4} = 114.9$ MPa◄

斷面 B：$M_B = -3$ kN-m

上緣之最大拉應力：$\sigma_1 = -\dfrac{M_B c_1}{I} = -\dfrac{(-3\times10^6)(30)}{136\times10^4} = 66.2$ MPa

下緣之最大壓應力：$\sigma_2 = \dfrac{M_B c_2}{I} = \dfrac{(-3\times10^6)(50)}{136\times10^4} = -110.3$ MPa◄

故梁內之最大拉應力在斷面 D 之下緣$(\sigma_t)_{max} = 114.9$ MPa，最大壓應力在斷面 B 之下緣$(\sigma_c)_{max} = 110.3$ MPa。

5-3 梁斷面之形狀

設計梁時，最主要之考慮因素爲選擇一適當形狀與尺寸之斷面，使梁承受負荷後所生之彎曲應力低於該梁之容許應力。斷面之選擇需先根據梁所受之最大彎矩 M_{max} 與梁之容許彎曲應力σ_{allow} 決定所需之斷面模數 S，由公式(5-10)

$$S = \frac{M_{max}}{\sigma_{allow}} \tag{5-11}$$

符合所需之斷面模數，有很多不同形狀之斷面可供選擇，但最經濟之選擇爲截面積最小之斷面，即符合所需之斷面模數而使梁之重量爲最輕者，爲最佳之斷面形狀。

對於矩形斷面，設寬度爲 b 深度爲 h，其斷面模數爲

$$S = \frac{I}{c} = \frac{bh^2}{6} = \frac{1}{6}(bh)h = 0.167\,Ah$$

其中 $A = bh$，爲矩形斷面之面積。由上式可知，相同面積之各種矩形斷面，深度 h 較大者，其斷面模數也較大。但深度之增加有限制，因 h 太大將使斷面甚爲細長，彎曲時易發生側向彎曲(lateral buckling 或稱側向挫曲)而失敗。因此，選擇 $h > b$ 之矩形斷面較相同面積之正方形斷面爲經濟。

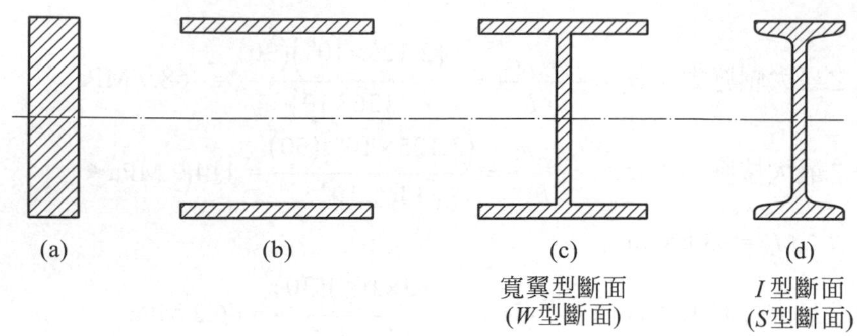

圖 5-11

由斷面正交應力之分佈可知，在中立軸附近之應力較小，大部份之應力產生在斷面之上下兩緣，因此當斷面積相同且深度一定時，最理想之斷面設計，是將斷面分成兩半並置於距中立軸爲 $h/2$ 處，如圖 5-11(b)所示，此理想斷面之慣性矩與斷面模數爲

$$I = 2\left(\frac{A}{2}\right)\left(\frac{h}{2}\right)^2 = \frac{Ah^2}{4} \quad , \quad S = \frac{I}{c} = 0.5\,Ah$$

但此理想之斷面不可能存在，必需在中間連接一腹板(wcb)才能有效，如圖 5-11(c)、(d)所示，分別爲寬翼型斷面(wide flange section)與 I 型斷面(I-beam section)，此種斷面之斷面模數約爲

$$S \approx 0.35\,Ah$$

顯然，寬翼型斷面與 I 型斷面較矩形斷面爲經濟。

工程上爲配合各種不同場合之需要，有各種標準斷面之型鋼可供選用，這些標準型鋼之尺寸規格目前有三種，包括英制標準型鋼、SI 制標準型鋼與公制標準型鋼(CNS 標準型鋼)，目前國內工業界所使用之型鋼大都爲公制標準型鋼。美國以往均使用英制標準型鋼，然最近己逐漸採用 SI 制標準型鋼。有關各種標準型鋼之尺寸規格與其斷面性質請參閱各相關規範，其中包括寬翼型鋼(又稱 W 型鋼或 H 型鋼)、美國標準型鋼(又稱 S 型鋼或 I 型鋼)、槽鋼(又稱 C 型鋼)、等邊角鋼及不等邊角鋼等，參考圖 5-12 所示。

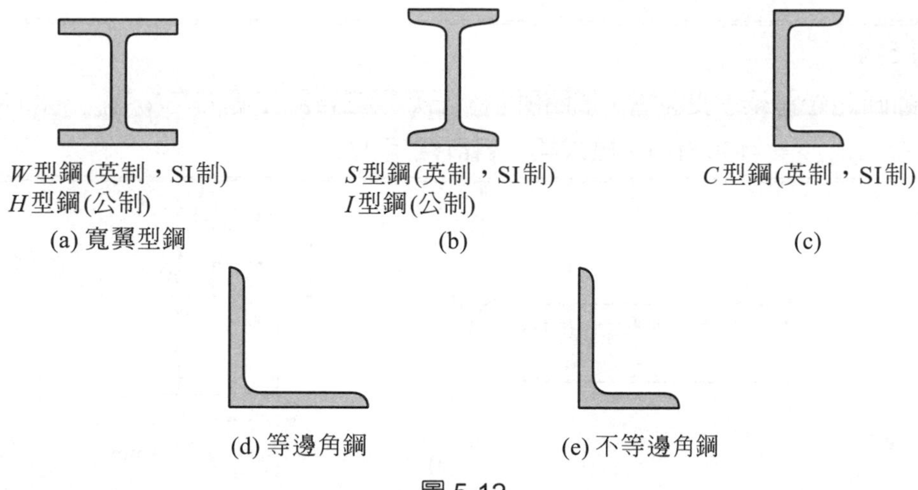

圖 5-12

抗拉與抗壓強度相同之材料承受彎曲時，爲使最大拉應力與最大壓應力同時達到其容許應力，宜選用上下成對稱之斷面，如圖 5-13 中之(a)、(b)、(e)斷面。但對於抗壓強度大於抗拉強度之材料，如鑄鐵及混凝土，由於最大壓應力及最大拉應力與上下兩緣至中立軸之距離成正比，此時宜選用上下不成對稱之斷面，如圖 5-13 中(c)、(d)、(f)斷面，爲使最大壓應力與最大拉應力同時達到其容許應力，中立軸至上下兩緣距離之比應等於其對應容許應力之比，若承受正彎矩，則

$$\frac{c_2}{c_1}=\frac{(\sigma_t)_{allow}}{(\sigma_c)_{allow}}$$

其中 c_2 爲中立軸至下緣之距離，而 c_1 爲中立軸至上緣之距離，$(\sigma_t)_{allow}$ 爲材料之容許拉應力，而$(\sigma_c)_{allow}$ 爲材料之容許壓應力。另外利用不同材料組成之斷面，亦可解決抗拉與抗壓強度不同之材料在承受彎曲時所造成之困擾，此種不同材料所組成之複合梁(composite beam)於 6-3 節中再詳細討論。

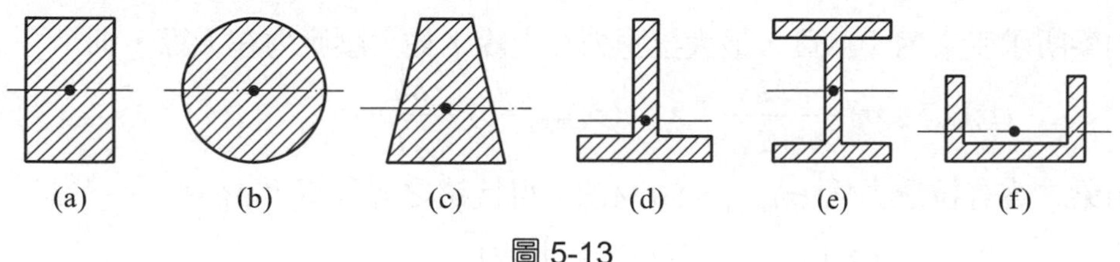

圖 5-13

例題 5-4

T 型斷面之懸臂梁承受純彎，如圖所示，已知梁之容許拉應力為$(\sigma_t)_{allow} = 80$ MPa，容許壓應力為$(\sigma_c)_{allow} = -130$ MPa，試求梁之容許彎矩 M_w。

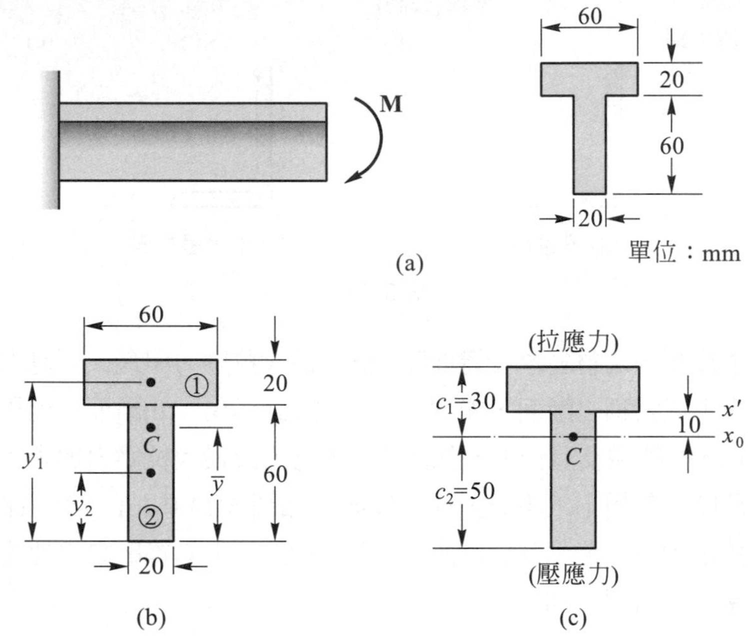

(a)
(b)
(c)

【解】梁斷面之形心位置 $\bar{y}$，由圖(b)

$$\bar{y} = \frac{A_1 y_1 + A_2 y_2}{A_1 + A_2} = \frac{(60\times 20)(70)+(20\times 60)(30)}{(60\times 20)+(20\times 60)} = 50 \text{ mm}$$

則中立軸至上下兩緣之距離為 $c_1 = 30$ mm，$c_2 = 50$ mm。

梁斷面對中立軸之慣性矩 $\bar{I}$，參考圖(c)，由慣性矩之平行軸定理，$\bar{I} = I_{x'} - Ad^2$，得

$$\bar{I} = \left[\frac{1}{3}(60)(20)^3 + \frac{1}{3}(20)(60)^3\right] - (60\times 20 + 20\times 60)(10)^2 = 1.36\times 10^6 \text{ mm}^4$$

因梁所承受之彎矩為負，最大拉應力在上緣，最大壓應力在下緣，則

$$(\sigma_t)_{\max} = \sigma_1 = -\frac{Mc_1}{I} \quad , \quad (\sigma_c)_{\max} = \sigma_2 = \frac{Mc_2}{I}$$

由梁之容許拉應力為$(\sigma_t)_{allow} = 80$ MPa，得抗拉之容許彎矩 M_t為

$$M_t = -\frac{I(\sigma_t)_{allow}}{c_1} = -\frac{(1.36\times 10^6)(80)}{30} = -3.63\times 10^6 \text{ N-mm} = -3.63 \text{ kN-m}$$

由梁之容許壓應力爲$(\sigma_c)_{allow} = -130$ MPa，得抗壓之容許彎矩 M_c 爲

$$M_c = \frac{I\left(\sigma_c\right)_{allow}}{c_2} = \frac{\left(1.36\times10^6\right)\left(-130\right)}{50} = -3.54\times10^6 \text{ N-mm} = -3.54 \text{ kN-m}$$

因梁之最大拉應力及大壓應力均不得超過其容許應力，則梁之容許彎矩 M_{allow} 爲 M_t 及 M_c 中絕對值較小者，即

$$M_{allow} = \left|M_c\right| = 3.54 \text{ kN-m}$$◀

例題 5-5

圖中正方形、菱形與圓形斷面有相同之斷面模數，試求三者斷面積之比。

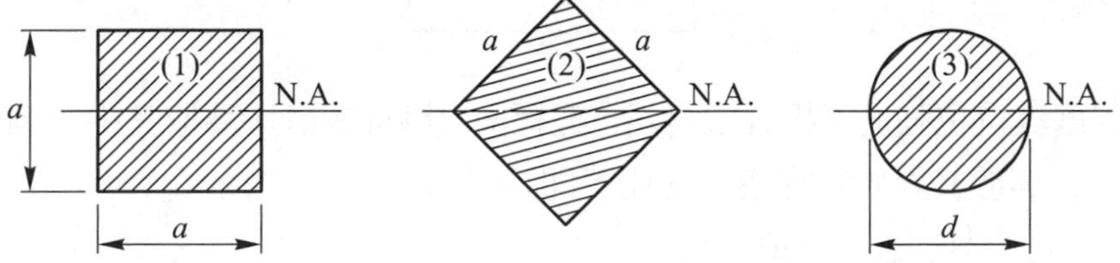

【解】(1) 正方形斷面：

斷面模數：$S = \dfrac{a^3}{6}$　，　$a = 1.82\, S^{1/3}$

面積：$A_1 = a^2 = (1.82\, S^{1/3}) = 3.30\, S^{2/3}$

(2) 菱形之斷面：

慣性矩：$I = \dfrac{a^4}{12}$

斷面模數：$S = \dfrac{I}{c} = \dfrac{a^4/12}{\sqrt{2}a/2} = \dfrac{a^3}{6\sqrt{2}}$　，　$a = 2.04\, S^{1/3}$

面積：$A_2 = a^2 = (2.04\, S^{1/3})^2 = 4.16\, S^{2/3}$

(3) 圓形斷面：

斷面模數：$S = \dfrac{\pi d^3}{32}$　，　$d = 2.17\, S^{1/3}$

面積：$A_3 = \dfrac{\pi}{4}d^2 = \dfrac{\pi}{4}(2.17\, S^{1/3})^2 = 3.69\, S^{2/3}$

故得三者斷面積之比爲

$A_1：A_2：A_3 = 3.30\, S^{2/3}：4.16\, S^{2/3}：3.69\, S^{2/3} = 1：1.26：1.12$◀

例題 5-6

梯形斷面之稜柱梁承受純彎，如圖所示，設彎矩為正(上緣受壓，下緣受拉)，已知容許拉應力為$(\sigma_t)_{allow}$ = 50 MPa，容許壓應力為$(\sigma_c)_{allow}$ = 80 MPa，試求使梁重量最小時，上緣寬度 b_1 與下緣寬度 b_2 之比值。

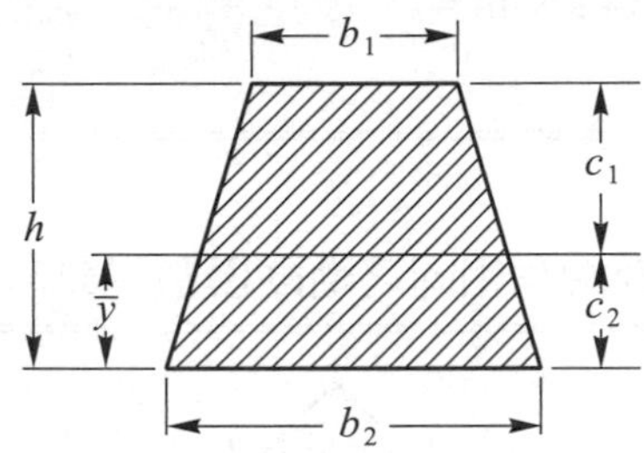

【解】抗壓強度與抗拉強度不相等之材料，最經濟之斷面設計，為使其中立軸至上下兩緣距離之比等於其對應容許應力之比，即

$$\frac{c_2}{c_1}=\frac{(\sigma_t)_{allow}}{(\sigma_c)_{allow}}=\frac{50}{80}=\frac{5}{8}$$

又 $c_1+c_2=h$，故得 $c_1=\frac{8}{13}h$ ， $c_2=\frac{5}{13}h$

梯形斷面形心位置為 $\bar{y}=\frac{h}{3}\left(\frac{b_2+2b_1}{b_2+b_1}\right)$

令 $c_2=\bar{y}$，得 $\frac{b_1}{b_2}=\frac{2}{11}$ ◀

例題 5-7

圖中 A、B 兩根梁，A 梁之斷面為矩形，寬度為 b，高度為 $2h$，B 梁之斷面是由二個寬度為 b 高度為 h 之斷面重疊組成。若兩根梁之材料相同，且 B 梁在重疊接觸面之摩擦忽略不計，試求兩根梁所能承受最大彎矩之比值。

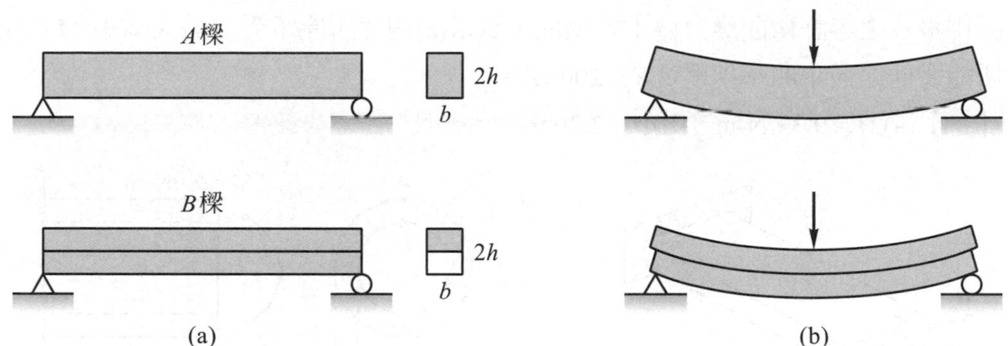

【解】A、B 兩根梁之斷面模數分別爲

$$S_A = \frac{1}{6}b(2h)^2 = \frac{2}{3}bh^2 \quad , \quad S_B = 2\left(\frac{1}{6}bh^2\right) = \frac{1}{3}bh^2$$

因 A、B 兩根梁之材質相同，容許彎曲應力相同，由公式(5-11)，可得兩者所能承受之最大彎矩與斷面模數成正比，即

$$\frac{M_A}{M_B} = \frac{S_A}{S_B} = 2 \blacktriangleleft$$

5-1 直徑 $d = 0.8$ mm 之鋼線($E = 200$ GPa)環繞在半徑 $r = 200$ mm 之滑輪上，如圖所示，試求鋼線內之最大彎曲應力。

【答】400 MPa

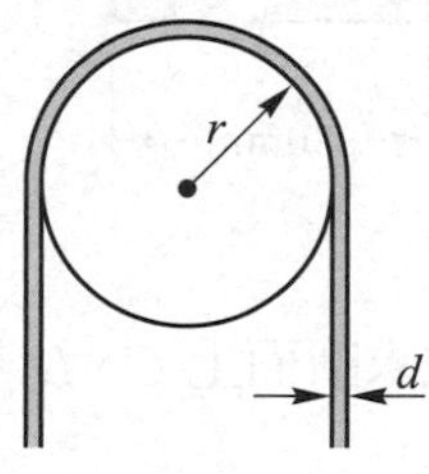

習題 5-1

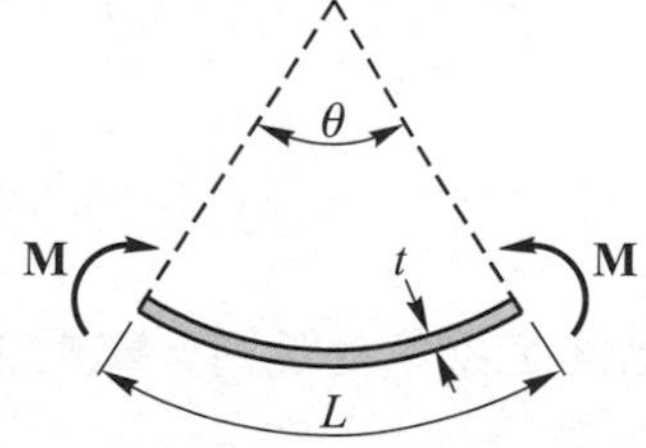

習題 5-2

5-2 圖中厚度 $t = 0.8$mm 長度 $L = 250$ mm 之鋼尺($E = 200$ GPa)被彎成圓弧，圓心角 $\theta = 52.5°$，試求鋼尺內之最大彎曲應力。

【答】293 MPa

5-3 圖中鋼片之容許彎曲應力為 175 MPa，試求(a)鋼片所能承受之最大彎矩 M？(b)鋼片所能彎曲之最小曲率半徑？E = 200 GPa。

【答】(a)M = 9.33 N-m，(b)ρ = 2.29 m

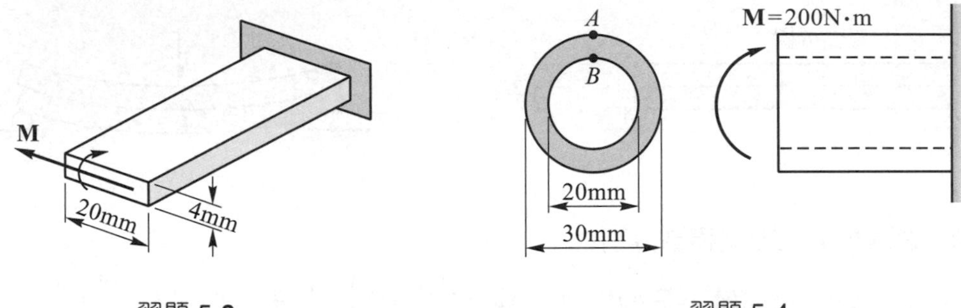

習題 5-3　　習題 5-4

5-4 試求圖中空心圓形斷面之梁在 A、B 兩點之彎曲應力？

【答】σ_A = –94.0 MPa，σ_B = –62.7 MPa

5-5 圖中鋁製之箱形斷面梁，已知鋁之極限強度為σ_u = 300 MPa，彈性模數 E = 70 GPa，設取安全因數為 3，試求梁之(a)最大彎矩 M？(b)最小曲率半徑？(t = 8mm)

【答】(a)M = 9.20 kN-m，(b)ρ = 42.0 m

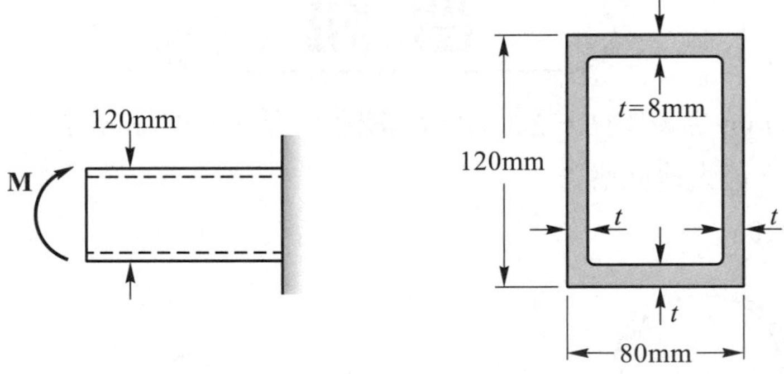

習題 5-5

5-6 圖中槽型斷面之梁承受純彎，彎矩 M = 25 kN-m，試求斷面上 C、D 及 E 三點之彎曲應力。

【答】σ_C = 79.2 MPa，σ_D = –136.8 MPa，σ_E = 7.20 MPa

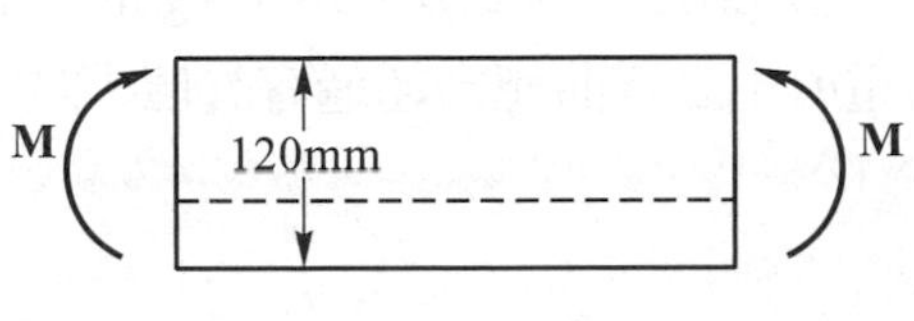

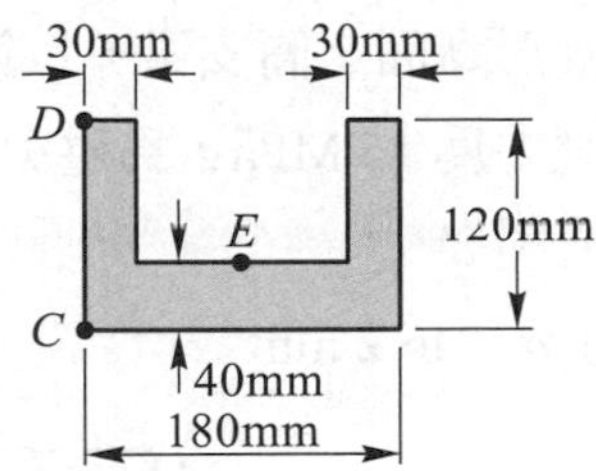

習題 5-6

5-7 圖中長度 $L = 4\text{m}$ 之簡支梁承受均佈負荷 $q = 3.6$ kN/m，梁之斷面為矩形，寬度 $b = 140$ mm，高度 $h = 200$ mm，試求梁內所生之最大彎曲應力。

【答】7.7 MPa

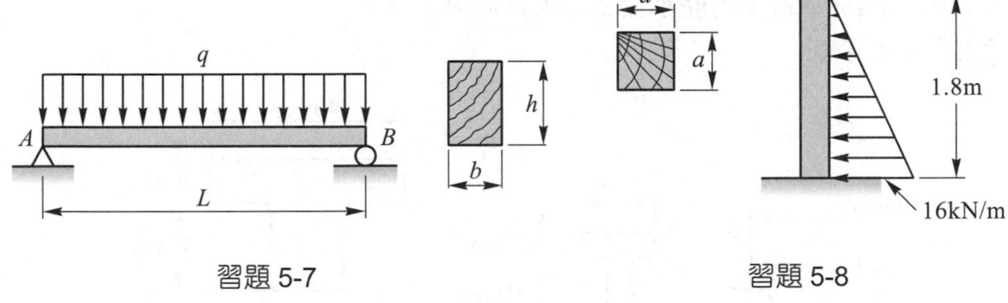

習題 5-7　　習題 5-8

5-8 圖中方形斷面之梁，容許彎曲應力為 12 MPa，試求斷面所需之邊長 a？

【答】$a = 163$ mm

5-9 圖中鐵軌枕木上之兩個集中負荷 $P = 200$ kN，枕木所受地面之反力假設為均勻分佈，試求枕木之最大彎曲應力。設 $L = 1.5$ m，$a = 0.5$ m，$b = 300$ mm，$h = 250$ mm。

【答】8 MPa

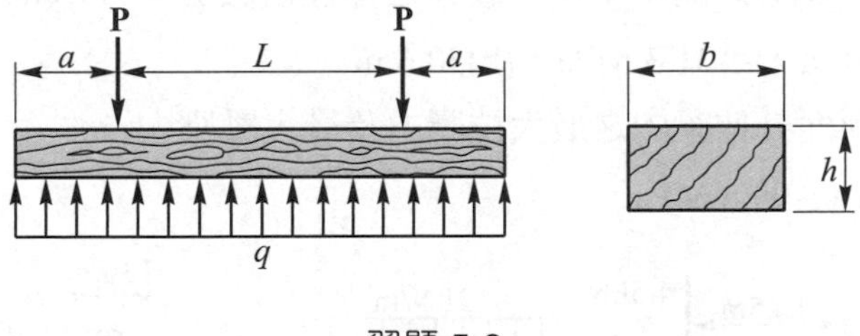

習題 5-9

5-10 圖中圓形斷面之簡支梁，以鋼材製造，已知鋼之密度爲$\rho = 7850\ \text{kg/m}^3$，設鋼之容許彎曲應力爲 15 MPa，爲避免梁由於自重所生之彎曲應力超過容許值，試求梁所需之最小直徑 d。

【答】$d = 46.2$ mm

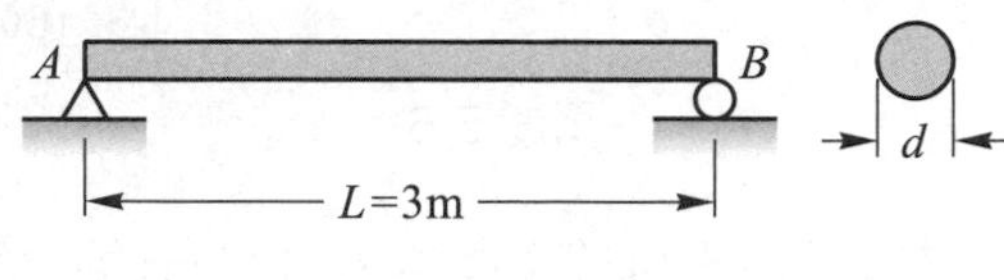

習題 5-10

5-11 圖中 T 型斷面之懸臂梁以鑄鐵製造。設鑄鐵之容許拉應力爲 20 MPa，容許壓應力爲 80 MPa。試求懸臂梁所能承受之最大負荷 P。

【答】5.903kN

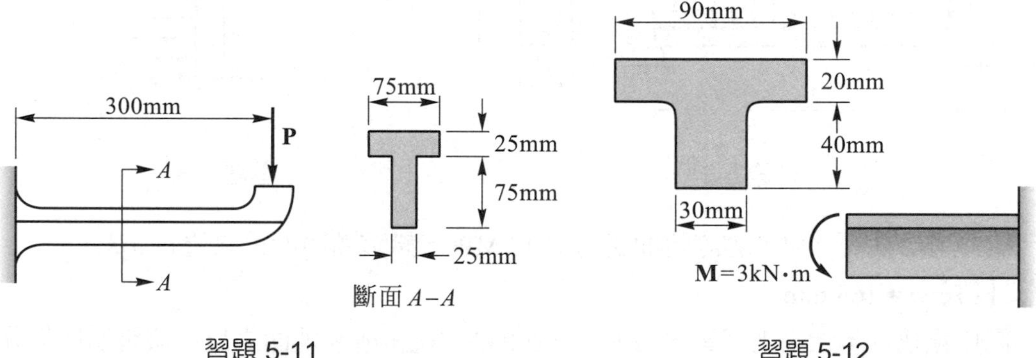

習題 5-11　　習題 5-12

5-12 圖中 T 型斷面之懸臂梁於自由端承受彎矩 $M = 3$ kN-m，試求(a)梁內所生最大拉應力與最大壓應力，(b)梁之曲率半徑。設梁之彈性模數 $E = 175$ GPa。

【答】(a)76.0 MPa，–131.3 MPa，(b)50.6 m

5-13 試求圖中 T 型斷面外伸梁內之最大拉應力及最大壓應力

【答】133 MPa，–99.6 MPa。

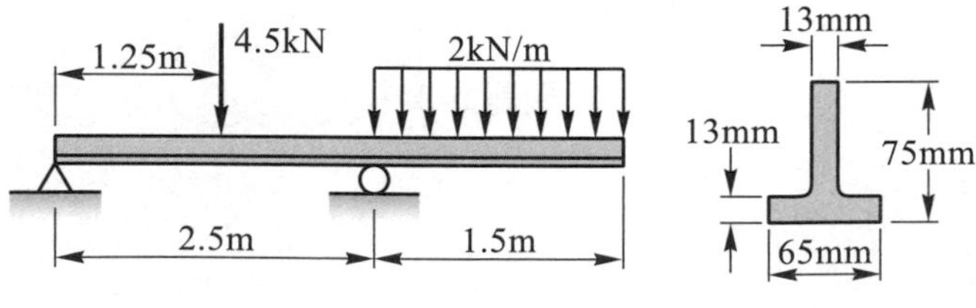

習題 5-13

5-14 圖中所示爲正三角形及半圓形斷面，試求此兩斷面承受正彎矩時其內所生最大拉應力與最大壓應力之比。

【答】(a)0.5，(b)0.737

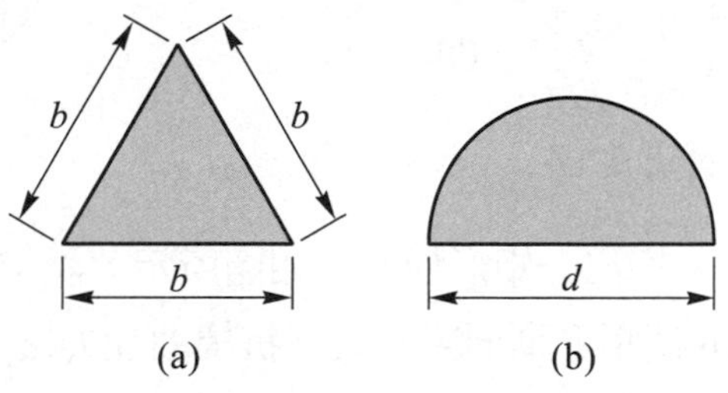

習題 5-14

5-15 圖中槽形斷面梁之最大壓應力與最大拉應力之比爲 7：3，試求所需厚度 t。設彎矩之作用面在縱向垂直對稱面上，且彎矩爲正。

【答】$t = 10$ mm

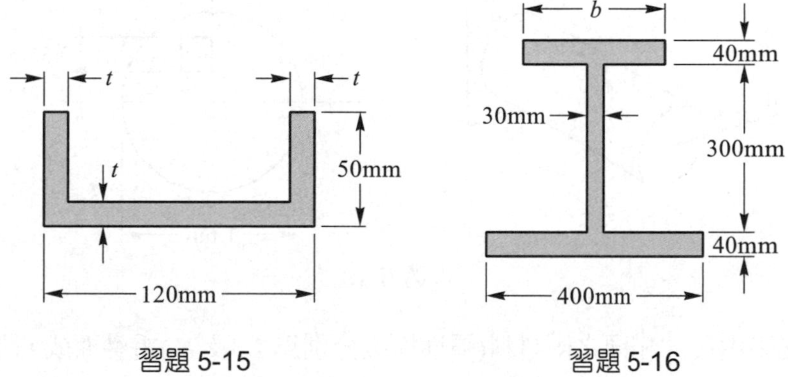

習題 5-15　　習題 5-16

5-16 圖中 I 型斷面梁之最大壓應力與最大拉應力之比爲 4：3，試求上翼板所需之寬度 b。設彎矩之作用面在縱向垂直對稱面上，且彎矩爲正。

【答】$b = 260$ mm

5-17 圖中兩方形斷面梁之尺寸完全相同，且承受相同之彎矩 M，試求兩者最大彎曲應力及曲率之比值。

【答】$\sigma_a：\sigma_b = 1：\sqrt{2}$，$k_a：k_b = 1：1$

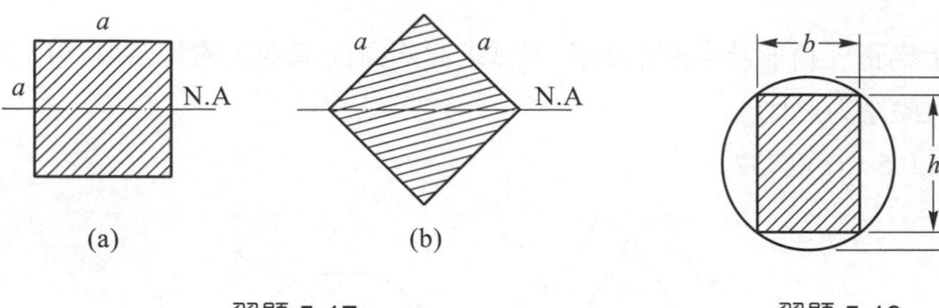

習題 5-17　　習題 5-18

5-18 將直徑為 d 之圓形木材切出一矩形斷面，如圖所示，試求(a)使矩形斷面梁有最佳抗彎強度之 b/h 比值；(b)使矩形斷面梁有最佳抗撓曲能力之 b/h 比值。

【答】(a) $b/h=\sqrt{2}$ ，(b) $b/h=\sqrt{3}$

5-19 圖中直徑 1.6 in 之圓桿承受作用於沿鉛直面上之彎矩 M，已知 A 點之軸向應變 $\varepsilon_A = -720\times10^{-6}$，試求作用在截面上陰影部份之力。彈性模數 $E = 30\times10^6$ psi。

【答】$F = -12050$ lb

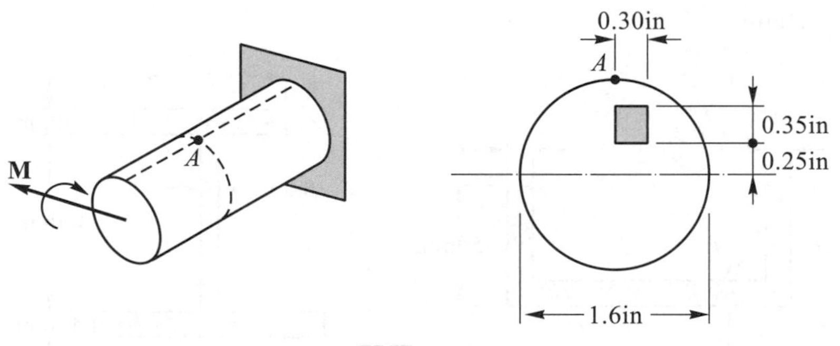

習題 5-19

5-20 圖中簡支梁由尺寸相同之兩材料(彈性模數分別為 E_1 及 E_2)重疊而成，設 $E_2 = 4E_1$，試求兩者所生之最大彎曲應力。設接觸面之摩擦忽略不計。

【答】$(\sigma_1)_{max} = 6M/5bh^2$，$(\sigma_2)_{max} = 24M/5bh^2$

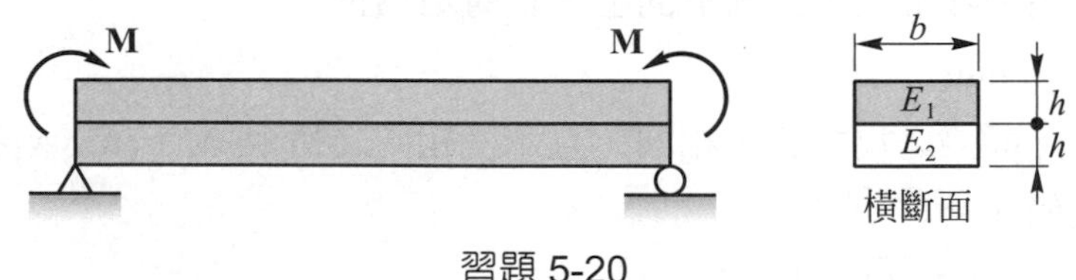

習題 5-20

5-4 梁內剪應力

承受橫向負荷之梁，任一斷面通常同時承受有剪力與彎矩，其中彎矩將使梁之斷面產生正交應力，而正交應力與彎矩之關係，已於 5-2 節中導出，本節將繼續分析梁斷面所受之剪力與其所生剪應力之關係。

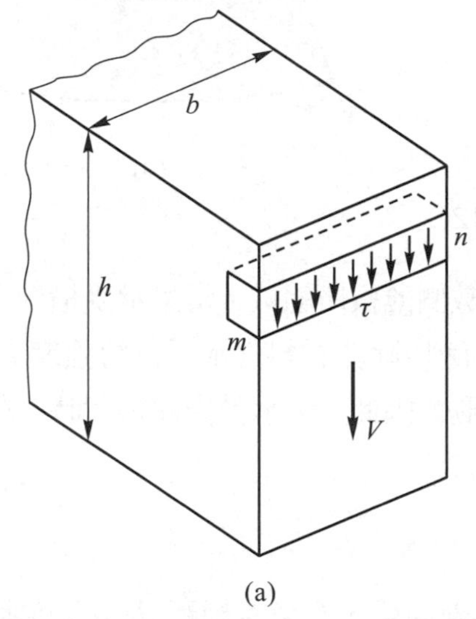

(a)

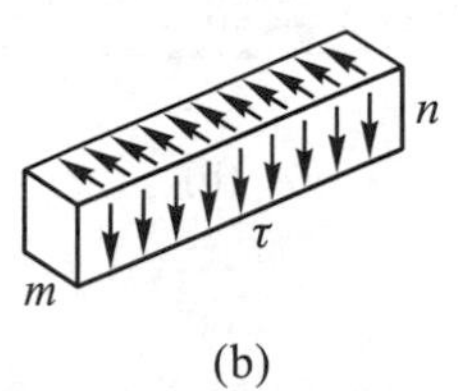

(b)

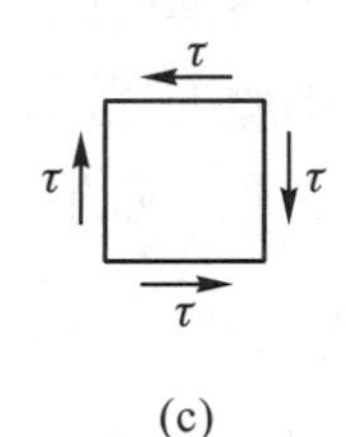

(c)

圖 5-11

首先考慮寬度爲 b 深度爲 h 之矩形斷面梁，假設梁承受橫向負荷後斷面所生剪應力之方向與所受剪力 V 之方向相同(即剪應力方向平行於橫斷面之左右兩側邊)，且剪應力沿寬度方向爲均勻分佈，如圖 5-11(a)所示，此種產生在梁橫斷面上之剪應力稱爲垂直剪應力(vertical shear stress)。由於剪應力必同時存在於互相垂直之兩平面上，且大小相等方向相反(順時針方向與逆時針方向)，如圖 5-11(b)、(c)所示，因此梁內亦必同時存在有縱向之水平剪應力(horizontal shear stress)。欲瞭解水平剪應力之存在，參考圖 5-12(a)中疊板梁，是由數個相同斷面之薄板疊成，設各薄板間之摩擦不計，當梁承受橫向負荷時，各板將各自產生彎曲而互不干涉，此時薄板在彼此之接觸面可自由滑動，如 5-12(b)所示。若將疊板梁以適當之方法連接，使其結合爲一整體，如圖 5-12(c)中是將疊板梁以螺栓串接在一起，當梁承受橫向負荷時，螺栓將阻止各薄板間之相互滑動，而使螺栓承受水平剪力之作用。

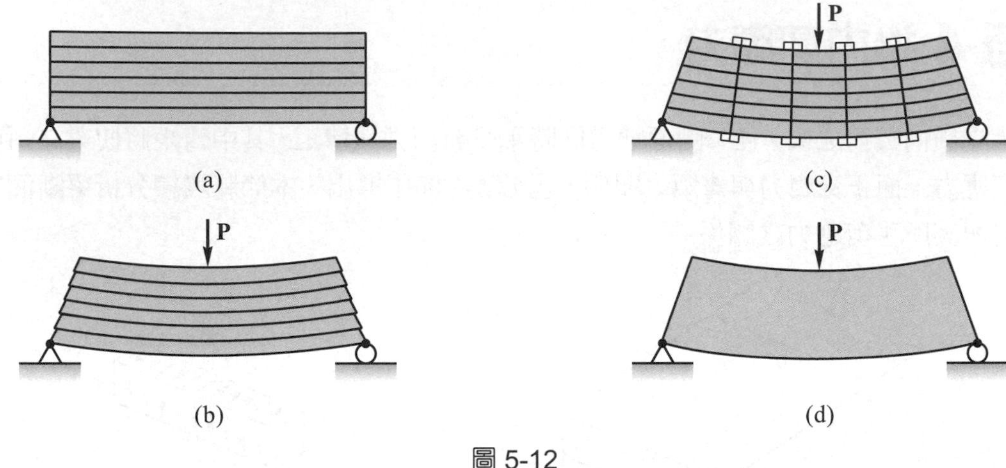

圖 5-12

至於整塊材料製成之實體梁，可視爲由無數個薄板所組成，當梁承受橫向負荷時，對於實體梁而言，各薄層間之滑動實際上並不會發生(除非材料之水平抗剪強度失效)，則在各薄層間必有剪應力以阻止各薄層間之相互滑動。因此，梁承受橫向負荷時，在縱向水平面上必有水平剪應力產生。

■剪應力公式

圖 5-13(a)中所示爲一承受橫向負荷之矩形斷面梁，今考慮相距 dx 之兩個斷面 mn 及 m_1n_1，並在 mn 及 m_1n_1 兩斷面間切取與中立面相距 y_1 之縱向平面 pp_1，如圖 5-13(b)所示。今取 pp_1m_1m 之自由體，並繪此自由體所受之外力如圖 5-13(c)所示。

由於承受橫向負荷之梁，其內任一斷面所受之彎矩不會相等，設 mn 斷面所受之彎矩爲 M，m_1n_1 斷面所受之彎矩爲 $M+dM$，且設 m_1n_1 斷面上之彎矩大於 mn 斷面上之彎矩，則自由體在 p_1m_1 面上正交應力之合力 $|F_2|$ 必大於 pm 面上正交應力之合力 $|F_1|$，由水平方向之平衡條件可知，縱向水平面 pp_1 面上必承受有一剪力 dF，如圖 5-13 (c)所示，且

$$dF = |F_2| - |F_1|$$

其中 $$|F_1| = \int_{y_1}^{h/2} \frac{My}{I} dA \quad , \quad |F_2| = \int_{y_1}^{h/2} \frac{(M+dM)y}{I} dA$$

則 $$dF = \frac{M+dM}{I} \int_{y_1}^{h/2} ydA - \frac{M}{I} \int_{y_1}^{h/2} ydA = \frac{dM}{I} \int_{y_1}^{h/2} ydA$$

設 pp_1 面上由 dF 所生之剪應力 τ 爲均勻分佈，則 $dF = \tau bdx$，因此

$$\tau = \frac{dF}{bdx} = \frac{dM}{Ibdx}\int_{y_1}^{h/2} ydA$$

式中 $dM/dx = V$，積分式 $\int_{y_1}^{h/2} ydA$ 爲斷面距中立軸 y_1 處以上之面積對中立軸之一次矩，通常以 Q 表示，故得

$$\tau = \frac{VQ}{Ib} \tag{5-12}$$

公式(5-12)爲梁內距中立面爲 y_1 之點所承受之水平剪應力，亦等於該點之橫向剪應力，其中 V 爲該點所在斷面之剪力，I 爲斷面之慣性矩，而 b 爲斷面在距中立軸爲 y_1 處之寬度。此外公式(5-12)中之 V 與 Q 都是以其絕對值計算，因此所得爲剪應力之大小，至於橫向剪應力之方向與該斷面所受剪力之方向相同。

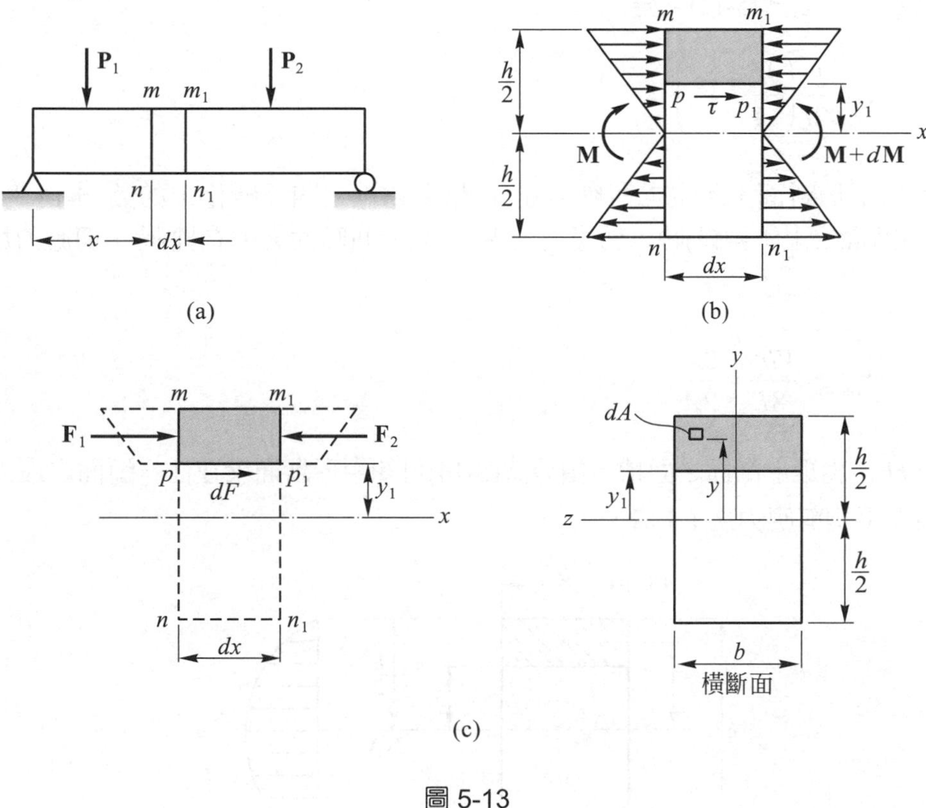

圖 5-13

■矩形斷面之剪應力

對於矩形斷面之梁，斷面慣性矩 I 及斷面寬度 b 均爲常數，則斷面所生之剪應力隨 y 之變化情形視 Q 與 y 之關係而定。參考圖 5-14 之矩形斷面，距中立軸爲 y 處之 Q 值爲

$$Q=\int_{y}^{h/2} y\,dA = A'\overline{y}'$$

其中

$$A' = b\left(\frac{h}{2}-y\right)$$

$$\overline{y}' = y+\frac{1}{2}\left(\frac{h}{2}-y\right)$$

則

$$Q = A'\overline{y}' = \frac{b}{2}\left(\frac{h^2}{4}-y^2\right)$$

將所得之 Q 代入公式(5-12)，得

$$\tau = \frac{V}{2I}\left(\frac{h^2}{4}-y^2\right) \tag{5-13}$$

由上式可知矩形斷面上所生之剪應力隨 y 呈拋物線之關係變化，如圖 5-14 所示。當 $y=\pm h/2$(斷面之上下兩緣)時，剪應力爲零；而 $y=0$(斷面之中立軸)時，剪應力爲最大，且

$$\tau_{\max} = \frac{Vh^2}{8I} = \frac{3V}{2A} \tag{5-14}$$

式中 $A = bh$，爲矩形斷面之面積。由公式(5-14)可知矩形斷面梁在任一斷面之最大剪應力爲同一斷面平均剪應力之 1.5 倍。

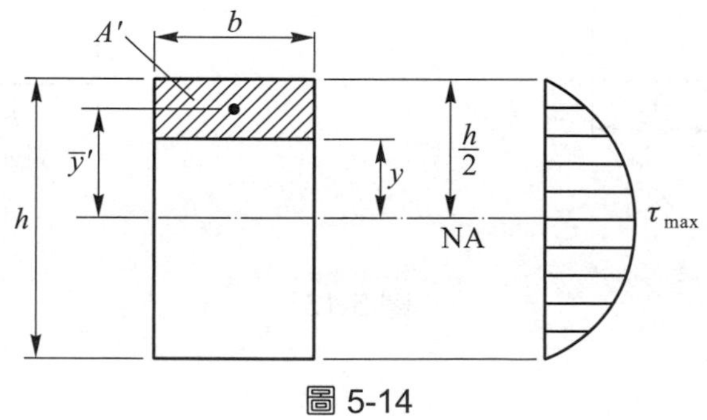

圖 5-14

使用公式(5-12)分析梁內剪應力時，有下列幾點限制必須要瞭解：

1. 導公式(5-12)時引用公式(5-7)之彎曲應力$\sigma = My/I$，因此與彎曲應力公式之限制相同，公式(5-12)僅適用於線彈性材料之梁，且梁之撓度必須甚小。
2. 對於矩形斷面之梁，公式(5-12)之準確度決定於斷面高度 h 與寬度 b 之比，h/b 之比值愈大者愈準確，而 h/b 之比值愈小者誤差愈大。圖 5-15 中所示為 $h/b = 2$ 及 $h/b = 0.5$ 之矩形斷面在中立軸上實際之剪應力分佈。
3. 斷面之左右兩側邊必須平行於 y 軸，即側邊上之剪應力方向必平行於 y 軸，且沿寬度方向之剪應力為均勻分佈，即距離中立軸為 y 處之各點有相同之剪應力，故公式(5-12)不適用於三角形或半圓形之斷面，但可適用於由矩形組合之斷面，如 I 型、槽形及 T 型等斷面。

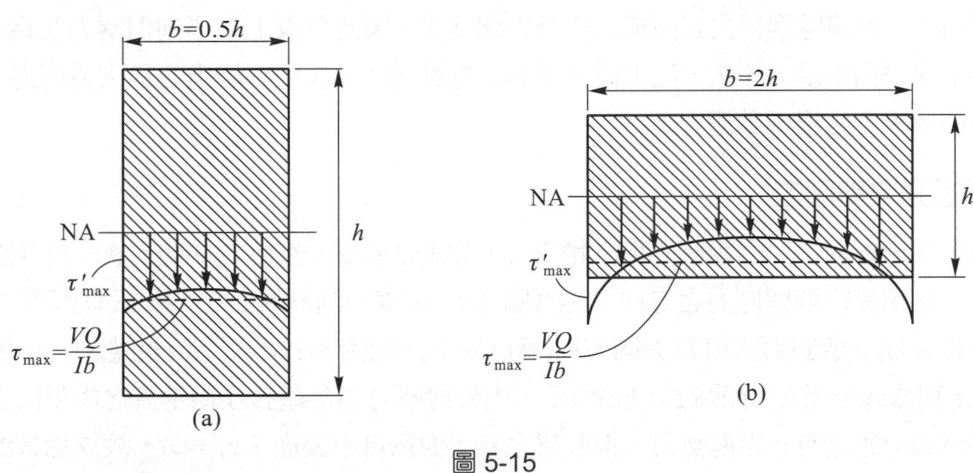

圖 5-15

4. 公式(5-12)僅適用於稜柱梁，對於非稜柱梁(如錐狀梁)之剪應力與公式(5-12)所得之結果相差很大。

■寬翼型斷面之剪應力

對於寬翼型(W 型)斷面，大部份之彎矩由翼板(flange)承受，而絕大部份之垂直剪力則由腹板(web)承受，腹板上之橫向剪應力可用公式(5-12)分析，所得剪應力之強度分佈，如圖 5-16 所示。由於腹板上距中立軸 y 處以外之面積 A'對中立軸之一次矩 Q 主要是由翼板面積所貢獻，因此一次矩 Q 隨 y 之變化不大，故腹板上之剪應力接近於定值。事實上，令$\tau_{max} = V/A_{web}$大約可求得斷面之最大剪應力，其中 A_{web}為腹板之面積，有關寬翼型斷面剪應力之分析，參考例題 5-10 之說明。

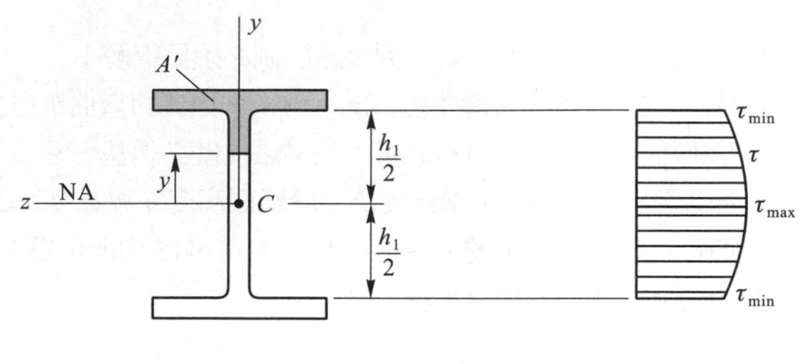

圖 5-16

公式(5-12)不適合於求解寬翼型斷面在翼板與腹板交界處之橫向剪應力，因該處寬度突然變寬，有應力集中現象，且翼板上 $y = h_1/2$ 處(即翼板之下緣)由公式(5-12)可求得其剪應力不為零，但該處為自由表面橫向剪應力應為零，因此翼板上之橫向剪應力甚為複雜，所幸該處之橫向剪應力不大，且工程上僅關心寬翼型斷面在中立軸處之最大剪應力，故通常可忽略翼板上之橫向剪應力。

■圓形斷面之剪應力

由於圓形斷面之左右兩側不與 y 軸平行，當斷面承受垂直剪力 V 時，欲分析其斷面之剪應力，必須先瞭解剪應力之方向。參考圖 5-17 中實心圓形斷面之梁，設垂直剪力 V 造成在邊緣 A 點之剪應力與剪力 V 同方向(垂直向下)，如圖 5-17(b)所示，此應力可分解為切線分量 τ_t 與法線分量 τ_n，如圖 5-17(c)所示，由於剪應力必存在於互相垂直之兩平面上，因此圓梁外表面應受有 τ_n 之剪應力，但圓梁之外表面為自由表面，$\tau_n = 0$，故周緣各點之剪應力與圓梁之表面相切而不與 V 同方向，僅在中立軸處之剪應力與 V 同方向。

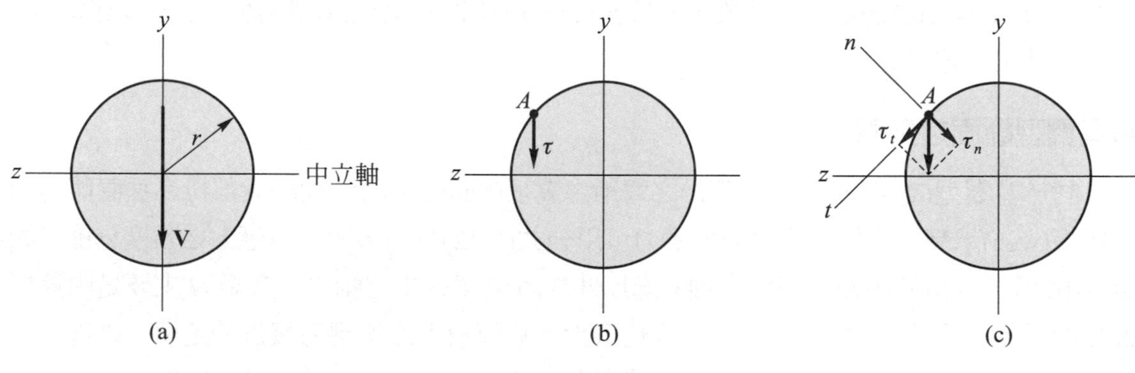

圖 5-17

今考慮圓形斷面距離中立軸為 y 處之 AB 弦，參考圖 5-18(a)所示，因 AB 兩端之剪應力與圓周相切，而弦之中點 C 則因對稱關係剪應力為垂直向下，因此假設 AB 弦上各點之剪應力均指向弦兩端剪應力與中點剪應力之交點 P，且各點之剪應力在垂直方向之分量 τ_y 均相等，則 τ_y 便可用公式(5-12)求解，因適用公式(5-12)之條件為弦上各點之剪應力與剪力 V 同方向且必須各點之剪應力大小相等。

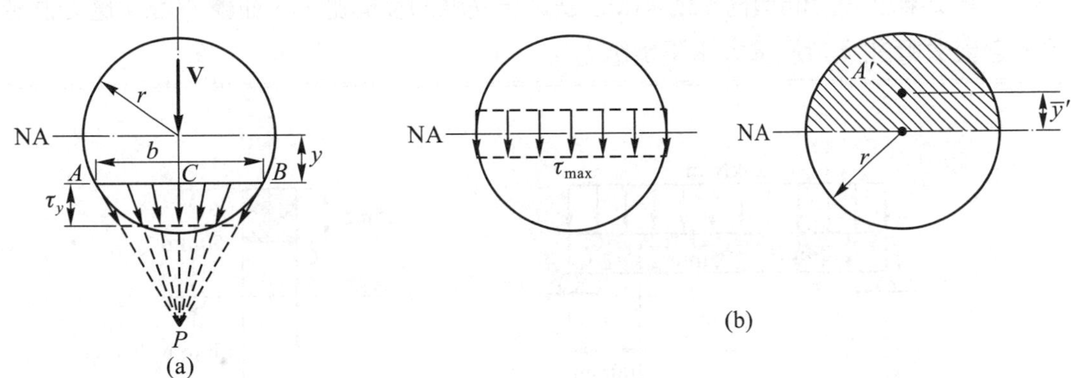

圖 5-18

因中立軸上之剪應力均與剪力 V 同方向，且設剪應力在中立軸上為均勻分佈，如圖 5-18(b)所示，因此可用公式(5-12)計算中立軸上之剪應力。

$$Q = A'\bar{y}' = \left(\frac{\pi r^2}{2}\right)\left(\frac{4r}{3\pi}\right) = \frac{2}{3}r^3$$

$$b = 2r$$

$$I = \frac{\pi r^4}{4}$$

則 $$\tau_{\max} = \frac{VQ}{Ib} = \frac{V\left(2r^3/3\right)}{\left(\pi r^4/4\right)\left(2r\right)} = \frac{4V}{3\pi r^2}$$

得 $$\tau_{\max} = \frac{4V}{3A} \tag{5-15}$$

式中面積 $A = \pi r^2$，V/A 為斷面之平均剪應力，故圓形斷面在中立軸之最大剪應力是平均剪應力之 4/3 倍。

以上為實心圓形斷面承受剪力時斷面所生剪應力之近似公式，但根據理論分析結果，中立軸上之剪應力分佈由兩端之 1.23 V/A 變化至中點之 1.38 V/A，在工程上仍然以公式(5-15)來計算圓梁內之最大剪應力。

例題 5-8

圖中簡支梁承受均佈負荷，試求(a)C 點之正交應力及剪應力，並繪 C 點之應力狀態。(b)梁內之最大彎曲應力及最大水平剪應力。

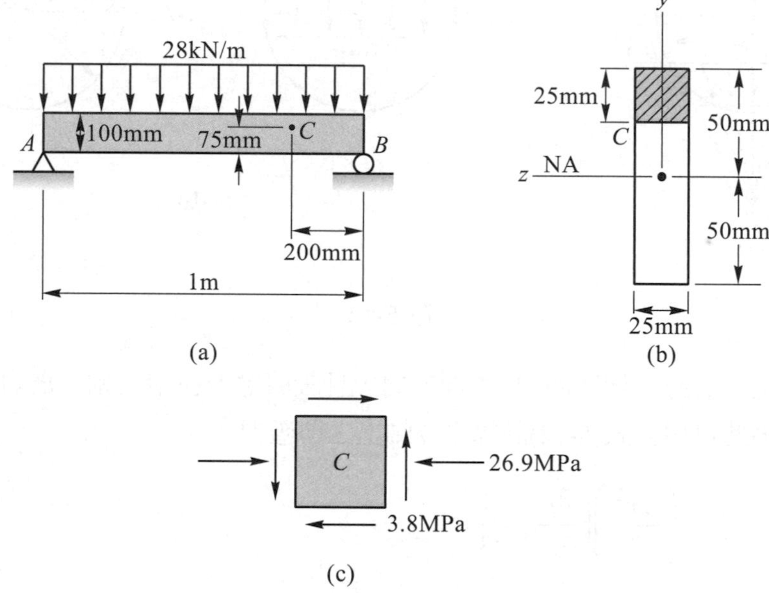

【解】(a) 由平衡方程式可求得 C 點所在斷面之剪力及彎矩為

$$V=-8.4\text{ kN} \quad , \quad M=2.24\text{ kN-m}$$

斷面之慣性矩為

$$I=\frac{1}{12}bh^2=\frac{1}{2}(25)(100)^3=2.083\times10^6\text{ mm}^4$$

斷面在 C 點($y=25$ mm)之彎曲應力由公式(5-7)

$$\sigma=-\frac{My}{I}=-\frac{\left(2.24\times10^6\right)(25)}{2.083\times10^6}=-26.9\text{ MPa(壓應力)}◀$$

C 點之剪應力，由公式(5-12)，$\tau=VQ/Ib$，其中 Q 為斷面在 C 點以上之面積對中立軸之一次矩，即

$$Q = A'\bar{y}' = (25\times25)(37.5) = 23.44\times10^3\text{mm}^3$$

則 $$\tau = \frac{VQ}{Ib} = \frac{\left(8.4\times10^3\right)\left(23.44\times10^3\right)}{\left(2.083\times10^6\right)(25)} = 3.8\text{ MPa}◀$$

剪應力之方向與斷面所受之剪力 V 同方向，因剪力爲負，故 C 點之應力元素在左右兩側之剪應力爲朝逆時針方向，因此可繪得 C 點之應力狀態如(c)圖所示。

(b) 梁之最大剪力及最大彎矩分別爲

$$V_{\max} = \frac{1}{2}qL = \frac{1}{2}(28)(1) = 14\text{ kN}$$

$$M_{\max} = \frac{1}{8}qL^2 = \frac{1}{8}(28)(1)^2 = 3.5\text{ kN-m}$$

最大彎曲應力，由公式(5-10)

$$\sigma_{\max} = \frac{M_{\max}c}{I} = \frac{\left(3.5\times10^6\right)(50)}{2.083\times10^6} = 84.0\text{ MPa}◀$$

最大水平剪應力，由公式(5-14)

$$\tau_{\max} = \frac{3V_{\max}}{2A} = \frac{3\left(14\times10^3\right)}{2\left(25\times100\right)} = 8.4\text{ MPa}◀$$

例題 5-9

圖中斷面為矩形($b\times h$)之簡支梁，長度為 L，承受均佈負荷之總荷重為 W，設梁之容許彎曲應力為σ_w，容許之水平剪應力為τ_w，試求梁之臨界長度使其最大彎曲應力及最大水平剪應力同時達其容許值。

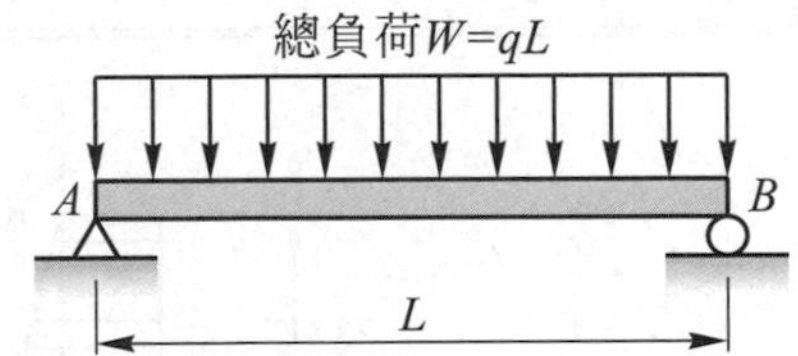

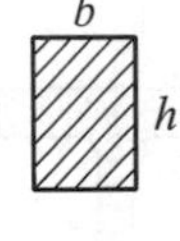

【解】梁之最大剪力及最大彎矩分別爲

$$V_{\max} = \frac{qL}{2} = \frac{W}{2} \quad , \quad M_{\max} = \frac{qL^2}{8} = \frac{WL}{8}$$

考慮容許彎曲應力，由公式(5-10)，$\sigma_{\max} = \dfrac{M_{\max}}{S}$

$$\sigma_w = \frac{WL/8}{bh^2/6} \quad ， \quad 得 \; W = \frac{4bh^2}{3L}\sigma_w \tag{1}$$

考慮容許水平剪應力，由公式(5-14)，$\tau_{\max} = \dfrac{3V_{\max}}{2A}$

$$\tau_w = \frac{3(W/2)}{2(bh)} \quad ， \quad 得 \; W = \frac{4}{3}bh\tau_w \tag{2}$$

公式(1)及(2)之 W 相同，則 $\dfrac{4bh^2}{3L}\sigma_w = \dfrac{4}{3}bh\tau_w$

得 $\quad L = \dfrac{\sigma_w}{\tau_w}h$ ◀

【註】由公式(1)可知，當總荷重 W 一定時，增加梁之跨距 L (大於臨界長度)，將使梁之最大彎曲應力超過其容許值，相反的，減小跨距 L 時(小於臨界長度)，將使梁之最大彎曲應力小於其容許值。再由公式(2)，總荷重 W 一定時，梁之最大水平剪應力與 L 無關。因此，梁之跨距大於臨界長度時，梁的強度設計以彎曲應力爲主，小於臨界長度時，則以水平剪應力爲主。對於木材製造之梁，τ_w 約爲 σ_w 之 1/10，則臨界長度 $L = 10\,h$。但對於結構用鋼或鋁合金材料 τ_w/σ_w 之比值約爲 0.4 ～ 0.6，臨界長度 $L = (1.7 \sim 2.5)h$，故設計時僅須考慮彎曲應力。

例題 5-10

圖中之寬翼型斷面承受垂直向下之剪力 $V - 270$ kN，試求(a)腹板上之最大及最小剪應力，(b)以 V/A_{web} 求腹板上之平均剪應力 τ_{av}，其中 A_{web} 為腹板之面積，並求 τ_{max}/τ_{av} 之比值，(c)腹板所受之剪力 V_{web}，並求 V_{web}/V 之比值。

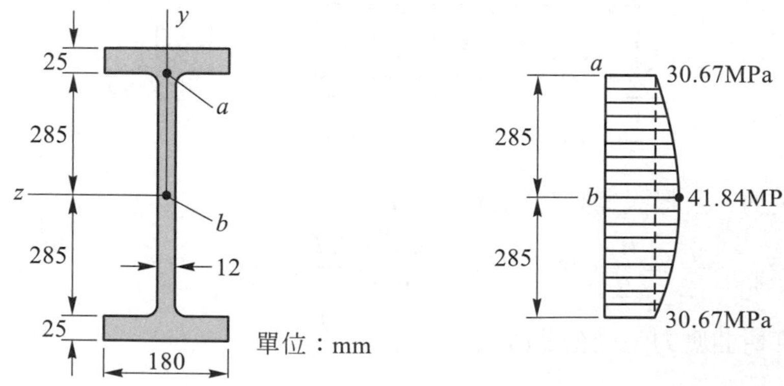

【解】(a) 腹板上之最小剪應力在 a 點，最大剪應力在 b 點，a 點位於腹板與翼板之交界處，b 點在中立軸上。先求 a、b 兩點以上面積對中立軸之一次矩 Q_a 及 Q_b。

$$Q_a=(180\times 25)\left(285+\frac{25}{2}\right)=1.339\times 10^6\ \text{mm}^3$$

$$Q_b=1.339\times 10^6+(12\times 285)\left(\frac{285}{2}\right)=1.826\times 10^6\ \text{mm}^3$$

斷面之慣性矩為

$$I=\frac{1}{12}(80)(620)^3-\frac{1}{12}(180-12)(570)^3=982.2\times 10^6\ \text{mm}^4$$

由公式(5-12)

$$\tau_{\min}=\tau_a=\frac{VQ_a}{Ib}=\frac{\left(270\times 10^3\right)\left(1.339\times 10^6\right)}{\left(982.2\times 10^6\right)(12)}=30.67\ \text{MPa} ◀$$

$$\tau_{\max}=\tau_b=\frac{VQ_b}{Ib}=\frac{\left(270\times 10^3\right)\left(1.826\times 10^6\right)}{\left(982.2\times 10^6\right)(12)}=41.84\ \text{MPa} ◀$$

(b) 腹板上之平均剪應力為

$$\tau_{\text{av}}=\frac{V}{A_{\text{web}}}=\frac{270\times 10^3}{12\times 570}=39.47\ \text{MPa} ◀$$

$$\frac{\tau_{\max}}{\tau_{\text{av}}}=\frac{41.84}{39.47}=1.06 ◀$$

(c) 腹板所受之剪力 V_{web} 可由剪應力分佈圖之面積 A_τ 與厚度 t 之乘積求得

$$V_{\text{web}}=A_\tau t=\left[(30.67)(570)+\frac{2}{3}(41.84-30.67)(570)\right](12)$$

$$=260700=260.7\ \text{kN} ◀$$

$$\frac{V_{\text{web}}}{V}=\frac{260.7}{270}=0.966 ◀$$

由上列之計算結果可知，寬翼型斷面之剪力絕大部份由腹板承受，故翼板上之橫向剪應力可忽略不計。另外在工程上由 τ_{av} 可近似求得 $\tau_{\max}$。

例題 5-11

一懸臂梁長度為 150 mm，在自由端承受 900 N 之集中負荷，斷面如圖所示，試求(a)梁內之最大彎曲應力，(b)最大水平剪應力。設梁之自重及應力集中忽略不計。

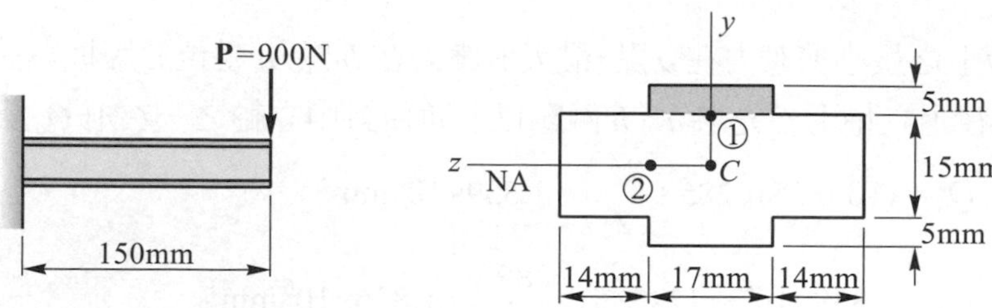

【解】懸臂梁之最大剪力及最大彎矩分別爲

$$V_{max} = 900\ \text{N}(\text{各斷面之剪力均相同})$$

$$M_{max} = (900\ \text{N})(150\ \text{mm}) = 135000\ \text{N-mm}(\text{固定端})$$

斷面之慣性矩爲

$$I = 2\left(\frac{1}{12}\times 14\times 15^3\right)+\frac{1}{12}(17)(25)^3 = 30010\ \text{mm}^4$$

(a) 最大彎曲應力發生在斷面之上下緣

$$\sigma_{max} = \frac{M_{max}c}{I} = \frac{(135000)(7.5+5)}{30010} = 56.23\ \text{MPa}◀$$

(b) 最大水平剪應力發生在斷面 Q/b 較大處

在 $y_1 = 7.5$ mm 處(圖中①點)，$b_1 = 17$ mm

$$Q_1 = (17\times 5)\left(7.5+\frac{5}{2}\right) = 850\ \text{mm}^3$$

$$\frac{Q_1}{b_1} = \frac{850}{17} = 50\ \text{mm}^2$$

在 $y_2 = 0$ 處(圖中②點)，即中立軸上，$b_2 = 14\times 2+17 = 45$ mm

$$Q_2 = 2(14\times 7.5)(3.75)+(17\times 12.5)(6.25) = 2115.6\ \text{mm}^3$$

$$\frac{Q_2}{b_2} = \frac{2115.6}{45} = 47.0\ \text{mm}^2$$

因$(Q_1/b_1) > (Q_2/b_2)$故斷面上之最大剪應力發生在 $y = 7.5$ mm 處，且

$$\tau_{max} = \frac{VQ_1}{Ib_1} = \frac{900}{30010}(50) = 1.50\ \text{MPa}◀$$

【註】本題斷面之最大剪應力不在中立軸上。

5-5 組合梁

對於跨距較大或橫向負荷甚大之梁，通常需考慮使用組合梁(built-up beam)以承受較大之彎矩。組合梁是以二塊以上之板材或型鋼材連接組合而成，可視爲單一之實體梁。此種梁可組合成各種所需之斷面形狀，且其斷面較一般常用之型鋼斷面爲大。圖 5-19 中所示爲幾種常見之組合梁，圖(a)爲箱型梁(box beam)，圖(b)爲膠接疊板梁(glued laminated beam)，而圖(c)爲板梁(plate girder)。

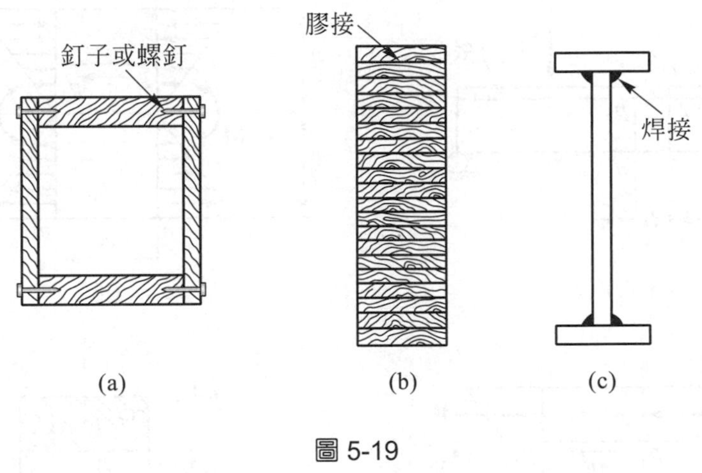

圖 5-19

組合梁通常使用膠接、鉚接、焊接或以螺栓等方式接合，若欲將組合梁視爲一有效之實體梁，則不管使用何種接合方式，當梁承受彎曲時，均需有足夠之強度以承受在接合處所生之水平剪力。因此組合梁之設計，除了需考慮前述之彎曲應力與剪應力外，尙需考慮在接合處所傳遞之剪力。

欲求組合梁在接合面上之水平剪力，可再參考圖 5-13。假設圖 5-13 中之梁爲沿 kk_1 面接合之組合梁，如圖 5-20(a)所示，則接合面在 dx 長度內所承受之水平剪力 dF 由(b)、(c)兩圖可知爲

$$dF = |F_2| - |F_1| = \frac{dM}{I}\int_{A'} y dA$$

若令 $f = \dfrac{dF}{dx}$，則 f 表示組合梁在縱向接合面上單位長度所承受之水平剪力，稱之爲剪力流(shear flow)，則

$$f = \frac{dF}{dx} = \frac{dM}{Idx}\int_{A'} ydA$$

因 $\frac{dM}{dx} = V$ ，且令 $Q' = \int_{A'} ydA$ ，則可得組合梁在接合面上之剪力流爲

$$f = \frac{VQ'}{I} \tag{5-16}$$

其中 A'爲斷面在接合處以外之面積，而 Q'爲面積 A'對組合梁斷面中立軸之一次矩。

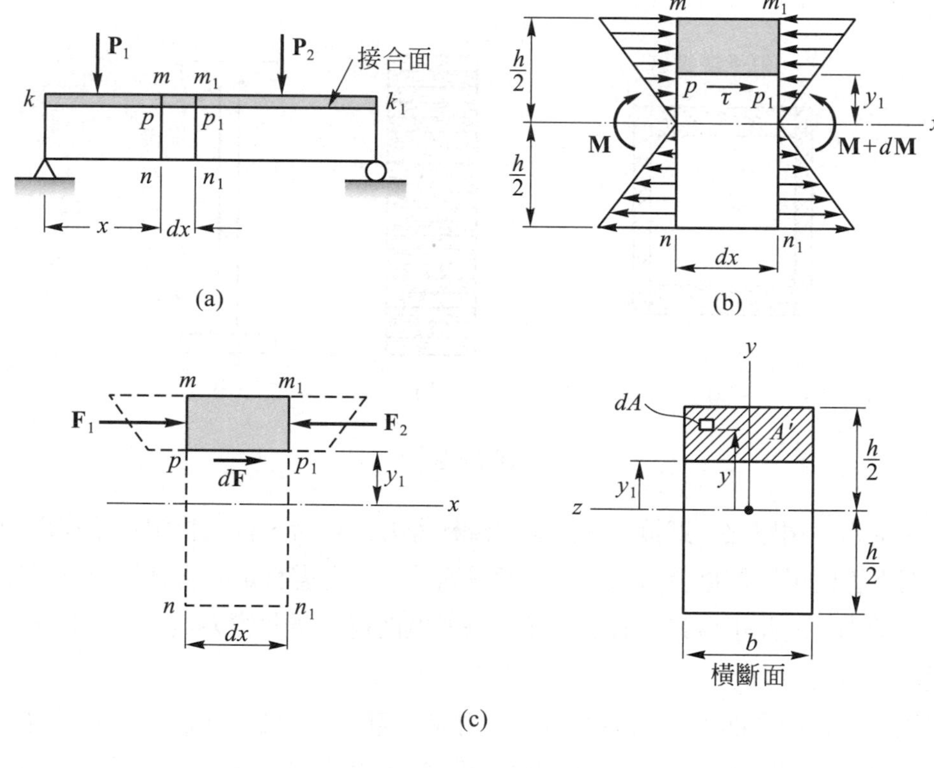

圖 5-20

剪力流可用來計算組合梁在接合面之螺栓、鉚釘或釘子所受之剪力。參考圖 5-21，三塊寬度爲 b 厚度爲 t 之板材以鉚釘組合之梁，設梁沿縱向每隔 e 之間距以二支鉚釘連接，則接合面在間距 e 之長度所受之總剪力爲 $F = ef$，其中 f 爲接合面之剪力流。設 P 爲每一支鉚釘在接合面處所受之剪力，則

$$P = \frac{F}{2} = \frac{ef}{2} = \frac{e}{2}\frac{VQ'}{I}$$

其中 Q'為橫斷面上接合處 AB 以外之面積對中立軸之一次矩，而 I 為組合後之斷面對其中立軸之慣性矩。

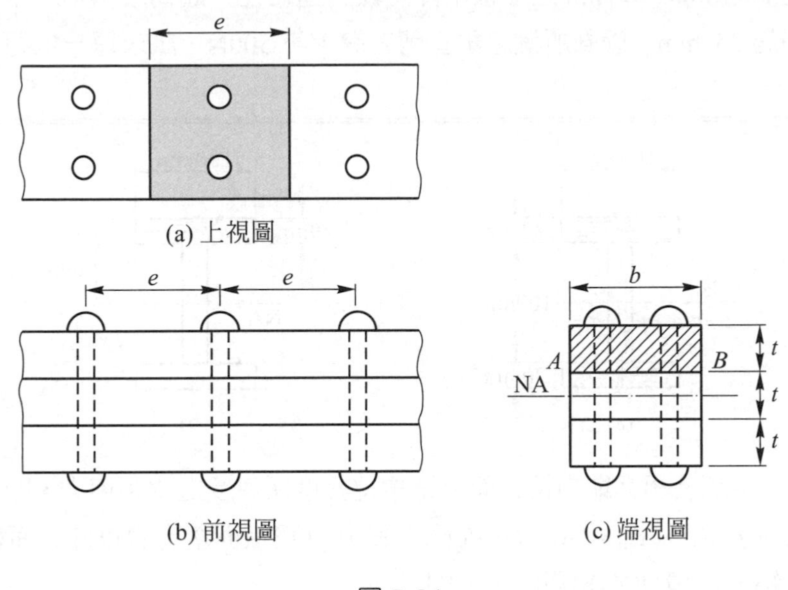

圖 5-21

公式(5-16)不僅可適用於矩形斷面之組合梁，對於任何組合梁，只要其斷面對 y 軸成對稱者均可適用。唯需特別注意，公式(5-16)中計算 Q'之面積 A'為組合梁斷面在接合處以外之面積，圖 5-22 中所示為幾種組合梁斷面之 A'(陰影面積)。Q'與 A'上之「$'$」是要與公式(5-12)中之 Q 與 A 有所區別。

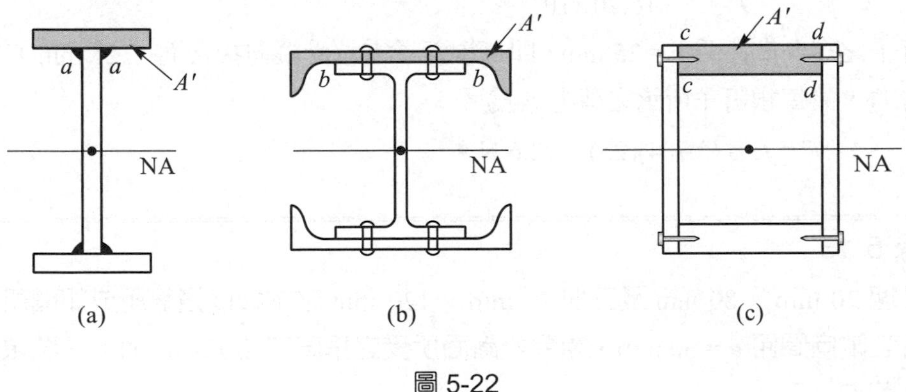

圖 5-22

例題 5-12

將斷面為 20 mm×100 mm 之三根木條用鐵釘連結在一起構成圖中所示之組合梁，鐵釘之縱向間距為 25 mm，斷面所受之垂直剪力為 V = 500N，試求每一根釘子所承受之剪力。

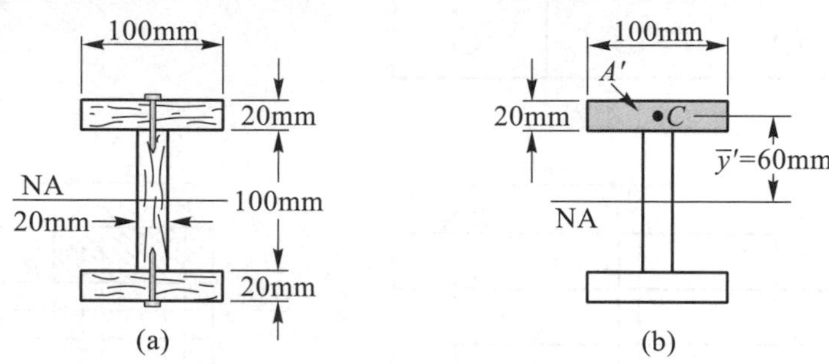

【解】首先須決定組合梁在縱向接合面上每單位長度所承受之水平剪力，即先求接合面上之剪力流 f，由公式(5-16)，$f = VQ'/I$，其中 Q'爲斷面接合處以外之面積 A'對中立軸之一次矩，面積 A'如(b)圖所示，則

$$Q' = A'\,\overline{y}' = (20\times100)(60) = 120\times10^3\ \text{mm}^3$$

組合梁斷面之慣性矩

$$I = \frac{1}{12}(100)(140)^3 - \frac{1}{12}(80)(100)^3 = 16.20\times10^6\ \text{mm}^4$$

則 $$f = \frac{VQ'}{I} = \frac{(500)\left(120\times10^3\right)}{16.20\times10^6} = 3.704\ \text{N/mm}$$

釘子之縱向間距爲 e = 25 mm，即每根釘子需承受縱向接合面上 25 mm 長度之水平剪力，故每根釘子所承之剪力 F 爲

$$F = fe = (3.704)(25) = 92.6\ \text{N}◀$$

例題 5-13

將二塊 20 mm × 80 mm 及二塊 20 mm × 120 mm 之木板以鐵釘組成如圖所示之箱形梁。鐵釘之縱向間距 e = 30 mm，組合梁斷面所受之垂直剪力 V = 1200 N，試求每根釘子所承受之剪力。

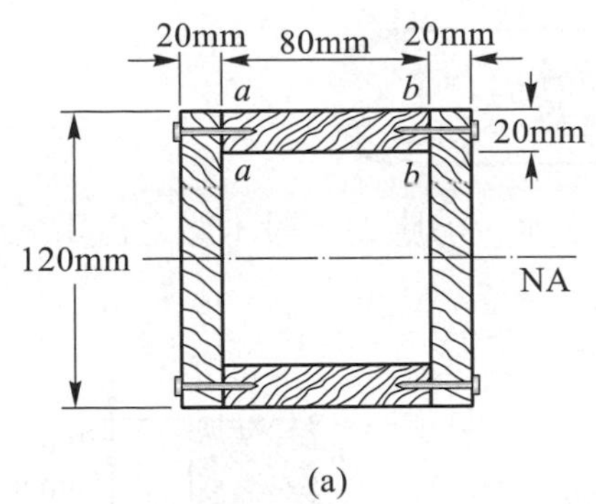

(a)

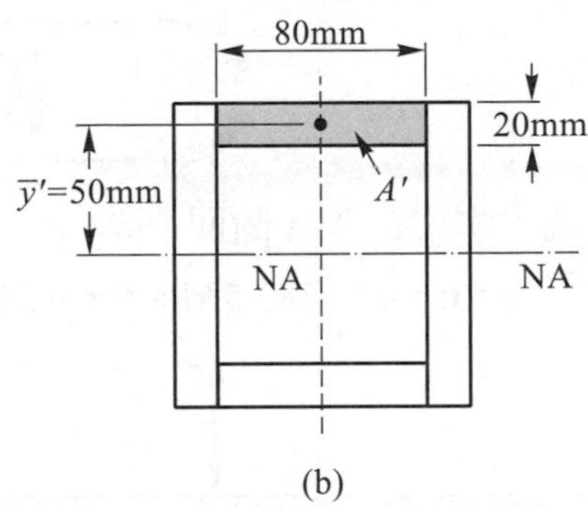

(b)

【解】圖中上翼板在 aa 及 bb 兩接合面以鐵釘與兩側腹板連接，剪力流公式 $f = VQ'/I$ 中之 Q'爲上翼板面積 A'對中立軸之一次矩，所得剪力流爲 aa 及 bb 兩接合面之總剪力流，由(b)圖

$$Q' = (80\times20)(50) = 80\times10^3 \text{ mm}^3$$

組合梁斷面之慣性矩

$$I = \frac{1}{12}(120)(120)^3 - \frac{1}{12}(80)(80)^3 = 13.87\times10^6 \text{ mm}^4$$

在 aa 及 bb 兩接合面之總剪力流爲

$$f = \frac{VQ'}{I} = \frac{(1200)\left(80\times10^3\right)}{13.87\times10^6} = 6.92 \text{ N/mm}$$

上式 f 爲組合梁之上翼板與兩側腹板在接合面(aa 及 bb 面)上每單位長度所受之水平剪力，則上翼板與每側腹板在接合面(aa 或 bb 面)之剪力流爲 $f/2 = 3.46$ N/mm 每根釘子之間距爲 $e = 30$ mm，故每根釘子所承受之剪力爲

$$F = (30)(3.46) = 103.8 \text{ N} \blacktriangleleft$$

5-21 試求圖中木梁在 A-A 斷面上 a、b、c 三點之水平剪應力。設木梁之自重忽略不計。

【答】$\tau_a = 0$，$\tau_b = 187.5$ kPa，$\tau_c = 250$ KPa

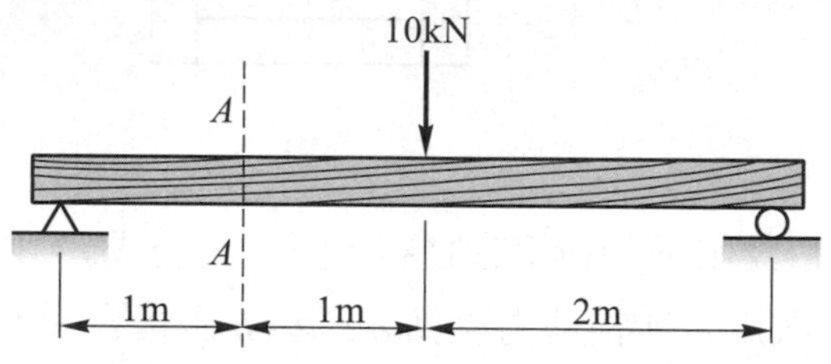

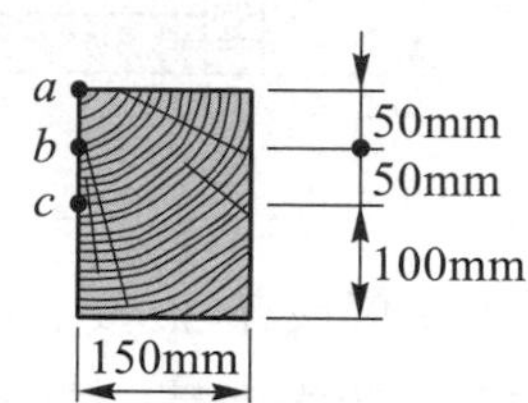

習題 5-21

5-22 圖中簡支之木梁由三塊 160 mm × 80 mm 之木板膠接而成，試求(a)膠接面之最大剪應力，(b)木板之最大水平剪應力。梁之自重忽略不計。

【答】(a)833 kPa，(b)938 kPa

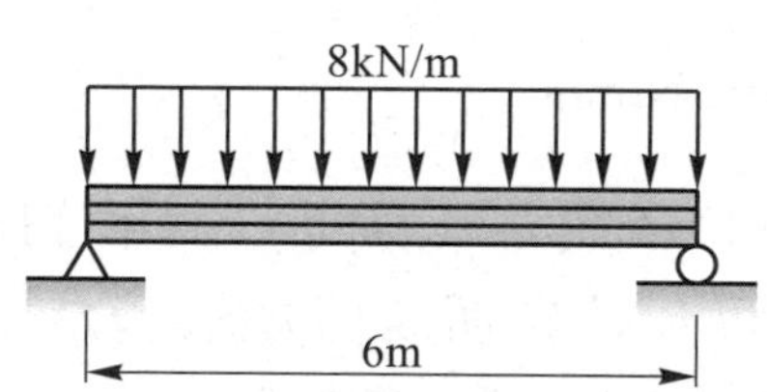

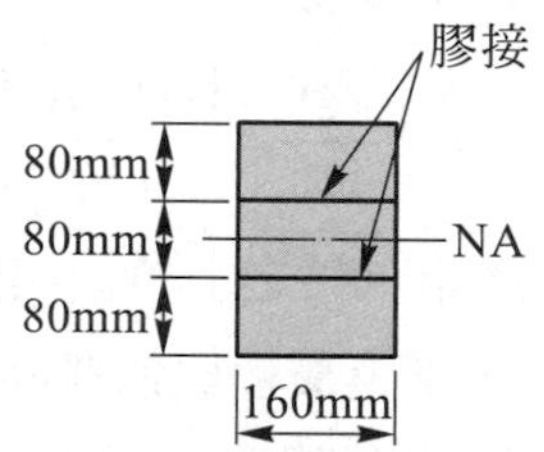

習題 5-22

5-23 圖中簡支之木梁承受左右對稱之兩集中負荷，設木梁之容許彎曲應力 σ_{allow} = 11 MPa，容許水平剪應力 τ_{allow} = 1.2 MPa，試求負荷 P 之最大容許值？設梁之自重忽略不計。

【答】8.25 kN

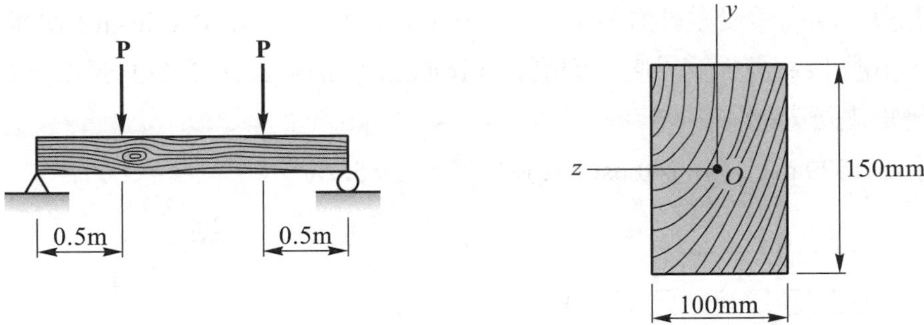

習題 5-23

5-24 圖中簡支之木梁由三塊 100 × 50 mm 之木板膠接而成，若膠接面之容許剪應力爲 0.35 MPa，木材之容許彎曲應力爲 11 MPa，試求梁中點之容許負荷 P？設梁之自重忽略不計。

【答】7875 N

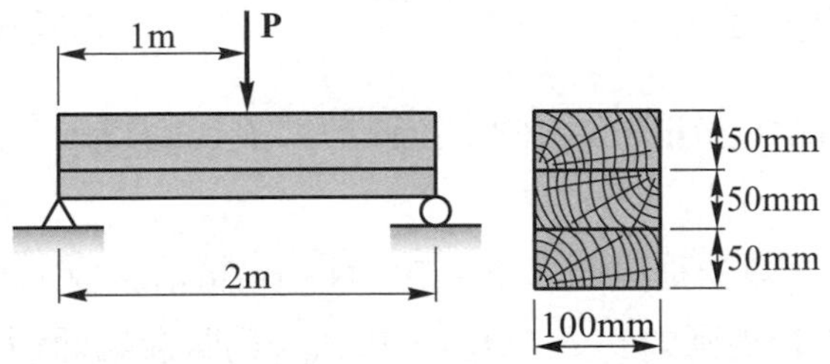

習題 5-24

5-25 圖中之外伸梁 ABC 由木材所製造，已知木材之比重量 $\gamma = 5.5\ \text{kN/m}^3$，(a)木材之容許彎曲應力爲 8.2 MPa，試求斷面所需之寬度 b，(b)木材之容許水平剪應力爲 0.7 MPa，試求斷面所需之寬度 b。

【答】(a)99.8 mm，(b)71.9 mm

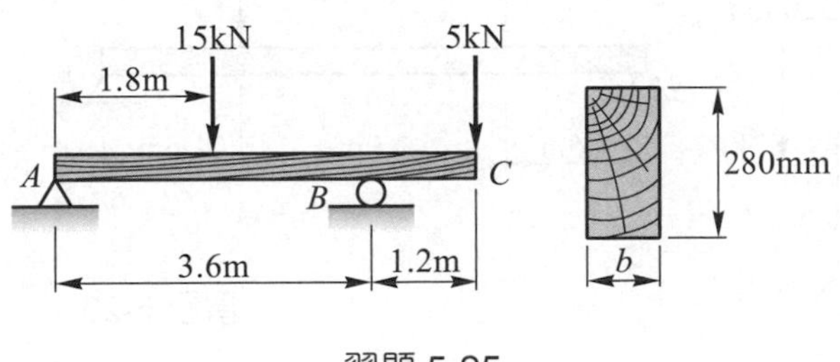

習題 5-25

5-26 圖中寬翼型斷面承受垂直剪力 $V = 16000$ lb 及彎矩 $M = 568000$ lb-in，試求(a)最大剪應力，(b)腹板與翼板交界處之剪應力，(c)腹板承受斷面剪力之百分比，(d)翼板承受斷面彎矩之百分比。

【答】(a)1590 psi，(b)1240 psi，(c)92.1%，(d)85.0%

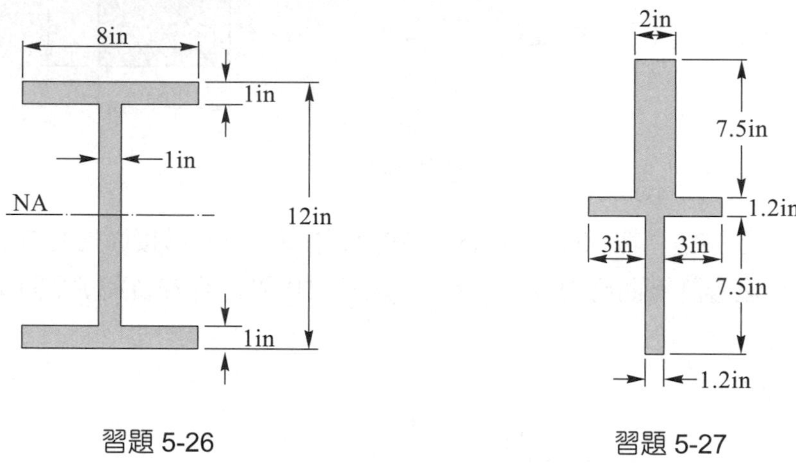

習題 5-26

習題 5-27

5-27 一梁之斷面如圖所示，已知斷面所受之垂直剪力 $V = 12$ kips，試求斷面之最大剪應力。

【答】849 psi

5-28 圖中 I 型斷面之梁，承受垂直剪力 $V = 70$ kN，(a)試求腹板上之最大及最小剪應力，(b)試求腹板上之平均剪應力 $\tau_{av} = V/A_{web}$，其 A_{web} 爲腹板之面積，並求 τ_{max}/τ_{av} 之比，(c)試求腹板所受之剪力 V_{web}，並求 V_{web}/V 之比。

【答】(a)24.8 MPa，19.7 MPa，(b)25.0 MPa，0.992，(c)65.7 kN，0.94

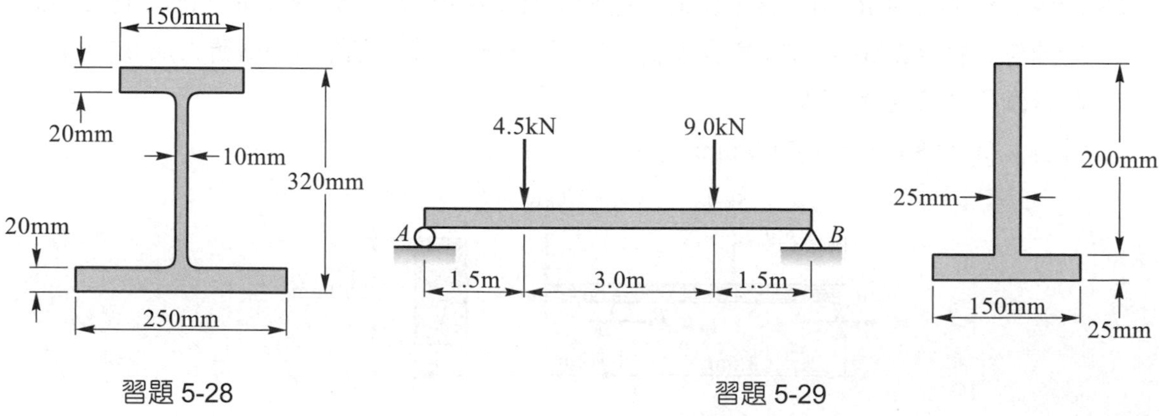

習題 5-28

習題 5-29

5-29 圖中 T 型斷面之簡支梁，試求梁內之最大水平剪應力。

【答】1.966 MPa

5-30 圖中寬翼型斷面之簡支梁在中點承受一集中負荷 P，試求梁內之最大彎曲應力與最大剪應力之比。

【答】$2L/7h$

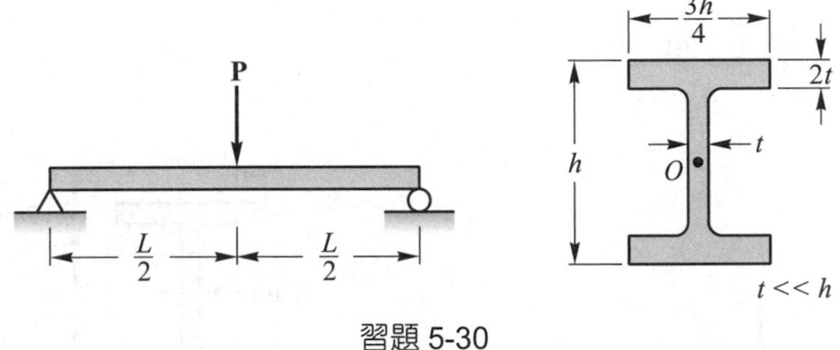

習題 5-30

5-31 圖中承受均佈負荷之簡支梁是一兩塊 2in×4in×100in 之木板膠接而成，已知膠接面之容許剪應力爲 200 psi，木材之容許拉應力爲 2500 psi，試求均佈負荷 q 之容許值。

【答】32.9 lb/in

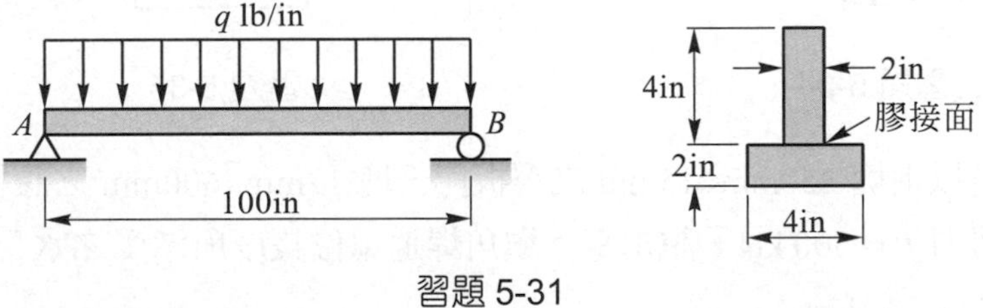

習題 5-31

5-32 圖中 T 型斷面之簡支梁，已知其容許拉應力爲 6 ksi，容許壓應力爲 18 ksi，容許剪應力爲 4 ksi，試求梁上之容許負荷 P？

【答】1.593 kips

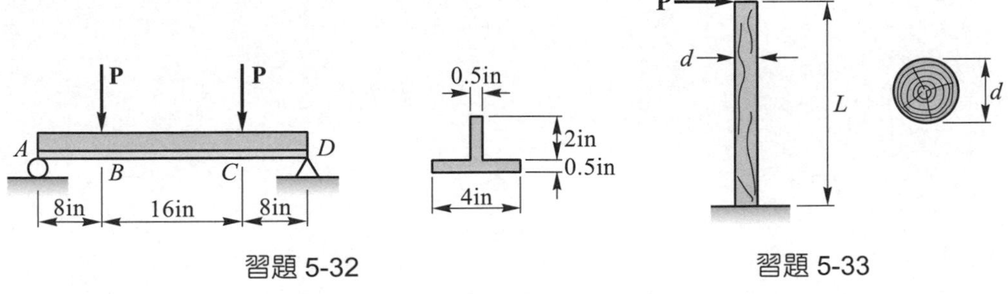

習題 5-32　　習題 5-33

5-33 圖中圓形斷面之懸臂梁以木材製造，長度 $L = 2\text{m}$，已知容許彎曲應力為 15 MPa，容許剪應力為 1 MPa，今在梁之自由端施加一集中負荷 $P = 2.5$ kN，試根據容許彎曲應力及容許剪應力分別求所需之直徑 d。

【答】150.3 mm，65.1 mm

5-34 圖中空心圓形斷面之梁承受剪力 V，試求斷面之最大剪應力？若 $r_2 \to r_1$，試證 $\tau_{max} = 2V/A$。

【答】$\tau_{max} = \dfrac{4V}{3A}\dfrac{r_1^2 + r_1 r_2 + r_2^2}{r_1^2 + r_2^2}$

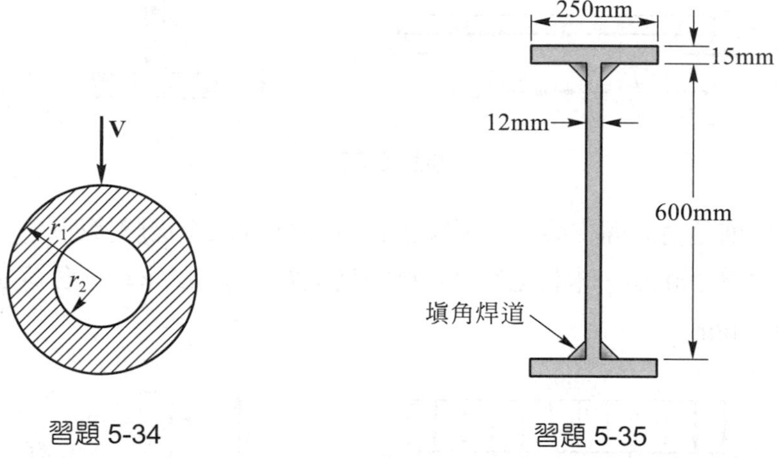

習題 5-34　　習題 5-35

5-35 圖中鋼梁是以兩塊 250mm×15mm 之翼板與一塊 12mm×600mm 之腹板焊接而成，設此梁承受剪力 $V = 500$ kN，試求每一填角焊道單位長度所承受之水平剪力為何？

【答】$f = 311.5$ kN/m

5-36 圖中寬翼型斷面之組合梁是將三塊 80mm×200mm 之木板以螺栓連接組成，每根螺栓所能承受之剪力為 8 kN，已知斷面所生之最大水平剪應力為 1.2 MPa，試求螺栓之最大縱向間距。

【答】$e = 98.2$ mm

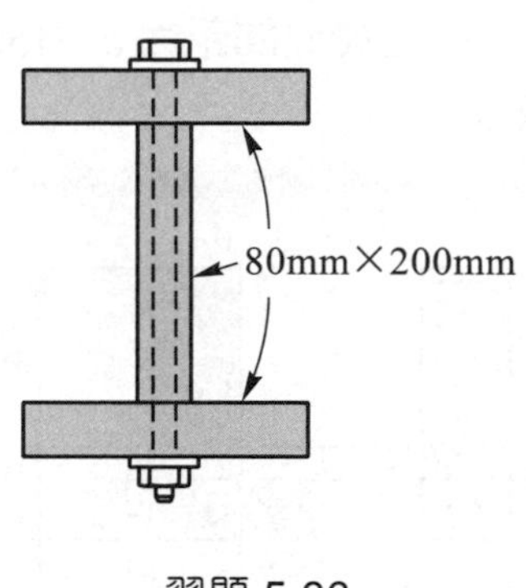

習題 5-36

習題 5-37

5-37 圖中 T 型斷面之組合梁，已知斷面所承受之剪力 V = 1800 N。設每根釘子之容許剪力爲 800 N，試求釘子之最大容許間距。

【答】e = 80.7 mm

5-38 圖中組合梁每根釘子之間距爲 e = 100 mm，且每根釘子之容許剪力爲 1200N，試求組合梁斷面之容許剪力 V。

【答】10.7 kN

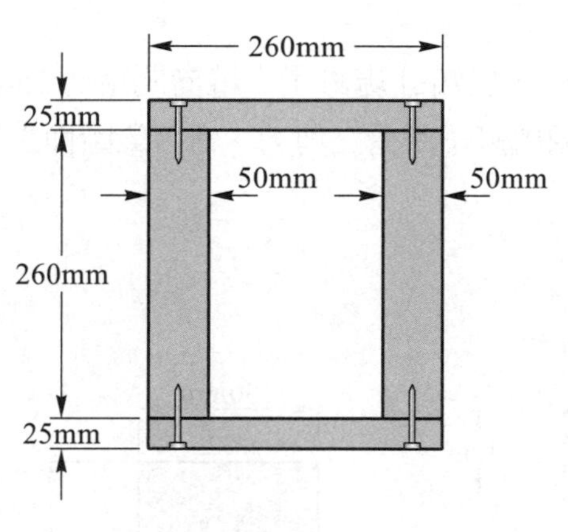

習題 5-38

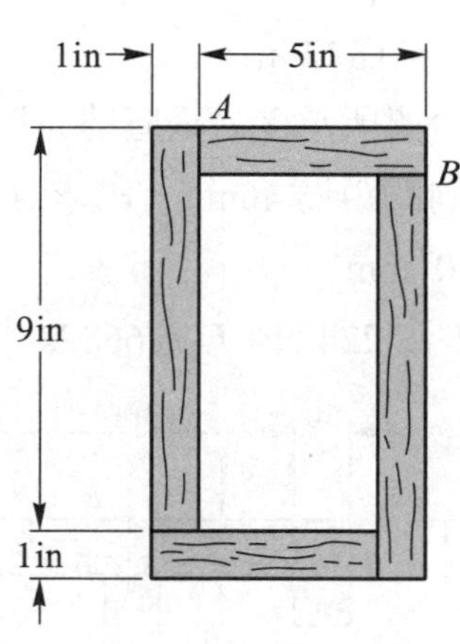

習題 5-39

5-39 圖中箱型梁斷面是由二塊 5in×1in 及二塊 9in×1in 木板以膠接組合而成，已知梁所承受之垂直剪力爲 800 lb，試求在 A、B 兩膠接面之剪力流。

【答】f_A = 21.9 lb/in，f_B = 32.8 lb/in

5-40 圖中組合梁是以直徑為 14mm 之螺栓連接而成，螺栓之縱向間距為 $e = 150\text{mm}$，設梁斷面所受之剪力 $V = 10\ \text{kN}$，試求螺栓中之平均剪應力。

【答】$\tau = 20.6\ \text{MPa}$

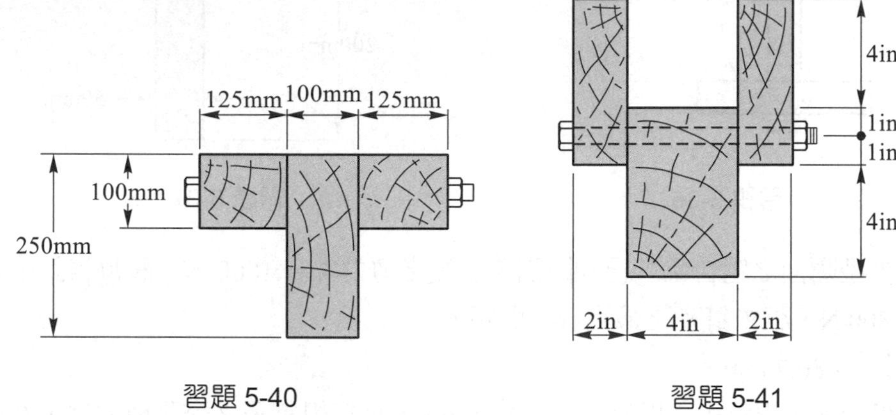

習題 5-40　　習題 5-41

5-41 圖中組合梁螺栓之縱向間距為 $e = 9\text{in}$，已知梁所受之垂直剪力 $V = 1350\ \text{lb}$，且螺栓容許之平均剪應力為 8 ksi，試求螺栓所需之最小直徑。

【答】$d = 0.372\ \text{in}$

5-42 圖中組合梁所承受之垂直剪力為 6 kN，已知 A 處釘子之縱向間距為 75mm，B 處釘子之縱向間距為 40mm，試求 A、B 兩處釘子所受之剪力。組合梁斷面之慣性矩 $I_{NA} = 1.504 \times 10^9\ \text{mm}^4$。

【答】$F_A = 224\ \text{N}$，$F_B = 658\ \text{N}$

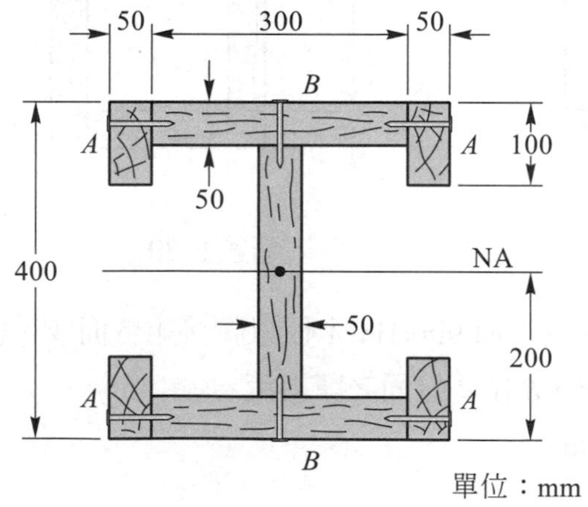

習題 5-42

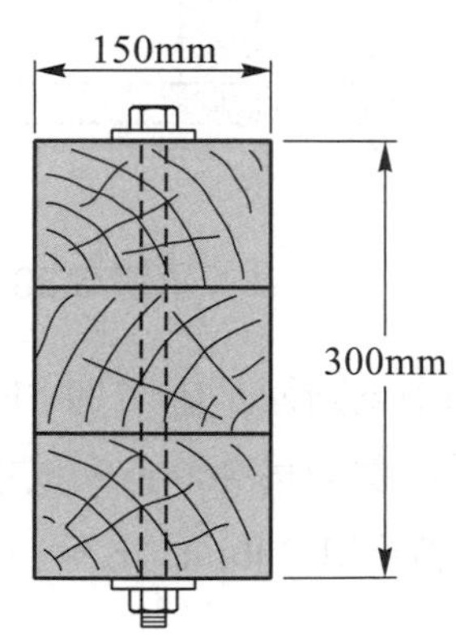

習題 5-43

5-43 一長度為 6m 之簡支梁是由三塊 100mm×150mm 之木材以螺栓連接而成，如圖所示，螺栓之縱向間距為 0.4m，且螺栓鎖緊後之拉應力為 140 MPa。已知梁在中點承受集中負荷後梁內所生之最大彎曲應力為 12 MPa，試求螺栓所需之直徑。設接合面之剪力全部由摩擦力承受，木板間之摩擦係數為 0.40。

【答】$d = 19.1$ mm

5-6 非稜柱梁之彎曲

前面各節所討論的梁都是稜柱梁，各斷面之斷面模數都相等，但梁承受橫向負荷時斷面之彎矩隨斷面之位置而變，對於稜柱梁，只有彎矩最大之斷面，其最大彎曲應力才有可能達到梁之容許應力，其餘彎矩較小之斷面，最大彎曲應力也都較小，材料沒有充分利用，顯然並不經濟。

為節省材料，減輕梁的重量，將梁之斷面尺寸設計成隨斷面位置而變，彎矩較大之斷面採用較大尺寸，而彎矩較小之斷面則採用較小尺寸，這種斷面尺寸沿著縱向變化之梁，稱為非稜柱梁。對於非稜柱梁之彎曲應力，只要斷面變化之弧度不大，便可用稜柱梁之撓曲公式作近似之分析。

通常稜柱梁內之最大彎曲應力發生在彎矩最大之斷面上，由於斷面模數保持不變，因此各斷面之最大彎曲應力與彎矩同樣隨斷面之位置而變。但對於非稜柱梁，各斷面之最大彎曲應力不僅隨彎矩變化，亦隨斷面模數變化，因此梁內之最大彎曲應力不一定發生在彎矩最大之斷面上，參考例題 5-14 之說明。

■等強度梁

為使梁的重量最輕，可變化梁的斷面尺寸，使每一斷面之最大彎曲應力均相等，此種梁稱為等強度梁(beam of constant strength)或完全應力梁(fully stress beam)。實際上這種理想之梁不易達成，因製造不易且梁之負荷可能與設計條件有偏差，但瞭解完全應力梁之性質，對於減輕梁重量之設計仍有幫助。

設梁在任一斷面之彎矩為 $M(x)$，而斷面模數為 $S(x)$，若為等強度梁，則

$$S(x) = \frac{M(x)}{\sigma_{allow}} \tag{a}$$

其中σ_{allow}為容許彎曲應力，上式關係表示等強度梁之斷面模數 $S(x)$隨梁之斷面位置而變。

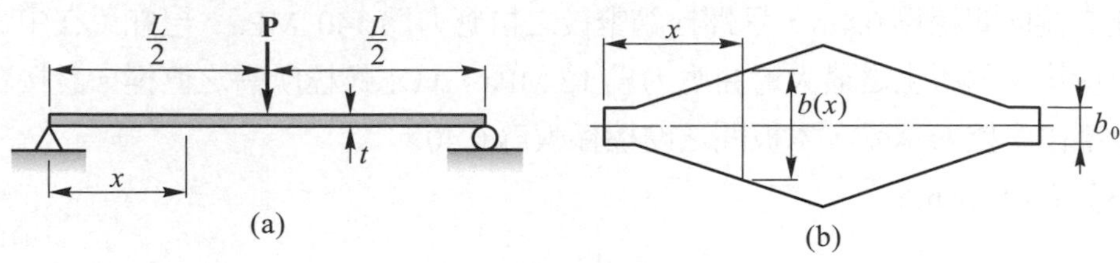

圖 5-23

參考圖 5-23 所示在中點承受集中負荷之簡支梁，設梁的厚度 t 為均勻，若欲設計為等強度梁，則梁之斷面寬度須由兩端至中央斷面呈直線變化，茲說明如下。

由於梁內任一斷面為矩形，且厚度 t 為常數，則寬度 b 為 x 之函數，即 $b = b(x)$，其中 $0 \le x \le L/2$，故所需之斷面模數為

$$S(x) = \frac{M(x)}{\sigma_{allow}} \quad , \quad \frac{b(x)t^2}{6} = \frac{Px/2}{\sigma_{allow}}$$

得
$$b(x) = \frac{3P}{t^2\sigma_{allow}}x \tag{b}$$

其中σ_{allow}為梁之容許彎曲應力。因此斷面所需之寬度呈直線變化，參考圖 5-23(b)所示。

由於圖 5-23 之梁內各斷面承受有剪力 $V = P/2$，由公式(b)在 $x = 0$ 時 $b = 0$，即斷面之寬度為零，顯然無法抵抗梁內之剪力，故梁有一最小寬度 b_0，由$\tau_{max} = 3V/2A = 3(P/2)/2(b_0t)$

得
$$b_0 = \frac{3P}{4t\tau_{allow}} \tag{c}$$

其中τ_{allow}為梁之容許剪應力。若將圖 5-23(b)中之等強度梁切成若干細長條，然後重疊起來，並使其略微拱起，即構成板片彈簧，如圖 5-24 所示。

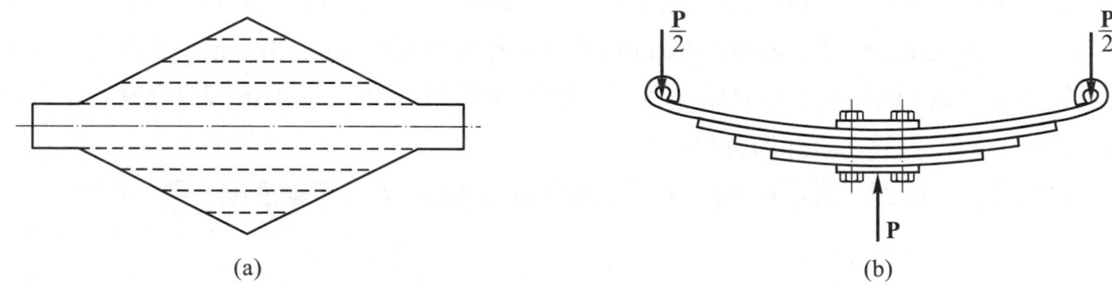

圖 5-24

若令圖 5-23(a)中簡支梁之寬度 b 保持不變，而使高度 h 爲 x 之函數，即 $h = h(x)$，其中 $0 \le h \le L/2$，由相同之分析原理可得

$$h(x) = \sqrt{\frac{3Px}{b\sigma_{allow}}} \quad , \quad h_0 = \frac{3P}{4b\tau_{allow}} \tag{d}$$

斷面之高度變化如圖 5-25 所示。

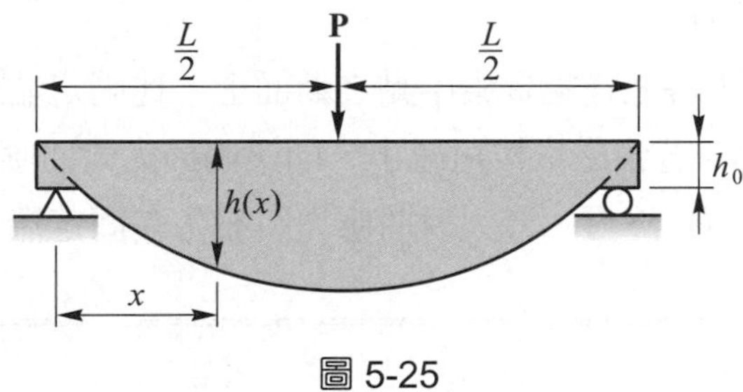

圖 5-25

例題 5-14

圖中實心之圓錐形懸臂梁，自由端之直徑為端 d，固定之直徑為 $2d$，今在自由端承受一集中負荷 P，試求(a)在固定端斷面上之最大彎曲應力，(b)梁內之最大彎曲應力。

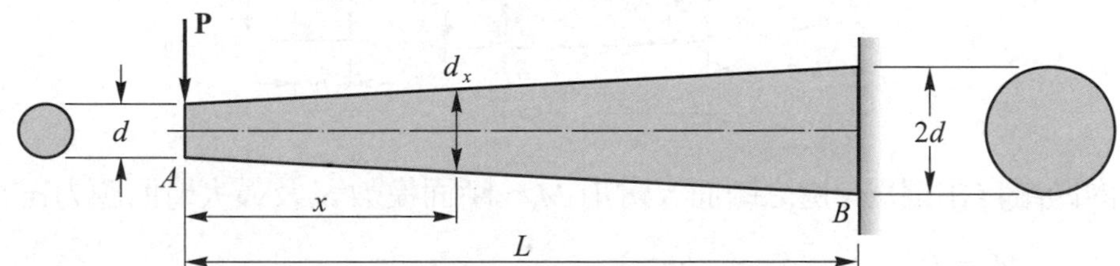

【解】距自由端爲 x 處之斷面，直徑、斷面模數及彎矩分別爲

$$d_x = d\left(1 + \frac{x}{L}\right) \tag{1}$$

$$S_x = \frac{\pi}{32} d_x^3 = \frac{\pi}{32} d^3 \left(1 + \frac{x}{L}\right)^3 \tag{2}$$

$$M_x = Px \tag{3}$$

則在 x 位置斷面之最大彎曲應力爲

$$\sigma_x = \frac{M_x}{S_x} = \frac{32Px}{\pi d^3 (1 + x/L)^3} \tag{4}$$

(a) 固定端斷面(斷面 B)上之最大彎曲應力，令 $x = L$，代入公式(4)得

$$\sigma_B = \frac{4PL}{\pi d^3} \blacktriangleleft$$

(b) 梁內彎曲應力最大之斷面位置，令 $d\sigma_x/dx = 0$，得 $x = \dfrac{L}{2}$

將 $x = L/2$ 代入公式(4)，得

$$\sigma_{\max} = \frac{128PL}{27\pi d^3} \blacktriangleleft$$

故最大彎曲應力發生在懸臂梁中點之斷面上，比固定端斷面上之最大彎曲應力 σ_B 大約高 19%，若梁之推拔角減小，則梁內最大彎曲應力之位置由中點朝固定端移動，當推拔角為零，最大彎曲應力將發生在固定端 B。

例題 5-15

長度為 L 之懸臂梁，自由端承受集中負荷 P，設梁之寬度 b 保持不變，若欲使梁為等強度梁，則梁斷面之高度隨位置 x(距自由端)變化之關係為何？(以 H，L 及 x 表示之)

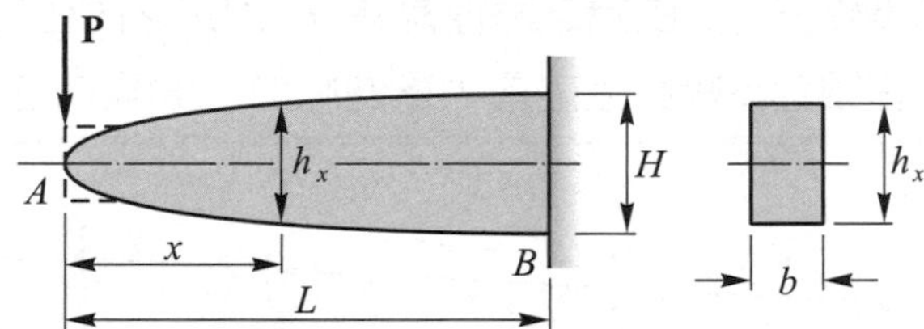

【解】梁內距離自由端為 x 處之斷面，彎矩 M_x、斷面模數 S_x 及最大彎曲應力 σ_x 為

$$M_x = Px \quad , \quad S_x = \frac{1}{6}bh_x^2$$

$$\sigma_x = \frac{M_x}{S_x} = \frac{Px}{bh_x^2/6} = \frac{6Px}{bh_x^2} \tag{1}$$

將 $x = L$ 代入(1)式，得固定端斷面之最大彎曲應力為

$$\sigma_B = \frac{6PL}{bH^2} \tag{2}$$

懸臂梁為等強度梁，則 $\sigma_x = \sigma_B$

$$\frac{6Px}{bh_x^2} = \frac{6PL}{bH^2}$$

得 $h_x = H\sqrt{\dfrac{x}{L}}$ ◀

上式僅考慮承受彎矩所需之斷面高度，事實上梁內每個斷面亦同時承受有剪力 $V = P$，由上式，在 $x = 0$ 時得 $h_x = 0$，顯然自由端附近無法承受剪力，故該處需有一最小高度 h_0。由 $\tau_{max} = 3V/2A = 3P/2bh_0$，得 $h_0 = \dfrac{3P}{2b\tau_{allow}}$，其中 τ_{allow} 爲梁之容許剪應力。

5-44 圖中懸臂梁長度爲 L，斷面之寬度 b 保持不變，高度由自由端之 h_0 直線變化至固定端之 $3h_0$，今在自由端承受一集中負荷 P，試求梁內之最大彎曲應力。

【答】$\sigma_{max} = 3PL/4bh_0^2$

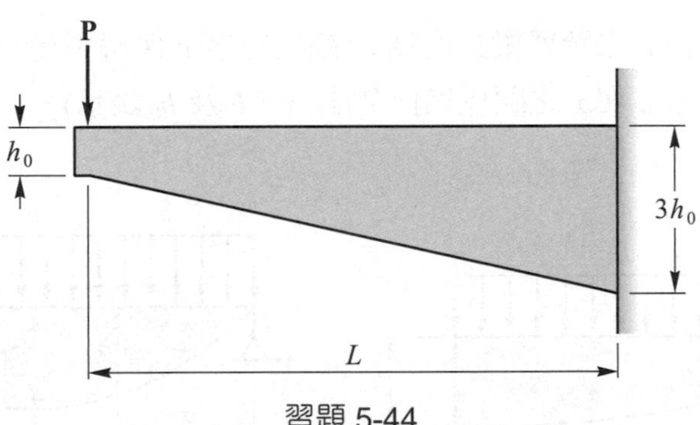

習題 5-44

5-45 圖中斷面爲正方形之錐形懸臂梁，斷面之寬度由自由端之 a 直線變化至固定端之 $3a$，今在自由端承受一集中負荷 P，試求(a)最大彎曲應力 σ_{max} 及其位置(與自由端之距離)，(b)若固定端斷面上之最大彎曲應爲爲 σ_B，則 σ_{max}/σ_B 之比值爲何？

【答】(a)$x = L/4$，$\sigma_{max} = 4PL/9a^3$，(b)2

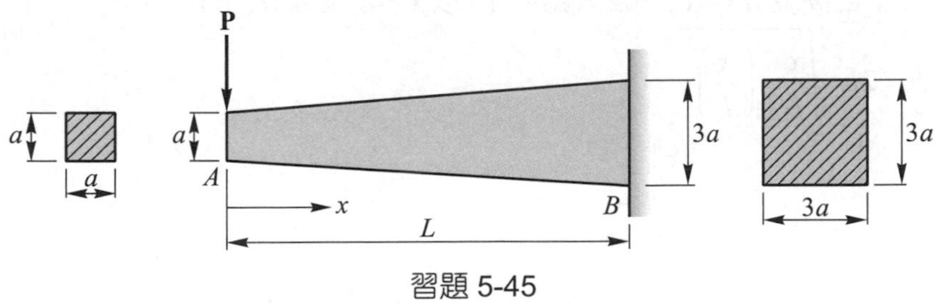

習題 5-45

5-46 圖中簡支梁之寬度 b 保持不變，斷面之高度由兩端之 h 直線變化至中央斷面之 $2h$，今在梁中點承受一集中負荷，試求梁內之最大彎曲應力。

【答】$3PL/8bh^2$

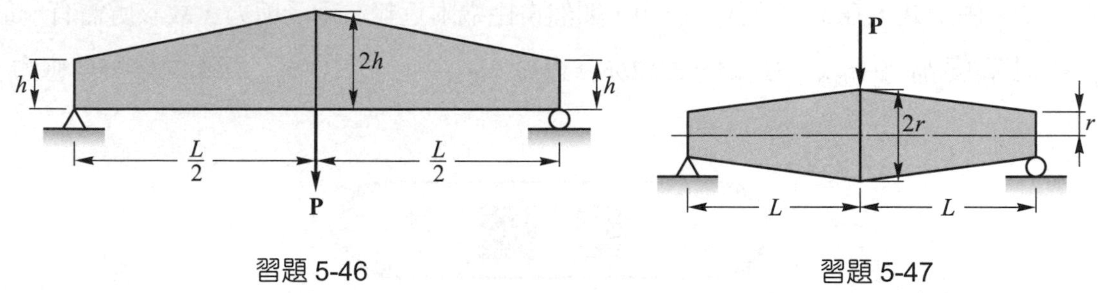

習題 5-46　　習題 5-47

5-47 圖中斷面爲圓形之錐形簡支梁，其半徑由兩端之 r 直線變化至中央斷面之 $2r$，今梁在中點承受一集中負荷，試求梁內之最大彎曲應力。

【答】$8PL/27\pi r^3$

5-48 圖中承受均佈負荷 q 之懸臂梁長度爲 L，斷面寬度 b 保持不變，若欲設計爲等強度梁，則斷面所需之高度 h 與 x 之關係爲何？(以 x、L 及 h_0 表示)。

【答】$h = h_0x/L$

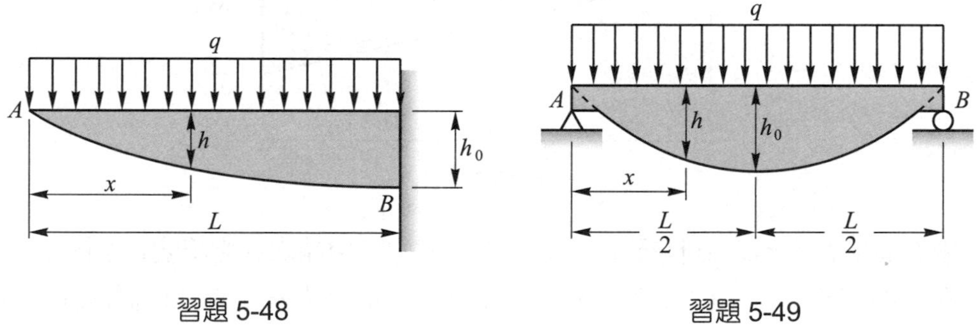

習題 5-48　　習題 5-49

5-49 圖中承受均佈負荷 q 之簡支梁長度爲 L，斷面寬度 b 保持不變，若欲設計爲等強度梁，則斷面所需之高度 h 與 x 之關係爲何？(以 x、L 及 h_0 表示)

【答】$h = 2h_0\sqrt{\dfrac{x}{L} - \left(\dfrac{x}{L}\right)^2}$

5-50 圖中懸臂梁斷面之厚度 t 保持不變，寬度 b 可隨 x 而變，若欲設計成等強度梁，則在下列兩種負荷情形，所需之寬度 b 與 x 之關係為何？(以 x，b_0 及 L 表示)。(a)A 端承受向下之集中負荷，(b)AB 線上承受均佈負荷。

【答】(a)$b = b_0(x/L)$，(b)$b = b_0(x/L)^2$

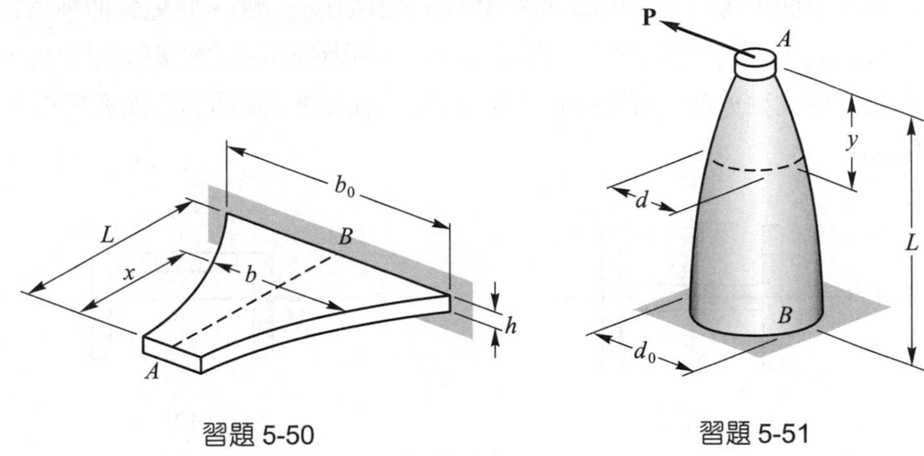

習題 5-50　　習題 5-51

5-51 圖中圓錐形短柱在頂端承受一水平負荷 P，若欲使每個斷面之最大彎曲應力相同，則所需之直徑 d 與 y 之關係為何？(以 d_0、y 與 L 表示)

【答】$d = d_0(y/L)^{1/3}$

5-52 圖中圓錐形簡支梁承受均佈負荷 q，若欲設計為等強度梁，則斷面所需直徑 d 與 x 之關係為何？(以 d_0、y 及 L 表示)

【答】$d = d_0[4(x/L–x^2/L^2)]^{1/3}$

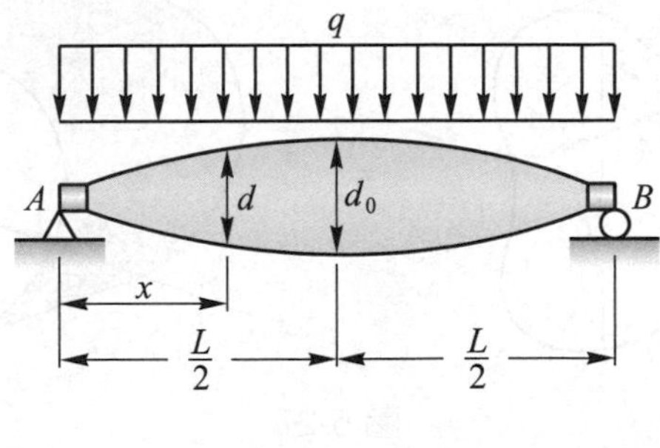

習題 5-52

5-7 非對稱彎曲

在 5-2 節中推導撓曲公式($\sigma = -My/I$)時曾限制彎矩之作用面必須在梁之縱向對稱面上(即彎矩之作用面通過斷面之對稱軸)，如圖 5-26 所示(圖中雙箭頭向量代表彎矩)，xy 平面爲梁之縱向對稱面，彎矩之作用面通過橫斷面之對稱軸(y 軸)，此種彎曲稱爲對稱彎曲(symmetric bending)。對於對稱彎曲，斷面之中立軸與斷面所受之彎矩向量平行，或彎矩向量之作用軸與中立軸重合，彎矩向量之作用軸(z 軸)爲通過斷面形心而與彎矩作用面(xy 平面)垂直之軸。

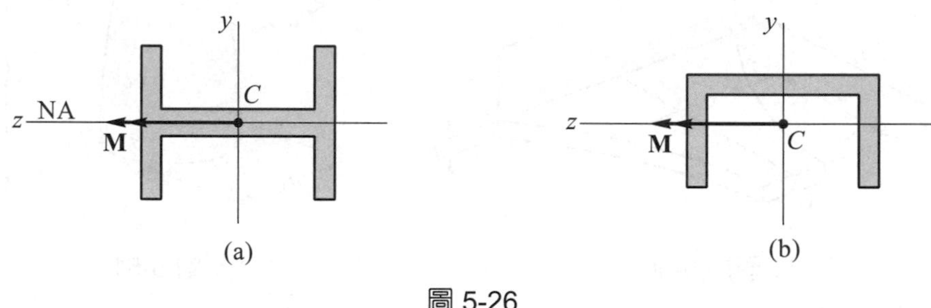

圖 5-26

若梁所受彎矩之作用面不在梁的縱向對稱面上，或梁無縱向對稱面存在，此種梁之彎曲稱爲非對稱彎曲(unsymmetric bending)。對於非對稱彎曲，斷面之中立軸通常不在彎矩向量之作用軸上。本節將證明撓曲公式亦可應用於非對稱彎曲之梁，同時並將找出其斷面中立軸之位置。

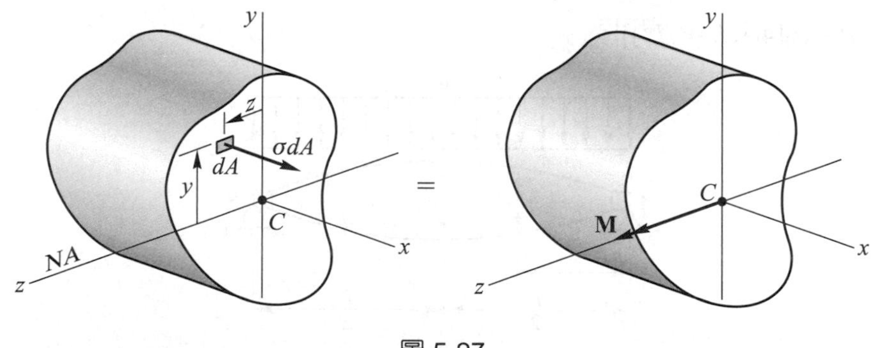

圖 5-27

參考圖 5-27 中斷面無對稱軸之稜柱梁承受純彎作用，假設斷面之中立軸與彎矩向量之作用軸重合，並令爲 z 軸，則斷面所生之正交應力 σ 應符合下列三個數學式：

$$\Sigma F_x = 0 \quad , \quad \int_A \sigma dA = 0 \tag{a}$$

$$\Sigma M_y = 0 \quad , \quad \int_A z\sigma dA = 0 \tag{b}$$

$$\Sigma M_z = M \quad , \quad \int_A y\sigma dA = M \tag{c}$$

設彎曲後斷面仍保持爲平面，且梁爲均質之線彈性材料，則距中立軸(z 軸)爲 y 處之正交應力爲

$$\sigma = -Eky \tag{d}$$

式中之負號是表示當 $y > 0$ 時 $\sigma < 0$(壓應力)，而 $y < 0$ 時 $\sigma > 0$(拉應力)。

將公式(d)代入公式(a)

$$\int_A (-Eky) dA = -Ek \int_A ydA = 0$$

得

$$\int_A ydA = 0 \tag{e}$$

上式表示中立軸(z 軸)通過斷面之形心。

再將公式(d)代入公式(b)中

$$\int_A z\sigma dA = \int_A z(-Eky) dA = -Ek \int_A yzdA = 0$$

得

$$\int_A yzdA = 0 \tag{f}$$

上式積分式爲斷面對通過形心之 y 軸及 z 軸所生之慣性積 $\bar{I}_{yz}$ ，當 $\bar{I}_{yz} = 0$，表示圖 5-27 中之 y 軸及 z 軸爲通過斷面形心之主軸。

再將公式(a)代入公式(c)中

$$M = -\int_A y\sigma dA = -\int_A y(-Eky)\, dA = -Ek \int_A y^2 dA = EkI_z = E\left(-\frac{\sigma}{Ey}\right) I_z = -\frac{\sigma}{y} I_z$$

得

$$\sigma = -\frac{My}{I_z} \tag{g}$$

上式所得結果與對稱彎曲之撓曲公式相同。

故當彎矩之作用面通過斷面之主形心軸時，斷面之中立軸必與彎矩向量之作用軸重合，其斷面之正交應力可用撓曲公式 $\sigma = -My/I$ 求得。對於有對稱軸之斷面，其對稱軸及通過形心且與對稱軸垂直之軸必爲主軸。至於無對稱軸之斷面，其主軸爲最大與最小慣性

矩之形心軸。圖 5-28 中槽型與 L 型斷面之 y 軸與 z 軸即爲主形心軸，其中 I_z(或 I_1)爲最大慣性矩，$I_y(I_2)$爲最小慣性矩。

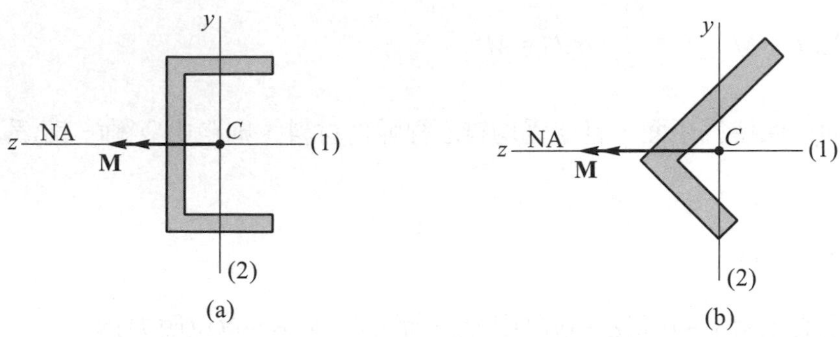

圖 5-28

■非對稱彎曲之應力分析

參考圖 5-29(a)中 T 型斷面之梁承受純彎作用，斷面之主形心軸爲 y 軸及 z 軸，彎矩之作用面與 y 軸之夾角爲θ(或彎矩向量之作用軸與 z 軸夾θ角)。欲求斷面所生之彎曲應力，可將彎矩分爲兩主形心軸之分量 M_y 及 M_z。

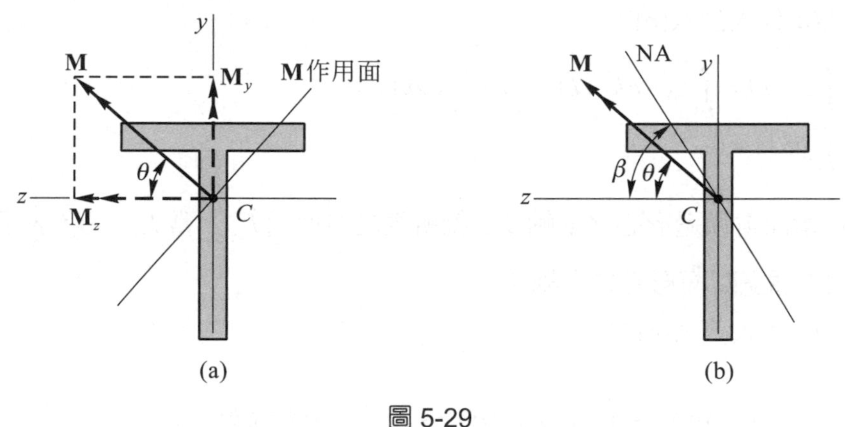

圖 5-29

M_z 分量指向+z 軸，作用面在 xy 平面上，彎曲之中立軸爲 z 軸，所生之彎曲應力爲

$$\sigma_x = -\frac{M_z y}{I_z} \tag{h}$$

其中負號表示 $y > 0$ 時產生壓應力，而 $y < 0$ 時產生拉應力。I_z 爲斷面對於 z 軸(最大慣性矩之主形心軸)之慣性矩。

至於 M_y 分量指向 $+y$ 方向，作用面在 xz 平面上，彎曲之中立軸為 y 軸，所生之彎曲應力為

$$\sigma_x = +\frac{M_y z}{I_y} \tag{i}$$

其中正號表示 $z > 0$ 時產生拉應力，而 $z < 0$ 時產生壓應力。I_y 爲斷面對 y 軸(最小慣性矩之主形心軸)之慣性矩。

整個斷面之應力分布，將(h)(i)兩式重疊即可，即

$$\sigma_x = -\frac{M_z y}{I_z} + \frac{M_y z}{I_y} \tag{5-17}$$

至於無對稱軸之斷面，則必須先求得斷面之主形心軸，再將斷面之彎矩向量分解為兩主形心軸之分量，同樣由公式(5-17)可得斷面之應力分布，有關之分析參考例題 5-18 之說明。

■中立軸之位置

非對稱彎曲所生之應力呈線性分布，即斷面各點應力之大小與該點至中立軸之距離成正比，但中立軸與彎矩向量之作用軸並不重合。若欲求中立軸之位置，令 $\sigma_x = 0$，便可得中立軸之方程式，即

$$-\frac{M_z y}{I_z} + \frac{M_y z}{I_y} = 0$$

其中 $M_z = M\cos\theta$，$M_y = M\sin\theta$，代入上式，得

$$y = (\frac{I_z}{I_y}\tan\theta)z$$

上式為斜率等於 $\frac{I_z}{I_y}\tan\theta$ 之直線方程式，故中立軸與 z 軸之夾角 β 為

$$\tan\beta = \frac{I_z}{I_y}\tan\theta \tag{5-18}$$

當 $I_z > I_y$ 時，$\beta > \theta$，而 $I_z < I_y$ 時，$\beta < \theta$，因此中立軸之位置恆在「彎矩向量」與「最小慣性矩主軸」之間，如圖 5-29(b)所示。

例題 5-16

圖中長方形斷面承受彎矩 $M = 200$ N-m，試求(a)斷面之中立軸與 z 軸之夾角，(b)最大正交應力。

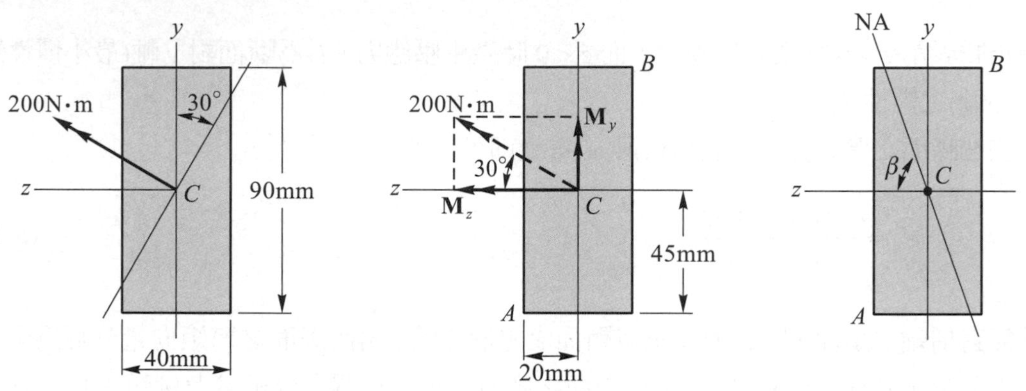

【解】由於 y 軸與 z 軸爲斷面之對稱軸，故爲主形心軸，彎矩 M 之主軸分量爲

$$M_y = M\sin 30° = 200\sin 30° = 100 \text{ N–m}$$

$$M_z = M\cos 30° = 200\cos 30° = 173.2 \text{ N–m}$$

主軸之慣性矩爲

$$I_y = \frac{1}{12}(90)(40)^3 = 0.48\times 10^6 \text{ mm}^4$$

$$I_z = \frac{1}{12}(40)(90)^3 = 2.43\times 10^6 \text{ mm}^4$$

斷面之中立軸與 z 軸之夾角 β，由公式(5-18)

$$\tan\beta = \frac{I_z}{I_y}\tan\theta = \frac{2.43}{0.48}\tan 30° \quad , \quad \beta = 71.1° ◀$$

中立軸之位置，如(c)圖所示，最大彎曲應力發生在距中軸立最遠之 A 點與 B 點，其中 A 點爲最大拉應力，B 點爲最大壓應力。由公式(5-17)，$y_A = -45$mm，$z_A = 20$mm，得

$$\sigma_{\max} = \sigma_A = -\frac{M_z y_A}{I_z} + \frac{M_y z_A}{I_y}$$

$$= -\frac{(173.2\times 10^3)(-45)}{2.43\times 10^6} + \frac{(100\times 10^3)(20)}{0.48\times 10^6} = 7.37 \text{ MPa} ◀$$

例題 5-17

圖中 T 型斷面承受彎矩 $M = 13600$ in-lb，試求(a)中立軸與 z 軸之夾角β，(b)斷面之最大拉應力及最大壓應力。

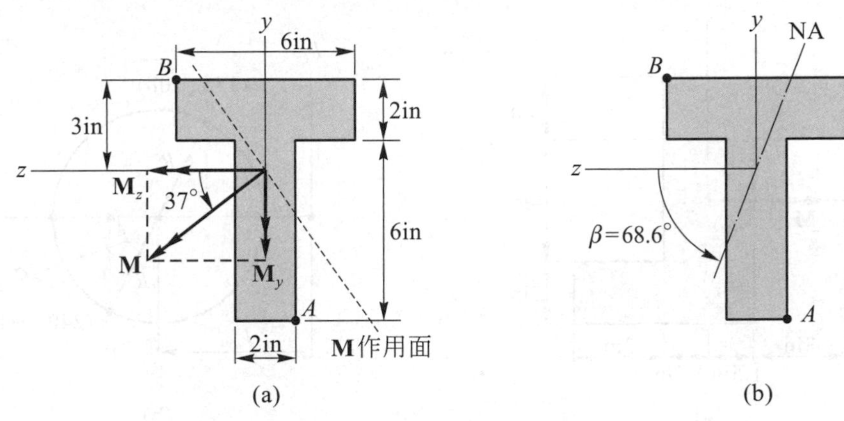

【解】(a) 因 y 軸為對稱軸，故 y 軸為主軸，與對稱軸垂直之 z 軸(通過形心)亦為主軸。z 軸(形心軸)與上緣之距離為 3in，與下緣之距離為 5in，主軸之慣性矩分別為 $I_y = 40\ \text{in}^4$，$I_z = 136\ \text{in}^4$(參考例題 5-3 之計算)。彎矩之主軸分量

$$M_y = -M\sin\theta = -13600\sin 37° = -8185 \text{ in-lb}$$

$$M_z = M\cos\theta = 13600\cos 37° = 10860 \text{ in-lb}$$

斷面之中立軸與 z 軸之夾角β，由公式(5-18)

$$\tan\beta = \frac{I_z}{I_y}\tan\theta = \frac{136}{40}\tan(-37°) \quad , \quad \beta = -68.6° \blacktriangleleft$$

中立軸位置，如(b)圖所示。

(b) 斷面之最大拉應力在 A 點($y_A = -5$in，$z_A = -1$in)，最大壓應力在 B 點($y_B = 3$in，$z_B = 3$ in)，由公式(5-17)

$$(\sigma_t)_{\max} = \sigma_A = -\frac{M_z y_A}{I_z} + \frac{M_y z_A}{I_y} = -\frac{(10860)(-5)}{136} + \frac{(-8185)(-1)}{40} = 604 \text{ psi} \blacktriangleleft$$

$$(\sigma_c)_{\max} = \sigma_B = -\frac{M_z y_B}{I_z} + \frac{M_y z_B}{I_y} = -\frac{(10860)(3)}{136} + \frac{(-8185)(3)}{40} = -853 \text{ psi} \blacktriangleleft$$

例題 5-18

圖中 Z 型斷面承受彎矩 $M = 300$ in-kip，斷面之慣性矩與慣性積分別為 $I_y = 135\ \text{in}^4$，$I_z = 240\ \text{in}^4$，$I_{yz} = 108\ \text{in}^4$，試求(a)斷面中立軸之位置，(b)斷面之最大拉應力與最大壓應力。

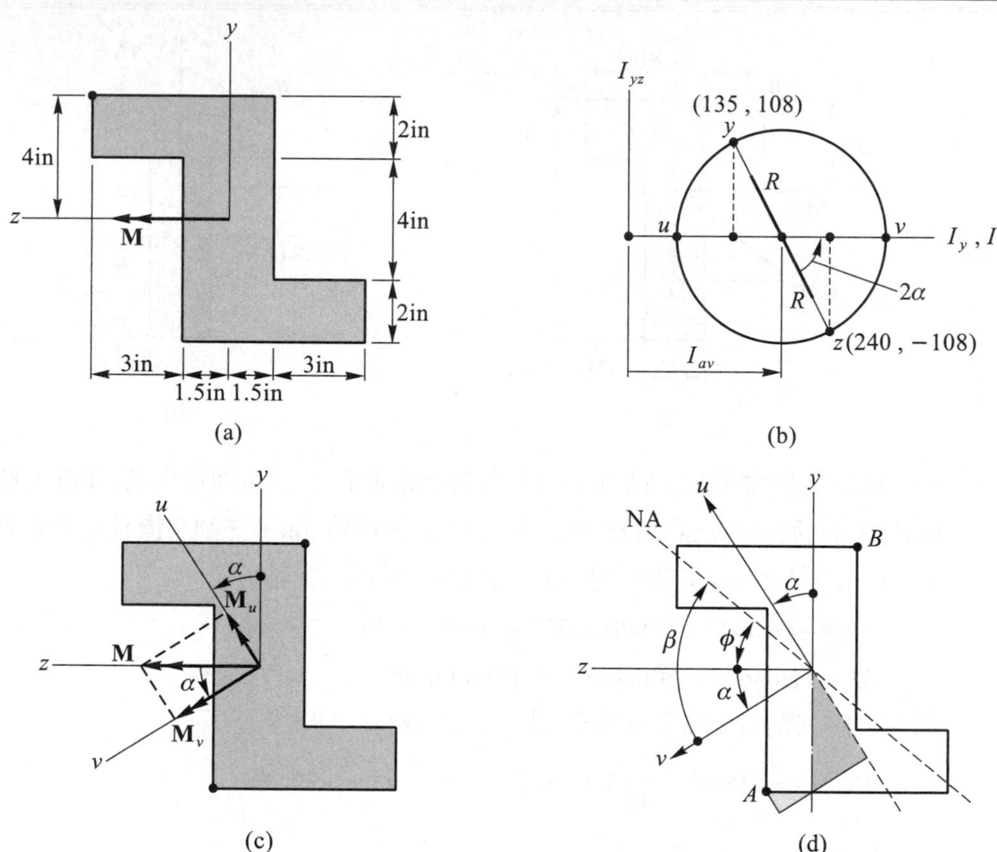

【解】(a) Z 型斷面無對稱軸，必須先求主軸之位置，參考(b)圖之莫耳圓

圓心：$I_{av} = \dfrac{1}{2}(I_y + I_z) = \dfrac{1}{2}(135+240) = 187.5\ \text{in}^4$

半徑：$R = \sqrt{\left(I_{av} - I_y\right)^2 + I_{yz}^2} = \sqrt{\left(187.5-135\right)^2 + 108^2} = 120\ \text{in}^4$

$$\tan 2\alpha = \frac{I_{yz}}{I_{av} - I_y} = \frac{108}{187.5-135} \quad , \quad \alpha = 32.0°$$

主軸之慣性矩

$$I_u = I_{av} - R = 67.5\ \text{in}^4 \quad , \quad I_v = I_{av} + R = 307.5\ \text{in}^4$$

主軸(u 軸及 v 軸)之位置，參考(c)圖所示。彎矩之主軸分量為

$$M_u = M\sin\alpha = 300\sin 32.0° = 159 \text{ in-kip}$$

$$M_v = M\cos\alpha = 300\cos 32.0° = 254 \text{ in-kip}$$

斷面中立軸之位置，由公式(5-18)

$$\tan\beta = \frac{I_v}{I_u}\tan\alpha = \frac{307.5}{67.5}\tan 32.0° \quad , \quad \beta = 70.6°$$

中立軸之位置，參考(d)圖所示，$\phi = \beta - \alpha = 70.6° - 32.0° = 38.6°$◄

(b) 斷面之最大拉應力在 A 點，最大壓應力在 B 點，兩者之大小相等，參考(d)圖(陰影面積)，A 點相對於主軸之坐標為

$$u_A = -(4\cos\alpha - 1.5\sin\alpha) = -2.60 \text{ in}$$

$$v_A = -(4\sin\alpha - 1.5\cos\alpha) = 3.39 \text{ in}$$

A 點之應力由公式(5-17)

$$(\sigma_t)_{\max} = \sigma_A = -\frac{M_v u_A}{I_v} + \frac{M_u v_A}{I_u}$$

$$= -\frac{(254\times10^3)(-2.60)}{307.5} + \frac{(159\times10^3)(3.39)}{67.5} = 10130 \text{ psi}$$◄

$$(\sigma_c)_{\max} = \sigma_B = -10130 \text{ psi}$$◄

習 題

5-53 圖中矩形斷面之梁承受彎矩 $M = 600$ lb-in，試求 A、B 及 D 三點之正交應力。

【答】$\sigma_A = 7.57$ ksi，$\sigma_B = -2.03$ ksi，$\sigma_D = -7.57$ ksi

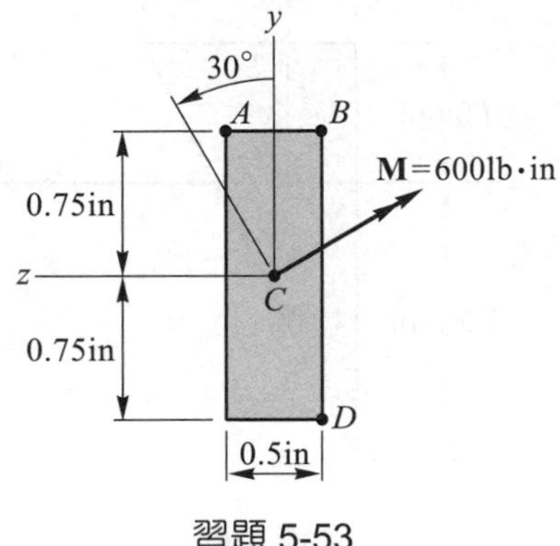

習題 5-53

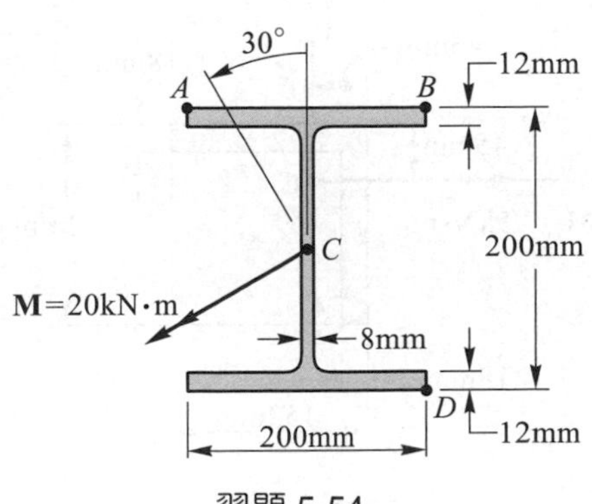

習題 5-54

5-54 圖中寬翼型(H 型)斷面之梁承受彎矩 $M = 20$ kN-m，試求 A、B 及 D 三點之正交應力。

【答】$\sigma_A = -100$ MPa，$\sigma_B = 24.9$ MPa，$\sigma_D = 100$ MPa

5-55 圖中 T 型斷面之梁承受彎矩 $M = 200$ kip-in，試求(a)A、B 兩點之正交應力，(b)中立軸與 z 軸之夾角。($I_y = 135\ \text{in}^4$，$I_z = 204\ \text{in}^4$)

【答】$\sigma_A = 5.04$ ksi，$\sigma_B = 0.48$ ksi，(b)28.8°

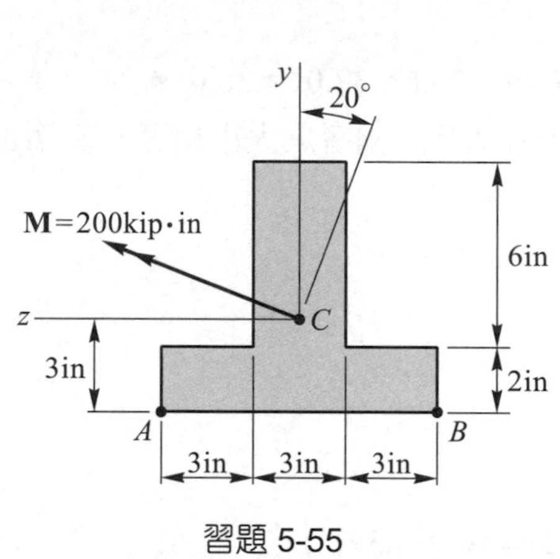

習題 5-55

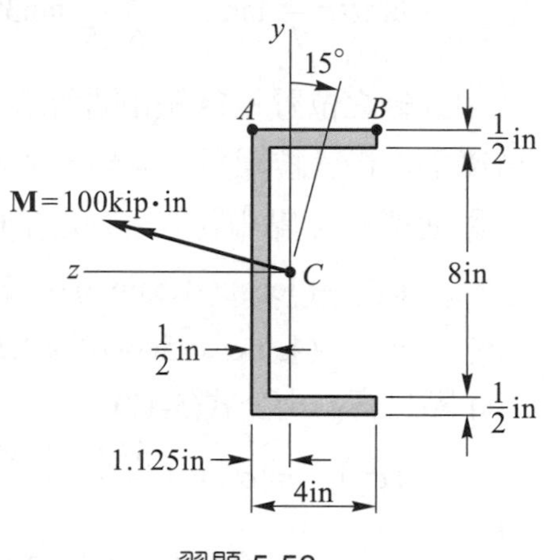

習題 5-56

5-56 圖中槽型斷面之梁承受彎矩 $M = 100$ kip-in，試求(a) A、B 兩點之正交應力，(b)中立軸與 z 軸之夾角。($I_y = 11.54\ \text{in}^4$，$I_z = 93.7\ \text{in}^4$)

【答】$\sigma_A = -2.12$ ksi，$\sigma_B = -11.09$ ksi，(b)65.3°

5-57 圖中 L 型斷面之梁承受彎矩 $M = 7.5$ kN-m，試求 A 點之正交應力。

($I_y = I_z = 11.09\times10^6\ \text{mm}^4$，$I_{yz} = -6.53\times10^6\ \text{mm}^4$)

【答】94.2 MPa

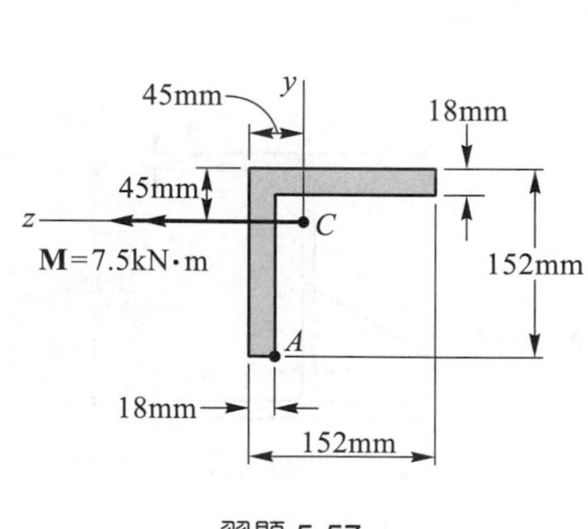

習題 5-57

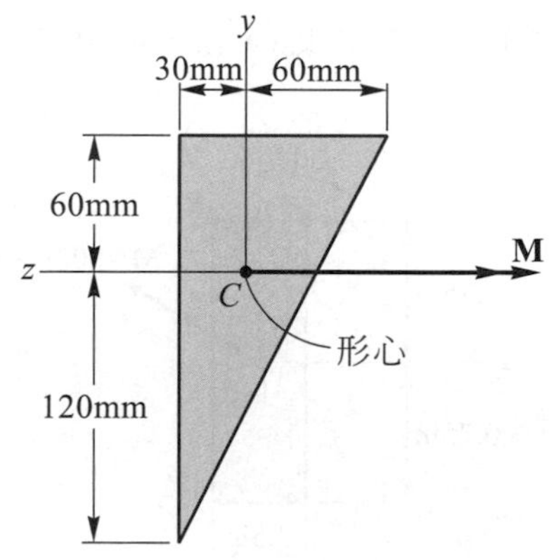

習題 5-58

5-58 圖中三角形斷面之梁承受彎矩 $M = 2$ kN-m，試求斷面之最大拉應力及最大壓應力。

【答】$(\sigma_t)_{max} = 16.4$ MPa，$(\sigma_c)_{max} = -16.4$ MPa

5-59 圖中斷面之梁承受彎矩 $M = 125$ kip-in，試求(a)A 點之正交應力，(b)中立軸之位置。

【答】(a)$\sigma_A = -2.32$ ksi，(b)36.87°(與 z 軸夾角)

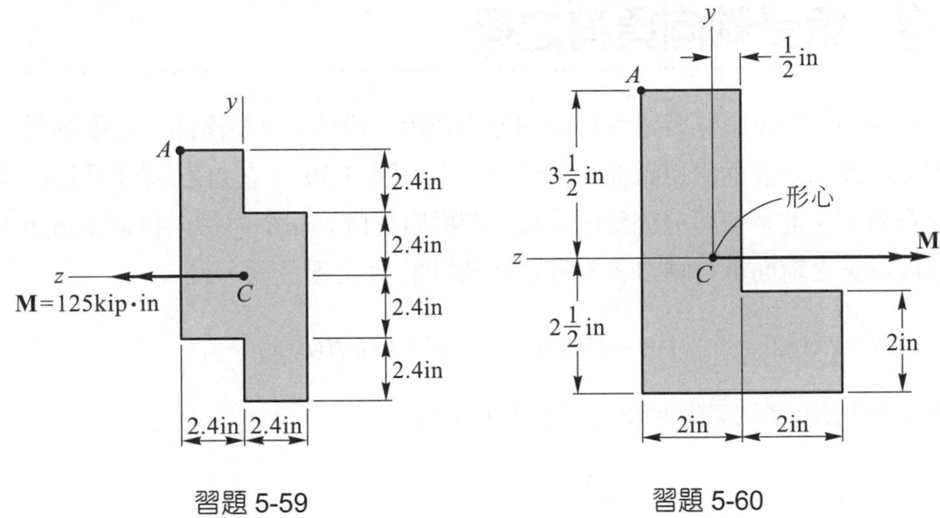

習題 5-59　　習題 5-60

5-60 圖中 L 型斷面之梁承受彎矩 $M = 50$ kip-in，試求(a)A 點之正交應力，(b)中立軸之位置，(c)最大拉應力及最大壓應力。

【答】(a)$\sigma_A = 3.00$ ksi，(b)34.7°(與 z 軸夾角)，(c)$(\sigma_t)_{max} = 4.68$ ksi，$(\sigma_c)_{max} = -4.31$ ksi

5-61 圖中 Z 型斷面之梁承受彎矩 $M = 1.2$ kN-m，試求 A 點之正交應力。

【答】$\sigma_A = -112.4$ MPa

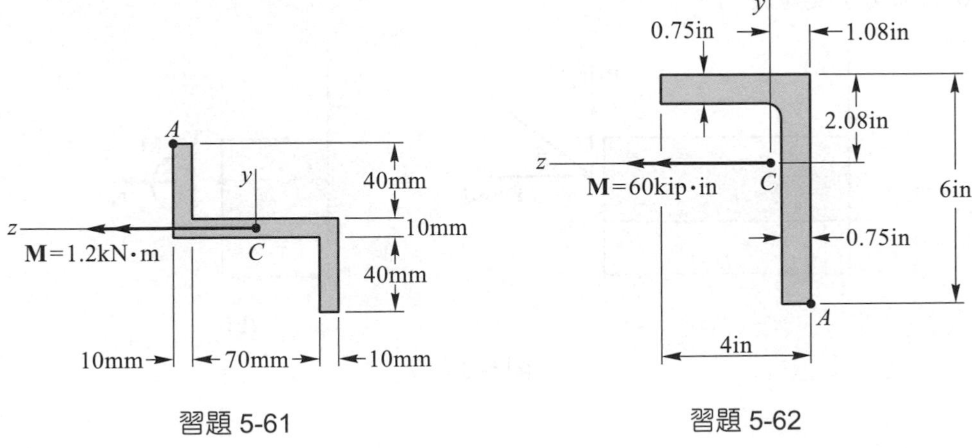

習題 5-61　　習題 5-62

5-62 圖中 L 型斷面之梁承受彎矩 $M = 60$ kip-in，試求 A 點之正交應力。
($I_y = 8.7$ in^4，$I_z = 24.5$ in^4，$I_{yz} = 8.3$ in^4)
【答】$\sigma_A = 10.46$ ksi

5-8 承受軸向負荷之梁

機器與結構物中常有同時承受彎矩與軸力作用之構件，只要構件不是很細長，可將彎曲應力與軸向應力重疊而求得斷面之合應力。參考圖 5-30 中在自由端斷面形心承受傾斜負荷 P 之懸臂梁，此負荷可分解爲兩分量，即橫向負荷 $P\sin\beta$ 與軸向負荷 $P\cos\beta$，而使梁內任一位置爲 x 之斷面承有軸力 N、剪力 V 及彎矩 M 三種負荷，且

$$N = P\cos\beta \quad , \quad V = -P\sin\beta \quad , \quad M = P\sin\beta\,(L-x)$$

其中軸力 N 與彎矩 M 均使斷面產生正交應力，且

$$\sigma_N = \frac{N}{A} \quad , \quad \sigma_M = -\frac{My}{I}$$

將兩者重疊，可得斷面正交應力爲

$$\sigma = \frac{N}{A} - \frac{My}{I} \tag{5-19}$$

式中取拉應力爲正壓應力爲負。注意，當彎矩爲正時，斷面上 $y > 0$ 之部份承受壓應力，而 $y < 0$ 之部份承受拉應力。

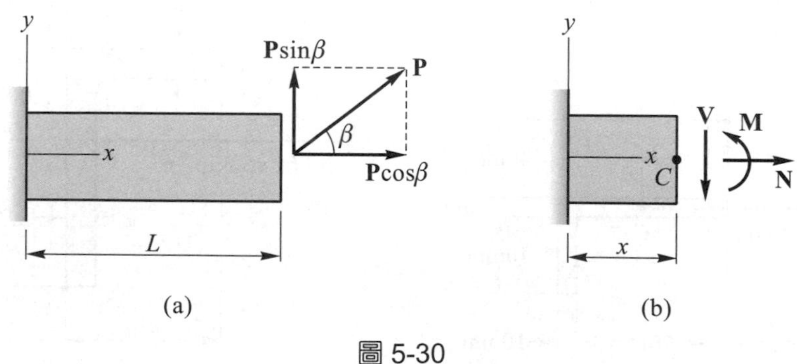

圖 5-30

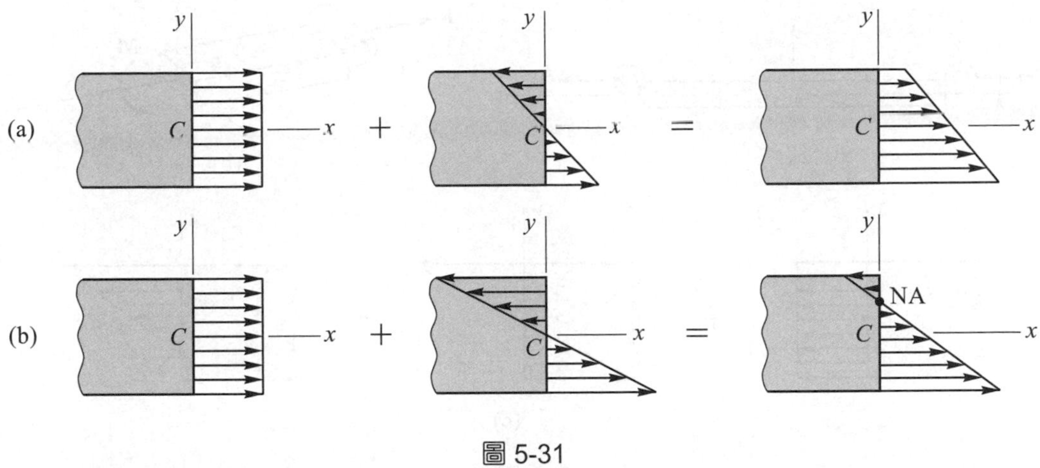

圖 5-31

合成後斷面正交應力之分佈視最大彎曲應力 Mc/I 與軸向應力 N/A 之相對大小而定。若上下緣之最大彎曲應力小於軸向應力，則整個斷面均爲拉應力，斷面上無中立軸存在，如圖 5-31(a)所示，對於圖 5-30 中之懸臂梁此種情形發生在較靠近自由端之斷面。若上下緣之最大彎曲應力大於軸向應力，則斷面之正交應力分佈如圖 5-31(b)圖所示，部份爲壓應力部份爲拉應力，但中立軸不會通過斷面之形心，對於圖 5-30 中之懸臂梁此種情形發生在較接近固定端之斷面。當上緣彎曲之最大壓應力恰等於軸向拉應力，則中立軸位置正好在斷面之上緣。

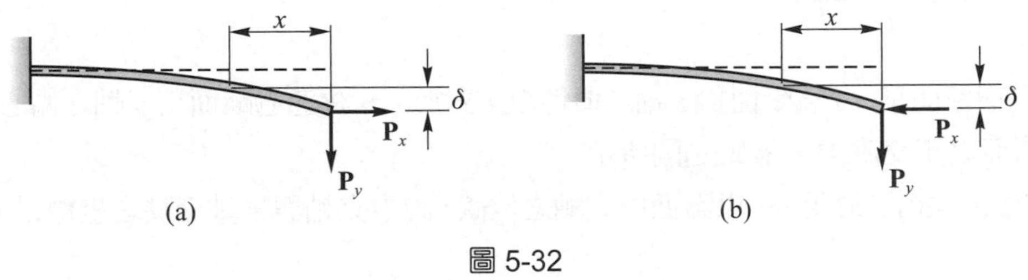

圖 5-32

由公式(5-19)所得之合應力並不甚準確，因橫向負荷將使梁產生撓度，而使軸力對梁內任一斷面產生副力矩(secondary moment)，參考圖 5-32(a)中同時承受軸向拉力與彎曲之梁，副力矩 $P_x\delta$ 將使梁內任一斷面之彎矩減小，並使撓度減小，此種情況公式(5-19)所得之結果與實際之誤差甚小，可忽略不計。但對於同時承受軸向壓力與彎曲之梁，如圖 5-32(b)所示，副力矩反而將使梁內任一斷面之力矩增大，撓度亦增加，使得公式(5-19)所得之結果與實際之誤差較大，除非梁之長度甚短，否則不可忽略副力矩所生之影響。

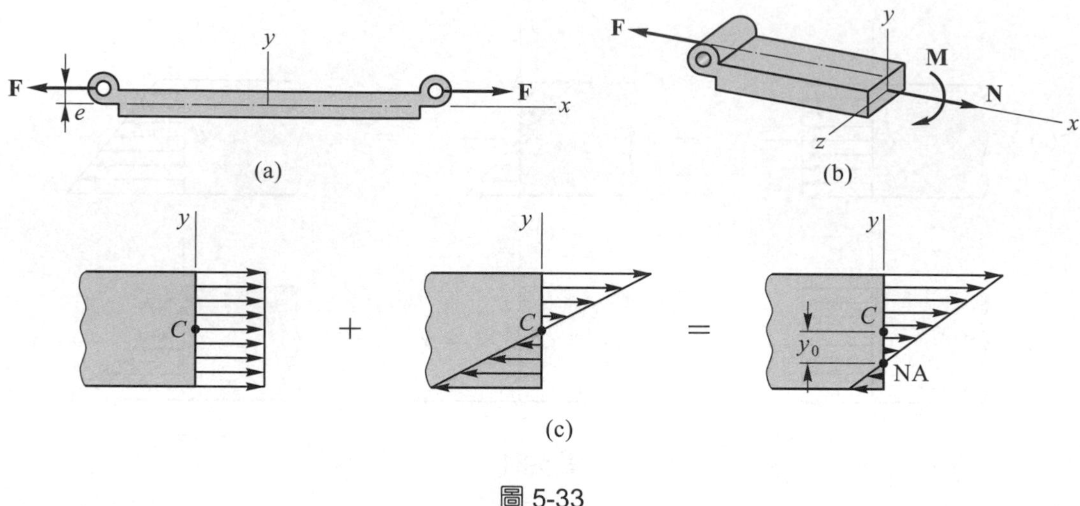

圖 5-33

■偏心軸向負荷

未通過斷面形心之軸力稱爲偏心軸向負荷(ecentric axial load)，參考圖 5-33 中之構件，偏心負荷 F 通過斷面主軸(y 軸)，此負荷與斷面形心之距離 e 稱爲偏心度(ecentricity)。偏心負荷 F 可分解爲斷面形心上之軸力 F 與對 z 軸(主軸)之彎矩 M，且彎矩 $M = -Fe$，則斷面上任一點之正交應力由公式(5-19)爲

$$\sigma = \frac{F}{A} + \frac{Fey}{I} \tag{5-20}$$

式中 A 爲橫斷面積，I 爲斷面對 z 軸之慣性矩。對於 $e > 0$(通過斷面正 y 軸之偏心負荷)之情形，斷面之正交應力分佈如(c)圖所示。

令公式(5-20)等於零，可得斷面中立軸之位置，設中立軸與 y 軸交點之坐標以 y_0 表示，則

$$y_0 = -\frac{I}{Ae} \tag{5-21}$$

式中負號表示當 $e > 0$，$y_0 < 0$，即中立軸位於 z 軸下方。若偏心度 e 漸減，則 y_0 距離漸增，即中立軸逐漸遠離形心，當 e 接近於零時，即軸力在形心上時，中立軸位於無窮遠處，斷面正交應力爲均勻分佈。相反，若偏心度 e 漸增，則 y_0 距離漸小，即中立軸逐漸靠近形心，當 e 甚大時，即偏心負荷在距離形心之無窮遠處，中立軸將通過形心，斷面之應力分佈與僅受受彎矩之情形相同。

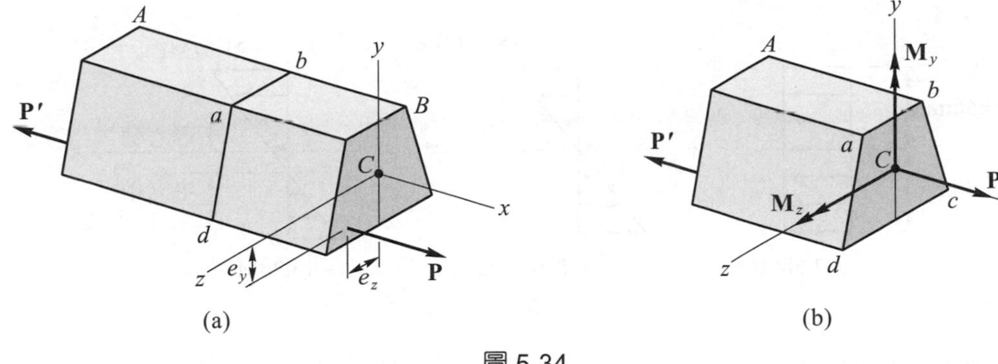

圖 5-34

若偏心軸向負荷不通過斷面之主軸，如圖 5-34 中之稜柱桿 *AB* 承受負荷 *P* 與 *P*′，其中 e_y 與 e_z 分別爲負荷之作用線與斷面主軸(*y* 軸與 *z* 軸)之偏心距離，此偏心負荷可分解爲通過斷面形心之中心軸力 *P* 及對兩主軸之彎矩 M_y 及 M_z，其中 $M_y = Pe_z$，$M_z = Pe_y$，參考圖 5-34(b)所示。三種負荷均使斷面產生正交應力，斷面上任一點之正交應力爲此三種負荷所生正交應力之和，即

$$\sigma = \frac{P}{A} - \frac{M_z y}{I_z} + \frac{M_y z}{I_y} \tag{5-22}$$

上式所得斷面之應力爲線性分佈，通常會有一直線上之正交應力爲零，此直線即爲斷面之中立軸，可令公式(5-22)中之$\sigma = 0$ 即可求得中立軸之直線方程式，有關之分析參考例題 5-21 之說明。

例題 5-19

試求圖中懸臂梁在固定端斷面之最大拉應力與最大壓應力，並求該斷面中立軸之位置。傾斜負荷 12000 N 作用在自由端斷面之形心。

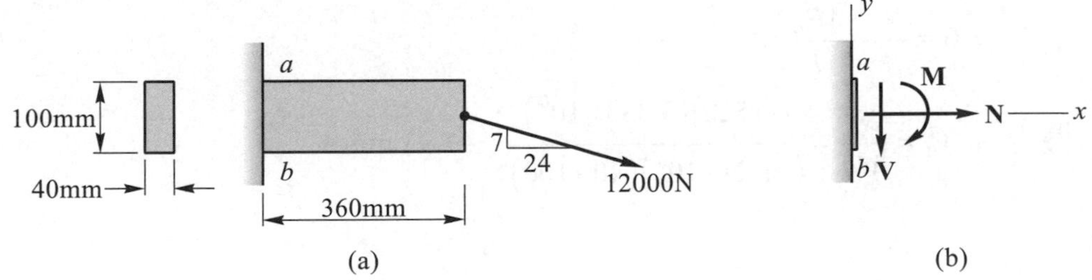

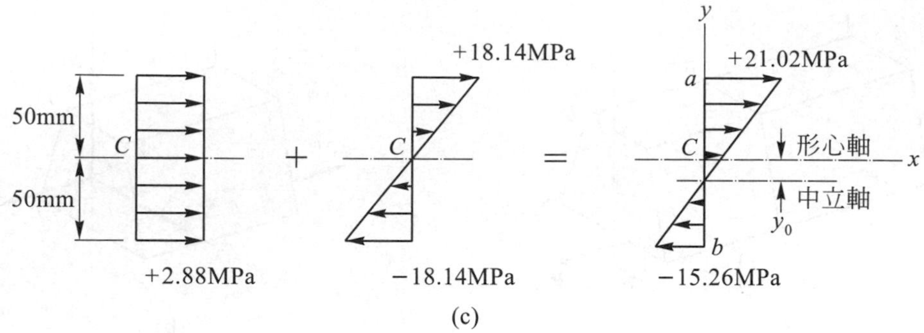

(c)

【解】固定端斷面所受之負荷包括軸力 N、剪力 V 及彎矩 M，參考(b)圖所示，且

$$N=\frac{24}{25}(12000)=11520\text{ N}$$

$$V=\frac{7}{25}(12000)=3360\text{ N}$$

$$M=-(\frac{7}{25}\times 12000)(360)=-1.21\times 10^{6}\text{ N-mm}$$

斷面之慣性矩(對通過形心 C 之 z 軸)

$$I=\frac{1}{12}(40)(100)^{3}=3.333\times 10^{6}\text{ mm}^{4}$$

斷面之最大拉應力在上緣(a 點)，$y_a=50\text{mm}$，由公式(5-19)

$$\sigma_a=\frac{N}{A}-\frac{My_a}{I}=\frac{11520}{40\times 100}-\frac{\left(-1.21\times 10^{6}\right)(50)}{3.333\times 10^{6}}$$

$$=2.88+18.14=21.02\text{ MPa}\blacktriangleleft$$

斷面之最大壓應力在下緣(b 點)，$y_b=-50\text{mm}$，由公式(5-19)

$$\sigma_b=\frac{N}{A}-\frac{My_b}{I}=2.88-18.14=-15.26\text{ MPa}\blacktriangleleft$$

斷面之應力分佈如(c)圖所示。

設斷面之中立軸位置以坐標 y_0 表示，由公式(5-19)，令 $\sigma=0$，則

$$0=\frac{N}{A}-\frac{My_0}{I}$$

得 $$y_0=\frac{NI}{MA}=\frac{(11520)\left(3.333\times 10^{6}\right)}{\left(-1.21\times 10^{6}\right)(40\times 100)}=-7.93\text{ mm}\blacktriangleleft$$

例題 5-20

圖中 C 型夾對物體之夾緊力 $P = 2.5$ kN，試求在 A-A 斷面上之最大拉應力及最大壓應力，並求斷面中立軸之位置。

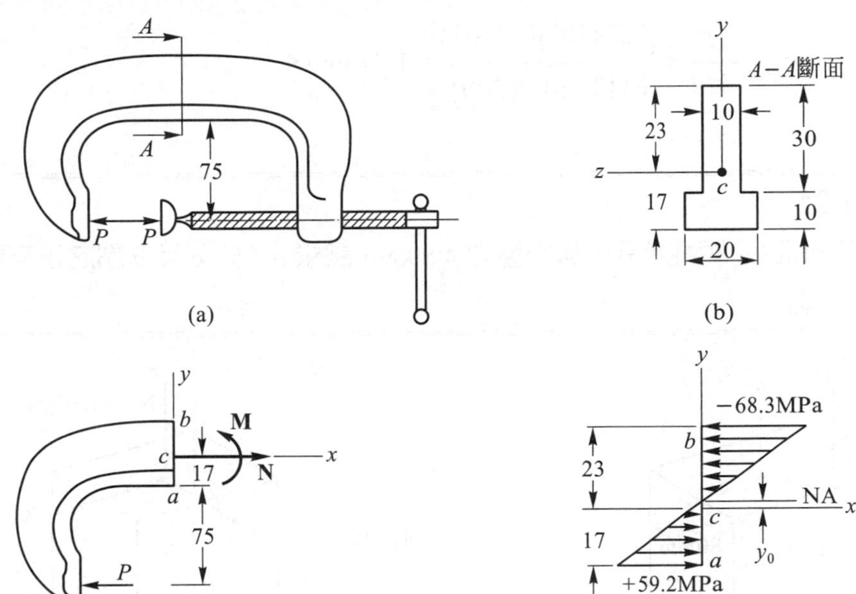

【解】A-A 斷面(T 型斷面)之斷面積為

$$A = (20\times10)+(10\times30) = 500 \text{ mm}^2$$

設斷面形心 C 至下緣之距離為 $\bar{y}$，則

$$\bar{y} = \frac{(10\times30)(25)+(20\times10)(5)}{500} = 17 \text{ mm}$$

斷面之形心位置，如圖(b)所示。斷面對 z 軸(通過形心 C)之慣性矩

$$I = \frac{1}{3}(10)(23)^3+\frac{1}{3}(20)(17)^3-\frac{1}{3}(20-10)(7)^3 = 72167\text{mm}^4$$

A-A 斷面之負荷包括軸力 $N = 2.5$kN 及彎矩 $M = (2.5)(75+17) = 230$ kN-mm，如(c)圖所示，

最大拉應力在斷面下緣(a 點)，$y_a = -17$mm，由公式(5-19)

$$\sigma_a = \frac{N}{A}-\frac{My_a}{I} = \frac{2.5\times10^3}{500}-\frac{(230\times10^3)(-17)}{72167} = 5.0 +54.2 = 59.2 \text{ MPa}◀$$

最大壓應力在斷面上緣(b 點)，$y_b = 23\text{mm}$，由公式(5-19)

$$\sigma_b = \frac{N}{A} - \frac{My_b}{I} = \frac{2.5\times10^3}{500} - \frac{\left(230\times10^3\right)(23)}{72167} = 5.0 - 73.3 = -68.3\ \text{MPa} ◀$$

斷面之應力分佈如(d)圖所示。設斷面之中立軸位置以 y_0 坐標表示，由公式(5-19)，令$\sigma = 0$

得 $$y_0 = \frac{NI}{MA} = \frac{\left(2.5\times10^3\right)(72167)}{\left(230\times10^3\right)(500)} = 1.57\ \text{mm} ◀$$

例題 5-21

圖中矩形斷面之短柱承受一偏心壓力 4.8 kN，試求 a、b、c 及 d 點之正交應力並求斷面中立軸之位置。

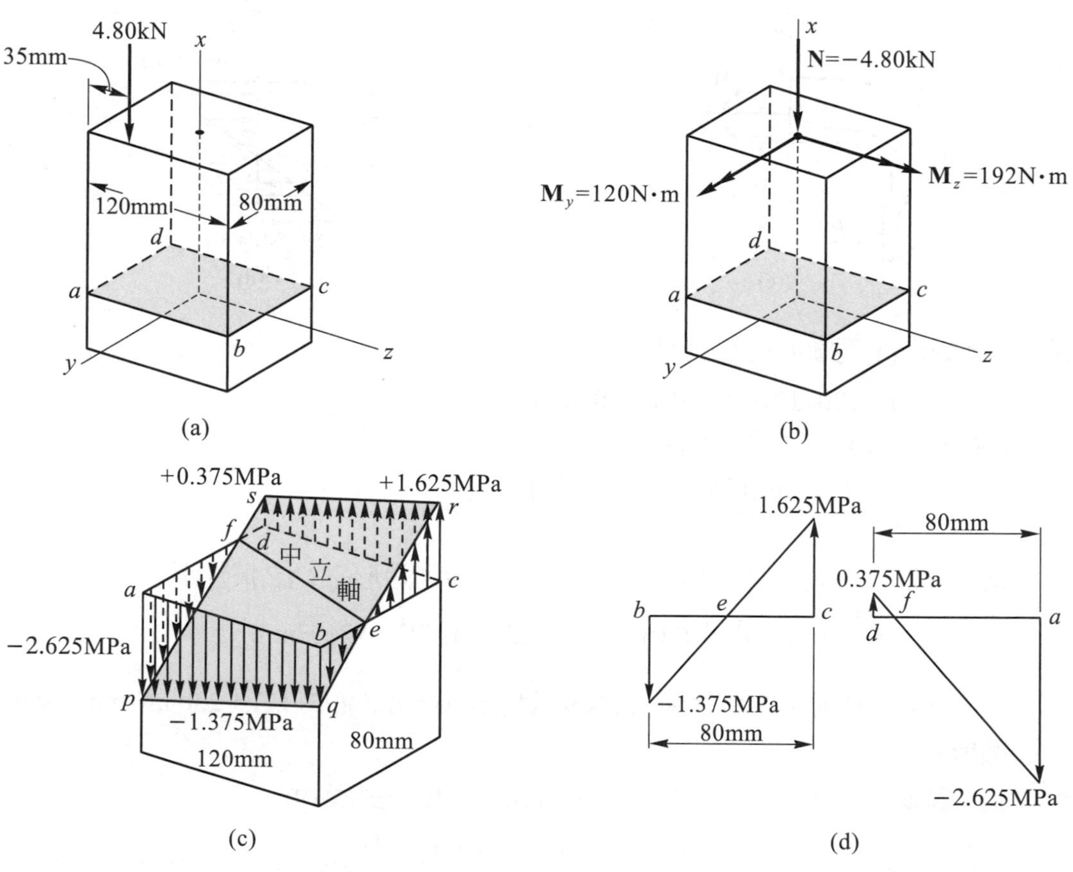

【解】偏心負荷可分解爲斷面之中心負荷 N 及對主軸之彎矩 M_y 與 M_z，且

$$N = -4.8\ \text{kN}$$

$$M_y = (4.8)(60-35) = 120\ \text{kN-mm}$$

$$M_z = (4.8)(40) = 192\ \text{kN-mm}$$

斷面之面積及主軸之慣性矩分別爲

$$A = (120)(80) = 9600\ \text{mm}^2$$

$$I_y = \frac{1}{12}(80)(120)^3 = 11.52\times10^6\text{mm}^4$$

$$I_z = \frac{1}{12}(120)(80)^3 = 5.12\times10^6\text{mm}^4$$

a、b、c 及 d 各點之坐標分別爲 $a(y_a = 40，z_a = -60)$，$b(y_b = 40，z_b = 60)$，$c(y_c = -40，z_c = 60)$，$d(y_d = -40，z_d = -60)$，由公式(5-22)可得四點之應力

$$\sigma_a = \frac{N}{A} - \frac{M_z y_a}{I_z} + \frac{M_y z_a}{I_y} = \frac{-4800}{9600} - \frac{(192\times10^3)(40)}{5.12\times10^6} + \frac{(120\times10^3)(-60)}{11.52\times10^6}$$

$$= -0.5 - 1.5 - 0.625 = -2.625\ \text{MPa} ◀$$

同理 $\sigma_b = -0.5 - 1.5 + 0.625 = -1.375\ \text{MPa}$ ◀

$\sigma_c = -0.5 + 1.5 + 0.625 = -1.625\ \text{MPa}$ ◀

$\sigma_d = -0.5 + 1.5 - 0.625 = 0.375\ \text{MPa}$ ◀

將 a、b、c、d 四點之正交應力繪於橫斷面上，如(c)圖所示，可得斷面之應力分佈爲一傾斜平面 $pqrs$，此平面與橫斷面之交線 ef 即爲斷面之中立軸，e、f 兩點之位置可由相似三角形求得，參考(d)圖所示

$$\frac{be}{1.375} = \frac{80 - be}{1.625}\quad，\quad be = 36.7\ \text{mm} ◀$$

$$\frac{af}{2.625} = \frac{80 - af}{0.375}\quad，\quad af = 70\ \text{mm} ◀$$

習題

5-63 圖中寬翼型(W 型或 H 型)斷面之簡支梁同時承受均佈負荷 60 kN/m 及軸向拉力 300 kN，試求危險斷面之最大拉應力、最大壓應力及該斷面之中立軸位置。

【答】132.9 MPa，–71.1 MPa，87 mm(距上緣)

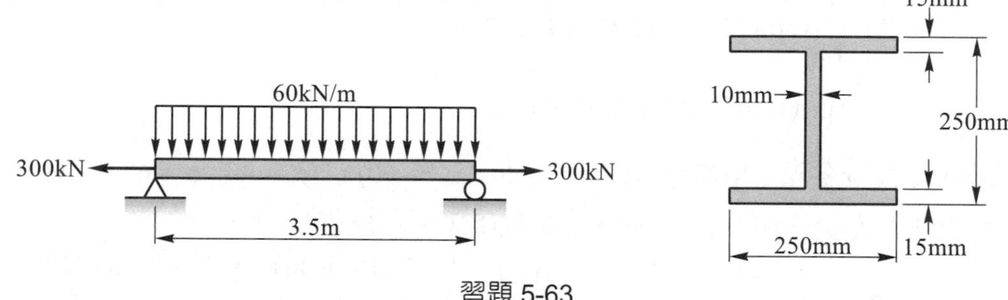

習題 5-63

5-64 圖中構件之厚度為 50mm，中間部份有一 40mm 寬之缺口，試求在負荷 P = 40kN 作用下 m-n 斷面之最大拉應力及最大壓應力，並求該斷面之中立軸位置。

【答】80 MPa，–40 MPa，13.3 mm(距上緣)

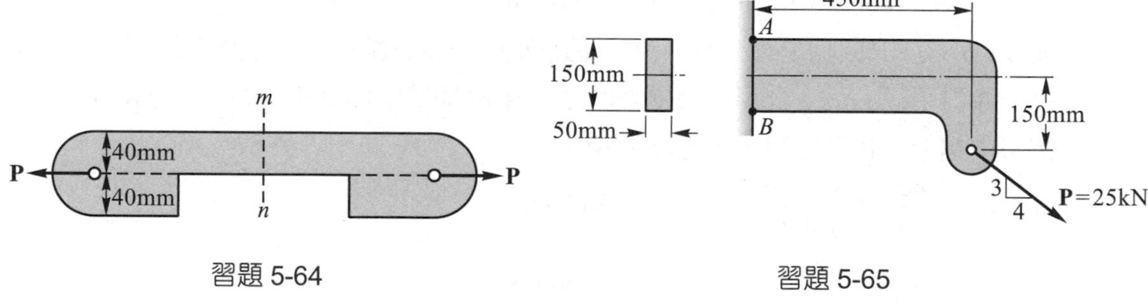

習題 5-64　　習題 5-65

5-65 試求圖中懸臂梁在 A、B 兩點之正交應力。

【答】$\sigma_A = 22.7$ MPa，$\sigma_B = -17.3$ MPa

5-66 圖中鋼管承受兩壓力作用，已知鋼管之外徑為 8in，內徑為 7in，容許之最大壓應力為 15 ksi，試求 P 之容許值。

【答】43.0 kips

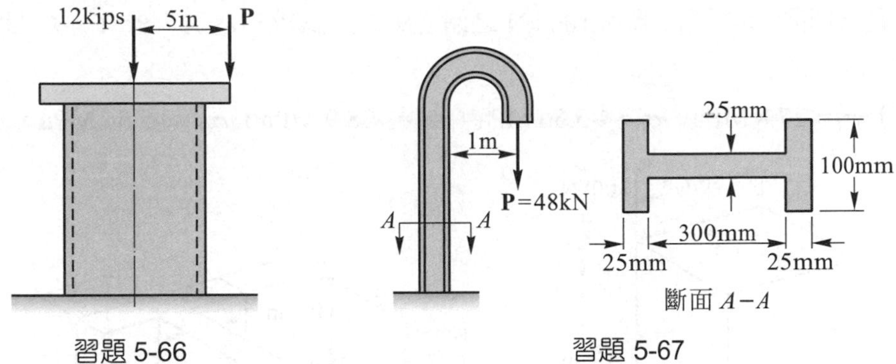

習題 5-66　　　　習題 5-67

5-67 試求圖中構件在 $A-A$ 斷面之最大拉應力及最大壓應力，並求中立軸之位置。

【答】48.5 MPa，–56.2 MPa，162 mm(距左邊)

5-68 圖中 C 型夾鎖緊時之壓力為 $P = 75$ lb，試求 $a-a$ 斷面之(a)最大拉應力與最大壓應力，(b)中立軸之位置。

【答】(a)6.17 ksi，–7.87 ksi，(b)0.352 in(距上緣)

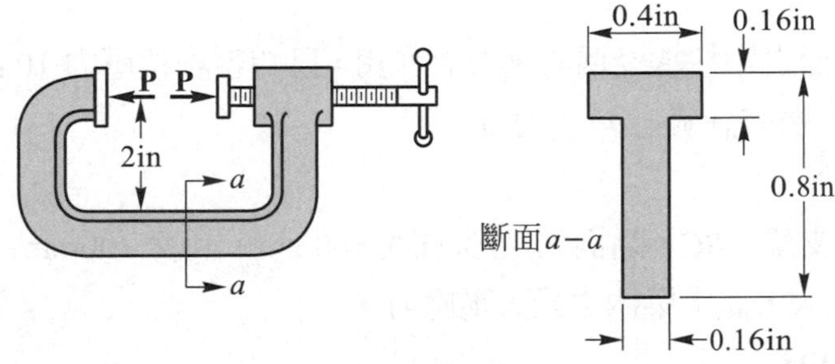

習題 5-68

5-69 T 型斷面之鑄鐵製連桿承受偏心負荷 P，如圖所示，若鑄鐵之容許拉應力為 30 MPa，容許壓應力為 120 MPa，試求連桿所能承受之最大負荷 P。

【答】77.0 kN

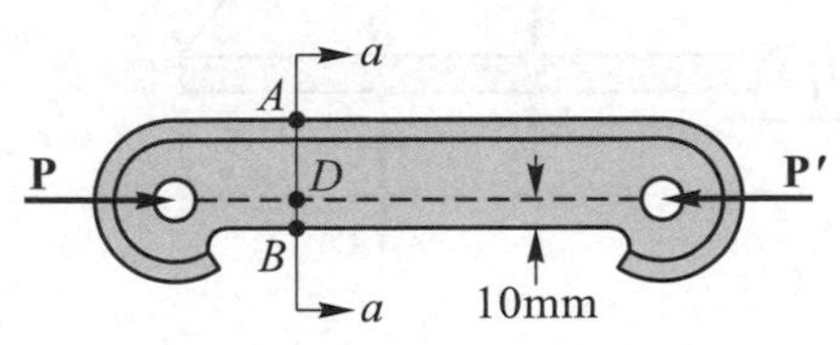

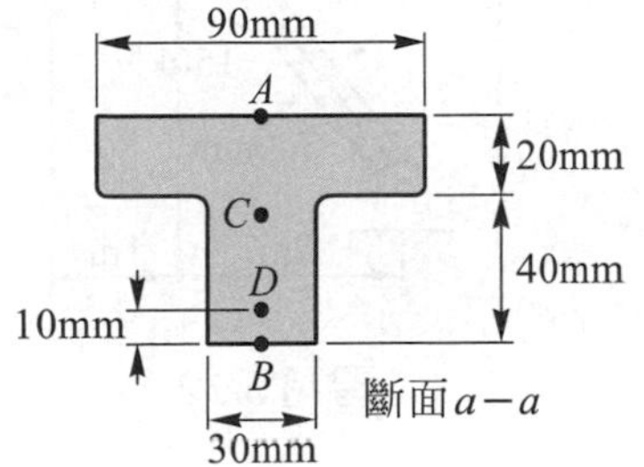

習題 5-69

5-70 圖中長方形斷面之短柱承受 100 kN 之偏心壓力，試求角落 A、B、C、D 四點之正交應力。

【答】$\sigma_A = 27.8$ MPa，$\sigma_B = -5.56$ MPa，$\sigma_C = -38.9$ MPa，$\sigma_D = -5.56$ MPa，

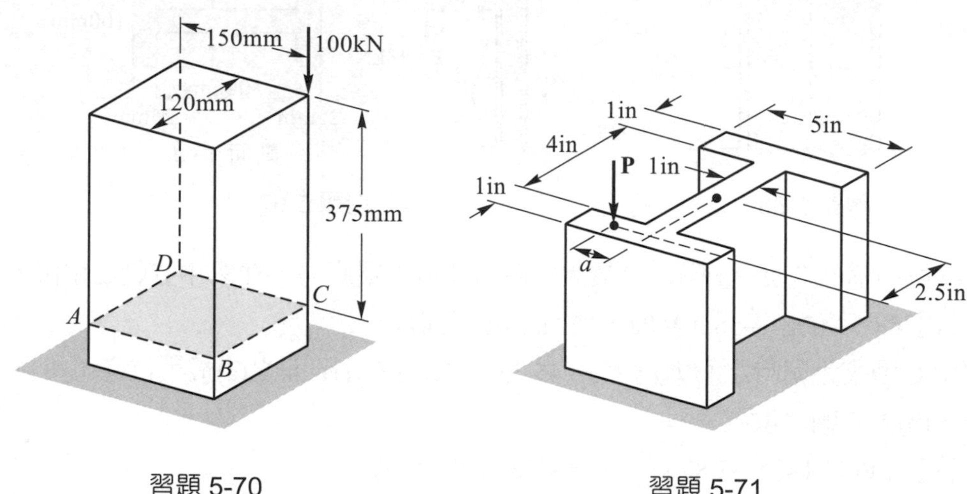

習題 5-70

習題 5-71

5-71 圖中寬翼型斷面之短柱承受偏心壓力 P 作用，已知容許拉應力 10 ksi，容許壓應力為 18 ksi，試求 P 之容許值。$a = 1.25$ in。

【答】53.9 kips

5-72 圖中傾斜之簡支梁 ABC，斷面為矩形(寬度 100mm，高度 300mm)，在 B 點承受一向下之負荷 150 kN，試求梁內之最大壓應力。

【答】-70.7 MPa

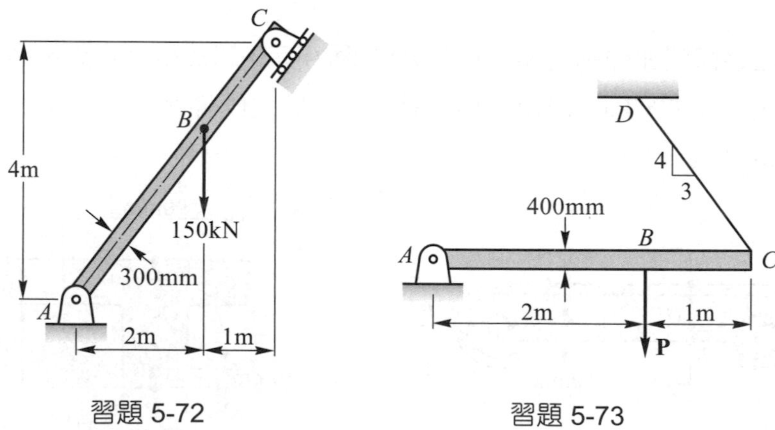

習題 5-72

習題 5-73

5-73 圖中長方形斷面(寬度 100 mm，高度 400 mm)之梁 *ABC*，在 *A* 端爲鉸支承，*C* 端以繩索支持，已知梁之容許正交應力爲 120 MPa，試求負荷 *P* 之容許值。

【答】457 kN

CHAPTER

6

梁內應力(二)

6-1 薄壁斷面梁內之剪應力

梁在縱向對稱面上承受有剪力時，由公式(5-12)$\tau = VQ/Ib$，可求得梁內任一縱斷面上之平均剪應力，本節將用類似的公式，分析薄壁斷面之梁在任意縱斷面上之剪應力，以及斷面上之剪應力分佈，如寬翼型、箱型、槽型及薄壁圓環等斷面。此處所稱之薄壁(thin walls)是指薄壁斷面之厚度甚小於斷面之寬度或高度，因此在厚度方向之剪應力可視為均勻分佈。

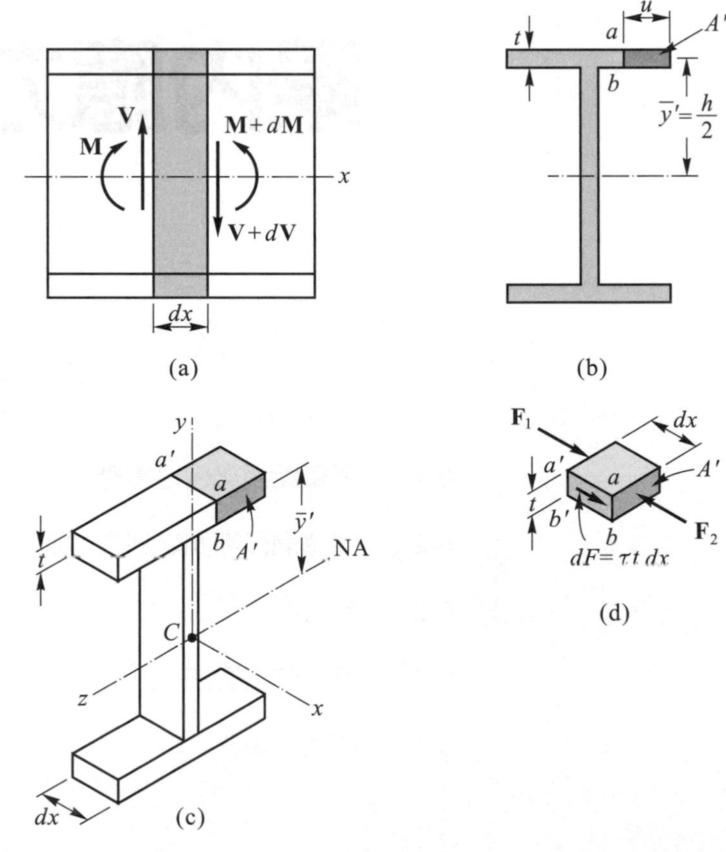

圖 6-1

考慮一寬翼型(W 型或 H 型)斷面之梁，設在其縱向對稱面(xy 平面)上承受有橫向負荷，圖 6-1(a)中所示為梁內任一段微小長度 dx 之自由體圖，兩側斷面之彎矩分別為 M 與 $M+dM$。今再考慮上翼板距自由端為 u 處之縱向垂直面($aa'b'b$ 平面)，並切取此段長度為 u

之自由體圖，如(d)圖所示，其中 F_1 與 F_2 爲兩側斷面之彎矩在 A'面積($A' = ut$)上所生彎曲應力之合力，且

$$|F_1| = \left| \int_{A'} \left(-\frac{My}{I} \right) dA \right| = \frac{M}{I} \int_{A'} y dA = \frac{MQ}{I}$$

$$|F_2| = \left| \int_{A'} -\frac{(M + dM) y}{I} dA \right| = \frac{(M + dM)}{I} \int_{A'} y dA = \frac{(M + dM) Q}{I}$$

其中 Q 爲 A'面積(橫斷面上 ab 以外之面積)對中立軸之一次矩，I 爲橫斷面積對其中立軸之慣性矩。由(d)圖中 x 方向之平衡，可知在垂直縱斷面($aa'b'b$ 平面)必存在有縱向剪力 dF，且 $dF = \tau\, t dx$，則由平衡方程式，$dF = |F_2| - |F_1|$

$$\tau\, t dx = \frac{(M + dM) Q}{I} - \frac{MQ}{I} = \frac{dMQ}{I}$$

得 $$\tau = \frac{VQ}{It} \tag{6-1}$$

其中 $V = dM/dx$，且 t 爲求剪應力處之厚度。由於剪應力必同時存在於互相垂直的兩個平面上，故橫斷面在翼板上亦有大小相等之水平剪應力，如圖 6-2 所示。至於下翼板與上翼板對應之位置，由於面積 A'對中立軸之一次矩爲負，故其水平剪應力之方向與上翼板相反。

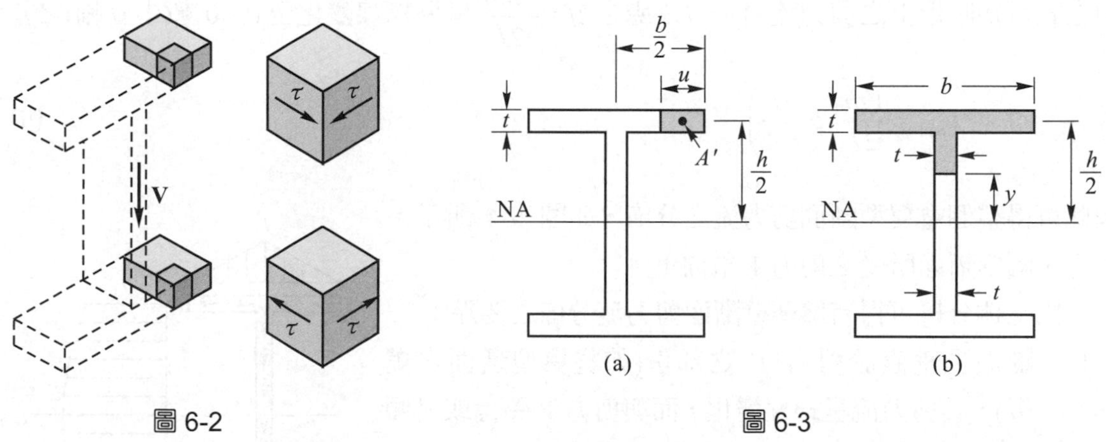

圖 6-2　　圖 6-3

對於薄壁斷面，用剪力流(shear flow)表示斷面上剪應力之分佈較爲方便。剪力流 f 爲單位長度之剪力，而剪應力爲單位面積之剪力，兩者之關係爲 $f = \tau t$，因此薄壁斷面上剪力流之計算公式爲

$$f = \frac{VQ}{I} \tag{6-2}$$

利用公式(6-2)可分析寬翼型斷面(W 型斷面)在翼板上之剪力流分佈，參考圖 6-3(a)，考慮上翼板距自由端爲 u 處之剪力流 f，首先求面積 A'對中立軸之一次矩

$$Q = A'\bar{y}' = (ut)\left(\frac{h}{2}\right) = \frac{th}{2}u$$

得 $$f = \frac{V}{I}\left(\frac{th}{2}\right)u \tag{a}$$

上式顯示 f 與 u 成正比，即翼板上之剪力流由自由端爲零以直線關係變化至中間達最大值爲 f_1，且

$$f_1 = \frac{V}{I}\left(\frac{th}{2}\right)\left(\frac{b}{2}\right) = \left(\frac{Vthb}{4I}\right) \tag{b}$$

至於在腹板上之剪力流，參考圖 6-3(b)，先求一次矩

$$Q = (bt)\left(\frac{h}{2}\right) + t\left(\frac{h}{2} - y\right)\left[y + \frac{1}{2}\left(\frac{h}{2} - y\right)\right] = \frac{t}{2}\left[bh + \left(\frac{h^2}{4} - y^2\right)\right]$$

$$f = \frac{Vt}{2I}\left[bh + \left(\frac{h^2}{4} - y^2\right)\right] \tag{c}$$

由上式可知腹板上之剪力流由 $y = h/2$ 處之 $2f_1 = \dfrac{Vthb}{2I}$ 呈拋物線變化至 $y = 0$ 處(中立軸)之 $f_{\max}$

且 $$f_{\max} = \frac{Vth}{2I}\left(b + \frac{h}{4}\right) \tag{d}$$

因此可得整個寬翼型斷面剪力流之分佈，如圖 6-4 所示。注意，圖中斷面所受之剪力 V 爲向下。

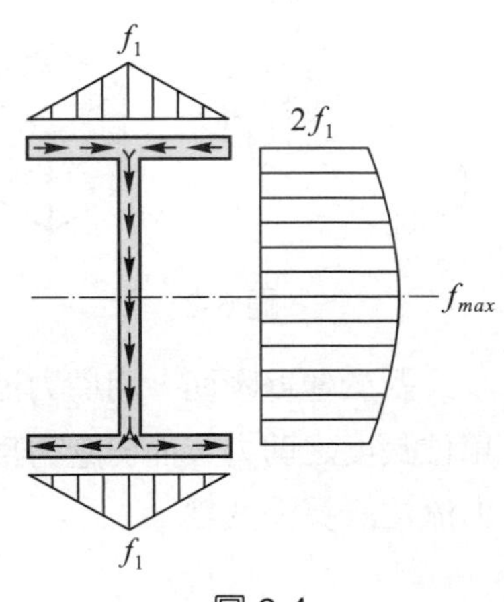

圖 6-4

由上述分析可得有關薄壁斷面剪力流分佈之要點：

1. 斷面上垂直於剪力 V 之部份(如寬翼型斷面之翼板)，其剪力流呈線性變化，而與剪力 V 平行或呈傾斜之部份，其剪力流則呈拋物線之變化。
2. 剪力流之方向與該處厚度之方向垂直，亦即與該處之邊緣平行或相切。
3. 剪力流之方向似乎是使剪力 V 沿整個斷面流動，例如寬翼型斷面承受向下剪力時，剪力流由上翼板之

自由端向內流動，在腹板上緣結合後向下流動，然後在腹板下緣分流，朝下翼板之自由端向外流動。

圖 6-5 中所示爲一些薄壁斷面在對稱軸上承受向下剪力時，斷面上剪力流之分佈情形。注意斷面上所有剪力流在垂直方向之合力會等於斷面所受之剪力，而水平方向之合力爲零。

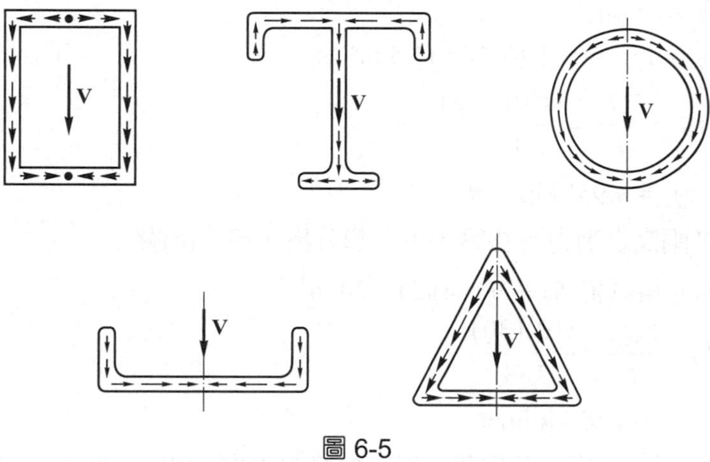

圖 6-5

例題 6-1

試求圖中箱型斷面在 B、D 兩點之剪力流。$V = 10$ kip。

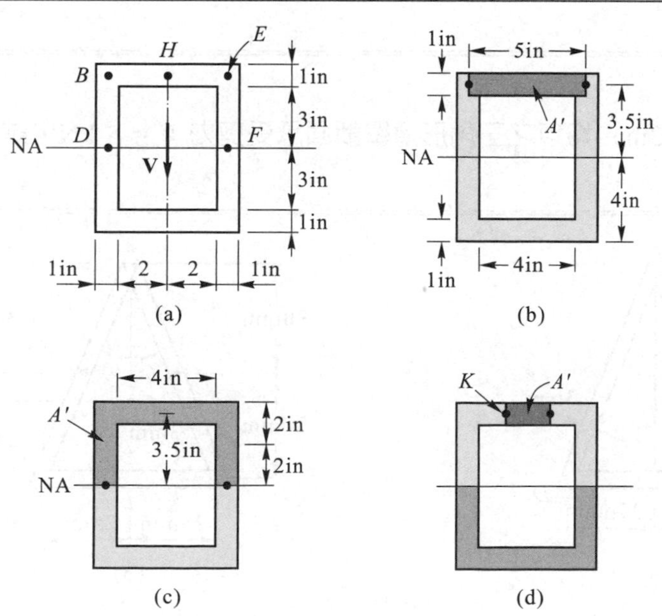

【解】斷面對中立軸之慣性矩

$$I = \frac{1}{12}(6)(8)^3 - \frac{1}{12}(4)(6)^3 = 184 \text{ in}^4$$

由於斷面左右對稱，且剪力 V 作用在垂直對稱軸上，則 B、E 兩點之剪力流相等($f_B = f_E$)，故該兩點之剪力流可一起考慮。計算剪力流 f_B 與 f_E 之一次矩 Q_B 所用之面積 A'如(b)圖所示，因此

$$Q_B = A'\bar{y}' = (5\times1)(3.5) = 17.5 \text{ in}^3$$

$$2f_B = \frac{VQ_B}{I} = \frac{(10)(17.5)}{184}$$

得　$f_B = f_E = 0.951$ kip/in◀

同樣 D、F 兩點之剪力流相等，可一起分析，參考(c)圖

$$Q_D = (4\times1)(3.5) + 2(1\times4)(2) = 30 \text{ in}^3$$

$$2f_D = \frac{VQ_D}{I} = \frac{(10)(30)}{184}$$

得　$f_D = f_F = 1.63$ kip/in◀

【註】若斷面在上橫板考慮剪力流之點移向中央，如(d)圖中之 K 點，因面積 A'變小，Q 隨著變小，故該點之剪力流亦變小。至於中點 H 之剪力流，因其 $A' = 0$，則 $Q_H = 0$，得 $f_H = 0$。因此，上橫板 B 至 H 之剪力流由 f_B 呈直線變化至 $f_H = 0$。

例題 6-2

圖中厚度(t = 3mm)均勻之三角形薄壁斷面承受剪力 V = 5 kN，試求斷面之最大剪應力。

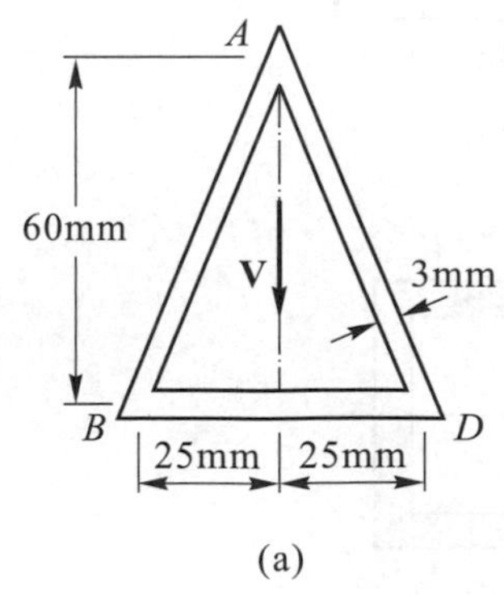

(a)

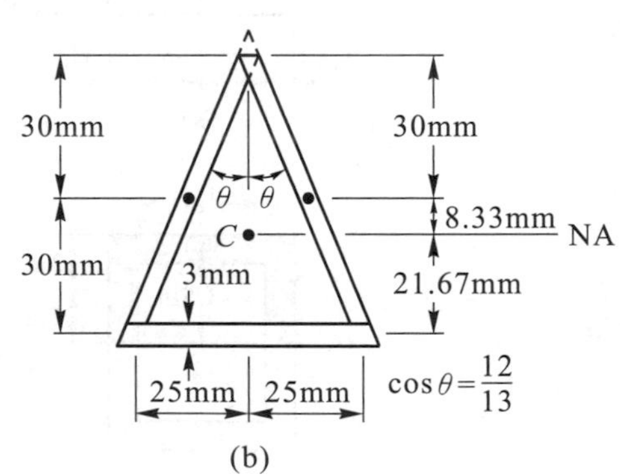

(b)

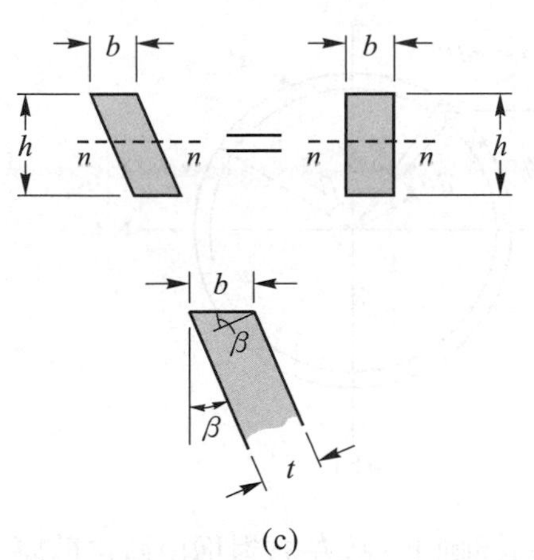

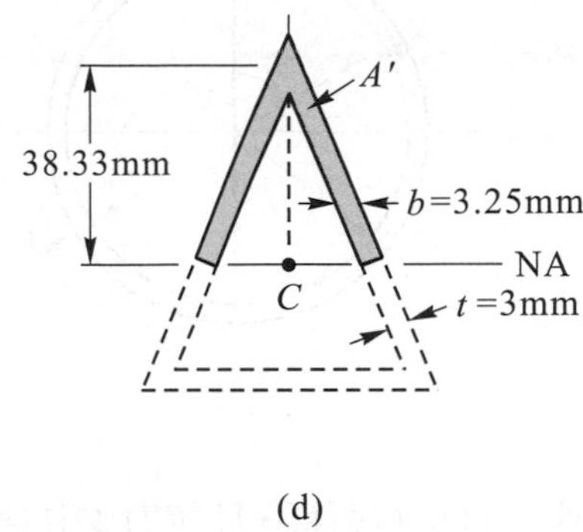

(c) (d)

【解】設形心至底邊中線之距離爲 $\bar{y}$，由圖知 $AB = AD = 65\text{mm}$，則

$$\bar{y} = \frac{2(65)(30)}{2(65)+50} = 21.67 \text{ mm}$$

兩側斜邊可視爲平行四邊形，參考(c)圖，其慣性矩 $I_{nn} = bh^3/12$，其中 $b = t/\cos\beta$。(a)圖中兩側斜邊之水平寬度 $b = t/\cos\theta = 3/(12/13) = 3.25\text{mm}$，故斷面對中立軸之慣性矩爲

$$I = 2\left[\frac{1}{12}(3.25)(60)^3 + (3.25\times 60)(8.33)^2\right] + \left[\frac{1}{12}(50)(3)^3 + (50\times 3)(21.67)^2\right]$$

$$= 0.2146\times 10^6 \text{mm}^4$$

因厚度均匀，故斷面之最大剪應力發生在中立軸處，參考(d)圖

$$Q = 2\left[(3.25\times 38.33)\left(\frac{38.33}{2}\right)\right] = 4775\text{mm}^3$$

故 $$\tau_{max} = \frac{VQ}{I(2t)} = \frac{(5\times 10^3)(4775)}{(0.2146\times 10^6)(2\times 3)} = 18.54 \text{ MPa}$$◀

【註】頂點 A 之剪應力 $\tau_A = 0$，因該處之 $A' = 0$，$Q = 0$。

例題 6-3

試求圖中厚度均匀之薄壁圓形斷面在 β 角位置之剪應力，並求斷面之最大剪應力。

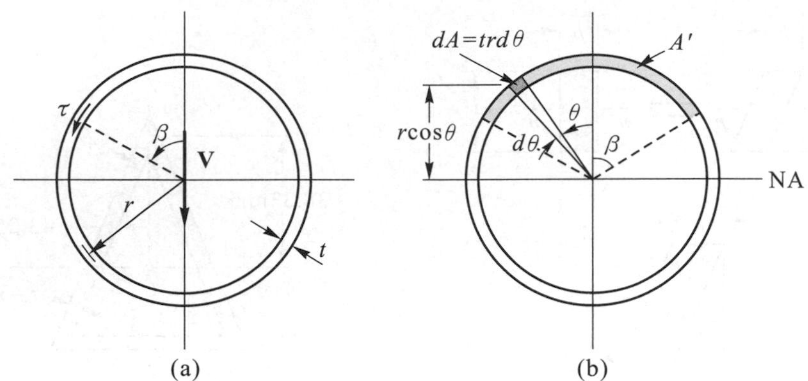

(a) (b)

【解】由於斷面左右對稱，且剪力 V 作用在垂直對稱軸上，故左右對稱位置之剪應力相等，兩者可一起考慮，參考(b)圖所示。首先求 A' 面積對中立軸之一次矩

$$Q = 2\int_0^{\beta} ydA = 2\int_0^{\beta}\left(r\cos\theta\right)\left(trd\theta\right) = 2tr^2\sin\beta$$

斷面對中立軸之慣性矩爲 $I = \pi r^3 t$。

因此在β角位置之剪應力爲

$$\tau = \frac{VQ}{I\left(2t\right)} = \frac{V\left(2tr^2\sin\beta\right)}{\left(\pi r^3 t\right)\left(2t\right)} = \frac{V}{\pi rt}\sin\beta \blacktriangleleft$$

斷面在中立軸上之最大剪應力，令$\beta = 90°$，得

$$\tau_{\max} = \frac{V}{\pi rt} = \frac{2V}{A} \blacktriangleleft$$

其中 A 爲斷面積，且 $A = 2\pi rt$。

6-2 薄壁開口斷面之剪力中心

上一節分析了薄壁斷面在對稱軸上承受剪力 V 時所生之剪力流(或剪應力)，本節將繼續討論僅有一對稱軸之薄壁斷面，且所受之剪力 V 與對稱軸垂直之情形。參考圖 6-6 中所示之懸臂梁在自由端承受一集中負荷 P，xz 平面爲梁之縱向對稱面，而負荷 P 與 y 軸平行，梁內任一橫斷面同時承受有彎矩 M 與剪力 V，彎矩向量 M 之作用軸爲斷面之主軸(z 軸爲對稱軸)，斷面之彎曲應力可用撓曲公式($\sigma = -My/I$)求得，至於剪力 V 使斷面所生之剪應力分佈，同樣可由彎曲應力及平衡方程式導出，即公式(6-1)。斷面上所生剪應力之合力爲一垂直力，其大小等於斷面所受之剪力 $V(V = P)$，但此合力的作用線則通過 z 軸上之某一

點 S，此點稱為橫斷面之剪力中心(shear center)，如圖 6-6(b)中所示。對於僅有一對稱軸之薄臂斷面當斷面受之剪力與對稱軸垂直時，其剪力中心 S 通常不在形心 C 上。圖 6-6(b)斷面之剪力中心位置參考例題 6-4 之分析。若圖 6-6(a)中懸臂梁所受之橫向負荷 P 通過斷面之剪力中心，則梁將只會彎曲而不會扭轉變形。

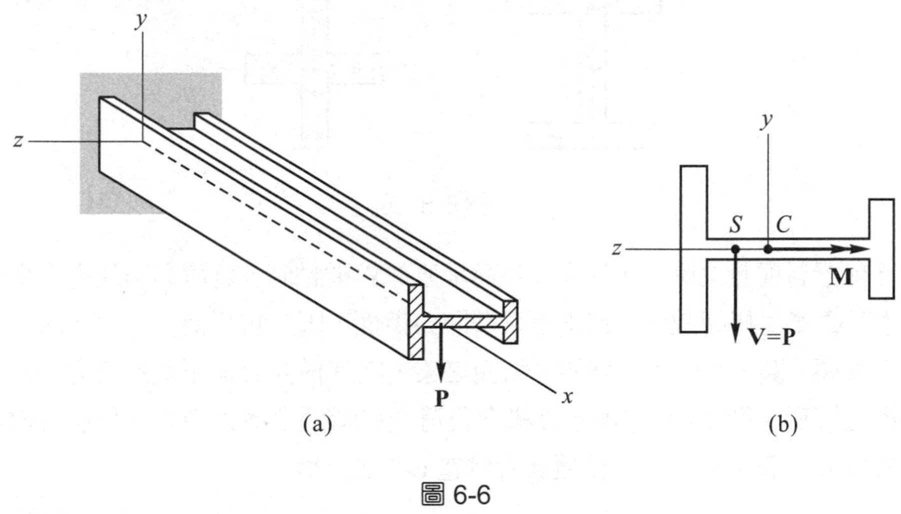

圖 6-6

若橫向負荷 P 垂直作用於對稱軸上之形心 C，如圖 6-7(a)所示，由於此力可分解為作用於剪力中心 S 之力 P 與扭矩 $T(T = Pe)$，如圖(b)所示，作用於剪力中心之力 P 將使梁對 z 軸產生彎曲，而扭矩 T 則使梁產生扭轉變形。因此，梁所受之橫向負荷必須通過剪力中心，梁之彎曲才不會有扭轉產生。

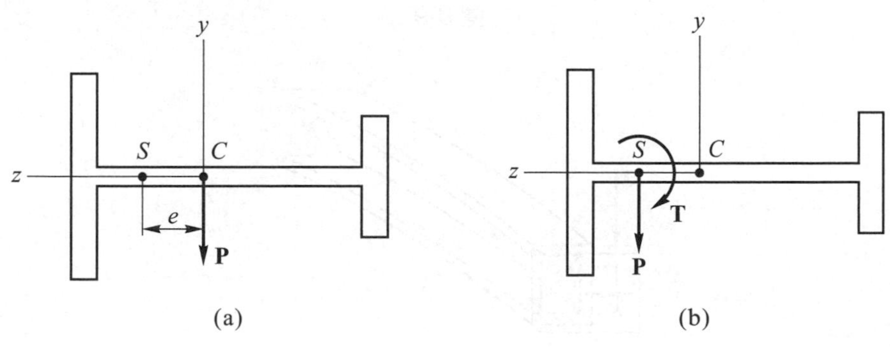

圖 6-7

當剪力作用於斷面之對稱軸時，由於剪應力之分佈成對稱，故斷面上剪應力之合力必在對稱軸上，即剪力中心 S 必位於對稱軸上。對於具有雙對稱軸之斷面，剪力中心必在兩對稱軸之交點，即剪力中心與形心重合，參考圖 6-8 所示。

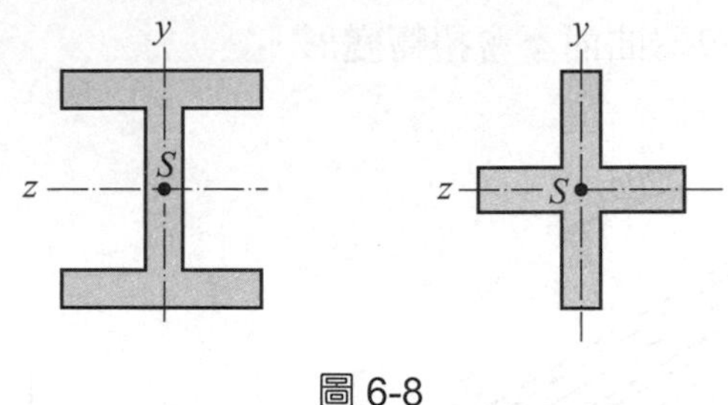

圖 6-8

對於具有單對稱軸之斷面，當橫向負荷垂直於對稱軸時，負荷必須通過對稱軸上之剪力中心，才不會產生扭轉效應，特別是薄壁開口斷面，因其抗扭能力很差，故其剪力中心之位置甚爲重要。圖 6-9 中所示爲槽形斷面之梁，因其橫向負荷不通過剪力中心，而產生彎曲及扭轉之情形。圖 6-10 中所示爲橫向負荷通過斷面之剪力中心而只產生彎曲效應之情形。至於槽型斷面之剪力中心位置參考例題 6-5 之分析。

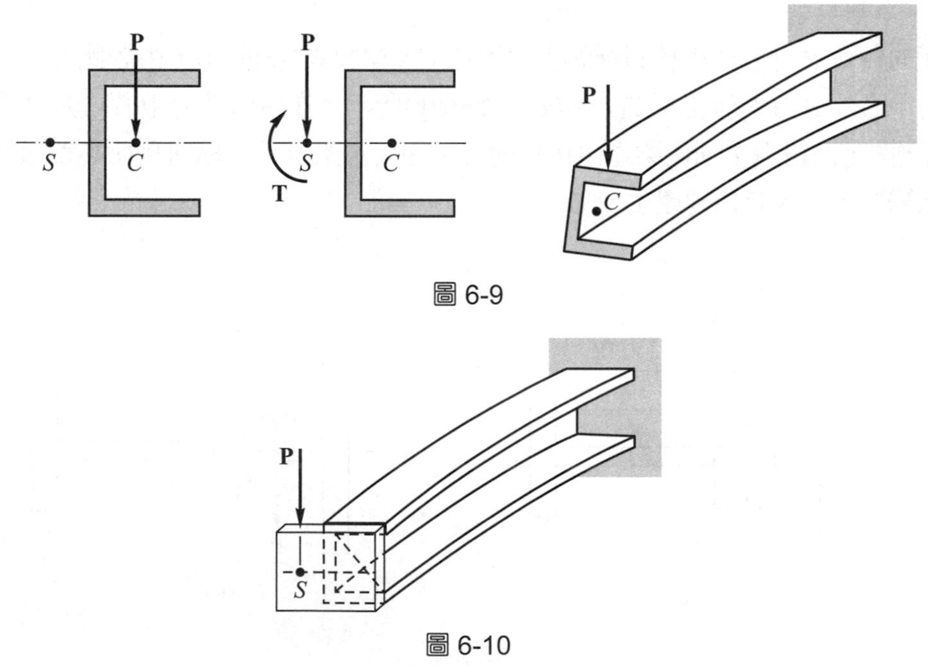

圖 6-9

圖 6-10

僅有一對稱軸之薄壁開口斷面，若剪力 V 垂直於對稱軸，其剪力中心之位置通常可按下列之步驟求得。

1. 由公式(6-1)或(6-2)分析薄壁斷面各部份剪應力或剪力流之分佈。與剪力 V 垂直之部份，剪力流呈直線分佈，而與剪力 V 平行或呈傾斜之部份，剪力流呈拋物線分佈。
2. 求各部份剪力流之合力 F_i。
3. 整個斷面所有剪力流之總合力為通過剪力中心之剪力 V，由力矩原理，總合力 V 對某一已知點 A 之力矩等於各部份之剪力 F_i 對 A 點之力矩和，即 $Ve = \sum M_A = F_1d_1 + F_2d_2$ +-----，其中 e 為剪力 V 至參考點 A 之距離，由 e 可得剪力中心之位置。上式中之 d_i 為各部份之剪力 F_i 至 A 點之力臂。至於 A 點之選擇儘可能選擇在有較多剪力 F_i 之交點。

某些薄壁斷面各部份之中心線相交於同一點 S，如圖 6-11 所示，因剪力流必與各部份之邊緣平行，各部份剪力流之合力 F_i 均相交於此點，對 S 點之力矩和為零，故 S 點為剪力中心。

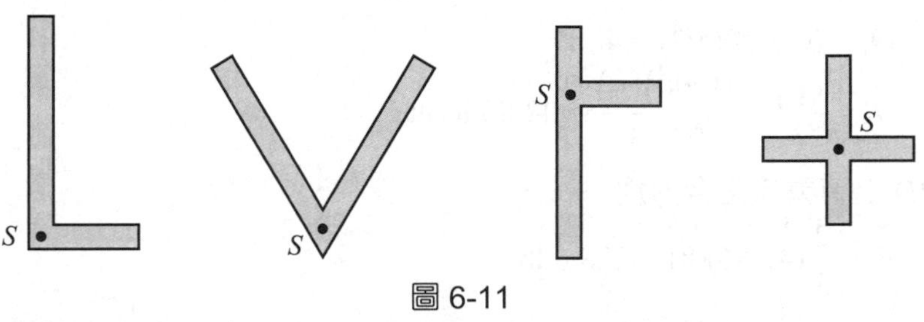

圖 6-11

例題 6-4

圖中厚度均勻之薄壁斷面，承受垂直向下之剪力 $V = 1000$ lb，試求剪力中心之位置。

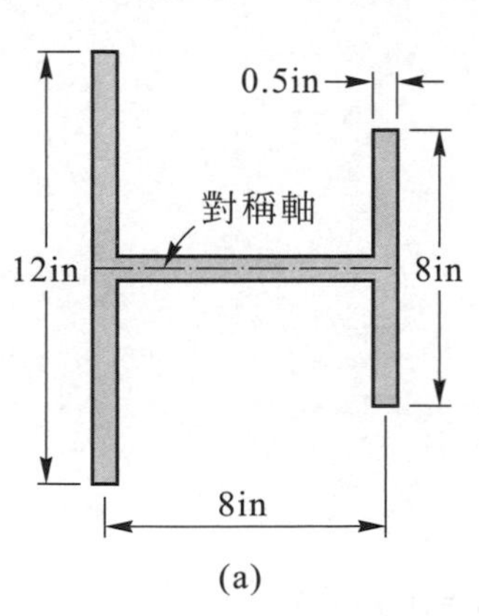

(a)

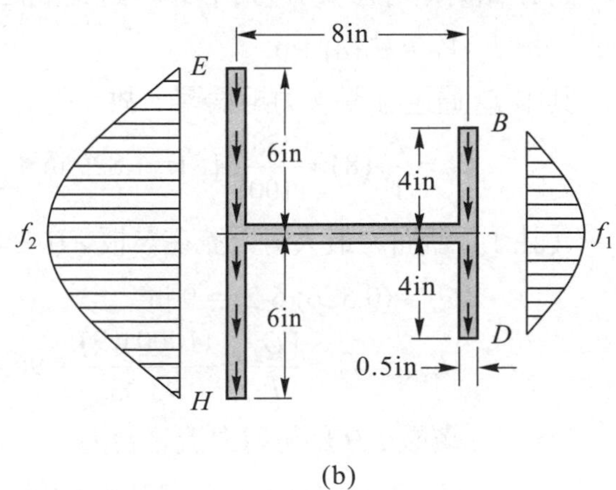

(b)

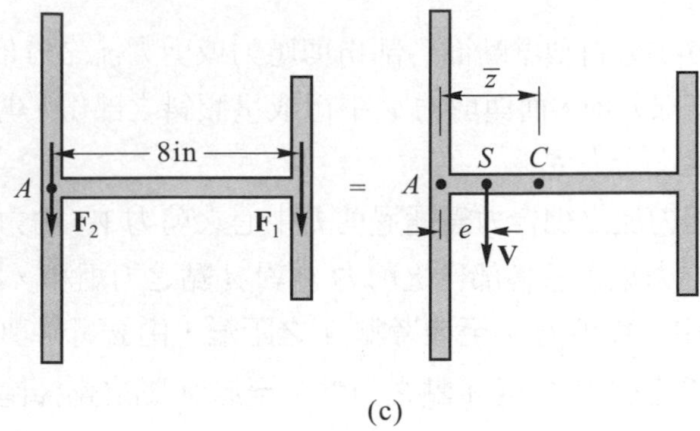

(c)

【解】斷面之慣性矩(腹板部份之慣性矩可忽略不計)

$$I=\frac{1}{12}(0.5)(8)^3+\frac{1}{12}(0.5)(12)^3=93.33\ \text{in}^4$$

翼板 BD 部份之最大剪力流 f_1 在中點(對稱軸上)，參考(b)圖所示

$$Q_1=(0.5\times4)(4/2)=4\ \text{in}^3$$

$$f_1=\frac{VQ_1}{I}=\frac{(1000)(4)}{93.33}=42.86\ \text{lb/in}$$

翼板 BD 上剪力流之合力為

$$F_1=\frac{2}{3}(42.86)(8)=228.6\ \text{lb}$$

翼板 EH 上剪力流之合力為 F_2，參考(c)圖所示。F_1 與 F_2 之合力即為斷面所受之剪力 V，而合力作用線與對稱軸之交點 S 即為斷面剪力中心之位置。設剪力中心至翼板 EH 之距離為 e，由力矩原理，設取 A 點(翼板 EH 中點)為力矩中心，則合力 V 對 A 點力矩等於其分力 F_1 及 F_2 對 A 點之力矩和

$$Ve=F_1(8)+0$$

其中 F_2 通過 A 點，力矩為零。故

$$e=\frac{F_1}{V}(8)=\frac{228.6}{1000}(8)=1.829\ \text{in}$$◄

【註 1】斷面之最大剪力流在翼板 EH 之中點(A 點)

$$Q_2=(0.5\times6)(6\text{-}2)=9\ \text{in}^3$$

$$f_{max}=f_2=\frac{VQ_2}{I}=\frac{(1000)(9)}{93.33}=96.43\ \text{lb/in}$$

翼板 EH 部份剪力流之合力

F_2=2 (96.43)(12) /3= 771.4 lb (注意，$F_1+F_2=V$=1000 lb)

【註 2】本題之剪力中心位置是取 A 點爲參考點(力矩中心)，因 F_2 對 A 點無力矩，故不必求 F_2 即可求得剪力中心之位置。

【註 3】斷面形心 C 至 A 點之距離爲 $\bar{z} = 3.429$ in (讀者自行計算)。

例題 6-5

圖中薄壁槽型斷面承受平行於 y 軸之剪力 V，使梁以 z 軸為中立軸產生彎曲，試求斷面剪力中心之位置。

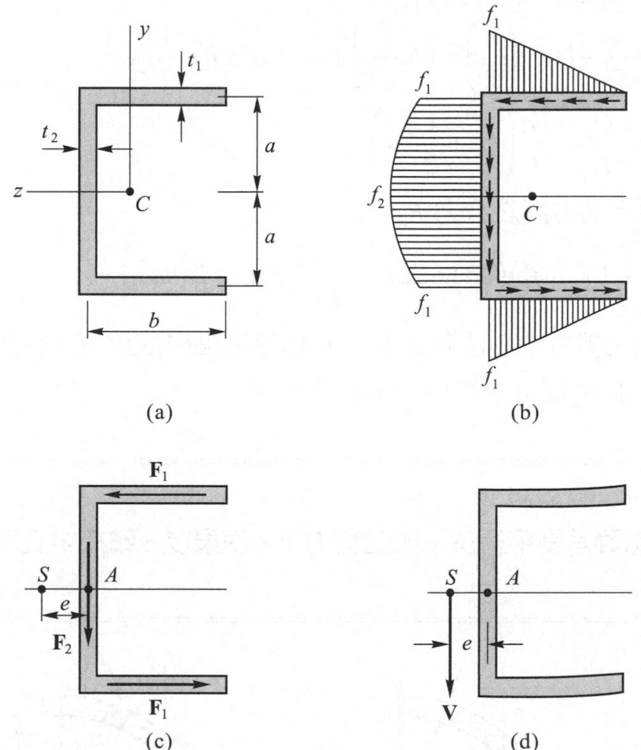

【解】斷面對 z 軸(中立軸)之慣性矩為

$$I = \frac{1}{12} t_2 (2a)^3 + 2\left[(bt_1)a^2\right] = \frac{2}{3} t_2 a^3 + 2t_1 ba^2$$

翼板上之最大剪力流 f_1 及剪力流之合力 F_1

$$Q_1 = (bt_1)a = t_1 ba$$

$$f_1 = \frac{VQ_1}{I} = \frac{V}{I}(t_1 ba)$$

$$F_1 = \frac{1}{2} f_1 b = \frac{V}{2I}(t_1 b^2 a)$$

設剪力中心 S 之位置與腹板之距離為 e，由力矩原理(取 A 點為力矩中心)

$$Ve = 2F_1 a$$

$$e = \frac{2F_1 a}{V} = \frac{2a}{V} \cdot \frac{V}{2I}\left(t_1 b^2 a\right) = \frac{t_1 b^2 a^2}{I}$$

得 $$e = \frac{t_1 b^2 a^2}{2t_2 a^3 / 3 + 2t_1 ba^2} = \frac{3t_1 b^2}{2t_2 a + 6t_1 b}$$ ◀

【註 1】腹板上之最大剪力流 f_2

$$Q_2 = Q_1 + \left(t_2 a\right)\left(\frac{a}{2}\right) = t_1 ba + \frac{1}{2} t_2 a^2 = a\left(t_1 b + \frac{1}{2} t_2 a\right)$$

$$f_2 = \frac{VQ_2}{I} = \frac{Va}{I}\left(t_1 b + \frac{1}{2} t_2 a\right)$$

腹板上剪力流之合力 F_2

$$F_2 = \frac{2}{3}\left(f_2 - f_1\right)\left(2a\right) + 2af_1 = \frac{V}{I}\left(\frac{2}{3} t_2 a^3 + 2t_1 ba^2\right) = V$$

【註 2】本題之剪力中心位置是取 A 點為參考點(力矩中心)，因 F_2 對 A 點無力矩，不必求 F_2 即可求得剪力中心之位置。

例題 6-6

圖中半圓薄壁斷面承受平行於 y 軸之剪力 V，使梁以 z 軸為中立軸產生彎曲，試求剪力中心之位置。

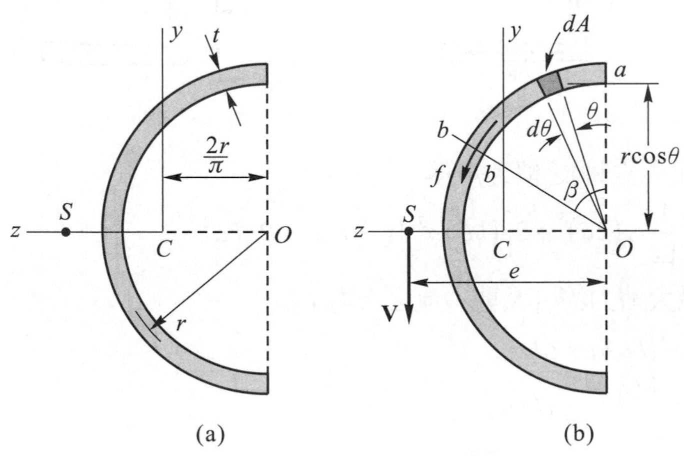

【解】斷面對 z 軸(中立軸)之慣性矩爲 $I=\pi r^3 t/2$

ab 段對 z 軸之一次矩爲

$$Q=\int y dA=\int_0^\beta (r\cos\theta)(trd\theta)=tr^2\sin\beta$$

b 處(β角位置)之剪力流爲

$$f=\frac{VQ}{I}=\frac{V}{I}\left(tr^2\sin\beta\right)$$

斷面所有剪力流對 O 點之力矩和等於斷面所受剪力 V(作用於剪力中心)對 O 點之力矩，即

$$Ve=\int_0^\pi r\left(frd\beta\right)=\int_0^\pi r\left[\frac{V}{I}\left(tr^2\sin\beta\right)rd\beta\right]=\frac{2Vtr^4}{I}$$

$$e=\frac{2tr^4}{I}=\frac{2tr^4}{\pi r^3 t/2}=\frac{4r}{\pi}=1.272\,r$$ ◀

6-1 圖中箱型薄壁斷面承受垂直剪力 $V=75$ kN，試求 a、b 兩點之剪應力。

【答】$\tau_a=50.8$ MPa，$\tau_b=39.9$ MPa

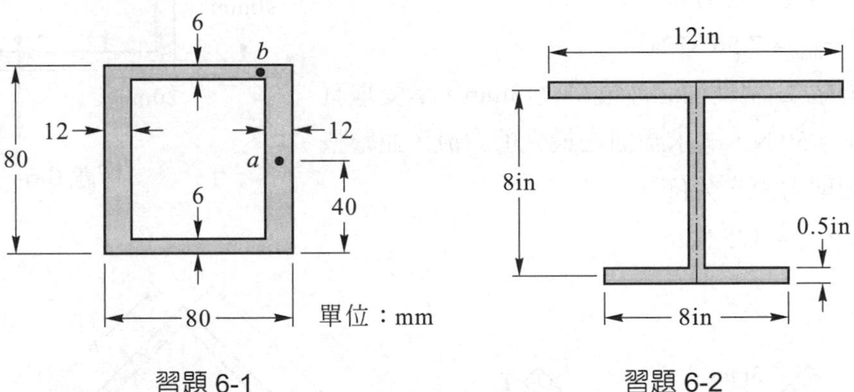

習題 6-1　　習題 6-2

6-2 圖中薄壁斷面之厚度均爲 0.5in，承受垂直向下之剪力 $V=1000$ lb，試求斷面之最大剪力流，並繪整個斷面剪力流之分佈。

【答】$f_{max}=133$ lb/in

6-3 圖中薄壁斷面之厚度均爲 4 mm，承受垂直剪力 $V = 12$ kN，試求 a、b、c、d、e 五點之剪應力。

【答】$\tau_a = 0$，$\tau_b = 10.43$ MPa，$\tau_c = 26.0$ MPa，$\tau_d = 54.6$ MPa，$\tau_e = 62.5$ MPa

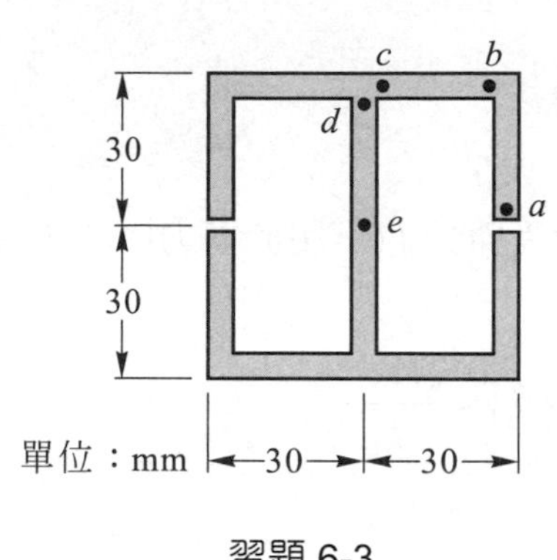

習題 6-3

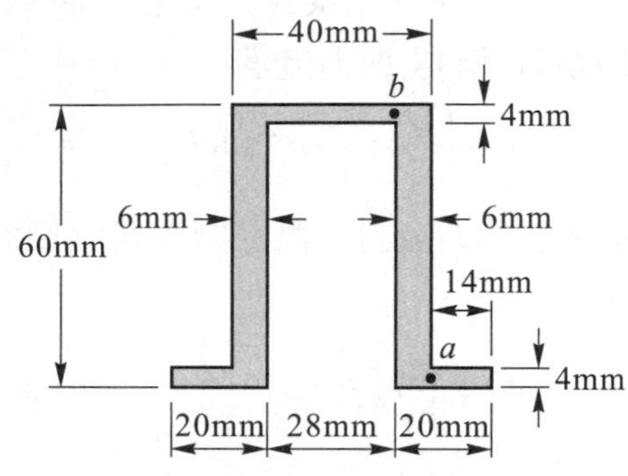

習題 6-4

6-4 圖中薄壁斷面承受垂直剪力作用，已知斷面所生之最大剪應力爲 75 MPa，試求 a、b 兩點之剪應力。

【答】$\tau_a = 41.3$ MPa，$\tau_b = 41.3$ MPa

6-5 圖中槽型薄壁斷面之厚均爲 20mm，承受垂直剪力 $V = 20$ kN，試求斷面之最大剪應力，並繪整個斷面剪應力之分佈。

【答】$\tau_{\max} = 7.56$ MPa

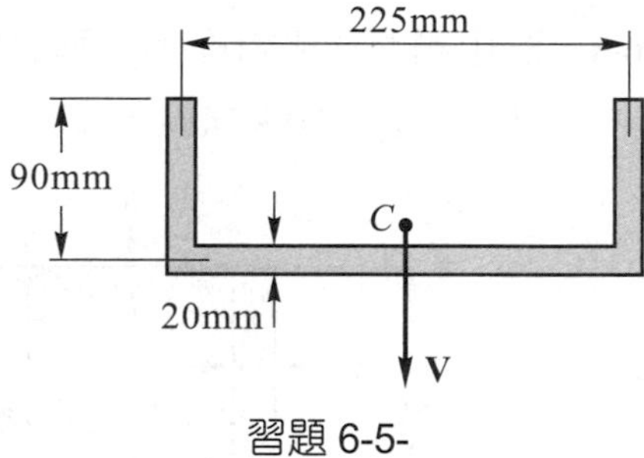

習題 6-5-

6-6 圖中薄壁 L 型斷面之厚度均爲 3mm，承受垂直剪力 $V = 50$ N，試求斷面之最大剪力流，並繪整個斷面剪力流之分佈。

【答】$f_{\max} = 375$ N/m

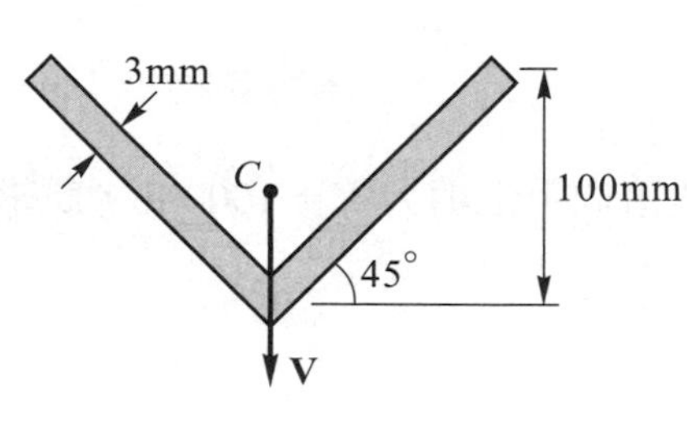

習題 6-6

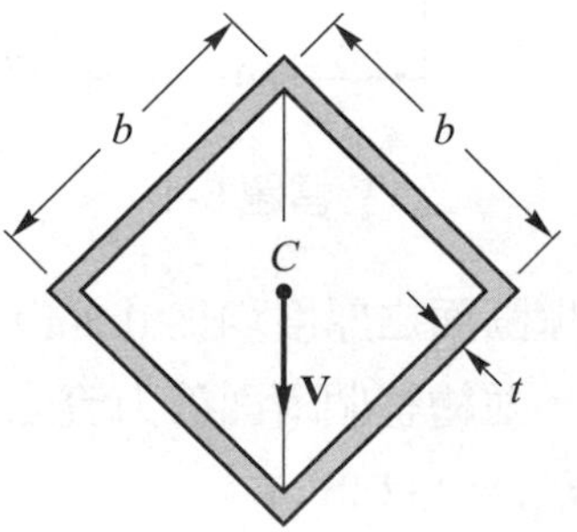

習題 6-7

6-7 圖中厚度均勻之薄壁箱型斷面，承受垂直剪力 V，設 A 爲斷面積，斷面之最大剪應力爲 $\tau_{max} = k(V/A)$，試求 k 之値。

【答】$k = 2.12$

6-8 圖中厚度均勻之槽型薄壁斷面，試求其剪力中心之位置。若剪力中心承受 800N 之垂直剪力，試求最大剪應力。

【答】$e = 40\text{mm}$，$\tau_{max} = 1.955$ MPa

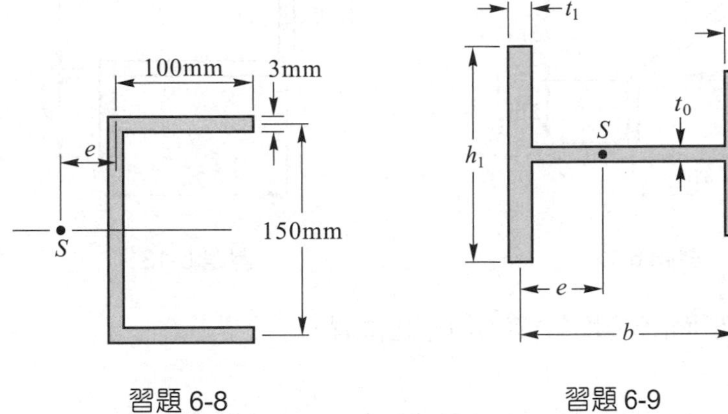

習題 6-8　　習題 6-9

6-9 圖中薄壁斷面承受垂直剪力，試求剪力中心之位置

【答】$e = \dfrac{h_2^3 t_2 b}{h_1^3 t_1 + h_2^3 t_2}$

6-10 試求圖中薄壁斷面(厚度均勻)剪力中心之位置。

【答】$e = 5a/4$

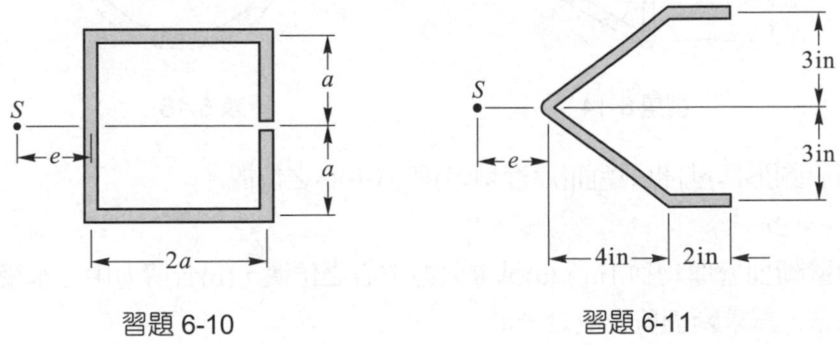

習題 6-10　　習題 6-11

6-11 試求圖中薄壁斷面(厚度均勻)剪力中心之位置。

【答】$e = 0.545$ in

6-12 試求圖中薄壁斷面(厚度均勻)剪力中心之位置。

【答】$e = 0.726$ in

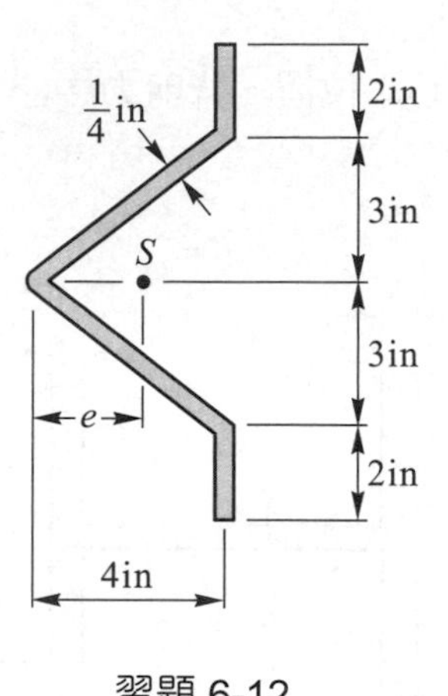

習題 6-12

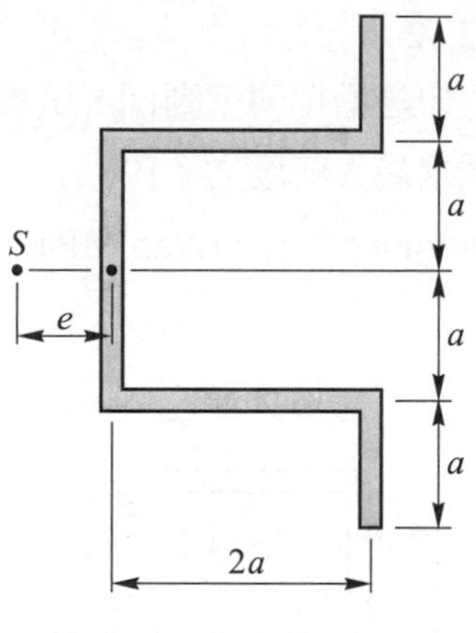

習題 6-13

6-13 試求圖中薄壁斷面(厚度均勻)剪力中心之位置。

【答】$e = 5a/7$

6-14 試求圖中三角形薄壁開口斷面(厚度均勻)剪力中心之位置。

【答】$e = 0.289a$

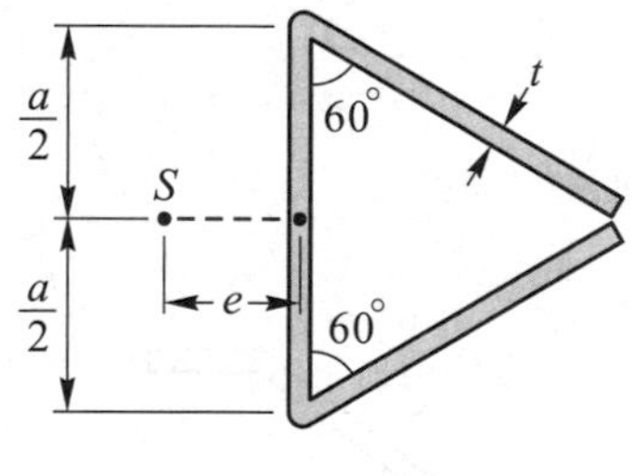

習題 6-14

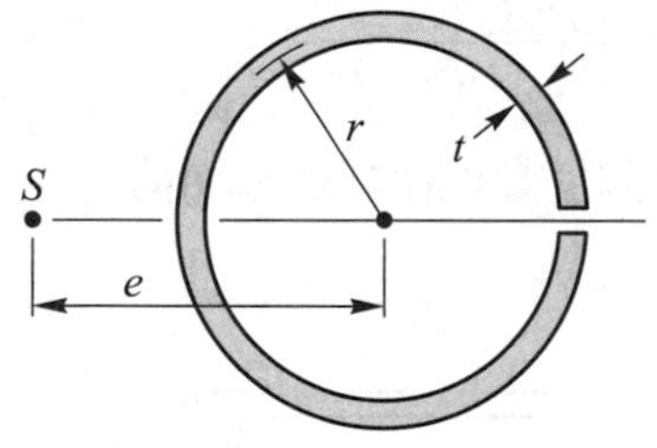

習題 6-15

6-15 試求圖中圓形薄壁開口斷面(厚度均勻)剪力中心之位置。

【答】$e = 2r$

6-16 圖中薄壁斷面壁厚均為 1in，(a)試求剪力中心之位置，(b)若剪力中心承受垂直剪力 $V = 100$ kip，試求斷面剪力流之分佈。

【答】(a)$e = 1.707$ in

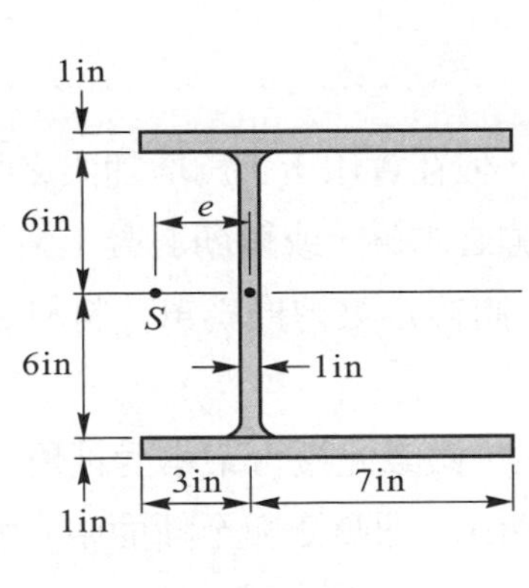

習題 6-16

習題 6-17

6-17 試求圖中薄壁斷面(厚度均勻)剪力中心之位置。

【答】$e = 16.36$ mm (距 A 點)

6-18 試求圖中薄壁斷面(厚度均勻)剪力中心之位置。設 $r = 50$mm，$t = 2.5$mm。

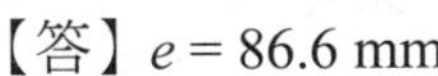

【答】$e = 86.6$ mm

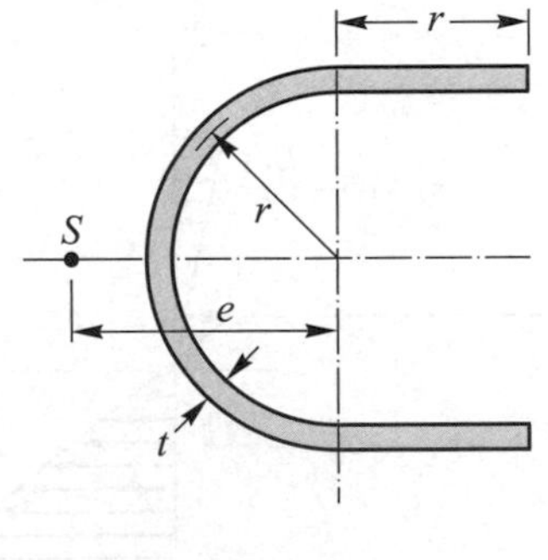

習題 6-18

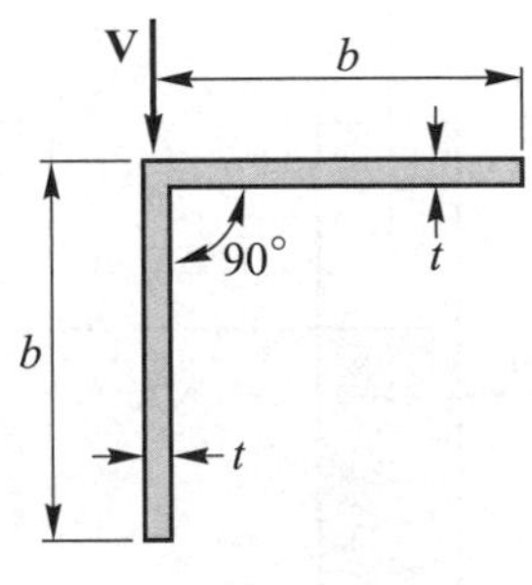

習題 6-19

6-19 圖中等邊角鋼承受垂直剪力 $V = 20$ kN，試求斷面所生之最大剪應力。$b = 100$mm，$t = 6$mm。

【答】45 MPa

6-3 複合梁

前面幾節所討論之梁爲材質均勻之稜柱梁，但在實用上，爲增加梁之強度，有些梁是由兩種或兩種以上之材料所構成，如用鋼板加強之木梁，或鋼筋混凝土梁，此種梁稱爲複合梁(composite beam)。本節將導出一個方法，將複合梁轉換爲單一材料之梁，則斷面之彎曲應力便可用撓曲公式($\sigma = -My/I$)分析。

圖 6-12(a)中所示爲兩種材料構成之稜柱梁，假設此複合梁承受純彎作用後任一斷面依然保持爲一平面，則斷面所生之應變如圖(b)所示，即應變與至斷面中立軸之距離 y 成正比，以公式表示爲

$$\varepsilon_x = -\frac{y}{\rho}$$

式中當 $y > 0$ 時爲壓應變($\varepsilon_x < 0$)，$y < 0$ 時爲拉應變($\varepsilon_x > 0$)。注意，斷面之中立軸不會通過斷面之形心，確實之位置將可由下述之分析求得。

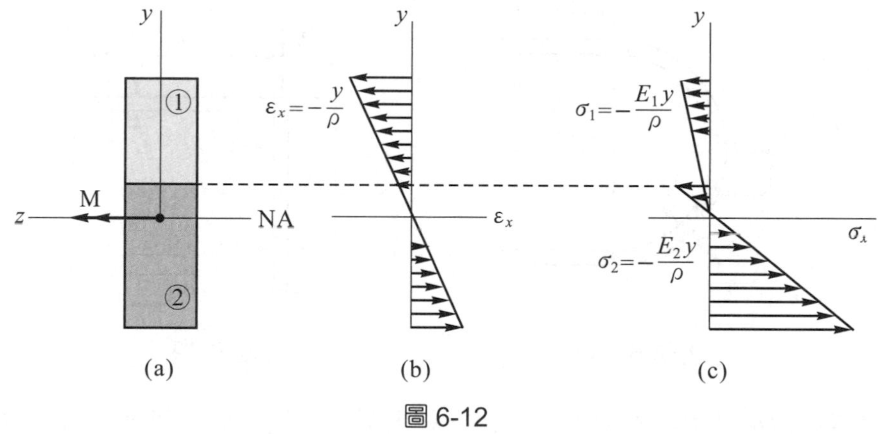

圖 6-12

因兩種材料之彈性模數不同，若設梁內所生之應力不超過各材料之比例限，則斷面上每一材料所生之應力分別爲

$$\sigma_1 = E_1 \varepsilon_x = -\frac{E_1 y}{\rho}$$

$$\sigma_2 = E_2 \varepsilon_x = -\frac{E_2 y}{\rho}$$

所得斷面應力之分佈情形如圖(c)所示，其中 $E_2 > E_1$。由上式，材料①斷面上任一微面積 dA 之作用力 dF_1 為

$$dF_1 = \sigma_1 dA = -\frac{E_1 y}{\rho} dA \tag{a}$$

而材料②斷面上任一微面積 dA 之作用力 dF_2 為

$$dF_2 = \sigma_2 dA = -\frac{E_2 y}{\rho} dA \tag{b}$$

若兩材料彈性模數之比 $E_2/E_1 = n$，設 $n > 1(E_2 > E_1)$，則 dF_2 可改寫為

$$dF_2 = -\frac{(nE_1)y}{\rho} dA = -\frac{E_1 y}{\rho}(ndA) \tag{c}$$

比較(b)(c)兩式，可發現 dF_2 相當於作用在材料①之 n 倍微小面積(ndA)上，換言之，若將材料②之寬度放寬 n 倍(即面積增加 n 倍)，而使整個斷面都改為材料①，如圖 6-13 所示，則斷面所能承受之彎矩仍相同，此轉換為材料①之新斷面稱為轉換斷面(transformed section)。由於材料②之微面積是寬度增加 n 倍而轉換為材料①，此舉並不改變每一微面積至中立軸之距離 y，故不影響中立軸之位置，即轉換斷面之中立軸亦為原複合斷面之中立軸。需注意 $n > 1$ 時，轉換斷面是將材料②之斷面加寬為 n 倍，若 $n < 1$ 時，則須將材料②之斷面寬度縮小為 $1/n$ 倍。

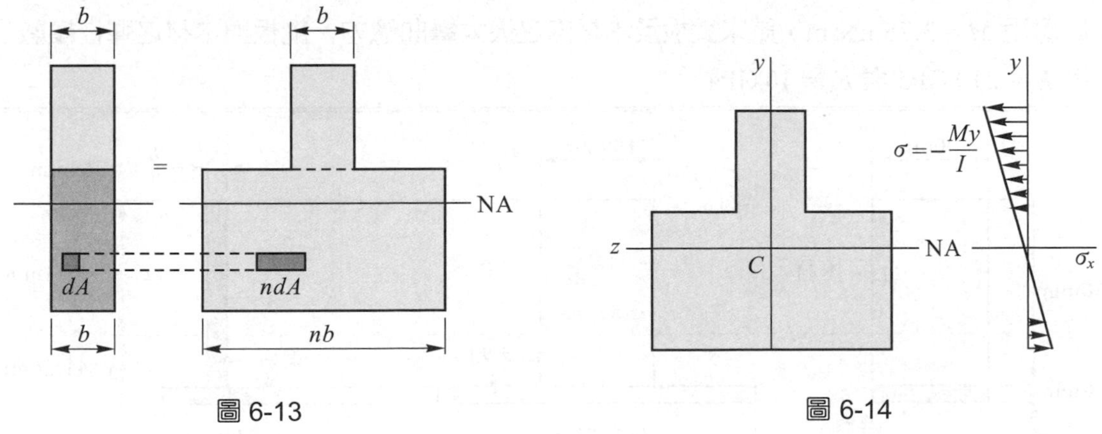

圖 6-13　　圖 6-14

由於轉換斷面相當於材料①構成之均質斷面，因此可用 5-2 節中所述之方法求得轉換斷面之中立軸及各點之彎曲應力。因此轉換斷面之中立軸將通過其形心，如圖 6-14 所示，而斷面各點之彎曲應力可由公式(5-7)得，即

$$\sigma = -\frac{My}{I} \tag{5-7}$$

式中 I 爲轉換斷面對其中立軸之慣性矩，y 爲至中立軸之距離。

由公式(5-7)所得之應力爲材料①轉換斷面上之應力，對於複合梁在材料①斷面上之應力可直接由公式(5-7)求得，即

$$\text{材料①：}\ \sigma = -\frac{My}{I} \tag{6-3}$$

但由(b)(c)兩式可知，材料②斷面在原面積 dA 上之作用力與轉換斷面在面積 ndA 上之作用力都等於 dF_2，故複合梁斷面在材料②上之應力爲其轉換斷面上相對應點應力之 n 倍，即

$$\text{材料②：}\ \sigma = -n\frac{My}{I} \tag{6-4}$$

有關複合梁承受彎矩之應力分析參考例題 6-7 之說明。

例題 6-7

圖中所示複合梁為用鋼板(100mm×8mm)加強之木梁(100mm×150mm)，已知斷面所承受之彎矩 $M = 3.75$ kN-m，試求鋼板及木材內之最大彎曲應力。鋼板與木材之彈性模數分別為 $E_s = 210$ GPa 與 $E_w = 10$ GPa。

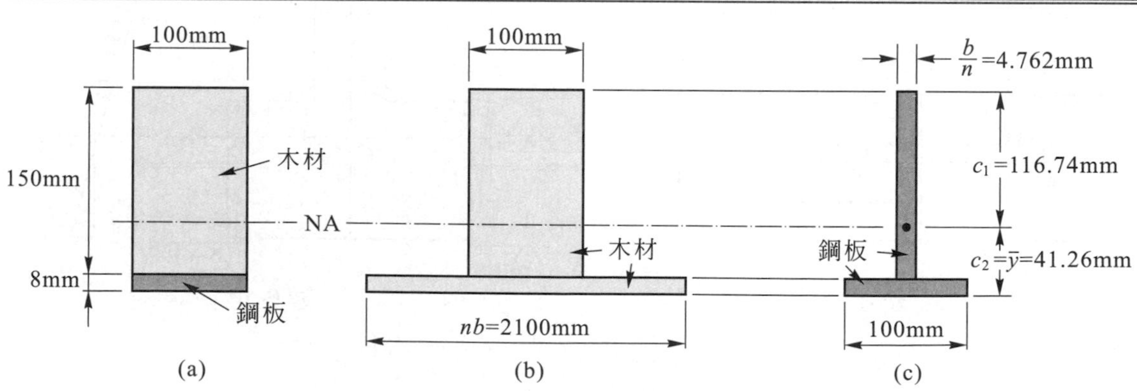

【解】將複合梁轉換為單一木材之斷面，則鋼板之寬度放大為 n 倍

$$n=\frac{E_s}{E_w}=\frac{210}{10}=21 \quad , \quad nb=21(100)=2100\text{ mm}$$

轉換為木材之斷面如(b)圖所示。設轉換斷面之形心(中立軸)至底邊之距離為 $\bar{y}$，則

$$\bar{y}=\frac{(100\times150)(75+8)+(2100\times8)(4)}{100\times150+2100\times8}=41.26\text{ mm}$$

轉換斷面中立軸至上下緣之距離分別為 $c_1=156-41.26=116.74$ mm，$c_2=41.26$mm

轉換斷面對中立軸之慣性矩為

$$I=\frac{1}{3}(100)(116.74)^3+\frac{1}{3}(2100)(41.26)^3-\frac{1}{3}(2000)(41.26-8)^3=77.67\times10^6\text{mm}^4$$

木材之最大彎曲應力為

$$\sigma_w=\frac{Mc_1}{I}=\frac{(3.75\times10^6)(116.74)}{77.67\times10^6}=5.63\text{ MPa(壓應力)}◀$$

鋼板之最大彎曲應力為

$$\sigma_s=n\frac{Mc_2}{I}=21\times\frac{(3.75\times10^6)(41.26)}{77.67\times10^6}=41.8\text{ MPa(拉應力)}◀$$

【註】若將複合梁轉換為單一鋼板之斷面，則木材之寬度縮小為 $1/n$ 倍

$$\frac{b}{n}=\frac{100}{21}=4.762\text{ mm}$$

鋼板之轉換斷面如(c)圖所示，中立軸之位置不變。因鋼板轉換斷面之寬度為木材轉換斷面寬度之 $1/n$，故鋼板轉換斷面之慣性矩為

$$I=\frac{77.67\times10^6}{21}=3.70\times10^6\text{ mm}^4$$

因此鋼板及木材之最大彎曲應力為

$$\sigma_s=\frac{Mc_2}{I}=\frac{(3.75\times10^6)(41.26)}{3.70\times10^6}=41.8\text{ MPa(拉應力)}$$

$$\sigma_w=\frac{1}{n}\frac{Mc_1}{I}=\frac{1}{21}\frac{(3.75\times10^6)(116.74)}{3.70\times10^6}=5.63\text{ MPa(壓應力)}$$

■鋼筋混凝土梁

承受正彎矩之鋼筋混凝土梁(reinforced-concrete beam)，是將鋼筋安裝在混凝土梁之下緣附近，參考圖 6-15 所示。因混凝土之抗拉能力甚差，故斷面中立軸以下之拉力負荷全

部由鋼筋承受，而中立軸以上之混凝土則承受壓力負荷(中立軸以下之混凝土假設不承受任何拉力負荷)。

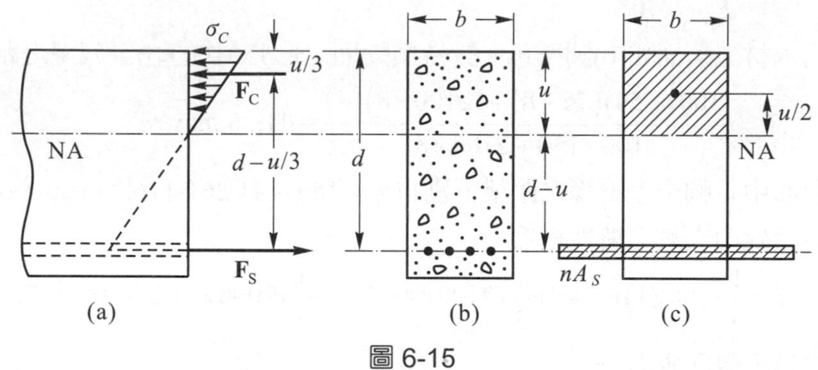

圖 6-15

用轉換斷面法分析鋼筋混凝土梁時，一般將鋼筋轉換為混凝土斷面。設鋼筋之斷面積為 A_s，則轉換為混凝土後面積為 nA_s，如圖 6-15(c)所示，其中 n 為鋼筋與混凝土彈性模數之比，即 $n = E_s/E_c$。參考圖 6-15(b)，設 u 為斷面上緣至中立軸之距離，d 為鋼筋中心線至上緣之距離，因承受純彎之斷面其中立軸必通過斷面心之形心，故轉換斷面對中立軸之一次矩必等於零，即

$$bu\left(\frac{u}{2}\right) - nA_s(d-u) = 0 \quad , \quad 得 \quad \frac{1}{2}bu^2 + nA_s u - nA_s d = 0$$

解上列一元二次方程式，即可求得轉換斷面中立軸之位置 u，並可計算轉換斷面對其中立軸之慣性矩 I。因此，混凝土之最大壓應力 σ_c 及鋼筋之拉應力 σ_s 分別為

$$\sigma_c = \frac{Mu}{I} \quad , \quad \sigma_s = n\frac{M(d-u)}{I} \tag{6-5}$$

對於圖 6-15 中之長方形鋼筋混凝土斷面，亦可用以下之方法求得應力。

由於斷面僅受彎矩 M，並無軸力，故混凝土上壓應力之合力 F_c 必等於鋼筋所受之拉力 F_s，且 F_c 與 F_s 之力偶矩等於斷面所受之彎矩，其中 $F_c = \frac{1}{2}bu\sigma_c$，$F_s = A_s\sigma_s$

故 $$M = \frac{1}{2}bu\sigma_c\left(d - \frac{u}{3}\right) = A_s\sigma_s\left(d - \frac{u}{3}\right) \tag{6-6}$$

用公式(6-6)可不必計算轉換斷面之慣性矩即可求得混凝土與鋼筋之應力。在設計上為達到經濟效益，使鋼筋混凝土梁承受彎矩後鋼筋與混凝土同時達到其容許應力，則 u/d 之比有一最佳值存在，由公式(6-5)

$$\frac{\sigma_s}{\sigma_c}=\frac{n(d-u)}{u}=n\frac{1-u/d}{u/d}$$

整理後可得

$$\frac{u}{d}=\frac{n}{n+(\sigma_s/\sigma_c)} \tag{6-7}$$

例題 6-8

圖中長方形斷面之鋼筋混凝土梁，承受彎矩 $M=70$ kN-m，試求鋼筋及混凝土之最大應力。四根鋼筋之總面積 $A_s=1500\text{mm}^2$，且 $n=E_s/E_c=8$。

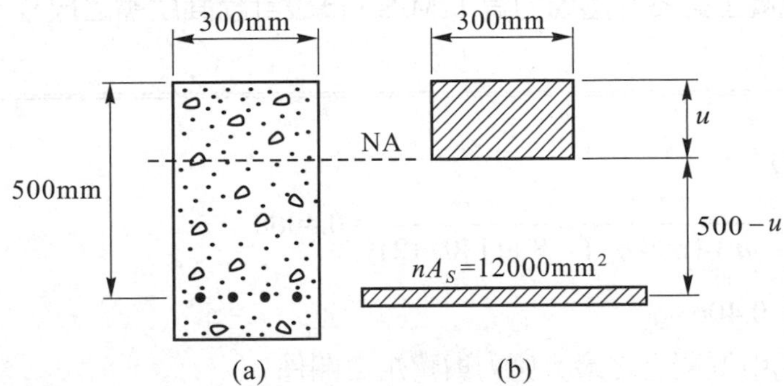

【解】將鋼筋混凝土斷面轉換為混凝土斷面，如(b)圖所示，其中 $nA_s=8(1500)=12000$ mm²。轉換斷面之中立軸通過形心，故中立軸以上及以下之面積對中立軸之一次矩大小相等(但正負值相反)，即

$$(300u)\left(\frac{u}{2}\right)=(12000)(500-u)$$

得　$u=164$ mm

轉換斷面之慣性矩為

$$I=\frac{1}{3}(300)(164)^3+(12000)(500-164)^2=1.796\times10^9\ \text{mm}^4$$

混凝土及鋼筋之應力為

$$\sigma_c = \frac{Mu}{I} = \frac{\left(70\times10^6\right)(164)}{1.796\times10^9} = 6.39\text{ MPa}(\text{壓應力})◀$$

$$\sigma_s = n\frac{M\left(d-u\right)}{I} = 8\times\frac{\left(70\times10^6\right)\left(500-164\right)}{1.796\times10^9} = 104.8\text{ MPa}(\text{拉應力})◀$$

【註】本題可不必求轉換斷面之慣性矩 I，由公式(6-6)便可求得應力

$$M = \frac{1}{2}bu\sigma_c\left(d-\frac{u}{3}\right)\quad，\quad 70\times10^6 = \frac{1}{2}(300)(164)\ \sigma_c\left(500-\frac{164}{3}\right)$$

$\sigma_c = 6.39\text{MPa}$

$$M = A_s\sigma_s\left(d-\frac{u}{3}\right)\quad，\quad 70\times10^6 = 1500\sigma_s\left(500-\frac{164}{3}\right)$$

$\sigma_s = 104.8\text{ MPa}$

例題 6-9

一長方形斷面之鋼筋混凝土梁(圖 6-15)，承受彎矩 $M = 90$ kN-m，若鋼筋之容許拉應力為 140 MPa，混凝土之容許壓應力為 12MPa，試設計斷面所需之尺寸 b、d 及 A_s。設 $n = E_s/E_c = 8$，$d = 1.5b$。

【解】由公式(6-7)

$$\frac{u}{d} = \frac{n}{n+\left(\sigma_s/\sigma_c\right)} = \frac{8}{8+\left(140/12\right)} = 0.4068$$

即 $u = 0.4068\ d$

由公式(6-6)中混凝土之最大應力與彎矩之關係

$$M = \frac{1}{2}bu\sigma_c\left(d-\frac{u}{3}\right)\quad，\quad 90\times10^6 = \frac{1}{2}b(0.4068d)(12)\left(d-\frac{0.4068d}{3}\right)$$

$bd^2 = 42.66\times10^6\text{ mm}^3$

因 $d = 1.5\text{b}$，故可得

$b = 267$ mm ，$d = 400$ mm ◀

$u = 0.4086d = 162.7$ mm

再由公式(6-6)中鋼筋之最大應力與彎矩之關係

$$M = A_s\sigma_s\left(d-\frac{u}{3}\right)\quad，\quad 90\times10^6 = A_s(140)\left(400-\frac{162.7}{3}\right)$$

$A_s = 1859\text{ mm}^2$◀

習題

6-20 圖中二塊銅板與一塊鋼板構成之複合梁，黃銅及鋼之彈性模數分別爲 100 GPa 及 200 GPa；當梁之斷面承受彎矩 $M = 2$kN-m，試求銅板與鋼板內所生之最大應力？

【答】銅：$\sigma_{max} = 250$ MPa，鋼：$\sigma_{max} = 500$ MPa

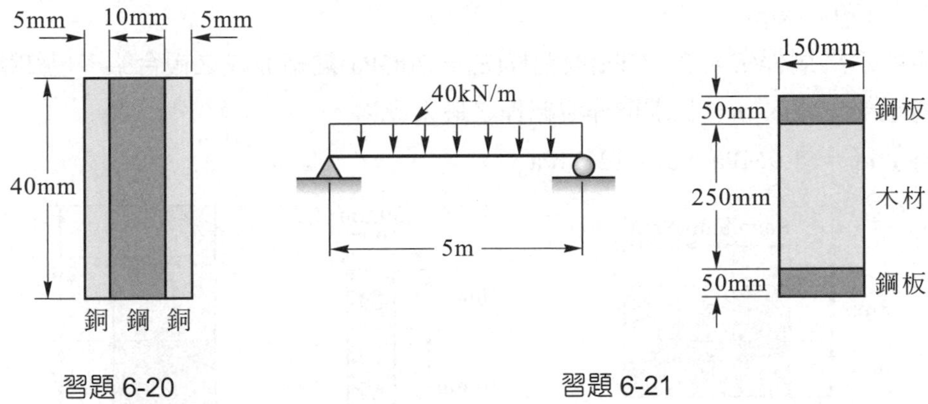

習題 6-20 習題 6-21

6-21 圖中兩端簡支之複合梁承受均佈負荷，試求鋼板與木板內之最大應力。鋼板與木材之彈性模數分別爲 $E_s = 209$ GPa，$E_w = 11$GPa。

【答】$\sigma_s = 62.5$ MPa，$\sigma_w = 2.34$ MPa

6-22 圖中木梁(200mm×300mm)兩側以鋼板(12mm×300mm)加強。鋼板與木材之彈性模數分別爲 $E_s = 204$GPa 與 $E_w = 8.5$GPa，對應之容許應力分別爲$\sigma_s = 140$MPa 與$\sigma_w = 10$MPa。試求複合梁所能承受之最大彎矩。

【答】67.9 kN-m

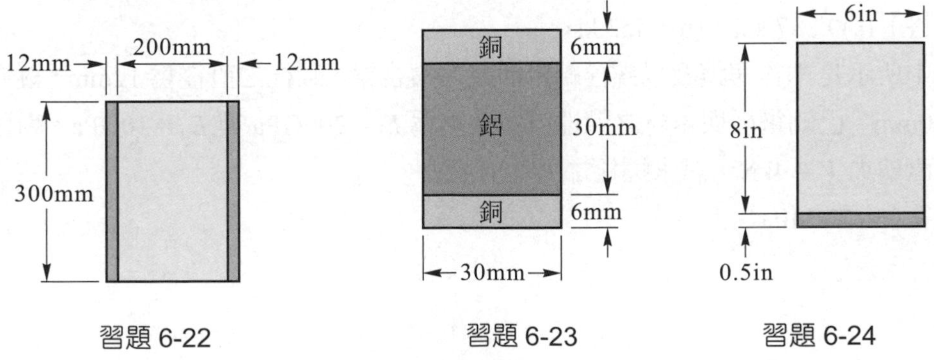

習題 6-22 習題 6-23 習題 6-24

6-23 圖中複合梁是將鋁桿(30mm×30mm)上下以銅板(30mm×6mm)加強所構成，鋁桿及銅板之彈性模數分別為 E_a=70 GPa 及 E_b=105 GPa，對應之容許應力分別為σ_a = 100MPa 與σ_b = 160MPa。試求複合梁所能承受之最大彎矩。

【答】1240 N-m

6-24 圖中複合梁是在木梁(bin×8in)底下以鋼板(0.5in×6in)加強。鋼板與木材之彈性模數分別為 E_s = 30×10^{6}psi 與 E_w = 1.2×10^{6}psi，且對應之容許應力分別為σ_s = 16000psi 與 E_w = 1500psi。試求複合梁所能承受之最大彎矩。

【答】179 in-kip

6-25 圖中所示為鋼桿(E_s = 210GPa)與鋁桿(E_a = 70GPa)黏結而成之複合梁。已知斷面所承受彎矩 M = 60N-m，試求鋼桿與鋁桿之最大應力。

【答】σ_a = 51.9MPa，σ_s = 121MPa

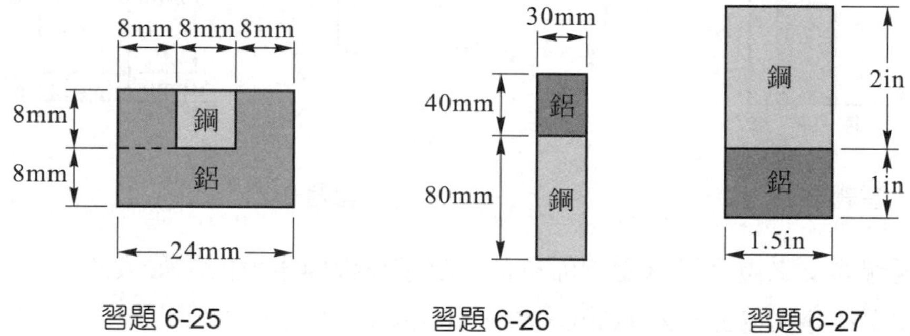

習題 6-25　　習題 6-26　　習題 6-27

6-26 圖中所示為鋁桿(E_a = 75GPa)與鋼桿(E_s = 200GPa)黏結而成之複合梁，已知斷面承受彎矩時鋁桿之最大應力為 50MPa，試求鋼桿內之最大應力。

【答】σ_s = 93.5MPa

6-27 圖中所示為鋁桿(E_a = 10.6×10^6)與鋼桿(E_s = 29×10^{6}psi)黏結而成之複合梁，已知斷面所承受之垂直剪力 V = 4kips，試求(a)黏結面上之平均剪應力，(b)斷面之最大剪應力。

【答】(a)0.887 ksi，(b)1.453 ksi

6-28 圖中所示是木桿與鋼板以螺栓結合而成之複合梁，螺栓之直徑為 12mm，縱向間距為 200mm。已知鋼板與木材之彈性模數分別為 E_s = 200GPa 與 E_w = 10GPa，斷面所受之垂直剪力 V = 4kN，試求螺栓之平均剪應力。

【答】6.73 MPa

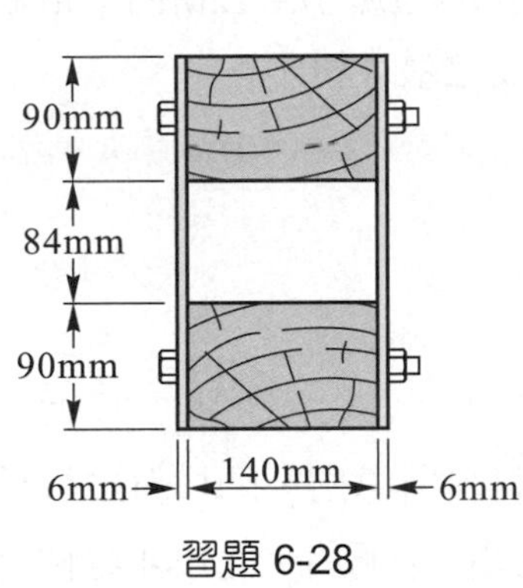

習題 6-28

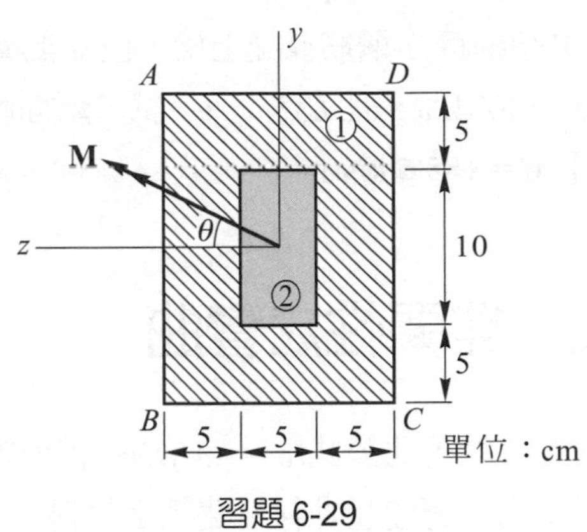

習題 6-29

6-29 圖中之複合梁承受彎矩 $M = 100$ kN-m，試求 A、B、C 及 D 四點之彎曲應力。設 $E_1/E_2 = 8$，且 $\theta = 30°$

【答】$\sigma_A = -22.1$ MPa，$\sigma_B = 157.7$ MPa，$\sigma_C = 22.1$ MPa，$\sigma_D = -157.7$ MPa

6-30 圖中長方形斷面之鋼筋混凝土梁，承受彎矩 $M = 270$ kN-m，已知 $b = 500$mm，$d = 750$mm，$A_s = 6000\text{mm}^2$，$E_s/E_c = 10$，試求鋼筋及混凝土內之最大應力。

【答】$\sigma_c = 5.24$ MPa，$\sigma_s = 70.0$ MPa

6-31 一長方形斷面之鋼筋混凝土梁，$b = 300$mm，$d = 450$mm，$A_s = 1400\text{mm}^2$，$E_s/E_c = 8$。設混凝土之容許壓應力為 12MPa，鋼筋容許拉應力為 140MPa，試求梁之容許彎矩。

【答】$M = 78.5$ kN-m

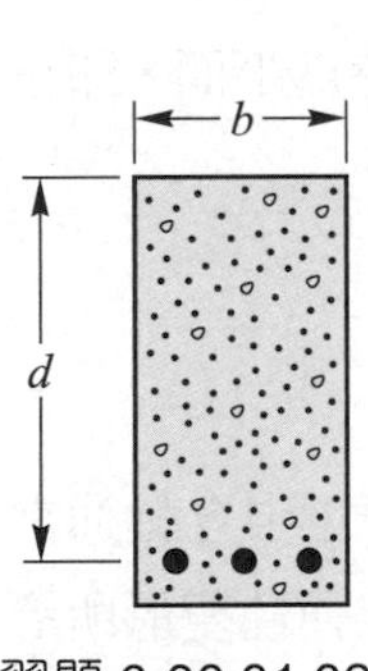

習題 6-30,31,32

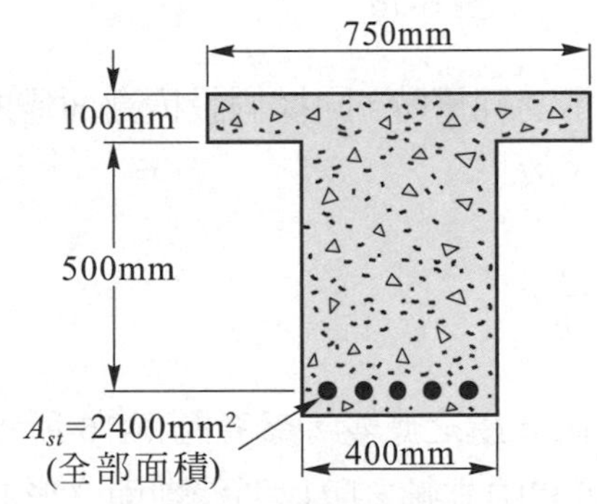

習題 6-33

6-32 一長方形斷面之鋼筋混凝土梁，$b = 300$mm，$d = 600$mm，$E_s/E_c = 9$。已知彎矩 $M = 80$ kN-m 時混凝土之最大壓應力為 5MPa，試求(a)鋼筋之最大拉應力，(b)鋼筋所需之斷面積。

【答】$\sigma_s = 90$ MPa，$A_s = 1670\text{ mm}^2$

6-33 圖中 T 型斷面之鋼筋混凝土梁，已知混凝土之容許壓應力為 12MPa，鋼筋之容許拉應力為 140MPa，且 $E_s/E_c = 8$，試求斷面所能承受之最大彎矩。

【答】$M = 185.6$ kN-m

6-4 非彈性之彎曲

在 5-2 節中的撓曲公式($\sigma = -My/I$)是根據線彈性材料所導出，即材料之行為遵循虎克定律。對於應力與應變呈非線性關係之材料，撓曲公式便不適用，此類非線性材料承受純彎時，本節將提供分析其斷面應力分佈之方法。

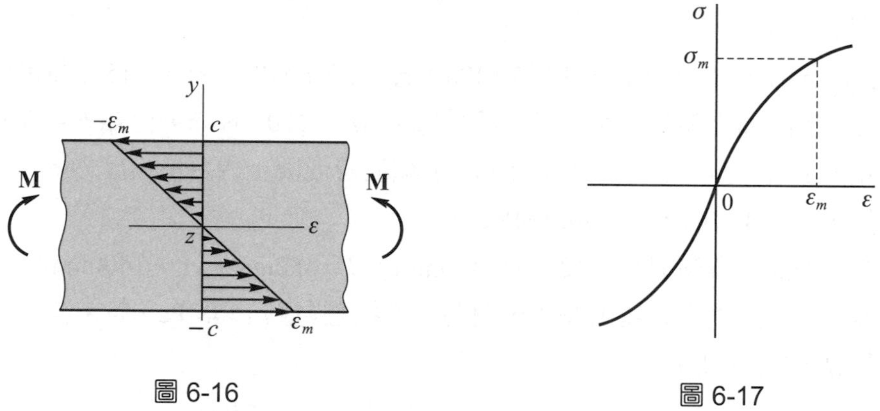

圖 6-16　　圖 6-17

非線性材料承受純彎時，同樣假設橫斷面彎曲後仍保持為平面，即正交應變與至中立面之距離成正比，故

$$\varepsilon = -\frac{y}{c}\varepsilon_m \tag{6-8}$$

其中ε_m為 y 最大值 c 處之應變，參考圖 6-16 所示。但斷面之中立軸通常不會通過斷面之形心，由 5-2 節可知中立軸之所以通過斷面之形心是根據線彈性變形所導出。對於承受純彎之斷面，中立軸之位置是根據斷面應力之合力為零所導出，用數學式表示即

$$\int_A \sigma dA = 0 \tag{6-9}$$

對於非線性材料之斷面，用上式求中立軸位置，通常必須使用試誤法，其分析過程甚為繁複，不易求得。然而，對於具有垂直及水平對稱軸之斷面(彎矩之作用面在梁之縱向對稱

面上)，且材料拉伸及壓縮之應力應變關係相同，此種情形斷面之中立軸將會通過斷面之形心。若材料拉伸與壓縮之應力應變關係不同(參考例題 6-11)，或斷面僅有一個垂直對稱軸(彎矩作用在此縱向對稱面上)，則中立軸將不會通過斷面之形心。

對於具有垂直與水平對稱軸之斷面，且材料拉伸與壓縮之應力應變關係相同，如圖 6-17 所示，若欲求斷面承受純彎時之應力分佈，首先由最大應變ε_m(由最大彎曲應力σ_m代入應力應變關係求得)，代入公式(6-8)得應變 ε 與 y (至中立軸之距離)之關係，再代入應力與應變之關係，即可得到斷面之應力 σ 與 y 之關係，如圖 6-18 所示，有關之分析過程，參考例題 6-10 之說明。

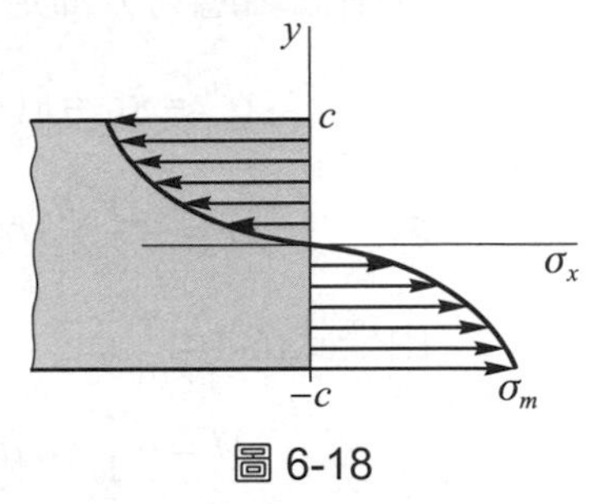

圖 6-18

此外，斷面承受純彎時，另有一基本關係必須成立，即斷面之應力對中立軸之力矩和會等於斷面所受之彎矩，以數學式表示為

$$M = -\int_A y(\sigma dA) \tag{6-10}$$

由上式可得斷面所受之彎矩與所生應力之關係。注意，式中負號表示當彎矩為正時在 $y > 0$ 處所生之應力$\sigma < 0$ (壓應力)。

例題 6-10

一塑膠材料在彈性範圍內其拉伸與壓縮之應力-應變關係為$\sigma^n = k\varepsilon$，其中 k 及 n 為常數。試求斷面之最大應力與彎矩之關係。I 為斷面對中立軸之慣性矩。

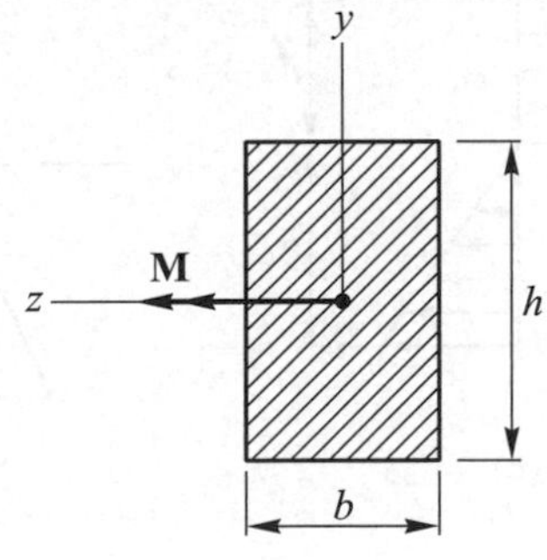

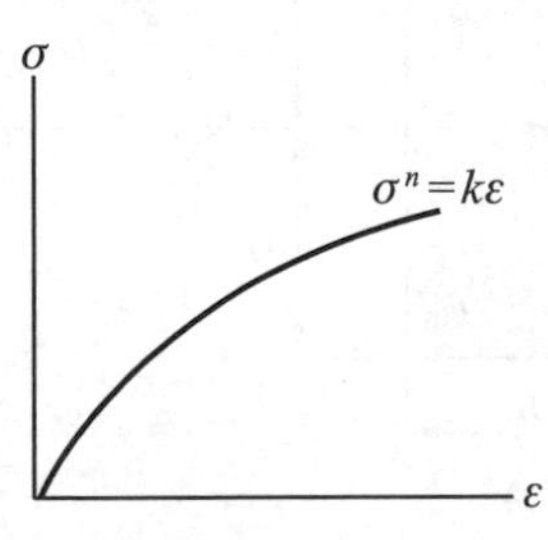

【解】斷面之應變分佈由公式(6-8)

$$\varepsilon = -\frac{y}{c}\varepsilon_m \quad , \quad c = \frac{h}{2}$$

最大正交應力σ_m對應之最大正交應變$\varepsilon_m = \sigma_m^n / k$，代入上式

$$\varepsilon = -\frac{y}{c}\frac{\sigma_m^n}{k}$$

則斷面之應力分佈爲

$$\sigma^n = k\varepsilon = k(-\frac{y}{c}\frac{\sigma_m^n}{k}) = -\frac{y}{c}\sigma_m^n$$

或 $$\sigma = -(\frac{y}{c})^{1/n}\sigma_m$$

由公式(6-10)

$$M = -\int_A y\sigma dA = \int_A y(\frac{y}{c})^{1/n}\sigma_m dA = \frac{\sigma_m}{c^{1/n}}\int_{-c}^{c} y^{(n+1)/n} bdy$$

$$= \frac{2b\sigma_m}{c^{1/n}}\cdot\frac{n}{2n+1}c^{(2n+1)/n} = \frac{2nb\sigma_m}{(2n+1)}(\frac{h}{2})^2 = \frac{nbh^2}{2(2n+1)}\sigma_m$$

故 $$\sigma_m = \frac{2(2n+1)}{nbh^2}M = \frac{2n+1}{3n}\left(\frac{Mc}{I}\right) ◀$$

式中$I = \frac{1}{12}bh^3$，$c = \frac{h}{2}$。

例題 6-11

一長方形斷面($b\times h$)之梁承受彎矩 M，設材料拉伸之彈性模數為 E_t，壓縮之彈性模數為 E_c，且 $E_c > E_t$，試求(a)中立軸之位置，(b)彎曲之最大拉應力及最大壓應力。

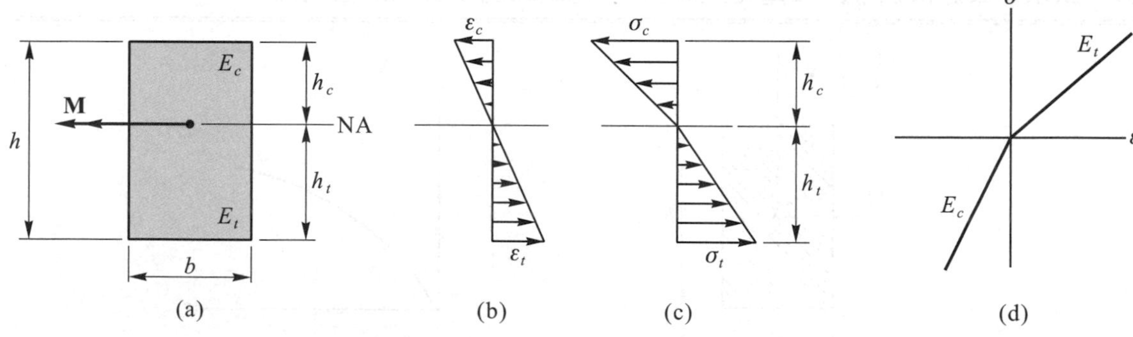

(a) (b) (c) (d)

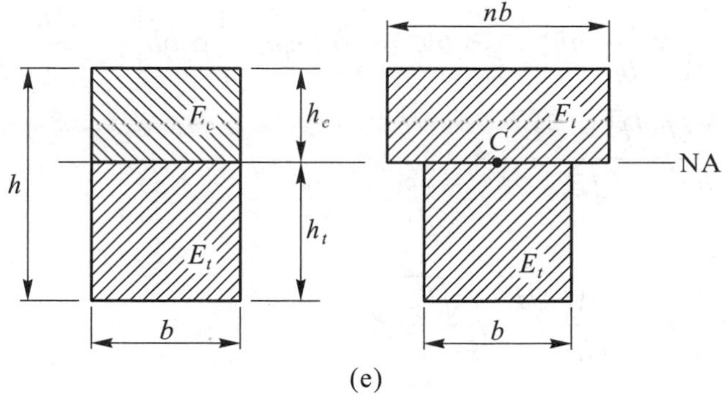

(e)

【解】本題材料拉伸與壓縮之應力-應變關係不同，中立軸不會通過斷面之形心。設中立軸至上緣(受壓側)之距離為 h_c，至下緣(受拉側)之距離為 h_t，因斷面之應變與至中立軸之距離成正比，如(b)圖所示，則

$$\frac{\varepsilon_c}{\varepsilon_t}=\frac{h_c}{h_t} \tag{1}$$

斷面之應力分佈如(c)圖所示，其中

$$\sigma_c=E_c\varepsilon_c \quad , \quad \sigma_t=E_t\varepsilon_t 。 \tag{2}$$

由 $$\int_A \sigma\, dA=0 \quad , \quad \frac{1}{2}\sigma_c h_c b=\frac{1}{2}\sigma_t h_t b \tag{3}$$

得 $$\frac{\sigma_c}{\sigma_t}=\frac{h_t}{h_c} \tag{4}$$

將(2)及(1)代入(3)中

$$\frac{1}{2}(E_c\varepsilon_c)h_c b=\frac{1}{2}(E_t\varepsilon_t)h_t b \quad , \quad E_c(\frac{h_c}{h_t}\varepsilon_t)h_c=E_t\varepsilon_t h_t$$

得 $$\frac{h_c}{h_t}=\sqrt{\frac{E_t}{E_c}} \tag{5}$$

又 $$h_t+h_c=h \tag{6}$$

(5)(6)兩式聯立得

$$h_c=\frac{\sqrt{E_t}}{\sqrt{E_t}+\sqrt{E_c}}h \blacktriangleleft \quad , \quad h_t=\frac{\sqrt{E_c}}{\sqrt{E_t}+\sqrt{E_c}}h \blacktriangleleft \tag{7}$$

再由 $$M=\int_A y\sigma\, dA=\left(\frac{2}{3}h_c\right)\left(\frac{1}{2}\sigma_c h_c b\right)+\left(\frac{2}{3}h_t\right)\left(\frac{1}{2}\sigma_t h_t b\right)=\frac{1}{3}\sigma_c b h_c^2+\frac{1}{3}\sigma_t b h_t^2 \tag{8}$$

將公式(4)代入公式(8)中

$$M=\frac{1}{3}\left(\sigma_t\frac{h_t}{h_c}\right)bh_c^2+\frac{1}{3}\sigma_t bh_t^2=\frac{1}{3}\sigma_t bh_t h=\frac{1}{3}\sigma_t bh\left(\frac{\sqrt{E_c}}{\sqrt{E_t}+\sqrt{E_c}}h\right)$$

得 $$\sigma_t=\frac{3M}{bh^2}\frac{\sqrt{E_t}+\sqrt{E_c}}{\sqrt{E_c}}\blacktriangleleft \tag{9}$$

由公式(4)

$$\sigma_c=\frac{h_t}{h_c}\sigma_t=\frac{3M}{bh^2}\frac{\sqrt{E_t}+\sqrt{E_c}}{\sqrt{E_t}}\blacktriangleleft \tag{10}$$

【註】本題用轉換斷面法求解如下：

將斷面轉換為 E_t 之斷面，如(e)圖所示，其中 $n=E_c/E_t$。因中立軸通過轉換斷面之形心，故轉換斷面對中立軸之一次矩為零，即

$$\int ydA=0 \quad , \quad (nbh_c)\left(\frac{h_c}{2}\right)-(bh_t)\left(\frac{h_t}{2}\right)=0$$

得 $$\frac{h_c}{h_t}=\frac{1}{\sqrt{n}} \tag{11}$$

由公式(6)與(11)可得

$$h_c=\frac{1}{\sqrt{n}+1}h=\frac{\sqrt{E_t}}{\sqrt{E_t}+\sqrt{E_c}}h$$

$$h_t=\frac{\sqrt{n}}{\sqrt{n}+1}h=\frac{\sqrt{E_c}}{\sqrt{E_t}+\sqrt{E_c}}h$$

轉換斷面之慣性矩

$$I=\frac{1}{3}(nb)h_c^3+\frac{1}{3}bh_t^3=\frac{1}{3}(nb)\left(\frac{1}{\sqrt{n}+1}h\right)^3+\frac{1}{3}b\left(\frac{\sqrt{n}}{\sqrt{n}+1}h\right)^3=\frac{bh^3}{3}\frac{n}{\left(\sqrt{n}+1\right)^2}$$

斷面之最大拉應力及最大壓應力為

$$\sigma_t=\frac{Mh_t}{I}=M\left[\frac{3}{bh^3}\frac{\left(\sqrt{n}+1\right)^2}{n}\right]\left(\frac{\sqrt{n}}{\sqrt{n}+1}h\right)=\frac{3M}{bh^2}\frac{\sqrt{n}+1}{\sqrt{n}}=\frac{3M}{bh^2}\frac{\sqrt{E_t}+\sqrt{E_c}}{\sqrt{E_c}}$$

$$\sigma_c=n\frac{Mh_c}{I}=nM\left[\frac{3}{bh^3}\frac{\left(\sqrt{n}+1\right)^2}{n}\right]\left(\frac{h}{\sqrt{n}+1}\right)=\frac{3M}{bh^2}\sqrt{n}+1=\frac{3M}{bh^2}\frac{\sqrt{E_t}+\sqrt{E_c}}{\sqrt{E_t}}$$

■彈塑材料之塑性彎曲

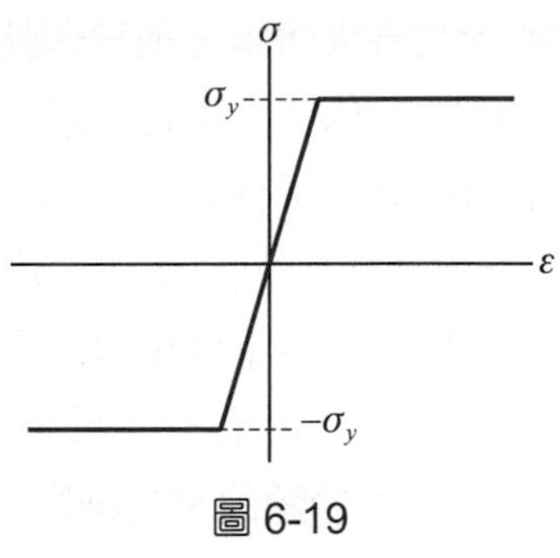

圖 6-19

彈塑材料之應力-應變圖，如圖 6-19 所示，此種材料在降伏應力前遵循虎克定律，達降伏應力後，在應力不變下作塑性降伏，且抗拉與抗壓之降伏應力及彈性模數均相等，故彈塑材料在拉伸與壓縮都有線性彈性區域及完全塑性區域。

參考圖 6-20 中以彈塑材料製造之梯形斷面梁，承受純彎作用，當彎矩不大時，梁內之最大應力小於降伏應力，斷面之應力分佈由撓曲公式求得，且中立軸會通過斷面之形心。當彎矩逐漸增加，使梁內距中立軸最遠處之應力達降伏應力σ_y，如圖 6-20(b)所示，整個斷面仍在線彈性範圍，此時梁所受之彎矩稱爲降伏彎矩(yielding moment)，以 M_y 表示之，且

$$M_y = \sigma_y S \tag{6-11}$$

其中 S 爲斷面模數。

當彎矩再繼續增加，塑性變形部份將由外緣逐漸向內擴展，如圖 6-20(c)(d)所示，由於彎曲後斷面仍保持平面，故應變依然爲線性分佈，至於斷面之應力在外緣塑性變形部份等於降伏應力σ_y，而中間彈性區域則爲線性分佈，此線彈性部份稱爲彈性核心(elastic core)。注意，若斷面上下不對稱(僅有垂直對稱軸無水平對稱軸)，當彎矩超過降伏彎矩後，水平中立軸將不再通過形心，但僅稍微偏離，圖 6-20 中不易看出。若斷面上下對稱(具有垂直與水平對稱軸)，即使彎矩超過降伏彎矩，水平中立軸仍通過形心。

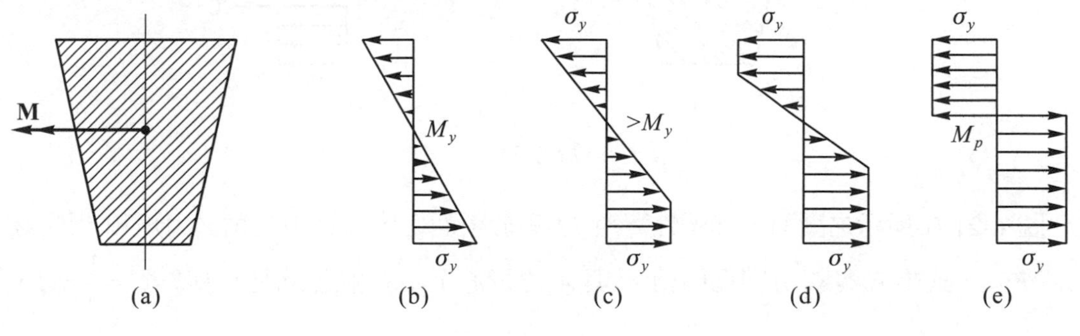

圖 6-20

若彎矩再繼續增加，塑性區域再向中立軸擴展，當塑性區域擴展至中立軸時，整個斷面均已降伏，且應力均等於降伏應力，如圖 6-20(e)所示，此時之彎矩爲彈塑材料梁所能承受之最大彎矩，稱爲塑性彎矩(plastic moment)，以 M_p 表示。注意，此時斷面之應變仍爲線性分佈，上下緣之最大應變約爲降伏應變之 10～15 倍。爲求塑性彎矩，首先必須找出斷面完全降伏時中立軸之位置。參考圖 6-21 所示，當斷面承受純彎作用而達完全降伏時，斷面中立軸以上部份均爲壓縮降伏應力，而中立軸以下部份均爲拉伸降伏應力。設中立軸以上及以下面積分別爲 A_1 及 A_2，則中立軸以上壓應力之合力爲 $C = \sigma_y A_1$，且 C 必通過面積 A_1 之形心 C_1；同理，中立軸以下拉應力之合力 $T = \sigma_y A_2$，且 T 必通過面積 A_2 之形心 C_2。由於斷面承受純彎作用，斷面上應力之合力必等於零，即 $T = C$，或$\sigma_y A_2 = \sigma_y A_1$，得 $A_1 = A_2$，又 $A = A_1 + A_2$，則

$$A_1 = A_2 = \frac{A}{2}$$

由上式可知，塑性彎曲(斷面完全降伏)之中立軸將斷面分爲兩上下相等之面積，顯然，塑性彎曲與彈性彎曲之中立軸位置並不相同。對於如圖 6-21 之梯形斷面，其塑性彎曲之中立軸略高於彈性彎曲之中立軸，但對於上下對稱之斷面(具有垂直及水平對稱軸之斷面)，如矩形與寬翼形(W 型或 H 形)斷面，塑性彎曲與彈性彎曲之中立軸位置相同且通過形心。

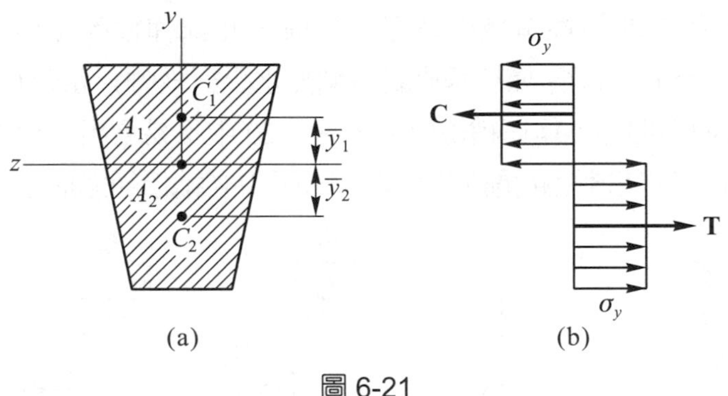

圖 6-21

圖 6-21 中所示之斷面，其塑性彎矩 M_p 等於斷面之應力對中立軸之力矩和，即 $M_p = C\bar{y}_1 + T\bar{y}_2$，式中 $\bar{y}_1$ 與 $\bar{y}_2$ 分別爲面積 A_1 與 A_2 之形心至中立軸之距離，因 $T = C = \frac{1}{2}\sigma_y A$，得

$$M_p = \frac{\sigma_y A\left(\bar{y}_1 + \bar{y}_2\right)}{2} \tag{6-12}$$

將上式改寫，使其與彈性彎曲之撓曲公式相似，則

$$M_p = \sigma_y \frac{A\left(\overline{y}_1 + \overline{y}_2\right)}{2} = \sigma_y Z \tag{6-13}$$

$$Z = \frac{A\left(\overline{y}_1 + \overline{y}_2\right)}{2} \tag{6-14}$$

式中 Z 稱爲斷面之塑性模數(Plastic modulus)，其幾何意義由公式(6-14)可知，Z 等於斷面上半部面積與下半部面積對其中立軸一次矩之和。

塑性彎矩 M_p 與降伏彎矩 M_y 之比值與梁之斷面形狀有關，故稱之爲形狀因數(shape factor)，通常以 f 表示之，即

$$f = \frac{M_p}{M_y} = \frac{Z}{S} \tag{6-15}$$

對於寬度爲 b，高度爲 h 之矩形斷面梁，其塑性模數 Z 爲

$$Z = \frac{A\left(\overline{y}_1 + \overline{y}_2\right)}{2} = \frac{bh}{2}\left(\frac{h}{4} + \frac{h}{4}\right) = \frac{bh^2}{4}$$

矩形斷面梁之斷面模數 $S = bh^2/6$，因此可得矩形斷面之形狀因數爲 $f = 1.5$，即矩形斷面梁之塑性彎矩爲降伏彎矩的 1.5 倍。

■殘留應力

彈塑材料之梁，承受彎矩後若發生降伏，則負荷移去後將產生殘留應力(residual stress)。有關殘留應力之分析，與扭轉相同(3-8 節)，可利用彈性回復(elastic recovery)及重疊原理求得。

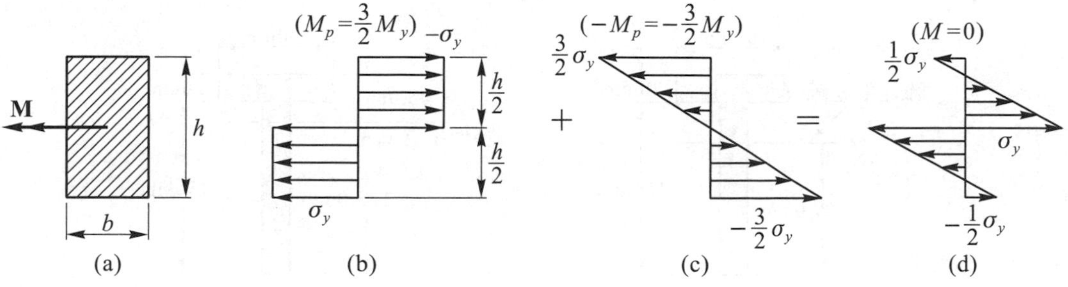

圖 6-22

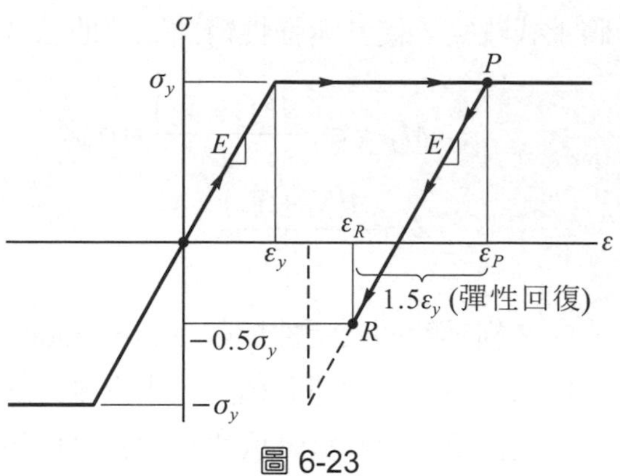

圖 6-23

參考圖 6-22 中矩形斷面之梁(以彈塑材料製造)，當斷面承受塑性彎矩 M_p ($M_p = 3M_y/2$) 時，斷面之應力分佈如圖 6-22(b)所示，設此時下緣之應變爲 $\varepsilon_P\left(\varepsilon_P >> \varepsilon_Y\right)$，如圖 6-23 中之 P 點。若將彎矩 M_p 移去，將產生彈性回復，相當於施加一反向彎矩($-M_p$)將原先所施加之 M_p 抵銷，此反向彎矩($-M_p$)所產生之彈性應力分佈如圖 6-22(c)所示，因 $M_p = 3M_y/2$，故其最大應力爲$-3\sigma_y/2$ (彈性回復之最大應力可達$-2\sigma_y$)。彈性回復時材料下緣之應力與應變將沿圖 6-23 中之 PR 線變化，R 點即爲下緣最後之殘留應力及應變。至於斷面殘留應力之分佈，將圖 6-22 中(b)(c)兩圖重疊即可求得，如圖 6-22(d)所示，有關殘留應力之詳細分析參考例題 6-13。

例題 6-12

圖中 T 型斷面之梁以彈塑材料製造，降伏強度$\sigma_y = 200$ MPa，試求(a)斷面模數 S，(b)降伏彎矩 M_y，(c)塑性模數 Z，(d)塑性彎矩 M_p，(e)形狀因數 f。

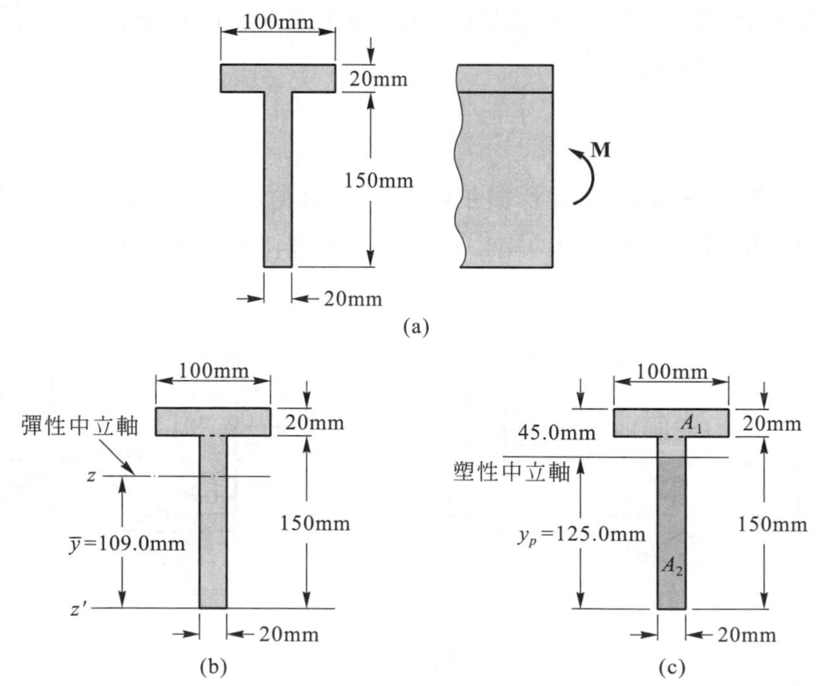

【解】(a) 彈性中立軸通過斷面之形心，設形心至底邊(z'軸)之距離爲 $\bar{y}$ ，參考(b)圖，則

$$\bar{y}=\frac{(100\times20)(160)+(20\times150)(75)}{100\times20+20\times150}=109\text{ mm}$$

斷面對彈性中立軸之慣性矩：$I=I_{z'}-A\bar{y}^2$

$$I=\left[\frac{1}{3}(100)(170)^3-\frac{1}{3}(80)(150)^3\right]-(100\times20+20\times150)(109)^2$$

$$=14.362\times10^6\text{mm}^4$$

斷面模數：$S=\dfrac{I}{c}=\dfrac{14.362\times10^3}{109}=131.76\times10^3\text{mm}^3$

(b) 降伏彎矩

$$M_y=\sigma_y S=(200)(131.176\times10^3)=26.35\times10^6\text{ N-mm}=26.35\text{ kN-m}◀$$

(c) 設塑性中立軸至底邊之距離爲 y_p，由 $A_1=A_2$

$100\times20+20(150-y_p)=20y_p$ ， $y_p=125$ mm

塑性模數爲 A_1 與 A_2 面積對塑性中立軸一次矩之和，即

$$Z=[(100\times20)(35)+(20\times25)(12.5)]+(20\times125)(62.5)=232.5\times10^3\text{mm}^3◀$$

(d) 塑性彎矩

$$M_p=\sigma_y Z=(200)(232.5\times10^3)=46.50\times10^6\text{N-mm}=46.50\text{ kN-m}◀$$

(e) 形狀因數：$f=\dfrac{M_p}{M_y}=\dfrac{46.50}{26.35}=1.765$◀

例題 6-13

一矩形斷面(40mm×100mm)之梁，以彈塑材料($\sigma_y=240$MPa，$E=200$GPa)製造，承受彎矩 $M=20$ kN-m，試求(a)彈性核心之厚度，(b)中立面之曲率半徑，(c)若將彎矩移去，則斷面殘留應力分佈為何？並求此時中立面之曲率半徑。

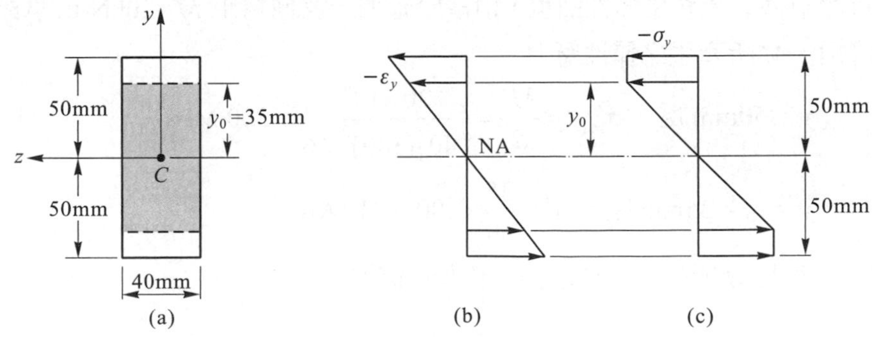

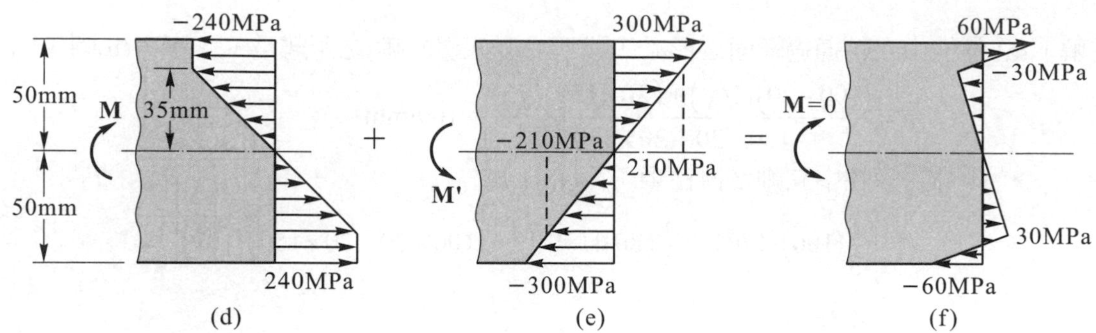

【解】(a) 梁之降伏彎矩為

$$M_y = \sigma_y S = (240)\left(\frac{1}{6}\times 40\times 100^2\right) = 16\times 10^6 \text{ N-mm} = 16 \text{ kN-m}$$

塑性彎矩 $M_p = 1.5M_y = 24$ kN-m

因 $M_y < (M = 20 \text{ kN-m}) < M_p$，故梁為部份降伏。設彈性區域至中立軸之最大距離為 y_0，(b)圖所示為斷面之應變分佈，(c)圖所示為應力分佈。由 $M = \int_A y\sigma dA$

$$20.0\times 10^6 = 2\left\{\left[\sigma_y\left(50-y_0\right)\left(40\right)\right]\left(\frac{50+y_0}{2}\right)+\left[\left(\frac{1}{2}\sigma_y y_0\right)\left(40\right)\right]\left(\frac{2}{3}y_0\right)\right\}$$

$$= 2\left\{\left(240\right)\left(20\right)\left(50^2 - y_0^2\right)+\frac{40}{3}\left(240\right)y_0^2\right\}$$

得 $y_0 = 35$mm

故彈性核心之厚度為 $2y_0 = 2(35) = 70$mm◂

(b) $y \le (y_0 = 35\text{mm})$之範圍為彈性區域，可適用彈性撓曲公式，即 $y = y_0$處，

$\sigma = \sigma_y = E\dfrac{y_0}{\rho}$，故此時中立面之曲率半徑為

$$\rho = \frac{Ey_0}{\sigma_y} = \frac{\left(200\times 10^3\right)\left(35\right)}{240} = 29.2\times 10^3\text{mm} = 29.2\text{m}$$◂

(c) 將彎矩移去後產生彈性回復，相當於施加一反向彎矩 M'=20kN-m 抵銷原施加之彎矩，M'所產生之彈性應力

$$y = 50\text{mm 處，}\ \sigma'_{\max} = \frac{M'}{S} = \frac{20\times 10^6}{\left(40\right)\left(100\right)^2/6} = 300 \text{ MPa}$$

$$y = y_0 = 35\text{mm 處，}\ \sigma' = \frac{35}{50}\times 300 = 210 \text{ MPa}$$

反向彎矩 M'所生之彈性應力分佈如(e)圖所示。

彎矩 M 移去後斷面之殘留應力分佈可將 M 與 M' 所生之應力分佈重疊，結果如(f)圖所示

$y = 50\text{mm}$ 處，$(\sigma_R)_{max} = (-240)+300 = 60\ \text{MPa}$

$y = y_0 = 35\text{mm}$ 處，$\sigma_R = (-240)+210 = -30\ \text{MPa}$

(d) 彎矩 M 移去後，由於 $y \le y_0$ 之範圍始終在彈性區域，均可適用彈性撓曲公式，在 $y = y_0$ 處 $\sigma_R = E\dfrac{y_0}{\rho_R}$，故梁永久變形之曲率半徑為

$$\rho_R = \frac{\left(200\times10^3\right)\left(35\right)}{30} = 233.3\times10^3\text{mm} = 233.3\text{m} \blacktriangleleft$$

6-34 圖中之外伸梁由塑膠材料製造，其應力與應變之關係為 $\sigma^2 = (5\times10^6)\ \varepsilon$ MPa。設梁內容許之最大應變為 $\varepsilon_{max} = 0.005$，試求梁上容許之均佈負荷 q。

【答】$q = 53.4$ kN/m

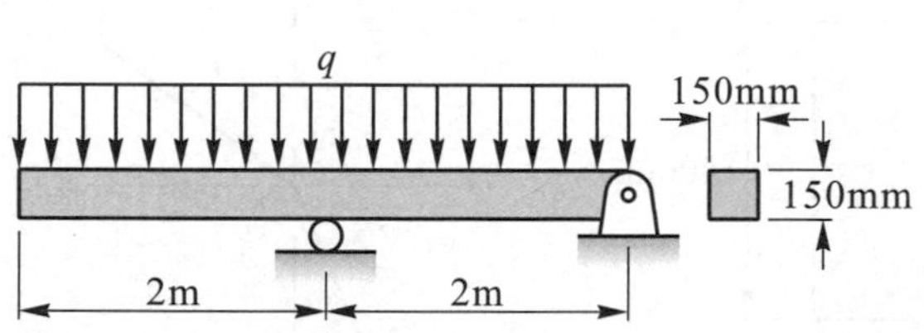

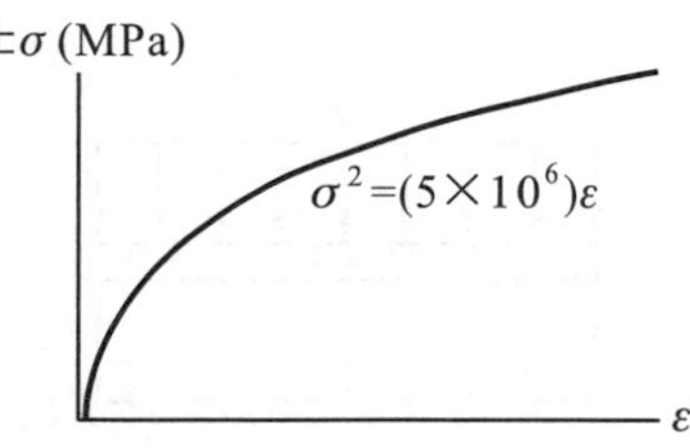

習題 6-34

6-35 圖中寬翼型斷面之梁由塑膠材料製造，其應力與應變之關係為 $\sigma = (4.65\times10^3)\ \varepsilon^{1.35}$ ksi。設梁內容許之最大應變為 $\varepsilon_{max} = 0.005$，試求梁所能承受之最大彎矩。

【答】$M = 120.8$ kip-in

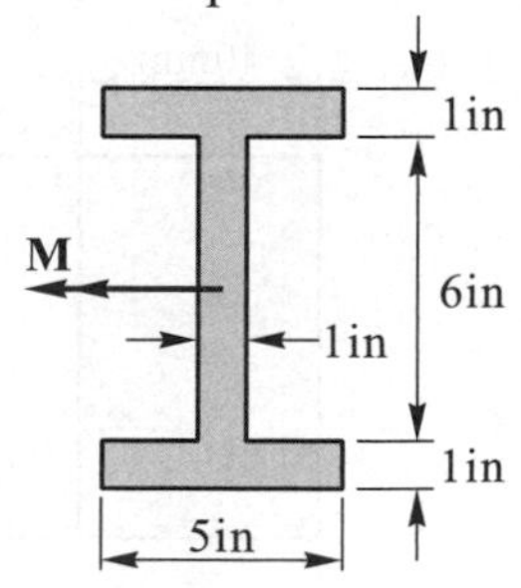

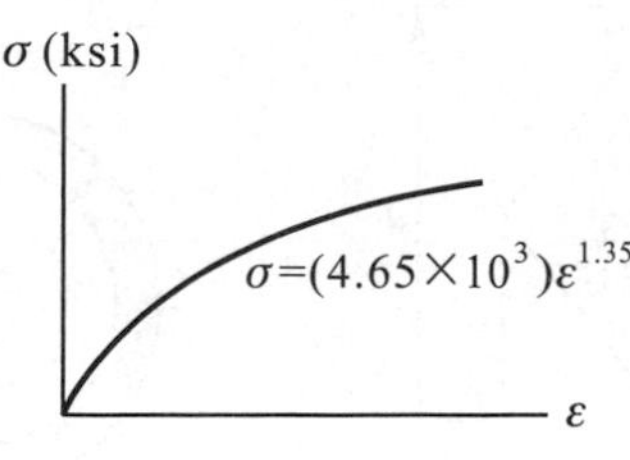

習題 6-35

6-36 圖中矩形斷面之梁，其應力-應變圖由兩段直線組成。已知斷面容許之最大應變爲 0.050 in/in，試求斷面所能承受之最大彎矩？

【答】$M = 772$ kip-in

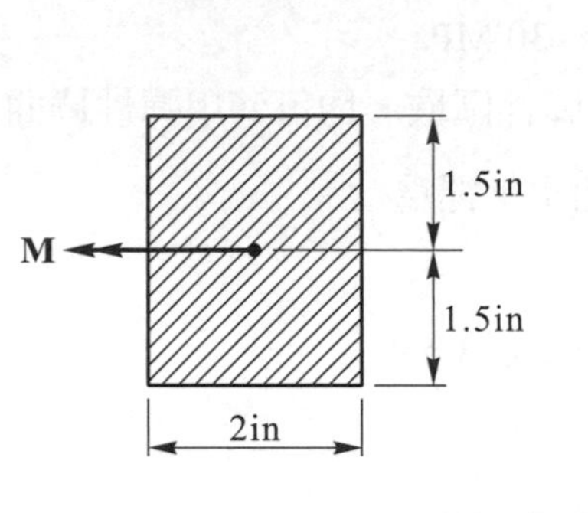

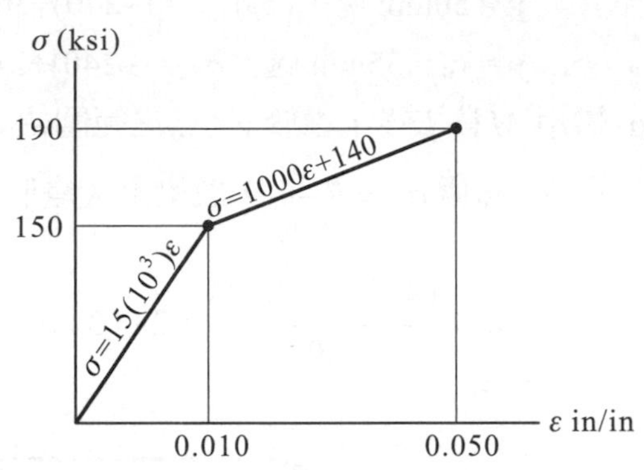

習題 6-36

6-37 圖中長度 $L = 1.0$m 之懸臂梁承受均佈負荷 $q = 12.0$ kN/m。材料拉伸與壓縮之彈性模數分別爲 $E_2 = 70$ GPa 與 $E_1 = 200$GPa，試求梁內所生之最大拉應力與最大壓應力。

【答】$\sigma_t = 24.4$ MPa，$\sigma_c = 41.2$ MPa

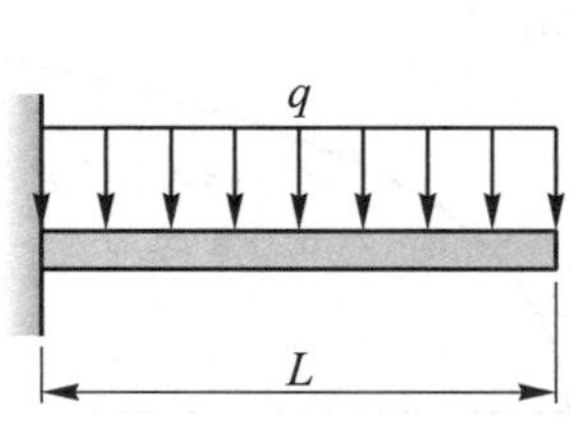

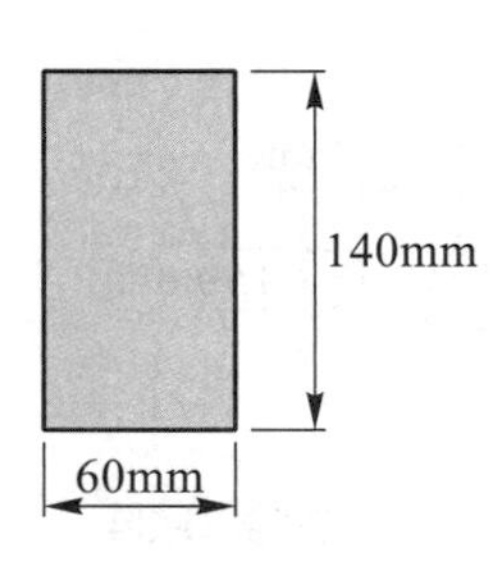

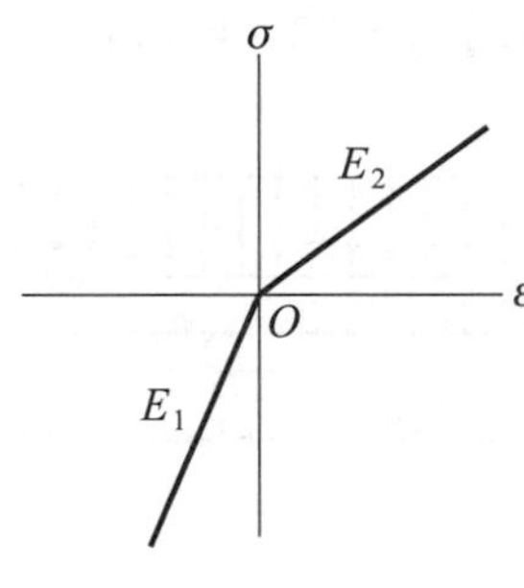

習題 6-37

6-38 試求圖中菱形斷面之形狀因數 f。

【答】$f = 2$

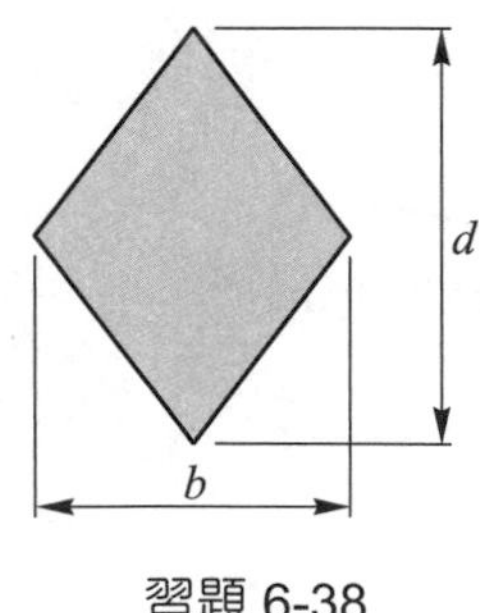

習題 6-38

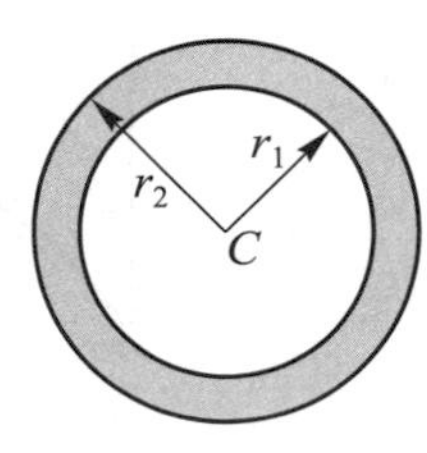

習題 6-39

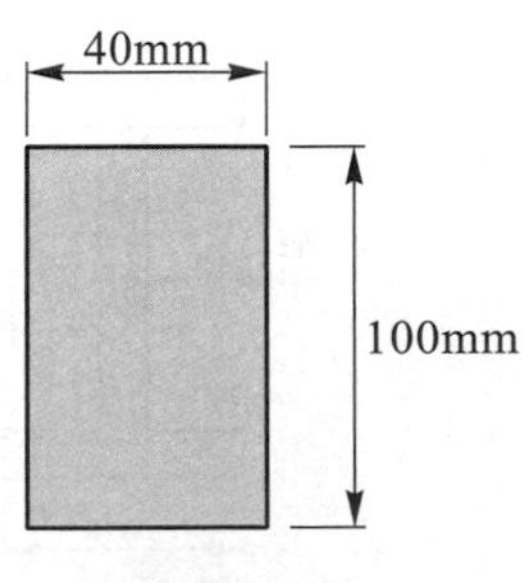

習題 6-40

6-39 (a)試求圖中空心圓形斷面之形狀因數。(b)若 $r_1 \approx r_2$，試求薄壁圓形斷面之形狀因數。

【答】(a) $f=\dfrac{16r_2\left(r_2^3-r_1^3\right)}{3\pi\left(r_2^4-r_1^4\right)}$，(b) $f=\dfrac{4}{\pi}=1.27$

6-40 圖中長方形斷面之梁，降伏應力為 250 MPa，試求斷面之塑性模數 Z，降伏彎矩 M_y 及塑性彎矩 M_p。

【答】$Z=1.00\times10^5\,\text{mm}^3$，$M_y=16.7$ kN-m，$M_p=25.0$ kN-m

6-41 圖中箱型斷面之梁以彈塑材料製造，降伏強度為 230 MPa，試求斷面之塑性模數 Z，形狀因數 f 及塑性彎矩 M_p。

【答】$Z=6.094\times10^6\text{mm}^3$，$f=1.24$，$M_p=1.40$ MN-m

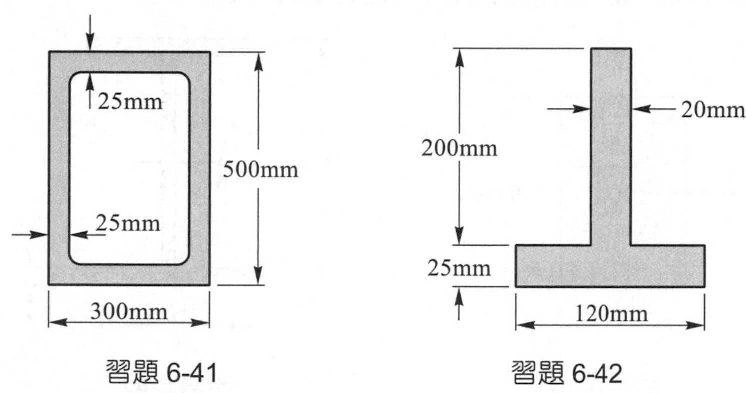

習題 6-41　　習題 6-42

6-42 試求圖中 T 型斷面之塑性模數 Z 及形狀因數 f。

【答】$Z=425\times10^3\text{mm}^3$，$f=1.79$

6-43 圖中所示斷面之梁為彈塑材料所製造，降伏應力為 $\sigma_y=240$ MPa，試求梁之塑性彎矩 M_p。

【答】$M_p=44.16$ kN-m

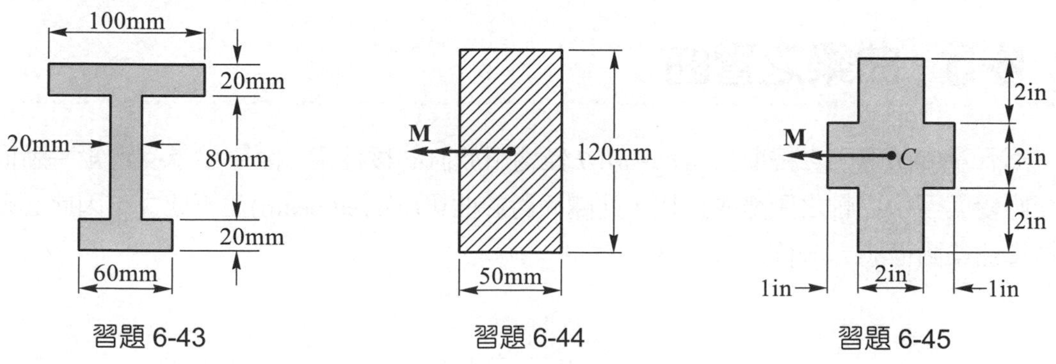

習題 6-43　　習題 6-44　　習題 6-45

6-44 圖中矩形斷面之梁以彈塑材料(σ_y = 240 MPa)製造，承受彎矩 M = 36.8 kN-m，試求(a)彈性核心之厚度，(b)若將彎矩 M 移去，試求斷面之殘留應力。

【答】(a)40 mm

6-45 試求使圖中斷面上下兩邊產生 2 in 厚度之塑性區域所需之彎矩 M。梁之材料爲彈塑材料，σ_y = 42 ksi，$E = 29\times10^6$psi。

【答】M = 784 kip-in

6-46 圖中矩形斷面之梁以彈塑材料(σ_y = 240 MPa，E = 200 GPa)製造，(a)試求斷面上下兩邊產生 30mm 厚度之塑性區域所需之彎矩 M，(b)將(a)中之彎矩 M 移去，試求在 y = 45mm 處之殘留應力及殘留應力爲零之位置，(c)梁永久變形之曲率半徑。

【答】(a)28.08 kN-m，(b)106.7 MPa，31.15 mm，(c)24.1 m

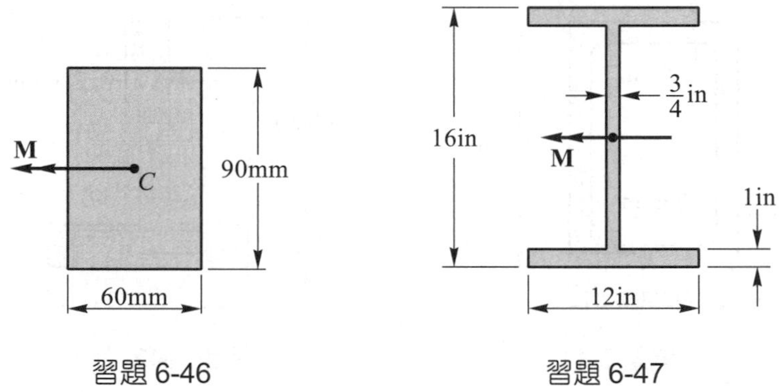

習題 6-46　　習題 6-47

6-47 圖中寬翼型斷面以彈塑材料(σ_y = 36 ksi，$E = 30\times10^6$ psi)製造，(a)試求使上下翼板完全降伏所需之彎矩 M 及此時梁之曲率半徑，(b)將(a)中之彎矩 M 移去，試求斷面之殘留應力及永久變形之曲率半徑。

【答】(a)M = 7360 kip-in，ρ = 5830 in，(b)$(\sigma_R)_{max}$ = 2.64 ksi，ρ_R = 7990 ft

6-5 曲梁之彎曲

第五章中所導出之撓曲公式 $\sigma = My/I$ 僅適用於直的稜柱梁，因直梁承受彎矩時斷面之正交應變與至中立軸之距離成正比，此關係對於曲梁(curved beam)並不成立，因此必須另外推導曲梁斷面應力分佈之公式。

曲梁承受彎矩，其斷面之應力分佈是基於下列四項假設條件：

(1) 彎矩之作用面在曲梁之縱向對稱面上，即彎矩之作用面與橫斷面之交線爲橫斷面之對稱軸。
(2) 曲梁彎曲後其橫斷面仍保持爲平面。
(3) 梁爲等向性且爲均質之線彈性材料，適用虎克定律。
(4) 拉伸及縮之彈性模數相同。

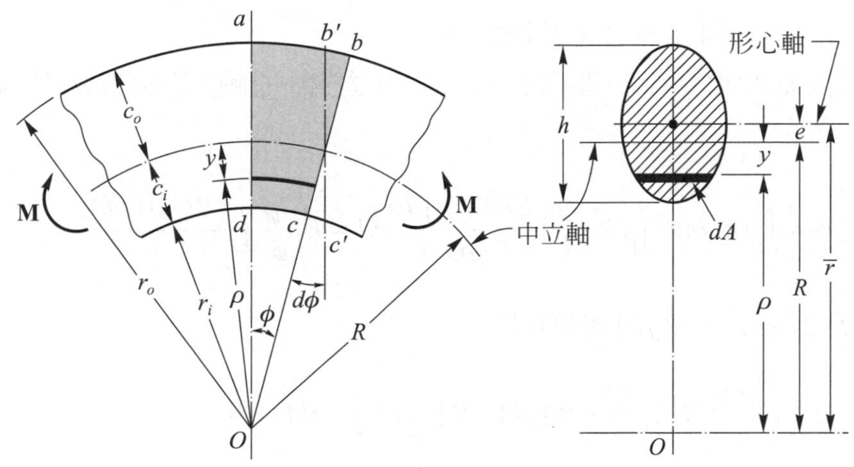

圖 6-24

圖 6-24 中所示爲一承受純彎之曲梁，今考慮夾角爲ϕ之兩斷面 ad 及 bc 間之自由體圖。當曲梁承受彎矩 M 時，斷面 bc 將相對於斷面 ad 轉動 $d\phi$角至 $b'c'$之位置，如圖所示，設中立軸之曲率半徑爲 R，則梁內曲率半徑爲ρ之處(即距離中立軸爲 y 處)所產生之應變爲

$$\varepsilon = \frac{\text{變形量}}{\text{原始長度}} = \frac{y\,d\phi}{\rho\phi} = \frac{(R-\rho)\,d\phi}{\rho\phi} \tag{a}$$

相當於此應變之正交應力爲

$$\sigma = E\varepsilon = \frac{E(R-\rho)\,d\phi}{\rho\phi} \tag{b}$$

由於曲梁承受純彎，斷面所生正交應力之合力等於零，故得

$$\int_A \sigma\,dA = E\frac{d\phi}{\phi}\int_A \frac{(R-\rho)\,dA}{\rho} = 0 \tag{c}$$

$$E\frac{d\phi}{\phi}\left(R\int_A\frac{dA}{\rho}-\int_A dA\right)=0 \tag{d}$$

$$R\int_A\frac{dA}{\rho}-A=0 \tag{e}$$

$$R=\frac{A}{\int_A\frac{dA}{\rho}} \tag{6-16}$$

公式(6-16)即用以求出中立軸之曲率半徑 R。

其次，由於曲梁承受純彎，斷面所生之正交應力對中立軸之力矩和必等於斷面所受之彎矩，即

$$M=\int_A y\sigma dA=\int_A(R-\rho)\frac{E(R-\rho)d\phi}{\rho\phi}dA=E\frac{d\phi}{\phi}\int_A\frac{(R-\rho)^2 dA}{\rho} \tag{f}$$

因$(R-\rho)^2=R^2-2\rho R+\rho^2$，故($f$)式可改寫爲

$$M=E\frac{d\phi}{\phi}\left(R^2\int_A\frac{dA}{\rho}-R\int_A dA-R\int_A dA-\int_A\rho dA\right)=0 \tag{g}$$

公式(g)中括號內前兩項與公式(d)相同，等於零可消去，則(g)式變爲

$$M=E\frac{d\phi}{\phi}\left(-R\int_A dA+\int_A\rho dA\right) \tag{h}$$

上式中 $\int_A\rho dA=\bar{r}A$ ，其中 $\bar{r}$ 爲曲梁斷面形心軸之曲率半徑，故得

$$M=E\frac{d\phi}{\phi}(\bar{r}-R)A=E\frac{d\phi}{\phi}eA \tag{i}$$

其中 $e=\bar{r}-R$，爲斷面中立軸與形心軸之距離。

將公式(b)式重新整理，得

$$E\frac{d\phi}{\phi}=\frac{\sigma\rho}{(R-\rho)}=\frac{\sigma(R-y)}{y} \tag{j}$$

將公式(j)代入公式(i)中，最後可得曲梁彎曲應力之公式爲

$$\sigma = \frac{My}{Ae(R-y)} \tag{6-17}$$

由公式(6-17)可知曲梁斷面之應力分佈爲雙曲線，最大彎曲應力分別發生在內緣與外緣，且

$$\sigma_i = \frac{Mc_i}{Aer_i} \quad , \quad \sigma_o = \frac{Mc_o}{Aer_o} \tag{6-18}$$

式中，c_i與 c_o爲曲梁斷面之內緣與外緣至中立軸之距離，而 r_i與 r_o爲曲梁內緣與外緣之曲率半徑。

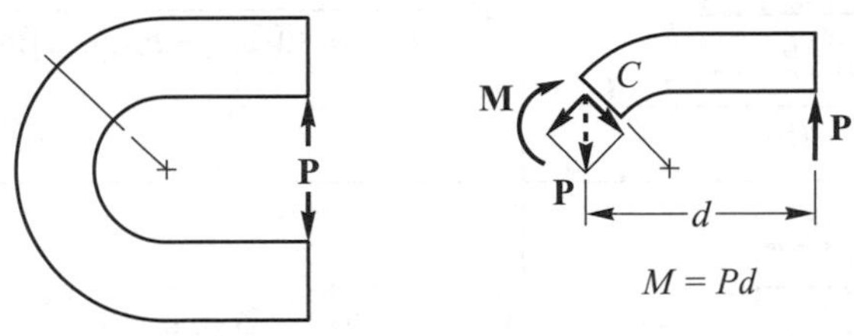

圖 6-25

上列公式僅適用於純彎之曲梁，但在實際情況，如吊車之掛鉤、沖床之 C 型機架，或其他夾具等，都是在曲梁對稱面上之其他位置承受外力而產生彎曲，如圖 6-25 所示，此外力將對曲梁斷面之形心產生一單力 P 及一力偶矩 M(彎矩)，且 $M = Pd$。彎矩在曲梁斷面所生之應力可用公式(6-17)求得。至於作用於曲梁斷面形心之單力 P，可再分解爲與斷面垂直之軸力 N 及與斷面平行之剪力 V，軸力 N 在曲梁斷面產生均勻分佈之正交應力，因此曲梁斷面之總正交應力爲軸力 N 與彎矩 M 所生正交應力之和。至於曲梁斷面剪力 V 所生之剪應力與直梁相同，參考 5-3 節之說明。

表 6-1 中所列爲幾種常用曲梁斷面之形心軸與中立軸之曲率半徑。

表 6-1　幾種常用曲梁斷面之形心軸與中立軸之曲率半徑

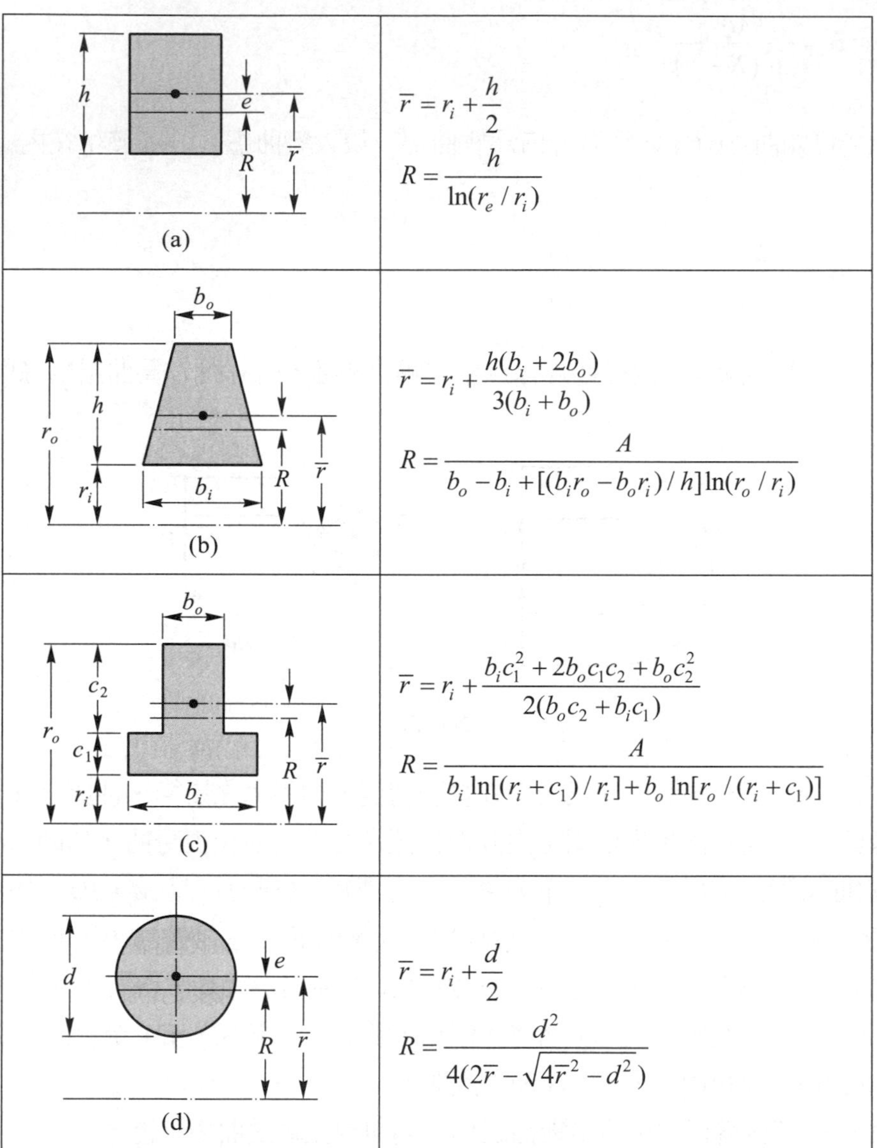

(a)	$\bar{r} = r_i + \frac{h}{2}$ $R = \frac{h}{\ln(r_e / r_i)}$
(b)	$\bar{r} = r_i + \frac{h(b_i + 2b_o)}{3(b_i + b_o)}$ $R = \frac{A}{b_o - b_i + [(b_i r_o - b_o r_i)/h]\ln(r_o / r_i)}$
(c)	$\bar{r} = r_i + \frac{b_i c_1^2 + 2b_o c_1 c_2 + b_o c_2^2}{2(b_o c_2 + b_i c_1)}$ $R = \frac{A}{b_i \ln[(r_i + c_1)/r_i] + b_o \ln[r_o/(r_i + c_1)]}$
(d)	$\bar{r} = r_i + \frac{d}{2}$ $R = \frac{d^2}{4(2\bar{r} - \sqrt{4\bar{r}^2 - d^2})}$

例題 6-14

圖中矩形斷面之曲梁承受彎矩 $M = 500$ N-m，試求最大拉應力及最大壓應力。

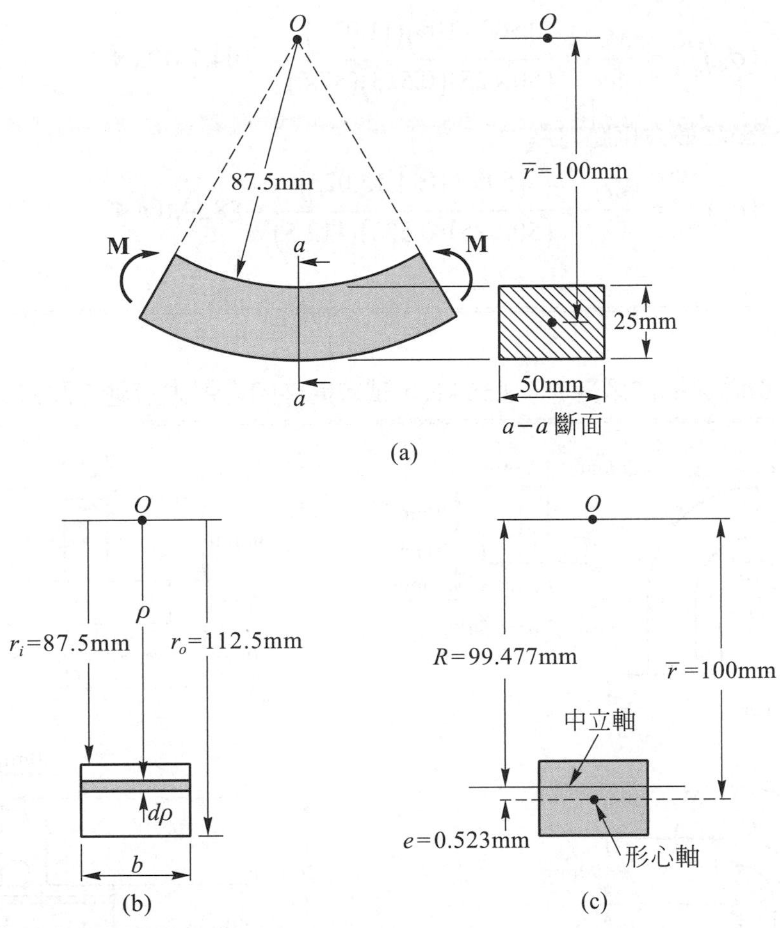

(a)
(b)
(c)

【解】先求中立軸之曲率半徑 R，由公式(6-16)

$$\int_A \frac{dA}{\rho} = \int_{r_i}^{r_o} \frac{b\,d\rho}{\rho} = b\ln\frac{r_o}{r_i} = (50)\ln\frac{112.5}{87.5} = 12.566$$

$$R = \frac{A}{\int_A \frac{dA}{\rho}} = \frac{50\times 25}{12.566} = 99.477\text{mm}$$

形心之曲率半徑 $\bar{r} = 87.5+12.5 = 100\text{mm}$，則

$$e = \bar{r} - \text{R} = 100-99.477 = 0.523\text{mm}$$

$$c_o = r_o - R = 112.5-99.477 = 13.023\text{mm}$$

$$c_i = R - r_i = 99.477-87.5 = 11.977\text{mm}$$

由公式(6-18)，內緣(上緣)之最大壓應力爲

$$(\sigma_c)_{\max}=\frac{Mc_i}{Aer_i}=\frac{(500\times10^3)(11.977)}{(50\times25)(0.523)(87.5)}=104.7\text{MPa}◀$$

外緣(下緣)之最大拉應力為

$$(\sigma_t)_{\max}=\frac{Mc_o}{Aer_o}=\frac{(500\times10^3)(13.023)}{(50\times25)(0.523)(112.5)}=88.5\text{MPa}◀$$

例題 6-15

圖中 T 型斷面之構件承受 $P=8.55$ kN，試求構件內之最大拉應力及最大壓應力。

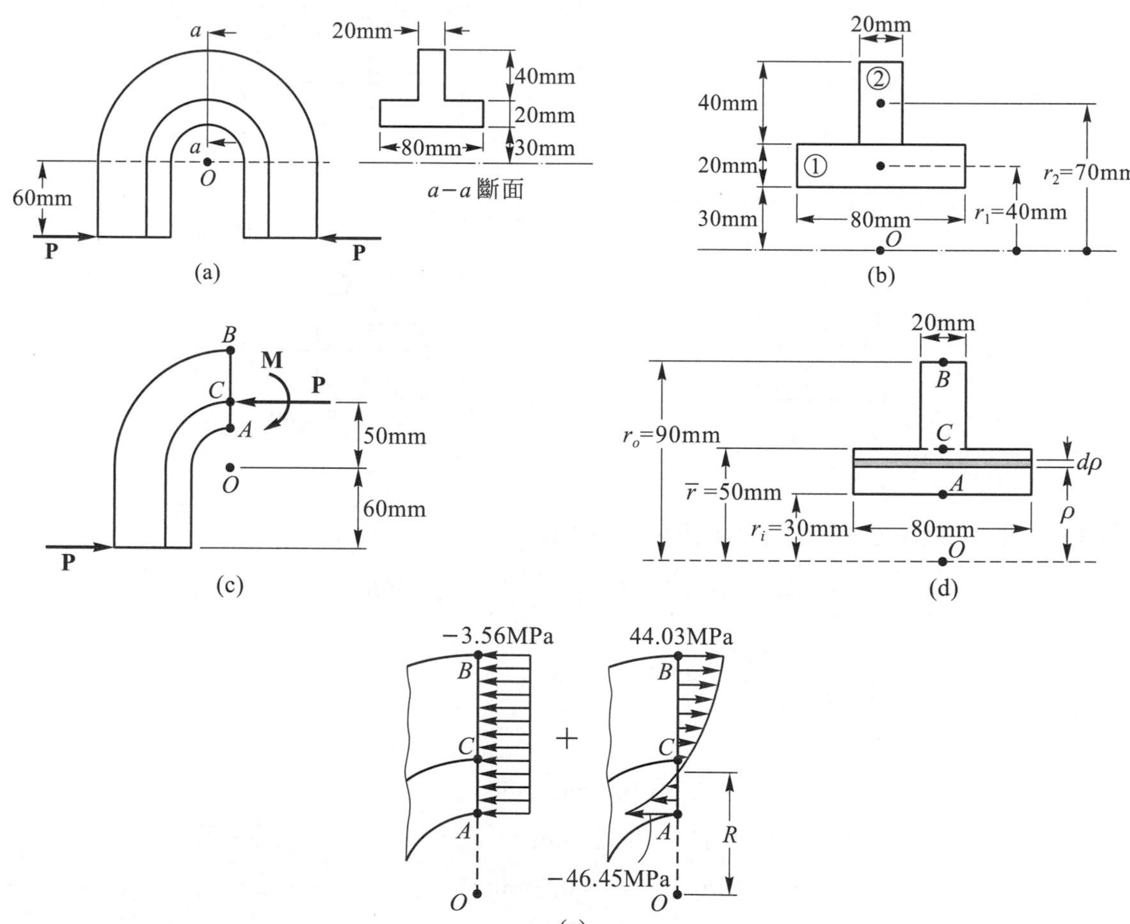

【解】$a-a$ 斷面形心之曲率半徑 $\overline{r}$ ，參考圖(b)，則

$$\overline{r}=\frac{A_1r_1+A_2r_2}{A_1+A_2}=\frac{(80\times 20)(40)+(20\times 40)(70)}{(80\times 20)+(20\times 40)}=50\text{ mm}$$

故 a-a 斷面之形心恰位於 T 型斷面腹板與翼板交界處。

a-a 斷面所承受之負荷包括軸向壓力 P 及彎矩 M，如圖(c)所示，且

$$P=8.55\text{kN}$$

$$M=Pd=8.55(60+50)=940.5\text{ kN-mm}$$

a-a 斷面中立軸之曲率半徑 R，參考圖(d)，由公式(6-16)

$$R=\frac{A}{\int_A\frac{dA}{\rho}}=\frac{2400}{\int_{r_i}^{\overline{r}}\frac{80d\rho}{\rho}+\int_{\overline{r}}^{r_o}\frac{20d\rho}{\rho}}=\frac{2400}{(80)\left(\ln\frac{50}{30}\right)+(20)\left(\ln\frac{90}{50}\right)}$$

$$=\frac{2400}{40.866+11.756}=45.61\text{mm}$$

則 $c_i=R-r_i=45.61-30=15.61\text{ mm}$

$$c_o=r_o-R=90-45.61=44.39\text{ mm}$$

$$e=\overline{r}-R=50-45.6=4.39\text{ mm}$$

a-a 斷面之應力為 P 及 M 所生正交應力之和，如(e)圖所示，最大壓應力在 A 點，最大拉應力在 B 點，因此

$$(\sigma_c)_{\max}=\sigma_A=-\frac{P}{A}-\frac{Mc_i}{Aer_i}=-\frac{8.55\times 10^3}{2400}-\frac{(940.5\times 10^3)(15.61)}{(2400)(4.39)(30)}$$

$$=-3.56-46.45=-50.01\text{ MPa}◀$$

$$(\sigma_t)_{\max}=\sigma_B=-\frac{P}{A}+\frac{Mc_o}{Aer_o}=-\frac{8.55\times 10^3}{2400}+\frac{(940.5\times 10^3)(44.39)}{(2400)(4.39)(30)}$$

$$=-3.56+44.03=40.47\text{MPa}◀$$

習題

6-48 試求圖中長方斷面之曲梁在 A、B 兩點之應力。

【答】$\sigma_A = -43.2$ MPa，$\sigma_B = 33.0$ MPa

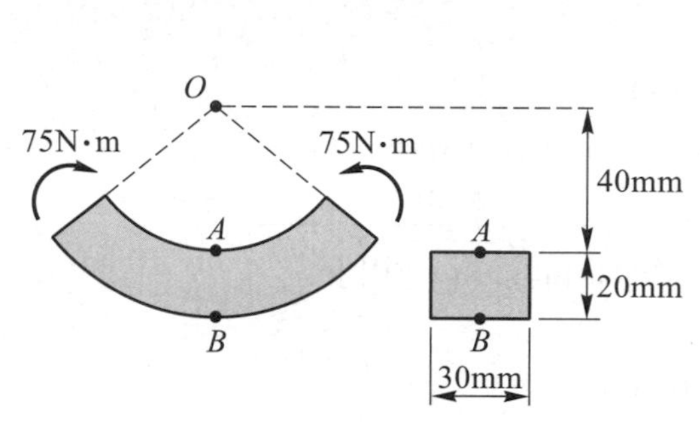

習題 6-48

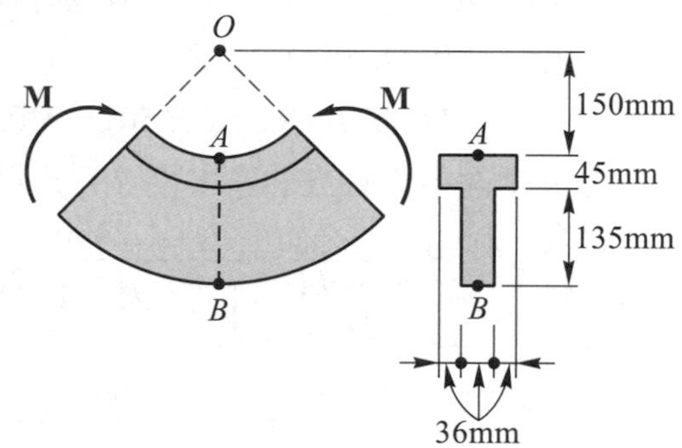

習題 6-49

6-49 圖中 T 型斷面之曲梁承受彎矩 $M = 20$ kN-m，試求 A、B 兩點之應力

【答】$\sigma_A = -64.1$ MPa，$\sigma_B = 65.2$ MPa

6-50 試求圖中正方形斷面(30mm×30mm)之曲梁在 A、B 兩點之應力。

【答】$\sigma_A = -154.3$ MPa，$\sigma_B = 75.1$ MPa

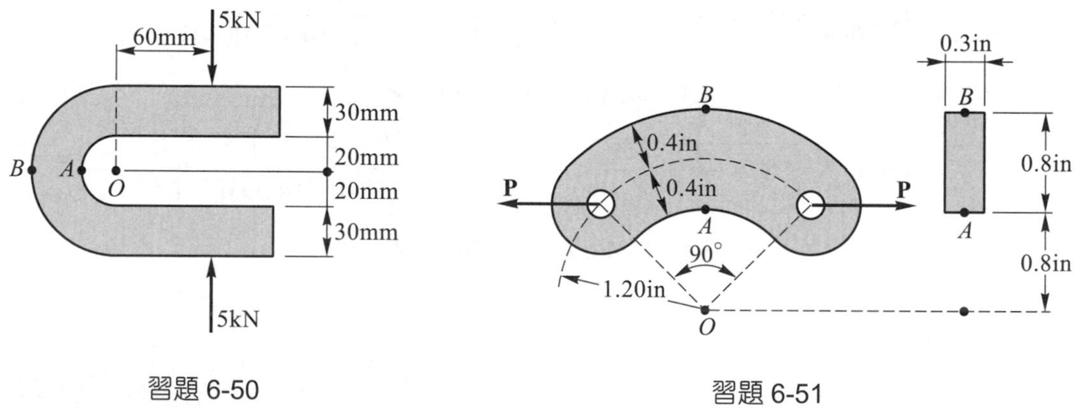

習題 6-50

習題 6-51

6-51 圖中矩形斷面之弧形連桿，容許拉應力為 12 ksi，試求連桿之容許負荷 P？

【答】$P = 657$ lb

6-52 圖中 T 型斷面之開口圓環，已知容許正交應力為 120 MPa，試求容許負荷 P？

【答】$P = 83.4$ kN

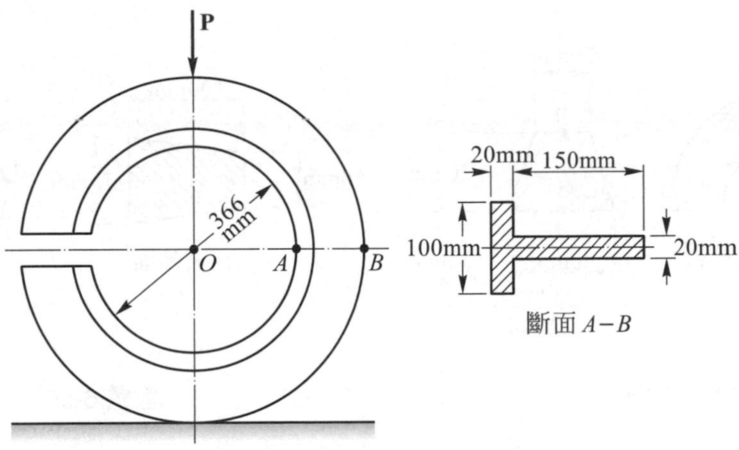

習題 6-52

6-53 圖中圓形斷面之開口圓環，在開口斷面之形心承受 2 kN 之負荷，試求圓環在 A、B 兩點之應力。圓環內徑爲 40mm，斷面之直徑爲 30mm。

【答】$\sigma_A = 107$ MPa，$\sigma_B = -65.7$ MPa

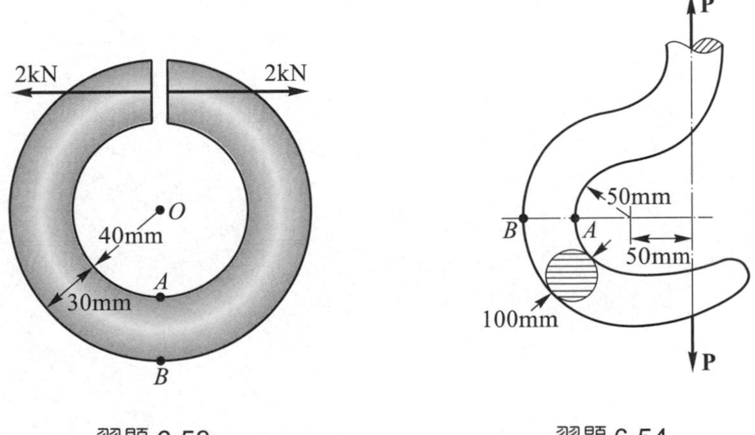

習題 6-53　　習題 6-54

6-54 圖中圓形斷面之吊鉤，設容許拉應力爲 120MPa，試求吊鉤之容許載重 P？

【答】$P = 46.1$ kN

6-55 圖中梯形斷面之曲梁，試求 A、B 兩點之應力。

【答】$\sigma_A = 64.0$ MPa，$\sigma_B = -52.7$ MPa

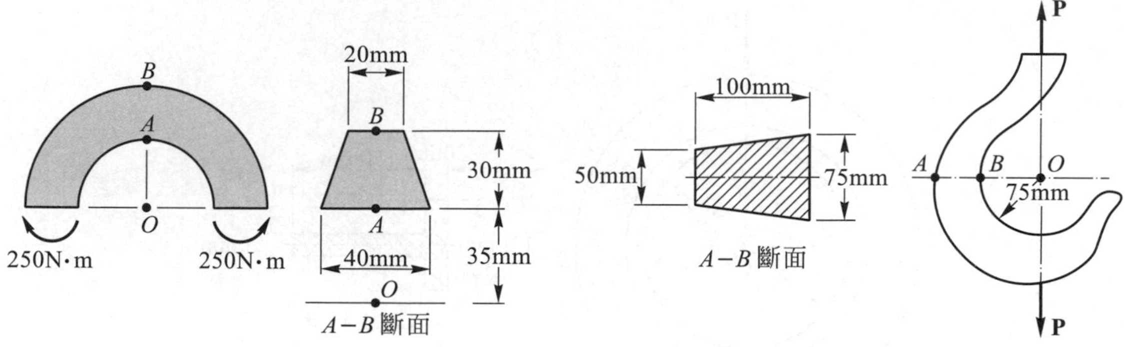

習題 6-55　　　　　　習題 6-56

6-56 圖中梯形斷面之吊鉤，設容許拉應力為 80 MPa，試求吊鉤之容許負荷 P？

【答】$P = 48.1$ kN

CHAPTER

7

應力與應變分析

構件承受負荷時，其內任一點之應力情形，通常以該點之應力元素表示其所受之應力狀態。在第一章中已討論過受拉桿件內任一點之應力為單軸向應力狀態，如圖 7-1 所示，而承受直接剪力作用之鉚釘為純剪之應力狀態，如圖 7-2 所示，至於承受純扭之圓桿內任一點為純剪之應力狀態。上述幾種情形都是構件承受單一種負荷時之應力狀態，很容易分析，但實際上機器或結構物內之構件，通常都是同時承受數個負荷所作用，應力狀態較為複雜，因此本章將先討論一般負荷下構件內任一點之應力狀態，再討論工程上比較重要之平面應力狀態。

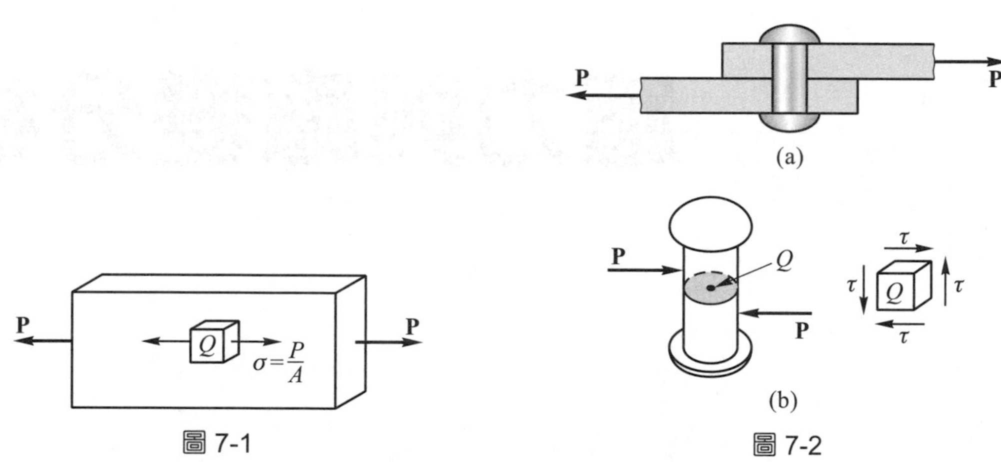

圖 7-1

圖 7-2

7-1 承受一般負荷之應力狀態

參考圖 7-3，一物體承受數個負荷作用，為瞭解物體內任一點 Q 之應力情形，考慮通過 Q 點與 yz 平行之斷面，並取左側之自由體圖，如圖 7-4(a)所示，在 Q 點周圍微小面積ΔA上必承受有垂直力ΔN^x及剪力ΔV^x，其中ΔN^x朝 x 軸方向，而ΔV^x與 yz 面平行，並可分解為 y 軸及 z 軸兩個方向之分量 ΔV_y^x 及 ΔV_z^x，如圖 7-4(b)所示，由應力之定義可得 Q 點在此斷面(x 面)之三個應力分量，如圖 7-5 所示，即

$$\sigma_x = \lim_{\Delta A \to 0} \frac{\Delta N^x}{\Delta A} \quad , \quad \tau_{xy} = \lim_{\Delta A \to 0} \frac{\Delta V_y^x}{\Delta A} \quad , \quad \tau_{xz} = \lim_{\Delta A \to 0} \frac{\Delta V_z^x}{\Delta A}$$

其中σ_x、τ_{xy}、τ_{xz}中之第一個下標表示應力作用在 x 面(即與 x 軸垂直之平面)上，而τ_{xy}及τ_{xz}中之第二個下標表示應力之方向。

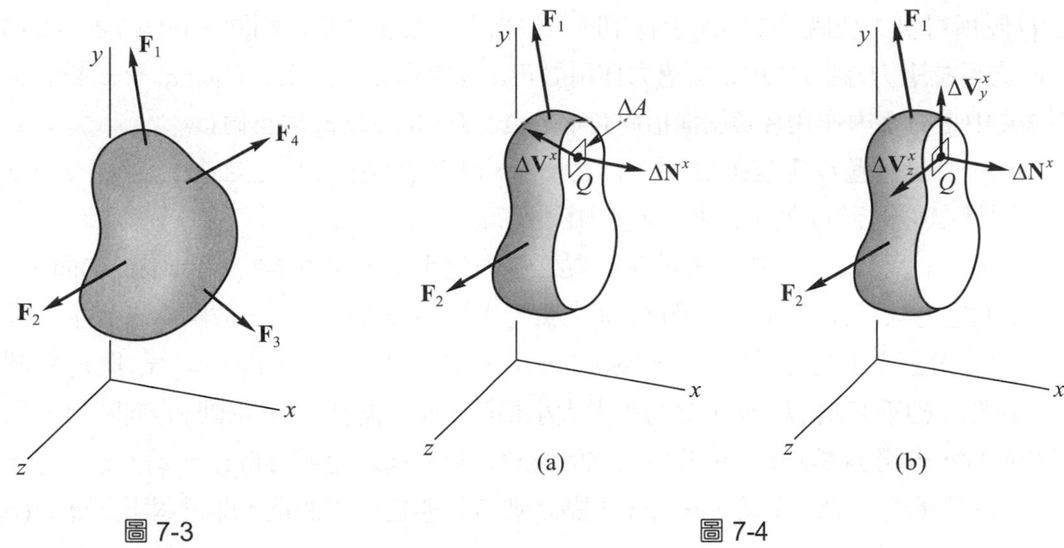

圖 7-3　　圖 7-4

對於正交應力及剪應力正負值之定法如下：

(1) 正交應力：拉應力爲正，壓應力爲負
(2) 剪應力：「作用於正方向之平面指向正方向」或「作用於負方向之平面指向負方向」時定爲正值。而「作用於正方向之平面指向負方向」或「作用於負方向之平面指向正方向」時定爲負值。

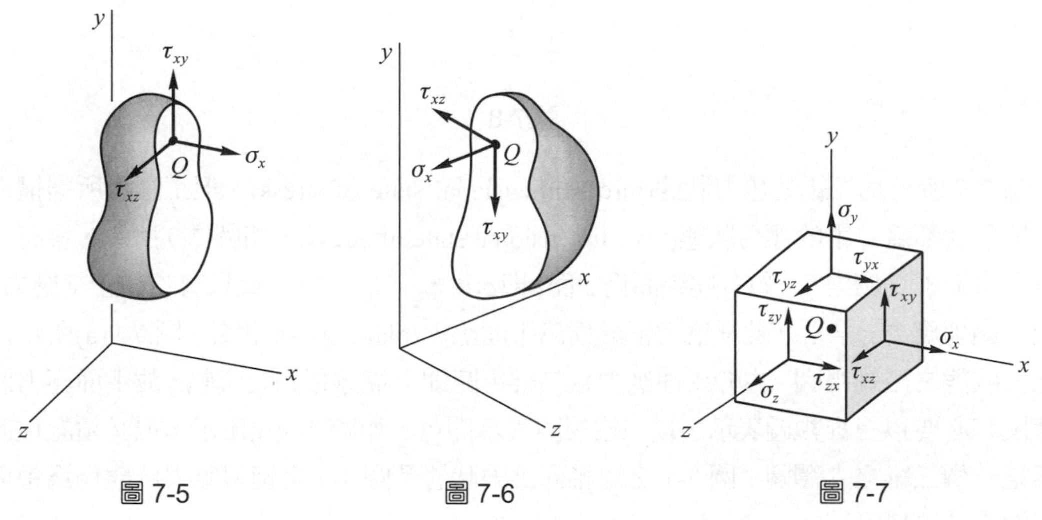

圖 7-5　　圖 7-6　　圖 7-7

若考慮物體在 yz 斷面(通過 Q 點)右側之自由體圖，如圖 7-6 所示，可得 Q 點周圍微小面積ΔA 上之垂直力ΔN^x 與剪力 ΔV_y^x 及 ΔV_z^x，與圖 7-4(b)中所示者大小相等方向相反，因

此在 Q 點所得應力與圖 7-5 中所示者相同，包括大小及正負值均相同。在圖 7-5 及圖 7-6 中之 σ_x 均爲拉應力，圖 7-5 中之剪應力作用於正 x 面指向正 y 及正 z 方向(τ_{xy} 及 τ_{xz} 爲正値)，而圖 7-6 中之剪應力作用於負 x 面指向負 y 及負 z 方向(τ_{xy} 及 τ_{xz} 爲正値)。

同理，切取通過 Q 點且與 xz 面平行之斷面，可得 Q 點在 y 面上之應力爲 σ_y、τ_{yx}、τ_{yz}。最後，同樣亦可得到 Q 點在 z 面上之應力爲 σ_z、τ_{zx}、τ_{zy}。

將 x 面、y 面及 z 面之應力表示在 Q 點之應力元素上，如圖 7-7 所示，因($-x$)面、($-y$)面及($-z$)面應力與($+x$)面、($+y$)面及($+z$)面之應力大小相等方向相反，故圖中未標示。因此整個應力元素上之應力包括有 σ_x、σ_y 與 σ_z 三個正交應力及 τ_{xy}、τ_{yx}、τ_{xz}、τ_{zx}、τ_{yz} 與 τ_{zy} 六個剪應力。由於互相垂直兩個平面上之剪應力大小相等，而方向當一個朝順時方向時另一個爲朝逆時方向，參考圖 7-8 所示，若按上述剪應力正負方向之定義可得 $\tau_{xy} = \tau_{yx}$，$\tau_{yz} = \tau_{zy}$，$\tau_{xz} = \tau_{zx}$。故物體承受一般負荷時，其內任一點之應力狀態包括六個量，即三個正交應力(σ_x、σ_y、σ_z)及三組剪應力(τ_{xy}、τ_{yz}、τ_{xz})。

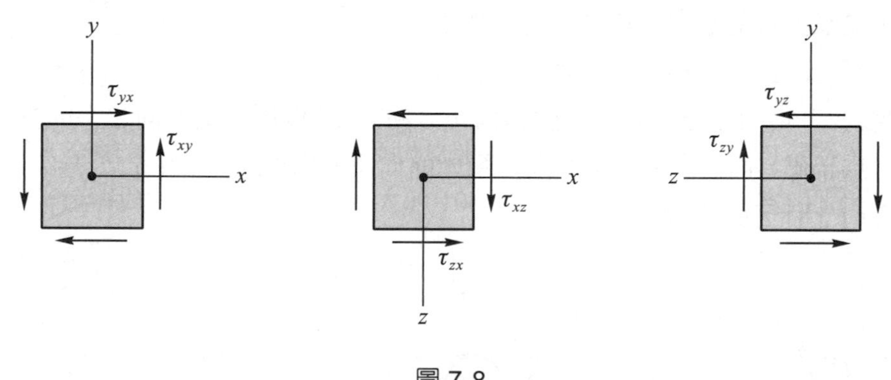

圖 7-8

圖 7-7 所示爲三維的應力狀態(three-dimensional state of stress)，但工程上所遇構件之應力情形大都爲二維的應力狀態(two-dimensional state of stress)，如圖 7-9 所示，會有一組平行之平面不受應力，一般令此平面爲 z 面，則 $\sigma_z = \tau_{xz} = \tau_{yz} = 0$，因此只有二個正交應力 σ_x、σ_y 及一組剪應力 $\tau_{xy} = \tau_{yx}$，此種應力情形稱爲平面應力(plane stress)狀態，圖 7-9(a)所示爲平面應力狀態之三維視圖。由於平面應力以二維視圖即可描述相關之資訊，故平面應力狀態有時沒有必要以三維視圖表示，以二維視圖表示即可，如圖 7-9(b)所示，但必須記住應力元素是一個三維之立體圖。圖 7-1 之單軸向應力狀態及圖 7-2 之純剪應力狀態均爲平面應力狀態之特殊情形。

圖 7-10 所示爲構件承受平面應力狀態之實例。

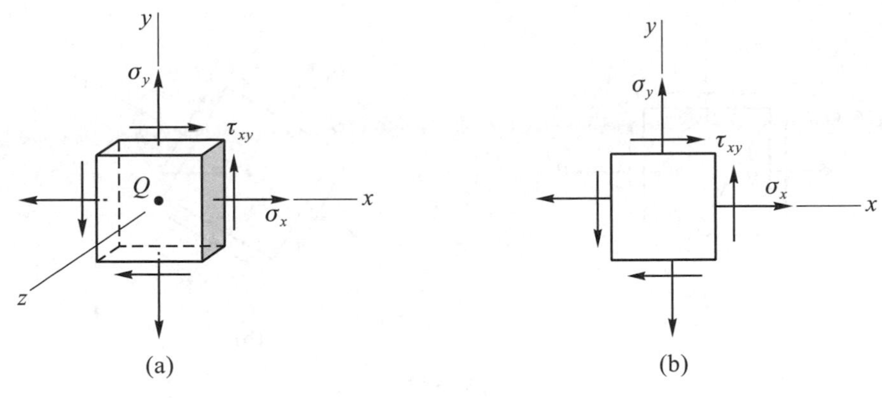

圖 7-9

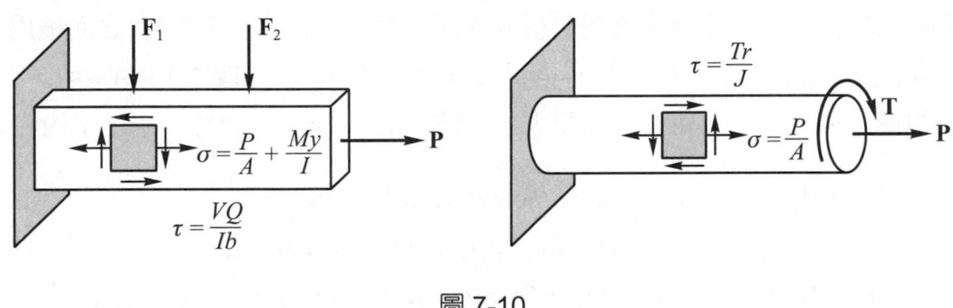

圖 7-10

7-2 平面應力的轉換

構件承受負荷時，同一截面上，各點之應力不會相同，而且同一點之應力也會隨著截面的方位而改變，此種分析同一點之應力隨方位而變之過程稱爲應力的轉換(stress transformation)。在 1-10 節中曾討論過單軸向應力狀態的轉換，而在 3-3 節中討論過純剪應力狀態的轉換。本節主要是在分析平面應力狀態的轉換，即對於承受平面應力狀態(σ_x、σ_y、τ_{xy})之某一點，本節將討論如何去確定通過此點而在其他截面(繞 z 軸旋轉而與+x 軸夾 θ角之傾斜面)之應力狀態($\sigma_{x'}$、$\sigma_{y'}$、$\tau_{x'y'}$)，參考圖 7-11 所示，通常取繞 z 軸朝逆時針方向之轉角 θ爲正，而朝順時方向之轉角 θ爲負。

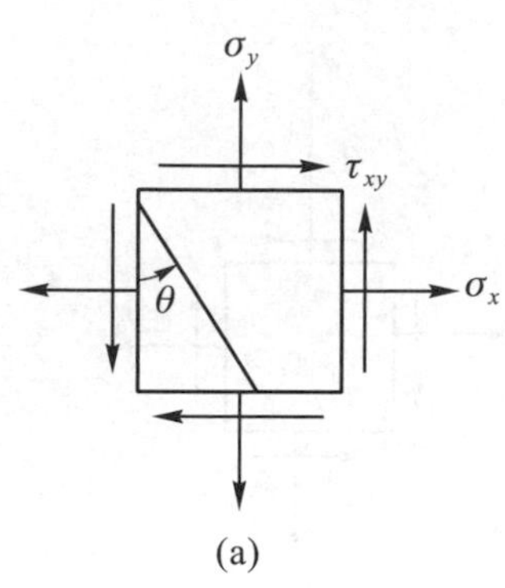

(a)

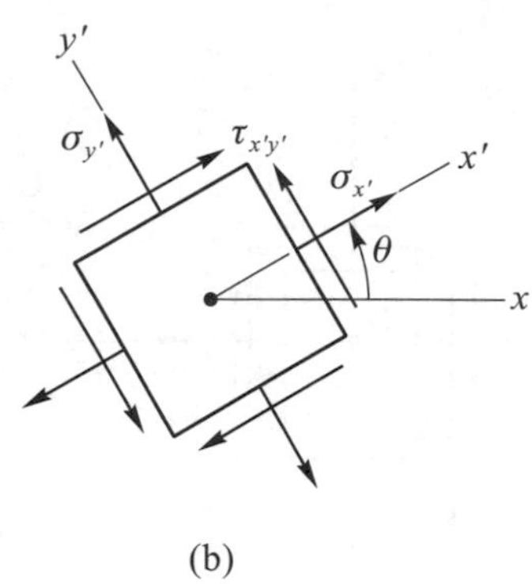

(b)

圖 7-11

■任一傾斜面上之應力

為求得平面應力狀態在 x'傾斜面(繞 z 軸逆時針轉θ角)上之應力，可將圖 7-11(a)中之應力元素切取斜面左下半之自由體圖分析，如圖 7-12 所示。設 x'傾斜面之面積為 dA，則自由體圖在$(-x)$面之面積為 $dA\cos\theta$，$(-y)$面之面積為 $dA\sin\theta$，如圖 7-12(b)所示，將各面之應力與相對應之面積相乘可得各面之受力，如圖 7-12(c)所示。由靜力學之平衡方程式

$$\sum F_{x'}=0\ ,\quad \sigma_{x'}dA-\sigma_x(dA\cos\theta)\cos\theta-\tau_{xy}(dA\cos\theta)\sin\theta$$
$$-\sigma_y(dA\sin\theta)\sin\theta-\tau_{xy}(dA\sin\theta)\cos\theta=0$$
$$\sum F_{y'}=0\ ,\quad \tau_{x'y'}dA+\sigma_x(dA\cos\theta)\sin\theta-\tau_{xy}(dA\cos\theta)\cos\theta$$
$$-\sigma_y(dA\sin\theta)\cos\theta+\tau_{xy}(dA\sin\theta)\sin\theta=0$$

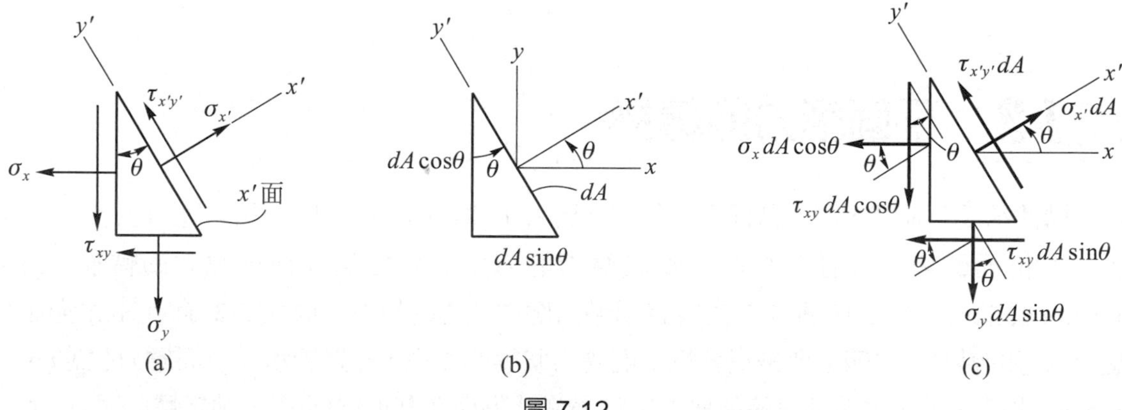

圖 7-12

整理後可得

$$\sigma_{x'}=\sigma_x\cos^2\theta+\sigma_y\sin^2\theta+2\tau_{xy}\sin\theta\cos\theta \tag{7-1}$$

$$\tau_{x'y'} = -(\sigma_x - \sigma_y)(\sin\theta\cos\theta) + \tau_{xy}(\cos^2\theta - \sin^2\theta) \tag{7-2}$$

由三角公式 $\cos^2\theta = \dfrac{1+\cos 2\theta}{2}$，$\sin^2\theta = \dfrac{1-\cos 2\theta}{2}$，$\sin 2\theta = 2\sin\theta\cos\theta$，$\cos 2\theta = \cos^2\theta - \sin^2\theta$，則公式(7-1)與(7-2)可改寫爲

$$\sigma_{x'} = \frac{\sigma_x + \sigma_y}{2} + \frac{\sigma_x - \sigma_y}{2}\cos 2\theta + \tau_{xy}\sin 2\theta \tag{7-3}$$

$$\tau_{x'y'} = -\frac{\sigma_x - \sigma_y}{2}\sin 2\theta + \tau_{xy}\cos 2\theta \tag{7-4}$$

由上式公式可求得平面應力狀態在角度爲θ之任意傾斜面(x'平面)上之正交應力$\sigma_{x'}$及剪應力$\tau_{x'y'}$，需注意，$\sigma_{x'}$爲拉應力時爲正値，壓應力時爲負値，至於$\tau_{x'y'}$作用於正 x'平面指向正 y'方向(對應力元素爲朝逆時針方向作用)時定爲正値，而θ角由 x 軸轉向 x'軸爲逆時針方向時定爲正値。

至於 y'面上之正交應力$\sigma_{y'}$，將公式(7-3)中之θ角以(θ+90°)取代，再由三角公式 $\cos(2\theta+180°) = -\cos 2\theta$ 及 $\sin(2\theta+180°) = -\sin 2\theta$，即可得

$$\sigma_{y'} = \frac{\sigma_x + \sigma_y}{2} - \frac{\sigma_x - \sigma_y}{2}\cos 2\theta - \tau_{xy}\sin 2\theta \tag{7-5}$$

由公式(7-3)及(7-5)可得$\sigma_{x'} + \sigma_{y'} = \sigma_x + \sigma_y$，即不論在任何$\theta$角方位，互相垂直兩平面上正交應力之和必相等，而剪應力恆有$\tau_{y'x'} = \tau_{x'y'}$之關係。

■主應力

平面應力狀態中，在任一傾斜面上之應力，隨其傾斜角θ而變(θ爲傾斜面之法線方向與 x 軸之夾角)，當$\sigma_{x'}$爲最大値與最小値時，稱爲主應力(principal stresses)，主應力之作用面稱爲主平面(principal planes)，主平面之傾斜角θ_p 可由公式(7-3)令 $d\sigma_{x'}/d\theta = 0$ 求得，即

$$\frac{d\sigma_{x'}}{d\theta} = -\left(\sigma_x - \sigma_y\right)\sin 2\theta + 2\tau_{xy}\cos 2\theta = 0$$

得

$$\tan 2\theta_p = \frac{2\tau_{xy}}{\sigma_x - \sigma_y} = \frac{\tau_{xy}}{\left(\sigma_x - \sigma_y\right)/2} \tag{7-6}$$

θ_p 之下標 p 表示 θ_p 爲主平面之角度。公式(7-6)可解得二個相差 180°之 $2\theta_p$ 角度，或二個相差 90°之 θ_p 角度，θ_{p1} 及 θ_{p2}，且「$\theta_{p1}=\theta_{p2}\pm 90°$」，其中 θ_{p1} 爲最大正交應力 σ_1 作用面之角度，且 θ_{p2} 爲最小正交應力 σ_2 作用面之角度，兩個主應力作用於互相垂直之平面上。

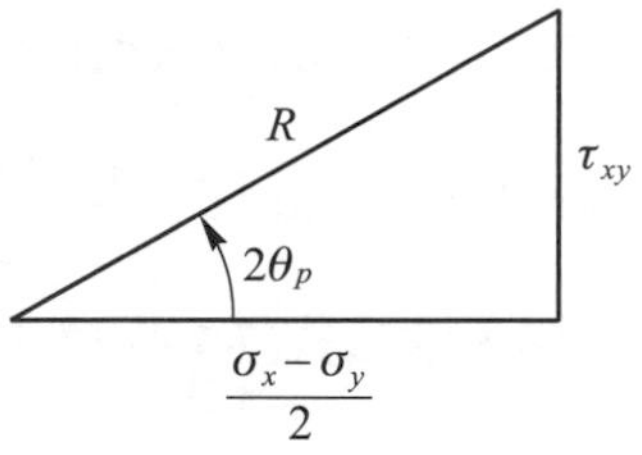

圖 7-13

爲求主應力大小，必須將 θ_{p1} 及 θ_{p2} 代入公式(7-3)中。由公式(7-6)並參考圖 7-13

令 $$R=\sqrt{\left(\frac{\sigma_x-\sigma_y}{2}\right)^2+\tau_{xy}^2}$$

得 $$\sin 2\theta_{p1}=\frac{\tau_{xy}}{R}\ ,\quad \cos 2\theta_{p1}=\frac{\left(\sigma_x-\sigma_y\right)/2}{R} \tag{7-7}$$

$$\sin 2\theta_{p2}=-\frac{\tau_{xy}}{R}\ ,\quad \cos 2\theta_{p2}=-\frac{\left(\sigma_x-\sigma_y\right)/2}{R} \tag{7-8}$$

取公式(7-7)代入公式(7-3)中，得最大正交應力爲

$$\sigma_1=\sigma_{av}+R=\frac{\sigma_x+\sigma_y}{2}+\sqrt{\left(\frac{\sigma_x-\sigma_y}{2}\right)^2+\left(\tau_{xy}\right)^2} \tag{7-9a}$$

將公式(7-8)代入公式(7-3)中，得最小正交應力爲

$$\sigma_2=\sigma_{av}-R=\frac{\sigma_x+\sigma_y}{2}-\sqrt{\left(\frac{\sigma_x-\sigma_y}{2}\right)^2+\left(\tau_{xy}\right)^2} \tag{7-9b}$$

由於上述兩公式之相似性，可將兩式合寫爲

$$\sigma_{1,2}=\sigma_{av}\pm R=\frac{\sigma_x+\sigma_y}{2}\pm\sqrt{\left(\frac{\sigma_x-\sigma_y}{2}\right)^2+\left(\tau_{xy}\right)^2} \tag{7-9}$$

將公式(7-7)與(7-8)代入公式(7-4)中，得 $\tau_{x'y'}=0$，或令公式(7-4)中 $\tau_{x'y'}=0$，可得與公式(7-6)相同之結果，即主平面上之剪應力必等於零，或剪應力爲零之平面必爲主平面，故平面應力之主應力狀態爲一雙軸向應力狀態，如圖 7-14 所示，且「$\sigma_1+\sigma_2=\sigma_x+\sigma_y$」。

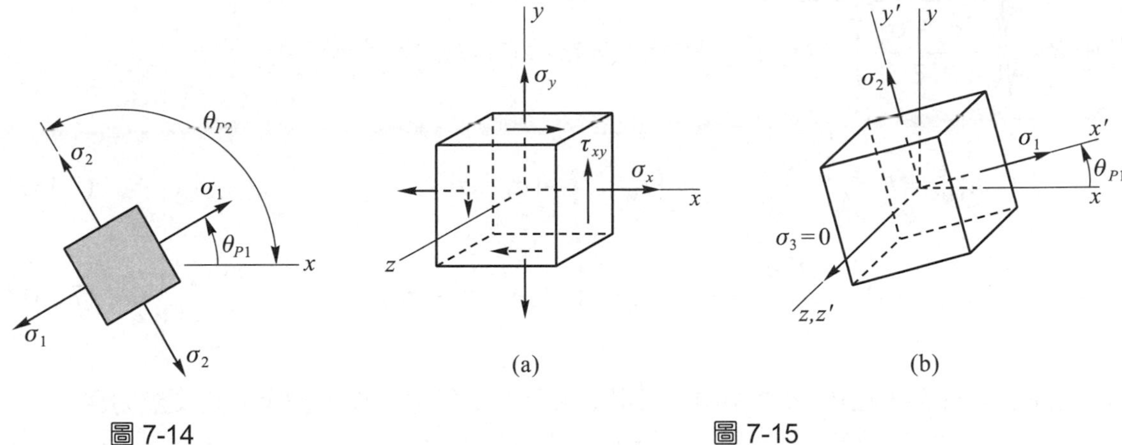

圖 7-14　　圖 7-15

公式(7-9)所得的兩個主應力是將平面應力狀態繞 z 軸轉動 θ_{p1} 與 θ_{p2} 角度所得在 xy 平面上之主應力稱爲同平面主應力(in-plane principal stress)。但是不要忘記應力元素是三維的，尙存在有 z 面與($-z$ 面)，參考圖 7-15(a)所示，只是此二平面不受有任何正交應力與剪應力，由於不存在有剪應力，故 z 面與($-z$ 面)爲主平面，主應力爲零。故平面應力狀態之主應力作用在三個互相垂直之平面上，其大小分別爲 σ_1、σ_2 與 0，參考圖 7-15(b)所示。

■最大剪應力

最大及最小剪應力作用面之角度 θ_s 角，可由公式(7-4)，令 $d\tau_{x'y'}/d\theta=0$ 求得，即

$$\frac{d\tau_{x'y'}}{d\theta}=-(\sigma_x-\sigma_y)\cos 2\theta-2\tau_{xy}\sin 2\theta=0$$

得

$$\tan 2\theta_s=-\frac{\left(\sigma_x-\sigma_y\right)/2}{\tau_{xy}} \qquad (7\text{-}10)$$

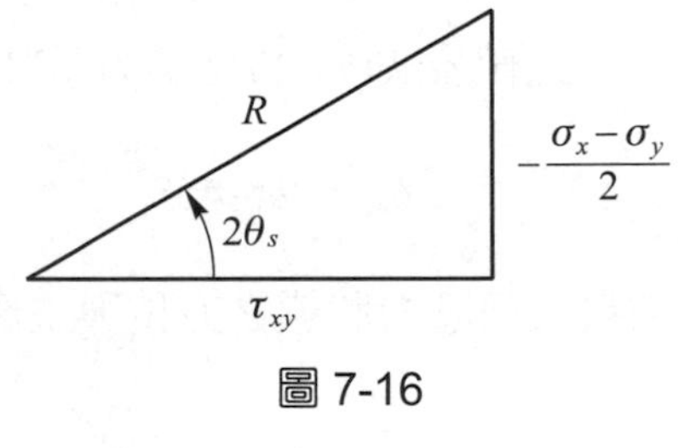

圖 7-16

由公式(7-10)可解得二個相差 90°之 θ_s 角，即 θ_{s1} 及 θ_{s2}，且 $\theta_{s1}=\theta_{s2}\pm 90°$，$\theta_{s1}$ 爲最大剪應力作用面之角度，θ_{s2} 爲爲最小剪應力作用面之角度。由公式(7-10)並參考圖 7-16，可得

$$\sin 2\theta_{s1}=\frac{-\left(\sigma_s-\sigma_y\right)/2}{R} \quad , \quad \cos 2\theta_{s1}=\frac{\tau_{xy}}{R} \qquad (7\text{-}11)$$

$$\sin 2\theta_{s2}=\frac{\left(\sigma_s-\sigma_y\right)/2}{R} \quad , \quad \cos 2\theta_{s2}=\frac{-\tau_{xy}}{R} \qquad (7\text{-}12)$$

其中$R=\sqrt{\left(-\frac{\sigma_x-\sigma_y}{2}\right)^2+\left(\tau_{xy}\right)^2}$。將公式(7-11)及(7-12)代入公式(7-4)，得

$$\tau_{\max}=R=\sqrt{\left(\frac{\sigma_x-\sigma_y}{2}\right)^2+\left(\tau_{xy}\right)^2}=\frac{1}{2}(\sigma_1-\sigma_2) \tag{7-13}$$

$$\tau_{\min}=-R=-\sqrt{\left(\frac{\sigma_x-\sigma_y}{2}\right)^2+\left(\tau_{xy}\right)^2}=-\frac{1}{2}(\sigma_1-\sigma_2) \tag{7-14}$$

再將公式(7-11)及(7-12)代入(7-3)中，可得最大及最小剪應力作用面上之正交應力爲

$$\sigma_{x'}=\sigma_{y'}=\sigma_{av}=\frac{1}{2}(\sigma_x+\sigma_y) \tag{7-15}$$

比較公式(7-10)及(7-6)，$\tan 2\theta_s=-\frac{1}{\tan 2\theta_p}=-\cot 2\theta_p$，再由三角關係 $\tan(\beta\pm 90°)=-\cot\beta$，得

$$2\theta_s=2\theta_p\pm 90° \quad ， \quad 或\ \theta_s=\theta_p\pm 45°$$

即最大及最小剪應力作用面之角度與主平面之夾角爲 45°。

比較公式(7-11)及(7-7)可得 $2\theta_{s1}=2\theta_{p1}-90°$，則

$$\theta_{s1}=\theta_{p1}-45° \tag{7-16}$$

故最大剪應力狀態之方位與主應力狀態之關係如圖 7-17 所示。

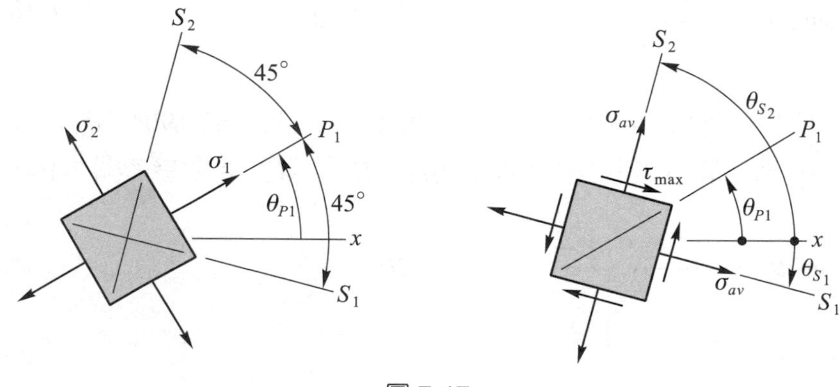

圖 7-17

上述所得之最大剪應力，是將平面應力狀態繞 z 軸轉動 θ_s 角度，所得在 xy 平面之最大剪應力，稱爲同平面最大剪應力(maximum in-plane shear stress)，此最大剪應力亦可從 $x'y'$ 平面之主軸轉動 45°求得，參考圖 7-18(b)所示，且 $\left(\tau_{\max}\right)_{z'}=\frac{1}{2}\left(\sigma_1-\sigma_2\right)$。但是 $\left(\tau_{\max}\right)_{z'}$ 不一定是平面應力狀態之絕對最大剪應力(absolute maximum shear stress)，必須另外再考慮 $x'z'$ 平面及 $y'z'$ 平面之應力轉換。參考圖 7-18(c)(d)，$x'z'$ 平面之最大剪應力爲 $\left(\tau_{\max}\right)_{y'}=\frac{\sigma_1}{2}$，$y'z'$ 平面之最大剪應力爲 $\left(\tau_{\max}\right)_{x'}=\frac{\sigma_2}{2}$。因此平面應力狀態之絕對最大剪應力爲 $\left(\tau_{\max}\right)_{x'}$、$\left(\tau_{\max}\right)_{y'}$、$\left(\tau_{\max}\right)_{z'}$ 三者中絕對值最大者。

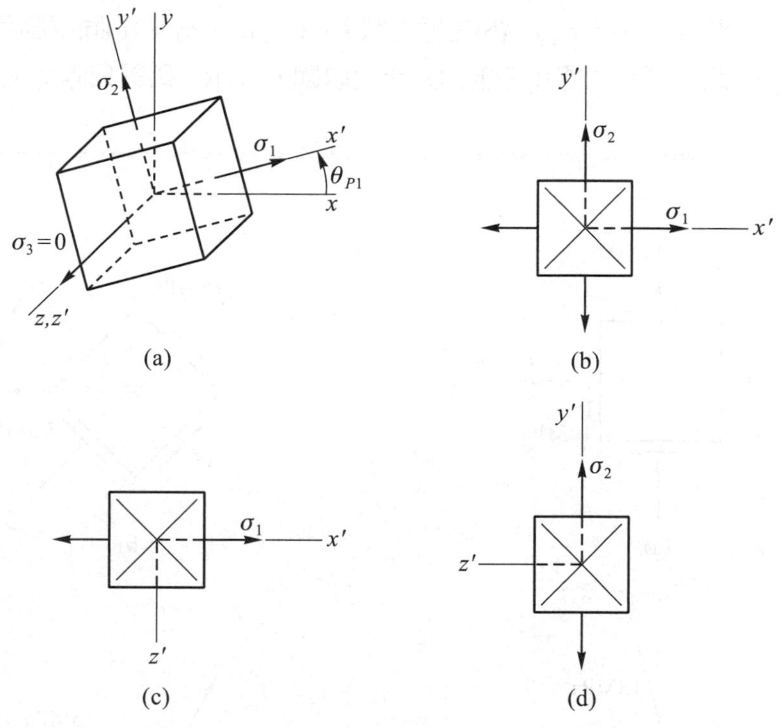

圖 7-18

通常平面應力狀態之主應力有三種可能情形：(1) $\sigma_1>0$，$\sigma_2>0$，(2) $\sigma_1>0$，$\sigma_2<0$，(3) $\sigma_1<0$，$\sigma_2<0$。若設 $\sigma_1>\sigma_2$，則此三種情形之絕對最大剪應力 $(\tau_{\max})_{abs}$ 分別爲

(1) $\sigma_1>0$，$\sigma_2>0$ 時，$(\tau_{\max})_{abs}=\frac{\sigma_1}{2}$ (7-17)

(2) $\sigma_1 > 0$，$\sigma_2 < 0$ 時，$(\tau_{max})_{abs} = \frac{1}{2}(\sigma_1 - \sigma_2)$ (7-18)

(3) $\sigma_1 < 0$，$\sigma_2 < 0$ 時，$(\tau_{max})_{abs} = \frac{|\sigma_2|}{2}$ (7-19)

或將平面應力狀態之三個主應力(σ_1，σ_2，0)按大小順序排列，則絕對最大剪應力爲

$$(\tau_{max})_{abs} = \frac{1}{2}(\text{最大主應力} - \text{最小主應力}) \tag{7-20}$$

例題 7-1

圖中之平面應力狀態$\sigma_x = 20$ MPa，$\sigma_y = -10$ MPa，$\tau_{xy} = -10$MPa，試求(a)在$\theta = 45°$傾斜方位之應力狀態($\sigma_{x'}$、$\sigma_{y'}$、$\tau_{x'y'}$)，(b)主應力狀態(θ_{p1}、σ_1、σ_2)，(c)同平面最大剪應力狀態(θ_{s1}、σ_{av}、τ_{max})。將上述結果標示在應力元素上以圖形表示。假設只考慮 xy 平面上之應力轉換。

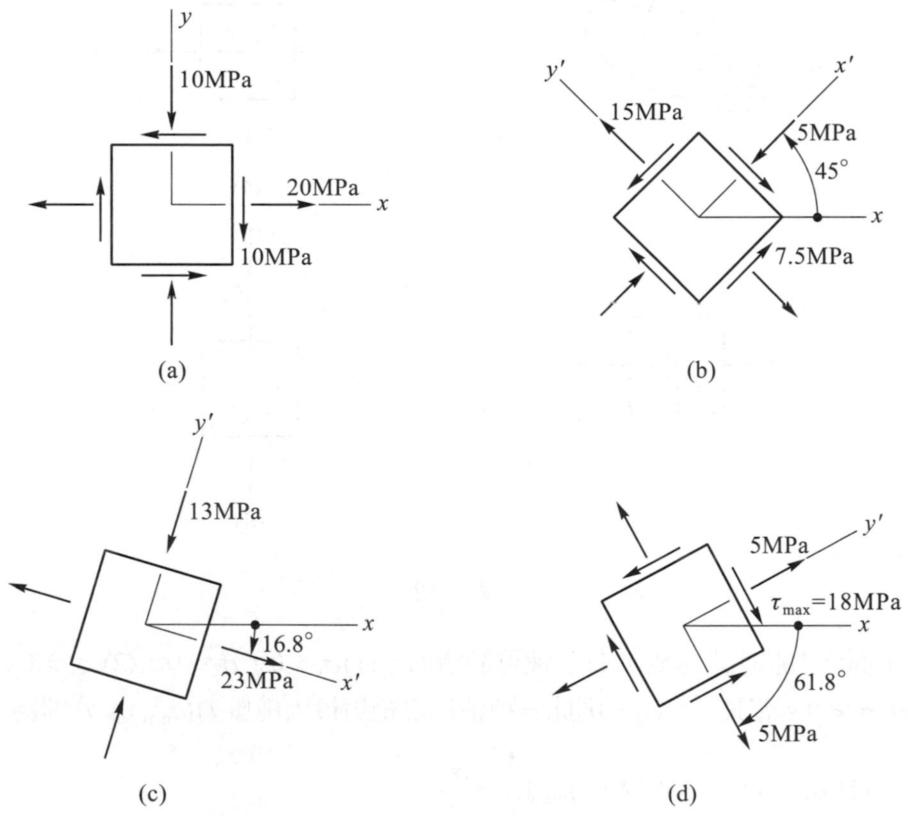

【解】(a) 在$\theta = 45°$傾斜方位之應力狀態，由公式(7-3)與(7-4)

$$\sigma_{x'} = \frac{1}{2}\left(\sigma_x + \sigma_y\right) + \frac{1}{2}\left(\sigma_x - \sigma_y\right)\cos 2\theta + \tau_{xy}\sin 2\theta$$

$$= \frac{1}{2}(20-10) + \frac{1}{2}(20+10)\cos 90° + (-10)\sin 90° = -5 \text{ MPa} ◀$$

$$\tau_{x'y'} = -\frac{1}{2}(\sigma_x - \sigma_y)\sin 2\theta + \tau_{xy}\cos 2\theta$$

$$= -\frac{1}{2}(20+10)\sin 90° + (-10)\cos 90° = -7.5 \text{ MPa} ◀$$

此方位在y'面之正交應力$\sigma_{y'}$與剪應力$\tau_{y'x'}$分別爲

$$\sigma_{y'} = (\sigma_x + \sigma_y) - \sigma_{x'} = (20-10) - (-5) = 15 \text{ MPa}$$

$$\tau_{y'x'} = \tau_{x'y'} = -7.5 \text{ MPa}$$

故可繪此方位之應力狀態如(b)圖所示。

(b) 主應力狀態：主平面之角度θ_{p1}，由公式(7-7)

$$\frac{1}{2}(\sigma_x - \sigma_y) = \frac{1}{2}(20+10) = 15 \text{ MPa} \quad , \quad \tau_{xy} = -10 \text{ MPa}$$

$$R = \sqrt{\left(\frac{\sigma_x - \sigma_y}{2}\right)^2 + \tau_{xy}^2} = \sqrt{15^2 + (-10)^2} = 18.03 \text{ MPa}$$

$$\cos 2\theta_{p1} = \frac{(\sigma_x - \sigma_y)/2}{R} = \frac{15}{18.03} = 0.8319$$

$$\sin 2\theta_{p1} = \frac{\tau_{xy}}{R} = \frac{-10}{18.03} = -0.5546$$

由 $\cos 2\theta_{p1}$ 與 $\sin 2\theta_{p1}$ 之值可得 $2\theta_{p1} = -33.69°$，故$\theta_{p1} = -16.8°$◀

再由公式(7-9)可得主應力

$$\sigma_{av} = \frac{1}{2}(\sigma_x + \sigma_y) = \frac{1}{2}(20-10) = 5 \text{ MPa}$$

$$\sigma_1 = \sigma_{av} + R = 23 \text{ MPa} \quad , \quad \sigma_2 = \sigma_{av} - R = -13 \text{ MPa}$$

故可繪得主應力狀態如(c)圖所示。

(c) 同平面最大剪應力：最大剪應力作用面之角度θ_{s1}及該面上之應力分別爲

$$\theta_{s1} = \theta_{p1} - 45° = -16.8° - 45° = -61.8° ◀$$

$$\tau_{max} = R = 18 \text{ MPa} ◀$$

$$\sigma_{x'} = \sigma_{y'} = \sigma_{av} = 5\text{MPa} ◀$$

故可繪得同平面最大剪應力狀態，如(d)圖所示。

【註】本題平面應力狀態之絕對最大剪應力，由於$\sigma_1 = 23$ MPa > 0，$\sigma_2 = -13$ MPa < 0，由公式(7-18)

$$(\tau_{max})_{abs} = \frac{1}{2}(\sigma_1 - \sigma_2) = \frac{1}{2}(23+13) = 18 \text{ MPa}$$

例題 7-2

圖中之平面應力狀態$\sigma_x = 100$ MPa，$\sigma_y = 34$ MPa，$\tau_{xy} = 28$ MPa，試求(a)在$\theta = 40°$傾斜方位之應力狀態，(b)主應力狀態，(c)同平面最大剪應力狀態。將上述結果標示在應力元素上以圖形表示。設只考慮 xy 平面上之應力轉換。

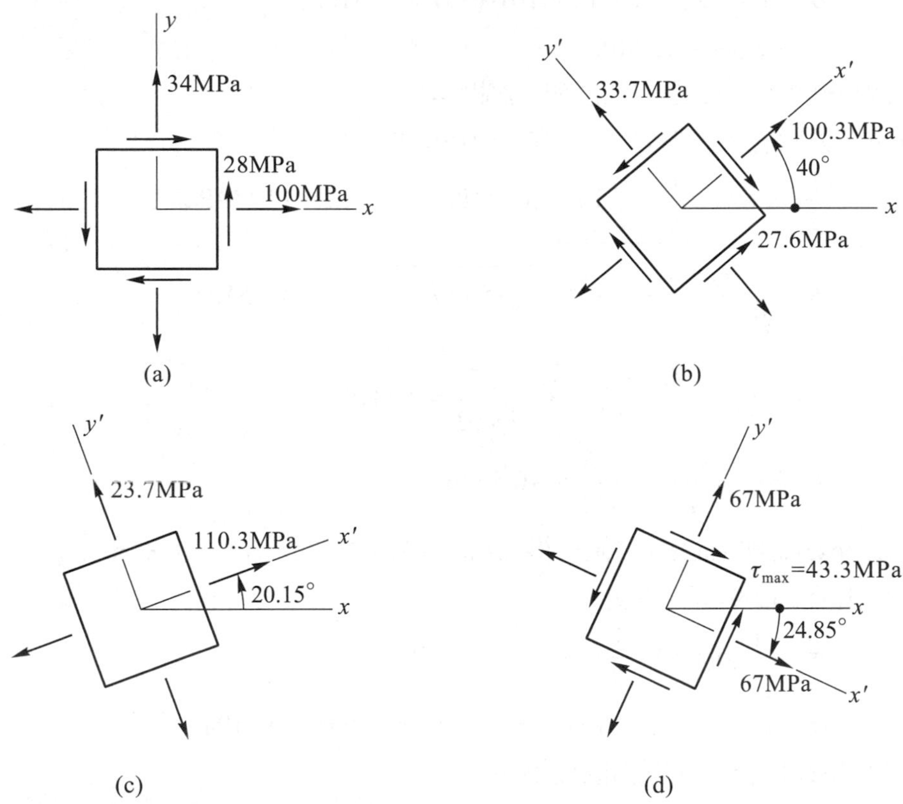

【解】(a) 在$\theta = 40°$傾斜方位之應力狀態，由公式(7-3)及(7-4)

$$\sigma'_x = \frac{1}{2}(\sigma_x + \sigma_y) + \frac{1}{2}(\sigma_x - \sigma_y)\cos 2\theta + \tau_{xy}\sin 2\theta$$

$$= \frac{1}{2}(100+34) + \frac{1}{2}(100-34)\cos 80° + 28\sin 80° = 100.3 \text{ MPa} ◀$$

$$\tau_{x'y'} = -\frac{1}{2}(\sigma_x - \sigma_y)\sin 2\theta + \tau_{xy}\cos 2\theta$$

$$= -\frac{1}{2}(100-34)\sin 80° + 28\cos 80° = -27.6\text{ MPa}◀$$

此方位在 y' 面之正交應力 $\sigma_{y'}$ 與 $\tau_{y'x'}$ 分別爲

$$\sigma_{y'} = (\sigma_x + \sigma_y) - \sigma_{x'} = (100+34) - 100.3\text{ MPa} = 33.7\text{ MPa}◀$$

$$\tau_{y'x'} = \tau_{x'y'} = -27.6\text{ MPa}$$

故可繪此方位之應力狀態如(b)圖所示。

(b) 主應力狀態：主平面之角度 θ_{p1}，由公式(7-7)

$$\frac{1}{2}(\sigma_x - \sigma_y) = \frac{1}{2}(100-34) = 33\text{ MPa} \quad , \quad \tau_{xy} = 28\text{ MPa}$$

$$R = \sqrt{\left(\frac{\sigma_x - \sigma_y}{2}\right)^2 + \tau_{xy}^2} = \sqrt{33^2 + 28^2} = 43.3\text{ MPa}$$

$$\cos 2\theta_{p1} = \frac{(\sigma_x - \sigma_y)/2}{R} = \frac{33}{43.3} = 0.762$$

$$\sin 2\theta_{p1} = \frac{\tau_{xy}}{R} = \frac{28}{43.3} = 0.647$$

由 $\cos 2\theta_{p1}$ 與 $\sin 2\theta_{p1}$ 之值可得 $2\theta_{p1} = 40.3°$，故 $\theta_{p1} = 20.15°$◀

再由公式(7-9)可得主應力

$$\sigma_{av} = \frac{1}{2}(\sigma_x + \sigma_y) = 67\text{ MPa}$$

$$\sigma_1 = \sigma_{av} + R = 110.3\text{ MPa} \quad , \quad \sigma_2 = \sigma_{av} - R = 23.7\text{ MPa}◀$$

(c) 同平面最大剪應力：最大剪應力作用面之角度 θ_{s1} 及該面上之應力分別爲

$$\theta_{s1} = \theta_{p1} - 45° = 20.15° - 45° = -24.85°◀$$

$$\tau_{max} = R = 43.3\text{ MPa}◀$$

$$\sigma_{x'} = \sigma_{y'} = \sigma_{av} = 67\text{ MPa}◀$$

【註】本題平面應力狀態之絕對最大剪應力，因 $\sigma_1 > 0$，$\sigma_2 > 0$，由公式(7-17)

$$(\tau_{max})_{abs} = \frac{\sigma_1}{2} = \frac{110.3}{2} = 55.15\text{ MPa}◀$$

7-3 平面應力之莫爾圓

平面應力狀態(σ_x、σ_y、τ_{xy})在任一傾斜面上(繞 z 軸旋轉θ角度)之正交應力$\sigma_{x'}$及剪應力$\tau_{x'y'}$，即公式(7-3)即(7-4)，可表示爲圓上之一點，此圓稱爲莫爾圓(Mohr's circle)。爲導出此圓之方程式，先將公式(7-3)即(7-4)改寫如下：

$$\sigma_{x'} - \frac{\sigma_x + \sigma_y}{2} = \frac{\sigma_x - \sigma_y}{2}\cos 2\theta + \tau_{xy}\sin 2\theta$$

$$\tau_{x'y'} = -\frac{\sigma_x - \sigma_y}{2}\sin 2\theta + \tau_{xy}\cos 2\theta$$

將上兩式平方後相加得

$$\left(\sigma_{x'} - \frac{\sigma_x + \sigma_y}{2}\right)^2 + \left(\tau_{x'y'} - 0\right)^2 = \left(\frac{\sigma_x - \sigma_y}{2}\right)^2 + \left(\tau_{xy}\right)^2$$

令 $\sigma_{av} = \frac{1}{2}\left(\sigma_x + \sigma_y\right)$，$R = \sqrt{\left(\frac{\sigma_x - \sigma_y}{2}\right)^2 + \tau_{xy}^2}$，得

$$(\sigma_{x'} - \sigma_{av})^2 + (\tau_{x'y'} - 0)^2 = R^2 \tag{7-21}$$

此式爲圓之方程式，在直角坐標系中，圓方程式之通式爲$(x-a)^2 + (y-b)^2 = r^2$，其圓心之坐標爲(a、b)，半徑爲 r。故公式(7-21)所代表之圓方程式，是以正交應力$\sigma_{x'}$爲橫軸剪應力$\tau_{x'y'}$爲縱軸之直角坐標系，圓心之坐標爲(σ_{av}，0)，半徑爲 R。圖 7-19(b)中所示即爲(a)圖平面應力狀態之莫爾圓。莫爾圓上各點坐標代表平面應力狀態在某一傾斜面上之應力情形。

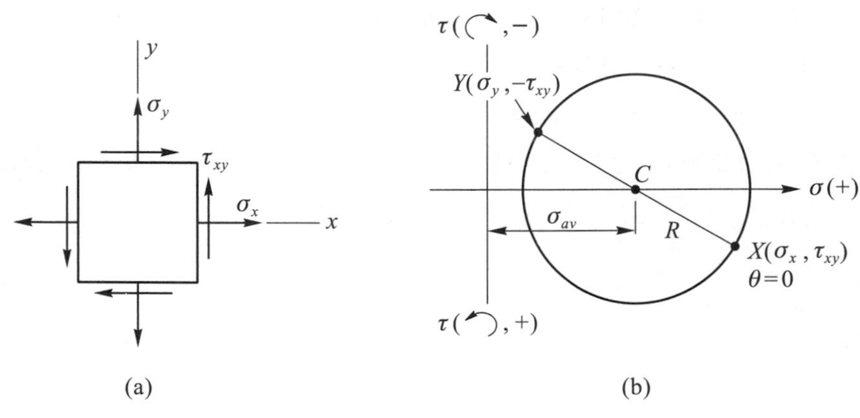

圖 7-19

莫爾圓之符號規則：

(1) 橫軸爲正交應力，拉應力爲正(向右)，壓應力爲負(向左)。

(2) 縱軸爲剪應力，對應力元素朝逆時針方向作用之剪應力定爲正(向下)，朝順時針方向作用之剪應力爲負(向上)。參考圖 7-20(a)中所示，作用於 x 面之剪應力 τ_{xy} 爲正値(逆時針方向)，而作用於 y 面之剪應力 τ_{yx} 爲負值(順時針方向)，圖 7-20(b)中剪應力之正負值則與(a)圖相反。故以莫爾圓分析平面應力時，需注意互相垂直兩平面上之剪應力大小相等符號相反。

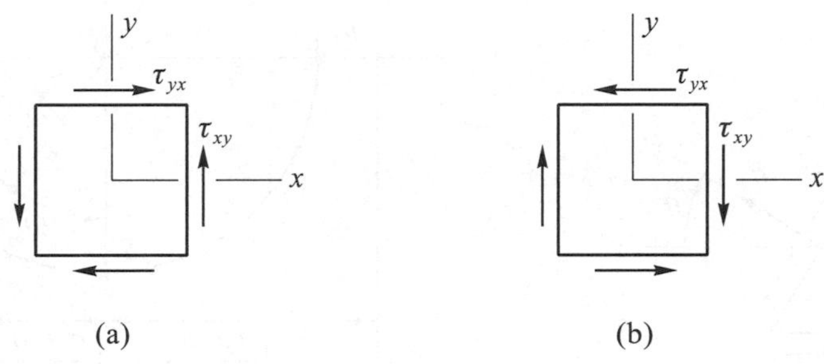

圖 7-20

對一已知之平面應力狀態(σ_x、σ_y、τ_{xy})，如圖 7-21(a)所示，首先由 x 面之應力(σ_x，τ_{xy})及 y 面之應力(σ_y，$-\tau_{yx}$)在 $\sigma-\tau$ 之坐標平面上定出 X 及 Y 兩點，如圖 7-21(c)所示，再以 XY 爲直徑繪一圓，即爲莫爾圓，其中圓心 C 坐標爲(σ_{av}，0)，半徑爲 R。

今欲求此平面應力狀態在 θ 角(逆時針)傾斜面之應力 $\sigma_{x'}$ 及 $\tau_{x'y'}$，如圖 7-21(b)所示，可在莫爾圓上由 X 點逆時針方向轉 2θ，得 X' 點之坐標即爲 $\sigma_{x'}$ 與 $\tau_{x'y'}$，如圖 7-21(c)所示，今將此原理證明如下。

由圖 7-21(c)

$$\sigma_{x'} = \sigma_{av} + R\cos\beta \tag{a}$$

$$\tau_{x'y'} = R\sin\beta \tag{b}$$

又

$$\frac{\sigma_x - \sigma_y}{2} = R\cos(2\theta+\beta) = R(\cos2\theta\cos\beta - \sin2\theta\sin\beta) \tag{c}$$

$$\tau_{xy} = R\sin(2\theta+\beta) = R(\sin2\theta\cos\beta + \cos2\theta\sin\beta) \tag{d}$$

[公式(c)×cos2θ] +[公式(d)×sin2θ]，得

$$\frac{\sigma_x - \sigma_y}{2}\cos2\theta + \tau_{xy}\sin2\theta = R\cos\beta \tag{e}$$

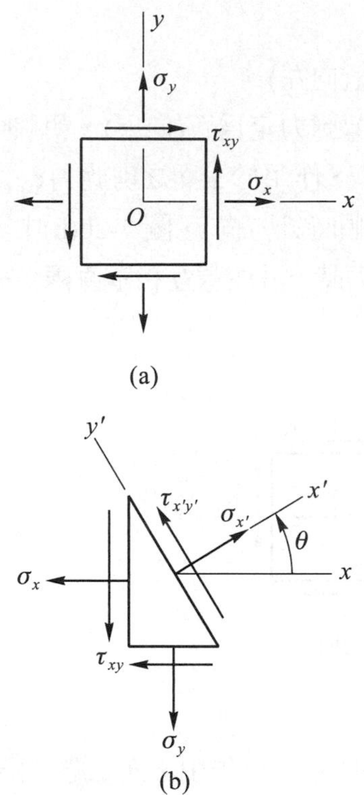

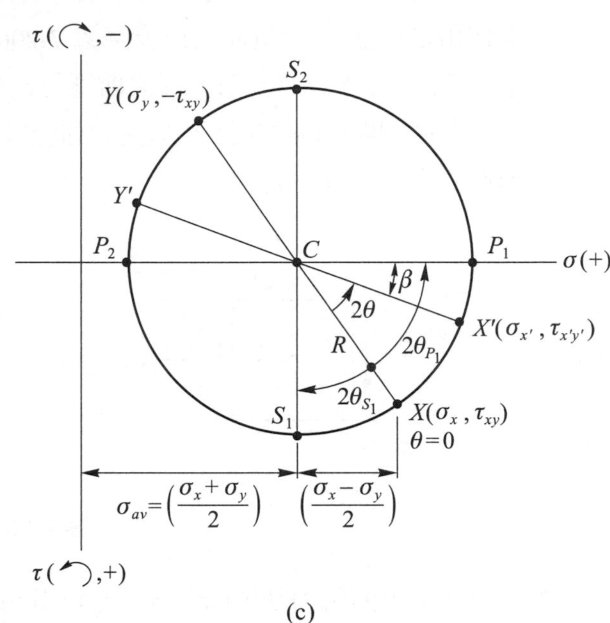

圖 7-21

將(e)代入(a)得

$$\sigma_{x'} = \sigma_{av} + \frac{\sigma_x - \sigma_y}{2}\cos 2\theta + \tau_{xy}\sin 2\theta \tag{f}$$

[公式(d)×cos2θ]−[公式(c) ×sin2θ]，得

$$-\frac{\sigma_x - \sigma_y}{2}\sin 2\theta + \tau_{xy}\cos 2\theta = R\sin\beta \tag{g}$$

將(g)代入(b)得

$$\tau_{x'y'} = -\frac{\sigma_x - \sigma_y}{2}\sin 2\theta + \tau_{xy}\cos 2\theta \tag{h}$$

公式(f)及(h)兩式即為公式(7-3)及(7-4)。因此莫爾圓上兩點間之夾角恆為應力元素上所對應兩面夾角之 2 倍，即應力元素上夾角為θ之兩面，在莫爾圓上所對應兩點間之夾角為 2θ，且轉角之方向相同，參考圖 7-22 所示。

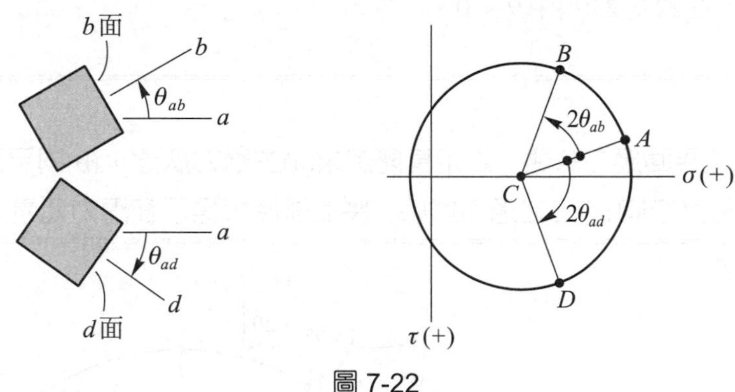

圖 7-22

■主應力及主平面

最大正交應力在莫爾圓上之 P_1 點，最小正交應力在 P_2 點，其對應之主應力大小為$\sigma_1 = \sigma_{av}+R$，$\sigma_2=\sigma_{av}-R$，至於最大正交應力作用面(主平面)之角度θ_{p1}，則由莫爾圓上之$\angle XCP_1 = 2\theta_{p1}$(圖 7-21)求得。莫爾圓上 P_1 點相對於 X 點之角度 $2\theta_{p1}$ 為逆時針方向，故應力元素上最大正交應力作用面相對於 $+x$ 面之角度θ_{p1} 亦為逆時針方向，參考圖 7-23(a)所示。

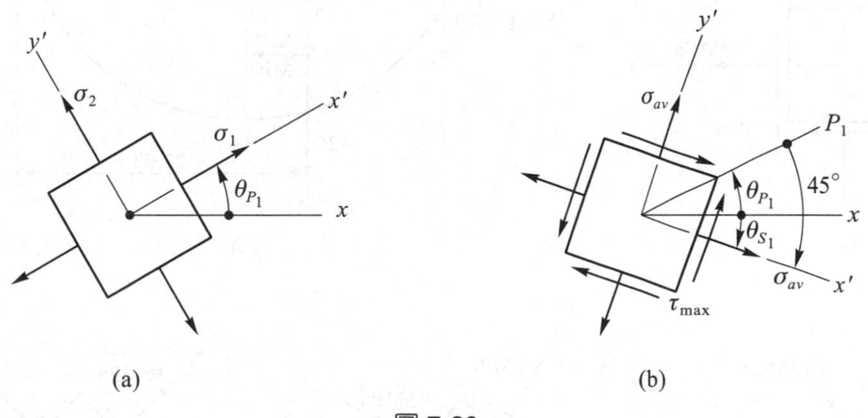

圖 7-23

■最大剪應力(同平面最大剪應力)

最大剪應力在莫爾圓上之 S_1 點，其坐標為(σ_{av}，R)，此為最大剪應力作用面之應力，即$\sigma_{x'} = \sigma_{av}$，$\tau_{max} = R$，至於其方位，由莫爾圓可看出 S_1 點相對於 P_1 點(最大正交應力)之角度為順時針方向 90°，故在應力元素上，由最大正交應力作用面之方向朝順時針方向轉 45°，即可得到最大剪應力作用面之角度，即「$\theta_{s1}=\theta_{p1}-45°$」，參考圖 7-23(b)所示，其中 θ_{s1} 為應力元素上最大剪應力作用面與 $+x$ 面之夾角。需注意角度 θ 朝順時針方向為負，朝逆時針方向為正，在圖 7-23(b)中 $\theta_{s1}<0$。

例題 7-3

同例題 7-1 之平面應力狀態，試用莫爾圓求(a)主應力狀態，(b)同平面最大剪應力狀態，(c)θ=45°(逆時針方向)方位之應力狀態。將上述結果標示在應力元素上以圖形表示。

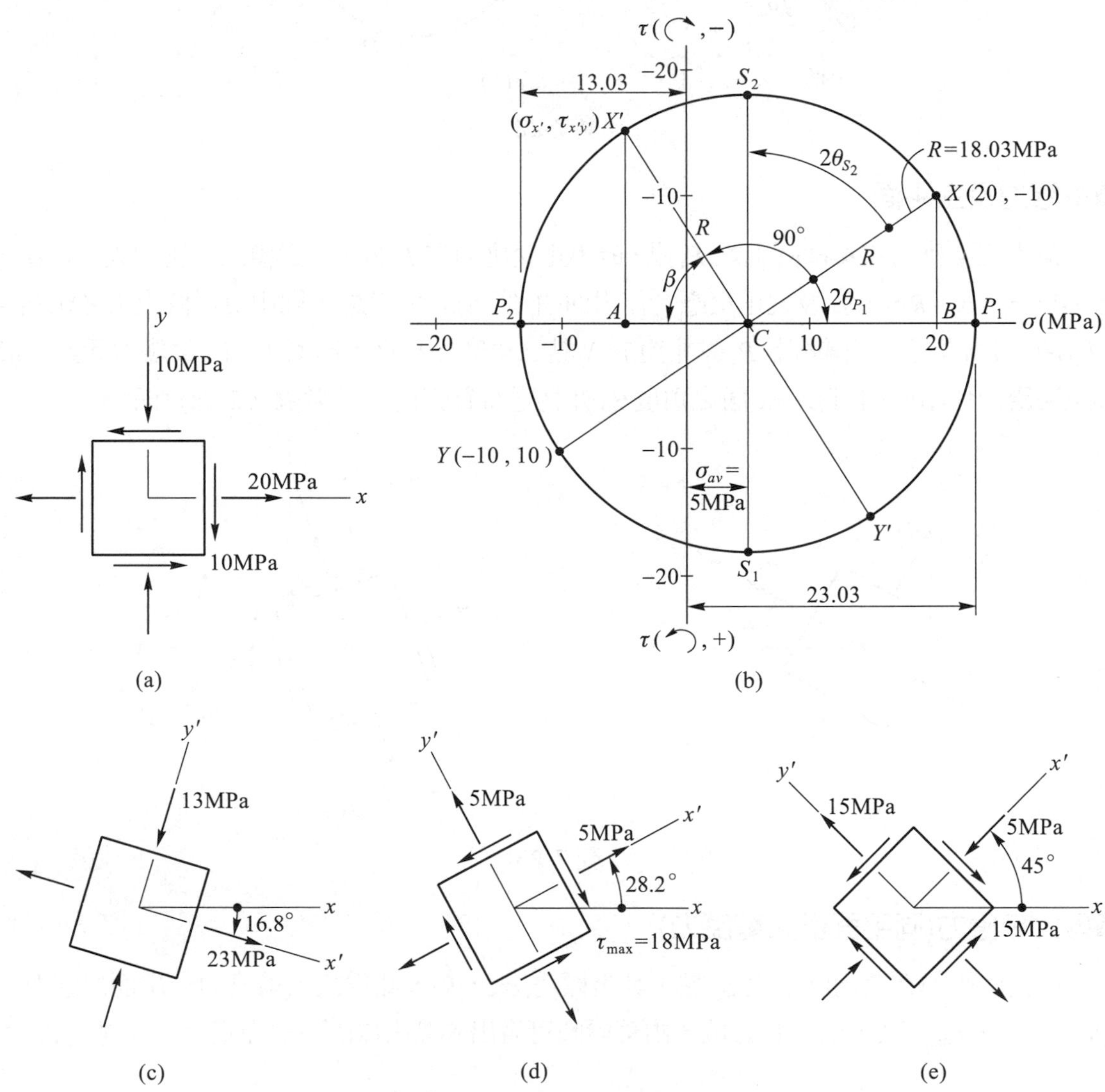

【解】在σ-τ 坐標平面上，以 x 面之應力σ = 20MPa(拉應力)與τ = −10MPa(順時針)定出 X 點(20−10)，y 面之應力σ = −10MPa(壓應力)與τ = 10MPa(逆時針)定出 Y 點(−10，10)。然後以 XY 爲直徑繪出莫爾圓，如(b)圖所示，圓心之橫坐標σ_{av}與半徑 R 分別爲

$$\sigma_{av} = \frac{1}{2}(\sigma_x + \sigma_y) = \frac{1}{2}(20-10) = 5 \text{ MPa}$$

$$R = \sqrt{\left(\frac{\sigma_x - \sigma_y}{2}\right)^2 + \tau_{xy}^2} = \sqrt{\left(\frac{20+10}{2}\right)^2 + (-10)^2} = 18.03 \text{ MPa}$$

(a) 主平面方向與主應力：

最大正交應力作用面之角度θ_{p1}，由莫爾圓上$\angle XCP_1 = 2\theta_{p1}$ 求得，參考莫爾圓上之三角形 XCB

$$\tan 2\theta_{p1} = \frac{XB}{CB} = \frac{10}{20-5} = \frac{10}{15}$$

得　$2\theta_{p1} = 33.69°$　，　$\theta_{p1} = 16.8°$(順時針方向)

莫爾圓上 P_1 點是由 X 點順時針方向轉 $2\theta_{p1}$ 之角度，則σ_1 作用面之方向(x'軸)是從 x 軸順時針方向轉θ_{p1}之角度。

主應力由莫爾圓上 P_1 與 P_2 點之橫坐標求得，即

$$\sigma_1 = \sigma_{av} + R = 23 \text{ MPa} \quad , \quad \sigma_2 = \sigma_{av} - R = -13 \text{ MPa}$$

故可繪得主應力狀態如(c)圖所示。

(b) 同平面最大剪應力：

最大與最小剪應力作用面之應力情形在莫爾圓上之 S_1 與 S_2 點，在此以 S_2 點(最小剪應力)分析其方位較爲方便。參考(b)圖，$2\theta_{s2} = \angle XCS_2 = 90° - 2\theta_{p1} = 90° - 33.69°$

得　$2\theta_{s2} = 56.31°$　，　$\theta_{s2} = 28.2°$(逆時針)

由 S_2 點之坐標可得此面之剪應力及正交應力分別爲

$\tau_{x'y'} = -R = -18$ MPa　，　或　τ = 18 MPa(順時針)

$\sigma_{x'} = \sigma_{av} = 5$ MPa　，　或　σ = 5MPa(拉應力)

$\sigma_{y'} = (\sigma_x + \sigma_y) - \sigma_{x'} = 5$MPa

故可繪得最大剪應力狀態如(d)圖所示。

(c) θ = 45°(逆時針)傾斜面之應力

由莫爾圓上之 X 點逆時針方向轉動 $2\theta = 90°$得 X'點，則 X' 點之坐標即爲此傾斜面上之應力。參考(b)圖所示

$$\beta = 180° - 90° - 2\theta p_1 = 56.31°$$

$\sigma_{x'} = \sigma_{av} - R\cos\beta = 5 - 18.03\cos 56.31° = -5$MPa　，　或　σ = 5MPa(壓應力)

$\tau_{x'y'} = -R\sin\beta = -18.03\sin 56.31° = -15$MPa　，　或　τ = 15MPa(順時針)

$$\sigma_{y'} = (\sigma_x + \sigma_y) - \sigma_{x'} = 15\text{MPa}$$

因此可繪得此傾斜方位之應力狀態如(e)圖所示。

例題 7-4

圖中之平面應力狀態$\sigma_x = -50\text{MPa}$，$\sigma_y = 10\text{MPa}$，$\tau_{xy} = -40\text{MPa}$，試用莫爾圓求(a)主應力狀態，(b)同平面最大剪應力狀態，(c)$\theta = 45°$(逆時針)方位之應力狀態。將上述結果標示在應力元素上以圖形表示。

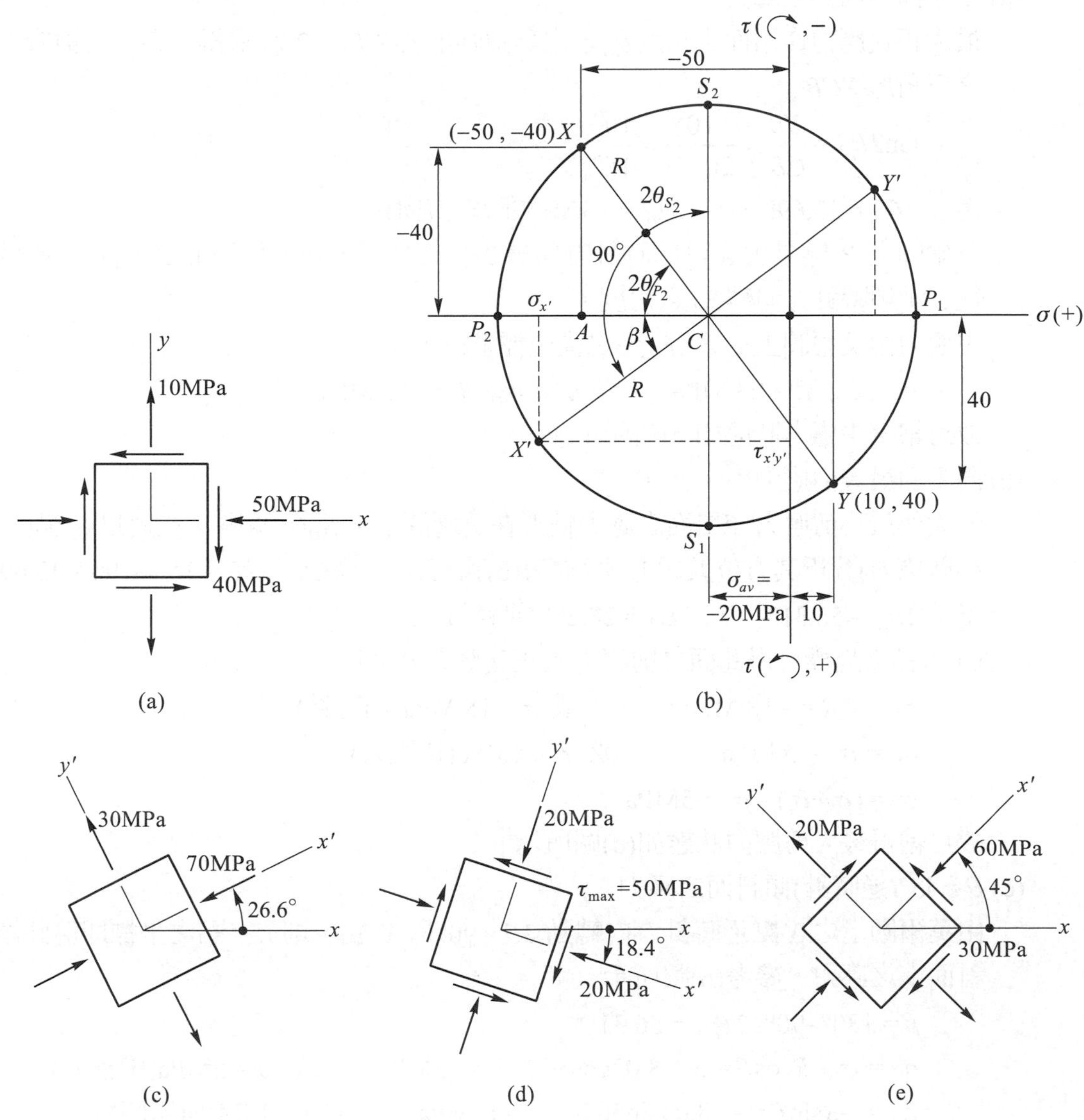

(a) (b)

(c) (d) (e)

【解】在σ-τ坐標平面上，以 x 面應力$\sigma = -50$MPa(壓應力)$\tau = -40$MPa(順時針)定出 X 點(–50，–40)，y 面之應力$\sigma = 10$MPa(拉應力)$\tau = 40$MPa(逆時針)定出 Y 點(10，40)，以 XY 為直徑繪出莫爾圓，如(b)圖所示，其圓心之橫坐標σ_{av}與半徑 R 分別為

$$\sigma_{av} = \frac{1}{2}(\sigma_x + \sigma_y) = \frac{1}{2}(-50+10) = -20\text{MPa}$$

$$R = \sqrt{\left(\frac{\sigma_x - \sigma_y}{2}\right)^2 + \tau_{xy}^2} = \sqrt{\left(\frac{-50-10}{2}\right)^2 + (-40)^2} = 50\text{ MPa}$$

(a) 主平面方向與主應力：

主應力在莫爾圓上之 P_1 與 P_2 點，在此以 P_2 點(最小正交應力)分析較為方便。參考(b)圖，$\angle XCP_2 = 2\theta_{p2}$，由三角形 XCA

$$\tan 2\theta_{p2} = \frac{XA}{CA} = \frac{40}{50-20} = \frac{4}{3}$$

得　$2\theta_{p2} = 53.13°$　，　$\theta_{p2} = 26.6°$(逆時針)

則　$\theta_{p1} = \theta_{p2} - 90° = 26.6° - 90° = -63.4°$　，　或 $\theta_{p1} = 63.4°$(順時針)

主應力由莫爾圓上 P_1 與 P_2 點之橫坐標求得，即

$$\sigma_1 = \sigma_{av} + R = 30\text{MPa} \quad , \quad \sigma_2 = \sigma_{av} - R = -70\text{MPa}$$

故可繪得主應力狀態如(c)圖所示。

(b) 同平面最大剪應力：

最大與最小剪應力在莫爾圓上之 S_1 與 S_2 點，在此以 S_2 點分析較為方便。參考(b)圖

$$2\theta_{s2} = \angle XCS_2 = 90° - 2\theta_{p2} = 90° - 53.13° = 36.87°$$

得　$\theta_{s2} = 18.4°$(順時針)　，　或 $\theta_{s2} = -18.4°$

$\theta_{s1} = \theta_{s2} + 90° = -18.4° + 90° = 71.6°$(逆時針)

由 S_2 點之坐標可得此面($\theta_{s2} = -18.4°$)之剪應力及正交應力分別為

$\tau_{x'y'} = -R = -50$MPa　，　或 $\tau = 50$ MPa(順時針)

$\sigma_{x'} = \sigma_{av} = -20$MPa　，　或 $\sigma = 20$ MPa(壓應力)

$\sigma_{y'} = (\sigma_x + \sigma_y) - \sigma_{x'} = -20$MPa

故可繪得同平面最大剪應力狀態如(d)圖所示。

(c) $\theta = 45°$(逆時針)傾斜面上之應力

由莫爾圓上之 X 點逆時針方向轉動 $2\theta = 90°$得 X'點，則 X' 點之坐標即為此傾斜面上之應力。參考(b)圖所示

$\beta = 90° - 2\theta_{p2} = 36.87°$

$\sigma_{x'} = \sigma_{av} - R\cos\beta = -20 - 50\cos 36.87° = -60\text{MPa}$ ， 或 $\sigma = 60$ MPa(壓應力)

$\tau_{x'y'} = R\sin\beta = 50\sin 36.87° = 30\text{MPa}$ ， 或 $\tau = 30$MPa(逆時針)

$\sigma_{y'} = (\sigma_x + \sigma_y) - \sigma_{x'} = 20\text{MPa}$

因此可繪得此傾斜方位之應力狀態如(e)圖所示。

【註 1】本題讀者可自行練習用應力轉換公式求解。

【註 2】例題 7-2 讀者可練習用莫爾圓分析。

7-4 一般應力狀態之主應力及最大剪應力

前面有關分析平面應力狀態主應力之方法僅限於二維分析，另外尚有一種分析平面應力狀態主應力之方法，也可用於分析三維的一般應力狀態。首先用此種方法分析平面應力狀態之主應力。

■平面應力狀態之主應力

參考圖 7-24(a)中之平面應力狀態，設主平面之角度為θ_p，今取主平面之自由體圖如圖 7-24(b)所示，其中主平面法線方向之方向餘弦為

$$l = \cos\theta_p \quad , \quad m = \sin\theta_p$$

由平衡方程式得：

$$\Sigma F_x = 0 \quad , \quad (\sigma_p dA)l - \sigma_x(ldA) - \tau_{xy}(mdA) = 0$$

$$\Sigma F_y = 0 \quad , \quad (\sigma_p dA)m - \sigma_y(mdA) - \tau_{xy}(ldA) = 0$$

消去 dA 後，經整理可得一組 l 及 m 之二元一次聯立方程式

$$\left.\begin{aligned}(\sigma_x - \sigma_p)l + \tau_{xy}m = 0\\ \tau_{xy}l + (\sigma_y - \sigma_p)m = 0\end{aligned}\right\} \tag{7-22}$$

上式為齊次代數方程式(homogeneous algebraic equation)，其解不是 $l = m = 0$，因 $l^2 + m^2 = 1$，故其係數之行列式值必為 0，即

$$\begin{vmatrix}(\sigma_x - \sigma_p) & \tau_{xy}\\ \tau_{xy} & (\sigma_y - \sigma_p)\end{vmatrix} = 0 \tag{7-23}$$

將此行列式展開可得一個一元二次方程式

$$\sigma_p^2 - \sigma_p(\sigma_x+\sigma_y)+(\sigma_x\sigma_y-\tau_{xy}^2) = 0 \tag{7-24}$$

此方程式之兩個根即為兩個主應力σ_1與σ_2，且

$$\sigma_{1,2} = \frac{\sigma_x+\sigma_y}{2} \pm \sqrt{\left(\frac{\sigma_x-\sigma_y}{2}\right)^2 + \tau_{xy}^2}$$

結果與公式(7-9)相同。

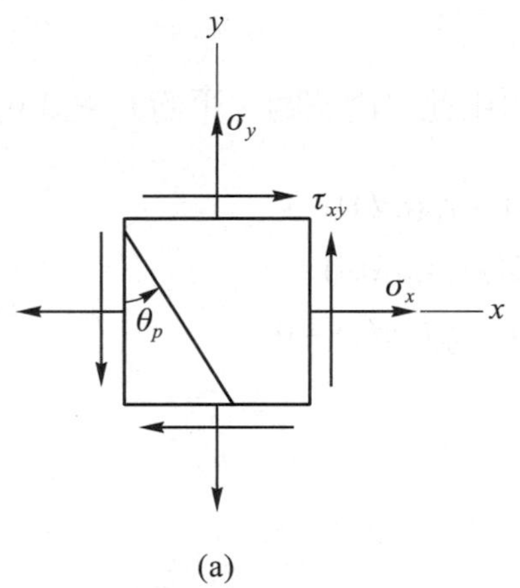

(a)

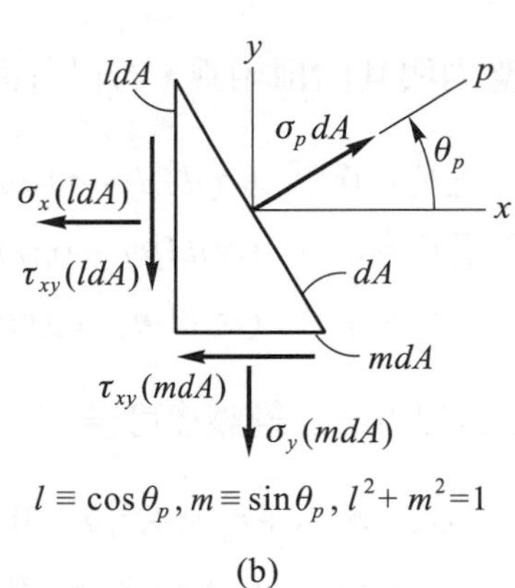

(b)

圖 7-24

■三維一般應力狀態之主應力

圖 7-25(a)中所示為三維之一般應力狀態，今由其主平面切取自由體圖，如圖 7-25(b)所示，設主平面法線方向之方向餘弦為

$$l=\cos\alpha \quad , \quad m=\cos\beta \quad , \quad n=\cos\gamma \tag{e}$$

其中α、β 及γ 分別為主平面之法線方向與 x、y 及 z 軸之夾角，如圖 7-25(c)所示。

若斜面 BCD 之面積為 dA，則 x、y 及 z 三面之面積分別為

$$dA_x = \text{面積 } COD = ldA$$
$$dA_y = \text{面積 } BOD = mdA$$
$$dA_z = \text{面積 } BOC = ndA$$

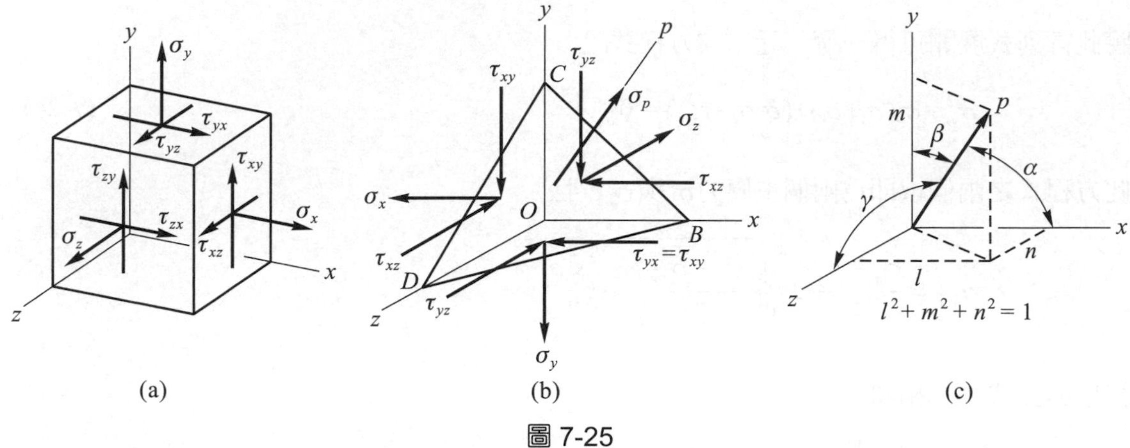

圖 7-25

將各面之應力與其面積相乘，可得各面之受力，再由此自由體圖之平衡方程式可得：

$$\sum F_x = 0\text{ ，}\quad (\sigma_p dA)l - \sigma_x(ldA) - \tau_{xy}(mdA) - \tau_{xz}(ndA) = 0$$
$$\sum F_y = 0\text{ ，}\quad (\sigma_p dA)m - \sigma_y(mdA) - \tau_{yz}(ndA) - \tau_{xy}(ldA) = 0$$
$$\sum F_z = 0\text{ ，}\quad (\sigma_p dA)n - \sigma_z(ndA) - \tau_{xz}(ldA) - \tau_{yz}(mdA) = 0$$

將上列各式消去 dA 並經整後可得

$$\left.\begin{aligned}(\sigma_x - \sigma_p)l + \tau_{xy}m + \tau_{xz}n = 0\\ \tau_{xy}l + (\sigma_y - \sigma_p)m + \tau_{yz}n = 0\\ \tau_{xz}l + \tau_{yz}m + (\sigma_z - \sigma_p)n = 0\end{aligned}\right\} \tag{7-25}$$

上式同樣為齊次代數方程式，且 $l^2 + m^2 + n^2 = 1$，故其係數行列式之值為零，即

$$\begin{vmatrix}(\sigma_x - \sigma_y) & \tau_{xy} & \tau_{xz}\\ \tau_{xy} & (\sigma_y - \sigma_p) & \tau_{yz}\\ \tau_{xz} & \tau_{yz} & (\sigma_z - \sigma_p)\end{vmatrix} = 0 \tag{7-26}$$

將此行列式展開可得一個一元三次方程式：

$$\sigma_p^3 - a\sigma_p^2 + b\sigma_p - c = 0 \tag{7-27}$$

其中 $a = \sigma_x + \sigma_y + \sigma_z$

$b = \sigma_x\sigma_y + \sigma_x\sigma_z + \sigma_y\sigma_z - \tau_{xy}^2 - \tau_{xz}^2 - \tau_{yz}^2$

$c = \sigma_x\sigma_y\sigma_z + 2\tau_{xy}\tau_{xz}\tau_{yz} - \sigma_x\tau_{yz}^2 - \sigma_y\tau_{xz}^2 - \sigma_z\tau_{xy}^2$

a、b、c 三者爲常數，稱爲應力不變量(stress invariant)，此三者不隨坐標轉動而變。公式(7-27)可解出三個根，即爲三維一般應力狀態之主應力σ_1、σ_2及σ_3，通常設$\sigma_1 > \sigma_2 > \sigma_3$。

至於主應力之方向(方向餘弦)，可將公式(7-27)中所解得之每一個主應力代入公式(7-25)，並配合 $l^2 + m^2 + n^2 = 1$，便可解出每一個主應力之方向(方向餘弦)，參考例題 7-6 之說明。

將主應力狀態以應力元素繪出，可得一個三軸向應力狀態，如圖 7-26 所示。注意，主平面上之剪應力爲零。

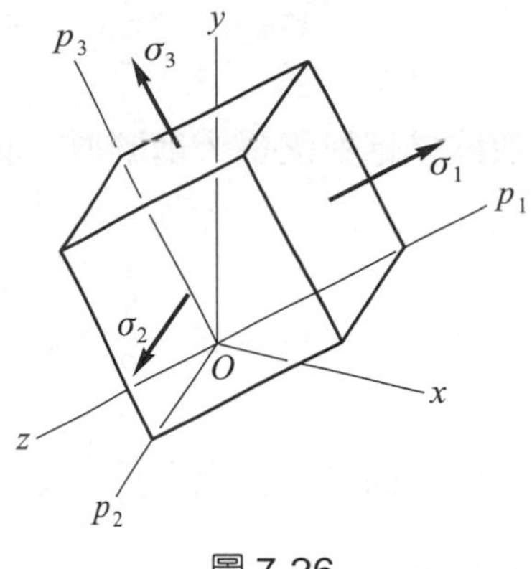

圖 7-26

■三維一般應力狀態之絕對最大剪應力

三維的一般應力狀態，其主應力爲三軸向應力狀態，如圖 7-27(a)所示，其中$\sigma_1 > \sigma_2 > \sigma_3$。今將此應力元素繞 p_3 軸轉至任意傾斜面，所得之應力情形可由圖 7-27(b)中直徑爲 AB 之莫爾圓分析。同理，繞 p_2 軸旋轉之任意傾斜面上之應力，可用直徑爲 AC 之莫爾圓分析，而繞 p_1 軸旋轉之任意傾斜面上之應力，可用直徑爲 BC 之莫爾圓分析。

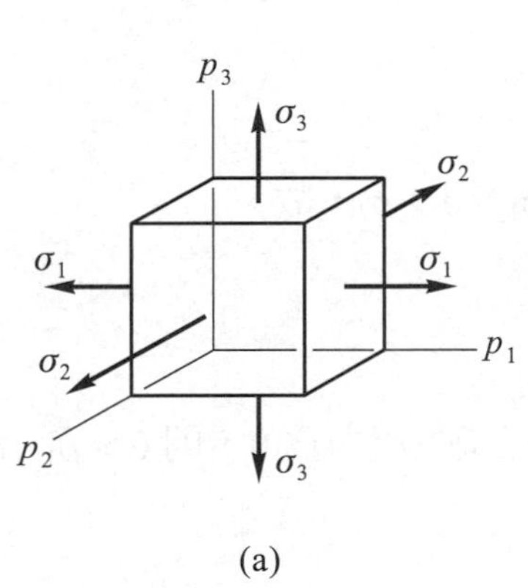

(a)

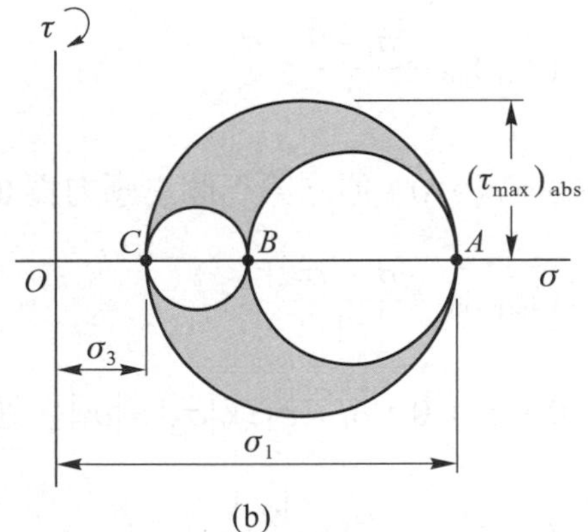

(b)

圖 7-27

圖 7-27(b)中 AB、AC 及 BC 三莫爾圓上之各點，是代表圖 7-27(a)中之應力元素繞各主軸轉動所得之應力情形，至於繞其他軸轉動所得之應力情形，則位於圖 7-27(b)中陰影面積上之某一點，因此三維的一般應力狀態，其絕對最大剪應力(absolute max shear stress)在莫爾圓 AC 之最高點與最低點，即

$$(\tau_{max})_{abs}=\frac{1}{2}(\sigma_1-\sigma_3)$$

故欲求絕對之最大剪應力，必先求得三個主應力，取最大主應力σ_{max} 及最小主應力σ_{min}，則

$$(\tau_{max})_{abs}=\frac{1}{2}(\sigma_{max}-\sigma_{min}) \tag{7-28}$$

此作用面之正交應力爲$\frac{1}{2}(\sigma_{max}+\sigma_{min})$。因此絕對最大剪應力之作用面位於繞 p_2 軸轉 45°之傾斜面上。

■平面應力狀態之絕對最大剪應力

對於平面應力狀態，由公式(7-9)可得 xy 平面之同平面主應力σ_1與 σ_2，再加上 z 面之主應力爲 0，將三個主應力(σ_1、σ_2、0)按大小次序排列，由公式(7-28)便可求得平面應力狀態之絕對最大剪應力。因平面應力狀態之同平面主應力σ_1 與 σ_2 有可能大於零或小於零，其絕對最大剪應力可分三種情形討論：

(1) $\sigma_1>0$，$\sigma_2>0$，$\sigma_1>\sigma_2$，連同第三個主應力爲 0，則$\sigma_1>\sigma_2>0$，故

$$(\tau_{max})_{abs}=\frac{\sigma_1-0}{2}=\frac{\sigma_1}{2} \tag{7-17}$$

(2) $\sigma_1>0$，$\sigma_2<0$，連同第三個主應力爲 0，則$\sigma_1>0>\sigma_2$，故

$$(\tau_{max})_{abs}=\frac{\sigma_1-\sigma_2}{2} \tag{7-18}$$

(3) $\sigma_1<0$，$\sigma_2<0$，$\sigma_1>\sigma_2$或$|\sigma_2|>|\sigma_1|$，連同第三個主應力爲 0，則 $0>\sigma_1>\sigma_2$ ，故

$$(\tau_{max})_{abs}=-\frac{\sigma_2}{2}=\frac{|\sigma_2|}{2} \tag{7-19}$$

例題 7-5

將例題 7-4 之平面應力狀態($\sigma_x=-50$ MPa，$\sigma_y=10$ MPa，$\tau_{xy}=-40$ MPa)，以本節之方法求其主應力及主平面方向之角度。

【解】由公式(7-24)

$$\sigma_p^2-\sigma_p(\sigma_x+\sigma_y)+(\sigma_x\sigma_y-\tau_{xy}^2)=0$$

$$\sigma_p^2-\sigma_p(-50+10)+[(-50)(10)-(-40)^2]=0$$

得 $$\sigma_p^2+40\sigma_p-2100=0$$

解得同平面主應力爲 $\sigma_1=30$ MPa，$\sigma_2=-70$ MPa◀

由公式(7-22)

$$\begin{cases}(\sigma_x-\sigma_p)l+\tau_{xy}m=0\\ \tau_{xy}l+(\sigma_y-\sigma_p)m=0\end{cases}$$

將σ_1代入上式

$$(-50-30)l_1+(-40)m_1=0 \quad (1)$$

$$(-40)l_1+(10-30)m_1=0 \quad (2)$$

由(1)(2)兩式得：$2l_1+m_1=0$ (3)

又 $l_1^2+m_1^2=1$ (4)

由(3)(4)兩式解得：$l_1=\cos\theta_{p1}=0.447$，$m_1=\sin\theta_{p1}=-0.897$

故 $\theta_{p1}=-63.4°$ ， 或 $\theta_{p1}=63.4°$(順時針)◀

$\theta_{p2}=\theta_{p1}+90°=26.6°$ ， 或 $\theta_{p2}=26.6°$(逆時針)◀

【註 1】將σ_2代入公式(7-22)中，與$l_2^2+m_2^2=1$聯立，同樣可解得θ_{p2}。

【註 2】公式(1)及(2)爲相依方程式，並非獨立方程式。

例題 7-6

已知物體上某一點之應力狀態如下：

$\sigma_x=60$ MPa，$\sigma_y=40$ MPa，$\sigma_z=20$ MPa

$\tau_{xy}=40$ MPa，$\tau_{yz}=20$ MPa，$\tau_{xz}=30$ MPa

試求(a)主應力，(b)最大剪應力，(c)最大主應力作用面之方向(以該面法線方向單位向量之方向餘弦表示)

【解】(a) 由公式(7-27)

$$a=\sigma_x+\sigma_y+\sigma_z=60+40+20=120$$

$$b=\sigma_x\sigma_y+\sigma_x\sigma_z+\sigma_y\sigma_z-\tau_{xy}^2-\tau_{yz}^2-\tau_{xz}^2$$

$$=(60)(40)+(60)(20)+(40)(20)-(40)^2-(20)^2-(30)^2=1500$$

$$c=\sigma_x\sigma_y\sigma_z+2\tau_{xy}\tau_{yz}\tau_{xz}-\sigma_x\tau_{yz}^2-\sigma_y\tau_{xz}^2-\sigma_z\tau_{xy}^2$$

$= (60)(40)(20) + 2(40)(20)(30) - (60)(20)^2 - (40)(30)^2 - (20)(40)^2 = 4000$

$\sigma_p^3 - a\sigma_p^2 + b\sigma_p - c = 0$

得 $\sigma_p^3 - 120\sigma_p^2 + 1500\sigma_p - 4000 = 0$

解得三個主應力為 $\sigma_1 = 106.2$ MPa，$\sigma_2 = 10.0$ MPa，$\sigma_3 = 3.77$ MPa◄

(b) 最大剪應力由公式(7-28)

$(\tau_{max})_{abs} = \frac{1}{2}(106.2-3.77) = 51.2$ MPa◄

(c) 將σ_1代入公式(7-25)

$(60-106.2)\, l_1 + 40m_1 + 30n_1 = 0$ (1)

$40l_1 + (40-106.2)m_1 + 20n_1 = 0$ (2)

$30l_1 + 20\, m_1 + (20-106.2)n_1 = 0$ (3)

由(1)(2)得 $m_1 = 0.7623\, l_1$，由(2)(3)得 $n_1 = 0.5247\, l_1$，代入 $l_1^2 + m_1^2 + n_1^2 = 1$

$l_1^2 + (0.7623\, l_1^2) + (0.5247\, l_1^2) = 1$

得 $l_1 = 0.7339$， $\alpha_1 = 42.8°$◄

$m_1 = 0.5595$， $\beta_1 = 56.0°$◄

$n_1 = 0.3850$， $\gamma_1 = 67.4°$◄

α_1、β_1、γ_1 分別為最大主應力作用面之法線方向與 x、y、z 軸之夾角。

習題 7-1 至 7-14 分別用應力轉換公式及莫爾圓分析，並將結果標示在應力元素上以圖形表示。

7-1 圖中單軸向應力狀態，$\sigma_x = 80$ MPa，試求(a)$\theta = 30°$(逆時針)方位之應力狀態，(b)同平面最大剪應力狀態。

【答】(a)$\sigma_{x'} = 60$ MPa，$\tau_{x'y'} = -34.6$ MPa，(b)$\tau_{max} = 40$ MPa，$\sigma_{av} = 40$MPa

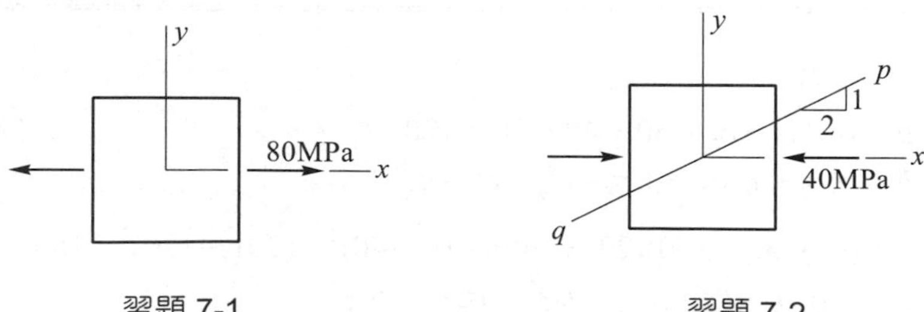

習題 7-1　　習題 7-2

7-2 圖中單軸向應力狀態，$\sigma_x = -40$ MPa，試求(a)*pq* 傾斜面上之應力，(b)同平面最大剪應力。

【答】(a) $\sigma_{x'} = -8$ MPa，$\tau_{x'y'} = -16$ MPa，(b) $\tau_{max} = 20$ MPa，$\sigma_{av} = -20$MPa

7-3 圖中純剪之應力狀態，$\tau_{xy} = -32$ MPa，試求(a)$\theta = 20°$(逆時針)方位之應力狀態，(b)主應力狀態。

【答】(a) $\sigma_{x'} = -20.6$ MPa，$\tau_{x'y'} = -24.5$ MPa，(b) $\theta_{p1} = -45°$，$\sigma_1 = 32$ MPa

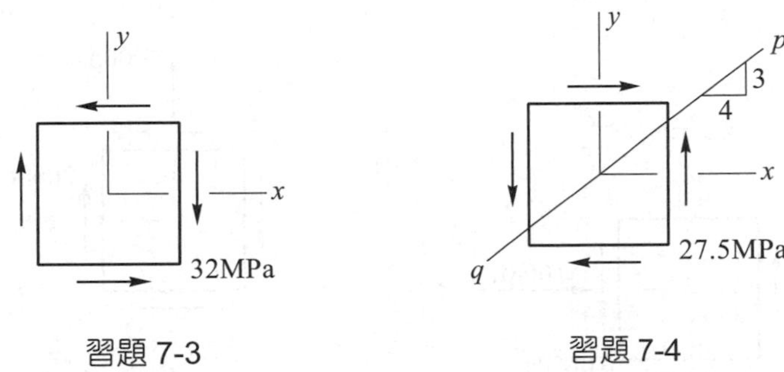

習題 7-3　　習題 7-4

7-4 圖中純剪之應力狀態，$\tau_{xy} = 27.5$ MPa，試求(a)*pq* 傾斜面上之應力，(b)主平面及主應力。

【答】$\sigma_{x'} = -26.4$ MPa，$\tau_{x'y'} = -7.70$ MPa，(b) $\theta_{p1} = 45°$，$\sigma_1 = 27.5$ MPa

7-5 圖中雙軸向應力狀態，$\sigma_x = 90$ MPa，$\sigma_y = 20$ MPa，試求(a)$\theta = 30°$(逆時針)方位之應力狀態，(b)同平面最大剪應力狀態，(c)絕對最大剪應力。

【答】(a) $\sigma_{x'} = 72.5$ MPa，$\tau_{x'y'} = -30.3$ MPa，(b) $\tau_{max} = 35$ MPa，$\sigma_{av} = 55$ MPa

(c) $(\tau_{max})_{abs} = 45$ MPa

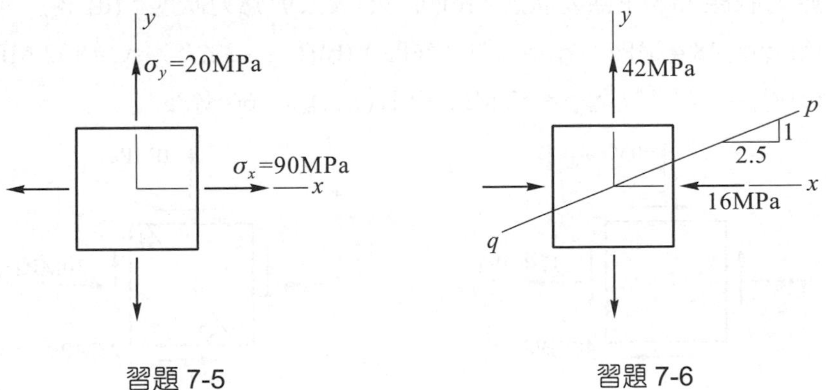

習題 7-5　　習題 7-6

7-6 圖中雙軸向應力狀態，$\sigma_x = -16$ MPa，$\sigma_y = 42$ MPa，試求(a) *pq* 傾斜面上之應力，(b)同平面最大剪應力，(c)絕對最大剪應力。

【答】(a)$\sigma_{x'} = 34.0$ MPa，$\tau_{x'y'} = -20.0$ MPa，(b)$\theta_{s1} = 45°$，$\tau_{max} = 29.0$ MPa，$\sigma_{av} = 13$ MPa

7-7 圖中平面應力狀態，$\sigma_x = -100$ MPa，$\sigma_y = 0$，$\tau_{xy} = -70$ MPa，試求(a)主平面及主應力，(b)同平面最大剪應力

【答】(a) $\theta_{p1} = -62.8°$，$\sigma_1 = 36$ MPa，(b) $\theta_{s1} = 72.2°$，$\tau_{max} = 86$ MPa

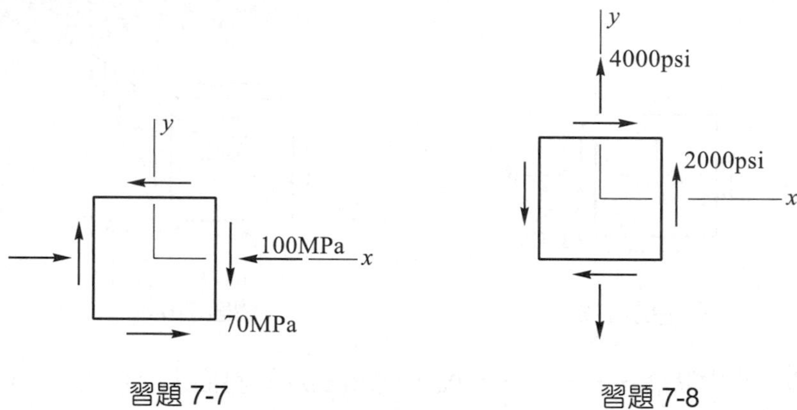

習題 7-7　　習題 7-8

7-8 圖中平面應力狀態$\sigma_x = 0$，$\sigma_y = 4000$ psi，$\tau_{xy} = 2000$ psi，試求(a)主平面及主應力，(b)同平面最大剪應力。

【答】(a)$\theta_{p1} = 67.5°$，$\sigma_1 = 4828$ psi，$\sigma_2 = -828$ psi，

(b)$\theta_{s1} = 22.5°$，$\tau_{max} = 2828$ MPa，$\sigma_{av} = 2000$ psi

7-9 圖中平面應力狀態$\sigma_x = 100$ MPa，$\sigma_y = 60$ MPa，$\tau_{xy} = -48$ MPa，試求(a)$\theta = 30°$(逆時針)方位之應力狀態，(b)主應力狀態，(c)同平面最大剪應力狀態，(d) 絕對最大剪應力。

【答】(a) $\sigma_{x'} = 48.4$ MPa，$\tau_{x'y'} = -41.3$ MPa，(b)$\theta_{p1} = -33.7°$，$\sigma_1 = 132$ MPa，

(c) $\theta_{s1} = -78.7°$，$\tau_{max} = 52$ MPa，(d) $(\tau_{max})_{abs} = 66$ MPa

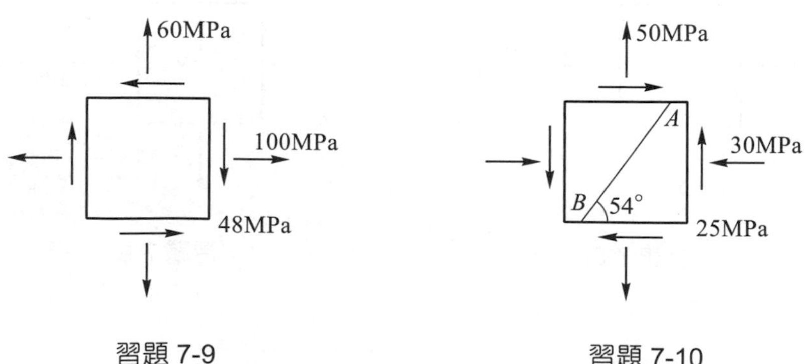

習題 7-9　　習題 7-10

7-10 圖中平面應力狀態$\sigma_x = -30$ MPa，$\sigma_y = 50$ MPa，$\tau_{xy} = 25$ MPa，試求(a)AB 面上之正交應力及剪應力，(b)主平面及主應力，(c)同平面最大剪應力，(d)絕對最大剪應力。

【答】(a) $\sigma_{x'} = -26.2$ MPa，$\tau_{x'y'} = -30.3$ MPa，(b)$\theta_{p1} = 74°$，$\sigma_1 = 57.2$ MPa，
(c) $\theta_{s1} = 29°$，$\tau_{max} = 47.2$ MPa

7-11 圖中平面應力狀態$\sigma_x = 31$ MPa，$\sigma_y = 97$ MPa，$\tau_{xy} = -21$ MPa，試求(a)$\theta = -55°$(順時針)方位之應力狀態，(b)主應力狀態，(c)同平面最大剪應力狀態，(d)絕對最大剪應力。

【答】(a) $\sigma_{x'} = 95.0$ MPa，$\tau_{x'y'} = -23.8$ MPa，(b)$\theta_{p1} = -73.8°$，$\sigma_1 = 103$ MPa，
(c) $\theta_{s1} = 61.2°$，$\tau_{max} = 39.1$ MPa，(d) $(\tau_{max})_{abs} = 51.5$ MPa

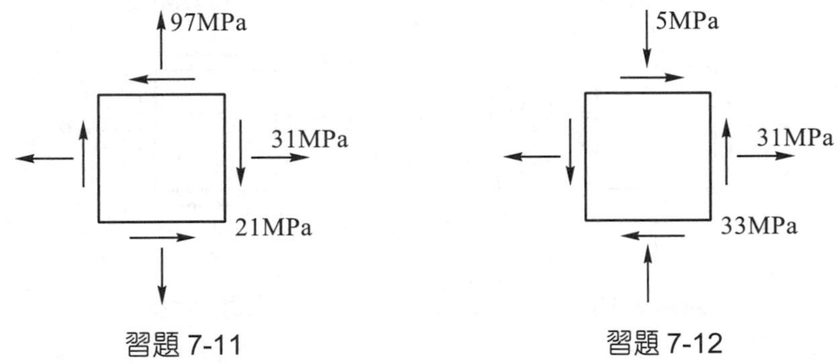

習題 7-11　　習題 7-12

7-12 圖中平面應力狀態$\sigma_x = 31$ MPa，$\sigma_y = -5$ MPa，$\tau_{xy} = 33$ MPa，試求(a) $\theta = 45°$(逆時針)方位之應力狀態，(b)主應力狀態，(c)同平面最大剪應力狀態，(d)絕對最大剪應力。

【答】(a) $\sigma_{x'} = 46.0$ MPa，$\tau_{x'y'} = -18.0$ MPa，(b)$\theta_{p1} = 30.7°$，$\sigma_1 = 50.6$ MPa，
(c) $\theta_{s1} = -14.3°$，$\tau_{max} = 37.6$ MPa，(d) $(\tau_{max})_{abs} = 37.6$ MPa

7-13 圖中平面應力狀態$\sigma_x = -85$ MPa，$\sigma_y = -134$ MPa，$\tau_{xy} = -53$ MPa，試求(a)主應力狀態，(b)同平面最大剪應力狀態，(c)絕對最大剪應力。

【答】(a) $\theta_{p1} = -32.6$ °，$\sigma_1 = -51.1$ MPa，$\sigma_2 = -167.9$ MPa，
(b) $\theta_{s1} = -77.6°$，$\tau_{max} = 58.4$ MPa，(c) $(\tau_{max})_{abs} = 84.0$ MPa

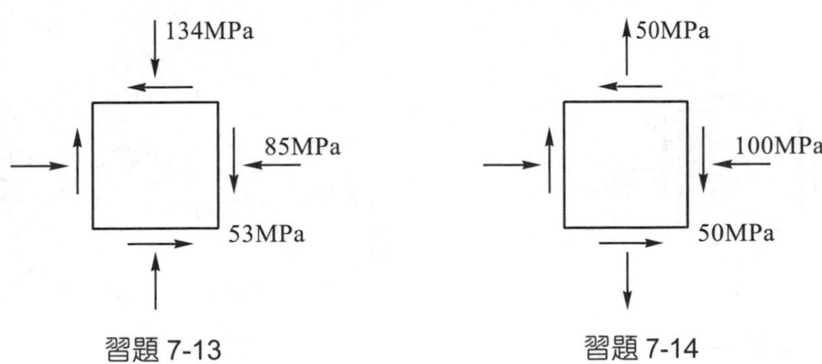

習題 7-13　　習題 7-14

7-14 圖中平面應力狀態$\sigma_x = -100$ MPa，$\sigma_y = 50$ MPa，$\tau_{xy} = -50$ MPa，試求(a)主應力狀態，(b)同平面最大剪應力狀態，(c)絕對最大剪應力。

【答】(a)$\theta_{p1} = -73.2°$，$\sigma_1 = 65.1$ MPa，$\sigma_2 = -115.1$ MPa，

(b) $\theta_{s1} = 61.8°$，$\tau_{max} = 90.1$ MPa，(c) $(\tau_{max})_{abs} = 90.1$ MPa

7-15 圖中所示爲物體上某一點之平面應力狀態，$\sigma_x = 80$ MPa，$\sigma_y = -120$ MPa，τ_{xy} 大小未知(方向如圖所示)，已知該點之同平面最大剪應力爲 125 MPa，試求(a)τ_{xy} 之大小，(b)主應力狀態(以應力元素圖表示)。

【答】(a)$\tau_{xy} = -75$ MPa，(b)$\theta_{p1} = -18.43°$，$\sigma_1 = 105$ MPa，$\sigma_2 = -145$ MPa

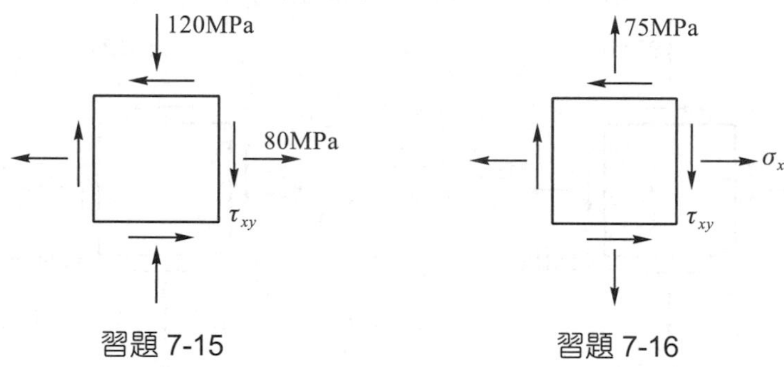

習題 7-15　　習題 7-16

7-16 圖中所示物體上某一點之平面應力狀態，$\sigma_y = 75$ MPa，σ_x 與 τ_{xy} 大小未知(方向如圖所示)，已知該點之一個主應力爲 200 MPa，同平面最大剪應力爲 85 MPa，試求(a)σ_x 與 τ_{xy} 之大小，(b)主應力狀態(以應力元素圖表示)，(c)絕對最大剪應力。

【答】(a) $\sigma_x = 155$ MPa，$\tau_{xy} = -75$ MPa，(b)$\theta_{p1} = -31.0°$，$\sigma_2 = 30$ MPa，

(c) $(\tau_{max})_{abs} = 100$ MPa

7-17 圖中所示爲物體上某一點之平面應力狀態，$\sigma_x = 10$ ksi，$\sigma_y = 20$ ksi，τ_{xy} 大小未知(方向如圖所示)，已知該點之一個主應力爲 2 ksi，試求(a)τ_{xy} 之大小，(b)主平面之方向 θ_{p1}，(c)同平面最大剪應力。

【答】(a)$\tau_{xy} = 12$ ksi，(b) $\theta_{p1} = 56.3°$，(c)$\tau_{max} = 13$ ksi

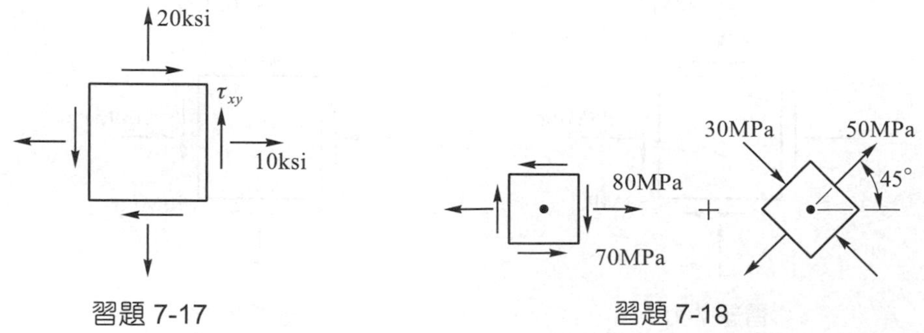

習題 7-17　　習題 7-18

7-18 圖中兩平面應力狀態重疊，試求重疊後所得平面應力狀態之主應力及主平面。

【答】$\theta_{p1} = -18.4°$，$\sigma_1 = 100$ MPa，$\sigma_2 = 0$

7-19 構件上之某一點為平面應力狀態，已知此應力元素在垂直面上之正交應力為 28 MPa(拉應力)剪應力為 24 MPa(逆時針)，如(a)圖所示，而在某一θ角傾斜面上之正交應力為 42 MPa(拉應力)剪應力為 10 MPa(逆時針)，如(b)圖所示，試求此傾斜面之角度θ。

【答】$\theta = 22.38°$

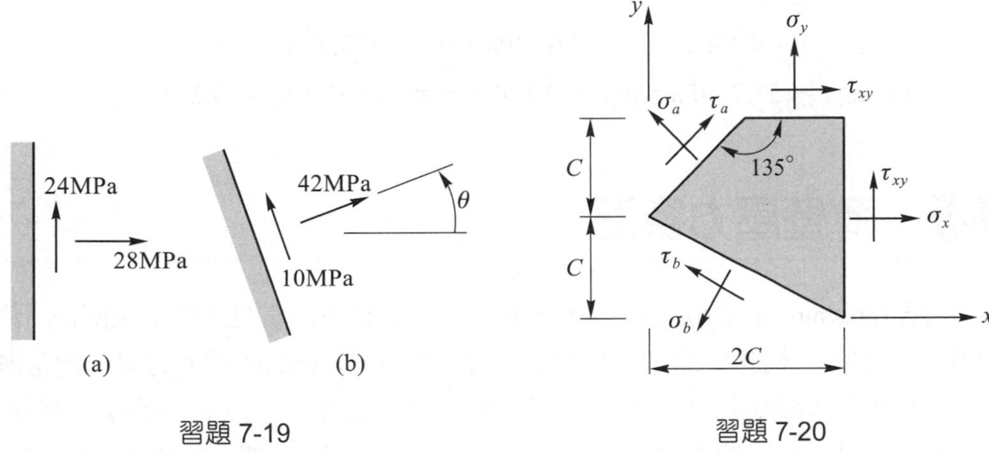

習題 7-19　　習題 7-20

7-20 圖中所示為構件上某一點所受之應力情形，已知$\sigma_a = 200$ MPa，$\tau_a = 400$ MPa，$\tau_b = 100$ MPa，試求σ_x，σ_y，τ_{xy}及σ_b之值。

【答】$\sigma_x = 500$ MPa，$\sigma_y = 1300$ MPa，$\tau_{xy} = 700$ MPa，$\sigma_b = 1700$ MPa

7-21 試求圖中應力狀態之最大剪應力。

【答】$\tau_{max} = 125$ MPa

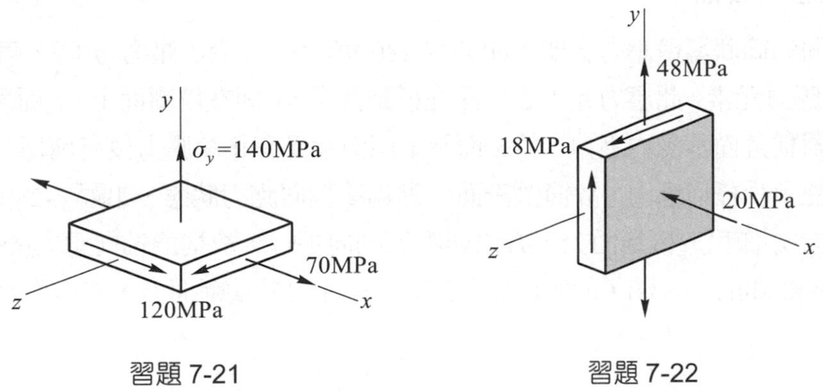

習題 7-21　　習題 7-22

7-22 試求圖中應力狀態之最大剪應力。

【答】$\tau_{max} = 37$ MPa

7-23 已知物體上某一點之應力狀態為$\sigma_x = 72$ MPa，$\sigma_y = -32$ MPa，$\sigma_z = 0$，$\tau_{xy} = 21$ MPa，$\tau_{yz} = 0$，$\tau_{xz} = 21$ MPa，試求該點之主應力及最大剪應力。

【答】$\sigma_1 = 81.3$ MPa，$\sigma_2 = -4.75$ MPa，$\sigma_3 = -36.6$ MPa，$\tau_{max} = 58.9$ MPa

7-24 已知物體上某一點之應力狀態為$\sigma_x = 100$ MPa，$\sigma_y = -100$ MPa，$\sigma_z = 80$ MPa，$\tau_{xy} = 50$ MPa，$\tau_{yz} = -70$ MPa，$\tau_{xz} = -64$ MPa，試求該點之(a)主應力，(b)最大剪應力，(c)最大壓應力作用面之方向。

【答】(a) $\sigma_1 = 179.9$ MPa，$\sigma_2 = 27.6$ MPa，$\sigma_3 = -127.5$ MPa，
(b) $\tau_{max} = 153.7$ MPa，(c)$l_3 = 0.130$，$m_3 = -0.951$，$n_3 = -0.281$

7-5 薄壁壓力容器

壓力容器(pressure vessel)是裝有高壓流體之密封結構物，常見之例子如儲槽、鍋爐、飛機機殼及太空艙。本節主要是討論筒狀及球狀薄壁(thin-walled)壓力容器，通常薄壁是指容器之內半徑 r 與壁厚 t 之比等於或大於 10($r/t \geq 10$)之情形，當 $r/t = 10$ 時，由薄壁理論所得之應力較實際應力大約小 4%，而 r/t 之比值愈大誤差愈小。薄壁容器在分析時一般是假設沿厚度方向之應力為均勻分佈。至於容器內之壓力都是錶壓力(gage pressure)，錶壓力為容器內與容器外大氣壓力之差值，若容器之內外壓力相同，則容器壁上不會有應力產生，只有容器內外有壓力差時才會有應力效應。本節所討論的大都是容器內之壓力大於外面大氣壓力之情形。

■筒狀薄壁壓力容器

圓形斷面的筒狀薄壁壓力容器，如圖 7-28(a)所示，承受內壓力 p 時，考慮筒壁表面上一點 Q 之應力元素，此應力元素之 x 面在橫斷面上，y 面在縱斷面上，z 面為圓筒表面。由於圓筒呈對稱且僅承受內壓力，故 x 面及 y 面僅承受有正交應力沒有剪應力，而 z 面為自由表面不能承受任何應力，故筒壁表面一點為雙軸向應力狀態，如圖 7-28(b)所示。x 面上之正交應力σ_a 作用於橫斷面上，方向與圓筒軸向平行，故稱為軸向應力(axial stress)或縱向應力(longitudinal stress)，y 面上之正交應力σ_h 作用於縱斷面上，方向與圓周相切，故

稱爲周向應力(circumferential stress or hoop stress)，兩者均可用適當之自由體圖及平衡方程式導出。

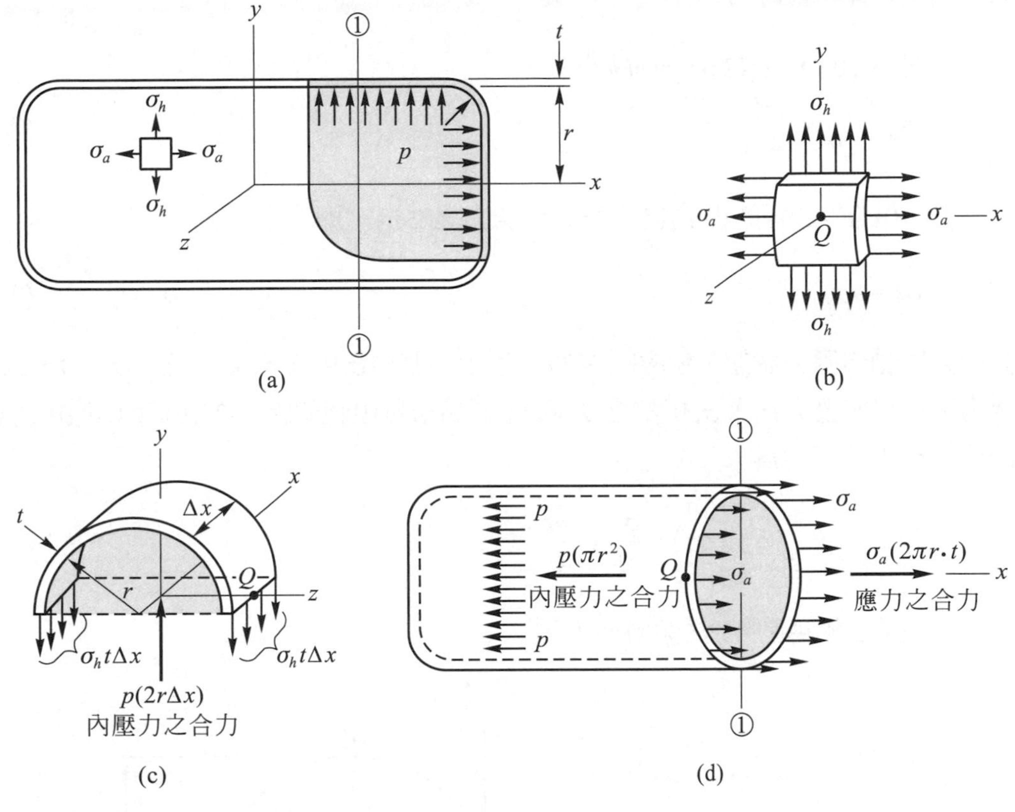

圖 7-28

爲求周向應力，考慮圓筒水平縱斷面(通過軸向中心線)上長度Δx 之自由體圖(含容器內之流體)，如圖 7-28(c)所示，作用於自由體上且與 y 軸平行之力包括薄壁斷面周向應力之合力 $2\sigma_h(t\Delta x)$，及流體內壓力之合力 $p(2r\Delta x)$，由平衡方程式

$$\sum F_x = 0 \quad , \quad 2\sigma_h(t\Delta x) = p(2r\Delta x)$$

得

$$\sigma_h = \frac{pr}{t} = \frac{pd}{2t} \tag{7-29}$$

其中 r 爲圓筒之內半徑，d 爲圓筒之內徑，t 爲筒壁厚度，只要厚度甚小於內半徑，則此應力均匀分佈於筒壁上。

至於軸向應力，考慮橫斷面①-①，取左側圓筒之自由體圖，如圖 7-28(d)所示，作用於自由體上與 x 軸平行之力，包括薄壁斷面軸向應力之合力$\sigma_a(2\pi rt)$，及流體內壓力之合力 $p(\pi r^2)$，由平衡方程式

$$\sum F_y = 0 \quad , \quad \sigma_a(2\pi rt) = p(\pi r^2)$$

得

$$\sigma_a = \frac{pr}{2t} = \frac{pd}{4t} \tag{7-30}$$

比較公式(7-30)與(7-29)可知周向應力爲軸向應力之 2 倍，即

$$\sigma_h = 2\sigma_a \tag{7-31}$$

筒壁表面之雙軸向應力狀態，參考圖 7-29(a)所示，其中$\sigma_x = \sigma_a$，$\sigma_y = \sigma_h$，$\sigma_z = 0$，三者均爲主應力。今以主應力σ_a及σ_h相當之 X 點及 Y 點繪莫爾圓如圖 7-29(b)所示，由 S_1 與 S_2 點得同平面最大剪應力爲

$$(\tau_{\max})_z = \frac{1}{2}(\sigma_h - \sigma_a) = \frac{\sigma_a}{2} = \frac{pr}{4t} \tag{7-32}$$

此應力發生在繞 z 軸轉動 45°之傾斜面上。

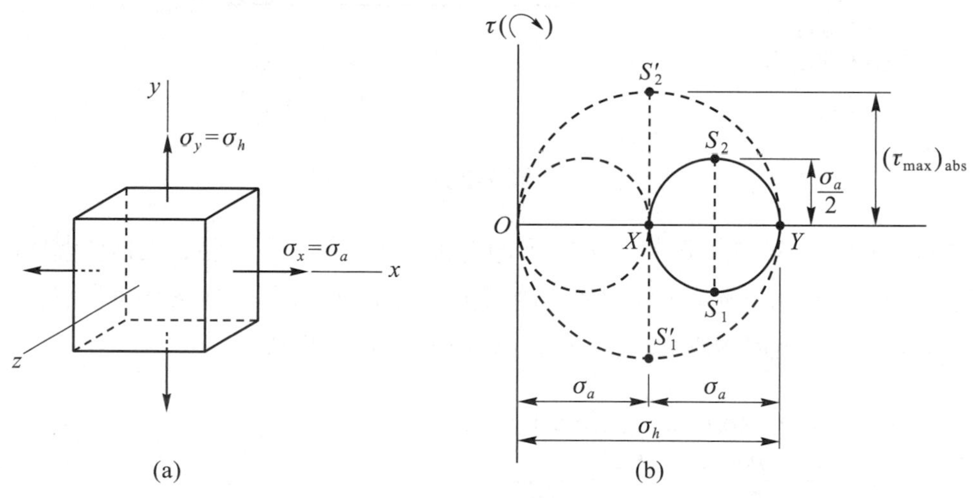

圖 7-29

再將圖 7-29(a)中 yz 平面之莫爾圓(OY 圓)與 xz 平面之莫爾圓(OX 圓)繪出，參考圖 7-29(b)所示，由 S_1' 與 S_2' 點可得薄壁圓筒在筒壁表面上之絕對最大剪應力爲

$$\left(\tau_{\max}\right)_{abs}=\frac{\sigma_h}{2}=\frac{pr}{2t} \tag{7-33}$$

此應力發生在繞 x 軸轉動 45°之傾斜面上。

■球狀薄壁壓力容器

用類似的方法可分析球狀薄壁壓力容器內之應力，參考圖 7-30 所示，考慮垂直橫斷面(通過圓心)左側之自由體圖，如圖 7-30(b)所示，與 x 方向平行之力，包括薄壁斷面上應力之合力 $\sigma(2\pi rt)$，及流體內壓力之合力 $p(\pi r^2)$，由平衡方程式

$$\Sigma F_x=0\ ,\quad \sigma(2\pi rt)=p(\pi r^2)$$

得

$$\sigma=\frac{pr}{2t}=\frac{pd}{4t} \tag{7-34}$$

其中 r 為薄壁圓球之內半徑，t 為其厚度，p 為所受之內壓力，由於通過球心橫斷面所切取之自由體均相同，故薄壁圓球上任一點在各方向所受之正交應力 σ 均相同，因此筒壁表面上任一點之應力元素為雙軸向應力狀態，$\sigma_x=\sigma_y=\sigma$，$\sigma_z=0$，參考圖 7-31(a)所示，且此三者均為主應力。今以三個主應力繪莫爾圓，如圖 7-31(b)所示，其中 xy 平面之莫爾圓為一點，表示同平面之正交應力均等於 σ，而同平面之最大剪應力為零，即 $(\tau_{\max})_z=0$。至於絕對之最大剪應力在圖 7-31(b)中之 S_1' 與 S_2' 兩點，且

$$\left(\tau_{\max}\right)_{abs}=\frac{\sigma}{2}=\frac{pr}{4t} \tag{7-35}$$

此應力是發生在繞 x 軸轉動 45°之傾斜面上，及繞 y 軸轉動 45°之傾斜面上。

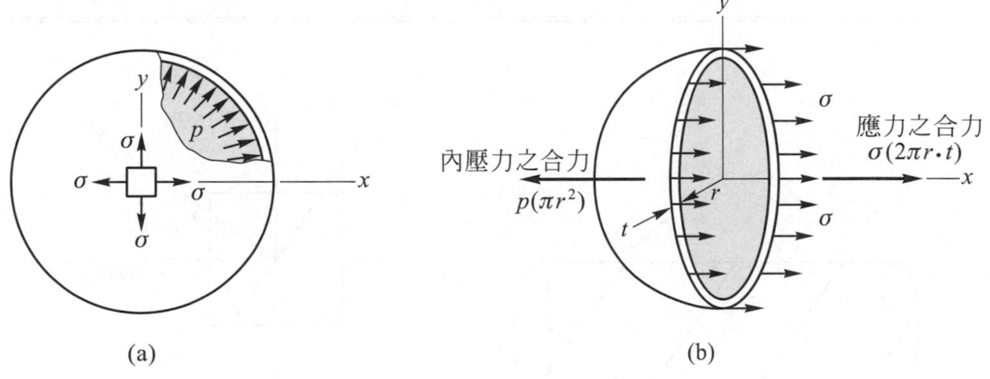

圖 7-30

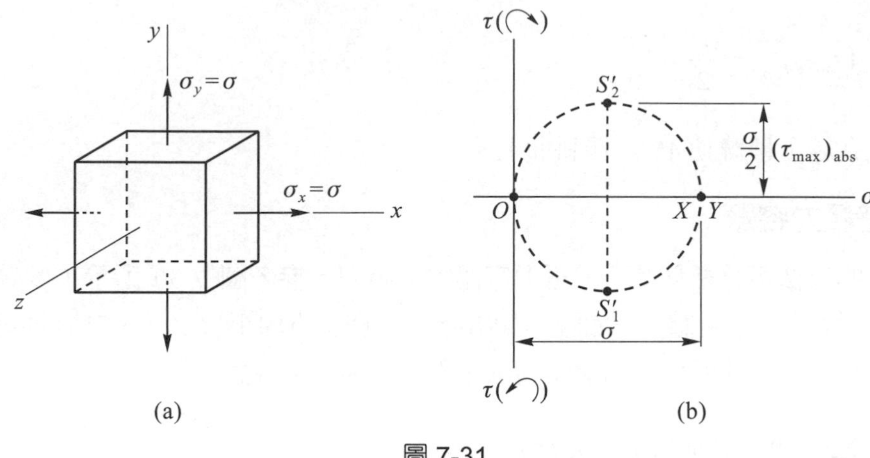

圖 7-31

上述之討論，不論是薄壁圓筒或薄壁圓球，承受內壓力時，其筒壁表面均考慮爲承受雙軸向應力狀態，其實筒壁上亦承受有徑向應力(σ_z)，在筒壁內緣之徑向應力爲壓應力，且等於內壓力($\sigma_z = -p$)，然後沿壁厚減少至容器表面爲零，對於薄壁容器，此徑向壓應力可忽略而不予以考慮。另外，上述公式僅適用於容器內之壓力大於外面大氣壓力之情形(錶壓力爲正)。若容器內壓力小於外面大氣壓力(錶壓力爲負)，上述公式仍可使用，但必須確定筒壁不發生挫曲(buckling)現象，且公式中之內半徑 r 必須改爲外半徑計算。

例題 7-7

圖中壓力容器是將狹長鋼板彎成圓柱形然後沿螺旋狀焊道熔接而成，焊道與縱向軸線之夾角為 55°，容器之內徑 $d = 3.6\text{m}$，壁厚 $t = 20\text{mm}$，內壓力 $p = 800$ kpa，試求(a)周向應力σ_h 與縱向應力σ_a，(b)同平面最大剪應力，(c)絕對最大剪應力，(d)焊道所受之正交應力與剪應力。

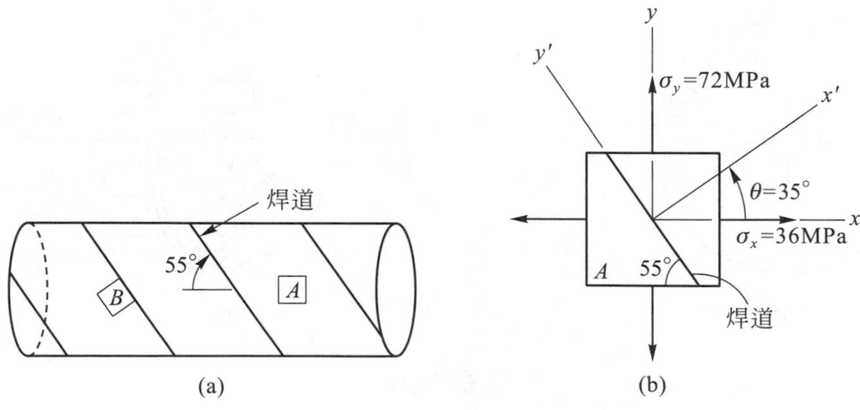

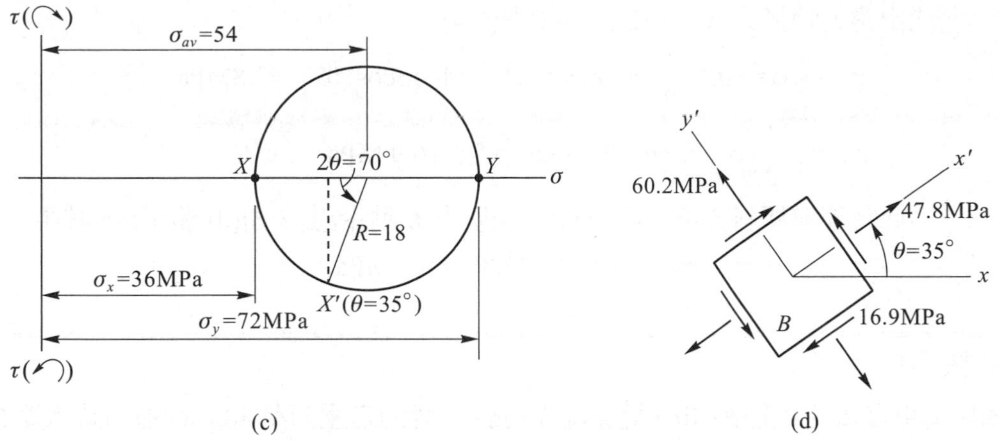

【解】(a) 周向應力σ_h與縱向應力σ_a，由公式(7-29)與(7-30)

$$\sigma_h = \frac{pd}{2t} = \frac{(0.8)(3600)}{2(20)} = 72 \text{ MPa} \blacktriangleleft$$

$$\sigma_a = \frac{pd}{4t} = \frac{\sigma_h}{2} = 36 \text{ MPa} \blacktriangleleft$$

筒壁上之應力元素為雙軸向應力狀態，其中$\sigma_x = \sigma_a = 36$ MPa，$\sigma_y = \sigma_h = 72$ MPa，$\sigma_z = 0$，如(b)圖所示，且三者均為主應力。

(b) 同平面最大剪應力：由公式(7-32)

$$(\tau_{\max})_z = \frac{1}{2}(\sigma_h - \sigma_a) = 18 \text{ MPa} \blacktriangleleft$$

(c) 絕對最大剪應力：由公式(7-33)

$$(\tau_{\max})_{abs} = \frac{\sigma_h}{2} = 36 \text{ MPa} \blacktriangleleft$$

(d) 焊道所受之正交應力與剪應力

繪(b)圖雙軸向應力狀態之莫爾圓，即以$X(36，0)$與$Y(72，0)$為直徑所繪之圓，如(c)圖所示，其中圓心σ_{av}與半徑R分別為

$$\sigma_{av} = \frac{1}{2}(72 + 36) = 54 \text{ MPa}$$

$$R = \frac{1}{2}(72 - 36) = 18 \text{ MPa}$$

焊道面之傾斜角度$\theta = 90° - 55° = 35°$，參考(b)圖所示，因此由莫爾圓上之X點逆時針轉$2\theta = 70°$，得X'點之坐標即為焊道所受之正交應力$\sigma_{x'}$與剪應力$\tau_{x'y'}$

$$\sigma_{x'} = \sigma_{av} - R\cos 70° = 54 - 18\cos 70° = 47.8\text{MPa(拉應力)} \blacktriangleleft$$

$$\tau_{x'y'} = R\sin 70° = 18\sin 70° = 16.9 \text{ MPa (逆時針)} \blacktriangleleft$$

或由應力轉換公式，即公式(7-3)與(7-4)

$$\sigma_{x'} = \frac{1}{2}(\sigma_x+\sigma_y)+\frac{1}{2}(\sigma_x-\sigma_y)\cos 2\theta = 54-18\cos 70° = 47.8\text{MPa}$$

$$\tau_{x'y'} = -\frac{1}{2}(\sigma_x-\sigma_y)\sin 2\theta = 18\sin 70° = 16.9\text{ MPa}$$

因此將焊道傾斜方位之應力狀態(筒壁上 B 點)繪出，如(d)圖所示，其中

$\sigma_{y'} = (\sigma_x+\sigma_y) - \sigma_{x'} = (36+72)-47.8 = 60.2$ MPa。

例題 7-8

圖中薄壁圓筒之內徑為 4in，壁厚為 0.1 in。若筒內之壓力為 80 psi，並同時承受 500 lb 之拉力及 70 lb-ft 之扭矩，試筒壁所生之最大剪應力。

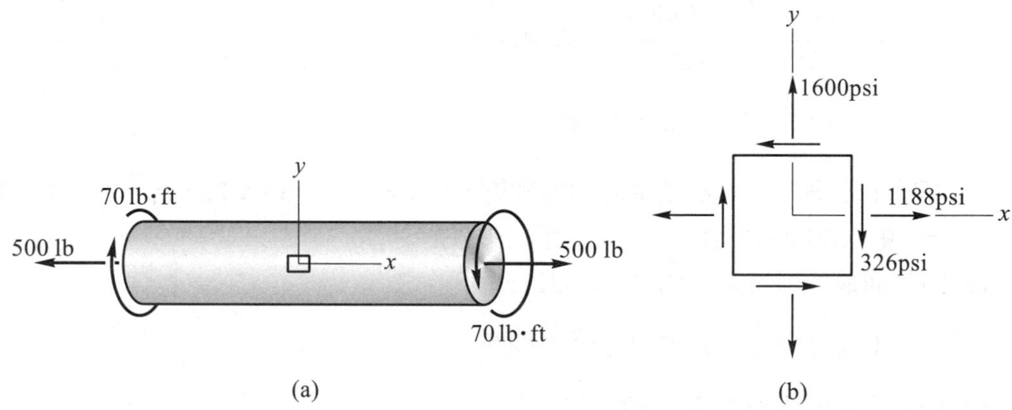

(a) (b)

【解】首先求各負荷在筒壁上所生之應力

薄壁圓筒之內壓力 $p = 80$ psi 在筒壁上產生之周向及縱向應力爲

$$\sigma_h = \frac{pd}{2t} = \frac{(80)(4)}{2(0.1)} = 1600\text{ psi}$$

$$\sigma_a = \frac{pd}{4t} = \frac{\sigma_h}{2} = 800\text{ psi}$$

拉力 $F = 500$ lb 在筒壁橫斷面產生之拉應力

$$A = \frac{\pi}{4}(4.2^2-4^2) = 1.288\text{ in}^2$$

$$\sigma_F = \frac{F}{A} = \frac{500}{1.288} = 388\text{ psi}$$

扭矩 $T = 70$ lb-ft 在筒壁表面產生之剪應力爲

$$J = \frac{\pi}{32}(4.2^4 - 4^4) = 5.416$$

$$\tau_T = \frac{Tr_0}{J} = \frac{(70\times 12)(2.1)}{5.416} = 326 \text{ psi}$$

筒壁表面之應力元素爲平面應力狀態

$$\sigma_x = \sigma_a + \sigma_F = 800+388 = 1188 \text{ psi}$$

$$\sigma_y = \sigma_h = 1600 \text{ psi}$$

$$\tau_{xy} = -\tau_T = -326 \text{ psi}$$

同平面主應力，由公式(7-9)

$$\sigma_{1,2} = \frac{\sigma_x + \sigma_y}{2} \pm \sqrt{\left(\frac{\sigma_x - \sigma_y}{2}\right)^2 + \tau_{xy}^2}$$

$$= \frac{1188+1600}{2} \pm \sqrt{\left(\frac{1188-1600}{2}\right)^2 + (-326)^2} = 1394 \pm 386$$

得　$\sigma_1 = 1780$ psi，$\sigma_2 = 1008$ psi。

三個主應力$\sigma_1 > \sigma_2 > 0$，由公式(7-17)可得筒壁上之絕對最大剪應力爲

$$(\tau_{\max})_{abs} = \frac{\sigma_1}{2} = 890 \text{ psi}◀$$

例題 7-9

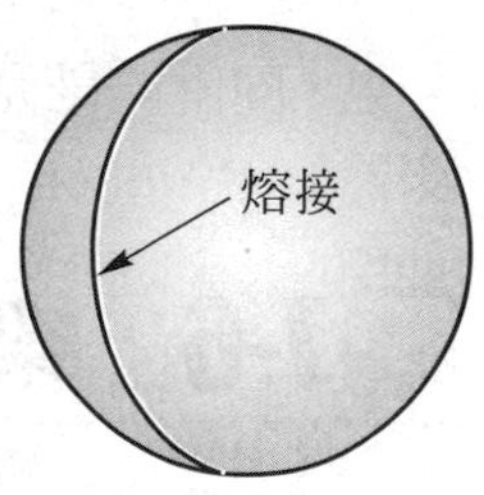

圖中球狀薄壁壓力容器是以兩個鋼製的半球殼焊接而成，內徑為 450mm，壁厚為 7mm，

(a) 若鋼的容許拉應力為 115 MPa，試求容器內之容許壓力 p。

(b) 若鋼的容許剪應力為 40 MPa，試求容器內之容許壓力 p。

(c) 由試驗顯示焊道之拉力負荷為 1.5MN/m 時焊道會破裂，若考慮安全因數為 2.5，則容 器內之容許壓力 p 為何？

(d) 同時考慮以上三個限制條件，則容器內之容許壓力 p 為何？

【解】(a) 薄壁圓球在容器壁上之最大拉應力，由公式(7-34)爲

$$\sigma = pd/4t$$

由球壁上之容許拉應力σ_{allow}可得容器內之容許壓力爲

$$p_a = \frac{4t\sigma_{allow}}{d} = \frac{4(7)(115)}{450} = 7.155 \text{ MPa}$$

故容許壓力為 $p_a = 7.15$ MPa◄ (注意不是用四捨五入，而是直接將多餘之小數移除)

(b) 球壁上之最大剪應力由公式(7-35)為$(\tau_{\max})_{abs} = pd/8t$，由球壁之容許剪應力$\tau_{allow}$可得容器內之容許壓力為

$$p_b = \frac{8t\tau_{allow}}{d} = \frac{8(7)(40)}{450} = 4.977 \text{ MPa}$$

故容許壓力為 $p_b = 4.97$ MPa◄

(c) 焊道上每單位長度之拉力為$f = \sigma t = pd/4$，由焊道單位長度之破裂拉力f_u = 1.5MN/m = 1500 N/mm，考慮 2.5 之安全因數，可得容器內之容許壓力為

$$p_c = \frac{4f_{allow}}{d} = \frac{4(1500/2.5)}{450} = 5.333 \text{ MPa}$$

故容許壓力為 $p_c = 5.33$ MPa◄

(d) 同時考慮以上三個限制條件，容器之容許壓力為三者中較小者，即

$$p = p_b = 4.97 \text{ MPa}◄$$

【註】本題球狀薄壁壓力容器之內壓力為$p = 4.97$ MPa 時，球壁上之拉應力(最大正交應力)為

$$\sigma = \frac{pd}{4t} = \frac{(4.97)(450)}{4(7)} = 79.9 \text{ MPa}$$

容器內表面之徑向主應力$\sigma_z = -4.97$ MPa，此最小主應力與最大主應力之比為 1/16，因此忽略徑向主應力，將球壁視為雙軸向應力狀態考慮，在工程上是允許的。

7-6 梁的主應力

承受橫向負荷之梁，其內任一斷面必同時承受有剪力與彎矩；彎矩將使梁之斷面產生正交應力，而剪力將使梁之斷面產生剪應力，因此梁內斷面上之任一點，通常同時承受有正交應力與剪應力，如圖 7-32 所示，其中$\sigma_x = -My/I$，$\tau_{xy} = VQ/Ib$，顯然為一平面應力狀態，本節將分析梁內各點主應力之大小及方向。

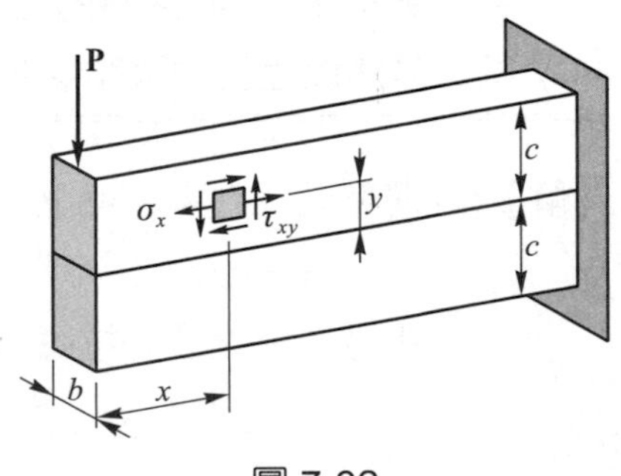

圖 7-32

為瞭解梁內各點主應力大小及方向之變化情形，今考慮圖 7-33(a)中梁內任一斷面在 1、2、3、4 及 5 五點之應力情形。如前所述，彎曲應力(呈線性變化)在上下兩緣為最大，在中立軸為零，而剪應力(呈拋物線變化)在中立軸最大，在上下兩緣為零，故在上下緣之 1、5 兩點為單軸向應力狀態，而在中立軸之 3 點為純剪狀態，至於 2、4 兩點則為一般平面應力狀態，如圖 7-33(c)所示。各點之主應力及主平面之角度θ_p(主平面之法線與 x 軸之夾角)，可由 7-2 節之方法求得，即

$$\sigma_{1,2}=\frac{\sigma_x}{2}\pm\sqrt{\left(\frac{\sigma_x}{2}\right)^2+\tau_{xy}^2}\quad,\quad \tan 2\theta_p=\frac{\tau_{xy}}{\sigma_x/2}$$

所得各點之主應力狀態如圖 7-33(c)所示，由圖可看出主應力之變化情形，主軸方向從元素 1 到元素 5 為朝逆時針方向旋轉，即元素 1 主平面方向之角度為 0°，元素 3 為 45°，元素 5 則旋轉至 90°方向，而最大主應力(拉應力)由元素 1 之最大值逐漸變小至元素 5 為零。

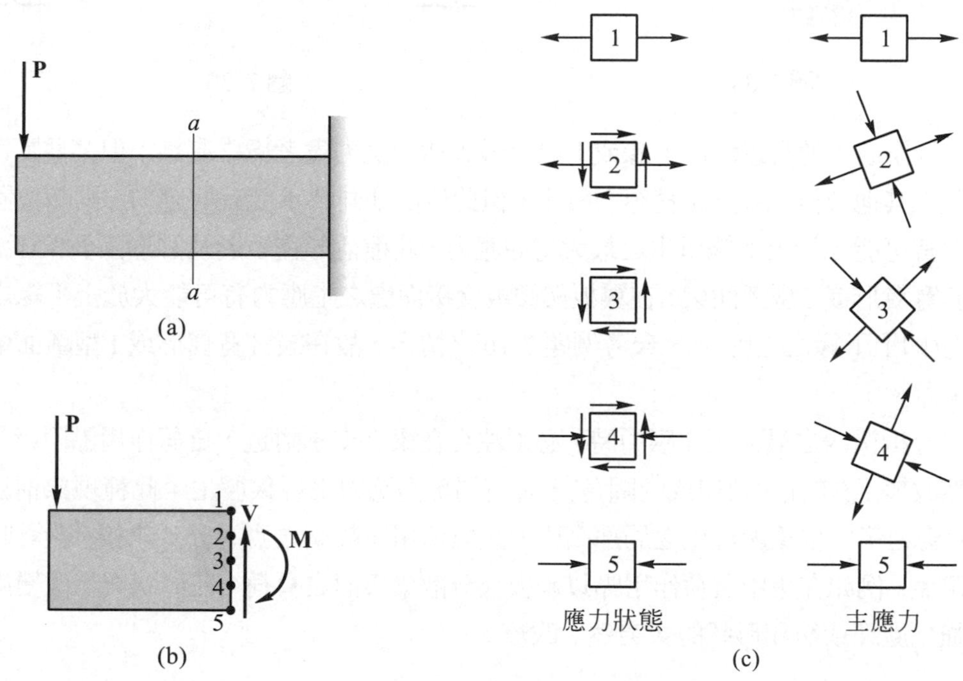

圖 7-33

由於梁內各斷面所受之剪力與彎矩不一定相等，因此各斷面主應力之大小及方向亦不相同，此時可藉由分析各個斷面之主應力方向而建立起兩系列互成正交之曲線，曲線上每

一點之切線方向代表該點之主應力方向，根據此系列之曲線可顯示出主應力方向之變化情形，此等曲線稱為主應力線(trajectory of principal stress)，圖 7-34 為懸臂梁自由端承受集中負荷時之主應力線，其中實線為主拉應力線(principal tensile stress trajectories)，而虛線為主壓力線(principal compressive stress trajectories)。兩組主應力線互相垂直，且與中立面相交成 45°。在梁之上緣或下緣剪應力為零，主應力線與上下兩緣之自由表面平行或垂直。由於懸臂梁在固定端之彎矩最大，故主應力線在該斷面之切線為水平方向。圖 7-35 中所示為矩形斷面之簡支梁，承受均佈負荷時之主應力線。

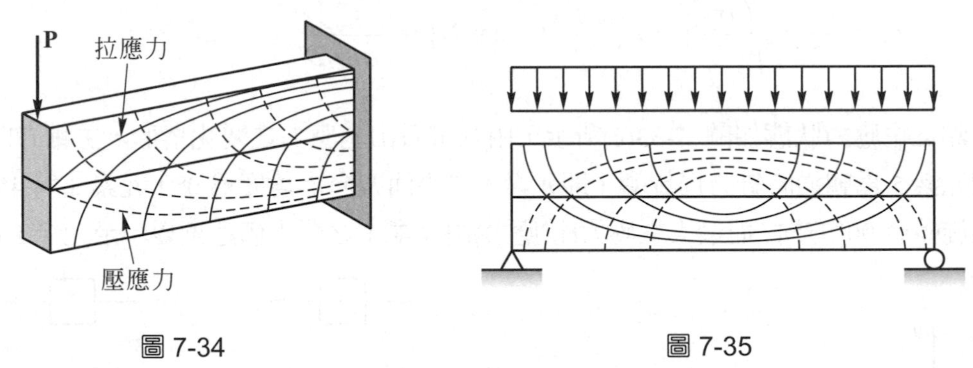

圖 7-34　　圖 7-35

設計梁時，通常以斷面上緣或下緣之最大彎曲應力為考慮之基準；但某些斷面，在上下緣間之其他位置，雖然正交應力較小，但此位置卻同時承受有剪應力，則該位置所生之主應力有可能大於上下緣所生之最大彎曲應力，此種情形在矩形及圓形斷面梁不會發生，但對於寬翼形或 I 型斷面梁，在翼板與腹板交接面處之主應力有可能大於上下緣之最大彎曲應力(即上下緣之主應力)，參考例題 7-10 之情形，故在設計寬翼形或 I 型斷面梁時需要特別注意。

在分析梁內之最大正交應力時，必須注意在梁之支承附近，負荷作用點附近，以及形狀突然改變處(如孔、缺口或內圓角)，會有局部高應力之現象發生，此種現象稱為應力集中，而應力集中現象所產生之局部高應力是無法用一般梁之應力公式求得，設計時應設法儘量避免，例如在集中負荷作用點以承板來分散梁表面之負荷，在形狀突然改變處可作適當的強化處理或緩和形狀的「突然」改變。

例題 7-10

圖中寬翼型斷面之簡支梁長度為 2m 承受均佈負荷 $q = 120$ kN/m，試求梁上 1 至 5 各點之主應力。忽略翼板與腹板交界處之應力集中。

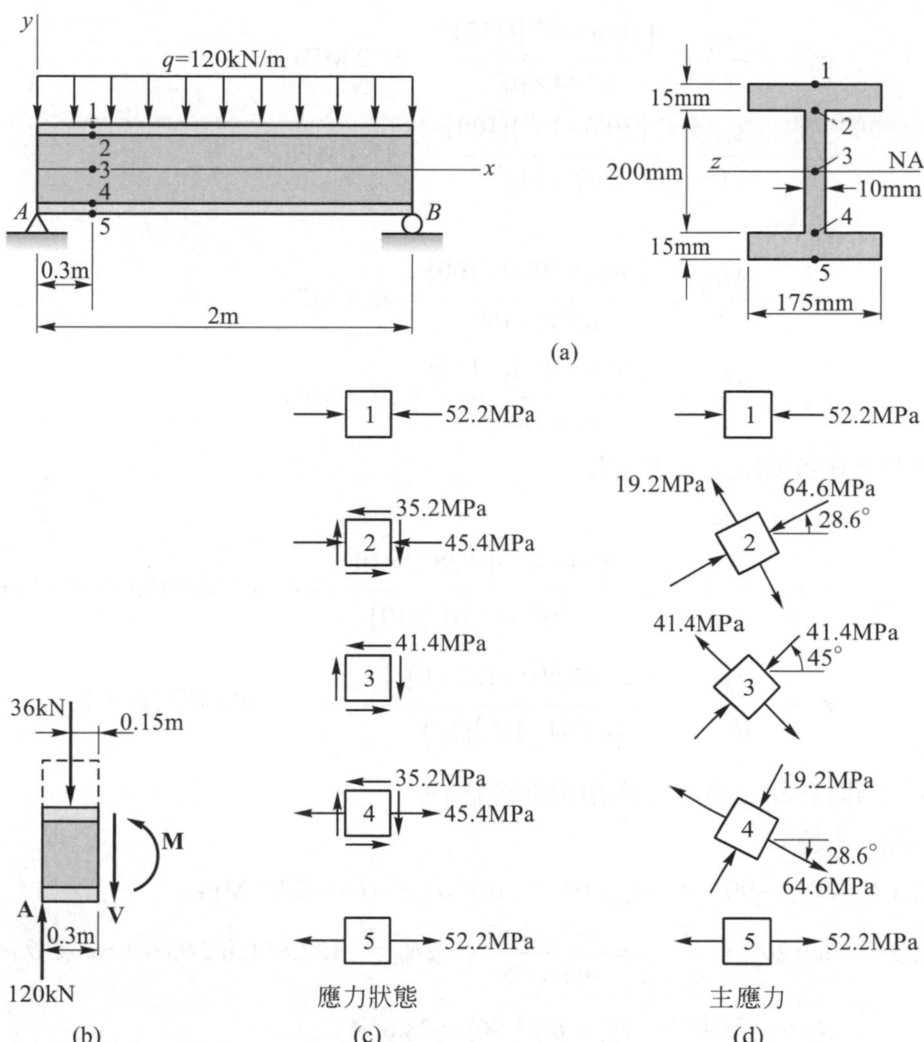

【解】斷面之剪力 V 與彎矩 M，參考(b)圖，得

$$V = 84 \text{ kN}，M = 30.6 \text{ kN-m}$$

斷面之慣性矩：

$$I = \frac{1}{12}(175)(230)^3 - \frac{1}{12}(165)(200)^3 = 67.44\times10^6 \text{mm}^4$$

點 2(點 4)與點 3 以上或以下面積對中立軸之一次矩：

$$Q_2 = Q_4 = (175\times15)(100+7.5) = 0.2822\times10^6 \text{mm}^3$$

$$Q_3 = 0.2822\times10^6 + (10\times100)(50) = 0.3322\times10^6 \text{mm}^3$$

彎矩 M 在各點所生之彎曲應力

$$\sigma_1 = -\frac{My_1}{I} = -\frac{\left(30.6\times10^6\right)(115)}{67.44\times10^6} = -52.2\ \text{MPa}$$

$$\sigma_2 = -\frac{My_2}{I} = -\frac{\left(30.6\times10^6\right)(100)}{67.4\times10^6} = -45.4\ \text{MPa}$$

$$\sigma_3 = 0$$

$$\sigma_4 = -\frac{My_4}{I} = -\frac{\left(30.6\times10^6\right)(-100)}{67.44\times10^6} = 45.4\ \text{MPa}$$

$$\sigma_5 = -\frac{My_5}{I} = -\frac{\left(30.6\times10^6\right)(-115)}{67.44\times10^6} = 52.2\ \text{MPa}$$

剪力 V 在各點所生之剪應力

$$\tau_1 = \tau_5 = 0$$

$$\tau_2 = \tau_4 = -\frac{VQ_2}{Ib} = -\frac{\left(84\times10^3\right)\left(0.2822\times10^6\right)}{\left(67.44\times10^6\right)(10)} = -35.2\ \text{MPa}(\text{順時針方向})$$

$$\tau_3 = -\frac{VQ_3}{Ib} = -\frac{\left(84\times10^3\right)\left(0.3322\times10^6\right)}{\left(67.44\times10^6\right)(10)} = -41.4\ \text{MPa}(\text{順時針方向})$$

因此可將各點之應力狀態繪出如(c)圖所示。

各點之主應力

點 1：　$\theta_{p1} = -90°$ ，　$\theta_{p2} = 0°$ ，　$\sigma_1 = 0$ ，　$\sigma_2 = -52.2$ MPa

點 2：　$\tan 2\theta_{p1} = \dfrac{\tau_{xy}}{\sigma_x/2} = \dfrac{-35.2}{-45.4/2}$ ，　$2\theta_{p1} = -122.8°$ ($\sin 2\theta_{p1} < 0$，$\cos 2\theta_{p1} < 0$)

$\theta_{p1} = -61.4°$ ，　$\theta_{p2} = \theta_{p1} + 90° = 28.6°$◄

$$\sigma_{1,2} = \frac{\sigma_x}{2} \pm \sqrt{\left(\frac{\sigma_x}{2}\right)^2 + \tau_{xy}^2} = \frac{-45.4}{2} \pm \sqrt{\left(\frac{-45.4}{2}\right)^2 + (-35.2)^2} = -22.7 \pm 41.9$$

$\sigma_1 = 19.2$ MPa ，　$\sigma_2 = -64.6$ MPa◄

點 3：　$\theta_{p1} = -45°$ ，　$\theta_{p2} = 45°$ ，　$\sigma_1 = -\sigma_2 = 41.4$ MPa(純剪)◄

點 4：　$\tan 2\theta_{p1} = \dfrac{\tau_{xy}}{\sigma_x/2} = \dfrac{-35.2}{45.4/2}$ ，　$2\theta_{p1} = -57.2°$ ($\sin 2\theta_{p1} < 0$，$\cos 2\theta_{p1} > 0$)

$\theta_{p1} = -28.6°$ ，　$\theta_{p2} = \theta_{p1} + 90° = 61.4°$◄

$$\sigma_{1,2} = \frac{\sigma_x}{2} \pm \sqrt{\left(\frac{\sigma_x}{2}\right)^2 + \tau_{xy}^2} = \frac{45.4}{2} \pm \sqrt{\left(\frac{45.4}{2}\right)^2 + (-35.2)^2} = 22.7 \pm 41.9$$

$\sigma_1 = 64.6$ MPa ， $\sigma_2 = -19.2$ MPa◄

點 5： $\theta_{p1} = 0°$ ， $\theta_{p2} = 90°$ ， $\sigma_1 = 52.2$ MPa ， $\sigma_2 = 0$◄

所得各點之主應力狀態如(d)圖所示。

【註】本題在翼板與腹板交界處(點 4)之最大主應力(64.6MPa)大於下緣(點 5)之最大彎曲應力(52.5MPa)，乃是因爲該處之正交應(45.4MPa)與剪應力(35.2MPa)大小相近。實際上大多數的梁，跨距都甚大於斷面的高度，在彎矩最大的危險截面上，翼板與腹板交界處彎矩所生之正交應力甚大於剪力所生之剪應力(注意本題所考慮之斷面並非危險截面)，因此該處之最大主應力通常不會大於上下緣之彎曲應力。況且梁在設計時即考慮有足夠的安全因數，即使有翼板與腹板交界處之最大主應力大於上下緣彎曲應力之情形，仍可經由所考慮之安全因數以彌補此種情形所造成的影響。因此工程上都是以彎矩最大之危險截面在上下緣所生之最大彎曲應力作爲設計之依據。

本題之危險截面在梁的中間斷面(此斷面之剪力爲零)，最大彎矩 M 爲

$$M = \frac{1}{8}qL^2 = \frac{1}{8}(120)(2)^2 = 60 \text{ kN-m}$$

此斷面上下緣之最大彎曲應力爲

$$\sigma_{max} = \frac{Mc}{I} = \frac{\left(60\times10^6\right)(115)}{67.44\times10^6} = 102.3 \text{ MPa}$$

7-7 組合負荷

前面幾章都是分析構件承受單一種負荷所生之應力，在第一章中構件是承受軸力，第三章中承受扭轉，至於第五章及第六章中則是分析承受彎曲之梁，本章在 7-5 節中也分析了承受內壓力作用的薄壁容器。但是工程上大部份之構件不只承受一種負荷，例如在 5-7 節中同時承受軸力及彎矩之梁，在 7-5 節中同時承受軸力及扭矩之筒狀壓力容器，以及 7-6 節中斷面同時承受剪力與彎矩之梁，類似這些情形稱爲組合負荷(combined loading)，本節將繼續分析同時承受扭轉及軸力或彎曲之圓桿(軸)。

分析承受組合負荷之構件，對於線彈性材料(負荷與應力呈線性關係)，只要各負荷間無交互作用(即一負荷所生之應力與應變不受其他負荷影響)，通常先求各別負荷所生之應力，再以重疊原理分析組合負荷之合應力，其分析過程包括下列幾個步驟：

1. 先決定構件欲分析合應力之臨界點，這些點是構件可能發生損壞之點，通常為各負荷所生應力最大之點。
2. 求出臨界點所在斷面之內力，包括軸力、扭矩、彎矩及剪力。
3. 求出各內力在臨界點所生之正交應力或剪應力。各種負荷所生應力之公式，如軸力$\sigma = P/A$，扭矩$\tau = T\rho/J$，彎矩$\sigma = -My/I$，剪力$\tau = VQ/Ib$，筒狀壓力容器$\sigma = pr/t$。
4. 利用重疊原理將正交應力與剪應力合成，求出臨界點之應力狀態，通常為平面應力狀態(包括σ_x、σ_y與τ_{xy})。
5. 由應力轉換公式或莫爾圓求各臨界點之主應力及最大剪應力，必要時分析特定傾斜面之應力。
6. 比較各臨界點之主應力及最大剪應力，決定構件上之最大正交應力與絕對最大剪應力。

■同時承受彎曲與扭轉之圓桿

構件有時需要同時承受彎曲及扭轉兩種負荷，尤其是圓形斷面之桿件在工程上最常使用(如機械之傳動軸)，故本節將著重於分析圓形斷面之桿件同時承受彎曲與扭轉所生之合應力(combined stress)。

圖 7-36(a)中所示為一圓形斷面之懸臂梁，在自由端同時承受集中負荷 P 與扭矩 T，則在距自由端為 a 處之橫斷面上所承受之負荷包括有彎矩 M，扭矩 T 及剪力 V，如圖 7-36(b)所示，其中 $M = Pa$，$V = P$。由於彎矩 M 所生之最大彎曲應力在橫斷面之上緣與下緣，扭矩 T 所生之最大剪應力在橫斷面周緣，而剪力 V 所生之最大剪應力在中立軸上，因此整個斷面應力較為嚴重之位置在上緣 A 點(彎矩 M 與扭矩 T 應力最大處)或中立軸之左端 B 點(扭矩 T 及剪力 V 應力最大處)。

A 點所受應力包括彎矩 M 所生之正交應力σ_x與扭矩 T 所生之剪應力τ_{xz}，其平面應力狀態如圖 7-36(c)所示，其中

$$\sigma_x = \frac{M}{S} = \frac{32M}{\pi d^3} \quad , \quad \tau_{xz} = \frac{T}{Z_p} = \frac{16T}{\pi d^3}$$

因此 A 點之最大剪應力與主應力為

$$\tau_{\max} = \sqrt{\left(\frac{\sigma_x}{2}\right)^2 + \tau_{xz}^2} \qquad \text{(a)}$$

$$\sigma_{1,2} = \frac{\sigma_x}{2} \pm \sqrt{\left(\frac{\sigma_x}{2}\right)^2 + \tau_{xz}^2} \qquad \text{(b)}$$

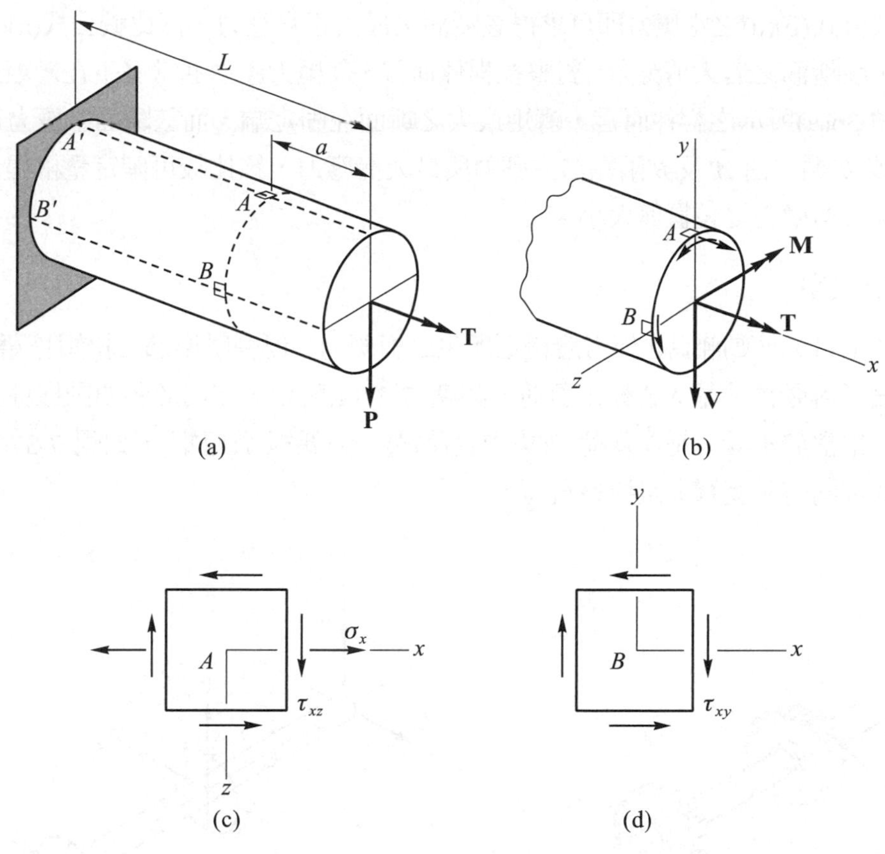

圖 7-36

至於 B 點之應力，包括扭矩所生之剪應力與剪力 V 所生之剪應力，且兩者方向相同，故 B 點爲純剪狀態，如圖 7-36(d)所示，其中

$$\tau_{xy} = -\left(\frac{T}{Z_p} + \frac{4V}{3A}\right)$$

B 點之最大剪應力與主應力(在 45°之傾斜面上)分別爲

$$\tau_{\max} = \frac{T}{Z_p} + \frac{4V}{3A} \tag{c}$$

$$\sigma_{1,2} = \pm\tau_{\max} = \pm\left(\frac{T}{Z_p} + \frac{4V}{3A}\right) \tag{d}$$

因此，比較公式(b)(d)之主應力即可求得該斷面之最大正交應力，而比較公式(a)(c)之剪應力即可確定該斷面之最大剪應力。對整根桿件而言，其極大應力通常發生在彎矩最大之斷面，對圖 7-36(a)所示之桿件而言，彎矩最大之斷面在固定端，而該斷面上應力最大之位置在 A'點或 B'點，由 A'及 B'兩點之主應力與最大剪應力，經比較可確定整根桿件極大正交應力及極大剪應力之位置與大小。

■傳動軸之設計

第三章中討論傳動軸時，僅考慮扭矩所生之剪應力，但軸所傳遞之扭矩是藉由齒輪、帶輪或鏈輪等傳動機件輸入或輸出負荷，如圖 7-37(a)所示，作用於各傳動機件上之力，對軸而言，相當於承受一橫向負荷 P(集中負荷)與一力偶矩 T(扭矩)，如圖 7-37(b)所示，故傳動軸通常同時承受彎曲及扭轉負荷。

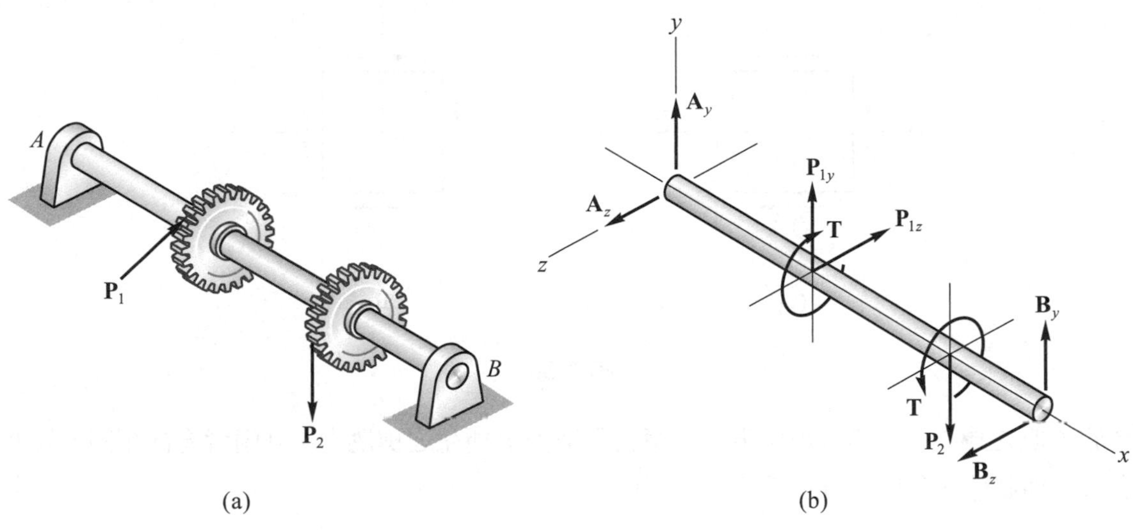

圖 7-37

因傳動軸內橫向負荷所生之剪應力甚小於扭矩所生之剪應力，故在軸之設計中通常忽略不計。由於軸上之橫向負荷 P 通常不在同一平面上，因此須先分別求得各斷面在水平面及垂直面上之彎矩 M_y 與 M_z 以及該斷面所受之扭矩 T，如圖 7-38(a)所示。因圓形斷面之任一直徑均為慣性主軸(principal axis of inertia)，斷面上之正交應力可用合力矩 M 計算之，且 $M=\sqrt{M_y^2+M_z^2}$，如圖 7-38(b)所示，且在與 **M** 向量垂直之直徑兩端處彎曲應力為最大，此處亦為扭轉剪應力最大之處，故此處為整個斷面應力最嚴重之位置，其應力狀態如圖 7-39 所示，因此整個斷面之最大正交應力 $\sigma_{\max}$ 與最大剪應力 $\tau_{\max}$ 分別為

$$\sigma_{\max}=\frac{\sigma}{2}+\sqrt{\left(\frac{\sigma}{2}\right)^2+\tau^2} \tag{e}$$

$$\tau_{\max}=\sqrt{\left(\frac{\sigma}{2}\right)^2+\tau^2} \tag{f}$$

其中 $\sigma=\dfrac{32M}{\pi d^3}$，$\tau=\dfrac{16T}{\pi d^3}$，代入(e)、(f)兩式可得

$$\sigma_{\max}=\frac{32}{\pi d^3}\left[\frac{1}{2}\left(M+\sqrt{M^2+T^2}\right)\right] \tag{7-36}$$

$$\tau_{\max}=\frac{16}{\pi d^3}\left(\sqrt{M^2+T^2}\right) \tag{7-37}$$

若令 $M_e=\dfrac{1}{2}\left(M+\sqrt{M^2+T^2}\right)$，$T_e=\sqrt{M^2+T^2}$，則公式(7-36)及(7-37)可寫爲

$$\sigma_{\max}=\frac{32M_e}{\pi d^3}\quad,\quad M_e=\frac{1}{2}\left(M+\sqrt{M^2+T^2}\right) \tag{7-38}$$

$$\tau_{\max}=\frac{16T_e}{\pi d^3}\quad,\quad T_e=\sqrt{M^2+T^2} \tag{7-39}$$

其中 M_e 稱爲等效彎矩(equivalent moment)，T_e 稱爲等效扭矩(equivalent torque)。

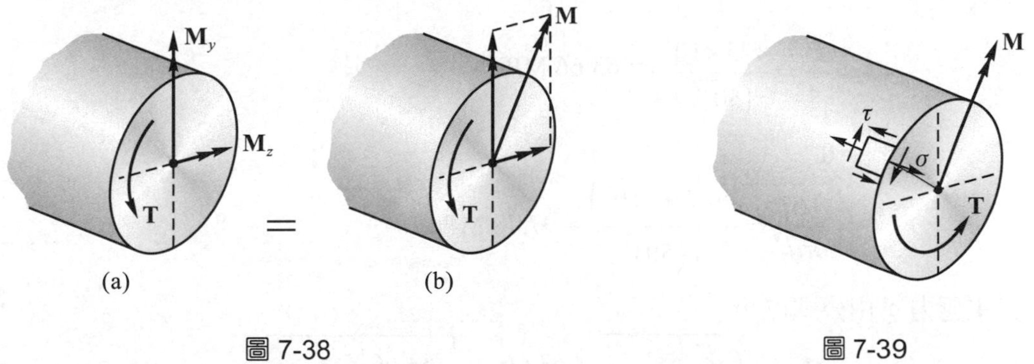

圖 7-38

圖 7-39

由於傳動軸任一斷面所承受之扭矩 T 與彎矩 M 不一定相等，通常需先繪出整根傳動軸之彎矩圖與扭矩圖，再找出等效彎矩 M_e 與等效扭矩 T_e 最大之斷面，則整根傳動軸之最大正交應力 $\sigma_{\max}$ 必發生在 M_e 最大之斷面，而最大剪應力必發生在 T_e 最大之斷面。

若軸材料之容許正交應力爲σ_{allow}，容許剪應力爲τ_{allow}，則由公式(7-38)及(7-39)可求得所需軸徑爲

$$d=\sqrt[3]{\frac{32M_e}{\pi\sigma_{allow}}}\ ,\quad M_e=\frac{1}{2}\left(M+\sqrt{M^2+T^2}\right) \tag{7-40}$$

$$d=\sqrt[3]{\frac{16T_e}{\pi\tau_{allow}}}\ ,\quad T_e=\sqrt{M^2+T^2} \tag{7-41}$$

若欲使傳動軸內所生之應力不超過容許正交應力及容許剪應力，則傳動軸所需之軸徑，須選用公式(7-40)與(7-41)計算所得之較大值。

例題 7-11

一傳動軸(直徑為 50 mm)同時承受扭矩 $T = 2.4$ kN-m 及拉力 $P = 125$ kN，試求軸內之最大拉應力，最大壓應力及最大剪應力。

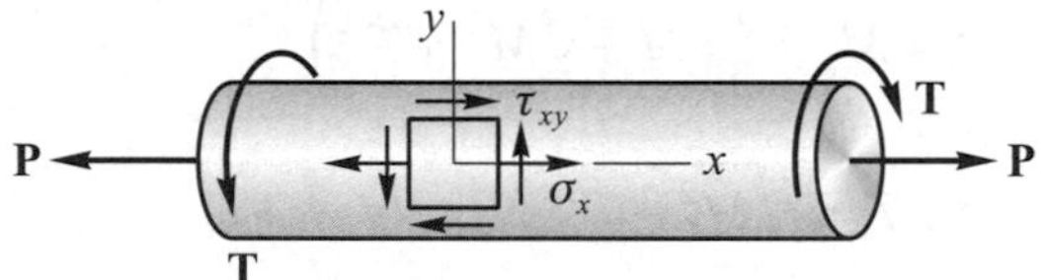

【解】圓軸表面爲平面應力狀態，如圖中所示之應力元素圖，其中 x 方向與軸之縱向中心線平行

$$\sigma_x=\frac{P}{A}=\frac{125\times10^3}{\pi(50)^2/4}=63.66\text{ MPa}$$

$$\sigma_y=0$$

$$\tau_{xy}=\frac{16T}{\pi d^3}=\frac{16\left(2.4\times10^6\right)}{\pi(50)^3}=97.78\text{ MPa}$$

主應力：由公式(7-9)

$$\sigma_{1,2}=\frac{\sigma_x}{2}\pm\sqrt{\left(\frac{\sigma_x}{2}\right)^2+\tau_{xy}^2}=\frac{63.66}{2}\pm\sqrt{\left(\frac{63.66}{2}\right)^2+97.78^2}=31.83\pm102.83$$

$\sigma_1 = 134.7$ MPa(最大拉應力)◄

$\sigma_2 = -71.0$ MPa(最大壓應力)

最大剪應力：由於$\sigma_1 > 0$，$\sigma_2 < 0$，故最大剪應力由公式(7-18)

$$\tau_{max} = \frac{1}{2}\left(\sigma_1 - \sigma_2\right) = 102.8 \text{ MPa} \blacktriangleleft$$

例題 7-12

試求圖中構件在 A、B 兩點之主應力及最大剪應力。圓桿之直徑 $d = 40$ mm，$P = 18$ kN，$a = 50$ mm，$b = 60$ mm。

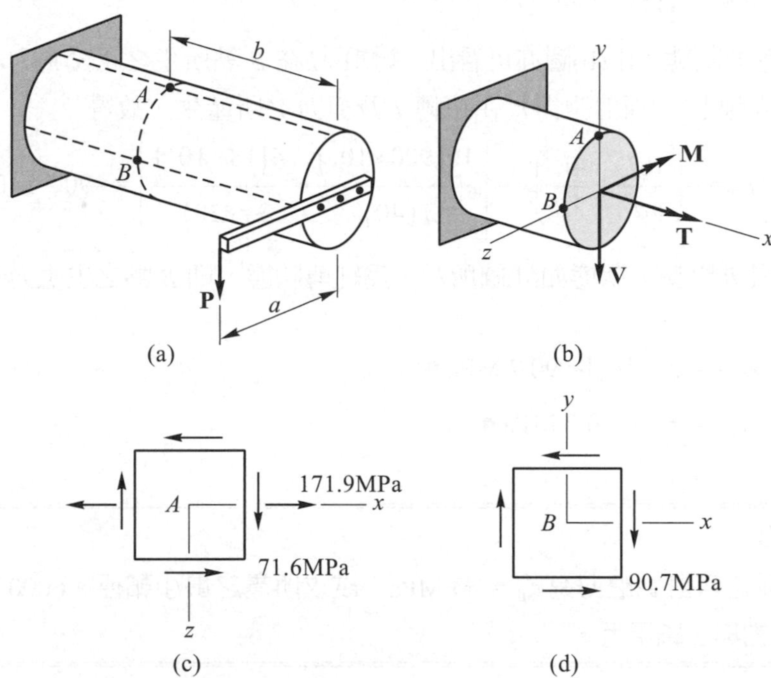

(a) (b) (c) (d)

【解】A、B 兩點所在斷面之負荷包括剪力 V，彎矩 M 及扭矩 T，如圖(b)所示，其中

$$V = P = 18 \text{ kN}$$

$$M = Pb = (18)(60) = 1080 \text{ kN-mm}$$

$$T = Pa = (18)(50) = 900 \text{ kN-mm}$$

A 點之應力狀態：由(b)圖可看出 A 點之正交應力σ_x由彎矩 M 所產生，剪應力τ_{xz}由扭矩 T 所產生，而剪力 V 在 A 點所生之剪應力爲零，故

$$\sigma_x = \frac{32M}{\pi d^3} = \frac{32\left(1080 \times 10^3\right)}{\pi\left(40\right)^3} = 171.9 \text{ MPa}$$

$$\tau_{xz}=\frac{16T}{\pi d^3}=\frac{16\left(900\times10^3\right)}{\pi\left(40\right)^3}=71.6\text{ MPa}$$

因此可得 A 點之應力狀態，如(c)圖所示，則 A 點之主應力與最大剪應力分別爲

$$\sigma_{1,2}=\frac{\sigma_x}{2}\pm\sqrt{\left(\frac{\sigma_x}{2}\right)^2+\tau_{xz}^2}=\frac{171.9}{2}\pm\sqrt{\left(\frac{171.9}{2}\right)^2+\left(71.6^2\right)}=85.95\pm111.87$$

故　$\sigma_1=197.8\text{ MPa}$ ，　$\sigma_2=-25.9\text{ MPa}$◀

$$\tau_{\max}=\frac{1}{2}\left(\sigma_1-\sigma_2\right)=111.9\text{ MPa}◀$$

B 點之應力狀態：由(b)圖亦可看出，彎矩 M 在 B 點所生之正交應力 σ_x 等於零(因 B 點在中立軸上)，而剪應力 τ_{xy} 由扭轉 T 及剪力 V 所產生，故得

$$\tau_{xy}=-\left(\frac{16T}{\pi d^3}+\frac{4V}{3A}\right)=-\left[\frac{16\left(900\times10^3\right)}{\pi\left(40\right)^3}+\frac{4\left(18\times10^3\right)}{3\pi\left(20\right)^2}\right]=-90.7\text{ MPa}$$

因此可得 B 點應力狀態如(d)圖所示，爲純剪狀態，則 B 點之主應力及最大剪應力爲

$$\sigma_1=-\sigma_2=\left|\tau_{xy}\right|=90.7\text{ MPa}◀$$

$$\tau_{\max}=\left|\tau_{xy}\right|=90.7\text{ MPa}◀$$

例題 7-13

圖中 AD 軸之容許剪應力為 τ_{all} = 60 MPa，試求所需之最小軸徑。6000 N 之力垂直向下，7500 N 之力與 z 軸平行。

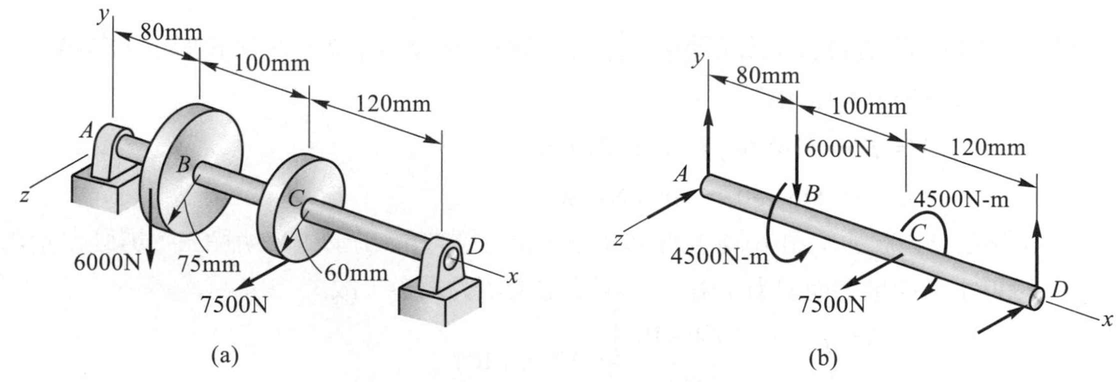

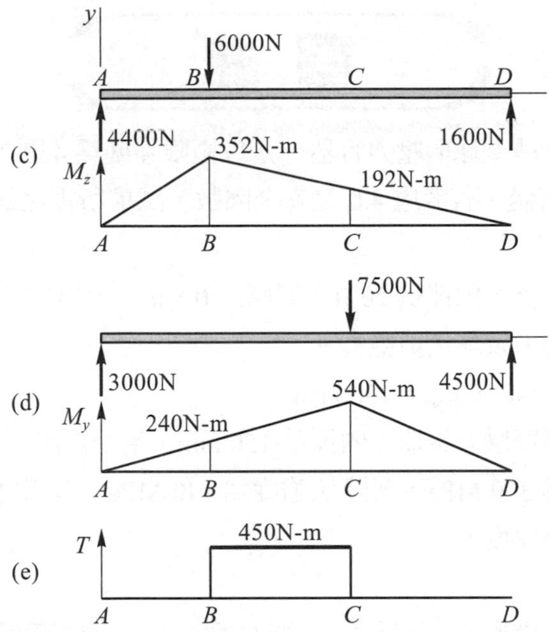

【解】繪傳動軸之自由體圖，如(b)圖所示，由於軸上有垂直及水平方向之橫向負荷，故分別考慮該兩個方向所生之彎矩。

垂直負荷(6000 N)所生之彎矩，參考(c)圖

$M_{Bz} = 352$ N-m，$M_{Cz} = 192$ N-m

水平負荷(7500 N)所生之彎矩，參考(d)圖

$M_{By} = 240$ N-m，$M_{Cy} = 540$ N-m

斷面 B、C 之總彎矩

$$M_B = \sqrt{M_{By}^2 + M_{Bz}^2} = \sqrt{240^2 + 352^2} = 426 \text{ N-m}$$

$$M_c = \sqrt{M_{Cy}^2 + M_{Cz}^2} = \sqrt{540^2 + 192^2} = 573 \text{ N-m}$$

BC 軸間之扭矩 $T = (6000\text{N})(75\text{mm}) = 450$ N-m，參考(e)圖所示。

軸之臨界斷面(或危險截面)在斷面 C，該處之等效扭矩爲

$$T_e = \sqrt{M^2 + T^2} = \sqrt{573^2 + 450^2} = 729 \text{ N-m}$$

故所需之最小軸徑由公式(7-41)

$$d = \sqrt[3]{\frac{16T_e}{\pi\tau_{allow}}} = \sqrt[3]{\frac{16\left(729\times10^3\right)}{\pi\times60}} = 39.6 \text{ mm}$$◀

7-25 一外徑為 1.2 m 之薄壁球形壓力容器，是以極限強度為 450 MPa 之鋼板製造，內裝壓力為 3 MPa 之流體，若考慮 4.0 之安全因數，試求所需之最小壁厚。

【答】$t = 7.89$ mm

7-26 一球形薄壁壓力容器，內徑為 20 ft，壁厚為 0.5 in，容器內之壓力為 75 psi，試求球壁上之最大正交應力及最大剪應力。

【答】$\sigma_{max} = 9000$ psi ，$\tau_{max} = 4500$ psi

7-27 一鋼製之圓筒形薄壁壓力容器，內徑為 150 mm，承受內壓力 $p = 12$ MPa。已知鋼材之拉伸降伏應力為 300 MPa，剪降伏強度為 140 MPa。設對降伏之安全因數為 2.0，試筒壁所需之最小厚度。

【答】$t = 6.43$ mm

7-28 圖中直立的圓筒形儲槽，內徑為 2 m，壁厚為 5 mm，頂端為開口未密封。筒內裝水後底端產生 32 MPa 之周向應力，試求(a)筒內水面之高度，(b)筒壁上內所生之縱向應力為何？筒內水之密度為 1000 kg/m^3。

【答(a)】(a) $h = 16.3$ m，(b)$\sigma_a = 0$

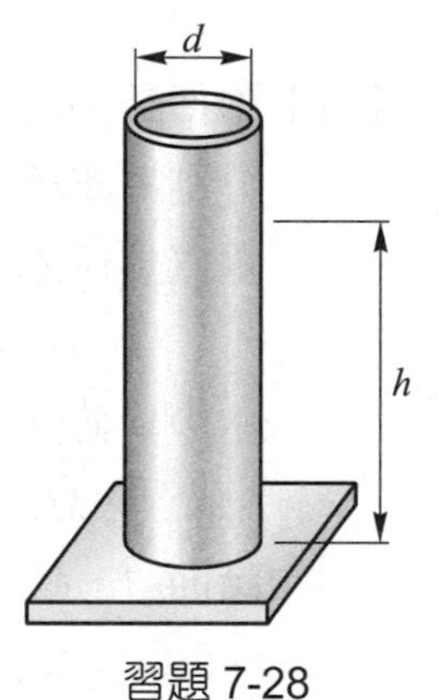

習題 7-28

7-29 圖中圓柱形壓力容器之兩端為球殼，以焊接組裝而成。容器之內徑為 1.2 m，壁厚為 20 mm，內壓力為 1.80 MPa，試求(a)兩端球殼內之最大拉應力，(b)圓筒內之最大拉應力，(c)焊道所受之拉應力，(d)兩端球殼內之最大剪應力，(e)圓筒內之最大剪應力。

【答】(a)27.0 MPa，(b)54.0 MPa，(c)27.0 MPa，(d)13.5 MPa，(e)27.0 MPa

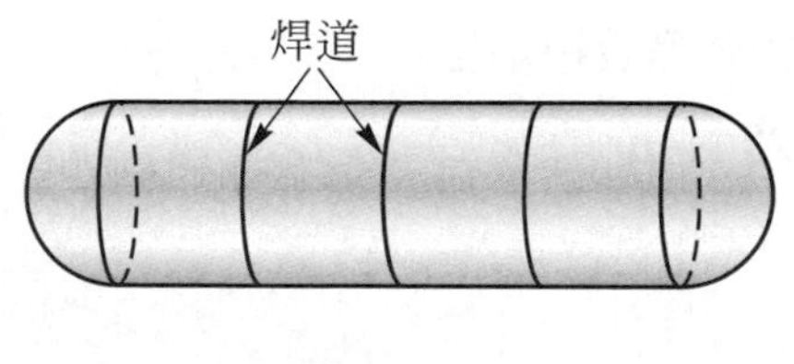

習題 7-29

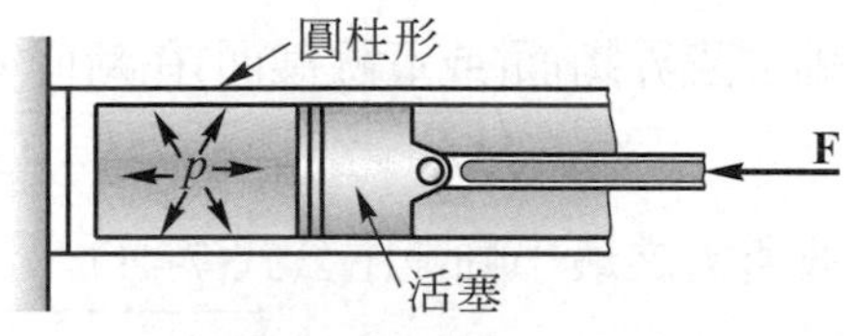

習題 7-30

7-30 圖中油壓缸之內徑(活塞直徑)爲 90.4 mm，活塞桿上之作用力 $F = 42.6$ kN，已知缸壁之容許剪應力爲 50 MPa，試求缸壁所需之最小厚度。

【答】$t = 3.0$ mm

7-31 圖中內半徑爲 r 之筒狀薄壁壓力容器，內壓力爲 p，同時兩端承受壓力 F，若欲使筒壁承受純剪，則壓力 F 之大小爲何？圓筒之斷面積 $A = 2\pi rt$。

【答】$F = 3\pi pr^2$

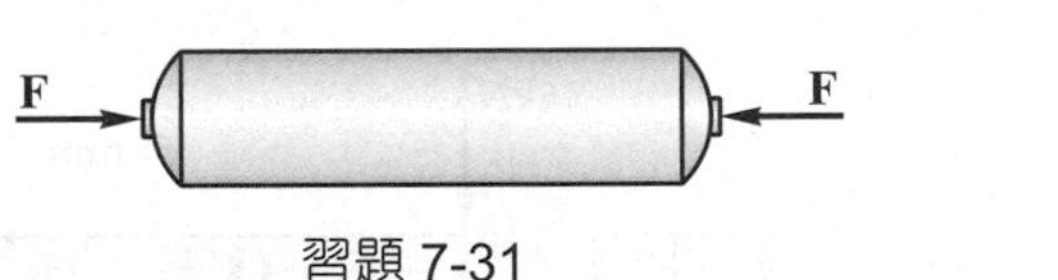

習題 7-31

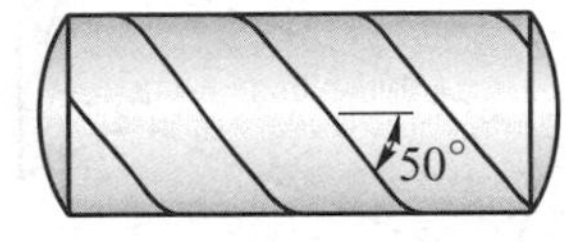

習題 7-32

7-32 圖中筒狀薄壁壓力容器之內徑爲 500 mm，壁厚爲 8 mm，內壓力爲 1.5 MPa。圓筒上之焊道與縱向軸線之夾角爲 50°，試求(a)周向應力σ_h 與縱向應力σ_a，(b)同平面最大剪應力，(c)絕對最大剪應力，(d)焊道所受之正交應力與剪應力。

【答】(a) $\sigma_h = 46.88$ MPa，$\sigma_a = 23.44$ MPa，(b)11.72 MPa，(c)23.44 MPa，(d) $\sigma_{x'} = 33.1$MPa，$\tau_{x'y'} = 11.54$ MPa

7-33 圖中筒狀薄壁壓力容器之內徑爲 150 mm，壁厚爲 5 mm，同時承受內壓力 $p = 6$ MPa 與扭矩 $T = 4.5$ kN-m，試求筒壁上之(a)最大正交應力，(b)同平面最大剪應力，(c)絕對最大剪應力。

【答】(a)100.8 MPa，(b)33.3 MPa，(c)50.4 MPa

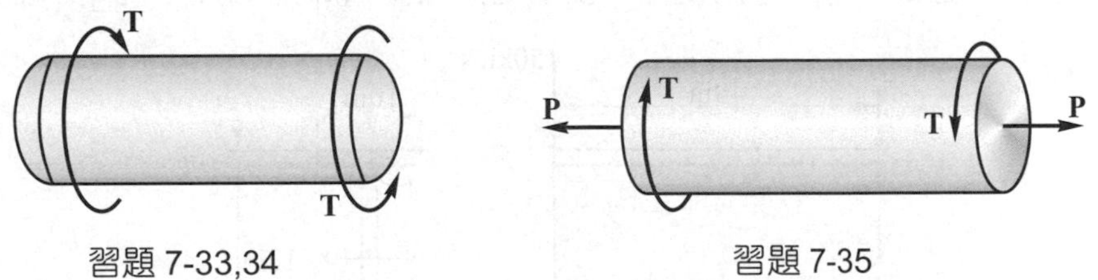

習題 7-33,34　　習題 7-35

7-34 同上題之圖，圓筒之內徑爲 900 mm，壁厚爲 10 mm，同時承受內壓力 $p = 2$ MPa 與扭矩 T(未知)，已知筒壁之容許剪應力爲 50 MPa，試求容許之最大扭矩 T。

【答】298 kN-m

7-35 圖中筒狀薄壁壓力容器(半徑爲 50 mm，壁厚爲 3 mm)，同時承受內壓力 $p = 3.5$ MPa、扭矩 $T = 500$ N-m 及拉力 P(未知)，已知筒壁之容許拉應力爲 70 MPa，試求拉力 P 之容許最大値。

【答】$P = 29.4$ kN

7-36 圖中筒狀薄壁壓力容器(內徑 d = 18 in，壁厚 t = 0.25 in)同時承受內壓力 p = 150 psi 及一垂直負荷 1200 lb，試求圓筒上緣 D 點之(a)最大正交應力，(b)同平面最大剪應力，(c)絕對最大剪應力。

【答】(a)5422 psi，(b)814 psi，(c)2711 psi

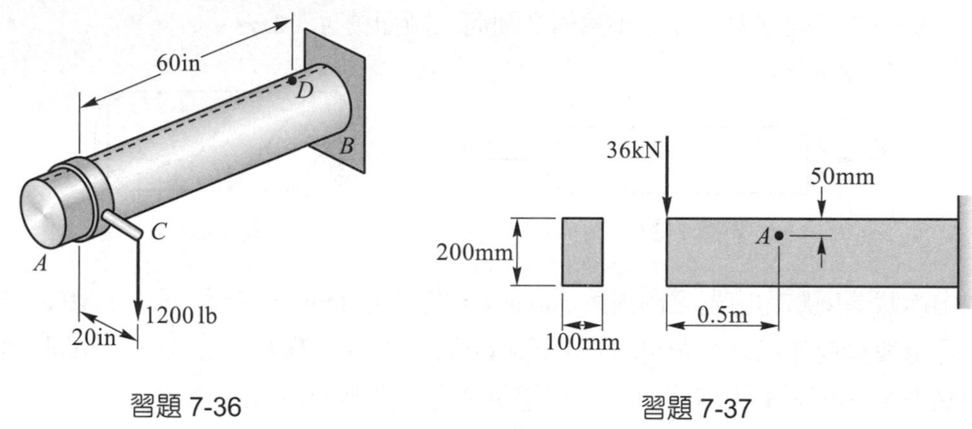

習題 7-36　　　習題 7-37

7-37 圖中所示之懸臂梁，試求在 A 點之主應力及同平面最大剪應力，並以應力元素圖表示。

【答】$\theta_{p1} = 8.35°$，$\sigma_1 = 13.8$ MPa，$\sigma_2 = -0.30$ MPa，$\theta_{s1} = -36.65°$，$\tau_{max} = 7.05$ MPa

7-38 圖中寬翼型斷面之懸臂梁，試求在 A 點之主應力及同平面最大剪應力，並以應力元素圖表示。

【答】$\theta_{p1} = -23.6°$，$\sigma_1 = 14.96$ ksi，$\sigma_2 = -2.84$ ksi，$\theta_{s1} = -68.6°$，$\tau_{max} = 8.90$ ksi

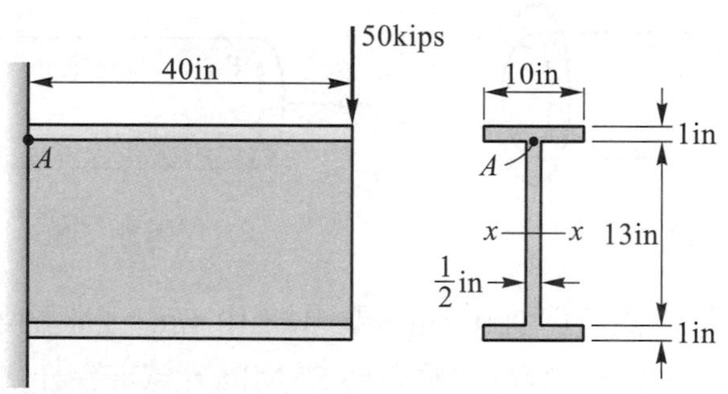

習題 7-38

7-39 圖中寬翼型斷面之簡支梁在 A 點之容許拉應力爲 120 MPa，容許剪應力爲 75 MP，試求負荷 P 之容許值。

【答】$P \le 497$ kN

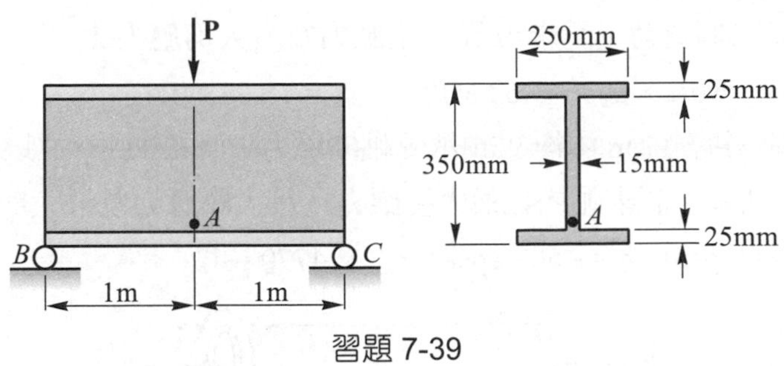

習題 7-39

7-40 試求圖中 T 型斷面之懸臂梁在 *A*、*B* 兩點之主應力及同平面最大剪應力。

【答】*A* 點：$\sigma_1 = 0$，$\sigma_2 = -96.2$ MPa，$\tau_{max} = 48.1$ MPa

B 點：$\sigma_1 = 26.4$ MPa，$\sigma_2 = -0.3$ MPa，$\tau_{max} = 13.3$ MPa

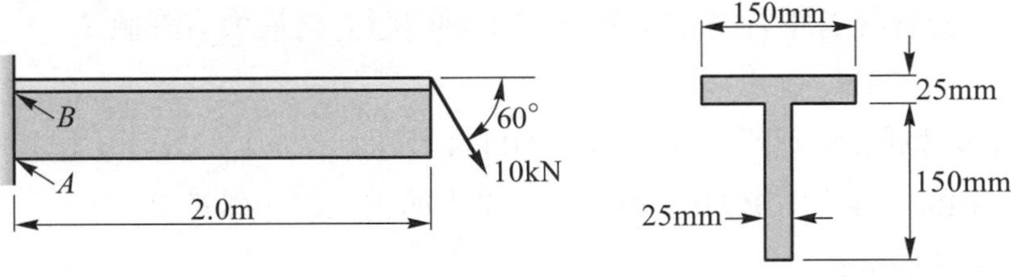

習題 7-40

7-41 圖中構件 *ABD* 承受三個負荷，試求 *H* 點之主應力與最大剪應力。

【答】$\sigma_1 = 34.6$ MPa，$\sigma_2 = -10.18$ MPa，$\tau_{max} = 22.4$ MPa

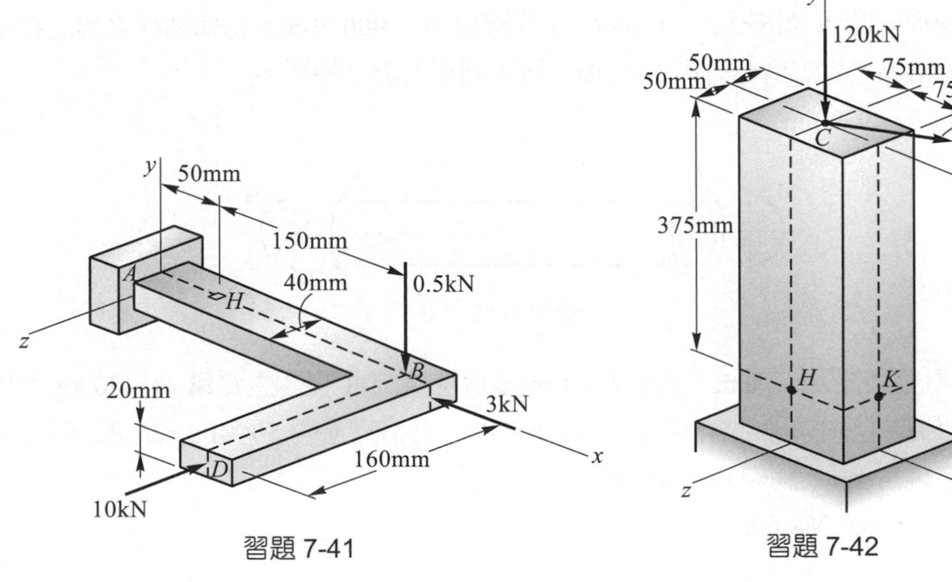

習題 7-41　　習題 7-42

7-42 圖中柱子承受二個負荷，試求 H 點之主應力及最大剪應力。

【答】$\sigma_1 = 30.1$ MPa，$\sigma_2 = -0.62$ MPa，$\tau_{max} = 15.37$ MPa

7-43 圖中空心圓軸(外徑 11 in 內徑 9 in)承受軸向壓力 $P = 120$ kip，並以 250 rpm 之轉速傳遞 2500 hp 之功率，試求軸內之最大拉應力、最大壓應力及最大剪應力。

【答】$\sigma_1 = 2860$ psi，$\sigma_2 = -6680$ psi，$\tau_{max} = 4770$ psi

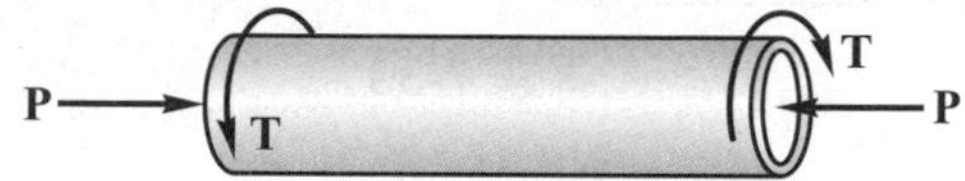

習題 7-43,44

7-44 同上題之中空圓軸(外徑 200 mm 內徑 160mm)同時承受扭矩 $T = 25$ kN-m 與軸向壓力 P(未知)，若容許剪應力為 45 MPa，試求軸向壓力之最大容許值？

【答】$P = 815$ kN

7-45 圖中實心圓軸同時承受軸向拉力 $P = 80$ kN 及扭矩 $T = 1.1$ kN-m，已知軸之容許拉應力為 60 MPa，容許剪應力為 30 MPa，試求所需之最小軸徑？

【答】$d = 59.7$mm

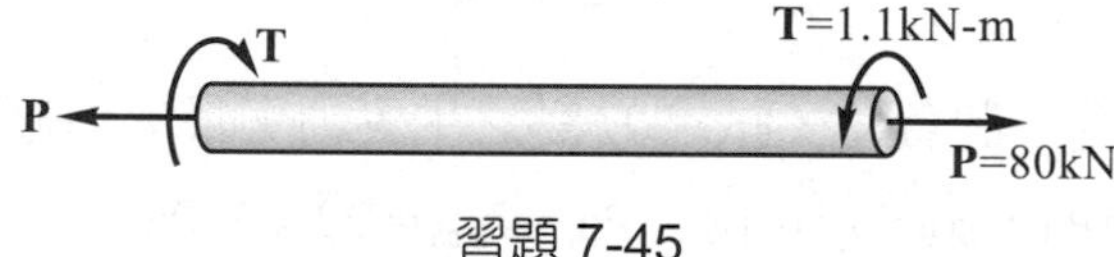

習題 7-45

7-46 圖中圓桿同時承受扭矩 $T = 1200$ N-m 及彎矩 $M = 900$ N-m。已知圓桿之容許拉應力為 100 MPa，容許剪應力為 70 MPa，試求圓桿所需之軸徑。

【答】$d = 49.6$ mm

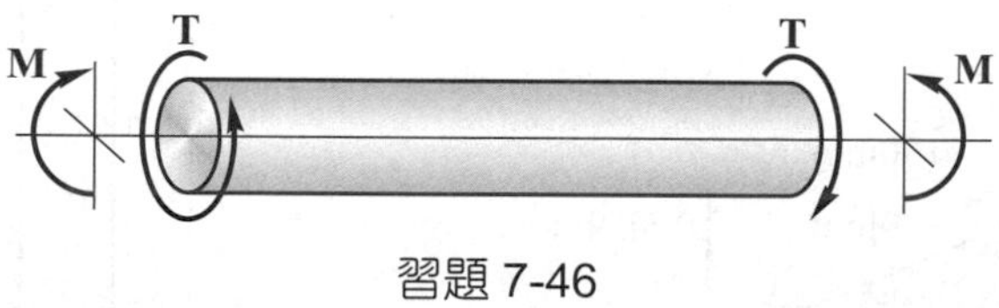

習題 7-46

7-47 圖中鋼線(直徑 $d = 4$ mm，長度 $L = 1$ m)垂直懸掛一水平圓盤(質量 $M = 50$ kg)而構成一個扭擺。已知鋼線之容許拉應力為 80 MPa，容許剪應力 50 MPa，試求圓盤容許之最大扭轉角 ϕ_{max}。鋼線 $G = 80$ GPa。

【答】$\phi_{max} = 0.288$ rad

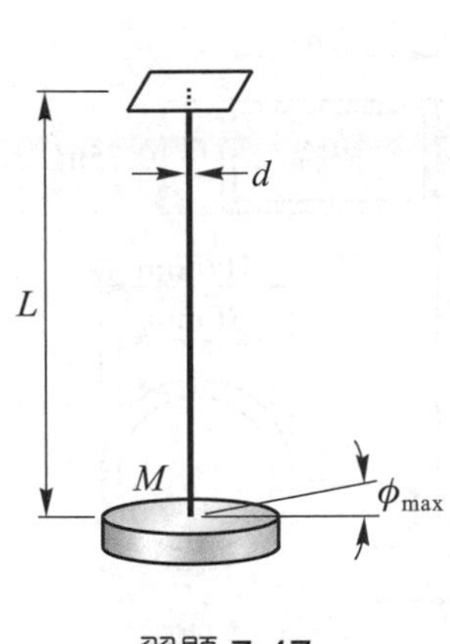

習題 7-47

習題 7-48

7-48 試求圖中圓桿在 A、B 兩點之主應力及同平面最大剪應力，並將結果以應力元素圖表示。

【答】A 點：$\theta_{p1} = 32.8°(\text{ccw})$，$\sigma_1 = 75.9$ MPa，$\sigma_2 = -31.5$ MPa，$\tau_{max} = 53.7$ MPa

B 點：$\theta_{p1} = 42.8°(\text{ccw})$，$\sigma_1 = 52.5$ MPa，$\sigma_2 = -44.9$ MPa，$\tau_{max} = 48.7$ MPa

7-49 試求圖中圓桿在 A 點之主應力及同平面最大剪應力。

【答】$\sigma_1 = 6.1$ MPa，$\sigma_2 = -65.1$ MPa，$\tau_{max} = 35.6$MPa

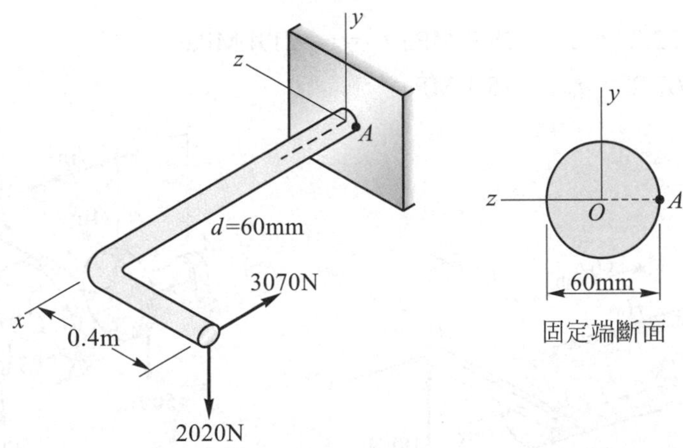

習題 7-49

7-50 試求圓中構件在 A、B 兩點之主應力及同平面最大剪應力。圓桿之直徑為 20 mm。

【答】A 點：$\sigma_1 = 31.6$ MPa，$\sigma_2 = -184.4$ MPa，$\tau_{max} = 108.0$ MPa

B 點：$\sigma_1 = 72.2$ MPa，$\sigma_2 = -72.2$ MPa，$\tau_{max} = 72.2$ MPa

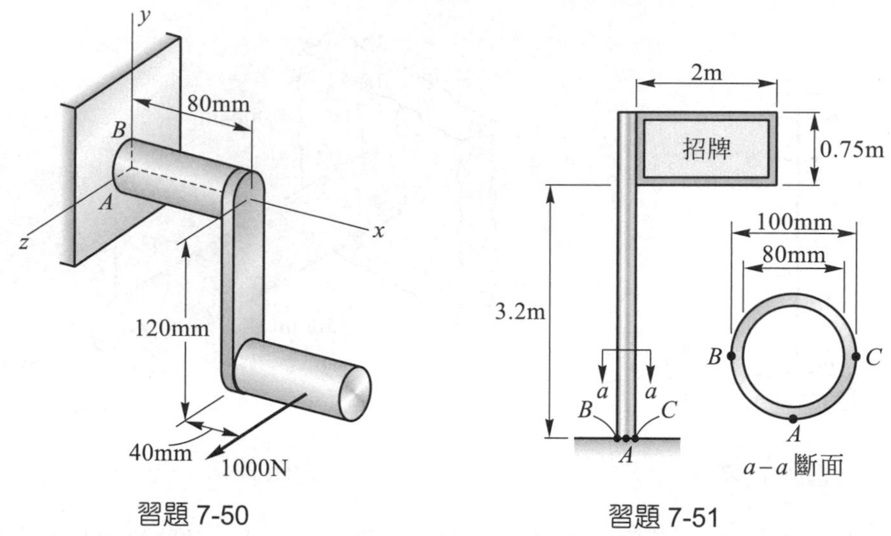

習題 7-50　　習題 7-51

7-51 圖中廣告招牌(2m×0.75m)固定在直立之圓管(外徑 100 mm，內徑 80 mm)上，若招牌上承受 1.8 kPa 之風壓，試求圓管底端斷面上 A、B、C 三點之最大剪應力。設招牌與管子之重量忽略不計。

【答】$\tau_A = 86.8$ MPa，$\tau_B = 22.6$ MPa，$\tau_C = 26.4$ MPa

7-52 試求圖中圓桿(直徑 40 mm)在 K 點之主應力及同平面最大剪應力。並將結果以應力元素圖表示。

【答】$\theta_{p1} = -22.2°$，$\sigma_1 = 128.9$ MPa，$\sigma_2 = -21.4$ MPa，
$\theta_{s1} = -67.2°$，$\tau_{max} = 75.1$ MPa

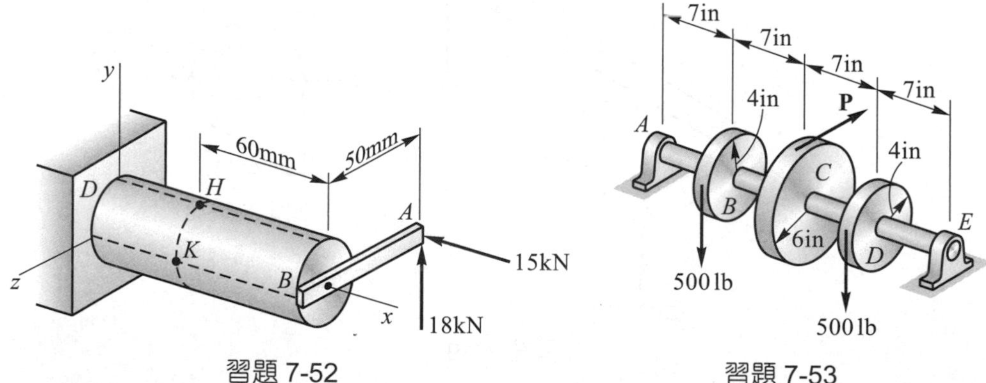

習題 7-52　　習題 7-53

7-53 圖中傳動軸之容許剪應力為 8 ksi，試求所需之最小軸徑。設滑輪及軸之重量忽略不計。

【答】$d = 1.587$ in

7-54 圖中傳動軸之容許拉應力為 120 MPa，容許剪應力為 70 MPa，試求所需之最小軸徑。設滑輪及軸之重量忽略不計。

【答】$d = 69.1$ mm

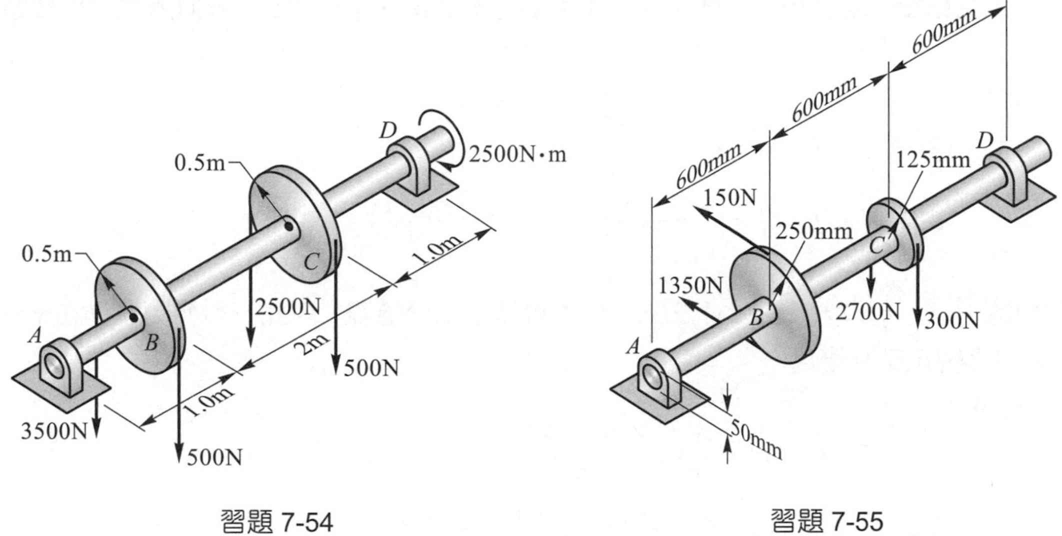

習題 7-54　　　　習題 7-55

7-55 試求圖中傳動軸內之最大正交應力及最大剪應力。軸徑 $d = 50$ mm。設滑輪及軸之重量忽略不計。

【答】$\sigma_{max} = 102$ MPa，$\tau_{max} = 51.9$ MPa

7-8 一般應力狀態之應變(廣義的虎克定律)

前面各節主要是討論材料內各點承受應力時在任一傾斜面上之應力情形，所使用的應力轉換公式是由平衡方程式求得，不涉及材料的性質(彈性模數 E、剪彈性模數 G 或蒲松氏比 ν)。本節將繼續探討這些應力狀態所生之應變，此時必須用到材料相關的性質，但所涉及之材料只限於符合下列兩個假設條件之材料：(1)均質且為等向性之材料，(2)線彈性材料，遵守虎克定律。

首先考慮正交應力所生之正交應變，參考圖 7-7 中之一般應力狀態，由於應力與應變為線性關係，故可適用重疊原理，即總應變為各個應力單獨作用所生應變之和。正交應力 σ_x 在 x、y、z 三方向所生之正交應變為

$$\varepsilon_x^x = \frac{\sigma_x}{E} \quad , \quad \varepsilon_y^x = \varepsilon_z^x = -\nu\frac{\sigma_x}{E}$$

其中ε_x^x表示σ_x在 x 方向所生之正交應變，屬於縱向應變，ε_y^x與ε_z^x為σ_x在 y 方向與 z 方向所生之正交應變，屬於橫向應變。同理正交應力σ_y及σ_z在 x、y、z 三方向所生之正交應變為

$$\varepsilon_y^y = \frac{\sigma_y}{E} \quad , \quad \varepsilon_x^y = \varepsilon_z^y = -\nu\frac{\sigma_y}{E}$$

$$\varepsilon_z^z = \frac{\sigma_z}{E} \quad , \quad \varepsilon_x^z = \varepsilon_y^z = -\nu\frac{\sigma_z}{E}$$

至於剪應力τ_{xy}、τ_{yz}及τ_{xz}在 x、y、z 三方向不會產生正交應變。因此一般應力狀態在 x、y、z 三方向之總正交應變為

$$\begin{aligned}
\varepsilon_x &= \varepsilon_x^x + \varepsilon_x^y + \varepsilon_x^z = \frac{\sigma_x}{E} - \frac{\nu(\sigma_y + \sigma_z)}{E} \\
\varepsilon_y &= \varepsilon_y^x + \varepsilon_y^y + \varepsilon_y^z = \frac{\sigma_y}{E} - \frac{\nu(\sigma_x + \sigma_z)}{E} \\
\varepsilon_z &= \varepsilon_z^x + \varepsilon_z^y + \varepsilon_z^z = \frac{\sigma_z}{E} - \frac{\nu(\sigma_x + \sigma_y)}{E}
\end{aligned} \tag{7-42}$$

上列三個公式為虎克定律(Hooke′s law for triaxial stress)在三軸向應力狀態之通式，式中取拉應力及拉應變為正，壓應力與壓應變為負。

若正交應變ε_x、ε_y及ε_z為已知，則將公式(7-42)聯立可解出三軸向應力，即

$$\begin{aligned}
\sigma_x &= \frac{E}{(1+\nu)(1-2\nu)}[(1-\nu)\varepsilon_x + \nu(\varepsilon_y + \varepsilon_z)] \\
\sigma_y &= \frac{E}{(1+\nu)(1-2\nu)}[(1-\nu)\varepsilon_y + \nu(\varepsilon_x + \varepsilon_z)] \\
\sigma_z &= \frac{E}{(1+\nu)(1-2\nu)}[(1-\nu)\varepsilon_z + \nu(\varepsilon_x + \varepsilon_y)]
\end{aligned} \tag{7-43}$$

承受三軸向應力狀態之應力元素(邊長為 1 個單位之立方體)，因無剪應變(由剪應力產生)，其所生之正交應變將使應力元素變形為長方體。

至於一般應力狀態(圖 7-7)之三個剪應力τ_{xy}、τ_{yz}與τ_{xz}，所生之剪應變γ_{xy}、γ_{yz}與γ_{xz}，同樣由虎克定律

$$\gamma_{xy}=\frac{\tau_{xy}}{G} \quad , \quad \gamma_{yz}=\frac{\tau_{yz}}{G} \quad , \quad \gamma_{xz}=\frac{\tau_{xz}}{G} \tag{7-44}$$

其中 G 爲剪彈性模數，且 $G=\dfrac{E}{2(1+\nu)}$，E 爲彈性模數，ν爲蒲松比。

■平面應力之虎克定律

對於平面應力狀態，$\sigma_z=0$，$\tau_{yz}=0$，$\tau_{xz}=0$，代入公式(7-42)及(7-44)可得

$$\varepsilon_x=\frac{\sigma_x-\nu\sigma_y}{E} \tag{7-45a}$$

$$\varepsilon_y=\frac{\sigma_y-\nu\sigma_x}{E} \tag{7-45b}$$

$$\varepsilon_z=-\frac{\nu}{E}(\sigma_x+\sigma_y) \tag{7-45c}$$

$$\gamma_{xy}=\frac{\tau_{xy}}{G} \tag{7-46}$$

公式(7-45)與(7-46)稱爲平面應力之虎克定律(Hooke′s law for plane stress)。若已知ε_x及ε_y，將公式(7-45a)及(7-45b)聯立可解得σ_x及σ_y，即

$$\sigma_x=\frac{E}{1-\nu^2}(\varepsilon_x+\nu\varepsilon_y) \tag{7-47a}$$

$$\sigma_y=\frac{E}{1-\nu^2}(\varepsilon_y+\nu\varepsilon_x) \tag{7-47b}$$

將公式(7-45a)與(7-45b)相加得

$$\varepsilon_x+\varepsilon_y=\frac{(1-\nu)(\sigma_x+\sigma_y)}{E} \quad ，\text{或} \quad \sigma_x+\sigma_y=\frac{E}{1-\nu}(\varepsilon_x+\varepsilon_y)$$

代入(7-45c)可得

$$\varepsilon_z=-\frac{\nu}{1-\nu}(\varepsilon_x+\varepsilon_y) \tag{7-48}$$

對於雙軸向應力($\tau_{xy}=0$，$\gamma_{xy}=0$)有關正交應力與正交應變之公式，即公式(7-45) (7-47)及(7-48)均可適用。

■膨脹率(或體積應變)

彈性材料承受正交應力產正交應變時，由於尺寸改變(伸長或縮短)而導致體積隨著變化，只要已知三個互相垂直方向之正交應變，便可求得體積之變化量。今考慮一長方體之體積元素，在 x、y、z 方向之長度分別為 a、b、c，如圖 7-40 所示，設承受正交應力後在 x、y、z 方向之正交應變分別為ε_x、ε_y、ε_z，則 x 方向之邊長變為

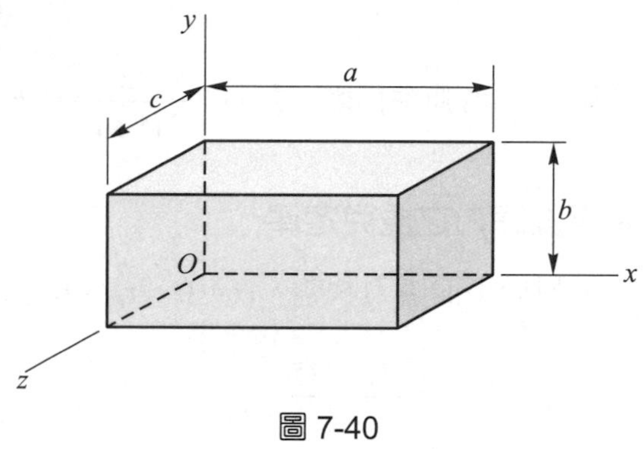

圖 7-40

$$a' = a + \Delta a = a + \varepsilon_x a = a(1+\varepsilon_x)$$

同理 y、z 方向之邊長變為

$$b' = b(1+\varepsilon_y) \quad , \quad c' = c(1+\varepsilon_z)$$

承受應力後之體積變為

$$V' = a'b'c' = abc(1+\varepsilon_x)(1+\varepsilon_y)(1+\varepsilon_z) = V(1+\varepsilon_x)(1+\varepsilon_y)(1+\varepsilon_z)$$

其中 $V = abc$ 為元素未受應力前之體積。將上式等號右側展開後得

$$V' = V(1+\varepsilon_x+\varepsilon_y+\varepsilon_z+\varepsilon_x\varepsilon_y+\varepsilon_y\varepsilon_z+\varepsilon_x\varepsilon_z+\varepsilon_x\varepsilon_y\varepsilon_z)$$

由於應變甚小(通常如此假設)，上式中應變乘積之項可忽略不計，因此可簡化為

$$V' = V(1+\varepsilon_x+\varepsilon_y+\varepsilon_z)$$

則體積變化量為

$$\Delta V = V' - V = V(\varepsilon_x+\varepsilon_y+\varepsilon_z)$$

至於體積元素之剪應變僅會改變其形狀(各邊之夾角不會等於 90°)而不會改變體積大小，故不必考慮。

單位體積之體積變化量稱爲體積應變(volumetric strain)或膨脹率(dilatation)，以 e 表示之，則

$$e = \frac{\Delta V}{V} = \varepsilon_x + \varepsilon_y + \varepsilon_z \tag{7-49}$$

上式所得之膨脹率 e，若爲正值表示體積增加，負值則表示體積減少。至於正交應變是取拉應變爲正，壓應變爲負。

只要應變甚小，公式(7-49)可適用於任何材料。若材料爲均質之線彈性材料(即可適用虎克定律)，將公式(7-42)代入(7-49)，可得

$$e = \frac{1-2\nu}{E}(\sigma_x + \sigma_y + \sigma_z) \tag{7-50}$$

上式是以體積元素所受之三軸向應力表示其膨脹率(或體積應變)。

對於承受平面應力或雙軸向應力之體積元素，令$\sigma_z = 0$，可得其膨脹率 e 爲

$$e = \frac{1-2\nu}{E}(\sigma_x + \sigma_y) \tag{7-51}$$

■球面應力與體積彈性模數

三軸向應力中，若三個互相垂直方向之正交應力均相等，則稱之爲球面應力(spherical stress)狀態，即

$$\sigma_x = \sigma_y = \sigma_z = \sigma$$

此種應力狀態在任一傾斜面上之正交應力都等於σ且剪應力爲零，即材料內部恆無剪應力存在，而任一方向之正交應力均相等，並且任一傾斜面都是主平面，故三軸向應力狀態之三個莫爾圓僅剩一個點。

若承受球面應力狀態之材料爲均質且等向之線彈性材料，則各方向之正交應變ε都相同，由公式(7-42)

$$\varepsilon = \frac{\sigma}{E}(1-2\nu) \tag{7-52}$$

由於無剪應變產生，立方體形狀之體積元素仍保持爲立方體，但尺寸會有均勻之伸長或縮短，故體積會增加或減少，由公式(7-50)其體積應變或膨脹率爲

$$e=\frac{3\sigma(1-2\nu)}{E}=\frac{\sigma}{K} \tag{7-53}$$

式中 K 稱爲體積彈性模數(volume modulus of elasticity or bulk modulus of elasticity)，且

$$K=\frac{E}{3(1-2\nu)} \tag{7-54}$$

注意，公式(7-53)及(7-54)僅適用於線彈性材料在應變甚小之情形。

由公式(7-54)可看出，當蒲松比 $\nu=\frac{1}{3}$ 時 K 與 E 之值相等，而 $\nu=0$ 時，$K=\frac{E}{3}$。若 $\nu=\frac{1}{2}$，則 K 爲無限大，即膨脹率 $e=0$，相當於體積不變，此爲蒲松比理論之最大值。

公式(7-53)亦適用於各方向承受均勻壓應力之情形，例如在水面下承受靜液壓力之情形，此時 $\sigma=-p$，且 $p=\rho gh$，其中 ρ 爲液體密度，h 爲液面下之深度，因此公式(7-53)可改寫爲

$$e=-\frac{3p(1-2\nu)}{E}=-\frac{p}{K} \tag{7-55}$$

欲獲得材料承受均勻拉伸之狀態，可將實心金屬球外表面突然均勻加熱，使外層溫度大於內部溫度，由於外層之熱膨脹，使內部均勻被向外拉伸，因而達到均勻受拉之狀態。

■應變能密度

應變能密度爲材料內單位體積所儲存之應變能，對於線彈性材料，在 2-4 節中曾導出單軸向應力狀態之應變能密度爲 $\frac{1}{2}\sigma\varepsilon$，而在 3-5 節中亦導出純剪應力狀態之應變能密度爲 $\frac{1}{2}\tau\gamma$。對於一般應力狀態(σ_x、σ_y、σ_z、τ_{xy}、τ_{yz}、τ_{xz})，其對應之應變爲(ε_x、ε_y、ε_z，γ_{xy}、γ_{yz}、γ_{xz})，由於正交應變與剪應變互相獨立，總應變能密度 u 爲兩者相加，即

$$u=\frac{1}{2}(\sigma_x\varepsilon_x+\sigma_y\varepsilon_y+\sigma_z\varepsilon_z+\tau_{xy}\gamma_{xy}+\tau_{yz}\gamma_{yz}+\tau_{xz}\gamma_{xz}) \tag{7-56}$$

將公式(7-42)及(7-44)代入上式，可得以應力表示之應變能密度，即

$$u=\frac{1}{2E}\left[\sigma_x^2+\sigma_y^2+\sigma_z^2-2\nu\left(\sigma_x\sigma_y+\sigma_y\sigma_z+\sigma_x\sigma_z\right)\right]+\frac{1}{2G}\left(\tau_{xy}^2+\tau_{yz}^2+\tau_{xz}^2\right) \tag{7-57}$$

若該一般應力狀態之主應力爲(σ_1、σ_2、σ_3)，由於主平面上之剪應力爲零，故其應變能密度以主應力表示爲

$$u = \frac{1}{2E}\left[\sigma_1^2 + \sigma_2^2 + \sigma_3^2 - 2\nu\left(\sigma_1\sigma_2 + \sigma_2\sigma_3 + \sigma_1\sigma_3\right)\right] \tag{7-58}$$

若將公式(7-43)代入公式(7-56)中，可得以應變表示之應變能密度，即

$$u = \frac{E}{2(1+\nu)(1-2\nu)}\left[(1-\nu)\left(\varepsilon_x^2 + \varepsilon_y^2 + \varepsilon_z^2\right) + 2\nu\left(\varepsilon_x\varepsilon_y + \varepsilon_y\varepsilon_z + \varepsilon_x\varepsilon_z\right)\right] + \frac{G}{2}\left(\gamma_{xy}^2 + \gamma_{yz}^2 + \gamma_{xz}^2\right) \tag{7-59}$$

對於平面應力狀態，$\sigma_z = 0$，$\tau_{yz} = 0$，$\tau_{xz} = 0$，由公式(7-56)

$$u = \frac{1}{2}\left(\sigma_x\varepsilon_x + \sigma_y\varepsilon_y + \tau_{xy}\gamma_{xy}\right) \tag{7-60}$$

將公式(7-45)及(7-46)代入上式，可得以應力表示之應變能密度，即

$$u = \frac{1}{2E}\left(\sigma_x^2 + \sigma_y^2 - 2\nu\sigma_x\sigma_y\right) + \frac{\tau_{xy}^2}{2G} \tag{7-61}$$

或將公式(7-47)及(7-46)代入公式(7-60)，可得以應變表示之應變能密度，即

$$u = \frac{E}{2\left(1-\nu^2\right)}\left(\varepsilon_x^2 + \varepsilon_y^2 + 2\nu\varepsilon_x\varepsilon_y\right) + \frac{G\gamma_{xy}^2}{2} \tag{7-62}$$

例題 7-14

圖中黃銅板(400×400×20mm)上刻有直徑 $d = 200$ mm 之圓，板上受有均勻分佈之正交應力 $\sigma_x = 42$ MPa 及 $\sigma_z = 14$ MPa，試求(a)直徑 ac 之變化量，(b)直徑 bd 之變化量，(c)板子厚度之變化量，(d)板子體積之變化量，(e)板子內之應變能。黃銅之 $E = 100$ GPa，$\nu = 0.34$。

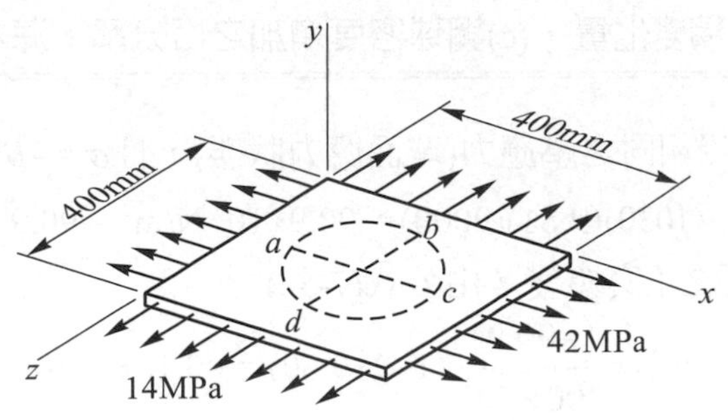

【解】黃銅板所受之正交應力爲$\sigma_x = 42$ MPa，$\sigma_y = 0$，$\sigma_z = 14$ MPa，由公式(7-42)可得 x、y、z 三方向之正交應變爲

$$\varepsilon_x = \frac{\sigma_x - \nu\sigma_z}{E} = \frac{42 - 0.34 \times 14}{100 \times 10^3} = 0.3724 \times 10^{-3}$$

$$\varepsilon_y = -\frac{\nu\left(\sigma_x + \sigma_z\right)}{E} = -\frac{0.34\left(42 + 14\right)}{100 \times 10^3} = -0.1904 \times 10^{-3}$$

$$\varepsilon_z = \frac{\sigma_z - \nu\sigma_x}{E} = \frac{14 - 0.34 \times 42}{100 \times 10^3} = -2.8 \times 10^{-6}$$

(a) 直徑 ac 之變化量

$$\delta_{ac} = \varepsilon_x d = (0.3724 \times 10^{-3})(200) = 0.07448 \text{ mm(增加)} ◂$$

(b) 直徑 bd 之變化量

$$\delta_{bd} = \varepsilon_z d = (-2.8 \times 10^{-6})(200) = -0.56 \times 10^{-3} \text{ mm(減少)} ◂$$

(c) 板子厚度之變化量

$$\Delta t = \varepsilon_y t = (-0.1904 \times 10^{-3})(20) = -3.808 \times 10^{-3} \text{ mm(減少)} ◂$$

(d) 體積應變或膨脹率 e，由公式(7-49)，$e = \varepsilon_x + \varepsilon_y + \varepsilon_z = 0.1792 \times 10^{-3}$

體積變化量爲 $\Delta V = eV = (0.1792 \times 10^{-3})(400 \times 400 \times 20) = 573 \text{ mm}^3$ ◂

(e) 黃銅板之應變能密度 u，由公式(7-57)

$$u = \frac{1}{2E}\left(\sigma_x^2 + \sigma_z^2 - 2\nu\sigma_x\sigma_z\right) = \frac{42^2 + 14^2 - 2\left(0.34\right)\left(42\right)\left(14\right)}{2\left(100 \times 10^3\right)}$$

$$= 7.80 \times 10^{-3} \text{N-mm/mm}^3$$

板子內儲存之應變能爲

$$U = uV = (7.80 \times 10^{-3})(400 \times 400 \times 20) = 25.0 \times 10^3 \text{ N-mm} = 25.0 \text{ J} ◂$$

例題 7-15

直徑為 100 mm 之實心鋼球($E = 200$ GPa，$\nu = 0.30$)置於海面下 9000 m 處，試求(a)鋼球直徑之變化量，(b)體積變化量，(c)鋼球密度增加之百分率。海水密度為 1030 kg/m^3。

【解】鋼球在各方向承受相同之壓應力(球面應力狀態)，且$\sigma = -p$，其中

$$p = \rho gh = (1030)(9.81)(9000) = 90.9 \times 10^6 \text{ N/m}^2 = 90.9 \text{ MPa}$$

(a) 鋼球在各方向之正交應變，由公式(7-52)

$$\varepsilon = \frac{\sigma}{E}\left(1 - 2\nu\right) = \frac{\left(-90.9\right)}{200 \times 10^3}(1 - 2 \times 0.30) = -0.1818 \times 10^{-3}$$

故鋼球直徑之變化量爲 $\Delta d=\varepsilon d=(-0.1818\times10^{-3})(100)=-0.01818$ mm(減少)◂

(b) 鋼球之體積彈性模數 K，由公式(7-54)爲

$$K=\frac{E}{3(1-2\nu)}=\frac{200}{3(1-2\times0.3)}=166.7\text{ GPa}$$

膨脹率(或體積應變)爲 $e=-\dfrac{p}{K}=-\dfrac{90.9}{166.7\times10^{3}}=-0.5454\times10^{-3}$

或 $e=\varepsilon_x+\varepsilon_y+\varepsilon_z=3\varepsilon=-0.5454\times10^{-3}$

鋼球體積：$V=\dfrac{4}{3}\pi R^3=\dfrac{4\pi}{3}(50)^3=523.6\times10^3\text{ mm}^3$

故鋼球體積之變化量爲

$$\Delta V=eV=(-0.5454\times10^{-3})(523.6\times10^{3})=-285.6\text{ mm}^3(\text{減少})$$ ◂

(c) 因密度 $\rho=m/V$，且質量不變，故鋼球密度增加之百分率(等於膨脹率之負值)爲

$$\frac{\Delta\rho}{\rho}=-\frac{\Delta V}{V}=-\frac{(-285.6)}{523.6\times10^{3}}=0.5454\times10^{-3}=0.05454\%$$ ◂

【註】將 $\rho=\dfrac{m}{V}$ 微分可得 $\dfrac{d\rho}{\rho}=-\dfrac{dV}{V}$ (m 爲常數)，當 ΔV 與 $\Delta\rho$ 甚小時 $\dfrac{\Delta\rho}{\rho}=-\dfrac{\Delta V}{V}$。

例題 7-16

一圓筒狀薄壁壓力容器，內半徑為 r，厚度為 t，長度為 L，承受之內壓力為 p，試求(a)內半徑之變化量 Δr，(b)筒壁厚度之變化量 Δt，(c)圓筒內容積之單位體積變化量 $\Delta V/V$。筒壁材料之彈性模數為 E，蒲松比為 ν。

【解】薄壁圓筒承受內壓力時，其筒壁表面爲雙軸向應力狀態，如圖所示，其中

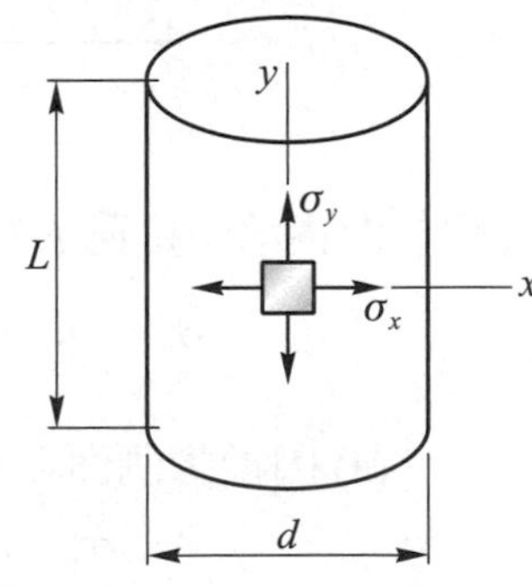

$$\sigma_x=\frac{pr}{t}\quad,\quad\sigma_y=\frac{pr}{2t}\quad,\quad\sigma_z=0$$

在 x、y、z 三方向之正交應變爲

$$\varepsilon_x=\frac{\sigma_x}{E}-\frac{\nu\sigma_y}{E}=\frac{pr}{tE}-\nu\frac{pr}{2tE}=\frac{pr}{tE}\left(1-\frac{\nu}{2}\right)$$

$$\varepsilon_y=\frac{\sigma_y}{E}-\frac{\nu\sigma_x}{E}=\frac{pr}{2tE}-\nu\frac{pr}{tE}=\frac{pr}{tE}\left(\frac{1}{2}-\nu\right)$$

$$\varepsilon_z=-\frac{\nu(\sigma_x+\sigma_y)}{E}=-\frac{\nu}{E}\left(\frac{pr}{t}+\frac{pr}{2t}\right)=-\frac{3\nu pr}{2tE}$$

(a) 內半徑之變化量爲

$$\Delta r = \varepsilon_x r = \frac{pr^2}{tE}\left(1-\frac{\nu}{2}\right) ◀$$

(b) 厚度之變化量爲

$$\Delta t = \varepsilon_z t = -\frac{3\nu pr}{2E} ◀$$

(c) 薄壁圓筒內之容積 $V = \pi r^2 L$，其體積變化量(由微分)爲

$$\Delta V = 2\pi rL\Delta r + \pi r^2 \Delta L = 2\pi rL(\varepsilon_x r) + \pi r^2(\varepsilon_y L) = \pi r^2 L(2\varepsilon_x + \varepsilon_y)$$

則單位容積之變化量爲

$$\frac{\Delta V}{V} = 2\varepsilon_x + \varepsilon_y = \frac{2pr}{tE}\left(1-\frac{\nu}{2}\right) + \frac{pr}{tE}\left(\frac{1}{2}-\nu\right) = \frac{pr}{tE}\left(\frac{5}{2}-2\nu\right) ◀$$

例題 7-17

圖中長度為 L 直徑為 d 之橡膠 A 置於剛性圓筒 B 內，承受負荷 F 作用，使橡膠頂面承受均勻分佈之壓應力，試求(a)橡膠側面與剛性壁間之壓力(pressure)p，(b)橡膠長度 L 之縮短量 δ。

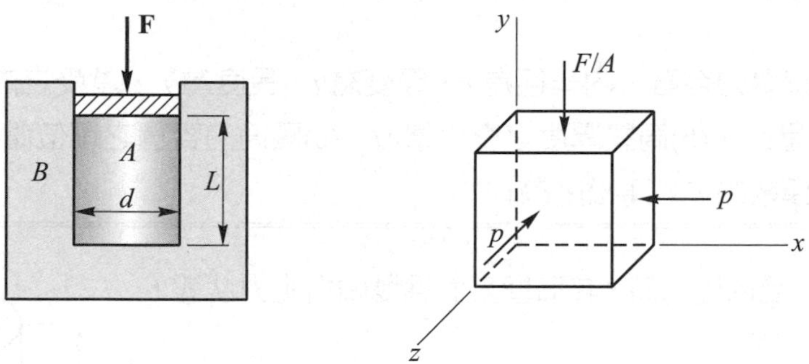

【解】橡膠承受負荷 F 後其內部爲三軸向壓應力狀態，如(b)圖所示，其應力分別爲

$$\sigma_x = -p \quad , \quad \sigma_y = -\frac{F}{A} = -\frac{4F}{\pi d^2} \quad , \quad \sigma_z = -p$$

(a) 因橡膠側面爲剛性壁，$\varepsilon_x = \varepsilon_z = 0$，由公式(7-42)

$$\varepsilon_x = \frac{\sigma_x - \nu(\sigma_y + \sigma_z)}{E} = 0 \quad , \quad (-p) - \nu[\sigma_y + (-p)] = 0$$

得 $$p = -\frac{\nu\sigma_y}{1-\nu} = -\frac{\nu}{1-\nu}\left(-\frac{4F}{\pi d^2}\right) = \frac{4\nu F}{(1-\nu)\pi d^2} ◀$$

(b) y 方向之應變，由公式(7-42)

$$\varepsilon_y=\frac{\sigma_y-\nu\left(\sigma_x+\sigma_z\right)}{E}\quad,\quad -\frac{\delta}{L}=\frac{\sigma_y-\left(-2\nu p\right)}{E}$$

$$\delta=-\frac{L}{E}\left[\sigma_y+2\nu\left(-\frac{\nu}{1-\nu}\sigma_y\right)\right]=-\frac{L}{E}\left(-\frac{4F}{\pi d^2}\right)\left(1-\frac{2\nu^2}{1-\nu}\right)$$

$$=\frac{4FL}{\pi d^2E}\left[\frac{\left(1-2\nu\right)\left(1+\nu\right)}{1-\nu}\right]\blacktriangleleft$$

7-56 圖中鋼塊各面均承受均勻分佈之壓力($\sigma_x=\sigma_y=\sigma_z=-p$)，已知 AB 邊長度減短 24μm，試求(a)其餘兩邊長度之變化量，(b)鋼塊所受之壓力 p，設 $E=200$ GPa，$\nu=0.29$。

【答】(a)$\delta_y=-12$μm，$\delta_z=-18$μm，(b)$p=142.9$ MPa

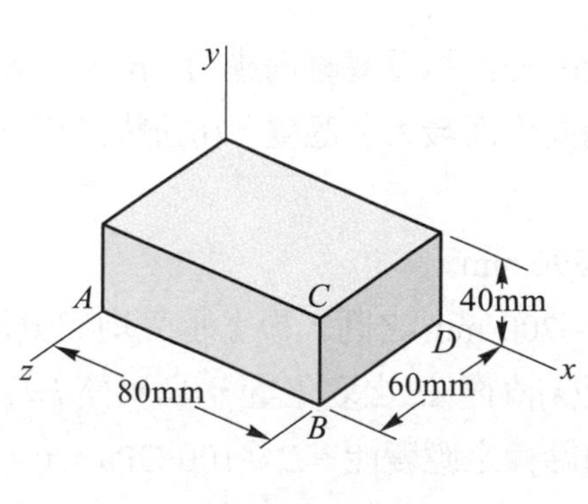

習題 7-56,57

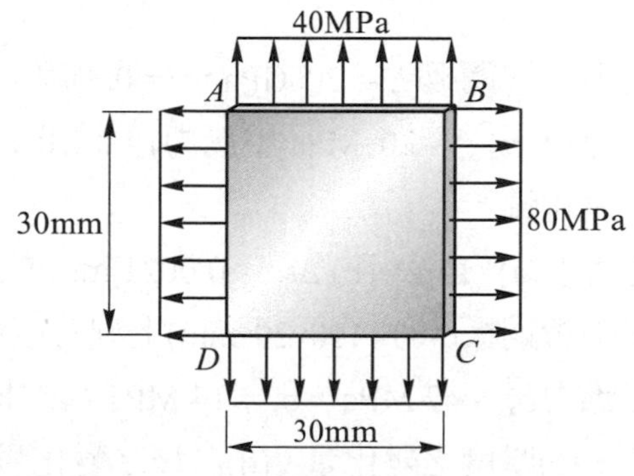

習題 7-58

7-57 同上題之鋼塊，若在海面下承受之靜壓力 $p=180$ MPa，試求鋼塊體積之變化量。

【答】$\Delta V=-218\text{ mm}^3$

7-58 圖中鋼板(30mm×30mm)，承受均勻分佈之應力 $\sigma_x=80$ MPa，$\sigma_y=40$ MPa，試求(a)AB 邊，(b)BC 邊，及(c)對角線 AC 之長度變化量。

【答】(a)10.20μm，(b)2.40μm，(c)8.91μm

7-59 設鋼構件在某點之主應力爲 $\sigma_1=18$ ksi，$\sigma_2=15$ ksi，$\sigma_3=-28$ ksi，試求此點之主應變。$E=29\times10^3$ ksi，$\nu=0.3$。

【答】$\varepsilon_1=755\ \mu$，$\varepsilon_2=621\ \mu$，$\varepsilon_3=-1310\ \mu$，($\mu=10^{-6}$)

7-60 某鋼板表面之主應力為$\sigma_1 = 40$ ksi，$\sigma_2 = 25$ ksi，其所生相關之主應變 $\varepsilon_1 = 1150\mu$，$\varepsilon_2 = 450\mu$，試求此鋼板之彈性模數及蒲松比。

【答】$E = 28.1\times10^3$ ksi，$\nu = 0.309$

7-61 圖中厚度 t = 10 mm 之矩形薄鋼板承受均勻之正交應力σ_x 與σ_y，已知鋼板上之應變計測得$\varepsilon_A = 350\mu$，$\varepsilon_B = 85\mu$，試求應力σ_x與σ_y及鋼板厚度之變化量。(E = 200 GPa，ν = 0.3)

【答】$\sigma_x = 82.5$ MPa，$\sigma_y = 41.8$ MPa，$\Delta t = -1.86\times10^{-3}$ mm

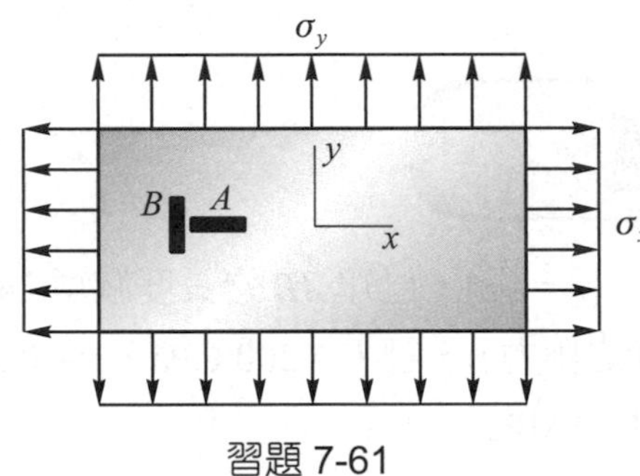

習題 7-61

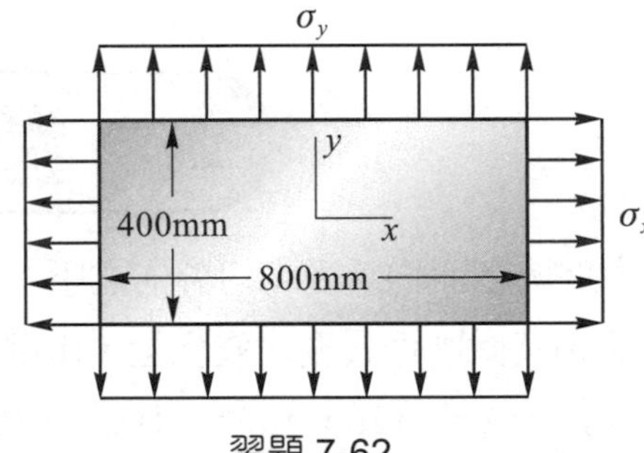

習題 7-62

7-62 圖中矩形鋼板(E = 200GPa，ν = 0.3)厚度 t = 20 mm，承受雙軸向應力，σ_x = 90 MPa(拉應力)，σ_y = –20 MPa(壓應力)，試求(a)板內同平面最大剪應變，(b)鋼板厚度及體積之變化量。

【答】(a)715μ，(b) $\Delta t = -0.0021$ mm，$\Delta V = 896$ mm^3

7-63 圖中黃銅板(400×400×20 mm)上刻有直徑 d = 200 mm 之圓，板上承受均勻分佈之正交應力σ_x = 42 MPa，σ_y = 14 MPa，試求銅板(a)直徑 ac 之變化量，(b)直徑 bd 之變化量，(c)厚度之變化量，(d)體積之變化量，(e)儲存之應變能。E = 100 GPa，ν = 0.34。

【答】(a) 0.0745 mm，(b) –0.000560 mm，(c) –0.00381 mm，(d)ΔV = 573 mm^3，(e) 25.0 J

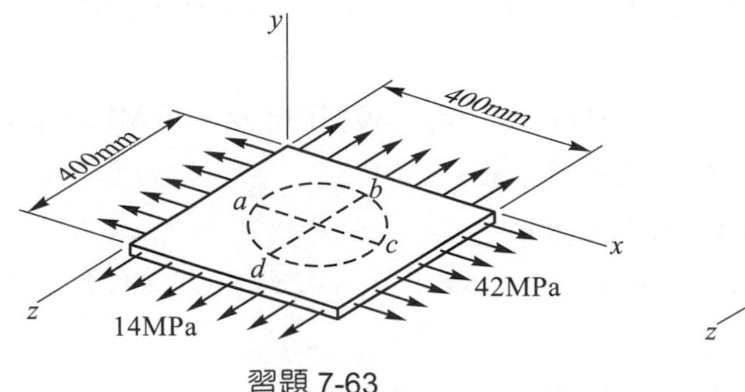

習題 7-63

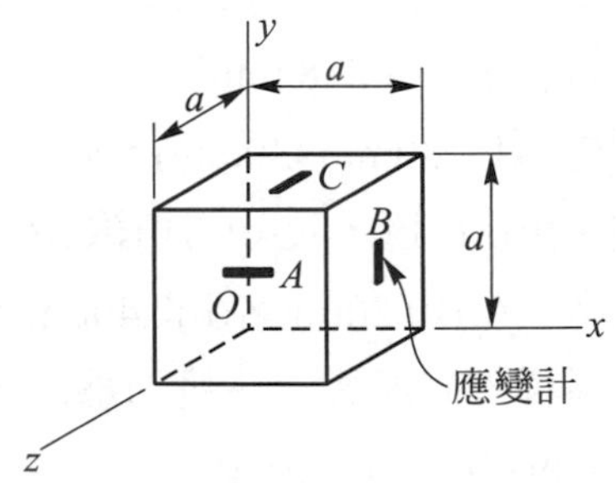

習題 7-64

7-64 圖中立方體鑄鐵塊(E = 14000 ksi，ν = 0.25)之邊長 a = 3 in，承受三軸向壓應力作用，已知測得ε_A = –350 μ，ε_B =ε_C = –65 μ，試求(a)x、y 與 z 面上之正交應力σ_x、σ_y 與σ_z，(b)鑄鐵內之最大剪應力，(c)鑄鐵塊體積之變化量，(d)鑄鐵塊內儲存之應變能。

【答】(a) σ_x = –6610 psi，$\sigma_y = \sigma_z$ = –3420 psi，(b) τ_{max} = 1600 psi，(c) ΔV = –0.0130 in^3

(d) U = 37.2 in-lb

7-65 圖中長方體鋼塊(E =200 GPa，ν = 0.30)之尺寸 a = 250 mm，b = 150 mm，c = 150 mm。鋼塊在 x、y 與 z 面上承受之正交應力分別為σ_x = –50 MPa、σ_y = –40 MPa 與σ_z = –36 MPa，試求(a)最大剪應力τ_{max}，(b)邊長之變化量Δa、Δb 與Δc，(c)體積之變化量ΔV，(d)儲存之應變能

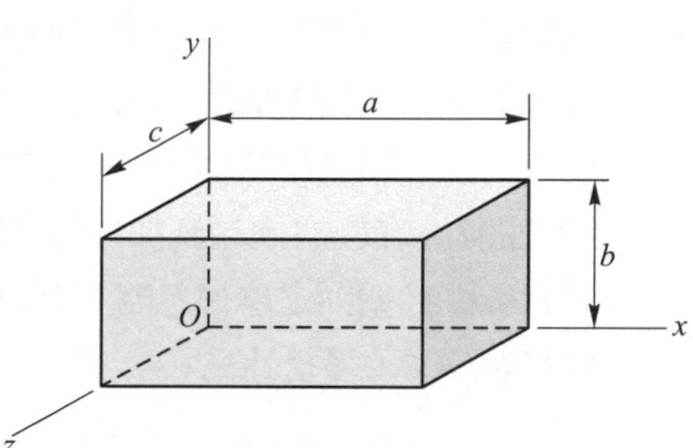

習題 7-65

【答】(a) τ_{max} = 7.0 MPa，

(b) Δa = –0.0340 mm，Δb = –0.01065 mm，Δc = –0.00675 mm，

(c) ΔV = –1418 mm^3，(d)U = 31.7 J

7-66 一實心銅球(E = 15×10^6 psi，ν = 0.34)直徑為 11.0 in，置於 10000 ft 深之海底，試求銅球(a)直徑減少量，(b)體積減少量，(c)儲存之應變態。

【答】(a)–1.04×10^{-3}in，(b)–0.198in^3，(c)438in-lb

7-67 一薄壁圓球之內半徑為 r，厚度為 t，承受內壓力 p 作用，試求(a)內半徑之變化量，(b)厚度之變化量，(c)容器內容積之變化量。設彈性模數為 E，蒲松比為ν。

【答】(a) $\Delta r = \dfrac{pr^2}{2tE}(1-\nu)$，(b) $\Delta t = -\dfrac{\nu pr}{E}$，(c) $\Delta V = \dfrac{2\pi pr^4}{tE}(1-\nu)$

7-68 一薄壁圓筒之內徑 r = 30 in 厚度 t = 0.5 in，承受內壓力 p 後測得周向應變(切線應變)為ε_y = 400 μ，試求(a)筒內之壓力 p，(b)同平面最大剪應變，(c)絕對最大剪應變。(E = 28×10^6 psi，ν = 0.27)

【答】(a) p = 0.432 ksi，(b)γ_{max} = 294μ，(c)($\gamma_{max})_{abs}$ = 588μ

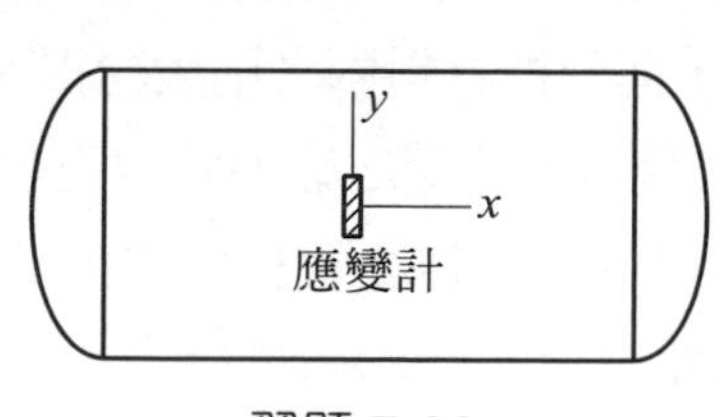

習題 7-68

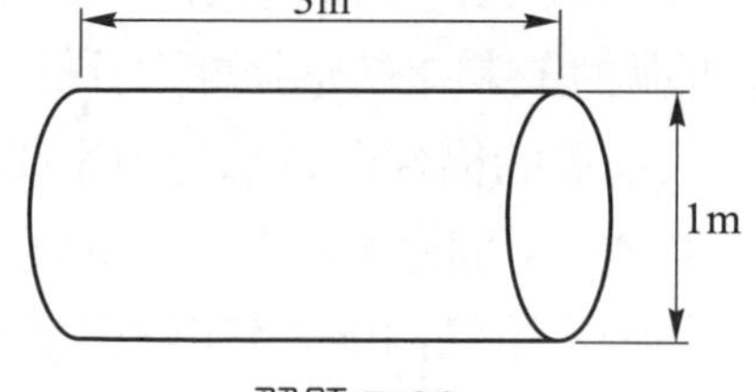

習題 7-69

7-69 一筒狀薄壁壓力容器，長度 $L = 3\text{m}$，內徑 $d = 1\text{m}$，筒壁厚度 $t = 10\text{mm}$，承受內壓力 $p = 15$ MPa，試求(a)直徑變化量，(b)容器內容積之變化量。$E = 200$ GPa，$\nu = 0.3$。

【答】(a)$\Delta d = 3.19$ mm，(b)$\Delta V = 0.0168$ m^3

7-70 一球狀薄壁壓力容器之內徑為 2 m，厚度為 10 mm。一應變計貼在筒壁表面，承受內壓力 p 後測得所生之應變為 600 μ，試求(a)內壓力 p，(b)筒壁上之同平面最大剪應力與絕對最大剪應力。$E = 200$ GPa，$\nu = 0.3$。

【答】(a) $p = 3.43$ MPa，(b) $\tau_{\max} = 0$，(c) $(\tau_{\max})_{\text{abs}} = 85.7$ MPa

7-71 圖中一長方體之材料(長度為 L 高度為 h 厚度為 t)置於距離為 h 的上下兩個固定剛性牆壁間，今在左右兩端施加均勻之壓應力 σ_0。試求(a)材料在上下兩面所受之壓力 p(設材料與剛性壁間之摩擦忽略不計)，(b)材料之膨脹率 e，(c)材料之應變能密度。設彈性模數為 E，蒲松比為 ν。

【答】(a) $p = \nu\sigma_0$，(b) $e = -\dfrac{\sigma_0}{E}(1+\nu)(1-2\nu)$，(c) $u = \dfrac{\sigma_0^2}{2E}(1-\nu^2)$

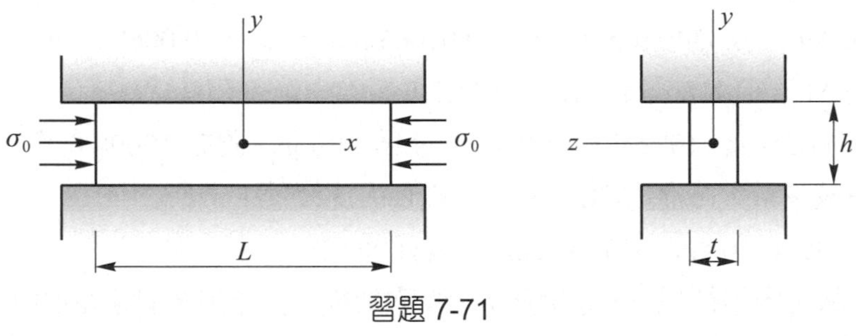

習題 7-71

7-9 破壞理論

強度為材料破壞前所能承受的最大應力，為了防止構件破壞，設計時通常必須確定構件內部之應力是否超過材料強度。對於延性材料，其破壞是由於材料發生降伏，因永久變形可能造成構件失效或損壞，至於脆性材料，因無降伏現象，設計時以極限強度作為破壞之依據。但需注意一般脆性材料之抗壓強度大於抗拉強度甚多，而延性材料兩者則大約相等。

工程上大多數的構件同時承受兩個或兩個以上之負荷，所受之應力狀態也很複雜，如雙軸向應力狀態、平面應力狀態或三軸向應力狀態，但材料的強度資料通常都是得自簡單拉伸與壓縮試驗之單軸向應力狀態，嚴格來講那些複雜應力狀態的破壞應力與單軸向應力狀態並不相同，但由於這些複雜的應力狀態以試驗方式定出其強度確有實際上的困難，因此本節將提供一些準則或理論作爲判斷構件是否發生破壞之依據。

■最大剪應力理論

最大剪應力理論(maximum shear stress theory)認爲任何構件的(絕對)最大剪應力，等於相同材料的試桿在拉伸試驗中達到降伏時的最大剪應力時，構件便發生降伏。拉伸試桿降伏時桿內之最大剪應力爲$\sigma_y/2$，亦可稱爲剪降伏強度。因此任何構件不論承受何種應力狀態，利用本節前述之方法求得其(絕對)最大剪應力$\tau_{\max}$，按照最大剪應力理論可預測降伏將發生於

$$\tau_{\max}=\frac{\sigma_y}{2} \tag{7-63}$$

其中σ_y爲構件材料在拉伸試驗所得之降伏強度。若考慮之安全因數爲 n，則上式可寫爲

$$\tau_{\max}=\frac{\sigma_y}{2n} \tag{7-64}$$

對於平面應力狀態，設其同平面之主應力爲σ_1與σ_2，由 7-4 節，若兩主應力皆爲正或皆爲負，其(絕對)最大剪應力爲$\frac{|\sigma_1|}{2}$或$\frac{|\sigma_2|}{2}$，若兩主應力一爲正一爲負，其(絕對)最大剪應力爲$\frac{1}{2}|\sigma_1-\sigma_2|$。因此由最大剪應力理論，當主應力之正負號相同時，可判斷降伏發生於

$$|\sigma_1|=\sigma_y \quad \text{或} \quad |\sigma_2|=\sigma_y \tag{7-65}$$

而當主應力異號時，可判斷降伏發生於

$$|\sigma_1-\sigma_2|=\sigma_y \tag{7-66}$$

上述關係可用圖 7-41 中之六邊形表示，當平面應力狀態之主應力σ_1與σ_2所對應之點落在此六邊形之範圍(陰影面積)內，則降伏不會發生，若落在此範圍外，則發生降伏而破壞。此六邊形稱爲崔斯卡六邊形(Tresca′s hexagon)，是爲紀念此理論之提出者法國工程師 Henri Tresca 而命名。

最大剪應力理論很簡單，與實驗結果比較，較爲保守安全，已被使用在許多設計規範中，但此理論是用來預測降伏，故僅適用於延性材料。

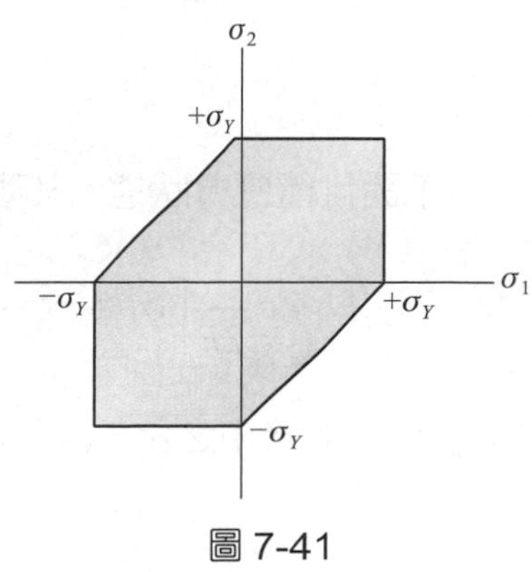

圖 7-41

■最大畸變能理論

這個理論亦稱爲剪力能理論(shear-energy theory)或 von Mises-Hencky 理論，在應用上比最大剪應力理論困難，但卻是用於延性材料的最佳理論。與最大剪應力理論相同，用於預測降伏現象的發生。

畸變能理論的產生是因爲觀察到材料各方向承受相同的拉應力或壓應力時，材料不會降伏，且強度比降伏強度還要大，故此理論認爲降伏並不是單純的拉伸或壓縮現象，而與角變形有關。若將材料內部的總應變能減去產生體積變化的應變能，剩下的應變能只會造成角變形，產生角變形的應變能稱爲畸變能(distorsion energy)，此理論就是認爲降伏是由畸變能所造成的。

最大畸變能理論(maximum distorsion energy theory)認爲，構件承受負荷時，當其內部之畸變能密度(單位體積之畸變能)等於同材料之試片在拉伸試驗中降伏時之畸變能密度，則構件開始降伏。

參考圖 7-42(a)中承受三軸向主應力狀態(σ_1、σ_2、σ_3)之應力元素，其內之應變能同時產生體積變化及角變形，導致體積改變之應變能是由平均主應力σ_{av}所產生，且$\sigma_{av}=\frac{1}{3}(\sigma_1+\sigma_2+\sigma_3)$，如圖 7-42(b)所示。至於剩餘應力$(\sigma_1-\sigma_{av})$，$(\sigma_2-\sigma_{av})$與$(\sigma_3-\sigma_{av})$爲產生角變形之畸變能。

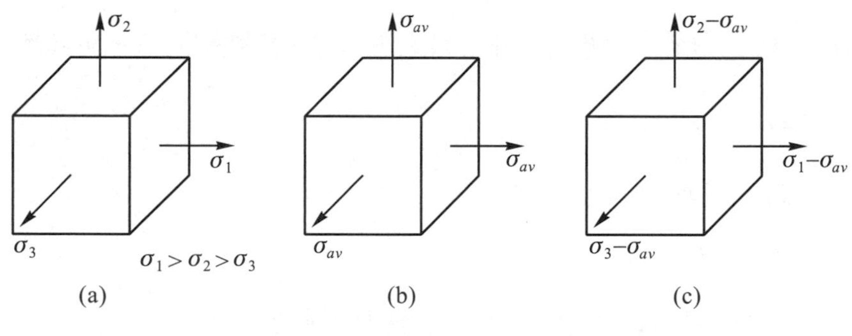

圖 7-42

不論何種應力狀態，其應變能密度均可用主應力求得，由公式(7-58)，應變能密度爲

$$u=\frac{1}{2E}\left[\sigma_1^2+\sigma_2^2+\sigma_3^2-2\nu\left(\sigma_1\sigma_2+\sigma_2\sigma_3+\sigma_1\sigma_3\right)\right] \tag{7-58}$$

將σ_{av}代入上式中之σ_1、σ_2與σ_3中可得產生體積變化之應變能密度 u_v 爲

$$u_v = \frac{1}{2E}\left[3\sigma_{av}^2 - 2\nu\left(3\sigma_{av}^2\right)\right] = \frac{3\sigma_{av}^2}{2E}\left(1-2\nu\right)$$

將$\sigma_{av} = \frac{1}{3}(\sigma_1 + \sigma_2 + \sigma_3)$代入上式並化簡可得

$$u_v = \frac{1-2\nu}{6E}\left(\sigma_1^2 + \sigma_2^2 + \sigma_3^2 + 2\sigma_1\sigma_2 + 2\sigma_2\sigma_3 + 2\sigma_1\sigma_3\right) \tag{7-67}$$

將(7-58)減去(7-67)可得應力元素單位體積之畸變能(畸變能密度)u_d為

$$u_d = u - u_v = \frac{1+\nu}{3E}\left[\frac{\left(\sigma_1-\sigma_2\right)^2 + \left(\sigma_2-\sigma_3\right)^2 + \left(\sigma_3-\sigma_1\right)^2}{2}\right] \tag{7-68}$$

注意，當$\sigma_1 = \sigma_2 = \sigma_3$時，$u_d = 0$。

拉伸試驗之試桿降伏時，其主應力$\sigma_1 = \sigma_Y$，$\sigma_2 = \sigma_3 = 0$，代入公式(7-68)可得此時試桿內單位體積之畸變能$(u_d)_Y$為

$$(u_d)_Y = \frac{1+\nu}{3E}\sigma_Y^2 \tag{7-69}$$

由最大畸變能理論，當 $u_d = (u_d)_Y$時，材料發生降伏，即

$$\frac{\left(\sigma_1-\sigma_2\right)^2 + \left(\sigma_2-\sigma_3\right)^2 + \left(\sigma_3-\sigma_1\right)^2}{2} = \sigma_Y^2 \tag{7-70}$$

上式定義了三軸向主應力狀態發生降伏之條件。對於平面應力狀態，若其同平面之主應力為σ_1與σ_2($\sigma_3 = 0$)，則公式(7-70)可化簡為

$$\sigma_1^2 - \sigma_1\sigma_2 + \sigma_2^2 = \sigma_Y^2 \tag{7-71}$$

上式定義了平面應力狀態發生降伏之條件。

公式(7-71)以圖形表示為一橢圓曲線，如圖 7-43 所示，此橢圓與坐標軸在$\sigma_1 = \pm\,\sigma_Y$與$\sigma_2 = \pm\,\sigma_Y$相交，其長軸 AB 平分第一及第三象限，A 點坐標($\sigma_1 = \sigma_2 = \sigma_Y$)，$B$ 點坐標($\sigma_1 = \sigma_2 = -\sigma_Y$)，短軸 CD 平分第二及第四象限，C 點坐標($\sigma_1 = -\sigma_Y/\sqrt{3}$，$\sigma_2 = \sigma_Y/\sqrt{3}$)，$D$ 點坐標($\sigma_1 = \sigma_Y/\sqrt{3}$，$\sigma_2 = -\sigma_Y/\sqrt{3}$)。當平面應力狀態主應力($\sigma_1$、$\sigma_2$)所對應之點落在此橢圓內，材料不會降伏，但落在此橢圓外時，則材料將會發生降伏而損壞。

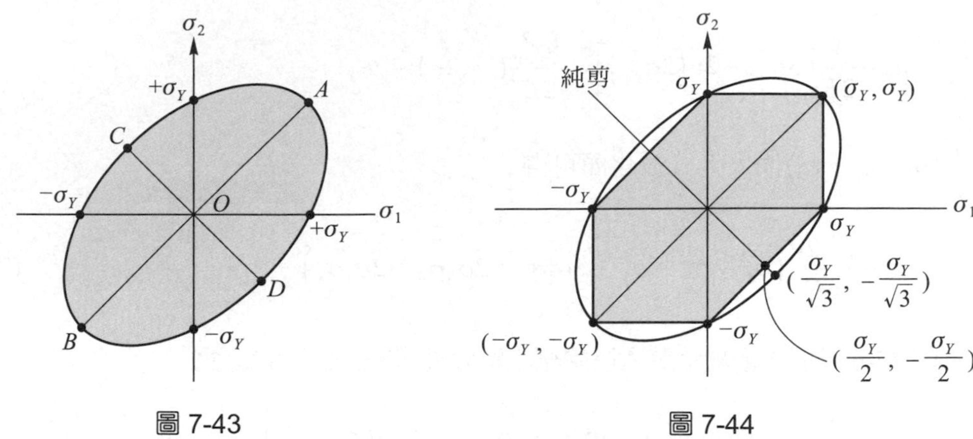

圖 7-43　　　圖 7-44

將最大剪應力理論與最大畸變能理論作比較，參考圖 7-44 所示，顯示橢圓通過六邊形之各個頂點，對於此六點之應力狀態兩個理論所得之結果相同，但對於其它應力狀態，因六邊形位於橢圓之內，故最大剪應力理論較為保守。

為了分析及設計上之方便，在此定義 von Mise 應力或有效應力(effective stress)，由公式(7-71)得雙軸向主應力狀態之有效應力σ'為

$$\sigma' = \sqrt{\sigma_1^2 - \sigma_1\sigma_2 + \sigma_2^2} \tag{7-72}$$

對於三軸向主應力狀態，由公式(7-70)，有效應力σ'為

$$\sigma' = \sqrt{\frac{(\sigma_1-\sigma_2)^2 + (\sigma_2-\sigma_3)^2 + (\sigma_3-\sigma_1)^2}{2}} \tag{7-73}$$

因此，由最大畸變能理論，當$\sigma' = \sigma_Y$時材料會降伏。若考慮安全因數，則發生降伏之條件為$\sigma'=\sigma_Y/n$，其中 n 為安全因數。

一個較為特別之應力狀態，即承受純扭之圓桿表面為純剪(τ_{max})之應力狀態，在 45°之傾斜方位為雙軸向之主應力狀態，且$\sigma_1=\tau_{max}$，$\sigma_2=-\tau_{max}$，由公式(7-72)其有效應力σ'為

$$\sigma' = \sqrt{\tau_{max}^2 - \tau_{max}(-\tau_{max}) + (-\tau_{max})^2} = \sqrt{3}\,\tau_{max}$$

由最大畸變能理論，當$\sigma' = \sigma_Y$時圓桿發生降伏，即$\sqrt{3}\,\tau_{max} = \sigma_Y$或$\tau_{max} = \sigma_Y/\sqrt{3} = 0.577\sigma_Y$時，圓桿發生降伏，亦即剪降伏強度$\tau_Y = 0.577\sigma_Y$。由純扭試驗顯示，大部份工程材料之剪降伏強度大約為 $0.53\sigma_Y$～$0.6\sigma_Y$，故就純扭之降伏而言，最大畸變能理論比最大剪應力理論準確。

■脆性材料的破壞理論

在討論脆性材料的破壞理論前，先瞭解脆性材料的特性：

1. 應力-應變圖幾乎是一條連續的直線，沒有降伏現象，破壞是由於斷裂，且斷裂時之應變甚小。
2. 抗壓極限強度σ_{uc}大於抗拉極限強度σ_{ut}，且σ_{uc}為σ_{ut}的數倍。
3. 抗扭之極限強度τ_u約等於抗拉之極限強度σ_{ut}。

脆性材料的破壞理論甚多，本節僅討論庫侖-摩爾理論(Coulomb-Mohr theory)或內摩擦理論(Internal-friction theory)，此理論主要是以材料抗拉與抗壓之極限強度(σ_{ut} 與σ_{uc})為基礎。

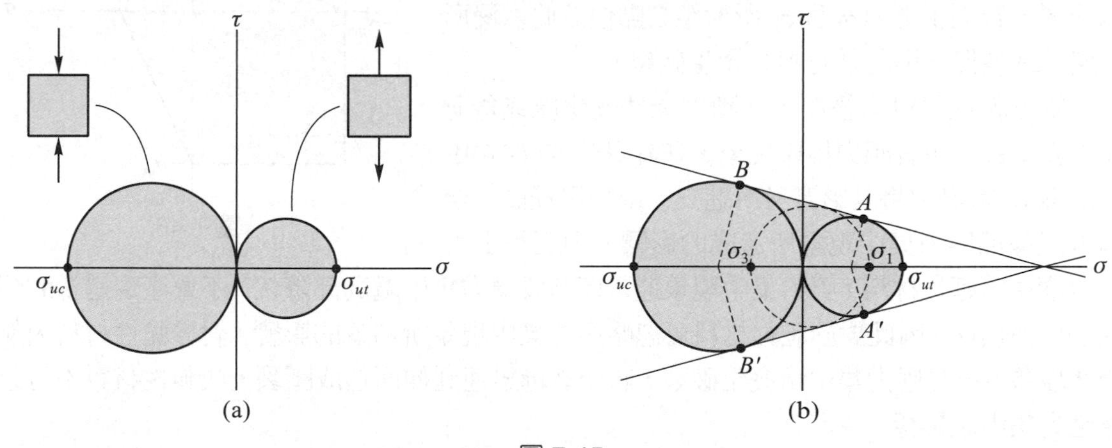

圖 7-45

首先將材料拉伸及壓縮試驗破裂時應力狀態之莫爾圓繪出，如圖 7-45(a)所示，然後作此兩圓之公切線，則AB 直線、$A'B'$直線、AA'右側圓弧及BB'左側圓弧所形成之封閉曲線，稱為破壞包絡線(failure envelop)，如圖 7-45(b)所示。若脆性材料承受任何應力狀態之主應力為(σ_1、σ_2、σ_3)，且$\sigma_1 > \sigma_2 > \sigma_3$，按庫侖-摩爾理論，以$\sigma_1$與$\sigma_3$所作之莫爾圓若與此破壞包絡線相切(如 7-45(b)中之虛線)，則材料發生斷裂。若σ_1與σ_3所作之莫爾圓位於此包絡線內，則材料安全不會斷裂。

對於承受平面應力狀態之脆性材料，設同平面主應力為σ_1與σ_2(另外$\sigma_3 = 0$)，因σ_1與σ_2均有可能為正或為負，因此由庫侖-摩擦理論，材料發生破裂之條件可分為三個情況討論：

(1) $\sigma_1 > 0$，$\sigma_2 > 0$，且$\sigma_1 > \sigma_2$，則產生破裂之條件為

$$\sigma_1 = \sigma_{ut} \tag{7-74}$$

(2) $\sigma_1 < 0$，$\sigma_2 < 0$，且$\sigma_1 > \sigma_2$或$|\sigma_1| < |\sigma_2|$，則產生破裂之條件爲

$$|\sigma_2| = \sigma_{uc} \tag{7-75}$$

(3) $\sigma_1 > 0$，$\sigma_2 < 0$，此時發生破裂時之莫爾圓與$\overline{AB}$及$\overline{A'B'}$相切，因兩切線爲直線，由相似三角形關係可得主應力(σ_1、σ_2)與抗拉及抗壓強度(σ_{ut}、σ_{uc})之關係爲

$$\frac{\sigma_1}{\sigma_{ut}} - \frac{\sigma_2}{\sigma_{uc}} = 1 \tag{7-76}$$

上式是承受平面應力狀態之脆性材料，當主應力$\sigma_1 > 0$，$\sigma_2 < 0$時產生破裂之條件。

上列之結論亦可用圖形表示，如圖 7-46 中所示之六邊形，若兩主應力σ_1與σ_2所對應之點位於此六邊形之邊緣或外側，則脆性材料會產生破裂。

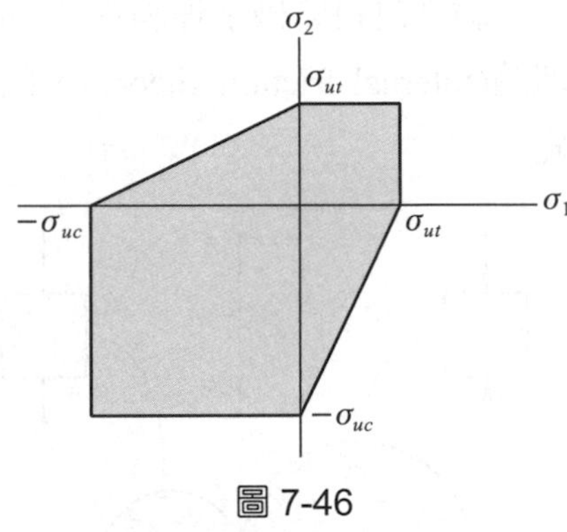

圖 7-46

對於脆性材料之構件，在斷面突然變化處或負荷作用點附近，會有應力集中現象，在計算公式(7-76)中之σ_1與σ_2時必須將其影響考慮進去，或利用提高安全因數以彌補應力集中現象所造成的影響。但工程上大多數構件爲延性材料，應力集中現象通常僅造成應力集中處局部降伏，不會產生過量的塑性變形而損壞，因此對於延性材料可忽略應力集中現象所造或的影響。對於脆性材料因無降伏現象，一旦應力集中處發生破裂，將使裂縫迅速延伸而造成斷裂，故脆性材料不可忽略應力集中之影響。

例題 7-18

圖中所示為一鋼製構件表面之平面應力狀態，若鋼之降伏強度為 250 MPa，試根據(a)最大剪應力理論，(b)最大畸變能理論求相對於降伏之安全因數。

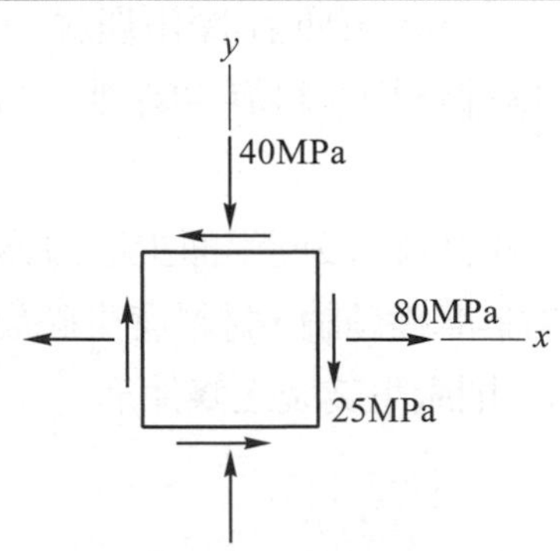

【解】先求平面應力狀態($\sigma_x = 80$ MPa，$\sigma_y = -40$ MPa，$\tau_{xy} = -25$ MPa)之主應力及最大剪應力

$$\sigma_{1,2} = \frac{\sigma_x + \sigma_y}{2} \pm \sqrt{\left(\frac{\sigma_x - \sigma_y}{2}\right)^2 + \tau_{xy}^2} = \frac{80-40}{2} \pm \sqrt{\left(\frac{80+40}{2}\right)^2 + (-25)^2} = 20 \pm 65$$

$\sigma_1 = 85$ MPa，$\sigma_2 = -45$ MPa

$$\tau_{max} = \frac{1}{2}(\sigma_1 - \sigma_2) = 65 \text{ MPa}$$

(a) 最大剪應力理論：由公式(7-64)，得降伏時之條件為 $\tau_{max} = \dfrac{\sigma_Y}{2n}$，故得

$$n = \frac{\sigma_Y}{2\tau_{max}} = \frac{250}{2(65)} = 1.92 \blacktriangleleft$$

(b) 最大畸變能理論：先求有效應力，由公式(7-72)

$$\sigma' = \sqrt{\sigma_1^2 - \sigma_1\sigma_2 + \sigma_2^2} = \sqrt{85^2 - (85)(-45) + (-45)^2} = 114.3 \text{ MPa}$$

由公式(7-7)並考慮安全因數 n，得降伏時之條件為 $\sigma' = \dfrac{\sigma_Y}{n}$，故

得 $$n = \frac{\sigma_Y}{\sigma'} = \frac{250}{114.3} = 2.19 \blacktriangleleft$$

例題 7-19

圖中鋼製圓桿之直徑 $d = 50$ mm，已知鋼的降伏強度為 200 MPa，設取安全因數 $n = 2.0$，試以最大畸變能理論求負荷 P 之容許值。

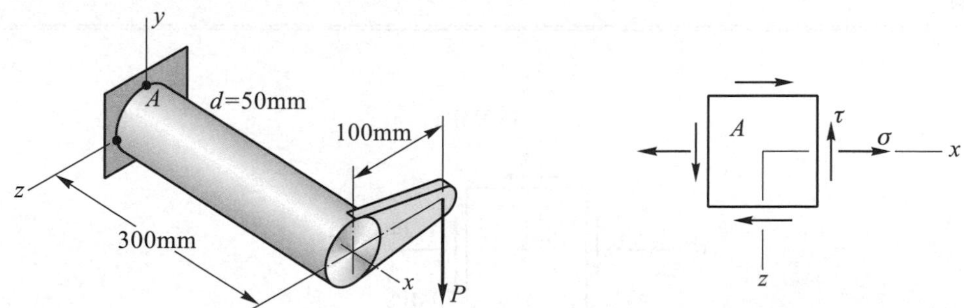

【解】圓桿應力最大之臨界點在 A 點，因斷面之彎矩及扭矩在該點應力都是最大值。

固定端斷面之彎矩 M 及扭矩 T 為

$$M = P(300) = 300P \text{ N-mm} \quad , \quad T = P(100) = 100P \text{ N-mm}$$

A 點所受之平面應力狀態如(b)圖所示，其中

$$\sigma = \frac{32M}{\pi d^3} = \frac{32(300P)}{\pi(50)^3} = 24.44\times10^{-3}P \text{ MPa}$$

$$\tau = \frac{16T}{\pi d^3} = \frac{16(100P)}{\pi(50)^3} = 4.074\times10^{-3}P \text{ MPa}$$

設 $\sigma_{av} = \dfrac{\sigma}{2} = 12.22\times10^{-3}P \text{ MPa}$

$$R = \sqrt{\left(\frac{\sigma}{2}\right)^2 + \tau^2} = \sqrt{\left(12.22\times10^{-3}P\right)^2 + \left(4.074\times10^{-3}P\right)^2} = 12.88\times10^{-3}P \text{ MPa}$$

則主應力 $\sigma_1 = \sigma_{av} + R$，$\sigma_2 = \sigma_{av} - R$，由公式(7-72)可得有效應力為

$$\sigma' = \sqrt{\sigma_1^2 - \sigma_1\sigma_2 + \sigma_2^2} = \sqrt{(\sigma_{av}+R)^2 - (\sigma_{av}+R)(\sigma_{av}-R) + (\sigma_{av}-R)^2}$$

$$= \sqrt{\sigma_{av}^2 + 3R^2} = \sqrt{\left(12.22\times10^{-3}P\right)^2 + 3\left(12.88\times10^{-3}P\right)^2} = 25.44\times10^{-3}P \text{ MPa}$$

由最大畸變能理論，並考慮安全因數：$\sigma' = \dfrac{\sigma_Y}{n}$

$$25.44\times10^{-3}P = \frac{200}{2.0}\text{ ，得 } P = 3931 \text{ N}◀$$

例題 7-20

圖中所示為一鑄鐵構件之表面在某臨界點(應力最大之點)之應力狀態，已知鑄鐵之抗拉強度為 $\sigma_{ut} = 280$ MPa，抗壓強度為 $\sigma_{uc} = 420$ MPa，試根據庫侖-摩爾理論求此構件破壞之安全因數。

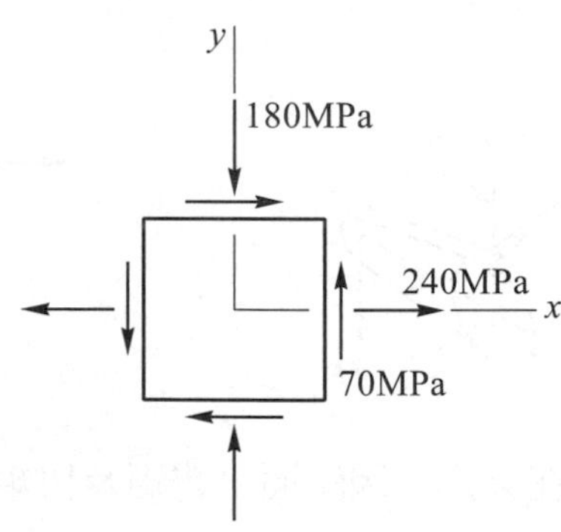

【解】鑄鐵構件表面爲平面應力狀態($\sigma_x = 240$ MPa，$\sigma_y = -180$ MPa，$\tau_{xy} = 70$ MPa)，其主應力爲

$$\sigma_{1,2} = \frac{\sigma_x + \sigma_y}{2} \pm \sqrt{\left(\frac{\sigma_x - \sigma_y}{2}\right)^2 + \tau_{xy}^2} = \frac{240 - 180}{2} \pm \sqrt{\left(\frac{240 + 180}{2}\right)^2 + 70^2}$$

$$= 30 \pm 221.4$$

$$\sigma_1 = 251.4 \text{ MPa} \quad , \quad \sigma_2 = -191.4 \text{ MPa}$$

由公式(7-76)，並考慮安全因數

$$\frac{\sigma_1}{\sigma_{ut}} - \frac{\sigma_2}{\sigma_{uc}} = \frac{1}{n} \quad , \quad \frac{251.4}{280} - \frac{(-191.4)}{420} = \frac{1}{n}$$

$$n = 0.739$$

所得安全因數 $n < 1$，表示此鑄鐵構件按照庫侖-摩爾理論判斷，對於發生破裂爲不安全。

7-72 圖中所示爲一構件表面之平面應力狀態，若構件材料之降伏強度爲 250 MPa，試根據(a)最大剪應力理論，(b)最大畸變能理論求相對於降伏破壞之安全因數。

【答】(a) $n = 1.246$，(b) $n = 1.346$

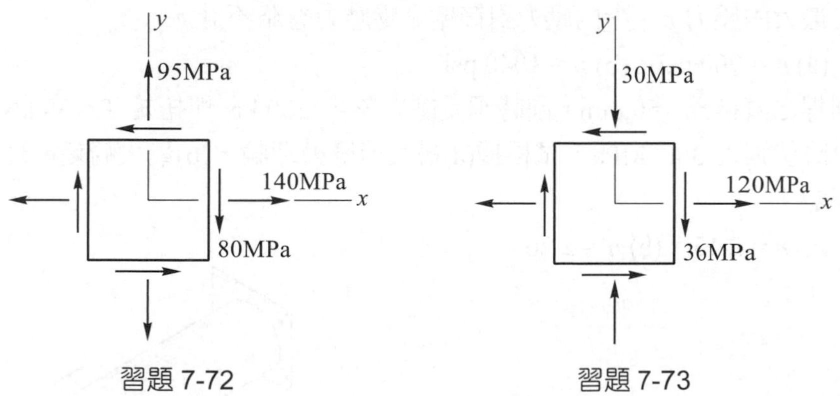

習題 7-72　　習題 7-73

7-73 圖中所示爲一構件表面之平面應力狀態，若構件材料之降伏強度爲 250 MPa，試根據(a)最大剪應力理論，(b)最大畸變能理論求相對於降伏破壞之安全因數。

【答】(a) $n = 1.50$，(b) $n = 1.66$

7-74 圖中所示爲一構件表面之平面應力狀態，若構件材料之降伏強度爲 42 ksi，試根據(a)最大剪應力論，(b)最大變能理論求相對於降伏破壞之安全因數。

【答】(a) $n = 1.46$，(b) $n = 1.64$

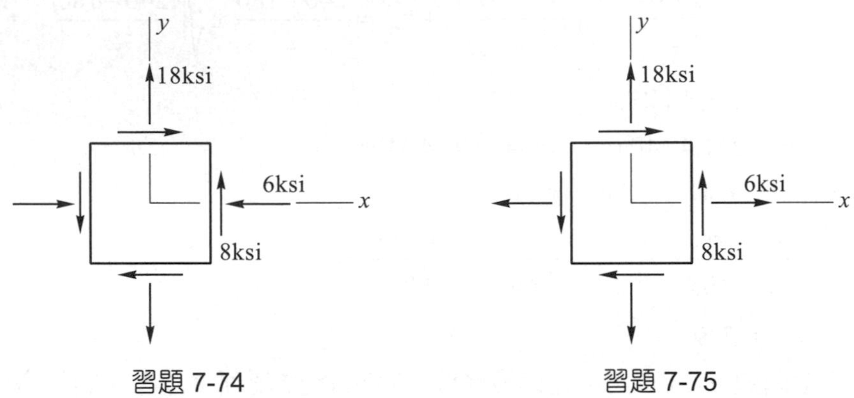

習題 7-74　　　習題 7-75

7-75 圖中所示爲一構件表面之平面應力狀態，若構件材料之降伏強度爲 42 ksi，試根據(a)最大剪應力理論，(b)最大畸變能理論求相對於降伏破壞之安全因數。

【答】(a) $n = 1.91$，(b) $n = 1.99$

7-76 一實心圓桿(直徑 100 mm)承受扭矩 T，圓桿材料抗拉之降伏強度爲 400 MPa，試根據(a)最大剪應力理論，(b)最大畸變能理論求圓桿之容許扭矩。

(a)$T = 39.3$ kN-m，(b)$T = 45.3$ kN-m

7-77 一筒狀之薄壁壓力容器，內徑爲 5 ft，壁厚爲 1.5in，筒壁材料抗拉之降伏強度爲 36 ksi，設取安全因數 $n = 2.0$，試根據(a)最大剪應力理論，(b)最大畸變能理論求容器內容許之最大內壓力 p。設內壓力對筒壁之壓應力忽略不計。

【答】(a) $p = 900$ psi，(b) $p = 1040$ psi

7-78 圖中圓桿之直徑爲 150 mm，同時承受壓力 $P = 2200$ kN 與扭矩 $T = 38$ kN-m，若圓桿材料之降伏強度 360 MPa，試根據(a)最大剪應力理論，(b)最大畸變能理論求圓桿之安全因數。

【答】(a) $n = 2.13$，(b) $n = 2.26$

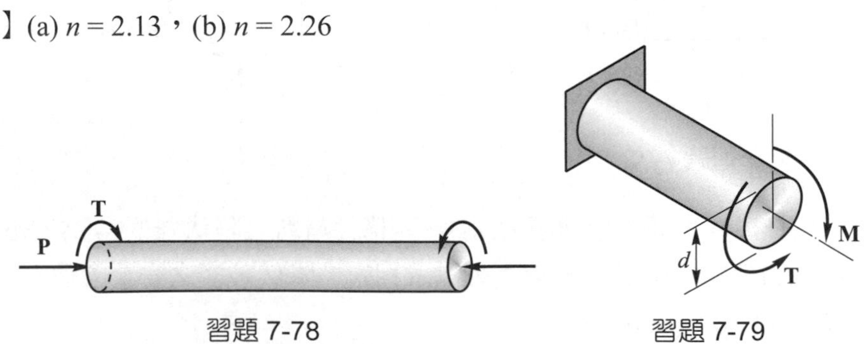

習題 7-78　　　習題 7-79

7-79 圖中實心圓桿直徑 $d = 100$ mm，承受彎矩 $M = 12$ kN-m 與扭矩 $T = 20$ kN-m，已知圓桿材料之降伏強度爲 360 MPa，試根據(a)最大剪應力理論，(b)最大畸變能理論求圓桿之安全因數。

【答】(a) $n = 1.515$，(b) $n = 1.677$

7-80 圖中圓桿直徑爲 1.5 in，同埘受拉力 $P = 55$ kips 與扭矩 T，圓桿材料之降伏強度爲 36 ksi，試根據(a)最大剪應力理論，(b)最大畸變能理論求圓桿能承受之最大扭矩 T。

【答】(a) $T = 5.99$ kip-in，(b)$T = 6.92$ kip-in

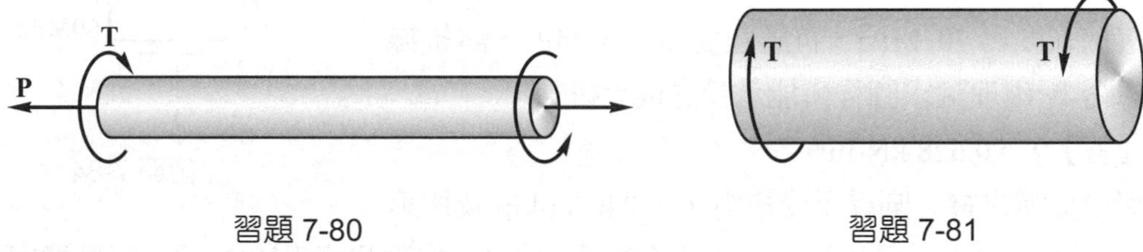

習題 7-80　　　　習題 7-81

7-81 圖中筒狀薄壁壓力容器之直徑爲 11.75 in，壁厚爲 0.25 in，同時承受內壓力 $p = 750$ psi 與扭矩 $T = 650$ kip-in，筒壁材料之降伏強度爲 36 ksi，試根據最大畸變能理論求安全因數。

【答】(a) $n = 1.397$

7-82 圖中圓桿之材料爲結構用鋼，降伏強度爲 360 MPa，設取安全因數 $n = 2.0$，試由(a)最大剪應力理論，(b)最大畸變能理論求圓桿所需之直徑。

【答】(a) $d = 94.7$ mm，(b) $d = 92.0$ mm

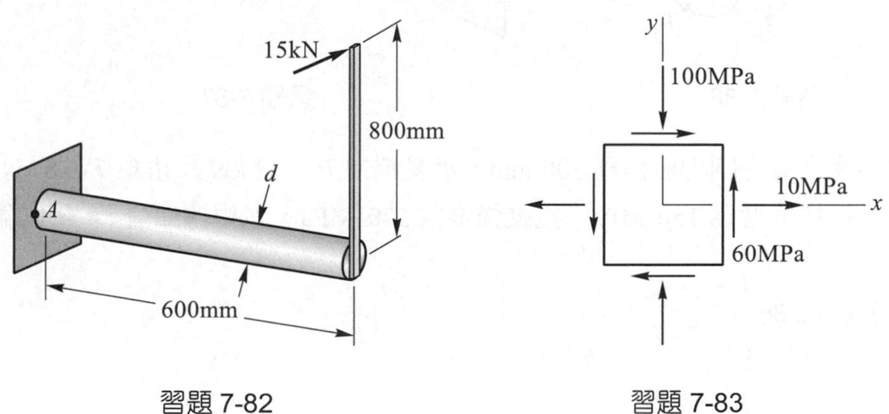

習題 7-82　　　　習題 7-83

7-83 圖中所示為一鋁鑄件表面之應力狀態，已知鋁鑄件之抗拉強度為 80 MPa，抗壓強度為 200 MPa，試根據庫命-摩爾理論求安全因數。

(a) $n = 0.92$

7-84 圖中所示為一鑄鐵構件表面之應力狀態，已知鑄鐵之抗拉強度為 214 MPa，抗壓強度為 750 MPa，試根據庫命-摩爾理論求安全因數。

【答】$n = 1.168$

7-85 一鋁合金鑄造之圓桿直徑 $d = 40$ mm，已知鋁合金之抗拉強度為 70 MPa，抗壓強度為 175 MPa，試根據庫命-摩爾理論求圓桿所能承受之最大扭矩。

【答】$T = 0.628$ kN-m

y
75MPa
150MPa
x
60MPa

習題 7-84

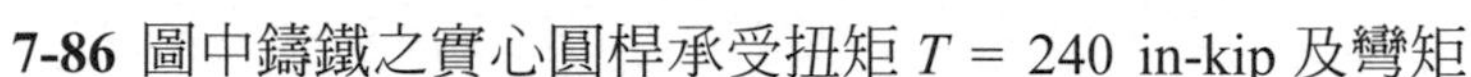

7-86 圖中鑄鐵之實心圓桿承受扭矩 $T = 240$ in-kip 及彎矩 $M = 110$ in-kip。已知鑄鐵之抗拉強度為 43 ksi，抗壓強度為 140 ksi，試根據庫命-摩爾理論求圓桿之最小直徑。

【答】$d = 3.68$ in

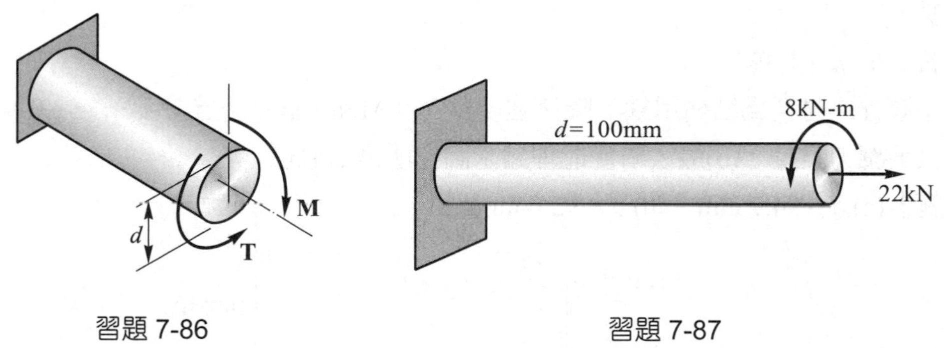

習題 7-86　　習題 7-87

7-87 圖中鑄鐵之實心圓桿直徑為 100 mm，承受拉力 $P = 22$ kN 及扭矩 $T = 8$ kN-m。已知鑄鐵之抗拉強度為 150 MPa，抗壓強度為 570 MPa，試根據庫命-摩爾理論求安全因數。

【答】$n = 2.86$

7-10 平面應變的轉換

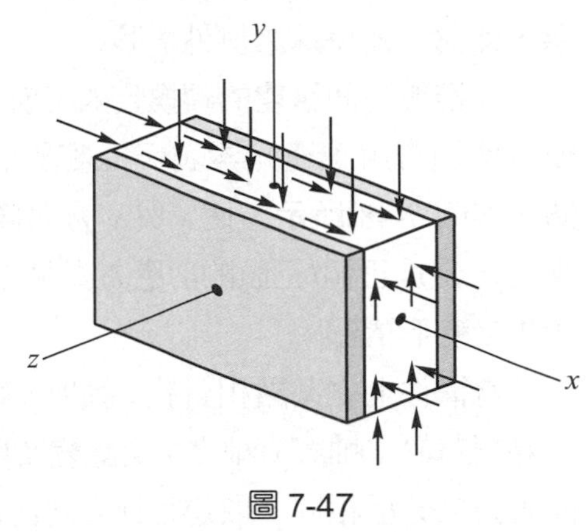

圖 7-47

構件承受負荷時其內任一點之應變一般包括三個正交應變(ε_x、ε_y、ε_z)及三個剪應變(γ_{xy}、γ_{yz}、γ_{xz})，此六個應變決定了材料在該點各面所生之變形。但同一點之正交應變及剪應變隨著所考慮之方位而異。通常可用應變計(strain gage)測得同一點在某些方向之應變，再利用轉換方式以獲得該點在其他特定方向之應變。本節主要是在討論平面應變(plane strain)之轉換(transformation)。

當構件在某一方向(設為 z 方向)之變形被限制，或材料內各點之變形(或位移)保持在同一平面(與 xy 面平行)上，則稱此構件處於平面應變狀態。圖 7-47 中所示被限制在兩平行剛性壁間之構件，即為承受平面應變之例子，各點之變形僅發生在與 xy 面平行之平面上，因此可能存在三個應變，即ε_x、ε_y與γ_{xy}，至於 z 方向之正交應變ε_z被限制，且亦無在 yz 與 xz 面上之剪應變γ_{yz}與γ_{xz}，故平面應變之條件可定義如下：

$$\varepsilon_z = 0，\gamma_{yz} = 0，\gamma_{xz} = 0 \quad (通常\ \sigma_z \neq 0) \tag{7-77}$$

三個應變(ε_x、ε_y、γ_{xy})中可能有任一個或任二個為零。

平面應變狀態在機器或結構物之構件中很少發生，但這不表示平面應變之轉換公式毫無用處，反而非常有用，因為亦可應用在分析平面應力所生之應變。在平面應力中，下列之應力必為零，即

$$\sigma_z = 0，\tau_{yz} = 0，\tau_{xz} = 0 \quad (通常\ \varepsilon_z \neq 0) \tag{7-78}$$

至於其他三個應力(σ_x、σ_y與τ_{xy})可能有任一個或任二個為零。前面所導出之應力轉換公式，不論是否有σ_z存在，都可適用，因為在推導應力轉換公式時所使用之平衡方程式中並沒有用到σ_z，故平面應力之轉換公式可用於分析平面應變狀態所承受之應力。平面應變也有類似之情形，以下將利用幾何關係推導在 xy 平面上之應變轉換公式，不論是否有 z 方向之應變存在，並不影響推導的結果，因此平面應變之轉換公式亦可應用在分析平面應力所生之應變。

需注意平面應變狀態與平面應力狀態並不相同，平面應變中$\sigma_z \neq 0$而$\varepsilon_z = 0$，但平面應力中$\sigma_z = 0$而$\varepsilon_z \neq 0$，通常平面應力與平面應變並不同時發生。若平面應力狀態受到大小相同方向相反之正交應力(即$\sigma_x = -\sigma_y$)，且材料導循虎克定律，則$\varepsilon_z = 0$，故亦爲平面應變狀態，此爲一種特殊之例外情形。

在推導平面應變的轉換公式之前，須先設定應變的慣用符號(sign conversion)。表示應變狀態通常用應變元素表示，應變元素爲邊長一個單位(此單位甚小且趨近於零)之立方體，如圖 7-48 所示，使 x 與 y 方向伸長正交應變ε_x與ε_y定爲正值，而使角 AOB 變小之剪應變γ_{xy}定爲正值(正值的剪應力產生正值的剪應變)，圖 7-49 中所示爲承受平面應變之元素所生之變形情形。

當構件上之某點相對於 x 軸與 y 軸之平面應變(ε_x、ε_y及γ_{xy})爲已知時，本節主要在討論該點相對於 x'軸與 y'軸之正交應變及剪應變($\varepsilon_{x'}$、$\varepsilon_{y'}$及$\gamma_{x'y'}$)，x'軸相對於 x 軸之角度θ，與平面應力之分析相同，取逆時針方向爲正值，如圖 7-50 所示。

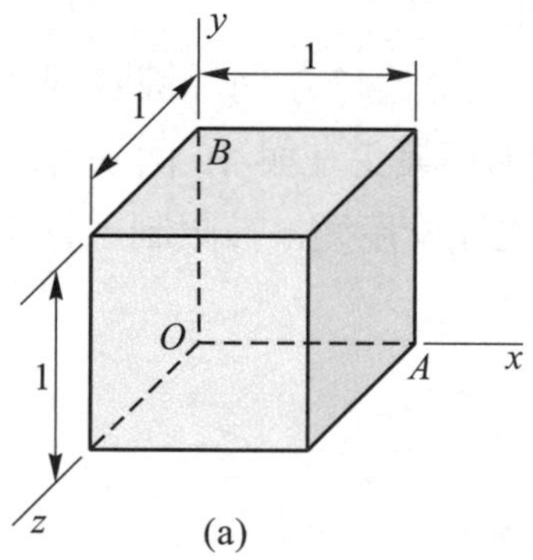

(a)

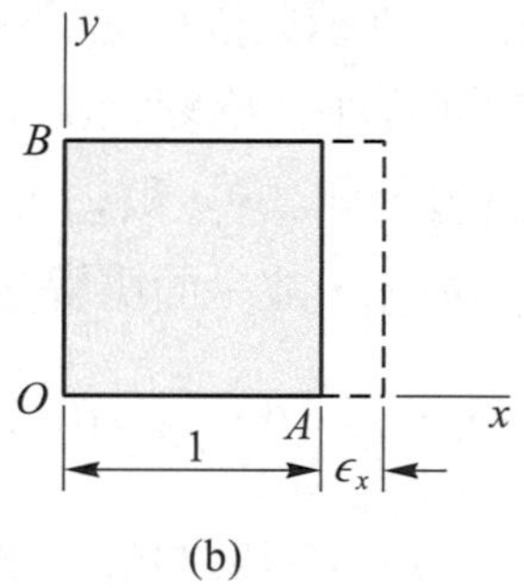

(b)

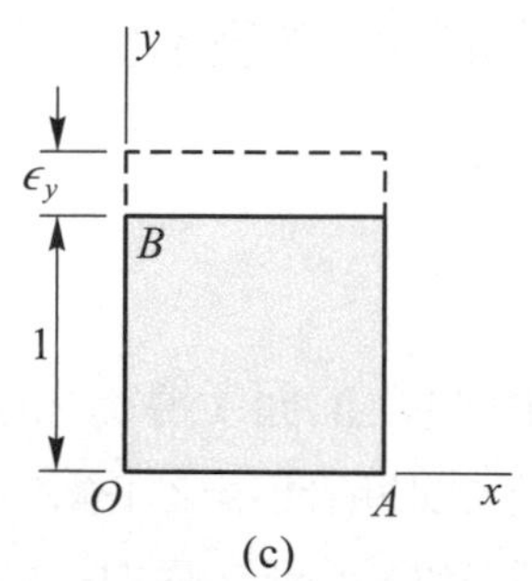

(c)

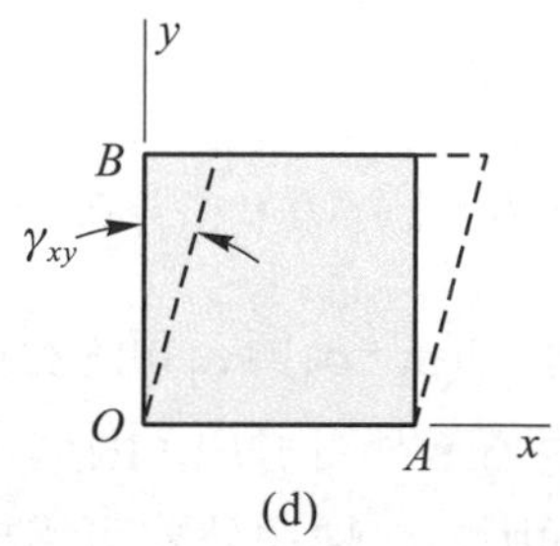

(d)

圖 7-48

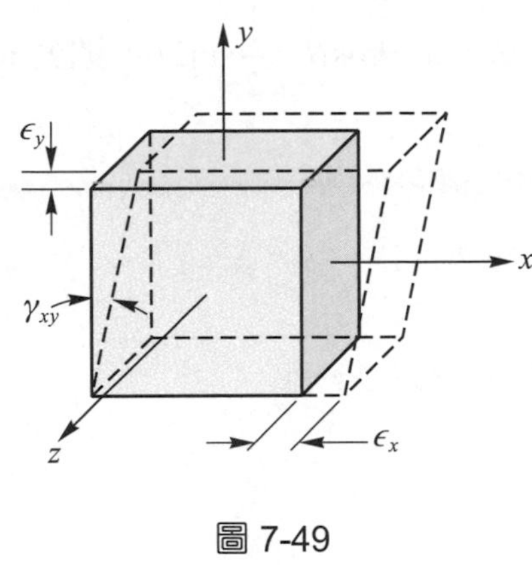

圖 7-49

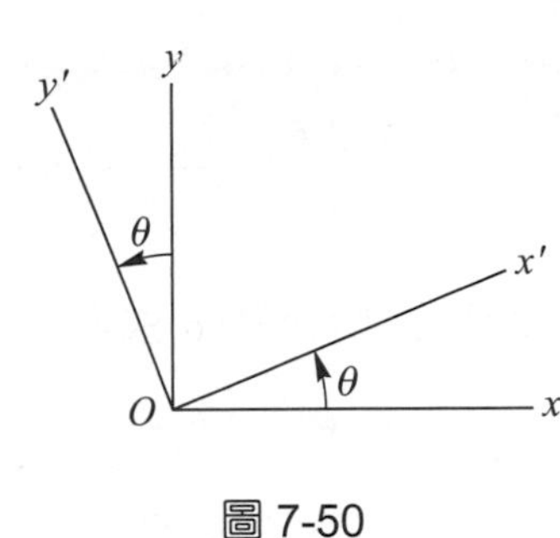

圖 7-50

■平面應變之轉換公式

設構件中某點相對於 x 軸與 y 軸之平面應變(ε_x、ε_y、γ_{xy})爲已知，將 x 軸與 y 軸逆時針轉動θ角得 x'軸與 y'軸，本節之目的是要導出同一點相對於 x'軸之正交應變$\varepsilon_{x'}$及剪應變$\gamma_{x'y'}$，至於$\varepsilon_{y'}$不必另行推導，只要利用所導出之$\varepsilon_{x'}$公式，將θ以$(90°+\theta)$代入即可求得。

考慮一應變元素，其 x 方向與 y 方向之邊長分別爲 dx 與 dy，設其對角線之方向沿 x'軸之方向(與 x 軸夾θ角)，參考圖 7-51 所示，並設應變元素之對角線長度爲 ds。由於平面應變(ε_x、ε_y 及γ_{xy})，使應變元素在 x 方向伸長$\varepsilon_x dx$，y 方向伸長$\varepsilon_y dy$，x 軸與 y 軸之夾角減少γ_{xy}，這些變形造成對角線長度 ds 之改變量爲Δd。其中 x 方向之伸長量$\varepsilon_x dx$ 使對角線 ds 之長度增加$\varepsilon_x dx\cos\theta$，(參考圖 7-51a)，而 y 方向之伸長量$\varepsilon_y dy$ 使對角線 ds 之長度增加$\varepsilon_y dy\sin\theta$ (參考圖 7-51b)，至於剪應變γ_{xy} 導致對角線長度 ds 之增加量爲$\gamma_{xy}dy\cos\theta$(參考圖 7-51c)。因此對角線 ds 長度之總變化量Δd 爲

$$\Delta d = \varepsilon_x dx\cos\theta + \varepsilon_y dy\sin\theta + \gamma_{xy} dy\cos\theta$$

對角線之應變即爲 x'方向之正交應變，故

$$\varepsilon_{x'} = \frac{\Delta d}{ds} = \varepsilon_x \frac{dx}{ds}\cos\theta + \varepsilon_y \frac{dy}{ds}\sin\theta + \gamma_{xy}\frac{dy}{ds}\cos\theta$$

式中 $\dfrac{dx}{ds} = \cos\theta$，$\dfrac{dy}{ds} = \sin\theta$，代入上式可得 x'軸方向之正交應變

$$\varepsilon_{x'} = \varepsilon_x\cos^2\theta + \varepsilon_y\sin^2\theta + \gamma_{xy}\sin\theta\cos\theta \tag{7-79}$$

由三角公式 $\cos^2\theta=\frac{1}{2}(1+\cos2\theta)$，$\sin^2\theta=\frac{1}{2}(1-\cos2\theta)$，$\sin\theta\cos\theta=\frac{1}{2}\sin2\theta$，則公式(7-79)可改寫爲

$$\varepsilon_{x'}=\frac{\varepsilon_x+\varepsilon_y}{2}+\frac{\varepsilon_x-\varepsilon_y}{2}\cos2\theta+\frac{\gamma_{xy}}{2}\sin2\theta \tag{7-80}$$

將公式(7-80)中之 θ 以 $(90°+\theta)$ 代入，可得 y' 方向之正交應變 $\varepsilon_{y'}$，即

$$\varepsilon_{y'}=\frac{\varepsilon_x+\varepsilon_y}{2}-\frac{\varepsilon_x-\varepsilon_y}{2}\cos2\theta-\frac{\gamma_{xy}}{2}\sin2\theta \tag{7-81}$$

公式(7-80)與(7-81)相加，可得

$$\varepsilon_{x'}+\varepsilon_{y'}=\varepsilon_x+\varepsilon_y$$

上式表示任意兩互相垂直方向之正交應變和恆相等，與方向(即角度 θ)無關。

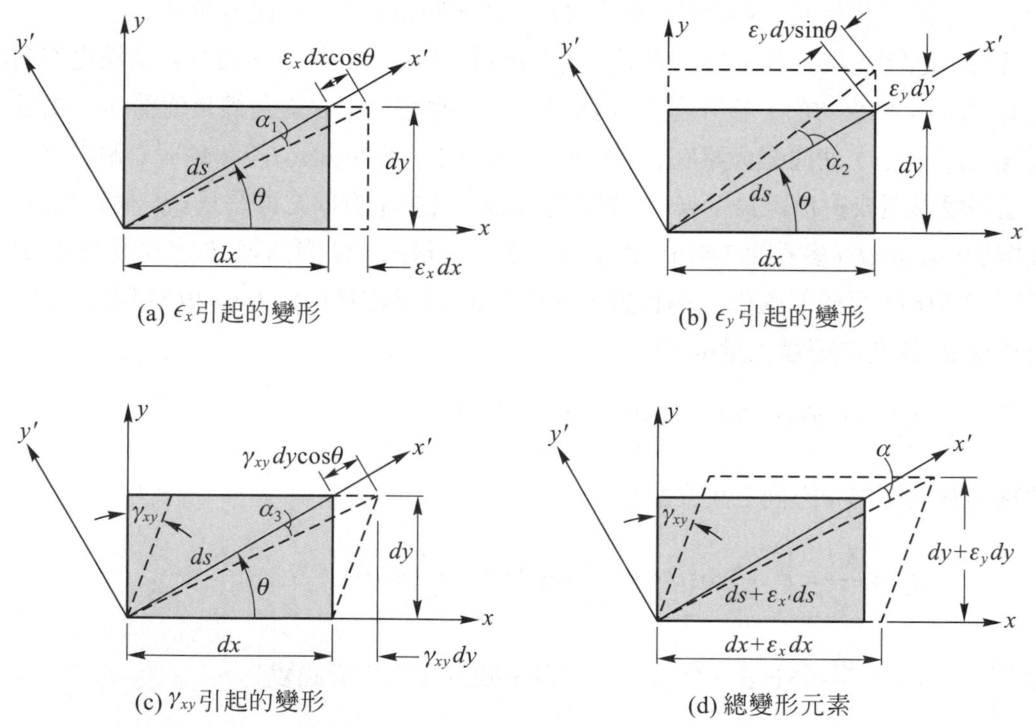

圖 7-51

接下來推導剪應變$\gamma_{x'y'}$之轉換公式，剪應變$\gamma_{x'y'}$為x'軸與y'軸夾角之減少量。參考圖 7-52，由於平面應變(ε_x、ε_y、γ_{xy})，使 x' 軸朝逆時針方向旋轉α角至 Oa 軸，而 y'軸朝順時針方向旋轉β角至 Ob 軸，則剪應變為$\gamma_{x'y'}=\alpha+\beta$。

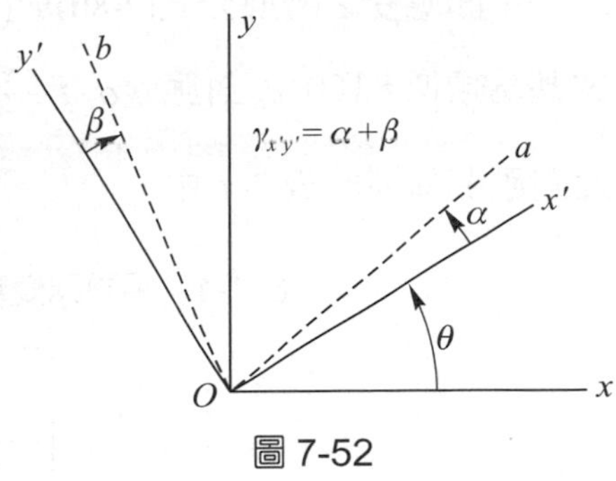

圖 7-52

平面應變(ε_x、ε_y、γ_{xy})使 x'軸旋轉之角度α，參考圖 7-51 所示，其中 x 方向之伸長量$\varepsilon_x dx$ 使 x'軸順時針轉動$\alpha_1=\varepsilon_x\dfrac{dx}{ds}\sin\theta$ (參考圖 7-51a)，而 y 方向之伸長量$\varepsilon_y dy$ 使 x' 軸逆時針轉動$\alpha_2=\varepsilon_y\dfrac{dy}{ds}\cos\theta$ (參考圖 7-51b)，至於剪應變γ_{xy}導致 x' 軸順時針方向轉動$\alpha_3=\gamma_{xy}\dfrac{dy}{ds}\sin\theta$ (參考圖 7-51c)，因此 x'軸逆時針方向旋轉之總角度α為

$$\alpha=-\alpha_1+\alpha_2-\alpha_3=-\varepsilon_x\frac{dx}{ds}\sin\theta+\varepsilon_y\frac{dy}{ds}\cos\theta-\gamma_{xy}\frac{dy}{ds}\sin\theta$$

式中$\dfrac{dx}{ds}=\cos\theta$，$\dfrac{dy}{ds}=\sin\theta$，代入上式可得

$$\alpha=-(\varepsilon_x-\varepsilon_y)\sin\theta\cos\theta-\gamma_{xy}\sin^2\theta \tag{a}$$

將上式中之θ以$(90°+\theta)$代入，可得 y'軸順時針方向旋轉之角度β為

$$\beta=-(\varepsilon_x-\varepsilon_y)\sin\theta\cos\theta+\gamma_{xy}\cos^2\theta \tag{b}$$

將(a)(b)兩式相加可得剪應變$\gamma_{x'y'}$為

$$\gamma_{x'y'}=-2(\varepsilon_x-\varepsilon_y)\sin\theta\cos\theta+\gamma_{xy}(\cos^2\theta-\sin^2\theta) \tag{c}$$

將上式除以 2，並將三角公式 $\cos^2\theta=\dfrac{1}{2}(1+\cos2\theta)$，$\sin^2\theta=\dfrac{1}{2}(1-\cos2\theta)$，$\sin\theta\cos\theta=\dfrac{1}{2}\sin2\theta$ 代入，整理後可得

$$\frac{\gamma_{x'y'}}{2}=-\frac{\varepsilon_x-\varepsilon_y}{2}\sin2\theta+\frac{\gamma_{xy}}{2}\cos2\theta \tag{7-82}$$

上式為平面應變中剪應變$\gamma_{x'y'}$之轉換公式。

平面應變之轉換公式(7-80)與(7-82)，與平面應力之轉換公式(7-3)與(7-4)比較，兩組公式甚為類似，其中$\varepsilon_{x'}$對應於$\sigma_{x'}$，$\frac{\gamma_{x'y'}}{2}$對應於$\tau_{x'y'}$，ε_x對應於σ_x，ε_y對應於σ_y，$\frac{\gamma_{xy}}{2}$對應於τ_{xy}，此對應關係列於表 7-1 中

表 7-1　平面應變轉換公式與平面應力轉換公式之對應關係

應變	應力
ε_x	σ_x
ε_y	σ_y
$\gamma_{xy}/2$	τ_{xy}
$\varepsilon_{x'}$	$\sigma_{x'}$
$\gamma_{x'y'}/2$	$\tau_{x'y'}$

利用上述應變與應力之對應關係及公式(7-6)與(7-9)，可得同平面主應變之方向θ_p與主應變(ε_1、ε_2)之大小分別為

$$\tan 2\theta_p = \frac{\gamma_{xy}}{\varepsilon_x - \varepsilon_y} \tag{7-83}$$

$$\varepsilon_{1,2} = \frac{\varepsilon_x + \varepsilon_y}{2} \pm \sqrt{\left(\frac{\varepsilon_x - \varepsilon_y}{2}\right)^2 + \left(\frac{\gamma_{xy}}{2}\right)^2} \tag{7-84}$$

其中兩個主應變之方向互相垂直，即$\theta_{p2} = \theta_{p1} \pm 90°$，且主平面上之剪應變為零，當然剪應力亦為零，故主應變與主應力之方向相同。注意平面應變中之第三個主應變$\varepsilon_z = 0$。

同樣由應變與應力之對應關係及公式(7-10)與(7-13)，可得同平面最大剪應變之大小γ_{max}及方向θ_s為

$$\tan 2\theta_s = -\frac{\varepsilon_x - \varepsilon_y}{\gamma_{xy}} \tag{7-85}$$

$$\frac{\gamma_{max}}{2} = \sqrt{\left(\frac{\varepsilon_x - \varepsilon_y}{2}\right)^2 + \left(\frac{\gamma_{xy}}{2}\right)^2} = \frac{1}{2}(\varepsilon_1 - \varepsilon_2) \tag{7-86}$$

同平面最小剪應變γ_{min}與γ_{max}之大小相同，但爲負值，且$\theta_{s2} = \theta_{s1} \pm 90°$。另外公式(7-85)所得之$\theta_s = \theta_p \pm 45°$。至於最大剪應變方向之正交應變$\varepsilon_{av}$爲

$$\varepsilon_{av} = \frac{\varepsilon_x + \varepsilon_y}{2} \tag{7-87}$$

公式(7-86)爲平面應變狀態在 xy 平面之同平面最大剪應變(maximum in-plane shear strain)，並不一定是絕對最大剪應變(absolute maximum shear strain)。欲求絕對最大剪應變，必須根據同平面主應變ε_1與ε_2，以及 z 方向之第三個主應變$\varepsilon_z = 0$，將三個主應變(ε_1、ε_2、0)按大小順序排列$\varepsilon_{max} > \varepsilon_{int} > \varepsilon_{min}$，則絕對最大剪應變$(\gamma_{max})_{abs}$爲

$$(\gamma_{max})_{abs} = \varepsilon_{max} - \varepsilon_{min} \tag{7-88}$$

對於平面應力狀態之絕對最大剪應變，其分析方法與平面應變類似。前面曾述及平面應變之轉換公式亦可用於分析平面應力狀態所生之應變，所不同的是平面應力狀態在 z 方向之主應變通常不爲零。設平面應力狀態在 xy 平面之同平面主應變爲ε_1與ε_2，由公式(7-48)可求得 z 方向之第三個主應變ε_3，即$\varepsilon_3 = -\frac{\nu}{1-\nu}(\varepsilon_1+\varepsilon_2)$，則平面應力狀態之絕對最大剪應變同樣可由公式(7-88)求得。

■平面應變之莫爾圓

因平面應變之轉換公式與平面應力之轉換公式類似，故亦可利用莫爾圓分析平面應變之轉換。如同平面應力狀態之分析，將公式(7-80)與(7-82)聯立消去θ角，整理後可得

$$(\varepsilon_{x'} - \varepsilon_{av})^2 + \left(\frac{\gamma_{x'y'}}{2}\right)^2 = R^2 \tag{7-89}$$

其中　$\varepsilon_{av} = \dfrac{\varepsilon_x + \varepsilon_y}{2}$ ，$R = \sqrt{\left(\dfrac{\varepsilon_x - \varepsilon_y}{2}\right)^2 + \left(\dfrac{\gamma_{xy}}{2}\right)^2}$

公式(7-89)爲平面應變之莫爾圓方程式，圓心在ε 軸上之 C 點(ε_{av}、0)，半徑爲 R，參考圖 7-53 所示。以莫爾圓分析平面應變之步驟如下：

1. 繪莫爾圓

首先建立坐標系統，以正交應變ε 爲橫坐標(取向右爲正)，而以$\frac{\gamma}{2}$爲縱坐標(取向下爲正)。然後以坐標(ε_x、$\frac{\gamma_{xy}}{2}$)定出 X 點，以坐標(ε_y、$-\frac{\gamma_{xy}}{2}$)定出 Y 點，參考圖 7-53(a)所示，

再以 XY 為直徑繪一圓，即為莫爾圓。圖中橫坐標ε 取拉應變為正，壓應變為負，至於剪應變γ，使 x 軸與 y 軸之夾角減少者定為正，而使 x 軸與 y 軸之夾角增加者定為負。

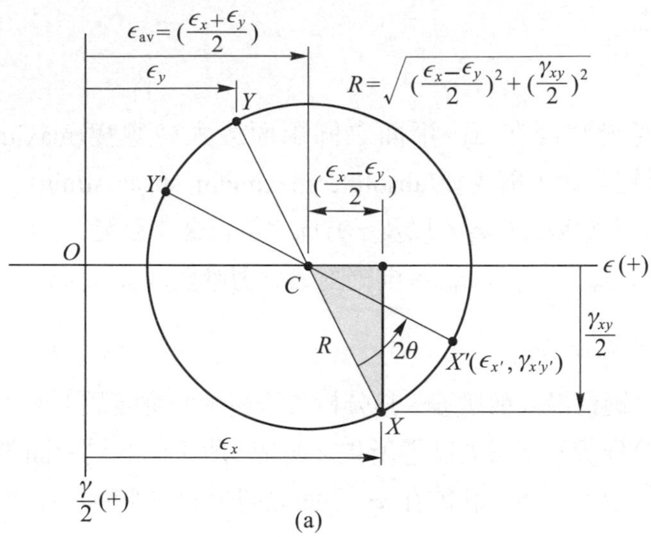

(a)

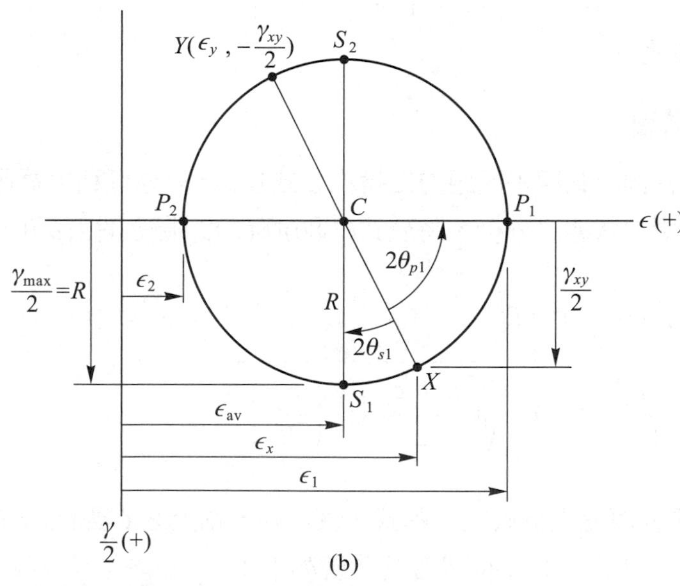

(b)

圖 7-53

2. 同平面在任意方位之應變

對於角度為θ之方位上之正交應變與剪應變，可將莫爾圓上 X 點朝向與θ角相同之方向轉動 2θ角得 X'點， X'點之坐標($\varepsilon_{x'}$，$\gamma_{x'y'}$)即為該方位之正交應變與剪應變，參考圖 7-53(a)所示。

3. 同平面主應變

莫爾圓與ε 軸相交於 P_1 與 P_2 兩點，其坐標即為主平面上之應變，參考圖 7-53(b)所示，主平面上之剪應變$\gamma = 0$，而主應變$\varepsilon_1 = \varepsilon_{av}+R$，$\varepsilon_2 = \varepsilon_{av}-R$。至於最大正交應變之方向$\theta_{p1}$可由莫爾圓上$\angle XCP_1 = 2\theta_{p1}$ 求得，而θ_{p1} 相對於 x 軸之方向(逆時針或順時針方向)，與莫爾圓上 P_1 點相對於 X 點之方向相同。

4. 同平面最大剪應變

莫爾圓上最低點 S_1 之縱坐標即為同平面最大剪應變，參考圖 7-53(b)所示，且$\gamma_{max}/2 = R$ 或$\gamma_{max} =2R$，而最大剪應變方位之正交應變為ε_{av}，至於最大剪應變方位之角度θ_{s1}可由莫爾圓上$\angle XCS_1 = 2\theta_{s1}$ 求得，而 θ_{s1} 相對於 x 軸之方向(逆時針或順時針方向)，與莫爾圓上 S_1 點相對於 X 點之方向相同。

例題 7-21

已知構件內某一點承受之平面應變如下：

$$\varepsilon_x = 340\mu \text{，} \quad \varepsilon_y = 110\mu \text{，} \quad \gamma_{xy} = 180\mu \text{，} \quad \mu = 10^{-6}$$

用應變轉換公式試求(c)在θ = 30°方位之正交應變及剪應變，(a)同平面主應變之大小及方向，(b)同平面最大剪應變及其方位，以及該方位相關之應變。將上列結果以應變元素將變形前後之圖形繪出。

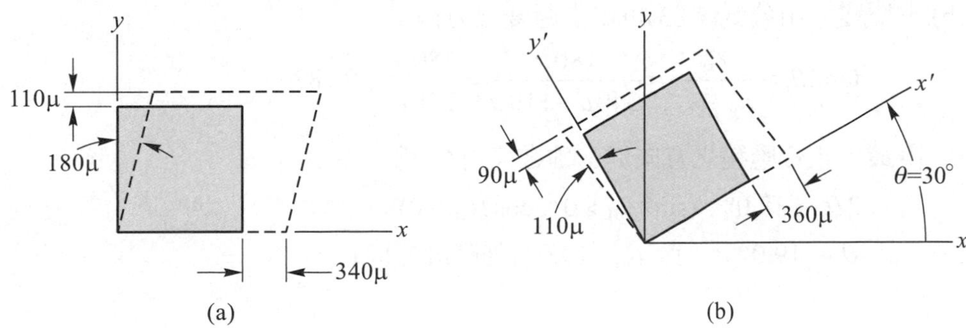

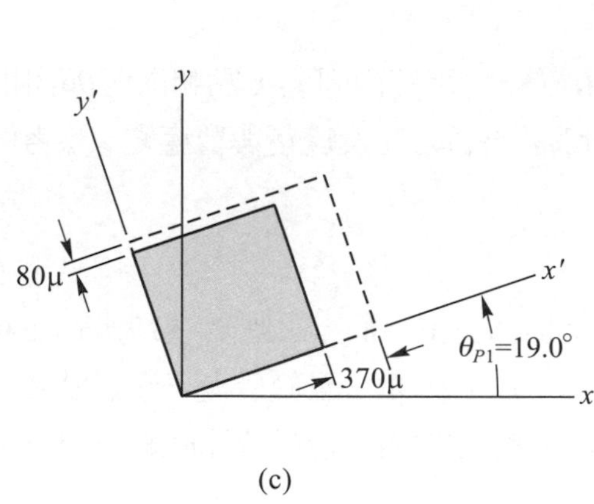

(c)

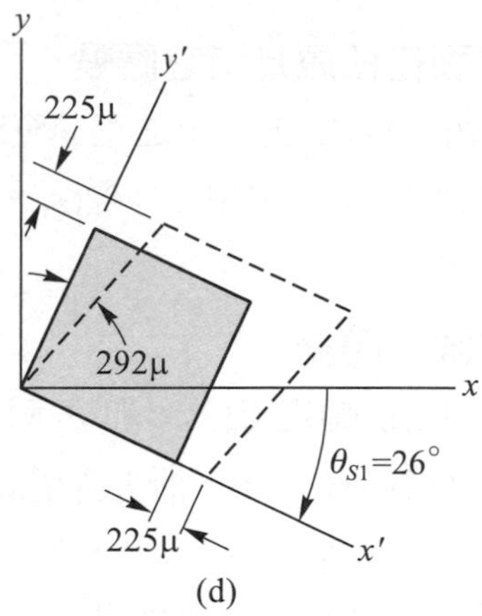

(d)

【解】將本題在 xy 平面上之應變以應變元素圖表示，如(a)圖所示。

(a) 在$\theta = 30°$方位之正交應變，由公式(7-80)

$$\varepsilon_{x'} = \frac{\varepsilon_x + \varepsilon_y}{2} + \frac{\varepsilon_x - \varepsilon_y}{2}\cos 2\theta + \frac{\gamma_{xy}}{2}\sin 2\theta$$

$$= \frac{340\mu + 110\mu}{2} + \frac{340\mu - 110\mu}{2}\cos 60° + \frac{180\mu}{2}\sin 60° = 360\mu$$

由公式(7-82)，$\varepsilon_{y'} = (\varepsilon_x + \varepsilon_y) - \varepsilon_{x'} = (340\mu + 110\mu) - 360\mu = 90\mu$

至於剪應變由公式(7-82)

$$\frac{\gamma_{x'y'}}{2} = -\frac{\varepsilon_x - \varepsilon_y}{2}\sin 2\theta + \frac{\gamma_{xy}}{2}\cos 2\theta$$

$$= -\frac{340\mu - 110\mu}{2}\sin 60° + \frac{180\mu}{2}\cos 60° = -55\mu$$

$$\gamma_{x'y'} = -110\ \mu$$

繪$\theta = 30°$方位在變形前後之應變元素圖，如(b)圖所示。

(b) 主應變：由公式(7-83)可得主應變之方向

$$\tan 2\theta_p = \frac{\gamma_{xy}}{\varepsilon_x - \varepsilon_y} = \frac{180\mu}{340\mu - 110\mu} = \frac{180\mu}{230\mu} = 0.7826$$

得最大正交應變之方向與 x 軸之夾角θ_{p1}爲

$2\theta_{p1} = 38.0°$ $(\sin 2\theta_{p1} > 0，\cos 2\theta_{p1} > 0)$

$\theta_{p1} = 19.0°$， 或 $\theta_{p1} = 19.0°$ (逆時針方向)

由公式(7-84)可得主應變之大小為

$$\varepsilon_{1,2}=\frac{\varepsilon_x+\varepsilon_y}{2}\pm\sqrt{\left(\frac{\varepsilon_x-\varepsilon_y}{2}\right)^2+\left(\frac{\gamma_{xy}}{2}\right)^2}$$

$$=\frac{340\mu+110\mu}{2}\pm\sqrt{\left(\frac{340\mu-110\mu}{2}\right)^2+\left(\frac{180\mu}{2}\right)^2}=225\mu\pm146\mu$$

$\varepsilon_1=370\ \mu$ ， $\varepsilon_2=80\ \mu$

繪主應變之應變元素圖如(c)圖所示。

(c) 同平面最大剪應變：此方位之角度

$\theta_{s1}=19°-45°=-26°$ ， 或 $\theta_{s1}=26°$ (順時針方向)

由公式(7-86)得同平面最大剪應變為

$$\frac{\gamma_{max}}{2}=\sqrt{\left(\frac{\varepsilon_x-\varepsilon_y}{2}\right)^2+\left(\frac{\gamma_{xy}}{2}\right)^2}=146\ \mu\ ,\quad \gamma_{max}=292\ \mu$$

此方位之正交應變，由公式(7-87)

$$\varepsilon_{av}=\frac{\varepsilon_x+\varepsilon_y}{2}=225\ \mu$$

故繪同平面最大剪應變之應變元素圖，如(d)圖所示。

【註 1】本題平面應變狀態之三個主應變為$\varepsilon_1=370\mu$，$\varepsilon_2=80\mu$，及$\varepsilon_3=0$，由公式(7-88)可得絕對最大剪應變 $(\gamma_{max})_{abs}=370\ \mu-0=370\mu$。

【註 2】讀者可將本題之平面應變狀態改用莫爾圓分析。

例題 7-22

已知構件內某一點承受之平面應變如下：

$\varepsilon_x=120\mu$，$\varepsilon_y=-40\mu$，$\gamma_{xy}=-120\mu$，$\mu=10^{-6}$

利用莫爾圓試求(a)同平面主應變之大小及方向，(b)同平面最大剪應變及其方位，以及該方位相關之應變，(c)在$\theta=-30°$方位之正交應變及剪應變。將上列結果以應變元素將變形前後之圖形繪出。

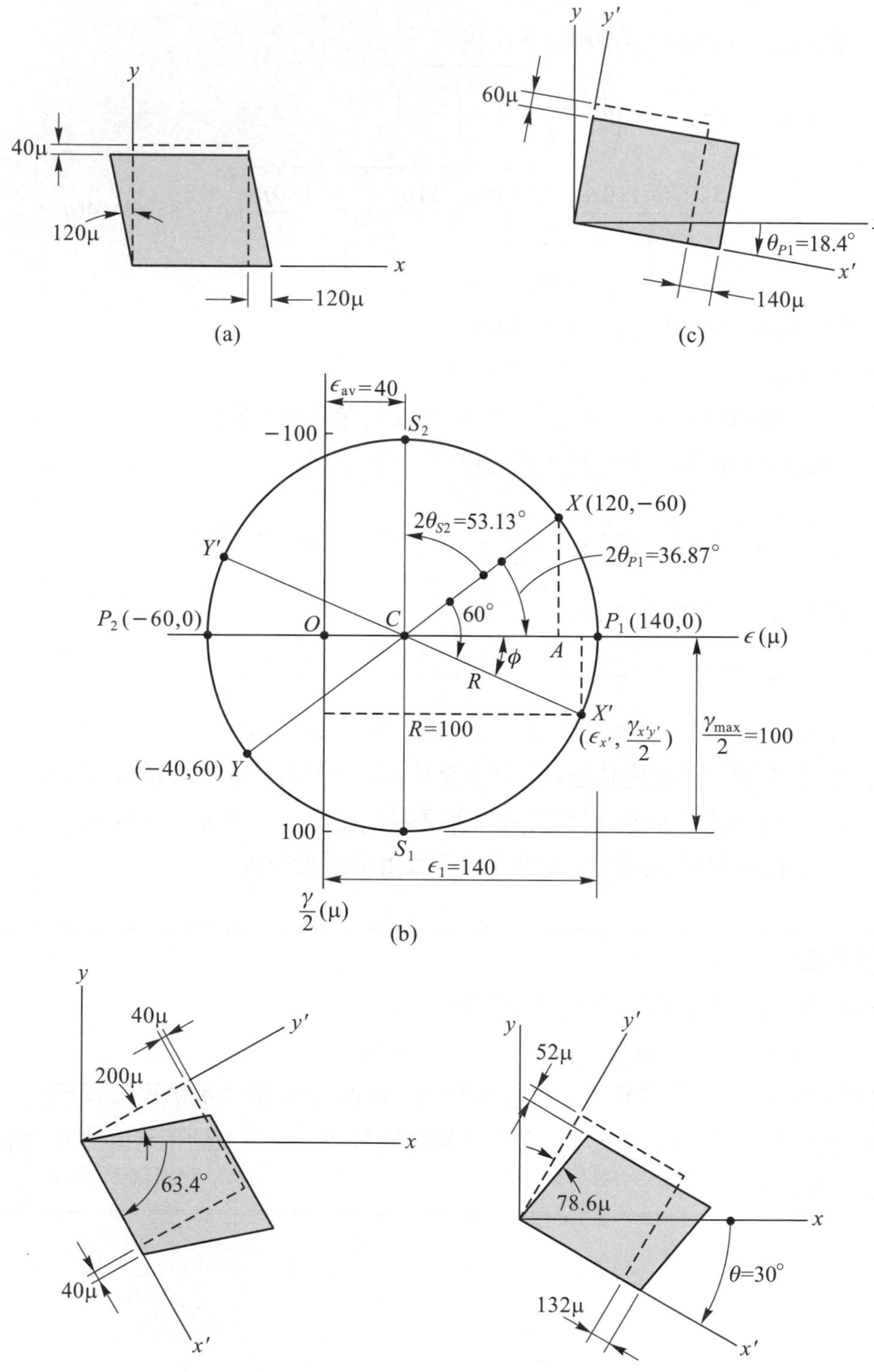

y
40μ
120μ
x
120μ
(a)
y
y'
60μ
x
θ_P1=18.4°
x'
140μ
(c)
ε_av=40
−100
S_2
X(120,−60)
2θ_S2=53.13°
2θ_P1=36.87°
Y'
60°
P_2(−60,0)
O
C
P_1(140,0)
ε(μ)
A
φ
R
X'
R=100
(ε_x', γ_x'y'/2)
γ_max/2=100
(−40,60) Y
100
S_1
ε_1=140
γ/2(μ)
(b)
y
40μ
y'
200μ
x
63.4°
40μ
x'
(d)
y
y'
52μ
78.6μ
x
θ=30°
132μ
x'
(e)

【解】將本題之平面應變以應變元素圖表示，如(a)圖所示。

在ε軸與$\frac{\gamma}{2}$軸之坐標平面上以(ε_x，$\frac{\gamma_{xy}}{2}$)定出X點(120μ，-60μ)，以(ε_y，$-\frac{\gamma_{xy}}{2}$)定出Y點(-40μ，60μ)，並$\overline{XY}$爲直徑繪圓，即爲平面應變之莫爾圓，圓心在C點(ε_{av}、0)，半徑爲R，且

$$\varepsilon_{av}=\frac{\varepsilon_x+\varepsilon_y}{2}=\frac{120\mu-40\mu}{2}=40\mu$$

$$R=\sqrt{\left(\frac{\varepsilon_x-\varepsilon_y}{2}\right)^2+\left(\frac{\gamma_{xy}}{2}\right)^2}=\sqrt{\left(\frac{120\mu+40\mu}{2}\right)+\left(\frac{-120\mu}{2}\right)^2}=100\mu$$

(a) 同平面主應變：莫爾圓與ε 軸之交點P_1與P_2代表主應變，其中最大正交應變與x軸之夾角θ_{p1}，可由$\angle XCP_1=2\theta_{p1}$求得，由(b)圖中三角形$XCA$

$$\sin 2\theta_{p1}=\frac{\overline{XA}}{R}=\frac{60}{100}\quad，\quad 2\theta_{p1}=36.87°\quad，\quad \theta_{p1}=18.4°(\text{順時針方向})$$

主應變之大小

$$\varepsilon_1=\varepsilon_{av}+R=40\mu+100\mu=140\mu$$

$$\varepsilon_2=\varepsilon_{av}-R=40\mu-100\mu=-60\mu$$

繪主應變之應變元素圖，如(c)圖所示。

(b) 同平面最大剪應變：莫爾圓之最低點S_1代表同平面最大剪應變，此方位之角度θ_{s1}可由最大正交應變之方向θ_{p1}再順時針方向轉45°求得，即

$$\theta_{s1}=\theta_{p1}+45°=18.4°+45°=63.4°\ (\text{順時針方向})$$

至於同平面最大剪應變γ_{max}及此方位之正交應變ε_{av}分別爲

$$\frac{\gamma_{max}}{2}=R=100\mu\quad，\quad \gamma_{max}=200\mu$$

$$\varepsilon_{av}=40\mu$$

繪得同平面最大剪應變方位之應變元素圖，如(d)點所示。

(c) 在$\theta=-30°$方位之應變：將莫爾圓從X點順時針方向轉$2\theta=60°$得X'點之坐標即爲此方位之正交應變$\varepsilon_{x'}$及剪應變$\gamma_{x'y'}/2$。圖中角度$\phi=60°-2\theta_{p1}=23.13°$，則

$$\varepsilon_{x'}=\varepsilon_{av}+R\cos\phi=40\mu+(100\mu)\cos 23.13°=132\mu$$

$$\frac{\gamma_{x'y'}}{2}=R\sin\phi=(100\mu)\sin 23.13°=39.3\mu\quad，\quad \gamma_{x'y'}=78.6\mu$$

$$\varepsilon_{y'}=(\varepsilon_x+\varepsilon_y)-\varepsilon_{x'}=(120\mu-40\mu)-132\mu=-52\mu$$

繪得$\theta = -30°$方位之應變元素圖，如(e)圖所示。

【註】讀者可將本題之平面應變狀態改用應變的轉換公式分析。

例題 7-23

圖中圓筒狀之薄壁壓力容器，內徑為 600 mm，壁厚為 20 mm。承受內壓力 p 後在筒壁表面之應變計測得橫向與縱向之正交應變分別為$\varepsilon_1 = 255\mu$ 與$\varepsilon_2 = 60\mu$。已知筒壁材料為線彈性材料且剪彈性模數為 $G = 80$ GPa，試求(a)圓筒之內壓力 p，(b)筒壁上之主應力及最大剪應力。

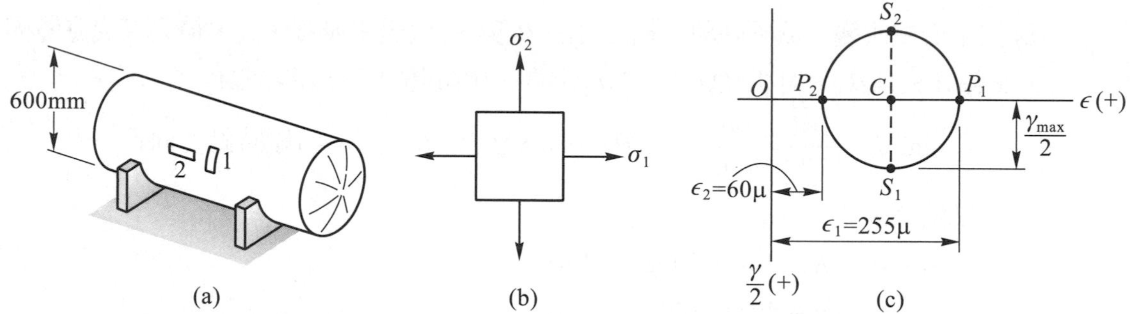

(a) (b) (c)

【解】薄壁圓筒承受內壓力 p 後，筒壁表面爲雙軸向應力狀態，且

周向應力：$\sigma_1 = \dfrac{pd}{2t}$ (1)

軸向應力：$\sigma_2 = \dfrac{pd}{4t}$ (2)

同平面最大剪應力發在 45°之傾斜面上，且

$$\tau_{\max} = \frac{1}{2}(\sigma_1 - \sigma_2) = \frac{pd}{8t} \tag{3}$$

筒壁表面所測得之橫向與縱向應變(ε_1，ε_2)爲筒壁表面之同平面主應變，由(c)圖之莫爾圓可得，在$\theta = 45°$方位之同平面最大剪應變爲

$$\frac{\gamma_{\max}}{2} = \frac{1}{2}(\varepsilon_1 - \varepsilon_2) \quad , \quad \gamma_{\max} = \varepsilon_1 - \varepsilon_2 = 255\mu - 60\mu = 195\mu$$

由虎克定律可得同平面最大剪應力爲

$$\tau_{\max} = G\gamma_{\max} = (80\times10^3)(195\times10^{-6}) = 15.6 \text{ MPa}$$

由公式(3)：$p = \dfrac{8t\tau_{\max}}{d} = \dfrac{8(20)(15.6)}{600} = 4.16$ MPa◄

由公式(1)(2)可得筒壁表面上之主應力

$$\sigma_1 = 4\tau_{max} = 62.4 \text{ MPa} \quad , \quad \sigma_2 = 2\tau_{max} = 31.2 \text{ MPa} ◀$$

至於筒壁上之絕對最大剪應力，由公式(7-33)

$$(\tau_{max})_{abs} = \frac{\sigma_1}{2} = 31.2 \text{ MPa} ◀$$

例題 7-24

圖中直徑為 1.5 in 之實心圓桿，同時承受拉力 P 及扭矩 T，圓桿表面之二個應變計分別測得$\varepsilon_a = 100\mu$ 與$\varepsilon_b = -55\mu$，試求(a)拉力 P 與扭矩 T，(b)主應力及最大剪應力，(c)主應變及最大剪應變。圓桿為線彈性材料，$E = 30\times10^6$ psi，$\nu = 0.29$。應變計 a 沿桿軸方向。

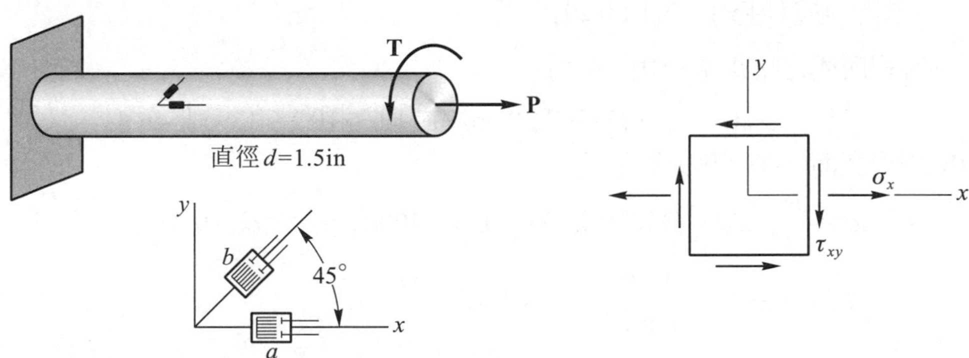

【解】本題圓桿之表面爲平面應力狀態：

$$\sigma_x = \frac{P}{A} \quad , \quad \sigma_y = 0 \quad , \quad \tau_{xy} = -\frac{T}{Z_P}$$

此應力狀態在 xy 平面所生之應變爲

$$\varepsilon_x = \varepsilon_a = \frac{\sigma_x}{E} = \frac{P}{AE} = 100\mu \tag{1}$$

$$\varepsilon_y = -\nu\varepsilon_x = -0.29(100\mu) = -29\mu \tag{2}$$

$$\gamma_{xy} = \frac{\tau_{xy}}{G} = -\frac{T}{Z_P G} \tag{3}$$

(a) 圓桿所受之拉力 P，由公式(1)

$$P = \varepsilon_a EA = (100\times10^{-6})(30\times10^6)\left(\frac{\pi}{4}\times1.5^2\right) = 5300 \text{ lb} ◀$$

應變計 b 測得 $\theta = 45°$ 方向之正交應變，由公式(7-80)

$$\varepsilon_{x'} = \frac{\varepsilon_x + \varepsilon_y}{2} + \frac{\varepsilon_x - \varepsilon_y}{2}\cos 2\theta + \frac{\gamma_{xy}}{2}\sin 2\theta$$

$$\varepsilon_b = -55\mu = \frac{100\mu - 29\mu}{2} + \frac{100\mu + 29\mu}{2}\cos 90° + \frac{\gamma_{xy}}{2}\sin 90°$$

得 $\gamma_{xy} = -181\mu$

圓桿之極斷面模數 Z_P 爲

$$Z_P = \frac{\pi d^3}{16} = \frac{\pi(1.5)^3}{16} = 0.6627 \text{ in}^3$$

圓桿材料之剪彈性模數爲

$$G = \frac{E}{2(1+\nu)} = \frac{30\times10^6}{2(1+0.29)} = 11.63\times10^6 \text{ psi}$$

圓桿所受之扭矩 T，由公式(3)

$$T = -\gamma_{xy} Z_P G = -(-181\times10^{-6})(0.6627)(11.63\times10^6) = 1395 \text{ lb-in} ◀$$

(b) 圓桿表面之平面應力狀態爲

$$\sigma_x = \frac{P}{A} = E\varepsilon_x = (30\times10^6)(100\times10^{-6}) = 3000 \text{ psi} \quad , \quad \sigma_y = 0$$

$$\tau_{xy} = -\frac{T}{Z_P} = -\frac{1395}{0.6627} = -2105 \text{ psi}$$

故主應力爲

$$\sigma_{1,2} = \frac{\sigma_x}{2} \pm \sqrt{\left(\frac{\sigma_x}{2}\right)^2 + \tau_{xy}^2} = \frac{3000}{2} \pm \sqrt{\left(\frac{3000}{2}\right)^2 + (-2105)^2} = 1500 \pm 2585$$

得 $\sigma_1 = 4085$ psi ， $\sigma_2 = -1085$ psi ◀

最大剪應力爲 $\tau_{max} = \frac{1}{2}(\sigma_1 - \sigma_2) = 2585$ psi ◀

(c) 主應變與主應力之方向相同，由公式(7-45)

$$\varepsilon_1 = \frac{\sigma_1 - \nu\sigma_2}{E} = \frac{4085 - 0.29(-1085)}{30\times10^6} = 146.7\mu ◀$$

$$\varepsilon_2 = \frac{\sigma_2 - \nu\sigma_1}{E} = \frac{(-1085) - 0.29(4085)}{30\times10^6} = -75.66\,\mu ◀$$

最大剪應變爲 $\gamma_{max} = \varepsilon_1 - \varepsilon_2 = 222\,\mu$ ◀

或 $\gamma_{max} = \frac{\tau_{max}}{G} = \frac{2585}{11.63\times10^6} = 222\mu$

7-11 菊花型應變規

電阻應變計(strain gage)是用來測量承受應力之物體，在其表面上某一點沿某方向之正交應變，參考圖 7-54 所示。此種應變計是由細金屬網所構成，當黏貼處有應變產生時，金屬網之有效長度被拉長或縮短，導致電阻改變，電阻的變化再轉爲正交應變，通常所量測之應變值可小至 1×10^{-6}。

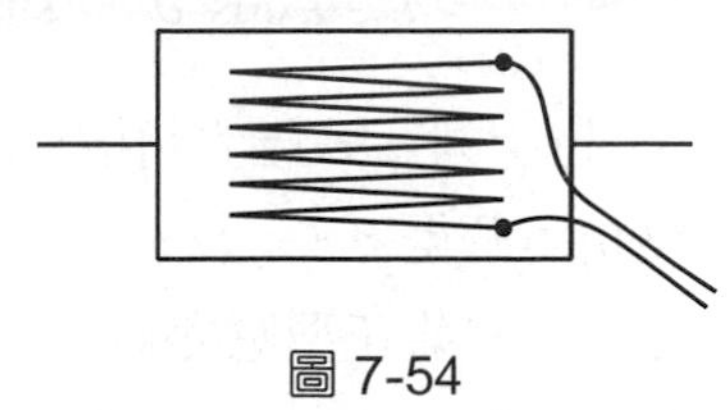

圖 7-54

由於每一個應變計只測得某一方向之正交應變，主應變及同平面最大剪應變之方向通常爲未知，而必須使用組合在一起的三個應變計，分別測量同一點在三個不同方向之正交應變，而再由這三個已知之正交應變求得任意方位之正交應變及剪應變，包括求得主應變及同平面最大剪應變。安排成特定方向的三個應變計稱爲菊花型應變規(strain rosette)，圖 7-55 中所示爲工程上常用的兩種型式，(a)圖爲 45°菊花型應變規，(b)圖爲 60°菊花型應變規。

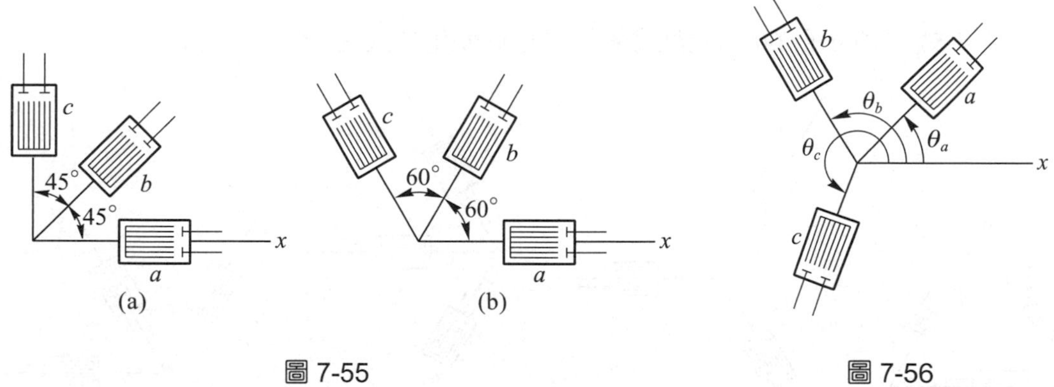

圖 7-55　　圖 7-56

菊花型應變規是黏貼在構件之表面，而構件表面都是平面應力狀態，前面已述及，平面應力狀態所生之應變，同樣可用平面應變的轉換公式或莫爾圓分析。

參考圖 7-56，將三個應變計置於 θ_a、θ_b 及 θ_c 三個角度之位置，若測得此三個方向之正交應變爲 ε_a、ε_b 及 ε_c，由平面應變之轉換公式，即公式(7-79)：

$$\varepsilon_{x'} = \varepsilon_x\cos^2\theta+\varepsilon_y\sin^2\theta+\gamma_{xy}\sin\theta\cos\theta$$

將三個方向的角度及其正交應變代入，可得三個方程式：

$$\varepsilon_a = \varepsilon_x \cos^2\theta_a + \varepsilon_y \sin^2\theta_a + \gamma_{xy}\sin\theta_a \cos\theta_a$$
$$\varepsilon_b = \varepsilon_x \cos^2\theta_b + \varepsilon_y \sin^2\theta_b + \gamma_{xy}\sin\theta_b \cos\theta_b \qquad (7\text{-}90)$$
$$\varepsilon_c = \varepsilon_x \cos^2\theta_c + \varepsilon_y \sin^2\theta_c + \gamma_{xy}\sin\theta_c \cos\theta_c$$

將上列三式聯立可解得ε_x、ε_y及γ_{xy}。對於圖 7-55 中兩種常用的菊花型應變規，由公式(7-90)可解得ε_x、ε_y及γ_{xy}如下：

(1) 45°菊花型應變規：7-55(a)

將$\theta_a = 0°$，$\theta_b = 45°$，$\theta_c = 90°$代入公式(7-90)，聯立後解得

$$\varepsilon_x = \varepsilon_a \quad , \quad \varepsilon_y = \varepsilon_c \quad , \quad \gamma_{xy} = 2\,\varepsilon_b - (\varepsilon_a + \varepsilon_c) \qquad (7\text{-}91)$$

(2) 60°菊花型應變規：7-55(b)

將$\theta_a = 0°$，$\theta_b = 60°$，$\theta_c = 120°$代入公式(7-90)，聯立後解得

$$\varepsilon_x = \varepsilon_a \quad , \quad \varepsilon_y = \frac{1}{3}(2\varepsilon_b + 2\varepsilon_c - \varepsilon_a) \quad , \quad \gamma_{xy} = \frac{2}{\sqrt{3}}(\varepsilon_b - \varepsilon_c) \qquad (7\text{-}92)$$

圖 7-57 中所示爲 60°菊花型應變規之幾種變化型式。

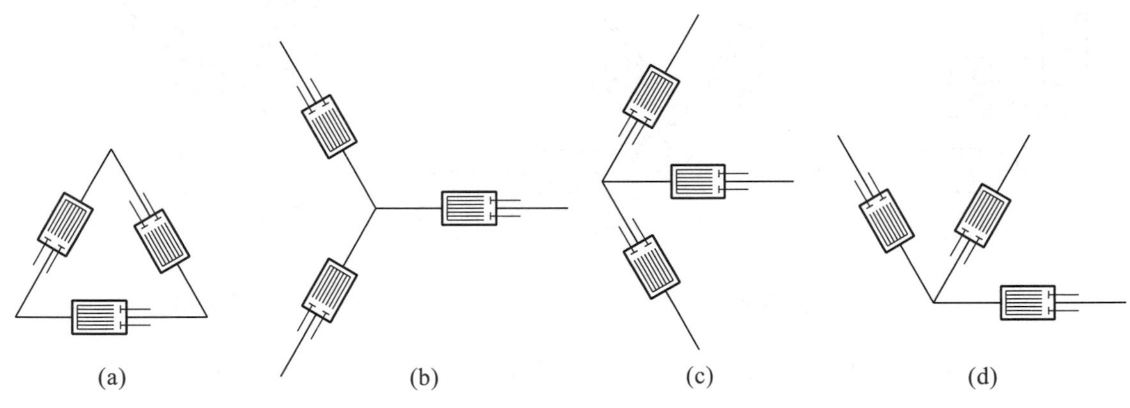

圖 7-57

只要解得ε_x、ε_y及γ_{xy}便可用應變轉換公式或莫爾圓分析各方位之正交應變及剪應變，並求得主應變及最大剪應變。參考例題 7-25 之說明。

例題 7-25

機械構件表面上某一點以圖中 60°菊花型應變規所測得之應變為$\varepsilon_a = 60\mu$，$\varepsilon_b = 135\mu$，$\varepsilon_c = 264\mu$，試求(a)主應變，(b)同平面最大剪應變，(c)絕對最大剪應變，(d)主應力，(e)同平面最大剪應力，(f)絕對最大剪應力。將主應力狀態以應力元素圖表示。構件為線彈性材料，$E = 200$ GPa，$\nu = 0.3$。

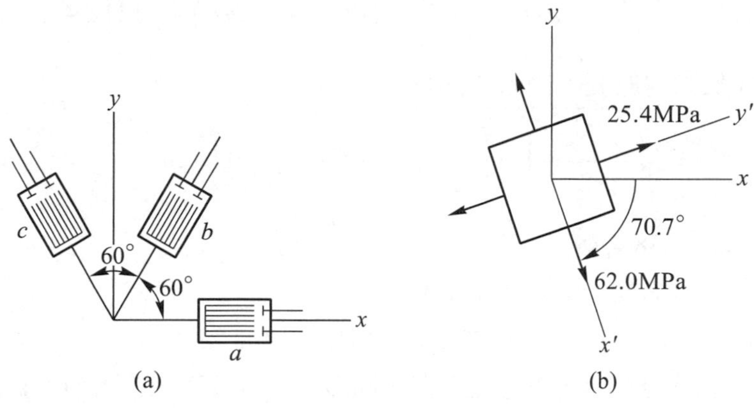

【解】60°菊花型應變規所測之點在 xy 平面之正交應變(ε_x、ε_y)與剪應變γ_{xy}，由公式(7-92)為

$$\varepsilon_x = \varepsilon_a = 60\mu$$
$$\varepsilon_y = \frac{1}{3}(2\varepsilon_b + 2\varepsilon_c - \varepsilon_a) = \frac{1}{3}[2(135\mu) + 2(264\mu) - 60\mu] = 246\mu$$
$$\gamma_{xy} = \frac{2}{\sqrt{3}}(\varepsilon_b - \varepsilon_c) = \frac{2}{\sqrt{3}}(135\mu - 264\mu) = -149\mu$$

(a) 同平面主應變之方向，由公式(7-83)

$$\tan 2\theta_p = \frac{\gamma_{xy}}{\varepsilon_x - \varepsilon_y} = \frac{-149\mu}{60\mu - 246\mu} = \frac{-149}{-186}$$

$$2\theta_{p1} = -141.3° \ (\sin 2\theta_{p1} < 0，\cos 2\theta_{p1} < 0)$$

$$\theta_{p1} = -70.7° \quad ， \quad 或 \quad \theta_{p1} = 70.7°(順時針方向)$$

同平面主應變大小，由公式(7-84)

$$\varepsilon_{1,2}=\frac{\varepsilon_x+\varepsilon_y}{2}\pm\sqrt{\left(\frac{\varepsilon_x-\varepsilon_y}{2}\right)+\left(\frac{\gamma_{xy}}{2}\right)^2}$$

$$=\frac{60\mu+246\mu}{2}\pm\sqrt{\left(\frac{60\mu-246\mu}{2}\right)^2+\left(\frac{-149\mu}{2}\right)^2}=153\mu\pm119.2\mu$$

得　$\varepsilon_1=272.2\mu$ ，　$\varepsilon_2=33.8\mu$◀

第三個主應變在 z 方向，由公式(7-48)

$$\varepsilon_3=-\frac{\nu}{1-\nu}(\varepsilon_1+\varepsilon_2)=-\frac{0.3}{1-0.3}(272.2\mu+33.8\mu)=-131\mu$$◀

(b) 同平面最大剪應變，由公式(7-86)

$$\frac{\gamma_{\max}}{2}=\sqrt{\left(\frac{\varepsilon_x-\varepsilon_y}{2}\right)^2+\left(\frac{\gamma_{xy}}{2}\right)^2}=\frac{1}{2}(\varepsilon_1-\varepsilon_2)=119.2\mu$$

$\gamma_{\max}=238.4\mu$◀

(c) 絕對最大剪應變，由公式(7-88)

$(\gamma_{\max})_{abs}=\varepsilon_{\max}-\varepsilon_{\min}=272.2\mu-(-131\mu)=403.2\mu$◀

(d) 同平面主應力方向與主應變方向相同($\theta_{p1}=-70.7°$)，由公式(7-47)

$$\sigma_1=\frac{E}{1-\nu^2}(\varepsilon_1+\nu\varepsilon_2)=\frac{200\times10^3}{1-0.3^2}(272.2+0.3\times33.8)\times10^{-6}=62.0\text{ MPa}$$◀

$$\sigma_2=\frac{E}{1-\nu^2}(\varepsilon_2+\nu\varepsilon_1)=\frac{200\times10^3}{1-0.3^2}(33.8+0.3\times272.2)\times10^{-6}=25.4\text{ MPa}$$◀

主應力狀態以應力元素圖表示，如(b)圖所示。第三個主應力$\sigma_3=0$。

(e) 同平面最大剪應力爲

$$\tau_{\max}=\frac{1}{2}(\sigma_1-\sigma_2)=\frac{1}{2}(62.0-25.4)=18.3\text{ MPa}$$◀

剪彈性模數爲　$G=\frac{E}{2(1+\nu)}=\frac{200}{2(1+0.3)}=76.9\text{ GPa}$

或由同平面最大剪應變與虎克定律可求得同平面最大剪應力，即

$\tau_{\max}=G\gamma_{\max}=(76.9\times10^3)(238.4\times10^{-6})=18.3\text{ MPa}$

(f) 絕對最大剪應力，由公式(7-17)

$(\tau_{\max})_{abs}=\frac{\sigma_1}{2}=\frac{62.0}{2}=31.0\text{ MPa}$◀

或　$(\tau_{\max})_{abs}=G(\gamma_{\max})_{abs}=(76.9\times10^3)(403.2\times10^{-6})=31.0\text{ MPa}$

【註】本題亦可由 xy 平面之正交應變(ε_x、ε_y)與剪應變γ_{xy}，求得該點所受之平面應力狀態，由公式(7-47)及(7-46)

$$\sigma_x=\frac{E}{1-\nu^2}\left(\varepsilon_x+\nu\varepsilon_y\right)=\frac{200\times10^3}{1-0.3^2}(60+0.3\times246)\times10^{-6}=29.4\text{ MPa}$$

$$\sigma_y=\frac{E}{1-\nu^2}\left(\varepsilon_y+\nu\varepsilon_x\right)=\frac{200\times10^3}{1-0.3^2}(246+0.3\times60)\times10^{-6}=58.0\text{ MPa}$$

$$\tau_{xy}=G\gamma_{xy}=(76.9\times10^3)(-149\times10^{-6})=-11.46\text{ MPa}$$

同平面主應力之方向與大小為

$$\tan 2\theta_p=\frac{\tau_{xy}}{\left(\sigma_x-\sigma_y\right)/2}=\frac{-11.46}{-14.3}$$

$$2\theta_{p1}=-141.3^\circ \text{ ，} \quad \theta_{p1}=-70.7^\circ$$

$$\sigma_{1,2}=\frac{\sigma_x+\sigma_y}{2}\pm\sqrt{\left(\frac{\sigma_x-\sigma_y}{2}\right)^2+\tau_{xy}^2}$$

$$=\frac{29.4+58.0}{2}\pm\sqrt{\left(\frac{29.4-58.0}{2}\right)^2+\left(-11.46\right)^2}=43.7\pm18.3$$

$$\sigma_1=62.0\text{ MPa} \text{ ，} \quad \sigma_2=25.4\text{ MPa}$$

7-88 構件內某一點所受之平面應變如下：$\varepsilon_x=900\mu$，$\varepsilon_y=-333\mu$，$\gamma_{xy}=982\mu$。試求(a)主應變，(b)同平面最大剪應變。將上列結果以應變元素將變形前後之圖形繪出。

【答】(a)$\theta_{p1}=19.3^\circ$(ccw)，$\varepsilon_1=1072\mu$，$\varepsilon_2=-505\mu$

(b)$\theta_{s1}=25.7^\circ$(cw)，$\gamma_{\max}=1576\mu$，$\varepsilon_{av}=283.5\mu$

7-89 試就下列平面應變解上題：$\varepsilon_x=600\mu$，$\varepsilon_y=480\mu$，$\gamma_{xy}=-480\mu$。

【答】(a) $\theta_{p1}=38.0^\circ$(cw)，$\varepsilon_1=787\mu$，$\varepsilon_2=293\mu$

(b) $\theta_{s1}=83.0^\circ$(cw)，$\gamma_{\max}=495\mu$，$\varepsilon_{av}=540\mu$

7-90 構件內某一點所受之平面應變如下：$\varepsilon_x=480\mu$，$\varepsilon_y=70\mu$，$\gamma_{xy}=420\mu$。試求(a)主應變，(b)同平面最大剪應變，(c)$\theta=75^\circ$方位之應變狀態。將上列結果以應變元素將變形前後之圖形繪出。

【答】(a) $\theta_{p1} = 22.8°$(ccw)，$\varepsilon_1 = 568\mu$，$\varepsilon_2 = -18\mu$

(b) $\theta_{s1} = 22.2°$(cw)，$\gamma_{max} = 586\mu$，$\varepsilon_{av} = 275\mu$

(c) $\varepsilon_{x'} = 202\mu$，$\varepsilon_{y'} = 348\mu$，$\gamma_{x'y'} = 568\mu$

7-91 試就下列平面應變解上題：$\varepsilon_x = -1120\mu$，$\varepsilon_y = -430\mu$，$\gamma_{xy} = 780\mu$，其中(c)改$\theta = 45°$。

【答】(a) $\theta_{p1} = 65.7°$(ccw)，$\varepsilon_1 = -254\mu$，$\varepsilon_2 = -1296\mu$

(b) $\theta_{s1} = 20.7°$(ccw)，$\gamma_{max} = 1042\mu$，$\varepsilon_{av} = -775\mu$

(c) $\varepsilon_{x'} = -385\mu$，$\varepsilon_{y'} = -1165\mu$，$\gamma_{x'y'} = 690\mu$

7-92 構件內某一點爲平面應變狀態，已知$\varepsilon_x = 450\mu$，$\varepsilon_y = 150\mu$，$\varepsilon_1 = 780\mu$，試求(a) γ_{xy}，(b) ε_2，(c)同平面最大剪應變γ_{max}，(d)絕對最大剪應變$(\gamma_{max})_{abs}$，(e)最大正交應變之方向θ_{p1}。

【答】(a) $\gamma_{xy} = \pm 912\mu$，(b) $\varepsilon_2 = -180\mu$，(c) $\gamma_{max} = 960\mu$，(d) $(\gamma_{max})_{abs} = 960\mu$，

(e) $\theta_{p1} = \pm 35.9°$

7-93 構件內某一點爲平面應變狀態，已知$\varepsilon_x = 360\mu$，$\varepsilon_y = 750\mu$，$\varepsilon_2 = 197\mu$，試求(a) γ_{xy}，(b) ε_1，(c)同平面最大剪應變γ_{max}，(d)絕對最大剪應變$(\gamma_{max})_{abs}$，(e)最小正交應變之方向θ_{p2}。

【答】(a) $\gamma_{xy} = \pm 600\mu$，(b) $\varepsilon_1 = 913\mu$，(c) $\gamma_{max} = 716\mu$，(d) $(\gamma_{max})_{abs} = 913\mu$，

(e) $\theta_{p1} = \pm 61.5°$

7-94 構件內某一點爲平面應變狀態，已知$\varepsilon_y = -640\mu$，$\gamma_{xy} = -1920\mu$，$\varepsilon_2 = -1120\mu$，試求(a)ε_x，(b) ε_1，(c)最大正交應變之方向θ_{p1}，(d)同平面最大剪應變，(e)絕對最大剪應變。

【答】(a) $\varepsilon_x = 800\mu$，(b) $\varepsilon_1 = 1280\mu$，(c) $\theta_{p1} = -26.6°$，(d) $\gamma_{max} = 2400\mu$，

(e) $(\gamma_{max})_{abs} = 2400\mu$。

7-95 構件內某一點爲平面應變狀態，已知$\gamma_{xy} = 840\mu$，$\varepsilon_1 = 1100\mu$，$\theta_{p1} = 20°$，試求(a) ε_x，(b) ε_y，(c) ε_2，(d)同平面最大剪應變γ_{max}，(e)絕對最大剪應變$(\gamma_{max})_{abs}$ 。

【答】(a) $\varepsilon_x = 947\mu$，(b) $\varepsilon_y = -54\mu$，(c) $\varepsilon_2 = -207\mu$，(d) $\gamma_{max} = 1307\mu$，

(e) $(\gamma_{max})_{abs} = 1307\mu$。

7-96 圖中長方形平板 $ABCD$ 均勻變形爲另一長方形 $A'B'C'D'$。已知 $b = 0.200$ mm，$a = 1.5b$，$\angle DEC = \pi/2$，變形量$\Delta a = 10^{-5}a$，$\Delta b = 2\times10^{-5}b$，試求(a)$DE$ 長度之變化量$\Delta DE = D'E' - DE$，(b)CE 長度之變化量$\Delta CE = C'E' - CE$，(c)$\angle DEC$ 角度之變化量$\Delta(\angle DEC) = \angle D'E'C' - \angle DEC$。

【答】(a)-1.80×10^{-6}mm，(b)0.19×10^{-6}mm，(c)27.7×10^{-6}rad(增加)

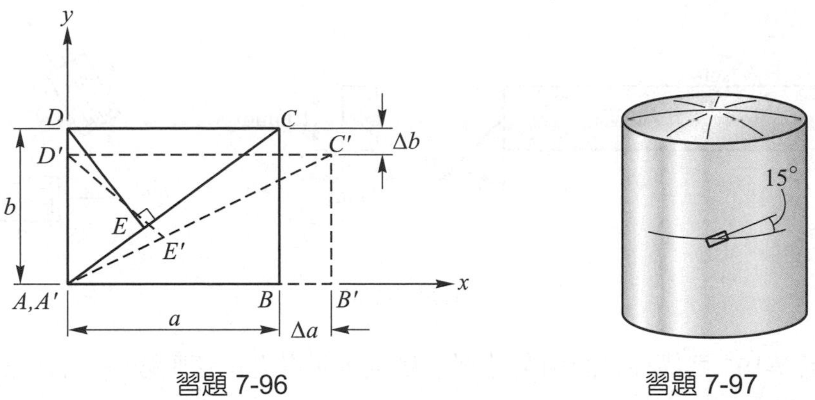

習題 7-96　　習題 7-97

7-97 圖中薄壁圓筒之內徑爲 600 mm，壁厚爲 6 mm，承受內壓力後測得筒壁表面之應變爲 350μ，應變計與水平方向之夾角爲 15°，試求圓筒之內壓力。筒壁爲線彈性材料，$E = 200$ GPa，$\nu = 0.29$。

【答】$p = 1.725$ MPa

7-98 圖中圓桿(直徑爲 90 mm)表面之應變計與水平方向之夾角爲 60°，承受扭矩 T 後測得應變爲 250μ，試求圓桿所受之扭矩。圓桿爲線彈性材料，$G = 75$ GPa。

【答】$T = 6.20$ kN-m

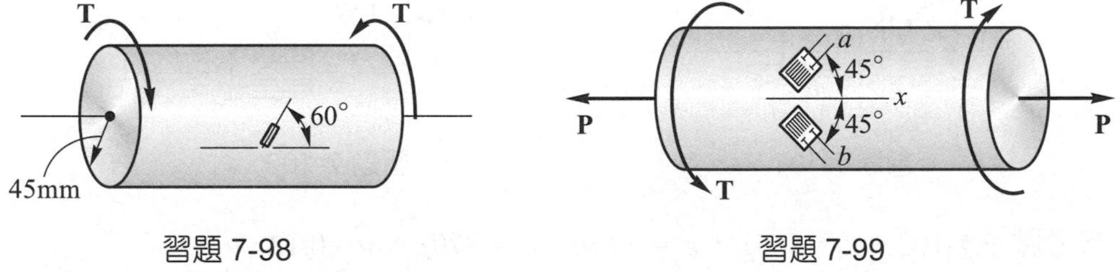

習題 7-98　　習題 7-99

7-99 圖中圓桿之直徑爲 50 mm，同時承受拉力 P 與扭矩 T 後，圓桿表面上兩個應變計測得 $\varepsilon_a = 1414\mu$，$\varepsilon_b = -212\mu$，試求拉力 P 及扭矩 T。圓桿爲線彈性材料，$E = 200$ GPa，$\nu = 0.3$。

【答】$P = 674.3$ N，$T = 3.07$ kN-m

7-100 圖中矩形斷面($b = 25$ mm，$h = 100$ mm)之懸臂梁，承受負荷 P 後在 C 點之兩個應變計測得 $\varepsilon_a = 125\mu$，$\varepsilon_b = -375\mu$，試求 P 之大小及方向(以 θ 角度表示)。C 點位於梁側表面一半高度之位置。應變計 a 朝水平方向(梁之縱方向)。梁爲線彈性材料 $E = 200$ GPa，$\nu = 1/3$。

【答】$P = 125$kN，$\theta = 30°$

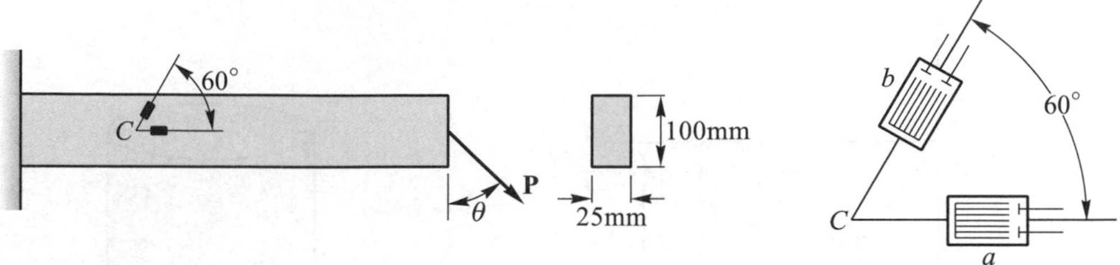

習題 7-100

習題 7-101 至 7-105 爲構件表面用菊花型應變規所測得之正交應變(ε_a、ε_b、ε_c)，試求該點之(a) ε_x，ε_y 及 γ_{xy}，(b)主應變及最大剪應變。

7-101 參考圖 P 7-101，$\varepsilon_a = 750\mu$，$\varepsilon_b = -125\mu$，$\varepsilon_c = -250\mu$，$\nu = 0.30$

【答】(a) $\varepsilon_x = 750\mu$，$\varepsilon_y = -250\mu$，$\gamma_{xy} = -750\mu$

(b) $\varepsilon_1 = 875\mu$，$\varepsilon_2 = -375\mu$，$\varepsilon_3 = -214\mu$， $\gamma_{max} = 1250\mu$

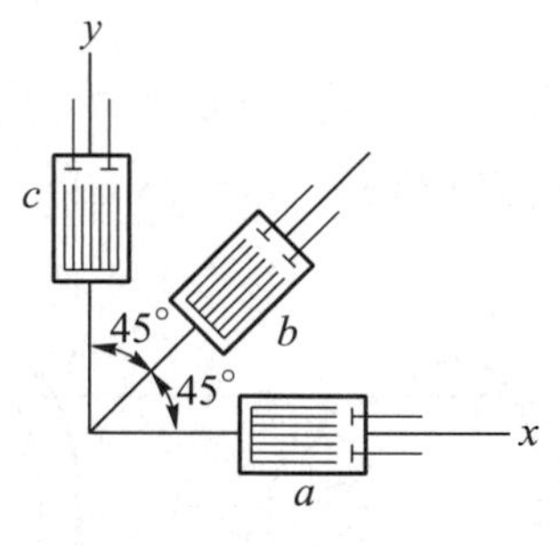

習題 7-101

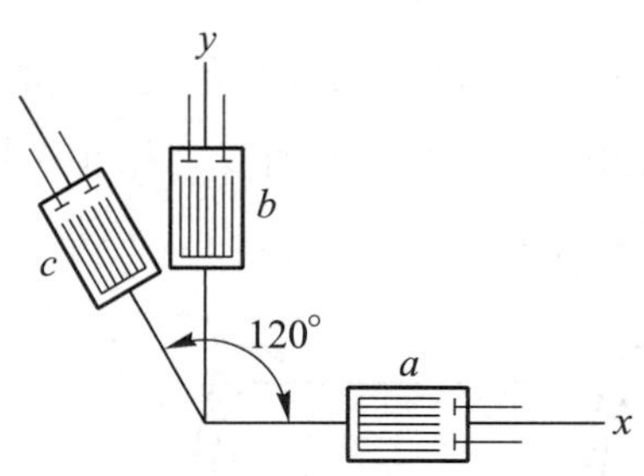

習題 7-102

7-102 參考圖 P 7-102，$\varepsilon_a = 665\mu$，$\varepsilon_b = 390\mu$，$\varepsilon_c = 870\mu$，$\nu = 0.12$

【答】(a) $\varepsilon_x = 665\mu$，$\varepsilon_y = 390\mu$，$\gamma_{xy} = -950\mu$

(b) $\varepsilon_1 = 1022\mu$，$\varepsilon_2 = 33\mu$，$\varepsilon_3 = -144\mu$， $\gamma_{max} = 1166\mu$

7-103 參考圖 P 7-103，$\varepsilon_a = 800\mu$，$\varepsilon_b = 950\mu$，$\varepsilon_c = 600\mu$，$\nu = 0.33$

【答】(a) $\varepsilon_x = 800\mu$，$\varepsilon_y = 600\mu$，$\gamma_{xy} = 463\mu$

(b) $\varepsilon_1 = 952\mu$，$\varepsilon_2 = 448\mu$，$\varepsilon_3 = -690\mu$， $\gamma_{max} = 1642\mu$

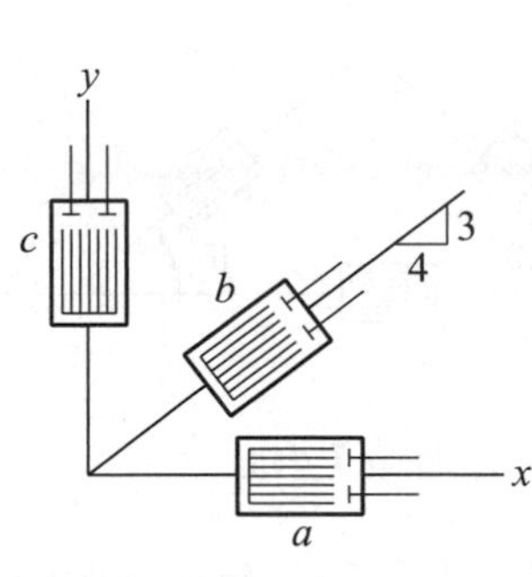

習題 7-103

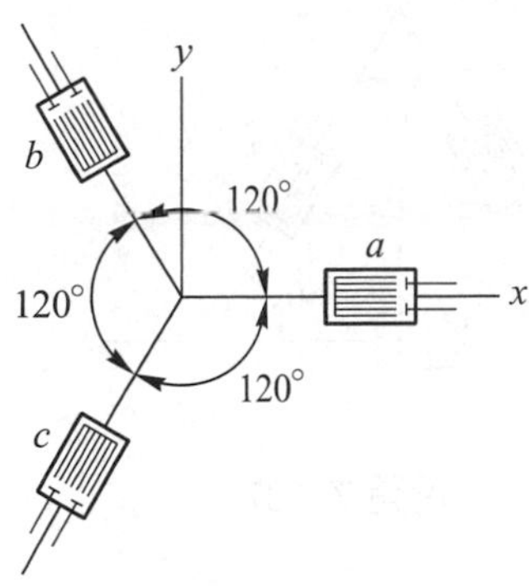

習題 7-104

7-104 參考圖 P 7-104，$\varepsilon_a = -555\mu$，$\varepsilon_b = 925\mu$，$\varepsilon_c = 740\mu$，$\nu = 0.30$

【答】(a) $\varepsilon_x = -555\mu$，$\varepsilon_y = 1295\mu$，$\gamma_{xy} = -214\mu$

(b) $\varepsilon_1 = 1301\mu$，$\varepsilon_2 = -561\mu$，$\varepsilon_3 = -317\mu$，$\gamma_{\max} = 1862\mu$

7-105 參考圖 P 7-105，$\varepsilon_a = 875\mu$，$\varepsilon_b = 700\mu$，$\varepsilon_c = -350\mu$，$\nu = 0.33$

【答】(a) $\varepsilon_x = 875\mu$，$\varepsilon_y = -525\mu$，$\gamma_{xy} = -1050\mu$

(b) $\varepsilon_1 = 1050\mu$，$\varepsilon_2 = -700\mu$，$\varepsilon_3 = -172.4\mu$，$\gamma_{\max} = 1750\mu$

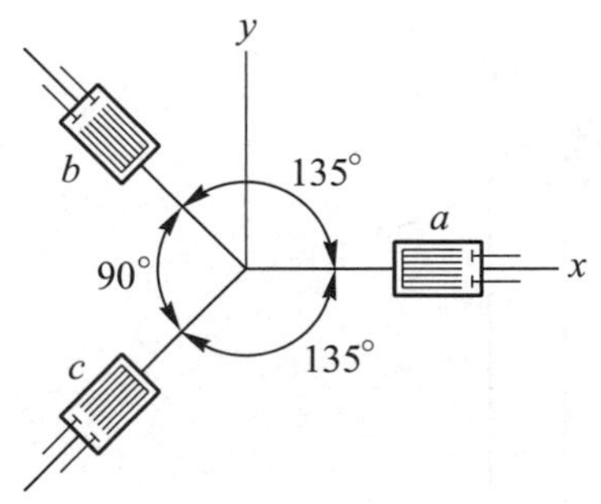

習題 7-105

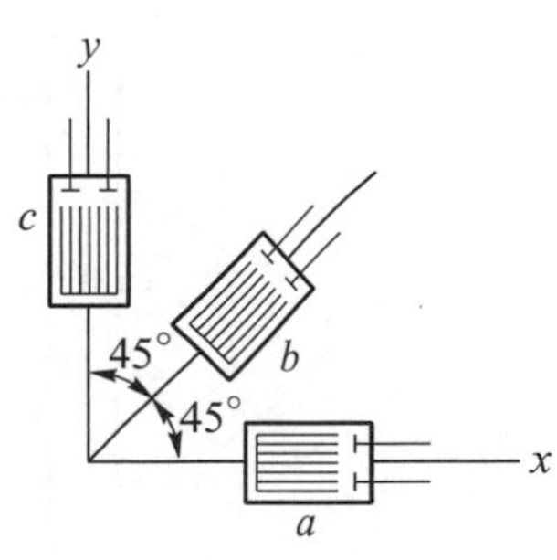

習題 7-106

7-106 一鋁合金($E = 70$ GPa，$\nu = 0.33$)構件之表面用圖中 45°菊花型應變規測得之正交應變爲ε_a=600μ，$\varepsilon_b = 450\mu$，$\varepsilon_c = 300\mu$，試求在此點之主應力及最大剪應力。

【答】$\sigma_1 = 54.9$ MPa，$\sigma_2 = 39.1$ MPa，$\sigma_3 = 0$，$\tau_{\max} = 27.45$ MPa

7-107 一鋁合金($E = 73$ GPa，$\nu = 0.33$)構件之表面用圖中 60°菊花型應變規測得之正交應變爲$\varepsilon_a = 780\mu$，$\varepsilon_b = 345\mu$，$\varepsilon_c = -332\mu$，試求在此點之主應力及最大剪應力。

【答】$\sigma_1 = 64.3$ MPa，$\sigma_2 = -6.69$ MPa，$\sigma_3 = 0$，$\tau_{\max} = 35.5$ MPa

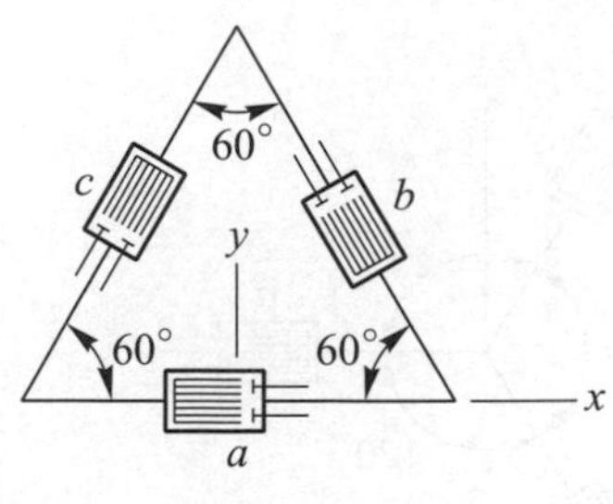

習題 7-107

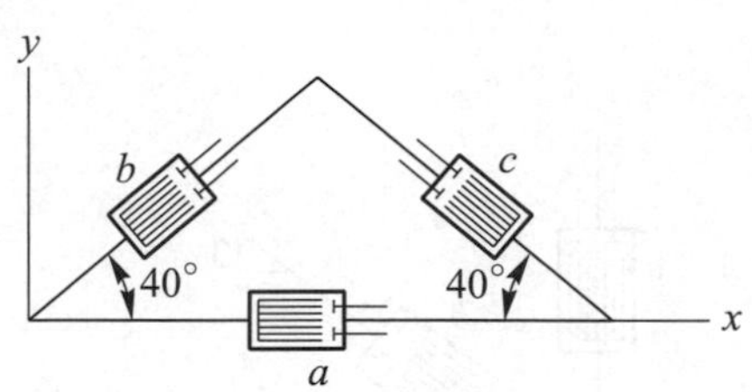

習題 7-108

7-108 一鋁合金($E = 70$ GPa，$\nu = 0.33$)構件之表面以圖中所示之菊花型應變規測得之正交應變為$\varepsilon_a = 1100\mu$，$\varepsilon_b = 1500\mu$，$\varepsilon_c = -40\mu$，試求在該點之平面應力狀態(σ_x、σ_y、τ_{xy})。

【答】$\sigma_x = 91.7$ MPa，$\sigma_y = 44.5$ MPa，$\tau_{xy} = 41.2$ MPa

7-109 圖中構件在 A 點以 45°菊花型應變規測得之正交應變為$\varepsilon_a = -60\mu$，$\varepsilon_b = 240\mu$，$\varepsilon_c = 200\mu$，試求構件承所受之負荷 P 與 Q。構件材料之 $E = 30\times10^6$psi，$G = 11.5\times10^6$psi，$\nu = 0.30$。

【答】$P = 72.0$ kips，$Q = 31.3$ kips

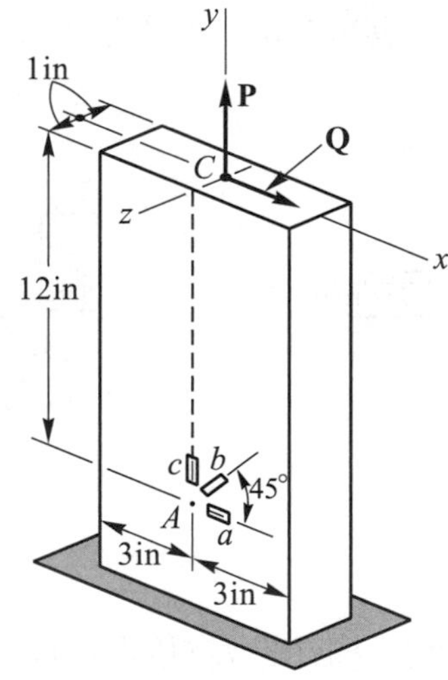

習題 7-109

CHAPTER

8

梁的撓度與靜不定梁

在第五章及第六章中是分析梁上之負荷與所生應力之關係，此部份是討論到梁的強度問題。本章將討論梁的剛度問題，亦即分析梁承受負荷所生之變形情形。對於機器中之梁構件，過量的變形，將影響機件間的緊密配合，而使構件失效，故在設計機件時，必須考慮梁所生變形之限制。同樣在設計結構物時，對於梁構件也都有變形量的限制。梁的撓曲變形，除了與所受之負荷及支承方式有關外，梁的材料及尺寸也是影響之因素。

本章對於梁構件的變形分析，將提供五個方法：(1)積分法，(2)奇異函數法，(3)彎矩面積法，(4)重疊法，及(5)能量法。

8-1 撓度曲線之微分方程式

稜柱梁承受負荷時，除了內部會產生應力外，亦會產生彎曲變形，而表示梁的變形程度是用撓度與斜角。梁內任一點在垂直方向產生的位移，稱爲梁在該點之撓度(deflection)，圖 8-1 所示爲懸臂梁變形後之曲線，圖中 y 表示梁在距左端爲 x 處之撓度，而梁變形後之連續曲線，稱爲彈性曲線(elastic curve)或撓度曲線(deflection vurve)。彈性曲線上任一點之切線斜率用以表示梁在該點之傾斜程度，圖 8-1 中懸臂梁之撓度曲線在 x 處切線斜率爲

$$\frac{dy}{dx}=\tan\theta \tag{a}$$

其中θ(單位爲 rad)爲切線與 x 方向之夾角。由於工程上所分析之梁，撓度均甚小，變形後之曲線幾乎仍爲一直線，即θ甚小，$\tan\theta\approx\theta$，故(a)式可寫爲

$$\frac{dy}{dx}=\theta \tag{8-1}$$

因此撓度曲線上任一點之斜率即等於梁變形後在該點所生之轉動角度θ，故稱θ角爲斜角或斜度(slope)，單位爲弳度(rad)。當θ角朝逆時針方向時，斜率爲正，即斜角爲正，而θ角朝順時針方向時，斜率爲負，即斜角爲負。至於撓度 y 根據所定之坐標軸，取向上爲正，向下爲負。

在第五章中已導出曲率($k = 1/\rho$)與彎矩之關係，設 x 軸(沿梁之中心軸線)水平向右爲正，y 軸垂直向上爲正，由圖 8-2 可知，彎矩爲正時，撓度曲線爲上凹下凸，曲率爲正，而彎矩爲負時，撓度曲線爲上凸下凹，曲率爲負，因此由公式(5-6)，曲率與彎矩之關係爲

$$k = \frac{1}{\rho} = \frac{M}{EI} \tag{5-6}$$

式中，M 為彎矩，E 為彈性模數，I 為斷面之慣性矩。對於承受橫向負荷之梁，其內任一斷面之彎矩或慣性矩不一定相等，故撓度曲線上任一點之曲率半徑也不一定會相等。

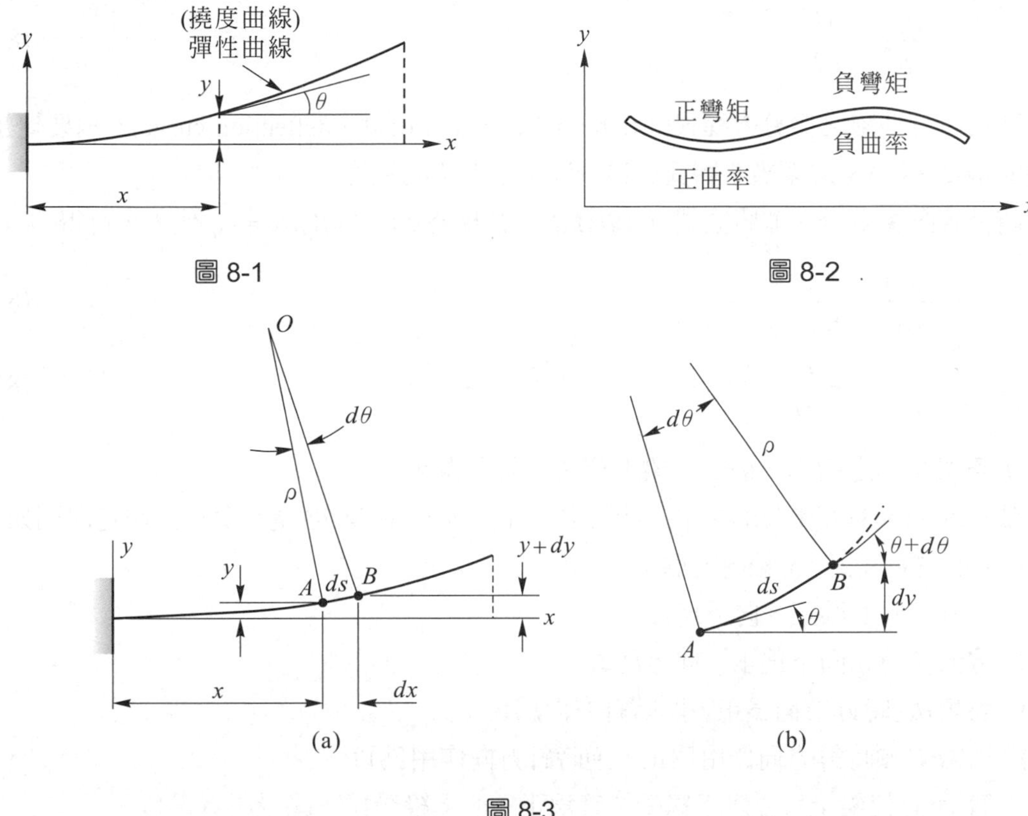

圖 8-1

圖 8-2

(a)

(b)

圖 8-3

圖 8-3 所示為懸臂梁承受負荷後之撓度曲線，今考慮距離左端(固定支承)為 x 處之一段微小長度 ds，由圖可知 $ds = \rho d\theta$，得曲率為

$$k = \frac{1}{\rho} = \frac{d\theta}{ds} \tag{b}$$

由於梁的撓度甚小，撓度曲線接近於直線，$ds \approx dx$，因此(b)式可改寫為

$$k = \frac{1}{\rho} = \frac{d\theta}{dx} \tag{c}$$

將公式(8-1)代入公式(c)，得

$$\frac{1}{\rho}=\frac{d^2 y}{dx^2} \tag{8-2}$$

由公式(5-6)與(8-2)可得

$$\frac{d^2 y}{dx^2}=\frac{M}{EI} \tag{8-3}$$

上式即爲撓度曲線之微分方程式(differential equation of the deflection curve)。只要彎矩 M 與撓曲剛度 EI 爲 x 的函數，將此式積分即可求得梁的撓度 y。

將公式(8-3)微分，並將公式(4-3) $dM/dx = V$ 及公式(4-1) $dV/dx = -q$ 代入，可得

$$\frac{d^3 y}{dx^3}=\frac{V}{EI} \tag{8-4}$$

$$\frac{d^4 y}{dx^4}=-\frac{q}{EI} \tag{8-5}$$

其中 V 爲梁斷面之剪力，而 q 爲梁上分佈負荷之強度。

公式(8-1)(8-3)(8-4)及(8-5)中所涉及之 x、y、q、V、M 及 θ 各量正負值之決定原則如下：

(1) x 軸向右爲正，y 軸向上爲正。

(2) 撓度 y 向上爲正，向下爲負。

(3) 分佈負荷 q 向下爲正，向上爲負。

(4) 斜角 θ 逆時針方向爲正，順時針方向爲負。

(5) 剪力 V 順時針方向作用爲正，逆時針方向作用爲負。

(6) 彎矩 M 使梁上緣受壓下緣受拉者爲正，而上緣受拉下緣受壓者爲負。

對於均質之棱柱梁，EI 爲常數，上列之微分方程式可寫爲

$$EI\frac{d^2 y}{dx^2}=M \quad , \quad EI\frac{d^3 y}{dx^3}=V \quad , \quad EI\frac{d^4 y}{dx^4}=-q \tag{8-6 a,b,c}$$

公式(8-6)可簡寫爲

$$EIy''=M \quad , \quad EIy'''=V \quad , \quad EIy''''=-q \tag{8-7a,b,c}$$

其中 $y''=dy^2/dx^2$，$y'''= d^3y/dx^3$，$y''''= d^4y/dx^4$。這些方程式分別稱爲彎矩方程式、剪力方程式與負荷方程式。同樣，公式(8-1)可簡寫爲 $y'=\theta$，其中 $y'=dy/dx$。

在推導公式(8-3)時，是假設材料遵守虎克定律，且梁的撓度甚小，對於剪力所生之剪變形都忽略不計，只考慮彎矩所生之變形，工程上大多數之梁都能滿足這些假設。

8-2 積分法求撓度

若梁之彎矩方程式爲已知(對非稜柱梁 I_x 亦爲已知)，將公式(8-3)積分兩次即可求得梁之斜角 θ 與撓度 y，其中第一次積分得斜角，第二次積分得撓度。積分後所得之積分常數由邊界條件(boundary condition)或連續性條件(continuity condition)求得。

梁在某些特定位置的已知撓度 y 或斜角 θ，稱爲梁的邊界條件，一個邊界條件可決定一個積分常數。例如梁在滾支承與鉸支承處，可以自由轉動但不能垂直移動，其邊界條件爲撓度 $y=0$，在固定支承處，不能轉動亦不能移動，其邊界條件爲斜角 $\theta=0$ 及撓度 $y=0$，參考表 8-1 所示。另外梁上經常有不連續之負荷存在，例如集中負荷(力或力偶矩)，反力或突然改變之分佈負荷，此種情形會造成梁之彎矩方程式在該處呈不連續之變化，因此該點兩側無法使用同一個彎矩方程式表示，而必須將梁以負荷不連續之點爲分界，將彎矩方程式分爲若干區間表示，積分後各區間所得之斜角與撓度方程式亦不相同。但梁變形後之撓度曲線爲一連續的曲線，各區間之分界點(即負荷不連續之點)其斜角與撓度必相同，此稱爲梁的連續條件，表 8-1 中列出一些連續條件之例子。同樣一個連續條件可以決定一個積分常數。

表 8-1 二階撓度方程式之邊界條件與連續性條件

BC 邊界條件	固定端		$y=0$ $\theta=0$	*CC* 連續性條件	鉸鏈	P	$y_1=y_2$
	鉸支承		$y=0$		集中負荷	P	$y_1=y_2$ $\theta_1=\theta_2$
	自由端		無 *BC*		集中力偶矩	M_0	$y_1=y_2$ $\theta_1=\theta_2$
CC	滾支承		$y_1=y_2=0$ $\theta_1=\theta_2$		連續負荷分段處		$y_1=y_2$ $\theta_1=\theta_2$

上述邊界條件與連續性條件之數目必須與積分常數之數目相同，方可解出全部之積分常數，只要解出積分數便可求得斜角與撓度曲線方程式，並進一步求得梁上各特定位置之斜角與撓度。

求積分常數除了上述之兩種條件外，另有一種比較特殊之條件，稱爲對稱條件(symmetry condition)，例如負荷左右對稱之簡支梁，在中點之斜角$\theta = 0$，參考圖 8-4 所示，又撓度曲線左右呈反向對稱(或負荷左右反向對稱)之簡支梁，在中點之撓度 $y = 0$，參考圖 8-5 所示。對稱條件通常僅提供額外的方程式以方便求解積分常數，與上述之邊界與連續性條件並非獨立的方程式。

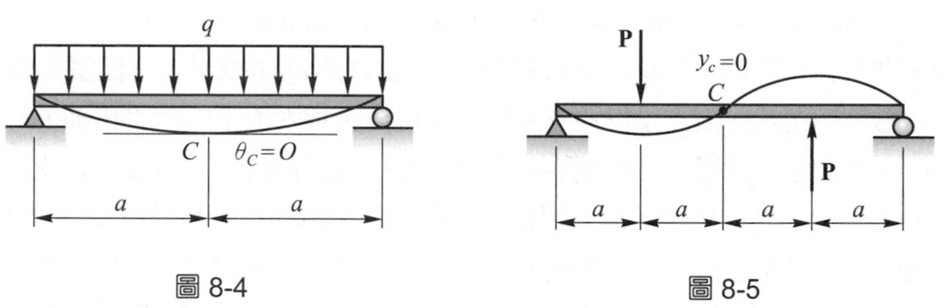

圖 8-4　　圖 8-5

以上求撓度之方法稱爲連續積分法(method of successive integration)，參考例題 8-1 至 8-3 之說明。

■以剪力或負荷方程式積分求撓度

將四階的負荷方程式(公式 8-5)或三階的剪力方程式(公式 8-4)積分之，也可以得到斜角θ與撓度 y。由於梁之負荷通常爲已知，而彎矩必須由自由體圖以平衡方程式求得，故由四階之負荷方程式開始積分較爲直接，一般分析撓度之電腦程式大都是由四階之負荷方程式開始作數值分析，以得到剪力、彎矩、斜角及撓度。

解四階的負荷方程式或三階的剪力方程式，其過程與解二階的彎矩方程式類似，但積分次數比較多。例如由四階的負荷方程式開始積分，求出撓度需要積分四次，被積分的每個負荷方程式會產生四個積分常數，與上述相同，這些積分常數由邊界條件與連續性條件求得，這些條件涉及某些特殊點之已知剪力、彎矩、斜角或撓度，參考表 8-2 所示。

三階的剪力方程式，同樣將其積分三次即可求得撓度，解積分常數之邊界條件與連續性條件涉及某些特殊點之已知彎矩、斜角及撓度，同樣參考表 8-2 所示。例題 8-4 將說明由四階的負荷方程式求撓度，而例題 8-5 將說明由三階的剪力方程式求撓度。

表 8-2　四階撓度方程式之邊界條件與連續性條件

BC 邊界條件	固定端		$y=0$ $\theta=0$	CC 連續性條件	滾支承		$y_1=y_2=0$ $\theta_1=\theta_2$ $M_1=M_2$
	鉸支承		$y=0$ $M=0$		鉸鍵	P	$y_1=y_2$ $V_2-V_1=P$ $M_1=M_2=0$
	自由端		$V=0$ $M=0$		集中負荷	P	$y_1=y_2$，$\theta_1=\theta_2$ $V_2-V_1=P$ $M_1=M_2$
	集中負荷	P	$V=P$ $M=0$		集中力偶矩	M_0	$y_1=y_2$，$\theta_1=\theta_2$ $V_1=V_2$ $M_2-M_1=-M_0$
	集中力偶矩	M	$V=0$ $M=-M_0$		連續負荷分段處		$y_1=y_2$ $\theta_1=\theta_2$ $V_1=V_2$ $M_1=M_2$

例題 8-1

圖中長度為 L 之懸臂梁在自由端承受一集中貝荷 P，試求梁之斜角及撓度曲線方程式，以及自由端之斜角與撓度。

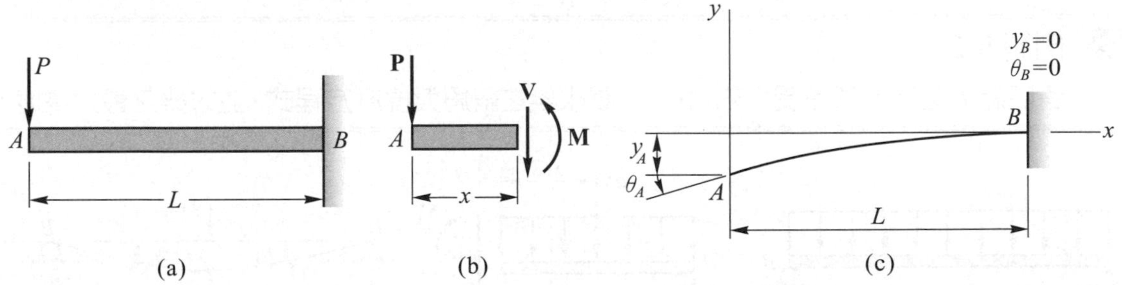

【解】本題利用二階之彎矩方程式求解。自 A 端(自由端)取長度爲 x 之自由體圖，如(b)圖所示，由平衡方程式得

$$M=-Px \tag{1}$$

$$EI\frac{d^2y}{dx^2}=-Px \tag{2}$$

積分後得斜角方程式為

$$EI\frac{dy}{dx}=-\frac{1}{2}Px^2+C_1 \tag{3}$$

再積分得撓度方程式為

$$EIy=-\frac{1}{6}Px^3+C_1x+C_2 \tag{4}$$

懸臂梁在固定端之兩個邊界條件：

(a) $x=L$ 時，$\theta=\frac{dy}{dx}=0$，代入公式(3)，得 $C_1=\frac{1}{2}PL^2$

(b) $x=L$ 時，$y=0$，代入公式(4)，得

$$-\frac{1}{6}PL^3+\frac{1}{2}PL^2(L)+C_2=0 \quad ，\text{得}\ C_2=-\frac{1}{3}PL^3$$

故得斜角與撓度方程式為

$$\theta=\frac{dy}{dx}=\frac{P}{2EI}(L^2-x^2) \blacktriangleleft \tag{5}$$

$$y=-\frac{P}{6EI}(x^3-3L^2x+2L^3) \blacktriangleleft \tag{6}$$

令 $x=0$ 代入公式(5)及(6)，即可得自由端 A 點之斜角與撓度為

$$\theta_A=\frac{PL^2}{2EI}\text{(逆時針方向)} \blacktriangleleft$$

$$y_A=-\frac{PL^3}{3EI} \quad ，\quad \text{或}\ y_A=\frac{PL^3}{3EI}(\downarrow) \blacktriangleleft$$

例題 8-2

跨距為 L 之簡支梁承受均佈負荷 q，試求梁之斜角與撓度方程式，並求梁之最大撓度。

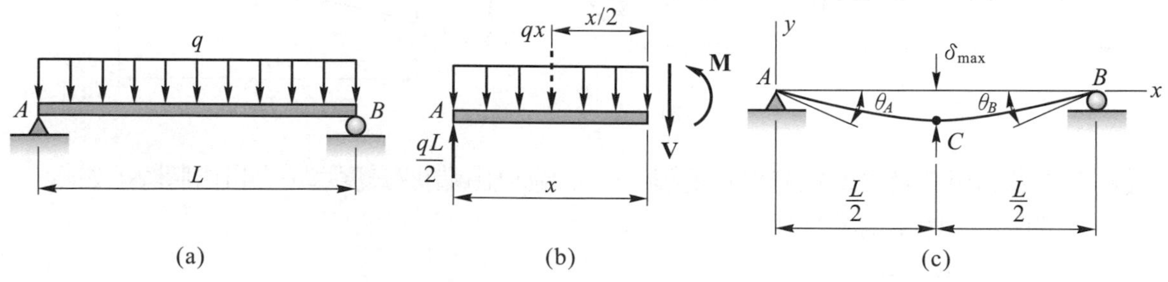

【解】本題利用二階之彎矩方程式求解。取距離左端為 x 長度之自由體圖，如(b)圖所示，由平衡方程式得

$$M=\frac{1}{2}qLx-\frac{1}{2}qx^2 \tag{1}$$

本題之簡支梁為稜柱梁，由公式(8-6a)

$$EI\frac{d^2y}{dx^2}=\frac{1}{2}qLx-\frac{1}{2}qx^2 \tag{2}$$

積分之得斜角方程式

$$EI\frac{dy}{dx}=\frac{1}{4}qLx^2-\frac{1}{6}qx^3+C_1 \tag{3}$$

再積分得撓度方程式

$$EIy=\frac{1}{12}qLx^3-\frac{1}{24}qx^4+C_1x+C_2 \tag{4}$$

簡支梁在兩端支承之邊界條件：

(a) $x=0$ 時，$y=0$，代入公式(4)，得 $C_2=0$

(b) $x=L$ 時，$y=0$，代入公式(4)

$$\frac{1}{12}qL(L)^3-\frac{1}{24}q(L)^4+C_1L=0 \quad , \quad 得\ C_1=-\frac{1}{24}qL^3$$

故斜角與撓度方程式為

$$\theta=\frac{dy}{dx}=\frac{q}{24EI}(-4x^3+6Lx^2-L^3) \blacktriangleleft \tag{5}$$

$$y=-\frac{qx}{24EI}(x^3-2Lx^2+L^3) \blacktriangleleft \tag{6}$$

A 端($x=0$)與 B 端($x=L$)之斜角，由公式(5)得

$$\theta_A=-\frac{qL^3}{24EI} \quad , \quad 或\ \theta_A=\frac{qL^3}{24EI}\text{(順時針方向)} \blacktriangleleft$$

$$\theta_B=\frac{q}{24EI}(-4L^3+6L^3-L^3)=\frac{qL^3}{24EI}\text{(逆時針方向)} \blacktriangleleft$$

令 $\theta=\frac{dy}{dx}=0$，代入公式(5)可得 $x=\frac{L}{2}$，即梁在 $x=\frac{L}{2}$ 之 C 點撓度有極小值(絕對值最大，為最大撓度)，代入公式(6)可得

$$y_C=-\frac{q(L/2)}{24EI}\left[\left(\frac{L}{2}\right)^3-2L\left(\frac{L}{2}\right)^2+L^3\right]=-\frac{5qL^4}{384EI}$$

或 $$y_{\max}=y_C=\frac{5qL^4}{384EI}(\downarrow) \blacktriangleleft$$

【註】本題之積分常數 C_1 亦可用對稱條件求解，即 $x=\frac{L}{2}$ 時，$\theta=\frac{dy}{dx}=0$，由公式(3)

$$\frac{1}{4}qL\left(\frac{L}{2}\right)^2-\frac{1}{6}q\left(\frac{L}{2}\right)^3+C_1=0 \quad , \quad 得\ C_1=-\frac{qL^3}{24}$$

例題 8-3

圖中跨距為 L 之簡支梁在距左端 $L/4$ 處之 D 點承受一集中負荷 P，試求此梁在 D 點的斜角與撓度，以及梁之最大撓度。

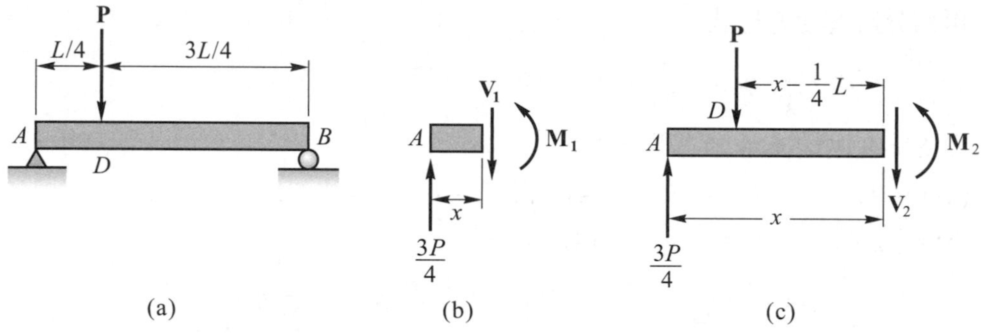

【解】由於簡支梁在 D 點承受集中負荷，使梁內之彎矩在 D 點呈不連續變化，導致 AD 及 DB 兩段有不同之彎矩方程式，故撓度及斜角方程式需分為 AD 及 DB 兩段求解。

AD 段($0\le x\le\frac{L}{4}$)：由(b)圖之自由體圖得彎矩方程式為

$$M_1=\frac{3}{4}Px \tag{1}$$

代入公式(8-6a)

$$EI\frac{d^2y_1}{dx^2}=\frac{3}{4}Px \tag{2}$$

積分兩次得

$$EI\theta_1=\frac{3}{8}Px^2+C_1 \tag{3}$$

$$EIy_1=\frac{1}{8}Px^3+C_1x+C_2 \tag{4}$$

DB 段($\frac{L}{4}\le x\le L$)：由(c)圖之自由體圖得彎矩方程式為

$$M_2 = +\frac{3}{4}Px - P\left(x - \frac{L}{4}\right) \quad (5)$$

代入公式(8-6a)

$$EI\frac{d^2y_2}{dx^2} = -\frac{1}{4}Px + \frac{1}{4}PL \quad (6)$$

同樣積分兩次可得

$$EI\theta_2 = -\frac{1}{8}Px^2 + \frac{1}{4}PLx + C_3 \quad (7)$$

$$EIy_2 = -\frac{1}{24}Px^3 + \frac{1}{8}PLx^2 + C_3x + C_4 \quad (8)$$

邊界條件及連續性條件：

(a) $x = 0$，$y_1 = 0$ (A 端撓度為零)

(b) $x = L$，$y_2 = 0$ (B 端撓度為零)

(c) $x = \frac{L}{4}$，$\theta_1 = \theta_2$ (AD 段及 DB 段在 D 點之斜角相等)

(d) $x = \frac{L}{4}$，$y_1 = y_2$ (AD 段及 DB 段在 D 點之撓度相等)

將(a)、(b)、(c)及(d)四個條件代入公式(3)、(4)、(7)及(8)，可解得

$$C_1 = -\frac{7PL^2}{128} \quad , \quad C_2 = 0$$

$$C_3 = -\frac{11PL^2}{128} \quad , \quad C_4 = \frac{PL^3}{384}$$

故得斜度及撓度曲線方程式為

$$\theta_1 = \frac{3Px^2}{8EI} - \frac{7PL^2}{128EI} \quad (0 \le x \le \frac{L}{4}) \quad (9)$$

$$\theta_2 = -\frac{Px^2}{8EI} + \frac{PLx}{4EI} - \frac{11PL^2}{128EI} \quad (\frac{L}{4} \le x \le L) \quad (10)$$

$$y_1 = \frac{Px^3}{8EI} - \frac{7PL^2}{128EI}x \quad (0 \le x \le \frac{L}{4}) \quad (11)$$

$$y_2 = -\frac{Px^3}{24EI} + \frac{PLx^2}{8EI} - \frac{11PL^2x}{128EI} + \frac{PL^3}{384EI} \quad (\frac{L}{4} \le x \le L) \quad (12)$$

D 點($x = L/4$)之斜角與撓度，由公式(9)與(11)得

$$\theta_D = \frac{3P}{8EI}\left(\frac{L}{4}\right)^2 - \frac{7PL^2}{128EI} = -\frac{PL^2}{32EI} \quad , \quad \theta_D = \frac{PL^2}{32EI}\text{(順時針方向)} \blacktriangleleft$$

$$y_D=\frac{P}{8EI}\left(\frac{L}{4}\right)^3-\frac{7PL^2}{128EI}\left(\frac{L}{4}\right)=-\frac{3PL^3}{256EI} \quad , \quad y_D=\frac{3PL^3}{256EI}(\downarrow) ◀$$

最大撓度發生在 DB 間(因 θ_D 為負而 θ_B 為正)。令 $\theta_2=0$，得 $x=\left(1-\frac{\sqrt{5}}{4}\right)L$ 時梁之撓度有極小值(絕對值最大，為最大撓度)，代入公式(12)，得

$$\delta_{\max}=\frac{5\sqrt{5}PL^3}{768EI} ◀$$

例題 8-4

圖中懸臂梁 AB 承受均變負荷，試求梁之斜角與撓度曲線方程式，並求自由端之斜角與撓度。本題用四階之負荷方程式求解

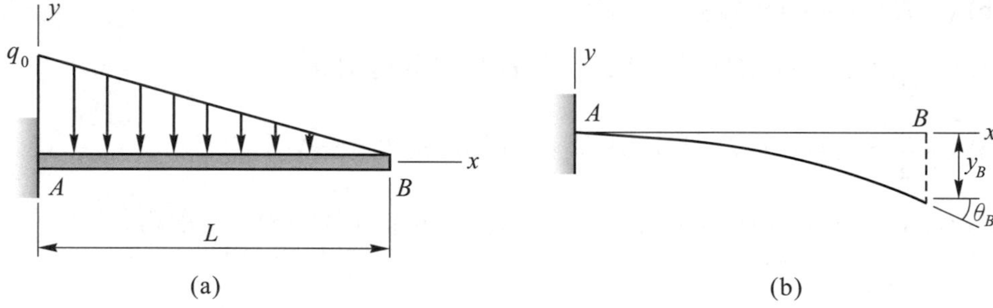

【解】懸臂梁上 x 位置之分佈負荷強度為

$$q=\frac{q_0}{L}(L-x) \tag{1}$$

由四階之負荷方程式，即公式(8-6c)

$$EI\frac{d^4y}{dx^4}=-q=-\frac{q_0}{L}(L-x) \tag{2}$$

將公式(2)積分得

$$EI\frac{d^3y}{dx^3}=V=\frac{q_0}{2L}(L-x)^2+C_1 \tag{3}$$

邊界條件(a)：$x=L$，$V=0$，代入公式(3)，得 $C_1=0$，公式(3)可簡化為

$$EI\frac{d^3y}{dx^3}=V=\frac{q_0}{2L}(L-x)^2 \tag{4}$$

再將公式(4)積分得

$$EI\frac{d^2y}{dx^2}=M=-\frac{q_0}{6L}(L-x)^3+C_2 \tag{5}$$

邊界條件(b)：$x=L$，$M=0$，代入公式(5)，得 $C_2=0$，公式(5)可簡化為

$$EI\frac{d^2y}{dx^2}=M=-\frac{q_0}{6L}(L-x)^3 \tag{6}$$

將公式(6)繼續積分得

$$EI\frac{dy}{dx}=EI\theta=\frac{q_0}{24L}(L-x)^4+C_3 \tag{7}$$

邊界條件(c)：$x=0$，$\theta=0$，代入公式(7)，得 $C_3=-\dfrac{q_0L^3}{24}$，公式(7)可寫為

$$EI\frac{dy}{dx}=EI\theta=\frac{q_0}{24L}(L-x)^4-\frac{q_0L^3}{24} \tag{8}$$

得梁的斜角方程式為

$$\theta=\frac{q_0}{24LEI}(L-x)^4-\frac{q_0L^3}{24EI} \blacktriangleleft \tag{9}$$

再將公式(8)積分

$$EIy=-\frac{q_0}{120L}(L-x)^5-\frac{q_0L^3}{24}x+C_4 \tag{10}$$

邊界條件(d)：$x=0$，$y=0$，代入公式(10)，得 $C_4=\dfrac{q_0L^4}{120}$，公式(10)可寫為

$$EIy=-\frac{q_0}{120L}(L-x)^5-\frac{q_0L^3}{24}x+\frac{q_0L^4}{120} \tag{11}$$

得撓度方程式為

$$y=-\frac{q_0}{120LEI}(L-x)^5-\frac{q_0L^3}{24EI}x+\frac{q_0L^4}{120EI} \tag{12}$$

自由端之斜角 θ_B 與撓度 y_B，將 $x=L$ 代入公式(9)與(12)得

$$\theta_B=-\frac{q_0L^3}{24EI} \quad ，\quad 或\ \theta_B=\frac{q_0L^3}{24EI}\ (順時針方向)\blacktriangleleft$$

$$y_B=-\frac{q_0L^4}{30EI} \quad ，\quad 或\ y_B=\frac{q_0L^4}{30EI}\ (\downarrow)\blacktriangleleft$$

例題 8-5

圖中外伸梁在自由端承受一集中負荷，試求梁之撓度曲線方程式及自由端之撓度。本題用三階之剪力方程式求解。

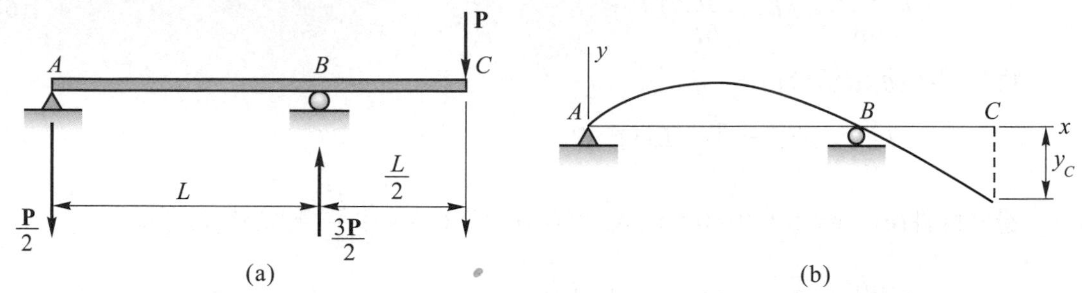

(a) (b)

【解】由於外伸梁在 B 點承受集中負荷(滾支承反力 $3P/2$)，使梁之剪力在 B 點呈不連續變化，因此 AB 與 BC 兩段有不同之剪力方程式，故撓度曲線方程式須分為 AB 與 BC 兩段求解。

AB 段$(0 \le x \le L)$：$V_1 = -\dfrac{P}{2}$ (1)

BC 段$(L \le x \le 3L/2)$：$V_2 = P$ (2)

由三階之剪力方程式，即公式(8-6b)

$$EI\frac{d^3y_1}{dx^3} = V_1 = -\frac{P}{2} \tag{3}$$

$$EI\frac{d^3y_2}{dx^3} = V_2 = P \tag{4}$$

將公式(3)與(4)積分，得彎矩方程式

$$EI\frac{d^2y_1}{dx^2} = M_1 = -\frac{P}{2}x + C_1 \tag{5}$$

$$EI\frac{d^2y_2}{dx^2} = M_2 = Px + C_2 \tag{6}$$

邊界條件(a)：$x = 0$，$M_1 = 0$，代入公式(5)，得 $C_1 = 0$

邊界條件(b)：$x = 3L/2$，$M_2 = 0$，代入公式(6)，得 $C_2 = -\dfrac{3PL}{2}$

公式(5)與(6)可化簡為

$$EI\frac{d^2y_1}{dx^2} = M_1 = -\frac{P}{2}x \tag{7}$$

$$EI\frac{d^2y_2}{dx^2}=M_2=Px-\frac{3PL}{2} \tag{8}$$

將公式(7)(8)積分，得斜角方程式

$$EI\frac{dy_1}{dx}=EI\theta_1=-\frac{P}{4}x^2+C_3 \tag{9}$$

$$EI\frac{dy_2}{dx}=EI\theta_2=-\frac{P}{2}x^2-\frac{3PL}{2}x+C_4 \tag{10}$$

連續性條件(c)：$x=L$，$\theta_1=\theta_2$，代入公式(9)與(10)

$$-\frac{P}{4}L^2+C_3=\frac{P}{2}L^2-\frac{3PL}{2}(L)+C_4$$

得 $$C_3=C_4-\frac{3PL^2}{4} \tag{11}$$

再將公式(9)與(10)積分，得撓度方程式

$$EIy_1=-\frac{P}{12}x^3+C_3x+C_5 \tag{12}$$

$$EIy_2=\frac{P}{6}x^3-\frac{3PL}{4}x^2+C_4x+C_6 \tag{13}$$

邊界條件(d)：$x=0$，$y_1=0$，代入公式(12)，得 $C_5=0$

邊界條件(e)：$x=L$，$y_1=0$，代入公式(12)

$$-\frac{P}{12}L^3+C_3L=0 \quad ， \quad 得\ C_3=\frac{PL^2}{12}$$

將 C_3 代入公式(11)，得 $C_4=\dfrac{5PL^2}{6}$

邊界條件(f)：$x=L$，$y_2=0$，代入公式(13)

$$\frac{P}{6}L^3-\frac{3PL}{4}(L)^2+C_4L+C_6=0 \quad ， \quad 得\ C_6=-\frac{PL^3}{4}$$

將解得之積分常數代入公式(12)與(13)，可得梁之撓度曲線方程式為

$$y_1=-\frac{P}{12EI}x^3+\frac{PL^2}{12EI}x \quad (0\le x\le L)◀ \tag{14}$$

$$y_2=\frac{P}{6EI}x^3-\frac{3PL}{4EI}x^2+\frac{5PL^2}{6EI}x-\frac{PL^3}{4EI}\left(L\le x\le\frac{3L}{2}\right)◀ \tag{15}$$

自由端 C 點之撓度 y_C，將 $x=3L/2$ 代入公式(15)中，得

$$y_C=-\frac{PL^3}{8EI} \quad ， \quad 或\ y_C=\frac{PL^3}{8EI}(\downarrow)◀$$

例題 8-6

圖中懸臂梁斷面之高度均勻為 h，寬度由自由端為零均勻變化至固定端為 b_0，當梁在自由端承受集中負荷 P 時，試求梁之撓度曲線方程式及自由端 A 之撓度。

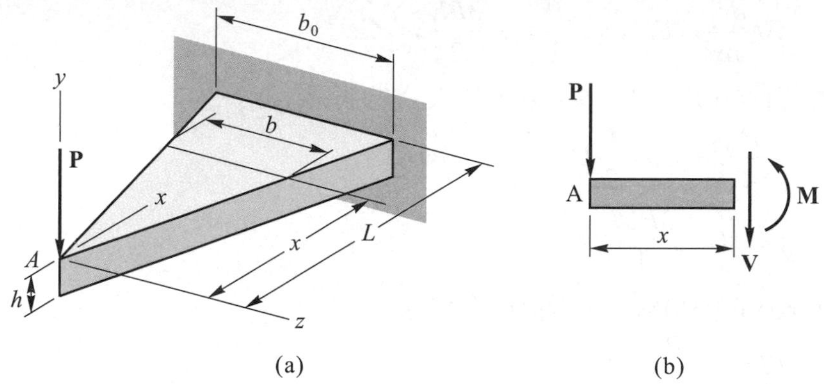

(a) (b)

【解】梁在 x 處斷面之慣性矩與彎矩分別爲

$$I=\frac{1}{12}bh^3=\frac{1}{12}\left(\frac{b_0}{L}x\right)h^3=\frac{b_0h^3}{12}\left(\frac{x}{L}\right)=I_0\left(\frac{x}{L}\right) \tag{1}$$

$$M=-Px \tag{2}$$

由二階之彎矩方程式，即公式(8-3)

$$E\frac{d^2y}{dx^2}=\frac{M}{I}=\frac{-Px}{I_0x/L}=-\frac{PL}{I_0} \tag{3}$$

積分二次得

$$EI_0\frac{dy}{dx}=-PLx+C_1 \tag{4}$$

$$EI_0y=-\frac{PL}{2}x^2+C_1x+C_2 \tag{5}$$

邊界條件(a)：$x=L$ 時，$\frac{dy}{dx}=0$，代入公式(4)，得 $C_1=PL^2$

邊界條件(b)：$x=L$ 時，$y=0$，代入公式(5)，得 $C_2=-\frac{PL^2}{2}$

故梁之撓度曲線方程式爲 $y=-\frac{PL}{EI_0}\left(\frac{x^2}{2}-Lx+\frac{L^2}{2}\right)$ ◀ (6)

自由端之撓度 y_A，將 $x = 0$ 代入公式(6)，得

$$y_A = -\frac{PL^3}{2EI_0} = -\frac{6PL^3}{Eb_0h^3} \quad，\quad 或\ y_A = \frac{6PL^3}{Eb_0h^3}(\downarrow) ◀$$

8-1 圖中所示之懸臂梁在自由端承受一力偶矩 M_0，試求梁之撓度曲線方程式，以及自由端之斜角與撓度。

【答】 $y = \dfrac{M_0}{2EI}(x-L)^2$，$\theta_A = \dfrac{M_0L}{EI}$(cw)，$y_A = \dfrac{M_0L^2}{2EI}(\uparrow)$

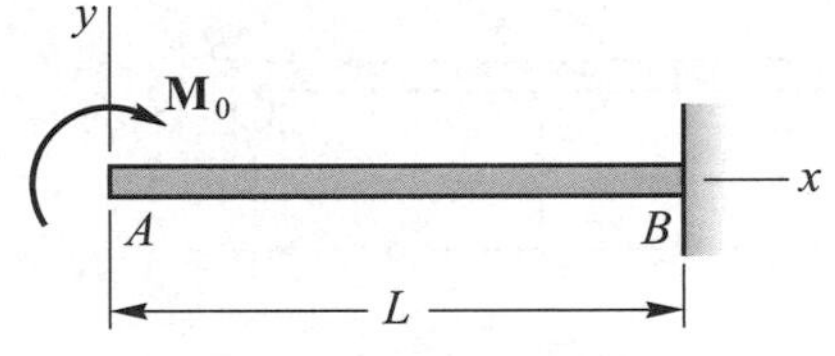

習題 8-1

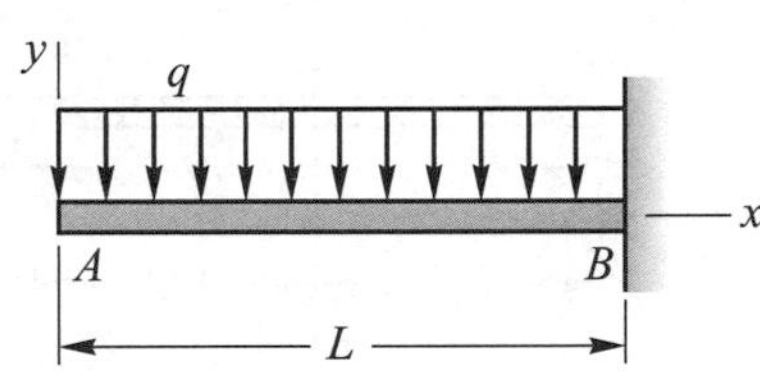

習題 8-2

8-2 圖中之懸臂梁承受均佈負荷 q，試求梁之撓度曲線方程式，以及自由端之斜角與撓度。

【答】$y = \dfrac{q}{24EI}(x^4-4L^3x+3L^4)$，$\theta_A = \dfrac{qL^3}{6EI}$(ccw)，$y_A = \dfrac{qL^4}{8EI}(\downarrow)$

8-3 圖中之簡支梁在 A 端承受一力偶矩 M_0，試求梁之撓度曲線方程式，並求最大撓度及其位置。

【答】 $y = \dfrac{M_0}{6LEI}(x^3-3Lx^2+2L^2x)$，$x = 0.423L$，$y_{max} = 0.0642\dfrac{M_0L^2}{EI}$

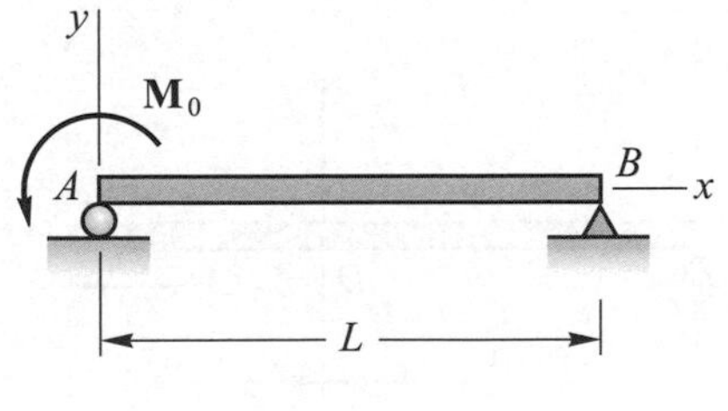

習題 8-3

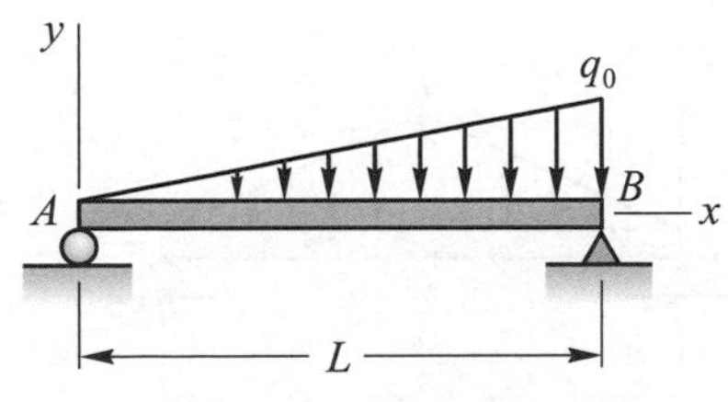

習題 8-4

8-4 圖中之簡支梁承受均變負荷，試求(a)梁之撓度曲線方程式，(b)B 端斜角，(c)中點撓度，(d)最大撓度及其位置。

【答】(a) $y=\dfrac{q_0}{360LEI}(-3x^5+10L^2x^3-7L^4x)$，(b)$\theta_B=\dfrac{q_0L^3}{45EI}$ (ccw)，(c) $\delta_c=\dfrac{5q_0L^4}{768EI}(\downarrow)$

(d) $x=0.5193L$，$y_{max}=0.006522\dfrac{q_0L^4}{EI}$

8-5 圖中之簡支梁在中點承受集中負荷 P，試求(a)梁在 $0\le x\le L/2$ 間之撓度曲線方程式，(b)A 端斜角，(c)中點 C 之最大撓度。

【答】(a) $y=\dfrac{P}{48EI}(4x^3-3L^2x)$，(b)$\theta_A=\dfrac{PL^2}{16EI}$ (cw)，(c)$\delta_c=\dfrac{PL^3}{48EI}(\downarrow)$

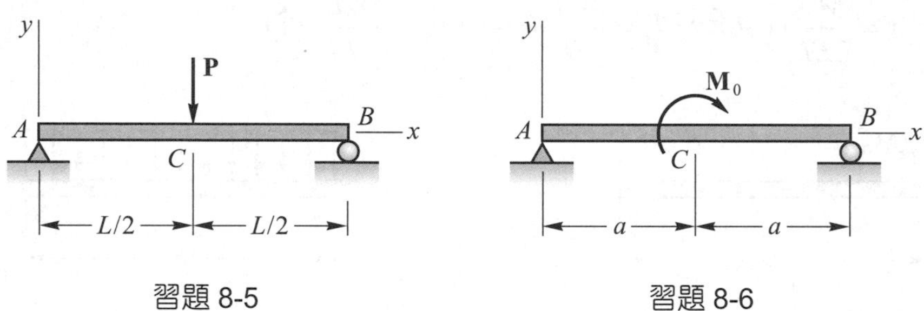

習題 8-5　　習題 8-6

8-6 圖中之簡支梁在中點承受一力偶矩 M_0，試求(a)梁在 $0\le x\le a$ 間之撓度曲線方程式，(b)最大撓度及其位置。

【答】(a) $y=\dfrac{M_0}{12aEI}(-x^3+a^2x)$，(b) $x=0.5774a$，$y_{max}=0.03208\dfrac{Ma^2}{EI}$

8-7 圖中之簡支梁承受均變負荷，試求(a)梁在 $0\le x\le L/2$ 間之撓度曲線方程式，(b)最大撓度。

【答】(a) $y=-\dfrac{q_0}{60LEI}x^5+\dfrac{q_0L}{24EI}x^3-\dfrac{5q_0L^3}{192EI}x$，(b) $y_{max}=\dfrac{q_0L^4}{120EI}$

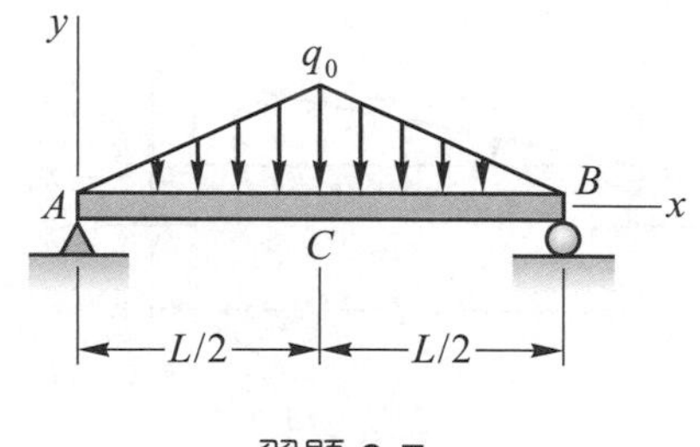

習題 8-7

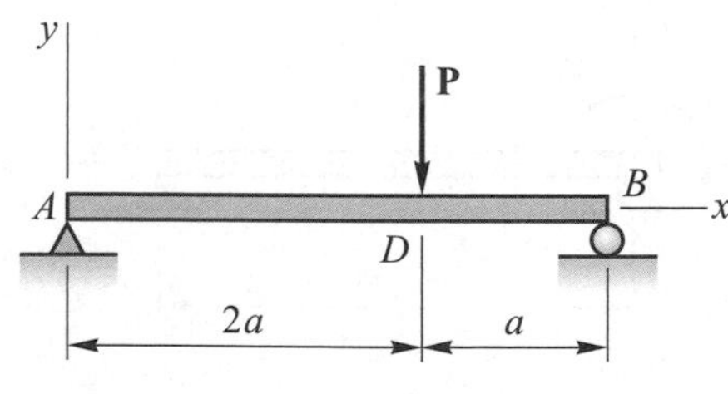

習題 8-8

8-8 圖中之簡支梁在 D 點承受集中負荷 P，試求(a)梁的撓度曲線方程式，(b) 最大撓度及其位置。

【答】(a) $y_1 = \dfrac{P}{18EI}x^3 - \dfrac{4Pa^2}{9EI}x\ (0 \le x \le 2a)$，

$$y_2 = \frac{Pa}{EI}x^2 - \frac{P}{9EI}x^3 - \frac{22Pa^2}{9EI}x + \frac{4Pa^3}{3EI}\ (2a \le x \le 3a)$$

(b) $x = 1.633a$，$y_{max} = 0.484\dfrac{Pa^3}{EI}$

8-9 試求圖中之簡支梁在中點(C 點)之撓度。

【答】$\delta_c = \dfrac{5qa^4}{48EI}$

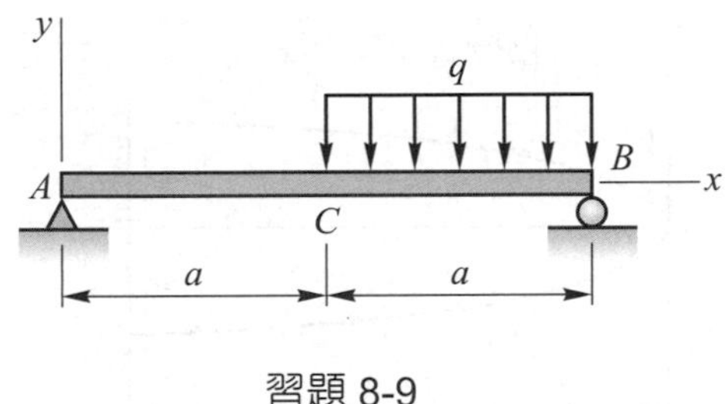

習題 8-9

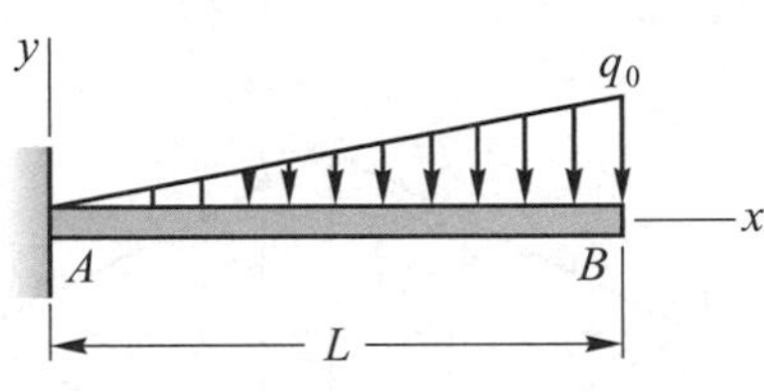

習題 8-10

8-10 圖中之懸臂梁承受均變負荷，試求梁之撓度曲線方程式，以及自由端之斜角與撓度。

【答】$y = \dfrac{q_0}{120LEI}(-x^5+10L^2x^3-20L^3x^2)$，$\theta_B = \dfrac{q_0L^3}{8EI}$ (cw)，$y_B = \dfrac{11q_0L^4}{120EI}(\downarrow)$

8-11 圖中之懸臂梁承受分佈負荷($q = q_0x^3/L^3$)，試求(a)撓度曲線方程式，(b)自由端的撓度，(c)支承 B 之反力 R_B 與反力矩 M_B。

【答】(a) $y = \dfrac{q_0}{840L^3EI}(-x^7+7L^6x-6L^7)$，(b) $y_A = \dfrac{q_0L^4}{140EI}$，(c) $R_B = \dfrac{q_0L}{4}(\uparrow)$，$M_B = \dfrac{q_0L^2}{20}$ (cw)

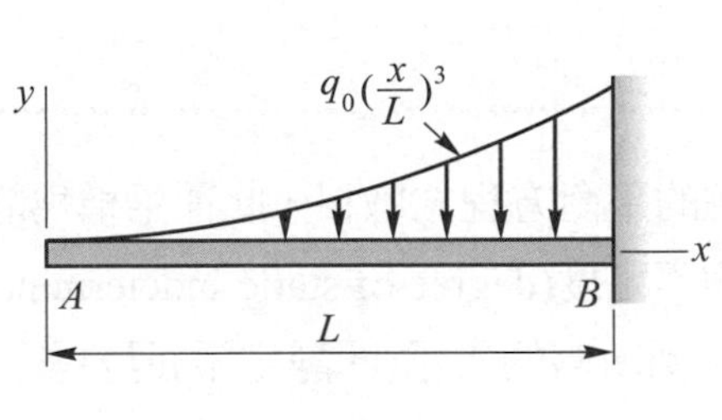

習題 8-11

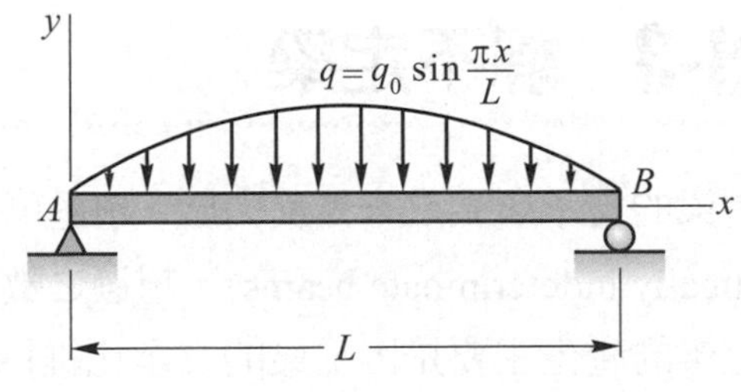

習題 8-12

8-12 圖中之簡支梁承受分佈負荷($q = q_0\sin\dfrac{\pi x}{L}$)，試求(a)撓度曲線方程式，(b)$A$ 端斜角，(c)最大撓度。

【答】(a) $y = -\dfrac{q_0L^4}{\pi^4EI}\sin\dfrac{\pi x}{L}$，(b) $\theta_A = \dfrac{q_0L^3}{\pi^3EI}$ (cw)，(c) $y_{\max} = \dfrac{q_0L^4}{\pi^4EI}$ (↓)

8-13 圖中簡支梁之厚度均勻為 h，寬度由兩端為零均勻變化至中點之最大寬度為 b_0，當梁在中點承受集中負荷 P 時，試求梁中點之最大撓度。

【答】$y_{\max} = \dfrac{PL^3}{32EI_0}$，$I_0 = \dfrac{1}{12}b_0h^3$

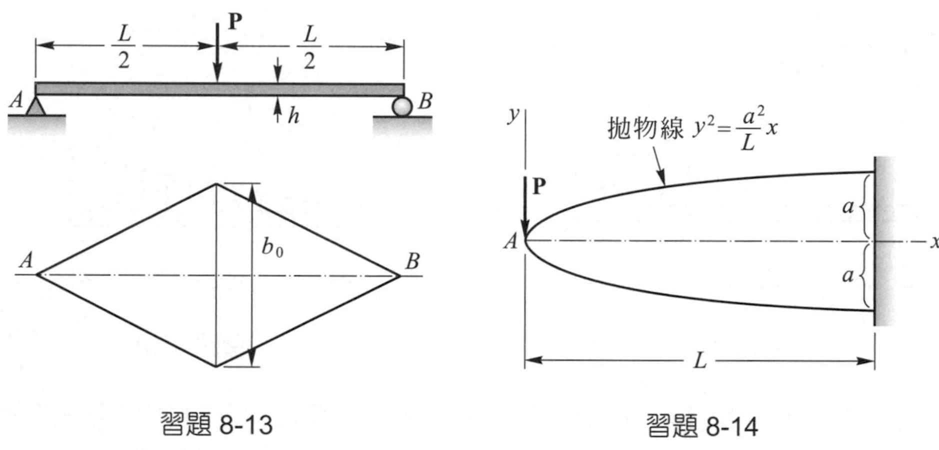

習題 8-13　　習題 8-14

8-14 圖中懸臂梁之寬度均勻為 b，高度由自由端為零以拋物線變化至固定端為 $2a$，當梁在自由端承受集中負荷 P 時，試求梁之撓度曲線方程式及自由端 A 之撓度。

【答】$y = -\dfrac{3PL^{3/2}}{Eba^3}x^{3/2} + \dfrac{3PL^2}{Eba^3}x - \dfrac{PL^2}{Eba^3}$，$y_A = \dfrac{PL^3}{Eba^3}$ (↓)

8-3 靜不定梁

當梁的支承所生之未知反力數，超過可以求解的平衡方程式數目，此種梁稱為靜不定梁(statically indeterminate beams)。超過之數目稱靜不定度(degree of static indeterminacy)。靜不定梁的產生主要是因為梁的支承比維持梁的平衡所需的支承(即靜定梁)還要多，這些多餘支承所相當的反力稱為贅力(redundant)。靜不定結構之未知反力，並非每一個都可視爲贅力，贅力的選擇必須將該贅力所相當的支承移去後可得到一靜定結構，而所得之靜定結構稱釋放結構(released structure)。

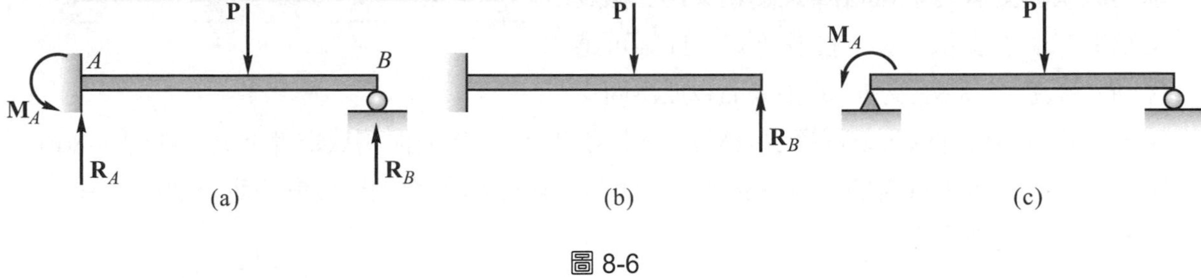

圖 8-6

圖 8-6(a)中之梁稱爲支撐懸臂梁(propped cantilever beam)，A 端爲固定支承，B 端爲滾支承，梁內含有三個未知反力(R_A、M_A、R_B)，但只有二個平衡方程式(平面平行力系)，故此梁爲一度靜不定。未知反力中，可選 R_B 爲贅力，將 B 端之滾支承移去後，所得之釋放結構爲一懸臂梁，如圖 8-6(b)所示。亦可選擇反力矩 M_A 爲贅力，將 A 端之固定支承釋放爲鉸支承而得一簡支梁，如圖 8-6(c)所示。

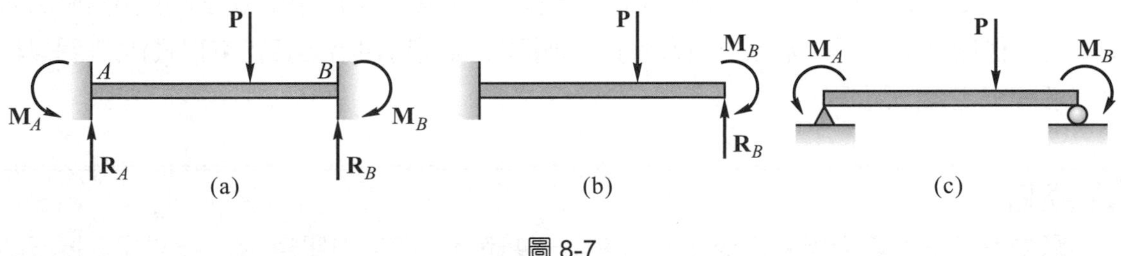

圖 8-7

圖 8-7 中之靜不定梁稱爲固定梁(fixed-end beam)，兩端都是固定支承，梁內含有四個未知反力(R_A、M_A、R_B、M_B)，但只有二個平衡方程式(平面平行力系)，故此梁爲二度靜不定。若選擇 R_B 與 M_B 爲贅力，將 B 端的固定支承移去，所得之釋放結構爲懸臂梁，如圖 8-7(b)所示，若選擇 M_A 與 M_B 爲贅力，則釋放後之結構爲一簡支梁，如圖 8-7(c)所示。

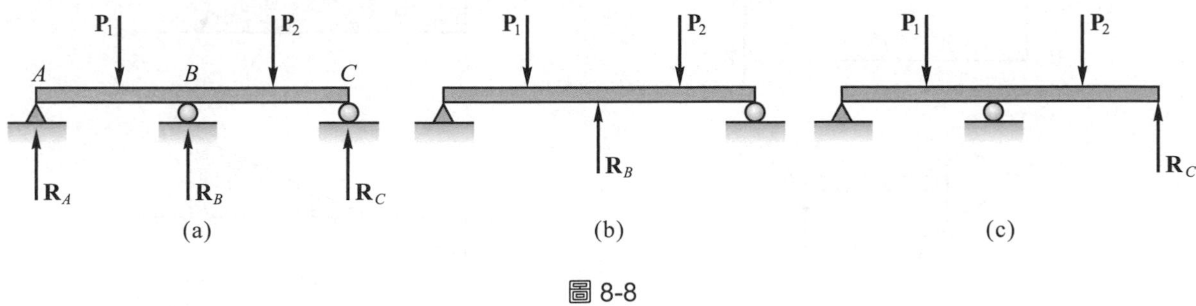

圖 8-8

第三種常見之靜不定梁，稱爲連續梁(continuous beam)，此種梁的支承包括一個鉸支承與數個滾支承，圖 8-8(a)中之連續梁爲一個鉸支承與二個滾支承，爲一度靜不定，此梁可選擇 R_B 爲贅力，將滾支承 B 移去而釋放爲簡支梁，如圖 8-8(b)所示，或選擇 R_C 爲贅力，將滾支承 C 移去而釋放爲外伸梁，如圖 8-8(c)所示。對於連續梁每增加一個滾支承，就增加一個贅力(即增加一度靜不定)，圖 8-9 中之連續梁爲二度靜不定。

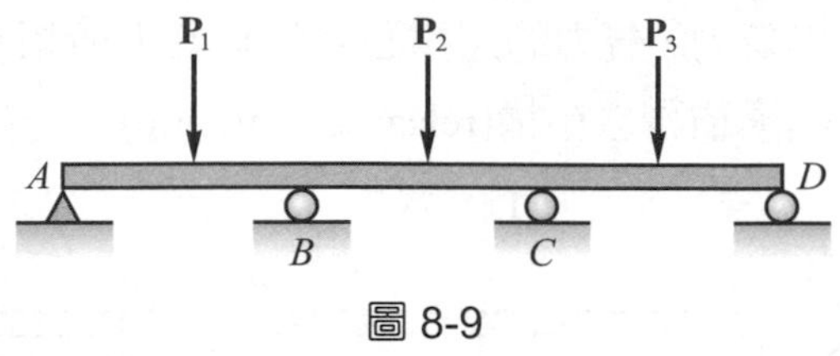

圖 8-9

■用積分法解靜不定梁

靜不定梁可利用撓度的三個微分方程式中任何一個求解，即二階的彎矩方程式(公式 8-3)，三階的剪力方程式(公式 8-4)或四階的負荷方程式(公式 8-5)，分析過程與靜定梁類似，首先選取贅力將靜不定梁釋放爲靜定梁，然後列出力矩、剪力或負荷之微分方程式，接著將微分方程式連續積分，然後利用邊界條件與連續性條件(或對稱條件)解未知量，靜不定梁之未知量除了積分常數外還包括贅力。解出贅力後便可用平衡方程式解出其餘之未知反力。例題 8-7(利用二階之力矩方程式)與例題 8-8(利用四階之負荷方程式)將說明以積分法解靜不定梁之過程。

例題 8-7

圖中長度為 L 之支撐懸臂梁在 B 端承受一逆時針方向之力偶矩 M_0，試求梁之撓度曲線方程式及支承反力，並繪梁之剪力圖及彎矩圖。

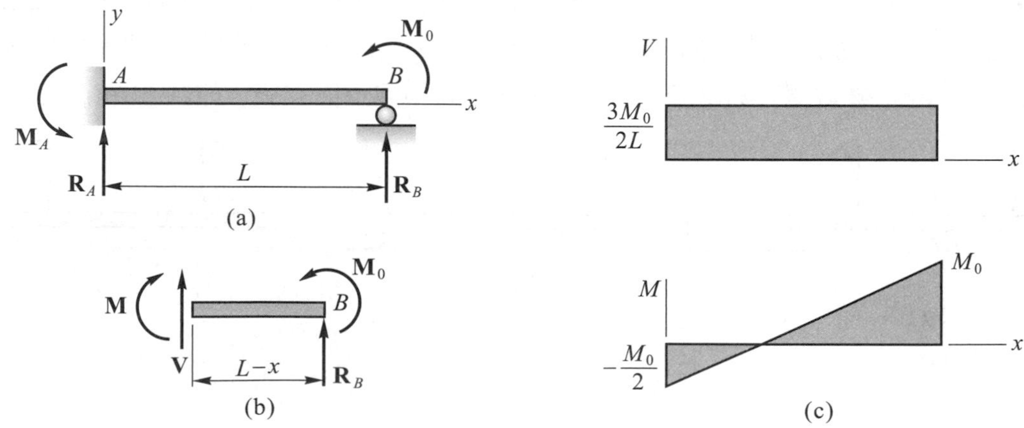

【解】本題之支撐懸臂梁有三個未知反力(R_A、M_A、R_B)，只有二個平衡方程式($\sum F_y = 0$，$\sum M_A = 0$)，故為一度靜不定。

設取 R_B 為贅力，將梁釋放為懸臂梁，則梁在任意 x 位置之彎矩方程式由(b)圖可得

$$M = M_0 + R_B(L-x) = M_0 + R_BL - R_Bx \tag{1}$$

由公式(8-3)二階之彎矩方程式

$$EI\frac{d^2y}{dx^2} = M = M_0 + R_BL - R_Bx \tag{2}$$

積分一次得斜角方程式

$$EI\frac{dy}{dx} = EI\theta = M_0x + R_BLx - \frac{1}{2}R_Bx^2 + C_1 \tag{3}$$

邊界條件(a)：$x = 0$，$\theta_A = 0$，代入公式(3)，得 $C_1 = 0$

再積分得撓度曲線方程式

$$EIy = \frac{M_0}{2}x^2 + \frac{R_BL}{2}x^2 - \frac{1}{6}R_Bx^3 + C_2 \tag{4}$$

邊界條件(b)：$x = 0$，$y_A = 0$，代入公式(4)，得 $C_2 = 0$

邊界條件(c)：$x = L$，$y_B = 0$，代入公式(4)

$$\frac{1}{2}M_0L^2 + \frac{1}{2}R_BL^3 - \frac{1}{6}R_BL^3 = 0$$

得 $R_B = -\dfrac{3M_0}{2L}$，或 $R_B = \dfrac{3M_0}{2L}(\downarrow)$◀

將 R_B 代入公式(4)得

$$y = -\frac{M_0}{4EI}x^2 + \frac{M_0}{4LEI}x^3 \text{ ◀} \tag{5}$$

由平衡方程式，並將 R_B 代入

$$\sum M_A = 0 \quad , \quad M_A + M_0 + R_BL = 0$$

得 $M_A = \dfrac{M_0}{2}$(逆時針方向)◀

$$\sum F_y = 0 \quad , \quad R_A = -R_B = \frac{3M_0}{2L}(\uparrow)\text{◀}$$

根據所求得之支承反力可繪得梁之剪力圖及彎矩圖，如(c)圖所示。

例題 8-8

圖中長度為 L 之固定梁承受強度為 q 之均佈負荷，試求梁之支承反力及最大撓度。

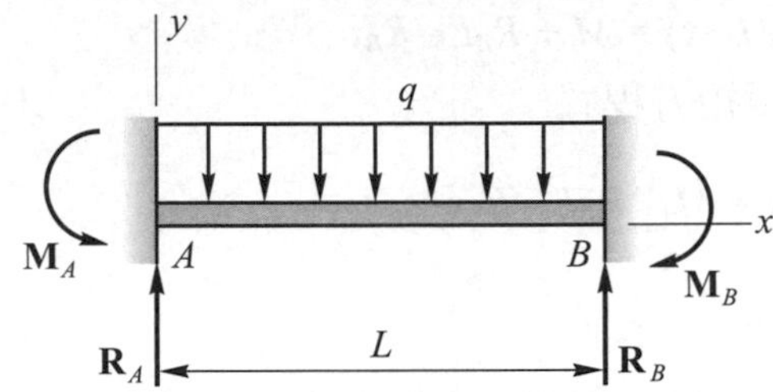

【解】本題之固定梁左右對稱，$R_A = R_B$，$M_A = M_B$。由 y 方向的力平衡方程式可得

$$R_A = R_B = \frac{qL}{2} \blacktriangleleft \tag{1}$$

因此未知反力僅剩左右兩固定端之反力矩 M_A，故取 M_A 爲贅力。

由四階之負荷方程式，即公式(8-5)

$$EIy'''' = -q \tag{2}$$

連續積分四次

$$EIy''' = V = -qx + C_1 \tag{3}$$

$$EIy'' = M = -\frac{q}{2}x^2 + C_1x + C_2 \tag{4}$$

$$EIy' = EI\theta = -\frac{1}{6}qx^3 + \frac{1}{2}C_1x^2 + C_2x + C_3 \tag{5}$$

$$EIy = -\frac{1}{24}qx^4 + \frac{1}{6}C_1x^3 + \frac{1}{2}C_2x^2 + C_3x + C_4 \tag{6}$$

求解四個積分常數與一個贅力，需要五個邊界條件(或對稱條件)

對稱條件(a)：$x = \frac{L}{2}$，$V = 0$，代入公式(3)得 $C_1 = \frac{1}{2}qL$

邊界條件(b)：$x = 0$，$M = -M_A$，代入公式(4)，得

$$M_A = -C_2 \tag{7}$$

邊界條件(c)：$x = 0$，$\theta_A = 0$，代入公式(5)，得 $C_3 = 0$

邊界條件(d)：$x = 0$，$y_A = 0$，代入公式(6)，得 $C_4 = 0$

邊界條件(e)：$x = L$，$\theta_B = 0$，代入公式(5)

$$-\frac{1}{6}qL^3 + \frac{1}{2}\left(\frac{1}{2}qL\right)L^2 + C_2L = 0 \quad ， \quad 得 \ C_2 = -\frac{1}{12}qL^2$$

將 C_2 代入公式(7)得

$$M_A = M_B = \frac{1}{12}qL^2 ◀$$

因此可得剪力、彎矩、斜角及撓度方程式為

$$V = -qx + \frac{1}{2}qL \tag{8}$$

$$M = -\frac{q}{2}x^2 + \frac{1}{2}qLx - \frac{1}{12}qL^2 \tag{9}$$

$$\theta = -\frac{q}{6EI}x^3 + \frac{qL}{4EI}x^2 - \frac{qL^2}{12EI}x \tag{10}$$

$$y = -\frac{q}{24EI}x^4 + \frac{qL}{12EI}x^3 - \frac{qL^2}{24EI}x^2 \tag{11}$$

最大撓度在梁之中點，將 $x = L/2$ 代入公式(11)得

$$y_{\max} = -\frac{qL^4}{384EI} \quad ， \quad 或\ y_{\max} = \frac{qL^4}{384EI}(\downarrow) ◀$$

【註】本題之邊界條件(e)，亦可使用對稱條件：$x = \dfrac{L}{2}$時，$\theta = 0$ 解得。

8-15 圖中長度為 L 之支撐懸臂梁 AB 承受均佈負荷 q，試求(a)梁之支承反力，(b)撓度曲線方程式，(c)最大撓度及其位置，(d)剪力圖與彎矩圖。

【答】(a)$R_A = \dfrac{5}{8}qL$，$M_A = \dfrac{1}{8}qL^2$，$R_B = \dfrac{3}{8}qL$，(b) $y = -\dfrac{qx^2}{48EI}(3L^2-5Lx+2x^2)$

(c)$x_0 = 0.5785L$，$y_{\max} = 0.005416\dfrac{qL^4}{EI}$

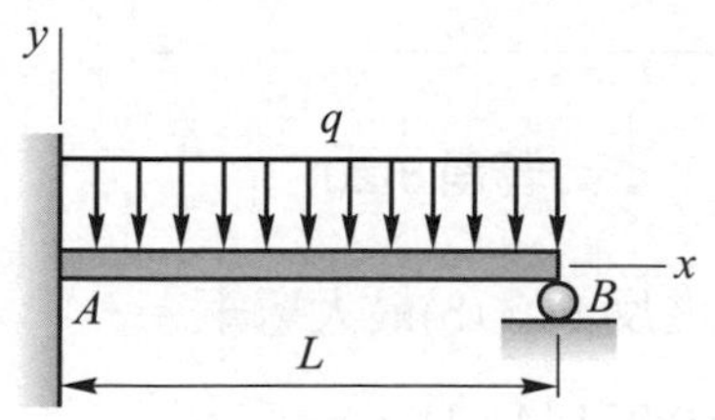

習題 8-15

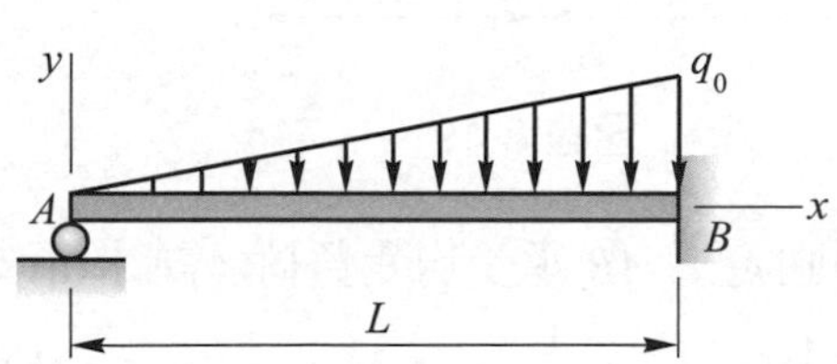

習題 8-16

8-16 圖中長度爲 L 之支撐懸臂梁 AB 承受均變負荷，試求(a)支承 A 之反力，(b)撓度曲線方程式，(c)A 端之斜角。

【答】(a) $R_A=\dfrac{1}{10}q_0L$，(b) $y=\dfrac{q_0}{120LEI}(-x^5+2L^2x^3-L^4x)$，(c) $\theta_A=\dfrac{q_0L^3}{120EI}$(cw)

8-17 圖中固定梁 AB 在中點 C 承受一集中負荷 P，試求(a)支承反力，(b)AC 段之撓度曲線方程式，(c)最大撓度。

【答】(a) $R_A=R_B=\dfrac{P}{2}$，$M_A=M_B=\dfrac{PL}{8}$，(b) $y=-\dfrac{Px^2}{48EI}(3L-4x)$，(c) $\delta_{\max}=\dfrac{PL^3}{192EI}(\downarrow)$

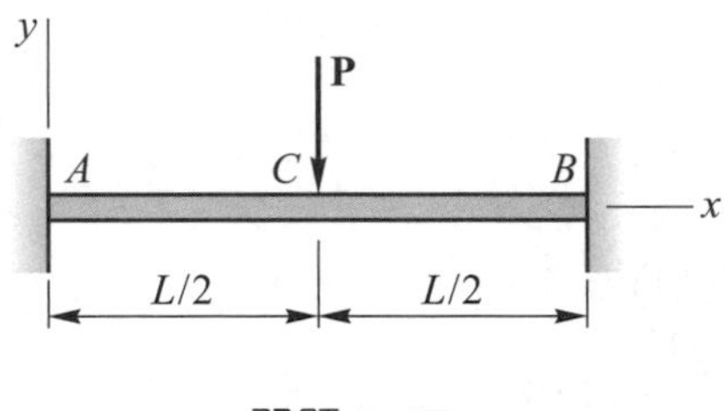

習題 8-17

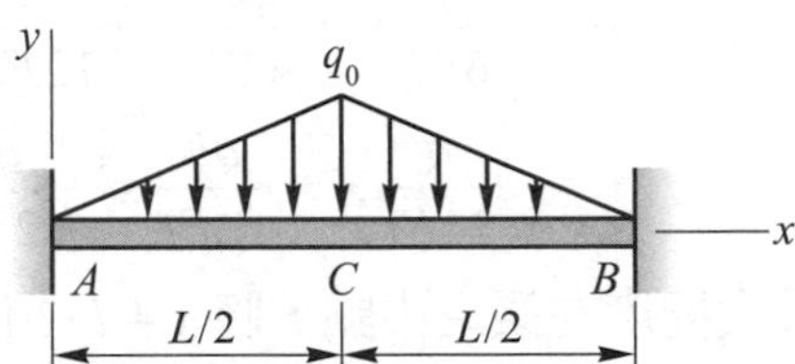

習題 8-18

8-18 圖中固定梁 AB 承受均變負荷，由兩端爲零直線變化至中點最大值爲 q_0，試求(a)支承反力，(b)彎矩圖。

【答】(a) $R_A=R_B=\dfrac{1}{4}q_0L$，$M_A=M_B=\dfrac{5}{96}q_0L^2$，(b)$M_C=\dfrac{1}{32}q_0L^2$

8-19 圖中固定梁 AB 在中點 C 承受一順時針方向之力偶矩 M_0，試求(a)支承反力，(b)AC 段$(0\le x\le L/2)$之撓度曲線方程式。

【答】(a) $R_A=\dfrac{3M_0}{2L}(\downarrow)$，$R_B=\dfrac{3M_0}{2L}(\uparrow)$，$M_A=M_B=\dfrac{M_0}{4}$(cw)，(b) $y=\dfrac{M_0}{8EI}x^2-\dfrac{M_0}{4LEI}x^3$

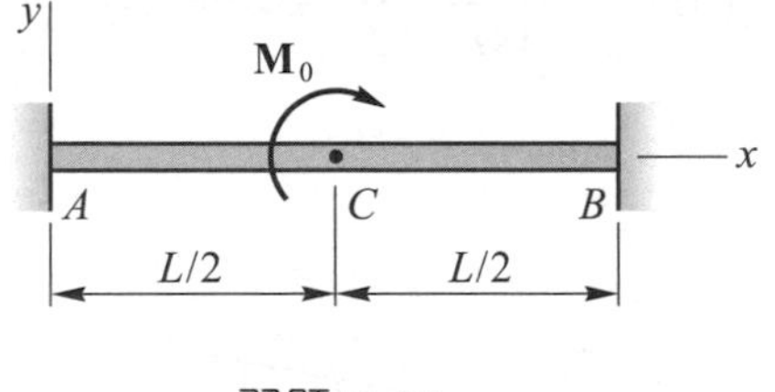

習題 8-19

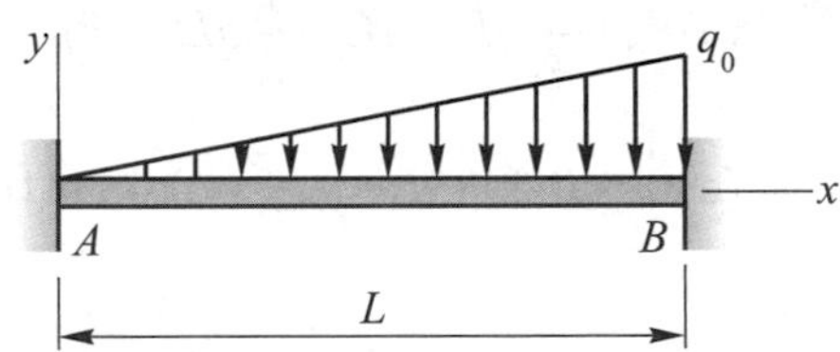

習題 8-20

8-20 圖中固定梁 AB 承受均變負荷，試求(a)支承 A 之反力，(b)最大彎矩。

【答】(a) $R_A=\dfrac{3}{20}q_0L$，$M_A=\dfrac{1}{30}q_0L^2$，(b)$M_{\max}=0.02144q_0L^2$，

8-21 圖中支撐懸臂梁在中點 C 承受一集中負荷 P，試求(a)支承反力，(b)撓度曲線方程式，(c)剪力圖與彎矩圖。

【答】(a) $R_A = \dfrac{11}{16}P$，$M_A = \dfrac{3}{16}PL$，$R_B = \dfrac{5}{16}P$，

(b) $y_1 = -\dfrac{Px^2}{96EI}(9L-11x)$，$0 \le x \le \dfrac{L}{2}$，

$y_2 = -\dfrac{P}{96EI}(-2L^3+12L^2x-15Lx^2+5x^2)$，$\dfrac{L}{2} \le x \le L$

習題 8-21

習題 8-22

8-22 圖中長度爲 L 之懸臂梁在 B 端以線性彈簧(彈簧常數爲 k)支撐，梁承受強度爲 q 之均佈負荷，試求 B 端之撓度。未受負荷時彈簧爲自由長度。

【答】$\delta_B = \dfrac{3qL^4}{24EI + 8kL^3}$

8-4 奇異函數

以積分法求梁的撓度曲線方程式時，若整根梁之彎矩以一個連續函數即可表示，用積分法分析甚爲方便。但若梁上同時承受有數個負荷時，以積分法分析將變的很複離，因爲此種情況必須將彎矩函數分成數段來表示，每存在一個分段點(即不連續負荷之作用點)，將多出二個積分常數，需要多用二個連續性條件求解(參考例題 8-3)。例如圖 8-10 中之梁，有三個負荷不連續之點(B、C、D 三點)，彎矩函數必須分四段(AB、BC、CD 及 DE)表示，由二階之彎矩方程式將各段積分二次便可求得撓度曲線方程式(亦分四段表示)。各段積分二次，四段總共出現 8 個積分常數，這些積分常數必須使用 A、E 兩點撓度爲零之邊界條件，以及 B、C、D 三點斜角與撓度相等之六個連續性條件方可解出，複雜性由此可見。

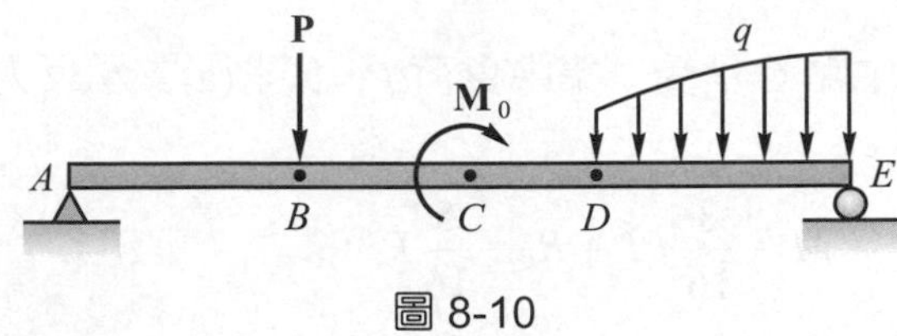

圖 8-10

本節將討論另一種積分方法，不論梁上有幾個不連續負荷，僅用單一個彎矩函數，由二階之彎矩方程式($EIy'' = M$)積分兩次，出現的二個積分常數，用二個邊界條件即可解出，而不必使用連續性條件，使得分析過程簡化很多。

爲了用單一函數來表示梁的彎矩，將利用奇異函數(singularity function)或不連續函數(discontinuity function)之數學公式，將梁的彎矩寫爲

$$\langle x-a\rangle^n = \begin{cases} 0 & ,x<a \\ (x-a)^n & ,x\ge a \end{cases} \quad ,n\ge 0 \tag{8-9}$$

其中 x 爲梁上任一點之位置坐標，而 a 爲負荷不連續之位置。不連續之負荷包括集中負荷、力偶矩及分佈負荷之起點與終點。奇異函數$\langle x-a\rangle^n$是用角括號表示，以區別一般的小括號函數$(x-a)^n$，在公式(8-9)中，當 $x\ge a$ 時$\langle x-a\rangle^n=(x-a)^n$，而 $x<a$ 時$\langle x-a\rangle^n=0$。奇異函數的積分亦遵循一般函數的積分運算規則，即

$$\int\langle x-a\rangle^n dx = \frac{\langle x-a\rangle^{n+1}}{n+1}+C \tag{8-10}$$

梁上承受各種負荷時可應用奇異函數表示其彎矩方程式，進而積分求得斜角與撓度方程式。以下針對梁上常見的四種負荷，將其所生之彎矩以奇異函數表示。

1. 力偶矩

參考圖 8-11 中所示，梁在 A 點承受一逆時針方向之力偶矩 M_0，位於 A 點右側($x\ge a$)之斷面 D，由$\Sigma M_D=0$ 可得彎矩 $M=-M_0$，而在 A 點左側($x<a$)斷面之彎矩 $M=0$，故梁上任一斷面之彎矩用奇異函數表示爲

$$M=-M_0\langle x-a\rangle^0 \tag{8-11}$$

上式中當 $x\ge a$ 時 $M=-M_0(x-a)^0=-M_0$，而 $x<a$ 時，$M=0$。注意，梁上承受逆時針方向之力偶矩 M_0 時，將使梁斷面承受負彎矩，而力偶矩 M_0 爲順時針方向時，將使梁斷面承受正彎矩。

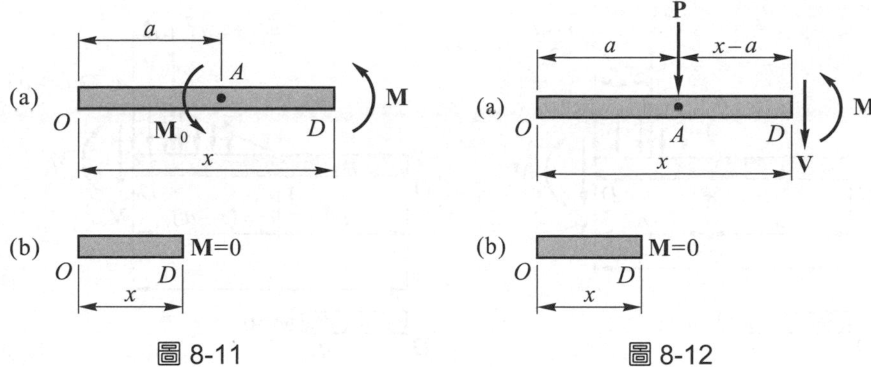

圖 8-11　　圖 8-12

2. 集中負荷

參考圖 8-12 所示，梁在 A 點承受向下之集中負荷，位於 A 點右側($x \geq a$)之斷面 D，由$\sum M_D = 0$ 可得彎矩 $M = -P(x-a)$，而在 A 點左側($x < a$)斷面之彎矩 $M = 0$，故梁上任一斷面之彎矩用奇異函數表示為

$$M = -P\langle x-a\rangle^1 \tag{8-12}$$

當集中負荷 P 向下時將使梁斷面承受負彎矩，而 P 向上時將使梁斷面承受正彎矩。

3. 均佈負荷

參考圖 8-13 中所示，梁在 A 點開始承受均佈負荷 q，位於 A 點右側($x \geq a$)之斷面 D，由$\sum M_D = 0$ 可得彎矩 $M = -\dfrac{1}{2}q(x-a)^2$，而在 A 點左側($x < a$)斷面之彎矩 $M = 0$，故梁上任一斷面之彎矩用奇異函數表示為

$$M = -\frac{1}{2}q\langle x-a\rangle^2 \tag{8-13}$$

當 q 向下時梁斷面承受負彎矩，而 q 向上時梁斷面承受正彎矩。

4. 均變負荷(直線變化之分佈負荷)

參考圖 8-14 中所示，梁在 A 點開始承受斜率為 k 之均變負荷，位於 A 點右側($x \geq a$)之斷面 D，由$\sum M_D = 0$ 可得彎矩 $M = -\dfrac{k}{6}q(x-a)^3$，而在 A 點左側($x < a$)斷面之彎矩 $M = 0$，故梁上任一斷面之彎矩用奇異函數表示為

$$M = -\frac{k}{6}\langle x-a\rangle^3 \tag{8-14}$$

當均變負荷向下時梁斷面承受負彎矩，而均變負荷向上時梁斷面承受正彎矩。

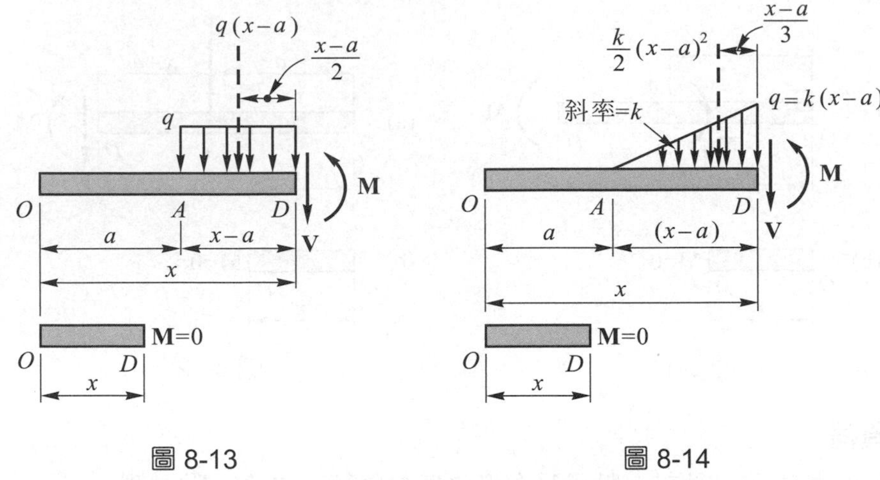

圖 8-13　　圖 8-14

對於承受數個負荷之梁，爲瞭解以奇異函數表示梁斷面彎矩之方便，參考圖 8-15 之簡支梁。梁中有三個負荷不連續之點(B、C、D 三點)，其彎矩函數必須分成四段表示，即

$0 \leq x \leq x_1$，$M_1 = R_A x$

$x_1 \leq x \leq x_2$，$M_2 = R_A x - P(x - x_1)$

$x_2 \leq x \leq x_3$，$M_3 = R_A x - P(x - x_1) + M_0$

$x_3 \leq x \leq L$，$M_4 = R_A x - P(x - x_1) + M_0 - q(x - x_3)^2/2$

若使用奇異函數，上列四個彎矩函數用一個奇異函數便可表示，即

$$M = R_A x - P\langle x - x_1\rangle^1 + M_0\langle x_1 - x_2\rangle^0 - \frac{q}{2}\langle x - x_3\rangle^2 \tag{8-15}$$

將公式(8-15)積分二次，再利用二個邊界條件，即可求得梁的撓度曲線方程式。參考例題 8-9 與例題 8-10 之說明。

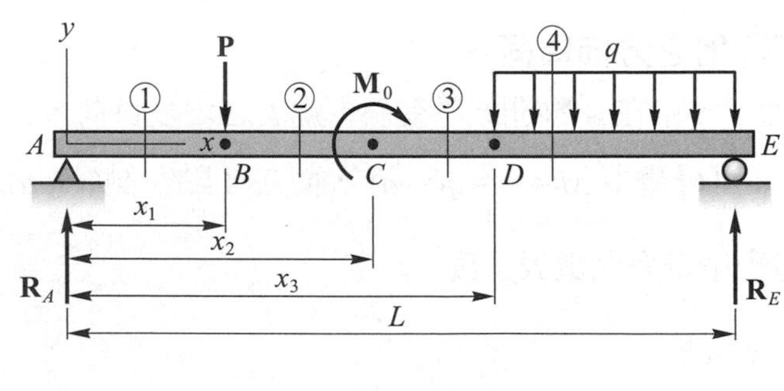

圖 8-15

用奇異表示彎矩函數時，不允許分佈負荷在梁上中斷，必須連續分佈至梁之最右端或終端，若分佈負荷未連續分佈至梁之最右端，如圖 8-16 所示，此種情況必須使用重疊原理，以兩個連續分佈至最右端之等效分佈負荷取代。

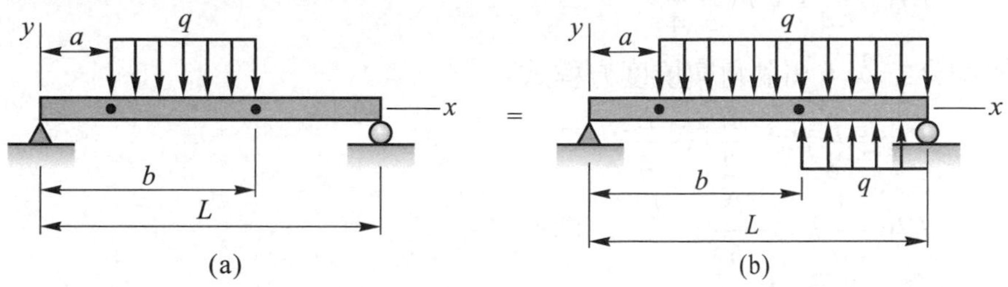

圖 8-16

對於靜不定梁，亦可以用奇異函數分析，與上一節之積分法類似，首先選定贅力，然後將梁之彎矩以一個奇異函數表示，其中包括梁之外力與贅力，積分兩次後利用邊界條件解出積分常數與贅力，便可求得梁的撓度曲線方程式，並由平衡方程式求得其餘之未知反力，參考例題 8-11 之說明。

例題 8-9

同例題 8-3 之簡支梁，用奇異函數法試求(a)D 點之撓度，(b)中點($x = L/2$)之撓度，(c)最大撓度。

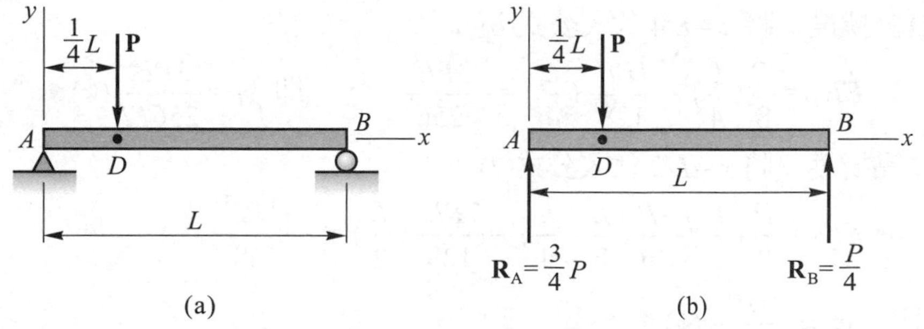

【解】用平衡方程式求得梁之支承反力，如(b)圖所示

$$R_A = \frac{3}{4}P \quad , \quad R_B = \frac{P}{4}$$

用奇異函數表示梁內之彎矩

$$M=\frac{3}{4}P\langle x-0\rangle^1-P\langle x-\frac{L}{4}\rangle^1=\frac{3}{4}Px-P\langle x-\frac{L}{4}\rangle \quad (1)$$

由二階之彎矩方程式，即公式(8-3)

$$EIy''=\frac{3}{4}Px-P\langle x-\frac{L}{4}\rangle \quad (2)$$

連續積分二次，得斜角與撓度方程式

$$EIy'=\frac{3}{8}Px^2-\frac{P}{2}\langle x-\frac{L}{4}\rangle^2+C_1 \quad (3)$$

$$EIy=\frac{1}{8}Px^3-\frac{P}{6}\langle x-\frac{L}{4}\rangle^3+C_1x+C_2 \quad (4)$$

邊界條件(a)：$x=0$，$y=0$，代入公式(4)，得 $C_2=0$

邊界條件(b)：$x=L$，$y=0$，代入公式(4)

$$\frac{1}{8}PL^3-\frac{P}{6}(L-\frac{L}{4})^3+C_1L=0 \quad ，\quad 得\ C_1=-\frac{7PL^2}{128}$$

故梁的撓度曲線方程式用奇異函數表示爲

$$EIy=\frac{P}{8}x^3-\frac{P}{6}\langle x-\frac{L}{4}\rangle^3-\frac{7PL^2}{128}x \quad (5)$$

若分成 AD 與 DB 兩段表示爲

$$0\le x\le\frac{L}{4} \quad ，\quad EIy=\frac{P}{8}x^3-\frac{7PL^2}{128}x \quad (6)$$

$$\frac{L}{4}\le x\le L \quad ，\quad EIy=\frac{P}{8}x^3-\frac{P}{6}(x-\frac{L}{4})^3-\frac{7PL^2}{128}x \quad (7)$$

(a) D 點撓度：將 $x=L/4$ 代入公式(6)

$$EIy_D=\frac{P}{8}(\frac{L}{4})^3-\frac{7PL^2}{128}(\frac{L}{4})=-\frac{3PL^3}{256} \quad ，\quad 即\ y_D=\frac{3PL^3}{256EI}(\downarrow)◀$$

(b) 中點撓度：將 $x=L/2$ 代入公式(7)

$$EIy_C=\frac{P}{8}(\frac{L}{2})^3-\frac{P}{6}(\frac{L}{2}-\frac{L}{4})^3-\frac{7PL^2}{128}(\frac{L}{2})=-\frac{11PL^3}{768} \quad ，$$

即 $y_C=\dfrac{11PL^3}{768EI}(\downarrow)$◀

(c) 最大撓度在 DB 間，且 $y'=0$，由公式(3)，$\dfrac{3P}{8}x^2-\dfrac{P}{2}(x-\dfrac{L}{4})^2-\dfrac{7PL^2}{128}=0$

得 $16x^2-32Lx+11L^2=0$ ，解得 $x=0.441L$

代入公式(7)：

$$EIy_{max} = \frac{P}{8}(0.441L)^3 - \frac{P}{6}(0.441L - 0.25L)^3 - \frac{7PL^2}{128}(0.441L) = -0.014558PL^3$$

故 $y_{max} = 0.014558\dfrac{PL^3}{EI}(\downarrow)$◀

例題 8-10

圖中簡支梁承受均變負荷(由兩端為零直線變化至中點 C 最大值為 q_0)，試求(a)撓度曲線方程式，(b)A 端的斜角，(c)最大撓度。

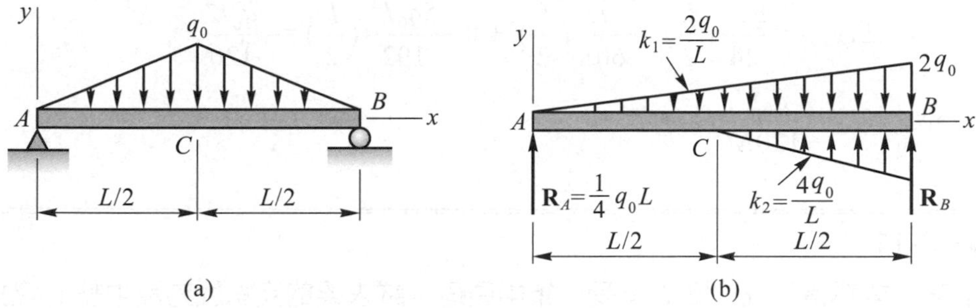

【解】本題之均變負荷在中點 C 呈不連續之變化，故必須分成 AB 間向下之均變負荷(斜率 $k_1 = 2q_0/L$)與 CB 間向上之均變負荷(斜率 $k_2 = 4q_0/L$)兩部份重疊，如(b)圖所示。用奇異函數表示梁內之彎矩為

$$M = R_Ax - \frac{k_1}{6}x^3 - \frac{k_2}{6}\langle x - \frac{L}{2}\rangle^3 = \frac{q_0L}{4}x - \frac{q_0}{3L}x^3 + \frac{2q_0}{3L}\langle x - \frac{L}{2}\rangle^3 \tag{1}$$

由二階之彎矩方程式，即公式(8-3)

$$EIy'' = \frac{q_0L}{4}x - \frac{q_0}{3L}x^3 + \frac{2q_0}{3L}\langle x - \frac{L}{2}\rangle^3 \tag{2}$$

積分兩次得

$$EIy' = \frac{q_0L}{8}x^2 - \frac{q_0}{12L}x^4 + \frac{q_0}{6L}\langle x - \frac{L}{2}\rangle^4 + C_1 \tag{3}$$

$$EIy = \frac{q_0L}{24}x^3 - \frac{q_0}{60L}x^5 + \frac{q_0}{30L}\langle x - \frac{L}{2}\rangle^5 + C_1x + C_2 \tag{4}$$

邊界條件(a)：$x = 0$，$y = 0$，代入公式(4)，得 $C_2 = 0$

邊界條件(b)：$x = L$，$y = 0$，代入公式(4)

$$\frac{q_0L^4}{24} - \frac{q_0L^4}{60} + \frac{q_0}{30L}(L - \frac{L}{2})^5 + C_1L = 0 \quad ， \quad 得\ C_1 = -\frac{5q_0L^3}{192}$$

(a) 將 C_1 與 C_2 代入公式(3)與(4)，可得梁之斜角與撓度方程式

$$EIy' = EI\theta = \frac{q_0L}{8}x^2 - \frac{q_0}{12L}x^4 + \frac{q_0}{6L}\langle x-\frac{L}{2}\rangle^4 - \frac{5q_0L^3}{192} \tag{5}$$

$$EIy = \frac{q_0L}{24}x^3 - \frac{q_0}{60L}x^5 + \frac{q_0}{30L}\langle x-\frac{L}{2}\rangle^5 - \frac{5q_0L^3}{192}x \blacktriangleleft \tag{6}$$

(b) A 端的斜角，將 $x = 0$ 代入公式(5)得

$$EI\theta_A = -\frac{5q_0L^3}{192}, \quad 即 \ \theta_A = \frac{5q_0L^3}{192EI} \ (\text{ccw}) \blacktriangleleft$$

(c) 最大撓度在中點 C，將 $x = L/2$ 代入公式(6)

$$EIy_{\max} = \frac{q_0L}{24}(\frac{L}{2})^3 - \frac{q_0}{60L}(\frac{L}{2})^5 + 0 - \frac{5q_0L^3}{192}(\frac{L}{2}) = -\frac{q_0L^4}{120}$$

故 $y_{\max} = \dfrac{q_0L^4}{120EI}(\downarrow) \blacktriangleleft$

例題 8-11

圖中之支撐懸臂梁在中點 C 承受一集中負荷，試求梁的支承反力及中點 C 之撓度。

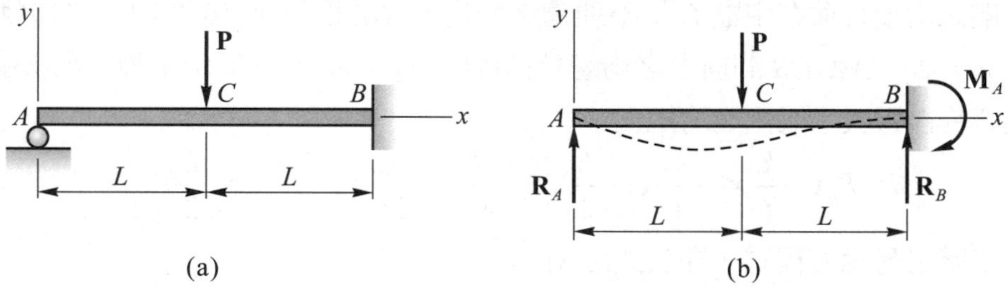

【解】本題之支撐懸臂梁爲一度靜不定。設取支承 A 之反力 R_A 爲贅力，將梁釋放爲懸臂梁，並同時承受外力 P 與贅力 R_A，如(b)圖所示。梁內之彎矩以奇異函數表示爲

$$M = R_Ax - P\langle x-L\rangle \tag{1}$$

由二階之彎矩方程式，即公式(8-3)得

$$EIy'' = R_Ax - P\langle x-L\rangle \tag{2}$$

積分兩次得

$$EIy' = \frac{R_A}{2}x^2 - \frac{P}{2}\langle x-L\rangle^2 + C_1 \tag{3}$$

$$EIy = \frac{R_A}{6}x^3 - \frac{P}{6}\langle x-L\rangle^3 + C_1x + C_2 \tag{4}$$

邊界條件(a)：$x=0$，$y_A=0$，代入公式(4)，得 $C_2=0$

邊界條件(b)：$x=2L$，$y'_B=0$，代入公式(3)

$$\frac{R_A}{2}(2L)^2-\frac{P}{2}L^2+C_1=0 \tag{5}$$

邊界條件(c)：$x=2L$，$y_B=0$，代入公式(4)

$$\frac{R_A}{6}(2L)^3-\frac{P}{6}L^3+C_1(2L)=0 \tag{6}$$

將公式(5)與(6)聯立，解得 $C_1=-\dfrac{PL^2}{8}$ ，$R_A=\dfrac{5P}{16}$ ◄

由平衡方程式：

$$\sum F_y=0 \text{，} \quad R_A+R_B=P \text{，} \quad 得\ R_B=\frac{11P}{16} ◄$$

$$\sum M_B=0 \text{，} \quad M_B+R_A(2L)-PL=0 \text{，} \quad 得\ M_B=\frac{3PL}{8} ◄$$

將 C_1 與 C_2 與 R_A 代入公式(4)，可得撓度曲線方程式爲

$$EIy=\frac{5P}{96}x^3-\frac{P}{6}\langle x-L\rangle^3-\frac{PL^2}{8}x \tag{7}$$

中點 C 之撓度：將 $x=L$ 代入公式(7)

$$EIy_C=\frac{5P}{96}(L^3)-\frac{PL^2}{8}(L)=-\frac{7PL^3}{96} \text{，} \quad 得\ y_C=\frac{7PL^3}{96EI}(\downarrow) ◄$$

習 題

下列各題以奇異函數求解。

8-23 圖中懸臂梁在 CB 段承受均佈負荷 q，試求自由端(B 端)之斜角與撓度。

【答】$\theta_B=\dfrac{7q_0L^3}{48EI}$，$y_B=\dfrac{41q_0L^4}{384EI}$

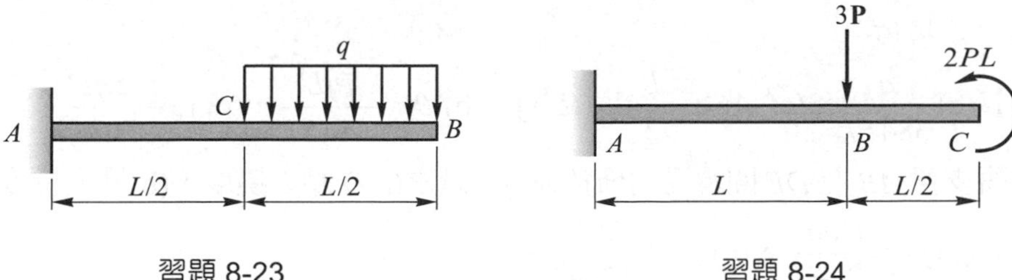

習題 8-23　　習題 8-24

8-24 圖中懸臂梁，試求 B、C 兩點之撓度。

【答】$y_B=0$，$y_C=\dfrac{PL^3}{2EI}(\uparrow)$

8-25 圖中簡支梁，試求 B 點撓度與最大撓度。

【答】$y_B=\dfrac{5Pa^3}{6EI}$，$y_{max}=\dfrac{23Pa^3}{24EI}$

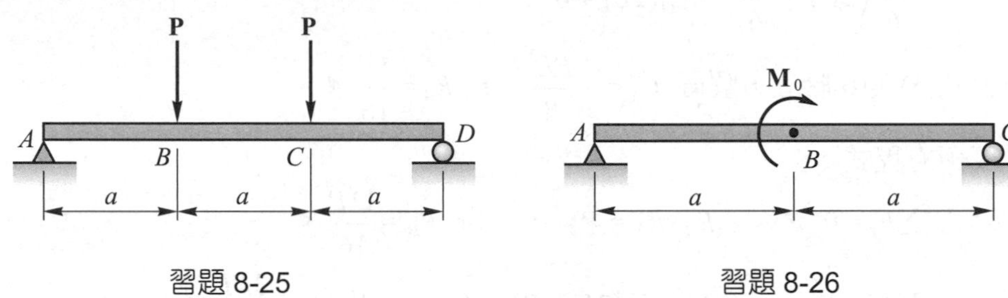

習題 8-25　　習題 8-26

8-26 圖中簡支梁在中點 B 承受一力偶矩 M_0，試求梁之最大撓度。

【答】$y_{max}=\dfrac{\sqrt{3}M_0a^2}{54EI}$

8-27 圖中外伸梁在 B、D 兩點承受集中負荷 P，試求(a)A 端斜角，(b)B 點撓度，(c)D 端撓度。

【答】(a)$\theta_A=\dfrac{Pa^2}{12EI}$，(b) $y_B=\dfrac{Pa^3}{12EI}(\uparrow)$，(c) $y_D=\dfrac{3Pa^3}{4EI}(\downarrow)$

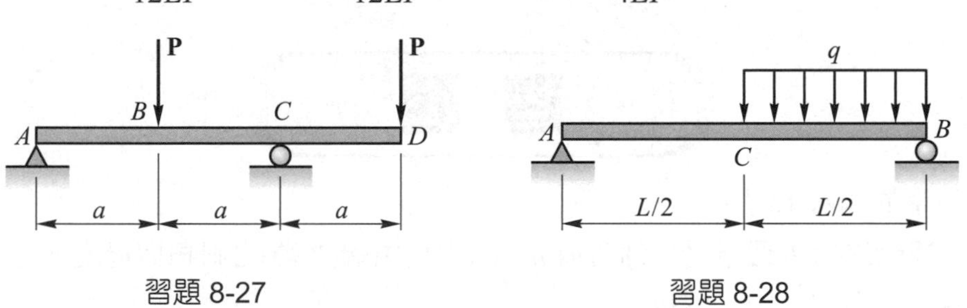

習題 8-27　　習題 8-28

8-28 圖中簡支梁在 CB 間承受均佈負荷 q，試求(a)梁的撓度曲線方程式，(b)A 端斜角，(c)中點 C 之撓度。

【答】(a)$\dfrac{q}{384EI}[8Lx^3-16\langle x-\dfrac{L}{2}\rangle^4-7L^3x]$，(b) $\theta_A=\dfrac{7qL^3}{384EI}$，(c) $y_C=\dfrac{5qL^4}{768EI}$

8-29 圖中簡支梁 AB 在 DE 間承受均佈負荷 q，試求(a)D 點之撓度，(b)最大撓度。

【答】(a) $y_D=\dfrac{11qa^4}{24EI}$，(b) $y_{max}=\dfrac{205qa^4}{384EI}$

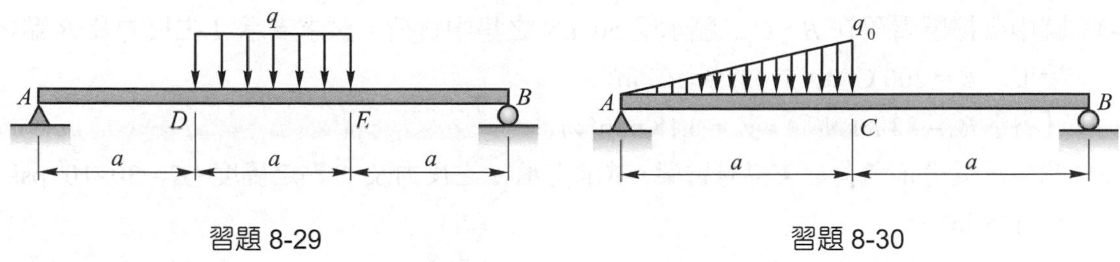

習題 8-29　　　習題 8-30

8-30 圖中簡支梁在 AC 間承受均變負荷，試求(a)梁中點 C 之撓度，(b)最大撓度。

【答】(a) $y_C=\dfrac{q_0a^4}{15EI}$，(b) $y_{max}=0.06703\,\dfrac{q_0a^4}{EI}$

8-31 試求圖中懸臂梁在 B 點之斜角與 A 端之撓度。$E=200\text{GPa}$，$I=3.204\times10^{-6}\text{m}^4$

【答】$\theta_B=0.612\times10^{-3}\text{rad}$，$y_A=0.536\text{mm}$

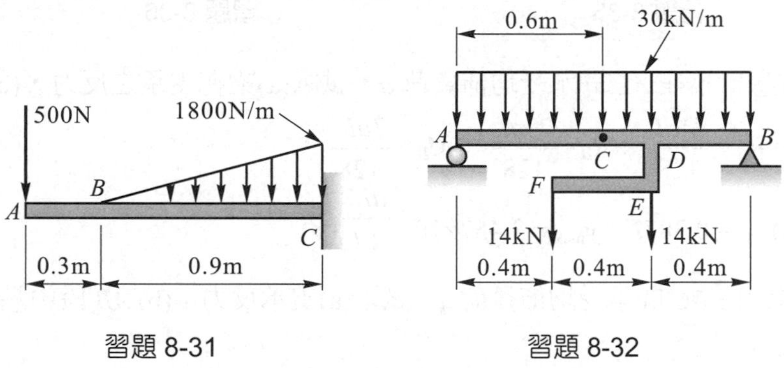

習題 8-31　　　習題 8-32

8-32 試求圖中簡支梁在中點 C 之撓度。$E=200\text{GPa}$，$I=3\times10^{-6}\text{m}^4$。

【答】$y_C=3.248$ mm

8-33 圖中支撐懸臂梁 AB 在中點 C 承受一力偶矩 M_0，試求梁在支承 A 之反力與中點 C 之撓度。

【答】$R_A=\dfrac{9M_0}{8L}(\uparrow)$，$y_C=\dfrac{M_0L^2}{128EI}(\downarrow)$

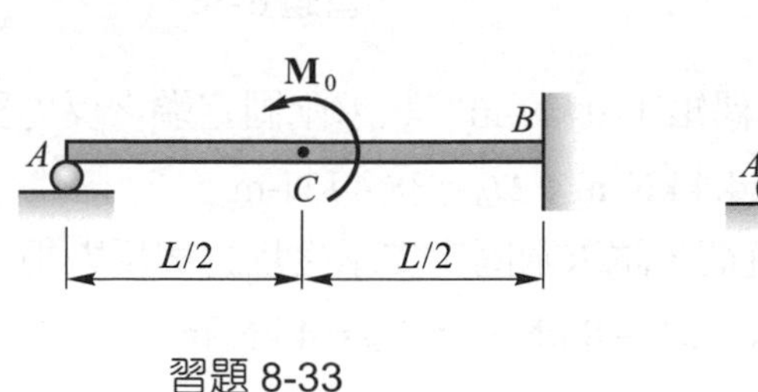

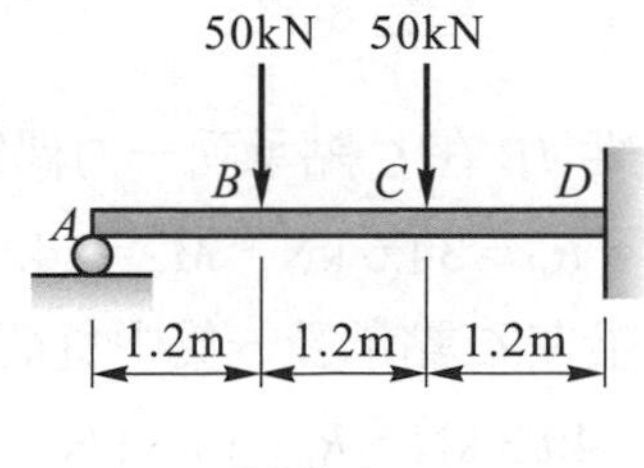

習題 8-33　　　習題 8-34

8-34 圖中支撐懸臂梁在 B、C 二點承受 50 kN 之集中負荷，試求支承 A 之反力及 B 點之撓度。$E = 200$ GPa，$I = 52.9\times10^{-6}\text{m}^4$。

【答】$R_A = 33.3$ kN(↑)，$y_B = 3.18$ mm(↓)

8-35 圖中承受分佈負荷之支撐懸臂梁，試求支承 A 之反力及 C 點之撓度。$E = 30\times10^6$ psi，$I = 118\ \text{in}^4$。

【答】$R_A = 5.58$ kips，$y_C = 0.103$ in

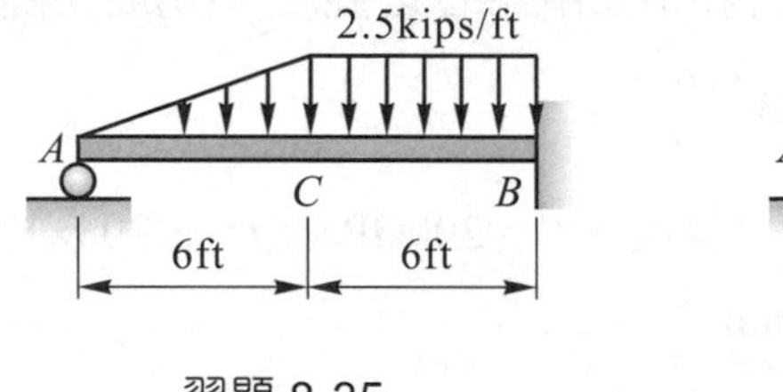

習題 8-35

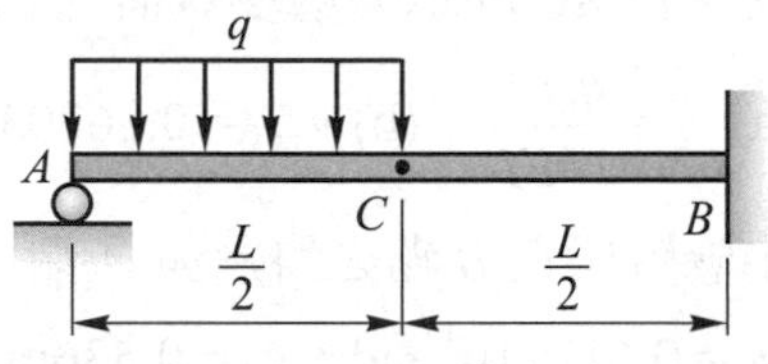

習題 8-36

8-36 圖中支撐懸臂梁在 AC 間承受均佈負荷 q，試求(a)梁在支承之反力，(b)最大撓度。

【答】(a) $R_A = \dfrac{41qL}{128}$，$R_B = \dfrac{23qL}{128}$，$M_B = \dfrac{7qL^2}{128}$，

(b) $x_0 = 0.387L$，$y_{\max} = 3.457\times10^{-3}\dfrac{qL^4}{EI}$(↓)

8-37 圖中連續梁在 BC 間承受均佈負荷 q，試求(a)支承反力，(b) AB 段中點(距離 A 端 $L/2$ 處)之撓度。

【答】(a) $R_A = \dfrac{qL}{16}$(↓)，$R_B = \dfrac{5qL}{8}$(↑)，$R_C = \dfrac{7qL}{16}$(↑)，(b) $y = \dfrac{qL^4}{256EI}$(↑)

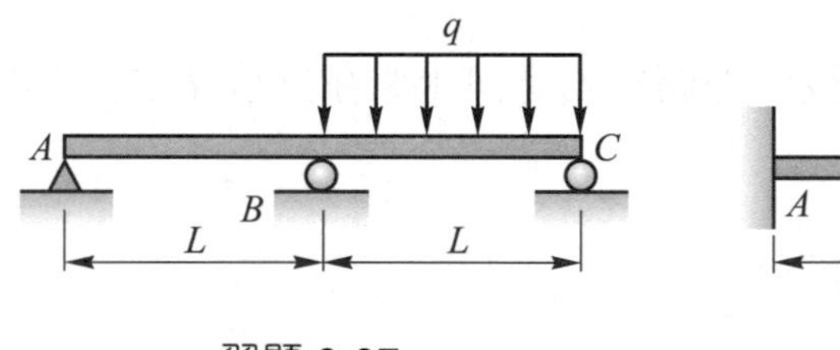

習題 8-37

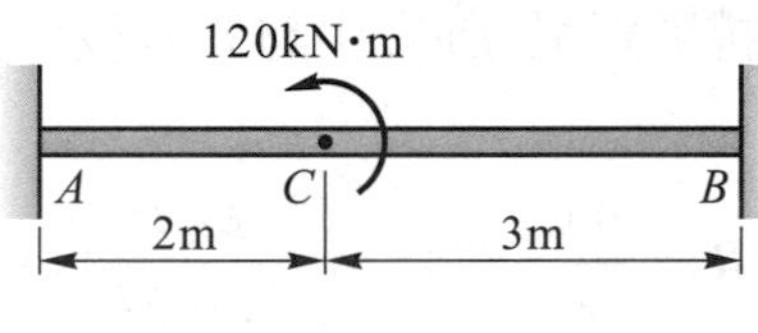

習題 8-38

8-38 圖中固定梁 AB 在 C 點承受一力偶矩 120 kN-m，試求兩固定端之反力與反力矩。

【答】$R_A = R_B = 34.6$ kN，$M_A = 14.4$ kN-m，$M_B = 38.4$ kN-m

8-39 圖中固定梁在 C 點承受一集中負荷，試求兩固定支承之反力與反力矩。

【答】$R_A = 40/3$ kN，$R_B = 14/3$ kN，$M_A = 8$ kN-m，$M_B = 4$ kN-m

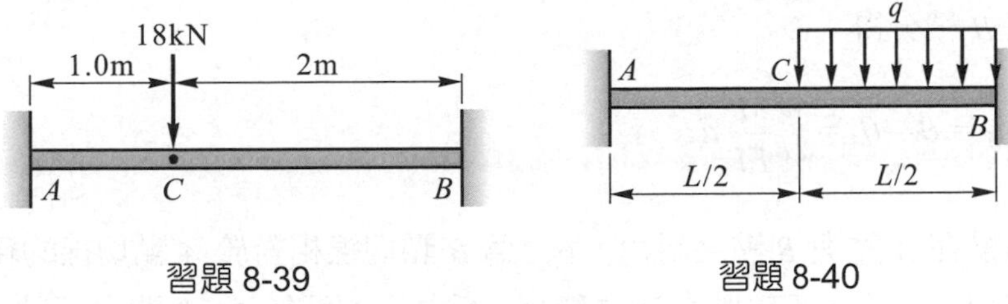

習題 8-39　　習題 8-40

8-40 圖中固定梁在 CB 間承受均佈負荷，試求(a)固定支承 A 之反力與反力矩，(b)C 點之斜角與撓度。

【答】(a) $R_A=\dfrac{3qL}{32}$，$M_A=\dfrac{5qL^2}{192}$，(b) $\theta_C=\dfrac{qL^3}{768EI}$，$y_C=\dfrac{qL^4}{768EI}$

8-5 彎矩面積法

上述之積分法及奇異函數法都是以數學方法先解出梁的撓度曲線方程式，再求出梁上某些特殊點之撓度，對於僅需知道梁上某些特殊點撓度之場合，這些方法則顯得過於複雜，因此本節將提供一種簡便之半圖解法，稱爲彎矩面積法(moment-area method)，此方法是利用梁的彎矩圖面積爲基礎來分析，當彎矩圖面積爲簡單的形狀(如長方形、三角形)，此種方法相當方便。又梁有數段不同慣性矩之斷面時，不適合使用積分法或奇異函數法，亦可使用彎矩面積法來分析。

使用彎矩面積法之前將先推導出兩個定理，再應用此兩個定理作分析。同樣假設梁的斜角與撓度都甚小，且變形僅考慮由彎矩所造成。

考慮一承受任意負荷之梁，今在梁中任取一段 AB 作分析，此段之撓度曲線及 M/EI 圖表示於圖 8-17 中，其中 M 爲彎矩，EI 爲撓曲剛度。若梁的撓曲剛度爲常數(即梁的材質均勻且斷面均相同)，M/EI 圖與梁的彎矩圖相似，僅縱坐標之比例與單位不同。

由公式(8-1)$\theta=dy/dx$ 與公式(8-3)$\dfrac{d^2y}{dx^2}=\dfrac{M}{EI}$，可得

$$\frac{d\theta}{dx}=\frac{d^2y}{dx^2}=\frac{M}{EI}\quad，\quad 或\ d\theta=\frac{M}{EI}dx \tag{8-16}$$

將上式由 A 至 B 積分得

$$\theta_{B/A} = \theta_B - \theta_A = \int_A^B \frac{M}{EI} dx \tag{8-17}$$

式中θ_A與θ_B爲梁在 A 點與 B 點之斜角，$\theta_{B/A}$爲 B 點切線相對於 A 點切線的轉角或 A 點切線轉至 B 點切線之角度，而等號右邊之積分式爲 M/EI 圖在 A、B 間之面積，因此可得彎矩面積第一定理(first moment-area theorem)：

撓度曲線上任意兩點切線之夾角，等於其 M/EI 圖在該兩點間之面積。

需注意$\theta_{B/A}$有正負値，與 M/EI 圖面積之正負値相同，當 A、B 兩點間 M/EI 圖之面積總和爲正時，$\theta_{B/A}$爲正，表示 A、B 兩點之切線斜率爲由 A 至 B 遞增，即 A 點切線轉至 B 點切線爲逆時針方向(或 B 點切線相對於 A 點切線爲逆時針轉向)，參考圖 8-18 所示。若 A、B 間 M/EI 圖之面積和爲負時，則 A 點切線轉至 B 點切線爲順時針方向。

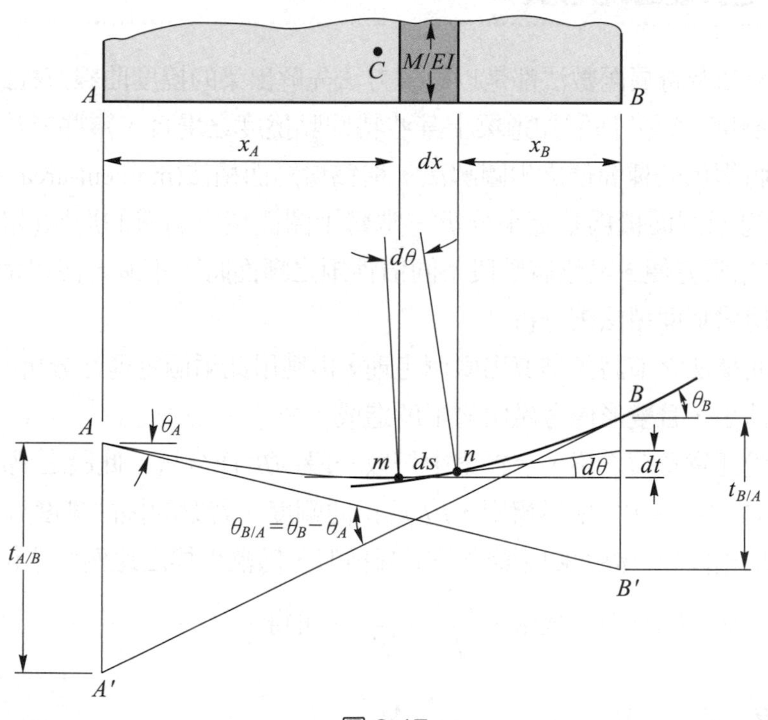

圖 8-17

圖 8-17 中，再考慮 A、B 間相距 dx 之 m、n 兩點，m 與 n 點之切線與通過 B 點之垂線交截出一長度爲 dt 之線段，由於梁的撓度甚小，梁上各點之切線斜率甚小，m、n 兩點切線之夾角 $d\theta$甚小，故 dt 可視爲半徑爲 x_B 圓心角爲 $d\theta$ 所對之圓弧，即

$$dt = x_B d\theta$$

將公式(8-16)代入上式可得

$$dt = x_B \frac{M}{EI} dx \qquad (8\text{-}18)$$

將上式由 A 至 B 積分，即可得 B'點(B 點垂線與 A 點切線之交點)至 B 點之距離，此距離以 $t_{B/A}$ 表示之，稱為 B 點相對於 A 點切線之垂直偏距(deviation)，則

$$t_{B/A} = \int_A^B x_B \frac{M}{EI} dx \qquad (8\text{-}19)$$

式中等號右側積分式為 M/EI 圖在 A、B 間之面積對 B 點垂直軸之一次矩。因此可得彎矩面積第二定理(second moment-area theorem)：

設 A、B 為撓度曲線上之任意兩點，則 B 點相對於 A 點切線之垂直偏距 $t_{B/A}$，等於 A、B 兩點間之 M/EI 圖面積對 B 點垂直軸之一次矩。

需注意 $t_{A/B}$ 不等於 $t_{B/A}$，$t_{A/B}$ 為 A、B 兩點間之 M/EI 圖面積對 A 點垂直軸之一次矩，而 $t_{B/A}$ 為對 B 點垂直軸之一次矩。

$t_{B/A}$ 或 $t_{A/B}$ 亦有正負值，當彎矩為正時，且 B 點在 A 點右方，則 M/EI 圖面積之一次矩為正，$t_{A/B}$ 為正，此時 A 點在 B 點切線的上方，參考圖 8-18 所示。若彎矩為負，且 B'點在 A'點右方，則 M/EI 圖面積之一次矩為負，$t_{A'/B'}$為負，此時 A'點在 B'點切線的下方。

彎矩面積法比較適用於靜定梁承受簡單負荷之場合，通常很容易可以看出梁的變形曲線，對於特定點的撓度可判斷為向上或下，同樣斜角亦可判斷為順或逆時針方向，因此在計算時很少使用上述之正負值慣例，一律以絕對值分析，再由判斷出之變形曲線確定撓度與斜角之正確方向。

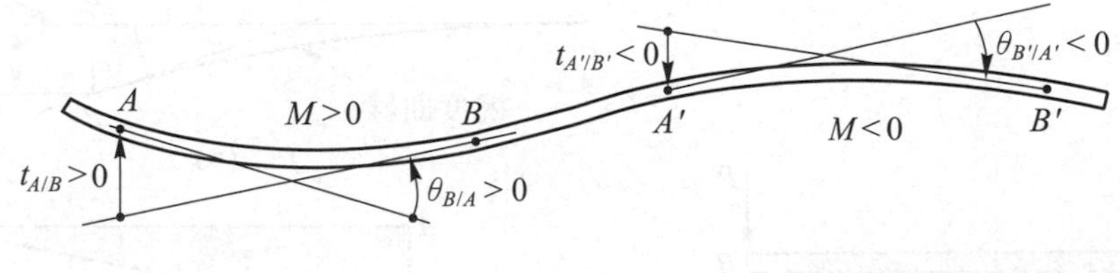

圖 8-18

上述第一定理是用以定出撓度曲線上 A、B 兩點切線之夾角 $\theta_{B/A}$，故 B 點之斜角 θ_B 僅在 A 點之斜角已知時方可求得。至於第二定理可決定撓度曲線上 B 點之垂線與 A 點切線

交點 B' 至 B 點之距離(參考圖 8-17)，故僅在 A 點之切線爲已知時，方可由偏距 $t_{B/A}$ 定出 B 點之撓度。因此，只要已知撓度曲線上某一點之切線，即可令此點之切線爲參考切線(reference tangent)，再應用彎矩面積第一與第二定理即可求得各點之斜角與撓度。茲參考下列各例題之說明。

使用彎矩面積法求斜角與撓度時，需要用到面積的大小及其形心位置，因大部份 M/EI 圖的形狀通常是矩形、三角形或抛物線段所組成，因此圖 8-19 中列出這些資料以供計算時之參考。

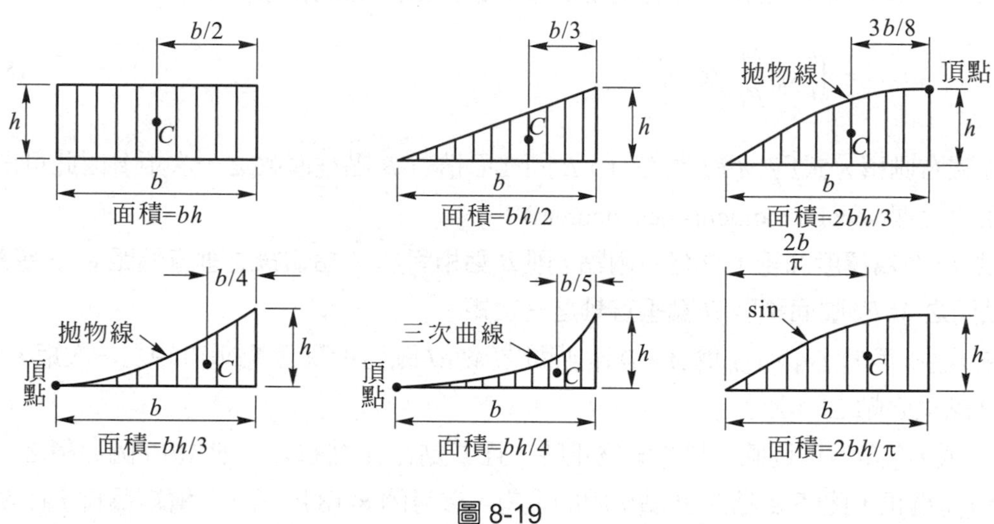

圖 8-19

例題 8-12

圖中長度為 L 之懸臂梁在自由端承受一集中負荷 P，試求自由端之斜角及撓度。

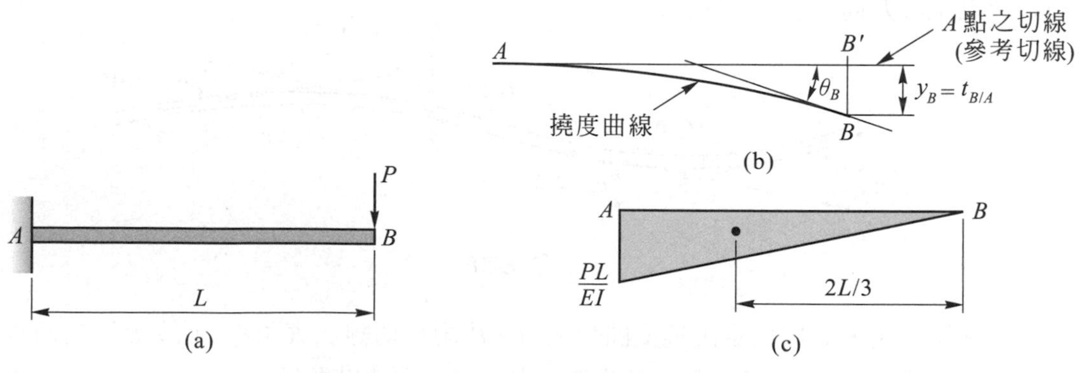

【解】繪梁之撓度曲線如(b)圖所示。由於固定端(A 點)之斜角等於零(水平切線)，$\theta_A = 0$，故$\theta_{B/A} = \theta_B - \theta_A = \theta_B$，由彎矩面積第一定理，自由端 B 點之斜角 θ_B 等於 A、B 兩點間 M/EI 圖之面積，即自由端之斜角恰爲整根懸臂梁 M/EI 圖之面積，由(c)圖所示之 M/EI 圖，得

$$\theta_B = \theta_{B/A} = \int_A^B \frac{M}{EI}dx = \frac{1}{2}\left(\frac{PL}{EI}\right)(L) = \frac{PL^2}{2EI} \blacktriangleleft$$

自由端之撓度 y_B，由(b)圖，等於 B 點相對於 A 點切線之垂直偏距 $t_{B/A}$。由彎矩面積第二定理，y_B 等於 A、B 兩點間 M/EI 圖面積對 B 點垂直軸之一次矩，即自由端之撓度爲整根懸臂梁之 M/EI 圖面積對自由端垂直軸之一次矩，故

$$y_B = t_{B/A} = \int_A^B x_B \frac{M}{EI}dx = \left[\frac{1}{2}\left(\frac{PL}{EI}\right)(L)\right]\left(\frac{2L}{3}\right) = \frac{PL^3}{3EI} \blacktriangleleft$$

【註】本題懸臂梁在 B 點斜角及撓度之方向均可直接判斷，故$\theta_{B/A}$與 $t_{B/A}$ 均以 M/EI 圖面積之絕對值分析。

例題 8-13

圖中跨距為 L 之簡支梁承受一均佈負荷 q，試求兩端之斜角及中點 C 之撓度。

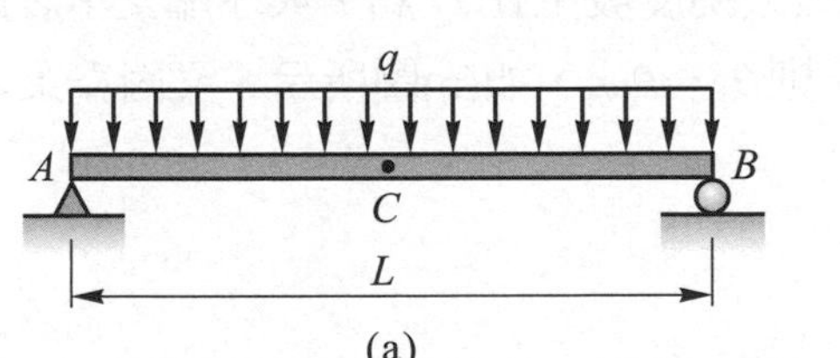

(a)

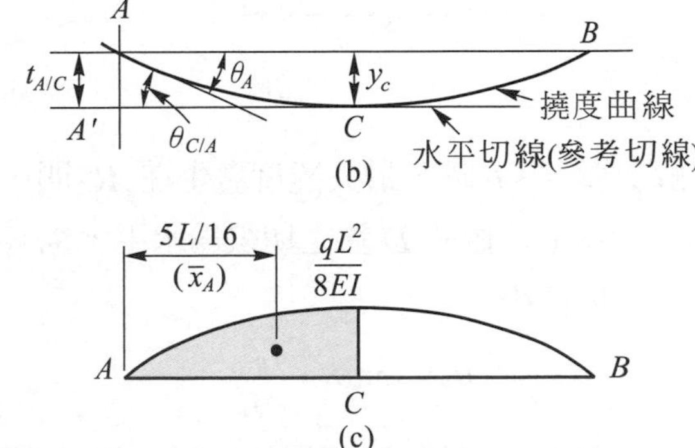

(b)
(c)

【解】本題之簡支梁承受左右對稱之負荷，其撓度曲線在中點 C 之切線爲水平，斜角等於零，即$\theta_C = 0$，因此在 A 點之斜角$\theta_A = \theta_{C/A}$，參考(b)圖所示，則由彎矩面積第一定理

$$\theta_A = \theta_{C/A} = \int_A^C \frac{M}{EI}dx = \frac{2}{3}\left(\frac{qL^2}{8EI}\right)\left(\frac{L}{2}\right) = \frac{qL^3}{24EI} \blacktriangleleft$$

中點 C 之撓度 y_C，由(b)圖，等於 A 點相對於 C 點切線之垂直偏距 $t_{A/C}$，由彎矩面積第二定理

$$y_C = t_{A/C} = \int_A^C x_A \frac{M}{EI} dx = \left[\frac{2}{3}\left(\frac{qL^2}{8EI}\right)\left(\frac{L}{2}\right)\right]\left(\frac{5L}{16}\right) = \frac{5qL^4}{384EI} \blacktriangleleft$$

例題 8-14

圖中跨距為 L 之簡支梁在 C 點承受一集中負荷 P，試求梁之最大撓度 y_{max} 及其位置 x_0。

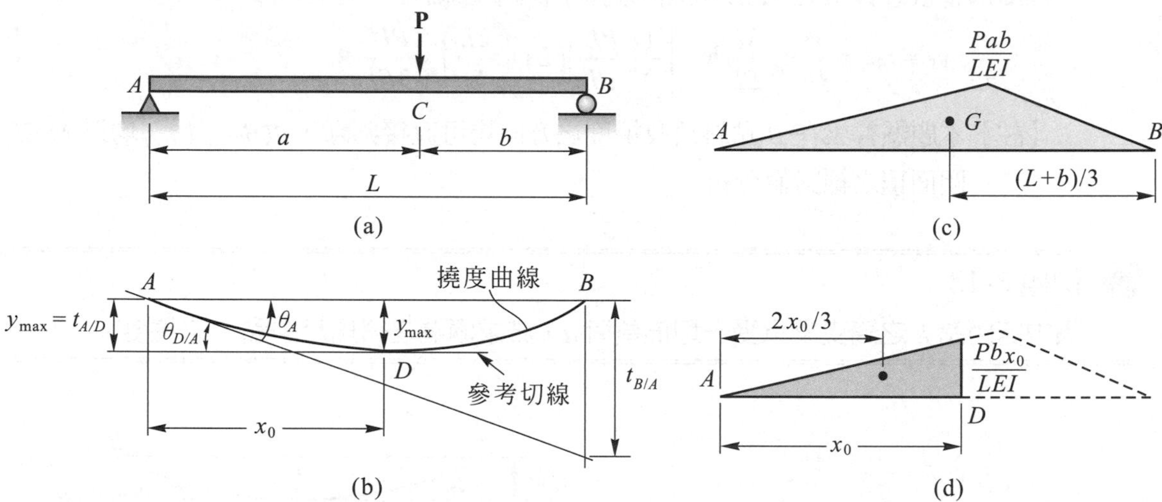

【解】當 $a > b$ 時，最大撓度發生在 AC 間，設最大撓度發生在 D 點，與左端支承之距離爲 x_0，由於 D 點之切線爲水平，$\theta_D = 0$，則 $\theta_A = \theta_{D/A}$，如(b)圖所示，又因爲梁之撓度甚小

$$\theta_A = \tan\theta_A = \frac{t_{B/A}}{L} \tag{1}$$

其中 $t_{B/A}$ 爲 B 點相對於 A 點切線之垂直偏距，由彎矩面積第二定理，並參考(c)圖，得

$$t_{B/A} = \int_A^B x_B \frac{M}{EI} dx = \left[\frac{1}{2}\left(\frac{Pab}{LEI}\right)(L)\right]\left(\frac{L+b}{3}\right) = \frac{Pab(L+b)}{6EI} \tag{2}$$

代入(1)式可得

$$\theta_A = \frac{Pab(L+b)}{6LEI} \tag{3}$$

因$\theta_A=\theta_{D/A}$，則由彎矩面積第一定理，並參考(d)圖，得

$$\theta_A=\theta_{D/A}=\int_A^D\frac{M}{EI}dx=\frac{1}{2}\left(\frac{Pbx_0}{LEI}\right)(x_0)=\frac{Pbx_0^2}{2LEI} \tag{4}$$

由(3)、(4)兩式：$\dfrac{Pbx_0^2}{2LEI}=\dfrac{Pab(L+b)}{6LEI}$

得 $$x_0=\sqrt{\frac{a(L+b)}{3}}=\sqrt{\frac{L^2-b^2}{3}} \blacktriangleleft \tag{5}$$

最大撓度$y_{max}=y_D$，由(b)圖可知等於A點相對於D點切線之垂直偏距，由彎矩面積第二定理，並參考(d)圖可得

$$y_{max}=y_D=t_{A/D}=\int_A^D x_A\frac{M}{EI}dx=\left[\frac{1}{2}\left(\frac{Pbx_0}{LEI}\right)(x_0)\right]\left(\frac{2x_0}{3}\right)=\frac{Pbx_0^3}{3LEI} \tag{6}$$

將公式(5)之x_0代入公式(6)中，整理後可得y_{max}為

$$y_{max}=\frac{Pb}{9\sqrt{3}LEI}\left(L^2-b^2\right)^{\frac{3}{2}} \blacktriangleleft$$

例題 8-15

圖中外伸梁在AB間承受均佈負荷q，試求自由端(A點)之撓度。

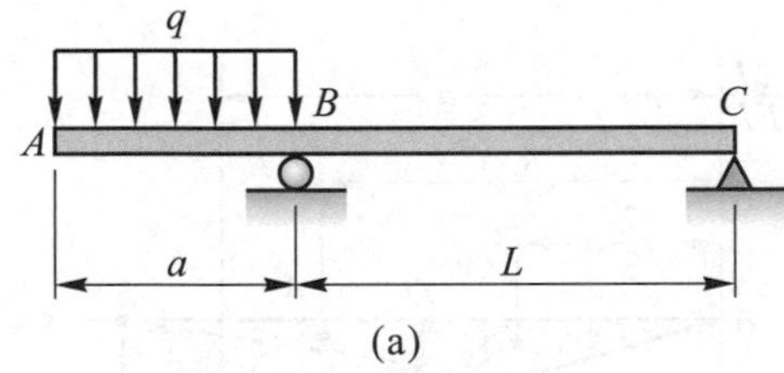

(a)

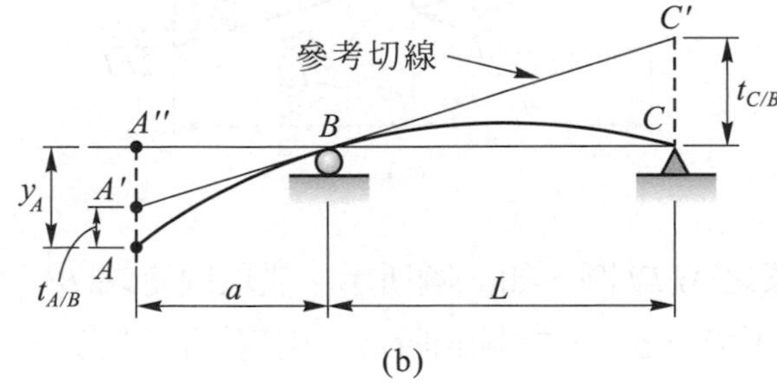

(b)

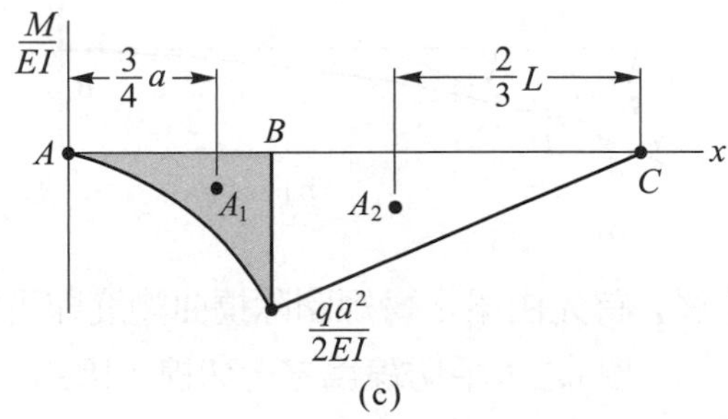

(c)

【解】設取 B 點之切線爲參考切線，則由(b)圖可得 A 點之撓度爲

$$y_A = AA' + A'A''$$

其中 $AA' = t_{A/B}$，$t_{A/B}$ 爲 A 點相對於 B 點切線之垂直偏距，而 $A'A'' = a\, t_{C/B}/L$，$t_{C/B}$ 爲 C 點相對於 B 點切線之垂直偏距。由彎矩面積第二定理，並參考(c)圖，可得

$$t_{A/B} = \int_A^B x_A \frac{M}{EI} dx = \left[\frac{1}{3}\left(\frac{qa^2}{2EI}\right)(a)\right]\left(\frac{3}{4}a\right) = \frac{qa^4}{8EI}$$

$$t_{C/B} = \int_B^C x_C \frac{M}{EI} dx = \left[\frac{1}{2}\left(\frac{qa^2}{2EI}\right)(L)\right]\left(\frac{2}{3}L\right) = \frac{qa^2L^2}{6EI}$$

因此，可得 A 點之撓度爲

$$y_A = t_{A/B} + \frac{a\, t_{C/B}}{L} = \frac{qa^4}{8EI} + \frac{a}{L}\left(\frac{qa^2L^2}{6EI}\right) = \frac{qa^4}{8EI}\left(1 + \frac{4L}{3a}\right)$$ ◀

例題 8-16

圖中懸臂梁是由二段稜柱桿 AD 及 DB 在 D 以對頭焊接組成。已知 AD 桿之撓曲剛度為 EI，DB 桿之撓曲剛度為 $2EI$，試求自由端(A 點)之斜角及撓度。

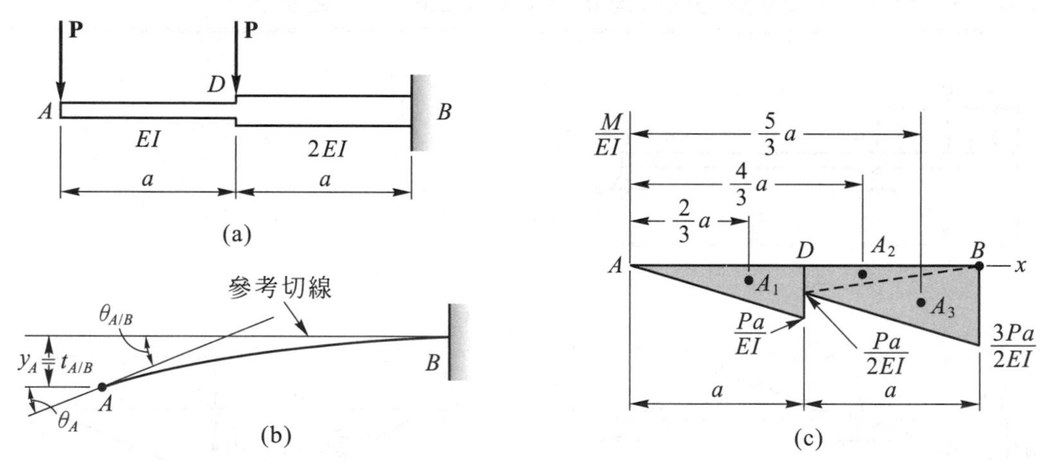

【解】首先由梁之彎矩圖除撓曲剛度即可得梁之 M/EI 圖，如(c)圖所示。設取固定端(B 點)之水平切線爲參考切線，因 $\theta_B = 0$，故 $\theta_A = \theta_{A/B}$，如圖(b)所示，由彎矩面積第一定理，並參考(c)圖，可得

$$\theta_A = \theta_{A/B} = \int_A^B \frac{M}{EI}dx = A_1 + A_2 + A_3$$

$$= \frac{1}{2}\left(\frac{Pa}{EI}\right)(a) + \frac{1}{2}\left(\frac{Pa}{2EI}\right)(a) + \frac{1}{2}\left(\frac{3Pa}{2EI}\right)(a) = \frac{3Pa^2}{2EI} ◀$$

自由端(A 點)之撓度，由(b)圖，$y_A = t_{A/B}$，由彎矩面積第二定理，並參考(c)圖，可得

$$y_A = t_{A/B} = \int_A^B x_A \frac{M}{EI}dx = A_1\left(\frac{2}{3}a\right) + A_2\left(\frac{4}{3}a\right) + A_3\left(\frac{5}{3}a\right)$$

$$= \frac{Pa^2}{2EI}\left(\frac{2}{3}a\right) + \frac{Pa^2}{4EI}\left(\frac{4}{3}a\right) + \frac{3Pa^2}{4EI}\left(\frac{5}{3}a\right) = \frac{23Pa^3}{12EI} ◀$$

8-41 圖中懸臂梁在 B 點承受一集中負荷，試求自由端(C 點)之斜角與撓度。

【答】$\theta_C = \dfrac{Pa^2}{2EI}$，$y_C = \dfrac{Pa^2}{6EI}(3L-a)$

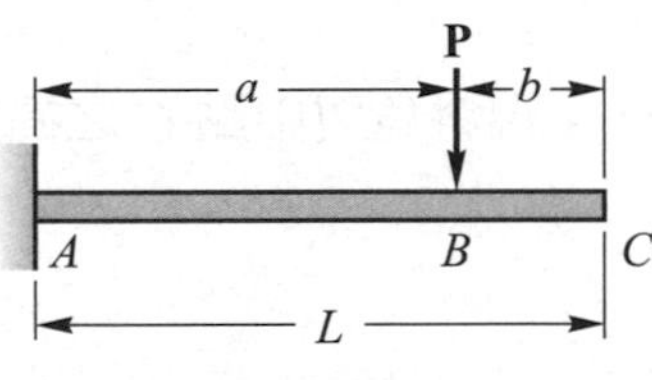

習題 8-41

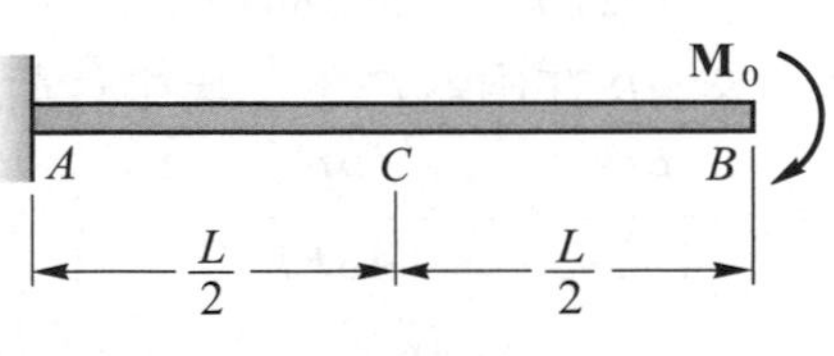

習題 8-42

8-42 圖中懸臂梁在自由端(B 點)承受一力偶矩 M_0，試求(a)中點(C 點)之撓度，(b)B 點之斜角與撓度。

【答】(a) $y_C = \dfrac{M_0L^2}{8EI}$，(b) $\theta_B = \dfrac{M_0L}{EI}$，$y_B = \dfrac{M_0L^2}{2EI}$

8-43 圖中懸臂梁承受均佈負荷 q，試求自由端(B 點)之斜角與撓度。

【答】$\theta_B = \dfrac{qL^3}{6EI}$，$y_B = \dfrac{qL^4}{8EI}$

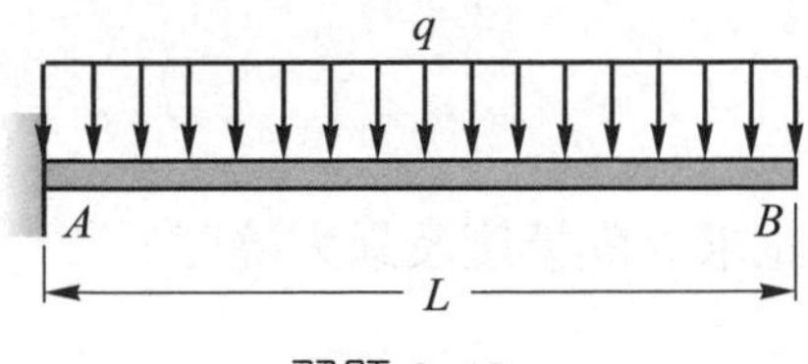

習題 8-43

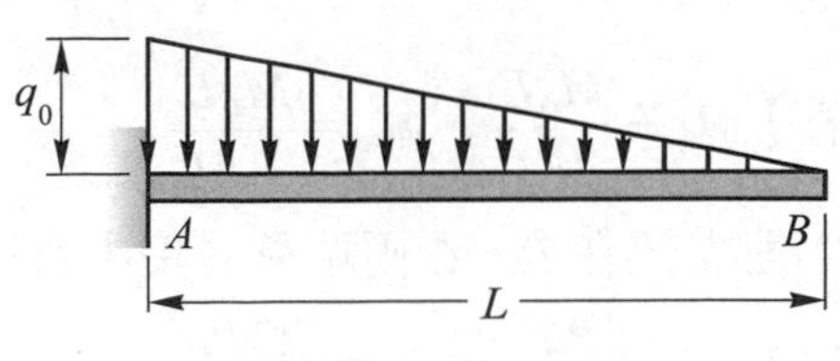

習題 8-44

8-44 圖中懸臂梁承受均變負荷，試求自由端(B 點)之斜角與撓度。

【答】$\theta_B=\dfrac{q_0L^3}{24EI}$，$y_B=\dfrac{q_0L^4}{30EI}$

8-45 圖中懸臂梁在 AD 間承受均佈負荷 q，試求自由端(B 點)之斜角與撓度。

【答】$\theta_B=\dfrac{qa^3}{6EI}$，$y_B=\dfrac{qa^3}{24EI}(4L-a)$

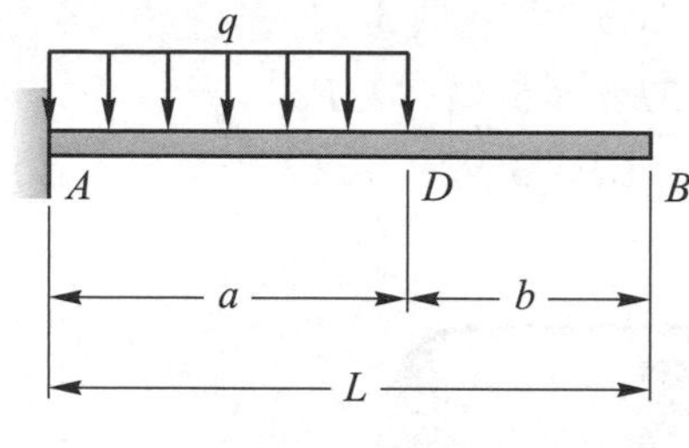

習題 8-45

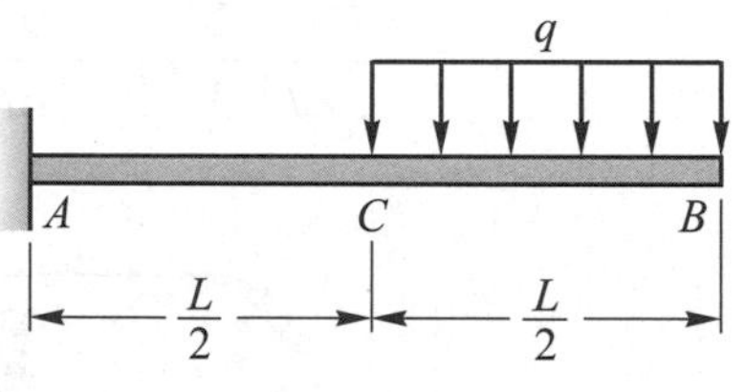

習題 8-46

8-46 圖中懸臂梁在 CB 間承受均佈負荷 q，試求 C 點與 B 點之撓度。

【答】$y_C=\dfrac{7qL^4}{192EI}$，$y_B=\dfrac{41qL^4}{384EI}$

8-47 圖中簡支梁 AB 在中點 C 承受集中負荷 P，試求 A 端斜角與中點 C 之撓度

【答】$\theta_A=\dfrac{PL^2}{16EI}$，$y_C=\dfrac{PL^3}{48EI}$

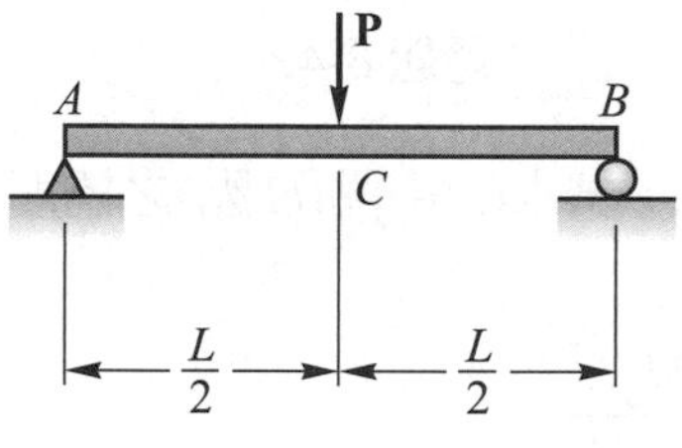

習題 8-47

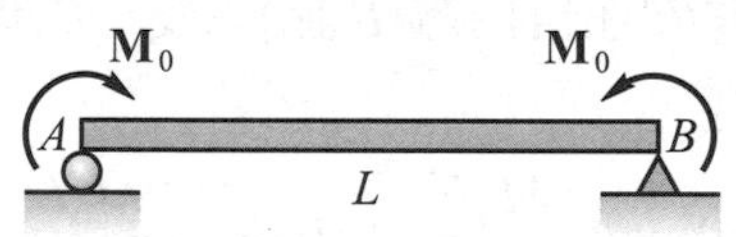

習題 8-48

8-48 圖中簡支梁 AB 在兩端承受小相等方向相反之力偶矩 M_0，試求 A 端之斜角與最大撓度。

【答】$\theta_A=\dfrac{M_0L}{2EI}$，$y_{\max}=\dfrac{M_0L^2}{8EI}$

8-49 圖中簡支梁在 B、C 兩點承受集中負荷 P，試求 B 點撓度及最大撓度。

【答】$y_B=\dfrac{5Pa^3}{6EI}$，$y_{\max}=\dfrac{23Pa^3}{24EI}$

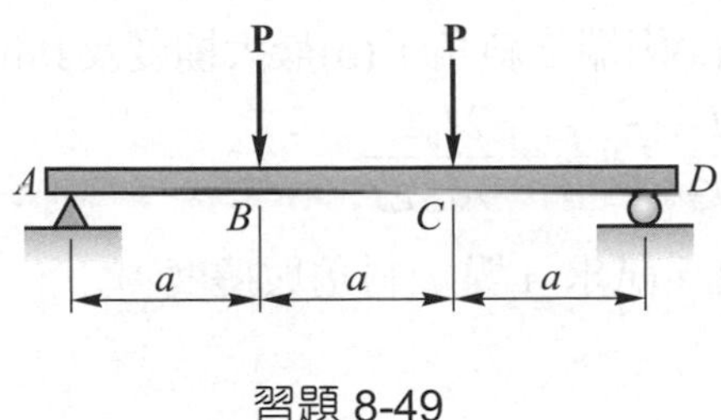

習題 8-49

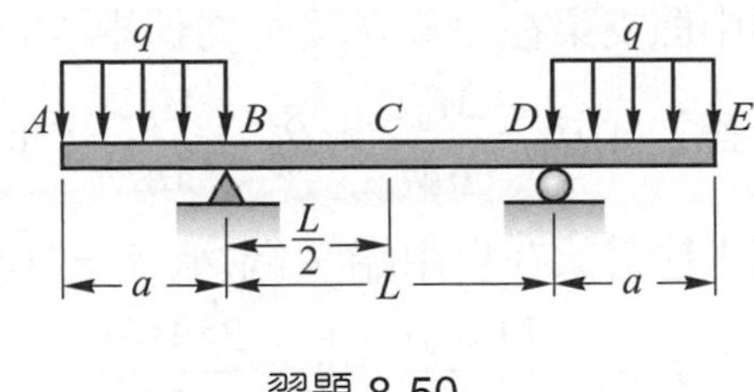

習題 8-50

8-50 試求圖中外伸梁在自由端(A 點或 E 點)之撓度。

【答】$y_E=\dfrac{qa^3}{8EI}(2L+a)$

8-51 圖中外伸梁在自由端(C 點)承受一集中負荷，試求 C 點之撓度。

【答】$y_C=\dfrac{Pa^2}{3EI}(L+a)$

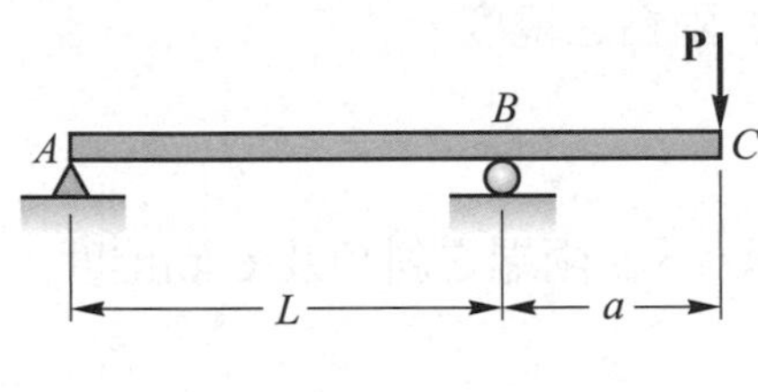

習題 8-51

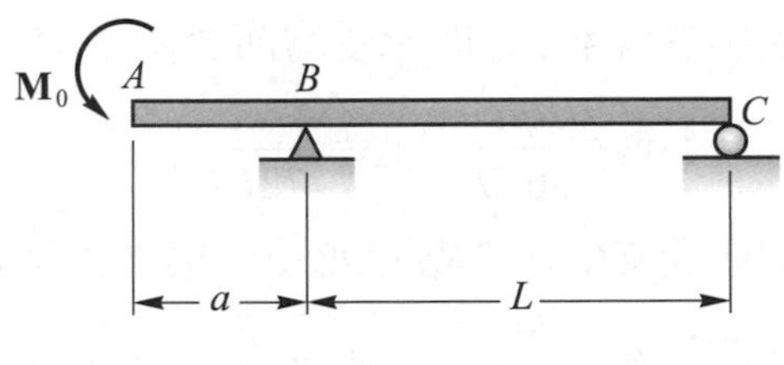

習題 8-52

8-52 圖中外伸梁在自由端(A 端)承受一力偶矩 M_0，試求 A 點之斜角與撓度。

【答】$\theta_A=\dfrac{M_0}{3EI}(L+3a)$，$y_A=\dfrac{M_0a}{6EI}(2L+3a)$

8-53 圖中簡支梁在 D 點承受一集中負荷 P，試求(a)D 點的斜角與撓度，(b)最大撓度。

【答】(a)$\theta_D=\dfrac{PL^2}{32EI}$，$y_D=\dfrac{3PL^3}{256EI}$，(b) $y_{\max}=\dfrac{5\sqrt{5}PL^3}{768EI}$

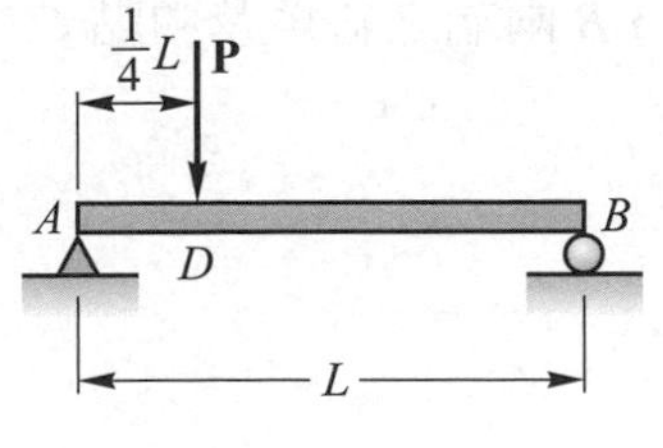

習題 8-53

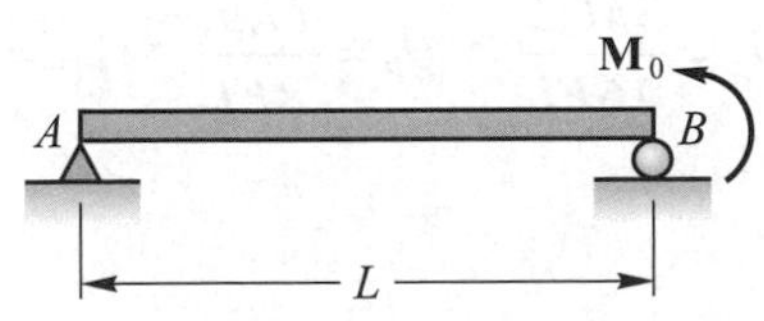

習題 8-54

8-54 圖中簡支梁在 B 端承受一力偶矩 M_0，試求(a)兩端之斜角，(b)最大撓度及其位置。

【答】(a) $\theta_A=\dfrac{M_0L}{6EI}$，$\theta_B=\dfrac{M_0L}{3EI}$，(b) $x_0=\dfrac{L}{\sqrt{3}}$，$y_{\max}=\dfrac{M_0L^2}{9\sqrt{3}EI}$

8-55 圖中懸臂梁在自由端(A 端)承受一力偶矩 M_0，試求 A 點之斜角與撓度。

【答】 $\theta_A=\dfrac{11M_0a}{6EI}$，$y_A=\dfrac{25M_0a^2}{12EI}$

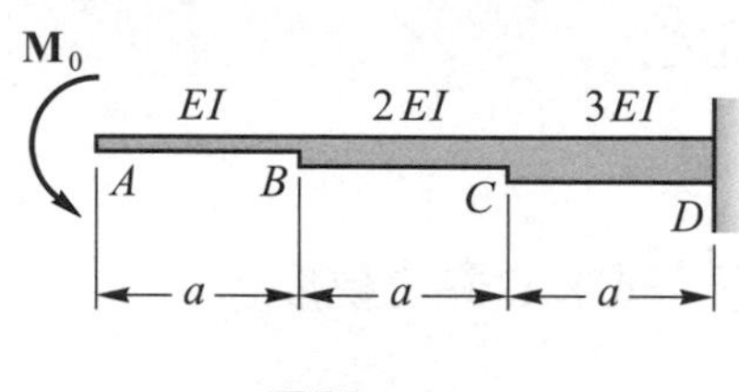

習題 8-55

習題 8-56

8-56 圖中懸臂梁 BC 間承受均佈負荷 q，試求 B、C 兩點之撓度。

【答】 $y_B=\dfrac{7qa^4}{36EI}$，$y_C=\dfrac{47qa^4}{72EI}$

8-57 圖中簡支梁在中點 C 承受一集中負荷 P，試求 A、B 兩端之斜角及 C 點撓度。

【答】 $\theta_A=\dfrac{5PL^2}{96EI}$，$\theta_B=\dfrac{PL^2}{24EI}$，$y_C=\dfrac{PL^3}{64EI}$

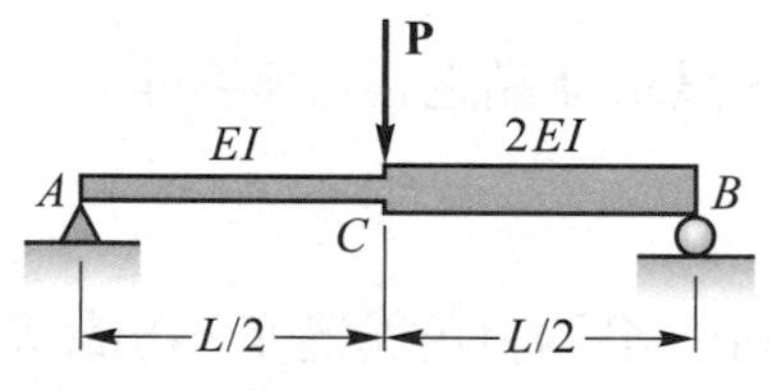

習題 8-57

習題 8-58

8-58 圖中簡支梁在 A 端承受一力偶矩 M_0，試求 A、B 兩端之斜角及中點 C 之撓度。

【答】 $\theta_A=\dfrac{3M_0L}{16EI}$，$\theta_B=\dfrac{M_0L}{8EI}$，$y_C=\dfrac{M_0L^2}{24EI}$

8-6 重疊法

梁承受數個不同負荷作用時，欲求梁上某一點之變形量(斜角或撓度)，可先考慮每一負荷單獨作用時所生之變形量，然後將各負荷所生之變形量相加，即可求得數個負荷同時作用時在該點所生之變形量，此方法稱爲重疊法(superposition method)。如圖 8-20 中之梁，同時承受二集中負荷 P_1 及 P_2，梁上任一點 C 之撓度δ_C，等於 P_1 及 P_2 單獨作用時在 C 點所生撓度之和，即$\delta_C = \delta_{C1}+\delta_{C2}$。

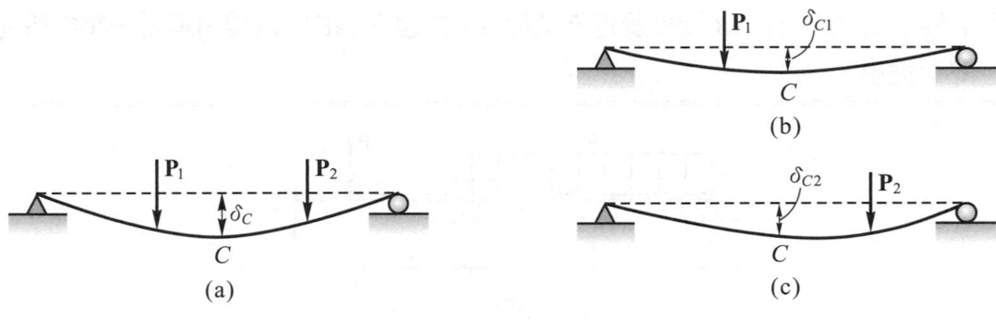

圖 8-20

重疊法僅在變形量與負荷爲線性關係時方可適用，通常只要梁之撓度甚小，且符合虎克定律，重疊法便可適用。因梁在小撓度時，其斜角及撓度與負荷爲線性關係，且負荷及反力之作用線不會因爲產生撓度而發生改變。

使用重疊法求斜角與撓度時，需先有靜定梁承受各種基本負荷所生斜角與撓度之資料。有關懸臂梁、簡支梁及外伸梁單獨承受各種基本負荷(集中負荷、均佈負荷、力偶矩及均變負荷)所生之斜角及撓度，可參考 8-5 節之例題與習題，或可用彎矩面積法求得。

■用重疊法解靜不定梁

重疊法對於解靜不定梁特別重要，在第二章與第三章中已經用過重疊法分析承受軸力與扭矩之靜不定構件，本節也將用此方法應用在分析靜不定梁。

求解靜不定梁支承之未知反力，首先必須要選取贅力，然後將靜不定梁釋放爲靜定梁(即移去贅力之支承)，使釋放後之靜定梁同時承受梁上原來之外力及贅力作用，由於釋放後之靜定梁與原靜不定梁之變形曲線相同，在贅力作用點(即移去支承處)之撓度或斜角爲已知，通常爲零或某一已知値(如彈簧支承之撓度)，由此已知之撓度或斜角便可求得贅力，再利用平衡方程式解得其餘未知反力。釋放後之靜定梁承受梁上原來之外力及贅力作用，在贅力作用點之撓度或斜角關係式，稱爲相容方程式(equation of compatibility)。

至於釋放後之靜定梁承受外力及贅力作用，在贅力作用點所生之斜角或撓度，可由前述之彎矩面積法或積分法求得，並代入相容方程式中解出贅力，再由平衡方程式解出其他未知反力，只要解出全部未知反力，由第四章之方法可繪出靜不定梁之剪力圖與彎矩圖。有關分析過程參考以下之例題。

例題 8-17

圖中外伸梁 ABC 在 AB 間承受均佈負荷 q，並且在自由端(C 點)承受一集中負荷 P，試求 C 點之撓度。

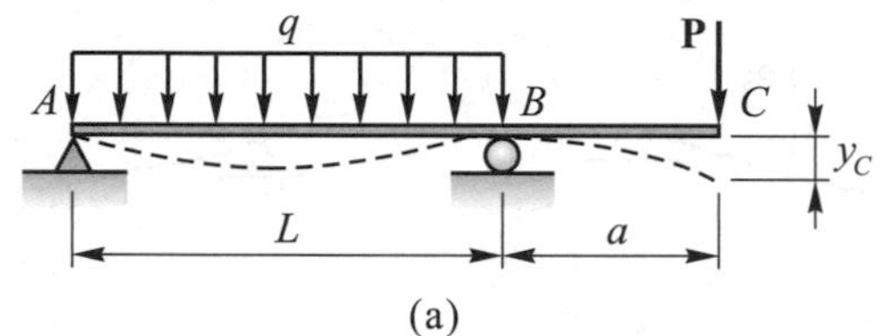

(a)

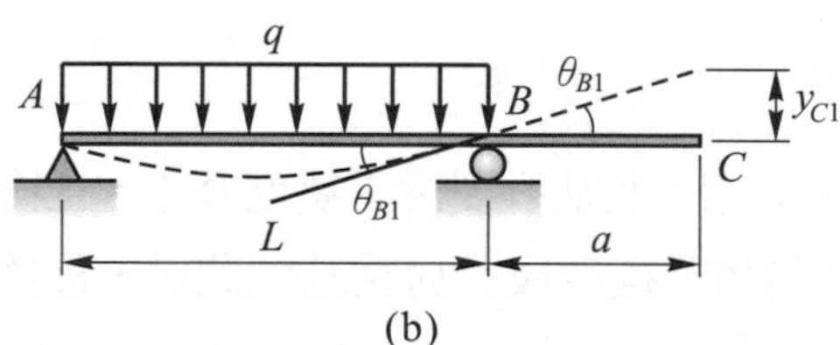

(b)

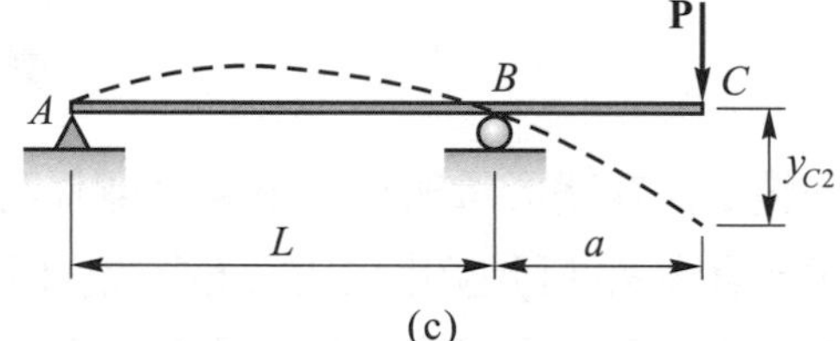

(c)

【解】設 AB 間之均佈負荷 q 單獨作用時，在 C 點所生之撓度爲 y_{C1}，參考(b)圖

$$y_{C1} = a\theta_{B1}$$

其中θ_{B1}由例題 8-13，$\theta_{B1} = \dfrac{qL^3}{24EI}$，故

$$y_{C1} = \frac{qaL^3}{24EI}(\uparrow)$$

C 點之集中負荷 P 單獨作用時，在 C 點所生之撓度爲 y_{C2}，參考(c)圖，由習題 8-51

$$y_{C2} = \frac{Pa^2}{3EI}(L+a)(\downarrow)$$

由重疊原理，自由端 C 點之撓度爲

$$y_C = y_{C2} - y_{C1} = \frac{Pa^2}{3EI}(L+a) - \frac{qaL^3}{24EI}(\downarrow)◄$$

例題 8-18

長度為 L 之懸臂梁在 $x=a$ 至 $x=L$ 間承受均佈負荷 q，試求自由端(B 點)之撓度。

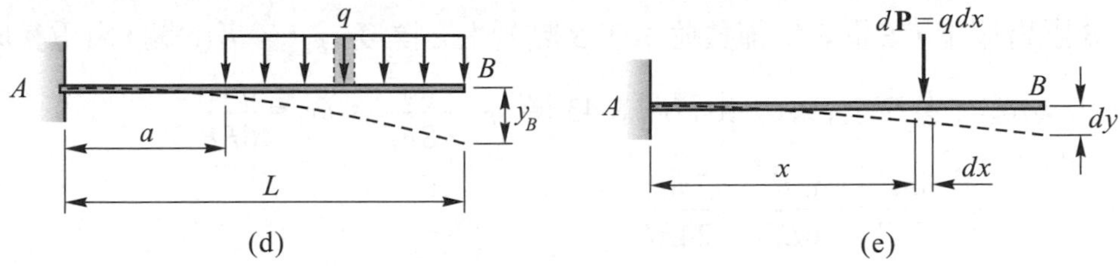

(d) (e)

【解】首先考慮均佈負荷中一微小長度 dx 上所相當之集中負荷 $dP(dP=qdx)$在自由端所生之撓度 dy，如(b)圖所示，由習題 8-41

$$dy=\frac{x^2dP}{6EI}(3L-x)=\frac{qx^2dx}{6EI}(3L-x)$$

因此梁在 $x=a$ 至 $x=L$ 間之所有均佈負荷在自由端所生之撓度 y_B，由重疊原理

$$y_B=\int_a^L dy=\int_a^L\frac{qx^2dx}{6EI}(3L-x)=\frac{q}{24EI}(3L^4-4a^3L+a^4)$$ ◀

例題 8-19

圖中簡支梁在 DE 間承受均佈負荷 q，試求梁在中點 C 之最大撓度。

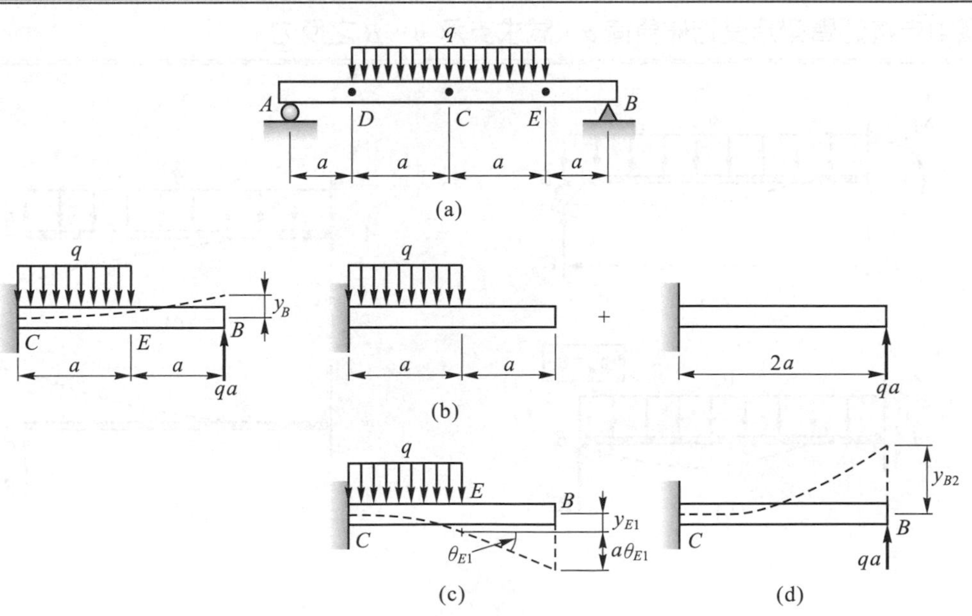

【解】因梁上負荷左右對稱，由平衡方程式$\sum F_y = 0$，可得兩端之支承反力爲 qa。

又因梁之左右成對稱，中點 C 之斜角爲零，因此右半部 CB 可視爲同時承受均佈負荷 q(CE 間)及集中負荷 qa 之懸臂梁(固定端在 C 點)，參考(b)圖所示。簡支梁 AB 在中點 C 之最大撓度 y_{max} 等於 CB 間懸臂梁之 B 點相對固定端 C 點之垂直撓度。

CB 懸臂梁上 CE 間之均佈負荷 q 在 B 點所生之撓度 y_{B1}，參考(c)圖，由重疊原理 $y_{B1} = y_{E1} + a\theta_{E1}$，其中 y_{E1} 與θ_{E1} 由習題 8-43 得 $y_{E1} = \dfrac{qa^4}{8EI}$，$\theta_{E1} = \dfrac{qa^3}{6EI}$

故 $$y_{B1} = \frac{qa^4}{8EI} + a\frac{qa^3}{6EI} = \frac{7qa^4}{24EI}$$

CB 懸臂梁上 B 點之集中負荷 qa 在 B 點所生之撓度 y_{B2}，參考(d)圖，由例題 8-12(注意 $L = 2a$)

$$y_{B2} = \frac{(qa)(2a)^3}{3EI} = \frac{8qa^4}{3EI}$$

由重疊原理，懸臂梁 CB 在 B 點之撓度 y_B 或簡支梁 ACB 在中點 C 之最大撓度 y_{max} 爲

$$y_{max} = y_B = y_{B2} - y_{B1} = \frac{8qa^4}{3EI} - \frac{7qa^4}{24EI} = \frac{19qa^4}{8EI}$$ ◀

例題 8-20

圖中支撐懸臂梁承受均佈負荷 q，試求支承 A、B 之反力。

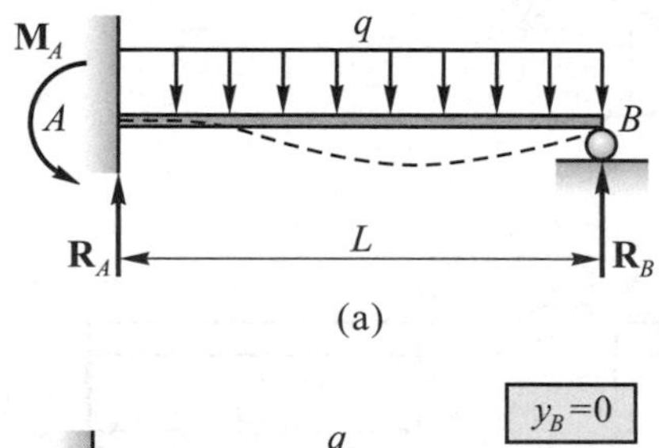

(a)

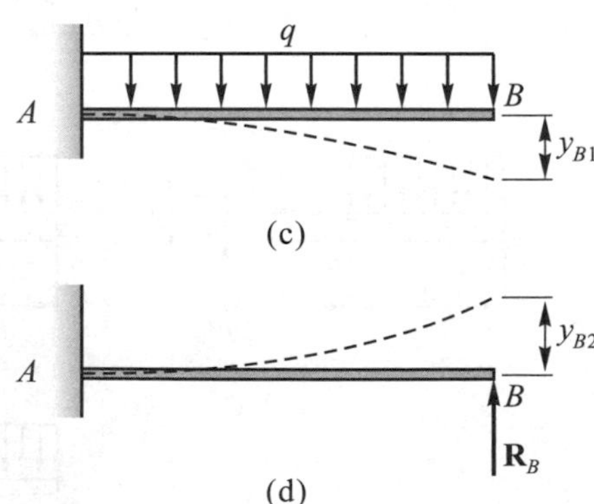

(c)

(d)

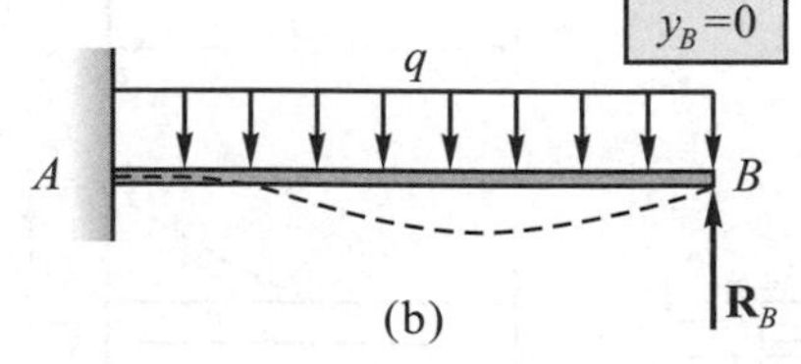

(b)

【解】本題之支撐懸臂梁爲一次靜不定。設取 R_B 爲贅力，將滾支移去而釋放爲懸臂梁，並同時承受均佈負荷 q 與贅力 R_B，如(b)圖所示。設釋放後之懸臂梁在 B 端由均佈負荷 q 所生之撓度爲 y_{B1}，由贅力 R_B 所生之撓度爲 y_{B2}，如(c)(d)兩圖所示。由於原靜不定梁在 B 點之撓度爲零(滾支承)，故可得相容方程式爲

$$y_B = y_{B1} - y_{B2} = 0$$

由習題 8-43，$y_{B1} = \dfrac{qL^4}{8EI}$，由例題 8-12，$y_{B2} = \dfrac{R_B L^3}{3EI}$，代入相容方程式中

$$\frac{qL^4}{8EI} - \frac{R_B L^3}{3EI} = 0 \quad , \quad 得\ R_B = \frac{3qL}{8} ◀$$

由平衡方程式，參考(a)圖

$$\sum F_y = 0 \quad , \quad R_A = qL - R_B = \frac{5qL}{8} ◀$$

$$\sum M_A = 0 \quad , \quad M_A = \frac{qL^2}{2} - R_B L = \frac{qL^2}{8} ◀$$

【另解】本題之靜不定梁，亦可選取 M_A 爲贅力，將 A 端之固定支承釋放爲鉸支承而成爲一簡支梁，並同時承受均佈負荷 q 與力偶矩 M_A(贅力)，如(e)圖所示。

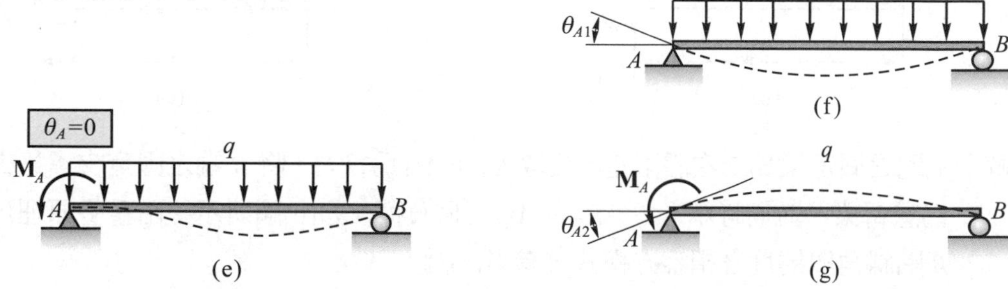

設釋放後之簡支梁在 A 端由均佈負荷 q 所生之斜角爲 θ_{A1}，由贅力 M_A 所生之斜角爲 θ_{A2}，如(f)(g)兩圖所示。由於原靜不定梁在 A 端之斜角爲零(固定支承)，故可得相容方程式爲

$$\theta_A = \theta_{A1} - \theta_{A2} = 0$$

由例題 8-13，$\theta_{A1} = \dfrac{qL^3}{24EI}$，由習題 8-54，$\theta_{A2} = \dfrac{M_A L}{3EI}$，將兩者代入相容方程式中

$$\frac{qL^3}{24EI} - \frac{M_A L}{3EI} = 0 \quad , \quad 得\ M_A = \frac{qL^2}{8} ◀$$

由平衡方程式

$$\sum M_B = 0 \text{ ， } R_A L - (qL)(\frac{L}{2}) - M_A = 0 \text{ ， } R_A = \frac{qL}{2} + \frac{M_A}{L} = \frac{5qL}{8} \blacktriangleleft$$

$$\sum F_y = 0 \text{ ， } R_B = qL - R_A = \frac{3qL}{8} \blacktriangleleft$$

例題 8-21

圖中固定梁在 C 點承受一集中負荷 P，試求支承 B 之反力 R_B 及反力矩 M_B。

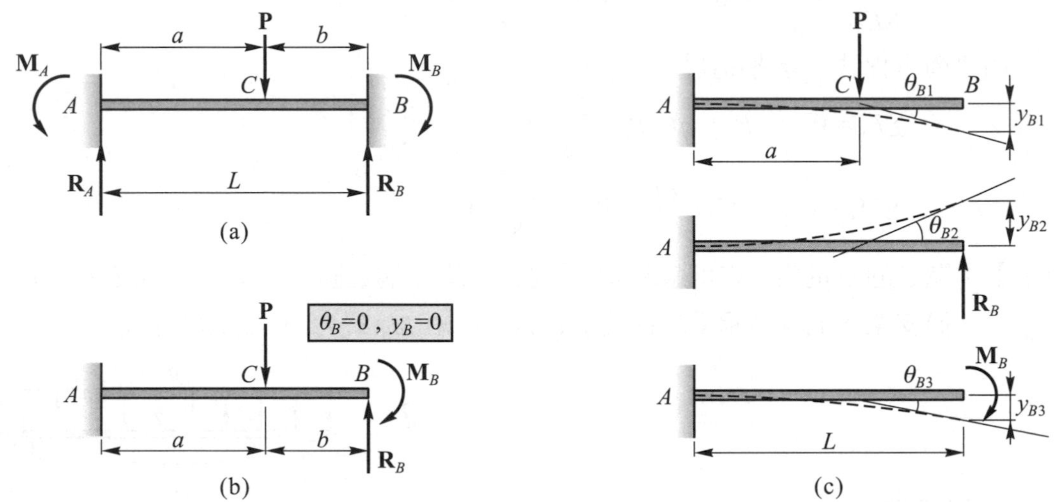

【解】本題之固定梁爲二次靜不定。設取 R_B 與 M_B 爲贅力，將 B 端之固定支承移去而釋放爲懸臂梁，並同時承受 P、R_B 及 M_B 三個負荷，如(b)圖所示。由重疊原理可得關於 B 點斜角與撓度之相容方程式，參考(c)圖

$$\theta_B = \theta_{B1} - \theta_{B2} + \theta_{B3} = 0 \tag{1}$$

$$y_B = y_{B1} - y_{B2} + y_{B3} = 0 \tag{2}$$

集中負荷 P 單獨作用，在 B 點所生之斜角 θ_{B1} 與撓度 y_{B1}，參考習題 8-41

$$\theta_{B1} = \frac{Pa^2}{2EI} \text{ ， } y_{B1} = \frac{Pa^2}{6EI}(3L-a) \tag{3}$$

R_B 單獨作用，在 B 點所生斜角 θ_{B2} 與撓度 y_{B2}，參考例題 8-12

$$\theta_{B2} = \frac{R_B L^2}{2EI} \text{ ， } y_{B2} = \frac{R_B L^3}{3EI} \tag{4}$$

M_B 單獨作用，在 B 點所生之斜角 θ_{B3} 與撓度 y_{B3}，參考習題 8-42

$$\theta_{B3}=\frac{M_B L}{EI} \quad , \quad y_{B3}=\frac{M_B L^2}{2EI} \tag{5}$$

將公式(3)(4)(5)代入公式(1)(2)中得

$$\frac{Pa^2}{2EI}-\frac{R_B L^2}{2EI}+\frac{M_B L}{EI}=0 \tag{6}$$

$$\frac{Pa^2}{6EI}(3L-a)-\frac{R_B L^3}{3EI}+\frac{M_B L^2}{2EI}=0 \tag{7}$$

將(6)(7)兩式聯立可解得

$$R_B=\frac{Pa^2\left(L+2b\right)}{L^3} ◀ \quad , \quad M_B=\frac{Pa^2 b}{L^2} ◀$$

例題 8-22

圖中長度為 L 之懸臂梁承受均佈負荷 q，並在自由端(B 點)以彈簧(彈簧常數為 k)支撐，試求彈簧支撐之反力。設均佈負荷作用前梁為水平且彈簧為自由長度。

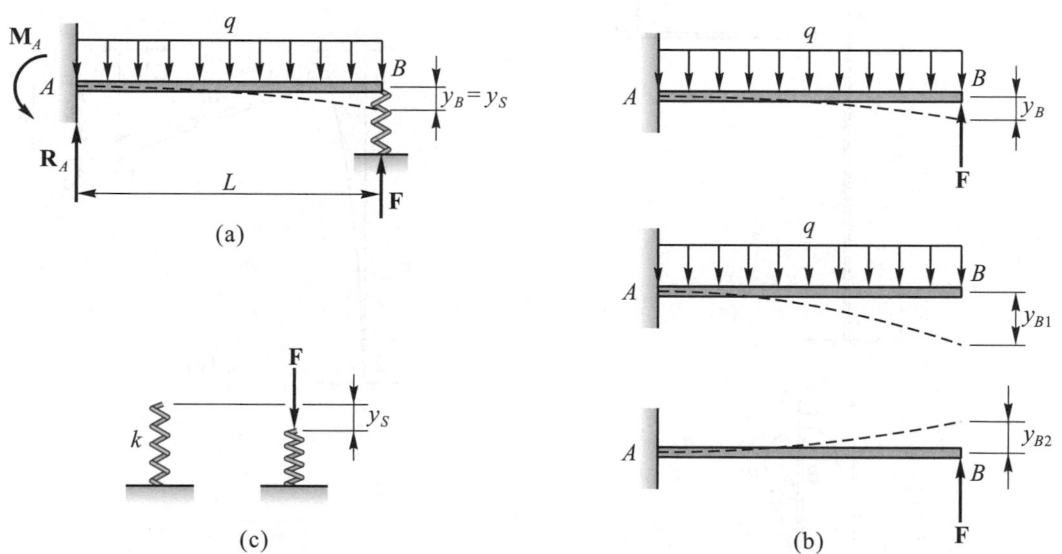

【解】懸臂梁承受均佈負荷後，未知之支承反力包括 R_A、M_A 及 F，其中 F 爲彈簧支承之反力(亦即彈簧所受之壓力)，故爲一次靜不定。設取 F 爲贅力，則釋放後之懸臂梁如(b)圖所示，同時承受均佈負荷 q 與贅力 F。由重疊原理可得關於 B 點撓度之相容方程式，參考(d)圖

$$y_B = y_S \quad , \quad y_{B1} - y_{B2} = \frac{F}{k} \tag{1}$$

其中 $y_{B1} = \dfrac{qL^4}{8EI}$ (參考習題 8-43) (2)

$y_{B2} = \dfrac{FL^3}{3EI}$ (參考例題 8-12) (3)

將公式(2)(3)代入公式(1)中

$$\frac{qL^4}{8EI} - \frac{FL^3}{3EI} = \frac{F}{k} \quad , \quad \text{解得} \ F = \frac{qL}{8\left(\dfrac{1}{3} + \dfrac{EI}{kL^3}\right)}$$ ◀

例題 8-23

圖中懸臂剛架(rigid cantilever frame)在自由端(C 端)承受一集中負荷 P，設剛架之撓曲剛度 EI 為常數，試求 C 點之水平與垂直撓度。設軸向負荷所生之變形忽略不計。

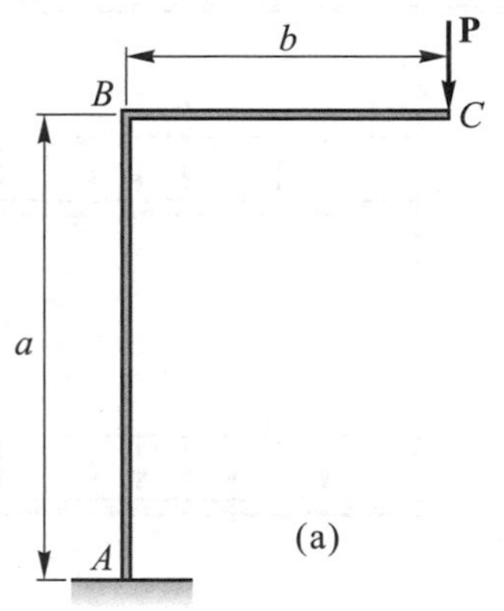

(a)

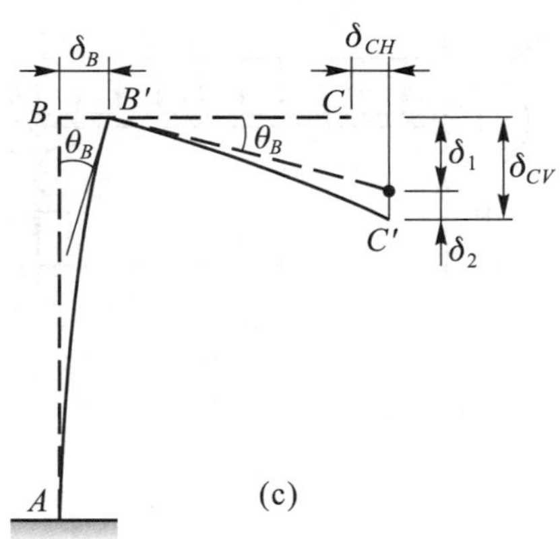

(c)

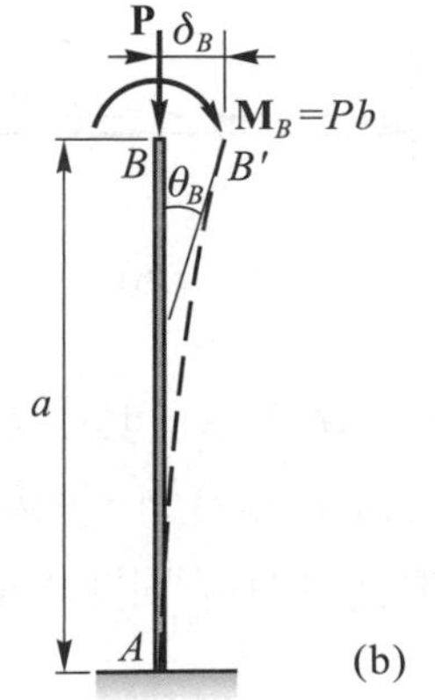

(b)

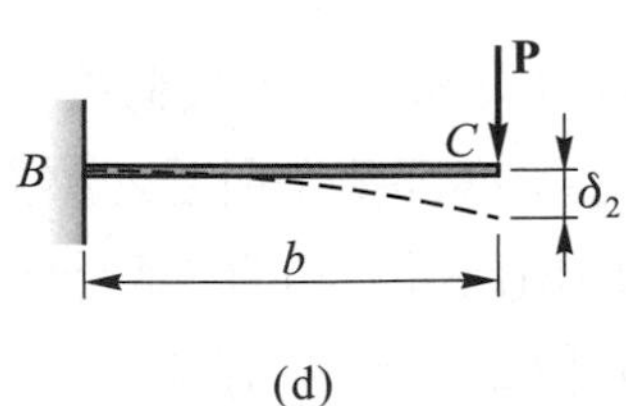

(d)

【解】作用在 C 點之集中負荷 P，使 AB 段(懸臂梁)在 B 點承受一軸向壓力 P 與力偶矩 M_B，其中 $M_B=Pb$，參考(b)圖所示。剛架之變形曲線，如(c)圖所示，其中 C 點的水平撓度 δ_{CH} 等於 B 點的水平撓度 δ_B，即

$$\delta_{CH}=\delta_B \tag{1}$$

C 點的垂直撓度 δ_{CV}，參考(c)圖，包括 δ_1 與 δ_2，其中 δ_1 是由於 BC 段在 B 點之斜角 θ_B 所造成的($\delta_1=b\theta_B$)，由於變形後 AB 段與 BC 段在 B 點保持垂直，故 AB 段在 B 點的斜角亦等於 θ_B。至於 δ_2 是 BC 段在 C 點之集中負荷所產生者，如(d)圖所示，故

$$\delta_{CV}=\delta_1+\delta_2=b\theta_B+\delta_2 \tag{2}$$

AB 段(懸臂梁)在 B 點承受力偶矩 $M_B=Pb$ 使 B 點所生之斜角 θ_B 與撓度 δ_B，參考(b)圖，由習題 8-42

$$\delta_B=\frac{M_Ba^2}{2EI}=\frac{Pba^2}{2EI} \quad , \quad \theta_B=\frac{M_Ba}{EI}=\frac{Pba}{EI} \tag{3}$$

BC 段(懸臂梁)在 C 點之集中負荷 P 在 C 點所生之撓度 δ_2，參考(d)圖，由例題 8-12

$$\delta_2=\frac{Pb^3}{3EI} \tag{4}$$

將公式(3)(4)代入公式(1)(2)中，得

$$\delta_{CH}=\delta_B=\frac{Pa^2b}{2EI} ◀$$

$$\delta_{CV}=b\theta_B+\delta_2=b\left(\frac{Pab}{EI}\right)+\frac{Pb^3}{3EI}=\frac{Pb^2}{EI}\left(a+\frac{b}{3}\right) ◀$$

下列各題以重疊法求解。

8-59 圖中懸臂梁承受均變負荷，試求 B 點之斜角與撓度。

【答】$\theta_B=\dfrac{q_0L^3}{8EI}$，$y_B=\dfrac{11q_0L^4}{120EI}$

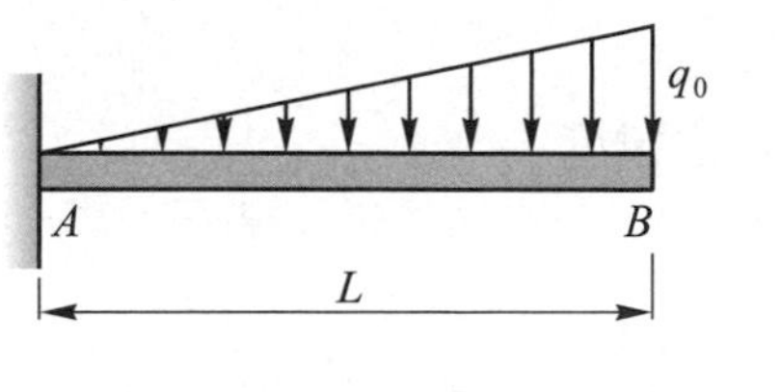

習題 8-59

習題 8-60

8-60 圖中懸臂梁同時承受集中負荷 P 與力偶矩 M_0，若 A 點的撓度爲零，試求 M_0 與 P 之關係。

【答】$M_0 = \dfrac{5PL}{24}$

8-61 圖中外伸梁在 B、D 兩點承受集中負荷 P，試求 D 點之撓度。

【答】$y_D = \dfrac{3Pa^3}{4EI}$

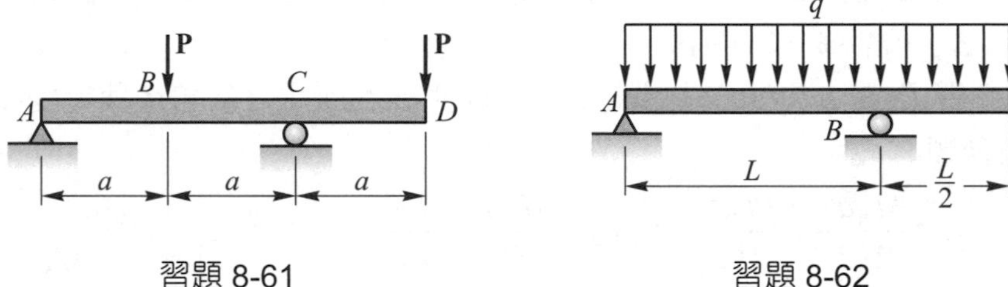

習題 8-61　　習題 8-62

8-62 圖中外伸梁承受均佈負荷 q，試求自由端(C 點)之撓度。

【答】$y_C = \dfrac{qL^4}{128EI}$

8-63 圖中簡支梁承受三個集中負荷，試求梁在中點 C 之撓度。

【答】$y_C = \dfrac{19Pa^3}{6EI}$

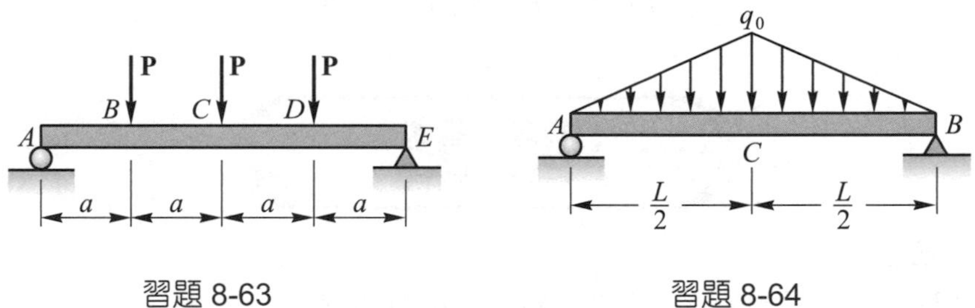

習題 8-63　　習題 8-64

8-64 圖中簡支梁承受均變負荷，試求兩端斜角與中點 C 之撓度。

【答】$\theta_B = \dfrac{5q_0L^3}{192EI}$，$y_C = \dfrac{q_0L^4}{120EI}$

8-65 圖中外伸梁承受三個集負荷，試求中點 C 之撓度。

【答】$y_C = \dfrac{Pa^3}{6EI}$

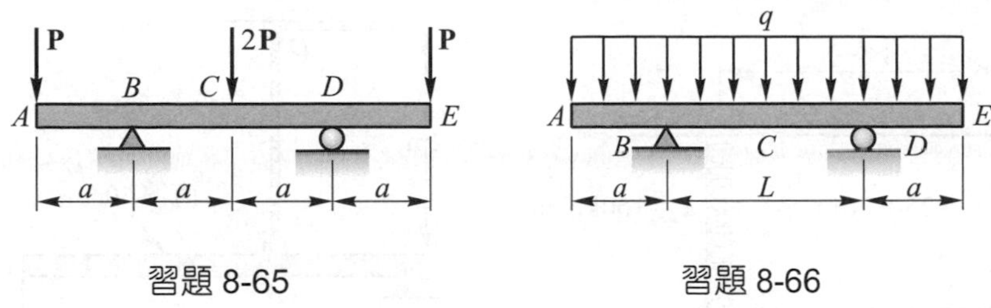

習題 8-65　　習題 8-66

8-66 圖中外伸梁承受均佈負荷 q，(a)試求中點 C 撓度 y_C 等於 A 端撓度 y_A 時 a/L 之比值，(b)在(a)中 a/L 比值時，試求中點 C 之撓度。

【答】(a)$a/L = 0.4030$，(b)$0.002870\ qL^4/EI$

8-67 試求圖中 U 型剛架在 A 端之撓度。設撓曲剛度 EI 爲常數，且軸力所生之變形忽略不計。

【答】$\delta_A = \dfrac{5Pa^3}{3EI}$

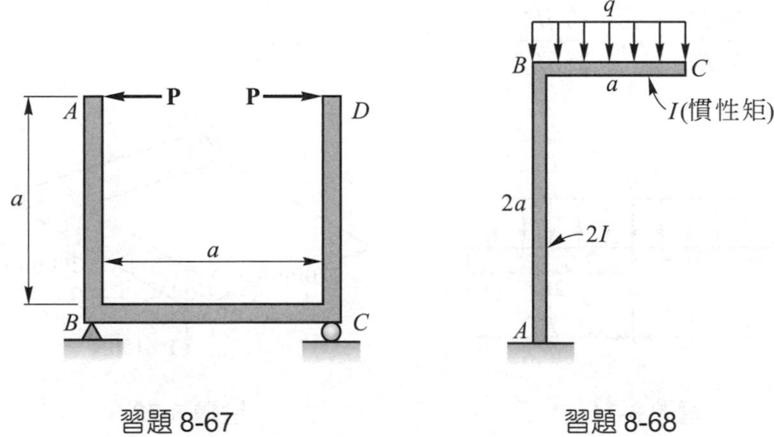

習題 8-67　　習題 8-68

8-68 圖中剛架在 BC 段承受均佈負荷 q，試求 C 端之垂直撓度。設軸力所生之變形忽略不計。

【答】$y_{CV} = \dfrac{5qa^4}{8EI}$

8-69 圖中 ACB 梁以兩彈簧懸掛並在中點 C 承受 8.0 kN 之集中負荷，試求梁在 C 點之撓度。梁未承受負荷時呈水平，且彈簧爲自由長度。梁之撓曲剛度 $EI = 216\ \text{kN-m}^2$。

【答】$y_C = 25\ \text{mm}$

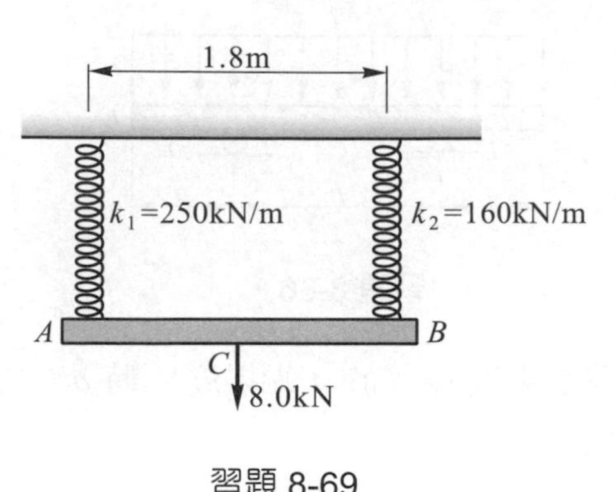

習題 8-69

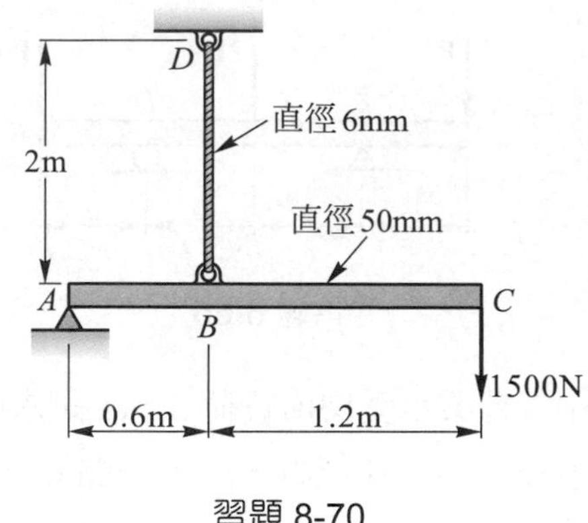

習題 8-70

8-70 圖中鋼梁 ABC(直徑 50mm)以鉸支承及鋼索(直徑 6mm)支撐 1500N 之負荷，試求 C 點之撓度。$E = 200$ GPa。

【答】$y_C = 25.9$ mm

8-71 圖中懸臂梁承受均佈負荷 q，試求在 A 端之斜角與撓度。

【答】$\theta_A = \dfrac{3qL^3}{32EI}$ ，$y_A = \dfrac{17qL^4}{256EI}$

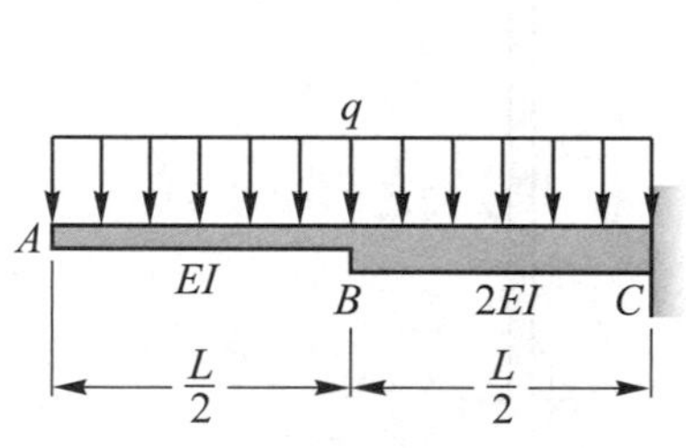

習題 8-71

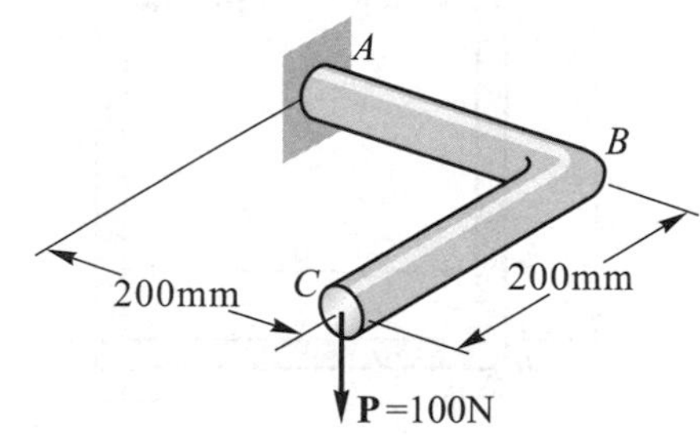

習題 8-72

8-72 圖中圓桿(直徑 12mm)彎成 L 型，在 A 端為固定支承，未受負荷時桿呈水平，試求自由端(C 點)承受負荷 $P = 100$N 時 C 點所生之撓度。$E = 200$GPa，$G = 80$GPa。

【答】$y_C = 7.53$mm

8-73～8-76 支撐懸臂梁承受圖示之負荷，試求滾支承之反力。

【答】73.$R_A = \dfrac{5}{16}P$，74.$R_B = \dfrac{9M_0}{8L}$ ，75.$R_A = \dfrac{7qL}{128}$ ，76. $R_A = \dfrac{q_0L}{10}$

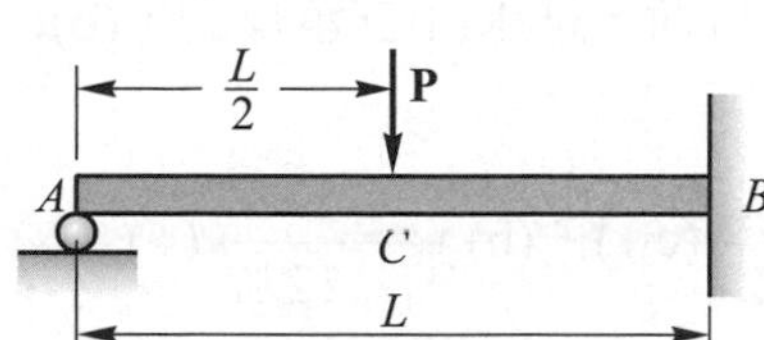

習題 8-73

習題 8-74

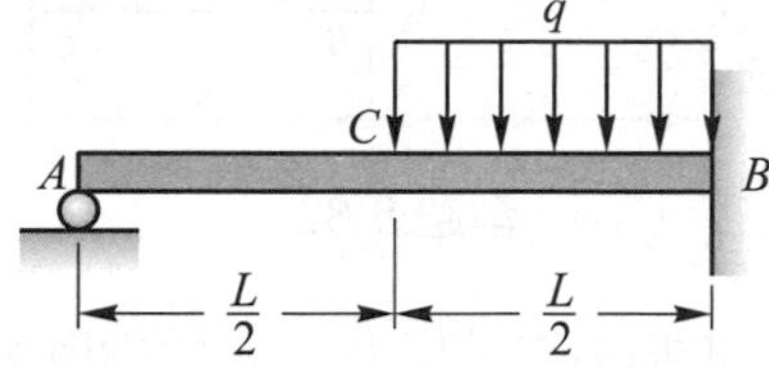

習題 8-75

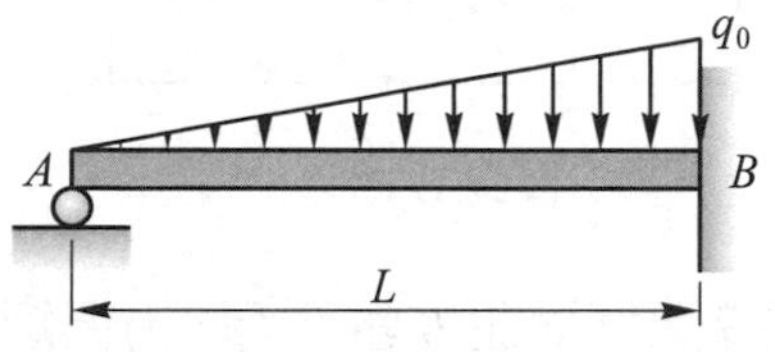

習題 8-76

8-77～8-80 固定梁承受圖示之負荷，試求固定支承 A 之反力及反力矩。

【答】77.$R_A=\dfrac{P}{2}$，$M_A=\dfrac{PL}{8}$，78.$R_A=\dfrac{qL}{2}$，$M_A=\dfrac{qL^2}{12}$，79.$R_A=\dfrac{q_0L}{4}$，$M_A=\dfrac{5q_0L^2}{96}$，80.$R_A=\dfrac{3M_0}{2L}$，$M_A=\dfrac{M_0}{4}$。

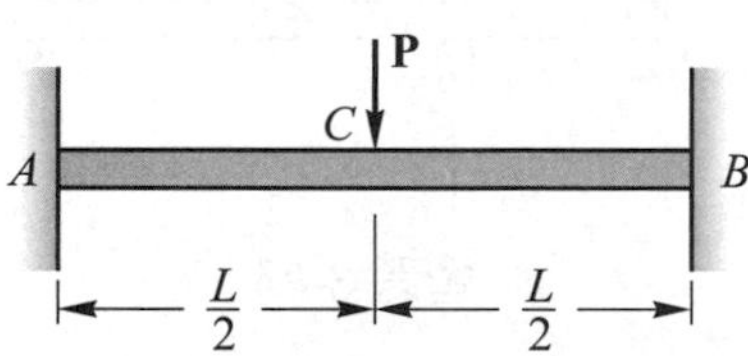

習題 8-77

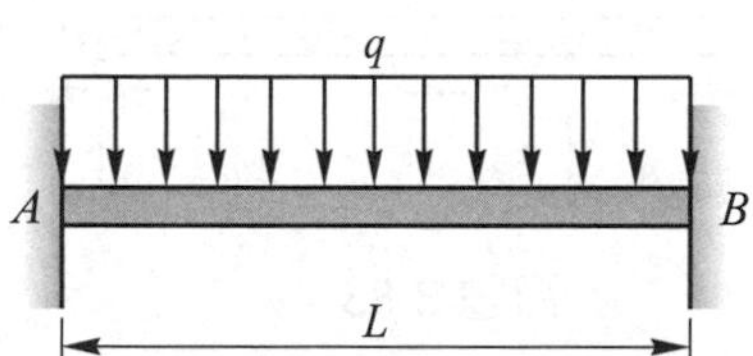

習題 8-78

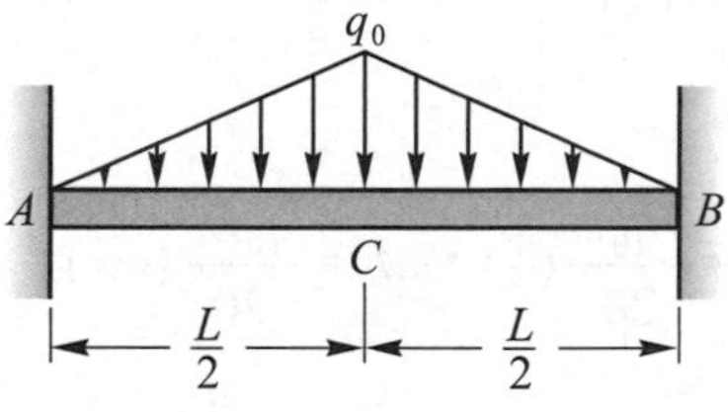

習題 8-79

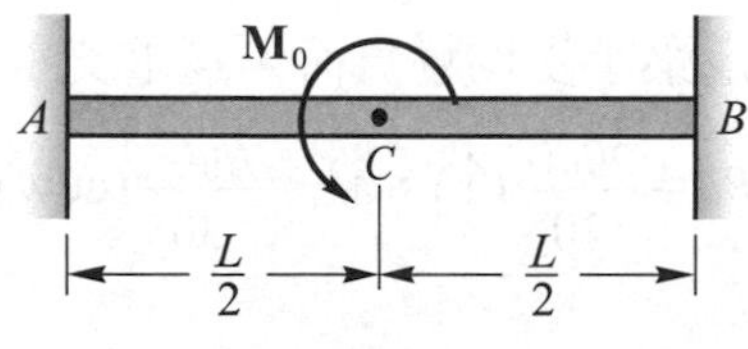

習題 8-80

8-81 圖中支撐懸臂梁在自由端(C 點)承受一集中負荷，試求(a)支承反力，(b)C 點之撓度，(c)剪力圖及彎矩圖。

【答】(a)$R_B=\dfrac{5}{2}P\,(\uparrow)$，$R_A=\dfrac{3}{2}P\,(\downarrow)$，$M_A=\dfrac{Pa}{2}$ (cw)，(b) $y_C=\dfrac{7Pa^3}{12EI}\,(\downarrow)$

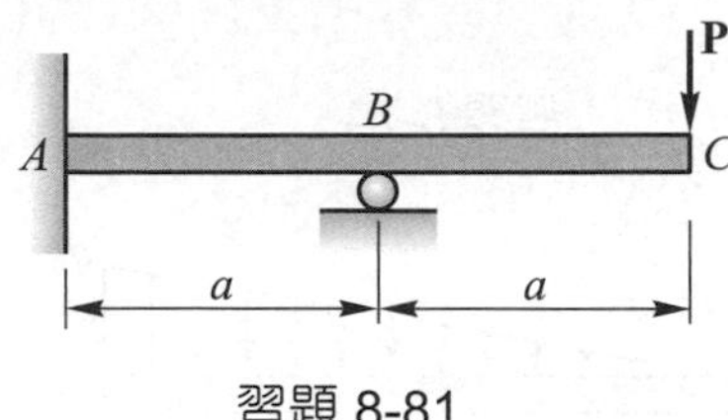

習題 8-81

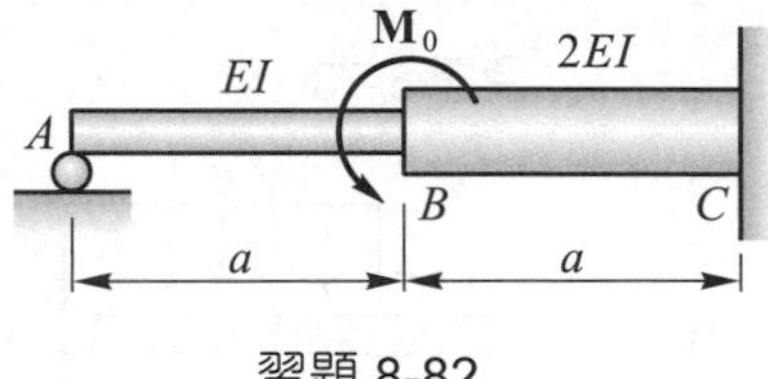

習題 8-82

8-82 圖中支撐懸臂梁在 B 點承受一力偶矩 M_0，試求(a)支承反力，(b)剪力圖與彎矩圖。

【答】(a) $R_A=\dfrac{M_0}{2a}\,(\uparrow)$，$R_C=\dfrac{M_0}{2a}\,(\downarrow)$，$M_C=0$

8-83 圖中連續梁承受一集中負荷，試求支承之反力。

【答】$R_A=\dfrac{13P}{32}\,(\uparrow)$，$R_B=\dfrac{3P}{32}\,(\downarrow)$，$R_C=\dfrac{11P}{16}\,(\uparrow)$

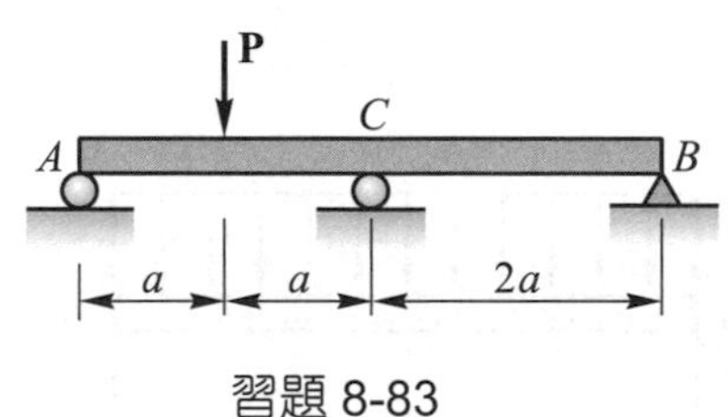

習題 8-83

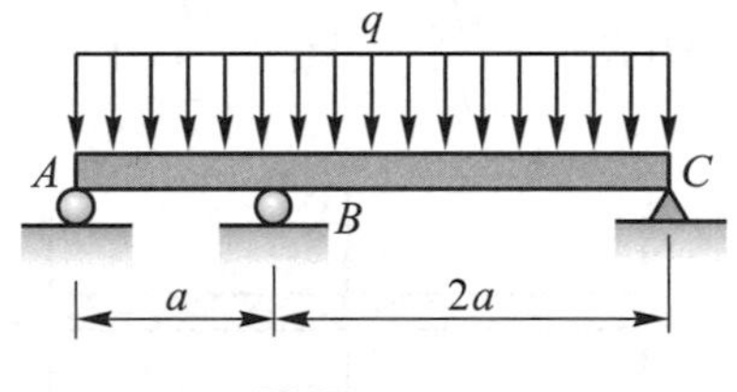

習題 8-84

8-84 圖中連續梁承受均佈負荷 q，試求支承之反力。

【答】$R_A=\dfrac{qa}{8}\,(\uparrow)$，$R_B=\dfrac{33qa}{16}\,(\uparrow)$，$R_C=\dfrac{13qa}{16}\,(\uparrow)$

8-85 圖中固定梁承受均變負荷，試求支承之反力。

【答】$R_A=\dfrac{3q_0L}{20}\,(\uparrow)$，$M_A=\dfrac{q_0L^2}{30}$ (ccw)，$R_B=\dfrac{7q_0L}{20}\,(\uparrow)$，$M_B=\dfrac{q_0L^2}{20}$ (cw)

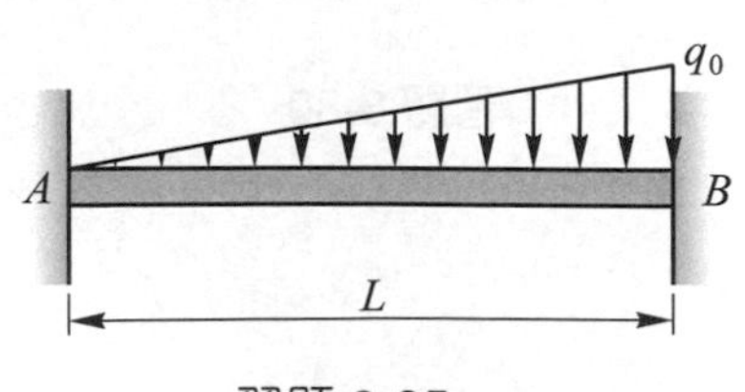

習題 8-85

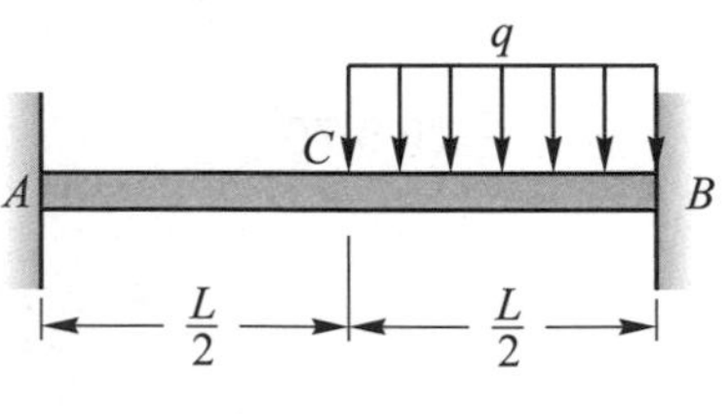

習題 8-86

8-86 圖中固定梁在 CB 間承受均佈負荷，試求支承之反力。

【答】$R_A=\dfrac{3qL}{32}$，$M_A=\dfrac{5qL^2}{192}$，$R_B=\dfrac{13qL}{32}$，$M_B=\dfrac{11qL^2}{192}$

8-87 圖中兩懸臂梁在 B 點以光滑銷子連結，當 C 點承受集中負荷時，試求(a)A 點之反力及反力矩，(b)B 點撓度。設兩懸臂梁之撓曲剛度相同。

【答】(a) $R_A=\dfrac{5P}{18}$，$M_A=\dfrac{5Pa}{18}$，(b) $y_B=\dfrac{5Pa^3}{54EI}$

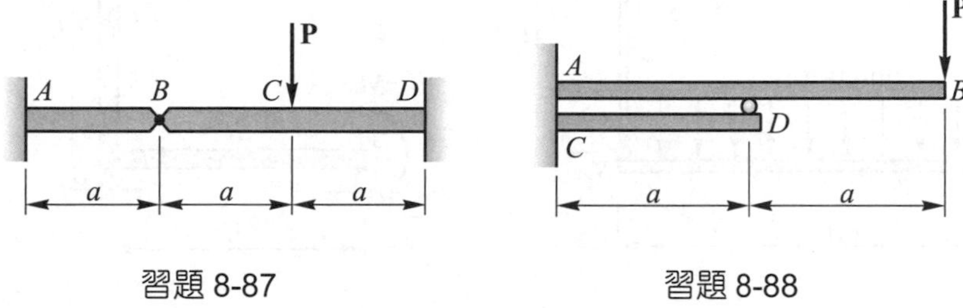

習題 8-87　　習題 8-88

8-88 圖中兩懸臂梁之撓曲剛度相同，試求 B 點之撓度。

【答】$y_B=\dfrac{13Pa^3}{8EI}$

8-89 圖中支撐懸臂梁承受均佈負荷，試求支承之反力。

【答】$R_A=\dfrac{31qL}{48}$，$R_B=\dfrac{17qL}{48}$，$M_A=\dfrac{7qL^2}{48}$

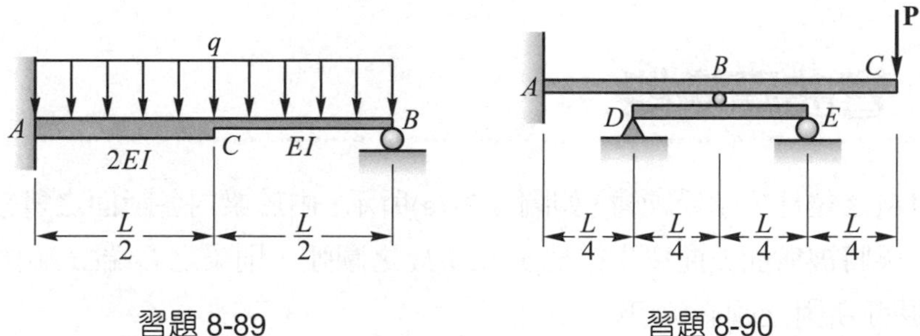

習題 8-89　　習題 8-90

8-90 圖中懸臂梁 ABC 在 B 點以簡支梁 DE 支撐，當 C 點承受集中負荷 P 時，試求在支承 A、D 之反力。設兩根梁之撓曲剛度 EI 相同。

【答】$R_A=\dfrac{23}{17}P$，$M_A=\dfrac{3PL}{17}$，$R_D=\dfrac{20P}{17}$

8-91 圖中懸臂梁在 B 端以直徑 $d = 1/4\text{in}$ 之鋼桿支撐，並承受 200 lb/ft 之均佈負荷，試求鋼桿之拉力及固定端 A 之反力。梁與鋼桿之 $E = 30\times10^6$ psi，梁斷面之慣性矩 $I = 22.1$ in^4。設承受負荷前梁爲水平且鋼桿不受力。

【答】$T = 398$ lb，$R_A = 802$ lb，$M_A = 1212$ lb-ft

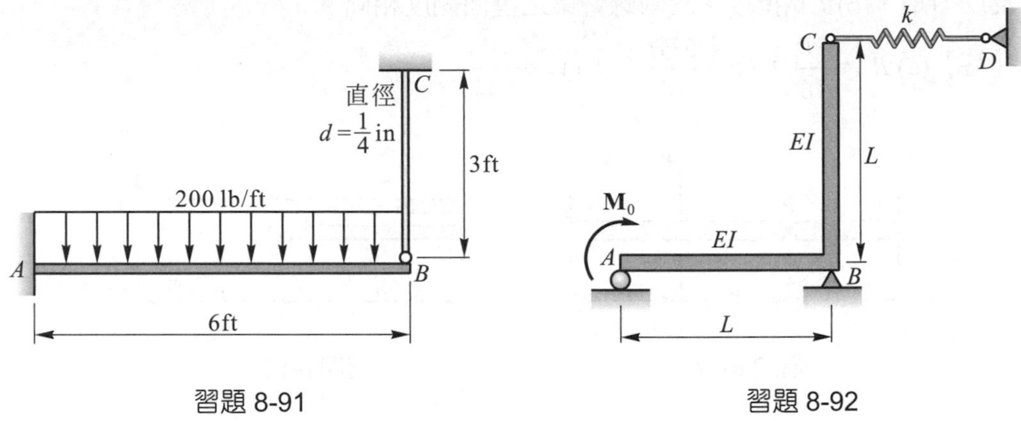

習題 8-91　　習題 8-92

8-92 圖中爲 L 型之剛架，A 端爲滾支承，B 點爲鉸支承，C 端爲彈簧支撐，彈簧的彈力常數 $k = 2EI/L^3$，且在受負荷前爲自由長度。今在 A 端承受力偶矩 M_0，試求支承 A、B 之反力。

【答】$R_A = \dfrac{8M_0}{7L}$，$R_{Bx} = \dfrac{M_0}{7L}$，$R_{By} = \dfrac{8M_0}{7L}$

8-7 彎曲應變能

線彈性材料之稜柱梁承受純彎，如圖 8-21(a)所示，由於梁內各斷面之彎矩 M 都相同，由公式(5-6)，梁將被彎曲成曲率半徑爲 $\rho = EI/M$ 之圓弧，則梁之右端(B 端)相對於左端(A 點)之斜角 θ (圓弧所對之圓心角)爲

$$\theta = \frac{L}{\rho} = \frac{ML}{EI} \tag{8-20}$$

上式顯示彎矩 M 與斜角 θ 成正比，在 M-θ 關係圖上爲一直線，如圖 8-21(b)中之直線 OA。當彎矩由零逐漸增加至 M 時，梁彎曲成圓弧，而所對之圓心角(或所生之斜角)爲 θ，則彎

矩對梁所作之功，等於圖 8-21(b)中所示之陰影面積，此功即等於梁內所儲存之應變能，以 U 表示之，故

$$U=\frac{1}{2}M\theta \tag{8-21}$$

將公式(8-20)代入公式(8-21)中，得

$$U=\frac{M^2L}{2EI}=\frac{EI\theta}{2L} \tag{8-22}$$

上式分別以彎矩 M 及斜角 θ 表示純彎之梁內所儲存之應變能，這些公式與軸力及純扭之應變能公式很類似。

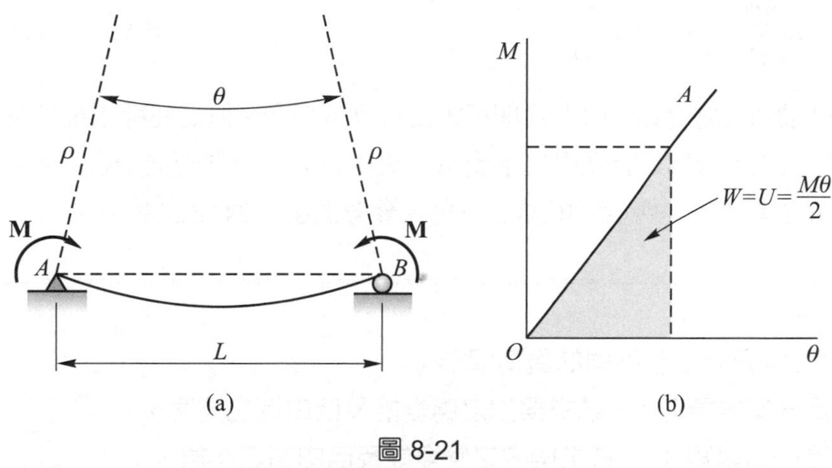

圖 8-21

對於承受橫向負荷之梁，其內各斷面之彎矩 M 隨位置 x 而變，此種情況可先考慮梁內任一微小長度 dx 內之應變能。由於此微小長度可視爲承受純彎，如圖 8-22 所示，設此微小長度兩邊斷面之斜角爲 $d\theta$，則由公式(8-20)

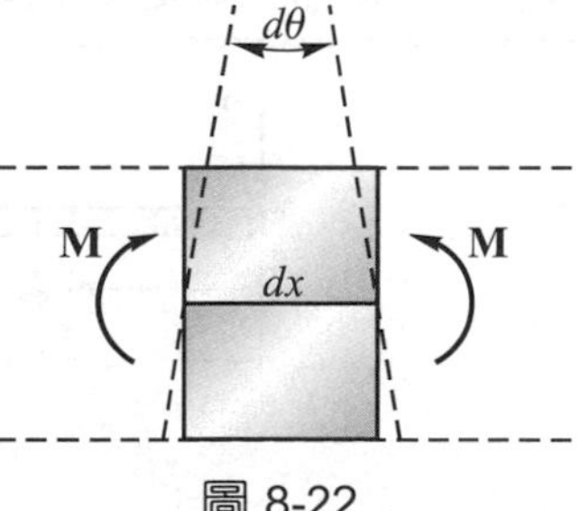

圖 8-22

$$d\theta=\frac{Mdx}{EI}$$

則此微小長度內所儲存之應變能爲

$$dU=\frac{1}{2}Md\theta=\frac{M^2dx}{2EI}$$

因此梁內之總應變能為

$$U=\int_0^L \frac{M^2dx}{2EI} \tag{8-23}$$

上述之彎曲應變能僅考慮彎矩之效應，事實上梁內尚有剪力作用，其剪應變亦儲存有應變能，但對於跨距較大之梁，剪力之應變能甚小於彎矩之應變能，可忽略不計。

對於承受單一集中負荷 P 或力偶矩 M 之梁，在集中負荷作用點之撓度 y 或力偶矩作用點之斜角 θ，可利用應變能之觀念求得。由於梁內所儲存之應變能等於負荷所作之功，故

$$U=W=\frac{1}{2}Py \quad , \quad U=W=\frac{1}{2}M\theta \tag{8-24}$$

或可改寫為

$$y=\frac{2U}{P} \quad , \quad \theta=\frac{2U}{M} \tag{8-25}$$

因此只要求得梁內之應變能，由上式即可求得撓度或斜角。但是此種求撓度或斜角的方法在應用上非常有限，因為只能應用在承受單一集中負荷或力偶矩之場合，而且只能求得集中負荷作用點之撓度或力偶矩作用點之斜角，參考例題 8-24 之說明。

例題 8-24

一懸臂梁 AB 承受三種不同的負荷情形：

(a)自由端承受一集中負荷 P，試求梁內之應變能及自由端之撓度，

(b)自由端承受一力偶矩 M_0。試求梁內之應變能及自由端之斜角，

(c)自由端同時承受集中負荷 P 及力偶矩 M_0。試求梁內之應變能。

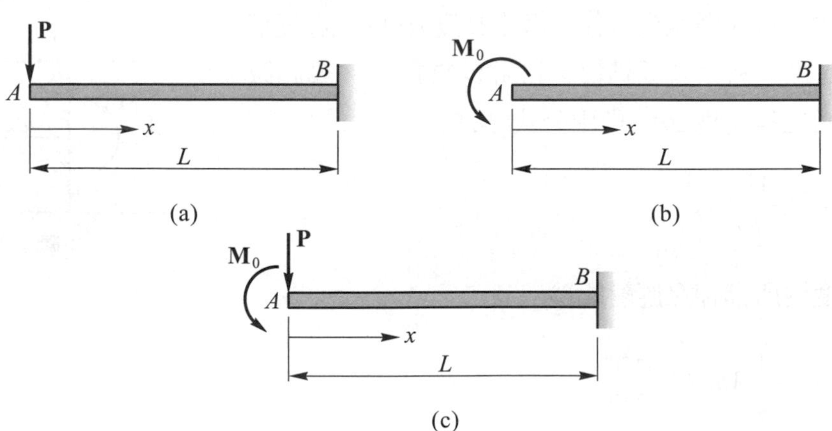

【解】(a) 懸臂梁自由端承受集中負荷 P

梁內距自由端爲 x 處之彎矩爲

$$M=-Px$$

由公式(8-23)可求梁內之應變能爲

$$U=\int_0^L \frac{M^2dx}{2EI}=\int_0^L \frac{P^2x^2dx}{2EI}=\frac{P^2L^3}{6EI}$$ ◀

集中負荷 P 之作用點 A 沿 P 方向(向下)之撓度，由公式(8-25)

$$y_A=\frac{2U}{P}=\frac{PL^3}{3EI}\,(\downarrow)$$ ◀

(b) 懸臂梁自由端承受力偶矩 M_0

梁內距自由端爲 x 處之彎矩爲

$$M=-M_0$$

由公式(8-23)可求得梁內之應變能爲

$$U=\int_0^L \frac{M^2dx}{2EI}=\int_0^L \frac{M_0^2dx}{2EI}=\frac{M_0^2L}{2EI}$$ ◀

力偶矩 M_0 之作用點 A 沿 M_0 方向(逆時針方向)所生之斜角，由公式(8-25)

$$\theta_A=\frac{2U}{M_0}=\frac{M_0L}{EI}\,(\text{ccw})$$ ◀

(c) 懸臂梁自由端同時承受集中負荷 P 與力偶矩 M_0

梁內距自由端爲 x 處之彎矩爲

$$M=-Px-M_0=-(Px+M_0)$$

由公式(8-23)可求得梁內之應變能

$$U=\int_0^L \frac{M^2dx}{2EI}=\int_0^L \frac{(Px+M_0)^2\,dx}{2EI}=\frac{P^2L^3}{6EI}+\frac{PM_0L^2}{2EI}+\frac{M_0^2L}{2EI}$$ ◀

【註 1】集中負荷 P 與力偶矩 M_0 同時作用所儲存之應變能，並不等於集中負荷 P 與力偶矩 M_0 單獨作用所儲存應變能之和，即重疊原理不適用於求應變能，因爲應變能爲負荷之二次函數，並非線性關係。

【註 2】梁同時承受數個負荷作用時，不能利用負荷所作之功等於梁內應變能之方法求撓度或斜角。本題(c)中懸臂梁同時承受集中負荷 P 與力偶矩 M_0，由負荷所作之功等於梁內應變能之關係可得

$$\frac{1}{2}Py_{A2}+\frac{1}{2}M_0\theta_{A2}=\frac{P^2L^3}{6EI}+\frac{PM_0L^2}{2EI}+\frac{M_0^2L}{2EI}$$

其中 y_{A2} 與 θ_{A2} 為懸臂梁同時承受集中負荷 P 與力偶矩 M_0 時在 A 端所生之撓度與斜角。雖然上式為正確，但只一個方程式無法解出二個未知數(y_{A2} 與 θ_{A2})。

8-8 能量法求撓度：卡氏定理

應變能之觀念常用於分析梁或其他結構之撓度，其中最有用之方法為卡氏定理(Castigliano′s Theorem)，本節將導出此定理並應用於求梁之撓度及斜角。雖然本節是利用梁之應變能導出此定理，但任何結構只要其負荷與撓度為線性關係，都可應用卡氏定理求撓度或斜角。

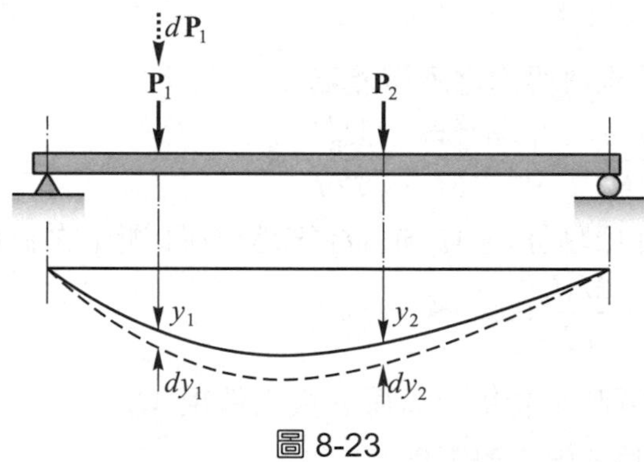

圖 8-23

圖 8-23 中所示為同時承受兩個集中負荷 P_1 及 P_2 之梁，設在兩負荷方向所生之撓度分別為 y_1 及 y_2，由於梁內之應變能等於外加負荷所作之功，故

$$U=\frac{1}{2}P_1 y_1+\frac{1}{2}P_2 y_2 \tag{a}$$

設將負荷 P_1 增加 dP_1，而 P_2 保持不變，並設 dy_1 與 dy_2 為 dP_1 作用後在兩負荷方向所增加之撓度，則

$$dy_1=\frac{\partial y_1}{\partial P_1}dP_1 \tag{b}$$

$$dy_2=\frac{\partial y_2}{\partial P_1}dP_1 \tag{c}$$

負荷 P_1 增加 dP_1 後，梁內應變能之增加量 dU 爲

$$dU=\frac{1}{2}dP_1dy_1+P_1d\,y_1+P_2d\,y_2 \tag{d}$$

其中 $\frac{1}{2}dP_1dy_1$ 可忽略不計，則

$$dU=P_1dy_1+P_2dy_2 \tag{e}$$

將(b)、(c)兩式代入(e)式，得

$$dU=P_1\left(\frac{\partial y_1}{\partial P_1}\right)dP_1+P_2\left(\frac{\partial y_2}{\partial P_1}\right)dP_1$$

因 $dU=\frac{\partial U}{\partial P_1}dP_1$，故可得

$$\frac{\partial U}{\partial P_1}=P_1\left(\frac{\partial y_1}{\partial P_1}\right)+P_2\left(\frac{\partial y_2}{\partial P_1}\right) \tag{f}$$

將(a)式對 P_1 偏微分，可得

$$\frac{\partial U}{\partial P_1}=\frac{1}{2}y_1+\frac{1}{2}P_1\left(\frac{\partial y_1}{\partial P_1}\right)+\frac{1}{2}P_2\left(\frac{\partial y_2}{\partial P_1}\right)_1=\frac{1}{2}y_1+\frac{1}{2}\left[P_1\left(\frac{\partial y_1}{\partial P_1}\right)+P_2\left(\frac{\partial y_2}{\partial P_1}\right)\right] \tag{g}$$

將(f)式代入(g)式，整理後可得

$$\frac{\partial U}{\partial P_1}=y_1 \tag{h}$$

同理，亦可得

$$\frac{\partial U}{\partial P_2}=y_2 \tag{i}$$

因此，對於同時承受數個集中負荷之梁，上式可用通式表示爲

$$\frac{\partial U}{\partial P_i}=y_i \tag{8-26}$$

上式之意義敍述如下：對於線彈性結構(linearly elastic structure)，其內任一力之作用點在該力方向所生之撓度，等於結構之總應變能對該力之偏微分，此敍述稱爲卡氏定理。

對於承受力偶矩作用之結構，同理可證明，結構上任一力偶之作用點在該力偶方向所生之斜角，等於結構之總應變能對該力偶矩之偏微分，即

$$\frac{\partial U}{\partial M_i} = \theta_i \tag{8-27}$$

有時欲求結構上某點在某方向之撓度，但該點在此方向並無外力作用，此種情形，可在該點之相同方向假設承受一外力 Q，而求得結構之總應變能 U_i，再應用卡氏定理求δ_i，然後令 Q 等於零，即可求得該點之撓度，有關之分析過程參考例題 8-27,28,29 之說明。

對於承受數個負荷之梁，利用公式(8-26)或(8-27)求撓度或斜角時，都必須用公式(8-23)經積分運算求得應變能，若彎矩方程式內有三項，經平方後將有六項，每一項都必須積分方能求出應變能，再將應變能微分，最後才求得撓度或斜角，分析過程甚為繁複。不過，可以不必先求應變能，直接由彎矩積分即可求得撓度與斜角，亦即將公式(8-23)代入公式(8-26)或(8-27)中先行微分得

$$y_i = \frac{\partial U}{\partial P_i} = \frac{\partial}{\partial P_i}\left(\int \frac{M^2 dx}{2EI}\right) = \int\left(\frac{\partial M}{\partial P_i}\right)\frac{M}{EI}dx \tag{8-28}$$

$$\theta_i = \frac{\partial U}{\partial M_i} = \frac{\partial}{\partial M_i}\left(\int \frac{M^2 dx}{2EI}\right) = \int\left(\frac{\partial M}{\partial M_i}\right)\frac{M}{EI}dx \tag{8-29}$$

上式稱為修正卡氏定理(modified Castiglianso′s theorem)。應用公式(8-28)與(8-29)求撓度與斜角，雖然仍需要積分，但分析過程將較為簡單，參考以下例題之說明。

靜不定梁亦可使用卡氏定理分析。同樣先選取贅力，將梁釋放為靜定梁，並將彎矩表示為梁上外力與贅力之函數，由於贅力作用點(釋放支承之點)之撓度或斜角為已知(通常為零)，由公式(8-28)或(8-29)，即可求得贅力，再由平衡方程式解出其餘未知反力，有關詳細分析過程參考例題 8-30,31 之說明。

例題 8-25

同例題 8-24 之懸臂梁 AB 承受三種不同負荷情形：

(a)自由端承受一集中負荷 P，試用修正卡氏定理求自由端之撓度，

(b)自由端承受一力偶矩 M_0，試用修正卡氏定理求自由端之斜角，

(c)自由端同時承受集中負荷 P 及力偶矩 M_0，試用修正卡氏定理求自由端之撓度與斜角。

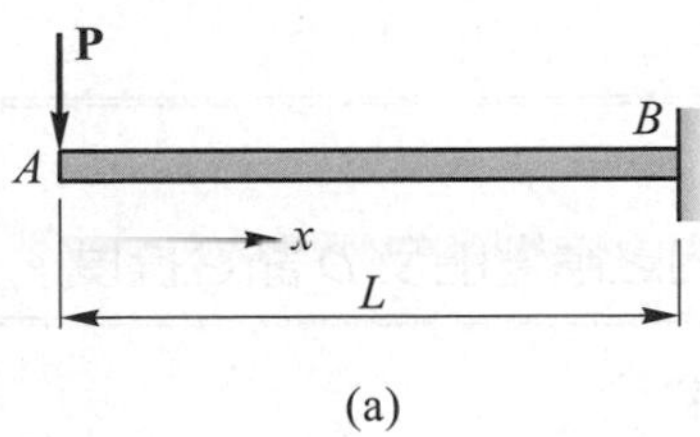

(a)

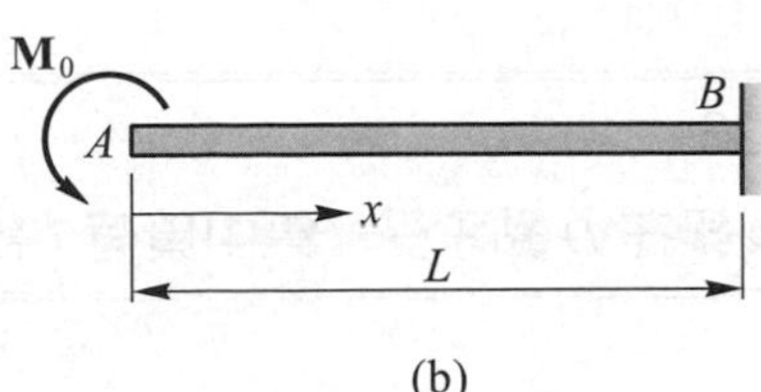

(b)

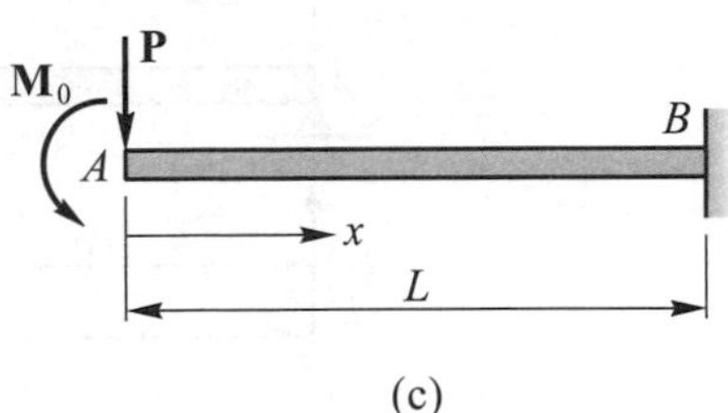

(c)

【解】(a) 懸臂梁自由端承受集中負荷 P

梁內距自由端爲 x 處之彎矩：$M=-Px$

將上式對 P 作偏微分：$\dfrac{\partial M}{\partial P}=-x$

由公式(8-28)可得自由端(A 端)之撓度 y_A

$$y_A=\int_0^L\left(\frac{\partial M}{\partial P}\right)\frac{M}{EI}dx=\frac{1}{EI}\int_0^L(-x)(-Px)dx=\frac{PL^3}{3EI}(\downarrow)◀$$

(b) 懸臂梁自由端承受力偶矩 M_0

梁內距自由端爲 x 處之彎矩：$M=-M_0$

將上式對 M_0 作偏微分：$\dfrac{\partial M}{\partial M_0}=-1$

由公式(8-29)可得自由端(A 端)之斜角 θ_A

$$\theta_A=\int_0^L\left(\frac{\partial M}{\partial M_0}\right)\frac{M}{EI}dx=\frac{1}{EI}\int_0^L(-1)(-M_0)dx=\frac{M_0L}{EI}(\text{ccw})◀$$

(c) 懸臂梁自由端同時承受集中負荷 P 與力偶矩 M_0

梁內距自由端爲 x 處之彎矩：$M=-Px-M_0$

將上式分別對 P 及 M_0 作偏微分

$$\frac{\partial M}{\partial P}=-x \quad , \quad \frac{\partial M}{\partial M_0}=-1$$

由公式(8-28)及(8-29)可得自由端(A 端)之撓度 y_{A2} 及斜角 θ_{A2}

$$y_{A2}=\int_0^L\left(\frac{\partial M}{\partial P}\right)\frac{M}{EI}dx=\frac{1}{EI}\int_0^L(-x)(-Px-M_0)dx=\frac{PL^3}{3EI}+\frac{M_0L^2}{2EI}(\downarrow)◀$$

$$\theta_{A2}=\int_0^L\left(\frac{\partial M}{\partial M_0}\right)\frac{M}{EI}dx=\frac{1}{EI}\int_0^L(-1)(-Px-M_0)dx=\frac{PL^2}{2EI}+\frac{ML}{EI}(\text{ccw})◀$$

例題 8-26

圖中簡支梁在 D 點承受一集中負荷，試求梁內之應變能及 D 點之撓度。

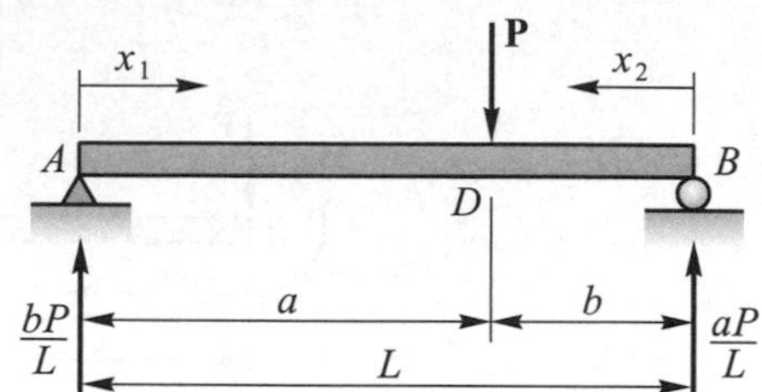

【解】梁內之總應變能爲 AD 及 BD 兩段應變能之和，即

$$U = U_{AD} + U_{BD} = \int_0^a \frac{M_{x1}^2 dx_1}{2EI} + \int_0^b \frac{M_{x2}^2 dx_2}{2EI} \tag{1}$$

AD 段距 A 端爲 x_1 處之彎矩爲 $M_{x1} = \frac{bP}{L} x_1$ (2)

BD 段距 B 端爲 x_2 處之彎矩爲 $M_{x2} = \frac{aP}{L} x_2$ (3)

則

$$U = \int_0^a \left(\frac{bP}{L}x_1\right)^2 \frac{dx_1}{2EI} + \int_0^b \left(\frac{aP}{L}x_2\right)^2 \frac{dx_2}{2EI}$$

$$= \frac{a^3b^2P}{6L^2EI} + \frac{a^2b^3P}{6L^2EI} = \frac{P^2a^2b^2}{6L^2EI}(a+b) = \frac{P^2a^2b^2}{6LEI} \blacktriangleleft \tag{4}$$

由卡氏定理，即公式(8-26)可得 D 點撓度

$$y_D = \frac{\partial U}{\partial P} = \frac{Pa^2b^2}{3LEI} \blacktriangleleft$$

【註】若不求應變能，可直接由修正卡氏定理求 D 點撓度

由公式(2) ：$M_{x1} = \frac{bP}{L} x_1$ ， $\frac{\partial M_{x1}}{\partial P} = \frac{b}{L} x_1$

由公式(3)： $M_{x2} = \frac{aP}{L} x_2$ ， $\frac{\partial M_{x2}}{\partial P} = \frac{a}{L} x_2$

故

$$y_D = \frac{\partial U}{\partial P} = \int_0^a \left(\frac{\partial M_{x1}}{\partial P}\right) \frac{M_{x1} dx_1}{EI} + \int_0^b \left(\frac{\partial M_{x2}}{\partial P}\right) \frac{M_{x2} dx_2}{EI}$$

$$= \frac{1}{EI} \int_0^a \left(\frac{b}{L}x_1\right)\left(\frac{bP}{L}x_1\right) dx_1 + \frac{1}{EI} \int_0^b \left(\frac{a}{L}x_2\right)\left(\frac{aP}{L}x_2\right) dx_2$$

$$= \frac{Pa^3b^2}{3L^2EI} + \frac{Pa^2b^3}{3L^2EI} = \frac{Pa^2b^2}{3L^2EI}(a+b) = \frac{Pa^2b^2}{3LEI} \blacktriangleleft$$

例題 8-27

圖中長度為 L 之懸臂梁受均佈負荷 q 作用，試用修正卡氏定理求 A 端之撓度與斜角。

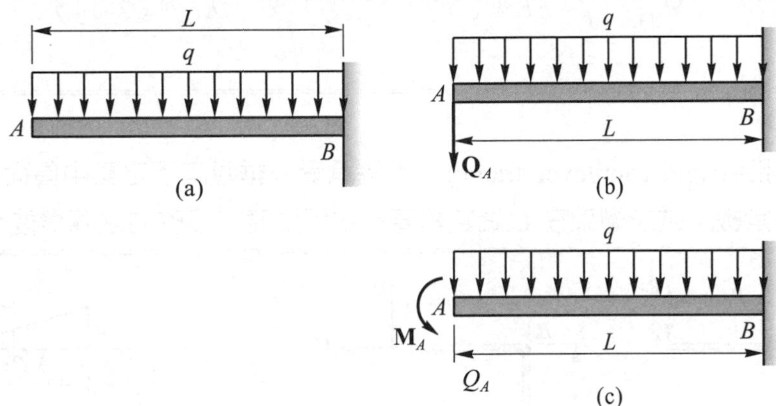

【解】欲求 A 端之撓度，由於 A 端並無垂直向下之集中負荷，故假設一垂直向下之集中負荷 Q_A 作用在 A 端，如(b)圖所示，則由公式(8-28)

$$y_A=\left.\frac{\partial U}{\partial Q}\right|_{Q_A=0}=\int_0^L\frac{M}{EI}\left(\frac{\partial M}{\partial Q_A}\right)dx \tag{1}$$

梁內距 A 端爲 x 處之彎矩 M 爲

$$M=-Q_Ax-\frac{1}{2}qx^2 \tag{2}$$

則
$$\frac{\partial M}{\partial Q_A}=-x \tag{3}$$

將(2)、(3)兩式代入公式(1)中，並令 $Q_A=0$，即可得 A 端之撓度

$$y_A=\left.\frac{\partial U}{\partial Q}\right|_{Q_A=0}=\frac{1}{EI}\int_0^L\left(Q_Ax+\frac{1}{2}qx^2\right)(x)dx=\frac{1}{EI}\int_0^L\left(\frac{1}{2}qx^2\right)(x)dx=\frac{qL^4}{8EI}\ \blacktriangleleft$$

若欲求 A 端之斜角，由於 A 端無力偶矩作用，故假設一逆時針方向之力偶矩 M_A 作用於 A 端，如(c)圖所示，則 A 端之斜角 θ_A 由公式(8-29)

$$\theta_A=\left.\frac{\partial U}{\partial M_A}\right|_{M_A=0}=\int_0^L\frac{M}{EI}\left(\frac{\partial M}{\partial M_A}\right)dx \tag{4}$$

梁內距 A 端爲 x 處之彎矩爲

$$M=-M_A-\frac{1}{2}qx^2 \tag{5}$$

則 $$\frac{\partial M}{\partial M_A}=-1 \tag{6}$$

將(5)、(6)兩式代入公式(4)中，並令 $M_A=0$，即可得 A 端之斜角

$$\theta_A=\left.\frac{\partial U}{\partial M_A}\right|_{M_A=0}=\frac{1}{EI}\int_0^L\left(M_A+\frac{1}{2}qx^2\right)(1)dx=\frac{1}{EI}\int_0^L\left(\frac{1}{2}qx^2\right)dx=\frac{qL^3}{6EI}$$ ◀

例題 8-28

圖中懸臂剛架(rigid cantilever frame)在 C 端承受一垂直向下之集中負荷 P，設剛架之撓曲剛度 EI 為常數，試求剛架在 C 端之垂直及水平撓度。設軸力之應變能忽略不計。

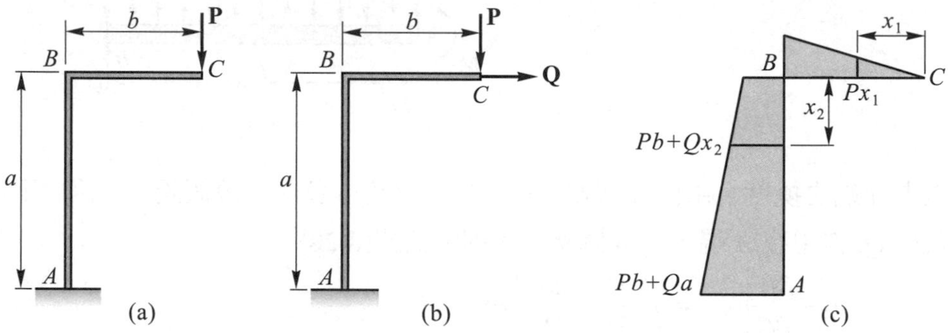

【解】因剛架在 C 點無水平方向之集中負荷，故假設一水平向右之集中負荷 Q 作用於 C 點，如(b)圖所示。

剛架 BC 段在距 C 點爲 x_1 處之彎矩爲

$$M_{x1}=Px_1$$

則 $$\frac{\partial M_{x1}}{\partial P}=x_1 \quad , \quad \frac{\partial M_{x1}}{\partial Q}=0$$

剛架 BA 段在距 B 點爲 x_2 處之彎矩爲

$$M_{x2}=Pb+Qx_2$$

則 $$\frac{\partial M_{x2}}{\partial P}=b \quad , \quad \frac{\partial M_{x2}}{\partial Q}=x_2$$

由修正卡氏定理

$$\delta_{CV}=\left.\frac{\partial U}{\partial P}\right|_{Q=0}=\frac{\partial}{\partial P}\left(\int_0^b\frac{M_{x1}^2dx_1}{2EI}+\int_0^a\frac{M_{x2}^2dx_2}{2EI}\right)$$

$$=\int_0^b\left(\frac{\partial M_{x1}}{\partial P}\right)\frac{M_{x1}dx_1}{EI}+\int_0^a\left(\frac{\partial M_{x2}}{\partial P}\right)\frac{M_{x2}dx_2}{EI}$$

$$=\frac{1}{EI}\int_0^b(x_1)(Px_1)dx_1+\frac{1}{EI}\int_0^a(b)(Pb+Qx_2)dx_2=\frac{Pb^2}{EI}\left(\frac{b}{3}+a\right)◄$$

$$\delta_{CH}=\left.\frac{\partial U}{\partial Q}\right|_{Q=0}=\frac{\partial}{\partial Q}\left(\int_0^b\frac{M_{x1}^2dx_1}{2EI}+\int_0^a\frac{M_{x2}^2dx_2}{2EI}\right)$$

$$=\int_0^b\left(\frac{\partial M_{x1}}{\partial Q}\right)\frac{M_{x1}dx_1}{EI}+\int_0^a\left(\frac{\partial M_{x2}}{\partial Q}\right)\frac{M_{x2}dx_2}{EI}$$

$$=\frac{1}{EI}\int_0^b(0)(Px_1)dx_1+\frac{1}{EI}\int_0^a(x_2)(Pb+Qx_2)dx_2=\frac{Pa^2b}{2EI}◄$$

例題 8-29

圖中 1/4 圓弧型之懸臂梁在自由端(B 端)承受一垂直向下之集中負荷 P，試求 B 端之垂直與水平撓度。設軸力與剪力之應變能忽略不計。

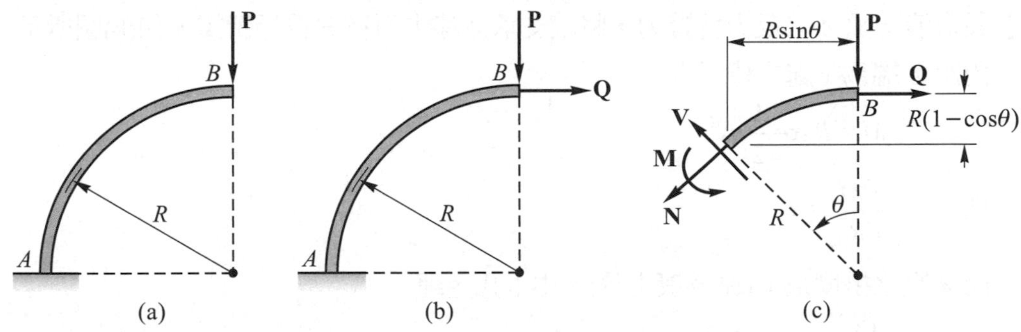

【解】因梁在 B 點無水平方向之集中負荷，故假設一水平向右之集中負荷 Q 作用在 B 點，如(b)圖所示。

梁內距 B 端為θ角處之彎矩，參考(c)圖

$$M=PR\sin\theta+QR(1-\cos\theta)$$

則 $$\frac{\partial M}{\partial P}=R\sin\theta\quad,\quad\frac{\partial M}{\partial Q}=R(1-\cos\theta)$$

由修正卡氏定理

$$\delta_{CV}=\left.\frac{\partial U}{\partial P}\right|_{Q=0}=\frac{\partial}{\partial P}\left(\int_0^{\frac{\pi}{2}}\frac{M^2ds}{2EI}\right)=\int_0^{\frac{\pi}{2}}\left(\frac{\partial M}{\partial P}\right)\frac{MRd\theta}{EI}$$

$$=\frac{1}{EI}\int_0^{\frac{\pi}{2}}(R\sin\theta)(PR\sin\theta)Rd\theta=\frac{P\pi R^3}{4EI}(\downarrow)◄$$

$$\delta_{CH}=\left.\frac{\partial U}{\partial Q}\right|_{Q=0}=\frac{\partial}{\partial Q}\left(\int_0^{\frac{\pi}{2}}\frac{M^2ds}{2EI}\right)=\int_0^{\frac{\pi}{2}}\left(\frac{\partial M}{\partial Q}\right)\frac{MRd\theta}{EI}$$

$$=\frac{1}{EI}\int_0^{\frac{\pi}{2}}R(1-\cos\theta)(PR\sin\theta)Rd\theta=\frac{PR^3}{2EI}(\rightarrow)◀$$

例題 8-30

試求圖中支撐懸臂梁在滾支承 A 之反力。

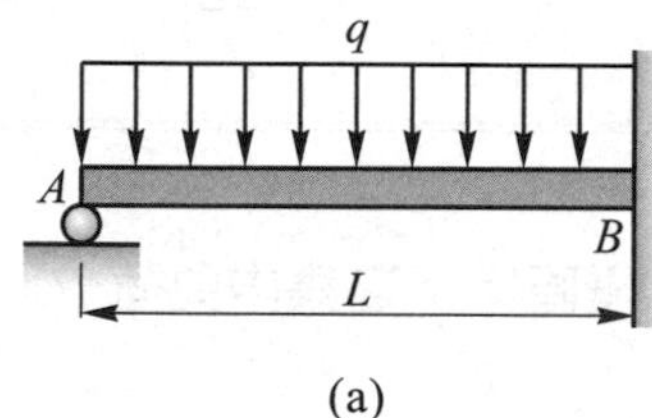

(a)

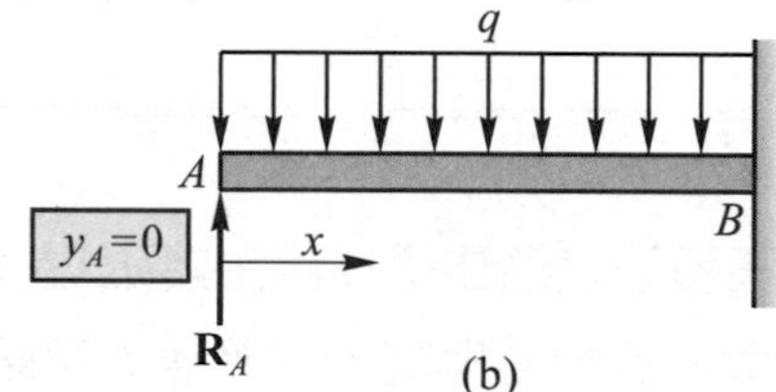

(b)

【解】設取滾支承 A 之反力爲贅力，將滾支承 A 移去而釋放爲懸臂梁，如(b)圖所示。梁內距 A 端爲 x 處之彎矩爲

$$M=R_Ax-\frac{1}{2}qx^2$$

則 $$\frac{\partial M}{\partial R_A}=x$$

因 A 點之撓度爲零(原爲滾支承)，由卡氏定理

$$\frac{\partial U}{\partial R_A}=y_A=0$$

$$\frac{\partial U}{\partial R_A}=\frac{\partial}{\partial R_A}\left(\int_0^L\frac{M^2dx}{2EI}\right)=\int_0^L\left(\frac{\partial M}{\partial R_A}\right)\frac{Mdx}{EI}$$

$$=\frac{1}{EI}\int_0^L(x)\left(R_Ax-\frac{1}{2}qx^2\right)dx=\frac{1}{EI}\left(\frac{R_AL^3}{3}-\frac{qL^4}{8}\right)=0$$

得 $$R_A=\frac{3}{8}qL\ (\uparrow)◀$$

由平衡方程式

$$\Sigma F_y=0\text{，}\quad R_B=\frac{5}{8}qL\ (\uparrow)$$

$$\Sigma M_B=0\text{，}\quad M_B=\frac{1}{8}qL^2\ (\text{順時針方向})$$

例題 8-31

圖中連續梁承受均佈負荷 q，試求支承之反力。

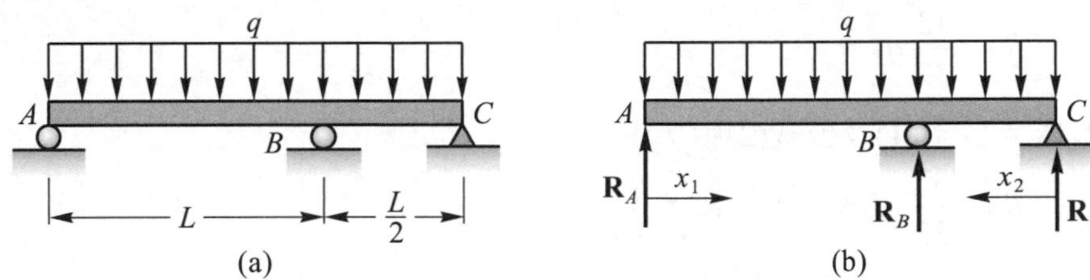

【解】設取滾支承 A 之反力 R_A 為贅力，將靜不定梁釋放為外伸梁，參考(b)圖所示。由平衡方程式

$$\sum M_C = 0 \quad , \quad R_B = \frac{9}{4}qL - 3R_A \tag{1}$$

$$\sum M_B = 0 \quad , \quad R_C = 2R_A - \frac{3}{4}qL \tag{2}$$

AB 段距 A 端為 x_1 處之彎矩

$$M_{x1} = R_A x_1 - \frac{1}{2}qx_1^2 \tag{3}$$

則
$$\frac{\partial M_{x1}}{\partial R_A} = x_1 \tag{4}$$

CB 段距 C 端為 x_2 處之彎矩

$$M_{x2} = R_C x_2 - \frac{1}{2}qx_2^2 = \left(2R_A - \frac{3}{4}qL\right)x_2 - \frac{1}{2}qx_2^2 = 2R_A x_2 - \frac{3}{4}qLx_2 - \frac{1}{2}qx_2^2 \tag{5}$$

則
$$\frac{\partial M_{x2}}{\partial R_A} = 2x_2 \tag{6}$$

因 A 點之撓度為零(原為滾支承)，由卡氏定理

$$\frac{\partial U}{\partial R_A} = y_A = 0 \tag{7}$$

$$\frac{\partial U}{\partial R_A} = \frac{\partial}{\partial R_A}\left(\int_0^L \frac{M_{x1}^2 dx}{2EI} + \int_0^{\frac{L}{2}} \frac{M_{x2}^2 dx_2}{2EI}\right)$$

$$= \int_0^L \left(\frac{\partial M_{x1}}{\partial R_A}\right)\frac{M_{x1}dx}{EI} + \int_0^{\frac{L}{2}} \left(\frac{\partial M_{x2}}{\partial R_A}\right)\frac{M_{x2}dx_2}{EI}$$

$$=\frac{1}{EI}\int_0^L (x_1)\left(R_A x_1-\frac{1}{2}qx_1^2\right)dx_1+\frac{1}{EI}\int_0^{\frac{L}{2}}(2x_2)\left(2R_A x_2-\frac{3}{4}qLx_2-\frac{1}{2}qx_2^2\right)dx_2$$

$$=\frac{1}{EI}\left(\frac{R_A L^3}{3}-\frac{qL^4}{8}\right)+\frac{1}{EI}\left(\frac{R_A L^3}{6}-\frac{qL^4}{16}-\frac{qL^4}{64}\right)=0$$

得 $R_A=\frac{13}{32}qL$ ◀

將 R_A 代入公式(1)及公式(2)中，得

$$R_B=\frac{33}{32}qL \blacktriangleleft \quad , \quad R_C=\frac{qL}{16} \blacktriangleleft$$

例題 8-32

試求圖中桁架在接點 B 之垂直及水平撓度。設 BC 及 BD 兩桿件之材質及斷面均相同。

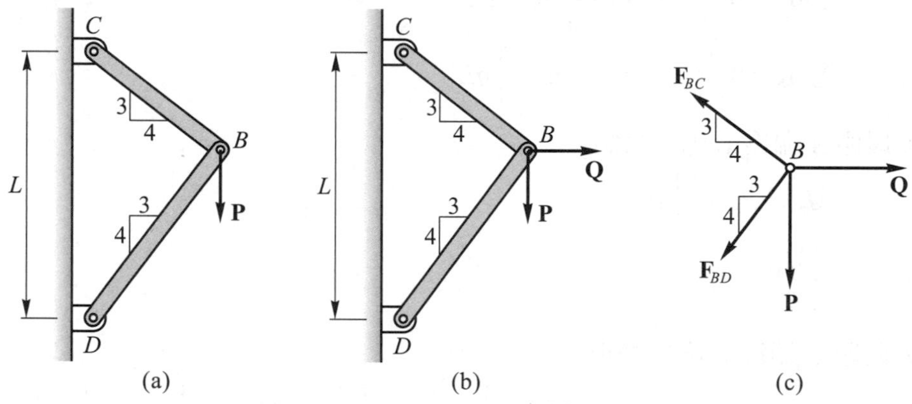

(a) (b) (c)

【解】用卡氏定理求接點 B 之水平撓度，必須在接點 B 有水平力，但 B 點無水平力，故假設在 B 點承受一水平力 Q，如(b)圖所示，則 B 點之垂直及水平撓度爲

$$\delta_v=\left.\frac{\partial U}{\partial P}\right|_{Q=0} \quad , \quad \delta_h=\left.\frac{\partial U}{\partial Q}\right|_{Q=0}$$

其中 U 爲桁架內之總應變能，即

$$U=\frac{F_{BC}{}^2 L_{BC}}{2EA}+\frac{F_{BD}{}^2 L_{BD}}{2EA} \tag{1}$$

故

$$\delta_h=\frac{F_{BC}L_{BC}}{EA}\cdot\frac{\partial F_{BC}}{\partial Q}+\frac{F_{BD}L_{BD}}{EA}\cdot\frac{\partial F_{BD}}{\partial Q} \tag{2}$$

$$\delta_v=\frac{F_{BC}L_{BC}}{EA}\cdot\frac{\partial F_{BC}}{\partial P}+\frac{F_{BD}L_{BD}}{EA}\cdot\frac{\partial F_{BD}}{\partial P} \tag{3}$$

接點 B 之自由體圖，如(c)圖所示，由平衡方程式可求得 F_{BC} 及 F_{BD}

$$F_{BC} = 0.6P+0.8Q \quad , \quad \frac{\partial F_{BC}}{\partial Q} = 0.8 \quad , \quad \frac{\partial F_{BC}}{\partial P} = 0.6 \tag{4}$$

$$F_{BD} = -0.8P+0.6Q \quad , \quad \frac{\partial F_{BD}}{\partial Q} = 0.6 \quad , \quad \frac{\partial F_{BD}}{\partial P} = -0.8 \tag{5}$$

又 $L_{BD} = 0.8L$，$L_{BC} = 0.6L$。

將(4)、(5)兩式代入(2)、(3)，並令 $Q = 0$，可得

$$\delta_h = \frac{(0.6P)(0.6L)}{EA}(0.8) + \frac{(-0.8P)(0.8L)}{EA}(0.6) = -0.096\frac{PL}{EA}$$

其中負號表示 δ_h 之方向與 Q 相反，即 $\delta_h = 0.096\frac{PL}{EA}(\leftarrow)$◀

$$\delta_v = \frac{(0.6P)(0.6L)}{EA}(0.6) + \frac{(-0.8P)(0.8L)}{EA}(-0.8) = 0.728\frac{PL}{EA}(\downarrow)$$◀

例題 8-33

圖中桁架在接點 B 承受垂直向下之負荷 P，試求各桿件之受力。所有桿件之材質與斷面積均相同。

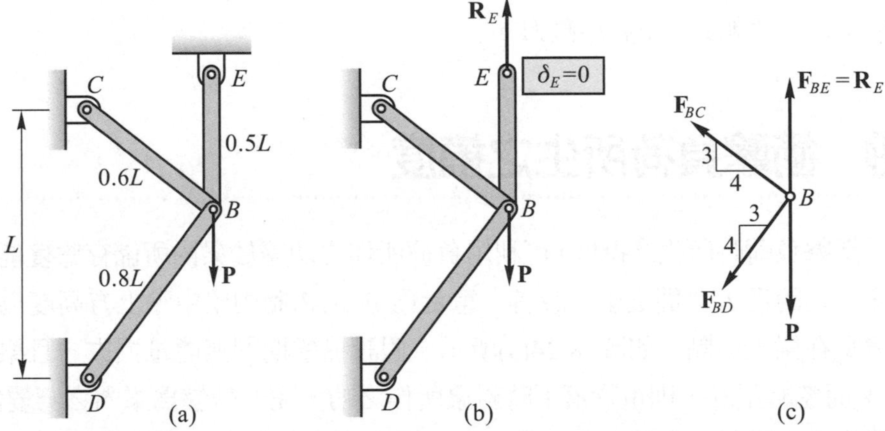

【解】本題桁架爲一次靜不定。設取支承 E 之反力 R_E 爲贅力，並移去支承 E，將桁架釋放爲靜定結構，如(b)圖所示。因 R_E 之作用點 E 無撓度，由卡氏定理

$$\delta_E = \frac{\partial U}{\partial R_E} = 0 \tag{1}$$

式中 U 爲桁架內之總應變能，且

$$U = U_{BC} + U_{BD} + U_{BE} = \frac{F_{BC}^2 L_{BC}}{2EA} + \frac{F_{BD}^2 L_{BD}}{2EA} + \frac{F_{BE}^2 L_{BE}}{2EA} \tag{2}$$

其中 $F_{BE} = R_E$。 (3)

由接點 B 之自由體圖及平衡方程式，參考(c)圖，得

$$F_{BC} = 0.6P - 0.6R_E \quad , \quad F_{BD} = 0.8R_E - 0.8P \tag{4}$$

將各桿件之受力對贅力 R_E 偏微分得

$$\frac{\partial F_{BE}}{\partial R_E} = 1 \quad , \quad \frac{\partial F_{BC}}{\partial R_E} = -0.6 \quad , \quad \frac{\partial F_{BD}}{\partial R_E} = 0.8 \tag{5}$$

由公式(1)

$$\frac{\partial U}{\partial R_E} = \frac{\partial F_{BC}}{\partial R_E}\frac{F_{BC}L_{BC}}{EA} + \frac{\partial F_{BD}}{\partial R_E}\frac{F_{BD}L_{BD}}{EA} + \frac{\partial F_{BE}}{\partial R_E}\frac{F_{BE}L_{BE}}{EA}$$

$$= \frac{1}{EA}[(-0.6)(0.6P - 0.6R_E)(0.6L) + (0.8)(0.8R_E - 0.8P)(0.8L)$$

$$+ (1)(R_E)(0.5L)] = 0$$

得 $R_E = 0.593P$ ， 即 $F_{BE} = 0.593P$◀

將 R_E 代入公式(4)中，得

$F_{BC} = 0.244P$◀ ， $F_{BD} = -0.326P$◀

其中 F_{BD} 之負號表示 F_{BD} 爲壓力。

8-9 衝擊負荷所生之撓度

梁承受衝擊負荷時所生之撓度，可利用負荷所作之功等於梁內所儲存應變能之觀念求解。今考慮一跨距爲 L 之簡支梁，設有一重量爲 W 之物體由梁中點上方高度爲 h 處自由落下，而撞擊在梁上中點，如圖 8-24(a)所示。假設撞擊期間無能量損失，且梁之重量甚小於重物 W 而忽略不計，則重物落下時對梁所作之功，完全轉儲爲梁內之應變能。

設撞擊後梁中點所生之最大撓度爲 y_m，則重物對梁所作之總功爲

$$W(h + y_m) \tag{a}$$

梁中點產生 y_m 撓度而儲存之應變能爲

$$U = \frac{1}{2}P_e y_m \tag{b}$$

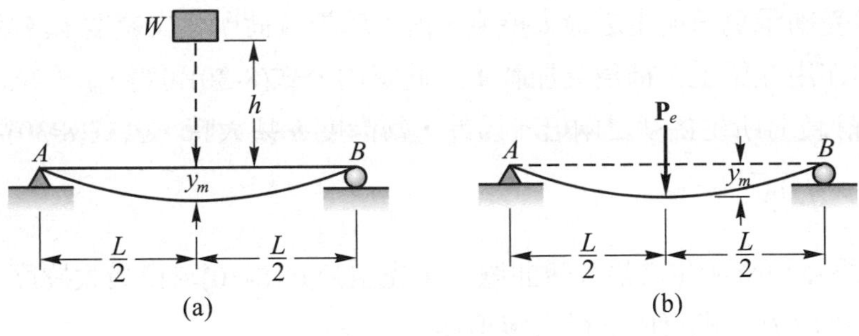

圖 8-24

其中P_e爲使梁在中點產生相同之撓度y_m所需之集中負荷，稱爲等效靜負荷(equivalent static load)，如圖 8-24(b)所示，且

$$y_m=\frac{P_eL^3}{48EI} \tag{c}$$

或

$$P_e=\frac{48EIy_m}{L^3} \tag{d}$$

則

$$U=\frac{1}{2}\left(\frac{48EIy_m}{L^3}\right)y_m=\frac{24EIy_m^2}{L^3} \tag{e}$$

因此由(a)(e)兩式可得

$$\frac{24EIy_m^2}{L^3}=W(h+y_m) \tag{f}$$

$$\frac{24EI}{L^3}y_m^2-Wy_m-Wh=0$$

$$y_m^2-\frac{WL^3}{24EI}y_m-\frac{WL^3h}{24EI}=0 \tag{g}$$

令 $y_{st}=\frac{WL^3}{48EI}$，y_{st}爲梁中點承受靜負荷 W 作用時所生之撓度，故公式(g)可寫爲

$$y_m^2-2y_{st}y_m-2hy_{st}=0 \tag{h}$$

解公式(h)可得

$$y_m=y_{st}+\sqrt{y_{st}^2+2hy_{st}} \tag{8-30}$$

上式 y_m 為梁承受衝擊負荷所生之最大撓度，恒大於靜負荷所生之撓度 y_{st}。當 $h = 0$ 時，即重物 W 係突然作用在梁上，稱為突加載重，此時由公式(8-30)可得 $y_m = 2y_{st}$，故突加負荷所生之撓度為靜負荷所生撓度之兩倍。另外，當高度 h 甚大時，公式(8-30)可簡化為

$$y_m = \sqrt{2hy_{st}} \tag{8-31}$$

至於梁承受衝擊負荷時所生之最大彎曲應力，先由公式(8-30)求得最大撓度 y_m，再代入公式(d)得等效靜負荷 P_e，則梁內之最大彎矩為

$$M = \frac{P_e L}{4} = \frac{12EIy_m}{L^2}$$

因此可得梁內所生之最大彎曲應力為

$$\sigma_{\max} = \frac{M}{S} = \frac{12EIy_m}{SL^2}$$

其中 S 為梁之斷面模數。

例題 8-34

質量 $m = 80$ kg 之物體，由梁中點上方 $h = 40$ mm 之高度自由落下，試求撞擊後(a)梁中點所生之最大撓度，(b)梁內之最大彎曲應力。設 $E = 70$ GPa。簡支梁長度 $L = 1000$mm。

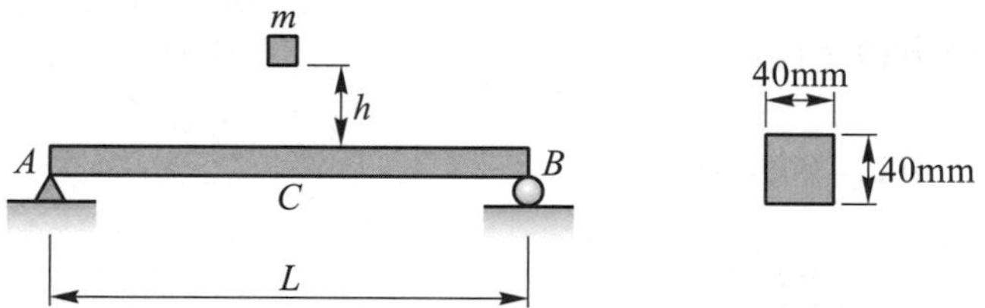

【解】設物體落下撞擊簡支梁後，使梁中點 C 產生之最大撓度為 y_m，並假設使簡支梁中點 C 產生 y_m 撓度所需作用在中點 C 之等效靜負荷為 P_e，則

$$y_m = \frac{P_e L^3}{48EI} = \frac{P_e}{k} \tag{1}$$

其中 k 為簡支梁之勁度，且 $k = \dfrac{48EI}{L^3}$ (2)

梁斷面之慣性矩 I 為

$$I = \frac{1}{12}(40)^4 = 0.2133\times10^6\text{mm}^3$$

則 $$k=\frac{48\left(70\times10^{3}\right)\left(0.2133\times10^{6}\right)}{\left(1000\right)^{3}}=716.8\ \text{N/mm}$$

簡支梁中點 C 產生 y_m 撓度時其內所儲存之應變能為 $U=\frac{1}{2}ky_m^2$，此能量等於物體落下所減少之重力位能，故

$$\frac{1}{2}ky_m^2=mg(h+y_m)$$

$$\frac{1}{2}\left(716.8\right)y_m^2=(80\times9.81)(40+y_m)$$

解得 $y_m=10.52\ \text{mm}$◀

代入公式(1)得等效靜負荷

$$P_e=ky_m=(716.8)(10.52)=7540\ \text{N}$$

梁內之最大彎矩為

$$M=\frac{P_eL}{4}=\frac{1}{4}(7540)(1000)=1.885\times10^{6}\ \text{N-mm}$$

故最大彎曲應力為

$$\sigma_{\max}=\frac{Mc}{I}=\frac{\left(1.885\times10^{6}\right)\left(20\right)}{0.2133\times10^{6}}=176.7\ \text{MPa}$$◀

8-93 圖中懸臂梁在自由端(A 端)承受一力偶矩 M_0，試求梁內之應變能及 A 端之斜角。

【答】$U=\frac{M_0{}^2L}{2EI}$，$\theta_A=\frac{M_0L}{EI}$

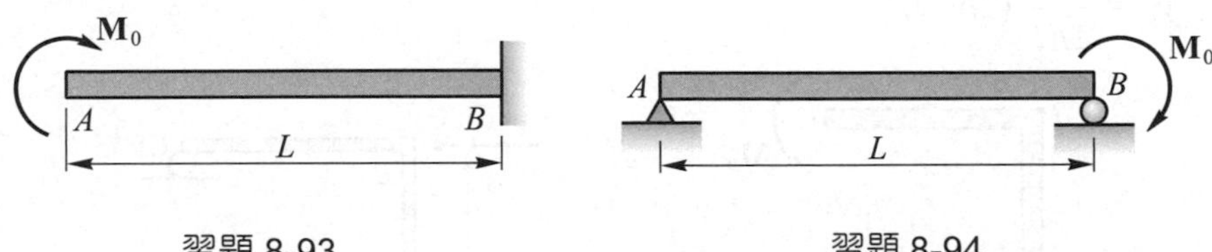

習題 8-93　　習題 8-94

8-94 圖中簡支梁在 B 端承受一力偶矩 M_0，試求梁內之應變能及 B 端之斜角。

【答】$U=\frac{M_0{}^2L}{6EI}$，$\theta_B=\frac{M_0L}{3EI}$

8-95 圖中簡支梁在中點 C 承受一集中負荷 P，試求梁內之應變能及 C 點撓度。

【答】$U=\dfrac{P^2L^3}{96EI}$，$y_C=\dfrac{PL^3}{48EI}$

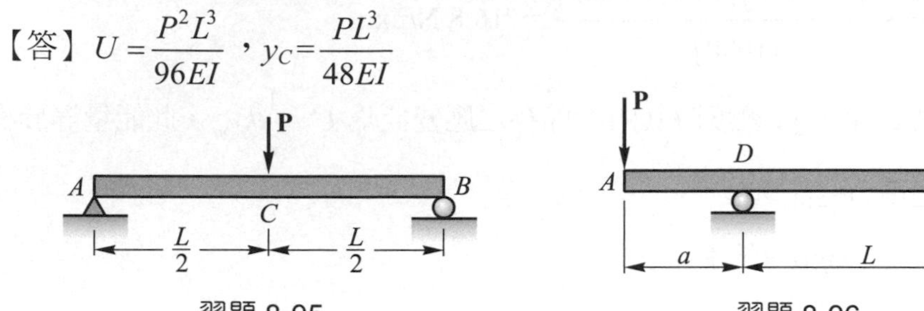

習題 8-95　習題 8-96

8-96 圖中外伸梁在自由端(A 點)承受一集中負荷 P，試求梁內之應變能及 A 點撓度。

【答】$U=\dfrac{P^2a^3}{6EI}+\dfrac{P^2a^2L}{6EI}$，$y_A=\dfrac{Pa^2}{3EI}(L+a)$

8-97 圖中外伸梁在自由端(D 點)承受一力偶矩 M_0，試用卡氏定理求 D 點之斜角與撓度。

【答】$\theta_D=\dfrac{M_0}{3EI}(L+3a)$，$y_D=\dfrac{M_0a}{6EI}(2L+3a)$

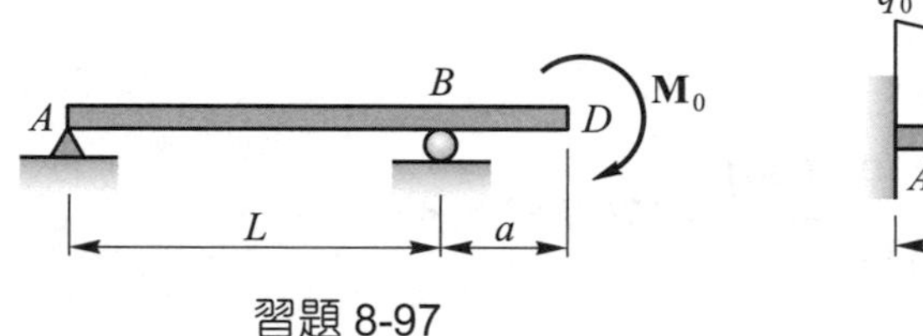

習題 8-97

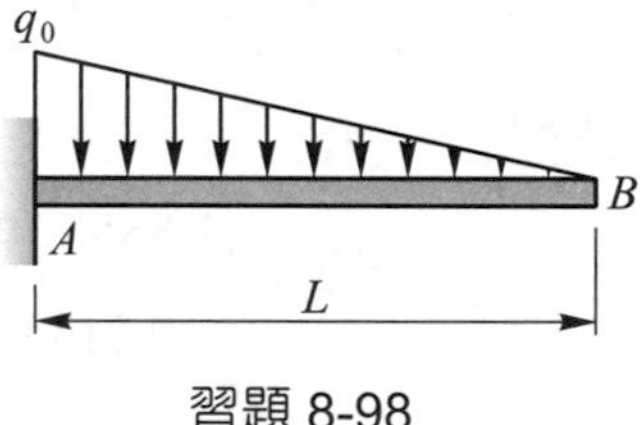

習題 8-98

8-98 圖中懸臂梁承受均變負荷，試用卡氏定理求自由端(B 點)之斜角與撓度。

【答】$\theta_B=\dfrac{q_0L^3}{24EI}$，$y_B=\dfrac{q_0L^4}{30EI}$

8-99 圖中懸臂剛架在 C 端承受一力偶矩 M_0，試求 C 點之垂直撓度。設剛架之撓曲剛度均爲 EI。

【答】$y_C=\dfrac{M_0a}{2EI}(2b+a)$

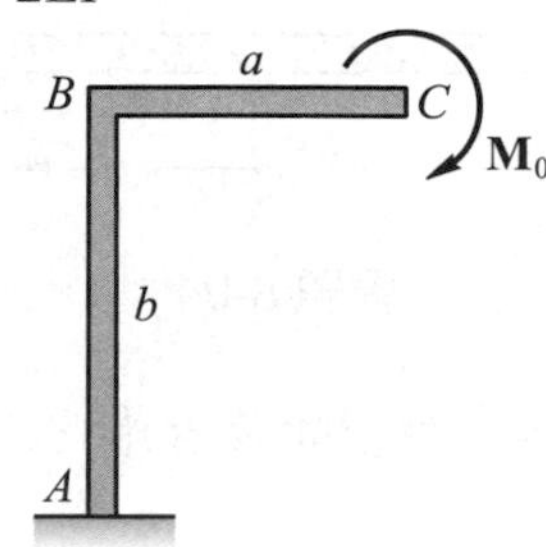

習題 8-99

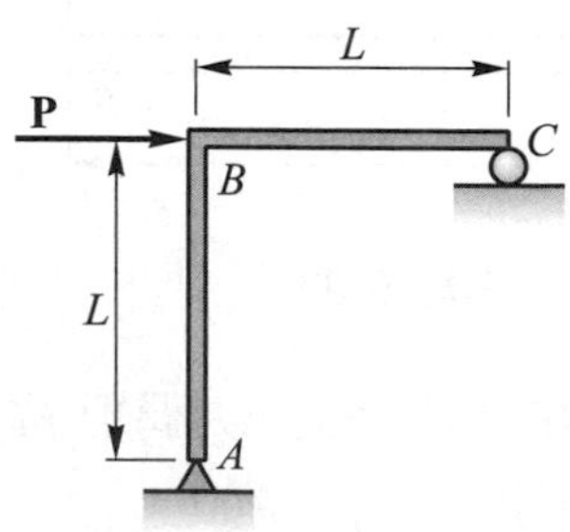

習題 8-100

8-100 圖中簡支之剛架在 B 點承受水平負荷 P，試求 C 點之撓度及斜角。設剛架之撓曲剛度均為 EI。

【答】$\delta_C = \dfrac{2PL^3}{3EI}(\rightarrow)$，$\theta_C = \dfrac{PL^2}{6EI}$

8-101 圖中懸臂梁剛架 ABC 置於水平面上，今在 C 端承受垂直向下之集中負荷 P，試求 C 點之垂直撓度。

【答】$y_C = \dfrac{PL^3}{GJ} + \dfrac{2PL^3}{3EI}$

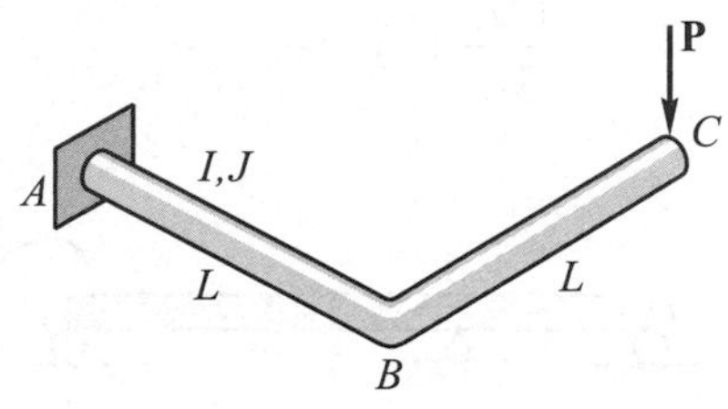

習題 8-101

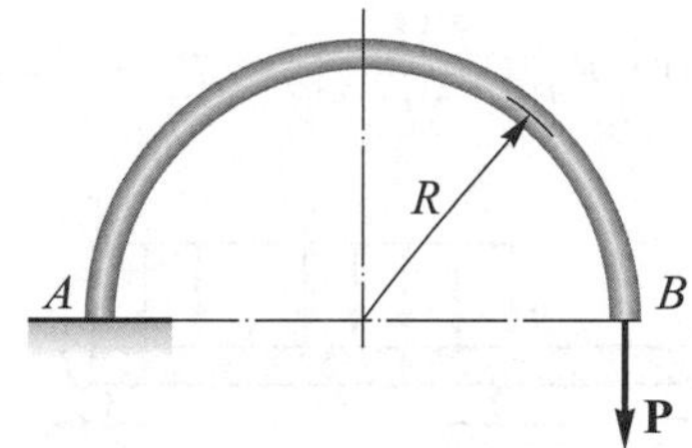

習題 8-102

8-102 圖中半圓形懸臂梁 AB 位於鉛直面上，今在 B 端承受一向下之負荷 P，試求 B 點之斜角及水平與垂直撓度。梁之撓曲剛度為 EI。設梁斷面之尺寸甚小於 R。

【答】$\theta_B = \dfrac{\pi PR^2}{EI}(\text{cw})$，$\delta_{BH} = \dfrac{2PR^3}{EI}(\leftarrow)$，$\delta_{BV} = \dfrac{3\pi PR^3}{2EI}(\downarrow)$

8-103 若上題之半圓形懸臂梁置於水平面上，B 端之負荷 P 垂直向下，試求 B 點之垂直撓度。

【答】$y_B = \dfrac{3\pi PR^3}{2GJ} + \dfrac{\pi PR^3}{2EI}$

8-104～107 支撐懸臂梁承受圖示之負荷，試用卡氏定理求滾支承 B 之反力。

【答】104. $R_B = \dfrac{3M_0}{2L}$，105. $R_B = \dfrac{q_0 L}{10}$，106. $R_B = \dfrac{5P}{16}$，107. $R_B = \dfrac{7qL}{128}$

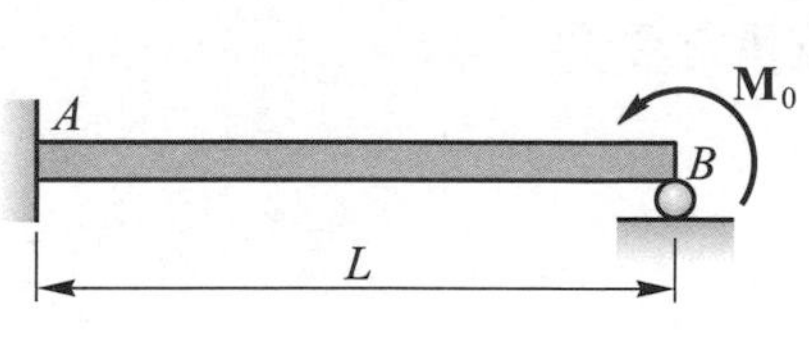

習題 8-104

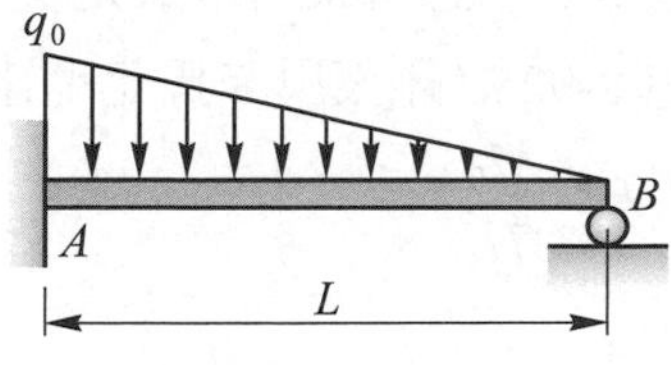

習題 8-105

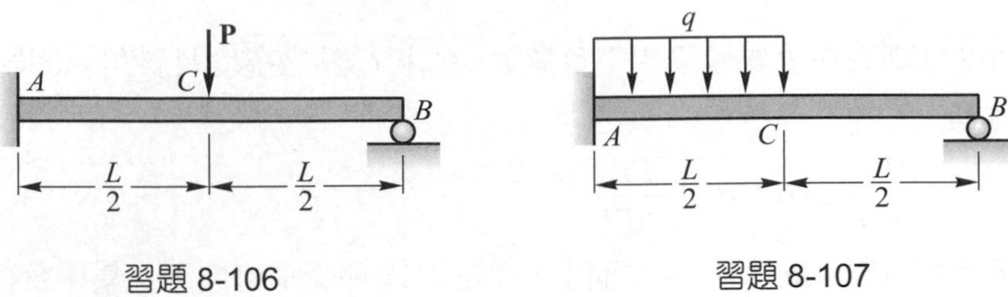

習題 8-106　　習題 8-107

8-108～8-109 連續梁承受圖示之負荷，試用卡氏定理求支承之反力。

【答】108. $R_A = \dfrac{qL}{6}(\downarrow)$，$R_B = \dfrac{3qL}{4}(\uparrow)$，$R_C = \dfrac{5qL}{12}(\uparrow)$

109. $R_A = \dfrac{2M_0}{3L}(\uparrow)$，$R_B = \dfrac{2M_0}{L}(\downarrow)$，$R_C = \dfrac{4M_0}{3L}(\uparrow)$

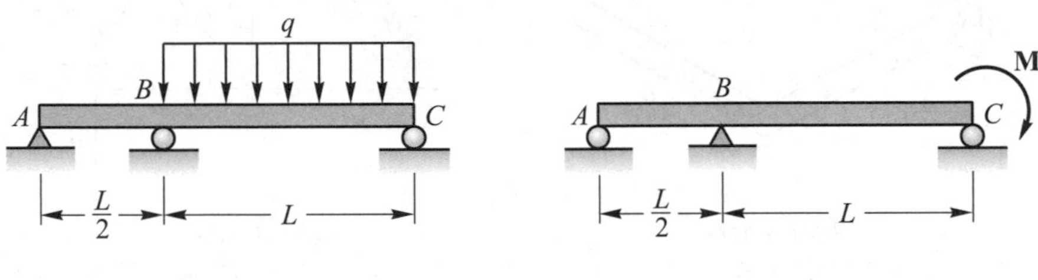

習題 8-108　　習題 8-109

8-110～8-111 固定梁承受圖示之負荷，試用卡氏定理求支承 A 之反力及反力矩。

【答】110. $R_A = \dfrac{P}{2}$，$M_A = \dfrac{PL}{8}$，111. $R_A = \dfrac{3M_0}{2L}$，$M_A = \dfrac{M_0}{4}$

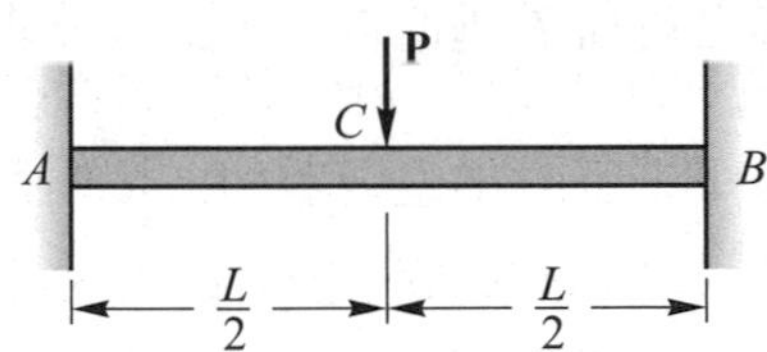

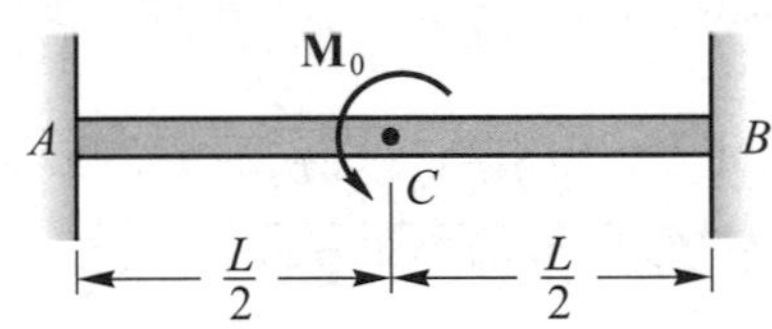

習題 8-110　　習題 8-111

8-112 將例題 8-6 之懸臂梁用卡氏定理求自由端之撓度。

8-113 將習題 8-92 之剛架用卡氏定理求彈簧支承之受力。

【答】$F = \dfrac{M_0}{7L}$

8-114 圖中之簡支梁，當負荷 P 移至梁上任何位置時恒使梁保持水平，則梁在任意 x 位置時所需之高度 y 應爲若干？本題用卡氏定理求解

【答】$y=\dfrac{Px^2(L-x)^2}{3LEI}$

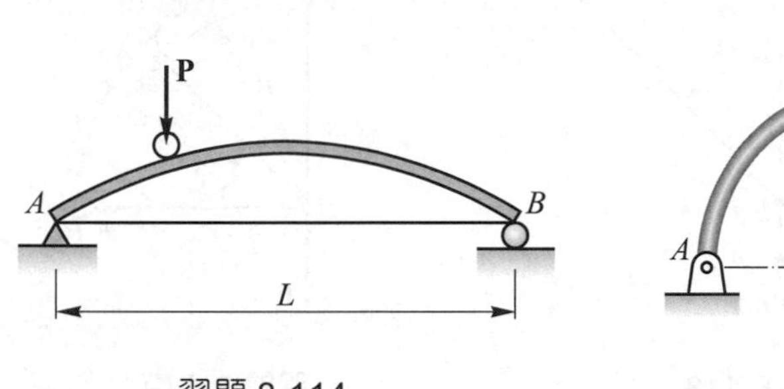

習題 8-114　　習題 8-115

8-115 圖中半圓形桿子之兩端爲鉸支承，今在中點 C 承受一集中負荷 P，試求(a)鉸支承之水平反力，(b)中點 C 之垂直撓度。桿子斷面之尺寸甚小於 R。

【答】(a)$R_{BH}=\dfrac{P}{\pi}$，(b) $y_C=0.0189\dfrac{PR^3}{EI}$

8-116 試用卡氏定理求圖中桁架在接點 C 之垂直撓度。設桁架內各桿之軸向剛度 EA 均相同。$L_{AC}=L_{BC}=L$。

【答】$y_C=\dfrac{2PL}{EA}$

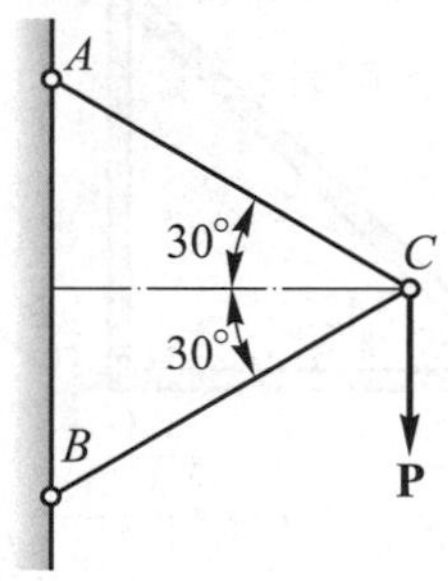

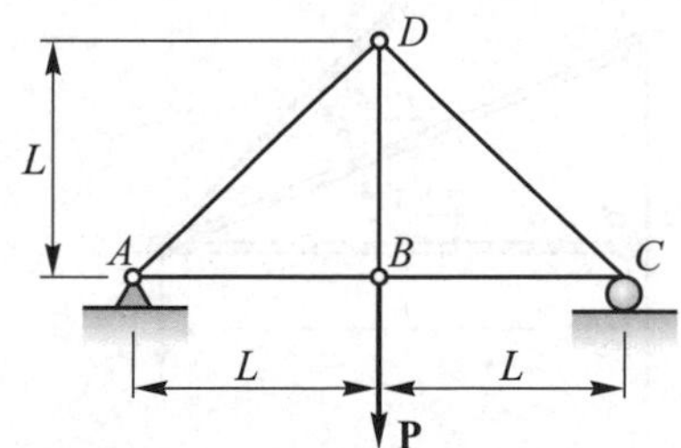

習題 8-116　　習題 8-117

8-117 試用卡氏定理求圖中桁架在接點 B 之垂直撓度。設桁架內各桿件之軸向剛度均相同。

【答】$y_B=\dfrac{2.914PL}{EA}$

8-118 圖中桁架在接點 B 承受一垂直向下之負荷 $P = 80$ kN，試求 B 點之垂直與水平撓度。BC 與 BD 桿之 $E = 207$ GPa，$A = 120$ mm^2，$L_{BC} = 600$ mm。

【答】$\delta_{Bh} = 0.0628$ mm，$\delta_{Bv} = 1.670$ mm

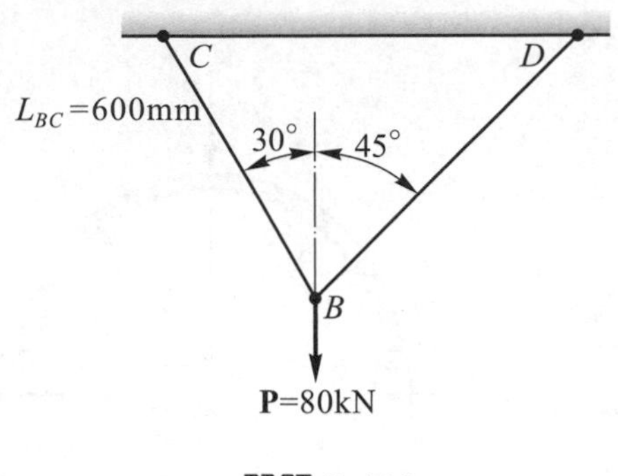

習題 8-118

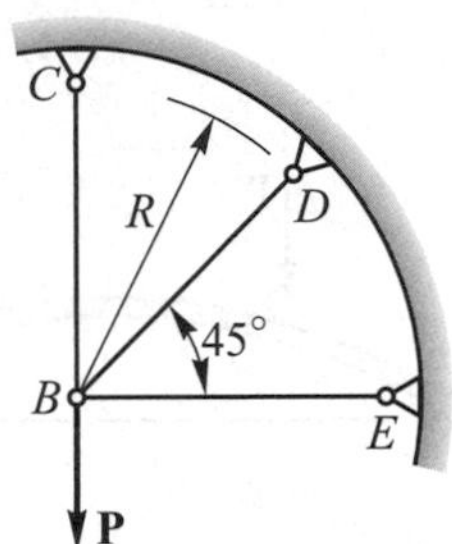

習題 8-119

8-119 試求圖中桁架內各桿件之受力。設各桿件之軸向剛度 EA 均相同。

【答】$F_{BC} = \dfrac{3P}{4}$，$F_{BD} = \dfrac{P}{2\sqrt{2}}$，$F_{BE} = -\dfrac{P}{4}$

8-120 試求圖中桁架內各桿件之受力。設各桿件之軸向剛度 EA 均相同。

【答】$F_{AB} = -1.164P$，$F_{AC} = 0.302P$，$F_{AD} = 1.25P$

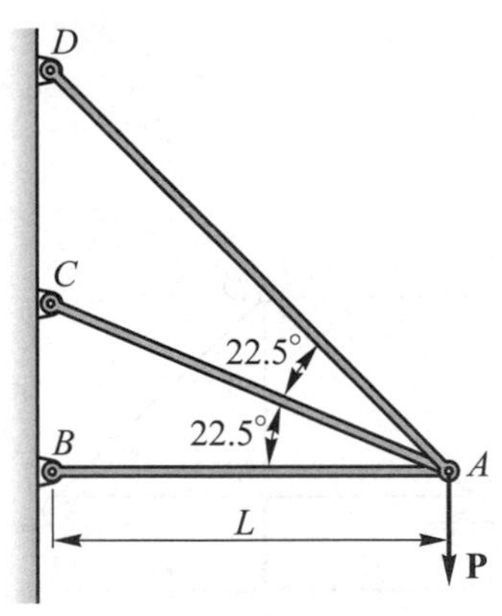

習題 8-120

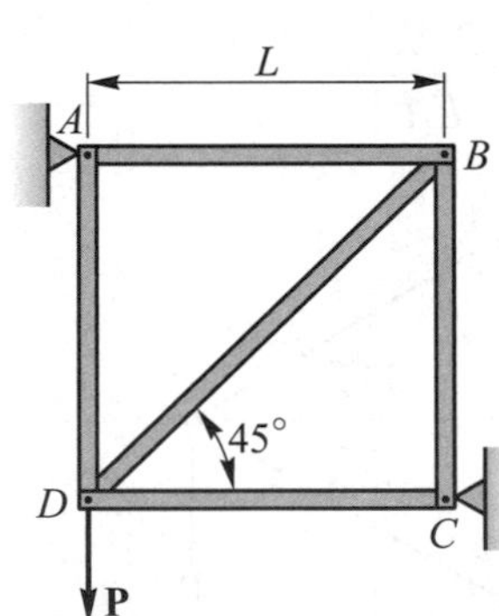

習題 8-121

8-121 圖中桁架在接點 D 承受一垂直向下之負荷 P，試求各桿件之受力。設各桿件之軸向剛度 EA 均相同。

【答】$F_{AB} = -0.146P$，$F_{AD} = 0.854P$，$F_{BC} = -0.146P$，$F_{CD} = -0.146P$，$F_{BD} = 0.207P$

8-122 一重量爲 W 之圓球，由懸臂梁自由端上方 h 之高度自由落下，如圖所示，試求圓球撞擊懸臂梁後，懸臂梁自由端所生之最大撓度及梁內之最大彎曲應力。設 $W = 4$ lb，$h = 1.5$ in，$L = 2$ ft，懸臂梁之直徑 d =5/8in，且彈性係數 $E = 29\times10^6$ psi。

【答】$y_m = 0.596$ in，$\sigma_{max} = 28.2$ ksi。

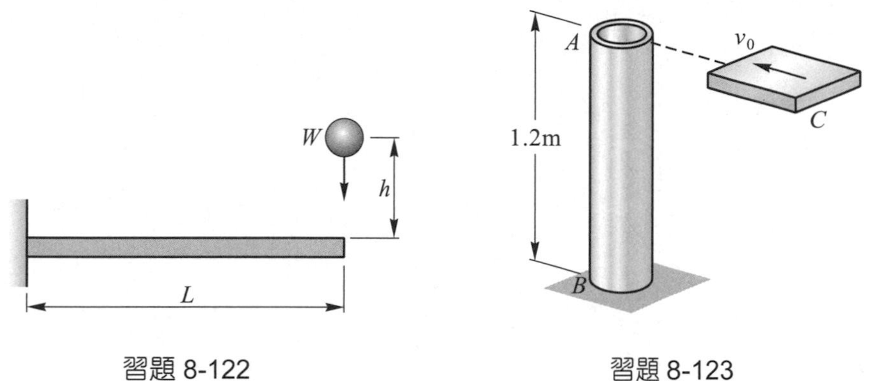

習題 8-122　　　　習題 8-123

8-123 一鋼管長度爲 1.2 m，外徑爲 80 mm，管壁厚度爲 6 mm，鋼管底端固定，如圖所示。今有一質量爲 6 kg 之鋼塊，以 v_0 之水平速度撞擊鋼管上端，設鋼管之容許大彎曲應力爲 180 MPa，試求容許之最大撞擊速度。鋼管之 $E = 200$ GPa。設撞擊過程中之能量損失不計。

【答】$v_0 = 2.55$ m/s

8-124 一質量爲 m 之物體以 v_0 之速度垂直撞擊稜柱桿 AB 之中點 C，如圖所示，試求(a)桿中點之最大撓度，(b)桿內之最大彎曲應力。設梁之斷面模數爲 S，撓曲剛度爲 EI。

【答】(a)$\delta_m = \sqrt{\dfrac{mv_0^2L^3}{48EI}}$，(b)$\sigma_{max} = \sqrt{\dfrac{3mv_0^2EI}{LS^2}}$

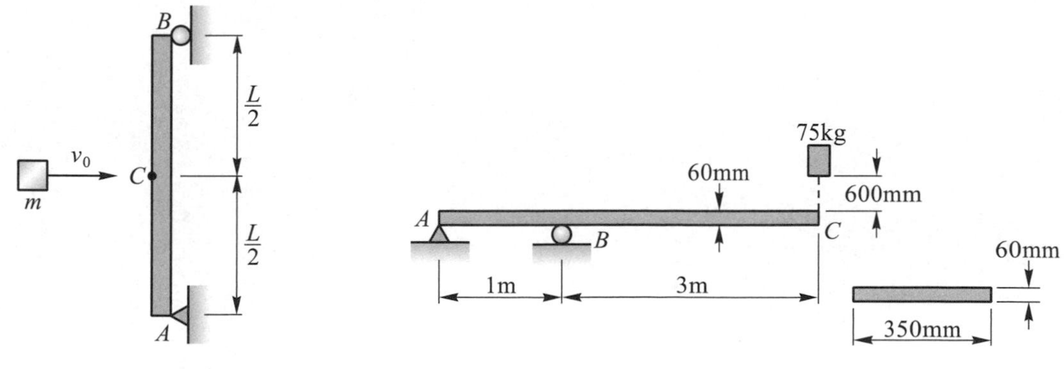

習題 8-124　　　　習題 8-125

8-125 圖中質量為 m = 75 kg 之物體於外伸梁自由端上方 600 mm 處由靜止落下，試求自由端之最大撓度及梁內之最大彎曲應力。E = 10 GPa

【答】y_m = 573.5 mm，σ_{max} = 43.0 MPa

CHAPTER

9

柱

9-1 概論

柱(column)爲承受軸向壓力之細長構件，壓力可能爲中心負荷(壓力之作用線通過斷面之形心)亦可能爲偏心負荷(壓力之作用線不通過斷面之形心)。但柱的失效不一定由於壓應力達降伏應力或極限應力而破壞，對於細長之柱子，往往在應力未達降伏應力之前突然發生橫向撓曲，而使柱失去承受負荷之能力，此種現象稱爲挫曲(buckling)。故柱的設計較扭轉或彎曲複雜，爲構件設計中較爲複雜之部份，且柱之失效所引起之不幸也極大，故需愼重考慮之。

承受中心壓力之短柱，僅需考慮柱內之應力是否超過其容許之壓應力或剪應力即可，設計時以降伏應力或極限應力爲考慮基準，這些已經在第一章中討論過。至於承受偏心壓力之短柱，設計時也是以降伏應力或極限應力爲基礎考慮其容許應力，此部份也已在 5-8 節中討論過。本章主要是在討論承受中心及偏心壓力負荷之「長柱」。

由於短柱之破壞係由於降伏或斷裂，而長柱之破壞係由於挫曲，兩者完全不同，故對於短柱與長柱之區別，以及長柱產生挫曲時之負荷與應力，都是必須詳細研究之問題，也是本章討論之主題。

9-2 結構的穩定性與臨界負荷

爲說明挫曲與穩定性之觀念，考慮圖 9-1(a)中之理想化結構，包括 AC 與 BC 兩剛性桿，在 A、B 兩端爲簡支，並在 C 點以光滑銷子及勁度爲 K 之扭轉彈簧連接。此理想結構中，兩剛性桿之中心軸線完全對準，且壓力 P 在此中心軸線上，彈簧在此位置爲自由長度未承受任何應力，故兩桿只承受軸向壓力。

當系統無外界干擾時，系統將在直立位置保持平衡。當系統受到外界干擾時，接點 C 將稍微產生橫向偏移，使 AC 與 BC 兩桿都轉動一小角度θ，如圖 9-1(b)所示。若外界干擾消失，系統會回復到其原來之平衡位置，此種情形稱此系統爲穩定(stable)，但若干擾消失，兩桿之轉動角度持續增大，則稱此系統爲不穩定(unstable)。

爲決定系統爲穩定或不穩定，考慮 BC 桿上之受力，如圖 9-1(c)所示。圖中包括兩個力偶矩，其中力偶矩 M 爲扭轉彈簧所產生，傾向於使 BC 桿回復至其平衡位置，且 $M = K(2\theta)$；另一力偶矩 M'爲 BC 桿上之兩個負荷 P 所產生，且 $M' = P[(L/2)\theta]$，此力矩傾向於使 BC 桿之轉角θ繼續增大，或使 C 點向外偏移。若 $M > M'$，系統可回復至原平衡位置，即系統爲穩定。若 $M < M'$，系統將持續偏離其平衡位置，而爲不穩定。使 $M = M'$之負荷稱爲臨界負荷(critical load)，並以 P_{cr} 表示

即 $$P_{cr}\left(\frac{L}{2}\theta\right) = K(2\theta)$$

得 $$P_{cr} = \frac{4K}{L} \tag{9-1}$$

結構在臨界負荷時，不論θ角爲何(但θ角必須爲小角度)系統均可保持平衡，稱爲中立平衡(neutral equilibrium)。

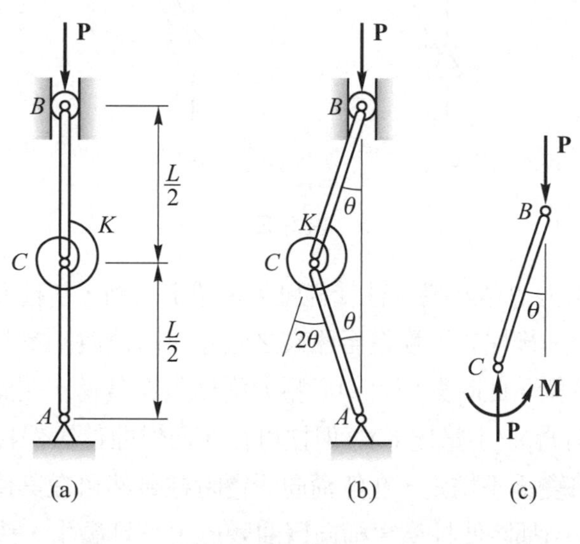

圖 9-1

因此，對於圖 9-1 之結構系統，當軸向負荷 P 由零逐漸增大，若 $P < P_{cr}$，結構在直立位置爲穩定平衡，因任何干擾使系統偏離平衡位置後，系統恆可回到原平衡位置。至於軸向負荷大於臨界負荷($P > P_{cr}$)時，當$\theta = 0°$時，系統仍爲平衡，但爲不穩定平衡，因任何干擾使系統偏離平衡位置後，將持續增大偏移(θ角持續增加)，即發生挫曲現象。

9-3 柱兩端鉸支之尤拉公式

分析柱的穩定性，首先討論兩端鉸支之細長柱承受中心壓力 P(通過柱子斷面之形心)作用，如圖 9-2(a)所示，設柱之材料爲遵守克定律之線彈性材料，且材質均勻無缺陷，稱

之爲理想柱(ideal column)。爲便於分析，在柱上建立一坐標系，原點位於頂端 A 點，x 軸沿柱之縱向軸線向下，y 軸向右，xy 平面爲柱之對稱面，彎曲變形僅發生在此平面上。

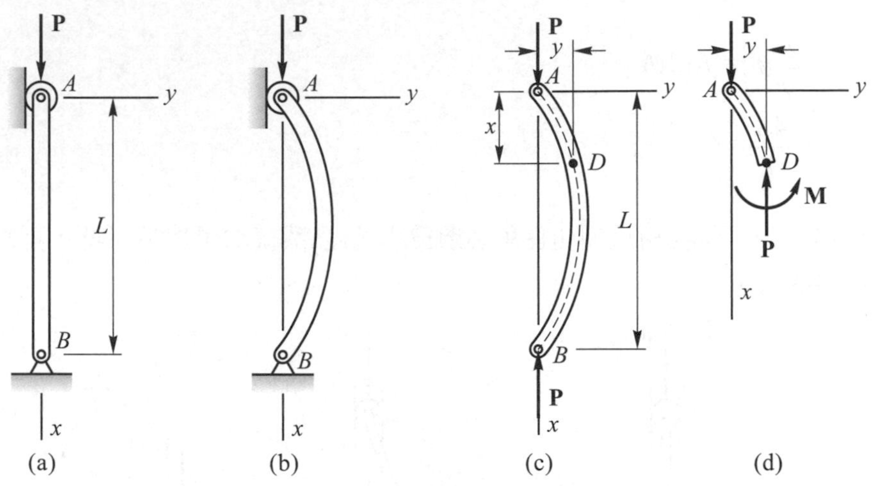

圖 9-2

當柱承受之中心壓力 P 較小時，柱受純壓，呈穩定平衡，當柱受橫向干擾力時，柱將產生橫向彎曲，干擾消失後柱立即恢復至原來之直線平衡位置。當中心壓力 P 增加至某一定值時，柱將呈中立平衡，此時對應之中心壓力稱爲臨界負荷，在此臨界負荷時，柱受橫向干擾時也會產生橫向彎曲(小量變形)，但柱可在任何彎曲位置保持平衡。若柱之中心壓力超過臨界負荷，柱將變爲不穩定，在無橫向干擾時柱雖然可在其直線位置保持平衡，但任何橫向干擾(即使甚小)都將使柱產生橫向彎曲變形，一旦發生，變形便將持續增加，柱因此挫曲而損壞。使柱產生不穩定平衡之壓力稱爲此柱之臨界負荷(critical load)，以 P_{cr} 表示，亦即 P_{cr} 爲細長柱所能承受之最大軸向中心壓力，超過此負荷，柱將產生挫曲而損壞，以下將導出細長柱之臨界負荷。

爲求理想柱兩端爲鉸支時之臨界負荷及撓度曲線，由公式 8-6a($EIy'' = M$)之撓度曲線微分方程式開始，其中 M 爲柱斷面之彎矩，y 爲橫向撓度，EI 爲 xy 平面上之撓曲剛度。注意，微分方程式 $EIy'' = M$ 僅適用於均質之線彈性材料(遵守虎克定律)，且橫向撓度爲甚小。由圖 9-2(d)，柱在 x 位置斷面之彎矩爲 $M = -Py$，其中 y 爲 x 處之橫向撓度，則

$$EIy'' = -Py \quad , \quad 或 \ y'' + \frac{P}{EI}y = 0 \tag{9-2}$$

令

$$k = \sqrt{\frac{P}{EI}} \tag{9-3}$$

因此公式(9-2)可改寫爲

$$y'' + k^2 y = 0 \tag{9-4}$$

上式爲分析柱挫曲之基本微分方程式。注意，此式與梁之彎曲有其基本上的不同，梁彎曲時彎矩只是負荷之函數，並未考慮梁之變形，而柱產生橫向彎曲時，斷面之彎矩與橫向撓度有關。

公式(9-4)爲常係數二階線性齊次微分方程式，其通解爲

$$y = C_1 \sin kx + C_2 \cos kx \tag{9-5}$$

式中 C_1 與 C_2 爲常數，由邊界條件求得。

邊界條件(1)：$x = 0$ 時，$y = 0$，代入公式(9-5)，得 $C_2 = 0$，故

$$y = C_1 \sin kx \tag{9-6}$$

邊界條件(2)：$x = L$ 時，$y = 0$，代入公式(9-6)，得

$$C_1 \sin kL = 0 \tag{9-7}$$

由上式可得 $C_1 = 0$ 或 $\sin kL = 0$。

若常數 $C_1 = 0$，則撓度 y 亦等於零，即柱保持爲直線。由公式(9-7)可看出當 $C_1 = 0$ 時 kL 可爲任何值，即軸向壓力 P 可以爲任何值(參考公式 9-3)。故 $C_1 = 0$ 表示理想柱成直線時在任何軸向中心壓力作用下均可保持平衡，此平衡可能爲穩定平衡或不穩定平衡。

滿足公式(9-7)之第二個情形爲 $\sin kL = 0$，得

$$kL = n\pi \quad , \quad n = 1, 2, 3, \text{---------} \tag{9-8}$$

注意 $kL = 0$ 時，$P = 0$，此解並無意義。將公式(9-3)代入(9-8)中得

$$P = \frac{n^2 \pi^2 EI}{L^2} \tag{9-9}$$

此式表示柱產生挫曲時之壓力 P，理論上只有在此壓力下，柱可在彎曲之形狀下呈平衡，對於其他 P 值，柱只有在直線時才能保持平衡，故公式(9-9)爲柱之臨界負荷。

公式(9-9)中之 n 表示柱產生挫曲之各種型式，$n = 1$ 時挫曲之撓度曲線如圖 9-3(b)所示，$n = 2$ 時如圖 9-3(c)所示。但實際上第一種型式($n = 1$)之挫曲發生時，柱已經崩潰失效，故 $n > 1$ 之挫曲型式已無意義，故兩端鉸支之長柱，其臨界負荷爲

$$P_{cr} = \frac{\pi^2 EI}{L^2} \tag{9-10}$$

上式爲柱兩端爲鉸支時之尤拉公式(Euler's formula)。$n = 1$ 時將公式(9-8)代入公式(9-6)得挫曲之撓度曲線爲

$$y = C_1 \sin\frac{\pi x}{L} \tag{9-11}$$

式中常數 C_1 爲柱中點之最大撓度(但是爲小撓度)，可爲正或負之任意值。

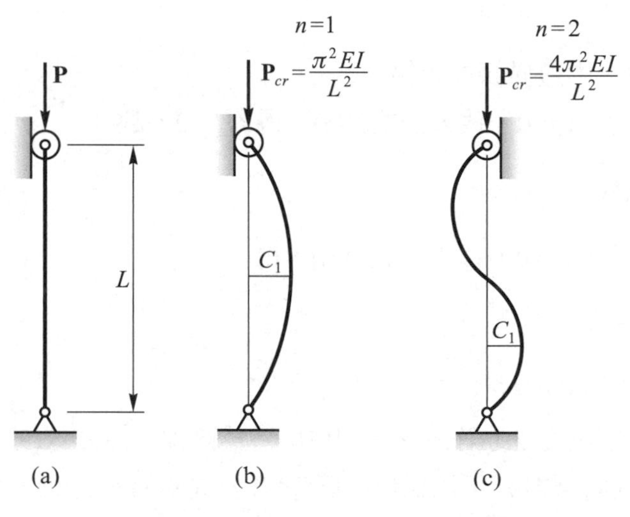

圖 9-3

由公式(9-10)可知臨界負荷與 EI 成正比，與 L 平方成反比，而與材料之抗壓強度無關。例如高強度鋼與普通結構用鋼之彈性模數幾乎相等，對挫曲之抵抗能力大約相同，因此無法用抗壓強度決定柱之強度。至於材質及長度相同之長柱，若欲增加柱之抗挫曲能力，唯有設法增加柱斷面之慣性矩 I。前面在分析時假設 xy 面爲柱之對稱面，且挫曲發生在此面上，若柱在 z 方向有橫向支承，使柱只能在 xy 面上挫曲，則增加柱斷面對 z 軸(通過形心)之慣性矩是可增加柱之臨界負荷。若柱兩端之支承可使柱在任何方向挫曲，則柱將在慣性矩最小之方位發生挫曲，此種情形將儘量避免斷面對兩主形心軸之慣性矩相差過大，因此空心圓柱將是最佳的選擇。

■臨界應力

柱達臨界負荷時柱內之應力稱爲臨界應力(critical stress)，對於兩端爲鉸支承而承受中心壓力之長柱，由公式(9-10)可得其臨界應力爲

$$\sigma_{cr}=\frac{P_{cr}}{A}=\frac{\pi^2 E}{L^2}\left(\frac{I}{A}\right)=\frac{\pi^2 E}{(L/r)^2}=\frac{\pi^2 E}{\lambda^2} \tag{9-12}$$

式中 $r=\sqrt{\dfrac{I}{A}}$，爲柱斷面之迴轉半徑(radius of gyration)，而 L/r 之比值稱爲細長比(slenderness ratio)，以 λ 表示之，即 $\lambda = L/r$。由公式(9-12)可知，臨界應力與細長比之平方成反比。若以臨界應力 σ_{cr} 爲縱座標，細長比 λ 爲橫座標，則可繪得 σ_{cr}-λ 之關係曲線如圖 9-4 所示，此關係曲線稱爲尤拉曲線。

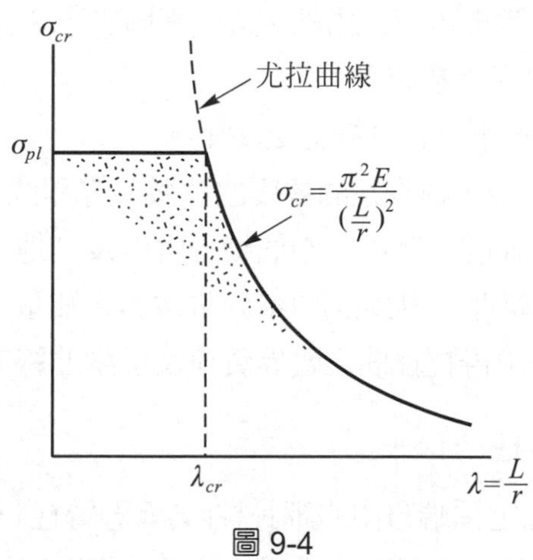

圖 9-4

由於尤拉公式之導出係假設柱之材料爲均質，且需符合虎克定律，因此公式(9-12)僅在臨界應力 σ_{cr} 小於材料之比例限 σ_{pl} 時方可適用。令 $\sigma_{cr} = \sigma_{pl}$ 代入公式(9-12)，可得極限細長比 λ_{cr} 爲

$$\lambda_{cr}=\sqrt{\frac{\pi^2 E}{\sigma_{pl}}} \tag{9-13}$$

此極限值爲尤拉公式可適用之最小細長比。以結構用鋼爲例，其彈性係數 $E = 200$ GPa，比例限 $\sigma_{pl} = 240$ MPa，代入公式(9-13)可得極限細長比 σ_{cr} 爲 91，故對於結構用鋼，當細長

比大於 91 時，柱將產生彈性挫曲而損壞，其挫曲之臨界負荷或臨界應力可由尤拉公式求得。由於臨界應力與細長比之平方成反比，因此對於細長柱，在甚低之壓應力也會因挫曲而損壞，即使採用高強度之材料亦無法改善柱之強度。若欲提高柱之臨界應力，只有增加柱之迴轉半徑或使用彈性係數較高之材料方能有效。

公式(9-12)之另一假設是柱之材料為均質，但事實上任一材料都會有缺陷，且任一長柱幾乎不可能承受準確之中心壓力，難免會有少許之偏心度，故試驗所得之臨界應力(圖 9-4 中之黑點)通常小於由尤拉公式所得之值。

9-4 其他支承型式的長柱

上一節是針對兩端為鉸支之長柱分析其挫曲之臨界負荷，在工程上柱兩端之支承尚有其他型式，如固定支承、彈簧支承或自由端，這些不同支承之長柱，其臨界負荷之分析與兩端鉸支之長柱類似，其過程大致如下：

(1) 假設柱在發生挫曲的情形下求得柱斷面之彎矩。

(2) 由公式(8-6a)，即 $EIy'' = M$，建立柱的撓度曲線微分方程式。

(3) 求得(2)中微分方程式之通解，其中含兩個積分常數及其他未知量。

(4) 利用撓度與斜角之邊界條件，得到(3)中積分常數與未知量之聯立方程式。

(5) 解(4)中之聯立方程式，求得柱挫曲之臨界負荷及撓度曲線方程式。

■一端固定一端自由的長柱

圖 9-5 中所示為底端固定頂端自由的細長柱(又稱懸臂柱)，此柱承受軸向中心壓力 P 作用，產生挫曲之形狀如圖 9-5(a)所示。為便於分析，設取底端 O 點為原點，x 軸向上及 y 軸向左為正，則柱內距底端為 x 處之彎矩，由圖 9-5(b)為

$$M = P(\delta - y)$$

其中 δ 為柱在自由端之撓度，則柱之撓度曲線微分方程式為

$$EIy'' = M = P(\delta - y) \tag{9-14}$$

其中 I 為柱在 xy 面上彎曲之慣性矩，或對 z 軸(通過形心)之慣性矩。令 $k = \sqrt{P/EI}$，並將公式(9-14)重新整理可得

$$y'' + k^2y = k^2\delta \tag{9-15}$$

上式爲常係數二階線性微分方程式，其通解包括齊次解與特解，且爲

$$y = C_1\sin kx + C_2\cos kx + \delta \tag{9-16}$$

式中含有三個未知量(C_1、C_2及δ)，須要有三個邊界條件。

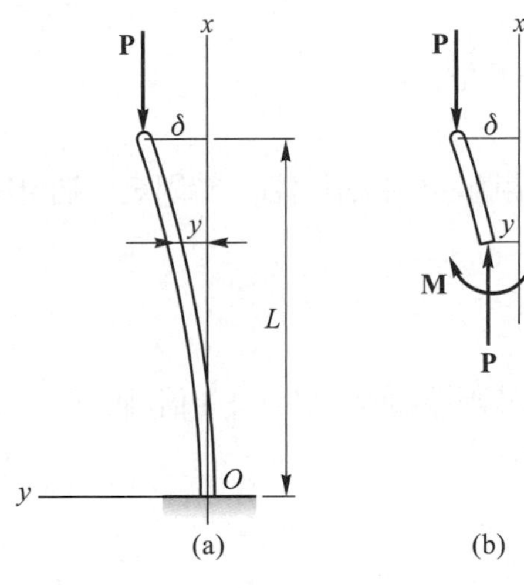

圖 9-5

邊界條件(1)：$x = 0$，$y = 0$，得 $C_2 = -\delta$
爲了使用下一個邊界條件，先將公式(9-16)微分得

$$y' = C_1k\cos kx - C_2k\sin kx$$

邊界條件(2)：$x = 0$，$y' = 0$，代入上式得 $C_1 = 0$。將 C_1 與 C_2代入公式(9-16)，得柱挫曲之撓度曲線方程式爲

$$y = \delta(1-\cos kx) \tag{9-17}$$

上式僅表示挫曲時撓度曲線之形狀，δ 可爲任意值，但必須爲甚小之撓度。
邊界條件(3)：$x = L$，$y = \delta$，代入公式(9-17)得

$$\delta\cos kL = 0 \tag{9-18}$$

由上式可得$\delta = 0$ 或 $\cos kL = 0$。

若$\delta = 0$，柱無撓度發生，表示柱在直立位置恆保持平衡(可能為穩定或不穩定平衡)，即柱未發生挫曲，且 P 可為任何值，因任何 kL 值均可滿足公式(9-18)。
滿足公式(9-18)之另一個情況為

$$\cos kL = 0 \tag{9-19}$$

符合上式之條件為

$$kL = \frac{n\pi}{2} \quad , \quad n = 1,3,5,\text{------} \tag{9-20}$$

取 $n = 1$ 時 P 之最小值，可得圖 9-5 中細長柱(一端固定一端自由)之臨界負荷為

$$P_{cr} = \frac{\pi^2 EI}{4L^2} \tag{9-21}$$

此種情況所得之臨界負荷為柱兩端為鉸支時之 1/4 倍。將 $n = 1$ 及公式(9-20)代入公式(9-17)可得挫曲之撓度曲線方程式為

$$y = \delta\left(1 - \cos\frac{\pi x}{2L}\right) \tag{9-22}$$

■一端固定一端鉸支的長柱

圖 9-6 中所示為底端固定頂端鉸支之細長柱，其臨界負荷同樣可由撓度曲線微分方程式之解求得。參考圖 9-6(b)，當柱挫曲時，由於底端固定無法旋轉，故會產生一反力矩 M_B，再由柱之平衡可判斷兩端必會產生水平反力 V，且 $M_B = VL$。由圖 9-6(c)可得挫曲時距頂端為 x 處斷面之彎矩

$$M = -Py - Vx$$

因此可得柱的撓度曲線微分方程式為

$$EIy'' = M = -Py - Vx$$

將 $k = \sqrt{P/EI}$ 代入上式，整理後可得

$$y'' + k^2 y = -\frac{V}{EI}x \tag{9-23}$$

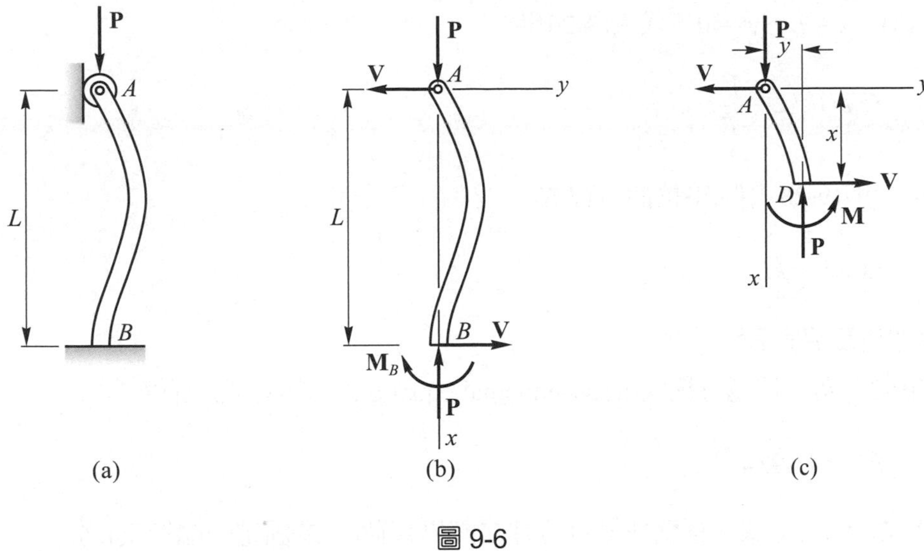

圖 9-6

上式之通解包括齊次解及特解，其中特解爲

$$y_P = -\frac{V}{k^2EI}x = -\frac{V}{P}x$$

故通解爲

$$y = C_1\sin kx + C_2\cos kx - \frac{V}{P}x \tag{9-24}$$

式中含有三個未知量(C_1、C_2及 V)，須要三個邊條件。
邊界條件(1)：$x = 0$，$y = 0$，得 $C_2 = 0$，公式(9-24)可化簡爲

$$y = C_1\sin kx - \frac{V}{P}x \tag{9-25}$$

將上式微分得

$$y' = C_1k\cos kx - \frac{V}{P} \tag{9-26}$$

邊界條件(2)：$x = L$，$y = 0$，代入(9-25)得

$$C_1\sin kL = \frac{V}{P}L \tag{9-27}$$

邊界條件(3)：$x = L$，$y' = 0$，代入(9-26)得

$$C_1k\cos kL = \frac{V}{P} \tag{9-28}$$

將公式(9-27)與(9-28)相除得挫曲方程式

$$\tan kL = kL \tag{9-29}$$

此式之解即爲臨界負荷。

公式(9-29)爲一超越方程式(transcendental equation)，由試誤法解得

$$kL = 4.4934$$

將 $k = \sqrt{P/EI}$ 代入上式，經整理後可得柱之臨界負荷(一端固定一端鉸支)爲

$$P_{cr} = \frac{20.19EI}{L^2} = \frac{2.046\pi^2 EI}{L^2} \tag{9-30}$$

此種情況所得之臨界負荷爲柱兩端爲鉸支時之 2.046 倍。

■柱的有效長度

柱在其他支承型式之臨界負荷，透過有效長度之觀念，可與兩端爲鉸支時之臨界負荷互相關聯。以兩端爲鉸支時柱之挫曲形狀爲準，此形狀爲半個正弦或餘弦波形，其他支承型式之柱產生挫曲時，其半個正弦或餘弦波形之長度，即爲該柱之有效長度(effective length)，或以柱挫曲時撓度曲線上兩個反曲點間之距離定爲該柱之有效長度，必要時可延伸挫曲之撓度曲線以得到反曲點。例如一端固定一端自由之柱，其挫曲形狀爲 1/4 個正弦波形，如圖 9-7(a)所示，將其延長至 $2L$ 便可得到半個正弦波形，如圖 9-7(b)所示，故其有效長度 $L_e = 2L$。

既然柱之有效長度爲柱兩端鉸支之等效長度，故柱之臨界負荷可用公式(9-10)之通式表示，即

$$P_{cr} = \frac{\pi^2 EI}{L_e^2} \tag{9-31}$$

因此不論柱兩端之支承型式有多複雜，只要知道其有效長度便可由公式(9-31)求得臨界負荷。

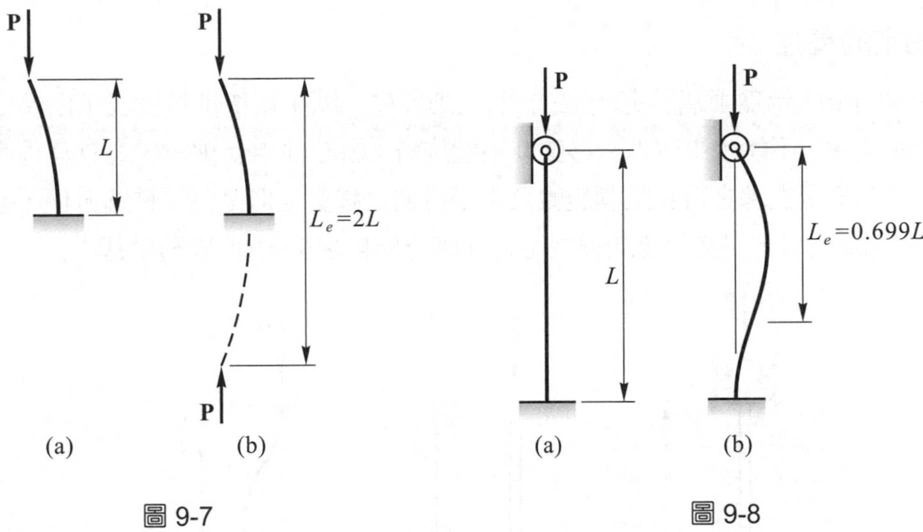

圖 9-7　　圖 9-8

有效長度通常用有效長度因數(effective-length factor)K 表示，即 $L_e = KL$，其中 L 爲柱之長度。因此臨界負荷之通用公式爲

$$P_{cr} = \frac{\pi^2 EI}{(KL)^2} \tag{9-32}$$

而臨界應力之通式爲

$$\sigma_{cr} = \frac{\pi^2 E}{\lambda_e^2} \tag{9-33}$$

式中λ_e爲柱之有效細長比，且 $\lambda_e = \frac{KL}{r}$，r 爲柱斷面之迴轉半徑。

至於柱一端固定一端鉸支時之有效長度，由其挫曲之曲線形狀很難正確決定其有效長度，但可由導出之臨界負荷公式(9-30)與公式(9-32)比較，可得其有效長度因數爲

$$K = \sqrt{\frac{1}{2.046}} = 0.699 \approx 0.7 \tag{9-34}$$

故一端固定一端鉸支之長柱，其有效長度 $L_e = 0.699L$，此長度爲柱之鉸接端至其挫曲曲線反曲點之距離，參考圖 9-8 所示。

■兩端固定的長柱

圖 9-9(a)中所示爲兩端固定(無法旋轉)之細長柱，圖中用標準符號表示兩端之支承，底端爲固定支承，不能水平與垂直移動亦不能旋轉；由於柱承受軸向壓力會有垂直方向之移動，故頂端所用支承之符號限制旋轉及水平方向之移動。但是爲了繪圖方便，通常以圖 9-9(b)之示意圖表示，但必須要知道柱可在垂直方向自由縮短(但移動量甚小)。

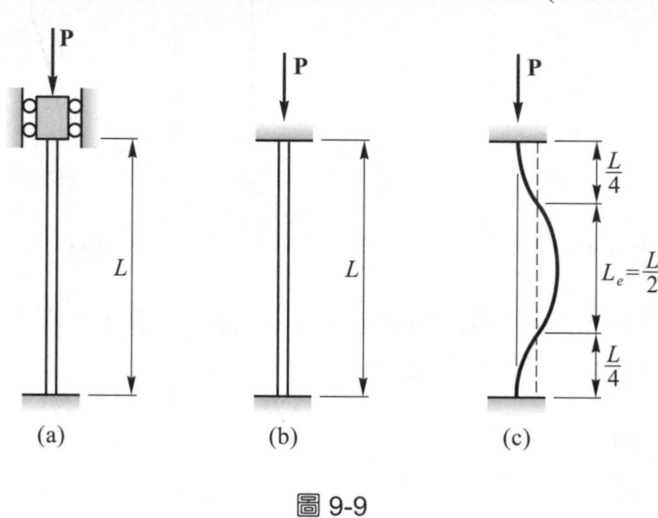

圖 9-9

圖 9-9(c)中所示爲此柱發生挫曲時之撓度曲線形狀，由於上下對稱，且兩端及中點之斜率爲零，故可看出在距兩端 $L/4$ 處爲曲線之反曲點，即中間 $L/2$ 之長度與柱兩端爲鉸支時之挫曲形狀相同，故柱之有效長度爲

$$L_e = 0.5L \quad , \quad 或\ K = 0.5 \tag{9-35}$$

代入公式(9-31)中可得臨界負荷爲

$$P_{cr} = \frac{4\pi^2 EI}{L^2} \tag{9-36}$$

上式顯示兩端固定之細長柱，其臨界負荷爲柱兩端爲鉸支時之 4 倍，此臨界負荷亦可由撓度曲線微分方程式($EIy'' = M$)之解求得，學者可自行推導(參考習題 9-14)。

圖 9-10 中所示爲上述所討論各種細長柱之臨界負荷及所對應之有效長度。

(a) 兩端鉸支	(b) 一端固定一端自由	(c) 兩端固定	(d) 一端固定一端鉸支
$P_{cr}=\dfrac{\pi^2 EI}{L^2}$	$P_{cr}=\dfrac{\pi^2 EI}{4L^2}$	$P_{cr}=\dfrac{4\pi^2 EI}{L^2}$	$P_{cr}=\dfrac{2.046\pi^2 EI}{L^2}$
P; $L_e=L$	P; L; $L_e=2L$	P; $L_e=0.5L$	P; $L_e=0.699L$
$L_e=L$	$L_e=2\,L$	$L_e=0.5\,L$	$L_e=0.699\,L$
$K=1$	$K=2$	$K=0.5$	$K=0.699$

圖 9-10

例題 9-1

一圓形中空鋼柱，一端為固定支承，另一端為自由端，其外徑為 152 mm，內徑為 140 mm，承受 44.5 kN 之中心軸向壓力，若取安全因數 $n=2.0$，試求此柱之最大容許長度。結構用鋼之彈性模數 $E=200$ GPa，比例限 $\sigma_{pl}=240$ MPa(臨界細長比 $\lambda_{cr}=91$)。

【解】安全因數爲 2 時，柱之臨界負荷爲

$$P_{cr}=(44.5)(2.0)=89.0\text{ kN}$$

柱斷面之慣性矩爲

$$I=\frac{\pi}{64}\left(d_o^4-d_i^4\right)=\frac{\pi}{64}=(152^4-140^4)=7.345\times10^6\text{mm}^4$$

假設此柱爲長柱，則柱之臨界負荷由公式(9-21)爲

$$P_{cr}=\frac{\pi^2 EI}{4L^2}$$

故柱之最大容許長度爲

$$L=\sqrt{\frac{\pi^2 EI}{4P_{cr}}}=\sqrt{\frac{\pi^2\left(200\text{kN/mm}^2\right)\left(7.435\times10^6\text{mm}^4\right)}{4\left(89.0\text{kN}\right)}}=6380\text{ mm}\blacktriangleleft$$

再檢驗原假設為長柱是否正確

面積：$A=\frac{\pi}{4}(152^2-140^2)=2752\text{ mm}^2$

迴轉半徑：$r=\sqrt{\frac{I}{A}}=\sqrt{\frac{7.345\times10^6}{2752}}=51.7\text{ mm}$

有效細長比：$\lambda_e=\frac{KL}{r}=\frac{2(6380)}{51.7}=247$

$\lambda_e>\lambda_{cr}$，故假設細長柱為正確，柱之容許最大長度為 6380 mm。

例題 9-2

一結構用鋼($E=29\times10^6$ psi，$\sigma_{pl}=100$ ksi)之連桿斷面為長方形(1.5in × 0.5in)，兩端支承如圖所示，若欲避免連桿發生挫曲，試求連桿容許之軸向壓力 P。設取安全因數為 2。

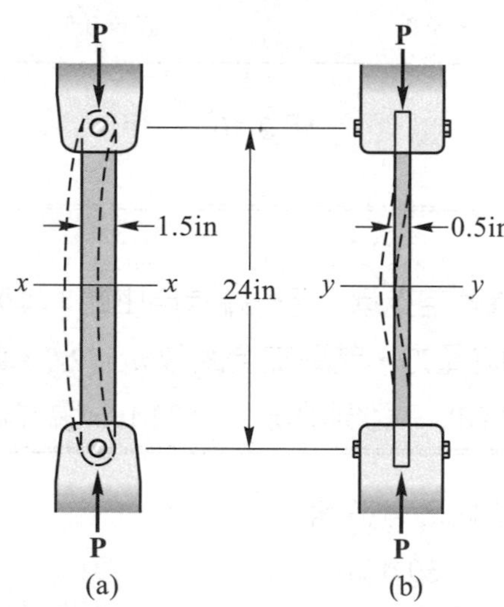

【解】連桿承受軸向壓力有兩種挫曲情形

(1) 斷面對 y 軸彎曲而發生挫曲，此種情形兩端為鉸支，如(a)圖所示

$$I_y=\frac{1}{12}(0.5)(1.5)^3=0.1406\text{ in}^4$$

由公式(9-10)

$$P_{cr}=\frac{\pi^2 EI_y}{L^2}=\frac{\pi^2\left(29\times10^3\right)(0.1406)}{(24)^2}=69.88\text{ kips}$$

(2) 斷面對 x 軸彎曲而發生挫曲，此種情況兩端爲固定，如(b)圖所示

$$I_x = \frac{1}{12}(1.5)(0.5)^3 = 0.015625 \text{ in}^4$$

由公式(9-36)

$$P_{cr} = \frac{4\pi^2 EI_x}{L^2} = \frac{4\pi^2\left(29\times10^3\right)\left(0.015625\right)}{\left(24\right)^2} = 31.06 \text{ kips}$$

由(1)(2)可知連桿之臨界負荷 $P_{cr} = 31.06$ kip(取較小值)，此時連桿先對 x 軸發生挫曲。若取安全因數 $n = 2$，則連桿之容許壓力爲

$$P_{allow} = \frac{P_{cr}}{n} = \frac{31.06}{2} = 15.5 \text{ kip} ◀$$

【註】連桿發生挫曲時之臨界應力爲

$$\sigma_{cr} = \frac{P_{cr}}{A} = \frac{31.06}{1.5\times0.5} = 41.41\text{ksi}$$

$\sigma_{cr} < \sigma_{pl}$，故本題用尤拉公式分析連桿之強度爲正確。

例題 9-3

圖中鋁柱(E = 70 GPa)長度為 500 mm 斷面為長方形($a\times b$)，柱的底端 B 為固定，頂端 A 用兩塊光滑且邊緣磨圓之平板限制了柱頂端在 y 方向之移動，但可在 z 方向自由移動。已知柱頂端承受中心壓力 P = 20 kN，試求抵抗挫曲柱子斷面兩邊之最佳比值 a/b 應為若干？若取安全因數 $n = 2.5$，則斷面所需之尺寸應為若干？

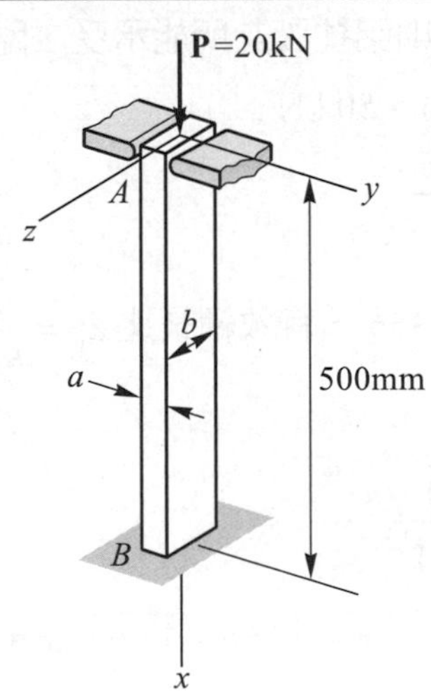

【解】本題鋁柱有兩種挫曲情況：

(a) 在 xy 平面上產生挫曲，即柱斷面對 z 軸彎曲而發生挫曲，此種情況柱底端為固定，頂端為鉸支(可旋轉但 y 方向不能移動)

斷面之慣性矩：$I_z=\frac{1}{12}a^3b$ ， 面積：$A=ab$

迴轉半徑：$r_z=\sqrt{\frac{I_z}{A}}=\sqrt{\frac{a^3b/12}{ab}}=\frac{a}{\sqrt{12}}$

有效細長比：$\lambda_z=\frac{L_e}{r_z}=\frac{0.7L}{a/\sqrt{12}}$ (1)

(b) 在 xz 平面上產生挫曲，即柱斷面對 y 軸彎曲而發生挫曲，此種情況柱底端為固定，頂端為自由(z 方向可自由移動)

斷面之慣性矩：$I_y=\frac{1}{12}ab^3$

迴轉半徑：$r_y=\sqrt{\frac{I_y}{A}}=\sqrt{\frac{ab^3/12}{ab}}=\frac{b}{\sqrt{12}}$

有效細長比：$\lambda_y=\frac{L_e}{r_y}=\frac{2L}{b/\sqrt{12}}$ (2)

此柱之最佳設計為上述(a)(b)兩種情況同時發生挫曲，即兩種情況之臨界應力相等，由臨界應力 $\sigma_{cr}=\pi^2E/\lambda_e^2$，可知上述(a)(b)兩種情況之有效細長比相等，即 $\lambda_z=\lambda_y$

$$\frac{0.7L}{a/\sqrt{12}}=\frac{2L}{b/\sqrt{12}} \quad ，\quad 得 \quad \frac{a}{b}=\frac{0.7}{2}=0.35◀$$

若取安全因數為 $n=2.5$，則鋁柱設計所能承受之臨界負荷為

$$P_{cr}=nP=(2.5)(20)=50\text{ kN}$$

臨界應力：$\sigma_{cr}=\frac{P_{cr}}{A}=\frac{\pi^2E}{\lambda_y^2}$

其中 $A=ab=(0.35b)b=0.35b^2$，有效細長比 $\lambda_y=\frac{2L}{b\sqrt{12}}=\frac{2(500)}{b/\sqrt{12}}=\frac{3464}{b}$，將相關之數據代入

$$\frac{50}{0.35b^2}=\frac{\pi^2(70)}{(3464/b)^2}$$

得 $b=39.7\text{ mm}$◀ ， $a=0.35b=13.9\text{ mm}$◀

習題

9-1～ 9-2 圖中理想結構是以二根銷接之剛性桿及線彈性彈簧(彈簧常數爲 *k*)所組成，試求結構之臨界負荷。

【答】1. $P_{cr} = kL/2$，2. $P_{cr} = 5\ kL/2$

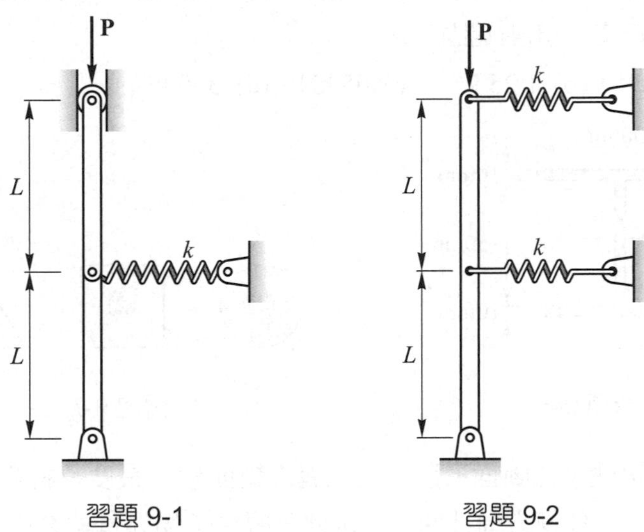

習題 9-1　　習題 9-2

9-3～ 9-4 圖中理想結構是以二根銷接之剛性桿及線性扭轉彈簧(扭轉彈簧常數爲 *K*)所組成，試求結構之臨界負荷。

【答】3. $P_{cr} = K/2L$，4. $P_{cr} = 0.764\ K/L$

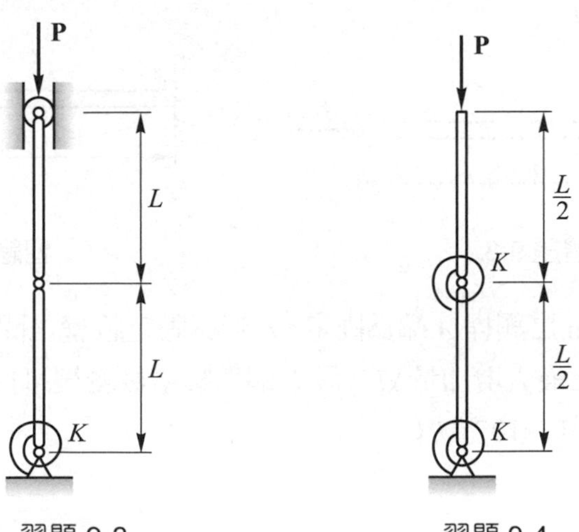

習題 9-3　　習題 9-4

9-5 一空心圓形斷面(外徑 40 mm，內徑 36 mm)之鋼柱(E = 210 GPa)長度爲 1500 mm。此柱僅在兩端支持並可在任何方向發生挫曲，試求下列支承情況之臨界負荷。(a)兩端鉸支，(b)一端固定一端自由，(c)一端固定一端鉸支，(d)兩端固定。

【答】(a) 40 kN，(b) 10 kN，(c) 81.8 kN，(d) 160 kN

9-6 圖中寬翼型斷面之鋼柱(E = 200 GPa)長度爲 9m。此柱僅在兩端支持並可在任何方向發生挫曲，試求下列支承情況之臨界負荷。(a)兩端鉸支，(b)一端固定一端自由，(c)一端固定一端鉸支，(d)兩端固定。

【答】(a)325 kN，(b)81.25 kN，(c)665 kN，(d)1300 kN

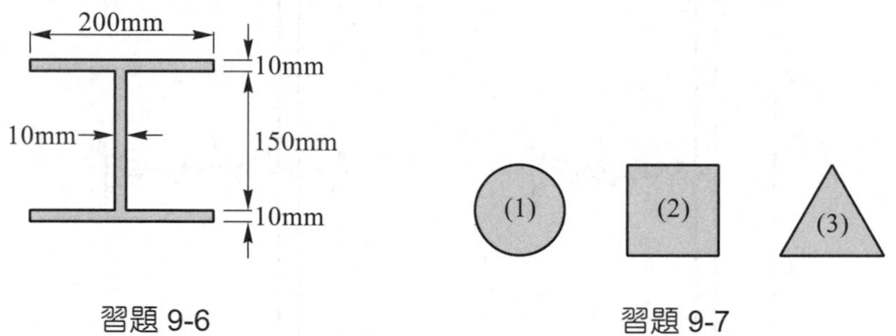

習題 9-6　　習題 9-7

9-7 圖中所示爲三根柱子之斷面形狀，設三者之斷面積、長度及材質均相同，且柱之兩端均爲鉸支並可在任何方向挫曲，試求此三根柱子臨界負荷之比？

【答】P_{cr1}：P_{cr2}：P_{cr3} = 1：1.047：1.209

9-8 圖中兩端鉸支之連桿，斷面爲圓形，已知連桿承受 4kip 之中心壓力，若欲避免連桿發生挫曲，則所需之直徑爲若干？連桿之材質爲結構用鋼 $E = 29\times10^3$ ksi，σ_{pl} = 48 ksi。

【答】d = 0.551 in

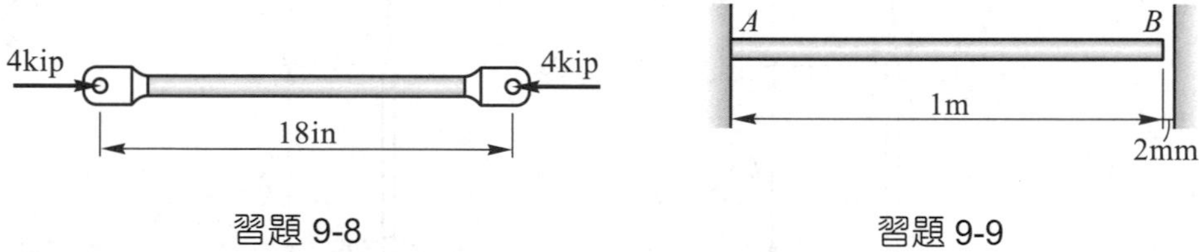

習題 9-8　　習題 9-9

9-9 圖中直徑爲 50 mm 之銅桿 A 端爲固定，B 端與固定牆壁之間隙爲 2 mm，試求避免桿件發生挫曲溫度之最大增加量ΔT。設 B 端與牆壁接觸後可自由轉動。E = 103 GPa，σ_{pl} = 340 MPa，$\alpha = 17\times10^{-6}$ 1/°C。

【答】ΔT = 303°C

9-10 圖中結構若欲避免 BD 桿發生挫曲，則負荷 Q 之最大值爲若干？BD 桿之材質爲結構用鋼，$E = 200$ GPa。

【答】$Q = 8.46$ kN

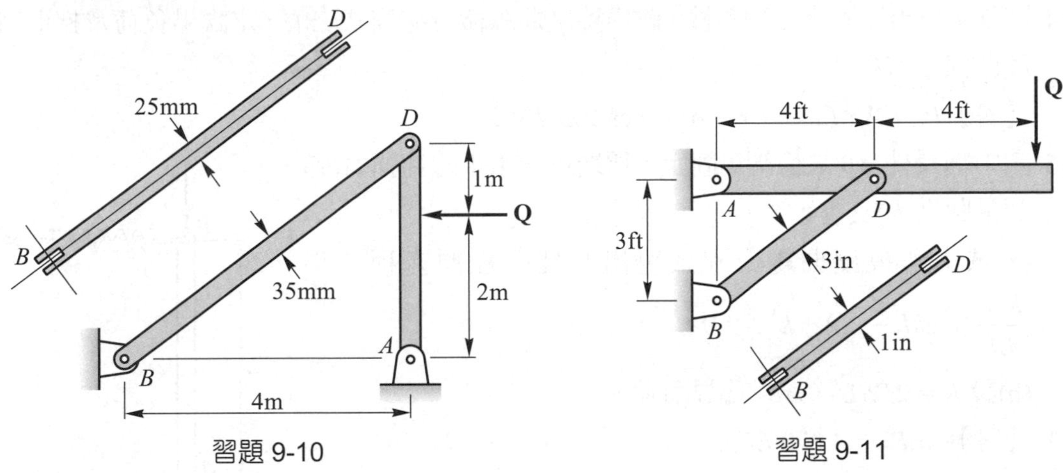

習題 9-10　習題 9-11

9-11 圖中結構若欲避免 BD 桿發生挫曲，則負荷 Q 之最大值爲若干？BD 桿之材質爲結構用鋼，$E = 29\times10^3$ ksi。

【答】$Q = 23.9$ kip

9-12 圖中長方形斷面($b\times h$)之細長柱在 A、B 爲鉸支，柱之中央處受有拘束(左右方向移動受拘束，與紙面垂直方向可自由移動)，試求抵抗挫曲柱子斷面兩邊之最佳比值 h/b 爲若干？

【答】$h/b = 2$

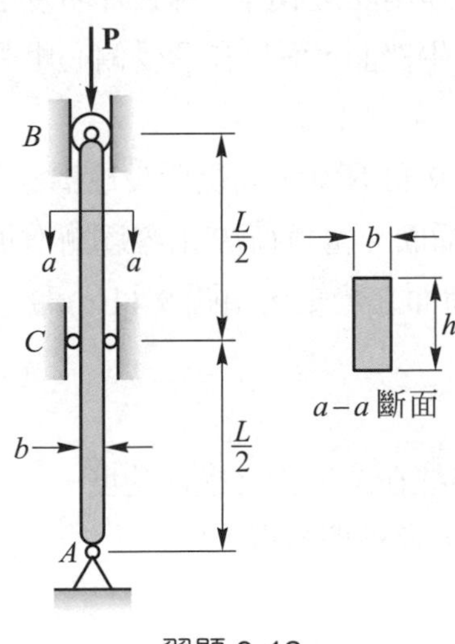

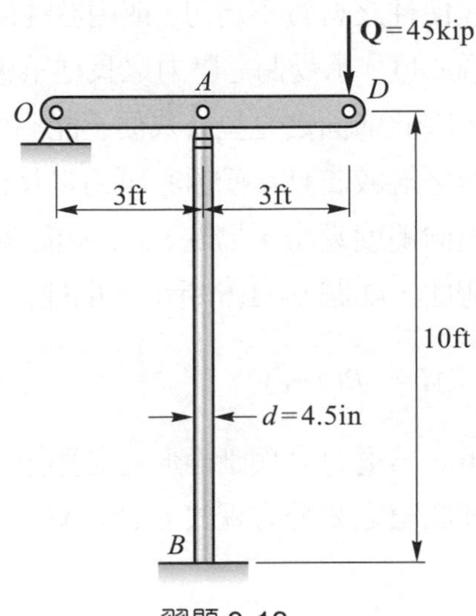

習題 9-12　習題 9-13

9-13 圖中水平梁 OD 以鋁管 $AB(E = 10500\text{ ksi})$ 支撐負荷 $Q = 45\text{ kip}$，鋁管之外徑為 4.5 in，試求鋁管抵抗挫曲所需之厚度？設取安全因數 $n = 2.5$。鋁管 B 端為固定 A 端為鉸支。

【答】$t = 0.675\text{ in}$

9-14 圖 9-9 中兩端固定之理想柱，試由撓度曲線微分方程式之解，求臨界負荷及挫曲時撓度曲線之方程式。

【答】$P_{cr} = 4\pi^2 EI/L^2$，$y = \delta[1-\cos(2\pi x/L)]/2$

9-15 圖中細長柱 AB 之底端為固定，頂端以一水平線性彈簧(彈簧常數為 K)支撐，

(a)試由解撓度曲線方程式導出此柱的挫曲方程式為

$$\frac{KL^3}{EI}(\tan kL - kL) + k^3L^3 = 0，$$

(b)設 $K = 2EI/L^3$，試求臨界負荷。

【答】(b)$P_{cr} = 4.070\ EI/L^2$

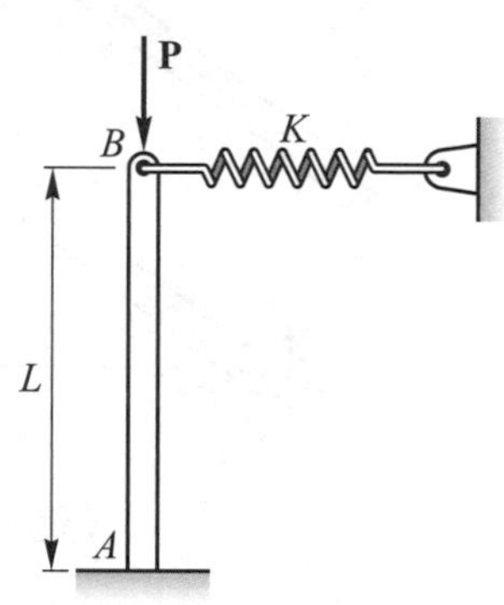

習題 9-15

9-5 承受偏心壓力之長柱

前面所導出之尤拉公式，是假設柱所受之壓力通過斷面之形心，但由於材料本身或由於製造過程使柱之材質不均勻，或由於柱兩端壓力作用點之誤差，導致柱所受之壓力存在有少許之偏心度。承受偏心壓力之長柱不會突然發生挫曲，而是在承受偏心壓力後便開始稍微彎曲，因此前面之尤拉公式便不能適用。

今考慮兩端鉸支且承受偏心壓力之長柱，如圖 9-11 所示。同樣假設柱為線彈性材料，且所生之橫向撓度甚小，另外，x-y 平面為柱之對稱面。當負荷 P 由零逐漸增加時，柱將隨之開始彎曲，如圖 9-11(b)所示，則柱在 x 位置斷面之彎矩，由圖 9-11(c)為

$$M = -P(y + e) \tag{a}$$

其中偏心距 e 為壓力 P 與斷面形心之距離，而 y 為柱在 x 位置之橫向撓度。

由撓度曲線之微分方程式 $EIy'' = M = -P(y + e)$，經整理後得

$$y'' + k^2y = -k^2e \tag{b}$$

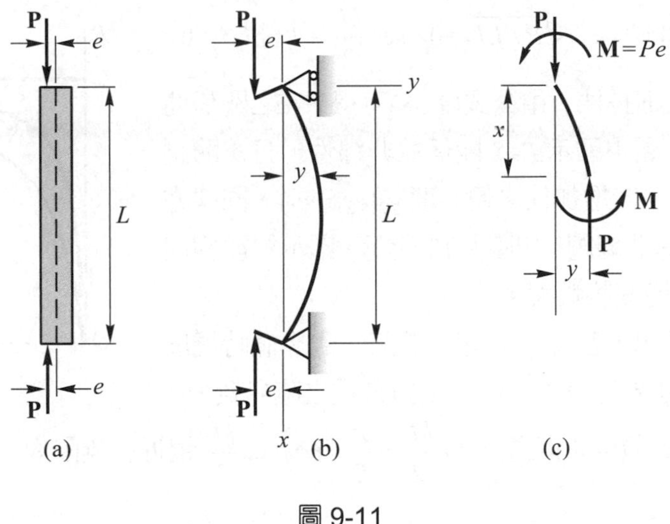

圖 9-11

其中 $k=\sqrt{P/EI}$ 。上式之通解爲

$$y = C_1\sin kx + C_2\cos kx - e \tag{c}$$

式中常數 C_1 與 C_2 可由柱兩端之邊界條件求得。
邊界條件(1)：$x=0$，$y=0$，代入公式(c)得 $C_2=e$。
邊界條件(2)：$x=L$，$y=0$，代入公式(c)得

$$C_1=\frac{e(1-\cos kL)}{\sin kL}=e\tan\frac{kL}{2} \tag{d}$$

因此柱之撓度曲線方程式爲

$$y=e(\tan\frac{kL}{2}\sin kx+\cos kx-1) \tag{9-37}$$

若已知桿之壓力 P 及偏心度 e，由公式(9-37)即可求得柱內任一點之撓度 y。其中最大撓度 δ 發生在柱之中點，將 $x=\dfrac{L}{2}$ 代入公式(9-37)得

$$\delta=y_{\max}=e\left(\sec\frac{kL}{2}-1\right) \tag{9-38}$$

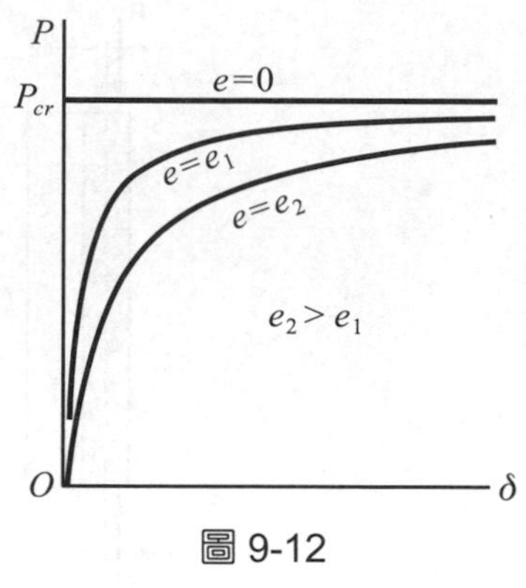

圖 9-12

由上式可知當 $P = 0$ 時，$k = \sqrt{P / EI} = 0$，$\sec\dfrac{kL}{2} = 1$，得$\delta = 0$。

對於偏心度爲 e_1 之細長柱，由公式(9-38)可得 P-δ之關係曲線如圖 9-12 所示，圖中顯示 P-δ 關係並非線性，且δ 隨壓力 P 之增加而變大。若增加柱之偏心度 $e_2(e_2 > e_1)$，同樣亦可繪得其 P-δ之關係曲線圖，如圖 9-12 所示，顯示對於相同之壓力，柱所生之撓度將較大。

由圖 9-12 可看出，當壓力 P 趨近於某一臨界値時撓度將爲無限大，此一臨界値爲承受偏心壓力長柱之臨界負荷，以 P_{cr} 表示之。由公式(9-38)觀察，當 $\dfrac{kL}{2} = \dfrac{\pi}{2}$ 時，$\sec\dfrac{kL}{2}$ 趨近於無限大，亦即 $kL = \pi$ 時，δ 爲無限大，故可得

$$P_{cr} = \frac{\pi^2 EI}{L^2} \tag{9-39}$$

此結果與柱承受中心壓力(作用線通過斷面之形心，即偏心度 $e = 0$)之臨界負荷相同，但事實上承受偏心壓力之長柱不可能使其壓力達到臨界負荷，因其側向彎曲隨著負荷之增加而逐漸增大，不像承受中心壓力之長柱於達 P_{cr} 時才突然產生不穩定的側向彎曲(挫曲)，故對於偏心壓力之長柱，其挫曲問題主要是討論在容許應力及撓度之限制下分析其容許負荷之值。

最大撓度δ 亦可將公式(9-39)代入公式(9-38)而得另一形式。在公式(9-38)中

$$\frac{kL}{2} = \frac{L}{2}\sqrt{\frac{P}{EI}} = \frac{L}{2}\sqrt{\frac{P\pi^2}{P_{cr}L^2}} = \frac{\pi}{2}\sqrt{\frac{P}{P_{cr}}}$$

故得

$$\delta = e\left[\sec\left(\frac{\pi}{2}\sqrt{\frac{P}{P_{cr}}}\right) - 1\right] \tag{9-40}$$

圖 9-12 中 $e \neq 0$ 之曲線，顯示 P-δ 間爲非線性關係，故垂疊原理不可用於計算數個壓力同時作用所生之總撓度。主要原因是因爲柱斷面所受之彎矩同時與壓力及撓度有關，即 $M = -P(e+y)$，即任一單獨壓力所生之撓度會增加柱斷面所受之彎矩，此特性與梁的彎曲不同，因梁彎曲時所生之撓度不會增加梁斷面之彎矩。

■柱之正割公式

對於承受偏心壓力之長柱，其任一斷面之應力包括兩部份，即軸向壓力所生均勻分佈之正交應力，與彎矩所生之彎曲應力。若柱之材料遵循虎克定律，則柱內之最大壓應力爲

$$\sigma_{\max}=\frac{P}{A}+\frac{M_{\max}}{S} \tag{e}$$

由於柱在中點之撓度最大，斷面之彎矩爲最大，由公式(9-38)可得

$$M_{\max}=P(e+\delta)=Pe\left(\sec\frac{kL}{2}\right)$$

因此 $$\sigma_{\max}=\frac{P}{A}+\frac{Pe}{S}\sec\frac{kL}{2} \tag{f}$$

式中 S 爲斷面模數，且 $S=I/c$，其中 c 爲斷面彎曲之中立軸至受壓側之最大距離，$I=Ar^2$，r 爲斷面之迴轉半徑。

$$\sigma_{\max}=\frac{P}{A}\left(1+\frac{ec}{r^2}\sec\frac{kL}{2}\right) \tag{g}$$

再將 $k=\sqrt{P/EI}$ 代入(g)式，經整理最後可得

$$\sigma_{\max}=\frac{P}{A}\left[1+\frac{ec}{r^2}\sec\left(\frac{L}{2r}\sqrt{\frac{P}{EA}}\right)\right] \tag{9-41}$$

上式爲兩端鉸支之柱承受偏心壓力之正割公式(secant formula)。其中 ec/r^2 稱爲偏心比(eccentricity ratio)，其值通常小於 1。

公式(9-41)亦可用不同之型式表示，由公式(g)，其中 $\frac{kL}{2}=\frac{\pi}{2}\sqrt{\frac{P}{P_{cr}}}$ 故可得

$$\sigma_{\max}=\frac{P}{A}\left[1+\frac{ec}{r^2}\sec\left(\frac{\pi}{2}\sqrt{\frac{P}{P_{cr}}}\right)\right] \tag{9-42}$$

分析承受偏心壓力之柱時，只要已知壓力 P 及偏心度 e，由公式(9-41)便可求得柱內之最大壓應力，與柱之容許壓應力比較，即可判斷柱是否爲安全。

正割公式亦可用另一方式處理，即已知容許之最大壓應力σ_{max}，對任一偏心比(ec/r^2)，可用試誤法解(9-41)之方程式，並可繪出(P/A)與細長比(L/r)之關係曲線，如圖 9-13 所示。注意圖中之曲線只有在σ_{max}小於柱材料之比例限方爲有效，因正割公式是根據虎克定律導出。

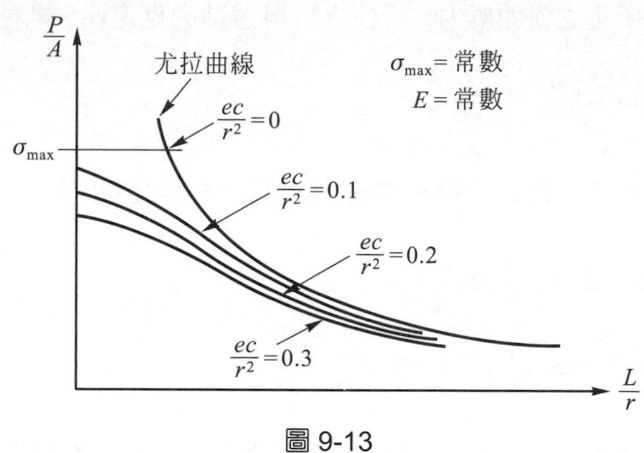

圖 9-13

對於偏心度 $e = 0$ 之情形，即承受中心壓力之理想柱，最大負荷爲臨界負荷$(P_{cr} = \pi^2EI/L^2)$，對應之最大應力爲臨界應力$[\sigma_{cr} = \pi^2E/(L/r)^2]$，應力 P/A 與細長比之關係曲線爲尤拉曲線，如圖 9-13 所示，設最大應力爲材料之比例限σ_{pl}，則可在圖 9-13 中繪$\sigma_{max} = \sigma_{pl}$之水平線，而尤拉曲線終止於此水平線，故水平線及尤拉曲線爲正割公式中偏心度 e 接近於零的極限。

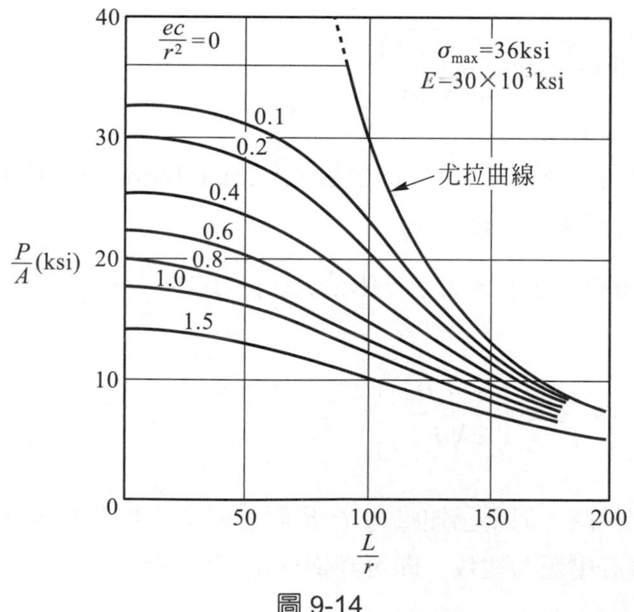

圖 9-14

對於結構用鋼，$E = 30\times10^6$ psi，$\sigma_{pl} = 36000$ psi，對任一偏心比(ec/r^2)，由公式(9-41)可繪出(P/A)與細長比(L/r)之關係曲線，如圖 9-14 所示。

承受偏心壓力之細長柱，其兩端支承不一定都是鉸支，對於其它支承型式之偏心柱，將公式(9-40)及(9-41)中之柱長度以等效長度 L_e 取代即可，即 $L_e = KL$，其中 K 爲有效長度因數，參考圖 9-10 所示。

例題 9-4

圖中正方形斷面之空心柱，長度為 8 ft，(a)設取安全因數 $n = 2$ 並應用尤拉公式求柱之容許中心壓力，(b)由(a)所求得之容許壓力，設偏心度 $e = 0.75$ in 如(b)圖所示，試求柱頂端之水平撓度及最大壓應力。$E = 29\times10^3$ ksi，$\sigma_{pl} = 36$ ksi。

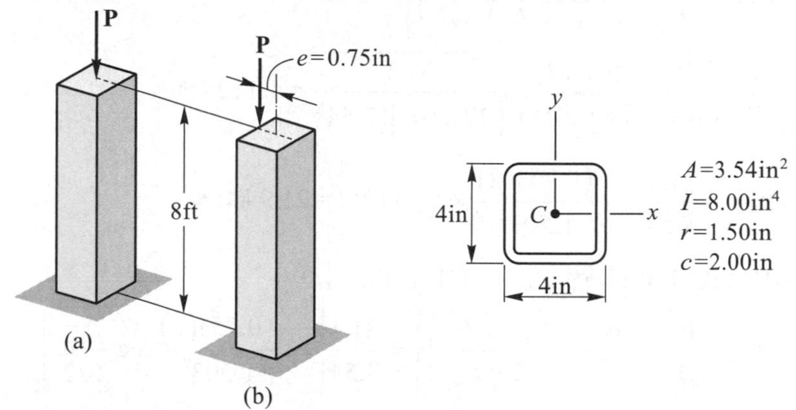

【解】(a) 本題之柱子底端爲固定頂端爲自由，有效長度 $L_e = 2L = 16$ ft。由公式(9-21)可得中心壓力之臨界負荷爲

$$P_{cr} = \frac{\pi^2 EI}{L_e^2} = \frac{\pi^2\left(29\times10^3\right)(8.00)}{\left(16\times12\right)^2} = 62.1 \text{ kips}$$

取安全因數 $n = 2$，可得柱子之容許中心壓力爲

$$P = \frac{P_{cr}}{n} = \frac{62.1}{2} = 31.1 \text{ kips} ◀$$

(b) 柱之偏心度 $e = 0.75$ in，相關之幾何性質爲

迴轉半徑：$r_y = \frac{L_e}{A} = \sqrt{\frac{8.00}{3.54}} = 1.503$ in

有效細長比：$\lambda_y = \dfrac{L_e}{r_y} = \dfrac{16\times 12}{1.503} = 127.7$

由公式(9-38)，其中 $k = \sqrt{\dfrac{P}{EI}} = \sqrt{\dfrac{31.1}{(29\times 10^3)(8.00)}} = 0.01158\ \text{in}^{-1}$

故 $\delta = e\left(\sec\dfrac{kL_e}{2} - 1\right) = 0.75\left[\sec\dfrac{(0.01158)(16\times 12)}{2} - 1\right] = 0.939\ \text{in}$◀

柱斷面之最大彎矩為 $M_{\max} = P(e+\delta) = (31.1)(0.75+0.939) = 52.53$ kip-in

故 $\sigma_{\max} = \dfrac{P}{A} + \dfrac{Mc}{I} = \dfrac{31.1}{3.54} + \dfrac{(52.53)(2)}{8.00} = 21.9$ ksi◀

或由公式(9-41)

$$\sigma_{\max} = \frac{P}{A}\left[1 + \frac{ec}{r^2}\sec\left(\frac{L_e}{2r}\sqrt{\frac{P}{EA}}\right)\right]$$

其中 $\dfrac{L_e}{2r}\sqrt{\dfrac{P}{EA}} = \dfrac{16\times 12}{2\times 1.503}\sqrt{\dfrac{31.1}{(29\times 10^3)(3.54)}} = 1.112$ (rad)

故 $\sigma_{\max} = \dfrac{31.1}{3.54}\left[1 + \dfrac{(0.75)(2)}{1.503^2}\sec(1.112)\right] = 21.9$ ksi◀

亦可用公式(9-42)求解$\sigma_{\max}$，式中 $P/P_{cr} = 1/2$

$$\sigma_{\max} = \frac{P}{A}\left[1 + \frac{ec}{r^2}\sec\left(\frac{\pi}{2}\sqrt{\frac{P}{P_{cr}}}\right)\right] = \frac{31.1}{3.54}\left[1 + \frac{(0.75)(2)}{1.503^2}\sec\frac{\pi}{2\sqrt{2}}\right]$$

$= 21.9$ ksi◀

例題 9-5

圖中寬翼型斷面之鋼柱($E = 29\times 10^6$ pai，$\sigma_Y = 36$ ksi)，底端為固定，頂端之支承可防止 x 方向之移動(y 方向可移動)，但可對 x 軸與 y 軸轉動，試求鋼柱在挫曲或降伏前所能承受之最大偏心壓力 P。鋼柱斷面 $A = 11.7\ \text{in}^2$，$I_x = 146\ \text{in}^4$，$I_y = 49.1\ \text{in}^4$。

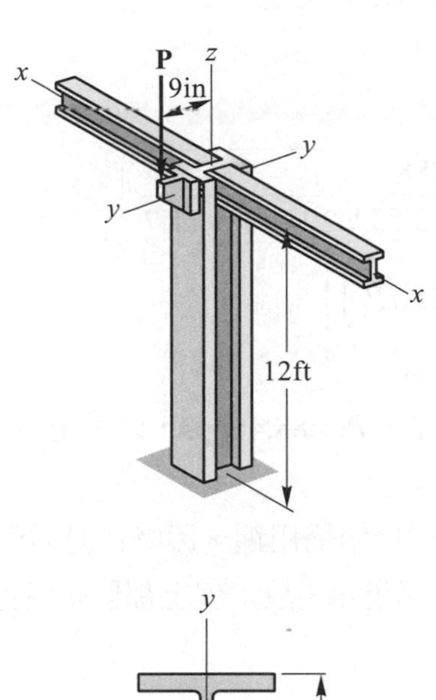

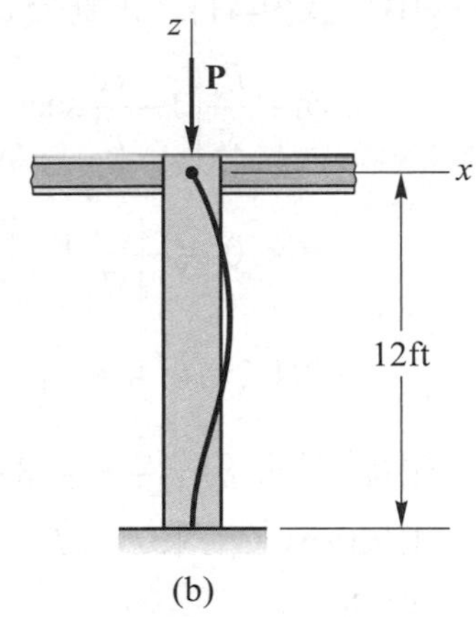

(b)

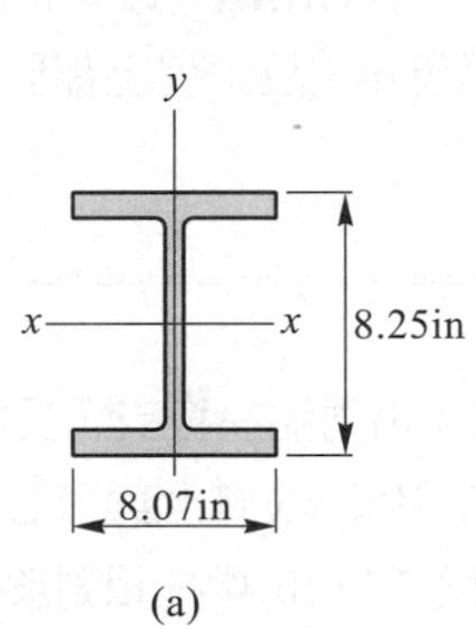

(a)

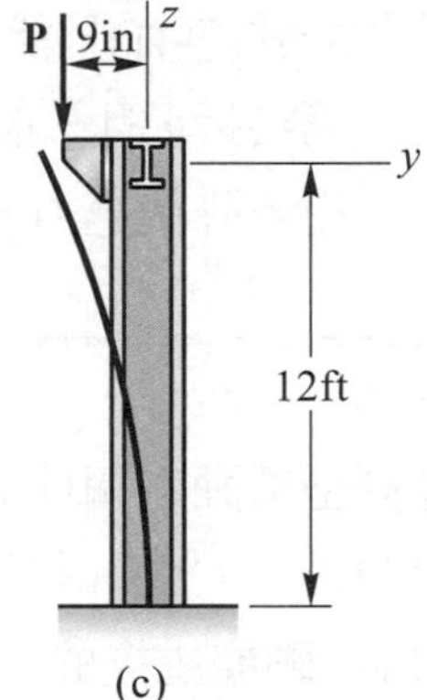

(c)

【解】由鋼柱兩端之支承可看出有二種挫曲情況：

(a) 對 y-y 軸挫曲(撓度曲線在 x-z 平面上)，如(b)圖所示，此種情況鋼柱承受中心壓力 P，底端爲固定，頂端爲鉸支，由公式(9-32)可得臨界負荷

$$(L_e)_y = KL = 0.699(12\times12) = 100.7 \text{ in}$$

$$(P_{cr})_y = \frac{\pi^2 EI_y}{\left(L_e\right)_y^2} = \frac{\pi^2\left(29\times10^3\right)(49.1)}{(100.7)^2} = 1386 \text{ kips}$$

(b) 對 x-x 軸挫曲(撓度曲線在 y-z 平面上)，如(c)圖所示，此種情況鋼柱承受偏心壓力 P，底端爲固定，頂端爲自由，相關之幾何性質爲

柱之等效長度：$(L_e)_x = 2L = 2(12\times12) = 288$ in

斷面上與彎曲中立軸之最大距離 $c = 8.25/2 = 4.125$ in

迴轉半徑：$r_x = \sqrt{\dfrac{I_x}{A}} = \sqrt{\dfrac{146}{11.7}} = 3.53$ in

由公式(9-41)之正割公式，可求得使柱降伏之偏心壓力 P

$$\sigma_Y = \frac{P_x}{A}\left[1 + \frac{ec}{r_x^2}\sec\left(\frac{L_e}{2r_x}\sqrt{\frac{P_x}{EA}}\right)\right]$$

$$36\times10^3 = \frac{P_x}{11.7}\left[1 + \frac{(9)(4.125)}{3.53^2}\sec\left(\frac{288}{2\times3.53}\sqrt{\frac{P_x}{29\times10^6\times11.7}}\right)\right]$$

$$421.2\times10^3 = P_x\left[1 + 2.979\sec\left(0.002215\sqrt{P_x}\right)\right]$$

由試誤法可解得 $P_x = 88.4\times10^3$ lb = 88.4 kips

由(a)(b)之結果 $P_x < P_y$，故柱之容許負荷 $P = P_x$ =88.4 kips，破壞是對 x-x 軸發生挫曲

【註】公式(9-41)只能適用於比例限內，但對於結構用鋼，因降伏應力與比例限甚為接近，且一般工程材料之比例限不易獲得，故工程上都假設虎克定律可適用至降伏應力。

例題 9-6

圖中寬翼型斷面之鋼柱(E = 30×10^6 psi，σ_Y = 42 ksi)兩端為鉸支，長度為 25 ft。柱同時承中心壓力 P_1 = 320 kips 及偏心壓力 P_2 = 40 kips(作用於 x-x 軸上與形心 C 之距離為 13.5 in)，且柱對 y-y 軸發生挫曲，試求(a)鋼柱內之最大壓應力，(b)鋼柱相對於降伏之安全因數為何？(I_x=148 in^4，I_y = 882 in^4，A = 24.1 in^2)

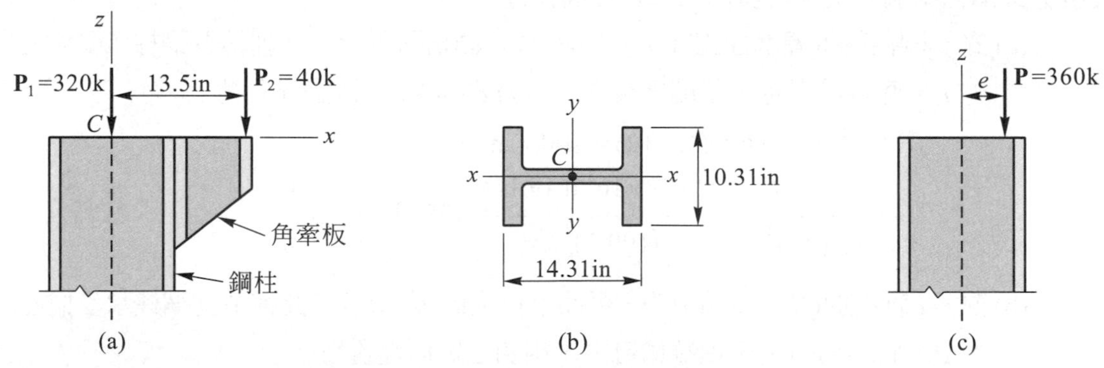

【解】先求壓力 P_1 與 P_2 之合力 P 及合力作用線之位置 e

$$P = P_1 + P_2 = 360 \text{ kips}$$

$$e = \frac{\sum M_C}{P} = \frac{40(13.5)}{360} = 1.5 \text{ in}$$

鋼柱相當於承受一個偏心距 $e = 1.5$ in 之偏心壓力 $P = 360$ kips，如(c)圖所示。

(a) 鋼柱之最大壓應力

寬翼型斷面之幾何性質

斷面積：$A = 24.1\ \text{in}^2$

斷面上至 y-y 軸之最大距離：$c = 14.31/2 = 7.155$ in

對 y-y 軸之迴轉半徑：$r_y = \sqrt{\dfrac{I_y}{A}} = \sqrt{\dfrac{882}{24.1}} = 6.05$ in

細長比：$\lambda_y = \dfrac{L}{r_y} = \dfrac{25\times 12}{6.05} = 49.59$

$$\frac{ec}{r_y^2} = \frac{(1.5)(7.155)}{6.05} = 0.2932 \quad , \quad \sqrt{\frac{P}{EA}} = \left[\frac{360}{(30\times 10^3)(24.1)}\right]^{\frac{1}{2}} = 0.0223$$

由公式(9-41)可求得柱內之最大壓應力爲

$$\sigma_{\max} = \frac{P}{A}\left[1+\frac{ec}{r_y^2}\sec\left(\frac{L}{2r_y}\sqrt{\frac{P}{EA}}\right)\right] = \frac{360}{24.1}\left[1+0.2932\sec\left(\frac{49.59}{2}(0.0223)\right)\right]$$

$$= 20.08\ \text{ksi} ◀$$

(b) 相對於降伏之安全因數

先求使鋼柱降伏($\sigma_Y = 42$ ksi)所需之偏心負荷 P_Y(偏心度 $e = 1.5$ in)，由公式(9-41)

$$\sigma_Y = \frac{P_Y}{A}\left[1+\frac{ec}{r_y^2}\sec\left(\frac{L}{2r_y}\sqrt{\frac{P_Y}{EA}}\right)\right]$$

$$42 = \frac{P_Y}{24.1}\left[1+0.2932\sec\left(\frac{49.59}{2}\sqrt{\frac{P_Y}{(30\times 10^3)(24.1)}}\right)\right]$$

由試誤法解得 $P_Y = 716$ kips

鋼柱實際承受之偏心壓力 $P = 360$ kips，故安全因數

$$n = \frac{P_Y}{P} = \frac{716}{360} = 1.99 ◀$$

習題

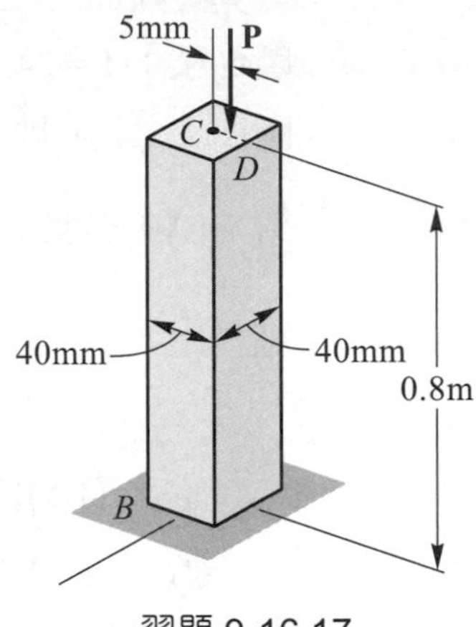

習題 9-16,17

9-16 圖中正方形斷面(40mm×40mm)之鋁柱(E = 70 GPa)，長度為 800 mm，底端為固定頂端為自由，承受偏心壓力 P = 25kN，偏心度 e = 5 mm，試求(a)頂端之水平撓度，(b)鋁柱內之最大壓應力。

【答】(a)δ = 4.80 mm，(b)σ_{max} = 38.6 MPa

9-17 同上題之偏心鋁柱，承受偏心壓力 P 之偏心度 e = 5mm，試求(a)頂端(自由端)產生δ = 10 mm 水平撓度之偏心壓力 P，(b)鋁柱內之最大壓應力。

【答】(a)P = 35.35 kN，(b)σ_{max} = 71.8 MPa

9-18 圖中正方形斷面之鋁管(E = 73 GPa)，底端為固定頂端為自由，承受偏心度 e = 50 mm 之偏心壓力 P = 50 kN，頂端之水平撓度限制不得超過 30 mm，試求鋁柱之容許最大長度。

【答】L_{max} = 2.21 m

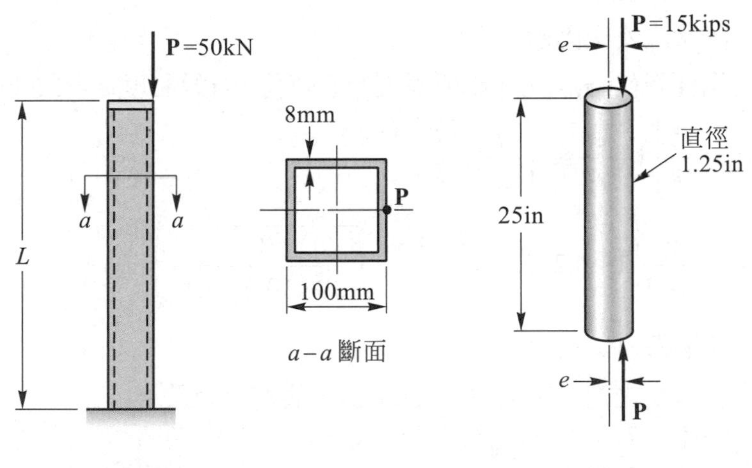

習題 9-18　　習題 9-19

9-19 圖中兩端鉸支之鋼柱($E = 29\times10^3$ ksi)，長度為 25 in，直徑為 1.25 in，承受偏心壓 P = 15 kips，已知中點之最大水平撓度為 0.02 in，試求(a)偏心距 e，(b)最大壓應力。

【答】(a) e = 0.0427 in，(b) σ_{max} = 17.1 ksi

9-20 圖中兩端鉸支之空心鋼柱($E = 30\times10^6$ psi，$\sigma_Y = 42$ ksi)，長柱 $L = 5.2$ ft，外徑 $d_2 = 2.2$ in，內徑 $d_1 = 2.0$ in，承受偏心度 $e = 1.0$ in 之偏心壓力 $P = 2.0$ kips，試求(a)最大壓應力，(b)若相對於降伏應力取安全因數 $n - 2$，則容許之偏心壓力 P 爲何？

【答】(a) $\sigma_{max} = 9.65$ ksi，(b) $P = 3.59$ kips

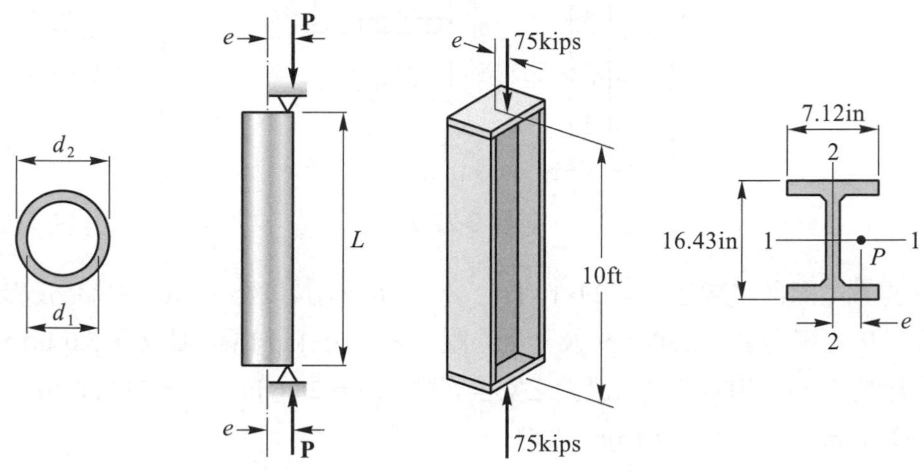

習題 9-20　　習題 9-21

9-21 圖中寬翼型斷面之鋼柱($E = 30\times10^6$ psi，$\sigma_Y = 36$ ksi)兩端爲鉸支，承受偏心距 $e = 1.5$ in 之偏心壓力 $P = 75$ kips，(a)若鋼柱長度 $L = 10$ ft，試求最大壓應力，(b)若相對於降伏應力取安全因數 $n = 2.0$，則鋼柱之容許最大長度爲何？($I_1 = 758$ in^4，$I_2 = 43.1$ in^4，$A = 16.8$ in^2)

【答】(a)$\sigma_{max} = 14.8$ ksi，(b)$L_{max} = 12.6$ ft

9-22 圖中寬翼型斷面之鋼柱($E = 29\times10^3$ksi，$\sigma_Y = 36$ ksi)長度爲 8 ft，底端爲固定頂端爲自由，承受偏心距 $e = 0.375$ in 之偏心壓力 $P = 60$ kips，試求鋼柱相對於降伏應力之安全因數。($I_1 = 170$ in^4，$I_2 = 36.6$ in^4，$A = 9.71$ in^2)

【答】$n = 2.78$

9-23 同上題之鋼柱，若偏心距 $e = 0.75$ in，且取相對於降伏應力之安全因數 $n = 2.8$，試求鋼柱偏心壓力 P 之容許值。

【答】$P = 47.1$ kips

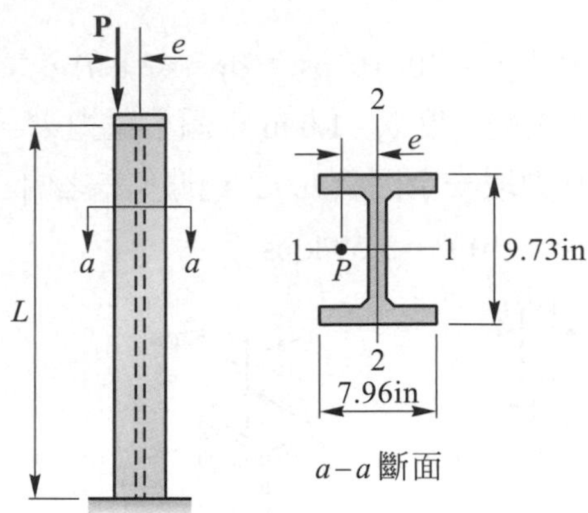

習題 9-22,23

9-24 圖中寬翼型斷面之鋼柱($E = 29\times10^3$ksi，$\sigma_Y = 36$ ksi)長度爲 18 ft，兩端爲鉸支，鋼柱承受一中心壓力 $P_1 = 180$ kips 及一偏心壓力 $P_2 = 75$ kips(偏心距 $b = 5.0$ in)，試求(a)最大壓應力，(b)相對於降伏應力之安全因數。($A = 25.6$ in^2，$I_1 = 740$ in^4，$I_2 = 241$ in^4)

【答】(a)$\sigma_{max} = 13.4$ ksi，(b)$n = 2.61$

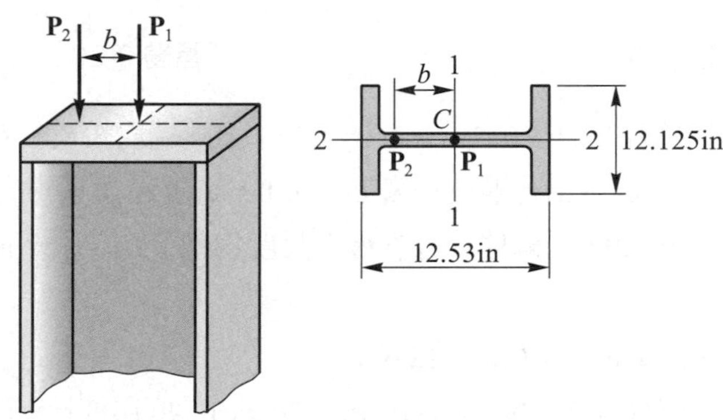

習題 9-24

9-25 圖中長度爲 18 ft 之鋼柱($E = 29\times10^3$ksi，$\sigma_Y = 36$ ksi)承受 12 kip 之偏心壓力(在 2-2 軸上)，偏心距爲 8 in，假設柱的底端爲固定頂端爲鉸支，試求柱內之最大壓應力。($A = 13.3$ in^2，$I_1 = 248$ in^4，$I_2 = 53.4$ in^4)

【答】$\sigma_{max} = 2.87$ ksi

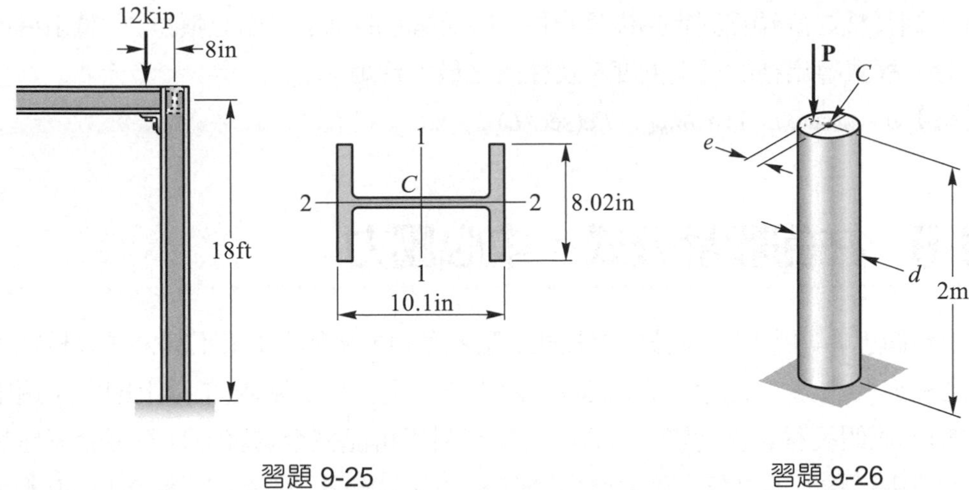

習題 9-25　　習題 9-26

9-26 圖中長度 $L = 2$ m 之鋁柱($E = 72$ GPa，$\sigma_Y = 410$ MPa)直徑 $d = 200$ mm，底端為固定頂端為自由，若欲防止鋁柱挫曲或降伏，則偏心壓力 P(偏心距 $e = 5$ mm)之容許值為何？並求在此偏心壓力作用下頂端之水平撓度。

【答】$P = 3.20$ MN(降伏)，$\delta = 70.4$ mm

9-27 圖中 T 型斷面之鋁柱($E = 70$ GPa，$\sigma_Y = 95$ MPa)長度為 $L = 5$m，底端為固定頂端為自由，若欲防止鋁柱挫曲或降伏，則偏心壓力 P 之容許值為何？設取安全因數為 $n = 3$。

【答】$P = 7.89$ kN(挫曲)[註：$P = 15.2$ kN(降伏)]

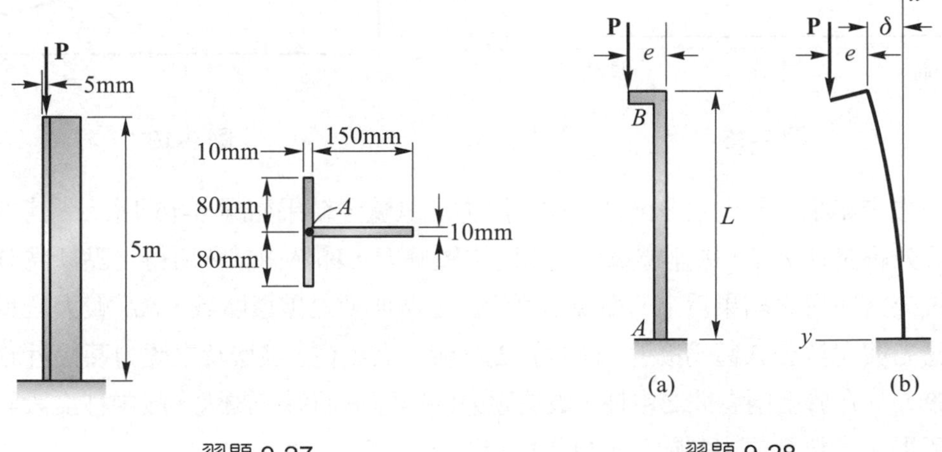

習題 9-27　　習題 9-28

9-28 圖中細長柱之底端為固定頂端為自由，承受偏心距為 e 之偏心壓力 P，試由撓度曲線微分方程式導出柱的最大撓度 δ 及柱內之最大彎矩 M_{max}。

【答】$\delta = e(\sec kL - 1)$，$M_{max} = Pe(\sec kL)$

9-6 柱的設計公式：中心壓力

前面幾節已介紹應用尤拉公式求長柱之臨界負荷，並介紹使用正割公式分析柱承受偏心壓力之變形及應力，上述情況均假設柱內之應力恒在比例限內(工程上則假設適用於降伏應力內)，並假設材料為均質。但實際上，材料不可能完全均質，且不可能有理想之中心壓力，故由經驗所得之臨界負荷均小於理論值(尤拉公式所得)，如圖 9-15 中所示之黑點，因此在工程設計中都是以經驗公式處理。

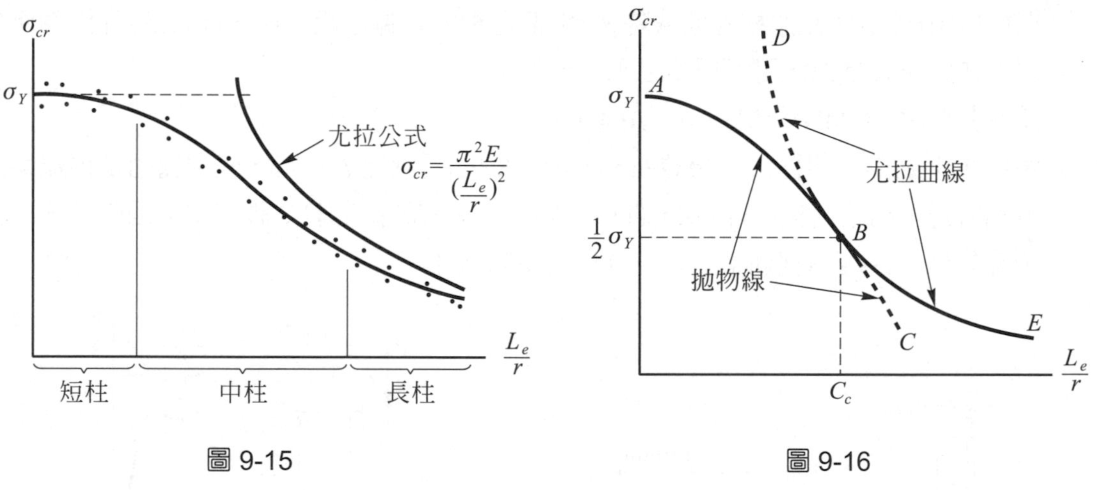

圖 9-15　　圖 9-16

過去幾十年來，已對很多鋼柱作中心壓力之試驗，結果如圖 9-15 所示，其中橫座標為柱之等效細長比 L_e/r，縱座標為柱破壞時之壓應力，顯然由試驗所得之點甚為分散，且都較尤拉公式所得之結果為小。從圖中可看出三個典型之破壞區域，L_e/r 較大之長柱，破壞時之應力與尤拉公式甚為接近，而對於 L_e/r 較小之短柱，破壞時之應力甚接近於降伏應力，至於 L_e/r 介於上兩者間之中柱，破壞應力則與理論值偏差頗大，故中柱之設計，都是依試驗所得之資料發展出經驗公式以作為設計之規範。

設計柱之經驗公式，目前已發展出來很多，本節將介紹美國鋼鐵構造學會(AISC，American Institute of Steel Constructure)有關鋼柱設計之經驗公式。此經驗公式分成兩部份，短柱及中柱之σ_{cr}與L_e/r之關係爲拋物線，如圖 9-16 中之曲線 AB，而長柱仍爲尤拉公式，如圖 9-16 中之曲線 BE，其中 B 爲拋物線 ABC 與尤拉曲線 DBE 之切點。拋物線 ABC 之方程式爲

$$\sigma_{cr} = \sigma_o - k\left(\frac{L_e}{r}\right)^2 \tag{a}$$

其中，常數σ_o與 k 由 A、B 兩點之坐標決定。當 $L_e/r = 0$ 時$\sigma_{cr} = \sigma_Y$，代入(a)式得

$$\sigma_o = \sigma_Y \tag{b}$$

在 AISC 規範中設定 B 點之臨界應力σ_{cr}等於降伏應力之一半，設用 C_c 表示 B 點之等效細長比，稱 C_c 爲臨界細長比，代入(a)式 $\sigma_Y/2 = \sigma_Y - kC_c^2$

得 $$k = \frac{\sigma_Y}{2C_c^2}$$

因此(a)式可寫爲

$$\sigma_{cr} = \sigma_Y\left[1 - \frac{(L_e/r)^2}{2C_c^2}\right] \quad , \quad L_e/r \le C_c \tag{9-43}$$

至於 BE 曲線爲尤拉曲線之一部份，即

$$\sigma_{cr} = \frac{\pi^2 E}{\left(L_e/r\right)^2} \quad , \quad L_e/r \ge C_c \tag{9-44}$$

由於 B 點爲兩公式適用之分界點，由公式(9-44)取$\sigma_{cr} = \frac{1}{2}\sigma_Y$，$\frac{L_e}{r} = C_c$，可得臨界細長比 C_c 爲

$$C_c = \sqrt{\frac{2\pi^2 E}{\sigma_Y}} \tag{9-45}$$

設計時必需對臨界應力介入一安全因數以定出容許應力σ_{allow}，在 AISC 規範中對 $L_e/r > C_c$ 之長柱安全因數取 1.92 之定值，且規定公式(9-44)僅適用於 $L_e/r < 200$ 之長柱，故 AISC 對長柱之經驗公式爲

$$C_c \leq \frac{L_e}{r} \leq 200 \quad，\quad \sigma_{allow} = \frac{\sigma_{cr}}{FS} = \frac{\pi^2 E}{1.92\left(L_e / r\right)^2} \tag{9-46}$$

其中 FS 爲安全因數。

對於中柱及短柱($L_e/r < C_c$)，AISC 規範中以下列公式定出安全因數

$$FS = \frac{5}{3} + \frac{3}{8}\left(\frac{L_e / r}{C_c}\right) - \frac{1}{8}\left(\frac{L_e / r}{C_c}\right)^3 \tag{9-47}$$

因此，AISC 對中柱及矩柱之經驗公式爲

$$\frac{L}{r} < C_c \quad，\quad \sigma_{allow} = \frac{\sigma_{cr}}{FS} = \frac{\sigma_Y}{FS}\left[1 - \frac{1}{2}\left(\frac{L_e / r}{C_c}\right)^2\right] \tag{9-48}$$

上式公式可用於各種單位系統，包括 USCS 與 SI 單位。

■鋁柱設計之經驗公式：中心壓力

鋁柱的設計由鋁業協會(Aluminum Association)制定，通常用三個公式分別適用於短柱、中柱及長柱，參考圖 9-17 所示，其中短柱爲水平線，中柱爲斜直線，長柱爲尤拉公式(再考慮定值之安全因數)，三者以細長比 C_1 及 C_2 區分之。對於不同之鋁合金材料，都有其各自適用之三個公式，以下列出結構物常用的兩種鋁合金柱子之設計經驗公式。

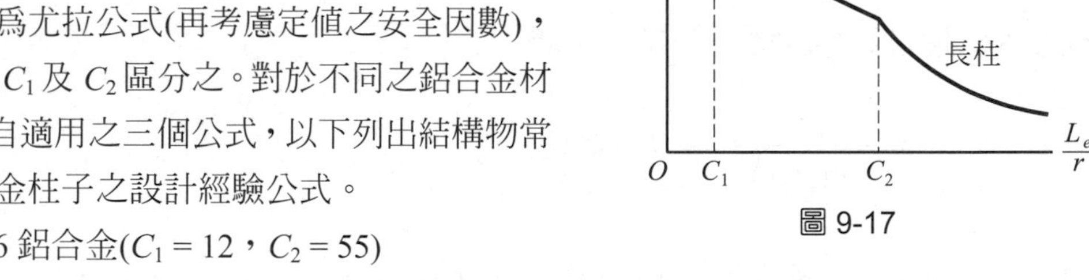

圖 9-17

(1) 2014-T6 鋁合金($C_1 = 12$，$C_2 = 55$)

$$\sigma_{allow} = 28 \text{ ksi} = 193 \text{ MPa} \quad，\quad 0 \leq \frac{L_e}{r} \leq 12 \tag{9-49}$$

$$\sigma_{allow} = 30.7 - 0.23\left(\frac{L_e}{r}\right) \text{ksi} = 212 - 1.585\left(\frac{L_e}{r}\right) \text{MPa} \quad，\quad 12 \leq \frac{L_e}{r} \leq 55 \tag{9-50}$$

$$\sigma_{allow} = \frac{54000}{\left(L_e / r\right)^2} \text{ksi} = \frac{372 \times 10^3}{\left(L_e / r\right)^2} \text{MPa} \quad，\quad 55 \leq \frac{L_e}{r} \tag{9-51}$$

(2) 6061-T6 鋁合金($C_1 = 9.5$，$C_2 = 66$)

$$\sigma_{allow} = 19 \text{ ksi} = 131 \text{ MPa} \quad , \quad 0 \le \frac{L_e}{r} \le 9.5 \tag{9-52}$$

$$\sigma_{allow} = 20.2 - 0.126\left(\frac{L_e}{r}\right) \text{ksi} = 139 - 0.868\left(\frac{L_e}{r}\right) \text{MPa} \quad , \quad 9.5 \le \frac{L_e}{r} \le 66 \tag{9-53}$$

$$\sigma_{allow} = \frac{51000}{\left(L_e / r\right)^2} \text{ksi} = \frac{351 \times 10^3}{\left(L_e / r\right)^2} \text{MPa} \quad , \quad 66 \le \frac{L_e}{r} \tag{9-54}$$

注意，上列公式均爲設計之容許應力，已將安全因數包括在內，其值大約在 1.65 ～ 2.20 之範圍內，視鋁合金之種類而定。

至於其他材料之經驗公式，可參考相關之規範，本節僅列出結構用鋼及鋁合金之設計規範。

例題 9-7

空氣壓縮機之活塞桿長為 0.5 m，承受 27 kN 之軸向壓力，設兩端為鉸支，試求活塞桿所需之直徑。活塞桿所用鋼材之降伏應力$\sigma_Y = 275$ MPa，彈性模數 $E = 200$GPa。

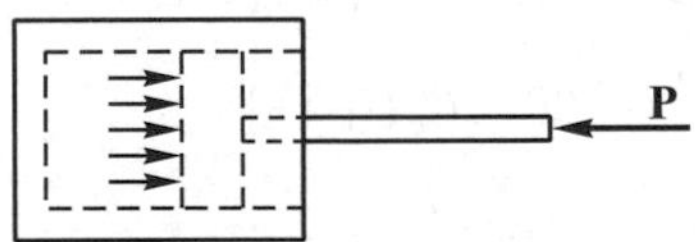

【解】因活塞桿之直徑未知，無法確定爲長柱或中柱，故用試誤法分析。先假設活塞桿爲長柱，求得直徑再檢驗其細長比是否爲長柱。

本題之活塞桿兩端爲鉸支，有效長度 $L_e = L = 0.5$m，由公式(9-46)

$$\frac{P}{A} = \frac{\pi^2 E}{1.92\left(L / r\right)^2} \quad , \quad \frac{P}{\pi d^2 / 4} = \frac{\pi^2 E}{1.92\left(4L / d\right)^2}$$

$$\frac{4(27)}{\pi d^2} = \frac{\pi^2 (200) d^2}{1.92\left(16 \times 500^2\right)} \quad , \quad d = 25.5 \text{ mm}$$

設取活塞桿之直徑 $d = 26$ mm，則其細長比爲

$$\frac{L}{r} = \frac{L}{d/4} = \frac{4L}{d} = \frac{4(500)}{26} = 76.9$$

柱之臨界細長比，由公式(9-45)

$$C_c = \sqrt{\frac{2\pi^2 E}{\sigma_Y}} = \sqrt{\frac{2\pi^2\left(200\times10^3\right)}{275}} = 120$$

$L/r < C_c$，原假設長柱為不正確，活塞桿應為中柱。

設取活塞桿之直徑為 $d = 26$ mm，由公式(9-47)可得所需之安全因數為

$$FS = \frac{5}{3} + \frac{3}{8}\left(\frac{76.9}{120}\right) - \frac{1}{8}\left(\frac{76.9}{120}\right)^3 = 1.874$$

由公式(9-48)可得中柱之容許應力為

$$\sigma_{allow} = \frac{\sigma_Y}{FS}\left[1-\frac{1}{2}\left(\frac{L/r}{C_c}\right)^2\right] = \frac{275}{1.874}\left[1-\frac{1}{2}\left(\frac{76.9}{120}\right)^2\right] = 116.6 \text{ MPa}$$

活塞桿內之應力為

$$\sigma = \frac{P}{A} = \frac{27\times10^3}{\pi(26)^2/4} = 50.85 \text{ MPa}$$

當活塞桿直徑 $d = 26$ mm 時，桿內所生之應力 50.85 MPa 小於容許應力 $\sigma_{allow} = 116.6$ MPa 甚多，故可取較小之直徑。

設取活塞桿直徑 $d = 20$ mm，活塞桿之細長比為

$$\frac{L}{r} = \frac{4L}{d} = \frac{4(500)}{20} = 100 < C_c \text{(中柱)}$$

$$FS = \frac{5}{3} + \frac{3}{8}\left(\frac{100}{120}\right) - \frac{1}{8}\left(\frac{100}{120}\right)^3 = 1.91$$

$$\sigma_{allow} = \frac{275}{1.91}\left[1-\frac{1}{2}\left(\frac{100}{120}\right)^2\right] = 94.0 \text{ MPa}$$

$$\sigma = \frac{P}{A} = \frac{27\times10^3}{\pi(20)^2/4} = 86.0 \text{ MPa} < \sigma_{allow}$$

當活塞桿直徑 $d = 20$ mm 時，桿內所生之壓應力 86.0 MPa 小於容許應力 94.0 MPa，且兩者相差不多，故可取活塞桿之直徑 $d = 20$ mm。當然，可再取更小之直徑 d 代入計算，直至使 $\sigma = \sigma_{allow}$ 為止，而求得活塞桿所需之最小直徑。

例題 9-8

圖中寬翼型斷面之鋁合金(2014-T6)柱子，已知有效長度為 1.2m，試求柱之容許中心壓力。設柱可朝任意方向彎曲。

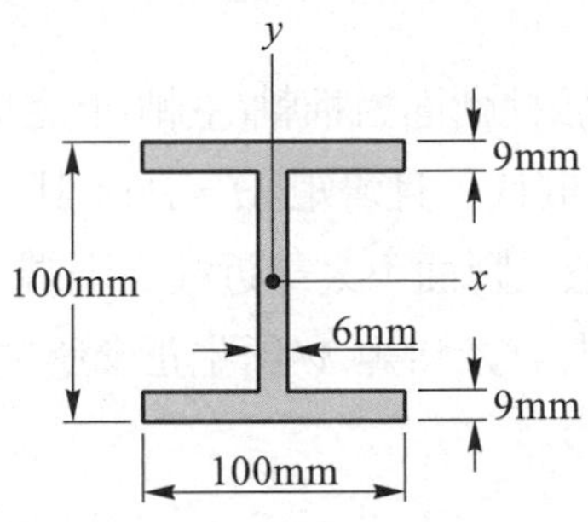

【解】柱斷面之幾何性質：

面積：$A = 2(9\times100) + 6(82) = 2292 \text{ mm}^2$

慣性矩：$I_y = 2\left[\frac{1}{12}(9)(100)^3\right] + \frac{1}{12}(82)(6)^3 = 1.5015\times10^6 \text{ mm}^4$

迴轉半徑：$r_y = \sqrt{\frac{I_y}{A}} = \sqrt{\frac{1.5015\times10^6}{2292}} = 25.6 \text{ mm}$

有效細長比：$\frac{L_e}{r_y} = \frac{1200}{25.6} = 46.9$

$12 < \frac{L_e}{r_y} < 55$，屬於中柱，由公式(9-50)

$$\sigma_{allow} = 212 - 1.585\left(\frac{L_e}{r_y}\right) = 212 - 1.585(46.9) = 137.7 \text{ MPa}$$

故容許之中心壓力為

$$P_{allow} = \sigma_{allow} A = (137.7)(2292) = 316\times10^3 \text{N} = 316 \text{ kN}◀$$

9-7 柱的設計公式：偏心壓力

本節將討論承受偏心壓力柱子之設計。當柱子所受壓力之偏心距 e 為已知時，利用上一節所導出承受中心壓力柱子之設計經驗公式，經修改後便可應用於分析承受偏心壓力之柱子。

參考圖 9-18(a)所示，作用於柱斷面對稱軸(主軸)上之偏心壓力 P，可用作用於斷面形心之等效中心壓力 P 及彎矩 M 取代，且彎矩 $M = Pe$，其中偏心距 e 為偏心壓力之作用線與柱中心軸線之距離。若所考慮之斷面不太靠近柱之兩端，且應力不超過材料之比例限，則柱斷面之正交應力為中心壓力 P 及彎矩 M 所生正交應力重疊而成，即

$$\sigma = \sigma_{中心壓力} + \sigma_{彎矩}$$

因此斷面之最大壓應力為

$$\sigma_{max} = \frac{P}{A} + \frac{Mc}{I} \tag{9-55}$$

設計柱時，上式所得之最大壓應力必須不得超過柱之容許應力，為符合此條件，以下有兩個分析方法可作為設計之依據。

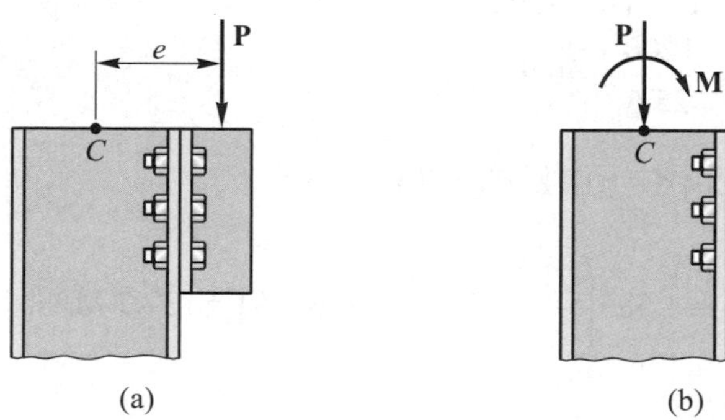

圖 9-18

1. 容許應力法(allowable-stress method)

此方法是規定中心壓力 P 與彎矩 M 合成之最大壓應力，即公式(9-55)，不得超過柱承受中心壓力 P 之容許應力，即

$$\frac{P}{A} + \frac{Mc}{I} \le \sigma_{allow} \tag{9-56}$$

其中σ_{allow}由上一節(9-6 節)之方法求得，但必須注意計算σ_{allow}公式中之細長比，不論柱是對那一軸彎曲，都是使用最大細長比(即使用斷面之最小迴轉半徑)，至於彎曲應力中之I及c是對彎矩之作用軸計算。與下一個方法比較，此設計方法較爲保守。

2. 交互作用法(interaction method)

由於柱承受中心壓力時之容許應力通常小於承受純彎時之容許應力，因前者需要考慮發生挫曲之可能。上述之容許應力法對於承受偏心壓力之柱子，設計時要求中心壓力 P 及彎矩 M 所生之應力和，必須小於承受中心壓力 P 時之容許應力，顯然此種考慮方法將過於保守，另一個改進之設計方法是將公式(9-56)改寫爲

$$\frac{P/A}{\sigma_{allow}}+\frac{Mc/I}{\sigma_{allow}}\leq 1 \tag{9-57}$$

式中第一項之容許應力σ_{allow}爲柱承受中心壓力時之容許應力$(\sigma_a)_{allow}$，但第二項之容許應力σ_{allow}修改爲柱承受純彎時之容許應力$(\sigma_b)_{allow}$，故公式(9-57)可寫爲

$$\frac{P/A}{(\sigma_a)_{allow}}+\frac{Mc/I}{(\sigma_b)_{allow}}\leq 1 \tag{9-58}$$

上列公式稱爲交互作用公式(interaction formula)。公式中之“a”代表軸向中心壓力，而“b”代表彎矩。要注意，在求$(\sigma_a)_{allow}$時，同樣是以柱之最大細長比(或用最小迴轉半徑)計算，而不管柱是對那一個軸發生挫曲，求彎曲應力之c及I則是對彎矩之作用軸計算。

用上述兩個方法設計承受偏心壓力之柱子時，不可能取得的斷面正好滿足公式(9-58)中等號成立之情形，因此設計時必須使用試誤法，先選用適當之斷面代入計算並檢驗是否滿足公式(9-58)之不等式，若無法滿足，再選用另一尺寸較大之斷面並重覆上述之步驟計算，最佳之斷面是使公式(9-58)中不等式左側之值接近且小於 1。

例題 9-9

圖中寬翼型斷面之鋼柱(E = 200 GPa，σ_Y = 290 MPa，σ_b = 190 MPa)，有效長度為 6 m，承受偏心距 e = 125 mm 之偏心壓力 P，試用(a)容許應力法，(b)交互作用法，求偏心壓力 P 之容許值。(A = 18365 mm^2，$I_x = 728\times10^6$ mm^4，$I_y = 83.7\times10^6$ mm^4)

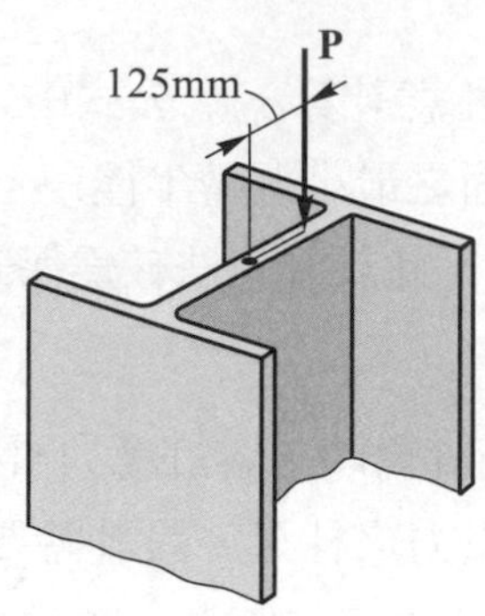

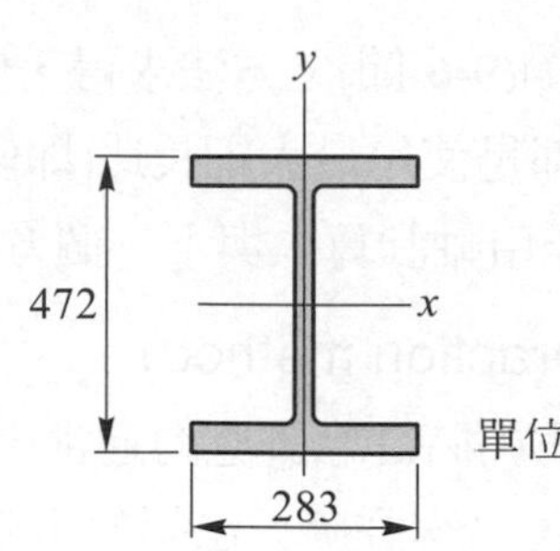

【解】柱承受中心壓力之容許應力：

首先求細長比之範圍：

$$r_{\min} = r_y = \sqrt{I_y / A} = \sqrt{\frac{83.7\times10^6}{18365}} = 67.3 \text{ mm} \quad , \quad \frac{L_e}{r} = \frac{6000}{67.3} = 89.15$$

$$C_c = \sqrt{\frac{2\pi^2 E}{\sigma_Y}} = \sqrt{\frac{2\pi^2\left(200\times10^3\right)}{290}} = 116.68 \quad , \quad \frac{L_e / r}{C_c} = \frac{89.15}{116.68} = 0.764$$

由於 $\frac{L_e}{r} < C_c$，因此用公式(9-48)求容許應力

$$FS = \frac{5}{3} + \frac{3}{8}\left(\frac{L_e / r}{C_c}\right) - \frac{1}{8}\left(\frac{L_e / r}{C_c}\right)^3 = \frac{5}{3} + \frac{3}{8}(0.764) - \frac{1}{8}(0.764)^3 = 1.90$$

$$\sigma_{allow} = \frac{\sigma_Y}{FS}\left[1 - \frac{1}{2}\left(\frac{L_e / r}{C_c}\right)^2\right] = \frac{290}{1.90}\left[1 - \frac{1}{2}(0.764)^2\right] = 108.08 \text{ MPa}$$

(a) 容許應力法：由公式(9-56)

$$\frac{P}{A} + \frac{Mc}{I} \le \sigma_{allow} \quad , \quad M = Pe$$

$$\frac{P}{18365} + \frac{(P\times125)(236)}{728\times10^6} \le 108.08 \text{ MPa} \quad , \quad P \le 1138\times10^3 \text{ N}$$◀

(b) 交互作用法：由公式(9-58)

$$\frac{P / A}{(\sigma_a)_{allow}} + \frac{Mc / I}{(\sigma_b)_{allow}} \le 1$$

$$\frac{P / 18365}{108.08} + \frac{(P\times125)(236) / \left(728\times10^6\right)}{190} \le 1 \quad , \quad P \le 1395\times10^3 \text{ N}$$◀

例題 9-10

圖中正方形斷面之鋼柱(E – 200 GPa，σ_Y = 250 MPa)底端為固定頂端為自由，承受一偏心壓力 P = 25 kN，其作用線通過斷面一邊之中點。試用容許應力法求斷面所需之最小邊長 d。

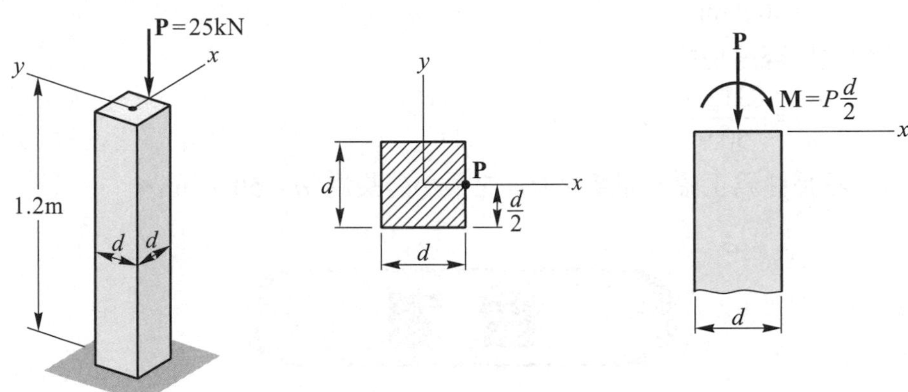

【解】因斷面之尺寸未知，無法求得細長比，鋼柱為長柱或中柱無法確定，故先暫時假設 $C_c < \dfrac{L_e}{r} < 200$(長柱)，則鋼柱受中心壓力 P 之容許應力，由公式(9-46)為

$$\sigma_{allow} = \frac{\pi^2 E}{1.92\left(L_e / r\right)^2} \tag{1}$$

其中有效長度 $L_e = 2L = 2(1.2) = 2.4$ m

慣性矩：$I = \dfrac{d^4}{12}$

迴轉半徑：$r = \sqrt{\dfrac{I}{A}} = \sqrt{\dfrac{d^4/12}{d^2}} = \dfrac{d}{\sqrt{12}}$

有效細長比：$\dfrac{L_e}{r} = \dfrac{2400}{d/\sqrt{12}} = \dfrac{8313.8}{d}$

臨界細長比：$C_c = \sqrt{\dfrac{2\pi^2 E}{\sigma_Y}} = \sqrt{\dfrac{2\pi^2\left(200\times10^3\right)}{250}} = 125.7$

彎矩：$M = Pe = (25\times10^3)\left(\dfrac{d}{2}\right) = (12.5\times10^3)d$ N-mm

容許應力為 $\sigma_{allow} = \dfrac{\pi^2\left(200\times10^3\right)}{1.92\left(8313.8/d\right)^2} = (14.87\times10^{-3})\ d^2$ MPa

由容許應力法，即公式(9-56)

$$\frac{P}{A}+\frac{Mc}{I}=\sigma_{allow}\ ,\quad \frac{25\times10^3}{d^2}+\frac{\left[\left(12.5\times10^3\right)d\right]\left(d/2\right)}{d^4/12}=(14.87\times10^{-3})\ d^2$$

得 $d = 50.9$ mm

檢驗鋼柱是否為長柱

$$\frac{L_e}{r}=\frac{8313.8}{50.9}=163.3>C_c$$

故原假設長柱為正確，即斷面所需之最小邊長為 $d = 50.9$ mm◀

習題

9-29 圖中空心圓形斷面之鋼柱($\sigma_Y = 36$ ksi，$E = 29\times10^6$ psi)，有效長度分別為(a)14 ft，(b)8 ft，試求柱容許之中心壓力。

【答】(a)$P = 15.95$ kips，(b)$P = 33.6$ kips

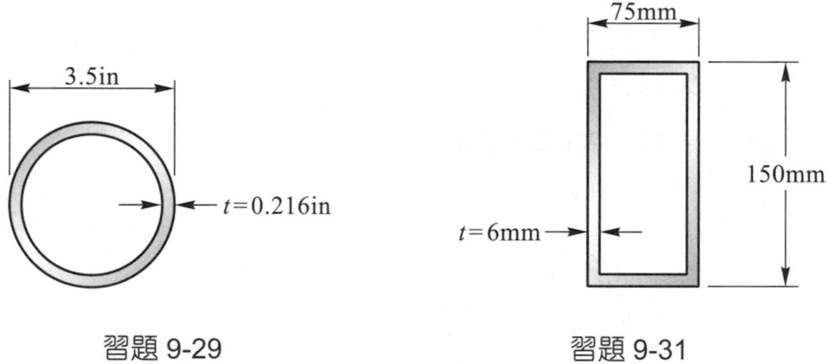

習題 9-29　　習題 9-31

9-30 一空心圓形斷面之鋼柱($\sigma_Y = 250$ MPa，$E = 200$ GPa)，長度 $L = 3.6$m，外徑 $d = 160$ mm，承受中心壓力 $P = 240$ kN，已知鋼柱底端為固定頂端為自由，試求所需之最小厚度。

【答】$t_{min} = 8.9$ mm

9-31 圖中空心矩形斷面之鋼柱($\sigma_Y = 320$ MPa，$E = 200$ GPa)，有效長度為 3m，試求柱之容許中心壓力。

【答】$P - 262$ kN

9-32 一矩形斷面之實心鋼柱($\sigma_Y = 250$ MPa，$E = 200$ GPa)，有效長度為 1m，當鋼柱承受之中心壓力分別為(a)$P = 50$ kN，(b)$P = 25$ kN 時，試求斷面所需之最小尺寸 d。

【答】(a) $d = 37.4$ mm，(d) $d = 22.7$ mm

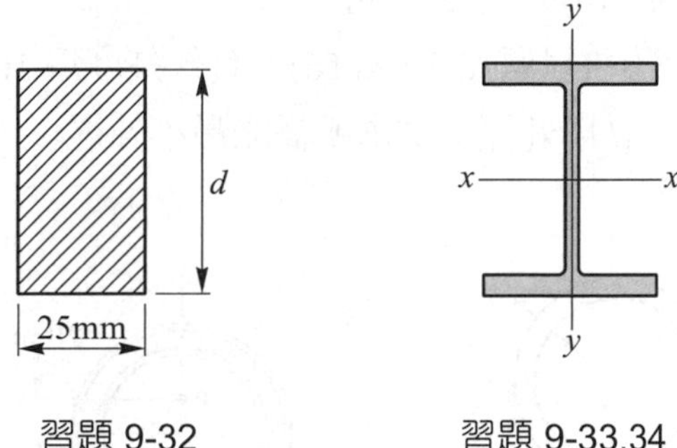

習題 9-32　　習題 9-33,34

9-33 圖中寬翼型斷面之鋼柱($\sigma_Y = 250$ MPa，$E = 200$ GPa)，若鋼柱之有效長度分別為(a)$L_e = 5$m，(b)$L_e = 7$m，試求鋼柱容許之中心壓力。($r_y = 51.8$ mm，$A = 7550$ mm^2)

【答】(a)P =701 kN，(b)$P = 425$ kN

9-34 某寬翼型斷面之鋼柱(參考上題之圖)兩端為鉸支且可在任意方向挫曲，(a)若鋼柱長度 $L = 20$ ft，則容許之中心壓力為何？(b)若柱之中心壓力 $P = 200$ kips，則容許之最大長度為何？$\sigma_Y = 36$ ksi，$E = 29\times10^3$ ksi，$r_y = 2.57$ in，$A = 17.6$ in^2。

【答】(a)$P = 243$ kips，(b)$L_{max} = 24.1$ ft

9-35 圖中矩形斷面(1.25 in×0.375 in)之鋁柱長度 $L = 3.25$ in，已知柱之底端為固定頂端為自由。若鋁柱之材料為(a)6061-T6，(b)2014-T6，試求鋁柱之容許中心壓力。

【答】(a)$P = 5.92$ kips，(b)$P = 7.03$ kips

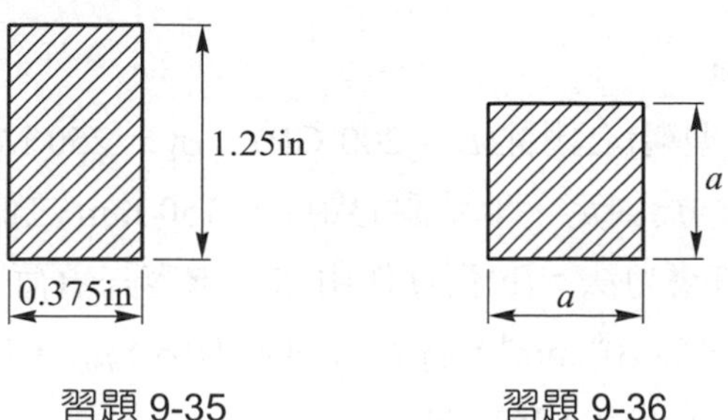

習題 9-35　　習題 9-36

9-36 圖中正方形斷面之鋁柱(材質爲 6061-T6)長度 $L = 500$ mm，已知柱之兩端爲鉸支且可在任意方向挫曲。若鋁柱之中心壓力爲 $P = 200$ kN，試求斷面所需之最小邊長 a。

【答】$a = 43.7$ mm

9-37 直徑爲 d 之實心圓形鋁柱(材質爲 2014-T6)，承受中心壓力 $P = 60$ kips，鋁柱之兩端爲鉸支。(a)若直徑 $d = 2.0$ in，則容許之最大長度爲何？(b)若長度 $L = 30$ in，則所需之最小直徑爲何？

【答】(a)$L_{max} = 25.2$ in，(b)$d_{min} = 2.12$ in

9-38 圖中空心圓形斷面之鋁柱(材質爲 2014-T6)，有效長度爲 16 in，承受中心壓力 $P = 5$ kips，若厚度 $t = d/10$，d 爲外徑，試求所需之最小外徑。

【答】$d_{min} = 0.97$ in

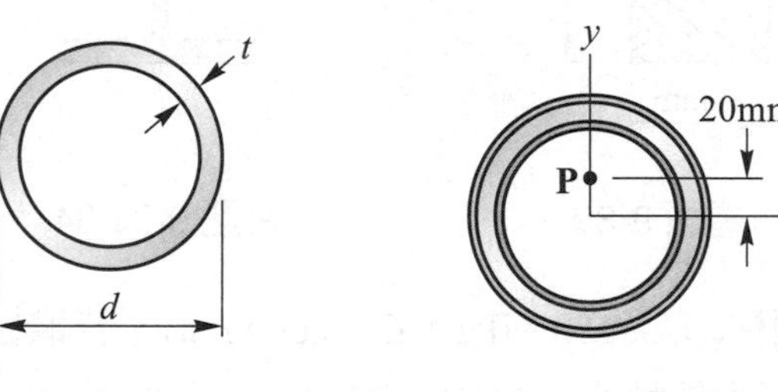

習題 9-38　　習題 9-39

9-39 圖中空心圓形斷面之鋼柱($E = 200$ GPa，$\sigma_Y = 250$ MPa)，兩端爲鉸支，承受偏心距爲 $e = 20$ mm 之偏心壓力，已知外徑爲 150 mm 內徑爲 120 mm，長度爲 4 m。試用容許應力法求鋼柱之容許負荷。

【答】$P = 400$ kN

9-40 圖中空心正方形斷面之鋼柱，兩端爲鉸支長度爲 12 ft，內外之邊長分別爲 4 in 及 5 in，承受偏心距爲 9/16 in 之偏心壓力 P，試用交互作用法求鋼柱之容許負荷。$E = 29\times10^3$ ksi，$\sigma_Y = 36$ ksi，$(\sigma_b)_{allow} = 24$ ksi。

【答】$P = 110.7$ kips

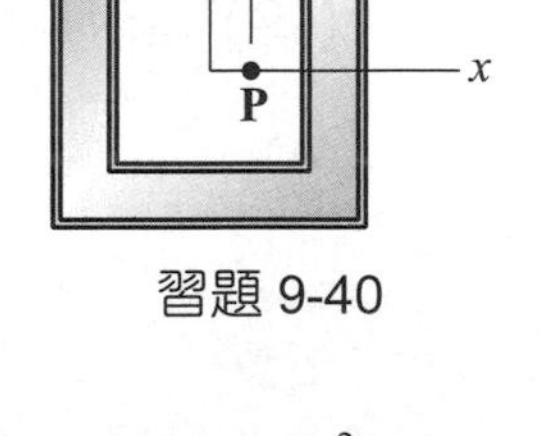

習題 9-40

9-41 圖中寬翼型斷面(W 型鋼)之鋼柱($E = 200$ GPa，$\sigma_Y = 250$ MPa)長度爲 12 m，兩端均爲固定，承受偏心距 $e = 150$ mm 之偏心壓力 P，試用(a)容許應力法，(b)交互作用法，求容許負荷 P。($A = 8130$ mm^2，$I_x = 178\times10^6$ mm^4，$I_y = 18.8\times10^6$ mm^4，容許彎曲應力$(\sigma_b)_{allow} = 160$ MPa)

【答】(a)$P = 246$ kN，(b)$P = 361$ kN

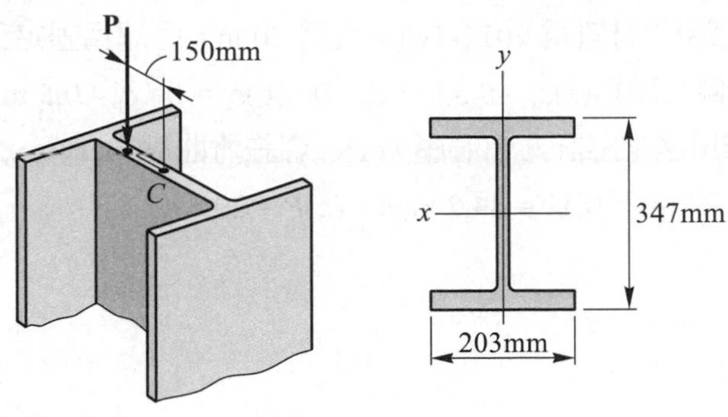

習題 9-41

9-42 直徑為 52 mm 之鋁柱(材質為 6061-T6)，兩端為鉸支，承受偏心距為 e = 20 mm 之偏心壓力 P = 45 kN，試用相互作用法求鋁柱容許之最大長度。容許彎曲應力$(\sigma_b)_{allow}$ = 150 MPa

【答】L_{max} = 1.258 m

9-43 空心圓形斷面之鋁柱(材質為 2014-T6)，兩端為鉸支，長度為 6 ft，外徑為 3 in，承受偏心距 e = 0.6 in 之偏心壓力 P = 10 kips，試用容許應力法求鋁柱之最經濟厚度。設壁厚之增量為 1/16 in，最大厚度 1/2 in。

【答】t = 1/4 in

9-44 圖中矩形斷面之鋁柱(材質為 6061-T6)有效長度為 24 in，承受偏心距 e = 0.75 in 之偏心壓力 P = 40 kips，試用容許應力法求斷面所需之最小尺寸 d。

【答】d = 3.61 in

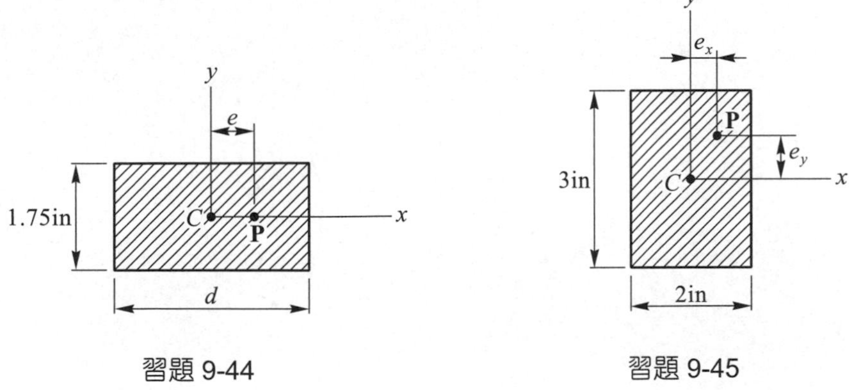

習題 9-44　　習題 9-45

9-45 圖中矩形斷面之鋁柱(材質為 2014-T6)長度為 20 in，底端為固定頂端為自由，承受偏心壓力作用，當偏心距為(a)$e_x = 0.5$ in，$e_y = 0$，(b)$e_x = 0$，$e_y = 0.5$ in，(c)$e_x = 0.5$，$e_y = 0.5$ 時，試用相互作用法求容許之偏心壓力 P。容許彎曲應力$(\sigma_b)_{allow} = 22$ ksi。

【答】(a)$P = 38.2$ kips，(b)$P = 44.7$ kips，(c)$P = 29.6$ kips

CHAPTER

附錄

A-1 面積慣性矩(二次矩)

當面積上承受分佈負荷作用時，經常需要計算此面積上之分佈負荷對某一軸之力矩，若此分佈負荷之強度與至力矩軸之距離成正比，則所求之力矩會出現“$\int(距離)^2 d(面積)$”之積分式，此積分式稱爲面積之慣性矩(moment of inertia of the area)。一面積之慣性矩爲該面積幾何形狀之函數，在力學中應用相當廣泛，故必須對慣性矩之運算及性質作詳細之討論。

圖 A-1 將顯示慣性矩之物理意義。(a)圖中爲平板 $ABCD$ 承受分佈之液體壓力，壓力強度與至 AB 軸之距離 y 成正比，即 $p = ky$，微面積 dA 上所受之壓力對 AB 軸之力矩爲 $dM = y\,(pdA) = y(ky)dA = ky^2dA$，因此，面積 $ABCD$ 上之壓力對 AB 軸之總力矩 $M = k\int y^2 dA$，積分式 $\int y^2 dA$ 即爲面積 $ABCD$ 對 AB 軸之慣性矩。

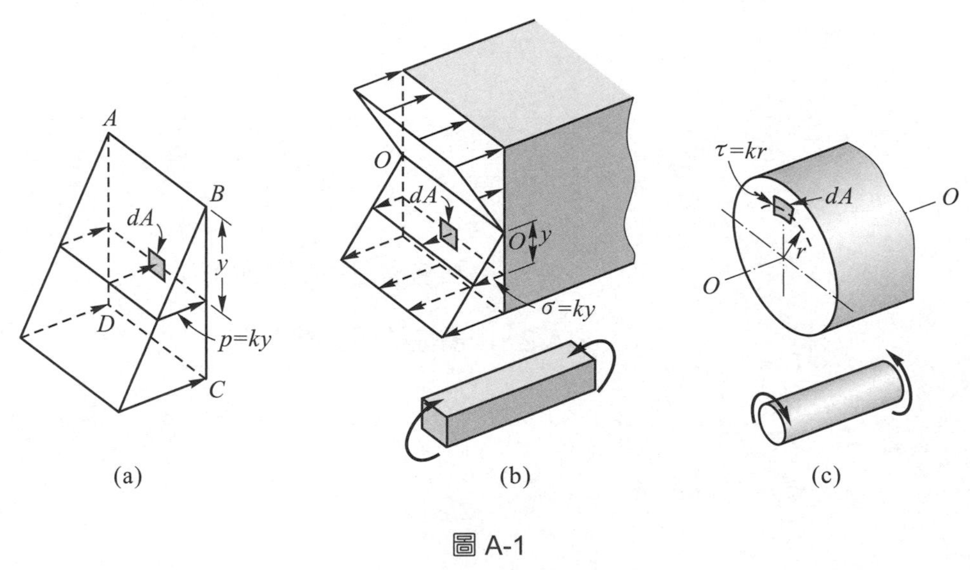

圖 A-1

(b)圖爲一稜柱桿(prismatic bar)兩端承受大小相等方向相反之力偶矩(彎矩)，在材料之比例限內，橫斷面上之正交應力呈線性分佈，即$\sigma = ky$，其中 O-O 軸以下之應力爲正(拉應力)，以上之應力爲負(壓應力)，斷面上任一微面積 dA 上之應力對 O-O 軸之力矩爲 $dM = y(\sigma dA) = ky^2dA$，則斷面上之應力對 O-O 軸之總力矩爲 $M = k\int y^2 dA$，積分式 $\int y^2 dA$ 即爲斷面對 O-O 軸之慣性矩。

(c)圖為橫斷面上承受扭轉力矩(twist or torsional moment)之圓桿，為抵抗外加扭矩，圓桿斷面上會產生剪應力，在圓桿材料之比例限內，剪應力之強度與半徑 r 成正比，即 $\tau = k$ r，則斷面上之剪應力對中心軸線之總力矩為 $M = \int r(\tau dA) - k\int r^2 dA$。此積分式 $\int r^2 dA$ 與上述二者不同，是由於此時之力矩軸與分佈負荷之作用面垂直，並且此積分式是用極座標，故稱為極慣性矩，而前二式之力矩軸是在分佈負荷之作用面上，是用直角座標，故稱為直角慣性矩，簡稱為慣性矩，至於極慣性矩之「極」則不可省略。

雖上述所得之積分式稱為面積之慣性矩，但另一較為恰當的名稱，應稱為二次矩(second moment of area)，因積分式中為微面積乘距離平方。

面積慣性矩是力學運算中所產生之一個積分式，是純數學意義之公式，沒有任何物理意義，但在力學應用上，須熟悉如何求出各種幾何面積之慣性矩，以便往後可隨時應用。

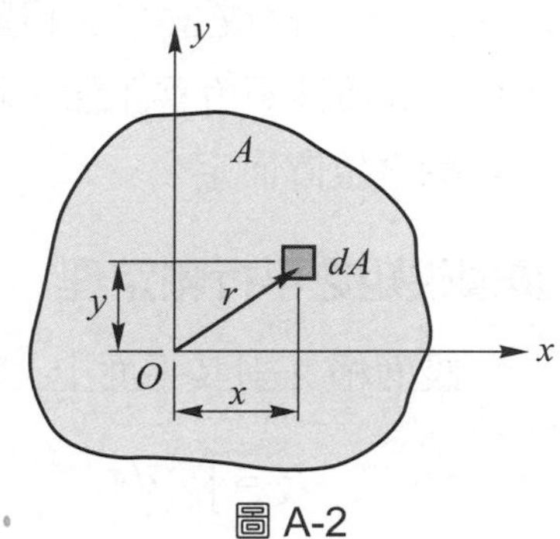

圖 A-2

參考圖 A-2 中在 x-y 平面上之面積 A，其內任一微面積 dA 對 x 軸之慣性矩，定義為 dA 至 x 軸距離 y 之平方與 dA 之乘積，即

$$dI_x = y^2 dA$$

則整個面積 A 對 x 軸之慣性矩為

$$I_x = \int y^2 dA \tag{A-1}$$

同理，面積 A 對 y 軸之慣性矩為

$$I_y = \int x^2 dA \tag{A-2}$$

公式(A-1)及(A-2)之慣性矩軸(x 軸及 y 軸)均在面積 A 之平面上，此種二次矩稱為直角慣性矩(rectangular moment of inerria)，簡稱慣性矩。若慣性矩軸與面積 A 之平面垂直，此種二次矩稱為極慣性矩(polar moment of inertia)，圖 A-2 中之微面積 dA 對通過 O 點且與 x-y 平面垂直之 z 軸所生之極慣性矩為 $dJ_z = r^2 dA$，故整個面積 A 對 z 軸之極慣性矩為

$$J_z = \int r^2 dA \tag{A-3}$$

其中 r 為面積 A 內各微面積 dA 至 z 軸之距離。因 $r^2 = x^2 + y^2$，故可得

$$J_z = \int\left(x^2 + y^2\right)dA = \int x^2 dA + \int y^2 dA = I_x + I_y \qquad \text{(A-4)}$$

即 x-y 平面上之面積對 z 軸之極慣性矩(或對 O 點之極慣性矩)，等於同一面積對 x 軸與 y 軸直角慣性矩之和，其中 z 軸與 x-y 平面垂直且通過 x 軸與 y 軸之原點 O。

面積慣性矩為面積與距離平方之乘積，故其因次為長度之四次方$[L^4]$，常用之單位為 m^4，cm^4，mm^4 或 in^4。又相對於慣性矩軸之距離，其座標不論為正值或負值，平方後均為正值，故慣性矩恆為正值，此與面積之一次矩不同，面積之一次矩可能為正值或負值，視力矩軸之位置而定。

■慣性矩之平行軸定理

設面積 A 對其平面上 x 軸之慣性矩為 I_x，參考圖 A-3 所示，則

$$I_x = \int y^2 dA$$

在平面上另有一軸，即 x_0 軸，與 x 軸平行且通過面積 A 之形心 C，此軸稱為形心軸(centroidal axis)。若以 y_0 表示微面積 dA 至 x_0 軸之距離，得 $y = y_0 + d_x$，其中 d_x 為兩平行軸(x 軸與 x_0 軸)之距離，將此關係式代入 I_x，則

$$\begin{aligned} I_x &= \int y^2 dA = \int\left(y_0 + d_x\right)^2 dA \\ &= \int y_0^2 dA + 2d_x \int y_0 dA + d^2 \int dA \end{aligned}$$

式中第一項積分為面積 A 對其形心軸(x_0 軸)之慣性矩 $\overline{I}_x$；第二項積分為面積 A 對其形心軸之一次矩，此項積分值等於零；第三項積分值等於總面積 A，故得

$$I_x = \overline{I}_x + Ad_x^2 \qquad \text{(A-5)}$$

其中 $\overline{I} = \int y_0^2 dA$。公式(A-5)表示一面積 A 對任一軸之慣性矩，等於該面積對其形心軸之慣性矩加上面積 A 與二平行軸間距離平方之乘積，此關係稱為慣性矩之平行軸定理(parallel-axis theorem)。

參考圖 A-4，面積對平面上 y 軸之慣性矩 I_y，及對平面上 O 點 (z 軸)之極慣性矩 J_z，同理可得

$$I_y = \overline{I}_y + Ad_y^2 \tag{A-6}$$

$$J_z = \overline{J}_z + Ad^2 \tag{A-7}$$

其中$\overline{I}_y = \int x_0^2 dA$，為面積 A 對通過形心之 y_0 軸之慣性矩；而$\overline{J}_z = \int r_0^2 dA$，為面積 A 對形心 C (z_0 軸)之極慣性矩。

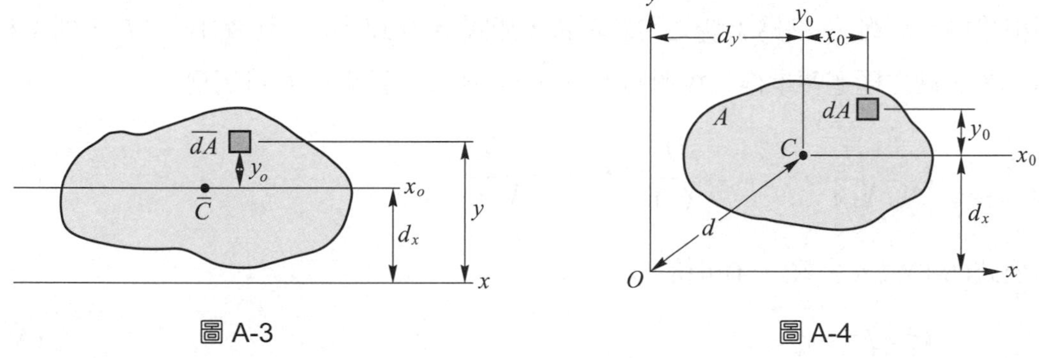

圖 A-3　　圖 A-4

■以積分法求面積之慣性矩

以積分法求面積之慣性矩時，須先選定微面積 dA。對於微面積之選用，依面積之幾何形狀可用直角座標或極座標表示。此外，積分之演算可為一次積分或雙重積分，端視選用之微面積而定；至於積分之上下限，則由該面之範圍決定。

若選取適當的微面積 dA，則用一次積分即可求得面積之慣性矩。參考圖 A-5(a)之面積，若欲求 I_x，選取與 x 軸平行之微面積 dA，如(b)圖所示，由於微面積 dA 與 x 軸之距離均為 y，慣性矩為 $dI_x = y^2dA$，其中 $dA = (a-x)dy$。同理，計算 I_y時，選取與 y 軸平行之微面積 $dA = ydx$，因 dA 至 y 軸之距離均為 x，則 $dI_y = x^2dA$。

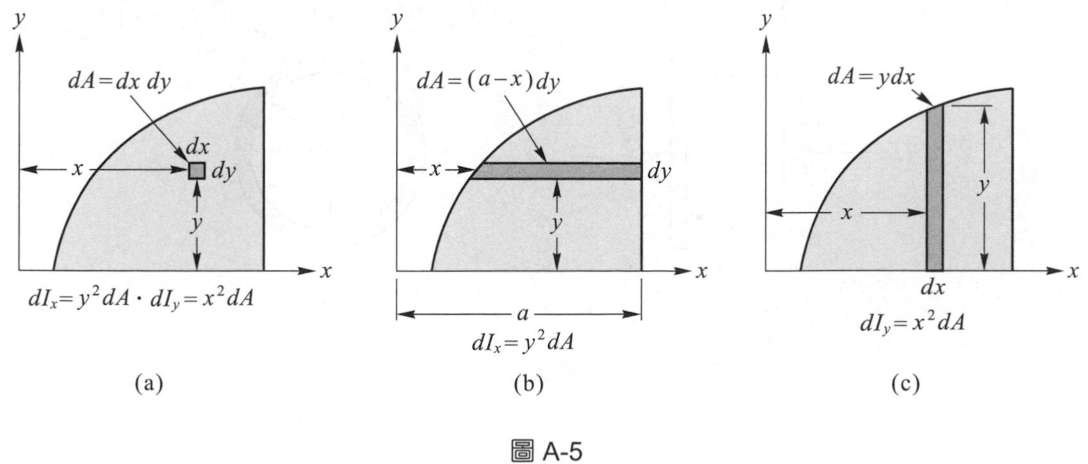

圖 A-5

■迴轉半徑

參考圖 A-6(a)中 x-y 平面上之面積 A，設其對 x 軸之慣性矩已知爲 I_x，今將全部面積 A 集中在距離 x 軸爲 k_x 處之薄帶上，如圖 A-6(b)所示，且令 $Ak_x^2 = I_x$，則距離 k_x 稱爲面積 A 對 x 軸之迴轉半徑(radius of gyration)。同理，將全部面積集中在距離 y 軸爲 k_y 處之薄帶，如圖 A-6(c)所示，且令 $Ak_y^2 = I_y$，則距離 k_y 稱爲面積 A 對 y 軸之迴轉半徑。另外，若將全部面積集中至距離 O 點爲 k_z 處之薄圓環帶，如圖 A-6(d)所示，且令 $Ak_z^2 = J_z$，則 k_z 稱爲面積 A 對 z 軸之極迴轉半徑。故迴轉半徑 k_x、k_y 與極迴轉半徑 k_z 可寫爲

$$k_x = \sqrt{\frac{I_x}{A}} \quad , \quad k_y = \sqrt{\frac{I_y}{A}} \quad , \quad k_z = \sqrt{\frac{J_z}{A}} \tag{A-8}$$

若將公式(A-8)代入公式(A-4)可得

$$k_z^2 = k_x^2 + k_y^2 \tag{A-9}$$

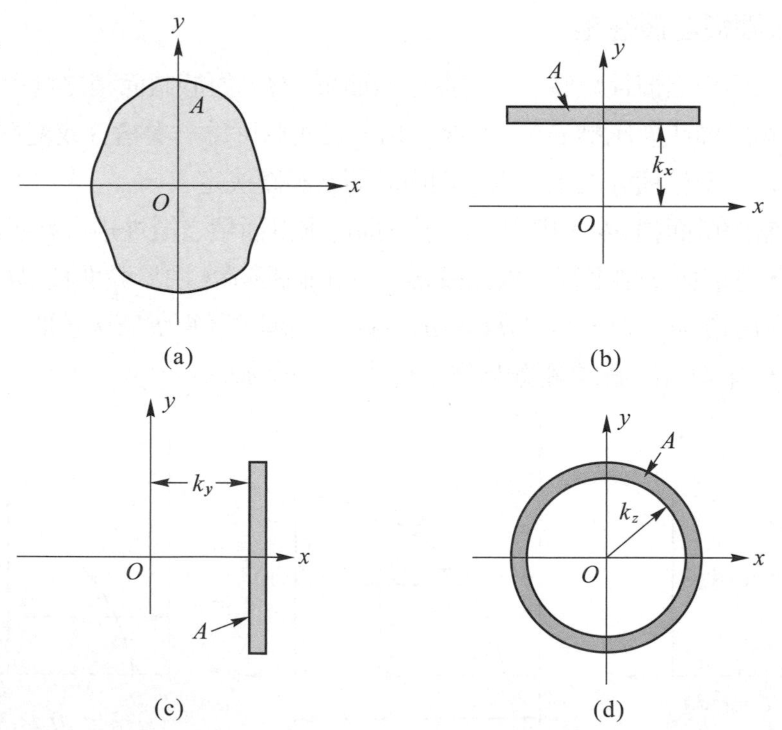

圖 A-6

■組合面積之慣性矩

組合面積爲含有兩個或兩個以上之簡單面積，如矩形、三角形或圓形等，亦常包含有結構用型鋼(如 S 型、H 型、L 型及 C 型等)。組合面積對任何一軸之慣性矩等於其各部份之簡單面積對同一軸慣性矩之和。若組合面積中含有被挖孔之面積，則計算慣性矩時，可先計算整個面積(含挖孔之面積)之慣性矩，再減去挖孔面積之慣性矩。

表 A-1　各種簡單面積之慣性矩

	形狀	慣性矩	迴轉半徑
長方形	y, y_o, x_o, x, C, h, b	$\bar{I}_x = \dfrac{bh^3}{12}$ $I_x = \dfrac{bh^3}{3}$	$\bar{k}_x = \dfrac{h}{\sqrt{12}}$ $k_x = \dfrac{h}{\sqrt{3}}$
三角形	$\dfrac{h}{3}$, x_o, x, C, h, b	$\bar{I}_x = \dfrac{bh^3}{36}$ $I_x = \dfrac{bh^3}{12}$	$\bar{k}_x = \dfrac{h}{\sqrt{18}}$ $k_x = \dfrac{h}{\sqrt{6}}$
圓形	y_o, x_o, r, C	$\bar{I}_x = \dfrac{\pi r^4}{4}$ $\bar{J}_z = \dfrac{\pi r^4}{2}$	$\bar{k}_x = \dfrac{r}{2}$ $\bar{k}_z = \dfrac{r}{\sqrt{2}}$
半圓形	y_o, $\dfrac{4r}{3\pi}$, x_o, x, C, $d=2r$	$I_x = \bar{I}_y = \dfrac{\pi r^4}{8}$ $\bar{I}_x = 0.11r^4$	$k_x = \bar{k}_y = \dfrac{r}{2}$ $\bar{k}_x = 0.264r$
1/4 圓形	y, y_o, x_o, x, C, r	$I_x = I_y = \dfrac{\pi r^4}{16}$ $\bar{I}_x = \bar{I}_y = 0.055r^4$	$k_x = k_y = \dfrac{r}{2}$ $\bar{k}_x = \bar{k}_y = 0.264r$

組合面積中各簡單面積之慣性矩，通常易於求得，如例題 A-1、A-2 及 A-4 中之長方形、三角形及圓形等面積之慣性矩，今將結果列於表 A-1 中，若能將表中之慣性矩熟記，並配合慣性矩之平行軸定理，則任何組合面積之慣生矩不必用積分方法即可求得，參考例題 A-6 及 A-7 之說明。至於各種型鋼之斷面積及慣性矩，可從各種機械便覽或手冊中查得。

例題 A-1

圖中之長方形面積，試求(a)對 x_0 軸及 x 軸之慣性矩，(b)對之 z_0 軸(通過 C 點)及 z 軸(通過 O 點)之極慣性矩。其中 C 點為長方形面積之形心。

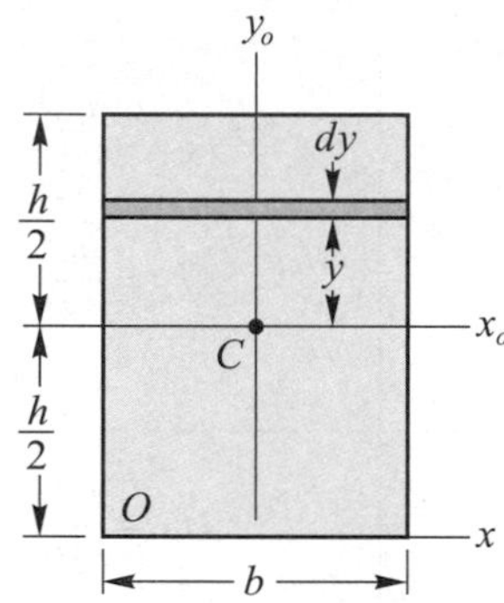

【解】(a) 欲求長方形面積對 x_0 軸之慣性 $\overline{I}_x$，須取與 x_0 軸平行之微面積，如圖所示，$dA = bdy$，則由公式(A-1)

$$\overline{I}_x = \int y^2 dA = \int_{-h/2}^{h/2} y^2 bdy = \frac{1}{12}bh^3 \blacktriangleleft$$

同理，欲求面積對 y_0 軸之慣性矩 $\overline{I}_y$，須取與 y_0 軸平行之微小面積，$dA = hdx$，則由公式(A-2)

$$\overline{I}_y = \int x^2 dA = \int_{-b/2}^{b/2} x^2 hdx = \frac{1}{12}b^3 h$$

由慣性矩之平行軸定理，長方形面積對 x 軸之慣性矩為

$$I_x = \overline{I}_x + Ad_x^2 = \frac{1}{12}bh^3 + (bh)(h/2)^2 = \frac{1}{3}bh^3 \blacktriangleleft$$

(b) 面積對 z_0 軸(通過 C 點)之極慣性矩 $\overline{J}_z$，由公式(A-4)

$$\overline{J}_z = \overline{I}_x + \overline{I}_y = \frac{1}{12}bh^3 + \frac{1}{12}b^3h = \frac{1}{12}bh\left(b^2+h^2\right) = \frac{1}{12}A\left(b^2+h^2\right) \blacktriangleleft$$

由慣性矩之平行軸定理，面積對 z 軸(通過 O 點)之極慣性矩為

$$J_z = \bar{J}_z + Ad^2 = \frac{1}{12}A\left(b^2+h^2\right) + A\left[\left(\frac{b}{2}\right)^2 + \left(\frac{h}{2}\right)^2\right] = \frac{1}{3}A(b^2+h^2) \blacktriangleleft$$

例題 A-2

試求圖中三角形面積對 x 軸及 x'軸之慣性矩，其中 x 軸通過三角形之底邊，x'軸通過頂點而與底邊平行。

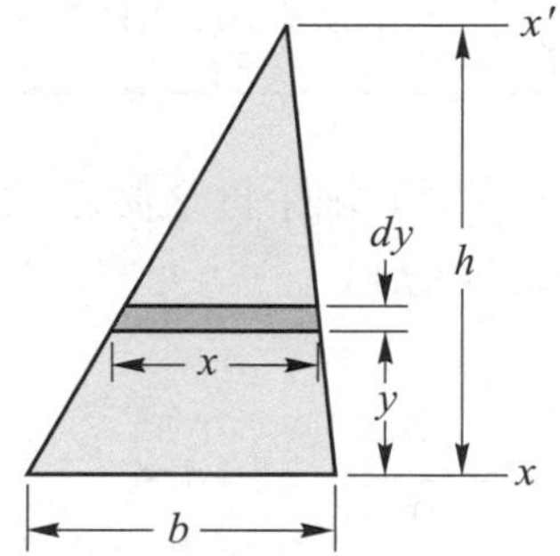

【解】取微面積 dA 與 x 軸平行，如圖所示，且 $dA = xdy$，其中 x 可由相似三角形關係求得

$$\frac{x}{b} = \frac{h-y}{h} \quad , \quad x = \frac{b}{h}(h-y)$$

即 $dA = [(h-y)b/h]dy$，由公式(A-1)

$$I_x = \int y^2 dA = \int_0^h y^2 \cdot \frac{b}{h}(h-y)dy = \frac{bh^3}{12} \blacktriangleleft$$

三角形面積對其形心軸(通過形心與底邊平行之軸)之慣性矩 $\bar{I}_x$，由慣性矩之平行軸定理

$$\bar{I}_x = I_x - Ad_x^2 = \frac{bh^3}{12} - \left(\frac{bh}{2}\right)\left(\frac{h}{3}\right)^2 = \frac{bh^3}{36}$$

三角形面積對 x'軸之慣性矩 $I_{x'}$，再由慣性矩平行軸定理

$$I_{x'} = \bar{I}_x + Ad_x'^2 = \frac{bh^3}{36} + \left(\frac{bh}{2}\right)\left(\frac{2h}{3}\right)^2 = \frac{bh^3}{4} \blacktriangleleft$$

例題 A-3

試求圖中拋物線下之陰影面積對 x 軸之慣性矩。

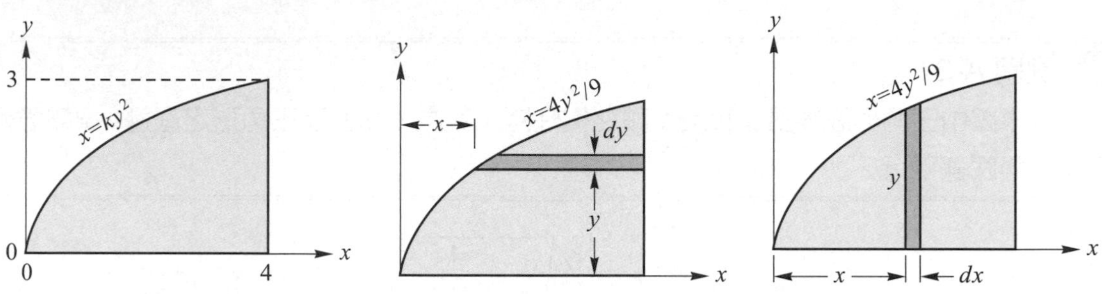

【解】欲求面積對 x 軸之慣性矩，取與 x 軸平行之微面積，如(b)圖所示

$$dA = (4-x)dy = 4(1-y^2/9)dy$$

由公式(A-1)

$$I_x = \int y^2 dA = \int_0^3 4y^2\left(1-\frac{y^2}{9}\right)dy = 14.4 \blacktriangleleft$$

本題亦可選取與 y 軸平行之微面積計算 I_x，參考(c)圖所示，此微面積對 x 軸之慣性矩 dI_x，參考例題 A-1，$dI_x = y^3\,dx/3$，其中 $y=\dfrac{3\sqrt{x}}{2}$，則

$$I_x = \int dI_x = \frac{1}{3}\int_0^4\left(\frac{3\sqrt{x}}{2}\right)^3 dx = 14.4 \blacktriangleleft$$

例題 A-4

試用直接積分法求圓面積對其形心 C 之極慣性矩，以及對其直徑之慣性矩，並求圓面積之迴轉半徑。

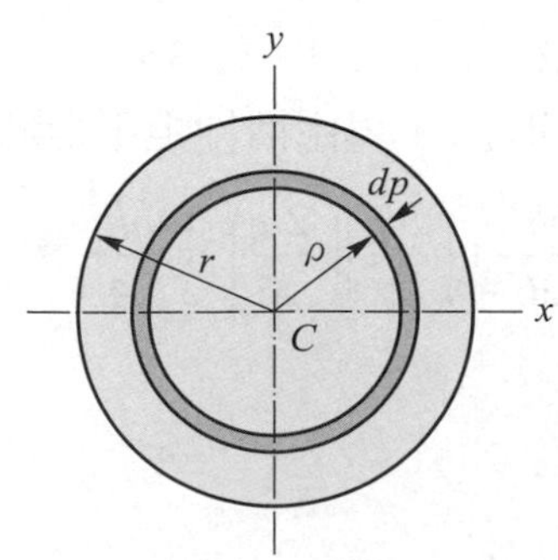

【解】欲求圓面積對圓心 C 之極慣性矩，取與 C 點等距離之環形微面積 dA，如圖所示，且 $dA = 2\pi\rho d\rho$，則

$$J_z = \int \rho^2 dA = \int_0^r \rho^2 \left(2\pi\rho d\rho\right) = 2\pi \int_0^r \rho^3 d\rho = \frac{\pi r^4}{2} \blacktriangleleft$$

因圓形面積對 x 軸及 y 軸成對稱，$I_x = I_y$，由公式(A-4)

$$J_z = I_x + I_y = 2I_x$$

故 $$I_{直徑} = I_x = \frac{J_z}{2} = \frac{\pi r^4}{4} \blacktriangleleft$$

圓形面積之迴轉半徑，由公式(A-8)得

$$k_x = k_y = \sqrt{\frac{I_x}{A}} = \sqrt{\left(\frac{\pi r^4}{4}\right)/\left(\pi r^2\right)} = \frac{r}{2} \blacktriangleleft$$

$$k_z = \sqrt{\frac{J_z}{A}} = \sqrt{\left(\frac{\pi r^4}{2}\right)/\left(\pi r^2\right)} = \frac{r}{\sqrt{2}} \blacktriangleleft$$

例題 A-5

試求圖中半圓面積對 x 軸之慣性矩。

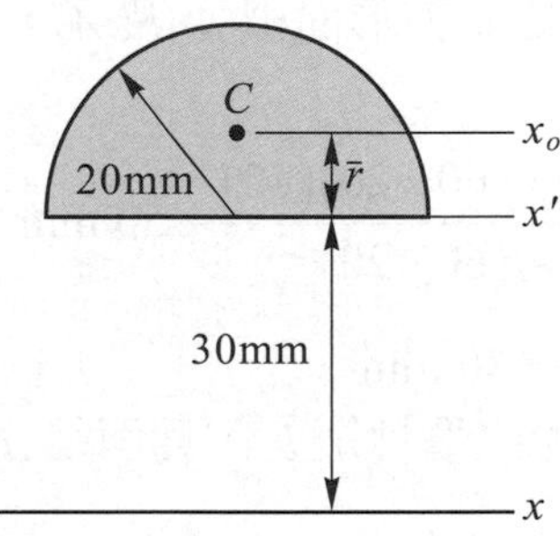

【解】半圓面積對 x' 軸之慣性矩等於全圓面積對 x' 軸慣性矩之一半，由例題 A-4

$$I_{x'} = \frac{1}{2} \cdot \frac{\pi r^4}{4} = \frac{1}{2} \cdot \frac{\pi(20)^4}{4} = 2\pi \times 10^4 \text{ mm}^4$$

半圓面積對其形心軸(x_0 軸)之慣性矩 $\bar{I}_x$ ，由慣性矩之平行軸定理

$$\bar{I}_x = I_{x'} - A\bar{r}^2 = 2\pi \times 10^4 - \left(\frac{\pi \times 20^2}{2}\right)\left(\frac{4 \times 20}{3\pi}\right)^2$$

$$= 1.755 \times 10^4 \text{ mm}^4$$

半圓面積對 x 軸之慣性矩 I_x，再由慣性矩之平行軸定理

$$I_x = \bar{I}_x + A(\bar{r}+30)^2 = 1.755\times10^4 + \left(\frac{\pi\times20^2}{2}\right)\left(30+\frac{4\times20}{3\pi}\right)^2$$

$$= 94.8\times10^4\,\text{mm}^4 ◀$$

例題 A-6

試求圖中 T 形斷面對形心軸(x_0 軸)之慣性矩 $\bar{I}_x$ 及迴轉半徑 $\bar{k}_x$ 。

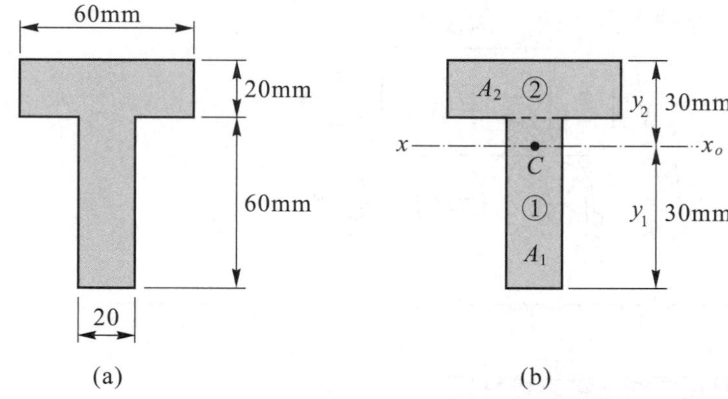

(a) (b)

【解】將 T 型斷面分為二個簡單之長方形面積 A_1 及 A_2，如(b)圖所示，則斷面之形心位置 y_1 及 y_2 為

$$y_1 = \frac{(20\times60)(30)+(60\times20)(70)}{(20\times60)+(60\times20)} = 50\text{ mm}$$

$$y_2 = (20+60) - 50 = 30\text{ mm}$$

T 型斷面對其形心軸(x_0 軸)之慣性矩 $\bar{I}_x$ ，為面積 A_1 及 A_2 對 x 軸慣性矩之和。A_1 對 x 軸之慣性矩 I_{x1} 為

$$I_{x1} = \frac{1}{12}(20)(60)^3+(20\times60)(20)^2 = 84\times10^4\text{mm}^4$$

A_2 對 x 軸之慣性矩 I_{x2} 為

$$I_{x2} = \frac{1}{12}(60)(20)^3+(60\times20)(20)^2 = 52\times10^4\text{mm}^4$$

故 $\bar{I}_x = I_{x1} + I_{x2} = (84+52)\times10^4 = 136\times10^4\text{mm}^4$ ◀

T 型斷面對 x_0 軸之迴轉半徑爲

$$\bar{k}_x = \sqrt{\frac{\bar{I}_x}{A}} = \sqrt{\frac{136\times10^4}{(60\times20)+(20\times60)}} = 23.8\text{ mm}◀$$

例題 A-7

試求圖中陰影面積對 x 軸之慣性矩 I_x。

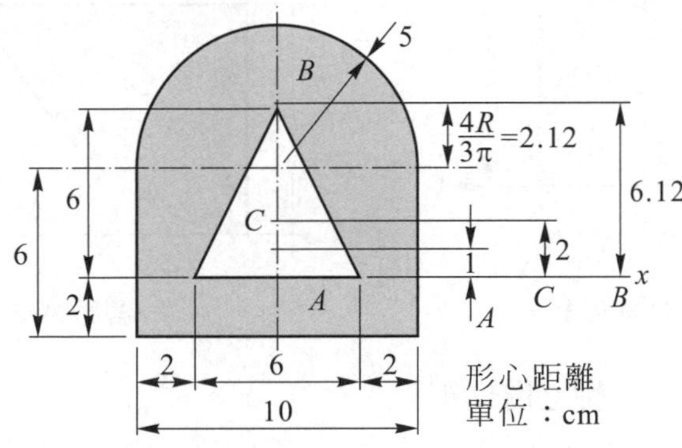

【解】圖中陰影面積包括長方形面積 A_1(10cm×6cm)加半圓面積 A_2(半徑 5cm)減去三角形面積 $A_3\left(\frac{1}{2}\times6\text{cm}\times6\text{cm}\right)$，則組合面積之慣性矩 $I_x = I_{x1} + I_{x2} - I_{x3}$，其中 I_{x1} 爲長方形面積之慣性矩，I_{x2} 爲半圓面積之慣性矩，I_{x3} 爲三角形面積之慣性矩。

$$I_{x1} = \frac{10(6)^3}{12} + (10\times6)(1)^2 = 240\text{ cm}^4$$

$$I_{x2} = \left[\frac{\pi(5)^4}{8} - \frac{\pi(5)^2}{2}(2.12)^2\right] + \frac{\pi(5)^2}{2}(6.12)^2 = 1539\text{ cm}^4$$

$$I_{x3} = \frac{6(6)^3}{36} + \frac{6\times6}{2}(2)^2 = 108\text{ cm}^4$$

故 $I_x = 240+1539-108 = 1671\text{ cm}^4$◀

習題

A/1 試求圖中面積對 x 及 y 軸之慣性矩。

【答】$I_x=\dfrac{1}{6}ab^3$，$I_y=\dfrac{3}{10}a^3b$

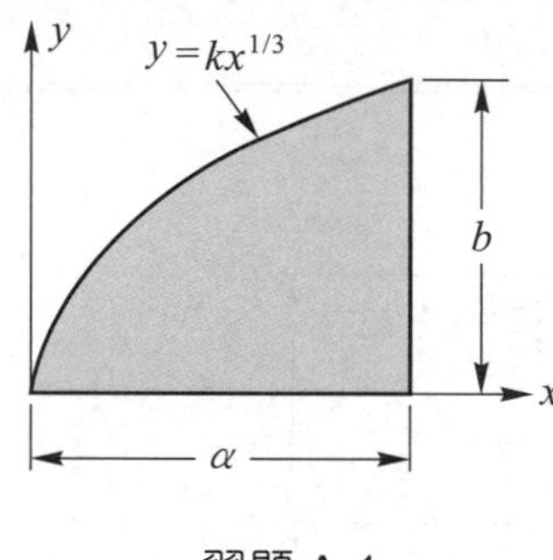

習題 A-1

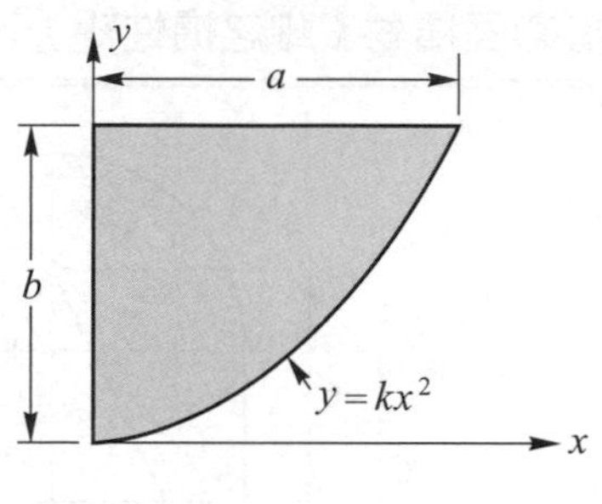

習題 A-2

A/2 試求圖中面積對 x 及 y 軸之慣性矩。

【答】$I_x=\dfrac{2}{7}ab^3$，$I_y=\dfrac{2}{15}a^3b$

A/3 試求圖中面積對 x 及 y 軸之慣性矩。

【答】$I_x=\dfrac{1}{28}ab^3$，$I_y=\dfrac{1}{20}a^3b$

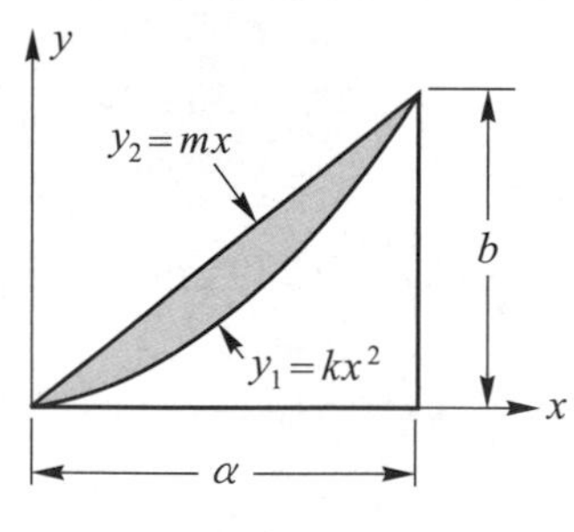

習題 A-3

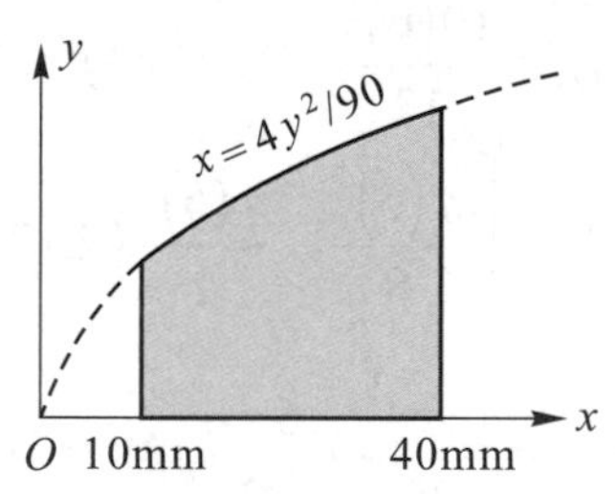

習題 A-4

A/4 試求圖中面積對 x 軸之慣性矩。

【答】$I_x= 13.95\times10^4\,\text{mm}^4$

A/5 試求圖中正弦曲線與 x 軸所圍面積對 x 軸之慣性矩。

【答】$I_x = 4ab^3/9\pi$

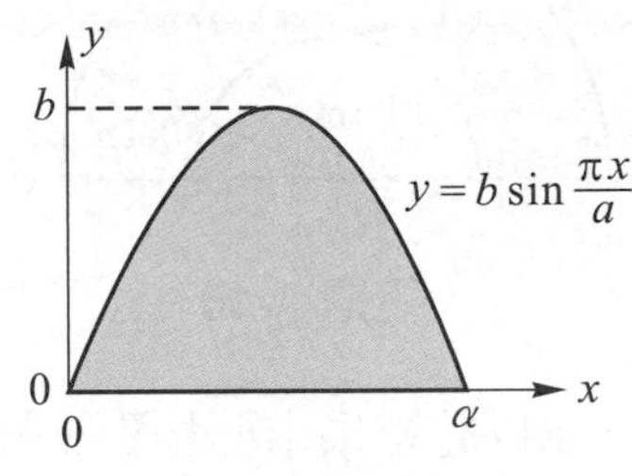

習題 A-5

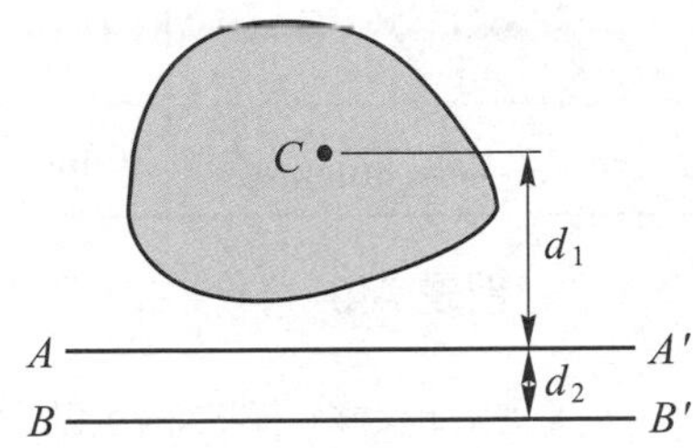

習題 A-6

A/6 已知圖中面積對 A-A' 及 B-B' 軸之慣性矩分別為 $4.1\times10^6\ \text{mm}^4$ 及 $6.9\times10^6\ \text{mm}^4$，且 $d_1 = 30$ mm，$d_2 = 10$ mm，試求面積之大小及面積對平行於 A-A' 之形心軸所生之慣性矩。

【答】$A = 4000\ \text{mm}^2$，$\bar{I} = 500\times10^3\ \text{mm}^4$

A/7 圖中面積 $A = 20\ \text{in}^2$，$d_1 = 6$ in，$d_2 = 5$ in，且已知此面積對 B 點之極慣性矩為 $J_B = 800\ \text{in}^4$，又 $\bar{I}_x = 4\bar{I}_y$，試求 $\bar{I}_x$ 及 J_A。

【答】$\bar{I}_x = 64\ \text{in}^4$，$J_A = 580\ \text{in}^4$

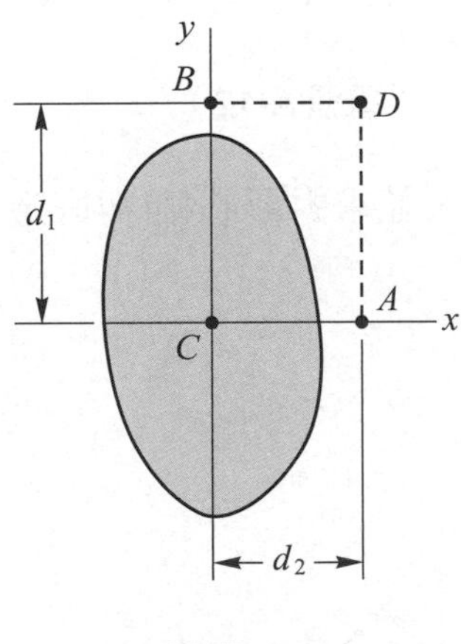

習題 A-7

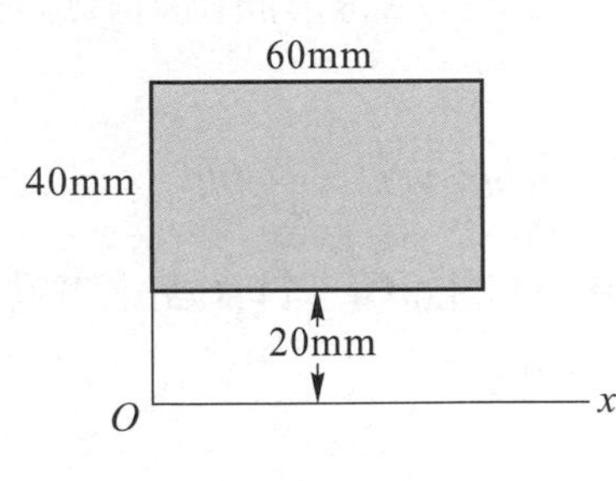

習題 A-8

A/8 試求圖中長方形面積對 x 軸之慣性矩及對 O 點之極慣性矩。

【答】$I_x = 4.16\times10^6\ \text{mm}^4$，$J_O = 7.04\times10^6\ \text{mm}^4$

A/9 試求圖中三角形面積對 x 軸之慣性矩。

【答】$I_x = 270\times10^4\ \text{mm}^4$

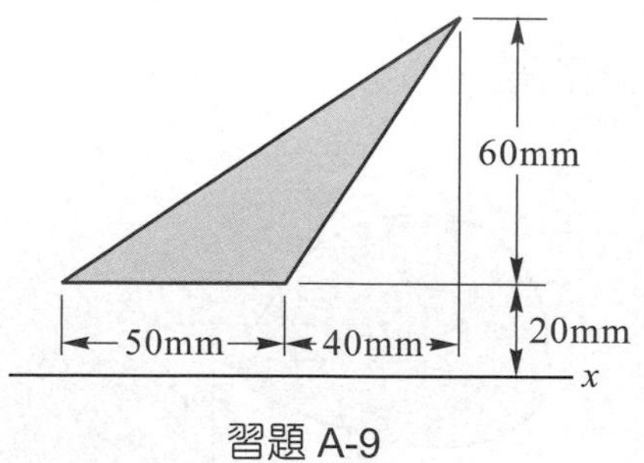

習題 A-9

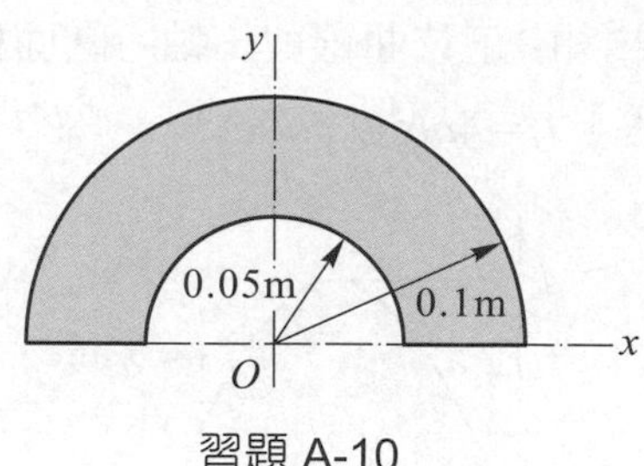

習題 A-10

A/10 試以積分法求圖中陰影面積對 O 點之極慣性矩，並以此結果求面積對 x 軸之慣性矩。

【答】$I_x = 0.368 \times 10^{-4}\ \text{m}^4$

A/11 試求圖中半圓面積對 A 點及 B 點之極慣性矩。

【答】$J_A = \dfrac{3}{4}\pi r^4$，$J_B = r^4\left(\dfrac{3}{4}\pi - \dfrac{4}{3}\right)$

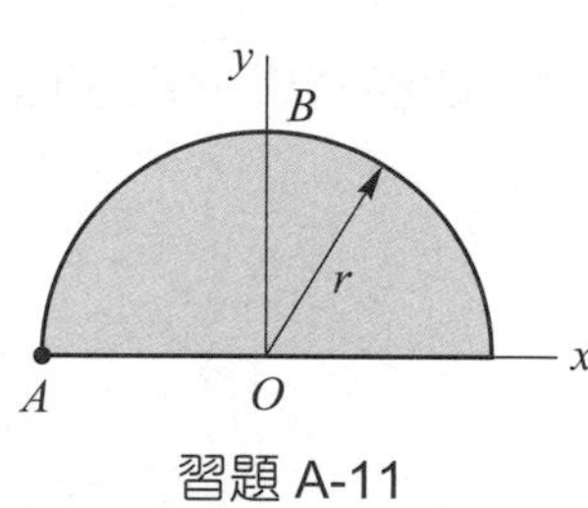

習題 A-11

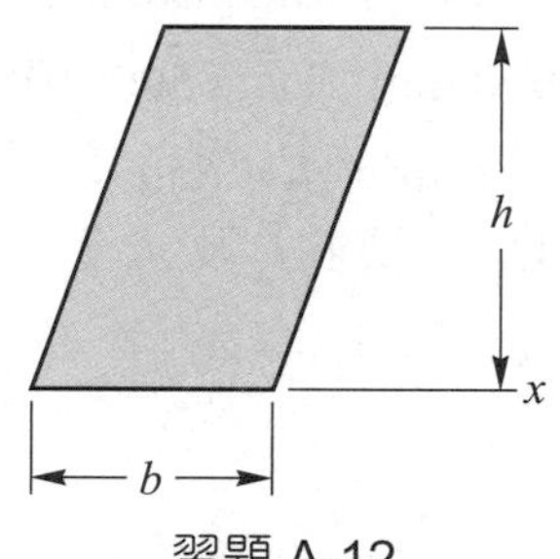

習題 A-12

A/12 試求圖中之平行四邊形面積對其底邊之慣性矩，並求對形心軸(與底邊平行)之慣性矩。

【答】$I_x = \dfrac{1}{3}bh^3$，$\overline{I}_x = \dfrac{1}{12}bh^3$

A/13 試求圖中 1/4 圓面積，對 A 點之迴轉半徑。

【答】$k_A = 0.807\ r$

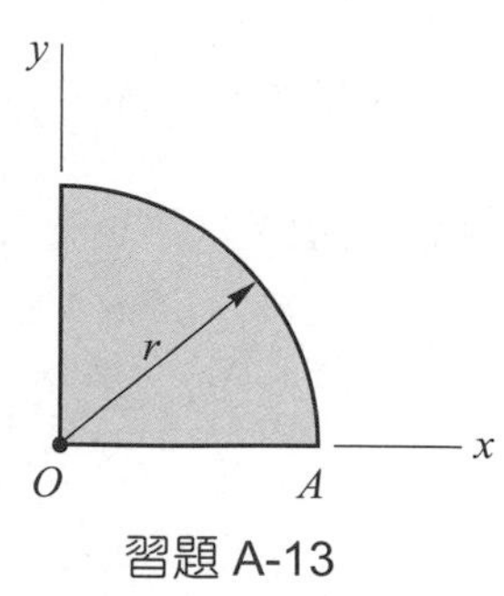

習題 A-13

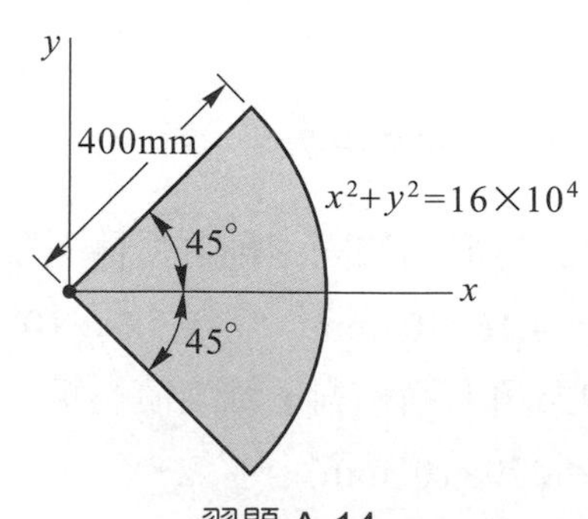

習題 A-14

A/14 用積分法試求圖中 1/4 面積對 x 軸之慣性矩。

【答】$I_x = 1824\times10^6\text{mm}^4$

A/15 試求圖中陰影面積對 y 軸之慣性矩。

【答】$I_y = 4.25\times10^6\text{mm}^4$

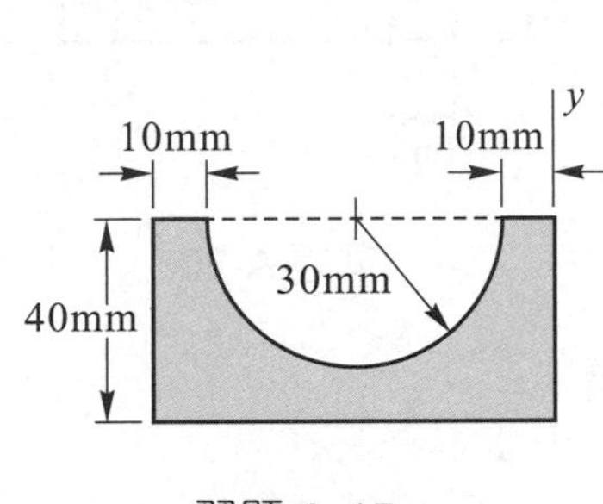

習題 A-15

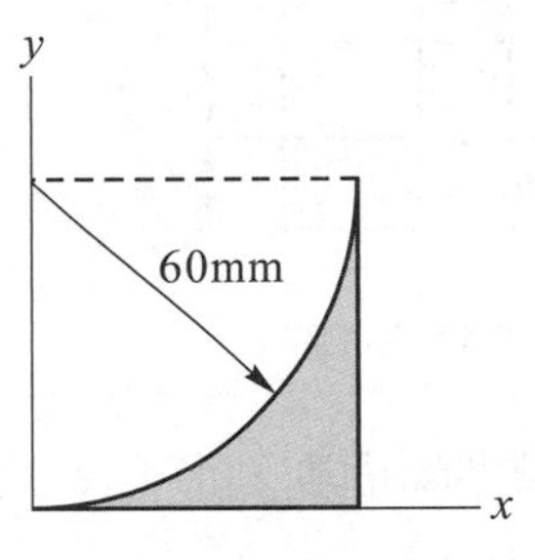

習題 A-16

A/16 試求圖中陰影面積對 x 軸之慣性矩。

【答】$I_x = 236550\ \text{mm}^4$

A/17 試求圖中 L 型斷面對 x_0 軸之慣性矩，圖中 x_0 軸與 y_0 軸爲通過形心且與兩邊平行之形心軸。

【答】$\overline{I}_x = 10.762\times10^6\text{mm}^4$

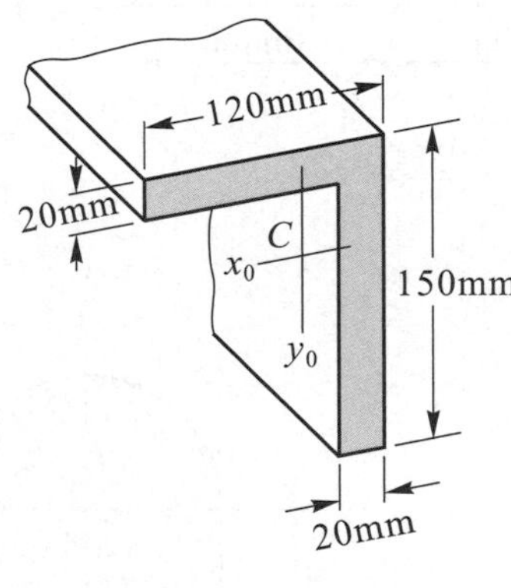

習題 A-17

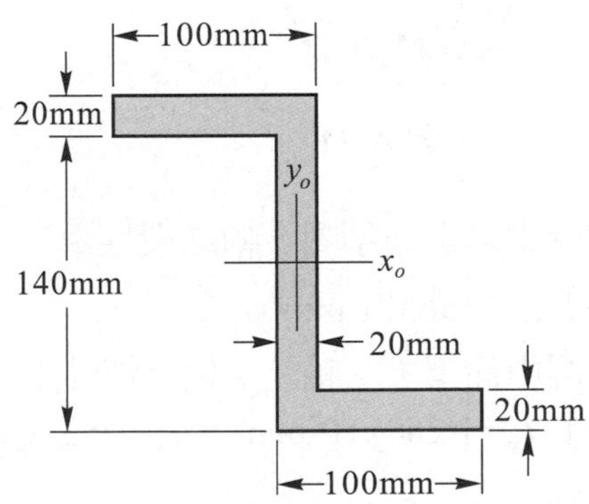

習題 A-18

A/18 圖中所示爲一 Z 型斷面，x_0 及 y_0 軸爲其形心軸，試求斷面對 x_0 軸及 y_0 軸之慣性矩。

【答】$\overline{I}_x = 22.6\times10^6\text{mm}^4$，$\overline{I}_y = 9.81\times10^6\text{mm}^4$

A/19 試求圖中 I 型斷面對 x 軸之慣性矩。

【答】$\overline{I}_x = 58.a^4/3$

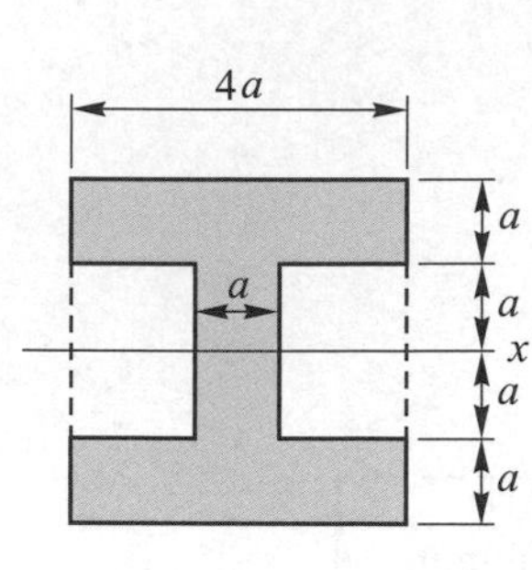

習題 A-19

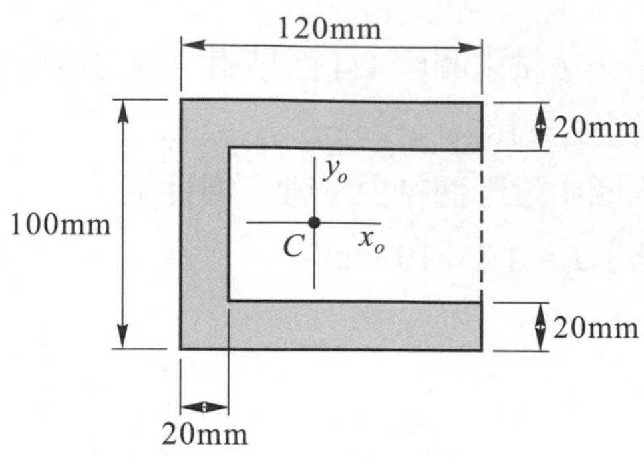

習題 A-20

A/20 試求圖中槽型斷面對其形心 C 之迴轉半徑。

【答】$k_z = 52.28$ mm

A/21 試求圖中正六角形面積對 x 軸之慣性矩。

【答】$\overline{I}_x = 5\sqrt{3}\, b^4/16$

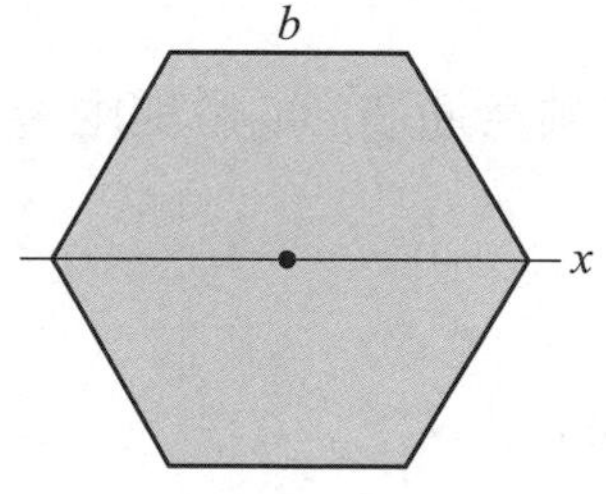

習題 A-21

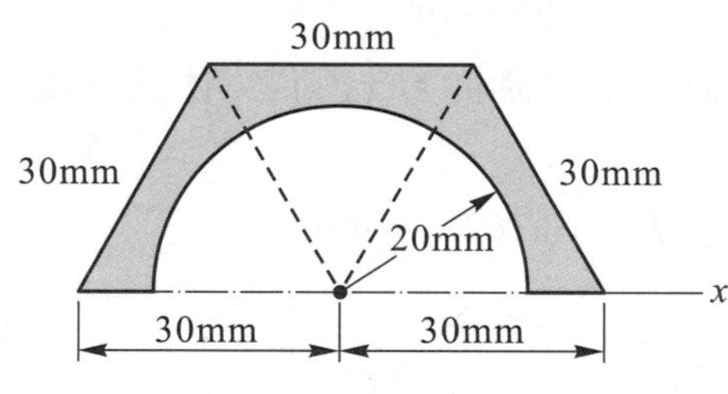

習題 A-22

A/22 試求圖中陰影面積對 x 軸之慣性矩。

【答】$I_x = 156381\ \text{mm}^4$

A/23 試求圖中面積對 x 軸及 y 軸之慣性矩。$a = 20$ mm。

【答】$\overline{I}_x = 1.268\times10^6\text{mm}^4$，$\overline{I}_y = 0.339\times10^6\text{mm}^4$

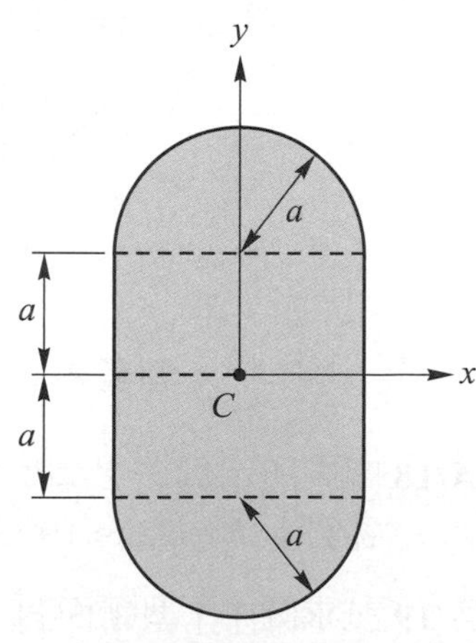

習題 A-23

A-2 慣性積與主慣性矩

面積對通過某點之任一軸所生之慣性矩，隨該軸之傾斜角度而異，力學中經常需要求出對某一傾斜軸之最大或最小慣性矩，只要知道使慣性矩爲最大或最小之軸，用積分法或慣性矩的平行軸定理便可求得。但是某些斷面無法預先知道慣性矩最大或最小之軸，此種情況必須要先求出面積對某兩垂直軸之慣性矩及慣性積(product of inertia)，再求得任意傾斜軸之慣性矩及最大與最小慣性矩，此分析方法將在下節中討論，本節先討論慣性積之定義及其計算方法。

參考圖 A-7，微面積 dA 對 x 軸及 y 軸之慣性積 dI_{xy}，定義爲微小面積 dA 與其兩個坐標$(x，y)$之乘積，即

$$dI_{xy} = xydA$$

則面積 A 對 x 軸及 y 軸之慣性積爲

$$I_{xy} = \int xydA \tag{A-10}$$

慣性積之因次亦爲長度之四次方$[L^4]$，常用之單位爲 m^4，cm^4 或 mm^4 等。因微面積 dA 恆爲正，而 xy 之積可能爲正或爲負，故慣性積可能爲正、爲負或爲零。

若 x 軸與 y 軸有一軸爲對稱軸或兩者均爲對稱軸，則面積對 x 軸與 y 軸之慣性積必等於零。參考圖 A-8 中對 x 軸成對稱之面積，此面積中之任一微面積 dA，在對稱位置必存在有另一微面積 dA 與之對應，因兩者 y 坐標之符號相反，慣性積大小相等符號相反，可互相抵銷，故總面積對 x 軸與 y 軸之慣性積等於零。

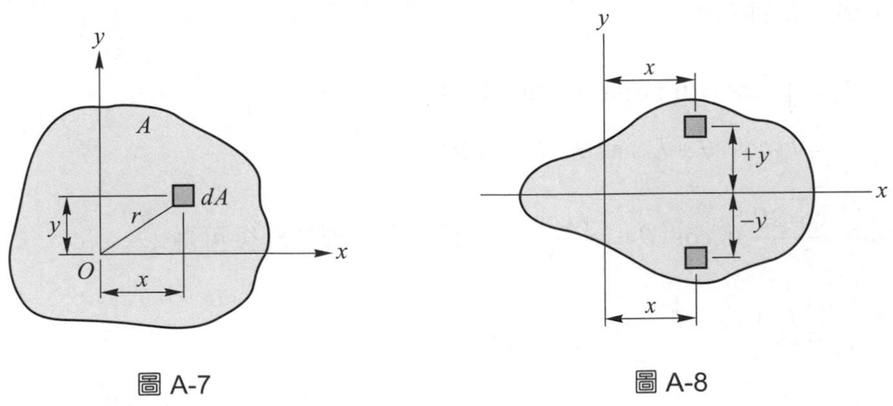

圖 A-7　　圖 A-8

■慣性積之平行軸定理

參考圖 A-9，x_0 與 y_0 軸為面積 A 之形心軸，x 軸與 y 軸為另一組與形心軸平行之軸，面積 A 對 x 軸與 y 軸之慣性積由公式(A-10)為

$$I_{xy} = \int xydA = \int\left(x_0 + d_y\right)\left(y_0 + d_x\right)dA$$
$$= \int x_0 y_0 dA + d_x\int x_0 dA + d_y\int y_0 dA + d_x d_y\int dA$$

得

$$I_{xy} = \overline{I}_{xy} + Ad_x d_y \tag{A-11}$$

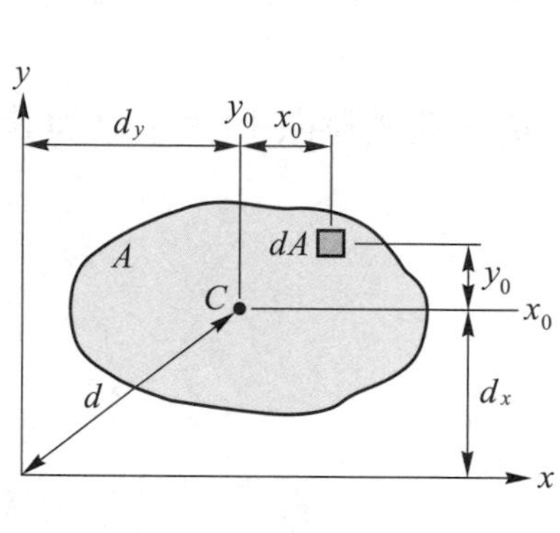

圖 A-9

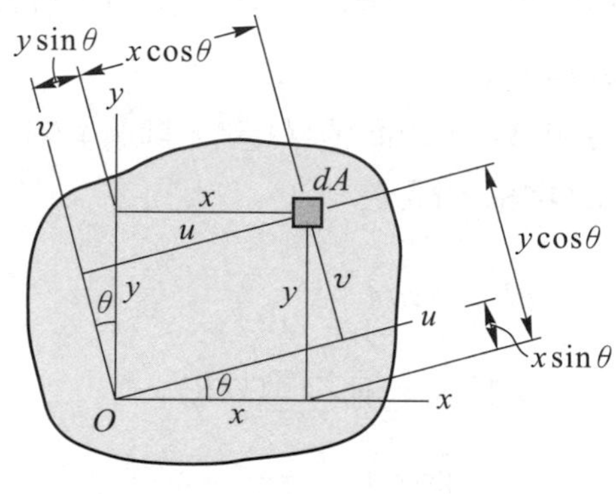

圖 A-10

■主慣性矩

已知 x-y 平面上之面積 A 對 x 軸與 y 軸之慣性矩(I_x，I_y)及慣性積 I_{xy}，則面積 A 對任一組傾角為θ之 u 軸與 v 軸之慣性矩及慣性積即可求得，參考圖 A-10。

$$u = x\cos\theta + y\sin\theta \quad , \quad v = y\cos\theta - x\sin\theta$$

面積 A 對 u 軸之慣性矩為

$$I_u = \int v^2 dA = \int\left(y\cos\theta - x\sin\theta\right)^2 dA$$
$$= I_x\cos^2\theta + I_y\sin^2\theta - I_{xy}\sin 2\theta$$

因 $\sin^2\theta = \dfrac{1-\cos 2\theta}{2}$，$\cos^2\theta = \dfrac{1+\cos 2\theta}{2}$，代入上式經整理後可得

$$I_u = \frac{I_x + I_y}{2} + \frac{I_x - I_y}{2}\cos 2\theta - I_{xy}\sin 2\theta \tag{A-12}$$

同理，可得面積 A 對 v 軸之慣性矩 I_v，及對 u 軸與 v 軸之慣性積 I_{uv}

$$I_v = \int u^2 dA = \int \left(y\sin\theta + x\cos\theta \right)^2 dA$$
$$= \frac{I_x + I_y}{2} - \frac{I_x - I_y}{2}\cos 2\theta + I_{xy}\sin 2\theta \quad \text{(A-13)}$$
$$I_{uv} = \int uvdA = \int \left(y\cos\theta - x\sin\theta \right)\left(y\sin\theta + x\cos\theta \right) dA$$
$$= \frac{I_x - I_y}{2}\sin 2\theta + I_{xy}\cos 2\theta \quad \text{(A-14)}$$

將公式(A-12)及(A-13)相加可得

$$I_u + I_v = I_x + I_y = J_z$$

其中 J_z 爲面積 A 對 z 軸(通過 O 點)之極慣性矩，其值與 u-v 軸之傾斜角度 θ 無關。

由公式(A-12)及(A-13)可知，面積 A 對 u 軸及 v 軸之慣性矩隨傾斜角 θ 而定，其中使面積 A 之慣性矩爲最大與最小值之一組正交坐標軸(通過 O 點)，稱爲該面積對 O 點之主軸(principal axis)，最大與最小之慣性矩稱爲主慣性矩(principal moment of inertia)。主軸之傾斜角度 θ_p，可令 I_u 或 I_v 對 θ 之一次導數等於零求得，即

$$-(I_x - I_y)\sin 2\theta - 2I_{xy}\cos 2\theta = 0$$

將 θ 以 θ_p 取代，得主軸之傾斜角度爲

$$\tan 2\theta_p = -\frac{2I_{xy}}{I_x - I_y} \quad \text{(A-15)}$$

因 $\tan 2\theta_p = \tan(2\theta_p + \pi)$，故公式(A-15)可得到二個相隔 180°之 $2\theta_p$，即得到二個相隔 90°之 θ_p，其中之一爲最大慣性矩之主軸角度 θ_{p1}，另一爲小慣性矩之主軸角度 θ_{p2}。

若令公式(A-14)等於零，即 $I_{uv} = 0$，亦可得到與公式(A-15)相同之結果，因此可知主軸之慣性積等於零，又面積對其對稱軸之慣性積恆等於零，故面積之對稱軸必爲該面積之主軸。由公式(A-15)可得

$$\sin 2\theta_p = \pm \frac{I_{xy}}{\sqrt{\left(\frac{I_x - I_y}{2} \right)^2 + I_{xy}^2}} \quad , \quad \cos 2\theta_p = \mp \frac{\left(I_x - I_y \right)/2}{\sqrt{\left(\frac{I_x - I_y}{2} \right)^2 + I_{xy}^2}}$$

將上二式代入公式(A-12)及(A-13)，化簡後可得主慣性矩

$$I_{\min}=\frac{I_x+I_y}{2}-\sqrt{\left(\frac{I_x-I_y}{2}\right)^2+I_{xy}^2}$$

$$I_{\max}=\frac{I_x+I_y}{2}+\sqrt{\left(\frac{I_x-I_y}{2}\right)^2+I_{xy}^2} \tag{A-16}$$

■面積慣性矩之莫爾圓

公式(A-12)至(A-14)爲一圓之參數方程式，若計算出任意θ角時 I_u 及 I_{uv}，並將所得之數據描繪在 I_u-I_{uv} 之直角坐標系中，所有之點均位於一個圓上。今將公式(A-12)及(A-14)聯立消去θ，可得

$$\left(I_u-\frac{I_x+I_y}{2}\right)^2+I_{uv}^2=\left(\frac{I_x-I_y}{2}\right)^2+I_{xy}^2 \tag{A-17}$$

設令 $$I_{av}=\frac{I_x+I_y}{2}\quad,\quad R=\sqrt{\left(\frac{I_x-I_y}{2}\right)^2+I_{xy}^2} \tag{A-18}$$

則可將公式(A-17)簡寫爲

$$\left(I_u-I_{av}\right)^2+I_{uv}^2=R^2 \tag{A-19}$$

此方程式爲一圓之方程式，圓心位於(I_{av}，0)，半徑爲 R，參考圖 A-11 所示，此圓稱爲莫爾圓(Mohr's circle)

利用莫爾圓可求出面積對傾斜角爲θ (逆時針方向)之 u-v 軸所生之慣性矩與慣性積，並可迅速求出主軸之角度及主慣性矩，其步驟如下：參考圖 A-11

(1) 先求面積對 x 軸與 y 軸之慣性矩(I_x，I_y)及慣性積 I_{xy}。

(2) 建立一直角坐標系，以慣性矩爲橫軸，慣性積爲縱軸。

(3) 以 I_x 與 I_{xy} 定出 A 點，I_y 與$-I_{xy}$ 定出 B 點，然後以 AB 爲直徑繪一圓，此圓即爲莫爾圓，圓心之坐標爲(I_{av}，0)，半徑爲 R，其中

$$I_{av}=\frac{I_x+I_y}{2}\quad,\quad R=\sqrt{\left(\frac{I_x-I_y}{2}\right)^2+I_{xy}^2}$$

(4) 欲求傾斜角爲θ (逆時針方向)之 u-v 軸之慣性矩(I_u，I_v)及慣性積 I_{uv}，可將莫爾圓上之直徑 AB 逆時針方向旋轉 2θ，得直徑 DE，由 D 點之橫坐標 D'得 I_u，縱坐標得 I_{uv}，而 I_v 則由 E 點之橫坐標求得。

(5) 面積之主慣性矩，由莫爾圓與橫軸之交點 F、G 求得，F 點爲最大慣性矩 I_{max}，G 點爲最小慣性矩 I_{min}。而主軸之傾斜角度θ_p，可由直徑 AB 與橫軸之夾角 $2\theta_p$ 求得。

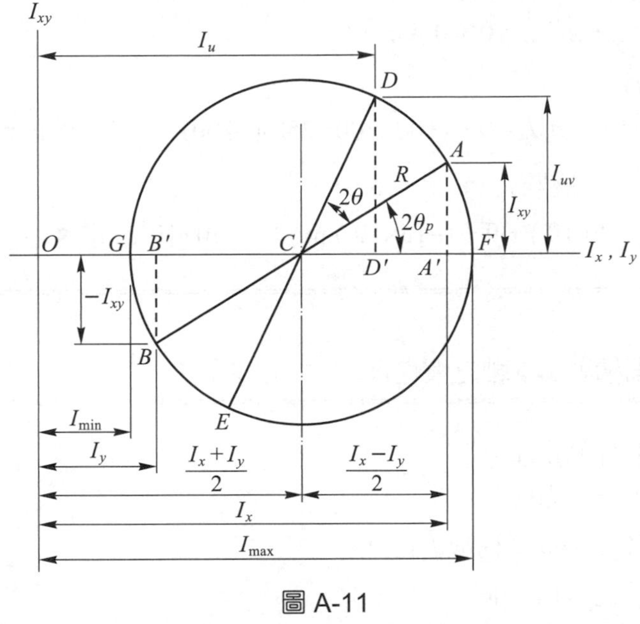

圖 A-11

例題 A-8

試求圖中面積對 x 軸與 y 軸之慣性積。

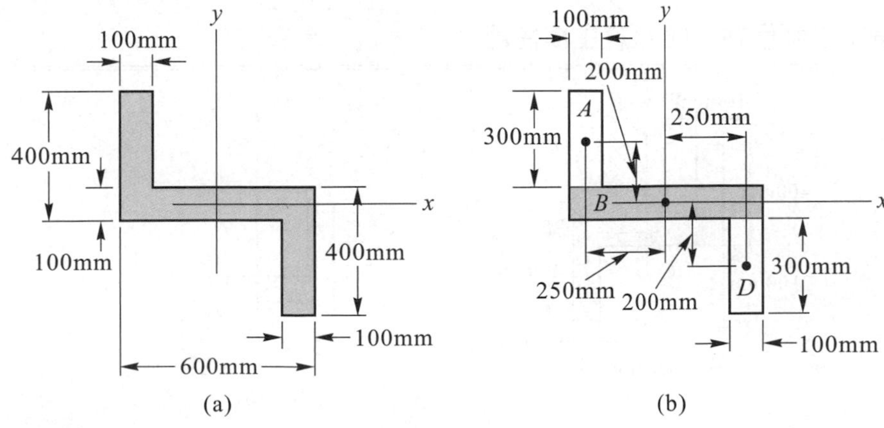

【解】先將面積分為三塊簡單之長方形面積 A、B、D，如圖(b)所示。每塊長方形面積由於對稱 $\bar{I}_{xy}=0$，則由慣性積之平行軸定理，可得每一塊長方形面積對 x-y 軸之慣性積為

長方形面積 A

$$I_{xy}=\bar{I}_{xy}+Ad_xd_y=0+(100\times300)(-250)(200)=-15\times10^8\,\text{mm}^4$$

長方形面積 B

$$I_{xy}=\bar{I}_{xy}+Ad_xd_y=0+0=0$$

長方形面積 D

$$I_{xy}=\bar{I}_{xy}=Ad_xd_y=0+(100\times300)(250)(-200)=-15\times10^8\,\text{mm}^4$$

故整個面積之慣性積為

$$I_{xy}=(-15\times10^8)+0+(-15\times10^8)\,\text{mm}^4=-30\times10^8\,\text{mm}^4 \blacktriangleleft$$

例題 A-9

試求圖中半圓面積對 x-y 軸之慣性積。

【解】由慣性積之平行軸定理

$$I_{xy}=\bar{I}_{xy}+Ad_xd_y$$

因半圓面積對 y_0 軸成對稱故 $\bar{I}_{xy}=0$。

又 $d_y=r$，$d_x=-4r/3\pi$，則

$$I_{xy}=0+\left(\frac{\pi r^2}{2}\right)(r)\left(-\frac{4r}{3\pi}\right)=-\frac{2r^4}{3} \blacktriangleleft$$

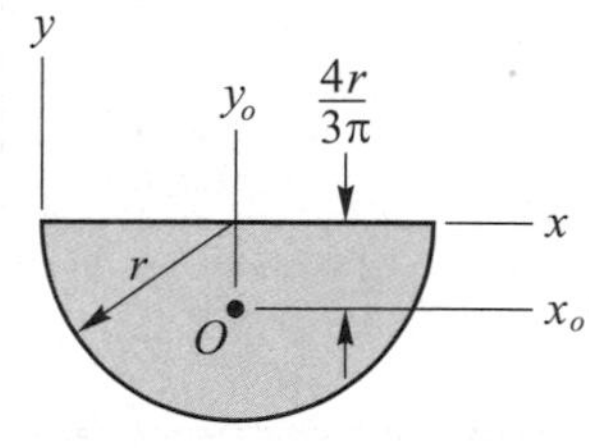

例題 A-10

試求圖中之面積對形心 C 之主慣性矩。

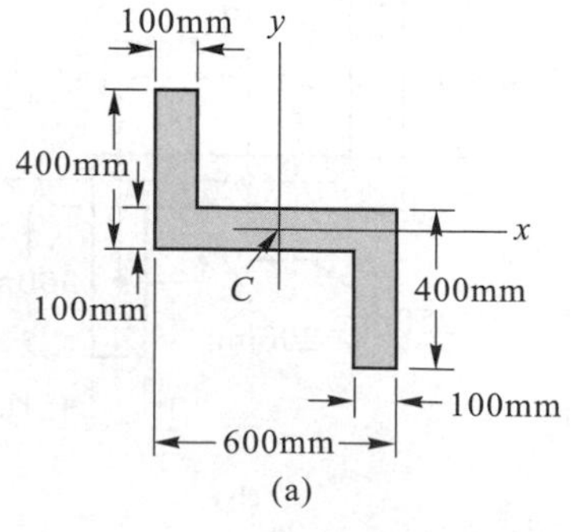

(a)

(b)

【解】圖中面積對 x 軸與 y 軸之慣性矩與慣性積。

$$I_x = 29\times10^8\text{mm}^4 \quad , \quad I_y = 56\times10^8\text{mm}^4$$

$$I_{xy} = -30\times10^8\text{mm}^4 \text{ (例題 A-8)}$$

主軸之傾斜角度由公式(A-15)

$$\tan 2\theta_{p1} = \frac{-I_{xy}}{\left(I_x - I_y\right)/2} = \frac{-(-30)}{(29-56)/2} = \frac{30}{-13.5}$$

得 $2\theta_{p1} = 114.2°$ ， $2\theta_{p2} = -65.8°$

即 $\theta_{p1} = 57.1°$◀ ， $\theta_{p2} = -32.9°$

面積對形心 C 之主慣性矩，由公式(A-16)

$$I_{\max} = \frac{I_x + I_y}{2} + \sqrt{\left(\frac{I_x - I_y}{2}\right)^2 + I_{xy}^2} = 75.4\times10^8\text{mm}^4 ◀$$

$$I_{\min} = \frac{I_x + I_y}{2} - \sqrt{\left(\frac{I_x - I_y}{2}\right)^2 + I_{xy}^2} = 9.6\times10^8\text{mm}^4 ◀$$

例題 A-11

同例題 A-10，利用莫爾圓求圖中面積對形心 C 之主慣性矩。

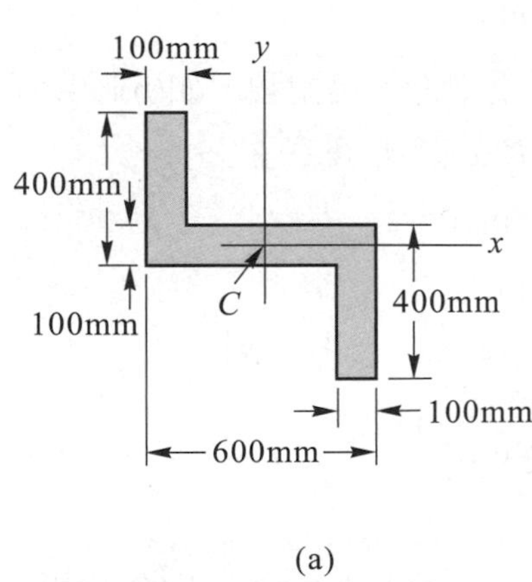

(a)

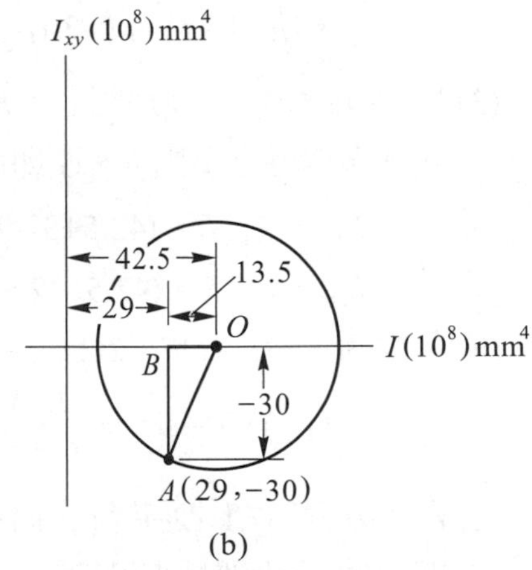

(b)

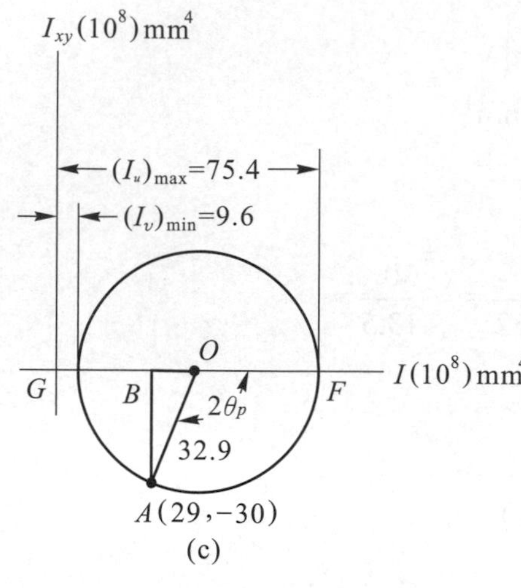

(c)

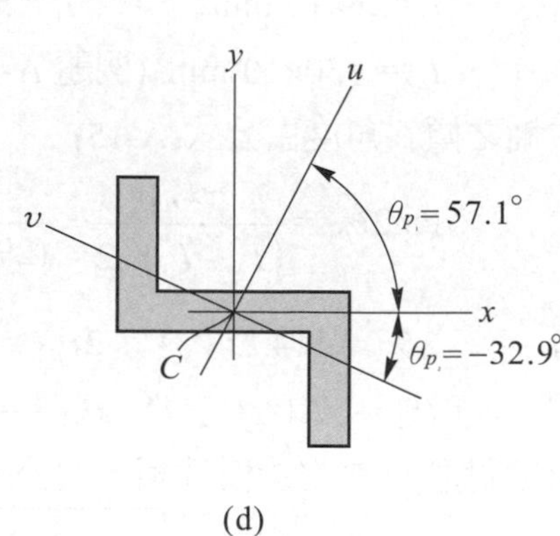

(d)

【解】(1) 面積對 x 軸與 y 軸之慣性矩與慣性積為

$$I_x = 29\times10^8\text{mm}^4 \quad , \quad I_y = 56\times10^8\text{mm}^4 \quad , \quad I_{xy} = -30\times10^8\text{mm}^4$$

(2) 由 I_x 及 I_{xy} 定出 A 點，並由公式(A-18)求出莫爾圓之圓心 $O(I_{av}，0)$及半徑 R

$$I_{av} = \frac{I_x + I_y}{2} = \frac{29+56}{2}\times10^8 = 42.5\times10^8\text{mm}^4$$

$$R = \sqrt{\left(\frac{I_x - I_y}{2}\right)^2 + I_{xy}^2} = \sqrt{\left(\frac{29-56}{2}\right) + (-30)^2}\ \times10^8$$

$$= \sqrt{(-13.5)^2 + (-30)^2}\ \times10^8 = 32.9\times10^8\text{mm}^4$$

(3) 以 $O(42.5\times10^8，0)$為圓心，$R = 32.9\times10^8\text{mm}^4$ 為半徑繪莫爾圓，如(b)圖所示，此圓與橫軸之交點 F、G 即為主慣性矩，參考(c)圖所示，且

$$I_{\max} = I_{av}+R = (42.5+32.9)\times10^8 = 75.4\times10^8\text{mm}^4$$

$$I_{\min} = I_{av}-R = (42.5-32.9)\times10^8 = 9.6\times10^8\text{mm}^4$$

(4) 莫爾圓上令$\angle AOF = 2\theta_{p1}$，可得主軸之傾斜角度$\theta_{p1}$，參考(c)圖

$$2\theta_{p1} = 180° - \sin^{-1}\left(\frac{AB}{OA}\right) = 180° - \sin^{-1}\left(\frac{30}{32.9}\right) = 114.2°$$

得　$\theta_{p1} = 57.1°$(逆時針方向)

即主軸(最大慣性矩)與正 x 軸之夾角為θ_{p1}=57.1°(逆時針方向)，主慣性矩(最大慣性矩)為 $I_{\max}$ =$75.4\times10^8\text{mm}^4$，如(d)圖所示。

習題

A/24 試求圖中直角三角形面積對 x- y 軸之慣性積。

【答】$I_{xy} = h^2b^2/24$

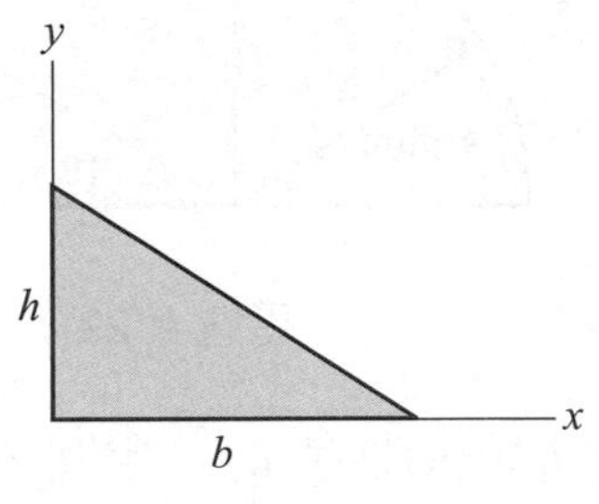

習題 A-24

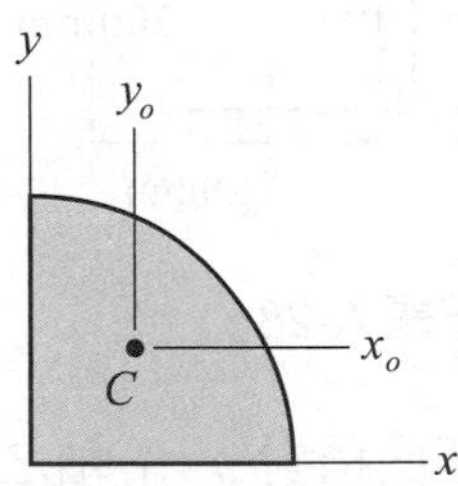

習題 A-25

A/25 試求圖中 1/4 圓面積對 x-y 軸之慣性積，並以此結果利用慣性積之平行軸定理求出此 1/4 圓面積對其形心軸(x_0-y_0 軸)之慣性積。

【答】$I_{xy} = r^4/8$，$\overline{I}_{xy} = -0.01647\ r^4$

A/26 試求圖中之長方形面積對 x'-y'軸之慣性矩與慣性積。

【答】$I_{x'} = 620{,}000\ \text{mm}^4$，$I_{y'} = 420{,}000\ \text{mm}^4$，$I_{x'y'} = -173{,}205\ \text{mm}^4$，

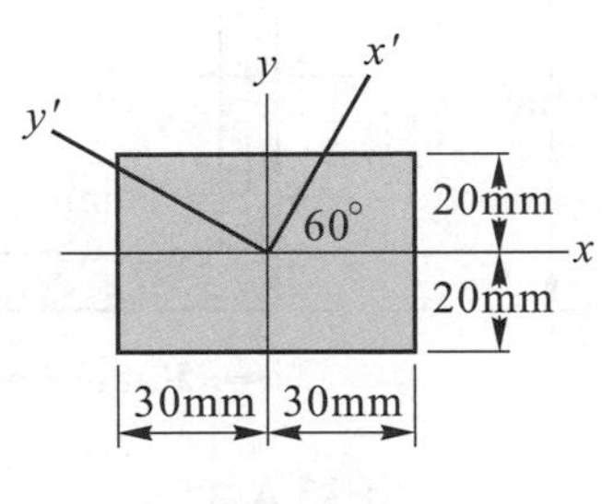

習題 A-26

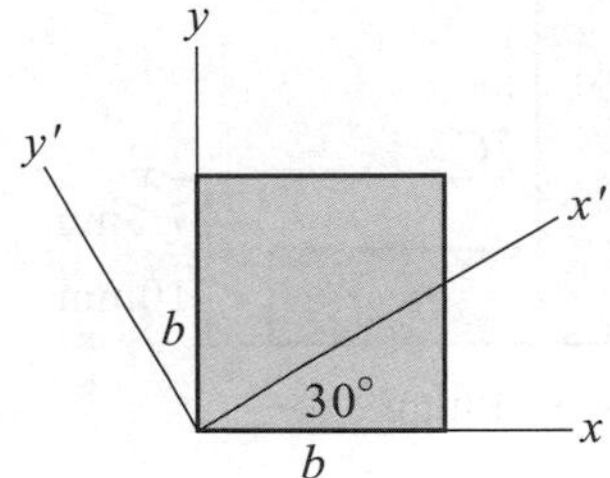

習題 A-27

A/27 試求圖中正方形面積對 x'-y'軸之慣性矩與慣性積。

【答】$I_{x'y'} = b^4/8$

A/28 試求圖中 H 型面積對 u - v 軸之慣性矩與慣性積。

【答】$I_u = 462.1\times10^6\text{mm}^4$，$I_v = 139.5\times10^6\text{mm}^4$，$I_{uv} = 135.345\times10^6\text{mm}^4$

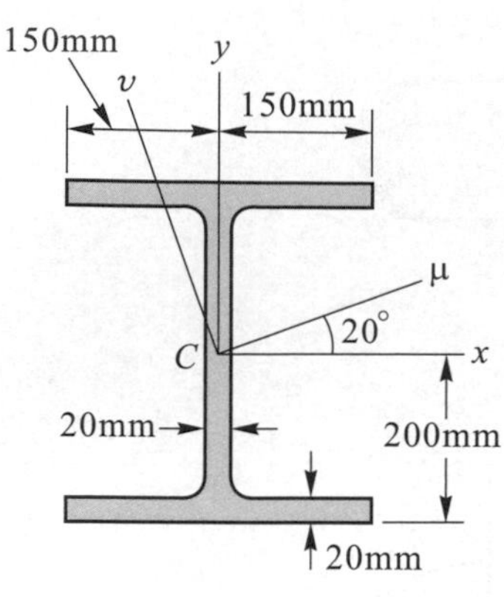

習題 A-28

習題 A-29

A/29 試求圖中半圓面積對 u - v 軸之慣性矩(I_u，I_v)與慣性積 I_{uv} 。半圓之半徑爲 40mm，u 軸與 x 軸之夾角爲 30°。

【答】$I_u = I_v = \pi r^4/8 = 1.005\times10^6\text{mm}^4$

A/30 試求圖中 L 型面積對形心 C 之主慣性矩，並求出主軸之傾斜角度 θ_p。

【答】$I_{max} = 22.667\times10^4\text{mm}^4$，$I_{min} = 5.667\times10^4\text{mm}^4$，$\theta_{p1} = 31.0°$

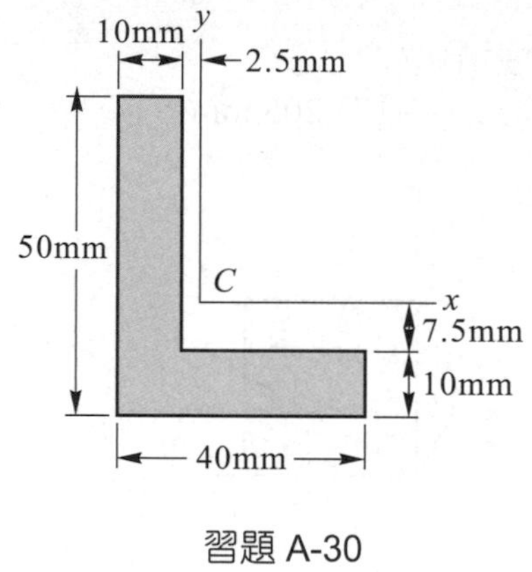

習題 A-30

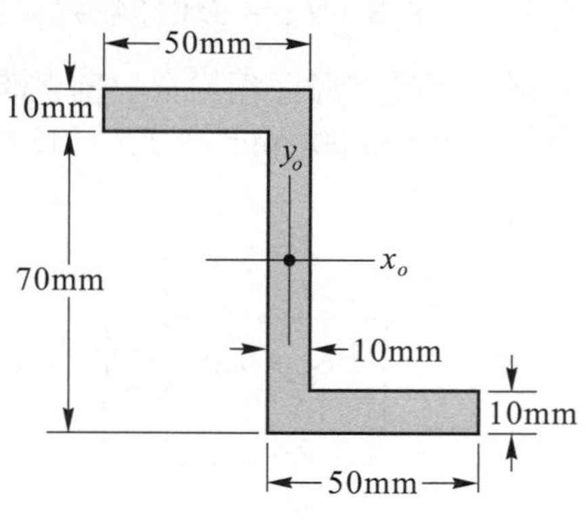

習題 A-31

A/31 試求圖中 Z 型面積對形心之主慣性矩，並求出主軸(最大慣性矩之軸)與 x_0 軸之夾角。

【答】$I_{max} = 1.819\times10^6\text{mm}^4$，$I_{min} = 0.207\times10^6\text{mm}^4$，$\theta_{p1} = 30.14°$

國家圖書館出版品預行編目資料

材料力學 / 劉上聰編著. -- 二版. -- 新北市：全華圖書，2016.05

面 ； 公分

ISBN 978-986-463-227-5(平裝)

1. CST:材料力學

440.21 105007091

材料力學

作者／劉上聰

發行人／陳本源

執行編輯／蔣德亮

出版者／全華圖書股份有限公司

郵政帳號／0100836-1 號

印刷者／宏懋打字印刷股份有限公司

圖書編號／0615301

二版一刷／2022 年 09 月

定價／新台幣 650 元

ISBN／978-986-463-227-5(平裝)

全華圖書／www.chwa.com.tw

全華網路書店 Open Tech／www.opentech.com.tw

若您對本書有任何問題，歡迎來信指導 book@chwa.com.tw

臺北總公司(北區營業處)
地址：23671 新北市土城區忠義路 21 號
電話：(02) 2262-5666
傳真：(02) 6637-3695、6637-3696

南區營業處
地址：80769 高雄市三民區應安街 12 號
電話：(07) 381-1377
傳真：(07) 862-5562

中區營業處
地址：40256 臺中市南區樹義一巷 26 號
電話：(04) 2261-8485
傳真：(04) 3600-9806(高中職)
(04) 3601-8600(大專)

廣　告　回　信
板橋郵局登記證
板橋廣字第540號

行銷企劃部　收

23671 新北市土城區忠義路 21 號
全華圖書股份有限公司

（請由此線剪下）

讀者回函卡

掃 QRcode 線上填寫 ▶▶▶

姓名：＿＿＿＿＿＿ 生日：西元＿＿＿年＿＿＿月＿＿＿日 性別：□男 □女

電話：（ ）＿＿＿＿＿＿ 手機：＿＿＿＿＿＿

e-mail：（必填）＿＿＿＿＿＿

註：數字零，請用 Φ 表示，數字 1 與英文 L 請另註明並書寫端正，謝謝。

通訊處：□□□□□＿＿＿＿＿＿

學歷：□高中・職 □專科 □大學 □碩士 □博士

職業：□工程師 □教師 □學生 □軍・公 □其他

學校／公司：＿＿＿＿＿＿ 科系／部門：＿＿＿＿＿＿

・需求書類：

□ A. 電子 □ B. 電機 □ C. 資訊 □ D. 機械 □ E. 汽車 □ F. 工管 □ G. 土木 □ H. 化工 □ I. 設計

□ J. 商管 □ K. 日文 □ L. 美容 □ M. 休閒 □ N. 餐飲 □ O. 其他

・本次購買圖書為：＿＿＿＿＿＿ 書號：＿＿＿＿＿＿

・您對本書的評價：

封面設計：□非常滿意 □滿意 □尚可 □需改善，請說明＿＿＿＿＿＿

內容表達：□非常滿意 □滿意 □尚可 □需改善，請說明＿＿＿＿＿＿

版面編排：□非常滿意 □滿意 □尚可 □需改善，請說明＿＿＿＿＿＿

印刷品質：□非常滿意 □滿意 □尚可 □需改善，請說明＿＿＿＿＿＿

書籍定價：□非常滿意 □滿意 □尚可 □需改善，請說明＿＿＿＿＿＿

整體評價：請說明＿＿＿＿＿＿

・您在何處購買本書？

□書局 □網路書店 □書展 □團購 □其他＿＿＿＿＿＿

・您購買本書的原因？（可複選）

□個人需要 □公司採購 □親友推薦 □老師指定用書 □其他＿＿＿＿＿＿

・您希望全華以何種方式提供出版訊息及特惠活動？

□電子報 □ DM □廣告（媒體名稱＿＿＿＿＿＿）

・您是否上過全華網路書店？（www.opentech.com.tw）

□是 □否 您的建議＿＿＿＿＿＿

・您希望全華出版哪方面書籍？＿＿＿＿＿＿

・您希望全華加強哪些服務？＿＿＿＿＿＿

感謝您提供寶貴意見，全華將秉持服務的熱忱，出版更多好書，以饗讀者。

填寫日期： / /

2020.09 修訂

親愛的讀者：

感謝您對全華圖書的支持與愛護，雖然我們很慎重的處理每一本書，但恐仍有疏漏之處，若您發現本書有任何錯誤，請填寫於勘誤表內寄回，我們將於再版時修正，您的批評與指教是我們進步的原動力，謝謝！

全華圖書 敬上

勘 誤 表

書 號		書 名	作 者
頁 數	行 數	錯誤或不當之詞句	建議修改之詞句

我有話要說：（其它之批評與建議，如封面、編排、內容、印刷品質等・・・）